中　外　物　理　学　精　品　书　系

本书出版得到“国家出版基金”资助

中 外 物 理 学 精 品 书 系

前 沿 系 列 · 52

# 广义相对论

陈 斌 编著

**图书在版编目(CIP)数据**

广义相对论 / 陈斌编著. —北京: 北京大学出版社, 2018. 9
(中外物理学精品书系)
ISBN 978-7-301-29716-2

Ⅰ. ①广…  Ⅱ. ①陈…  Ⅲ. ①广义相对论  Ⅳ. ① O412. 1

中国版本图书馆 CIP 数据核字 (2018) 第 171049 号

**书　　名**　广义相对论
GUANGYI XIANGDUILUN
**著作责任者**　陈斌　编著
**责任编辑**　刘啸
**标准书号**　ISBN 978-7-301-29716-2
**出版发行**　北京大学出版社
**地　　址**　北京市海淀区成府路 205 号　100871
**网　　址**　http://www.pup.cn
**电子信箱**　zpup@pup.cn
**新浪微博**　@ 北京大学出版社
**电　　话**　邮购部 62752015　发行部 62750672　编辑部 62754271
**印 刷 者**　北京中科印刷有限公司
**经 销 者**　新华书店
730 毫米 × 980 毫米　16 开本　39. 5 印张　752 千字
2018 年 9 月第 1 版　2024 年 10 月第 3 次印刷
**定　　价**　118. 00 元

---

# 序　言

物理学是研究物质、能量以及它们之间相互作用的科学。她不仅是化学、生命、材料、信息、能源和环境等相关学科的基础，同时还与许多新兴学科和交叉学科的前沿紧密相关。在科技发展日新月异和国际竞争日趋激烈的今天，物理学不再囿于基础科学和技术应用研究的范畴，而是在国家发展与人类进步的历史进程中发挥着越来越关键的作用。

我们欣喜地看到，改革开放四十年来，随着中国政治、经济、科技、教育等各项事业的蓬勃发展，我国物理学取得了跨越式的进步，成长出一批具有国际影响力的学者，做出了很多为世界所瞩目的研究成果。今日的中国物理，正在经历一个历史上少有的黄金时代。

在我国物理学科快速发展的背景下，近年来物理学相关书籍也呈现百花齐放的良好态势，在知识传承、学术交流、人才培养等方面发挥着无可替代的作用。然而从另一方面看，尽管国内各出版社相继推出了一些质量很高的物理教材和图书，但系统总结物理学各门类知识和发展，深入浅出地介绍其与现代科学技术之间的渊源，并针对不同层次的读者提供有价值的学习和研究参考，仍是我国科学传播与出版领域面临的一个富有挑战性的课题。

为积极推动我国物理学研究、加快相关学科的建设与发展，特别是集中展现近年来中国物理学者的研究水平和成果，北京大学出版社在国家出版基金的支持下于 2009 年推出了“中外物理学精品书系”，并于 2018 年启动了书系的二期项目，试图对以上难题进行大胆的探索。书系编委会集结了数十位来自内地和香港顶尖高校及科研院所的知名学者。他们都是目前各领域十分活跃的知名专家，从而确保了整套丛书的权威性和前瞻性。

这套书系内容丰富、涵盖面广、可读性强，其中既有对我国物理学发展的梳理和总结，也有对国际物理学前沿的全面展示。可以说，“中外物理学精品书系”力图完整呈现近现代世界和中国物理科学发展的全貌，是一套目前国内为数不多的兼具学术价值和阅读乐趣的经典物理丛书。

“中外物理学精品书系”的另一个突出特点是,在把西方物理的精华要义“请进来”的同时,也将我国近现代物理的优秀成果“送出去”。物理学在世界范围内的重要性不言而喻。引进和翻译世界物理的经典著作和前沿动态,可以满足当前国内物理教学和科研工作的迫切需求。与此同时,我国的物理学研究数十年来取得了长足发展,一大批具有较高学术价值的著作相继问世。这套丛书首次成规模地将中国物理学者的优秀论著以英文版的形式直接推向国际相关研究的主流领域,使世界对中国物理学的过去和现状有更多、更深入的了解,不仅充分展示出中国物理学研究和积累的“硬实力”,也向世界主动传播我国科技文化领域不断创新发展的“软实力”,对全面提升中国科学教育领域的国际形象起到一定的促进作用。

习近平总书记在2018年两院院士大会开幕会上的讲话强调,“中国要强盛、要复兴,就一定要大力发展科学技术,努力成为世界主要科学中心和创新高地”。中国未来的发展在于创新,而基础研究正是一切创新的根本和源泉。我相信,在第一期的基础上,第二期“中外物理学精品书系”会努力做得更好,不仅可以使所有热爱和研究物理学的人们从中获取思想的启迪、智力的挑战和阅读的乐趣,也将进一步推动其他相关基础科学更好更快地发展,为我国的科技创新和社会进步做出应有的贡献。

“中外物理学精品书系”编委会主任

中国科学院院士,北京大学教授

**王恩哥**

2018年7月于燕园

献给我的父亲

## 内 容 简 介

广义相对论是爱因斯坦关于引力和时空的理论. 一百余年前,爱因斯坦发展了引力的相对论性理论,颠覆了人们对于时间和空间的认识. 广义相对论被公认为经典物理中最优美的理论,既有深邃的物理思想,也有美妙的数学结构. 经过一百多年的发展,广义相对论被应用到物理学中的诸多领域,特别是在天体物理和宇宙学中发挥着核心的作用. 随着近年来对广义相对论所预言的引力波的直接观测,利用引力波研究各种天体物理和宇宙学问题将是物理学研究的重要方向.

本书基于微分几何的语言对广义相对论进行了深入浅出的介绍,内容不仅包括狭义相对论、微分几何基础、爱因斯坦方程、球对称史瓦西时空、克尔时空、黑洞物理、线性化引力、引力波和宇宙学等传统广义相对论的基本知识,也包括了一些广义相对论的高级专题,如作用量原理、能量条件、雷乔杜里方程和黑洞的一般性讨论等.

本书适合作为物理学相关专业高年级本科生和研究生的教材,也可以供科研工作者参考.

# 内 容 简 介

# 前　言

在自然界已知的四种相互作用中, 引力看起来最简单, 但却是最神秘的. 让我们先回顾一下已知的关于引力的基础知识. 首先, 引力是普适的, 它在任何形式的能量之间发生相互作用. 因此, 引力也常被称为万有引力. 其次, 引力是不受屏蔽的, 总是吸引的. 换句话说, 不存在负引力荷的物体, 因为能量总是正的. 再次, 引力是一种长程力, 它与电磁力类似, 是一种与距离平方成反比的力. 物体携带的电荷可正可负, 带同种电荷物体间电磁力是排斥的, 异种电荷间电磁力是吸引的, 而物体的能量或者质量总是正的, 引力总是吸引的. 从量子场论的观点看, 传播引力的粒子是一个自旋为 2 的无质量粒子, 即引力子. 然而, 与其他三种相互作用可以通过规范场论来统一描述不同, 引力无法通过规范场论来描述. 引力的量子化仍然是一个困扰着物理学家的超级难题①. 最后, 与自然界的其他三种相互作用力比, 引力是最弱的. 比如说, 考虑质子–质子系统, 引力与电磁力相比小了 36 个数量级:

$$\frac{F_{\mathrm{g}}}{F_{\mathrm{e}}}=\frac{Gm_{\mathrm{p}}^2/r^2}{e^2/4\pi\epsilon_0 r^2}\sim 10^{-36}.$$

然而, 引力却是我们宇宙中最重要的力: 它支配着宇宙的演化、大尺度结构的形成、恒星的演化、行星的形成及其运动, 以及我们周围的世界.

在自然界已知的四种相互作用中, 引力的研究历史是最长的. 早在 16 世纪, 伽利略就推翻了人们之前固有的观念, 提出在引力作用下物体的运动状态与其质量无关. 用现代的语言, 就是说引力质量与惯性质量相等. 在牛顿之前, 第谷经过长期天文观测积累了大量星体运动的数据, 而开普勒从中分析总结出行星运动的三大定律. 但是人们并不清楚这些运动规律背后的物理. 17 世纪, 英国物理学家牛顿提出了万有引力, 成功地对太阳系中行星的运动进行了物理解释, 也对月地运动中的各种物理现象, 如引潮力给出了令人满意的解释. 牛顿的万有引力很好地嵌入到他的力学体系中, 经过拉普拉斯、泊松和哈密顿等人的发展, 这个力学体系严谨成熟了.

①量子引力最有力的候选者是超弦理论. 尽管超弦理论取得了很多重要的成就, 但还有不少深刻的问题没有得到解决.

特别是随着摄动理论的深入发展, 在 19 世纪, 牛顿引力对太阳系中行星运动的描述和预言都非常精确, 以至于人们很难想象它可能还需要发展. 直到 20 世纪初, 随着爱因斯坦狭义相对论的提出, 牛顿引力才面临严峻的挑战.

在牛顿引力中, 我们可以通过泊松方程得到一个物质分布导致的引力势:

$$\nabla^2 \Phi = 4\pi G\rho,$$

其中 $\Phi$ 是引力势, $G$ 是牛顿引力常数, 而 $\rho$ 是质量密度分布. 由此可见, 一旦给定了系统的物质分布, 这个系统的引力势就确定了. 如果有一个质量为 $m$ 的物体通过万有引力与这个系统发生相互作用, 由牛顿第二定律可知相互作用力为 $\boldsymbol{F} = m\boldsymbol{g}$, 其中 $\boldsymbol{g}$ 由引力势的梯度确定:

$$\boldsymbol{g} = -\nabla \Phi.$$

也就是说, 引力加速度完全由原来系统的引力势确定, 与物体本身的质量无关.

1907 年, 爱因斯坦着手为《放射学和电子学年鉴》写一篇介绍狭义相对论的综述文章. 在写作过程中, 他意识到牛顿引力与狭义相对论是相抵触的. 很明显, 上面的泊松方程并非相对论性不变的. 而且牛顿引力是瞬时传播的, 与狭义相对论中的光速不变原理矛盾. 在随后的八年时光中, 爱因斯坦经过艰苦曲折的努力, 在 1915 年底完成了关于引力的相对论性理论 —— 广义相对论.

广义相对论可以简单地用几句话来概括:

(1) 广义相对论是爱因斯坦关于空间、时间和引力的理论.

(2) 广义相对论是引力的相对论性理论.

(3) 在广义相对论中, 引力并不单独存在, 它与时空融为一体. 简单地说,

$$\text{引力} = \text{时空}.$$

(4) 在广义相对论中, 时空是弯曲的, 而时空的弯曲程度, 即曲率刻画了引力的大小.

(5) 广义相对论被认为是经典物理中最漂亮的理论. 与其他理论的建立来源于实验不同, 它完全是靠纯粹思维和物理直觉建立起来的. 这为研究基础物理提供了新的方法论.

广义相对论中有两个最重要的公式. 一个是爱因斯坦方程

$$R_{\mu\nu} - \frac{1}{2}Rg_{\mu\nu} = 8\pi G T_{\mu\nu}.$$

方程的左边完全是几何量, 方程的右边正比于物质的能动张量. 爱因斯坦方程告诉我们时空如何被能量和物质所改变. 另一个重要的公式是测地线 (也称短程线) 方

程

$$\frac{\mathrm{d}^2 x^\mu}{\mathrm{d}\lambda^2}+\Gamma^\mu_{\rho\sigma}\frac{\mathrm{d}x^\rho}{\mathrm{d}\lambda}\frac{\mathrm{d}x^\sigma}{\mathrm{d}\lambda}=0.$$

它告诉我们自由粒子如何在一个给定的弯曲时空中运动.

广义相对论在天体物理和宇宙学中发挥着核心作用. 相对论性天体物理里, 对黑洞、脉冲星、类星体以及恒星演化的研究中, 广义相对论都是不可或缺的工具. 宇宙学中, 它是研究宇宙的演化发展、大尺度结构形成等问题的基本理论框架. 随着数十年来天文观测所带动的宇宙学的发展, 广义相对论大显身手, 也迎来了更多的挑战. 不久之前, 广义相对论预言的引力波被直接观测到, 这为利用引力波研究各种天体物理和宇宙学问题打开了窗口. 可以期待在未来的数十年中, 引力波物理及其理论框架都将是物理学研究的重要方向.

作为引力的相对论性理论, 广义相对论在相对论性效应明显的场合尤为重要. 相对论性效应在通常的狭义相对论中由粒子运动速度与光速之比 $v/c$ 来表征, 当粒子运动速度接近光速时, 相对论性效应会很明显. 考虑一个质量为 $M$, 半径为 $R$ 的球体, 球面上物体的逃逸速度为 $\sqrt{2GM/R}$. 如果该速度与光速相当, 则相对论性效应将很明显. 因此在引力系统中我们不妨以 $GM/(Rc^2)$ 作为相对论因子. 当 $GM/(Rc^2)\approx 1$ 时, 牛顿引力不再适用, 我们必须利用广义相对论来讨论问题. 另一方面, 当相对论性因子 $GM/(Rc^2)\ll 1$ 时, 广义相对论应该近似为牛顿引力, 它对牛顿引力的修正将非常小. 对地球而言, $GM/(Rc^2)\approx 10^{-9}$. 尽管这是一个非常小的量, 但在精度要求很高的全球定位系统 (GPS) 中, 这个相对论性效应也必须考虑. 对太阳而言, $GM/(Rc^2)\approx 10^{-6}$, 然而这个量造成的物理效应在实验上是可观测的. 历史上对广义相对论的三大检验: 水星近日点进动、光线偏折和时间延迟, 都是在太阳系中完成的. 而相对论性效应较明显的系统包括黑洞、中子星以及演化中的宇宙. 比如具有一个太阳质量的中子星, 其半径仅有 10 km, $GM/(Rc^2)\approx 0.1$. 与中子星有关的系统, 如双星系统是相对论天体力学的重要研究对象. 而对黑洞系统, $GM/(Rc^2)\approx 0.5$, 相对论性效应将非常明显. 黑洞物理至今仍然是经典引力和量子引力的重要研究对象, 在我们的课程中将被重点介绍. 对于宇宙而言, 如果其中存在某种物质, 由于质量与半径的立方成正比, 随着尺度的增大, 相对论性因子将越来越大, 所以为了正确描述宇宙学, 我们也需要广义相对论. 简而言之, 广义相对论不仅在尺度很大的宇宙学和相对论天体物理中有重要的应用, 在描述太阳系的行星运动、控制航天器的飞行, 甚至我们身边的全球定位系统中也都发挥着关键的作用.

关于广义相对论的中英文书籍已经不少了. 英文著作方面有很多非常好的专著, 但对于初学者来说学习英文著作仍显困难. 而中文著作方面, 优秀之作同样不少, 但我感觉缺乏一本难度适中, 学习完以后能够让读者很快进入研究前沿的著作.

鉴于引力研究方面的科研论文大量使用微分几何的语言, 有必要让读者尽快掌握这套技术和语言. 因此, 在过去十余年里, 在北京大学针对研究生和本科生的 "广义相对论" 一学期课程中, 我尝试用微分几何语言介绍广义相对论的基础内容. 实践证明这是可行的. 由于课时的限制 (64 课时), 在课程中, 我们不得不牺牲了一部分数学的严谨性. 本书的内容超出了一个学期广义相对论课程的内容, 建议在使用时有所选择. 如果课程限制在一个学期里, 可以只介绍广义相对论的数学基础、爱因斯坦方程的建立、球对称时空、广义相对论的经典实验检验、黑洞物理和引力波等内容.

本书的内容安排如下. 第一部分包括三章, 介绍了狭义相对论的主要知识. 为了使读者尽快地熟悉几何的语言, 在第一章中我们利用闵氏时空介绍了狭义相对论的基本内容, 包括其基本假定、物理效应、狭义相对论中的运动学和动力学, 并介绍了如何建立观测者的参考系以及测量的含义. 在第二章中我们初步介绍了与坐标无关的矢量、对偶矢量和一般张量的定义, 以及张量运算的基本技术, 并介绍了能动张量的定义. 在第三章中我们利用几何的语言重新对电动力学进行了讨论. 前三章的内容是对狭义相对论内容的回顾, 只不过应用了几何的语言. 我们尽量做到讲解的自洽, 因此内容显得有点多, 在授课过程中可以自行删减.

本书的第二部分介绍了广义相对论的数学基础. 在第四章中, 我们简单回顾了牛顿引力并讨论了它与相对论性原理的不相容性. 我们介绍了等效原理, 包括弱等效原理和爱因斯坦的等效原理. 之后, 我们进一步讨论了引力红移、GPS 系统以及引力红移如何暗示着时空几何并非平坦的. 第五、六、七章系统介绍了广义相对论的数学基础, 包括流形、张量场、联络、平行移动、测地线和曲率张量等. 在第五章中, 我们介绍了流形的基本概念, 以及流形上的张量场和张量分析. 在第六章中, 我们介绍了联络、协变导数、平行移动的概念, 并进一步介绍了测地线及其物理意义. 此外, 我们还介绍了李导数、费米–沃克尔移动以及观测者参考系的建立. 在第七章中, 我们引进了各种曲率张量、挠率张量, 并介绍了基灵矢量及其物理意义.

本书的第三部分介绍了爱因斯坦方程和球对称解. 我们在第八章中介绍了爱因斯坦方程, 以及如何利用作用量原理推导爱因斯坦方程, 并简单介绍了与爱因斯坦方程相关的一些内容, 如能量条件、雷乔杜里 (Raychaudhuri) 方程、初值问题等. 在第九章中, 我们讨论爱因斯坦方程的球对称解 —— 史瓦西时空, 并在其中讨论广义相对论的实验检验, 包括三大经典实验: 引力红移、水星近日点进动和光线偏折. 我们也介绍了其他实验: 引力时钟实验和测地进动实验. 此外, 我们还介绍了相对论性天体物理中的一些内容.

本书的第四部分集中讨论黑洞的物理. 在第十章中, 我们介绍史瓦西黑洞中的物理, 包括不同观测者的观测效应、时空的最大延拓、黑洞的形成等. 在第十一章中, 我们对黑洞做了一些一般性的介绍, 内容包括彭罗斯–卡特图、各种视界的定义、表面引力的物理意义等. 这一章的内容较难, 建议在初学时可以跳过. 在第十二章中, 我们介绍了带电球对称黑洞及其中的新物理. 在第十三章中, 我们首先在弱场近似下讨论了转动对时空的影响, 并讨论了引磁场的物理效应. 我们进一步介绍了旋转克尔黑洞, 并仔细讨论了它的物理, 包括彭罗斯过程等. 在第十四章中, 我们介绍了在渐近平坦时空中能量和角动量的定义, 并讨论了黑洞的热力学, 简单介绍了霍金辐射.

在本书的最后两章中, 我们分别介绍了引力波和宇宙学. 在第十五章中, 我们较系统地在线性化引力的框架下讨论了引力波, 包括真空中的引力波及其观测效应、引力波的产生以及引力辐射的能量损耗等. 我们也简要介绍了引力波的探测. 最后, 在第十六章中, 我们简单介绍了宇宙学的基本知识, 包括爱因斯坦的宇宙学原理、FRW 宇宙及各种宇宙学模型.

本书主要讨论了广义相对论的基础知识, 对一些高级的专题只是简单地介绍, 甚至没有介绍. 略去的专题包括初值问题、$3+1$ 分解和哈密顿形式、时空的大尺度结构、黑洞的微扰与拟正则模等. 我们也没有机会介绍与引力相关的半经典效应, 其中包括弯曲时空的量子场论、欧氏化引力和黑洞热力学等. 限于篇幅, 我们对宇宙学的介绍是比较简单的, 很多前沿的内容都只好割爱了, 包括暴胀、大尺度结构的产生等等. 这些内容读者在学习完本书以后可以根据研究兴趣进一步地学习. 很多前沿的研究内容可以在下面的网站上找到: http://www.springer.com/gp/livingreviews/relativity/lrr-articles.

尽管广义相对论是一门相对独立的课程, 但学习它也需要对经典物理有足够的了解. 由于篇幅所限, 我们不能把所有的基础知识都包含在这本书里. 在学习本书之前, 读者最好有狭义相对论的基础知识, 学习过电动力学以及分析力学. 其中对电磁场的了解需要比较深入, 熟悉拉氏量、欧拉–拉格朗日方程和作用量原理. 在数学方面, 我们要求读者对高等数学中多变量微积分、线性代数和微分方程有比较好的了解. 这门课原来的授课对象是研究生, 因此会用到一些量子场论、群论的知识, 但这些并不是必需的. 多年的教学表明, 高年级本科生学习这门课程没有任何问题. 本书中有的章节对于初学者较有难度, 我们以 $*$ 在章节前标明, 请读者量力而行.

广义相对论是一门技术性很强的课程. 为了很好地掌握其中的技术细节, 有必要做大量的练习. 本书每一章之后都有习题供读者学习时使用.

本书的完成得到了很多朋友和同学的帮助, 在此一并表示感谢. 首先, 我要感谢过去十二年中参加 “广义相对论” 课程的各位同学, 他们对课程的参与是我完成此书最大的动力. 其次我要感谢我的研究合作者, 他们激励我更深入地思考与引力相关的各种问题. 此外, 我向各位前辈学习到了关于广义相对论的各方面知识, 特别是吴可老师、张元仲老师、黄超光老师、梁灿彬老师, 和已故的郭汉英老师、阎沐霖老师. 尤为重要的是, 在 “暗能量及其基本理论” 高级研讨班中, 我从各位与会者的报告和讨论中受益匪浅, 特别是蔡荣根、高怡泓、李淼、卢建新、吕宏、王斌、赵柳、荆继良、佘洪伟、龚云贵、郭宗宽、黄庆国、朴云松、刘玉孝、李明哲、吴普训、曹利明、张鑫、宋伟等. 最后, 感谢北京大学出版社刘啸编辑的认真工作和宝贵意见.

由于作者水平有限, 书中错误肯定不少, 敬请专家、读者指正. 发现错误请与我联系[①].

陈斌

2018 年 3 月于燕东园

①电子邮箱: bchen01@pku.edu.cn.

# 目　　录

# 第一章　狭义相对论

本章将用几何语言对狭义相对论进行回顾和讨论. 我们首先对狭义相对论中的时空观进行分析, 引进洛伦兹–菲兹杰拉德 (Lorentz-Fitzgerald) 变换, 讨论光锥以及一些简单的物理效应, 包括有质量粒子、无质量粒子的运动等. 我们将系统讨论狭义相对论中的运动学和动力学并定义观测者和观测.

## §1.1　狭义相对论的几何诠释

狭义相对论有不少与我们的直觉相抵触的地方, 简单地利用日常生活中的直觉将很难理解狭义相对论中的物理效应, 如尺缩效应、时间延长效应等, 并由此产生各种各样的佯谬. 这种直觉实际上根植于我们对时间和空间的感觉. 我们很容易接受空间具有三个维度, 也很容易接受伽利略所提出的相对性原理, 即对不同的惯性系而言运动是相对的. 在这个直觉背后, 很重要的一条假定是: 时间是绝对的, 即时间具有绝对性的意义, 它的流逝对于所有惯性系都是一样的. 利用不同的时间我们可以对时空流形切片, 如图 1.1 所示. 这种时间与空间的不平等性贯穿于狭义相对论之前的牛顿力学体系中.

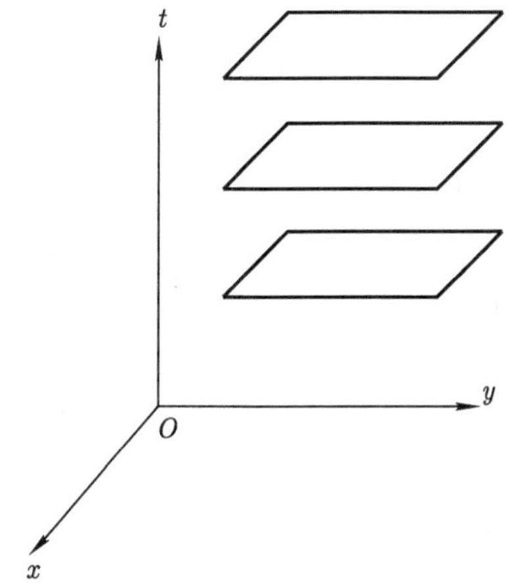


图 1.1　在牛顿力学中, 时间具有绝对的意义. 利用不同的时间可以把时空切片.

牛顿力学体系中的相对性原理实际上是伽利略最早提出的. 物理上, 这意味着运动规律与惯性参考系的选择无关. 所谓的惯性参考系, 或者惯性系, 指的是一个特别的参考系, 一个不受任何外力的物体在其中将做匀速直线运动. 在牛顿力学和狭义相对论中, 总假设有惯性系的存在. 严格地说, 由于引力无处不在, 惯性系是不存在的. 然而, 在很多情况下, 可以不严格地在操作意义上认定惯性系的存在, 比如地球惯性系. 如果存在一个基本惯性系, 则相对于此惯性系做匀速直线运动的另一坐标系也是一个惯性系. 对于每一个观测者, 如果这个观测者相对于基本惯性系做匀速直线运动, 则这个观测者的坐标系就定义了另一个惯性系.

**相对性原理** *所有的运动规律在不同的惯性系中具有相同的形式.*

在伽利略–牛顿的力学系统中, 时间具有绝对的意义, 因此几何上看, 不同的惯性系间通过伽利略变换相联系:

$$\begin{pmatrix} x \\ y \\ z \end{pmatrix} = H \begin{pmatrix} x' \\ y' \\ z' \end{pmatrix} + \begin{pmatrix} a+ut \\ b+vt \\ c+wt \end{pmatrix}. \tag{1.1}$$

上式中, $H$ 是个常值 SO(3) 矩阵, 代表坐标系空间方向选择的任意性. $(a,b,c)$ 也是常数, 代表坐标原点的选择. 而常数 $(u,v,w)$ 代表速度的不同分量, 表明不同的惯性系间可以差一个常速度. 从这个变换中可以很容易看出, 在不同惯性系中空间间隔和时间间隔分别是不变的:

$$\begin{aligned} \Delta r^2 &= \Delta x^2 + \Delta y^2 + \Delta z^2, \\ \Delta t &= t_B - t_A. \end{aligned} \tag{1.2}$$

由于时间的绝对性, 时间间隔的不变性是显而易见的. 对于空间间隔而言, 原点的平移不会改变间隔, 而三维空间转动本身也不会改变间隔, 如图 1.2 所示.

相对性原理告诉我们, 对于不同观测者, 如果他们之间只相差一个常速度, 他们看到的物理规律应该具有相同的形式. 实际上, 在伽利略–牛顿的理论中, 同一客体的运动状态, 如速度, 对于不同的观测者是不同的. 重要的是物理规律对于不同的观测者是相同的, 也就是说, 物理规律在伽利略变换下应该是不变的. 牛顿的三大力学定律在伽利略变换下不变, 因此在所有的惯性系中具有相同的形式. 例如牛顿力学第二定律 $\boldsymbol{F} = m\boldsymbol{a}$ 对所有的观测者是一样的, 尽管粒子的运动速度对不同的观测者而言有所不同, 加速度却是一样的. 更一般地, 相对性原理认为不止牛顿的力学规律对不同的惯性系是不变, 其他的物理规律也应该如此.

19 世纪末, 随着麦克斯韦电磁理论的建立, 人们很快认识到麦克斯韦方程在伽利略变换下并非不变. 也就是说, 伽利略的相对性原理与麦克斯韦理论没法相容. 人们提出各种办法来解决这个问题, 其中包括历史上曾经受到大家重视的以太假定

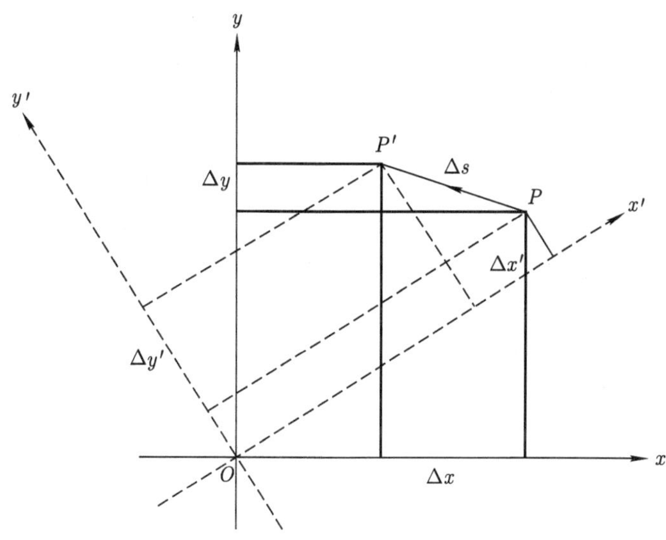


图 1.2 两个参考系 (坐标系) 差一个转动并不会改变空间中两点的距离. 上图表示的是一个二维转动.

等. 1905 年, 年轻的爱因斯坦提出了狭义相对论, 漂亮地解决了这个问题. 在爱因斯坦的解决方案中, 除了相对性原理以外, 他还提出了所谓的光速不变原理.

**光速不变原理** *光在真空中的速度在不同惯性系中保持不变.*

光速不变原理经过迈克尔孙–莫雷 (Michelson-Morley) 实验得到了验证. 换句话说, 如果我们坚持认为麦克斯韦方程在不同惯性系下都取相同的形式, 因此光的传播速度是不变的, 这样我们可以很自然地发现洛伦兹变换, 从而建立狭义相对论.

简而言之, 爱因斯坦的狭义相对论仍然坚持相对性原理, 即要求物理规律在不同的惯性系之间应该取相同的形式, 但是时间的超然地位和绝对意义都失去了. 在一个惯性系中两个事件的同时性在另一个惯性系中丢失了. 在狭义相对论中, 时空观发生了革命性的变化.

1908 年, 闵可夫斯基 (Minkowski) 指出可以利用几何语言很方便地讨论狭义相对论. 在这个框架中, 很容易建立时间与空间的平等地位, 狭义相对论中的时空观得以优美呈现. 更重要的是, 这个几何的语言在广义相对论的建立中进一步地发展并发挥了根本性的作用. 下面我们通过几何语言重新介绍爱因斯坦的狭义相对论. 对于狭义相对论的深入讲解, 可参见文献 [3, 7, 25].

### 1.1.1 洛伦兹变换

在狭义相对论中时间和空间是平等的, 需要一个统一的描述. 这颠覆了牛顿力学中的时空观. 在一个时空中我们需要定义一些新的概念, 譬如事件 (event) 和世界线. 所谓的 "事件", 指的是时间和空间中的一个点, 在某坐标系下用 $(t,x,y,z)$ 来刻画. 所有事件的集合构成了我们的时空. 然而, 需要强调的是, 事件本身与坐标系选择无关. 在不同坐标系下事件的坐标是不同的, 但两个事件的间隔有赖于时空的几何以及这两个事件是如何通过曲线相连的, 与坐标的选择无关. 而世界线 (world line) 指的是一个点粒子在时空中的轨迹.

描述几何的基础是通过微分和积分运算来定义两点间的距离. 对于相隔无穷小的两个点, 可以认为它们直线相连, 定义线元

$$\mathrm{d}s^2 = \sum_{i,j} g_{ij}\mathrm{d}x^i\mathrm{d}x^j, \tag{1.3}$$

其中 $i,j$ 取决于时空的维度, $g_{ij}$ 称为度规, 其具体形式依赖于坐标的选择. 度规相当于我们取定了测量用的尺子和时钟, 可用来测量两点的长度或者时间间隔.

**例 1.1** 二维欧氏空间 $R^2$.

(1) 在笛卡尔坐标系中, $\mathrm{d}s^2 = \mathrm{d}x^2 + \mathrm{d}y^2$.

(2) 在极坐标系中, 令 $x = r\cos\phi, y = r\sin\phi$, 则 $\mathrm{d}s^2 = \mathrm{d}r^2 + r^2\mathrm{d}\phi^2$.

无论用何坐标系, 线元 $\mathrm{d}s^2$ 是不变的.

在狭义相对论中, 时空是平直的, 称为闵氏时空. 如果选取直角坐标

$$x^0 = ct, \quad x^1 = x, \quad x^2 = y, \quad x^3 = z, \tag{1.4}$$

则闵氏时空的线元为

$$\mathrm{d}s^2 = \sum_{\mu\nu} \eta_{\mu\nu}\mathrm{d}x^\mu\mathrm{d}x^\nu, \tag{1.5}$$

$\mu,\nu = 0,1,2,3$, 其中的度规取如下对角的形式①:

$$\eta_{\mu\nu} = \begin{pmatrix} -1 & 0 & 0 & 0 \\ 0 & 1 & 0 & 0 \\ 0 & 0 & 1 & 0 \\ 0 & 0 & 0 & 1 \end{pmatrix}. \tag{1.6}$$

通常本书都取所谓的自然单位制, 令 $c = 1$. 在后面的讨论中, 如果有必要, 我们通过量纲分析可以把光速放回到物理量中.

①在本书中我们对于度规号差的约定是在引力研究中最常用的, 也称为东海岸 (east coast) 约定, 即 $(-+++)$. 而在高能物理领域中, 经常使用的度规号差是 $(+---)$, 也称为西海岸约定.

在本书中, 我们使用爱因斯坦的求和规则: 当一个指标出现在关系式或者方程的同一侧两次时, 需要对这个指标求和. 更准确地说, 在求和情形这两个指标应该是一个上指标, 一个下指标. 但对于平直欧氏空间指标求和时, 有时人们也允许两个指标都在上或下. 由此规则, 上面的线元可简写为

$$\mathrm{d}s^2 = \eta_{\mu\nu}\mathrm{d}x^\mu \mathrm{d}x^\nu. \tag{1.7}$$

此外我们约定: 使用希腊字母标志指标时, 指标的取值包括时间方向, 如 $\mu=0,1,2,3$, 其中 $\mu=0$ 代表时间方向; 而使用拉丁字母标志指标时, 指标取值只包含空间方向, 如 $i=1,2,3$.

在狭义相对论中, 两个惯性系是通过洛伦兹 (Lorentz) 变换而不是伽利略变换相联系. 如前所述两个相邻事件点如果以直线相连, 则它们的时空间隔为

$$\Delta s^2 = -\Delta t^2 + \Delta x^2 + \Delta y^2 + \Delta z^2, \tag{1.8}$$

与惯性系的选择无关, 因此在洛伦兹变换下不变. 用几何的语言, 选择惯性系就相当于选择坐标系, 不同的惯性系之间的变换相当于不同直角坐标系间的变换. 由于时空间隔与直角坐标系选择无关, 我们来看看什么样的坐标变换是允许的. 利用上面的平直度规, 时空间隔可以写作

$$\Delta s^2 = \eta_{\mu\nu}(\Delta x^\mu)(\Delta x^\nu). \tag{1.9}$$

如果写成矩阵乘法, 时空间隔应该为

$$\Delta s^2 = (\Delta x)^{\mathrm{T}} \cdot \eta \cdot \Delta x, \tag{1.10}$$

其中 $\Delta x$ 是一个列矢量, $\eta$ 是一个 $4\times 4$ 矩阵, 而 $(\Delta x)^{\mathrm{T}}$ 是一个行矢量, 上指标 T 代表矩阵的转置. 首先, 这个间隔在时空平移 $x^\mu \to x^{\mu'} = x^\mu + a^\mu$ (其中 $a^\mu$ 是常数) 下不变. 这个变换相当于时空原点的选择不同. 其次, 考虑在一个转动下

$$x^{\mu'} = \Lambda^{\mu'}_{\ \nu} x^\nu, \tag{1.11}$$

无穷小位移矢量变换为 $\Delta x^{\mu'} = \Lambda^{\mu'}_{\ \nu}\Delta x^\nu$. 注意这里的转动矩阵是常数矩阵. 为了使时空间隔不变, 必须要求

$$\eta_{\rho\sigma} = \Lambda^{\mu'}_{\ \rho}\Lambda^{\nu'}_{\ \sigma}\eta_{\mu'\nu'}. \tag{1.12}$$

用矩阵的语言, 上式可紧凑地记为

$$\Lambda^{\mathrm{T}}\eta\Lambda = \eta. \tag{1.13}$$

这非常类似于在三维欧氏空间 $R^3$ 中的转动群 O(3) 满足的关系式

$$I = R^{\mathrm{T}} I R, \tag{1.14}$$

其中 $I$ 是一个单位矩阵.

简单地说, 一个群是某些元素的集合, 包含单位元, 这些元素在乘积运算 (满足结合律) 下封闭且每一个元素都有逆. 因此, 保持时空间隔 (1.8) 不变的转动 (1.12) 称为洛伦兹转动或者齐次洛伦兹变换, 它们的集合构成一个群, 记作 O(1,3). 从 (1.12) 中可以发现, 转动矩阵的行列式可以是 $\pm 1$.

除了上面的平移和洛伦兹转动以外, 时空间隔在时间反演 $t \to -t$ 或者空间反演 $x^i \to -x^i$ 下也是不变的. 利用这个任意性, 我们只考虑所谓的 "固有洛伦兹变换" (proper Lorentz transformation)

$$\Lambda^0_{\ 0} \geqslant 1, \quad \mathrm{Det}(\Lambda) = 1. \tag{1.15}$$

可以证明这些变换的集合构成一个群, 记作 SO(1,3), 它被称作固有洛伦兹群, 常被简称作洛伦兹群. 实际上, 从前面对洛伦兹转动的定义可知

$$(\Lambda^0_{\ 0})^2 = 1 + \sum_i (\Lambda^i_{\ 0})^2, \tag{1.16}$$

因此, $|\Lambda^0_{\ 0}| \geqslant 1$, 即 $\Lambda^0_{\ 0} \geqslant 1$ 或者 $\Lambda^0_{\ 0} \leqslant -1$. 由于 $\Lambda^0_{\ 0} = 1$ 代表着恒等变换, 连续性要求 $\Lambda^0_{\ 0} \geqslant 1$. 而另一支 $\Lambda^0_{\ 0} \leqslant -1$ 对应着与时间反演相关的变换. 同样, $\mathrm{Det}(\Lambda) = 1$ 与恒等变换相连, 由连续性自然地要求 $\mathrm{Det}(\Lambda) = 1$. 物理上, 上面的第一个条件意味着不做时间反演, 而第二个条件可以保持光锥条件.

固有洛伦兹变换群中包含以下元素. 首先, 它包含着通常意义上的洛伦兹变换, 即所谓的 Lorentz boost. 这种变换牵涉到时间与空间的转动. 比如, 我们考虑 $t$ 方向与 $x$ 方向间的变换, 则转动矩阵为

$$\Lambda = \begin{pmatrix} \cosh\phi & -\sinh\phi & 0 & 0 \\ -\sinh\phi & \cosh\phi & 0 & 0 \\ 0 & 0 & 1 & 0 \\ 0 & 0 & 0 & 1 \end{pmatrix}. \tag{1.17}$$

由此得

$$\begin{aligned} t' &= t\cosh\phi - x\sinh\phi, \\ x' &= -t\sinh\phi + x\cosh\phi, \\ y' &= y, \\ z' &= z. \end{aligned}$$

用大家更熟悉的语言, 这个变换实际上就是通常的洛伦兹变换

$$
\begin{aligned}
t' &= \gamma(t - vx), \\
x' &= \gamma(x - vt), \\
y' &= y, \\
z' &= z,
\end{aligned}
$$

其中

$$
v = \tanh\phi, \quad \gamma = \frac{1}{\sqrt{1-v^2}}. \tag{1.18}
$$

$\phi$ 称为快度 (rapidity) 参数, $\gamma$ 称为洛伦兹因子. 如果令 $\phi \to -\phi$, 则得到上述洛伦兹变换的逆变换, 也就是说让速度反向. 如图 1.3 所示, 对于参考系 $S$ 中的观测者而言, 另一个参考系 $S'$ 以速度 $v$ 沿 $x$ 轴正向运动, 则上面的关系告诉我们坐标是如何联系的. 反过来, 对于参考系 $S'$ 中的观测者, 参考系 $S$ 以速度 $v$ 沿 $x$ 轴负向运动, 则坐标间的关系仍然由洛伦兹变换给出, 只不过速度的符号相反, 即

$$
\begin{aligned}
t &= \gamma(t' + vx'), \\
x &= \gamma(x' + vt'), \\
y &= y', \\
z &= z'.
\end{aligned}
$$

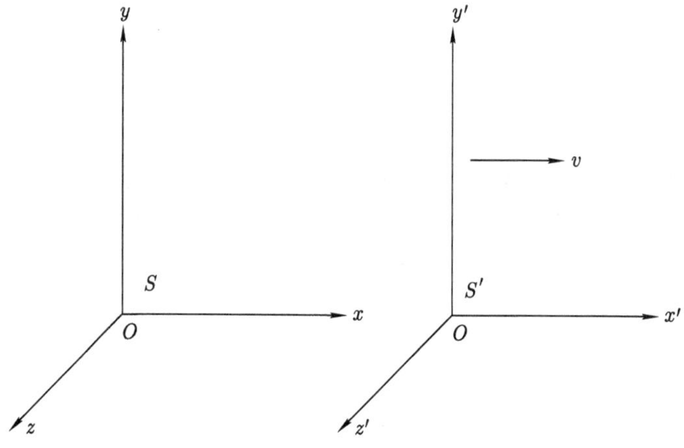


图 1.3 两个参考系 $S$ 和 $S'$ 间差一个沿 $x$ 方向的匀速直线运动.

这时的洛伦兹变换矩阵记作 $\Lambda^{\nu}_{\ \mu'}$, 是原来的洛伦兹变换的逆:

$$\Lambda^{\mu'}_{\ \nu}\Lambda^{\sigma}_{\ \mu'}=\delta^{\sigma}_{\nu}. \tag{1.19}$$

此外, 固有洛伦兹群中还包含只有空间转动的子群SO(3), 这来自于不同空间方向间的变换. 因此, 固有洛伦兹群共有 6 个生成元, 三个洛伦兹变换, 来自于 $(t,x),(t,y),(t,z)$ 间的变换, 以及三个空间转动, 来自于 $(x,y),(x,z),(y,z)$ 间的变换, 即与三个欧拉角一一对应①. 实际上, 如果忽略时间方向的特殊性, 就转动群的产生子而言, SO(1,3) 群与 SO(4) 群的生成元数目相同. 一般而言, 对于一个 SO($n$) 群, 其生成元的数目为 $n(n-1)/2$.

洛伦兹变换间一般是不可对易的. 换句话说, 两个洛伦兹变换的作用顺序不同, 效果也不同. 这与三维欧氏空间中的转动类似. 用数学的语言, 这意味着洛伦兹群是非阿贝尔的. 此外, 洛伦兹群加上时空平移构成一个新的群, 称为庞加莱 (Poincaré) 群. 对洛伦兹群的更多讨论参见本章末的附录.

对于一个沿空间任意方向运动导致的洛伦兹变换, 洛伦兹变换矩阵为

$$\begin{aligned}\Lambda^{0'}_{\ 0}&=\gamma,\\ \Lambda^{0'}_{\ i}=\Lambda^{i'}_{\ 0}&=-\gamma v^i/c,\\ \Lambda^{i'}_{\ j}=\Lambda^{j'}i&=(\gamma-1)\frac{v^iv^j}{|\boldsymbol{v}|^2}+\delta^{ij},\end{aligned} \tag{1.20}$$

其中的洛伦兹因子为 $\gamma=1/\sqrt{1-|\boldsymbol{v}|^2}$. 这个变换的逆矩阵可以通过使 $\boldsymbol{v}\to-\boldsymbol{v}$ 来得到.

### 1.1.2 光锥与因果性

利用几何语言可以很容易地理解狭义相对论中的各种物理效应. 首先我们来看狭义相对论中的同时性丢失. 在图 1.4 中, 两个事件 $A$ 和 $B$ 在参考系 $(t,x)$ 中是同时的, 由一条直线相连. 但是在参考系 $(t',x')$ 中这两个事件不再是同时的. 为简单起见, 我们只画出了 $(t,x)$ 两个方向, 并假设洛伦兹变换正好是在这两个方向上, 即由 $(t,x)\to(t',x')$. 此外, 我们也可以从图中看到, 在不同的惯性系中, 距离和时间间隔是不同的, 仔细的讨论将发现存在着时间延长效应和尺缩效应. 然而, 在两个惯性系中, 光速总是一样的:

$$x=\pm t\Leftrightarrow x'=\pm t'. \tag{1.21}$$

①在本书中, 我们称与时间方向相关的转动变换为洛伦兹变换, 即对应于 Lorentz boost, 而空间方向的转动变换为空间转动.

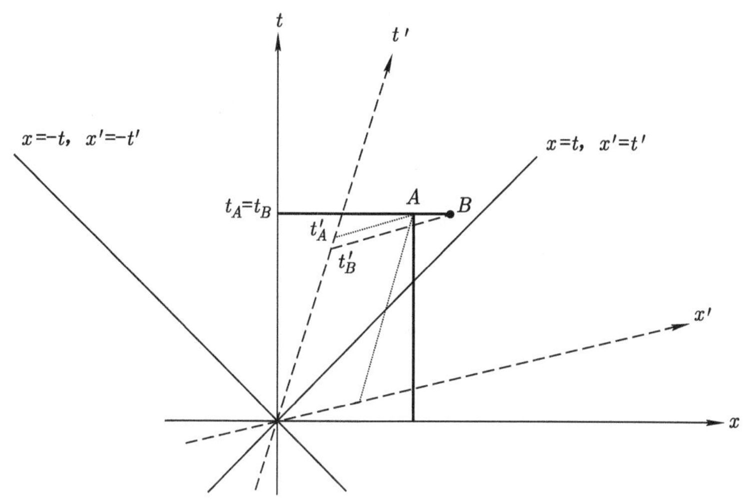


图 1.4 两个参考系 $(x,t)$ 和 $(x',t')$ 间差一个洛伦兹变换. 从图中可以清楚地看出事件点 $A$ 和 $B$ 在 $(x,t)$ 中同时, 但在 $(x',t')$ 中不再同时. 从图中也可以看出对应着光子的世界线 $x=\pm t$ 和 $x'=\pm t'$ 重合, 这说明了光速在两个参考系中不变.

由于类光曲线在不同惯性系中都是一样的, 我们可以利用它们来定义光锥. 简单地说, 在某一事件点处的光锥是由所有的穿过该事件点的光线形成的曲面. 利用对称性选择球坐标, 我们只需考虑 $(t,r)$ 两个方向. 假定两个事件点间直线传递信号, 即 $\Delta r = v\Delta t$, 其中 $v$ 是传播速度. 由线元 $\Delta s^2 = -(\Delta t)^2 + (\Delta r)^2$ 可知, 这两个事件是

(1) 类空的: 如果 $\Delta s^2 > 0$. 这意味着 $v > c$, 即传播速度超过光速.

(2) 类时的: 如果 $\Delta s^2 < 0$. 这意味着 $v < c$.

(3) 类光的, 或者称为零的 (null): 如果 $\Delta s^2 = 0$. 这意味着 $v = c$.

因此, 光锥定义了事件间的因果关系. 如果两个时空点间隔是正的, 意味着它们是类空相连的, 互相之间没有因果关系. 而如果两个时空点间隔是负的, 它们是类时相连的, 存在着因果关联. 如图 1.5 所示, 对于在原点的观测者而言, 有未来光锥和过去光锥, 在其中的事件点都和他有因果联系, 而在光锥以外的事件点和他没有因果关联.

一般来说, 简单比较两个事件的先后是没有意义的. 如果两个事件通过类空曲线相联系, 则在不同惯性系中这两个事件的先后会有差别. 这与同时性的丢失是同样的道理. 但如果这两个事件是通过类时曲线相连, 则事件的先后因果性是确定的, 并不会随着惯性系的改变而改变. 这是因为光锥的内外是时空几何的性质, 与惯性系选择无关. 在光锥内部, 我们可以比较时间上的先后, 而在光锥外面则不行.

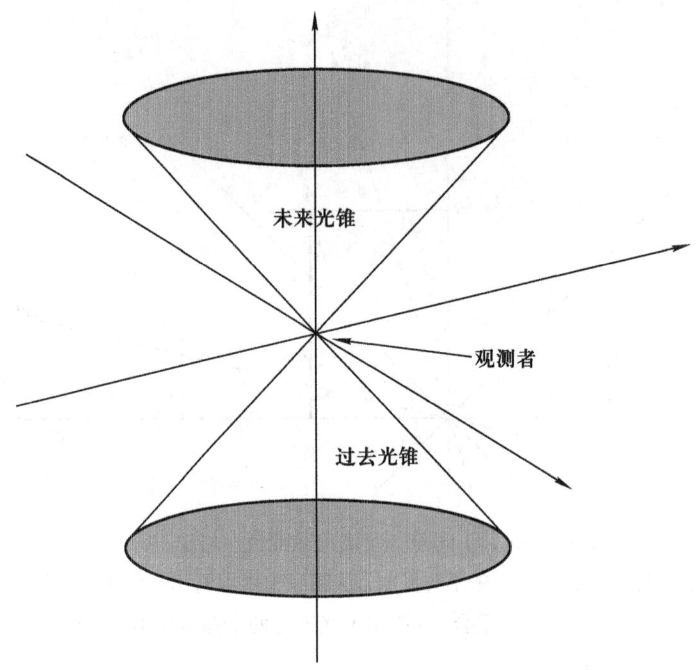


图 1.5 光锥定义了因果关系.

一个粒子在时空中的运动轨迹称为世界线, 在世界线上每一点的切矢量代表着该时刻粒子运动的快慢. 对于一个有质量粒子, 为了保持因果性, 其世界线必须时刻在其光锥中. 换句话说, 其世界线上每点的切矢都在该点的光锥中. 这样的曲线是类时曲线. 类时曲线定义为其上任一点的切矢都是类时矢量的曲线. 如果我们用 $x^\mu(\lambda)$ 来刻画曲线, 其在某点 $\lambda_0$ 的切矢量为

$$V^\mu(\lambda=\lambda_0)=\frac{\mathrm{d}x^\mu}{\mathrm{d}\lambda}|_{\lambda=\lambda_0}, \tag{1.22}$$

则类时曲线意味着在曲线的任一点上都有

$$\eta_{\mu\nu}V^\mu V^\nu<0. \tag{1.23}$$

在闵氏时空中矢量的模长与三维空间中的模长类似, 都可以通过度规来定义. 而对于无质量粒子, 其世界线上的任意两个事件的时空间隔都是零, 即总是以光速运动. 这样的世界线称为零曲线或者类光曲线, 在其上的切矢量满足

$$\eta_{\mu\nu}V^\mu V^\nu=0. \tag{1.24}$$

此外, 在时空中还存在着类空曲线, 它定义为切矢量总是类空矢量的曲线, 即

$$\eta_{\mu\nu}V^\mu V^\nu>0. \tag{1.25}$$

如 1.6 所示, 曲线 1 代表着有质量粒子的世界线, 而曲线 2 是无质量粒子的世界线.

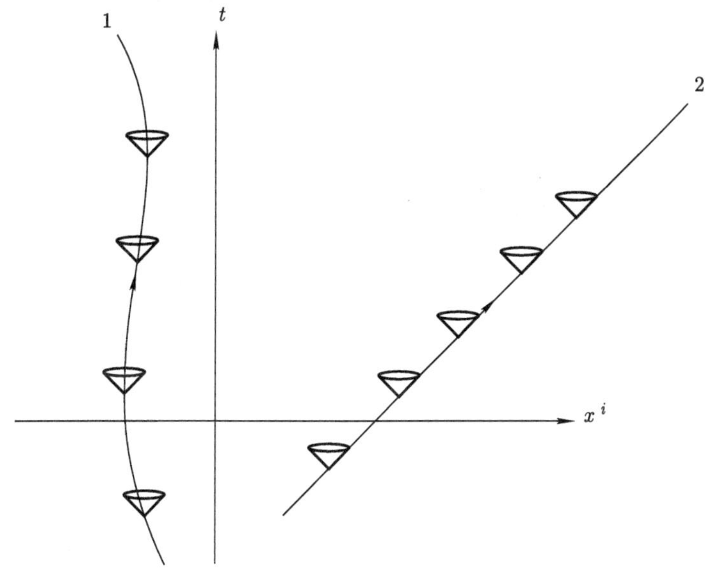


图 1.6 有质量粒子的世界线要求其上每点的切矢量都在该点的光锥内部, 如曲线 1 所示. 而无质量粒子世界线的切矢包含在该点的光锥面上, 如曲线 2 所示.

上面对因果性的讨论看起来是基于两个事件点通过直线相连, 然而这只是为了讨论方便起见, 实际上在闵氏时空中如果两个事件是有因果性的, 则无论用什么连续曲线把它们连接起来, 连续性要求这条曲线一定是类时的. 尽管这条曲线的长度与直线不同, 但在闵氏度规下一定是负的. 同样的道理, 两个没有因果关系的事件只能通过类空曲线相联系.

### 1.1.3 固有时

在学习狭义相对论中的运动学之前, 我们先回顾一下通常矢量的定义. 在三维欧氏空间中的一个矢量 $\boldsymbol{a}$ 定义为从起点到终点的线段, 具有长度和方向. 同样在闵氏时空 $R^{1,3}$ 中的一个 4-矢量 $\boldsymbol{a}$ 也是从一个事件到另一个事件. 显然, 无论是矢量还是 4-矢量, 它们都与坐标的选择无关. 但通常为了描述方便, 我们可以选定一个坐标系, 定义沿不同坐标轴的基矢

$$\hat{e}_t,\quad \hat{e}_x,\quad \hat{e}_y,\quad \hat{e}_z. \tag{1.26}$$

在此坐标系中, 4-矢量 $\hat{a}$ 可以通过其在不同坐标轴上的投影来刻画, 即 $\hat{a}=a^\mu\hat{e}_\mu, \mu=0,1,2,3$, 其中 $a^\mu$ 称为 4-矢量的分量. 再次强调: 基矢 $\hat{e}_\mu$ 依赖于坐标系 (惯性系),

而 $\hat{a}$ 不依赖.

通常三维矢量的运算, 除了叉乘以外, 都可以在 4-矢上定义. 我们常用的标量积满足

(1) $\hat{a}\cdot\hat{b}=\hat{b}\cdot\hat{a}$;

(2) $\hat{a}\cdot(\hat{b}+\hat{c})=\hat{a}\cdot\hat{b}+\hat{a}\cdot\hat{c}$;

(3) $(c\hat{a})\cdot\hat{b}=c(\hat{a}\cdot\hat{b})$, 这里 $c$ 是一个常数.

在某坐标系下写成分量的形式,

$$\hat{a}\cdot\hat{b}=(a^\mu\hat{e}_\mu)\cdot(b^\nu\hat{e}_\nu)=a^\mu b^\nu(\hat{e}_\mu\cdot\hat{e}_\nu). \tag{1.27}$$

定义在此坐标系下的度规为

$$\eta_{\mu\nu}\equiv\hat{e}_\mu\cdot\hat{e}_\nu, \tag{1.28}$$

则

$$\hat{a}\cdot\hat{b}=\eta_{\mu\nu}a^\mu b^\nu. \tag{1.29}$$

由此可见, 两个矢量的标量积需要通过度规张量来定义. 正如我们所熟知的, 三维中两个矢量的标量积只依赖于矢量的大小和方向, 与选择的坐标系无关. 有时候, 我们也用记号 $<\hat{a},\hat{b}>$ 来表示矢量 $\hat{a}$ 和 $\hat{b}$ 的标量积.

例如, 对于前面定义的时空间隔, 我们可以把它看作是两个无穷小位移 4-矢量 $\Delta\hat{x}$ 的标量积: $(\Delta s)^2=\Delta\hat{x}\cdot\Delta\hat{x}$, 即 $\mathrm{d}s^2=\eta_{\mu\nu}\mathrm{d}x^\mu\mathrm{d}x^\nu$.

与三维情形类似, 一旦定义了 4-矢的标量积, 我们就可以讨论与矢量相关的一些概念.

(1) 矢量的大小: 这由矢量的模长确定, $||\hat{a}||^2=\hat{a}\cdot\hat{a}$.

(2) 在四维闵氏时空中, 矢量的大小还可以刻画 4-矢的本性. 模长如果为正, 4-矢是类空的; 如果为负, 4-矢是类时的, 如果为零, 4-矢是类光的, 或称为零的 (null).

(3) 两个矢量 $\hat{a},\hat{b}$ 称为正交的, 如果 $\hat{a}\cdot\hat{b}=0$. 因此, 零矢与其自身正交.

在测量中, 尺子是测量类空距离的工具, 而时钟是测量类时"距离"的工具. 一个观测者携带时钟沿着世界线运动, 时钟测得的"距离"就是观测者的固有时 (proper time). 通常在讨论有质量粒子的运动时, 假想有一个时钟伴随着粒子, 从而可以测到这个粒子的固有时. 假定两个事件间通过某类时世界线相连, 两个事件点间的固有时就是一个观测者沿着世界线从一个事件点出发到达另一个事件点所花的时间.

为了更好地理解固有时, 我们需要引进瞬时参考系 (instantaneous rest frame, 简记为 IRF) 的概念. 对于粒子而言, 它的运动不见得一定是匀速直线运动, 而可以

是时空中任意一条类时曲线. 通常由于粒子的速度随时变化, 我们无法对这个粒子定义一个整体的参考系. 然而对于粒子而言, 在某一个时刻或者瞬间, 它的速度相对于静止参考系而言可以看作是常数, 因此可以定义一个瞬时参考系, 也称为随动参考系 (comoving frame). 相对于瞬时参考系, 粒子总是静止的, 时间的流逝就由固有时来给出.

考虑时空中的一条曲线, 这条曲线由一个参数 $\lambda$ 来刻画. 在坐标系 $\{x^\mu\}$ 中, 这条路径或者曲线由函数 $x^\mu(\lambda)$ 来描述. 对无穷小位矢而言,

$$\mathrm{d}x^\mu = \frac{\mathrm{d}x^\mu}{\mathrm{d}\lambda}\mathrm{d}\lambda. \tag{1.30}$$

因此, 对一条连接两点 $A$ 和 $B$ 的类空曲线, 两点间的距离为

$$\Delta s = \int_{\lambda_A}^{\lambda_B} \sqrt{\eta_{\mu\nu}\frac{\mathrm{d}x^\mu}{\mathrm{d}\lambda}\frac{\mathrm{d}x^\nu}{\mathrm{d}\lambda}}\mathrm{d}\lambda \tag{1.31}$$

而对于类时曲线, 两点间的固有时为

$$\Delta \tau = \int_{\lambda_A}^{\lambda_B} \sqrt{-\eta_{\mu\nu}\frac{\mathrm{d}x^\mu}{\mathrm{d}\lambda}\frac{\mathrm{d}x^\nu}{\mathrm{d}\lambda}}\mathrm{d}\lambda. \tag{1.32}$$

这里 $\lambda_A, \lambda_B$ 分别是事件点 $A, B$ 在世界线上对应的参数. 显然, 通过世界线相连的两个事件点的时空间隔无论类空还是类时都与坐标系的选择无关, 也与刻画世界线的参数 $\lambda$ 的选择无关. 也就是说在变换 $\lambda \to f(\lambda)$ 下 (其中 $f(\lambda)$ 是 $\lambda$ 的任意函数), 时空间隔是不变的. 这个不变性称为世界线的重参数化不变性 (reparametrization invariance). 它来自于无论是事件点, 还是世界线, 都独立于坐标系而存在.

我们可以一般性地讨论时间延迟效应和尺缩效应. 这里讨论时间延迟效应. 这要求我们比较固有时和坐标时的关系. 不管取什么坐标系, 总有

$$\begin{aligned}\tau_{AB} = \int_A^B \mathrm{d}\tau &= \int_A^B (\mathrm{d}t^2 - \mathrm{d}r^2/c^2)^{1/2} \\ &= \int_{t_A}^{t_B} \mathrm{d}t'(1 - v^2(t')/c^2)^{1/2},\end{aligned} \tag{1.33}$$

其中 $v$ 是坐标系 $(t, r)$ 中粒子的速度. 显然,

$$\tau_{AB} < t_B - t_A. \tag{1.34}$$

因此, 除非在与粒子共动的坐标系中, 我们发现坐标时总是大于固有时. 这在粒子物理实验中有广泛的应用. 也就是说, 在实验室中看到的粒子寿命总比它的固有寿命要长. 这个事实每天都在宇宙线和加速器实验中通过测量高速不稳定粒子的寿命得到验证.

对于某种不稳定粒子, 其固有寿命 $\tau_{\mathrm{p}}$ 是其内禀 (intrinsic) 性质, 可以通过正确的理论计算得到. 考虑大量此种粒子的集合, 经过时间 $t$ 以后, 其中一部分衰变掉了. 衰变的粒子数占总粒子数的比例是 $(1-\exp(-t/\tau_{\mathrm{p}}))$. 如果这种粒子相对于实验室惯性系以速度 $v$ 运动, 则实验室中测得的寿命为

$$\tau_{\mathrm{p}}(\gamma)=\gamma\tau_{\mathrm{p}}, \tag{1.35}$$

其中 $\gamma\equiv(1-v^2/c^2)^{-1/2}$ 是洛伦兹因子. 下面我们以 $\mu$ 子 (muon) 为例来说明这个现象.

**例 1.2** $\mu$ 子寿命实验.

$\mu$ 子的主要衰变道是衰变到电子和中微子:

$$\mu^-\to\nu_\mu+\mathrm{e}^-+\bar{\nu}_{\mathrm{e}}, \tag{1.36}$$

其固有寿命为 $\tau_\mu=2.2\ \mu\mathrm{s}$. 20 世纪 70 年代末, 在欧洲核子中心 (CERN) 的对撞机上产生了大量的高速 $\mu$ 子, 其速度接近光速, $v/c=0.9994$, 相应的洛伦兹因子为 $\gamma=29.3$. 探测器中测得的 $\mu$ 子寿命为

$$\tau_\mu^+=64.419\pm.058\ \mu\mathrm{s},\quad \tau_\mu^-=64.368\pm.029\ \mu\mathrm{s}. \tag{1.37}$$

对于反 $\mu$ 子 $(\mu^+)$,

$$[\tau_\mu^+(1)-\tau_\mu^+(\gamma)/\gamma]/\tau_\mu^+(1)=(2\pm9)\times10^{-4}. \tag{1.38}$$

这与狭义相对论的预言高度一致.

在结束本节之前, 我们讨论一下所谓的 "双生子佯谬". 这个佯谬的简单表述如下: 有一对孪生子 $A$ 和 $B$. 假设 $A$ 一直待在家里不动, 而 $B$ 乘坐飞船出外旅行, 如图 1.7 所示. 假定他们的饮食、日常生活都完全一样. 只需考虑他们度过的时间. 他们在离开时对好表, 经过若干年后重逢, 问题是他们谁更年轻? 实际上这只需要比较他们相逢时, 各自的表走了多少时间即可, 也就是说比较他们各自的固有时. 由于这时我们考虑的是类时曲线, 两个事件点间曲线而非直线的 "距离" 更短. 这是因为我们考虑的是时间, 而非空间距离, 所以与通常欧氏空间中 "两点之间直线距离最短" 相反, 这里是 "两点之间直线时间间隔最长". 待在家里不动的 $A$, 其世界线是一条沿时间轴的直线, 因此相逢时他度过的岁月更多. 简而言之, "运动使人年轻".

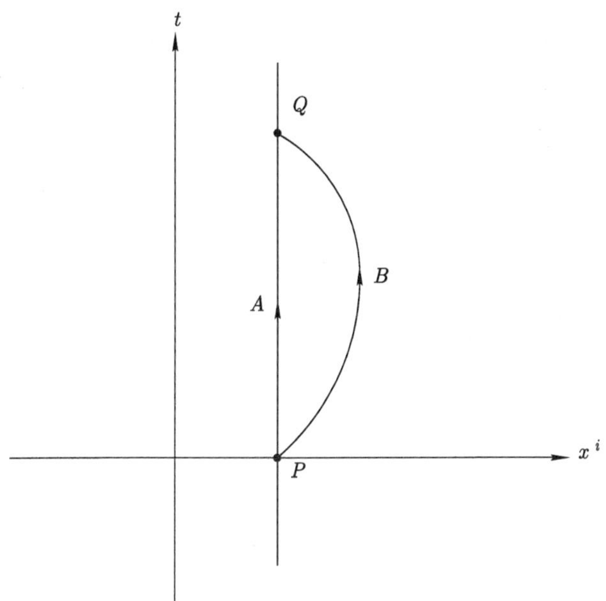


图 1.7 孪生子 $A$ 和 $B$ 在事件点 $P$ 分手, 在事件点 $Q$ 重逢.

## §1.2 狭义相对论中的运动学

本节将讨论在狭义相对论中有质量粒子和无质量粒子的运动学, 以及相关的物理效应. 粒子的运动不必是匀速直线运动, 其世界线只要是类时曲线即可. 我们需要讨论的是平坦时空中粒子的各种运动.

### 1.2.1 有质量粒子

对于有质量粒子, 其世界线 (轨道) 可以通过一个单参数函数 $x^\mu(\lambda)$ 来描述. 这里已经选定一个坐标系 (惯性系) $\{x^\mu\}$, 而 $\lambda$ 是一个刻画粒子运动的参数, 其选择有任意性. 对有质量粒子而言, 参数的一个自然选择是粒子的固有时 $\lambda = \tau$. 换句话说, 我们总可以利用描述粒子运动的重参数化不变性, 选择粒子的固有时作为参数, 这为我们研究粒子的运动提供了方便. 在此选择下, 粒子的 4-速度为

$$u^\mu \equiv \frac{\mathrm{d}x^\mu}{\mathrm{d}\tau}, \tag{1.39}$$

它满足归一化条件

$$\hat{u} \cdot \hat{u} = -1, \tag{1.40}$$

即 4-速度是一个模为 1 的类时矢量. 在粒子的共动参考系中, 粒子总是静止的, 4-速度的取值为

$$u^\mu = (1, 0, 0, 0), \tag{1.41}$$

而在另一个参考系看来粒子的运动速度是 $\boldsymbol{v}$, 其 4-速度的取值为

$$u^\mu = \gamma_v(1, \boldsymbol{v}), \tag{1.42}$$

其中 $\gamma_v$ 是与 $\boldsymbol{v}$ 相关的洛伦兹因子 $\gamma_v = 1/\sqrt{1-\boldsymbol{v}^2}$.

一个质量为 $m$ 的粒子, 其 4-动量定义为

$$\hat{p} \equiv m\hat{u}, \tag{1.43}$$

其分量为

$$p^\mu = mu^\mu = (E, \boldsymbol{P}), \tag{1.44}$$

其中

$$E = m\gamma = m + \frac{1}{2}mv^2 + \cdots, \tag{1.45}$$

$$\boldsymbol{P} = m\gamma\boldsymbol{v} = m\boldsymbol{v} + \cdots, \tag{1.46}$$

这里的 $\boldsymbol{v}$ 是在参考系中看到的粒子速度. $p^\mu$ 的分量满足爱因斯坦的质能关系

$$E^2 - \boldsymbol{P}^2c^2 = m^2c^4. \tag{1.47}$$

在相对于粒子静止的参考系, 即所谓的共动参考系中,

$$E = mc^2. \tag{1.48}$$

这就是著名的爱因斯坦 "质能关系". 进一步地, 我们可以定义粒子的 4-加速度

$$a^\mu \equiv \frac{\mathrm{d}^2x^\mu}{\mathrm{d}\tau^2}. \tag{1.49}$$

在狭义相对论中速度的叠加与牛顿力学中的不同. 如果粒子的世界线在某参考系 $S$ 中用 $x^i(t), i = 1, 2, 3$ 来描述, 则其在 $S$ 中的坐标速度为

$$u^i = \frac{\mathrm{d}x^i}{\mathrm{d}t}. \tag{1.50}$$

而在前面定义的参考系 $S'$ 中, 粒子的速度应该由 $\mathrm{d}x'^i/\mathrm{d}t'$ 来给出. 由

$$\mathrm{d}t' = \gamma(\mathrm{d}t - v\mathrm{d}x), \quad \mathrm{d}x' = \gamma(\mathrm{d}x - v\mathrm{d}t), \quad \mathrm{d}y' = \mathrm{d}y, \quad \mathrm{d}z' = \mathrm{d}z, \tag{1.51}$$

可知

$$\begin{aligned} u'_x &= \frac{\mathrm{d}x'}{\mathrm{d}t'} = \frac{u_x - v}{1 - u_x v}, \\ u'_y &= \frac{\mathrm{d}y'}{\mathrm{d}t'} = \frac{u_y}{\gamma(1 - u_x v)}, \\ u'_x &= \frac{\mathrm{d}z'}{\mathrm{d}t'} = \frac{u_z}{\gamma(1 - u_x v)}. \end{aligned} \tag{1.52}$$

显然这与牛顿力学中的速度叠加方式不同. 当然, 在速度较小的情形, $v \ll c$, 上面的速度叠加关系就回到了牛顿力学的情形.

如果有三个参考系, 其中 $S'$ 相对于 $S$ 以速度 $v$ 沿 $x$ 轴正向运动, 而 $S''$ 相对于 $S'$ 以速度 $v'$ 沿 $x'$ 轴正向运动, 则利用洛伦兹变换可以发现

$$\begin{aligned} t'' &= t\cosh(\phi_v + \phi_{v'}) - x\sinh(\phi_v + \phi_{v'}), \\ x'' &= -t\sinh(\phi_v + \phi_{v'}) + x\cosh(\phi_v + \phi_{v'}), \\ y'' &= y, \\ z'' &= z, \end{aligned} \tag{1.53}$$

这里 $\phi_v, \phi_{v'}$ 分别是对应着速度 $v, v'$ 的快度参数: $\tanh\phi_v = v, \tanh\phi_{v'} = v'$. 上面的变换关系说明参考系 $S''$ 相对于 $S$ 以速度 $u = \tanh(\phi_v + \phi_{v'})$ 沿 $x$ 轴正向运动. 也就是说, 利用快度参数我们可以简单地叠加即可: $\phi_u = \phi_v + \phi_{v'}$. 因此

$$u = \tanh(\phi_v + \phi_{v'}) = \frac{\tanh\phi_v + \tanh\phi_{v'}}{1 + \tanh\phi_v \tanh\phi_{v'}} = \frac{v' + v}{1 + v'v}. \tag{1.54}$$

这就是沿同一方向的两个速度的相对论叠加公式.

有一种误解, 好像在狭义相对论中只能讨论匀速运动而不知如何讨论加速运动, 因为加速运动时惯性系仿佛随时都是变化的. 实际上, 我们可以在狭义相对论中自如地讨论平坦时空中的各种粒子运动问题. 下面我们先讨论一个最简单的情形: 匀加速直线运动. 在上面的讨论中我们有惯性系 $S$ 和 $S'$, 互相通过洛伦兹变换相联系. 如果一个粒子在 $S$ 中运动, 其坐标速度为 $u^i$, 则其坐标加速度为

$$a^i = \frac{\mathrm{d}u^i}{\mathrm{d}t}. \tag{1.55}$$

而对于坐标系 $S'$ 的观测者, 它看到的粒子运动速度是 $u'^i$, 加速度为

$$a'^i = \frac{\mathrm{d}u'^i}{\mathrm{d}t'}. \tag{1.56}$$

由

$$\mathrm{d}t' = \gamma(1 - u_x v)\mathrm{d}t, \tag{1.57}$$

可以得到

$$
\begin{aligned}
a'_x &= \frac{1}{\gamma^3(1-u_xv)^3}a_x,\\
a'_y &= \frac{1}{\gamma^2(1-u_xv)^2}a_y + \frac{u_yv}{\gamma^3(1-u_xv)^3}a_x,\\
a'_z &= \frac{1}{\gamma^2(1-u_xv)^2}a_z + \frac{u_zv}{\gamma^3(1-u_xv)^3}a_x.
\end{aligned}
\tag{1.58}
$$

由此可见, 与牛顿力学中伽利略变换下加速度不变不同, 狭义相对论中的加速度不再是不变的. 然而, 加速度仍然有绝对的意义, 因为如果粒子相对于一个观测者没有加速度, 则对另一个观测者也没有加速运动, 尽管不同观测者看到的加速度不同.

对于一个沿某条世界线运动的有质量粒子, 在其世界线的任何一个事件点都可以定义一个瞬时的惯性系, 这个惯性系相对于原来的坐标系 $S$ 具有的速度正好是粒子在该点的速度 $\boldsymbol{v}=\boldsymbol{u}$. 这样我们就有了一个瞬时静止参考系 (IRF) $S'$, 在其中粒子看起来是静止的, $u'=0$. 其次, 由上面对固有时的讨论, 我们知道固有时间隔与 $S'$ 中的坐标时间隔一样, $\Delta\tau=\Delta t'$. 因此有

$$
a=(1-u^2)^{3/2}a', \tag{1.59}
$$

这里 $a'$ 是在 IRF 中粒子的静止加速度, 也就是相对于固有时的加速度. 如果令 $a'=a_0$ 是一个常数, 就有

$$
\frac{\mathrm{d}u}{\mathrm{d}t}=(1-u^2)^{3/2}a_0. \tag{1.60}
$$

如果取初始时刻的速度为零, $u(t=0)=0$, 我们可以对上面的方程积分得到

$$
\left(x-x_0+\frac{1}{a_0}\right)^2-t^2=\frac{1}{a_0^2}. \tag{1.61}
$$

这是一条双曲线. 也就是说在参考系 $S'$ 中一个做匀加速运动的粒子在 $S$ 系中的轨迹是一条双曲线. 注意, 这里的匀加速实际上是相对于固有时而言, 即加速度 4-矢是常数. 我们可以取粒子的运动原点为 $x_0=1/a_0$ (见图 1.8), 则上面的方程可以进一步简化. 为简单起见, 我们讨论 $(1+1)$ 维中这个粒子的世界线

$$
t(\sigma)=a_0^{-1}\sinh\sigma,\quad x(\sigma)=a_0^{-1}\cosh\sigma,\quad -\infty<\sigma<\infty,
$$

其中 $\sigma$ 是描述世界线的参数. 由于这是一条类时曲线, 其上的度规是 $\mathrm{d}\tau^2=\mathrm{d}t^2-\mathrm{d}x^2=(a_0^{-1}\mathrm{d}\sigma)^2$. 由于 $\tau$ 与粒子的固有时相关, 通过选定 $\sigma=0$ 时 $\tau=0$, 有

$$
\tau=a_0^{-1}\sigma. \tag{1.62}
$$

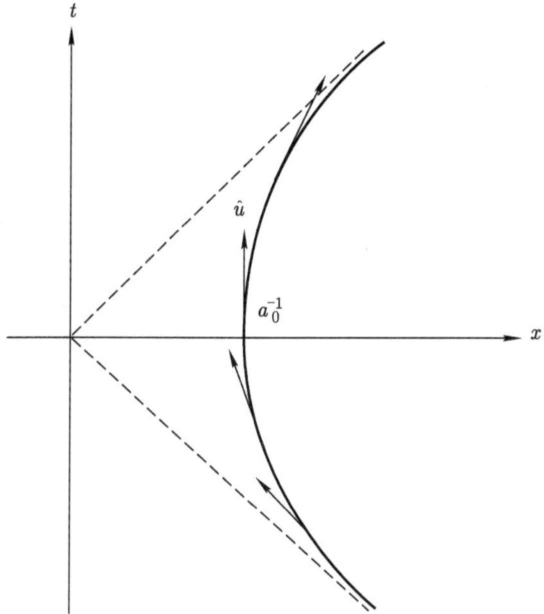


图 1.8 一个沿 $x$ 方向做匀加速运动粒子的世界线.

利用固有时作为参数, 描述世界线的坐标函数变为

$$t(\tau) = a_0^{-1}\sinh(a_0\tau), \quad x(\tau) = a_0^{-1}\cosh(a_0\tau). \tag{1.63}$$

粒子的 4-速度 $u^\mu = \dfrac{\mathrm{d}x^\mu}{\mathrm{d}\tau}$ 总与世界线相切,

$$u^t = \cosh(a_0\tau), \quad u^x = \sinh(a_0\tau), \tag{1.64}$$

满足 $\hat{u}\cdot\hat{u} = -1$. 而在原来的静止坐标系中, 粒子的坐标速度为

$$v^x = \frac{\mathrm{d}x}{\mathrm{d}t} = \tanh(a_0\tau), \tag{1.65}$$

其在 $\tau = \pm\infty$ 时趋于光速. 粒子的 4-加速度为

$$a^t = a_0\sinh(a_0\tau), \quad a^x = a_0\cosh(a_0\tau), \tag{1.66}$$

其大小可以由此 4-矢的模长来确定,

$$|\hat{a}| = (\hat{a}\cdot\hat{a})^{\frac{1}{2}} = a_0. \tag{1.67}$$

因此, 这个粒子的运动确实是一个匀加速运动 (相对于粒子本身的瞬时静止参考系而言).

### 1.2.2 无质量粒子和相对论光学

对于无质量粒子, 由于质量为零, 粒子以光速运动, 其固有时总为零, 因此无法以固有时作为参数来刻画粒子的世界线. 这时, 由于并不存在一个优先的选择, 参数的选择有较大的任意性. 比如, 对于一个沿 $x$ 方向以光速运动的粒子, 粒子的世界线满足

$$x = t. \tag{1.68}$$

一个参数选择是

$$x^\mu = b^\mu \lambda, \quad b^\mu = (1, 1, 0, 0). \tag{1.69}$$

这里 $\lambda$ 参数化世界线, 只要它是实数即可. 当然还有其他很多的参数化方式, 只要满足 $x = t$ 即可, 譬如

$$x^\mu = b^\mu \lambda^3. \tag{1.70}$$

无论何种参数化方式, 粒子的 4-速度总满足 $\hat{u} \cdot \hat{u} = 0$, 其中 $u^\mu = \dfrac{\mathrm{d}x^\mu}{\mathrm{d}\lambda}$. 虽然有很大的自由度, 但我们希望参数化尽量方便使用. 如果 $\dfrac{\mathrm{d}\hat{u}}{\mathrm{d}\lambda} = 0$, 则 $\lambda$ 称为仿射参数化. 仿射参数化是一种方便的参数化方式. 上面两种参数化方式中, 第一种是仿射参数化, 而第二种不是.

对无质量粒子, 如光子, 其能量与波的频率成正比,

$$E = \hbar\omega, \tag{1.71}$$

而粒子的动量 4-矢为

$$p^\mu = (E, \boldsymbol{P}) = (\hbar\omega, \hbar\boldsymbol{k}) = \hbar k^\mu, \tag{1.72}$$

其中 $k^\mu$ 称为波 4-矢. 显然

$$\hat{p} \cdot \hat{p} = \hat{k} \cdot \hat{k} = 0. \tag{1.73}$$

动量 4-矢和波 4-矢都与光子的世界线相切,

$$\hat{p}, \hat{k} \propto \hat{u}. \tag{1.74}$$

在仿射参数化中, $\dfrac{\mathrm{d}\hat{p}}{\mathrm{d}\lambda} = 0$.

下面讨论几个有趣的相对论光学效应.

**例 1.3**　流体对光的拖曳效应 (drag effect).

在狭义相对论建立之前, 基于以太的理论在讨论流体中光的传播问题时碰到了很大的麻烦. 考虑一个在长的直管里流动的透明液体, 光在其中的传播受到了拖曳. 1851 年, 菲佐 (Fizeau) 的实验确认了这一事实. 然而, 按照以太理论, 光的传播媒介是以太, 就像声波的传播媒介是空气一样, 因此如果光被流体拖曳那就意味着以太被流体拖曳. 实验表明, 如果存在以太被拖曳的效应, 那也只是部分地被拖曳. 如果光在静止液体中的传播速度是 $u_0$, 液体相对于管子或者实验室的运动速度是 $v$, 则光相对于实验室的运动速度是

$$u = u_0 + (1 - 1/n^2)v, \tag{1.75}$$

其中 $n = c/u_0$ 是液体的折射系数. 这个事实很容易通过狭义相对论中的速度叠加原理得到解释: 光相对于液体的速度是 $u_0$, 而液体相对于实验室参考系的速度是 $v$, 则光相对于实验室参考系的速度为

$$\begin{aligned} u &= \frac{u_0 + v}{1 + u_0 v/c^2} \approx (u_0 + v)\left(1 - \frac{u_0 v}{c^2}\right) \approx u_0 + v\left(1 - \frac{u_0^2}{c^2}\right) \\ &= u_0 + (1 - 1/n^2)v. \end{aligned} \tag{1.76}$$

其中我们忽略了 $v^2/c^2$ 的项. 爱因斯坦在 1905 年给出了狭义相对论中的速度叠加公式, 两年后劳厄 (Laue) 利用这个公式漂亮地解释了光在流体中的拖曳效应.

**例 1.4**　多普勒 (Doppler) 频移.

下面我们讨论多普勒频移. 如图 1.9 所示, 考虑一个光源, 在光源所在的参考系, 假定光子沿所有的方向以频率 $\omega$ 发射. 而对于接收器, 假设它相对于光源在 $x$ 方向以速度 $\boldsymbol{v}$ 运动. 当 $v > 0$ 时, 代表着源和接收器相向运动, 而 $v < 0$ 则代表背向运动. 如果光子发射时沿着与 $x$ 轴成 $\alpha$ 角的方向, 则接收器接收到的光子与 $x'$ 轴成 $\alpha'$ 角. 假定在观测者静止的参考系 $S'$ 中, 观测者观测到的光子具有波 4-矢量

$$k'^{\mu} = \frac{2\pi}{\lambda'}(1, \cos\alpha', \sin\alpha', 0). \tag{1.77}$$

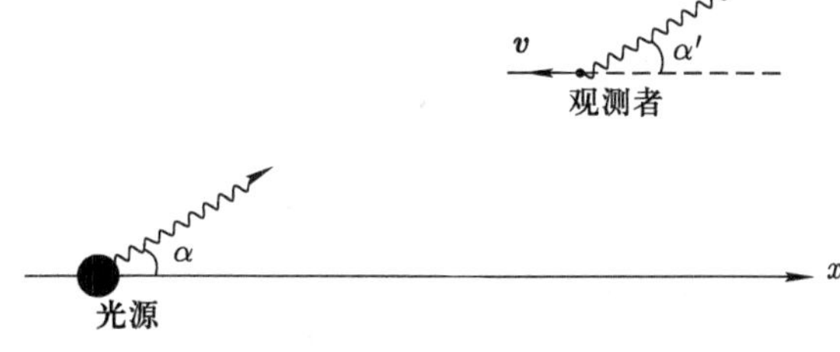


图 1.9　多普勒效应示意图.

光子在闵氏时空中是以直线运动的, 光子的 4-动量 $\hat{k}$ 是一个常矢量, 沿着其世界线保持不变. 换句话说, $\hat{k}$ 在观测者接收到光子的事件点和在光源发射光子的事件点是一样的. 对光源所在的坐标系而言, 发射的光子具有 4-动量 $k^\mu = \hat{k}\cdot\hat{e}^\mu$, 其中 $\hat{e}^\mu$ 是光源的局域实验室. 因此

$$k^\mu = \frac{2\pi}{\lambda}(1, \cos\alpha, \sin\alpha, 0) = \Lambda^\mu_{\ \nu} k'^\nu, \tag{1.78}$$

其中 $\lambda$ 是光子的固有波长, 而 $\lambda'$ 是观测到的波长, 而

$$\Lambda^\mu_{\ \nu} = \begin{pmatrix} \gamma & -v\gamma & & \\ -v\gamma & \gamma & & \\ & & 1 & \\ & & & 1 \end{pmatrix}. \tag{1.79}$$

由此我们得到

$$\frac{\lambda'}{\lambda} = \gamma(1 - v\cos\alpha'), \tag{1.80}$$

$$\tan\alpha = \frac{\tan\alpha'}{\gamma(1 - v\sec\alpha')}. \tag{1.81}$$

第一个公式 (1.80) 实际上就是多普勒效应的公式, 换作频率会更加清楚:

$$\nu' = \frac{\nu}{\gamma(1 - v\cos\alpha')}. \tag{1.82}$$

我们先来关心接收到的光子频率:

$$\nu' = \nu\frac{\sqrt{1-v^2}}{1 - v\cos\alpha'} \tag{1.83}$$

$$\approx \nu(1 + v\cos\alpha'), \quad 如果\ v \ll c. \tag{1.84}$$

由于 $|\alpha'| \leqslant \pi/2$, 因此:

(1) 如果 $v > 0$, 相向运动时接收器接收到的光线频率变高, 即发生蓝移, $\Delta\nu = v\nu\cos\alpha'$.

(2) 如果 $v < 0$, 背向运动时接收到的光线频率变低, 即发生红移, $\Delta\nu = -v\nu\cos\alpha'$.

(3) 如果 $\alpha' = \dfrac{\pi}{2}$, 接收到的光线频率变低, 仍是红移: $\Delta\nu \propto v^2$. 此时, 它是横向多普勒频移, 完全由时间延长效应导致.

可见, 光的多普勒频移与声波的多普勒移动类似: 当光与接收器互相接近时, 接收到的光子频率变高, 而互相远离时, 接收到的光子频率变低. 但与声波的多普

勒效应不同的是，由于时间延长效应，即使是横向的移动，仍然会导致频率的改变.不难发现，多普勒频移的效应是一阶相对论性效应，正比于 $v/c$，而时间延长效应是二阶相对论性效应，正比于 $(v/c)^2$.

特别地，当 $\alpha' = 0$ 时，有

$$\nu' = D\nu, \tag{1.85}$$

其中 $D$ 是所谓的多普勒因子

$$D = \left(\frac{1+v}{1-v}\right)^{1/2}. \tag{1.86}$$

对于横向多普勒效应，$\alpha' = \pi/2$，频率的变化为 $\nu' = \nu/\gamma$. 注意在观测者的参考系中光子的运动方向与观测者的速度垂直. 如果用发射器参考系中的角度，则上面的公式变为

$$\nu' = \nu\frac{1 + v\cos\alpha}{\sqrt{1-v^2}}. \tag{1.87}$$

在静止参考系中，考虑在以角速度 $\omega$ 转动的圆盘上，光源在中心，而观测者在圆盘的边缘的情形. 此时，在静止参考系看来，观测者的速度总是与径向方向垂直，或者说与光子的运动方向垂直，$\alpha = \dfrac{\pi}{2}$. 假设观测者运动到 $x = 0$ 时，其运动方向刚好是沿 $x$ 轴，此时光子的运动是沿 $y$ 轴的. 观测者测量到的光子频率为

$$\nu = \nu_0\gamma, \tag{1.88}$$

其中 $\nu_0$ 是光子的固有频率，而 $\gamma$ 中的速度是在圆盘边缘处的线速度 $v = \omega r_0$. 也就是说光子的频率变大了，光子被蓝移了. 这个效应完全来自于时间延长效应. 1960 年，海伊 (Hay) 等人利用穆斯堡尔 (Mössbauer) 共振测量了这个效应，理论与实验的偏离只有百分之几.

更一般地，我们可以假定在圆盘上光源 $P_0$ 所在的位置是半径为 $r_0$ 的地方，探测器 $P_1$ 在 $r_1$ 的位置，且它们的连线是在径向方向. 由于在圆盘上光子的运动是直线，因此每一个从 $P_0$ 到 $P_1$ 的信号都经过相同的时间，也就是说在实验室参考系中，在发射器和接收器上的两个连续信号有相同的时间间隔 $\Delta t$. 由于光子的运动严格沿着径向方向，与发射器和探测器的线速度方向垂直，我们只需要考虑时间延长效应. 因此，在 $P_0$ 上看到的时间间隔为 $\Delta t\gamma_0$，在 $P_1$ 上看到的时间间隔为 $\Delta t\gamma_1$，其中

$$\gamma_i = \frac{1}{\sqrt{1-(\omega r_i)^2}}, \qquad i = 0, 1. \tag{1.89}$$

因此发射器和接收器观测到的光子频率之比为

$$\frac{\nu_0}{\nu_1} = \frac{\gamma_0}{\gamma_1}. \tag{1.90}$$

利用光源和观测者间的相对运动可以检验时间延长效应. 然而在其中, 由于普通多普勒效应是一级效应, 经常掩盖了时间延长效应. 因此, 我们需要想办法去除多普勒效应的影响. 1938 年, 伊维斯 (Ives) 和斯提瓦尔 (Stilwell) 利用来回运动的离子, 抵消了多普勒效应的影响, 对时间延长效应进行了实验检验. 1985 年①, 利用同样的思想, 凯沃洛 (Kaivolo) 等通过运动的镍原子束以及激光等技术, 检验了时间延长效应, 理论和实验的偏差是 $4\times10^{-5}$. 进一步地, 在 1994 年②, 格里泽 (Grieser) 等把精度提高到 $7\times10^{-7}$.

**例 1.5** 相对论视差和聚光 (beaming) 效应.

下面我们考虑一下由于相对论效应导致的聚光现象. 如图 1.9 所示, 假定光子发射时与 $x$ 轴成 $\alpha$ 角, 因此

$$\cos\alpha = k^x/\omega, \tag{1.91}$$

其中 $k^x$ 是波矢的 $x$ 分量. 而对观测者而言, 有

$$\cos\alpha' = k'^x/\omega'. \tag{1.92}$$

由 $(\omega, k^x)$ 与 $(\omega', k'^x)$ 间的洛伦兹变换可以导出第二个公式 (1.81). 它说明观测到的光子方向与发射时的方向是有差异的, 这称为相对论性视差公式. 它实际上可以写作

$$\cos\alpha' = \frac{\cos\alpha + v}{1 + v\cos\alpha}, \tag{1.93}$$

或者

$$\tan\frac{\alpha'}{2} = \left(\frac{1-v}{1+v}\right)^{1/2}\tan\frac{\alpha}{2}. \tag{1.94}$$

如果源与观测者相对运动, 而且光源有一定的大小分布, 比如说一颗恒星, 其不同部位发射的光子都有可能被我们观测到. 如果 $v>0$, 则 $\alpha'<\alpha$, 而如果 $v<0$, 则 $\alpha'>\alpha$. 假定光源相对于观测者是迎面而来的, 在其边缘处发射的光子是向前光子 ($|\alpha|<\pi/2$), 这些光子被观测者看到时与 $x$ 轴的夹角变小了, 而整个光源相对于观测者而言所张的角也变小了, $|\alpha'|<\arccos v$. 当相对运动速度接近光速时 $v\approx1$, 这个张角将非常小. 因此, 不同方向传播的光子都被源与观测者间的相对运动调在一个方向上了. 这就是所谓的头灯效应 (headlight effect) : 一个在其静止参考系中各向同性发射光子的源在高速运动时其所有的辐射看起来就像在一个很窄的锥中.

①Kaivolo M, et al. Phys. Rev. Lett., 1985, 54: 255.

②Grieser R, et al. Appl. Phys. B, 1994, 59: 127.

即使发射并非各向同性的, 这个效应也存在. 这个效应在高加速度带电粒子形成的同步辐射 (synchrotron radiation) 中表现得非常明显.

经验告诉我们: 运动的车辆和人会感觉垂直下落的雨和雪并非垂直下落而是迎面而来. 上面的讨论告诉我们: 两个运动不同的观测者看到的同一光源发出的光, 由于运动不同会出现视差. 这就是光行差效应. 历史上, 早在 1728 年布拉德雷 (Bradley) 就发现了星光的视差: 对不同速度的观测者, 他们看到的光线夹角是不同的. 这验证了哥白尼 (Copernicus) 的论断: 地球是绕太阳运动的, 地球上的人相对于恒星有相对运动, 造成光行差.

另一方面, 由多普勒频移, 相对运动的光子频率被蓝移了, 而相背运动的光子频率被红移了. 因此, 相对运动时辐射的强度更加集中在运动方向上. 一个均匀辐射的物体, 当它相对你运动时, 看起来要亮一些, 而相背你运动时, 看起来要暗一些. 这就是相对论聚光效应. 更准确地, 从上面的讨论中知道, 如果考虑源的静止系中一个无穷小角度, 在实验室观测时会发现该角度变为

$$\delta\alpha \approx D\delta\alpha'. \tag{1.95}$$

由于实验室中的向前光子的角度变小, 而光子数不变, 因此光子的密度增加一个 $D^2$ 因子. 此外, 考虑到多普勒运动造成的光子能量提高 $D$, 而单位时间到达的光子数增加 $D$, 最终我们发现源的亮度 (由能量流给出) 增加至 $D^4$ 倍,

$$\mathcal{E} = \left(\frac{1+v/c}{1-v/c}\right)^2 \mathcal{E}_0. \tag{1.96}$$

因此当光源与我们相向运动时, 观测到的光子显得特别刺眼.

**例 1.6** 康普顿 (Compton) 散射.

最后我们讨论一下光子与电子的康普顿散射, 它在量子力学的发展中有着重要的意义. 考虑光子与电子的散射过程. 我们在电子的静止参考系 $S$ 中讨论问题. 不妨假定光子沿 $x^1$ 方向入射, 它与电子的 4-动量分别为

$$\begin{aligned} p^\mu|_S &= (h\nu/c, h\nu/c, 0, 0), \\ q^\mu|_S &= (m_{\mathrm{e}}c, 0, 0, 0). \end{aligned} \tag{1.97}$$

由于轴对称性, 我们可以假设散射发生在 $x^1$-$x^2$ 平面中. 散射发生以后, 光子和电子的 4-动量为

$$\begin{aligned} \bar{p}^\mu|_S &= (h\bar{\nu}/c, (h\bar{\nu}/c)\cos\theta, (h\bar{\nu}/c)\sin\theta, 0), \\ \bar{q}^\mu|_S &= (\gamma_u m_{\mathrm{e}}c, \gamma_u m_{\mathrm{e}}u\cos\phi, -\gamma_u m_{\mathrm{e}}\sin\phi, 0), \end{aligned} \tag{1.98}$$

其中 $u$ 是散射后电子获得的速度，而 $\theta$ 和 $\phi$ 分别是散射后光子和电子的世界线与 $x^1$ 轴的夹角. 由 4-动量守恒

$$p^\mu + q^\mu = \bar{p}^\mu + \bar{q}^\mu, \tag{1.99}$$

我们得到

$$\begin{aligned} h\nu/c + m_e c &= h\bar{\nu}/c + \gamma_u m_e c, \\ h\nu/c &= (h\bar{\nu}/c)\cos\theta + \gamma_u m_e u \cos\phi, \\ 0 &= (h\bar{\nu}/c)\sin\theta - \gamma_u m_e u \sin\phi. \end{aligned} \tag{1.100}$$

从上面的三个方程中去掉 $u$ 和 $\phi$，我们发现

$$\bar{\nu} = \nu \left(1 + \frac{h\nu}{m_e c^2}(1 - \cos\theta)\right)^{-1}. \tag{1.101}$$

这给出了入射光子与出射光子频率随出射角的变化关系. 通过在不同角度观测光子，可以很好地验证上面的关系.

### 1.2.3 狭义相对论中的动力学

在本节的最后，我们讨论一下狭义相对论中的动力学. 牛顿第一定律告诉我们：在没有外力的情况下，物体将保持静止或者匀速直线运动. 这个定律的相对论推广很简单，即在没有外力时，4-速度不随时间变化，

$$\frac{\mathrm{d}\hat{u}}{\mathrm{d}\tau} = 0. \tag{1.102}$$

牛顿第二定律说：物体的运动加速度与外力成正比

$$\boldsymbol{F} = m\boldsymbol{a}. \tag{1.103}$$

这个定律没有第一原理的推导，必须当作先验公式予以接受. 其可能的相对论性推广是什么呢？有几点基本要求：

(1) 必须满足相对论性原理. 换句话说，其在不同参考系下应有相同的形式.

(2) 当外力为零时，必须回到第一定律 (1.102) 式.

(3) 当速度远小于光速时，应能回到牛顿第二定律.

由此，我们可以猜测其可能的形式为

$$\hat{f} = m\frac{\mathrm{d}\hat{u}}{\mathrm{d}\tau} = m\hat{a}, \tag{1.104}$$

其中 $m$ 是静止质量, $\hat{f}$ 称为 4-力矢量. 注意, 由于 4-加速度与 4-速度正交, 我们总有 $\hat{f}\cdot\hat{u}=0$.

尽管牛顿第二定律是没有推导的, 第一定律却可以从作用量原理来很好地理解. 考虑一个自由粒子, 其世界线使两个类时相隔的点 $A$ 和 $B$ 间固有时取极值 (实际上是最大值) . 从 $A$ 到 $B$ 的任意类时曲线的固有时为

$$\tau_{AB}=\int_A^B \mathrm{d}\tau, \tag{1.105}$$

其中的线积分是沿着某类时曲线 $x^\mu(\lambda)$, 由 $A=x^\mu(\lambda=0)$ 积到 $B=x^\mu(\lambda=1)$. 因此

$$\tau_{AB}=\int_0^1 \mathrm{d}\lambda\left(\left(\frac{\mathrm{d}t}{\mathrm{d}\lambda}\right)^2-\left(\frac{\mathrm{d}x}{\mathrm{d}\lambda}\right)^2-\cdots\right)^{1/2}. \tag{1.106}$$

考虑端点 $A$ 和 $B$ 固定时所有可能的曲线, 找出其中固有时取极值的, 这相当于上面的积分对 $\delta x^\mu(\lambda)$ 做变分. 问题类似于分析力学中的作用量原理. 此时的作用量是一个一阶积分 $I=\displaystyle\int \mathrm{d}\lambda L$. 如我们所知, 对此作用量的变分将得到欧拉–拉格朗日 (Euler-Lagrange) 方程

$$-\frac{\mathrm{d}}{\mathrm{d}\lambda}\left(\frac{\partial L}{\partial(\mathrm{d}x^\mu/\mathrm{d}\lambda)}\right)+\frac{\partial L}{\partial x^\mu}=0. \tag{1.107}$$

对于我们面对的情况, 这个方程给出

$$\frac{\mathrm{d}^2x^\mu}{\mathrm{d}\tau^2}=0, \tag{1.108}$$

这正好是粒子做匀速直线运动满足的方程. 简而言之, 粒子的作用量原理要求粒子做匀速直线运动, 即符合牛顿第一定律. 后面我们将看到如何把这个图像推广到弯曲时空中粒子的运动.

## §1.3 观测者和观测

在相对论中, 我们需要很好地定义观测者及其观测. 同一物理现象, 不同的观测者可以有不同的观测结果, 这就是相对论的实质. 首先, 我们先定义观测的具体操作. 一个观测基于观测者所在实验室. 实验室就是观测者的静止参考系. 换句话说, 由于观测者在时空中有自己的世界线, 我们需要通过其世界线来确定其实验室.

(1) 在实验室中, 观测者携带的钟定义了时间方向:

$$\hat{e}_0=\hat{u}_{\text{obs}}=\text{观测者 (有质量粒子) 的 4-速度}.$$

(2) 其他空间方向要求与时间方向正交, 并且互相正交归一:

$$\hat{e}_i \cdot \hat{e}_0 = 0, \quad \hat{e}_i \cdot \hat{e}_j = \delta_{ij}. \tag{1.109}$$

通常, $\hat{e}_a$ 称为标架 (tetrad) 矢量. 注意, 这里的下指标并不代表分量, 而是指不同的标架 4-矢.

**例 1.7** 前面讨论的沿 $x$ 方向匀加速运动的宇宙飞船上, 可以建立如下实验室:

$$\begin{aligned}
(\hat{e}_0(\tau))^\mu &= (\cosh(a\tau), \sinh(a\tau), 0, 0),\\
(\hat{e}_1(\tau))^\mu &= (\sinh(a\tau), \cosh(a\tau), 0, 0),\\
(\hat{e}_2(\tau))^\mu &= (0, 0, 1, 0),\\
(\hat{e}_3(\tau))^\mu &= (0, 0, 0, 1).
\end{aligned}$$

可以看到飞船的时间和第一空间方向是随固有时变化的.

当需要测量的粒子的世界线正好与观测者的世界线在某事件点 $P$ 相交时, 我们在 $P$ 处可以对粒子的性质进行观测, 如图 1.10 所示. 所谓的观测是指相对于观测者的实验室 (静止惯性系) 中的钟和空间轴而言. 在事件 $P$ 处观测者所做的任何测量结果由物理量 (矢量和张量) 在标架矢上的投影给出. 也就是说, 这些物理量与标架矢的标量积给出观测结果. 如果粒子的 4-动量为 $\hat{p}$, 观测者观测到的粒子的能量和动量分别为

$$E_{\text{obs}} = -\hat{p} \cdot \hat{e}_0, \quad \boldsymbol{P}^i_{\text{obs}} = \hat{p} \cdot \hat{e}_i \tag{1.110}$$

即粒子 4-动量沿标架 4-矢 $\{\hat{e}_a\}$ 的投影, 或者说与标架 4-矢的标量积. 不难看出, 这里的定义并不要求观测者做匀速运动, 因此可以有广泛的应用. 实际上, 它只依赖于观测者的瞬时参考系的定义. 我们将看到这个定义可以应用到弯曲时空中的测量. 其次, 注意到上面的观测量最终都是由标量积所定义, 因此最终对能量和动量分量的测量结果与坐标系的选择无关. (请思考: 对其他的张量又如何呢?)

在上面的讨论中, 很容易发现对类空基矢的选择并不唯一, 有相当大的自由度, 只需要与类时矢量正交即可. 实际上, 我们可以任意对三个类空基矢进行旋转, 所以有 SO(3) 的旋转自由度. 当然, 不同的选择并没有绝对的意义. 然而, 重点是一旦选定基矢, 我们不希望在下一个时刻有更多的选择性存在. 也就是说, 在上一时刻选定了基矢, 下一时刻的基矢与它有自然的过渡, 这个过渡仅由观测者的运动确定. 在这样一个 "非转动" 标架上, 基矢的变化由类时矢量 $\hat{u}$ 的变化率确定, 而没有额外转动的影响. 换句话说, 我们允许由 4-速度 $\hat{u}$ 和 4-加速度 $\hat{a}$ 定义的平面上无法避免的转动, 但排除通常三维空间矢量上的转动. 因此, 我们要求标架基矢的变化满足下面两个要求:

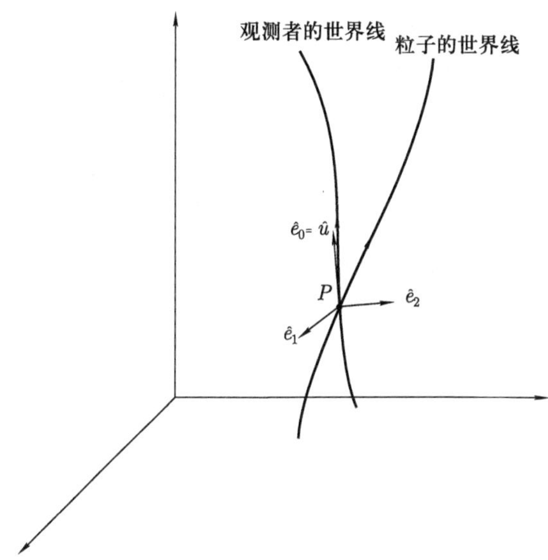


图 1.10 观测是相对于观测者的瞬时参考系而言.

(1) 如果 $\hat{e}_a$ 在 $\hat{u}$ 和 $\hat{a}$ 定义的平面上, 基矢的变化是某种线性变换;

(2) 如果 $\hat{e}_a$ 在其他平面上, 特别是任何类空平面, 基矢不会有任何转动.

满足这两个要求的唯一可能性是

$$\frac{\mathrm{d}\hat{e}_a}{\mathrm{d}\tau} = -(\hat{u}\cdot\hat{e}_a)\hat{a} + (\hat{a}\cdot\hat{e}_a)\hat{u}. \tag{1.111}$$

实际上, 上面的标架基矢可以换成任何其他矢量. 任何矢量如果沿粒子的世界线依照上面的关系变换, 则称其为沿着世界线做费米–沃克尔 (Fermi-Walker) 移动①. 这个关系告诉我们在某事件点选定了一组标架基矢后, 这组标架基矢在随后的时间中随着观测者的运动是如何变化的. 如果某标架基矢 $\hat{e}_a$ 同时与 $\hat{u}$ 和 $\hat{a}$ 正交, 则其变化率为零, 即保持不变. 而对于类时基矢, 其随世界线的变化为 $\dfrac{\mathrm{d}\hat{e}_0}{\mathrm{d}\tau} = \hat{a}$, 即由 4-加速度确定, 这与 4-加速度的定义相容.

上面的讨论实际上依赖于局域参考系的建立以及局域参考系中的理想钟. 如果观测者加速过快就有可能带来麻烦. 比如测量一个完整的光波时, 所需要的时间是 $\Delta t \propto 1/\nu$, 而观测者在此期间位置的变化为 $\dfrac{1}{2}a(\Delta t)^2 \approx \dfrac{1}{2}a\dfrac{1}{\nu^2}$, 其中 $a$ 是观测者的加速度. 这个变化与光子的波长相比必须可以被忽略, 这就要求

$$a \ll 2c. \tag{1.112}$$

①关于如何沿世界线上移动矢量从而定义合法的导数运算等问题将在后面的章节中系统地讨论.

同样, 对做加速运动的源也有类似的限制.

下面利用这里定义的观测来讨论一些物理过程, 从而显示这种定义给我们带来的方便.

**例 1.8** 运动粒子的能量.

考虑一个稳态粒子, 而观测者相对它以速度 $v$ 运动, 观测者测得的粒子能量可以通过洛伦兹变换来得到. 这里选定相对粒子不动的坐标系, 因此粒子的 4-动量为 $\hat{p}=(m,0,0,0)$. 而观测者实验室的时间方向是 $\hat{e}_0=\hat{u}_{\text{obs}}=(\gamma,v\gamma,0,0)$. 由上面的讨论, 观测到的能量是

$$E=-\hat{p}\cdot\hat{e}_0=m\gamma. \tag{1.113}$$

这与我们通常假定观测者静止的参考系来做观测得到的结果一致. 注意 4-动量和基矢间的标量积是一个标量, 不随参考系的选择而变化. 显然, 我们可以选定观测者保持静止的参考系, 而考虑粒子做匀速运动, 最终得到的结果是一样的.

**例 1.9** 一个匀加速观测者看到的光子频率是多少?

考虑一颗位于参考系原点的稳定恒星发出光, 而观测者在一个以匀加速 $a_0$ 前进的宇宙飞船中. 如果 $\omega_\star$ 是在恒星参考系中光子的频率, 而光子的运动沿着正 $x$ 轴, 其 4-动量为

$$p^\mu=(\hbar\omega_\star,\hbar\omega_\star,0,0). \tag{1.114}$$

观测者的世界线在前面的例子中已讨论, 为 $(a_0^{-1}\sinh(a_0\tau),a_0^{-1}\cosh(a_0\tau),0,0)$. 由 $E=-\hat{p}\cdot\hat{u}$, 且 $E=\hbar\omega$, 我们知道测得的光子频率为

$$\omega(\tau)=\hbar^{-1}(p^tu^t-p^xu^x)=\omega_\star(\cosh(a_0\tau)-\sinh(a_0\tau))=\omega_\star\mathrm{e}^{-a_0\tau}. \tag{1.115}$$

如果飞船的初速度沿着负 $x$ 轴, 但加速度沿着正 $x$ 轴方向, 则在转向前, 飞船是向着恒星飞, 观测到的光子频率蓝移, 因为 $\tau<0$. 而在晚期转向以后, 飞船离恒星越来越远, 观测到的光子频率红移. 注意, 与前面讨论多普勒频移时不同, 由于观测者是匀加速运动, 蓝移和红移因子都是指数的形式. 观测者转向以后, 他看到的恒星发出的光变红. 加速度越大, 变红得越快, 一个典型时间尺度是 $\Delta\tau\approx1/a_0$.

实际上, 对于匀加速观测者来说, 存在着视界 (horizon), 在视界之后的时空观测者无法看到. 我们通过图 1.11 来说明: 假定光源 (恒星) $A$ 在原点处保持不动, 但稳定地发光, 其世界线在恒星的静止惯性系中就是沿着 $x=0$ 的时间轴. 而观测者 $B$ 在飞船的舰桥上, 飞船在 $x=1/a_0$ 处转向以匀加速沿着正 $x$ 轴远离恒星. 注意在飞船转向时观测者看到的光实际上是恒星在 $t_0=-1/a_0$ 时刻发出的, 经过时间

$\Delta t = 1/a_0$ 后, 观测者再也看不到恒星的星光, 因为在 $t=0$ 时发出的光线是双曲线的渐近线, 无法与观测者的世界线相交, 也就是说 $t=0$ 之后恒星发出的光再也到达不了飞船. 因此, $x=t$ 相对于观测者来说是一个视界, 意味着在这个面左边发生的一切事件都不可能被观测者 $B$ 看到. 这个视界称为加速视界, 它是个零曲面, 其法矢量是一个零矢量. 更一般地, 对任一个做匀加速运动的观测者而言, 都存在一个视界.

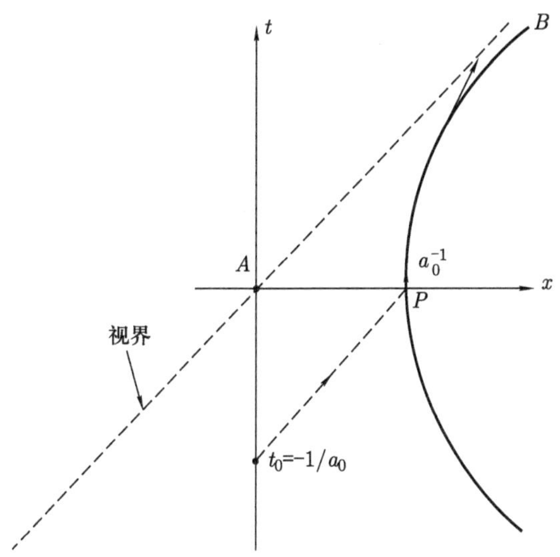


图 1.11 对于匀加速观测者而言存在着视界.

这个视界的存在有着重要的物理意义. 经典上看, 观测者对于时空的某一部分无法做观测, 这完全来自于观测者自己的运动状态. 这说明, 不同的观测者对时空的感观是不一样的. 如果考虑量子力学效应, 这个匀加速运动的观测者将感觉到自己处于一个温度与加速度成正比的热库中. 这种量子现象称为盎鲁 (Unruh) 效应.

**例 1.10** 爱因斯坦圆盘.

如图 1.12 所示, 考虑光子的接收器和发射器都在一个半径为 $r$ 的圆盘边界上, 这个圆盘以常角速度 $\omega$ 转动. 如果发射器发射光子被接收器收到, 可能的红移因子是多少? 如何依赖于 $\omega, r, \alpha$? 红移因子定义为

$$z = \frac{\lambda_o - \lambda_e}{\lambda_e} \tag{1.116}$$

**解** 令 $\hat{u}_e$ 是发射器的 4-速度, $\hat{u}_o$ 为观测者 (接收器) 的 4-速度, 而 $\hat{p}$ 为光子的 4-动量. 我们知道发射光子的能量为

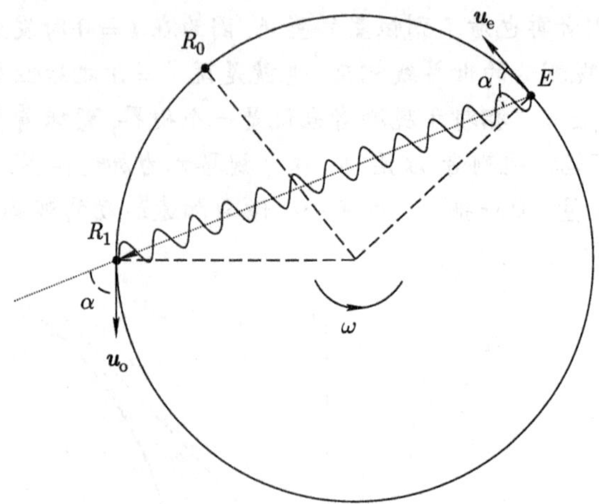


图 1.12 爱因斯坦圆盘. 图中 $E$ 代表发射器的位置, $R_0$ 代表接收器的初始位置, 而 $R_1$ 代表接收到光子时接收器的位置. 从 $E$ 到 $R_1$ 是光子的 4-动量方向. $\alpha$ 是发射器的 3-速度和光子运动方向的夹角, 也是接收器 3-速度和光子运动方向的夹角.

$$E_e = -\hat{p} \cdot \hat{u}_e, \tag{1.117}$$

而观测到的光子能量为

$$E_o = -\hat{p} \cdot \hat{u}_o, \tag{1.118}$$

则

$$\frac{\lambda_o}{\lambda_e} = \frac{E_e}{E_o} = \frac{-\hat{p} \cdot \hat{u}_e}{-\hat{p} \cdot \hat{u}_o} = \frac{p^0 u_e^0 - \boldsymbol{p} \cdot \boldsymbol{u}_e}{p^0 u_o^0 - \boldsymbol{p} \cdot \boldsymbol{u}_o}. \tag{1.119}$$

由于圆盘做匀角速度转动, 发射器和接收器的速度大小为 $|v| = \omega r$ 是一个常数. 因此, 4-速度的空间分量的大小为 $|\boldsymbol{u}_e| = |\boldsymbol{u}_o| = v\gamma$. 由 4-速度的归一化条件, 我们知道 $u_e^0 = u_o^0 = \gamma$. 此外, 利用圆上切线与圆上连线的夹角等于弧度的一半, 我们发现 $\boldsymbol{u}_e$ 与 $\boldsymbol{p}$ 的夹角等于 $\boldsymbol{u}_o$ 与 $\boldsymbol{p}$ 的夹角, 这样

$$\boldsymbol{p} \cdot \boldsymbol{u}_e = \boldsymbol{p} \cdot \boldsymbol{u}_o. \tag{1.120}$$

因此, 我们最终发现

$$\frac{\lambda_e}{\lambda_o} = 1, \tag{1.121}$$

也就是说此时没有红移, 即接收到的光子频率和发射的光子频率相同.

## *附录 1.1　洛伦兹群的进一步介绍

在前面的讨论中已经定义了一般意义上的洛伦兹群是一个保持闵氏时空线元不变的群, 即

$$\Lambda^{\mathrm{T}}\eta\Lambda = \eta, \tag{1.122}$$

其中 $\eta$ 是对角矩阵 $\mathrm{diag}(-1,1,1,1)$, 而 $\Lambda$ 是一个矩阵. 如果进一步要求

$$\Lambda^{0}_{\ 0} \geqslant 1, \quad \det(\Lambda) = 1, \tag{1.123}$$

满足上面关系的矩阵构成一个 $\mathrm{SO}(1,3)$ 群, 称为固有洛伦兹群, 或者简称为洛伦兹群. 洛伦兹群的生成元有 6 个, 其中 3 个与纯粹三维空间转动群的生成元对应, 而另外三个与在不同方向上的洛伦兹变换有关. 它们满足的李代数对易关系如下:

$$\begin{aligned}
&[J_x, J_y] = \mathrm{i}J_z \quad (\text{及其轮换}),\\
&[K_x, K_y] = -\mathrm{i}J_z \quad (\text{及其轮换}),\\
&[J_x, K_y] = \mathrm{i}K_z \quad (\text{及其轮换}),\\
&[J_x, K_x] = 0 \quad (\text{等等}).
\end{aligned}$$

或者, 更简洁地

$$[J_i, J_k] = \mathrm{i}\varepsilon_{ikm}J_m, \quad [J_i, K_k] = \mathrm{i}\varepsilon_{ikm}K_m, \quad [K_i, K_k] = -\mathrm{i}\varepsilon_{ikm}J_m, \tag{1.124}$$

其中 $K_i$ 是洛伦兹转动的生成元, 而 $J_i$ 是通常三维转动的生成元, $\varepsilon_{ikm}$ 是三维平坦空间中的列维–齐维塔 (Levi-Civita) 符号.

实际上, 洛伦兹群与 $\mathrm{SL}(2,C)$ 群是同态的. 对于四维闵氏时空中的一个矢量 $\vec{x} = (t,x,y,z)$, 我们可以构造一个 $2\times 2$ 自伴 (厄米) 矩阵

$$\hat{x} = \begin{pmatrix} t+z & x-\mathrm{i}y \\ x+\mathrm{i}y & t-z \end{pmatrix}, \tag{1.125}$$

易见 $\hat{x}^\dagger = \hat{x}$, 且

$$\det\hat{x} = t^2 - x^2 - y^2 - z^2. \tag{1.126}$$

这个矩阵也可以利用单位元矩阵和泡利 (Pauli) 矩阵来展开:

$$\hat{x} = t\hat{e} + x\hat{\sigma}_1 + y\hat{\sigma}_2 + z\hat{\sigma}_3, \tag{1.127}$$

$$\hat{e}=\begin{pmatrix}1 & 0\\ 0 & 1\end{pmatrix},\quad \hat{\sigma}_1=\begin{pmatrix}0 & 1\\ 1 & 0\end{pmatrix},\quad \hat{\sigma}_2=\begin{pmatrix}0 & -\mathrm{i}\\ \mathrm{i} & 0\end{pmatrix},\quad \hat{\sigma}_3=\begin{pmatrix}1 & 0\\ 0 & -1\end{pmatrix}. \tag{1.128}$$

令 $\hat{L}$ 是一个 $2\times 2$ 复矩阵, 它对 $\hat{x}$ 的作用是

$$\hat{x} \to \hat{L}\hat{x}\hat{L}^{\dagger}, \tag{1.129}$$

它诱导了一个对矢量 $\vec{x}$ 的变换 $\vec{x} \to \varphi(\hat{L})\vec{x}$. 由于

$$\det(\hat{L}\hat{x}\hat{L}^{\dagger}) = |\det(\hat{L})|^2 \det\hat{x}, \tag{1.130}$$

如果 $\hat{L}$ 是一个行列式为 1 的矩阵, 即 $\hat{L} \in \mathrm{SL}(2, C)$, 则它保持矢量 $\vec{x}$ 的长度不变. 所以, 变换 $\varphi(\hat{L})$ 是一个洛伦兹变换.

从洛伦兹群的定义可见, 矩阵 $\Lambda$ 的本征值可以是 $+1$ 或者 $-1$. 如果是 $-1$, 这些群元在群流形上无法通过连续曲线与单位元素相连. 对于类时矢量, 洛伦兹群的元素总是保持其大小不变. 而类时矢量中的零 (时间) 分量可正可负, 一般洛伦兹群的元素可以使其变号而不破坏矢量的大小. 然而这个元素如果可与单位元相连, 则不会改变类时矢量零分量的符号. 这些元素构成了固有洛伦兹群, 它们的行列式取 $+1$, 而且保持类时矢量的向前光锥, 也就是说要求

$$\Lambda^0_{\ 0} \geqslant 1, \quad \det(\Lambda) = 1. \tag{1.131}$$

在此条件下, 类时矢量经过洛伦兹变换其零分量的符号不会发生变化, 如果指向未来则还是指向未来.

如果我们考虑空间反演或者宇称变换, 在四维中可以由如下矩阵表示:

$$I_{\mathrm{s}} = \begin{pmatrix}1 & & & \\ & -1 & & \\ & & -1 & \\ & & & -1\end{pmatrix}, \tag{1.132}$$

则时间反演、固有洛伦兹变换以及两者的乘积一起可以生成一个群, 称为完全洛伦兹群 (complete Lorentz group). 显然, 空间反演与固有洛伦兹群的一个元素相乘, 其行列式为 $-1$. 易见, 空间反演与所有的空间转动生成元对易, 而当它作用在洛伦兹转动生成元上时,

$$I_{\mathrm{s}} K_i I_{\mathrm{s}}^{-1} = -K_i. \tag{1.133}$$

这很容易理解: 空间反演使 $K_i$ 中与空间相关的部分反号.

固有洛伦兹群加上四个方向的平移构成了固有庞加莱群. 庞加莱群的生成元包括 6 个转动生成元和 4 个平移生成元, 共 10 个生成元. 而前面介绍的伽利略变换包括三维转动、速度平移和四个方向的平移, 也有 10 个生成元. 可以证明所有的伽利略变换也构成一个群, 即伽利略群. 在非相对论极限下, 庞加莱群可以约化为伽利略群.

## 习　题

1. 证明洛伦兹变换是仅有的保持线元不变的非奇异坐标变换.
2. 对于一个 $\mathrm{SO}(n,m)$ 群, 其生成元的个数是多少?
3. 证明在非相对论极限下庞加莱群可以约化为伽利略群.
4. 证明一个类时矢量和一个零矢量不可能是正交的.
5. 证明 $\dfrac{\mathrm{d}^3\boldsymbol{p}}{E}$ 和 $\displaystyle\int \mathrm{d}^3\boldsymbol{x}\mathrm{d}^3\boldsymbol{p}$ 是洛伦兹不变的.
6. 考虑一个假想的粒子, 其运动速度超过光速, 称为快子.
   (a) 考虑快子的世界线, 其切矢为 $u^\mu = \mathrm{d}x^\mu/\mathrm{d}s$, 这里 $\mathrm{d}s$ 是沿世界线的类空间隔. 证明 $u^\mu u_\mu = 1$, 并利用 3-速度 $\boldsymbol{v}$ 来表达 $u^\mu$.
   (b) 证明如果快子在一个参考系中运动比光速快, 则它在任何由洛伦兹变换相联系的惯性系中也超光速.
   (c) 定义 $p^\mu = mu^\mu$, 给出能量与 3-动量间的关系.
   (d) 证明在某惯性系中, 快子的能量是负的.
   (e) 考虑如下过程 $a \to a + t$, 其中 $a$ 是普通粒子, $t$ 是快子. 证明此过程与能量、动量守恒不矛盾. 这表明一个有快子的世界是不稳定的.
7. 在欧洲核子中心 LEP 粒子加速器中, 电子和正电子沿相反方向绕半径为 10 km 的圆环分别以 100 GeV 能量运动.
   (a) 这些粒子的运动速度比光速差多少?
   (b) 电子和正电子可以在环中存在两个小时, 它们可以绕环运动多少圈?
8. 仔细推导多普勒效应和相对论聚焦里的公式.
9. 利用观测者和观测的定义, 证明圆盘边缘观测者接收到原点处发出的光子的频率被蓝移了.
10. 考虑一个粒子的 4-动量为 $\hat{p}$, 而观测者的 4-速度为 $\hat{u}$. 证明如果粒子经过观测者的实验室, 测得的 3-动量的大小是
$$|\boldsymbol{p}| = \left[(\hat{p}\cdot\hat{u})^2 + (\hat{p}\cdot\hat{p})\right]^{1/2}.$$
11. 证明当一个电子和一个正电子湮灭时, 放出不止一个光子.

12. 当一个光子与一个运动速度接近光速的粒子发生散射时, 逆康普顿散射将会发生. 假设粒子的静止质量为 $m_0$, 具有总能量 $E$, 它与一个能量为 $E_\gamma$ 的光子碰撞.

(a) 证明散射光子的能量为

$$E\left(1+\frac{m_0^2c^4}{4EE_\gamma}\right)^{-1}. \tag{1.134}$$

(b) 极高能宇宙射线的能量可以达到 $10^{20}$ eV. 那么一个具有如此高能量的质子宇宙线将传递给微波背景辐射中的光子多少能量?

13. 证明当一个光子被一个与其镜面平行的方向运动的镜子反射时, 入射角等于反射角.

14. 一个平面镜沿着与镜面垂直的方向以常速度 $v$ 运动. 一束频率为 $\nu_{\rm i}$ 的光以入射角 $\phi_{\rm i}$ 与镜面发生碰撞, 反射角为 $\phi_{\rm o}$, 而反射光子的频率为 $\nu_{\rm o}$. 证明如下关系:

$$\frac{\tan\dfrac{1}{2}\phi_{\rm i}}{\tan\dfrac{1}{2}\phi_{\rm o}}=\frac{c+v}{c-v},\quad \frac{\nu_{\rm o}}{\nu_{\rm i}}=\frac{\sin\phi_{\rm i}}{\sin\phi_{\rm o}}. \tag{1.135}$$

15. 一个火箭通过喷射燃料来获得加速度. 假设在火箭的静止参考系中燃料的喷射速度是一个常数值 $u$, 火箭从静止加速到速度 $V$. 利用能量和动量守恒求出火箭达到速度 $V$ 时的静止质量与最初的静止质量之比 (燃料应计入静止质量中).

16. 一个航天飞船在某参考系 $S$ 中以变速 $u(t)$ 运动. 一个在飞船中的观测者测量飞船的固有加速度是 $f(\tau)$, 其中 $\tau$ 是固有时. 如果在 $\tau=0$ 时飞船在 $S$ 中的速度是 $u_0$,

(a) 证明

$$\frac{u(\tau)-u_0}{1-u(\tau)u_0/c^2}=c\tanh\psi(\tau). \tag{1.136}$$

这里 $c\psi(\tau)=\displaystyle\int_0^\tau f(\tau')\mathrm{d}\tau'$.

(b) 证明飞船的速度不可能超过光速.

17. 上题中如果飞船的固有加速度是常数 $f$, 而飞船在 $t=\tau=0$ 时离开基地, 并沿直线前进.

(a) 证明在 $t=c/f$ 以后基地的信号再也无法到达飞船上.

(b) 证明基地发出的光信号到达飞船时越来越被红移.

(c) 如果这个固有加速度是地球引力加速度 $g=9.5\ \mathrm{m/s^2}$, 而飞船要到达离基地 10 ly 的一颗恒星, 那么用飞船上的钟测量需要花多长时间?

(d) 在上一问中如果飞船飞到一半时以相反的加速度减速到达恒星, 然后以相同的方式返回基地, 则飞船上的观测者测到的时间是多少? 基地上的时钟已经过了多少年?

18. 假定一个静止质量为 $m_0$ 的粒子受到 4-力 $\hat{f}$ 的作用. 证明相应的 3-力 $\boldsymbol{f}$ 满足

$$\boldsymbol{f}=\gamma_u m_0\boldsymbol{a}+\frac{\boldsymbol{f}\cdot\boldsymbol{u}}{c^2}\boldsymbol{u}. \tag{1.137}$$

由此证明, 当 $\boldsymbol{f}$ 要么平行、要么垂直于 $\boldsymbol{u}$ 时, $\boldsymbol{a}$ 与 $\boldsymbol{f}$ 平行. 进一步证明在这两种情形, 我们分别有 $\boldsymbol{f}=\gamma_u^3 m_0\boldsymbol{a}$ 和 $\boldsymbol{f}=\gamma_u m_0\boldsymbol{a}$. 其中 $\boldsymbol{u}$ 是粒子的运动速度, 而 $\gamma_u$ 是相应的洛伦兹因子.

# 第二章　狭义相对论中的张量运算

张量分析是学习广义相对论的基本工具. 本章将在狭义相对论中引进张量分析, 介绍矢量、张量的概念及其基本运算. 最后, 作为张量分析的一个具体应用, 我们将讨论能动张量的定义.

## §2.1　矢　　量

前面定义的矢量是在平直时空中连接一个端点和一个终点的有方向线段. 这样的定义在更一般的场合并不适用. 比如我们在讨论粒子运动时, 粒子的运动轨迹 —— 世界线通常都不是一条直线, 在某点处粒子的速度并非在世界线上的矢量, 而是在此点世界线的切矢. 为了更一般地描述矢量, 需要引进新的概念. 我们将看到切矢量与方向导数可以一一对应, 从而通过方向导数可以一般性地讨论矢量. 这种做法不止在平直时空中适用, 将来也可以用于弯曲时空中矢量场的讨论.

考虑一个沿世界线 $x^\mu(\lambda)$ 的任意函数 $f(x^\mu(\lambda))$, 它随着世界线的变化为

$$\frac{\mathrm{d}f}{\mathrm{d}\lambda}=\lim_{\epsilon\to0}\frac{f(x^\mu(\epsilon+\lambda))-f(x^\mu(\lambda))}{\epsilon}=\frac{\mathrm{d}x^\mu}{\mathrm{d}\lambda}\frac{\partial f}{\partial x^\mu}. \tag{2.1}$$

令 $\hat{t}$ 是世界线的切矢, 在坐标 $\{x^\mu\}$ 中, 相对于坐标基矢, 切矢的分量为

$$t^\mu=\frac{\mathrm{d}x^\mu}{\mathrm{d}\lambda}. \tag{2.2}$$

因此

$$\frac{\mathrm{d}f}{\mathrm{d}\lambda}=t^\mu\frac{\partial}{\partial x^\mu}f. \tag{2.3}$$

由于 $f$ 是一个任意函数, 在世界线上某一点 $\lambda=\lambda_0$ 的方向导数就由 $\hat{t}$ 给出, 即

$$\hat{t}\,|_{\lambda_0}=\left.\frac{\mathrm{d}}{\mathrm{d}\lambda}\right|_{\lambda_0}=t^\mu\left.\frac{\partial}{\partial x^\mu}\right|_{\lambda_0}. \tag{2.4}$$

方向导数是一个算子, 作用在任意函数上, 它告诉我们函数如何沿世界线变化. 上面的讨论告诉我们, 对每一个方向导数, 都有一个切矢量与之对应. 反之亦然, 对每一个切矢 $\hat{t}$, 都有一个沿曲线的方向导数, 此时的曲线可局部近似为 $x^\mu(\lambda)=x^\mu(\lambda_0)+t^\mu(\lambda-\lambda_0)$, 也就是说可以近似为一条直线来讨论. 所以, 切矢量和方向导数是一一对应的.

简而言之, 我们可以用一个等价的观点来描述矢量: 一个矢量可以看作一个算子. 在某坐标系下, 这个矢量可以写成分量的形式

$$\hat{a} = a^\mu \frac{\partial}{\partial x^\mu}. \tag{2.5}$$

显然, 这样定义的矢量满足矢量代数的所有关系.

如前所述, 矢量是不依赖于坐标系的选取的. 在讨论具体问题时, 为了方便我们取定一组坐标系 $\{x^\mu\}$, 相应地, 就有了一组坐标基矢

$$\hat{e}_\mu = \frac{\partial}{\partial x^\mu}. \tag{2.6}$$

每一个坐标基矢只不过是沿着相应坐标轴的方向导数. 当我们换一组坐标时, 矢量是不变的, 但相应的坐标基矢变化了, 而矢量的分量也随之变化. 假定新的坐标系为 $\{x^{\nu'}\}$, 则有

$$\begin{aligned}\hat{a} &\equiv a^\mu \frac{\partial}{\partial x^\mu} = a^\mu \frac{\partial x^{\nu'}}{\partial x^\mu} \cdot \frac{\partial}{\partial x^{\nu'}} \\ &\equiv a^{\nu'} \frac{\partial}{\partial x^{\nu'}},\end{aligned}$$

所以矢量分量的变化为

$$a^{\nu'} = \frac{\partial x^{\nu'}}{\partial x^\mu} a^\mu, \tag{2.7}$$

而坐标基矢的变化为

$$\hat{e}_{\nu'} = \frac{\partial x^\mu}{\partial x^{\nu'}} \hat{e}_\mu. \tag{2.8}$$

在不少文献中, 常把 $a^\mu$ 称为逆变矢量 (contra-variant vector), 其在坐标变换下的行为如上. 我们再次强调, 矢量是与坐标变换无关的, 只有其分量才会在不同的坐标系中有不同的值.

狭义相对论中的洛伦兹变换不过是一种坐标变换. 这个坐标变换对应于观测者的变化, 只不过此时观测者间的变换是要求保持线元不变的非奇异坐标变换

$$x^\mu \to x^{\mu'} = \Lambda^{\mu'}_{\ \nu} x^\nu, \tag{2.9}$$

因此

$$a^\mu \to a^{\mu'} = \Lambda^{\mu'}_{\ \nu} a^\nu, \tag{2.10}$$

而

$$\hat{e}_\mu = \Lambda^{\nu'}_{\ \mu} \hat{e}_{\nu'}, \quad \hat{e}_{\nu'} = \Lambda^{\mu}_{\ \nu'} \hat{e}_\mu. \tag{2.11}$$

这里 $\Lambda^{\mu}_{\ \nu'}$ 是 $\Lambda^{\nu'}_{\ \mu}$ 的逆,

$$\Lambda^{\nu'}_{\ \mu}\Lambda^{\mu}_{\ \sigma'} = \delta^{\nu'}_{\sigma'}, \quad \Lambda^{\mu}_{\ \nu'}\Lambda^{\nu'}_{\ \rho} = \delta^{\mu}_{\rho}, \tag{2.12}$$

其中 $\delta^{\mu}_{\rho}$ 是克罗内克 (Kronecker) δ 函数, 定义为

$$\delta^{\mu}_{\rho} \equiv \begin{cases} 1, & 如果\ \mu = \rho, \\ 0, & 如果\ \mu \neq \rho. \end{cases} \tag{2.13}$$

## §2.2 对 偶 矢 量

对偶矢量也称为余矢量 (co-vector)、协变矢量 (covariant vector), 或者简单地称为 1 形式 (1-form). 一个对偶矢量 $\hat{\omega}$ 是一个线性映射: 把矢量映射到实数域上, 即

$$\hat{\omega} : \hat{a} \to \hat{\omega}(\hat{a}) \in R. \tag{2.14}$$

后面我们将看到, 在一点 $p$ 的切矢量形成线性空间, 即切空间 $T_p$, 而对偶矢量形成余切空间 $T^*_p$:

$$\{\hat{\omega} \in T^*_p | \hat{\omega}(T_p) = R\}. \tag{2.15}$$

实际上, 从映射的角度我们可以认为切空间和余切空间互为对偶:

$$T_p \leftrightarrow T^*_p. \tag{2.16}$$

由上面的定义可以得到以下关于对偶矢量的性质:

$$\hat{\omega}(a\hat{v} + b\hat{w}) = a\hat{\omega}(\hat{v}) + b\hat{\omega}(\hat{w}),$$
$$(a\hat{\omega} + b\hat{\eta})(\hat{v}) = a\hat{\omega}(\hat{v}) + b\hat{\eta}(\hat{v}),$$

其中 $\hat{\omega}, \hat{\eta} \in T^*_p, \hat{v}, \hat{w} \in T_p, a, b \in R$. 易见, 对偶矢量确实形成矢量空间.

对于对偶矢量来说, 在某坐标系下其基矢 $\hat{\theta}^{\nu}$ 可以定义为

$$\hat{\theta}^{\nu}(\hat{e}_{\mu}) \equiv \delta^{\nu}_{\mu}. \tag{2.17}$$

对于一个对偶矢量 (1 形式), 有

$$\hat{\omega} = \omega_{\mu}\hat{\theta}^{\mu}, \tag{2.18}$$

因此

$$\hat{\omega}(\hat{v}) = \omega_\mu \hat{\theta}^\mu (v^\nu \hat{e}_\nu) = \omega_\mu v^\nu \hat{\theta}^\mu (\hat{e}_\nu) = \omega_\mu v^\nu \delta^\mu_\nu = \omega_\mu v^\mu. \tag{2.19}$$

与矢量一样, 对偶矢量与坐标的选择无关, 由此我们可以知道在洛伦兹变换下 1 形式的分量以及基矢的变换性质为

$$\omega_{\mu'} = \Lambda^{\nu}_{\ \mu'} \omega_\nu, \quad \hat{\theta}^{\rho'} = \Lambda^{\rho'}_{\ \sigma} \hat{\theta}^\sigma. \tag{2.20}$$

上面的讨论好像很抽象, 下面我们看一个具体的例子.

**例 2.1** 标量函数的梯度.

考虑一个标量函数 $f(x^\mu)$ 的梯度. $f$ 沿着一个矢量 $\hat{t}$ 的变化是我们已经讨论过的方向导数 $t^\mu \dfrac{\partial f}{\partial x^\mu}$. 我们可以把它重新写作

$$\mathrm{d}f(\hat{t}) := t^\mu \frac{\partial f}{\partial x^\mu}. \tag{2.21}$$

由此可见, $\mathrm{d}f$ 定义了矢量到实数的映射, 因此它是一个对偶矢量①. 更清楚地, 我们知道标量函数的梯度在一个坐标系下可以写作

$$\mathrm{d}f = \frac{\partial f}{\partial x^\mu} \mathrm{d}x^\mu, \tag{2.22}$$

这表明函数沿 $x^\mu$ 方向的变化. 显然, 我们有

$$\hat{\theta}^\mu \equiv \mathrm{d}x^\mu, \tag{2.23}$$

其满足对偶基矢的性质, 因为 $\mathrm{d}x^\mu \left( \dfrac{\partial}{\partial x^\nu} \right) = \delta^\mu_\nu$. 换言之, 如果我们选择的标量函数恰好是 $x^\mu =$ 常数, 则这个标量函数的梯度定义了对偶基矢, 它只沿着 $x^\mu$ 坐标轴定义的方向导数有变化.

更一般地, 对于标量函数 $g(x^\mu) = -t^2 + x^2 + y^2 + z^2$, 其梯度有分量

$$\frac{\partial g}{\partial x^\mu} = (-2t, 2x, 2y, 2z), \tag{2.24}$$

可以写作

$$\mathrm{d}g = -2t\mathrm{d}t + 2x\mathrm{d}x + 2y\mathrm{d}y + 2z\mathrm{d}z. \tag{2.25}$$

对偶矢量或者 1 形式有清楚的几何图像. 它可以看作矢量的函数. 但它不是一个矢量, 因为如果它是矢量, 我们需要额外的结构 —— 度规来定义标量积从而得

①有时, 标量函数的梯度记作 $\nabla f$. 在本书中, 我们两种记号都在使用, 希望不会引起混淆.

到一个实数. 几何上看, 1 形式包含一系列曲面, 它的大小反比于曲面间的间隔. 而 $\hat{\omega}(\hat{v})$ 由矢量穿过的曲面数确定, 如图 2.1 所示[①]. 最简单的例子是曲面族 $x=n$, 两个曲面相隔为 1, 这给出了基矢 $\mathrm{d}x$. 如果曲面间隔变宽为 $x=2n$, 则对应的 1 形式为 $\frac{1}{2}\mathrm{d}x$. 在四维中, 1 形式是三维的曲面, 在 $n$ 维中, 1 形式是 $(n-1)$ 维曲面. 因此, 1 形式定义了一种分割空间的方式. 注意, 这里用平面来分割空间是一种特殊的情形, 一般而言只是局域成立的. 换句话说, 如果考虑一个点附近的 1 形式场和矢量场间的作用, 这个图像是成立的. 更一般地, 对于一般的标量函数也是如此, 其梯度相当于 1 形式场. 一个直观的图像是等高线, 它对空间进行了切割, 当相邻等高线比较近时, 代表着梯度较大, 也就是该处 1 形式的值较大. 值得提醒大家的是, 等高线的存在不依赖于坐标系的选择, 因此 1 形式场本身是与坐标选择无关的.

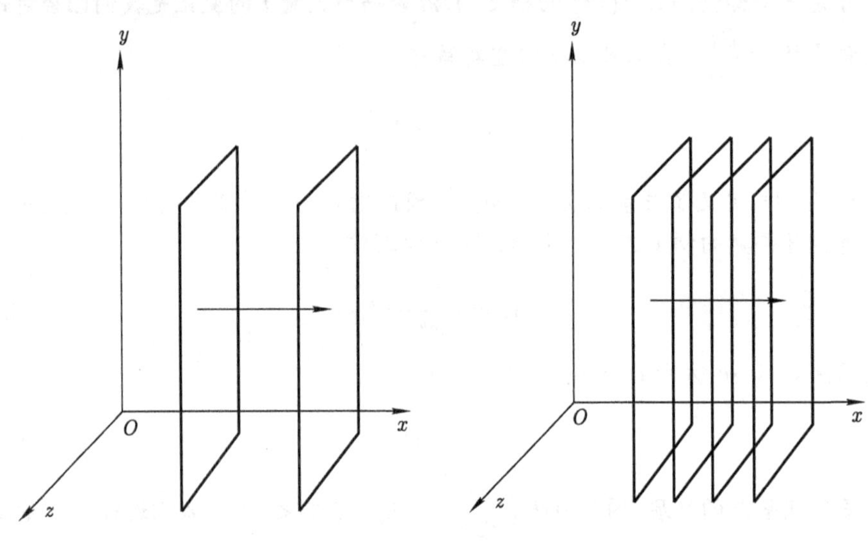


(a) 比较小的1形式　　(b) 比较大的1形式

图 2.1　1 形式的几何图像. 它可以局部地看作一系列曲面, 曲面的疏密与 1 形式的大小有关, 而 1 形式与矢量间的作用由矢量穿过曲面的多少给出.

如前所述, "标量函数 = 常数" 定义了一个曲面, 其梯度是一个 1 形式场. 这个 1 形式场实际上就是通常曲面的法矢. 更准确地说, 这个 1 形式场与曲面上的所有切矢的作用都是零: 如果 $\hat{t}$ 是曲面上的任意切矢量, 而 $\mathrm{d}f$ 是曲面 $f=$ 常数定义的 1 形式, 则我们总有

$$\langle\hat{t},\mathrm{d}f\rangle=\hat{t}(\mathrm{d}f)=0. \tag{2.26}$$

① 这里为了给出直观的几何图像, 牺牲了数学的严谨性. 一方面我们利用差分来代替微分, 从而使曲面族容易理解. 另一方面, 矢量与曲面相交可以得到实数, 而不一定是整数.

实际上可以清楚地看出 1 形式场与通常的法矢量的差别. 通常, 我们定义法矢量是正交于切矢量的. 然而这种正交性的定义来自于法矢量和切矢量间的内积, 这需要通过引进度规场来定义. 而 1 形式场与切矢间的作用实际上是不需要度规场的. 因此, 一个更自然的图像是 1 形式场与曲面正交, 或者说梯度定义了一个法向 1 形式. 如果曲面是封闭的, 把空间分成了内外. 此时如果一个 1 形式与指向外的矢量的作用是正的, 则称这个法向 1 形式是向外的, 否则为向内的.

## §2.3 张　量

一个 $(k,l)$ 型张量定义了一个映射, 作用在 $k$ 个余切空间和 $l$ 个切空间的张量积上:

$$\hat{T}: T_p^* \otimes \cdots \otimes T_p^* \otimes T_p \otimes \cdots \otimes T_p \to R. \tag{2.27}$$

**例 2.2** 常见张量.

(1) 标量: $(0,0)$ 型张量;

(2) 矢量: $(1,0)$ 型张量;

(3) 对偶矢量: $(0,1)$ 型张量;

(4) $(1,1)$ 型张量:

$$\hat{T}(a\hat{\omega}+b\hat{\eta}, c\hat{v}+d\hat{w}) = ac\hat{T}(\hat{\omega},\hat{v}) + ad\hat{T}(\hat{\omega},\hat{w}) + bc\hat{T}(\hat{\eta},\hat{v}) + bd\hat{T}(\hat{\eta},\hat{w}), \tag{2.28}$$

这里 $\hat{T}(\hat{\omega},\hat{v}) \in R$, $\hat{\omega} \in T_p^*$, $\hat{v} \in T_p$, 而 $a,b,c,d$ 都是实数[①].

(5) 对其他类型的张量有类似的结果.

利用张量积, 我们可以从低阶的张量定义更高阶的张量. 给定一个 $(k,l)$ 型张量 $\hat{T}$ 和一个 $(m,n)$ 型张量 $\hat{S}$, 它们的张量积是一个 $(k+m,l+n)$ 型张量 $T\otimes S$, 定义为

$$\begin{aligned}
&\hat{T}\otimes\hat{S}(\hat{\omega}^{(1)},\cdots,\hat{\omega}^{(k)},\cdots,\hat{\omega}^{(k+m)},\hat{v}^{(1)},\cdots,\hat{v}^{(l)},\cdots,\hat{v}^{(l+n)})\\
&\equiv \hat{T}(\hat{\omega}^{(1)},\cdots,\hat{\omega}^{(k)},\hat{v}^{(1)},\cdots,\hat{v}^{(l)})\hat{S}(\omega^{(k+1)},\cdots,\hat{\omega}^{(k+m)},\hat{v}^{(l+1)},\cdots,\hat{v}^{(l+n)}).
\end{aligned} \tag{2.29}$$

注意, 一般而言, 两个张量的张量积不能随便交换顺序, 即通常 $\hat{T}\otimes\hat{S} \neq \hat{S}\otimes\hat{T}$. 这是因为它们作用的矢量空间是不同的.

---

①在本书中我们讨论实流形, 因此在定义时只要求映射到实数域上. 这个条件当然可以放松.

与矢量和对偶矢量一样, 张量是独立于坐标系而存在的. 对于一个 $(k,l)$ 型张量来说, 其基矢为

$$\hat{e}_{\mu_1}\otimes\cdots\otimes\hat{e}_{\mu_k}\otimes\hat{\theta}^{\nu_1}\otimes\cdots\otimes\hat{\theta}^{\nu_l}, \tag{2.30}$$

由此

$$\hat{T}=T^{\mu_1\cdots\mu_k}{}_{\nu_1\cdots\nu_l}\hat{e}_{\mu_1}\otimes\cdots\otimes\hat{e}_{\mu_k}\otimes\hat{\theta}^{\nu_1}\otimes\cdots\otimes\hat{\theta}^{\nu_l}, \tag{2.31}$$

而

$$\hat{T}(\hat{\omega}^{(1)},\cdots,\hat{\omega}^{(k)},\hat{v}^{(1)},\cdots,\hat{v}^{(l)})=T^{\mu_1\cdots\mu_k}{}_{\nu_1\cdots\nu_l}\omega_{\mu_1}\cdots\omega_{\mu_k}v^{\nu_1}\cdots v^{\nu_l}.$$

在洛伦兹变换下, 张量分量的变换规律为

$$T^{\mu_1'\cdots\mu_k'}{}_{\nu_1'\cdots\nu_l'}=\Lambda^{\mu_1'}_{\ \mu_1}\cdots\Lambda^{\mu_k'}_{\ \mu_k}\Lambda^{\nu_1}_{\ \nu_1'}\cdots\Lambda^{\nu_l}_{\ \nu_l'}T^{\mu_1\cdots\mu_k}{}_{\nu_1\cdots\nu_l}. \tag{2.32}$$

下面我们来讨论各种类型的张量. 首先是 $(0,2)$ 型的度规张量, 在闵氏时空中为

$$\hat{\eta}=\eta_{\mu\nu}\mathrm{d}x^\mu\otimes\mathrm{d}x^\nu. \tag{2.33}$$

由上面的定义知它自然地给出了两个矢量的标量积, 或称内积:

$$\hat{\eta}(\hat{v},\hat{w})=\eta_{\mu\nu}v^\mu w^\nu=\hat{v}\cdot\hat{w}. \tag{2.34}$$

如果 $\hat{v}\cdot\hat{w}=0$, 则称 $\hat{v}$ 与 $\hat{w}$ 正交. 这个正交性与坐标系 (惯性系) 的选择无关, 因为内积是一个标量. 另一方面, 考虑矢量与自身的内积可以定义矢量的模: $\hat{\eta}(\hat{v},\hat{v})$. 由模的正负可以把矢量进行分类:

$$\hat{\eta}(\hat{v},\hat{v})\begin{cases}<0, & \text{类时矢量},\\ =0, & \text{类光 (零) 矢量},\\ >0, & \text{类空矢量}.\end{cases} \tag{2.35}$$

如果一条曲线的切矢量总是类时的, 则称这条曲线为类时曲线. 对于一个有质量粒子, 其世界线总是类时的. 也就是说, 类时曲线的切矢总在光锥内.

下面是其他一些常见张量的例子.

(1) 克罗内克 δ 函数 $\delta^\mu_\nu$: 它是一个 $(1,1)$ 型张量, 给出了从矢量到矢量的恒等映射.

(2) 度规张量的逆给出了一个 $(2,0)$ 型张量 $\eta^{\mu\nu}$, 满足

$$\eta^{\mu\nu}\eta_{\nu\rho}=\delta^\mu_\rho,\quad \eta_{\rho\nu}\eta^{\nu\mu}=\delta^\mu_\rho. \tag{2.36}$$

(3) 列维–齐维塔 “张量” (符号) (0,4) 张量:

$$\varepsilon_{\mu\nu\rho\sigma}=\begin{cases}1, & \text{指标是 }(0,1,2,3)\text{ 的偶数次置换},\\ -1, & \text{指标是 }(0,1,2,3)\text{ 的奇数次置换},\\ 0, & \text{其他情形}.\end{cases} \tag{2.37}$$

比如:

$$\varepsilon_{1032}=1, \quad \varepsilon_{3120}=-1.$$

张量 $\eta_{\mu\nu},\eta^{\mu\nu},\varepsilon_{\mu\nu\rho\sigma}$ 与时空结构有关. 在弯曲时空中都有相应的推广.

(4) 电磁场强张量.

电磁场强张量可以通过电磁规范势给出:

$$F_{\mu\nu}=\partial_\mu A_\nu-\partial_\nu A_\mu, \tag{2.38}$$

其中 $A_\mu$ 是一个 U(1) 规范势, 它的规范变换为

$$A_\mu\to A_\mu-\partial_\mu\psi, \tag{2.39}$$

其中 $\psi$ 是任意标量函数. 易见在此规范变换下电磁场强张量是不变的, 其分量为

$$F_{\mu\nu}=\begin{pmatrix}0 & -E_1 & -E_2 & -E_3\\ E_1 & 0 & B_3 & -B_2\\ E_2 & -B_3 & 0 & B_1\\ E_3 & B_2 & -B_1 & 0\end{pmatrix}. \tag{2.40}$$

显然, 它是一个 (0,2) 型张量, 对下指标是反对称的: $F_{\mu\nu}=-F_{\nu\mu}$.

## §2.4 张量运算

利用张量作用在别的张量上可以定义各种各样的张量运算. 为了简单起见, 我们利用张量的分量形式进行讨论, 尽管这些讨论可以利用更加形式化的定义.

首先, 在张量上我们可以定义指标的缩并运算, 即一个上指标和一个下指标间可以求和缩并:

$$S^{\mu\rho}{}_{\sigma}=T^{\mu\nu\rho}{}_{\sigma\nu}, \tag{2.41}$$

这样的运算可以通过克罗内克 δ 函数来诱导. 需要注意的是由于指标代表矢量空间, 指标的顺序非常重要, 有必要保持指标的相对顺序. 一般而言

$$T^{\mu\nu\rho}{}_{\sigma\nu}\neq T^{\mu\rho\nu}{}_{\sigma\nu}. \tag{2.42}$$

其次, 我们可以利用度规张量 $\eta_{\mu\nu}$ 及其逆 $\eta^{\mu\nu}$ 来提升或者下降指标:

$$T^{\alpha\beta\mu}{}_{\delta} = \eta^{\mu\gamma}T^{\alpha\beta}{}_{\gamma\delta}, \quad T_{\mu}{}^{\beta}{}_{\gamma\delta} = \eta_{\mu\alpha}T^{\alpha\beta}{}_{\gamma\delta}. \tag{2.43}$$

在升降指标和缩并时, 需要注意以下几点:

(1) 不要改变指标的顺序.

(2) 不求和的指标保持顺序.

(3) 求和指标必须在方程的同一侧.

(4) 简单地, 我们可以把一个矢量变成一个对偶矢量, 反之亦然,

$$v_{\mu} = \eta_{\mu\nu}v^{\nu}, \quad \omega^{\mu} = \eta^{\mu\nu}\omega_{\nu}. \tag{2.44}$$

(5) 在欧氏空间中, 我们不必区分 $v_{\mu}$ 和 $v^{\mu}$, 但在闵氏时空中, 这二者间会有差别,

$$\omega_{\mu} = (\omega_0, \omega_1, \omega_2, \omega_3) \to \omega^{\mu} = (-\omega_0, \omega_1, \omega_2, \omega_3). \tag{2.45}$$

在弯曲时空中, 差别将更加明显.

利用度规场, 我们可以把一个 1 形式场变成一个矢量场, 从而把矢量间的标量积转化为 1 形式与矢量间的运算. 而利用度规场的逆我们可以定义 1 形式场间的标量积. 两个 1 形式场间的标量积可以定义为

$$\hat{\omega} \cdot \hat{\eta} = g^{\mu\nu}\omega_{\mu}\eta_{\nu}. \tag{2.46}$$

由此我们可以计算一个 1 形式场的大小

$$\|\hat{\omega}\|^2 \equiv \hat{\omega} \cdot \hat{\omega}. \tag{2.47}$$

如果这个值是正的, 则称之为类空的; 如果是负的, 则称之为类时的; 如果是零, 则称之为类光的或者零的. 一个利用函数 $f =$ 常数定义的曲面, 如果其法向 1 形式是类空的, 则称这个曲面是类时的; 如果其法向 1 形式是类时的, 则称这个曲面是类空的; 其法向 1 形式是类光的, 则称这个曲面是类光的. 通常如果曲面并非类光的, 我们可以对法向 1 形式归一化, 定义

$$\hat{n} = \frac{\mathrm{d}f}{\|\mathrm{d}f\|}. \tag{2.48}$$

相应地, 我们可以定义一个法矢量, 其分量为

$$n^{\mu} = \eta^{\mu\nu}n_{\nu}. \tag{2.49}$$

值得注意的是, 在闵氏时空中如果曲面是类空的, 法矢量与法向 1 形式间方向相反. 比如说, 对于 $t =$ 常数定义的曲面, 法向 1 形式为

$$n_\mu = (1, 0, 0, 0), \tag{2.50}$$

而法矢量为

$$n^\mu = (-1, 0, 0, 0). \tag{2.51}$$

这意味着原来向外的法向 1 形式变成了向内的法向矢量. 由此可见, 法向 1 形式更具有内禀的意义.

实际上, 我们可以对张量在指标交换下的性质进行进一步的研究. 我们可以只比较两个指标, 如果在这两个指标交换下张量值不变, 则称这个张量对这两个指标对称. 譬如, 如果 $S_{\mu\nu\rho} = S_{\nu\mu\rho}$, 则称张量对前两个指标对称. 如果更一般地, 无论如何交换指标, 张量的值不变,

$$S_{\mu\nu\rho} = S_{\nu\mu\rho} = S_{\rho\mu\nu} = \cdots, \tag{2.52}$$

则称这个张量为全对称张量. 而如果张量在某两个指标交换时反号, 譬如前两个指标,

$$A_{\mu\nu\rho} = -A_{\nu\mu\rho}, \tag{2.53}$$

则称张量对前两个指标反对称. 如果当所有的指标对交换时都反号, 则称张量为全反对称, 或者斜对称 (skew-symmetric) 张量. 显然, 如果交换指标的次数为偶数次, 则张量值不变, 而次数为奇数次时, 张量值反号.

**例 2.3** 度规张量是全对称张量, 而列维–齐维塔张量和电磁场强张量是全反对称张量.

张量运算中可以把任一张量通过对称化或反对称化变成全对称张量或全反对称张量. 对称化可以如下定义:

$$T_{(\mu_1\cdots\mu_n)\rho}{}^{\sigma} = \frac{1}{n!}(T_{\mu_1\cdots\mu_n\rho}{}^{\sigma} + \text{对所有的关于 } \mu_1, \cdots, \mu_n \text{ 的置换求和}). \tag{2.54}$$

这里实际上定义的是关于 $\mu_1, \cdots, \mu_n$ 的对称化. 类似地, 我们可以定义反称化:

$$T_{[\mu_1\cdots\mu_n]\rho}{}^{\sigma} = \frac{1}{n!}(T_{\mu_1\cdots\mu_n\rho}{}^{\sigma} + \text{对所有 } \mu_1, \cdots, \mu_n \text{ 的置换交错求和}).$$

“交错求和” 的含义是: 偶数次对换取原来的值, 奇数次对换取原来值的相反数. 同样上面的定义是对 $\mu_1, \cdots, \mu_n$ 求反对称化. 通常对称化用圆括号表示, 而反称化用

方括号表示. 而诸如 $T_{(\mu|\nu|\rho)}$ 表示对指标 $\mu,\rho$ 全对称化, 而指标 $\nu$ 不参与其中, 但其顺序必须得到保持.

下面是与张量运算有关的几个特殊性质：

(1) $X^{(\mu\nu)}Y_{\mu\nu} = X^{(\mu\nu)}Y_{(\mu\nu)}$, 无论 $Y$ 是否对称. 这是显而易见的, 二阶张量 $Y$ 总可分解成对称部分和反称部分, 反称部分与对称张量 $X$ 的求和为零, 只剩下对称部分. 这个性质不能简单地推广到高阶张量.

(2) $T_{\mu\nu\rho\sigma} = T_{(\mu\nu)\rho\sigma} + T_{[\mu\nu]\rho\sigma}$, 但一般没有 $T_{\mu\nu\rho\sigma} = T_{(\mu\nu\rho)\sigma} + T_{[\mu\nu\rho]\sigma}$. 也就是说, 只有两个指标时, 可以简单地拆分, 多个指标时不再成立.

(3) 求迹. 对一个 $(1,1)$ 型张量 $X^{\mu}{}_{\nu}$, 其迹是一个标量, 定义为 $X = X^{\mu}{}_{\mu}$. 此时, 可以把这个张量写成矩阵的形式, 而求迹与矩阵求迹一样.

(4) 对一个 $(2,0)$ 型或者 $(0,2)$ 型张量, 迹不再是其对角项的求和. 实际上我们应该首先把张量变成 $(1,1)$ 型, 然后再求迹

$$Y = Y^{\mu}_{\mu} = \eta^{\mu\nu}Y_{\mu\nu}. \tag{2.55}$$

注意

$$\eta^{\mu\nu}\eta_{\mu\nu} = \delta^{\mu}_{\mu} = 4, \tag{2.56}$$

而非 $-1+1+1+1=2$.

## §2.5 狭义相对论中的理想流体

作为张量分析的一个具体应用, 本节讨论一下狭义相对论中的理想流体. 在天体物理和宇宙学中, 产生引力场的源可以非常好地用理想流体来近似, 因此理想流体在研究宇宙的演化、恒星的塌缩等问题中都至关重要.

流体是一种特殊类型的连续介质. 与通常的单粒子或多粒子质点力学不同, 连续介质包含大量的粒子, 它们的运动可能非常复杂. 尽管我们没有能力追踪每一个粒子的运动, 但可以采用取 “平均” 的办法来讨论系统的运动, 包括单位体积内的粒子数、能量密度、动量、压强和温度等. 这里 “平均” 的含义是我们首先要确定一个单元, 这个单元中包含足够多的粒子, 但粒子数目又不能太大, 否则平均就没有意义了. 此外这个单元需要足够局域, 从而我们仍然可以讨论局域的压强和温度 $p(x), T(x)$ 等. 对取 “平均” 具体细致的讨论参见参考书 [26].

流体是一种会流动的连续介质. 如果粒子间的空间间隔和粒子间碰撞的平均时间都小于我们感兴趣的长度和尺度, 我们就有了流体. 不严格地说, 气体也可以归类为流体. 考虑两个相邻的单元 $A$ 和 $B$, 由于存在着相互作用和热运动, 它们之间有压强存在. 如果介质是刚性的, 两个单元之间没有滑动存在. 而如果单元间滑

性很大, 则为流体. 一个理想流体指的是所有的防滑力都为零. 也就是说, 流体的层之间可以任意滑动, 没有任何刚性存在.

### 2.5.1 粒子数–通量 4-矢

我们先考虑一个最简单的系统. 这个系统由一些粒子集合而成, 在某洛伦兹参考系中, 系统中所有的粒子保持静止. 这样的粒子称为尘埃 (dust), 它们足够重, 因此每一个粒子都可以看作独立的, 互相之间的相互作用可忽略. 假定每一个粒子的静止质量为 $m$, 则在这些粒子的静止参考系中, 每个单元的粒子数密度是

$$n = N/V = N/\Delta x\Delta y\Delta z. \tag{2.57}$$

单元中粒子数是一个不随参考系变化的量, 但体积元不是. 如果不是在静止参考系中, 由于洛伦兹尺缩效应, 单元的体积变为 $\Delta x\Delta y\Delta z\sqrt{1-v^2}$. 因此, 在一个所有粒子的运动速度都为 $v$ 的参考系中, 粒子数密度是 $n/\sqrt{1-v^2}$. 另一方面, 如果粒子有速度, 则粒子会产生通量. 穿过一个曲面的通量 (flux) 是单位时间穿过单位面积曲面的粒子数. 如图 2.2 所示, 在静止参考系中, 所有粒子不动, 通量为零. 而在一个运动参考系中, 比如说沿着 $x$ 轴运动, 单位面积是

$$\Delta A = \Delta y\Delta z, \tag{2.58}$$

单位时间穿过这个面积的粒子数为

$$\frac{n}{\sqrt{1-v^2}}v\Delta t\Delta A, \tag{2.59}$$

因此, 沿 $x$ 轴的通量为

$$(\text{通量})^{\bar{x}} = \frac{nv}{\sqrt{1-v^2}}. \tag{2.60}$$

即使粒子并非严格地沿 $x$ 轴运动, 也有

$$(\text{通量})^{\bar{x}} = \frac{nv^{\bar{x}}}{\sqrt{1-v^2}}. \tag{2.61}$$

进一步地, 我们可以定义一个粒子数–通量 4-矢

$$\hat{N} \equiv n\hat{u}, \tag{2.62}$$

其中 $\hat{u}$ 是粒子的 4-速度. 在一个速度为 $\boldsymbol{v}$ 的参考系中, 4-速度的分量为

$$\boldsymbol{u} = (\gamma, \gamma v^x, \gamma v^y, \gamma v^z), \tag{2.63}$$

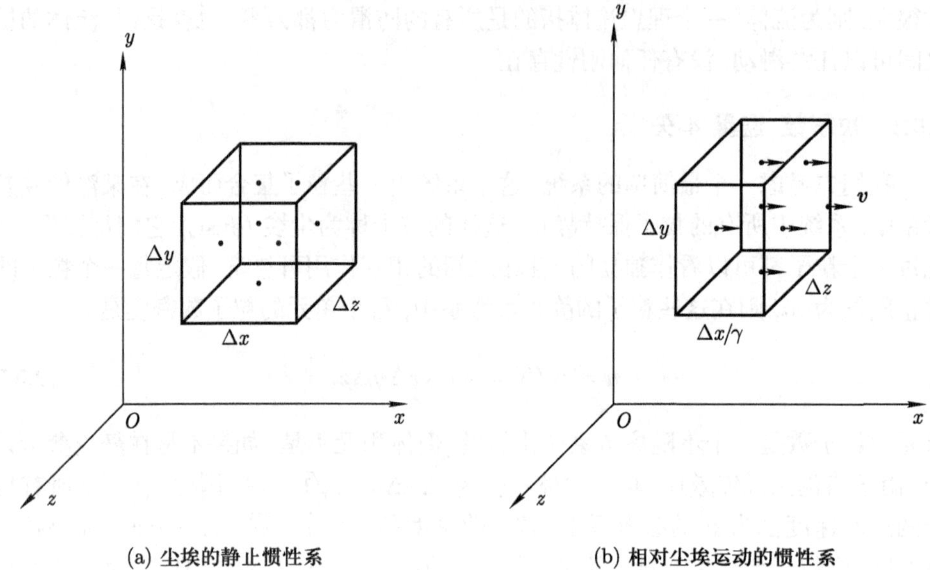


(a) 尘埃的静止惯性系　　(b) 相对尘埃运动的惯性系

图 2.2　不同的惯性系看到的尘埃的状态不同.

所以

$$\hat{N} = (n\gamma, n\gamma v^x, n\gamma v^y, n\gamma v^z). \tag{2.64}$$

第一项正好是粒子数密度, 而后面三项分别是沿不同坐标轴方向的通量. 注意 $\hat{N}$ 是一个与参考系无关的 4-矢, 其模为

$$\hat{N} \cdot \hat{N} = -n^2. \tag{2.65}$$

如果单元足够小, $\hat{N}$ 可以看作一个局域的场 $\hat{N}(x)$, 与所处的位置相关. 这个局域的 4-矢量场满足粒子数的守恒律

$$\frac{\partial N}{\partial t} + \nabla \cdot \boldsymbol{N} = 0, \tag{2.66}$$

即

$$\frac{\partial N^\mu}{\partial x^\mu} = \partial_\mu N^\mu = 0. \tag{2.67}$$

也就是说, 在某个局域中粒子数随时间的变化等于这个局域中粒子通量的变化.

考虑多个粒子的运动. 这些粒子可以不是尘埃, 它们的运动并不要求是整齐划一的. 这样我们可以得到

$$n^\mu = \sum_a \int \mathrm{d}\tau_a \frac{\mathrm{d}x_a^\mu}{\mathrm{d}\tau_a} \delta^4(x^\mu - x_a^\mu(\tau_a)), \tag{2.68}$$

其中 $a$ 代表不同的粒子, 其世界线由 $x_a^\mu$ 来表示. 在单个粒子的随动参考系中, $n^\mu=(n^0,\mathbf{0})$, 而 $n^0=\delta^3(\boldsymbol{x})$ 说明粒子在随动参考系原点. 由于

$$\begin{aligned}\delta^3(\boldsymbol{x})&=\int \mathrm{d}x^0\delta(x^0-x^0(\tau))\delta^3(\boldsymbol{x})\\&=\int \mathrm{d}\tau\frac{\mathrm{d}x^0}{\mathrm{d}\tau}\delta^4(x^\mu-x^\mu(\tau)),\end{aligned}\tag{2.69}$$

我们可以把它推广为矢量, 得到

$$n^\mu=\int \mathrm{d}\tau\frac{\mathrm{d}x^\mu(\tau)}{\mathrm{d}\tau}\delta^4(x^\mu-x^\mu(\tau)).\tag{2.70}$$

对多粒子的推广就顺理成章了. 易证 $\partial_\mu n^\mu=0$.

### 2.5.2 能动张量

前面介绍了 1 形式可以看作分割空间的一系列曲面. 利用 1 形式可以读出矢量和张量的不同分量. 此时, 矢量与 1 形式间的作用等价于矢量穿过定义 1 形式曲面面元的多少. 比如说对于 $\mathrm{d}x^\mu$, 我们有

$$<\mathrm{d}x^\mu,\hat{V}>=V^\mu.\tag{2.71}$$

在三维中, 曲面面元等于单位法矢乘以面积元. 类似地, 四维时空中 3 空间的体积元为 $\hat{n}\Delta x^\alpha\Delta x^\beta\Delta x^\gamma$. 穿过由标量函数 $\phi=$ 常数定义的曲面的通量为 $<\hat{n},\hat{N}>$, 其中 $\hat{n}$ 是曲面的归一化余法矢. 这里的记号应该理解为 $\hat{n}(\hat{N})$, 因为 $\hat{n}$ 是一个 1 形式, 而 $\hat{N}$ 是一个矢量, 所以它们之间不是矢量的标量积, 而是由函数关系定义的. 实际上, 这里的作用正是我们前面提到的 1 形式的几何意义, 它与矢量的作用是由矢量穿过曲面的多少决定的. 通过合适的归一化, $\hat{n}(\hat{N})$ 给出的确实是穿过曲面的通量. 比如, 如果我们取 $\phi$ 为 $\{x=\text{常数}\}$, 则 $\hat{n}=(0,1,0,0)$, 而 $<\mathrm{d}x,\hat{N}>=N^x$ 给出穿过 $\{x=\text{常数}\}$ 曲面的通量. 而如果我们取 $\phi=t=$ 常数, 则 $\hat{n}=(1,0,0,0)$, 所以 $<\mathrm{d}t,\hat{N}>=N^0$ 给出粒子数密度 $N^0=N$. 也就是说, 粒子数密度可以理解为一个类时通量.

类似地, 我们可以理解粒子的能量和动量为 $<\hat{n},\hat{p}>$. 比如说, 能量为 $E=<\mathrm{d}t,\hat{p}>=p^0$. 换句话说, 这里得到的能动量与曲面的选择有关. 我们的讨论已经取定了坐标系, 由此选定了各种曲面, 这就是上面得到的能动量看起来与坐标系选择有关的原因.

下面重新考虑前面的尘埃系统. 我们在静止参考系中考虑单位体积内的能量, 即能量密度. 在这个参考系中, 粒子都是静止的, 因此只有能量密度

$$\rho=nm.\tag{2.72}$$

如果在一个运动惯性系 $\mathcal{O}$ 中, 有洛伦兹变换 $n \to n\gamma, m \to m\gamma$, 所以

$$\rho|_{\mathcal{O}} = \gamma^2 \rho. \tag{2.73}$$

由此可见, 能量密度并非一个标量或者矢量, 它在洛伦兹变换下的行为告诉我们它是某个 $(2,0)$ 型张量的 $(0,0)$ 分量. 这个 $(2,0)$ 型张量就是能动张量① (energy-momentum tensor), 它作用在两个 1 形式基矢的张量积上得到能动张量的不同分量:

$$\hat{T}(\mathrm{d}x^\alpha, \mathrm{d}x^\beta) = T^{\alpha\beta} = \{4\ \text{动量的}\ \alpha\ \text{分量穿过}\ x^\beta = \text{常数曲面的通量}\}. \tag{2.74}$$

换句话说, $\mathrm{d}x^\alpha$ 挑出 4 动量, 而 $\mathrm{d}x^\beta$ 挑出通量. 在某参考系中粒子的能量需要通过一个 1 形式 $\mathrm{d}t$ 读出 4 动量的 0 分量, 而粒子的数密度也需要一个 1 形式 $\mathrm{d}t$ 读出通量 4-矢的 0 分量, 合起来我们就得到了能量密度. 类似地, 我们可以得到能动张量 $T^{\alpha\beta}$ 各个分量的物理意义:

(1) $T^{00} = \hat{T}(\mathrm{d}t, \mathrm{d}t)$ 是能量密度.

(2) $T^{0i}$ 是穿过 $x^i$ 面的能量通量. 它来自于热传导, 即能量密度乘以它的流速. 又因为 $m\boldsymbol{v} = \boldsymbol{p}$, 所以

$$T^{i0} = T^{0i}. \tag{2.75}$$

(3) $T^{i0}$ 是穿过 $t =$ 常数面的第 $i$ 个动量的通量, 即第 $i$ 个动量密度.

(4) $T^{ij}$ 是穿过 $x^j$ 面的第 $i$ 个动量的通量. 它代表相邻流体单元间的力, 称为应力 (stress). 一般地, 可以证明

$$T^{ij} = T^{ji}. \tag{2.76}$$

具体证明参见文献 [3].

(5) 如果只存在垂直于相交面的力, 则

$$T^{ij} = 0, \quad \text{除非}\ i = j. \tag{2.77}$$

(6) 如果 $T^{ij} \neq 0, (i \neq j)$, 则存在黏滞性 (viscosity).

对于尘埃而言, 如果取静止参考系, 我们只有 $T^{00} = mn$, 能动张量的其他分量都为零. 我们可以用脱离参考系的语言给出尘埃的能动张量:

$$\hat{T} = \hat{p} \otimes \hat{N} = mn\hat{u} \otimes \hat{u}, \tag{2.78}$$

①也称为应力能量张量 (stress energy tensor), 或应力张量 (stress tensor).

其分量为

$$T^{\alpha\beta}=\hat{T}(\mathrm{d}x^{\alpha},\mathrm{d}x^{\beta})=\rho\hat{u}(\mathrm{d}x^{\alpha})\hat{u}(\mathrm{d}x^{\beta})=\rho u^{\alpha}u^{\beta}. \tag{2.79}$$

在一个运动参考系中, 4 速度的具体形式易得, 从而可以写下能动张量的具体形式. 它明显是对称的:

$$T^{\alpha\beta}=T^{\beta\alpha}. \tag{2.80}$$

能动张量的对称性不止对尘埃是正确的, 对一般的流体也有此性质.

对一个观测者而言, 可以建立自己的实验室, 即静止参考系, 基矢为 $\{\hat{e}_a\}$. 观测者测到的流体的能量密度为

$$T_{\mu\nu}u^{\mu}_{\rm obs}u^{\nu}_{\rm obs}, \tag{2.81}$$

测得动量密度的第 $i$ 分量为 $-T_{\mu\nu}u^{\mu}(\hat{e}_i)^{\nu}$, 三维应力张量的 $(ij)$ 分量为 $T_{\mu\nu}(\hat{e}_i)^{\mu}(\hat{e}_j)^{\nu}$. 观测到的 4-动量密度为 $W^{\mu}\equiv -T^{\mu}_{\nu}u^{\nu}$.

对于非尘埃的多粒子体系, 有

$$\begin{aligned}T^{\mu\nu}(x)&=\sum_a\int\mathrm{d}\tau_a\frac{\mathrm{d}x^{\mu}_a}{\mathrm{d}\tau_a}p^{\nu}_a(\tau_a)\delta^4(x^{\mu}-x^{\mu}_a(\tau_a))\\&=\sum_a\int\mathrm{d}\tau_a\left(m_a\frac{\mathrm{d}x^{\mu}_a}{\mathrm{d}\tau_a}\frac{\mathrm{d}x^{\nu}_a}{\mathrm{d}\tau_a}\right)\delta^4(x^{\mu}-x^{\mu}_a(\tau_a)),\end{aligned} \tag{2.82}$$

它实际上就是把所有粒子的能动量张量求和而得. 显然, 它满足 $\partial_{\mu}T^{\mu\nu}=0$. 考虑某个体积元, 有

$$\int_V\mathrm{d}^3(x)T^{0\nu}(x)=\sum_{a\in V}\int\mathrm{d}\tau_a\frac{\mathrm{d}x^0_a}{\mathrm{d}\tau_a}p^{\nu}_a(\tau_a)\delta(x^0-x^0_a(\tau_a))=\sum_{a\in V}p^{\nu}_a=p^{\nu}_V(t), \tag{2.83}$$

此即 $t$ 时刻在体积 $V$ 中的总动量. 因此 $T^{00}$ 是能量密度, 而 $T^{0i}$ 是动量密度. 一般而言, 由于粒子间存在相互作用, 能量密度中不止有粒子静止质量的贡献, 也会包含着相互作用势能. 如果考虑上面的总动量相对于时间的变化

$$\frac{\mathrm{d}p^{\nu}_V(t)}{\mathrm{d}t}=\int_V\mathrm{d}^3\boldsymbol{x}\frac{\mathrm{d}}{\mathrm{d}t}T^{0\nu}(x)=-\int_V\mathrm{d}^3\boldsymbol{x}\frac{\partial T^{i\nu}}{\partial x^i}=-\int_{\partial V}\mathrm{d}S_iT^{i\nu}, \tag{2.84}$$

令 $\nu=j$, 则有

$$\frac{\mathrm{d}p^{j}_V(t)}{\mathrm{d}t}=-\int_{\partial V}\mathrm{d}S_iT^{ij}, \tag{2.85}$$

即 3-动量 $p^j$ 的时间变化率, 也就是说 3-力, 与 $T^{ij}$ 对面元 $\mathrm{d}S_i$ 的作用有关. 可以认为 $T^{ij}$ 是每单位面积上的力, 因此它表现为一个沿第 $j$ 个方向作用在面元上的压强. $T^{ij}$ 有两个指标, 一个表示力的方向, 另一个表示作用曲面的方向. 易见 $T^{ij}=T^{ji}$.

利用积分等式

$$\int \mathrm{d}\tau_a \delta(t-x_a^0(\tau_a))f(\tau_a)=\left(f(\tau_a)\left|\frac{\mathrm{d}x_a^0}{\mathrm{d}\tau_a}\right|^{-1}\right)|_{x_a^0(\tau_a)=t}, \tag{2.86}$$

并考虑到世界线总是指向未来的, 有

$$\frac{\mathrm{d}x_a^\mu}{\mathrm{d}\tau_a}\bigg/\frac{\mathrm{d}x_a^0}{\mathrm{d}\tau_a}=(1,v_a^i), \tag{2.87}$$

所以

$$\begin{aligned} n^0&=\sum_a \delta^3(\boldsymbol{x}-\boldsymbol{x}_a(\tau_a)),\\ n^i&=\sum_a v_a^i\delta^3(\boldsymbol{x}-\boldsymbol{x}_a(\tau_a)), \end{aligned} \tag{2.88}$$

而能动张量为

$$T^{\mu\nu}(x)=\sum_a \frac{p_a^\mu(\tau_a)p_a^\nu(\tau_a)}{E_a}\delta^3(\boldsymbol{x}-\boldsymbol{x}_a(\tau_a)). \tag{2.89}$$

### 2.5.3 理想流体

前面介绍的尘埃是一种非常特殊的流体, 我们忽略了粒子间的相互作用和随机热运动. 对于实际的流体而言, 除了流体单元的整体运动外, 每个粒子都有随机热运动, 有自己的速度. 此外, 粒子之间也存在着相互作用, 贡献势能. 这些效应如何在能动张量中体现呢? 我们需要在没有整体运动的静止参考系中考虑问题. 注意这里的静止参考系是相对于流体单元而言, 要求其中的总空间动量为零. 它是流体单元的随动参考系. 两个不同的流体单元可能有相互运动, 因此这个参考系只是对单独的流体单元定义的. 所有与一个流体单元相关的量, 如数密度、能量密度、温度等, 都定义为它们在流体单元静止参考系中的值. 如果我们只考虑包含一种成分 (或者说一种粒子) 的流体, 而不考虑有互相渗透的多分量流体, 则该流体的能动张量中:

(1) $T^{00}$ 是总能量密度, 包含势能和动能.

(2) $T^{0i}$ 是热传导传播的能量, 所以它基本上是一个热传导项.

(3) $T^{i0}$, 如果存在热传导, 能量也会包含动量的贡献.

(4) $T^{ij}$, 粒子的随机热运动给出动量流, 所以 $T^{ii}$ 是沿第 $i$ 个方向的各向同性压强, 而 $T^{ij}$ $(i\neq j)$ 是流体的剪切黏度.

理想流体是一种在静止参考系中没有黏滞性和热传导的流体. 它可以看作理想气体的流体推广. 由于没有热传导, 所以 $T^{0i}=T^{i0}=0$. 没有黏滞性意味着 $T^{ij}=0$, 除非 $i=j$. 因此理想流体只有对角项, 这在所有的参考系中都必须如此, 即

$$T^{ij}=p\delta^{ij}. \tag{2.90}$$

当然, 这个条件可以很容易地理解为没有热传导和黏滞性时, 流体在各个空间方向应该是各向同性的. 也就是说如果流体在随动参考系看来是各向同性的, 则这个流体就是理想流体. 所以, 在静止参考系中理想流体能动张量的分量为

$$T^{\alpha\beta}=(\rho+p)u^{\alpha}u^{\beta}+p\eta^{\alpha\beta}. \tag{2.91}$$

利用张量的语言, 能动张量可以写作

$$\hat{T}=(\rho+p)\hat{u}\otimes\hat{u}+p\hat{g}. \tag{2.92}$$

在上式最后一项中, 我们已经引入了一般的度规张量. 在闵氏时空中, $\hat{g}=\hat{\eta}$. 显然, $\hat{T}$ 是一个 $(2,0)$ 型张量. 注意, 在一个运动参考系看来,

$$T^{00}=(\rho+p)(u^0)^2-p=\frac{\rho+\boldsymbol{v}^2p}{1-\boldsymbol{v}^2}, \tag{2.93}$$

即压强也出现在能量密度中.

如果 $p=0$, 则理想流体是无压强的, 这正对应着尘埃. 理想流体没有压强, 说明其中的粒子没有随机运动. 如果粒子有随机速度, 将会导致压强的产生. 在牛顿引力中,

$$\nabla^2\varPhi=4\pi G\rho, \tag{2.94}$$

其中 $\rho$ 是质量密度. 由狭义相对论, $\rho$ 应该替换成各种形式的能量. 由上面对能动张量的讨论, $\rho$ 只是能动张量中的一个分量, $\rho\to T^{00}$. 这暗示着在引力的相对论性理论中, $\rho\to\hat{T}$. 我们在爱因斯坦的广义相对论中将看到确实如此. 这同时也说明压强在广义相对论中可能有很重要的用途.

在理想流体的能动张量中, 有两个看似独立的量: 能量密度和压强. 实际上这两个量并非独立. 对于不同的理想流体, 它们之间有不同的联系. 通常, 我们可以引入所谓的物态方程

$$p=p(\rho) \tag{2.95}$$

来刻画流体的性质. 下面是一些在宇宙学中经常碰到的理想流体:

(1) 尘埃, $p = 0$.

(2) 辐射, $p = \frac{1}{3}\rho$. 无质量的电磁辐射在宇宙学中有着重要的物理意义, 由于压强非零, 辐射主导的阶段宇宙演化有其特点.

(3) 真空能, 也就是常说的宇宙学常数,

$$p = -\rho. \tag{2.96}$$

因此, 也常称它具有负压强. 其能动张量为

$$T^{\mu\nu} = -\rho_{\text{vac}}\eta^{\mu\nu}. \tag{2.97}$$

这种特别的理想流体在宇宙演化的晚期发挥着支配性的作用.

我们可以从前面对多粒子系统取平均来讨论两种特别的理想流体. 由于理想流体在其静止参考系中没有特定的方向, 因此粒子的 3-动量可以指向所有可能的方向, 而它们在流体单元的和为零. 对所有的方向取平均, 可得

$$< p_a^0 p_a^i >_{\text{方向}} = 0, \tag{2.98}$$

因此有 $T^{0i} = 0$. 而由

$$\frac{1}{4\pi}\int \mathrm{d}\theta \mathrm{d}\varphi \sin\theta p^i p^j = \frac{1}{3}\boldsymbol{p}^2\delta^{ij}, \tag{2.99}$$

得到

$$< p_a^i p_a^j >_{\text{方向}} = \frac{1}{3}\boldsymbol{p}_a^2(\tau_a)\delta^{ij}. \tag{2.100}$$

由此我们得到流体单元中的能量密度和压强:

$$\begin{aligned} \rho &= \left\langle \sum_a E_a(\tau_a)\delta^3(\boldsymbol{x} - \boldsymbol{x}_a(\tau_a)) \right\rangle_{\text{粒子平均}}, \\ p &= \left\langle \sum_a \frac{\boldsymbol{p}_a^2(\tau_a)}{3E_a(\tau_a)}\delta^3(\boldsymbol{x} - \boldsymbol{x}_a(\tau_a)) \right\rangle_{\text{粒子平均}}. \end{aligned} \tag{2.101}$$

因为对于每个粒子而言 $E_a^2 = m^2 + \boldsymbol{p}_a^2 \geqslant \boldsymbol{p}_a^2$, 所以总有

$$\rho \geqslant 3p \geqslant 0. \tag{2.102}$$

对于非相对论性的粒子, $E = m + \frac{p^2}{2m} + \cdots$, 我们发现

$$\rho = n\left(m + \frac{3}{2}k_{\mathrm{B}}T\right), \tag{2.103}$$

这里 $k_{\mathrm{B}}$ 是玻尔兹曼常数, $T$ 是流体的温度. 由于

$$\left\langle \frac{p_a^2(\tau_a)}{3E_a(\tau_a)} \right\rangle \approx \frac{\boldsymbol{p}^2}{3m} = k_{\mathrm{B}}T, \tag{2.104}$$

就得到了理想气体的状态方程 $p = nk_{\mathrm{B}}T$ 或者 $pV = Nk_{\mathrm{B}}T$. 也就是说理想流体可以看作理想气体的一种推广. 如果忽略粒子间的相互作用而只考虑粒子的随机运动, 我们就得到了理想气体的状态方程.

对于极端相对论性的气体, $E = |\boldsymbol{p}| + \cdots$, 所以 $\rho \approx 3p$. 特别地, 对于光子气体, 我们有

$$p = \frac{1}{3}\rho. \tag{2.105}$$

这正是辐射满足的状态方程. 此时, 能动张量的迹为零, $\eta_{\mu\nu}T^{\mu\nu} = 0$. 这与 4 维中电磁场能动张量无迹一致.

### 2.5.4 能动量守恒

在狭义相对论中, 能动量守恒方程为

$$\partial_\mu T^{\mu\nu} = 0. \tag{2.106}$$

这个方程对一个指标求和, 剩下的一个指标表明这个方程实际上包含四个方程. 对于 $\nu = 0$, 这个方程给出能量守恒. 而对于 $\nu = k \neq 0$, 方程给出

$$\partial_\mu T^{\mu k} = 0. \tag{2.107}$$

为了简化讨论, 我们只考虑理想流体的情形. 此时

$$\begin{aligned}\partial_\mu T^{\mu\nu} &= \partial_\mu[(\rho + p)u^\mu u^\nu + p\eta^{\mu\nu}] \\ &= (\partial_\mu(\rho + p))u^\mu u^\nu + (\rho + p)\partial_\mu(u^\mu u^\nu) + \partial_\mu p\eta^{\mu\nu}.\end{aligned}$$

对这个矢量方程, 我们可以先考虑其与 4-速度平行的部分:

$$u_\nu \partial_\mu T^{\mu\nu} = -\partial_\mu(\rho u^\mu) - p\partial_\mu u^\mu. \tag{2.108}$$

这里用到了方程的右边是

$$-\partial_\mu(\rho + p)u^\mu - (\rho + p)\partial_\mu u^\mu + \partial_\mu p u^\mu = -\partial_\mu \rho u^\mu - \rho\partial_\mu u^\mu - p\partial_\mu u^\mu$$

以及等式 $u_\nu\partial_\mu u^\nu = \dfrac{1}{2}\partial_\mu(u_\nu u^\nu) = 0$. 关系式 (2.108) 实际上是能量守恒律的相对论

性推广:

$$\partial_\mu(\rho u^\mu)+p\partial_\mu u^\mu=0. \tag{2.109}$$

在非相对论极限下,

$$u^\mu=(1,v^i),\quad v^i\ll 1,p\ll\rho, \tag{2.110}$$

其中关系 $p\ll\rho$ 是因为压强来自于随机运动, 由于 $v^i\ll 1$, $p$ 非常小. 在此极限下, 上面的方程变为

$$\partial_t\rho+\nabla\cdot(\rho\boldsymbol{v})=0. \tag{2.111}$$

这正好是能量密度的连续性方程, 即能量守恒律.

接下来我们考虑能动量守恒方程在垂直于 4-速度方向上的投影. 为此, 定义一个投影算子

$$P^\sigma_\nu=\delta^\sigma_\nu+u^\sigma u_\nu, \tag{2.112}$$

它作用在平行于 4-速度方向的矢量上为零, 而作用于垂直于 4-速度方向的矢量则保持这个矢量, 即

$$P^\sigma_\nu V^\nu_{||}=V^\sigma_{||}+u^\sigma u_\nu V^\nu_{||}=0,\quad P^\sigma_\nu W^\nu_\perp=W^\sigma_\perp. \tag{2.113}$$

因此, 这个投影算子作用在能动量守恒方程时给出

$$P^\sigma_\nu\partial_\mu T^{\mu\nu}=(\rho+p)u^\mu\partial_\mu u^\sigma+\partial^\sigma p+u^\sigma u^\mu\partial_\mu p. \tag{2.114}$$

在静止坐标系中, $\sigma=0$ 时方程是自动满足的, 只有 $\sigma=i$ 时是非平凡的. 由于 $u^i=0$, 有

$$0=(\rho+p)u^\mu\partial_\mu u_i+\partial_i p=(\rho+p)a_i+\partial_i p. \tag{2.115}$$

这里用到了以下事实:

$$a_\sigma=\frac{\mathrm{d}}{\mathrm{d}\tau}u_\sigma=\frac{\mathrm{d}x^\mu}{\mathrm{d}\tau}\frac{\partial}{\partial x^\mu}u_\sigma=u^\mu\partial_\mu u_\sigma. \tag{2.116}$$

方程 (2.115) 的物理意义并不容易看清楚. 为了解其物理意义, 我们可以把它与其非相对论极限下的方程做比较. 在取非相对论极限时, 我们只保留一阶项. $\sigma=0$ 的部分是平庸的, 而 $\sigma\neq 0$ 部分给出

$$\rho[\partial_t\boldsymbol{v}+(\boldsymbol{v}\cdot\nabla)\boldsymbol{v}]=-\nabla p. \tag{2.117}$$

这正是流体力学中的欧拉 (Euler) 方程. 它可以写成另一种形式

$$\rho \boldsymbol{a} + \nabla p = \boldsymbol{0}. \tag{2.118}$$

相对论性的方程只不过是把 $\rho$ 换成 $(\rho + p)$. 也就是说, 在相对论情形, 压强可能有重要的应用. 实际上, 在相对论中 $(\rho + p)$ 的作用类似于惯性质量密度, 因为方程 (2.115) 基本上就是 $\boldsymbol{F} = \boldsymbol{a}$.

在结束本节之前, 我们简单介绍一下能动张量在广义相对论中的重要性. 在牛顿引力中, 只有 $\rho = m$ 出现在泊松方程中. 而相对论性地, 静止质量和能量是可换的. 因此, 所有能量 $T^{00}$ 都应该成为引力场的源. 为了建立一个好的理论, 能动张量的所有分量都应该出现在理论中. 爱因斯坦猜测引力的源就是能动张量 $\hat{T}$.

我们强调一下压强 $p$ 在广义相对论中的重要意义. 首先, 它是引力场的源. 其次, 考虑一个致密恒星, 如中子星, 强引力场要求恒星内部存在一个大的压强梯度来平衡引力从而保持恒星的稳定性. 再次, 方程 (2.115) 告诉我们, 与牛顿引力比较, 在相对论中需要更大的压强梯度来保持稳定性. 最后, 在后面的讨论中我们将看到, 压强在宇宙学中有着重要的作用.

## 习　题

1. 计算在 4 维中的

$$\varepsilon_{\alpha\beta\gamma\delta}\eta^{\alpha\mu}\eta^{\beta\nu}\eta^{\gamma\rho}\eta^{\delta\lambda}\varepsilon_{\mu\nu\rho\lambda}. \tag{2.119}$$

2. 假定在闵氏时空中一个二阶张量 $X^{\mu\nu}$ 和一个一阶矢量 $V^\mu$ 的分量分别为

$$X^{\mu\nu} = \begin{pmatrix} 1 & -1 & 0 & 0 \\ -1 & 0 & 5 & 3 \\ -2 & 1 & 0 & 0 \\ 0 & 1 & 0 & 2 \end{pmatrix}, \quad V^\mu = (0, 3, 1, -2),$$

求以下张量的分量:

(a) $X^\mu_{\ \nu}$;

(b) $X_\mu^{\ \nu}$;

(c) $X^{(\mu\nu)}$;

(d) $X_{[\mu\nu]}$;

(e) $X^\lambda_{\ \lambda}$;

(f) $V^\mu V_\mu$;

(g) $V_\mu X^{\mu\nu}$.

3. 证明任何二阶张量总可以写成其对称化部分和反对称化部分的和, 即 $A_{\mu\nu} = A_{(\mu\nu)} + A_{[\mu\nu]}$. 如果 $B^{\mu\nu} = B^{\nu\mu}$ 而 $C^{\mu\nu} = -C^{\nu\mu}$, 证明 $A_{\mu\nu}B^{\mu\nu} = A_{(\mu\nu)}B^{\mu\nu}$ 和 $A_{\mu\nu}C^{\mu\nu} = A_{[\mu\nu]}C^{\mu\nu}$.
4. 如果 $t_{ab}$ 是对称张量的分量, 而 $v_a$ 是一个矢量的分量, 证明如果

$$v_a t_{bc} + v_c t_{ab} + v_b t_{ca} = 0, \tag{2.120}$$

   则要么 $t_{ab} = 0$, 要么 $v_a = 0$.
5. 在天文观测中, 一个物体的亮度由在地球上观测者看到的辐射通量 $T^{0i}$ 确定. 这里计算一下这个通量如何依赖于物体和地球的相对运动.
   (a) 在有固定亮度 $L$ (每秒辐射的总能量) 的恒星的静止惯性系 $S$ 中, 假定恒星在原点, 证明在事件点 $(t, x, 0, 0)$ 处恒星辐射的能动量张量具有分量 $T^{00} = T^{0x} = T^{x0} = T^{xx} = L/(4\pi x^2)$.
   (b) 令 $\hat{X}$ 是把辐射的发射和接收分开的零矢量, 证明对于在事件点 $(x, x, 0, 0)$ 的观测到的辐射而言, $\hat{X} = (x, x, 0, 0)|_S$. 证明 (a) 中的能动张量具有与参考系无关的形式

$$\hat{T} = \frac{L}{4\pi} \frac{\hat{X} \otimes \hat{X}}{(\hat{U}_s \cdot \hat{X})^4}, \tag{2.121}$$

   这里 $\hat{U}_s$ 是恒星的 4-速度.
   (c) 令地球上的观测者 $\mathcal{O}$ 沿 $x$ 方向以速度 $v$ 远离恒星运动, 测量相同的辐射. 令 $\hat{X} = (R, R, 0, 0)$, 找出 $R$ 对 $x$ 的函数依赖式. 求出这个观测者观测到的能量通量.
6. 利用能动量守恒方程证明, 对于有限大小的系统 (即能动张量只在空间有限区域中非零):
   (a) 在某惯性系下, $\partial_t \int T^{0\nu} \mathrm{d}^3 x = 0$. 这表明能量和动量守恒.
   (b) $\partial_t^2 \int T^{00} x^i x^j \mathrm{d}^3 x = 2 \int T^{ij} \mathrm{d}^3 x$.

# 第三章　电动力学和狭义相对论

本章将利用前面学习到的语言回顾电动力学的基本知识. 我们将讨论麦克斯韦方程组的协变性、电磁现象的统一, 以及电磁辐射的基础. 电动力学的系统分析参见文献 [27].

## §3.1　麦克斯韦方程

在 19 世纪中叶, 麦克斯韦发现电磁现象可以统一地利用一组方程来描述. 如果忽略介质的极化和磁化, 这组方程的形式为

$$
\begin{aligned}
\nabla \times \boldsymbol{B} - \partial_t \boldsymbol{E} &= 4\pi \boldsymbol{J} \\
\nabla \cdot \boldsymbol{E} &= 4\pi\rho, \\
\nabla \times \boldsymbol{E} + \partial_t \boldsymbol{B} &= 0, \\
\nabla \cdot \boldsymbol{B} &= 0.
\end{aligned}
\tag{3.1}
$$

麦克斯韦理论实际上是爱因斯坦提出狭义相对论的源泉. 在真空中这组方程变为①

$$
\begin{aligned}
\nabla \cdot \boldsymbol{E} &= 0, \\
\nabla \cdot \boldsymbol{B} &= 0, \\
\nabla \times \boldsymbol{E} &= -\partial_t \boldsymbol{B}, \\
\nabla \times \boldsymbol{B} &= \mu_0 \epsilon_0 \partial_t \boldsymbol{E}.
\end{aligned}
\tag{3.2}
$$

由此可得电磁波动方程

$$
\begin{aligned}
\nabla^2 \boldsymbol{E} &= \mu_0 \epsilon_0 \frac{\partial^2 \boldsymbol{E}}{\partial t^2}, \\
\nabla^2 \boldsymbol{B} &= \mu_0 \epsilon_0 \frac{\partial^2 \boldsymbol{B}}{\partial t^2}.
\end{aligned}
\tag{3.3}
$$

也就是说电场和磁场都是以光速 $c^2 = 1/\mu_0\epsilon_0$ 传播. 麦克斯韦理论的一个惊人的结论是可见光本身就是一种电磁波, 光速由电磁理论中两个常数 $\mu_0, \epsilon_0$ 确定. 麦克斯

①在本章的讨论中, 为了更清楚地认识相对论性效应, 我们在公式中尽量保留物理常数.

韦理论不仅统一了电和磁, 也统一了光学与电磁学. 然而, 如果麦克斯韦理论是正确的, 它与伽利略变换是不相容的. 在伽利略变换下

$$\boldsymbol{x}' = \boldsymbol{x} - \boldsymbol{v}t, \quad t' = t, \tag{3.4}$$

如果一个场 $\Psi$ 在参考系 $(t', \boldsymbol{x}')$ 中满足波动方程

$$\left(\sum_i \frac{\partial^2}{\partial x_i'^2} - \frac{1}{c^2}\frac{\partial^2}{\partial t'^2}\right)\Psi = 0, \tag{3.5}$$

则在参考系 $(t, \boldsymbol{x})$ 中, 其运动方程为

$$\left(\nabla^2 - \frac{1}{c^2}\frac{\partial^2}{\partial t^2} - \frac{2}{c^2}\boldsymbol{v}\cdot\nabla\frac{\partial}{\partial t} - \frac{1}{c^2}\boldsymbol{v}\cdot\nabla\boldsymbol{v}\cdot\nabla\right)\Psi = 0. \tag{3.6}$$

所以波动方程的形式在伽利略变换下并非不变的, 而且也不存在 $\Psi$ 的运动学重定义让方程变成标准的波动方程形式. 这与非相对论的薛定谔 (Schrödinger) 方程不同: 在薛定谔方程中可以通过重新定义波函数使方程在伽利略变换下不变, 而且波函数的重定义只是多了一个相位.

一个明显的问题是电磁波在不同的参考系下是否都以相同的速度传播. 如果不是, 那么两个常数如何变化? 真空的意义是什么? 爱因斯坦的解决办法是认为光的传播在所有的参考系中都应该是一样的, 这是狭义相对论的重要假定之一. 也就是说麦克斯韦方程应该在洛伦兹变换下保持不变, 电磁波的传播方程也应该保持不变. 为看清楚这一点, 我们利用分量的形式, 把上面的方程变成

$$\begin{aligned}
\varepsilon^{ijk}\partial_j B_k - \partial_0 E^i &= 4\pi J^i, \\
\partial_i E^i &= 4\pi J^0, \\
\varepsilon^{ijk}\partial_j E_k + \partial_0 B^i &= 0, \\
\partial_i B^i &= 0.
\end{aligned} \tag{3.7}$$

我们可以把 $J^0 = \rho$ 和 $J^i$ 合写成流 4-矢 $J^\mu$, 把电磁场用电磁场强来表示, $F^{0i} = E^i, F^{ij} = \varepsilon^{ijk}B_k$, 前两个方程就可写作

$$\begin{aligned}
\partial_j F^{ij} - \partial_0 F^{0i} &= 4\pi J^i, \\
\partial_i F^{0i} &= 4\pi J^0,
\end{aligned} \tag{3.8}$$

更紧凑地, 利用 4-矢和张量可以把这两个方程写成

$$\partial_\mu F^{\nu\mu} = 4\pi J^\nu, \tag{3.9}$$

而后两个方程可写作

$$\partial_{[\mu}F_{\nu\lambda]} = 0. \tag{3.10}$$

实际上, 可以引进电磁规范势来简化上面的讨论. 电磁规范势 $\hat{A}$ 是一个 1 形式场

$$\hat{A} = A_\mu \mathrm{d}x^\mu, \tag{3.11}$$

而 (3.10) 式暗示着电磁场强张量可以表达为

$$F_{\mu\nu} = \partial_\mu A_\nu - \partial_\nu A_\mu. \tag{3.12}$$

也就是说, 电磁场强可以通过电磁规范势来定义. 用场论的观点, $\hat{A}$ 是一个阿贝尔 U(1) 规范势, 存在着规范对称性. 易见如果做规范变换

$$A_\mu \to A_\mu + \partial_\mu\psi, \tag{3.13}$$

场强张量是不变的. 也就是说, 在规范势的选择上存在着规范选择的自由度, 可以通过选择 $\psi$ 取不同的规范. 比如说, 可以取 $A_0 = 0$, 即所谓的静态规范. 另一个经常使用的规范是所谓的洛伦茨 (Lorenz) 规范

$$\partial^\mu A_\mu = 0. \tag{3.14}$$

值得注意的是, 尽管规范势的选择上有任意性, 它却是比电磁场强更基本的物理量, 在量子力学和量子场论中有更基本的作用. 这一点已经通过 AB (Aharonov-Bohm) 效应得到了实验验证.

上面出现的流密度 4-矢类似于讨论能动张量时尘埃的数密度 4-矢. 我们现在关心的是电荷密度而不是粒子数密度, 因此这个流密度 4-矢可以写作

$$\hat{J} = \rho_0(x)\hat{u}, \tag{3.15}$$

其中 $\rho_0(x)$ 是流体的固有电荷密度, 满足 $\hat{J}\cdot\hat{J} = -\rho_0^2$. 在参考系 $S$ 中看来, 带电粒子以速度 $\boldsymbol{v}$ 运动, 因此流密度 4-矢的分量为

$$J^\mu = \rho_0\gamma_v(1, v^i). \tag{3.16}$$

由于电磁场强张量是反对称的, 有

$$\partial_\nu\partial_\mu F^{\nu\mu} = 0, \tag{3.17}$$

从而得到

$$\partial_\nu J^\nu = 0. \tag{3.18}$$

这正是关于源的连续性方程, 即局部地看电荷的变化与电流密切相关, 也就是说电荷是守恒的. 上面的方程即电荷守恒方程, 其分量的形式为

$$\frac{\partial \rho}{\partial t} + \nabla \cdot \boldsymbol{J}^i = 0. \tag{3.19}$$

电荷守恒可以认为是粒子数守恒的一个结果. 这里的流 4-矢中, 电荷密度

$$\rho(x) = qn(x), \tag{3.20}$$

其中 $q$ 是粒子电荷, $n(x)$ 是粒子数密度. 而电流密度定义为

$$\boldsymbol{j}(x) = qn(x)\boldsymbol{v}(x), \tag{3.21}$$

其中 $\boldsymbol{v}(x)$ 是粒子的速度. 在能动张量的讨论中我们定义了粒子数 4-矢 $\hat{N}$, 电荷流 4-矢其实就是 $\hat{J} = q\hat{N}$, 因此电荷守恒就是粒子数守恒.

麦克斯韦理论在不同的参考系下都取相同的形式. 方程 (3.9) 和 (3.10) 都是张量的形式, 所以在洛伦兹变换下是协变的, 方程的形式不变. 此外, 我们知道 $F^{\mu\nu}$ 是一个二阶反对称张量, 而电场和磁场只是其分量. 在洛伦兹变换下电场和磁场都不是简单地按照矢量来变换, 而应该利用 $F^{\mu\nu}$ 来得到它们的变换规律. 也就是说, 我们需要从变换关系

$$F^{\mu'\nu'} = \Lambda^{\mu'}_{\ \mu} \Lambda^{\nu'}_{\ \nu} F^{\mu\nu} \tag{3.22}$$

中得到电场、磁场的变换关系. 而且从这些变换中可以看到电和磁并非独立的, 它们可以互相转换. 在一个参考系中的电现象, 在另一个参考系中可能变成磁现象. 这一点在爱因斯坦建立狭义相对论之前并没有一个透彻的理解.

我们先考虑一个匀速运动带电粒子的电磁场. 假设在参考系 $S$ 中带电粒子沿 $x$ 方向以速度 $v$ 运动. 在这个粒子本身的静止参考系 $S'$ 中, 只有静电场存在, 即

$$\boldsymbol{E}' = \frac{q}{4\pi\epsilon_0 r'^3}\boldsymbol{r}', \quad \boldsymbol{B}' = 0. \tag{3.23}$$

静电场是完全沿径向、各向同性分布的. 而在参考系 $S$ 中, 通过洛伦兹变换, 我们知道

$$\begin{aligned}
\boldsymbol{B} &= \frac{1}{c}\boldsymbol{v} \times \boldsymbol{E}, \\
\boldsymbol{E} &= \frac{q\boldsymbol{r}}{4\pi\epsilon_0\gamma^2 r^3 \left(1 - \left(\dfrac{v}{c}\right)^2 \sin^2\theta\right)^{3/2}},
\end{aligned} \tag{3.24}$$

其中 $\boldsymbol{v} = (v,0,0)$, $\gamma$ 是相应的洛伦兹因子, 而 $\theta$ 是与 $x$ 轴的夹角. 在参考系 $S$ 中, 不仅存在磁场, 电场也不再是均匀且各向同性的. 当 $\theta = \pi/2$ 时, 电场最强, $E_{\max} = \gamma q/4\pi\epsilon_0 r^2$, 而当 $\theta = 0$ 时, 电场最弱, $E_{\min} = q/4\pi\epsilon_0\gamma^2 r^2$. 我们可以画出场力线的图, 如图 3.1 所示. 场强正比于单位面积上的力线数目, 而高斯 (Gauss) 定理告诉我们场力线与粒子的运动无关, 运动将导致力线的分布发生变化. 从图中可以看到, 由于洛伦兹尺缩效应, 在 $x$ 方向上发生了压缩.

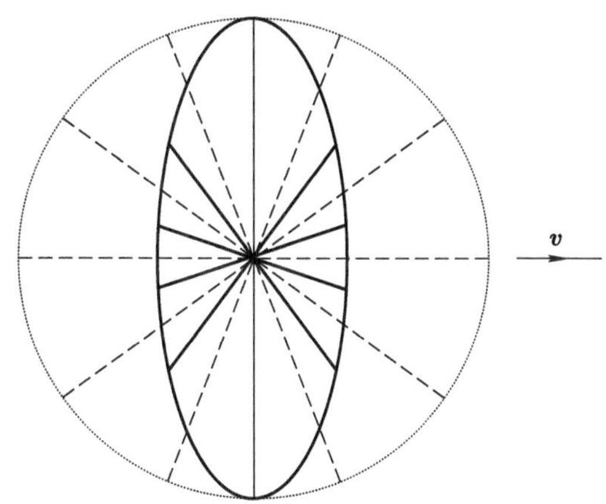


图 3.1 在不同的参考系中电力线的分布. 虚线代表参考系 $S'$ 中球对称的电场, 而实线显示的是参考系 $S$ 中的电力线.

## §3.2 磁性的相对论解释

在本节中我们简要介绍如何把磁性理解成相对论的二阶效应. 考虑一个无穷长的直线电流, 其中正离子是静止的, 而导电电子以速度 $v$ 沿 $+z$ 方向运动. 每种带电粒子单位长度的荷是 $\hat{\lambda} = \sigma n e$, 其中 $\sigma$ 是导线的横截面积, $n$ 是单位长度上一种粒子的数目, $e$ 是粒子的荷. 因此在线圈中的电流是 $J = \sigma n e v = \hat{\lambda} v$. 假定 $S$ 是与电线保持相对静止的参考系, 在其中线是电中性的, $n_+ = n_-$. 让一个线圈外的带电粒子 $q$ 沿着与电子运动方向相反的方向以速度 $u$ 运动. 如图 3.2 所示.

另一方面, 我们取一个相对于带电粒子 $q$ 静止的参考系 $S'$. 首先注意在导线中每种粒子本身的静止参考系 $S_0$ 中, 单位长度粒子的电荷为

$$\lambda_{0+} = \hat{\lambda}, \quad \lambda_{0-} = \hat{\lambda}\left(1 - \frac{v^2}{c^2}\right)^{1/2}. \tag{3.25}$$

这里由于在 $S$ 中看来电子间的长度被洛伦兹压缩了, 因此单位长度的电子数增加了, 所以 $\hat{\lambda} > \lambda_{0-}$. 在参考系 $S'$ 中, 利用速度的叠加可以知道, 导线中粒子的速度

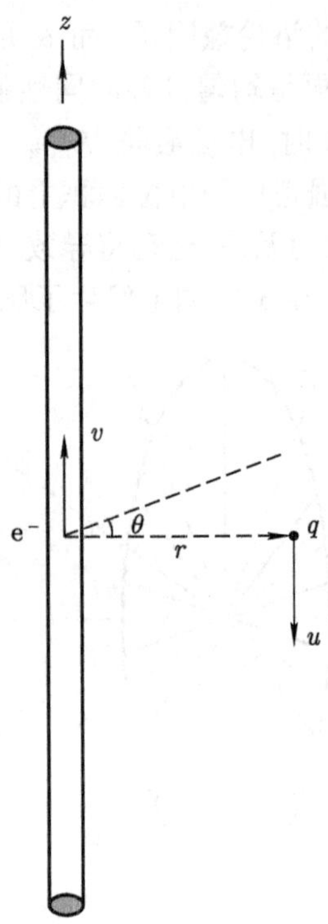


图 3.2 沿 $+z$ 方向运动的电流产生的磁场, 可以看作二阶相对论效应.

分别为

$$v_- = -\frac{v+u}{1+uv/c^2}, \quad v_+ = -u. \tag{3.26}$$

因此, 在此参考系中看来, 两种粒子单位长度上的荷分别为

$$\begin{aligned} \lambda_- &= \left(1-\frac{v_-^2}{c^2}\right)^{-1/2} \lambda_{0-} = \gamma_u \left(1+\frac{uv}{c^2}\right)\hat{\lambda}, \\ \lambda_+ &= \gamma_u \hat{\lambda}, \end{aligned} \tag{3.27}$$

其中 $\gamma_u = (1-u^2/c^2)^{-1/2}$ 是速度 $u$ 的洛伦兹因子. 因此, 在参考系 $S'$ 中观测, 导线有一个净电荷, 单位长度上为

$$\lambda = \lambda_- - \lambda_+ = \gamma_u \frac{uv}{c^2}\hat{\lambda}. \tag{3.28}$$

这是由于不同速度的粒子的洛伦兹收缩因子不同.

在参考系 $S$ 中电中性的导线在参考系 $S'$ 中就是有净电荷的, 产生的电场为

$$E_r = \frac{\lambda}{2\pi\epsilon_0 r}, \tag{3.29}$$

其中 $r$ 是粒子 $q$ 与导线的距离. 这里在与 $z$ 垂直的两个空间方向上取极坐标系, 一个径向方向和一个角方向. 粒子 $q$ 感受到的力为

$$F = qE_r = \frac{\hat{\lambda} v}{2\pi\epsilon_0 r c^2}\gamma_u q u. \tag{3.30}$$

这是一个沿径向方向的力. 利用洛伦兹变换, 在参考系 $S$ 中作用在 $q$ 上的力为

$$\hat{F} = \gamma_u^{-1} F = \frac{\hat{\lambda} v}{2\pi\epsilon_0 r c^2} q u. \tag{3.31}$$

而在 $S$ 中看到的电流为 $J = \hat{\lambda} v$, 并利用 $c^2 = (\epsilon_0 \mu_0)^{-1}$, 我们得到

$$\hat{F} = \frac{\mu_0 J}{2\pi r} q u. \tag{3.32}$$

安培定律告诉我们电流产生磁场,

$$\hat{B} = \mu_0 \frac{J}{2\pi r}, \tag{3.33}$$

即直线电流产生沿角方向的磁场 $\hat{B}$. 由洛伦兹力可知 $\hat{F} = qu\hat{B}$, 这个力是一个沿径向的力.

最终我们得到如下物理图像:

(1) 在参考系 $S$ 中, 粒子 $q$ 所受的力来自于导线产生的磁场.

(2) 在粒子 $q$ 的参考系看来其所受的力来自于导线中净电荷产生的电场.

因此, 一个磁力可以看作是一个静电场和狭义相对论的结果. 换句话说, 电和磁实际上是同一系统的不同表现. 一个观测者看到的是电或者磁依赖于观测者的运动状态.

此外, 从上面的分析可见, 磁场相对于电场有一个 $v/c$ 的压低, 而洛伦兹力中带电粒子运动所受的力也有一个 $u/c$ 的压低因子, 在普通导线中电子的运动速度较慢, 只有每秒几毫米, 而通常带电粒子的运动速度也远小于光速, 但实际生活中我们知道, 粒子所受的洛伦兹力并不小. 原因是因为导线中有巨量的电子的运动, 这些电子的密度达到 $10^{23}/\text{cm}^3$, 足以克服 $vu/c^2$ 的压低.

## *§3.3 托马斯进动

这一节介绍一下电动力学中的托马斯进动 (Thomas precession). 在氢原子中, 一个电子绕质子做运动, 如图 3.3 所示. 我们先考虑经典的图像, 电子与质子之间有通常的电磁相互作用, 质子产生的电场为

$$\boldsymbol{E} = \frac{e}{4\pi\epsilon_0 r^3}\boldsymbol{r}. \tag{3.34}$$

而另一方面, 电子绕质子做圆周运动, 其速度为 $\boldsymbol{v}=\dfrac{\mathrm{d}\boldsymbol{r}}{\mathrm{d}t}$. 在质子的参考系 $S$ 中, 质子静止, 而电子做圆周运动. 而在电子的静止参考系中, 电子静止, 质子运动. 运动的质子产生一个磁场 $\boldsymbol{B}'$, 因此电子的内禀自旋与磁场耦合产生进动,

$$\frac{\mathrm{d}\boldsymbol{s}}{\mathrm{d}t}=\boldsymbol{\mu}\times\boldsymbol{B}', \tag{3.35}$$

其中 $\boldsymbol{\mu}$ 是电子的磁偶极矩. 电磁场间在不同参考系中的变换为

$$\boldsymbol{B}'=\gamma\left(\boldsymbol{B}-\frac{\boldsymbol{v}\times\boldsymbol{E}}{c^2}\right)=-\frac{\gamma}{c^2}\boldsymbol{v}\times\boldsymbol{E}. \tag{3.36}$$

在非相对论近似下, $\gamma\approx 1$, 所以 $\boldsymbol{B}'=-\dfrac{1}{c^2}\boldsymbol{v}\times\boldsymbol{E}$, 也就是说

$$\boldsymbol{B}'=\left(\frac{e}{4\pi\epsilon_0 mc^2r^3}\right)\boldsymbol{L}, \tag{3.37}$$

其中 $\boldsymbol{L}=m\boldsymbol{r}\times\boldsymbol{v}$ 是角动量. 因此, 在参考系 $S$ 中, 电子与磁场给出的内能是

$$U=-\boldsymbol{\mu}\cdot\boldsymbol{B}'=-\left(\frac{e^2}{4\pi\epsilon_0 m^2c^3r^3}\right)(\boldsymbol{L}\cdot\boldsymbol{s}). \tag{3.38}$$

这里利用了磁矩与自旋间的关系 $\boldsymbol{\mu}=\dfrac{e}{mc}\boldsymbol{s}$. 实际上, 人们发现基于此内能所求解的薛定谔方程不能很好地解释能级劈裂. 如果要与实验相符, 自旋–轨道耦合只能是以上数值的一半. 这个问题被托马斯利用狭义相对论漂亮地解决. 问题的根源在于上述讨论只考虑了洛伦兹变换的影响, 而未看到电子圆周运动也可能带来影响.

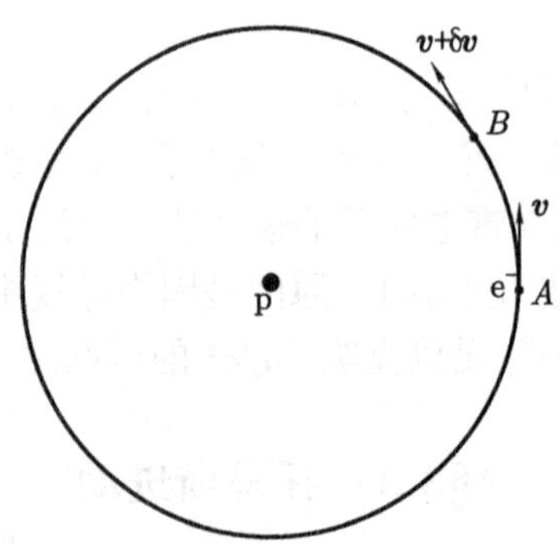


图 3.3 电子绕质子运动的示意图.

实际上, 我们应该考虑三个参考系:

(1) $S$, 质子的静止参考系;

(2) $S'$, 电子在 $A$ 处的静止参考系;

(3) $S''$, 电子在 $B$ 处的静止参考系.

对于质子而言, 电子在 $A$ 处的速度为 $\boldsymbol{v}$, 而在稍后时刻电子在 $B$ 处的速度为 $\boldsymbol{v}+\delta\boldsymbol{v}$. 一个一般的洛伦兹变换为 $\Lambda(\phi)=\mathrm{e}^{\mathrm{i}\boldsymbol{K}\cdot\boldsymbol{\phi}}$, 因此三个参考系间的洛伦兹变换为:

(1) $S'\to S, \exp(-\mathrm{i}\boldsymbol{K}\cdot\boldsymbol{\phi})$;

(2) $S\to S'', \exp(\mathrm{i}\boldsymbol{K}\cdot(\boldsymbol{\phi}+\delta\boldsymbol{\phi}))$;

(3) $S'\to S'', T\equiv\exp(-\mathrm{i}\boldsymbol{K}\cdot\boldsymbol{\phi})\cdot\exp(\mathrm{i}\boldsymbol{K}\cdot(\boldsymbol{\phi}+\delta\boldsymbol{\phi}))$.

变换 $T$ 是一个把 $A$ 处电子的坐标与 $B$ 处电子的坐标相联系的变换矩阵: $x''^{\mu}=T^{\mu}_{\nu}x'^{\nu}$. 然而 $T$ 中不止包含一个转动, 还有一个纯粹的洛伦兹变换. 利用贝克–坎贝尔–豪斯多夫 (Baker-Campbell-Hausdorf) 公式

$$\mathrm{e}^{\hat{A}}\mathrm{e}^{\hat{B}}=\mathrm{e}^{\hat{A}+\hat{B}+\frac{1}{2}[\hat{A},\hat{B}]+\cdots}, \tag{3.39}$$

其中 $\hat{A},\hat{B}$ 都是算子, 有

$$T=\exp\left\{\mathrm{i}\boldsymbol{K}\cdot\delta\boldsymbol{\phi}+\frac{1}{2}[-\mathrm{i}\boldsymbol{K}\cdot\boldsymbol{\phi},\mathrm{i}\boldsymbol{K}\cdot\delta\boldsymbol{\phi}]+\cdots\right\} \tag{3.40}$$

注意, 洛伦兹变换群的李代数是 so(1,3), 满足对易关系

$$\begin{aligned}
&[J_x,J_y]=\mathrm{i}J_z \quad (\text{及其轮换}),\\
&[K_x,K_y]=-\mathrm{i}J_z \quad (\text{及其轮换}),\\
&[J_x,K_y]=\mathrm{i}K_z \quad (\text{及其轮换}),\\
&[J_x,K_x]=0 \quad (\text{等等}),
\end{aligned}$$

其中 $K_i$ 是洛伦兹变换的产生子, 而 $J_i$ 是通常三维转动的产生子. 利用这些对易关系, 我们发现

$$\frac{1}{2}[K_i,K_k]\phi_i\delta\phi_k=-\frac{\mathrm{i}}{2}\varepsilon_{ikm}J_m\phi_i\delta\phi_k=\mathrm{i}\boldsymbol{J}\cdot\left(\frac{1}{2}\delta\boldsymbol{\phi}\times\boldsymbol{\phi}\right), \tag{3.41}$$

$\varepsilon_{ikm}$ 是三维平坦空间中的列维–齐维塔符号. 这给出一个纯粹的三维转动, 转动角为 $\delta\boldsymbol{\alpha}=\dfrac{1}{2}\delta\boldsymbol{\phi}\times\boldsymbol{\phi}$. 由于这个角度非常小, 所以 $\phi\approx\sinh\phi=\gamma v/c\approx v/c$. 因此 $\delta\boldsymbol{\alpha}=\dfrac{1}{2c^2}\boldsymbol{v}\times\delta\boldsymbol{v}$. 由此可见, 在参考系 $S'$ 和 $S''$ 间除了通常期待的洛伦兹变换以外, 还多出来了一个转动. 当一个电子绕质子运动时, 其静止参考系相对于实验室系转动, 导致的进动率是

$$\varOmega_{\text{Thomas}}=\frac{\delta\alpha}{\delta t}\approx\frac{1}{2c^2}\boldsymbol{v}\times\boldsymbol{a}, \tag{3.42}$$

其中 $\boldsymbol{a}=\dfrac{\delta \boldsymbol{v}}{\delta t}$ 是加速度. 托马斯进动的根源完全是运动学上的. 上面的加速度可能有各种来源, 不仅仅是转动. 那么参考系的转动如何与内能相联系呢? 在经典力学中, 一个量 (如自旋 $\boldsymbol{s}$) 在转动参考系中的变化率与其在非转动系中的变化率由下面的公式给出:

$$\left(\frac{\mathrm{d}\boldsymbol{s}}{\mathrm{d}t}\right)_{\mathrm{rot}}=\frac{\mathrm{D}\boldsymbol{s}}{\mathrm{d}t}=\frac{\mathrm{d}\boldsymbol{s}}{\mathrm{d}t}-\boldsymbol{\Omega}\times\boldsymbol{s}. \tag{3.43}$$

对于电子自旋, 上式给出

$$\frac{\mathrm{D}\boldsymbol{s}}{\mathrm{d}t}=\frac{e}{m}\boldsymbol{s}\times\left(\boldsymbol{B}'+\frac{m}{e}\boldsymbol{\Omega}\right)\equiv\frac{e}{m}\boldsymbol{s}\times\boldsymbol{B}_{\mathrm{eff}}, \tag{3.44}$$

其中的有效磁场为

$$\boldsymbol{B}_{\mathrm{eff}}=\left(\frac{e}{4\pi\epsilon_0 mc^2r^3}\right)\boldsymbol{L}+\left(\frac{m}{e}\frac{1}{2c^2}\right)\boldsymbol{v}\times\boldsymbol{a}. \tag{3.45}$$

而此时的加速度为

$$\boldsymbol{a}=\frac{\boldsymbol{F}}{m}=\frac{e\boldsymbol{E}}{m}=\left(\frac{e^2}{4\pi\epsilon_0 mr^3}\right)\boldsymbol{r}. \tag{3.46}$$

最终我们得到有效磁场

$$\boldsymbol{B}_{\mathrm{eff}}=\left(\frac{e}{8\pi\epsilon_0 mc^2r^3}\right)\boldsymbol{L}. \tag{3.47}$$

这样, 电子自旋与磁场耦合贡献的内能为

$$U=-\beta\boldsymbol{\mu}\cdot\boldsymbol{B}_{\mathrm{eff}}=-\left(\frac{e^2}{8\pi\epsilon_0 m^2c^3r^3}\right)(\boldsymbol{L}\cdot\boldsymbol{s}) \tag{3.48}$$

这正好是我们前面给出的自旋–轨道内能的一半, 由此耦合导致的能级劈裂与实验发现高度一致.

## *§3.4 电磁场的作用量原理

我们先考虑在电磁场中带电粒子的作用量. 引进电磁规范势

$$A^{\mu}=(\phi,A^i),\quad i=1,2,3, \tag{3.49}$$

其中的零分量 $\phi$ 是静电势. 利用规范势, 作用量可以写作

$$I=\int(-m\mathrm{d}\tau+qA_{\mu}\mathrm{d}x^{\mu}), \tag{3.50}$$

或者利用拉氏密度写作

$$I = \int \mathcal{L} \mathrm{d}\tau. \tag{3.51}$$

在实验室参考系中, 带电粒子的运动速度远小于光速, 因此拉氏密度为

$$\mathcal{L} = -m\sqrt{1-v^2} - q\phi + q\boldsymbol{A}\cdot\boldsymbol{v}. \tag{3.52}$$

对上面的作用量做变分, 得到

$$\begin{aligned}
\delta I &= \int_a^b \left( m\frac{\mathrm{d}x_\mu \mathrm{d}(\delta x^\mu)}{\mathrm{d}\tau} + qA_\mu \mathrm{d}(\delta x^\mu) + q\delta A_\mu \mathrm{d}x^\mu \right) \\
&= \int_a^b \left( -m\frac{\mathrm{d}u_\mu}{\mathrm{d}\tau}\delta x^\mu - q(\partial_\nu A_\mu)u^\nu \delta x^\mu + q(\partial_\nu A_\mu)u^\mu \delta x^\nu \right) \mathrm{d}\tau + (mu_\mu + qA_\mu)\delta x^\mu \Big|_a^b \\
&= \int_a^b \left( -m\frac{\mathrm{d}u_\mu}{\mathrm{d}\tau} + qF_{\mu\nu}u^\nu \right) \delta x^\mu \mathrm{d}\tau + (mu_\mu + qA_\mu)\delta x^\mu \Big|_a^b,
\end{aligned} \tag{3.53}$$

其中电磁场强张量 $F_{\mu\nu} = \partial_\mu A_\nu - \partial_\nu A_\mu$. 由此得到洛伦兹力方程的相对论形式

$$m\frac{\mathrm{d}u^\mu}{\mathrm{d}\tau} = qF^{\mu\nu}u_\nu. \tag{3.54}$$

写成张量的形式为

$$\hat{f} = q\hat{F}\cdot\hat{u}. \tag{3.55}$$

我们可以看看这个方程各个分量的形式.

(1) $\mu = i$ 时, 有

$$\frac{\mathrm{d}\boldsymbol{p}}{\mathrm{d}t} = q\boldsymbol{E} + q\boldsymbol{v}\times\boldsymbol{B}. \tag{3.56}$$

这里假定了粒子的速度较慢, 因此固有时和坐标时的差别很小. 上面这个方程就是通常的洛伦兹力方程.

(2) $\mu = 0$ 时, 由质能关系 $E^2 = \boldsymbol{p}^2 + m^2$, 有

$$\frac{\mathrm{d}E}{\mathrm{d}t} = \frac{1}{E}\boldsymbol{p}\cdot\frac{\mathrm{d}\boldsymbol{p}}{\mathrm{d}t} = \boldsymbol{v}\cdot\frac{\mathrm{d}\boldsymbol{p}}{\mathrm{d}t}, \tag{3.57}$$

即能量变化率等于做功. 利用洛伦兹力的表达式, 有

$$\frac{\mathrm{d}E}{\mathrm{d}t} = q\boldsymbol{E}\cdot\boldsymbol{v}. \tag{3.58}$$

由此可见, 在一个纯磁场中, 能量是一个常数. 只有电场做功才会引起能量的变化.

进一步地, 利用拉氏密度, 我们可以定义正则动量

$$P_\mu = mu_\mu + qA_\mu = p_\mu + qA_\mu, \tag{3.59}$$

而哈密顿量 (密度) 为

$$\mathcal{H} = \boldsymbol{P}\cdot\boldsymbol{v} - \mathcal{L} = \sqrt{m^2c^4 + c^2\left(\boldsymbol{P} - \frac{q}{c}\boldsymbol{A}\right)^2} + q\phi. \tag{3.60}$$

在非相对论极限下, 我们得到

$$\mathcal{H}_{\rm NR} = \frac{1}{2m}\left(\boldsymbol{P} - \frac{q}{c}\boldsymbol{A}\right)^2 + q\phi. \tag{3.61}$$

这就是我们在量子力学中经常用到的带电粒子的哈密顿量密度.

而对于电磁场本身, 存在外源时其作用量为

$$I = \int A_\mu J^\mu {\rm d}^4x - \frac{1}{16\pi}\int F_{\mu\nu}F^{\mu\nu}{\rm d}^4x, \tag{3.62}$$

其中第二项是真空时 U(1) 规范势的作用量, 第一项是规范势与源的相互作用. 对此作用量变分后得到

$$\partial_\mu F^{\nu\mu} = 4\pi J^\nu. \tag{3.63}$$

这正是前面得到的写成协变张量形式的麦克斯韦方程. 也就是说, 如果我们引进规范势, 则麦克斯韦方程可以利用上面的作用量得到.

电磁场本身的能动张量是

$$T^{\mu\nu} = \frac{1}{4\pi}\left(F^{\mu\alpha}F^{\nu}{}_{\alpha} - \frac{1}{4}\eta^{\mu\nu}F^{\alpha\beta}F_{\alpha\beta}\right). \tag{3.64}$$

这个关系可以通过作用量得到, 详细推导将在后面学习广义相对论的作用量原理时给出. 能动张量的 (00) 分量是电磁场的能量密度,

$$T^{00} = \frac{1}{8\pi}(\boldsymbol{E}^2 + \mathbf{B}^2), \tag{3.65}$$

而 $(0i)$ 分量是坡印亭 (Poynting) 矢量,

$$T^{0i} = \frac{1}{4\pi}(\boldsymbol{E}\times\boldsymbol{B})^i. \tag{3.66}$$

在四维中电磁场能动张量是无迹的,

$$T^\mu_\mu = 0. \tag{3.67}$$

进一步地, 可以证明如果电磁场没有与外源相互作用, 其能动张量满足守恒方程

$$\partial_\mu T^{\mu\nu} = 0. \tag{3.68}$$

而有外源时, 能动张量满足

$$\partial_\mu T^{\mu\nu} = -F^\nu{}_\alpha J^\alpha. \tag{3.69}$$

上式的右边是电磁场对带电粒子做功的相对论形式.

## §3.5 电磁辐射

最后简单讨论一下电磁辐射, 它与后面将要讲到的引力辐射有很多相似之处. 从上面的麦克斯韦方程 (3.63), 我们得到

$$\partial_\mu(\partial^\nu A^\mu - \partial^\mu A^\nu) = 4\pi J^\nu. \tag{3.70}$$

对于 U(1) 规范场, 存在着规范变换 $A^\mu \to A^\mu + \partial^\mu\psi$. 在此规范变换下, 电磁场强张量保持不变. 也就是说规范势的选择有自由度, 可以取不同的规范. 在讨论电磁辐射时, 一个方便的规范选择是所谓的协变规范, 也称为洛伦茨规范, 即要求

$$\partial_\mu A^\mu = 0. \tag{3.71}$$

在此规范下规范势满足的方程为

$$\Box A^\mu = -4\pi J^\mu. \tag{3.72}$$

这里的 "□" 是平坦时空中的达朗贝尔 (d'Alembert) 算子, $\Box = \partial_\mu\partial^\mu$. 在真空中, 规范势满足的方程与电磁场满足的方程 (3.3) 一样.

首先, 我们来看真空中的电磁波. 此时, 上面的方程无源, 它的解为

$$A^\mu = C^\mu \mathrm{e}^{\mathrm{i}\hat{k}\cdot\hat{x}} = C^\mu \mathrm{e}^{\mathrm{i}k_\nu\cdot x^\nu}, \tag{3.73}$$

其中 $C^\mu$ 是分量为常数的振幅矢量, 而波 4-矢 $\hat{k}$ 是一个零矢量, $\hat{k}\cdot\hat{k}=0$, 意味着电磁波以光速传播. 由洛伦茨规范条件知

$$\hat{C}\cdot\hat{k} = 0, \tag{3.74}$$

也就是说振幅矢量与波矢正交, 因此振幅矢量的独立个数是 3 个. 如果我们假定电磁波沿 $x^3$ 方向传播,

$$\hat{k} = (k, 0, 0, k), \tag{3.75}$$

则振幅矢量可以是 $C^\mu = (C^0, C^1, C^2, C^0)$, 其中 $C^1, C^2$ 任意. 此外, 我们选择洛伦茨规范时并没有完全固定规范. 在规范变换中 $A_\mu \to A_\mu + \partial\lambda$, 所有满足 $\Box\lambda = 0$ 的规范参数 $\lambda$ 都保持洛伦茨规范. 因此我们在保持洛伦茨规范的前提下可以选择满足 $\Box\lambda = 0$ 的 $\lambda$ 让规范势变化. 这样的规范参数可以是

$$\lambda = \epsilon \mathrm{e}^{\mathrm{i}\hat{k}\cdot\hat{x}}, \tag{3.76}$$

它导致的规范势的变化是让振幅矢量变化,

$$C^\mu \to C'^\mu = C^\mu + \mathrm{i}\epsilon k^\mu. \tag{3.77}$$

如果波矢取以上沿 $x^3$ 方向传播的形式, 则

$$C'^0 = C^0 + \mathrm{i}\epsilon k, \quad C'^1 = C^1, \quad C'^2 = C^2. \tag{3.78}$$

通过取 $\epsilon = \mathrm{i}C^0/k$, 我们得到 $C'^0 = 0$. 也就是说, 我们总可以通过选择规范参数使振幅矢量与波的传播方向垂直, 即成为横波. 最终我们得到的振幅矢量只有两个独立的分量. 我们可以选择线性极化 (偏振) 矢量

$$\hat{e}_1 = (0, 1, 0, 0),$$
$$\hat{e}_2 = (0, 0, 1, 0),$$

而振幅矢量的一般形式为

$$C^\mu = c_1 e_1^\mu + c_2 e_2^\mu, \tag{3.79}$$

其中 $c_1, c_2$ 是复常数.

我们可以考虑电磁波的物理效应. 如果在真空中有一个带正电荷的试探粒子, 它与电磁波的相互作用是洛伦兹力. 电磁波经过试探粒子时, 粒子将由于相互作用而产生运动. 当 $c_2$ 为零时, 粒子的运动是沿 $x^1$ 方向振荡, 而当 $c_1$ 为零时, 粒子的运动是沿 $x^2$ 方向振荡. 如果 $c_2 = \pm \mathrm{i}c_1$, 可以得到圆偏振波, 而试探粒子在此波的影响下将做圆周运动.

那么什么样的源可以产生电磁辐射呢? 对于有源的电磁波方程, 我们可以利用格林函数方法并利用多极矩展开来讨论. 具体的方法在后面讨论引力辐射时将有所涉及, 参见第十五章. 这里列出几个重要的结论:

(1) 由于电荷守恒, 因此单极矩不会产生电磁辐射.

(2) 领头阶的电磁辐射来自于电偶极矩.

(3) 次领头阶的电磁辐射来自于磁偶极矩, 但由于磁场可以看作相对论性效应, 因此它相比于电偶极矩有一个相对论性的压低, 即 $v/c$ 的压低.

# 附录 3.1 狭义相对论简史

狭义相对论在 1905 年由爱因斯坦提出, 如今已经成为了现代物理学的基石. 狭义相对论来源于 19 世纪对电磁学的研究. 可以说麦克斯韦理论对电学、磁学和光学的统一导致了狭义相对论的诞生. 洛伦兹自 1890 年开始对电动力学的研究为狭义相对论奠定了基础, 而庞加莱等人也做出了重要的贡献, 但最终是爱因斯坦成功地建立了狭义相对论.

爱因斯坦在 1905 年发表的论文题目是 "论运动物体的电动力学" . 当爱因斯坦思考麦克斯韦方程并非伽利略变换不变时, 实际上面临几个选择:

(1) 麦克斯韦理论是不正确的, 因为它并非伽利略相对性不变. 正确的电磁理论应该在伽利略变换下保持形式不变. 如果取这种观点, 伽利略变换有无上的地位.

(2) 伽利略相对性原理只适用于经典力学, 而麦克斯韦理论有一个特殊的参考系, 在其中以太是静止的.

(3) 存在一个对经典力学和电磁理论都适用的相对性原理, 但显然不是伽利略相对性原理. 如果是这样, 在新的理论中不同的参考系中麦克斯韦理论保持形式不变. 当然, 这意味着原有力学体系也许需要适当的修改.

第一个可能性很难被人接受, 因为麦克斯韦理论取得了空前的成功. 随着电磁波的广泛应用, 很难想象麦克斯韦理论是错误的. 因此第二个观点在 19 世纪末和 20 世纪初是流行的观点, 大家普遍接受以太的存在. 然而迈克尔孙–莫雷实验证实了光的传播速度是不变的, 这对以太理论提出了挑战. 菲兹杰拉德和洛伦兹提出了一个猜测: 在以太中运动的物体在运动方向上会收缩, 即

$$L(v) = L_0\left(1-\frac{v^2}{2c^2}\right). \tag{3.80}$$

这样就可以解释迈克尔孙–莫雷实验①. 这个猜测看起来不在麦克斯韦理论中. 然而, 洛伦兹和庞加莱证明麦克斯韦理论在洛伦兹变换②下不变, 而上面的尺度收缩对于运动荷密度成立. 因此洛伦兹认为尺度收缩实际上扎根于电动力学中. 随着电子的发现, 洛伦兹认为由于所有物质本质上都是电磁的, 所以这一现象即使对宏观物体也成立. 因此, 洛伦兹似乎成功地挽救了以太理论. 然而, 其他的一些实验继续困扰着以太理论. 其中一个是著名的菲佐实验 (1851, 1853), 即测量在运动流体中的光速. 迈克尔孙和莫雷在 1886 年也做了类似的实验. 实验结果表明如果以太理论是对的, 则以太必须部分地被流体拖曳, 而且拖曳的效果与流体的折射率有关, 净

①这个关系是狭义相对论中尺缩效应的一级展开.

②实际上, 洛伦兹变换最早是 1887 年由佛赫特 (Voigt) 提出的.

光速为

$$c' = \frac{c}{n} + v\left(1 - \frac{1}{n^2}\right), \tag{3.81}$$

其中 $n$ 是液体折射率 (假设液体无色散), $v$ 是流体的速度. 这个公式最早被菲涅尔 (Fresnel) 预言, $(1-1/n^2)$ 因子称为菲涅尔曳引因子. 菲涅尔假定了光经过以太激起弹性振动, 因此被以太部分地拖住了. 而另一个著名的实验是光行差效应, 这在前面已经讨论过了. 为了解释这个效应, 菲涅尔在 1818 年引进了绝对静止以太的概念. 可以说, 在爱因斯坦提出狭义相对论之前, 在以太理论框架下解释这些实验看起来都不令人满意.

爱因斯坦在提出狭义相对论的过程中, 主要受到光行差效应和菲佐实验的影响①. 他认为上面的第三种可能性才是解决问题的根本. 他坚信麦克斯韦理论是正确的, 由此提出了狭义相对论. 他提出的狭义相对论简洁漂亮地解决了上面的问题. 从现有的文献看, 他对迈克尔孙–莫雷实验有一定的了解, 但不是他提出狭义相对论的主要驱动力. 他对洛伦兹 1895 年前的工作比较熟悉, 并深受洛伦兹 1895 年工作的影响, 但并不了解洛伦兹变换. 实际上, 他在狭义相对论的发展中发明了洛伦兹变换.

1921 年, 狭义相对论还没有被广泛接受, 当爱因斯坦在普林斯顿访问时有传闻发现了以太的非零漂移. 爱因斯坦评论说: "上帝是微妙的, 但不怀恶意."

## 习　题

1. 假定两个参考系 $S$ 和 $S'$ 如文中所设, 利用洛伦兹变换给出两个参考系中电磁场间的关系.
2. 如果我们并不假定两个参考系 $S$ 和 $S'$ 是通过沿 $x$ 方向的常速度相联系, 而是认为 $S'$ 与 $S$ 差一个常速度 $\boldsymbol{v}$ 但方向任意, 证明在两个参考系中的电磁场关系为

$$\begin{aligned} \boldsymbol{E}' &= \gamma(\boldsymbol{E} + \boldsymbol{v}\times\boldsymbol{B}) + \frac{1-\gamma}{v^2}(\boldsymbol{v}\cdot\boldsymbol{E})\boldsymbol{v}, \\ \boldsymbol{B}' &= \gamma\left(\boldsymbol{B} - \frac{1}{c^2}\boldsymbol{v}\times\boldsymbol{E}\right) + \frac{1-\gamma}{v^2}(\boldsymbol{v}\cdot\boldsymbol{B})\boldsymbol{v}. \end{aligned} \tag{3.82}$$

3. 证明 $c^2\boldsymbol{B}^2 - \boldsymbol{E}^2$ 和 $\boldsymbol{E}\cdot\boldsymbol{B}$ 是洛伦兹不变的.
4. 在某参考系中, 证明在电磁场中一个带电粒子的 3-加速度是

$$\boldsymbol{a} = \frac{\mathrm{d}\boldsymbol{u}}{\mathrm{d}t} = \frac{q}{\gamma m_0}\left(\boldsymbol{E} + \boldsymbol{u}\times\boldsymbol{B} - \frac{1}{c^2}(\boldsymbol{u}\cdot\boldsymbol{E})\boldsymbol{u}\right). \tag{3.83}$$

①关于爱因斯坦研究狭义相对论的历史脉络, 参见文献 [28].

5. 考虑真空中电磁场的麦克斯韦理论和标量场理论, 它们的能动张量分别为

$$T^{\mu\nu}_{\mathrm{EM}} = F^{\mu\lambda}F^{\nu}_{\lambda} - \frac{1}{4}\eta^{\mu\nu}F^{\lambda\sigma}F_{\lambda\sigma},$$

$$T^{\mu\nu}_{\mathrm{scalar}} = \eta^{\mu\lambda}\eta^{\nu\sigma}\partial_\lambda\phi\partial_\sigma\phi - \eta^{\mu\nu}\left(\frac{1}{2}\eta^{\lambda\sigma}\partial_\lambda\phi\partial_\sigma\phi + V(\phi)\right).$$

(a) 利用三维矢量分析中的散度、梯度、旋度以及电场和磁场, 把每个理论中的能动张量的分量重新表达.

(b) 利用运动方程, 证明能动张量守恒.

(c) 证明 (四维) 电磁场的能动张量无迹.

# 第四章　引力与几何

在牛顿引力中, 引力来自于物体的质量, 看起来与几何没有任何关系. 然而, 相对论原理与牛顿引力是不相容的. 这种不相容性的一个具体体现就是引力的红移效应. 也就是说, 光子在一个引力势中必须克服势能的影响, 从而其波长会发生变化. 引力红移的一个直接后果是时空几何不可能是平直的. 因此, 在相对论性引力中, 弯曲时空是无法避免的. 本章首先回顾一下牛顿引力的基本要点, 以及在牛顿引力中惯性质量等于引力质量这一个重要的事实. 我们将仔细讨论与等效原理相关的物理实验. 然后, 我们将通过理想实验讨论引力的红移效应, 以及它在全球定位系统 (GPS) 中的应用. 最后, 通过引力红移, 我们将看到时空几何必须是弯曲的.

## §4.1　牛顿引力与相对论原理的不相容性

牛顿引力经过两百年的发展, 在 19 世纪后期已经发展得非常成熟了. 利用微扰理论, 太阳系中行星们的运动都可以被很好地描述. 特别是有人利用牛顿引力理论预言了海王星的存在, 这使人们相信牛顿引力理论是一个终极理论, 足以描述我们的宇宙. 因此, 尽管经过上百年的观测, 人们发现水星近日点的进动与理论预言有微小的偏差①, 但仍然认为这个偏差也许来自于未被发现的小行星或者其他天体的影响, 而不觉得有必要对牛顿引力进行修正. 确实, 这个偏差只有大约 $10^{-7}$, 是如此的微小, 很难引起人们的注意.

1687 年牛顿在《自然哲学的数学原理》中提出了万有引力定律. 简而言之, 这个定律可以表述为: 一切物体之间都具有一种吸引力, 这种力正比于物体的质量, 反比于物体间距离的平方. 如果把两个物体近似看作质点, 分别具有质量 $M$ 和 $m$, 则它们之间的引力为

$$\boldsymbol{F} = -\frac{GMm}{r^2}\boldsymbol{e}_r, \tag{4.1}$$

其中 $G$ 是牛顿引力常数, 而 $\boldsymbol{e}_r$ 表示连接这两个质点的单位矢量. 利用牛顿力学第二定律, $\boldsymbol{F} = m\boldsymbol{g}$, 可以引进一个引力势

$$\varPhi = -\frac{GM}{r}, \tag{4.2}$$

①对水星近日点进动的理论计算, 最早是勒威耶 (LeVerrier) 在 1845 年完成的, 1882 年纽康 (Newcomb) 重新进行了计算.

它是物体 $M$ 的引力势, 其梯度给出引力加速度

$$\boldsymbol{g} = -\nabla\Phi = -\frac{GM}{r^2}\boldsymbol{e}_r. \tag{4.3}$$

实际上, 上面给出的 $\boldsymbol{F}, \Phi$ 的形式只有当物质分布是球对称时才是正确的. 前面的讨论假定物体为质点. 更一般地, 我们可以考虑 $N$ 个点粒子的引力势, 它是单个点粒子引力势的线性叠加:

$$\Phi(\boldsymbol{x}) = -G\sum_{i=1}^{N}\frac{m_i}{|\boldsymbol{x}-\boldsymbol{x}_i|}. \tag{4.4}$$

如果质量连续分布, 我们可以把求和变成积分, 从而得到

$$\Phi(\boldsymbol{x}) = -G\int\frac{\rho(x')}{|\boldsymbol{x}-\boldsymbol{x}'|}\mathrm{d}^3\boldsymbol{x}'. \tag{4.5}$$

由此可得引力势满足的泊松 (Poisson) 方程

$$\nabla^2\Phi(x) = 4\pi G\rho(x). \tag{4.6}$$

这个方程可以当作牛顿引力理论的核心, 其中 $\Phi$ 是引力势, $G$ 是牛顿引力常数, 而 $\rho$ 是刻画物质分布的质量密度. 这个关系式说明, 一旦知道了物质的分布, 这些物质造成的引力势就被确定了. 简单地说, $\rho$ 是形成引力势的源. 如果考虑一个质量为 $m$ 的粒子在引力势中, 则这个粒子所受的力为

$$\boldsymbol{f} = m\boldsymbol{g}, \tag{4.7}$$

其中的引力加速度完全由引力势的梯度确定:

$$\boldsymbol{g} = -\nabla\Phi. \tag{4.8}$$

这里实际上用到了惯性质量等于引力质量的 (弱) 等效原理.

泊松方程是二阶线性微分方程, 可以利用线性叠加原理来求解. 它可以和麦克斯韦方程组中的静电势方程比较, 唯一的不同是质量密度总是正的, 而电荷密度可正可负, 因此引力总是吸引的. 为了求解此方程, 需要额外地加上对引力势的边界条件, 通常要求引力势在无穷远处为零. 由高斯定理,

$$\int_S \boldsymbol{g}\cdot\mathrm{d}\boldsymbol{S} = -\int_V \nabla\cdot(\nabla\Phi) = -\int_V 4\pi G\rho = -4\pi GM. \tag{4.9}$$

对一个球对称分布的质量

$$\boldsymbol{g} = -\frac{GM}{r^3}\hat{\boldsymbol{r}}. \tag{4.10}$$

当物质分布并非球对称的, 在距离较远时我们可以通过多极展开来处理. 假定源所处的位置用 $\boldsymbol{r}'$ 来表示, 在 (4.5) 式中可以做展开

$$\frac{1}{|\boldsymbol{r}-\boldsymbol{r}'|}=\frac{1}{r}+\sum_i\frac{x^ix'^i}{r^3}+\frac{1}{2}\sum_{i,j}(3x'^ix'^j-r'^2\delta^{ij})\frac{x^ix^j}{r^5}+\cdots \tag{4.11}$$

而逐阶得到牛顿引力势

$$\Phi(x)=-\frac{GM}{r}-\frac{G}{r^3}\sum_i x^iD^i-\frac{G}{2r^5}\sum_{i,j}x^ix^jQ^{ij}+\cdots, \tag{4.12}$$

其中

$$\begin{aligned}M&=\int\rho(x')\mathrm{d}^3\boldsymbol{x}',\\ D^i&=\int x'^i\rho(x')\mathrm{d}^3\boldsymbol{x}',\\ Q^{ij}&=\int(3x'^ix'^j-r'^2\delta^{ij})\rho(x')\mathrm{d}^3\boldsymbol{x}',\end{aligned}$$

分别是质量分布源的总质量 (质量单极矩)、质量偶极矩和质量四极矩. 如果我们选择坐标原点为质心, 则质量偶极矩为零. 所以, 对平方反比率的一阶修正来自于质量四极矩, 这是一个 $1/r^4$ 的修正. 质量四极矩会导致通常的闭合椭圆轨道不封闭, 有进动出现. 比如说地球的两极半径比赤道半径小千分之三, 由此产生的四极矩会使卫星轨道产生进动. 实际上, 利用卫星轨道的进动可以探测地球的质量分布. 而对于太阳而言, 它近乎是一个理想球体, 两极半径与赤道半径只差十万分之几, 四极矩非常小, 但也对水星的轨道产生了影响. 实际上, 在牛顿引力中除了太阳本身的质量四极矩以外, 对水星轨道影响更大的是其他行星的扰动. 这些扰动导致水星近日点每百年进动 $500''$, 而太阳四极矩的影响是每百年几个弧秒. 考虑了这两个效应以后, 水星近日点进动仍然残余有每百年约 $43''$, 这个微小的偏差最终成为对广义相对论的重要检验.

由于泊松方程是线性方程, 所以在牛顿引力中引力势可以线性叠加. 但从现代场论的观点看, 引力是通过引力子来传播的, 而引力场本身携带能量, 利用相对论性质能关系 $E=mc^2$, 质量与能量是不可分的, 所以引力场也有 “质量”, 将产生下一级的引力场. 由此可见, 引力场本身并不能简单地用线性方程来描述, 而必须用非线性方程来描述. 泊松方程显然不符合此要求.

牛顿引力与狭义相对论的不相容性有多方面的反映. 首先, 在牛顿引力中, 引力的传播是瞬时的. 譬如说, 太阳的质量发生变化, 其产生的引力场变化地球马上就可以感觉到. 而这与相对论中信息的传播不可能超过光速相矛盾. 相应地, 这也破坏了因果性. 其次, 牛顿引力方程不是相对论协变的. 前述的泊松方程只包含空

间导数, 而与时间无关, 所以不是洛伦兹协变的. 而且在泊松方程中只有能量密度 $\rho$, 它并不是一个张量, 而只是能动张量的一个分量. 所以泊松方程本身不是相对论协变的. 对泊松方程的一个简单推广并不能使引力场方程相对论化.

牛顿引力与狭义相对论的不相容性对很多人来说也许并不是一个问题. 特别从牛顿引力本身来讲, 它已经经过了大量观测实验的检验, 没有很强的实验迹象要求我们对它进行修改. 但对爱因斯坦来说, 这是一个巨大的危机, 因为他相信我们的世界应该是简单、优美、和谐统一的. 正是这种对美和简洁性的追求驱使爱因斯坦寻找与相对论相容的引力理论. 爱因斯坦不只是发展了描述引力的广义相对论, 也在方法论上革命了物理学的研究. 如今, 要求一个理论体系的自洽性已经成为了现代理论物理研究中的一条基本原则.

## §4.2 弱等效原理

在牛顿引力中, 弱等效原理起着重要的作用. 弱等效原理 (weak equivalence principle, 简记为 WEP) 可以表述如下.

**弱等效原理** *惯性质量与引力质量相等, 即* $m_{\rm i}=m_{\rm g}$.

惯性质量指的是在牛顿第二定律

$$\boldsymbol{f}=m_{\rm i}\boldsymbol{a}, \tag{4.13}$$

中的质量 $m_{\rm i}$, 它刻画了在任何外力下物体表现出的惯性, 质量越大, 惯性越大. 而引力质量特指在引力相互作用中, 两个物体互相吸引时的质量. 前面我们导出的引力加速度只与引力势的梯度有关实际上就用到了弱等效原理, 因为

$$m_{\rm i}\ddot{\boldsymbol{r}}=-m_{\rm g}\nabla\varPhi, \tag{4.14}$$

方程的左边是牛顿第二定律, 而方程的右边是引力, 只有当惯性质量等于引力质量时, 才有

$$\boldsymbol{g}=-\nabla\varPhi. \tag{4.15}$$

这个关系式有着重要的物理意义, 它告诉我们所有物质对引力的反应都是一样的: 每一个物体在某一引力场中都以相同的加速度下落. 比如说在地球的引力场中, 无论物体是何材质, 如果初始条件一样, 则它们下落的运动状态是一样的.

实验上, 对弱等效原理的检验有很长的历史, 也达到了非常高的精度. 传说中的伽利略比萨斜塔实验中用到了两个质量不同的铁球, 证明了它们的运动状态相同,

推翻了亚里士多德关于“越重物体下落越快”的论断①. 类似的实验可以选用不同材质的物体, 屏蔽掉空气阻力的影响, 也能得到相似的结论. 当然, 这类实验的精度较低. 伽利略提出精度更高的实验是利用单摆, 通过选择不同物体作为摆锤, 分析单摆的运动周期, 从而可以较精确地检验弱等效原理, 精度可以达到约 $10^{-3}$. 在伽利略之后, 牛顿、贝瑟尔、波特等人都利用单摆做过实验, 进一步提高了精度.

19 世纪末, 厄缶 (Eötvös) 天才地提出利用扭秤平衡来精巧地检验弱等效原理, 大大提高了实验精度, 精度达到 $10^{-9}$. 这种想法在 20 世纪 60 年代以后被进一步地发展, 迪克 (Dick) 领导的实验组, 以及布拉金斯基 (Braginsky) 领导的小组先后对弱等效原理做了更精细的检验, 精度达到了 $10^{-11}$. 2017 年底, MICROSCOPE 卫星实验把精度提高到 $10^{-14}$. 而基于卫星试验的 STEP (Satellite Test of Equivalence Principle) 计划将把精度提高到 $10^{-17}$. 从图 4.1 中可以看到对弱等效原理检验的实验现状. 可以说, 弱等效原理通过了有史以来物理学中最精确的实验检验, 甚至超过了弱电标准模型的实验检验精度. 因此, 弱等效原理的准确性被广为接受. 下面我们简单介绍两个这方面的实验.

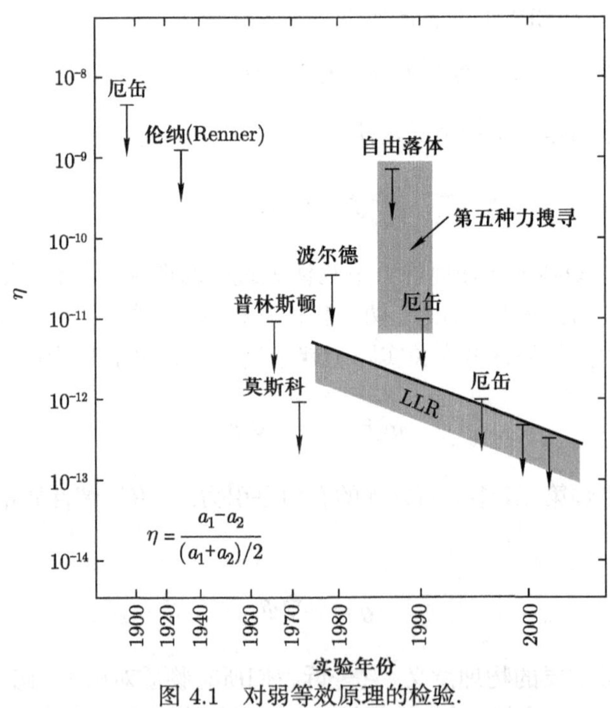


图 4.1 对弱等效原理的检验.

①实际上, 伽利略思考了一个理想实验: 如果亚里士多德是对的, 那么如果两个质量不等的铁球通过铁链相连, 它们的下落是更快呢, 还是介于两者之间? 历史上, 伽利略并未在比萨斜塔上做过实验.

### 4.2.1 月球激光测距

现代对弱等效原理的检验可以利用地球和月亮在太阳系中的运动. 此时, 太阳的引力势是确定的, 我们只要知道月地之间的精确位置就可以很好地检验弱等效原理, 精度可以达到 $10^{-13}$. 而且, 对于地球和月亮而言, 它们都可能有较大的自引力能, 从而对惯性质量和引力质量的等价性提出挑战. 问题的关键是测定月地间的相对精确位置. 为此, 我们需要所谓的月球激光测距 (lunar laser ranging) 技术, 它可以精确地测量月地间的距离, 精度达到 $10^{-10}$. 这个实验的想法很简单. 我们通过宇宙飞船在月球上放置大量的立体角面镜 (corner-cube). 这些角面镜可以作为反射器: 打到镜面上的光线将被反射回来. 从 1969 年开始, 先后有德克萨斯洛克山上的研究小组和法国的一个研究小组利用角面镜测定月地距离. 这类研究从地面向月球发射激光脉冲, 比如说脉冲的周期为 200 ps, 每一次有 $10^{18}$ 个光子, 每一秒发射 10 组脉冲. 由于空气的衍射和折射, 这些光子到达月球上时形成了半径为 7 km 的圆盘, 而光子中只有十亿分之一可以打到角面镜上并被反射回地球. 反射回地球的光子会分散到半径为 20 km 的区域中, 一个口径为 1 m 的望远镜只能捕捉到十亿分之一的反射光子. 因此, 望远镜每几秒钟才能收集到一个反射光子.

### 4.2.2 厄缶的扭秤平衡实验

对弱等效原理检验的最有名的实验是厄缶在 1890 年设计的扭秤平衡实验. 这个实验是如此精巧, 使厄缶获得了哥廷根大学原准备给予理论竞赛的奖金. 我们简要介绍一下这个实验的主要思想. 考虑地球上有个扭秤, 扭秤的两端有质量可以不同的球, 达到平衡. 在地球上, 除了引力以外, 还存在着由于地球转动导致的离心力. 离心力的一部分可以分解到与引力相反的方向上, 另一部分分解到水平方向上:

$$\boldsymbol{a} = \boldsymbol{a}_z + \boldsymbol{a}_x. \tag{4.16}$$

两个秤锤质量可以不一样, 但处于平衡位置, 这就要求在不同方向上的扭矩达到平衡. 如图 4.2 所示, 在绕 $z$ 轴的方向上, 可能的转动为

$$\tau = m_{A\mathrm{i}} a_x l - m_{B\mathrm{i}} a_x l'. \tag{4.17}$$

而在绕 $x$ 轴的方向上, 平衡条件要求

$$(m_{A\mathrm{g}} g - m_{A\mathrm{i}} a_z) l = (m_{B\mathrm{g}} g - m_{B\mathrm{i}} a_z) l'. \tag{4.18}$$

这个关系导致

$$l' = \frac{m_{A\mathrm{g}} g - m_{A\mathrm{i}} a_z}{m_{B\mathrm{g}} g - m_{B\mathrm{i}} a_z} l. \tag{4.19}$$

因此, 可能的转动可以表达为

$$\tau = m_{Ai}gl\left(\frac{\frac{m_{Bg}}{m_{Bi}} - \frac{m_{Ag}}{m_{Ai}}}{\frac{m_{Bg}}{m_{Bi}}g - a_z}\right). \tag{4.20}$$

所以, 不存在额外转动的充要条件是

$$\frac{m_{Bg}}{m_{Bi}} = \frac{m_{Ag}}{m_{Ai}}. \tag{4.21}$$

其中 $m_{\mathrm{i}}$ 是惯性质量, $m_{\mathrm{g}}$ 是引力质量. 也就是说, 只有当弱等效原理对两个秤锤都成立时, 我们才观测不到扭转.

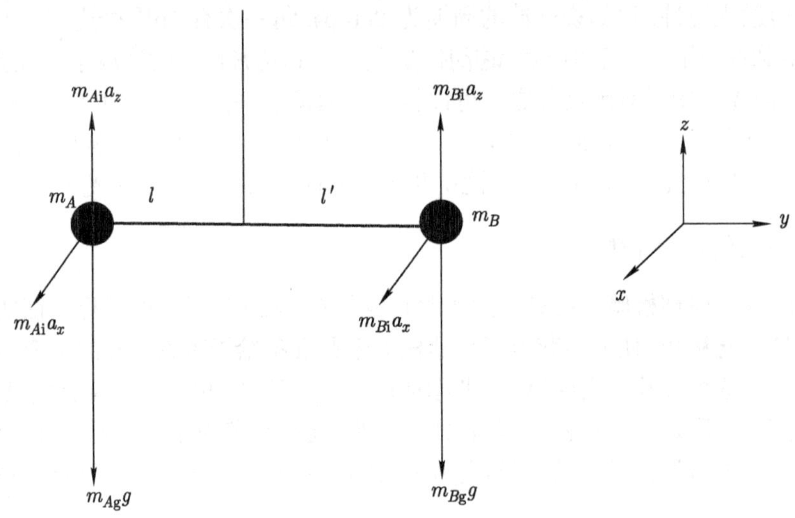


图 4.2 厄缶实验的示意图.

从上面的介绍中可以看到, 厄缶实验的设计很简单, 但想法却很出色, 以当时的实验条件就可以把检验的精度提高到 $10^{-9}$. 基于这种想法的现代实验可以更加精细, 主要的改进有: 把两个秤锤换成四个质量块; 尽量避免地球引力势梯度的影响; 屏蔽掉磁和热效应的影响; 按周期转动吊臂等. 实验的精度从而可以达到 $10^{-12}$.

## §4.3 爱因斯坦等效原理

狭义相对论中假定了惯性系总是存在的. 严格地说, 这是不准确的. 在宇宙中, 引力无处不在, 影响着粒子的运动, 因此并没有完全自由的粒子和惯性参考系. 当然, 在很多情形, 可以有近似的惯性系存在. 在引力场中如何定义惯性系是爱因斯坦思考的与引力相关的第一个相对论问题. 由弱等效原理 $m_{\rm i}=m_{\rm g}$, 所以 $\boldsymbol{a}=-\nabla\varPhi$, 因此在引力场中自由下落粒子的行为是普适的, 与这些粒子的质量无关. 爱因斯坦的第一个突破性的想法是: "如果一个人自由下落, 他将感觉不到自己的重量." 也就是说, 自由下落的轨道给出了惯性系. 这里爱因斯坦所指的自由下落的状态是一种理想状态, 这个人在下落时, 忽略掉空气的摩擦力, 也闭上眼睛不观看周围的景物. 由此, 这个人世界线上的每一个事件处都可以定义局域的惯性系.

另一方面, 由弱等效原理我们知道

$$\boldsymbol{a}=\boldsymbol{g}. \tag{4.22}$$

这个关系告诉我们引力的效应和加速度的效应在观测上是无法区分的. 换句话说, 没有办法把引力场的效应与匀加速参考系中的效应区分出来. 为了说明这一点, 我们同样需要设计一个理想化的情景. 考虑一个在密闭箱子中的观测者, 假设箱子和观测者都足够小, 即使有引力作用, 引力势的梯度变化对箱子而言也是察觉不出来的. 那么考虑下面两种情况:

(1) 箱子在地球表面静止;

(2) 箱子在无引力的空间中以一个地球加速度加速.

箱子里的观测者无论他做何种实验都没有办法区分开这两种情况. 在引力场中自由下落粒子的运动与在足够小区域的匀加速参考系中粒子的运动是无法区分的. 那么, 引力在哪里呢?

在广义相对论中, 是没有可能得到狭义相对论中的整体惯性系的. 然而我们总可以定义一个局域惯性系 (local inertial frame), 在其中引力为零. 这些局域惯性系就是自由下落物体的参考系. 另一方面, 由于引力导致的加速不能够可靠地定义, 因此用处不大. 实际上, 在足够小的区域中, 引力无法表现为一种力, 只有当区域足够大时, 通过观察与相邻局域惯性系之间的相对加速度, 才能够判断是否有引力存在. 也就是说, 引力实际上是引潮力 (tidal force). 考虑两个相邻的局域参考系, 如果在下落过程中两个参考系间发现有相对加速运动, 则说明存在引力, 在广义相对论中说明时空是弯曲的. 因此, 简而言之,

$$\text{引力}=\text{时空弯曲}.$$

事实上, 爱因斯坦提出, 不仅无法通过自由下落实验区分引力和匀加速运动, 即使考虑其他的相互作用, 也无法区分这两者. 这就是所谓的爱因斯坦的等效原理 (Einstein's equivalence principle, 简记为 EEP):

**爱因斯坦的等效原理** *在足够小区域, 物理学的定律应该与狭义相对论中的一致. 不可能通过任何局域实验来探测出引力场的存在.*

这个原理告诉我们, 不管做何实验, 都无法区分 $\boldsymbol{a}$ 和 $\boldsymbol{g}$.

很难想象一个理论遵从弱等效原理而破坏爱因斯坦的等效原理. 考虑一个氢原子, 它由一个质子和一个电子构成. 由于束缚能 $E_{\rm b}<0$, 氢原子质量小于质子质量和电子质量之和, $m_{\rm H}<m_{\rm p}+m_{\rm e}$. 然而, 由于引力也与束缚能耦合, 所以最终对氢原子而言, 仍然有正确的引力质量 $m_{\rm g}$. 从这个例子可以看出, 引力与任何形式的能量和动量耦合, 不只是静止质量.

## §4.4 引力红移

在牛顿引力理论中, 只要物体有质量, 它都将受到引力场的影响. 对于无质量的物体, 似乎不会受到引力的影响. 然而, 狭义相对论中的质能关系告诉我们质量和能量是一体的两面, 即使对于没有静止质量的光子, $E=\hbar\omega$, 它也具有某种 "质量". 一个有趣的问题是光子如何受到引力的影响呢? 在狭义相对论中, 光子总是以直线前进, 而在引力场中引力会改变粒子的运动轨迹, 这意味着光子在引力场中将会发生偏折. 光线偏转将是广义相对论中的重要课题. 这里不考虑光线的偏折, 而讨论一个更加简单的情形. 我们将显示光子在引力势中将发生红移或者蓝移. 我们需要的知识只是爱因斯坦等效原理或者能量守恒.

(1) 能量守恒与引力红移. 下面通过能量守恒来对引力红移进行更准确的描述. 考虑一个理想情形, 如图 4.3 所示, 在地球的引力场中垂直位置 $A$ 和 $B$, $A$ 高 $B$ 低, 高度差为 $h$. 在 $B$ 处的引力势比 $A$ 处多. 如果在 $A$ 处的粒子静止质量为 $m$, 则在 $B$ 处其能量为

$$E_B=m+mgh,\quad E_A=m. \tag{4.23}$$

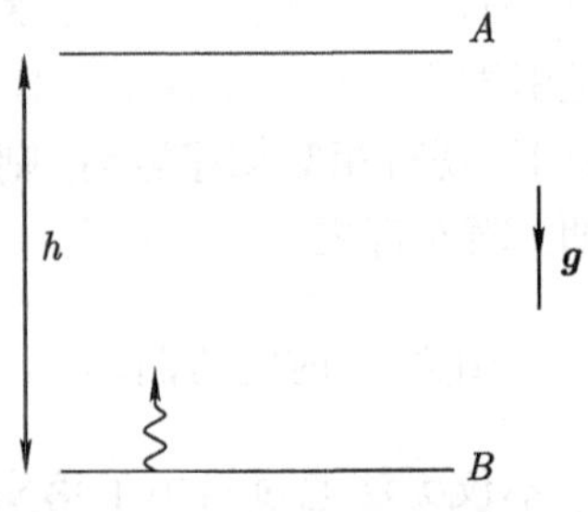


图 4.3 引力红移理想实验.

假定在 $B$ 处粒子完全湮灭变成光子, 然后向上传播至 $A$ 处. 光子的初始能量为

$$\hbar\omega=E_B. \tag{4.24}$$

如果光子在引力场中的传播不受引力的影响, 则在 $A$ 处假定该光子转换为粒子, 其静止质量为 $m$ 加上能量 $mgh$. 然而这样的后果是粒子获得了额外的能量, 也就是说, 能量不守恒了. 为了保证能量守恒, 光子在引力场中传播时频率必须发生改变. 由于

$$E_A = m = \hbar\omega_A, \tag{4.25}$$

$$E_B = m + mgh = \hbar\omega_B, \tag{4.26}$$

我们不期待普朗克常数会在引力场中发生变化, 所以必须有 $\omega_B > \omega_A$. 我们可以定义红移因子

$$z \equiv \frac{\Delta\lambda}{\lambda_{\rm i}} = \frac{\lambda_{\rm f} - \lambda_{\rm i}}{\lambda_{\rm i}}, \tag{4.27}$$

其中 $\lambda_{\rm i}$ 是初始发射时的光子波长, $\lambda_{\rm f}$ 是最终接受时的光子波长, $\Delta\lambda$ 是光子波长的变化. 在我们讨论的情形,

$$1 + z = \frac{\lambda + \Delta\lambda}{\lambda} = \frac{\lambda_A}{\lambda_B} = \frac{\omega_B}{\omega_A} = 1 + gh, \tag{4.28}$$

即 $z = gh$. 严格地说, 引力加速度并非一个常数 $\boldsymbol{g} = -\nabla\varPhi$, 但是我们可以分段讨论, 而每一小段上引力加速度可以看作常数, 由此我们的红移因子是各段的叠加:

$$z = \frac{\Delta\lambda}{\lambda} = \frac{1}{c}\int \nabla\varPhi {\rm d}z = \Delta\varPhi. \tag{4.29}$$

简单地说, 红移因子等于引力势的变化.

(2) 爱因斯坦等效原理与引力红移. 上面的讨论可以换一个角度, 从爱因斯坦等效原理出发来进行. 如图 4.4 所示, 考虑一个匀加速运动的电梯, 加速度是 $\boldsymbol{a} = -\boldsymbol{g}$, 而电梯高度是 $h$. 假定电梯运动的速度 $v \ll c$, 所以狭义相对论的效应可忽略. 假设 $h$ 也较小, 这样广义相对论的其他效应也可忽略. 在这两个假设下二阶小量如 $(v/c)^2, (gh/c^2)^2$ 可忽略, 而一阶量 $(v/c), (gh/c^2)$ 是重要的, 需要保留. 电梯底部记为 $B$, 顶部记为 $A$, 它们在垂直位置的高度分别为

$$z_B(t) = \frac{1}{2}gt^2, \quad z_A(t) = h + \frac{1}{2}gt^2. \tag{4.30}$$

考虑从底部 $B$ 连续发射两个脉冲,

$$t = 0 \to t_1, \quad \text{第一个脉冲收到}, \tag{4.31}$$

$$t = \Delta\tau_B \to t_1 + \Delta\tau_A, \quad \text{第二个脉冲收到}. \tag{4.32}$$

第一个脉冲经过的距离为

$$z_A(t_1) - z_B(0) = ct_1. \tag{4.33}$$

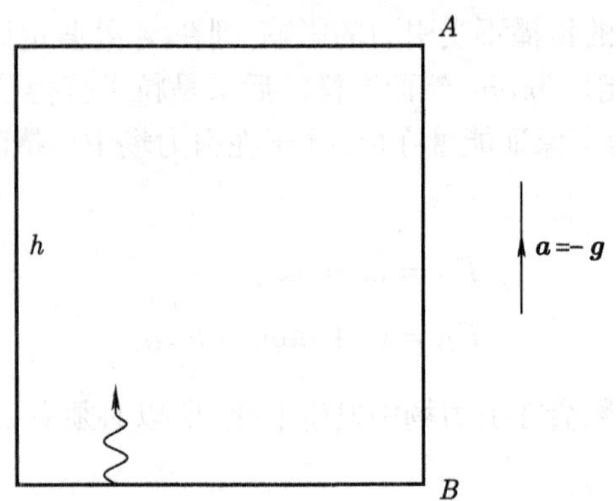


图 4.4 利用爱因斯坦等效原理研究引力红移.

而对第二个脉冲, 由于电梯在加速, 它到达 $A$ 时经过的距离要长一些:

$$z_A(t_1+\Delta\tau_A)-z_B(\Delta\tau_B)=c(t_1+\Delta\tau_A-\Delta\tau_B). \tag{4.34}$$

假定发射时两个脉冲间的间隔 $\Delta\tau_B$ 较小, 我们对上面的量展开, 只保持 $\Delta\tau_A$ 和 $\Delta\tau_B$ 的线性项,

$$h+\frac{1}{2}gt_1^2=ct_1,$$

$$h+\frac{1}{2}g((t_1+\Delta\tau_A)^2-(\Delta\tau_B)^2)=c(t_1+\Delta\tau_A-\Delta\tau_B),$$

由此可得

$$gt_1\Delta\tau_A=c(\Delta\tau_A-\Delta\tau_B). \tag{4.35}$$

因为 $t_1\approx h/c$, 所以

$$\Delta\tau_A=\frac{\Delta\tau_B}{1-gh/c^2}. \tag{4.36}$$

光子的频率 $\omega\propto\dfrac{1}{\Delta\tau}$, 这样就有

$$\omega_A=\left(1-\frac{gh}{c^2}\right)\omega_B,\quad \lambda_A=\left(1+\frac{gh}{c^2}\right)\lambda_B. \tag{4.37}$$

这正是前面通过能量守恒推导出的关系式. 上面的讨论只在弱引力极限下成立, 此时牛顿引力势并不大. 对于强引力场的情形, 必须在广义相对论的框架下讨论. 我们将在第九章讨论此问题.

引力的红移效应可以理解为光子为了克服引力势损失了能量. 如果反过来, 光子从引力势高的地方到引力势低的地方, 它将获得能量, 这样就会产生引力蓝移效应. 引力红移通常指的是光子克服引力势的过程. 这个效应已经被实验所证实. 第一个这方面的实验是 1960 年由庞德 (Pound) 和瑞布卡 (Rebka) 完成的, 1964 年进一步被庞德和斯奈德 (Snider) 改进. 实验在美国哈佛大学的杰斐逊实验室完成. 对于一个高为 22.5 m 的塔, 其塔底和塔顶的引力势差为 $gh/c^2 \approx 10^{-15}$. 这个差别是如此之小, 必须借助非常精密的方法来测定, 其办法是利用穆斯堡尔效应. 实验结果表明引力红移效应确实存在, 理论与实验的偏差只有约 1%.

## §4.5 全球定位系统 (GPS) 中的相对论修正

在现在常用的全球定位系统中, 总共有 24 颗卫星, 每一颗绕地球的周期为 12 小时, 24 颗卫星在 6 个轨道面上. 也就是说, 每一个轨道面上有 4 颗卫星. 卫星上携带有非常准确的原子钟, 这些钟即使经过数周其误差也仅有 $10^{-13}$ s. 在地球的近似惯性系中, 每一颗卫星周期性地发射关于空间和时间的信息. 我们知道, 从三颗卫星发射的信号可以把空间位置限制在三个球面的交叉点上, 而四颗卫星就可以完全确定时间和空间的信息. 这可以在二维的情形比较清楚地看到. 在二维中, 只需要两颗卫星:

$$
\begin{aligned}
ct_{\mathrm{p}} &= \frac{1}{2}(c(t_A + t_B) + (x_B - x_A)), \\
x_{\mathrm{p}} &= \frac{1}{2}(c(t_A - t_B) + (x_B + x_A)),
\end{aligned}
$$

可见, 知道了卫星 $A$ 和 $B$ 的时间和空间信息, 接收者的时间和空间信息也就确定了. 这就是全球定位系统的基本工作原理.

在全球定位系统的工作中, 有各种因素需要考虑. 这里只介绍两个相对论性的效应. 第一个相对论性效应是狭义相对论中的时间延长效应. 这来自于卫星的运动. 由牛顿引力, 我们知道

$$
\frac{v_{\mathrm{s}}^2}{R_{\mathrm{s}}} = \frac{GM_\oplus}{R_{\mathrm{s}}^2}. \tag{4.38}
$$

卫星所处的轨道半径为

$$
R_{\mathrm{s}} \approx 2.7 \times 10^4 \ \mathrm{km} \approx 4.2 R_\oplus, \quad R_\oplus = 6.4 \times 10^3 \ \mathrm{km}, \tag{4.39}
$$

因此其运动速度为 $v_{\mathrm{s}} \approx 3.9$ km/s, 而 $v_{\mathrm{s}}/c \approx 1.3 \times 10^{-5}$. 狭义相对论效应为

$$
\frac{1}{2}\left(\frac{v_{\mathrm{s}}}{c}\right)^2 = 0.84 \times 10^{-10}. \tag{4.40}
$$

另一个相对论性效应是光子的引力红移效应. 这个效应的影响为

$$\frac{GM_{\oplus}}{R_{s}c^{2}} = 1.6 \times 10^{-10}. \tag{4.41}$$

这两种效应的影响看起来都非常小, 量级约在 $10^{-10}$. 然而, 全球定位系统是非常精密的系统. 假设如果有 $10^{-10}$ s 的误差, 由于光速传播, 其在位置上的偏差是 30 cm. 如果要求全球定位系统的精度在 2 m, 在时间上的偏差不能超过 6 ns. 因此, 时间延迟和引力红移效应在全球定位系统的运转中都必须认真地对待. 如果不考虑这两个效应, 整个系统将在几十分钟后崩溃. 由此可见, 全球定位系统是狭义相对论和广义相对论在日常生活中应用的范例.

## §4.6 引力与几何

上面讨论的引力红移效应实际上意味着时空必须是弯曲的. 斯其德 (Schild) 在 1960 年指出, 如果有引力红移, 时空不可能是平直的闵氏时空. 如图 4.5 所示, 假设在地球表面上高度为 $z_1$ 的地方有一个观测者, 而在高度为 $z_2 = z_1 + h$ 的地方有另一个观测者. 它们互相之间保持静止, 也相对于地球的惯性系静止. 从时空图上, 光线必须走 45° 的线, 在 $z_1$ 处的光子脉冲间隔肯定与在 $z_2$ 处的光子脉冲间隔一样, 而这与引力红移矛盾. 上面的讨论中不必要求光线走直线, 只要是类光曲线即可. 如果两个脉冲的类光曲线平行, 那么不可能有引力红移发生. 这意味着引力红移无法与欧氏几何中的平行公设同时成立. 换句话说, 时空不能是平的, 必须是弯曲的.

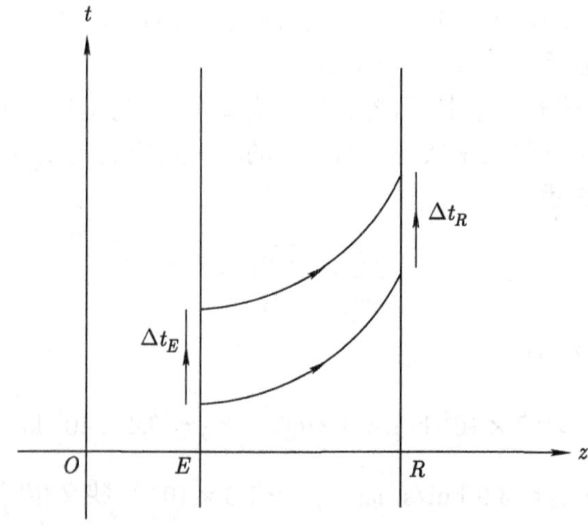


图 4.5 考虑光子在引力场中的运动显示时空不可能是平直的.

# 习 题

1. 证明一个均匀的球壳内部引力势是一个常数.
2. 证明一个球对称分布的物体没有质量四极矩.
3. 假如一个行星密度均匀, 形状如旋转椭球, 两极半径 $r_{\mathrm{p}}$ 小于赤道半径 $r_{\mathrm{e}}$, 试计算该行星的质量四极矩.

# 第五章　弯曲时空基础——流形

我们通过对引力红移的讨论看到, 在引力场中描述光子运动的时空流形不可能是闵氏时空. 也就是说, 引力的相对论性理论应该在弯曲时空中建立. 这一章将介绍关于弯曲时空的基础知识. 我们首先从弯曲时空的内禀描述开始. 本章的讨论将不追求数学上的严格性, 对数学严格性要求高的读者可参考文献 [30, 31, 32, 33, 34].

## §5.1　流　　形

欧几里得几何是公理化体系的典范. 通过假定五条公设, 欧氏几何的其他定理都可以由此导出. 在欧氏几何提出之后的两千多年中, 人们试图精简欧几里得的体系, 探讨是否能够删减或者修改其中的某条公设, 同时仍保持理论体系的自洽性. 特别地, 欧几里得的第五公设假定: 如果一条直线与两条平行线中的一条相交, 它必然与另一条相交①. 这个公设看起来并不是完全自然的. 早在 1824 年, "数学王子" 高斯在与友人的通信中就提到修改此公设的可能性. 稍后一些时候, 1832 年奥地利数学家波尔莱 (Bolyai) 公开提出了对此公设的修改. 而俄国数学家罗巴切夫斯基 (Lobachevski) 独立地在 1826 年发现了罗巴切夫斯基平面, 这是一个有常数负曲率的二维空间, 而且不能简单地嵌入 3 维欧氏空间中. 从此之后, 弯曲空间逐渐被人们所接受. 特别是黎曼 (Riemann) 对弯曲空间的研究做出了卓越的贡献. 在爱因斯坦提出广义相对论之前 50 年, 数学家们对弯曲空间的研究已经很成熟了, 为爱因斯坦发展广义相对论准备好了数学工具. 然而, 对爱因斯坦同时代的其他物理学家而言, 黎曼几何仍然只是数学家们的玩具, 看起来不会有什么物理意义.

在本书中, 我们把描述弯曲空间的几何称为黎曼几何, 而把描述弯曲时空的几何称为赝黎曼几何. 我们先不区分时间和空间, 而只是一般性地讨论弯曲空间, 特别是行为较好的弯曲空间. 我们将讨论的弯曲空间称为光滑流形. 简单地说, 光滑流形具有下面两条性质:

(1) 流形在局部看起来是一个平坦欧氏空间, 如果这个空间是 $n$ 维的, 则流形也是 $n$ 维;

(2) 流形上相邻的局部区域可以光滑地缝起来.

---

①这并非是欧几里得原始的表述, 而是一个等价的表述. 另一个等价的表述是三角形的内角和是 180°.

第一个性质实际上是说流形局域平坦，而且流形的维数不会发生改变. 第二个性质说明流形是光滑的. 我们先举几个流形和非流形的例子，然后再对以上两个性质做更准确的数学定义. 先来看流形的几个例子.

**例 5.1** 平坦欧氏空间 $R^n$，包括 1 维直线、2 维平面等.

**例 5.2** $n$ 维球面 $S^n$. 地球近似为一个球面. 球面构成了光滑流形的非平凡的例子.

**例 5.3** $n$ 维环面 $T^n$，它可以通过把 $n$ 维欧氏空间的每一个方向周期性紧化来得到:

$$x^i \sim x^i + a^i, \quad i = 1, \cdots, n. \tag{5.1}$$

从构造上可以看出，$n$ 维环面与 $n$ 维平直空间没有什么差别，都应该是平坦的. 但拓扑上二者完全不同.

**例 5.4** 亏格为 $g$ 的二维黎曼面，如图 5.1 所示. 黎曼面可以有代数的定义，也可以有几何的定义，我们在此仅给出几个明显的例子:

(1) $g = 0$，二维球面 $S^2$;

(2) $g = 1$，二维环面 $T^2$，几何上看有一个手柄;

(3) $g > 1$，有 $g$ 个手柄.

二维黎曼面富含丰富而优美的数学，与数学中复分析、代数几何、指标定理、模空间等相关，也在物理中有重要的应用，如在弦理论、超对称 Yang-Mills 理论等中的应用.

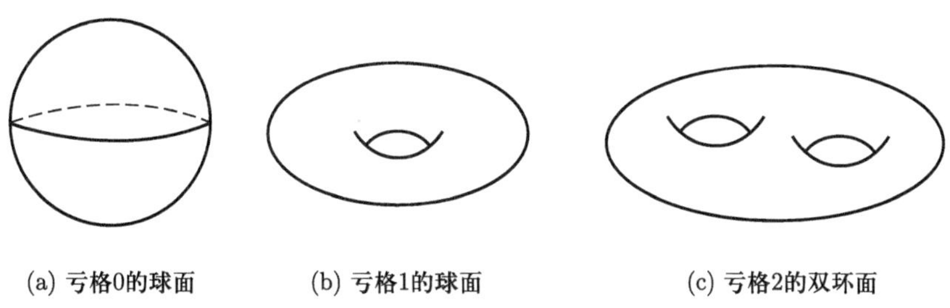

(a) 亏格0的球面　(b) 亏格1的球面　(c) 亏格2的双环面

图 5.1　各种亏格的黎曼面.

**例 5.5** 更抽象的例子: 某种连续变换的集合可以定义李群，如转动群以及前面讨论的洛伦兹群.

流形可以通过嵌入的方式来讨论. 在多变量微积分中，我们描述曲线和曲面的办法是利用在高维空间中的函数. 对于一维的曲线而言，它只有一个自由度，可以

通过一个变量 $\lambda$ 来刻画. 如果把这个曲线嵌入某个平直时空中, 这个曲线是通过坐标集 $x^\mu = x^\mu(\lambda)$ 来描述的, 不同的 $\lambda$ 给出了这条曲线在空间的位置. 而对于在 $N$ 维平直空间中的 $M$ 维曲面而言, 它有 $M$ 个自由度, 由坐标集

$$x^\mu = x^\mu(u^1, \cdots, u^M), \quad \mu = 1, \cdots, N \tag{5.2}$$

来描述.

嵌入的另一种描述方式是通过定义函数集合来实现的. 在 $N$ 维的平直空间中可以利用函数定义一个低一维的超曲面 (hypersurface),

$$f(x^1, \cdots, x^N) = 0, \tag{5.3}$$

即令这个超曲面满足某个方程. 此时函数是定义在坐标函数 $\{x^\mu\}$ 上面的. 这个函数约束了一个自由度, 符合超曲面有 $N-1$ 个自由度的要求. 类似地, 我们可以对 $M$ 维曲面用同样的方式来描述:

$$\begin{cases} f_1(x^1, \cdots, x^N) = 0, \\ \qquad\vdots \\ f_{N-M}(x^1, \cdots, x^N) = 0. \end{cases} \tag{5.4}$$

它需要满足 $(N-M)$ 个约束方程. 注意, 通过方程组来定义曲面具有局限性: 方程组可能无解, 或者存在奇点①.

惠特尼 (Whitney) 嵌入定理告诉我们, 任意 $n$ 维流形总可以嵌入 $2n$ 维欧氏空间中. 尽管如此, 流形本身就是独立存在的, 并不需要引进嵌入来描述它. 下面我们介绍描述流形的内禀方式, 它并不依赖于流形是否嵌入高维的平直空间中.

对于一个 $N$ 维流形上的点, 我们需要 $N$ 个独立的实坐标 $(x^1, \cdots, x^N)$ 来完全确定这个点②. 然而坐标的选择有任意性, 而且即使流形本身是平庸的, 坐标的选择有时候也让其中的某些点看起来是奇异的. 比如说, 用极坐标 $(r, \varphi)$ 来描述 2 维欧氏空间,

$$x = r\cos\varphi, \quad y = r\sin\varphi, \tag{5.5}$$

在原点 $r=0$ 处存在退化, 因为 $\varphi$ 此时是不确定的. 而用笛卡尔坐标则不存在此问题. 这当然不是说笛卡尔坐标比极坐标好, 在有的情况下, 用极坐标会带来不少便利. 一般而言, 只用一个非退化的坐标系是不可能覆盖整个时空的.

①纳什 (Nash) 证明了对于 $n$ 维光滑黎曼流形, 它总可以光滑地等度规地嵌入一个 $N$ 维欧氏空间中, 这里 $N = (n+2)(n+3)/2$. 基于他在博弈理论中的杰出工作, 纳什获得了 1994 年诺贝尔经济学奖. 他于 2015 年获得阿贝尔奖之后不久因车祸去世.

②本书中只讨论实流形.

**例 5.6** 二维球面 $S^2$.

我们可以利用球坐标 $(\theta,\phi)$ 来描述这个球面, 其中 $\theta\in[0,\pi],\phi\in[0,2\pi]$. 然而在南极和北极, 坐标 $\phi$ 却不能确定, 或者说退化. 事实上, 对于二维球面而言, 不存在整体定义的非退化坐标系来覆盖整个球面, 这与二维欧氏空间是完全不同的. 这是由于二维球面与二维欧氏空间在拓扑上是不同的. 对于二维球面, 我们至少需要两个坐标片互相重叠来覆盖其上的所有点.

如我们所见, 即使对于平直的空间, 也可以任意对坐标进行选择. 局部地, 流形可以同胚为 $R^n$, 所以在流形上的点 $p$ 邻域我们可以选择一个坐标, 或者一个到 $R^n$ 的映射, $\phi(p)$. 对于一个相邻的点 $q$, 我们可以类似地选择一个坐标 $\psi(q)$. 这两个坐标系并非严格地定义在点上, 而是在它们的邻域上, 因此这两个区域间有重叠. 在这个重叠区域, 看起来我们有两组不同的坐标系来描述它. 显然, 这两种描述应该是相容的. 我们可以考虑从一个坐标到另一个坐标的变换 $x^\mu\to x'^\mu=x'^\mu(x^1,\cdots,x^N)$. 由坐标变换我们可以定义雅可比行列式 (Jacobian): $J=\left|\dfrac{\partial x'^\mu}{\partial x^\nu}\right|$. 如果 $J\neq 0$, 则坐标变换存在逆变换. 我们稍后讨论两个坐标系相容的含义. 在此之前, 我们先介绍映射的基本知识.

给定两个集合 $A$ 和 $B$, 一个映射 $\varphi:A\to B$ 是指定某种关系, 它使 $A$ 中的每一个元素都与 $B$ 中的某一个元素相联系. 存在着 $A$ 中多个元素映射到 $B$ 中一个元素的可能, 也有可能 $B$ 中的元素并没有 $A$ 中的元素与之对应. 给定两个映射 $\varphi:A\to B$ 和 $\psi:B\to C$, 我们可以通过运算 $(\psi\circ\varphi)(a)=\psi(\varphi(a))$ 定义复合映射 $\psi\circ\varphi:A\to C$, 其中 $a\in A$, $\varphi(a)\in B$, 所以 $(\psi\circ\varphi)(a)\in C$. 如图 5.2 所示.

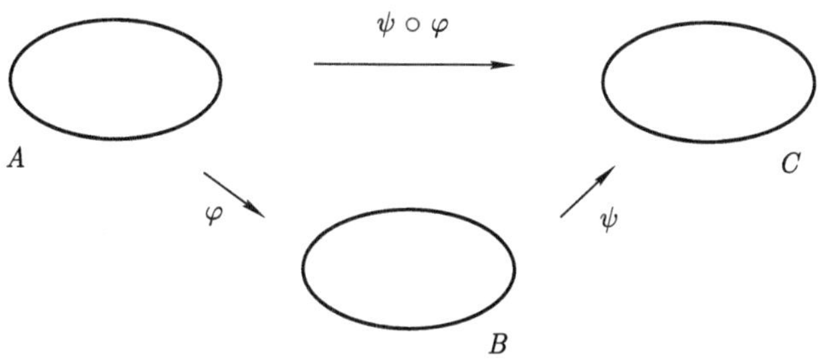


图 5.2　复合映射.

**例 5.7** 假定我们有映射 $f:R^m\to R^n$ 和 $g:R^n\to R^l$, 则我们有复合映射 $(g\circ f):R^m\to R^l$.

欧氏空间之间的映射和复合映射是很有用的, 它可以让我们使用多变量微积分的知识, 其中之一就是链式法则. 这个法则把复合映射的偏导数与单独映射的偏导

数联系起来:

$$\frac{\partial}{\partial x^a}(g\circ f)^c=\sum_b\frac{\partial f^b}{\partial x^a}\frac{\partial g^c}{\partial f^b},\tag{5.6}$$

通常可以简记为

$$\frac{\partial}{\partial x^a}=\sum_b\frac{\partial y^b}{\partial x^a}\frac{\partial}{\partial y^b}.\tag{5.7}$$

由于流形局部可以看作平坦欧氏空间, 我们可以利用映射和复合映射对流形进行研究. 首先, 我们对流形的局部与欧氏空间同胚这一事实进行准确的描述. 为此, 我们需要引进坐标系或者坐标卡的概念. 一个坐标卡包括 $n$ 维流形 $M$ 的一个开子集 $U$ 以及一个一一映射 $\varphi: U\to R^n$, 使 $\varphi(U)$ 在 $R^n$ 中也为开子集, 如图 5.3 所示.

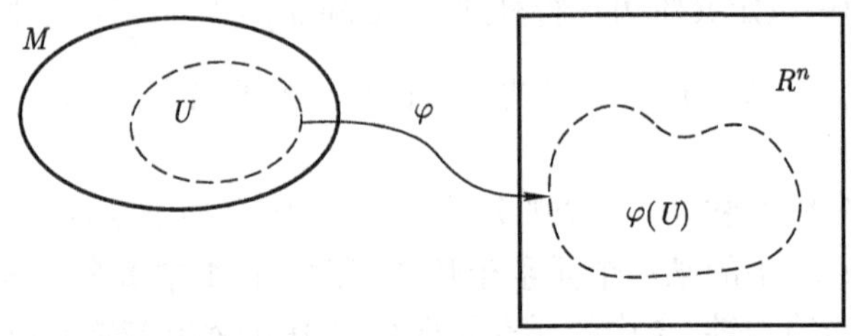


图 5.3 利用坐标卡描述流形. 流形局部与一个欧氏空间的开集存在一一映射.

**流形的定义**[①] $M$ 是一个 $N$ 维光滑 ($C^\infty$ 可微) 流形, 如果

(1) $M$ 是一个拓扑流形;

(2) $M$ 上有一族坐标卡 $\{(U_i,\varphi_i)\}$, 其中 $\cup_i U_i=M$ 且每一个 $U_i$ 是开集, $\varphi_i$ 是 $U_i$ 到 $R^N$ 中开子集 $U_i'$ 的同胚映射;

(3) 如果 $U_i\cap U_j\neq\phi$, 则从欧氏空间的子集 $U_j'$ 到 $U_i'$ 的映射 $\psi_{ij}=\varphi_i\cdot\varphi_j^{-1}$ 及其逆是光滑的 (无穷可微).

对上面的定义简单评述一下. 第一条意味着流形 $M$ 具有某种拓扑, 而非过于松散的集合. 第二条实际上是说流形的每一个局部都可以看作欧氏空间. 第三条意味着如果某个区域可以由不同的坐标卡描述, 这些坐标卡间应该是相容的. 也就是说邻域间可以光滑地粘接起来得到整个流形. 局部地, $M\sim R^N$, 但整体地却不能做到. 比如说二维球面与二维欧氏空间是不同的: $S^2\nsim R^2$.

① 我们的定义以数学的标准看远远谈不上严格, 但这里为了避免引进过多的数学概念, 只好牺牲了严格性.

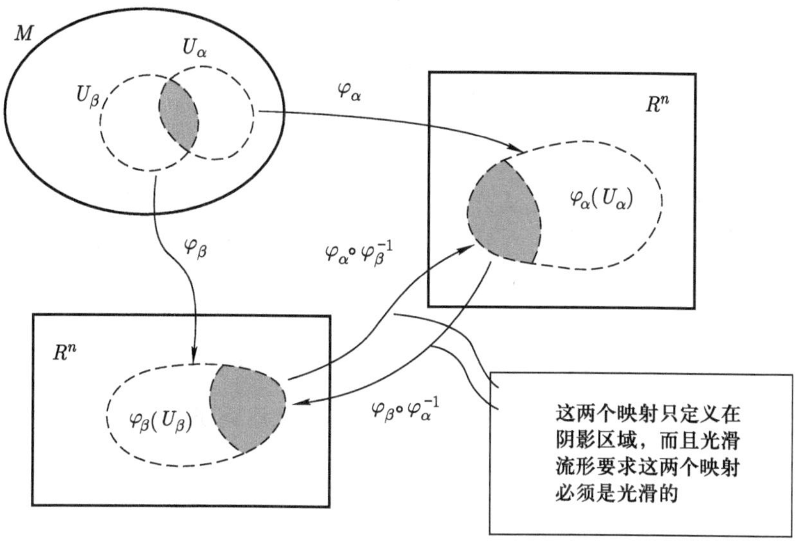


图 5.4　光滑流形通过开覆盖集合以及开覆盖之间的光滑映射来定义.

上面的定义中, $\{(U_i,\varphi_i)\}$ 也称为图册 (Atlas)①, $U_i$ 称为坐标邻域, $\varphi_i$ 称为坐标函数. 转换函数 $\psi_{ij}$ 可以是 $k$ 次可微的, 此时流形称为 $C^k$ 流形. 上面的定义中我们要求映射和转换函数都是实的, 如果它们定义在复数域上, 则可以定义复流形. 在本书中, 我们只讨论光滑的实流形.

**例 5.8**　$S^1$ 的坐标卡.

显然我们可以通过坐标 $\theta\in[0,2\pi]$ 来描述 $S^1$, 但是这个集合并非是开的. 因此, 我们需要至少两个坐标卡, 如图 5.5 所示.

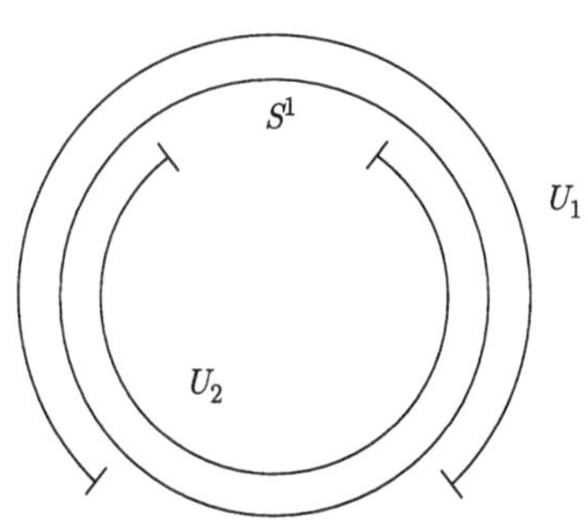


图 5.5　对一个圆, 我们需要至少两个开集 $U_1$ 和 $U_2$ 来覆盖它.

①这个术语来自于航海图. 很早人们就知道要覆盖整个地球表面, 需要不只一张地图来精确地把握航线.

**例 5.9** $S^2$ 的坐标卡.

二维单位球面可以在三维欧氏空间中定义为

$$(x^1)^2+(x^2)^2+(x^3)^2=1. \tag{5.8}$$

第一个坐标卡 $(U_1,\varphi_1)$ 可以定义为: $U_1$ 覆盖除去北极点以外的球面, 而 $\varphi_1$ 为球极投影 (stereographic projection). 如图 5.6 所示: 从北极做投影, 将球面上的点投影到 $x^3=-1$ 的二维平面上,

$$\varphi_1(x^1,x^2,x^3)\equiv(y^1,y^2)=\left(\frac{2x^1}{1-x^3},\frac{2x^2}{1-x^3}\right). \tag{5.9}$$

易见, 在此投影映射下对北极点的映射不好定义, 也就是说北极点必须被排除在上面的映射之外.

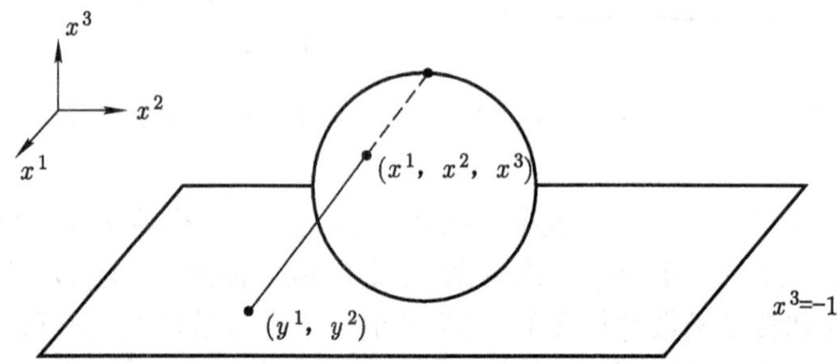


图 5.6 从北极点的球极投影给出了球面到平面的映射, 但北极点本身的投影无法定义.

另一个坐标卡 $(U_2,\varphi_2)$ 定义为: $U_2$ 覆盖除去南极点以外的球面, 而 $\varphi_2$ 为从南极点到 $x^3=1$ 平面的球极投影

$$\varphi_2(x^1,x^2,x^3)\equiv(z^1,z^2)=\left(\frac{2x^1}{1+x^3},\frac{2x^2}{1+x^3}\right). \tag{5.10}$$

在重叠区域, 跃迁函数 $\varphi_2\circ\varphi_1^{-1}$ 为

$$z^i=\frac{4y^i}{[(y^1)^2+(y^2)^2]}, \tag{5.11}$$

是光滑函数.

流形之间可以定义映射. 考虑两个流形 $M$ 和 $N$, 分别具有维数 $m$ 和 $n$, 以及坐标卡 $\varphi$ 和 $\psi$. 假设我们有一个函数 $f: M\to N$, 则坐标卡允许我们构造映射 $(\psi\circ f\circ\varphi^{-1})$, 如图 5.7 所示. 这是一个在两个欧氏空间之间的映射:$R^m\to R^n$, 因此函数 $f$ 相对于 $R^m$ 中的坐标 $x^\mu$ 是可微的,

$$\frac{\partial f}{\partial x^\mu}\equiv\frac{\partial}{\partial x^\mu}(\psi\circ f\circ\varphi^{-1})(x^\mu). \tag{5.12}$$

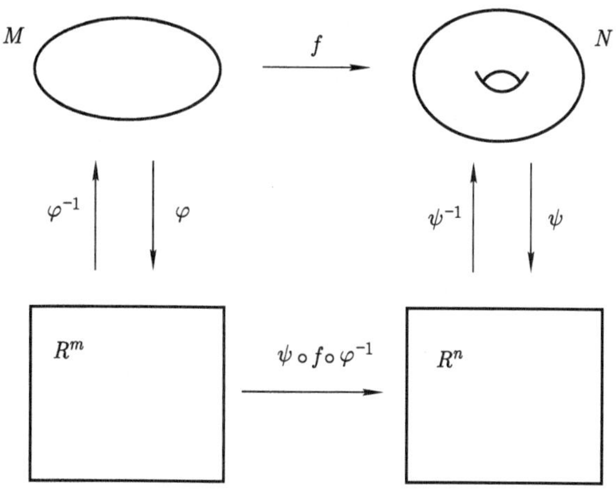


图 5.7 两个流形间的映射可以通过坐标卡间的映射来定义.

上面的讨论显示了可以通过坐标卡来定义两个流形间的映射, 最终问题转化成两个欧氏空间之间的映射. 如果一个映射及其逆都是光滑的, 则两个流形称为微分同胚 (diffeomorphism) 的. 特别地, 我们可以考虑具有不同图册的同一个流形间的映射, 从而讨论两个图册的相容性. 如果两个图册是相容的, 则它们的并集也是一个图册. 这样, 我们可以定义一个等价关系, 相容的图册可以归结为一个等价类, 而不相容的图册属于不同的等价类. 这个等价关系定义了流形的微分结构, 同一等价类对应于一个微分结构. 如果一个空间可以连续形变为另一个空间, 则这两个空间同胚. 同一个流形当然与其自身同胚, 但并不保证微分同胚, 因为这个流形可以有不同的微分结构.

**例 5.10** 流形的微分结构.

(1) $S^7$: 具有 28 个微分结构①.

(2) $S^n$: $n<7$ 时只有一个, $n>7$ 以后增长得很快.

(3) $R^4$: 无穷多个②.

## §5.2 切空间和余切空间

我们将用内禀的方法来讨论流形的切空间 (tangent space). 考虑穿过流形上某点 $p$ 的所有参数化曲线的集合. 流形上的曲线可以通过非退化映射 $\gamma: R\to M$ 来

①美国数学家米尔纳 (Milnor) 发现 $S^7$ 具有 28 个微分结构. 1964 年他获得菲尔兹奖.

②通过研究四维流形上 Yang-Mills 理论的模空间, 唐纳森 (Donaldson) 和弗里德曼 (Freedman) 发现平坦四维空间上实际上有无穷多个微分结构. 他们在 1984 年获得菲尔兹奖.

定义. 如果 $p$ 点在 $\gamma$ 的像中, 则这些映射构成了穿过点 $p$ 曲线的集合. 前面我们已经介绍过曲线的切矢可以用方向导数来定义, 因此, 在 $p$ 点的切空间 $T_p$ 可以由通过点 $p$ 的曲线的所有方向导数构成的空间来给出. 如图 5.8 所示.

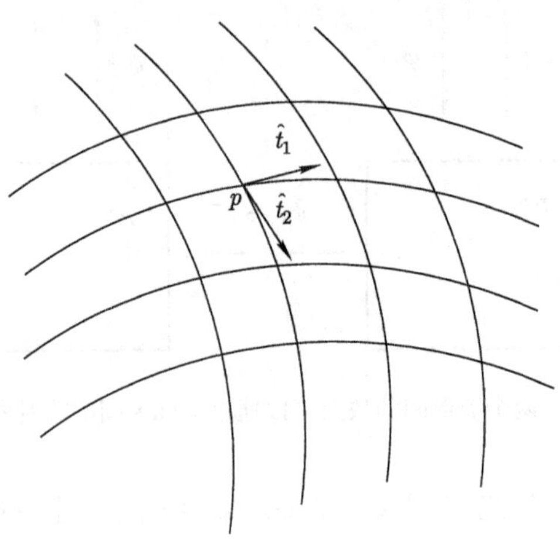


图 5.8 在 $p$ 点的切空间由通过 $p$ 点的所有曲线的切矢构成. 其线性无关的切矢量数目即是切空间的维数, 也就是流形的维数.

考虑一个 $n$ 维流形 $M$, 其上一条曲线由映射 $\gamma: R \to M$ 来定义, $\lambda$ 是曲线 $\gamma$ 的参数. 我们进一步考虑流形上的一个函数 $f \in \mathcal{F}(M)$ 沿着曲线的变化, 也就是说考虑函数沿曲线的方向导数. 在曲线上的一个点 $p$ 附近有坐标卡 $(U, \varphi)$, 因此可以利用坐标卡来讨论沿曲线的方向导数. 首先函数本身定义了映射 $f: M \to R$. 而由图 5.9 可见复合映射 $f \circ \gamma: R \to R$ 定义了依赖于仿射参数的函数 $f(\lambda)$. 但另一方面, 我们可以利用 $p$ 点处的坐标卡把这个映射明显地表示出来: $(f \circ \varphi^{-1}) \circ (\varphi \circ \gamma)$, 即 $f(x^\mu(\lambda))$. 因此, 函数沿曲线的方向导数为

$$\begin{aligned}\frac{\mathrm{d}}{\mathrm{d}\lambda}(f \circ \gamma) &= \frac{\mathrm{d}}{\mathrm{d}\lambda}[(f \circ \varphi^{-1}) \circ (\varphi \circ \gamma)] \\ &= \frac{\mathrm{d}(\varphi \circ \gamma)^\mu}{\mathrm{d}\lambda} \frac{\partial (f \circ \varphi^{-1})}{\partial x^\mu} \\ &= \frac{\mathrm{d}x^\mu}{\mathrm{d}\lambda} \partial_\mu f.\end{aligned} \tag{5.13}$$

由于函数 $f$ 是任意的, 所以方向导数算子 $\dfrac{\mathrm{d}}{\mathrm{d}\lambda}$ 可以用基矢 $\partial_\mu$ 展开:

$$\frac{\mathrm{d}}{\mathrm{d}\lambda} = \frac{\mathrm{d}x^\mu}{\mathrm{d}\lambda} \partial_\mu. \tag{5.14}$$

在此坐标卡中, 矢量的基底是

$$\hat{e}_\mu = \partial_\mu, \quad \mu = 1, \cdots, n. \tag{5.15}$$

通常称它为 $T_p$ 的坐标基. 显然, 切空间的维数和流形的维数一样.

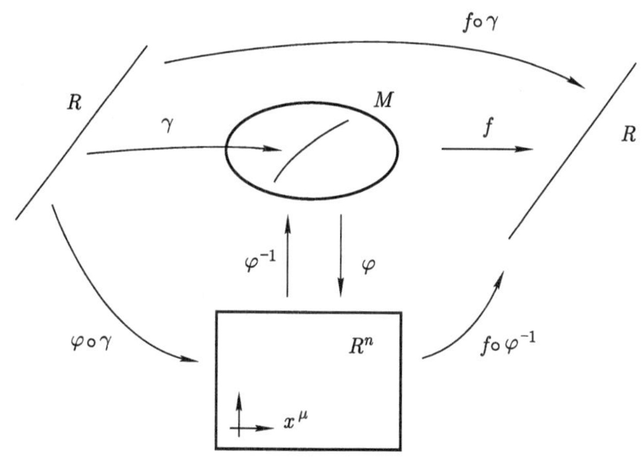


图 5.9 在流形上沿曲线的方向导数可以利用坐标卡来局域地定义.

由于描述 $p$ 点邻域的坐标卡不唯一, 我们可以在另一组坐标基下来描述方向导数. 也就是说, 在坐标变换 $x^\mu \to x^{\mu'}$ 下, 基矢的变换为

$$\partial_{\mu'} = \frac{\partial x^\mu}{\partial x^{\mu'}} \partial_\mu. \tag{5.16}$$

而切矢量本身是不变的,

$$\begin{aligned} V^\mu \partial_\mu &= V^{\mu'} \partial_{\mu'} \\ &= V^{\mu'} \frac{\partial x^\mu}{\partial x^{\mu'}} \partial_\mu, \end{aligned} \tag{5.17}$$

所以, 切矢量分量的变换为

$$V^{\mu'} = \frac{\partial x^{\mu'}}{\partial x^\mu} V^\mu. \tag{5.18}$$

从这些讨论可见, 这里的坐标变换是闵氏空间中洛伦兹变换的推广, 因此在广义相对论中把坐标卡间的变换称为 "广义坐标变换", 或者 "微分同胚变换" . 注意闵氏空间中洛伦兹变换是常数变换, 这是由于闵氏时空可以通过一个坐标卡来覆盖, 因此不同坐标卡间的变换可以是常数变换. 但并不是所有的变换都如此, 比如笛卡尔坐标与极坐标间的变换就不是常数变换. 对于一般的流形而言, 即使坐标卡都取笛卡尔坐标, 坐标变换仍无法做到是常数变换.

流形上一点 $p$ 的余切空间 (cotangent space) $T_p^*$ 与前面介绍的余切矢 (1 形式) 类似, 可以定义为切空间 $T_p$ 上所有线性映射的集合, 即 $T_p^* = \{$线性映射$\omega : T_p \to R\}$. 1 形式的典型例子是函数 $f$ 的梯度, 记为 $\mathrm{d}f$. 它与切矢的作用正是函数的方向导数:

$$\mathrm{d}f : \left(\frac{\mathrm{d}}{\mathrm{d}\lambda}\right) = \frac{\mathrm{d}f}{\mathrm{d}\lambda}. \tag{5.19}$$

因此, 在某坐标卡中坐标函数 $x^\mu$ 的梯度提供了余切空间的自然基底

$$\hat{\theta}^\mu = \mathrm{d}x^\mu, \quad \mu = 1, \cdots, n, \tag{5.20}$$

它满足

$$\hat{\theta}^\mu(\hat{e}_\nu) = \mathrm{d}x^\mu(\partial_\nu) = \frac{\partial x^\mu}{\partial x^\nu} = \delta^\mu_\nu. \tag{5.21}$$

一个任意的 1 形式可以通过这个基底展开: $\hat{\omega} = \omega_\mu \,\mathrm{d}x^\mu$. 在坐标变换下, 基底和 1 形式分量的变换律为

$$\mathrm{d}x^{\mu'} = \frac{\partial x^{\mu'}}{\partial x^\mu}\mathrm{d}x^\mu, \quad \omega_{\mu'} = \frac{\partial x^\mu}{\partial x^{\mu'}}\omega_\mu. \tag{5.22}$$

上面介绍的是在流形某点处的切空间和余切空间. 而在流形上在不同的点有不同的切空间, 这些切空间的集合构成了切矢量场$\hat{V}(x)$. 矢量场定义了一个映射

$$\hat{V} : f \to \hat{V}(f) \in C^\infty(M), \quad f \in \mathcal{F}(M), \tag{5.23}$$

其中 $\mathcal{F}(M)$ 是流形上的函数集合. 局域地, 切矢量场可以利用基矢展开为

$$\hat{V}(x) = V^\mu(x)\hat{e}_\mu = V^\mu(x)\partial_\mu. \tag{5.24}$$

同理, 也有对偶矢量场, 或者说余矢量场、1 形式场, 局域地有

$$\hat{\omega}(x) = \omega_\mu\hat{\theta}^\mu = \omega_\mu \mathrm{d}x^\mu. \tag{5.25}$$

对两个切矢量场 $\hat{X}, \hat{Y}$, 它们的对易子仍是一个切矢量场:

$$[\hat{X}, \hat{Y}](f) \equiv \hat{X}(\hat{Y}(f)) - \hat{Y}(\hat{X}(f)) \tag{5.26}$$

$[\hat{X}, \hat{Y}]$ 称为李括号 (Lie bracket), 是后面要介绍的李导数的一个特例. 在某坐标系下,

$$[\hat{X}, \hat{Y}] = [\hat{X}, \hat{Y}]^\alpha\partial_\alpha = (X^\beta\partial_\beta Y^\alpha - Y^\beta\partial_\beta X^\alpha)\partial_\alpha.$$

切矢量场的对易子有清楚的几何意义, 如图 5.10 所示. 一般而言, 两个矢量场并不能形成封闭的四边形. 为了简单起见, 我们考虑这些矢量场在一个平面上, 在点 $t$ 和 $r$ 间的矢量为

$$\begin{aligned}\vec{rt} &= (\hat{U}(p)+\hat{V}(s))-(\hat{V}(p)+\hat{U}(q))\\ &= (\hat{V}(s)-\hat{V}(p))-(\hat{U}(q)-\hat{U}(p))\\ &= (\partial_\alpha V^\beta U^\alpha \hat{e}_\beta)(p)-(\partial_\alpha U^\beta V^\alpha \hat{e}_\beta)(p)+\text{高阶项}\\ &= [\hat{U},\hat{V}](p)+\text{高阶项},\end{aligned} \tag{5.27}$$

可能的高阶项如 $\partial_{\mu\nu}V^\beta U^\mu U^\nu \hat{e}_\beta$. 如果我们使矢量 $\hat{U},\hat{V}$ 减半, 则对易子减为 1/4, 而高阶修正项至少减为 1/8. 因此, 取 $\hat{U},\hat{V}$ 趋于零的极限, 则高阶项可忽略, 这样我们就得到了五边形图像.

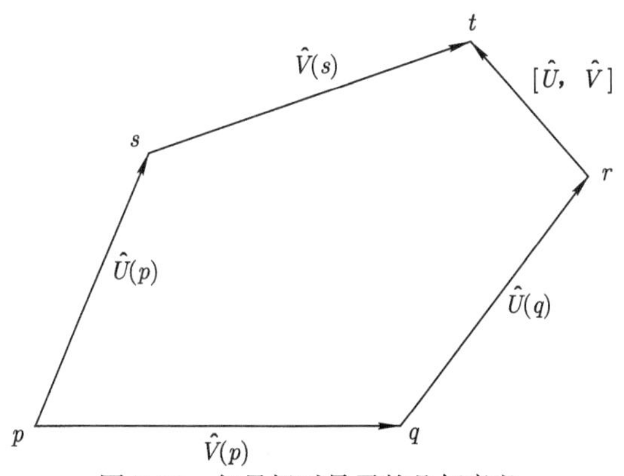

图 5.10 矢量场对易子的几何意义.

严格地说, 上面的讨论有缺陷. 我们可以考虑在弯曲空间中矢量场的对易子. 如图 5.11 所示, 我们可以讨论一下标量函数的变化:

$$f(t)-f(r)=[f(t)-f(s)]+[f(s)-f(p)]-[f(r)-f(q)]-[f(q)-f(p)].$$

上式括号中的每一项都可以利用沿曲线的方向导数来得到, 因此有

$$\begin{aligned}f(t)-f(r) &= [(\partial_\alpha f)V^\alpha+\frac{1}{2}(\partial_\alpha\partial_\beta f)V^\alpha V^\beta]_s+[(\partial_\alpha f)U^\alpha+\frac{1}{2}(\partial_\alpha\partial_\beta f)U^\alpha U^\beta]_p\\ &\quad -[(\partial_\alpha f)U^\alpha+\frac{1}{2}(\partial_\alpha\partial_\beta f)U^\alpha U^\beta]_q-[(\partial_\alpha f)V^\alpha+\frac{1}{2}(\partial_\alpha\partial_\beta f)V^\alpha V^\beta]_p\\ &= [((\partial_\alpha f)V^\alpha)_s-((\partial_\alpha f)V^\alpha)_p]-[((\partial_\alpha f)U^\alpha)_q-((\partial_\alpha f)U^\alpha)_p]+\text{高阶项}\\ &= [\partial_\beta((\partial_\alpha f)V^\alpha)U^\beta-\partial_\beta((\partial_\alpha f)U^\alpha)V^\beta]_p+\text{高阶项}\\ &= [(U^\beta\partial_\beta V^\alpha-V^\beta\partial_\beta U^\alpha)\partial_\alpha f]_p+\text{高阶项}\\ &= \Big([\hat{U},\hat{V}]f\Big)_p+\text{高阶项}.\end{aligned} \tag{5.28}$$

也就是说对易子 $[\hat{U},\hat{V}]$ 确实是定义在点 $p$ 的矢量场, 其几何意义是定义了标量函数沿矢量 $\vec{rs}$ 的方向导数.

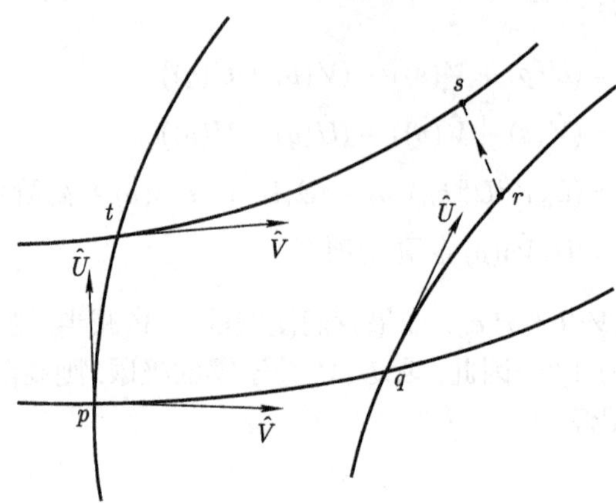


图 5.11 利用方向导数讨论矢量场对易子的几何意义.

## §5.3 张 量

流形上的张量与闵氏时空中张量的定义类似, 这里不再赘述. 在点 $p$ 处一个 $(k,l)$ 型张量 $\hat{T}$ 可以展开为

$$\hat{T} = T^{\mu_1\cdots\mu_k}{}_{\nu_1\cdots\nu_l}\partial_{\mu_1}\otimes\cdots\otimes\partial_{\mu_k}\otimes \mathrm{d}x^{\nu_1}\otimes\cdots\otimes \mathrm{d}x^{\nu_l}, \tag{5.29}$$

此时, 张量分量的变换规律是

$$T^{\mu_1'\cdots\mu_k'}{}_{\nu_1'\cdots\nu_l'} = \frac{\partial x^{\mu_1'}}{\partial x^{\mu_1}}\cdots\frac{\partial x^{\mu_k'}}{\partial x^{\mu_k}}\frac{\partial x^{\nu_1}}{\partial x^{\nu_1'}}\cdots\frac{\partial x^{\nu_l}}{\partial x^{\nu_l'}}T^{\mu_1\cdots\mu_k}{}_{\nu_1\cdots\nu_l}. \tag{5.30}$$

实际上这个变换规律很容易记住: 只要注意上下标的匹配即可. 对于上标, 变换一定是 $\dfrac{\partial x^{\mu_1'}}{\partial x^{\mu_1}}$, 而对于下标, 变换正好相反. 与切矢量、对偶矢量一样, 在流形上可以一般性地定义张量场.

在平坦时空中定义的张量运算大部分都适用于流形上的张量场, 比如说指标的缩并、对称化和反称化、指标的升降、求迹等. 但在流形上的张量有三个重要的例外:

(1) 导数运算;

(2) 度规场;

(3) 列维–齐维塔张量.

首先, 我们来看看导数运算. 在闵氏时空中如果我们采用直角坐标系, 则很容易看到一个张量的导数运算可以定义一个新的张量. 而在弯曲空间中却并非如此. 对于标量函数而言, 其梯度是一个合法的 $(0,1)$ 张量. 然而一般而言, 一个张量的偏导数不再是张量. 譬如, 一个 1 形式的偏导数不再是张量了. 这一点很容易从分量的坐标变换中看出:

$$\begin{aligned}\frac{\partial}{\partial x^{\mu'}}W_{\nu'} &= \frac{\partial x^{\mu}}{\partial x^{\mu'}}\frac{\partial}{\partial x^{\mu}}\left(\frac{\partial x^{\nu}}{\partial x^{\nu'}}W_{\nu}\right)\\ &= \frac{\partial x^{\mu}}{\partial x^{\mu'}}\frac{\partial x^{\nu}}{\partial x^{\nu'}}\left(\frac{\partial}{\partial x^{\mu}}W_{\nu}\right)+W_{\nu}\frac{\partial x^{\mu}}{\partial x^{\mu'}}\frac{\partial}{\partial x^{\mu}}\frac{\partial x^{\nu}}{\partial x^{\nu'}}.\end{aligned}$$

右边第一项符合一个张量的变换规律, 而多出来的第二项破坏了在坐标变换下的协变性. 如何对偏导数进行修改来得到一个在坐标变换下协变的导数是一个有趣的问题. 我们将在下一章中学习如何自洽地定义导数.

## §5.4 度规张量场

度规张量是一个对称 $(0,2)$ 张量, 记为 $\hat{g}$ 或者分量形式 $g_{\mu\nu}$. 由于流形的维数是不变的, 度规张量场应是非退化的: $|g| = \det(g_{\mu\nu}) \neq 0$. $g_{\mu\nu}$ 的逆也是对称的, 是一个 $(2,0)$ 张量的分量, 满足

$$g^{\mu\nu}g_{\nu\sigma} = \delta^{\mu}_{\sigma}. \tag{5.31}$$

与平坦空间中的度规一样, 我们可以利用度规场 $g_{\mu\nu}$ 和 $g^{\mu\nu}$ 来升降弯曲空间中张量的指标, 也可以用来定义矢量间或者 1 形式间的内积. 由于 $g_{\mu\nu}$ 是对称的, 它在 $n$ 维空间中有 $\dfrac{n(n+1)}{2}$ 个独立分量.

度规张量场在广义相对论中具有特别重要的物理意义. 首先由于它定义了局部的几何, 可以用它来计算一些几何量, 如类空曲线的长度和类时曲线的固有时等. 进一步地, 它可以帮助我们确定两点之间的“最短距离”. 物理上, 它将确定试探粒子在弯曲时空中的运动. 此外, 它可以定义两个矢量间的标量积, 从而确定矢量是类时、类空或者零矢量. 这样也就确定了曲线在时空流形中的属性, 并由此定义因果性: 告诉我们什么是“过去”和“未来”. 爱因斯坦的等效原理告诉我们, 局部地看时空流形必须是平坦的, 因此度规张量场应该局部地取闵氏度规的形式, 也就是说度规张量场提供了一个局部惯性系的意义. 在后面的介绍中我们还将看到, 在牛顿近似下, 度规场与闵氏度规的偏离给出通常的牛顿引力势. 在此情形下, 度规张量场具有非常明确的物理意义.

我们首先来看看它如何帮助我们定义局部几何. 考虑两个间隔为无穷小的点 $P$ 和 $Q$, 它们可以在同一坐标卡中描述,

$$P : x^\mu, \quad Q : x^\mu + \mathrm{d}x^\mu. \tag{5.32}$$

它们的"距离"或"间隔"为某函数,

$$\mathrm{d}s^2 = f(x^a, \mathrm{d}x^a). \tag{5.33}$$

这个函数确定了局部几何. 比如说, 考虑 2 维芬斯勒 (Finsler) 几何,

$$\mathrm{d}s^2 = (\mathrm{d}\xi^4 + \mathrm{d}\zeta^4)^{1/2}. \tag{5.34}$$

而在 (赝) 黎曼几何中, 函数 $f$ 由度规场给出,

$$\mathrm{d}s^2 = g_{\mu\nu}\mathrm{d}x^\mu \mathrm{d}x^\nu. \tag{5.35}$$

从 $P$ 到 $Q$, 近似地我们有一个无穷小矢量 $\mathrm{d}\hat{s}$:

$$\mathrm{d}\hat{s} = \mathrm{d}x^\mu \hat{e}_\mu. \tag{5.36}$$

注意这里的 $\mathrm{d}x^\mu$ 代表着无穷小矢量的分量, 而非 1 形式. 两点间的间隔为这个矢量的模长:

$$\mathrm{d}s^2 = \mathrm{d}\hat{s}\cdot\mathrm{d}\hat{s} = (\hat{e}_\mu\cdot\hat{e}_\nu)\mathrm{d}x^\mu\mathrm{d}x^\nu = g_{\mu\nu}\mathrm{d}x^\mu\mathrm{d}x^\nu. \tag{5.37}$$

这里我们已经用到了两个基矢的内积由度规场来定义:

$$\begin{aligned}\hat{e}_\mu\cdot\hat{e}_\nu &= \hat{g}(\hat{e}_\mu, \hat{e}_\nu) = g_{\sigma\rho}\hat{\theta}^\sigma(\hat{e}_\mu)\hat{\theta}^\rho(\hat{e}_\nu)\\ &= g_{\sigma\rho}\delta^\sigma_\mu\delta^\rho_\nu = g_{\mu\nu}.\end{aligned} \tag{5.38}$$

度规张量场可以通过坐标变换局部写成正则的对角形式

$$g_{\mu\nu} = \mathrm{diag}(-1, -1, \cdots, -1, +1, +1, \cdots, +1, 0, 0, \cdots, 0).$$

此处我们没有要求度规是非退化的. 如果加上非退化条件, 对角矩阵中的 0 元素都不存在. 此时, 我们把上面对角矩阵中 $+1$ 的数目记为 $s$, 而 $-1$ 的数目记为 $t$, 那么 $s-t$ 是一个拓扑不变量, 称为号差 (signature), $s+t$ 当然是时空的维数. 如果 $t=0$, 则度规称为欧氏的 (整体平坦时) 或者黎曼的. 如果 $t=1$, 它称为洛伦兹的或者赝黎曼的. 如果一个度规场是连续的, 它的阶和号差在每一点都是相同的.

### 5.4.1 黎曼正则坐标

如果认为引力的相对论性理论应该通过弯曲时空来描述, 我们首先需要验证爱因斯坦关于局部惯性系的结论, 即在时空中每一点的邻域应该有局部惯性系 (LIF). 在这个惯性系中, 度规应该取闵氏时空的度规, 或者说取上述的正则形式. 这对度规场提出了要求. 这样的正则形式总是存在的吗? 我们将证明, 通过选取合适的坐标, 在某点 $p \in M$ 这总是可行的. 实际上, 我们可以做得更好, 我们可以使度规场的一阶导数在此点为零, 但不能做到让所有的二阶导数为零.

**命题** *在流形某点 $p$ 的邻域, 总存在着坐标系, 使度规及其导数满足*

$$\begin{aligned} g_{\mu\nu}|_p &= \eta_{\mu\nu}, \\ \partial_\sigma g_{\mu\nu}|_p &= 0, \\ \partial_\sigma \partial_\rho g_{\mu\nu}|_p &\neq 0. \end{aligned} \tag{5.39}$$

**证明** 在坐标变换下, 度规场变换如

$$g_{\mu'\nu'} = \frac{\partial x^\mu}{\partial x^{\mu'}} \frac{\partial x^\nu}{\partial x^{\nu'}} g_{\mu\nu}. \tag{5.40}$$

不失一般性地, 我们把 $p$ 点在两个坐标系中都取做原点, 即 $x^\mu(p), x^{\mu'}(p) = 0$, 则在 $p$ 点附近的坐标可以有泰勒展开

$$\begin{aligned} x^\mu = &\left(\frac{\partial x^\mu}{\partial x^{\mu'}}\right)_p x^{\mu'} + \frac{1}{2}\left(\frac{\partial^2 x^\mu}{\partial x^{\mu_1'} \partial x^{\mu_2'}}\right)_p x^{\mu_1'} x^{\mu_2'} \\ &+ \frac{1}{6}\left(\frac{\partial^3 x^\mu}{\partial x^{\mu_1'} \partial x^{\mu_2'} \partial x^{\mu_3'}}\right)_p x^{\mu_1'} x^{\mu_2'} x^{\mu_3'} + \cdots, \end{aligned} \tag{5.41}$$

而度规场也可以展开为

$$\begin{aligned} g_{\mu\nu} = &(g_{\mu\nu})_p + (\partial g)_p \left(\frac{\partial x}{\partial x'}\right)_p x' + (\partial g)_p \left(\frac{\partial^2 x}{\partial x' \partial x'}\right)_p x' x' \\ &+ (\partial^2 g)_p \left(\frac{\partial x}{\partial x'} \frac{\partial x}{\partial x'}\right)_p x' x' + \cdots, \end{aligned} \tag{5.42}$$

这里忽略了可能的指标结构和数值因子. 假定原坐标是 $x^\mu$, 而要寻找的坐标是 $x^{\mu'}$. 将变换式 (5.40) 的两端都展开到 $x'$ 的二阶, 有

$$\begin{aligned} &(g')_p + (\partial' g')_p x' + (\partial' \partial' g')_p x' x' \\ \approx &\left(\frac{\partial x}{\partial x'} \frac{\partial x}{\partial x'} g\right)_p + \left(\frac{\partial x}{\partial x'} \frac{\partial^2 x}{\partial x' \partial x'} g + \frac{\partial x}{\partial x'} \frac{\partial x}{\partial x'} \partial' g\right)_p x' \\ &+ \left(\frac{\partial x}{\partial x'} \frac{\partial^3 x}{\partial x' \partial x' \partial x'} g + \frac{\partial^2 x}{\partial x' \partial x'} \frac{\partial^2 x}{\partial x' \partial x'} g + \frac{\partial x}{\partial x'} \frac{\partial^2 x}{\partial x' \partial x'} \partial' g + \frac{\partial x}{\partial x'} \frac{\partial x}{\partial x'} \partial' \partial' g\right)_p x' x'. \end{aligned} \tag{5.43}$$

这里为表达简洁, 我们略去了所有的指标, 这些指标很容易就可以恢复上去. 让我们仔细研究一下上式的左右两边. 具体地, 我们讨论 $n$ 维流形的情形:

(1) 0 阶, 左边 $g'$ 有 $\dfrac{n(n+1)}{2}$ 个自由度, 右边由矩阵 $(\partial x^\mu/\partial x^{\mu'})_p$ 确定, 这个矩阵有 $n\times n=n^2$ 个自由度. 因此, 有足够的自由度来使 $g_{\mu'\nu'}(p)$ 取正则的形式. 额外多出的 $\dfrac{n(n-1)}{2}$ 个自由度正好是在局部惯性系中洛伦兹群生成元的个数.

(2) 1 阶, 左边 $\partial'_\sigma g'_{\mu\nu}$ 有 $n\times\dfrac{n(n+1)}{2}=\dfrac{n^2(n+1)}{2}$ 个自由度, 而右边额外的自由度由 $(\partial^2 x^\mu/\partial x^{\mu'_1}\partial x^{\mu'_2})_p$ 确定, 它有 $n\times\dfrac{n(n+1)}{2}$ (因为 $\mu'_1,\mu'_2$ 对称) 个自由度. 因此, 我们刚好有足够的自由度使 $\partial_\sigma g_{\mu\nu}=0$.

(3) 2 阶, 左边 $\partial'_\rho\partial'_\sigma g'_{\mu\nu}$ 有 $\dfrac{n(n+1)}{2}\times\dfrac{n(n+1)}{2}=\left(\dfrac{n(n+1)}{2}\right)^2$ 个自由度, 右边 $(\partial^3 x^\mu/\partial x^{\mu'_1}\partial x^{\mu'_2}\partial x^{\mu'_3})_p$ 有 $n\times\dfrac{n(n+1)(n+2)}{3\times2\times1}=\dfrac{n^2(n+1)(n+2)}{6}$ 个自由度 (由于 $\mu'_1,\mu'_2,\mu'_3$ 全对称, 所以有 $\dfrac{(n+2)\times(n+1)\times n}{3\times2\times1}$). 因此, 我们没有足够多的自由度使 $\partial\partial g=0$. 实际上, 所缺乏的 $\dfrac{n^2(n-1)^2}{12}$ 个自由度正好是 $n$ 维流形中独立的黎曼曲率 (curvature) 张量的个数. 一般而言, 曲率张量通常是非零的, 流形非平坦. 得证

实现条件 (5.39) 的这种坐标称为黎曼正则坐标 (Riemann normal coordinates, 简记为 RNC), 而相应的基矢构成了局部洛伦兹惯性系. 在黎曼正则坐标中, 在 $p$ 处的度规在一阶看起来像平坦空间的度规.

度规场的引入可以帮助我们研究流形的局部几何, 而不需依赖于嵌入. 局部几何是流形的内禀性质. 考虑一张平坦的纸, 在直角坐标下其度规为 $\mathrm{d}s^2=\mathrm{d}x^2+\mathrm{d}y^2$, 有一只虫子在纸上. 如果这张纸被卷成圆筒, 虫子无法探测出曲面的几何性质的不同, 如图 5.12 所示①. 这个曲面可以很容易地打开恢复原状, 而不会留下任何褶皱、撕裂或者形变. 更准确地说, 柱面的度规是

$$\mathrm{d}s^2=\mathrm{d}z^2+a^2\mathrm{d}\phi^2. \tag{5.44}$$

令 $x=z, y=a\phi$, 度规变成平面的度规. 因此, 圆柱面并非自身是内禀弯曲的, 它看起来是弯曲的来自于其在高维空间的嵌入, 这个曲率是外部的 (extrinsic). 显然, 如果我们可以找到整体定义的坐标变换使某个流形的度规都变成欧氏空间的形式, 则这个流形一定是内禀平直的.

①当然, 我们假定虫子没有三维的立体感觉.

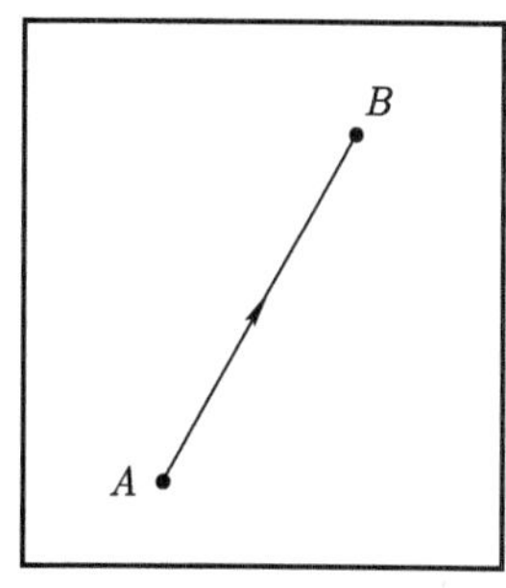


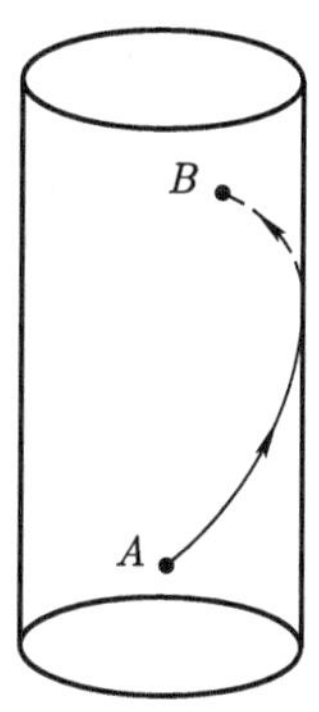


图 5.12 在一张平坦的纸上, 小虫从 $A$ 走直线爬到 $B$. 把纸卷成圆筒后小虫的轨迹看起来是走一条曲线.

### 5.4.2 球面上的几何

下面我们看一个非平凡的例子: 二维球面 $S^2$. 它不可能通过一张平坦的纸不经过撕裂或者变形来得到, 其内禀几何是不同的. 它的度规是

$$\mathrm{d}s^2 = a^2(\mathrm{d}\theta^2 + \sin^2\theta\mathrm{d}\phi^2). \tag{5.45}$$

这个度规不能通过任意坐标变换把整个曲面变成平坦空间的度规形式 $\mathrm{d}s^2 = \mathrm{d}x^2 + \mathrm{d}y^2$. 实际上, 后面我们将看到, 它具有非零曲率, 反比于球面半径的平方, 而且在此球面上三角形的内角和大于 $\pi$.

我们可以利用在三维欧氏空间 $R^3$ 中的嵌入来描述这个球面: 利用直角坐标, 三维欧氏空间 $R^3$ 的度规是我们熟知的

$$\mathrm{d}s^2 = (\mathrm{d}x)^2 + (\mathrm{d}y)^2 + (\mathrm{d}z)^2. \tag{5.46}$$

而在球坐标系中,

$$\begin{aligned} x &= r\sin\theta\cos\phi, \\ y &= r\sin\theta\sin\phi, \\ z &= r\cos\theta, \end{aligned} \tag{5.47}$$

所以度规变为

$$\mathrm{d}s^2 = \mathrm{d}r^2 + r^2\mathrm{d}\theta^2 + r^2\sin^2\theta\mathrm{d}\phi^2. \tag{5.48}$$

尽管空间是相同的, 但不同的坐标系给出不同的度规. 此外, 在球坐标系中的度规在 $r=0$ 处似乎有奇异性. 但是我们知道 $r=0$ 与别的点没有什么不同, 这个奇异性来自于坐标的选择.

在三维欧氏空间中, 二维球面由如下方程定义:

$$x^2 + y^2 + z^2 = a^2. \tag{5.49}$$

由此有

$$\mathrm{d}z = -\frac{x\mathrm{d}x + y\mathrm{d}y}{z}, \tag{5.50}$$

所以球面上的诱导度规 (即通过欧氏空间中的度规来诱导) 为

$$\mathrm{d}s^2 = \mathrm{d}x^2 + \mathrm{d}y^2 + \frac{(x\mathrm{d}x + y\mathrm{d}y)^2}{a^2 - x^2 - y^2}. \tag{5.51}$$

考虑北极点 $A: x = y = 0$. 在此点附近度规为 $\mathrm{d}s^2 = \mathrm{d}x^2 + \mathrm{d}y^2$, 即此点附近的几何可以近似为二维欧氏平面. 由于球面对称性, 此结论对任意点都适用. 利用极坐标 $x = \rho\cos\phi, y = \rho\sin\phi$, 度规可写作

$$\mathrm{d}s^2 = \frac{a^2\mathrm{d}\rho^2}{a^2 - \rho^2} + \rho^2\mathrm{d}\phi^2. \tag{5.52}$$

在此坐标系中, 坐标 $\rho$ 的几何意义是从穿过南北极的中心轴到球面的距离, 取值从 0 到 $a$. 而角坐标 $\phi$ 是垂直于中心轴的面与球面的相交圆的角坐标, 取值从 0 到 $2\pi$. 上面的度规看起来有奇异性, 在 $\rho = a$ 或者 $\sqrt{x^2 + y^2} = a$, 即球面赤道处, 度规是奇异的. 然而, 我们知道球面上各点应该没有差别, 也就是说赤道上的点与其他地方没有什么不同. 因此, 这个奇异性应该是来自于坐标选择, 即坐标奇异性. 坐标奇异性是无害的, 可以通过选择合适的坐标来避免.

在弯曲空间中, 两点间的距离是

$$L_{AB} = \int_A^B \mathrm{d}s = \int_A^B \sqrt{g_{\mu\nu}\mathrm{d}x^\mu\mathrm{d}x^\nu}. \tag{5.53}$$

显然, 距离取决于连接 $A$ 和 $B$ 点间的路径. 如果这条路径由 $x^\mu(\lambda)$ 来参数化, 则距离为

$$L_{AB} = \int_{\lambda_A}^{\lambda_B} \sqrt{g_{\mu\nu}\frac{\mathrm{d}x^\mu}{\mathrm{d}\lambda}\frac{\mathrm{d}x^\nu}{\mathrm{d}\lambda}}\mathrm{d}\lambda. \tag{5.54}$$

而在弯曲空间中曲面的面积元可以如下确定. 为简单计, 假定度规取对角的形式, 即 $g_{\mu\nu}(x) = 0$, 当 $\mu \neq \nu$. 度规为 $\mathrm{d}s^2 = g_{11}(\mathrm{d}x^1)^2 + \cdots + g_{NN}(\mathrm{d}x^N)^2$. 对这样的度规, 我们可以对每个坐标重新标度, 从而使度规变成正则的形式. 换句话说, 我们可以对每个坐标方向定义固有长度 $\sqrt{g_{11}}\mathrm{d}x^1, \sqrt{g_{22}}\mathrm{d}x^2, \cdots$. 利用固有长度, 在 $x^3, \cdots, x^N$ 坐标上取固定值所定义曲面的面积元为

$$\mathrm{d}A = \sqrt{|g_{11}g_{22}|}\mathrm{d}x^1\mathrm{d}x^2. \tag{5.55}$$

也就是说, 对平直空间, 面积元是两个垂直方向的无穷小位移的乘积. 对于其他的高维曲面, 其固有体积元可以类似地定义.

我们以前面介绍的二维球面为例来说明长度和面积的计算. 取度规 (5.52), 即 $g_{\rho\rho}=\dfrac{a^2}{a^2-\rho^2}, g_{\phi\phi}=\rho^2$. 考虑球面上的一个圆, 如图 5.13 所示,

$$\rho = R. \tag{5.56}$$

如同平面上的圆定义为距某点距离相等的曲线, 球面上的圆可以类似定义. 我们以北极点为圆心, 距离北极点距离相同的线实际上就是纬线, 但是此时的圆半径是圆沿经线到北极的距离.

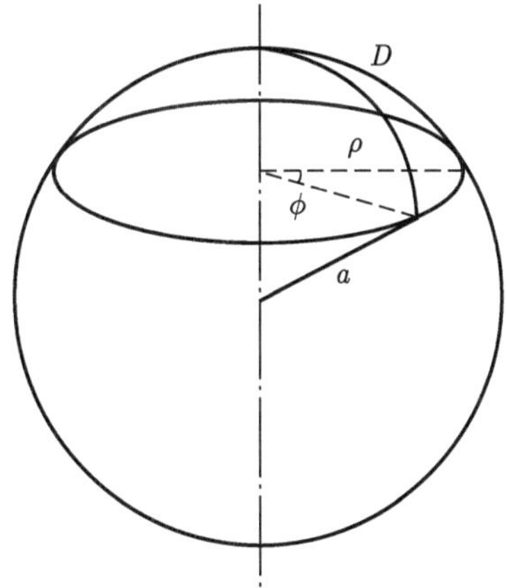


图 5.13 在二维球面上从北极点开始半径为 $D$ 的圆. 球面半径为 $a$.

(1) 从北极到圆所在位置是利用一条经线, 即 $\phi=$ 常数, 在球面上的距离为

$$D=\int_0^R \frac{a}{\sqrt{a^2-\rho^2}}\mathrm{d}\rho = a\sin^{-1}(R/a). \tag{5.57}$$

这实际上给出了球面上圆的半径.

(2) 圆的周长 $C=\displaystyle\int_0^{2\pi} R\mathrm{d}\phi = 2\pi R$.

(3) 由圆到极点形成的帽子的面积:

$$A=\int_0^{2\pi}\int_0^R \frac{a}{\sqrt{a^2-\rho^2}}\rho\mathrm{d}\rho\mathrm{d}\phi = 2\pi a^2\left(1-\left(1-\frac{R^2}{a^2}\right)^{1/2}\right). \tag{5.58}$$

我们应该利用球面上的圆半径 $D$ 来表达球面上圆的周长和面积, 由此得到

$$C=2\pi a\sin(D/a), \quad A=2\pi a^2(1-\cos(D/a)). \tag{5.59}$$

当 $D$ 增加时, $C$ 和 $A$ 也同时增加, 直到当 $D = \frac{\pi a}{2}$ 时, 即赤道处. 球面上圆的周长与半径之比为

$$\frac{C}{D} = 2\pi \frac{\sin(D/a)}{D/a} < 2\pi, \tag{5.60}$$

只有当 $D \ll a$ 时, 才等于 $2\pi$. 注意, 由于这组坐标在赤道处奇异, 我们无法越过赤道. 而球面的总面积应该是

$$A_{\text{tot}} = 2A(R = a) = 4\pi a^2. \tag{5.61}$$

与平面上的圆弧类似, 我们可以考虑相对于一个很小的张角 $\phi$ 而言的圆弧, 其长度等于半径乘以角度, 即

$$\eta = R\phi = \phi(a \sin(D/a)). \tag{5.62}$$

当球面上半径 $D$ 很小时, 可以展开得到

$$\eta = \phi\left(D - \frac{1}{6}KD^3 + \cdots\right), \tag{5.63}$$

其中我们引进了一个常数

$$K = \frac{1}{a^2}. \tag{5.64}$$

进一步地, 可以分析一下弧长相对于半径如何变化, 得到

$$\frac{\mathrm{d}^2\eta}{\mathrm{d}D^2} = -K\eta. \tag{5.65}$$

这个重要的关系式告诉我们从一个点出去的相邻测地线是如何分开的, 它们的相对变化率与曲率相关, 如图 5.14 所示. 这里的 $K$ 称为高斯曲率. 对于球面而言, 高斯曲率总是一个常数, 这是因为二维球面是最大对称空间. 对于一般的二维流形, 高斯曲率通常并非常数. 实际上, 上面的展开式 (5.63) 对于任意的曲面都成立, 只需要经过曲面上一点的两条 “直线” (测地线) 足够近.

我们可以局域地通过圆的周长和面积来定义高斯曲率. 从上面的讨论可以看到, 当在某点邻域的圆足够小时, 有展开式

$$C = 2\pi\left(D - \frac{1}{6}KD^3 + \cdots\right), \quad A = \pi\left(D^2 - \frac{1}{12}KD^4 \cdots\right). \tag{5.66}$$

高斯曲率可以利用曲面上绕某个点半径非常小的圆来得到:

$$\begin{aligned} K &= \frac{3}{\pi} \lim_{D\to 0} \frac{2\pi D - C}{D^3} \\ &= \frac{12}{\pi} \lim_{D\to 0} \frac{\pi D^2 - A}{D^4}. \end{aligned}$$

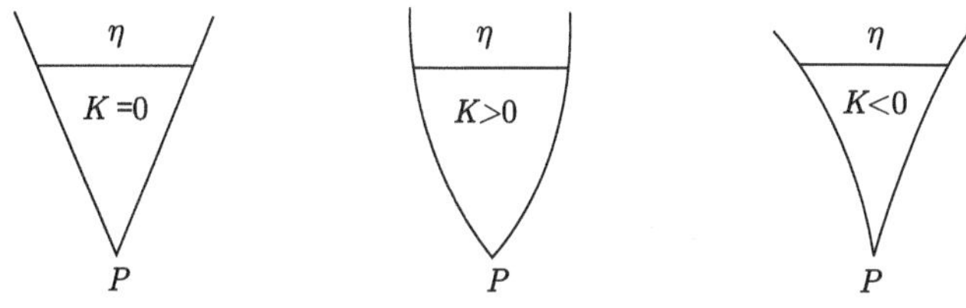


图 5.14 不同的高斯曲率下, 相邻测地线的相对变化.

在一个局部的凸区域, $C, A$ 都小于平坦时空的值, 因此 $K > 0$. 而在一个凹区域 $C, A$ 都大于平坦时空的值, 所以 $K < 0$. 对于高斯曲率, 更一般地有 Gauss-Bonnet 定理: 在一个二维紧致无边界的流形 $\Sigma$ 上,

$$\int_{\Sigma} K \mathrm{d}S = 2\pi\xi(\Sigma), \tag{5.67}$$

其中 $\xi(\Sigma)$ 是二维流形的欧拉特征类, 是一个拓扑不变量[①],

$$\xi(\Sigma) = 2 - 2g, \tag{5.68}$$

其中 $g$ 是曲面的亏格. 因此, 对于球面我们有 $\int_{S^2} K \mathrm{d}S = 4\pi$, 对于亏格为 1 的环面, $\int_{T^2} K \mathrm{d}S = 0$, 而对于更一般的亏格为 $n$ 的黎曼面, 有 $\int_{RS} K \mathrm{d}S = -(n-1)4\pi$.

在欧氏几何中, 圆的周长与半径之比等于 $2\pi$, 且三角形的内角和等于 $\pi$. 而在球面上, 三角形的内角和为 $\pi + \frac{A}{a^2}$, 其中 $A$ 是三角形的面积. 这里球面上的三角形由三个点构成, 其中每两个点间由测地线 (短程线) 来给出. 测地线是直线在弯曲空间的推广. 而三角形的夹角由交点处两条测地线的切矢夹角给出. 如图 5.15 所示的球面三角形, 在每个交点处考虑切空间以及两条相交线的切矢, 这些切矢两两正交, 因此这个球面三角形的内角和是 $\frac{3\pi}{2}$. 可以验证这个三角形的面积是整个球面的 1/8.

### 5.4.3 体积元

前面对曲面面积的讨论可以很容易推广到其他的高维流形中. 此时的体积元为

$$\mathrm{d}^N V = \sqrt{|g_{11}g_{22}\cdots g_{NN}|}\mathrm{d}x^1 \cdots \mathrm{d}x^N, \tag{5.69}$$

①这里的 Gauss-Bonnet 定理是相对于无边界的二维流形而言. 如果存在着边界, 则必须考虑边界的贡献.

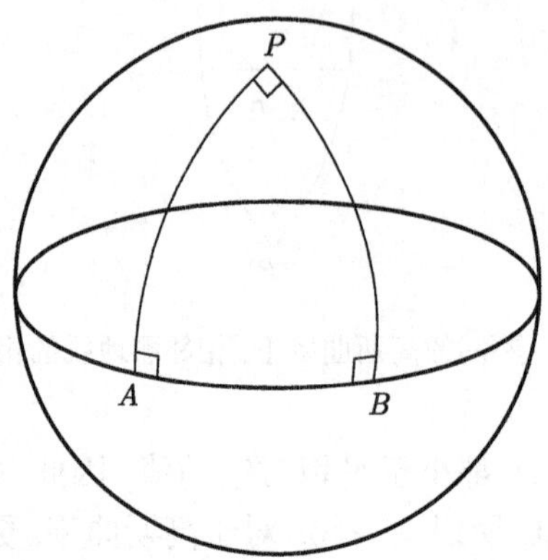


图 5.15　这是在球面上由两条经线和一条纬线构成的三角形.

如果 $g_{\mu\nu}=\mathrm{diag}(g_{11},\cdots,g_{NN})$. 而我们知道 $|g|=|g_{11}g_{22}\cdots g_{NN}|=\det(g_{\mu\nu})$ 实际上对所有的坐标系都成立, 即使 $g_{\mu\nu}$ 并非对角时. 在坐标变换下, 我们知道

$$\begin{aligned}\mathrm{d}^N V&=\sqrt{|g'|}\mathrm{d}x'^1\cdots\mathrm{d}x'^N\\&=\sqrt{|g'|}J\mathrm{d}x^1\cdots\mathrm{d}x^N,\end{aligned}$$

这里 $J$ 是坐标变换的雅可比行列式

$$J=\left|\frac{\partial x'^a}{\partial x^b}\right|. \tag{5.70}$$

另一方面, 度规张量在 $P$ 点附近的坐标变换下变换为

$$g'_{\mu\nu}=\left(\frac{\partial x^\sigma}{\partial x'^\mu}\right)_P\left(\frac{\partial x^\rho}{\partial x'^\nu}\right)_P g_{\sigma\rho}(P), \tag{5.71}$$

所以 $|g'|=\dfrac{1}{J^2}|g|$. 因此, 体积元

$$\mathrm{d}^N V=\sqrt{|g'|}\mathrm{d}x'^1\cdots\mathrm{d}x'^N=\sqrt{|g|}\mathrm{d}x^1\cdots\mathrm{d}x^N. \tag{5.72}$$

在坐标变换下不变. 下面我们就看到它如何与列维–齐维塔张量相联系.

对于通过嵌入来定义的子流形, 其体积元的确定需要通过诱导度规来实现. 一个由嵌入 $x^\alpha=x^\alpha(u^1,\cdots,u^M)$ 定义的 $M$ 维子流形, 由于 $\mathrm{d}x^a=\dfrac{\partial x^a}{\partial u^i}\mathrm{d}u^i$, 可以得到度规

$$\begin{aligned}\mathrm{d}s^2&=g_{ab}\mathrm{d}x^a\mathrm{d}x^b=g_{ab}\frac{\partial x^a}{\partial u^i}\frac{\partial x^b}{\partial u^j}\mathrm{d}u^i\mathrm{d}u^j\\&=h_{ij}\mathrm{d}u^i\mathrm{d}u^j,\end{aligned} \tag{5.73}$$

其中第一行里的 $g_{ab}$ 是嵌入空间的度规, 而 $h_{ij}$ 称为诱导度规,

$$h_{ij}=g_{ab}\frac{\partial x^a}{\partial u^i}\frac{\partial x^b}{\partial u^j}. \tag{5.74}$$

对这个子流形, 其体积元为

$$\mathrm{d}^M V=\sqrt{|h|}\mathrm{d}u^1\cdots\mathrm{d}u^M. \tag{5.75}$$

显然, 它依赖于嵌入的方式.

## *§5.5 非坐标基

在前面对切空间的讨论中, 我们采用了相对于坐标卡 $\{x^\mu\}$ 来定义切空间的基矢 $\left\{\hat{e}_\mu=\dfrac{\partial}{\partial x^\mu}\right\}$, 而相应的余切空间的基矢为 $\{\hat{\theta}^\mu=\mathrm{d}x^\mu\}$. 在此坐标基底下, 度规张量场可以被写作

$$\hat{g}=g_{\mu\nu}\mathrm{d}x^\mu\otimes\mathrm{d}x^\nu. \tag{5.76}$$

然而, 我们可以考虑对以上坐标基做一个线性组合:

$$\hat{e}_m=e^\mu_m\hat{e}_\mu, \tag{5.77}$$

其中 $e^\mu_m$ 是一个非简并 $n\times n$ 矩阵, 且 $\det(e^\mu_m)>0$. 这样得到的新基底可以保证流形的定向. 我们可以进一步要求这个新基底是正交归一的:

$$\hat{g}(\hat{e}_m,\hat{e}_n)=\eta_{mn}. \tag{5.78}$$

由上面的关系, 有

$$g_{\mu\nu}=e^m_\mu e^n_\nu\eta_{mn}, \tag{5.79}$$

其中 $e^m_\mu$ 是 $e^\mu_m$ 的逆,

$$e^m_\mu e^\mu_n=\delta^m_n,\quad e^m_\mu e^\nu_m=\delta^\nu_\mu. \tag{5.80}$$

而对偶的基矢也是原来 1 形式的组合,

$$\hat{\theta}^m=e^m_\mu\hat{\theta}^\mu, \tag{5.81}$$

仍然满足

$$\hat{\theta}^m(\hat{e}_n)=\delta^m_n. \tag{5.82}$$

新的基底 $\{\hat{e}_m, \hat{\theta}^m\}$ 称为非坐标基底. 在新的基底下, 度规张量场的分量取正则的形式:

$$\hat{g} = \eta_{mn}\hat{\theta}^m \otimes \hat{\theta}^n. \tag{5.83}$$

由黎曼正则坐标, 我们知道通过坐标变换, 度规总可以取成正则形式. 也就是说, 局部惯性系的存在与非坐标基一致. 与坐标基不同, 非坐标基间一般是非对易的,

$$[\hat{e}_m, \hat{e}_n] = C^p_{mn}\hat{e}_p, \tag{5.84}$$

其中 $C^p_{mn}$ 称为结构参数. 我们可以利用非坐标基来讨论联络、曲率等问题.

**例 5.11** 三维平坦空间.

在三维平坦欧氏空间中, 我们可以选择球坐标系 $(r, \theta, \phi)$, 在其中度规可以写作

$$\mathrm{d}s^2 = \mathrm{d}r \otimes \mathrm{d}r + r^2\mathrm{d}\theta \otimes \mathrm{d}\theta + r^2\sin^2\theta\mathrm{d}\phi \otimes \mathrm{d}\phi, \tag{5.85}$$

坐标基底为

$$\hat{e}_r = \frac{\partial}{\partial r}, \quad \hat{e}_\theta = \frac{\partial}{\partial \theta}, \quad \hat{e}_\phi = \frac{\partial}{\partial \phi}, \tag{5.86}$$

$$\hat{\theta}^r = \mathrm{d}r, \quad \hat{\theta}^\theta = \mathrm{d}\theta, \quad \hat{\theta}^\phi = \mathrm{d}\phi, \tag{5.87}$$

而度规系数取对角形式 $g_{ij} = \mathrm{diag}(1, r^2, r^2\sin^2\theta)$. 正交归一的非坐标基为

$$\hat{e}_1 = \frac{\partial}{\partial r}, \quad \hat{e}_2 = \frac{1}{r}\frac{\partial}{\partial \theta}, \quad \hat{e}_3 = \frac{1}{r\sin\theta}\frac{\partial}{\partial \phi}, \tag{5.88}$$

$$\hat{\theta}^1 = \mathrm{d}r, \quad \hat{\theta}^2 = r\mathrm{d}\theta, \quad \hat{\theta}^3 = r\sin\theta\mathrm{d}\phi, \tag{5.89}$$

而此时的度规系数为 $g_{ij} = \delta_{ij}$. 易见

$$[\hat{e}_1, \hat{e}_2] = -\frac{1}{r}\hat{e}_2. \tag{5.90}$$

注意非坐标基的选择有一定的自由度. 类似于黎曼正则坐标的选择, 局部地可以有一个洛伦兹变换群把不同的选择联系在一起. 此外, 对于某一个特别的观测者, 我们总可以选定与它相伴的正交标架场来定义一个局部参考系. 这在讨论相对于这个观测者的实验室参考系时将带来方便.

## §5.6 张量密度

下面我们来看看列维–齐维塔张量在弯曲空间中的定义. 表面上, 我们仍然能

够如四维闵氏时空中那样定义

$$\tilde{\varepsilon}_{\mu_1\mu_2\cdots\mu_n}=\begin{cases}+1, & \text{如果 } (\mu_1\mu_2\cdots\mu_n) \text{ 是 } (01\cdots(n-1)) \text{ 的偶置换},\\ -1, & \text{如果 } (\mu_1\mu_2\cdots\mu_n) \text{ 是 } (01\cdots(n-1)) \text{ 的奇置换},\\ 0, & \text{其他}.\end{cases} \tag{5.91}$$

然而, 我们将很快看到它并非一个张量. 我们将称之为列维–齐维塔符号. 从定义上看, 它在坐标变换下是不变的, 但是如果它是张量则无法保持这一点. 首先, 注意到对一个 $n\times n$ 矩阵 $M$, 其行列式 $|M|$ 满足

$$\tilde{\varepsilon}_{\mu_1'\mu_2'\cdots\mu_n'}|M|=\tilde{\varepsilon}_{\mu_1\mu_2\cdots\mu_n}M^{\mu_1}{}_{\mu_1'}M^{\mu_2}{}_{\mu_2'}\cdots M^{\mu_n}{}_{\mu_n'}. \tag{5.92}$$

令 $M^{\mu}{}_{\mu'}=\partial x^{\mu}/\partial x^{\mu'}$, 我们看到

$$\tilde{\varepsilon}_{\mu_1'\mu_2'\cdots\mu_n'}=\left|\frac{\partial x^{\mu'}}{\partial x^{\mu}}\right|\tilde{\varepsilon}_{\mu_1\mu_2\cdots\mu_n}\frac{\partial x^{\mu_1}}{\partial x^{\mu_1'}}\frac{\partial x^{\mu_2}}{\partial x^{\mu_2'}}\cdots\frac{\partial x^{\mu_n}}{\partial x^{\mu_n'}}. \tag{5.93}$$

这非常接近于一个张量变换, 除了前面与雅可比行列式相关的因子.

我们称在坐标变换下与张量变换相差一个雅可比行列式因子的量为张量密度. 一个最有名的例子是度规场的行列式 $g=|g_{\mu\nu}|$, 其变换如

$$g(x^{\mu'})=\left|\frac{\partial x^{\mu'}}{\partial x^{\mu}}\right|^{-2}g(x^{\mu}). \tag{5.94}$$

雅可比行列式的幂次称为张量密度的权 (weight) . 所以, 列维–齐维塔符号是一个权为 1 的张量密度, 而 $g$ 是权为–2 的 (标量) 密度.

由于不同权重的张量密度的存在, 我们可以构造真正的张量. 对一个权为 $w$ 的张量密度, 我们可以在其上乘以 $|g|^{w/2}$ 从而得到一个好的张量. 对列维–齐维塔符号而言, 我们可以定义列维–齐维塔张量

$$\varepsilon_{\mu_1\mu_2\cdots\mu_n}=\sqrt{|g|}\,\tilde{\varepsilon}_{\mu_1\mu_2\cdots\mu_n}. \tag{5.95}$$

有时, 我们需要上指标的列维–齐维塔张量, 它可以通过指标的提升来得到:

$$\varepsilon^{\mu_1\mu_2\cdots\mu_n}=\mathrm{sgn}(g)\frac{1}{\sqrt{|g|}}\tilde{\varepsilon}^{\mu_1\mu_2\cdots\mu_n}, \tag{5.96}$$

其中 $\mathrm{sgn}(g)$ 是度规行列式的符号, 对于黎曼流形是正的, 而对于赝黎曼流形是负的. 显然, 这两个张量都是全反对称张量. 此外, 值得注意的是, 列维–齐维塔张量并非对所有的流形都可以整体定义, 它只能定义在可定向流形上①. 我们讨论的所有流形都是可定向的, 有良定义的列维–齐维塔张量. 实际上, 列维–齐维塔张量与流形的体积元相关. 在讨论这个关系之前, 我们先介绍一点外微分和微分形式的知识.

①拓扑上, 这要求流形的第二惠特尼类为零.

## §5.7 微分形式

一个微分 $p$ 形式是一个全反对称 $(0,p)$ 型张量. 比如说, 标量是一个 0 形式, 对偶 (余) 矢量是一个 1 形式, 电磁场强张量是一个 2 形式, 列维–齐维塔张量是一个 4 形式. 所有 $p$ 形式构成的空间记为 $\Lambda^p$, 而在流形 $M$ 上所有 $p$ 形式场构成的空间记作 $\Lambda^p(M)$. 在一个 $n$ 维矢量空间中线性独立的 $p$ 形式的数目为 $n!/(p!(n-p)!)$, 这也给出了 $\Lambda^p(M)$ 的维数. 由反对称性, 没有 $p>n$ 的形式. 利用微分形式语言的好处在于, 我们无需其他几何结构, 如联络的帮助就可以定义微分和积分了.

给定一个 $p$ 形式 $A$ 和一个 $q$ 形式 $B$, 我们可以通过外积 (wedge product) 构造一个 $(p+q)$ 形式 $A\wedge B$. 具体定义如下:

$$(A\wedge B)_{\mu_1\cdots\mu_{p+q}}=\frac{(p+q)!}{p!\,q!}A_{[\mu_1\cdots\mu_p}B_{\mu_{p+1}\cdots\mu_{p+q}]}. \tag{5.97}$$

譬如, 对于两个 1 形式的外积, 我们有

$$(A\wedge B)_{\mu\nu}=2A_{[\mu}B_{\nu]}=A_\mu B_\nu-A_\nu B_\mu. \tag{5.98}$$

注意, 两个形式的外积并不能简单地交换次序, 而是有

$$A\wedge B=(-1)^{pq}B\wedge A. \tag{5.99}$$

对于一个 $p$ 形式, 利用坐标基底, 它可以写作

$$A_p=\frac{1}{p!}A_{\mu_1\mu_2\wedge\cdots\mu_p}\mathrm{d}x^{\mu_1}\wedge\mathrm{d}x^{\mu_2}\wedge\cdots\wedge\mathrm{d}x^{\mu_p}. \tag{5.100}$$

在形式场上的一个重要的运算是所谓的外导数 (exterior derivative), 或者外微分, 记作 “d”. 它从一个 $p$ 形式场得到一个 $(p+1)$ 形式场,

$$\mathrm{d}:\Lambda^p\to\Lambda^{p+1}. \tag{5.101}$$

其具体定义为

$$(\mathrm{d}A)_{\mu_1\cdots\mu_{p+1}}=(p+1)\partial_{[\mu_1}A_{\mu_2\cdots\mu_{p+1}]} \tag{5.102}$$

对一个标量场, $(\mathrm{d}\phi)_\mu=\partial_\mu\phi$, 对一个 1 形式 (如规范势) $A=A_\mu\mathrm{d}x^\mu$,

$$(\mathrm{d}A)_{\mu\nu}=\partial_\mu A_\nu-\partial_\nu A_\mu. \tag{5.103}$$

注意, 通过外导数得到的新张量是良定义的, 即使在弯曲空间也如此, 这与偏导数不同. 实际上, 由于导数运算后必须反称化, 出现在坐标变换后偏导数中多余的项都相消了, 剩下的项符合张量变换的要求.

由定义, 对任何形式 $A$, 两次外微分作用后一定为零,

$$\mathrm{d}(\mathrm{d}A) = 0, \tag{5.104}$$

即外微分满足幂零性, $\mathrm{d}^2 = 0$. 此外, 对于一个 $p$ 形式 $A$ 和一个 $q$ 形式 $B$ 的外积, 外微分作用为

$$\mathrm{d}(A \wedge B) = \mathrm{d}A \wedge B + (-1)^p A \wedge \mathrm{d}B. \tag{5.105}$$

微分形式上的另一个重要运算是霍奇 (Hodge) 对偶. 在一个 $n$ 维流形上的霍奇星算子 (star operator) 定义作一个映射 $*: \Lambda^p \to \Lambda^{n-p}$,

$$(*A)_{\mu_1 \cdots \mu_{n-p}} = \frac{1}{p!} \varepsilon^{\nu_1 \cdots \nu_p}{}_{\mu_1 \cdots \mu_{n-p}} A_{\nu_1 \cdots \nu_p}. \tag{5.106}$$

它把一个 $p$ 形式变成一个 $(n-p)$ 形式. 对任意 $p$ 形式 $A$ 做两次霍奇星运算, 得

$$* * A = (-1)^{s+p(n-p)} A, \tag{5.107}$$

这里 $s$ 是度规场正则形式中 “–1” 的个数.

霍奇对偶与通常矢量与余矢量间的对偶不同, 尽管 $p$ 形式场空间 $\Lambda^p$ 的维数与 $(n-p)$ 形式场空间 $\Lambda^{n-p}$ 的维数相同, 而且

$$*(A^{(n-p)} \wedge B^{(p)}) \in R. \tag{5.108}$$

在三维中, 两个 1 形式场外积的霍奇对偶仍是一个 1 形式,

$$*(U \wedge V)_i = \varepsilon_i{}^{jk} U_j V_k. \tag{5.109}$$

它实际上正是三维矢量空间中两个矢量的叉乘 (cross product) 运算. 类似的运算在高维显然不存在.

**例 5.12** 电磁场与 U(1) 规范场.

如前所述, 描述电磁理论更好的语言是利用阿贝尔规范场. 首先, 我们有 1 形式的规范势 $A = A_\mu \mathrm{d}x^\mu$, 而电磁场强是 2 形式, $F = \mathrm{d}A$, 它在规范变换 $A \to A + \mathrm{d}\xi$ 下由于 $\mathrm{d}^2 = 0$ 而保持不变. 利用形式场, 可以很简洁地写下麦克斯韦方程组. 一组方程是平庸的,

$$\mathrm{d}F = 0, \tag{5.110}$$

这是由于 $\mathrm{d}^2 = 0$. 换句话说, 无源的两个方程说明电磁场强可以由规范场来表达, 其具有规范不变性. 而对于与流有关的两个方程, 我们可以通过把流写成 1 形式, 从而得到

$$\mathrm{d}(*F) = 4\pi(*J). \tag{5.111}$$

在真空中，由于不存在流，上述两个方程具有以下霍奇对偶不变性:

$$\begin{aligned} F &\to *F, \\ *F &\to -F. \end{aligned} \tag{5.112}$$

如果写作分量的形式，我们将看到这个霍奇对偶实际上是交换了电场和磁场，因此它也常被称为电磁对偶. 如果有源存在，看起来我们可以引进一个“磁”流，然后加上 $J \leftrightarrow J_M$，似乎对偶仍然成立. 磁源的存在意味着有磁单极子存在，这最早是由狄拉克 (Dirac) 提出的. 如果存在磁单极子，则量子力学要求荷的量子化:

$$eg = 2\pi n, \tag{5.113}$$

其中 $e$ 是电荷，$g$ 是磁荷. 狄拉克的量子化条件可以很自然地解释为何自然界中的基本粒子电荷都是电子电荷的整数倍. 而且该条件说明了电磁对偶是强弱对偶，$e$ 小则 $g$ 大，反之亦然，因此电磁对偶也常称为 $S$ 对偶. 然而，在电磁理论中方程 $\mathrm{d}F = J_M$ 是无法找到整体定义的非奇异规范势的，需要引进狄拉克弦来消除奇异性. 但此想法在量子场论中得到了自然的实现. 特别地，在超对称量子场论和超弦理论中，电磁对偶有着重要的物理意义. 此外，近年来人们发现 $S$ 对偶与数学中的朗兰兹 (Langlands) 纲领密切相关.

最后，我们重新审视一下流形上的积分. 在 $n$ 维流形 $M$ 上，积分元可以看作一个 $n$ 形式:

$$\Sigma \in M, \quad \int_\Sigma : \omega \to R, \tag{5.114}$$

其中 $\Sigma$ 是积分域. 比如说，在一个 1 维线积分中，$\hat{\omega} = \omega(x)\mathrm{d}x$，所以有 $\int \omega(x)\mathrm{d}x$. 而对于高维积分，以三维为例. 考虑一个基本单元，由三个无穷小矢量 $\boldsymbol{U}, \boldsymbol{V}, \boldsymbol{W}$ 张成，即这个基本单元是一个平行长方体. 而在其上的积分为

$$\mathrm{d}\hat{\mu}(\boldsymbol{U}, \boldsymbol{V}, \boldsymbol{W}) \in R. \tag{5.115}$$

也就是说，这里的积分元是三个矢量张量积的函数，它满足多线性 $\mathrm{d}\hat{\mu}(a\boldsymbol{U}, b\boldsymbol{V}, c\boldsymbol{W}) = (abc)\mathrm{d}\hat{\mu}(\boldsymbol{U}, \boldsymbol{V}, \boldsymbol{W})$. 所以 $\mathrm{d}\hat{\mu}$ 是一个 $(0,3)$ 型张量，而且由于三个矢量间交换顺序会导致不同，或者说，三个矢量定义的基本体积元是定向的，$\mathrm{d}\hat{\mu}$ 也是反称化的，即它是一个 3 形式. 对于更一般的流形，$\mathrm{d}\hat{\mu}$ 是一个 $n$ 形式.

如前所述, 形如 $\mathrm{d}^n x = \mathrm{d}x^0 \cdots \mathrm{d}x^{n-1}$ 的积分元并非张量, 而是一个张量密度,

$$\begin{aligned}\mathrm{d}x^0 \cdots \mathrm{d}x^{n-1} &= \frac{1}{n!}\tilde{\varepsilon}_{\mu_1\cdots\mu_n}\mathrm{d}x^{\mu_1}\wedge\cdots\wedge\mathrm{d}x^{\mu_n} \\ &\to \frac{1}{n!}\tilde{\varepsilon}_{\mu_1\cdots\mu_n}\frac{\partial x^{\mu_1}}{\partial x^{\mu_1'}}\cdots\frac{\partial x^{\mu_n}}{\partial x^{\mu_n'}}\mathrm{d}x^{\mu_1'}\wedge\cdots\wedge\mathrm{d}x^{\mu_n'} \\ &= \left|\frac{\partial x^{\mu}}{\partial x'^{\mu}}\right|\tilde{\varepsilon}_{\mu_1'\cdots\mu_n'}\mathrm{d}x^{\mu_1'}\wedge\cdots\wedge\mathrm{d}x^{\mu_n'}.\end{aligned} \tag{5.116}$$

我们可以插入一个因子 $\sqrt{|g|}$ 来得到一个张量,

$$\sqrt{|g|}\mathrm{d}^n x = \sqrt{|g|}\mathrm{d}x^0 \cdots \mathrm{d}x^{n-1}. \tag{5.117}$$

这实际上正是列维–齐维塔张量

$$\begin{aligned}\hat{\varepsilon} &= \varepsilon_{\mu_1\cdots\mu_n}\mathrm{d}x^{\mu_1}\otimes\cdots\otimes\mathrm{d}x^{\mu_n} \\ &= \frac{\sqrt{|g|}}{n!}\tilde{\varepsilon}_{\mu_1\cdots\mu_n}\mathrm{d}x^{\mu_1}\wedge\cdots\wedge\mathrm{d}x^{\mu_n} = \sqrt{|g|}\mathrm{d}^n x.\end{aligned} \tag{5.118}$$

因此, 简而言之, 列维–齐维塔张量就是体积元.

在流形上的积分为

$$I = \int \phi(x)\sqrt{|g|}\mathrm{d}^n x, \tag{5.119}$$

其中, $\phi(x)$ 是被积函数. 假设我们有一个 $n$ 维流形 $M$, 其边界为 $\partial M$, 并且在 $M$ 上有一个 $(n-1)$ 形式场 $\hat{\omega}$, 则 $\mathrm{d}\hat{\omega}$ 是一个 $n$ 形式场, 可以在流形上积分, 而 $\hat{\omega}$ 本身可以在 $\partial M$ 上积分. 有斯托克斯 (Stokes) 定理

$$\int_M \mathrm{d}\hat{\omega} = \int_{\partial M}\hat{\omega}. \tag{5.120}$$

这一定理的特例包括我们熟知的三维矢量运算中的格林定理、高斯定理和斯托克斯定理.

## 习 题

1. 证明两个矢量场的对易子仍然是一个矢量场.
2. 地球表面可以看作半径为 $a$ 的二维球面. 利用标准的球坐标 $(\theta, \phi)$, 格林尼治处取为 $\phi = 0$, 其向东取为 $\phi$ 的正方向. 地球上一个点的经度就是简单的 $\phi$, 而纬度是 $\lambda = \pi/2 - \theta$. 证明利用经度和纬度, 球面的度规可以写作

$$\mathrm{d}s^2 = a^2(\mathrm{d}\lambda^2 + \cos^2\lambda\mathrm{d}\phi^2). \tag{5.121}$$

进一步地, 我们可以引进函数 $x = x(\lambda, \phi), y = y(\lambda, \phi)$ 作为笛卡尔坐标来绘制地图. 墨卡托投影[①]是一种常用的绘制地图方式, 它定义为

$$x = \frac{W\phi}{2\pi}, \quad y = \frac{H}{2\pi}\ln\left(\tan\left(\frac{\pi}{4} + \frac{\lambda}{2}\right)\right), \tag{5.122}$$

其中 $W$ 和 $H$ 分别是地图的宽和长. 请给出这个投影的线元.

3. 在上题的绘制地图选择中, 证明如果函数 $x$ 和 $y$ 的选择满足关系

$$\Omega(x, y)(\mathrm{d}x^2 + \mathrm{d}y^2) = a^2(\mathrm{d}\lambda^2 + \cos^2\lambda\mathrm{d}\phi^2), \tag{5.123}$$

其中 $\Omega(x, y)$ 是某函数, 则球面上某点处两个方向的夹角在绘制的地图中保持不变. 证明墨卡托投影绘制的地图满足这个关系.

4. 在前面的练习中, 如果我们要求绘制的地图是保持面积不变的, 则对 $x$ 和 $y$ 的要求是什么? 是否存在同时保持角度和面积不变的地图?

5. 在四维时空中, 为了讨论问题的方便, 我们经常把度规分量分成三组 $g_{00}, g_{0i}, g_{ij}$, 其中 0 坐标代表着时间方向. 这种所谓的 $1+3$ 分解可以有两种方式. 第一种方式是度规可以写作

$$\mathrm{d}s^2 = -M^2(\mathrm{d}t - M_i\mathrm{d}x^i)^2 + \gamma_{ij}\mathrm{d}x^i\mathrm{d}x^j, \tag{5.124}$$

其中 $M, M_i, \gamma_{ij}$ 都是实函数. 第二种方式是把度规写作

$$\mathrm{d}s^2 = -N^2\mathrm{d}t^2 + g_{ij}(\mathrm{d}x^i + N^i\mathrm{d}t)(\mathrm{d}x^j + N^j\mathrm{d}t), \tag{5.125}$$

其中 $N, N^i, g_{ij}$ 分别是实函数. 请分别求出这两种度规的分量, 以及度规逆的分量.

6. 一个二维流形的度规可以写作

$$\mathrm{d}s^2 = \mathrm{d}r^2 + f^2(r)\mathrm{d}\theta^2, \tag{5.126}$$

证明它的高斯曲率是 $K = -\dfrac{f''}{f}$.

7. 半径为 $a$ 的三维球面的度规可以写作

$$\mathrm{d}s^2 = a^2(\mathrm{d}\xi^2 + \sin^2\xi(\mathrm{d}\theta^2 + \sin^2\theta\mathrm{d}\phi^2)). \tag{5.127}$$

   (a) 计算 $\xi = \xi_0$ 定义的二维球的面积.
   (b) 计算这个三维球的总体积.

---

[①] 墨卡托投影是一种 “等角正切圆柱投影”, 由荷兰地图学家墨卡托 (Mercator) 在 1569 年拟定. 假设地球被围在一中空的圆柱里, 地球的赤道与圆柱相切, 而地球转动轴与圆柱平行. 从地球中心把球面上的图形投影到圆柱体上, 再把圆柱体展开, 这就是 “墨卡托投影” 绘制出的地图. 墨卡托投影没有角度变形, 由每一点向各方向的长度比相等, 它的经纬线都是平行直线, 且相交成直角, 经线间隔相等, 纬线间隔从基准纬线处向两极逐渐增大. 墨卡托投影的地图上长度和面积变形明显, 但保持了方向和角度的正确.

8. 如果一个三维空间的线元为

$$ds^2 = \frac{dr^2}{1 - 2GM/r} + r^2(d\theta^2 + \sin^2\theta d\phi^2), \tag{5.128}$$

计算下面的各个量:

(a) 坐标半径 $r = R$ 时的球面面积;

(b) 坐标半径 $r = R$ 时的球体体积;

(c) 从半径为 $r = 2GM$ 的球面到 $r = 3GM$ 的球面的径向距离;

(d) 上一问中两个球面间的体积.

9. 证明在 $n$ 维时空中, 我们总可以找到黎曼正则坐标使

$$g_{\mu\nu}|_P = \eta_{\mu\nu}, \quad \partial_\sigma g_{\mu\nu}|_P = 0, \tag{5.129}$$

但无法令 $\partial_\sigma\partial_\rho g_{\mu\nu}|_P = 0$. 而且我们总能够保证存在局部惯性系的洛伦兹对称性, 而 $\partial_\sigma\partial_\rho g_{\mu\nu}|_P \neq 0$ 的数目是 $\frac{1}{12}n^2(n^2-1)$.

10. 对一个 $p$ 形式 $\hat{\omega}$ 和一个 $q$ 形式 $\hat{\eta}$, 证明

(a) 它们的外积满足: $\hat{\omega} \wedge \hat{\eta} = (-1)^{pq}\hat{\eta} \wedge \hat{\omega}$.

(b) 它们外积的外导数满足

$$d(\hat{\omega} \wedge \hat{\eta}) = (d\hat{\omega}) \wedge \hat{\eta} + (-1)^p \hat{\omega} \wedge (d\hat{\eta}). \tag{5.130}$$

11. 对一个 $p$ 形式 $\hat{A}$, 证明

$$\star\star(\hat{A}) = (-1)^{s+p(n-p)}\hat{A}, \tag{5.131}$$

其中 $\star$ 是霍奇星算子, $s$ 是度规本征值中负本征值的个数, 而 $n$ 是流形的维数.

12. 在三维中两个 1 形式外积的霍奇对偶仍然是一个 1 形式, 证明这个运算正是三维中矢量的叉乘运算.

# 第六章　联络与测地线

我们已经看到对于一般的张量场, 偏导数作用以后得到的并非是一个新的张量. 我们需要慎重地考虑在弯曲空间中如何比较张量场, 如何定义合适的导数运算. 本章将引进仿射联络 (affine connection) 的概念, 定义协变导数, 讨论如何通过平行移动来比较不同点间的矢量和张量. 我们将证明黎曼几何的基本定理, 也将描述自由点粒子在弯曲时空中的运动, 即测地线运动. 本章的最后将介绍另外两种有用的导数运算.

## §6.1　协变导数和仿射联络

在平直空间中, 矢量总是在空间内, 有起点也有终点. 此时比较两个矢量只需把它们的起点拉到一起就可以了. 而在弯曲空间中, 矢量是局域的, 如何比较两个点间的矢量是一个很微妙的问题. 实际上, 我们将看到矢量间的比较还依赖于连接两点的路径选择.

我们先来看一个大家熟知的例子. 在二维平面上运动的粒子, 其速度场切于粒子的运动轨迹: $\boldsymbol{v} = v^r\boldsymbol{e}_r + v^\phi\boldsymbol{e}_\phi$, 其中 $\boldsymbol{e}_r, \boldsymbol{e}_\phi$ 分别是沿径向和角向的单位矢量. 如果我们关心粒子的加速度, 需要知道速度场如何变化. 加速度矢量为

$$\boldsymbol{a} = \frac{\mathrm{d}\boldsymbol{v}}{\mathrm{d}t} = \frac{\mathrm{d}v^r}{\mathrm{d}t}\boldsymbol{e}_r + \frac{\mathrm{d}v^\phi}{\mathrm{d}t}\boldsymbol{e}_\phi + v^r\frac{\mathrm{d}\boldsymbol{e}_r}{\mathrm{d}t} + v^\phi\frac{\mathrm{d}\boldsymbol{e}_\phi}{\mathrm{d}t}. \tag{6.1}$$

由于 $\mathrm{d}\boldsymbol{e}_r/\mathrm{d}t = \omega\boldsymbol{e}_\phi = (\mathrm{d}\phi/\mathrm{d}t)\boldsymbol{e}_\phi$ 以及 $\mathrm{d}\boldsymbol{e}_\phi/\mathrm{d}t = -\omega\boldsymbol{e}_r = -(\mathrm{d}\phi/\mathrm{d}t)\boldsymbol{e}_r$, 加速度矢量有如下分量:

$$\begin{aligned} a^r &= \frac{\mathrm{d}v^r}{\mathrm{d}t} - v^\phi\frac{\mathrm{d}\phi}{\mathrm{d}t} = \frac{\mathrm{d}^2r}{\mathrm{d}t^2} - r\left(\frac{\mathrm{d}\phi}{\mathrm{d}t}\right)^2, \\ a^\phi &= \frac{\mathrm{d}v^\phi}{\mathrm{d}t} + v^r\frac{\mathrm{d}\phi}{\mathrm{d}t} = \frac{\mathrm{d}}{\mathrm{d}t}\left(r\frac{\mathrm{d}\phi}{\mathrm{d}t}\right). \end{aligned}$$

从以上的分析可以看到, 矢量的变化依赖于路径. 更重要的是, 基矢沿着曲线也是变化的, 如图 6.1 所示.

指定一条路径, 它局部地可以通过其切矢量 $\hat{t}$ 来刻画. 也就是说, 在很小的局域, 曲线可以通过直线来近似, 而直线是由切矢给出的. 相对于这条路径, 矢量场

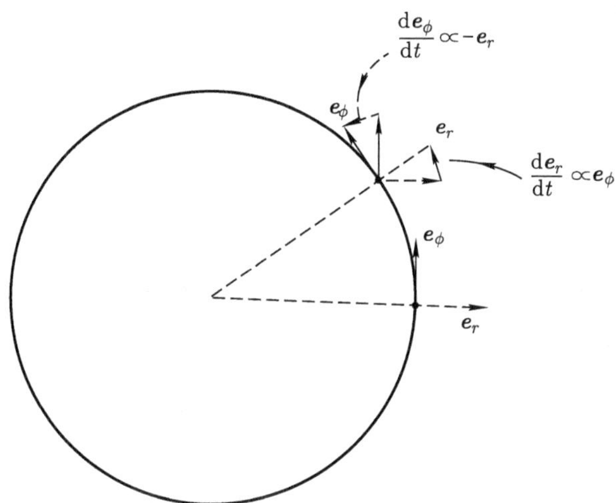


图 6.1 在圆上径向基矢和角向基矢沿着圆的变化.

$\hat{V}(x^\mu)$ 的变化是

$$\nabla_{\hat{t}}\hat{V}(x^\mu) = \lim_{\epsilon\to 0}\frac{[\hat{V}(x^\mu + t^\mu\varepsilon)]_{\text{平移至 } x^\mu} - \hat{V}(x^\mu)}{\epsilon} \tag{6.2}$$

这里的关键点是我们必须在同一点比较矢量才有意义. 我们把在 $x^\mu + t^\mu\epsilon$ 点的矢量移动到 $x^\mu$ 是通过平行移动来实现的. 局部地看, 平行移动的含义就是字面上的意思: 沿着切矢, 把矢量从一点平行移动到另一点. 在局部惯性系直角坐标系中, $(\nabla_{\hat{t}}\hat{V})^\alpha = t^\beta\dfrac{\partial V^\alpha}{\partial x^\beta}$, 即 $\nabla_\beta V^\alpha = \dfrac{\partial V^\alpha}{\partial x^\beta}$. 然而, 即使在平直空间中, 如果我们用极坐标, 这个定义式也要小心处理. 我们在上面的例子中已经看到了这一点. 这里关于协变导数的定义是没有问题的, 但是要得到正确的协变导数, 我们需要考虑基矢的变化. 也就是说, 矢量和张量的协变导数, 不只与矢量和张量本身有关, 也与刻画路径的切矢有关.

### 6.1.1 仿射联络

我们先从切矢量场的协变微分讲起. 我们可以形式地定义仿射联络: 一个仿射联络是一个映射,

$$\nabla : \chi(M)\otimes\chi(M)\to\chi(M), \tag{6.3}$$

其中 $\chi(M)$ 是流形 $M$ 上切矢量场的集合, 也就是说由两个切矢量场映射到一个切矢量场,

$$(\hat{X},\hat{Y})\to\nabla_{\hat{X}}\hat{Y},\quad \hat{X},\hat{Y}\in\chi(M). \tag{6.4}$$

这个映射应该满足如下条件:

(1) $\nabla_{\hat{X}}(\hat{Y}+\hat{Z})=\nabla_{\hat{X}}\hat{Y}+\nabla_{\hat{X}}\hat{Z}$,

(2) $\nabla_{(\hat{X}+\hat{Y})}\hat{Z}=\nabla_{\hat{X}}\hat{Z}+\nabla_{\hat{Y}}\hat{Z}$,

(3) $\nabla_{f\hat{X}}\hat{Y}=f\nabla_{\hat{X}}\hat{Y}$,

(4) $\nabla_{\hat{X}}(f\hat{Y})=\hat{X}[f]\hat{Y}+f\nabla_{\hat{X}}\hat{Y}$, 其中 $f\in\mathcal{F}(M)$ 是 $M$ 上的任意函数, 而 $\hat{X},\hat{Y},\hat{Z}\in\chi(M)$.

注意 $\hat{X}[f]=X^\mu\partial_\mu f$, 即切矢量场 $\hat{X}$ 作用在函数 $f$ 是函数 $f$ 沿着切矢量场 $\hat{X}$ 的方向导数. 我们可以把 $\nabla_{\hat{X}}\hat{Y}$ 理解为切矢量场 $\hat{Y}$ 沿着切矢量场 $\hat{X}$ 的变化, 它给出一个新的切矢量场. 上面的条件中头两条很容易理解, 来自于矢量的叠加原理. 第三个条件说明切矢的方向是关键, 而非其大小. 最后一个条件说明我们必须考虑函数 $f$ 的方向导数.

从上面的定义可见, 仿射联络中最重要的部分来自于一个基矢如何沿着不同的方向变化. 取定流形上的一个坐标卡 $(U,\varphi)$, 有坐标 $x=\varphi(p)$, 则定义

$$\nabla_\mu\hat{e}_\nu\equiv\nabla_{\hat{e}_\mu}\hat{e}_\nu=\hat{e}_\lambda\Gamma^\lambda_{\mu\nu}, \tag{6.5}$$

其中 $\Gamma^\lambda_{\mu\nu}$ 称为联络系数, 它告诉我们基矢从一点到另一点变化, 包含着基矢沿着不同方向扭曲、偏转、扩大和缩小的信息. 显然, 联络系数与坐标选择有关, 即与基矢的选择有关. 我们很快将看到它并非一个张量.

**例 6.1** 二维平面在极坐标下的联络系数.

考虑一个二维平坦空间, 其在极坐标下的度规为

$$\mathrm{d}s^2=\mathrm{d}\rho^2+\rho^2\mathrm{d}\phi^2, \tag{6.6}$$

在极坐标下的基矢为

$$\hat{e}_\rho=\cos\phi\hat{e}_x+\sin\phi\hat{e}_y,\quad \hat{e}_\phi=-\rho\sin\phi\hat{e}_x+\rho\cos\phi\hat{e}_y, \tag{6.7}$$

则基矢的变化为

$$\frac{\partial\hat{e}_\rho}{\partial\rho}=0,\quad \frac{\partial\hat{e}_\rho}{\partial\phi}=-\sin\phi\hat{e}_x+\cos\phi\hat{e}_y=\frac{1}{\rho}\hat{e}_\phi. \tag{6.8}$$

同样有

$$\frac{\partial\hat{e}_\phi}{\partial\rho}=\frac{1}{\rho}\hat{e}_\phi,\quad \frac{\partial\hat{e}_\phi}{\partial\phi}=-\rho\hat{e}_\rho. \tag{6.9}$$

因此, 联络系数为

$$\Gamma^\rho_{\rho\rho}=\Gamma^\phi_{\rho\rho}=\Gamma^\rho_{\rho\phi}=\Gamma^\rho_{\phi\rho}=\Gamma^\phi_{\phi\phi}=0, \tag{6.10}$$

$$\Gamma^\phi_{\rho\phi}=\Gamma^\phi_{\phi\rho}=\frac{1}{\rho},\quad \Gamma^\rho_{\phi\phi}=-\rho. \tag{6.11}$$

在这个简单的例子中, 我们可以很容易地确定基矢及其变化, 但对于一般的弯曲空间, 这样的计算并不容易实现.

### 6.1.2 矢量的协变导数

利用联络系数, 我们可以讨论一般的矢量是如何沿着不同方向变化的:

$$\begin{aligned}\nabla_{\hat{V}}\hat{W} &= V^\mu \nabla_{\hat{e}_\mu}(W^\nu \hat{e}_\nu) \\ &= V^\mu(\hat{e}_\mu[W^\nu]\hat{e}_\nu + W^\nu \nabla_{\hat{e}_\mu}(\hat{e}_\nu)) \\ &= V^\mu \left(\frac{\partial W^\lambda}{\partial x^\mu} + W^\nu \Gamma^\lambda_{\mu\nu}\right)\hat{e}_\lambda \\ &= V^\mu \nabla_\mu W^\lambda \hat{e}_\lambda,\end{aligned} \tag{6.12}$$

其中

$$\nabla_\mu W^\lambda = (\nabla_\mu \hat{W})^\lambda = \frac{\partial W^\lambda}{\partial x^\mu} + W^\nu \Gamma^\lambda_{\mu\nu} \tag{6.13}$$

是矢量 $\nabla_\mu \hat{W}$ 的第 $\lambda$ 分量. 通常称 $\nabla_\mu W^\lambda$ 为矢量的协变导数. 前面我们已经看到 $\partial_\mu W^\lambda$ 并非张量, 而现在定义的 $\nabla_\mu W^\lambda$ 确定是一个张量①.

我们回到前面通过平行移动对协变导数的定义. 如图 6.2 所示, 取定坐标后, 在 $(x^\nu)$ 和 $(x^\nu + \Delta x^\nu)$ 处分别有矢量 $V^\mu(x)$ 和 $V^\mu(x+\Delta x)$. 为了比较两者, 需要给出一条路径把矢量移到同一点. 如果这两点足够近, 局部平坦, 这两点间的直线即给出了切矢. 比如说, 把 $V^\mu(x^\nu)$ 移到 $(x^\nu + \Delta x^\nu)$, 记为 $\tilde{V}(x^\nu + \Delta x^\nu)$. 这样的移动要保证:

(1) $\tilde{V}^\mu(x+\Delta x) - V^\mu(x) \propto \Delta x$, 即变化很小;

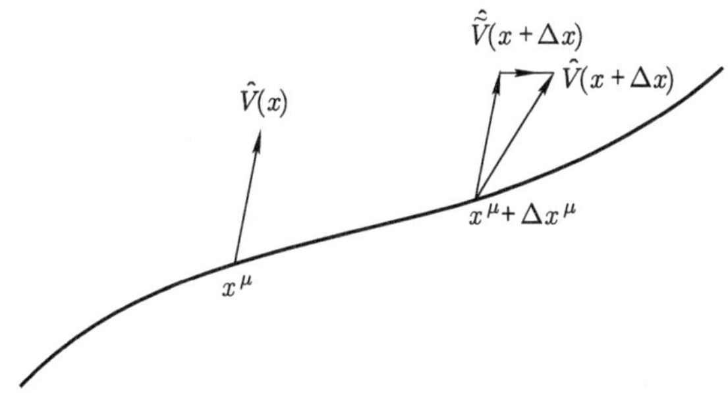


图 6.2 利用平行移动定义协变导数的示意图.

①严格地说, $\nabla_\mu W^\lambda$ 只是一个 $(1,1)$ 型张量的分量. 以下的讨论中我们不再仔细区分张量和它的分量, 而按照习惯也把张量的分量称为张量.

(2) $(\tilde{V}^\mu+\tilde{W}^\mu)(x+\Delta x)=\tilde{V}^\mu(x+\Delta x)+\tilde{W}^\mu(x+\Delta x)$.
考虑到在不同点基矢的变化, 我们取

$$\tilde{V}^\mu(x+\Delta x)=V^\mu(x)-V^\lambda(x)\Gamma^\mu_{\nu\lambda}(x)\Delta x^\nu. \tag{6.14}$$

显然, 上式右边第二项来自于基矢的变化. 这个取法与前面定义的仿射联络是一致的: 与 $\Delta x^\nu$ 成正比来自于仿射联络的性质. 因此, 协变导数为

$$\begin{aligned}\frac{\mathrm{D}\hat{V}}{\partial x^\nu}&=\lim_{\Delta x^\nu\to 0}\frac{V^\mu(x+\Delta x)-\tilde{V}^\mu(x+\Delta x)}{\Delta x^\nu}\frac{\partial}{\partial x^\mu}\\&=\left(\frac{\partial V^\mu}{\partial x^\nu}+V^\lambda\Gamma^\mu_{\nu\lambda}\right)\frac{\partial}{\partial x^\mu},\end{aligned}$$

即 $\nabla_\nu V^\mu=\dfrac{\partial V^\mu}{\partial x^\nu}+\Gamma^\mu_{\nu\lambda}V^\lambda$, 与前面的讨论一致.

联络系数依赖于坐标的选择, 可以证明它并非张量. 考虑两个有重叠的坐标卡: 坐标为 $(x^\mu,\hat{e}_\mu)$ 的 $(U,\varphi)$, 以及坐标为 $(y^\alpha,\hat{f}_\alpha)$ 的 $(V,\psi)$. 在 $y$ 坐标中, 联络系数 $\tilde{\Gamma}^\gamma_{\alpha\beta}$ 由 $\nabla_{\hat{f}_\alpha}\hat{f}_\beta=\tilde{\Gamma}^\gamma_{\alpha\beta}\hat{f}_\gamma$ 给出. 因为 $\hat{f}_\alpha=\left(\dfrac{\partial x^\mu}{\partial y^\alpha}\right)\hat{e}_\mu$, 有

$$\begin{aligned}\nabla_{\left(\frac{\partial x^\mu}{\partial y^\alpha}\hat{e}_\mu\right)}\left(\frac{\partial x^\nu}{\partial y^\beta}\hat{e}_\nu\right)&=\frac{\partial x^\mu}{\partial y^\alpha}\left(\hat{e}_\mu\left[\frac{\partial x^\nu}{\partial y^\beta}\right]\hat{e}_\nu+\frac{\partial x^\nu}{\partial y^\beta}\nabla_{\hat{e}_\mu}\hat{e}_\nu\right)\\&=\frac{\partial x^\mu}{\partial y^\alpha}\left(\frac{\partial^2 x^\nu}{\partial x^\mu\partial y^\beta}\hat{e}_\nu+\frac{\partial x^\nu}{\partial y^\beta}\Gamma^\lambda_{\mu\nu}\hat{e}_\lambda\right)\\&=\left(\frac{\partial^2 x^\lambda}{\partial y^\alpha\partial y^\beta}+\frac{\partial x^\mu}{\partial y^\alpha}\frac{\partial x^\nu}{\partial y^\beta}\Gamma^\lambda_{\mu\nu}\right)\hat{e}_\lambda,\end{aligned}$$

所以联络系数的变换为

$$\tilde{\Gamma}^\gamma_{\alpha\beta}=\frac{\partial^2 x^\nu}{\partial y^\alpha\partial y^\beta}\frac{\partial y^\gamma}{\partial x^\nu}+\frac{\partial x^\lambda}{\partial y^\alpha}\frac{\partial x^\mu}{\partial y^\beta}\frac{\partial y^\gamma}{\partial x^\nu}\Gamma^\nu_{\lambda\mu}. \tag{6.15}$$

由于第一项的存在, 联络系数的变换并非张量变换.

### 6.1.3 张量的协变导数

前面对仿射联络的定义和讨论可以推广到一般的张量上. 此时有映射 $\nabla$ : $\chi(M)\otimes\{(k,l)\text{ 张量}\}\to\{(k,l)\text{ 张量}\}$, 满足

(1) 线性: $\nabla_{\hat{X}}(\hat{T}+\hat{S})=\nabla_{\hat{X}}\hat{T}+\nabla_{\hat{X}}\hat{S}$;

(2) 莱布尼茨 (Leibniz) 法则: $\nabla_{\hat{X}}(\hat{T}\otimes\hat{S})=\nabla_{\hat{X}}\hat{T}\otimes\hat{S}+\hat{T}\otimes\nabla_{\hat{X}}\hat{S}$.

对于标量函数, $\nabla_\mu f = \partial_\mu f$. 另外一个要求是协变导数的运算与张量收缩可以对易: $\nabla_\mu \delta^\alpha_\beta = 0$. 由此我们可以推导出 1 形式上的协变导数. 考虑一个标量函数 $\langle\hat{\omega}, \hat{Y}\rangle$ 上的协变导数

$$\begin{aligned}\hat{X}[\langle\hat{\omega}, \hat{Y}\rangle] &= \nabla_{\hat{X}}\langle\hat{\omega}, \hat{Y}\rangle \\ &= \langle\nabla_{\hat{X}}\hat{\omega}, \hat{Y}\rangle + \langle\hat{\omega}, \nabla_{\hat{X}}\hat{Y}\rangle.\end{aligned}$$

为简单计, 取 $\hat{X} = \hat{e}_\mu, \hat{Y} = \hat{e}_\nu$, 则有

$$\begin{aligned}\partial_\mu \omega_\nu &= \langle\nabla_\mu\hat{\omega}, \hat{e}_\nu\rangle + \langle\hat{\omega}, \Gamma^\sigma_{\mu\nu}\hat{e}_\sigma\rangle \\ &= (\nabla_\mu\hat{\omega})_\nu + \omega_\sigma\Gamma^\sigma_{\mu\nu},\end{aligned} \tag{6.16}$$

所以

$$(\nabla_\mu\hat{\omega})_\nu = \partial_\mu\omega_\nu - \omega_\sigma\Gamma^\sigma_{\mu\nu}. \tag{6.17}$$

如果 $\hat{\omega} = \mathrm{d}x^\nu$, 则可以定义 $\nabla_\mu \mathrm{d}x^\nu = \tilde{\Gamma}^\nu_{\mu\lambda}\mathrm{d}x^\lambda$, 这里 $\tilde{\Gamma}^\nu_{\mu\lambda}$ 给出了 1 形式上的联络系数, 即告诉我们 1 形式基底是如何沿着不同方向变化的. 考虑关系式

$$\nabla_\mu(<\mathrm{d}x^\nu, \hat{e}_\sigma>) = \nabla_\mu\delta^\nu_\sigma = 0. \tag{6.18}$$

关系式左边的张量可以分别做协变导数, 得到

$$\begin{aligned}0 &= <\nabla_\mu \mathrm{d}x^\nu, \hat{e}_\sigma> + <\mathrm{d}x^\nu, \nabla_\mu\hat{e}_\sigma> \\ &= \tilde{\Gamma}^\nu_{\mu\lambda}\delta^\lambda_\sigma + \Gamma^\lambda_{\mu\sigma}\delta^\nu_\lambda \\ &= \tilde{\Gamma}^\nu_{\mu\sigma} + \Gamma^\nu_{\mu\sigma}.\end{aligned}$$

因此, 有 $\tilde{\Gamma}^\nu_{\mu\sigma} = -\Gamma^\nu_{\mu\sigma}$, 所以, $\nabla_\mu \mathrm{d}x^\nu = -\Gamma^\nu_{\mu\lambda}\mathrm{d}x^\lambda$.

对于一般的张量, 由仿射联络的定义和联络系数, 可以很容易得到其上的协变导数. 对一个 $(k,l)$ 张量, $\hat{T} = T^{\mu_1\cdots\mu_k}{}_{\nu_1\cdots\nu_l}\hat{e}_{\mu_1}\otimes\cdots\hat{e}_{\mu_k}\otimes\hat{\theta}^{\nu_1}\otimes\cdots\hat{\theta}^{\nu_l}$. 当协变导数作用在其上时, 首先作用在分量函数上, 然后分别一一作用在基矢上. 对每一个矢量基矢 $\hat{e}$, 得到一个正 $\Gamma$, 而对每一个 1 形式基底 $\hat{\theta}$, 得到一个负 $\Gamma$. 把所有的贡献都考虑, 最终我们得到

$$\begin{aligned}\nabla_\sigma T^{\mu_1\mu_2\cdots\mu_k}{}_{\nu_1\nu_2\cdots\nu_l} = {}& \partial_\sigma T^{\mu_1\mu_2\cdots\mu_k}{}_{\nu_1\nu_2\cdots\nu_l} \\ & + \Gamma^{\mu_1}_{\sigma\lambda}T^{\lambda\mu_2\cdots\mu_k}{}_{\nu_1\nu_2\cdots\nu_l} + \Gamma^{\mu_2}_{\sigma\lambda}T^{\mu_1\lambda\cdots\mu_k}{}_{\nu_1\nu_2\cdots\nu_l} + \cdots \\ & - \Gamma^\lambda_{\sigma\nu_1}T^{\mu_1\mu_2\cdots\mu_k}{}_{\lambda\nu_2\cdots\nu_l} - \Gamma^\lambda_{\sigma\nu_2}T^{\mu_1\mu_2\cdots\mu_k}{}_{\nu_1\lambda\cdots\nu_l} - \cdots.\end{aligned} \tag{6.19}$$

在一些文献中也会见到另一套约定: 逗号代表偏导数, 而分号代表协变导数:

$$\nabla_\sigma T^{\mu_1\mu_2\cdots\mu_k}{}_{\nu_1\nu_2\cdots\nu_l} \equiv T^{\mu_1\mu_2\cdots\mu_k}{}_{\nu_1\nu_2\cdots\nu_l;\sigma}. \tag{6.20}$$

在四维中, 联络系数 $\Gamma^\lambda_{\mu\nu}$ 似乎有 $4^3=64$ 个独立分量. 而且, 这个联络系数并不唯一, 可以有很多选择, 这里不做进一步的讨论. 然而在广义相对论中, 我们将证明每一个度规都定义唯一一个联络. 首先, 我们注意到如果有两种联络, 它们的联络系数之差是一个 $(1,2)$ 型张量. 也就是说, 如果我们有两组联络系数 $\Gamma^\lambda_{\mu\nu}$ 和 $\widehat{\Gamma}^\lambda_{\mu\nu}$, 它们之差 $T^\lambda_{\mu\nu}=\Gamma^\lambda_{\mu\nu}-\widehat{\Gamma}^\lambda_{\mu\nu}$ 在坐标变换下的变换为

$$\begin{aligned}
T^{\lambda'}_{\mu'\nu'} &= \Gamma^{\lambda'}_{\mu'\nu'} - \widehat{\Gamma}^{\lambda'}_{\mu'\nu'} \\
&= \frac{\partial x^\mu}{\partial x^{\mu'}}\frac{\partial x^\nu}{\partial x^{\nu'}}\frac{\partial x^{\lambda'}}{\partial x^\lambda}\Gamma^\lambda_{\mu\nu} - \frac{\partial x^\mu}{\partial x^{\mu'}}\frac{\partial x^\nu}{\partial x^{\nu'}}\frac{\partial^2 x^{\lambda'}}{\partial x^\mu \partial x^\nu} \\
&\quad -\frac{\partial x^\mu}{\partial x^{\mu'}}\frac{\partial x^\nu}{\partial x^{\nu'}}\frac{\partial x^{\lambda'}}{\partial x^\lambda}\widehat{\Gamma}^\lambda_{\mu\nu} + \frac{\partial x^\mu}{\partial x^{\mu'}}\frac{\partial x^\nu}{\partial x^{\nu'}}\frac{\partial^2 x^{\lambda'}}{\partial x^\mu \partial x^\nu} \\
&= \frac{\partial x^\mu}{\partial x^{\mu'}}\frac{\partial x^\nu}{\partial x^{\nu'}}\frac{\partial x^{\lambda'}}{\partial x^\lambda}(\Gamma^\lambda_{\mu\nu} - \widehat{\Gamma}^\lambda_{\mu\nu}), \\
&= \frac{\partial x^\mu}{\partial x^{\mu'}}\frac{\partial x^\nu}{\partial x^{\nu'}}\frac{\partial x^{\lambda'}}{\partial x^\lambda}T^\lambda_{\mu\nu}.
\end{aligned} \tag{6.21}$$

因此 $T^\lambda_{\mu\nu}$ 是一个 $(1,2)$ 型张量. 另一方面, 如果 $\Gamma^\lambda_{\mu\nu}$ 是一个联络系数, 则 $\Gamma^\lambda_{\nu\mu}$ 也是一个联络系数. 由此, 我们可以得到一个所谓的挠率张量 $T^\lambda_{\mu\nu}=\Gamma^\lambda_{\mu\nu}-\Gamma^\lambda_{\nu\mu}=2\Gamma^\lambda_{[\mu\nu]}$. 挠率张量的形式定义后面将给出. 实际上, 任何联络都可以写作某个联络再加上一个张量修正项.

### 6.1.4 黎曼几何基本定理

给定一个度规, 可以定义一个唯一的联络, 但需要加上两个条件:

(1) 无挠 (torsion free) 条件, $T^\lambda_{\mu\nu}=0$ 或 $\Gamma^\lambda_{\mu\nu}=\Gamma^\lambda_{\nu\mu}$.

(2) 度规相容条件,

$$\nabla_\rho g_{\mu\nu}=0. \tag{6.22}$$

在局部惯性系中, 度规相容条件即是 $\partial_\rho g_{\mu\nu}=0$, 这正是定义黎曼正则坐标的条件. 换句话说, 这个条件是黎曼正则坐标条件的协变化: $\partial\to\nabla$. 显然, 由度规相容条件有

(1) $\nabla_\rho g^{\mu\nu}=0$;

(2) $g_{\mu\lambda}\nabla_\rho V^\lambda=\nabla_\rho(g_{\mu\lambda}V^\lambda)=\nabla_\rho V_\mu$.

度规相容条件的一个来源是: 如果两个矢量场 $\hat{X},\hat{Y}$ 定义在某条参数化曲线上, 且它们的内积沿着曲线的变化满足

$$\frac{\mathrm{d}}{\mathrm{d}t} < \hat{X},\hat{Y} >= \langle \nabla_{\partial/\partial t}\hat{X},\hat{Y}\rangle + \langle \hat{X},\nabla_{\partial/\partial t}\hat{Y}\rangle, \tag{6.23}$$

则联络满足度规相容条件. 进一步地, 如果有矢量场 $\hat{X},\hat{Y}$ 和矢量 $\hat{T}$, 则函数 $< \hat{X},\hat{Y} >$ 沿着 $\hat{T}$ 的方向导数为

$$\hat{T} < \hat{X},\hat{Y} >= \langle \nabla_{\hat{T}}\hat{X},\hat{Y}\rangle + \langle \hat{X},\nabla_{\hat{T}}\hat{Y}\rangle. \tag{6.24}$$

**黎曼几何基本定理** *在一个给定的黎曼流形上, 与流形上某给定度规相容的无挠联络只有一个.*

**证明** 我们将通过明显的构造推导出满足上面两个条件的联络系数, 证明其存在性和唯一性. 首先我们展开度规相容条件并轮换其指标:

$$\begin{aligned}
\nabla_\rho g_{\mu\nu} &= \partial_\rho g_{\mu\nu} - \Gamma^\lambda_{\rho\mu} g_{\lambda\nu} - \Gamma^\lambda_{\rho\nu} g_{\mu\lambda} = 0,\\
\nabla_\mu g_{\nu\rho} &= \partial_\mu g_{\nu\rho} - \Gamma^\lambda_{\mu\nu} g_{\lambda\rho} - \Gamma^\lambda_{\mu\rho} g_{\nu\lambda} = 0,\\
\nabla_\nu g_{\rho\mu} &= \partial_\nu g_{\rho\mu} - \Gamma^\lambda_{\nu\rho} g_{\lambda\mu} - \Gamma^\lambda_{\nu\mu} g_{\rho\lambda} = 0.
\end{aligned} \tag{6.25}$$

(6.25) 第一式减去第二和第三式之和, 得到

$$\partial_\rho g_{\mu\nu} - \partial_\mu g_{\nu\rho} - \partial_\nu g_{\rho\mu} + 2\Gamma^\lambda_{\mu\nu} g_{\lambda\rho} = 0, \tag{6.26}$$

其中用到了无挠条件及度规的对称性. 上式可以很容易解出, 只需要两边乘以 $g^{\sigma\rho}$, 结果为

$$\Gamma^\sigma_{\mu\nu} = \frac{1}{2} g^{\sigma\rho}(\partial_\mu g_{\nu\rho} + \partial_\nu g_{\rho\mu} - \partial_\rho g_{\mu\nu}). \tag{6.27}$$

由于度规是非退化的, 所以联络系数被唯一地确定下来. 这个联络系数也许是广义相对论中最重要的关系.

与此联络系数相关的联络称为克里斯托弗 (Christoffel) 联络, 有时也称为列维–齐维塔联络或者黎曼联络. 而联络系数本身被称为克里斯托弗符号, 有时记作 $\{^{\sigma}_{\mu\nu}\}$.

联络本身并不一定需要由度规来构成, 如自旋联络 (spin connection). 而非零的联络系数并不代表时空是弯曲的, 即使在平坦时空中, 我们也可以得到非零联络系数. 比如说, 如果我们在二维欧氏空间中取极坐标, 则联络系数非零. 另一方面, 在弯曲空间中通过取定黎曼正则坐标, 我们总可以使联络系数在某点邻域处为零, 但无法做到在局部区域中为零.

在黎曼正则坐标下, 在某事件点 $P$ 附近, 有

$$g'_{\mu\nu}(P) = \eta_{\mu\nu}, \tag{6.28}$$

$$\partial_\sigma g'_{\mu\nu}|_P = 0. \tag{6.29}$$

显然, 如果 (6.29) 式成立, 则联络系数 $\Gamma'^{\mu}_{\nu\sigma}(P) = 0$. 反过来, 如果联络系数为零, 则由度规相容条件知道 (6.29) 式成立. 通常称使 (6.29) 式成立的坐标为测地坐标, 尽管它与测地线没有什么联系. 假如在某坐标 $\{x^\mu\}$ 下, $P$ 点的度规并不取满足 (6.28), (6.29) 式的形式, 而 $P$ 点的坐标为 $x^\mu_P$, 则我们可以定义一个新的坐标系

$$x'^\mu = x^\mu - x^\mu_P + \frac{1}{2}\Gamma^\mu_{\nu\sigma}(P)(x^\nu - x^\nu_P)(x^\sigma - x^\sigma_P), \tag{6.30}$$

其一阶和二阶导数分别为

$$\begin{aligned}\frac{\partial x'^\mu}{\partial x^\nu} &= \delta^\mu_\nu + \Gamma^\mu_{\nu\sigma}(P)(x^\sigma - x^\sigma_P),\\ \frac{\partial^2 x'^\mu}{\partial x^\nu \partial x^\sigma} &= \Gamma^\mu_{\nu\sigma}(P).\end{aligned} \tag{6.31}$$

由联络系数在坐标变换下的行为, 可发现

$$\Gamma'^\mu_{\nu\sigma} = 0, \tag{6.32}$$

也就是说, 在新的坐标系下, 度规场为常数. 在 $P$ 点的这个坐标系就是一个测地坐标. 进一步地, 利用坐标变换

$$X'^\mu = T^\mu_\nu x'^\nu, \tag{6.33}$$

把度规场对角化并使对角元变成 $\pm 1$, 其中的变换矩阵 $T^\mu_\nu$ 是一个常数矩阵, 不会破坏前面对导数的讨论. 最终我们得到的坐标 $\{X'\}$ 就是黎曼正则坐标.

在爱因斯坦的广义相对论中总是认为挠率为零, 无论是对克里斯托弗联络或者自旋联络而言. 实际上存在着其他的理论体系认为挠率可以非零, 而曲率为零. 尽管这些理论有一定的意义, 但本书不对这些理论进行介绍.

**例 6.2** 极坐标下的平面度规

$$\mathrm{d}s^2 = \mathrm{d}r^2 + r^2\mathrm{d}\theta^2. \tag{6.34}$$

度规逆的非零分量只有 $g^{rr}=1$ 和 $g^{\theta\theta}=r^{-2}$, 而联络系数之一

$$\begin{aligned}\Gamma^r_{rr}&=\frac{1}{2}g^{r\rho}(\partial_r g_{r\rho}+\partial_r g_{\rho r}-\partial_\rho g_{rr})\\&=\frac{1}{2}g^{rr}(\partial_r g_{rr}+\partial_r g_{rr}-\partial_r g_{rr})\\&\quad+\frac{1}{2}g^{r\theta}(\partial_r g_{r\theta}+\partial_r g_{\theta r}-\partial_\theta g_{rr})\\&=\frac{1}{2}(1)(0+0-0)+\frac{1}{2}(0)(0+0-0)\\&=0.\end{aligned}\tag{6.35}$$

而

$$\begin{aligned}\Gamma^r_{\theta\theta}&=\frac{1}{2}g^{r\rho}(\partial_\theta g_{\theta\rho}+\partial_\theta g_{\rho\theta}-\partial_\rho g_{\theta\theta})\\&=\frac{1}{2}g^{rr}(\partial_\theta g_{\theta r}+\partial_\theta g_{r\theta}-\partial_r g_{\theta\theta})\\&=\frac{1}{2}(1)(0+0-2r)\\&=-r.\end{aligned}\tag{6.36}$$

最终我们发现

$$\begin{aligned}&\Gamma^r_{\theta r}=\Gamma^r_{r\theta}=0,\\&\Gamma^\theta_{rr}=0,\\&\Gamma^\theta_{r\theta}=\Gamma^\theta_{\theta r}=\frac{1}{r},\\&\Gamma^\theta_{\theta\theta}=0.\end{aligned}\tag{6.37}$$

**例 6.3** 弯曲时空中的散度

$$\nabla_\mu V^\mu=\frac{1}{\sqrt{|g|}}\partial_\mu(\sqrt{|g|}V^\mu).\tag{6.38}$$

**证明** 左边

$$\nabla_\mu V^\mu=\partial_\mu V^\mu+\Gamma^\mu_{\mu\lambda}V^\lambda.\tag{6.39}$$

一个关键的式子是

$$\Gamma^\mu_{\mu\lambda}=\frac{1}{\sqrt{|g|}}\partial_\lambda\sqrt{|g|}.\tag{6.40}$$

我们先证明上式. 由克里斯托弗符号的定义有

$$\Gamma^\mu_{\mu\lambda}=\frac{1}{2}g^{\mu\rho}(\partial_\mu g_{\rho\lambda}+\partial_\lambda g_{\mu\rho}-\partial_\rho g_{\mu\lambda})=\frac{1}{2}g^{\mu\rho}\partial_\lambda g_{\mu\rho}.\tag{6.41}$$

第一个等号右边括号中第一和第三项是关于 $(\mu,\rho)$ 反对称的, 而括号外度规的逆对 $(\mu,\rho)$ 是全对称的, 因此求和后为零.

对于一个一般的矩阵 $M(x)$, 有

$$\mathrm{Tr}[M^{-1}(x)\frac{\partial}{\partial x^\lambda}M]=\frac{\partial}{\partial x^\lambda}\ln(\mathrm{Det}\,M). \tag{6.42}$$

对 (6.42) 式的证明: 考虑一个一般的变分

$$\begin{aligned}\delta\ln\mathrm{Det}M&=\ln\mathrm{Det}(M+\delta M)-\ln\mathrm{Det}M\\&=\ln\mathrm{Det}M^{-1}(M+\delta M)\\&=\ln\mathrm{Det}(1+M^{-1}\delta M)\\&\approx\ln(1+\mathrm{Tr}(M^{-1}\delta M))\quad(\text{保留领头阶})\\&\approx\mathrm{Tr}(M^{-1}\delta M).\end{aligned} \tag{6.43}$$

如果这样的变分是相对于 $x^\lambda$, 则等式两边对 $x^\lambda$ 取导数, 即 $\delta\to\dfrac{\partial}{\partial x^\lambda}$, 我们就得到关于矩阵的等式, (6.42) 式得证.

令 $M=g_{\mu\nu}$, 则有

$$g^{\mu\rho}\frac{\partial g_{\mu\rho}}{\partial x^\lambda}=\frac{\partial}{\partial x^\lambda}\ln g=\frac{2}{\sqrt{|g|}}\partial_\lambda\sqrt{|g|}. \tag{6.44}$$

这证明了关键关系, 从而证明了关于散度的等式.

由上面的关系式, 很容易得到标量函数的拉普拉斯算子 (Laplacian)

$$\begin{aligned}\nabla^2\varPhi&=\nabla^\mu\nabla_\mu\varPhi\\&=\frac{1}{\sqrt{|g|}}\partial_\mu(\sqrt{|g|}\partial^\mu\varPhi).\end{aligned} \tag{6.45}$$

这里的讨论适用于任何维度以及具有任何号差的度规, 只需要把上面的 $|g|$ 理解为度规场行列式的绝对值即可. 实际上, 该关系式在多变量微积分的矢量分析中已经开始使用. 例如考虑三维欧氏空间中球坐标系下的拉普拉斯算子. 球坐标下的度规为

$$\mathrm{d}s^2=\mathrm{d}r^2+r^2(\mathrm{d}\theta^2+\sin^2\theta\mathrm{d}\phi^2), \tag{6.46}$$

则拉普拉斯算子对标量函数的作用为

$$\begin{aligned}\nabla^2\varPhi&=\nabla^i\nabla_i\varPhi\\&=\frac{1}{r^2}\partial_r(r^2\partial_r\varPhi)+\frac{1}{r^2\sin\theta}\partial_\theta(\sin\theta\partial_\theta\varPhi)+\frac{1}{r^2\sin^2\theta}\partial_\phi^2\varPhi.\end{aligned} \tag{6.47}$$

利用散度的定义, 可以直接把高斯定理推广到弯曲时空. 不妨假定我们在一个 4 维时空中, 其固有体积元为 $\sqrt{|g|}\mathrm{d}^4x$. 考虑一个时空区域 $\Sigma$, 它具有边界 $\partial\Sigma$, 则有

$$\int_\Sigma \sqrt{|g|}\mathrm{d}^4x(\nabla_\mu J^\mu) = \int_{\partial\Sigma} |\gamma|^{1/2}\mathrm{d}^3\boldsymbol{y}(n_\mu J^\mu), \tag{6.48}$$

这里 $\gamma$ 是在边界面 $\partial\Sigma$ 上的诱导度规, $y^i$ 是边界面上的坐标, 而 $n_\mu$ 是垂直于边界面的矢量. 注意在上面的积分中, 并不要求 $J^\mu$ 是一个 4-矢量的分量, 只要是一组 (四个) 函数即可.

而对于通常矢量分析中的旋度计算,

$$\begin{aligned}(\mathrm{curl}\,\hat{V})_{\mu\nu} &= \nabla_\mu V_\nu - \nabla_\nu V_\mu \\ &= \partial_\mu V_\nu - \partial_\nu V_\mu.\end{aligned} \tag{6.49}$$

可见与联络系数相关的项都消失了, 因此看起来与度规没有关系. 实际上, 上式最后一行正好是矢量的外微分 $\mathrm{d}\hat{V}$, 即

$$(\mathrm{d}\hat{V})_{\mu\nu} = \partial_\mu V_\nu - \partial_\nu V_\mu = \nabla_\mu V_\nu - \nabla_\nu V_\mu. \tag{6.50}$$

外导数是与联络选择无关的运算, 即使不存在任何联络, 也可以有外导数运算定义好的张量.

### *6.1.5 张量密度的协变导数

我们已经知道了对一般的张量如何定义其上的协变导数. 一个有趣的问题是对于张量密度而言, 其协变导数该如何定义. 对于一个权为 $w$ 的张量密度 $\tilde{T}$, 我们总可以定义一个张量 $T = (|g|)^{w/2}\tilde{T}$. 这个张量的协变导数仍然是一个张量, 这个新的张量乘以 $(|g|)^{-w/2}$ 将给出一个权为 $w$ 的张量密度. 因此, 我们可以定义权为 $w$ 的张量密度的协变导数

$$\nabla_\mu \tilde{T} \equiv (|g|)^{-w/2}\nabla_\mu T. \tag{6.51}$$

可以证明这样定义的协变导数是自洽的. 我们以 $w = -1$ 的标量密度为例来说明这一点. 此时, 在坐标变换 $x^\mu \to x^{\mu'}$ 下,

$$\tilde{T} \to \tilde{T}' = TD, \quad 其中\ D = \det\left|\frac{\partial x}{\partial x'}\right|, \tag{6.52}$$

由此可得

$$\frac{\partial \tilde{T}'}{\partial x^{\mu'}} = \frac{\partial \tilde{T}}{\partial x^\nu}\frac{\partial x^\nu}{\partial x^{\mu'}}D + \tilde{T}\frac{\partial D}{\partial x^{\mu'}}. \tag{6.53}$$

对于上式右边的第二项可以有如下推导: 一个矩阵的行列式定义为 $a = \det(A) = a^{\kappa}_{\lambda}\Delta^{\lambda}_{\kappa}$, 其中 $\Delta^{\lambda}_{\kappa}$ 是矩阵元相应的代数余子式, 所以

$$\frac{\partial a}{\partial x^{\mu'}} = \frac{\partial}{\partial x^{\mu'}}(a^{\kappa}_{\lambda})\Delta^{\lambda}_{\kappa}. \tag{6.54}$$

对于矩阵行列式 $D$ 而言, 可以导出

$$\frac{\partial D}{\partial x^{\mu'}} = \frac{\partial^2 x^{\kappa}}{\partial x^{\lambda'}\partial x^{\mu'}}\frac{\partial x^{\lambda'}}{\partial x^{\kappa}}D. \tag{6.55}$$

另一方面, 考虑到克里斯托弗符号在坐标变换下的行为, 我们发现

$$\frac{\partial D}{\partial x^{\mu'}} = \left(\Gamma'^{\kappa}_{\mu'\kappa} - \frac{\partial x^{\sigma}}{\partial x^{\mu'}}\Gamma^{\rho}_{\sigma\rho}\right)D. \tag{6.56}$$

因此我们得到了关于标量密度的关系:

$$\frac{\partial \tilde{T}'}{\partial x^{\mu'}} - \tilde{T}'\Gamma'^{\kappa}_{\mu'\kappa} = \frac{\partial x^{\nu}}{\partial x'^{\mu}}\left(\frac{\partial \tilde{T}}{\partial x^{\nu}} - \tilde{T}\Gamma^{\kappa}_{\nu\kappa}\right)D. \tag{6.57}$$

也就是说, 上式右边括号中的项是一个很好定义的矢量密度, 即

$$\nabla_{\nu}\tilde{T} = \partial_{\nu}\tilde{T} - \tilde{T}\Gamma^{\kappa}_{\nu\kappa}. \tag{6.58}$$

对于列维–齐维塔张量, 有

$$\begin{aligned}\nabla_{\sigma}(\varepsilon_{\mu\nu\lambda\rho}) &= \partial_{\sigma}(\sqrt{|g|})\tilde{\varepsilon}_{\mu\nu\lambda\rho} - \Gamma^{\delta}_{\sigma\mu}\sqrt{|g|}\tilde{\varepsilon}_{\delta\nu\lambda\rho}\\ &\quad -\Gamma^{\delta}_{\sigma\nu}\sqrt{|g|}\tilde{\varepsilon}_{\mu\delta\lambda\rho} - \Gamma^{\delta}_{\sigma\lambda}\sqrt{|g|}\tilde{\varepsilon}_{\mu\nu\delta\rho} - \Gamma^{\delta}_{\sigma\rho}\sqrt{|g|}\tilde{\varepsilon}_{\mu\nu\lambda\delta}\\ &= (\partial_{\sigma}\sqrt{|g|} - \Gamma^{\delta}_{\sigma\delta}\sqrt{|g|})\tilde{\varepsilon}_{\mu\nu\lambda\rho}\\ &= 0,\end{aligned} \tag{6.59}$$

其中从第一个等式到第二个等式时用到了列维–齐维塔符号的性质, 即只有指标不同的分量才非零, 这样在前面的克里斯托弗符号中求和的指标值被固定, 由此才得到第二个等式. 所以, 对于列维–齐维塔符号, 有

$$\nabla_{\sigma}(\tilde{\varepsilon}_{\mu\nu\lambda\delta}) = 0. \tag{6.60}$$

对于 $|g|$ 本身, 它是一个权为 $-2$ 的标量密度, 因此

$$\nabla_{\mu}|g| = \partial_{\mu}|g| - 2g\Gamma^{\nu}_{\nu\mu} = 0. \tag{6.61}$$

由此, 我们有 $\nabla_{\mu}\sqrt{|g|} = 0$. 因此, 对于一个张量 $T^{\mu\cdots}_{\nu\cdots}$, 有

$$\nabla_{\sigma}(\sqrt{|g|}T^{\mu\cdots}_{\nu\cdots}) = \sqrt{|g|}\nabla_{\sigma}(T^{\mu\cdots}_{\nu\cdots}). \tag{6.62}$$

如果把张量密度的协变导数的定义式右边展开, 则有

$$\nabla_\mu \tilde{T}^{\cdots}_{\cdots} = \tilde{\nabla}_\mu \tilde{T}^{\cdots}_{\cdots} + w\Gamma^\lambda_{\mu\lambda}\tilde{T}^{\cdots}_{\cdots}, \tag{6.63}$$

其中, $\tilde{\nabla}_\mu \tilde{T}^{\cdots}_{\cdots}$ 意味着把 $\tilde{T}^{\cdots}_{\cdots}$ 当作张量来计算其协变导数.

## §6.2 平行移动

我们先来讨论一个矢量沿着曲线的内禀导数 (intrinsic derivative). 实际上, 有的矢量并非在全空间定义的, 而是只与粒子有关, 也就是说这些矢量是沿着粒子的世界线来定义的, 比如陀螺仪 (gyroscope) 的自旋 4-矢量. 我们不能简单地利用流形上的协变导数来讨论这些矢量沿着世界线的变化. 假设沿着曲线 $\mathcal{C}$, 我们有矢量场 $\hat{V}(\lambda)$. 在局部坐标系下, 这个矢量场可以写作 $\hat{V}(\lambda) = V^\mu \hat{e}_\mu(\lambda)$, 其中的 $\hat{e}_\mu(\lambda)$ 是随着曲线变化的坐标基矢. 这个矢量场沿着曲线的变化为

$$\begin{aligned}\frac{\mathrm{D}\hat{V}}{\mathrm{d}\lambda} &= \frac{\mathrm{d}V^\mu}{\mathrm{d}\lambda}\hat{e}_\mu + V^\mu\frac{\mathrm{D}\hat{e}_\mu}{\mathrm{d}\lambda} = \frac{\mathrm{d}V^\mu}{\mathrm{d}\lambda}\hat{e}_\mu + V^\mu\frac{\mathrm{d}x^\nu}{\mathrm{d}\lambda}\nabla_\nu\hat{e}_\mu \\ &= \frac{\mathrm{d}V^\mu}{\mathrm{d}\lambda}\hat{e}_\mu + \Gamma^\sigma_{\nu\mu}V^\mu\hat{e}_\sigma\frac{\mathrm{d}x^\nu}{\mathrm{d}\lambda} \\ &= \left(\frac{\mathrm{d}V^\mu}{\mathrm{d}\lambda} + \Gamma^\mu_{\nu\sigma}V^\sigma\frac{\mathrm{d}x^\nu}{\mathrm{d}\lambda}\right)\hat{e}_\mu \\ &= \frac{\mathrm{D}V^\mu}{\mathrm{d}\lambda}\hat{e}_\mu,\end{aligned} \tag{6.64}$$

其中

$$\begin{aligned}\frac{\mathrm{D}V^\mu}{\mathrm{d}\lambda} &= \frac{\mathrm{d}V^\mu}{\mathrm{d}\lambda} + \Gamma^\mu_{\nu\sigma}V^\sigma\frac{\mathrm{d}x^\nu}{\mathrm{d}\lambda} \\ &= \frac{\mathrm{d}x^\nu}{\mathrm{d}\lambda}(\nabla_\nu V^\mu).\end{aligned} \tag{6.65}$$

最后一个等式中用到了 $\dfrac{\mathrm{d}V^\mu}{\mathrm{d}\lambda} = \dfrac{\partial V^\mu}{\partial x^\nu}\dfrac{\mathrm{d}x^\nu}{\mathrm{d}\lambda}$. 注意, 如果矢量场 $\hat{V}$ 只在曲线 $\mathcal{C}$ 上定义, 最后一式中出现的协变导数没有意义, 必须利用前面的定义. 同理, 我们也可以得到 1 形式沿着曲线的内禀导数

$$\frac{\mathrm{D}V_\mu}{\mathrm{d}\lambda} = \frac{\mathrm{d}V_\mu}{\mathrm{d}\lambda} - \Gamma^\sigma_{\nu\mu}V_\sigma\frac{\mathrm{d}x^\nu}{\mathrm{d}\lambda}. \tag{6.66}$$

对于一般的张量场也可以有类似的定义. 比如说, 对于一个 (2,0) 型张量场

$$\hat{T}(u) = T^{\mu\nu}(\lambda)\hat{e}_\mu(\lambda)\otimes\hat{e}_\nu(\lambda), \tag{6.67}$$

它沿着曲线的变化为

$$
\begin{aligned}
\frac{\mathrm{D}\hat{T}}{\mathrm{d}\lambda} &= \frac{\mathrm{d}T^{\mu\nu}}{\mathrm{d}\lambda}\hat{e}_\mu \otimes \hat{e}_\nu + T^{\mu\nu}\frac{\mathrm{D}\hat{e}_\mu}{\mathrm{d}\lambda} \otimes \hat{e}_\nu + T^{\mu\nu}\hat{e}_\mu \otimes \frac{\mathrm{D}\hat{e}_\nu}{\mathrm{d}\lambda} \\
&= \frac{\mathrm{d}T^{\mu\nu}}{\mathrm{d}\lambda}\hat{e}_\mu \otimes \hat{e}_\nu + T^{\mu\nu}\Gamma^\sigma_{\mu\rho}\hat{e}_\sigma \frac{\mathrm{d}x^\rho}{\mathrm{d}\lambda} \otimes \hat{e}_\nu + T^{\mu\nu}\Gamma^\sigma_{\nu\rho}\hat{e}_\mu \otimes \hat{e}_\sigma \frac{\mathrm{d}x^\rho}{\mathrm{d}\lambda} \\
&= \left(\frac{\mathrm{d}T^{\mu\nu}}{\mathrm{d}\lambda} + \Gamma^\mu_{\sigma\rho}T^{\sigma\nu}\frac{\mathrm{d}x^\rho}{\mathrm{d}\lambda} + \Gamma^\nu_{\sigma\rho}T^{\mu\sigma}\frac{\mathrm{d}x^\rho}{\mathrm{d}\lambda}\right)\hat{e}_\mu \otimes \hat{e}_\nu.
\end{aligned} \tag{6.68}
$$

写成分量的形式, 我们就得到了二阶张量分量沿曲线的内禀导数

$$
\frac{\mathrm{D}T^{\mu\nu}}{\mathrm{d}\lambda} = \frac{\mathrm{d}T^{\mu\nu}}{\mathrm{d}\lambda} + \Gamma^\mu_{\sigma\rho}T^{\sigma\nu}\frac{\mathrm{d}x^\rho}{\mathrm{d}\lambda} + \Gamma^\nu_{\sigma\rho}T^{\mu\sigma}\frac{\mathrm{d}x^\rho}{\mathrm{d}\lambda}. \tag{6.69}
$$

一旦有了联络, 就可以定义平行移动. 在平坦空间中的平行移动不明显地应用了克里斯托弗联络. 可以发现对于一条平直时空中的闭合曲线, 沿着它平行移动一个矢量回到起始位置将不会改变这个矢量, 即在曲线不同点上的矢量一直是互相平行的, 如图 6.3(a) 所示. 而在弯曲空间中, 把矢量从一点平行移动到另一点将依赖于连接这两点的路径. 也就是说, 没有一个自然的方式把矢量从一个切空间移动到另一个切空间, 必须指定一条路径. 如图 6.4(b) 所示, 在一个球面上移动矢量, 我们可以先把 $A$ 点的矢量 $\hat{V}_A$ 沿着曲线 $AB$ 平行移动到 $B$ 点, 然后沿着 $BP$ 移动到 $P$ 点得到矢量 $\hat{V}_{BP}$. 另外, 我们也可以沿着曲线 $AP$ 把矢量直接移动到 $P$ 点得到矢量 $\hat{V}_{AP}$. 易见沿不同的路径, 最后得到的矢量是不同的.

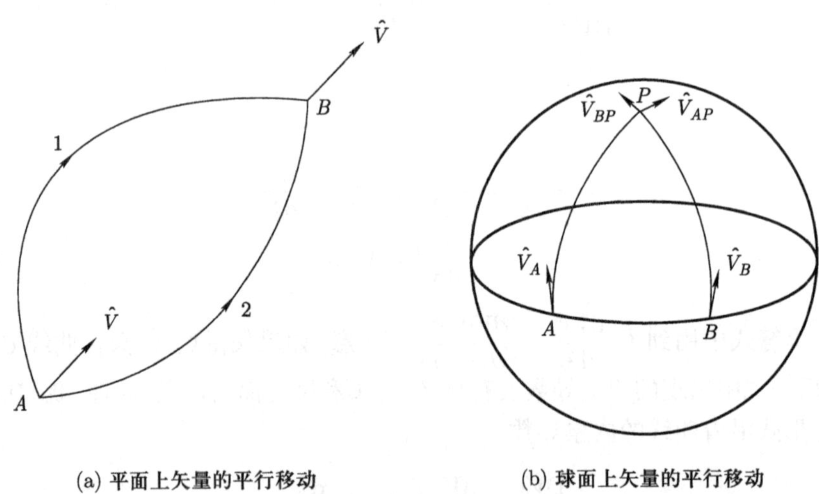


(a) 平面上矢量的平行移动　　(b) 球面上矢量的平行移动

图 6.3　平面上矢量沿不同路径做平行移动得到同样的矢量. 而球面上沿不同的路径移动矢量, 最终得到的结果是不同的.

实际上, 在球面上移动矢量需要慎重地定义. 我们的讨论基于平行移动的概念.

平行移动是“保持矢量是一个常数”这一想法在弯曲空间中的推广. 在曲线的某点给定一个矢量, 沿着这条曲线移动这个矢量, 保持其不变, 这样的移动称为平行移动 (parallel transport, 简记为 PT). 如图 6.4 所示.

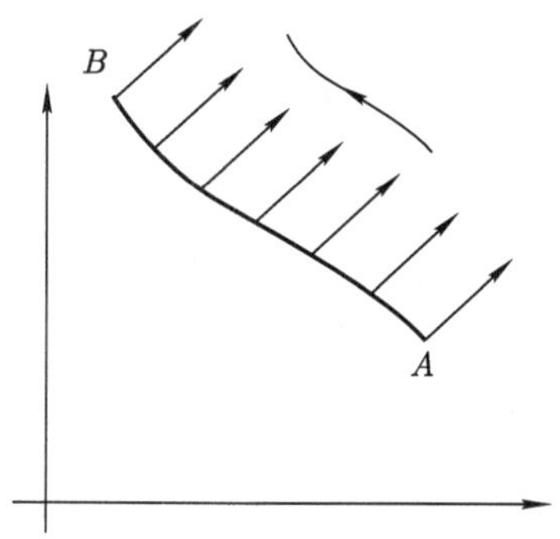


图 6.4 沿曲线平行移动矢量的示意图.

由内禀导数的定义可知, 矢量是平行移动的意味着矢量沿着曲线的内禀导数为零, 也就是说要求这个矢量沿着曲线切矢的协变导数为零, 即

$$\frac{\mathrm{D}\hat{V}}{\mathrm{d}\lambda}=0 \quad \Rightarrow \quad t^{\mu}\nabla_{\mu}V^{\nu}=0, \tag{6.70}$$

或者简单地记为 $\nabla_{\hat{t}}\hat{V}=0$, 其中 $\hat{t}$ 是切矢. 类似地, 我们可以定义任何张量的平行移动. 给定一条曲线 $x^{\mu}(\lambda)$, 要求张量沿这条曲线保持不变, 简单地看就是要求 $\dfrac{\mathrm{D}\hat{T}}{\mathrm{d}\lambda}=\dfrac{\mathrm{d}x^{\mu}}{\mathrm{d}\lambda}\dfrac{\partial\hat{T}}{\partial x^{\mu}}=0$. 然而这不是一个张量方程. 一个明显的推广是把偏导数换成协变导数 $\partial_{\mu}\to\nabla_{\mu}$, 由此定义沿曲线的协变导数

$$\frac{\mathrm{D}}{\mathrm{d}\lambda}=\frac{\mathrm{d}x^{\mu}}{\mathrm{d}\lambda}\nabla_{\mu}. \tag{6.71}$$

因此, 张量沿曲线的平行移动必须满足平行移动方程

$$\left(\frac{\mathrm{D}}{\mathrm{d}\lambda}T\right)^{\mu_1\mu_2\cdots\mu_k}{}_{\nu_1\nu_2\cdots\nu_l}\equiv\frac{\mathrm{d}x^{\sigma}}{\mathrm{d}\lambda}\nabla_{\sigma}T^{\mu_1\mu_2\cdots\mu_k}{}_{\nu_1\nu_2\cdots\nu_l}=0, \tag{6.72}$$

或者简记为 $\nabla_{\hat{t}}\hat{T}=0$, 其中 $\hat{t}=\mathrm{d}/\mathrm{d}\lambda$ 是曲线的切矢量.

对于一个矢量 $V^{\mu}$, 其平行移动方程为

$$\frac{\mathrm{d}}{\mathrm{d}\lambda}V^{\mu}+\Gamma^{\mu}_{\sigma\rho}\frac{\mathrm{d}x^{\sigma}}{\mathrm{d}\lambda}V^{\rho}=0. \tag{6.73}$$

这是一个一阶线性微分方程, 有良定义的初值问题: 给定一条由 $x^{\mu}(\lambda)$ 刻画的曲线, 及给定在某点处的初始矢量 $\hat{V}_0$, 则由上面的方程可以确定沿曲线 $\mathcal{C}$ 上的唯一一个

矢量场 $\hat{V}(\lambda)$. 这由微分方程解的唯一性和存在性来保证. 显然, 平行移动是依赖于联络的.

如果联络是度规相容的, 则度规场沿任意曲线总是平行移动的. 这是由于

$$\frac{\mathrm{D}}{\mathrm{d}\lambda}g_{\mu\nu}=\frac{\mathrm{d}x^\sigma}{\mathrm{d}\lambda}\nabla_\sigma g_{\mu\nu}=0. \tag{6.74}$$

而两个被平行移动的矢量, 它们的内积是不变的:

$$\frac{\mathrm{D}}{\mathrm{d}\lambda}(\hat{V}\cdot\hat{W})=\left(\frac{\mathrm{D}}{\mathrm{d}\lambda}g_{\mu\nu}\right)V^\mu W^\nu+g_{\mu\nu}\frac{\mathrm{D}}{\mathrm{d}\lambda}V^\mu W^\nu+g_{\mu\nu}V^\mu\frac{\mathrm{D}}{\mathrm{d}\lambda}W^\nu=0.$$

因此, 相对于度规相容联络的平行移动保持矢量的大小以及矢量间的正交性.

## §6.3 测 地 线

测地线是欧氏空间中 "直线" 概念在弯曲空间中的推广. 首先, 在欧氏空间中, 两点之间直线距离最短, 按照此定义, 弯曲空间中两点之间距离 "最短" 的路径即测地线. 这是测地线的第一种定义. 因此, 测地线也称作 "短程线" . 而且所谓的 "最短" 路径是指黎曼空间中的两点, 或者赝黎曼流形上利用类空曲线相连的两点距离. 对于赝黎曼流形中由类时曲线相连的两点, 其时空距离即 "固有时" 实际上是最大的. 而对于类光曲线, 时空间距总为零, 最长或最短是没有意义的.

另一方面, 在欧氏空间中直线也可以定义为其切矢量与运动方向总是一致的曲线. 此定义的弯曲空间推广为: 测地线是其切矢量沿着该曲线自身平行移动的曲线. 一条由 $x^\mu(\lambda)$ 刻画的曲线, 其切矢量的分量为 $t^\mu=\mathrm{d}x^\mu/\mathrm{d}\lambda$. 依照平行移动的定义要求

$$\frac{\mathrm{D}}{\mathrm{d}\lambda}\hat{t}=0, \tag{6.75}$$

或者

$$\nabla_{\hat{t}}\hat{t}=0. \tag{6.76}$$

利用坐标系 $\{x^\mu\}$, 我们要求测地线满足

**测地线方程**

$$\frac{\mathrm{d}^2x^\mu}{\mathrm{d}\lambda^2}+\Gamma^\mu_{\rho\sigma}\frac{\mathrm{d}x^\rho}{\mathrm{d}\lambda}\frac{\mathrm{d}x^\sigma}{\mathrm{d}\lambda}=0. \tag{6.77}$$

测地线方程告诉我们自由粒子是如何在弯曲时空中运动的. 在平直时空中, 如我们取直角坐标, 测地线方程正是 $\mathrm{d}^2x^\mu/\mathrm{d}\lambda^2=0$, 它描述的是一条直线. 局部地, 总有

$\Gamma^\mu_{\sigma\rho}=0$, 所以有 $\mathrm{d}^2x^\mu/\mathrm{d}\lambda^2=0$. 换句话说, 测地线局部地看是一条直线. 从测地线方程可见, 它不仅对类时、类空曲线适用, 对类光曲线也适用.

上面两种定义只有在取克里斯托弗联络时才是等价的. 下面证明这一点. 为简单计, 我们考虑类时曲线. 两点间的固有时定义为 $\tau=\int_{P_1}^{P_2}\mathcal{L}\mathrm{d}\lambda$, 其中

$$\mathcal{L}=\sqrt{-g_{\mu\nu}\frac{\mathrm{d}x^\mu}{\mathrm{d}\lambda}\frac{\mathrm{d}x^\nu}{\mathrm{d}\lambda}}. \tag{6.78}$$

"最短" 或 "最长" 意味着我们要固定两个端点, 考虑所有可能的路径使 $\tau$ 取极值, 即 $\delta\tau=0$. 这将导致欧拉–拉格朗日 (Euler-Lagrange) 方程 (如果不加特别的边界条件)

$$\frac{\partial\mathcal{L}}{\partial x^\mu}-\frac{\mathrm{d}}{\mathrm{d}\lambda}\left(\frac{\partial\mathcal{L}}{\partial\dot{x}^\mu}\right)=0. \tag{6.79}$$

上面的方程等价于

$$\frac{\mathrm{d}}{\mathrm{d}\lambda}\left(\frac{\partial\mathcal{L}^2}{\partial\dot{x}^\mu}\right)-\frac{\partial\mathcal{L}^2}{\partial x^\mu}=2\frac{\partial\mathcal{L}}{\partial\dot{x}^\mu}\frac{\partial\mathcal{L}}{\partial\lambda}. \tag{6.80}$$

(6.80) 式的左边为

$$\begin{aligned}
&\frac{\mathrm{d}}{\mathrm{d}\lambda}\left(\frac{\partial}{\partial\dot{x}^\mu}(-g_{\sigma\rho}\dot{x}^\sigma\dot{x}^\rho)\right)-\frac{\partial}{\partial x^\mu}(-g_{\sigma\rho}\dot{x}^\sigma\dot{x}^\rho)\\
={}&-\frac{\mathrm{d}}{\mathrm{d}\lambda}(2g_{\sigma\mu}\dot{x}^\sigma)+(\partial_\mu g_{\sigma\rho})\dot{x}^\sigma\dot{x}^\rho\\
={}&(\partial_\mu g_{\sigma\rho})\dot{x}^\sigma\dot{x}^\rho-2g_{\sigma\mu}\ddot{x}^\sigma-2\partial_\rho g_{\sigma\mu}\dot{x}^\sigma\dot{x}^\rho\\
={}&-2g_{\sigma\mu}\ddot{x}^\sigma-2\dot{x}^\sigma\dot{x}^\rho\Gamma_{\mu\sigma\rho}\quad(\Gamma_{\mu\sigma\rho}=g_{\mu\nu}\Gamma^\nu_{\sigma\rho}),
\end{aligned} \tag{6.81}$$

其中已经用到了克里斯托弗符号的定义. (6.80) 式的右边为

$$\begin{aligned}
2\frac{\partial\mathcal{L}}{\partial\dot{x}^\mu}\frac{\partial\mathcal{L}}{\partial\lambda}&=2\frac{\partial}{\partial\dot{x}^\mu}(-g_{\sigma\rho}\dot{x}^\sigma\dot{x}^\rho)^{1/2}\frac{\mathrm{d}}{\mathrm{d}\lambda}\left(\frac{\mathrm{d}\tau}{\mathrm{d}\lambda}\right)\\
&=-2(-g_{\sigma\rho}\dot{x}^\sigma\dot{x}^\rho)^{-1/2}g_{\mu\nu}\dot{x}^\nu\frac{\mathrm{d}^2\tau}{\mathrm{d}\lambda^2}\\
&=-2\left(\frac{\mathrm{d}^2\tau}{\mathrm{d}\lambda^2}\Big/\frac{\mathrm{d}\tau}{\mathrm{d}\lambda}\right)g_{\mu\nu}\dot{x}^\nu.
\end{aligned}$$

最终, 我们得到

$$\ddot{x}^\mu+\Gamma^\mu_{\sigma\rho}\dot{x}^\sigma\dot{x}^\rho=\frac{\ddot{\tau}}{\dot{\tau}}\dot{x}^\mu. \tag{6.82}$$

如果我们取 $\lambda=\tau$, 则 $\ddot{\tau}=0$, 就得到了测地线方程

$$\ddot{x}^{\mu}+\Gamma^{\mu}_{\sigma\rho}\dot{x^{\sigma}}\dot{x^{\rho}}=0. \tag{6.83}$$

更一般地, 我们可以取 $\lambda=\alpha\tau+\beta$, 也会得到同一个测地线方程. 这种类型的参数化称为仿射参数化, 而 $\lambda$ 是仿射参数. 如果取其他的参数化方式, 而曲线仍然满足 (6.82), 则它仍然是一条测地线, 可以通过选择参数 $\lambda$ 把它变成标准的测地线方程.

对于零 (null) 测地线, 其上任意两点间的间隔都为零, 即 $\mathcal{L}\equiv 0$. 此时固有时的概念没有意义, $\tau$ 不再是一个合适的仿射参数, 但仍然可以做变分得到

$$\ddot{x}^{\mu}+\Gamma^{\mu}_{\sigma\rho}\dot{x^{\sigma}}\dot{x^{\rho}}=f(\lambda)\dot{x}^{\mu}, \tag{6.84}$$

这里 $g_{\mu\nu}\dot{x}^{\mu}\dot{x}^{\nu}=0$. 如果 $f(\lambda)=0$, $\lambda$ 被称作仿射参数, 而 $\bar{\lambda}=\alpha\lambda+\beta$ 也可以作为仿射参数. 值得注意的是, 在这个双参数族的仿射参数中, 没有哪一个看起来比别的更好.

上面的讨论也可以利用点粒子的作用量进行. 对一个质量为 $m$, 在类时曲线上运动的粒子, 其作用量可以取作

$$I=-m\int_A^B \mathrm{d}\tau=-m\int_A^B\sqrt{-g_{\mu\nu}\frac{\mathrm{d}x^{\mu}}{\mathrm{d}\lambda}\frac{\mathrm{d}x^{\nu}}{\mathrm{d}\lambda}}\mathrm{d}\lambda. \tag{6.85}$$

这个作用量使用起来并不方便, 可以利用曲线上的标架场引进一个新的作用量

$$I=\frac{1}{2}\int_{\lambda_A}^{\lambda_B}\mathrm{d}\lambda\left(e^{-1}(\lambda)g_{\mu\nu}\frac{\mathrm{d}x^{\mu}}{\mathrm{d}\lambda}\frac{\mathrm{d}x^{\nu}}{\mathrm{d}\lambda}-m^2e(\lambda)\right). \tag{6.86}$$

(6.86) 式中的 $e(\lambda)$ 是一个新的独立函数, 称为标架场 (veilbein), 它并没有动力学. 通过积掉这个函数, 我们可以重新得到原来的作用量. 在描述曲线时有重参数化的自由度, 该自由度等价于对函数 $e(\lambda)$ 的选择. 实际上, 对上面的作用量变分可得

$$\frac{\delta I}{\delta e}=0\Rightarrow e=\frac{1}{m}\frac{\mathrm{d}\tau}{\mathrm{d}\lambda}, \tag{6.87}$$

$$\frac{\delta I}{\delta x^{\mu}}=0\Rightarrow \frac{\mathrm{D}^2x^{\mu}}{\mathrm{d}\lambda^2}=\left(e^{-1}\frac{\mathrm{d}e}{\mathrm{d}\lambda}\right)\frac{\mathrm{d}x^{\mu}}{\mathrm{d}\lambda}. \tag{6.88}$$

把 (6.87) 式代入 (6.88) 式, 我们将得到前面通过对固有时直接变分得到的方程. 因此, 如果认为测地线是使作用量取极值的曲线, 则一般地有

$$\frac{\mathrm{D}t^{\mu}}{\mathrm{d}\lambda}=f(\lambda)t^{\mu}, \tag{6.89}$$

其中 $t^{\mu}$ 是测地线的切矢分量, $f(\lambda)=e^{-1}\dfrac{\mathrm{d}e}{\mathrm{d}\lambda}=\dfrac{\mathrm{d}^2\tau}{\mathrm{d}\lambda^2}\Big/\dfrac{\mathrm{d}\tau}{\mathrm{d}\lambda}$ 是任意函数. $f(\lambda)$ 的任意

性来自于对函数 $e(\lambda)$ 的选择任意性. 而更一般地, 我们可以认为一个矢量场 $\hat{V}$ 沿着曲线的平行移动满足

$$\frac{\mathrm{D}\hat{V}}{\mathrm{d}\lambda}=f(\lambda)\hat{V}. \tag{6.90}$$

参数化中最自然的选择是使

$$\frac{\mathrm{D}t^{\mu}}{\mathrm{d}\lambda}=0. \tag{6.91}$$

这种参数化称为仿射参数化. 对于一条类时曲线, 它对应于 $e(\lambda)=$ 常数, 或者

$$\lambda\propto\tau+\text{常数}. \tag{6.92}$$

利用粒子作用量标架形式的一个好处是可以取 $m\to 0$ 的无质量极限.

我们可以通过定义

$$2K=g_{\mu\nu}\dot{x}^{\mu}\dot{x}^{\nu} \tag{6.93}$$

来把作用量写作

$$I=\int_{\lambda_A}^{\lambda_B}K. \tag{6.94}$$

如果 $\lambda$ 取为仿射参数, 则测地线方程为

$$\frac{\partial K}{\partial x^{\mu}}-\frac{\mathrm{d}}{\mathrm{d}\lambda}\left(\frac{\partial K}{\partial\dot{x}^{\mu}}\right)=0, \tag{6.95}$$

其中

$$2K=\begin{cases}0, & \text{类光曲线},\\ 1, & \text{类空曲线},\\ -1, & \text{类时曲线}.\end{cases} \tag{6.96}$$

在后两种情形, 我们取 $\lambda$ 为距离参数 $s$ 和固有时 $\tau$.

**例 6.4** 二维平面.

如果我们取笛卡尔坐标, 则度规为对角形式, 所有的克里斯托弗符号都为零, 因此测地线方程为

$$\frac{\mathrm{d}^2x}{\mathrm{d}s^2}=0,\quad\frac{\mathrm{d}^2y}{\mathrm{d}s^2}=0, \tag{6.97}$$

其解为

$$\begin{aligned} x &= a_1 s + b_1, \\ y &= a_2 s + b_2. \end{aligned} \tag{6.98}$$

消去 $s$ 以后, 得到 $y = ax + b$, 即一条直线. 然而我们也可以用极坐标来讨论此问题. 由前面计算而得的联络系数, 有测地线方程

$$\frac{\mathrm{d}^2 r}{\mathrm{d}s^2} - r\left(\frac{\mathrm{d}\theta}{\mathrm{d}s}\right)^2 = 0, \tag{6.99}$$

$$\frac{\mathrm{d}^2 \theta}{\mathrm{d}s^2} + \frac{2}{r}\frac{\mathrm{d}r}{\mathrm{d}s}\frac{\mathrm{d}\theta}{\mathrm{d}s} = 0. \tag{6.100}$$

如果 $\frac{\mathrm{d}\theta}{\mathrm{d}s} = 0$, 则 $\theta =$ 常数, 而 $r = as + b$ 给出一条穿过原点的直线. 如果 $\frac{\mathrm{d}\theta}{\mathrm{d}s} \neq 0$, 则第二个方程可以变成

$$\frac{\theta''}{\theta'} + \frac{2}{r}r' = 0, \tag{6.101}$$

其中撇号代表对 $s$ 求导. 对上式积分可得

$$\ln|\theta'| + \ln r^2 = 0 \Rightarrow r^2\theta' = h = \text{常数}. \tag{6.102}$$

由类空曲线 $2K = 1$, 有

$$r' = \pm\frac{1}{r}\sqrt{r^2 - h^2}, \tag{6.103}$$

并进一步得到

$$\frac{\mathrm{d}\theta}{\mathrm{d}r} = \pm\frac{h}{r\sqrt{r^2 - h^2}}. \tag{6.104}$$

因此, 我们最终得到了

$$r = \frac{h}{\cos(\theta - \theta_0)}, \tag{6.105}$$

这就是在极坐标下不经过原点的直线.

如果时空是静止的, 即存在坐标使 $g_{0i} = 0$ 且所有的度规分量与 $x^0 = t$ 无关, 我们可以引进另一种变分原理. 这个变分原理可以看作费马原理在弯曲时空中的推广. 考虑在时空中连接两个事件点 $P$ 和 $Q$ 的所有零曲线, 这些曲线满足

$$0 = \mathrm{d}t^2 + \left(\frac{g_{ij}}{g_{00}}\right)\mathrm{d}x^i\mathrm{d}x^j, \tag{6.106}$$

因此, 每一条零曲线都是由三个函数 $x^i(t)$ 来描述, 而从 $P$ 到 $Q$ 需要坐标时 $\Delta t$. 我们将证明零测地线是使坐标时取极值的曲线. 利用上面的关系, 可以把测地线方程变为

$$g_{ik}\frac{\mathrm{d}^2x^k}{\mathrm{d}t^2}+\Gamma_{ijk}\frac{\mathrm{d}x^j}{\mathrm{d}t}\frac{\mathrm{d}x^k}{\mathrm{d}t}-\Gamma_{i00}\frac{g_{jk}}{g_{00}}\frac{\mathrm{d}x^j}{\mathrm{d}t}\frac{\mathrm{d}x^k}{\mathrm{d}t}+\frac{\mathrm{d}^2t/\mathrm{d}\lambda^2}{(\mathrm{d}t/\mathrm{d}\lambda)^2}g_{ik}\frac{\mathrm{d}x^k}{\mathrm{d}t}=0. \tag{6.107}$$

而测地线的零分量给出

$$\frac{\mathrm{d}^2t/\mathrm{d}\lambda^2}{(\mathrm{d}t/\mathrm{d}\lambda)^2}=-2\Gamma_{0k0}\frac{\mathrm{d}x^k/\mathrm{d}t}{g_{00}}, \tag{6.108}$$

代入 (6.107) 式中, 并利用克里斯托弗符号的具体表达式, 可得

$$h_{ik}\frac{\mathrm{d}^2x^k}{\mathrm{d}t^2}+\frac{1}{2}(\partial_jh_{ik}+\partial_kh_{ji}-\partial_ih_{jk})\frac{\mathrm{d}x^j}{\mathrm{d}t}\frac{\mathrm{d}x^k}{\mathrm{d}t}=0, \tag{6.109}$$

其中

$$h_{ij}=-\frac{g_{ij}}{g_{00}}. \tag{6.110}$$

这正是一个以 $h_{ij}$ 为度规的三维空间中, 以 $t$ 作为仿射参数的测地线方程. 因此, 一个静态时空中的零测地线可以通过以坐标时作为作用量来变分得到:

$$\delta\int\mathrm{d}t=0. \tag{6.111}$$

这正是光学中的费马原理. 这个结果表明, 在三维空间中光的传播并非沿长度最短的路径, 而是沿坐标时最小的路径. 这是因为引力场的作用类似于提供了一种介质, 这个介质的折射系数随空间变化, 在其中等效的光速并非是真空中的光速. 比如说, 对于球对称的时空 $g_{ij}=f^2(x^i)\delta_{ij}$, 即共形平坦的空间, 有

$$\mathrm{d}t=\frac{f}{\sqrt{|g_{00}|}}\mathrm{d}l, \tag{6.112}$$

其中

$$\mathrm{d}l^2=\delta_{ij}\mathrm{d}x^i\mathrm{d}x^j \tag{6.113}$$

是通常的直角坐标线元. 此时, 费马原理告诉我们, 引力场提供的介质具有折射系数

$$n(\boldsymbol{x})=\frac{f(\boldsymbol{x})}{\sqrt{g_{00}(\boldsymbol{x})}}. \tag{6.114}$$

折射系数的存在意味着光线会发生偏转. 除此以外, 它也会导致光传播中的时间延迟.

测地线的物理意义是它告诉我们自由粒子如何在弯曲时空中运动. 测地线的特性 (类时、类光或类空) 是不会改变的, 因为平行移动保持矢量的内积. 测地线是不受外力的非加速粒子的路径, 也就是说粒子走测地线时, 其固有加速度为零. 这其实就是测地线的定义:

$$\hat{a} = \frac{\mathrm{D}}{\mathrm{d}\tau}\hat{u} = 0. \tag{6.115}$$

如果粒子还受到其他相互作用力, 我们由相对论动力学 $\hat{a} = \dfrac{\hat{f}}{m}$, 可以期待上面方程的右边需要引进与 4-力相关的项, 其具体形式可以通过粒子作用量变分得到. 比如对于受外加电磁力的粒子, 其运动方程为

$$\ddot{x}^\mu + \Gamma^\mu_{\sigma\rho}\dot{x^\sigma}\dot{x^\rho} = \frac{q}{m}F^\mu{}_\nu\dot{x}^\nu. \tag{6.116}$$

这时方程的右边是洛伦兹力.

类时测地线具有最大的固有时. 这是因为给定一条类时曲线 (无论是否是测地线), 我们总可以用一个零曲线来对它进行任意精度的近似. 由于零曲线的固有时为零, 类时曲线可以无限接近于零固有时, 所以类时测地线的固有时无法是一个极小, 而只能是一个极大. 在双生子佯谬中, 待在家里的人几乎是沿一条测地线运动, 因此其固有时更大. 这与平直时空中的结论一样.

测地线的极值是一个局部的概念, 取决于初始条件. 比如说, 在二维球面上两点, 连接它们的测地线 (短程线) 可以有两根, 一根沿短弧, 一根沿长弧, 只有比较相同方向的路径才是有意义的.

测地线方程是一个二阶微分方程, 给定初值, 可以局部地确定测地线. 我们有如下定理.

**定理** *在某点 $p$ 附近的测地线 $\gamma(t)$ 由其在 $p$ 点附近的行为确定. 这些行为包括:*

*(1) $\gamma(0) = p$;*

*(2) 在 $p$ 点 $\gamma(t)$ 的切矢 $v^\mu(p)$.*

也就是说, 给定初始位置 $x^\mu|_p$ 以及初始切矢 $\left.\dfrac{\mathrm{d}x^\mu}{\mathrm{d}\lambda}\right|_p$, 测地线在该坐标卡中就被确定了. 给定 $\dfrac{\mathrm{d}x^\mu}{\mathrm{d}\lambda}(\lambda = 0) = v^\mu$, 当 $\lambda = 1$时, 在流形 $M$ 上有唯一的一个点与出发点通过测地线相连. 实际上, 我们可以局域地在 $p$ 点定义一个从切空间到 $p$ 点邻域的指数映射$\exp_p : T_p \to M$, 其具体实现为

$$\exp_p(v^\mu) = x^\mu(\lambda = 1), \tag{6.117}$$

其中 $x^\mu(\lambda)$ 是由满足初始条件的测地线方程确定. 直观上看, 在 $p$ 点邻域可以取黎曼正则坐标使克里斯托弗符号为零, 因此测地线是由切矢确定的一条直线, 如图 6.5 所示.

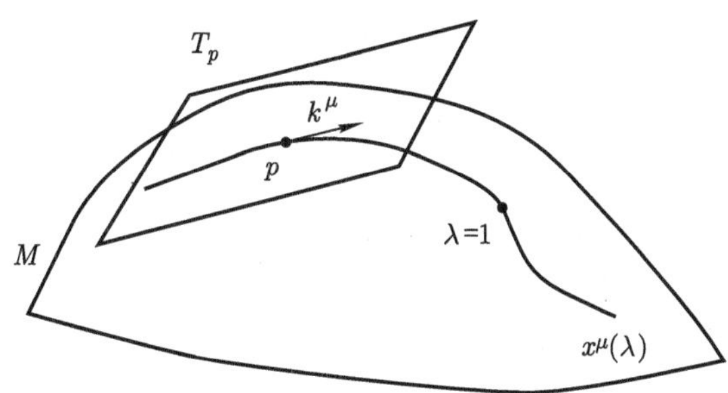


图 6.5 测地线局域就是一条直线, 它由初始位置和初始切矢确定.

在某点 $p$ 附近, 穿过点 $p$ 的任何测地线由切矢决定, $x^\mu(\lambda) = \lambda v^\mu$. 取决于不同的几何, 从同一点沿不同方向出发的测地线最终可能相交. 比如, 二维球面上从北极出发的短程线最终会在南极相交. 因此, 指数映射 $\exp_p : T_p \to M$ 并非一一映射. 此外, 指数映射的值域也不必是整个流形, 因为流形上可能有两个点无法通过测地线相连, 比如在反德西特 (anti-de Sitter) 时空中. 而另一方面函数域也可能不是所有的切空间, 因为测地线可能延伸碰到奇点. 在奇点处, 无法定义指数映射. 如果一个时空流形上所有的测地线都可以任意延伸下去, 则流形称为测地完备的 (geodesically complete). 而如果某些测地线延伸碰到奇点, 则流形是测地不完备的. 实际上, 如果发现某些测地线无法延伸下去了, 可以认为时空中存在奇点. 这是奇点存在的一种判据.

20 世纪 60 年代末, 彭罗斯 (Penrose) 和霍金 (Hawking) 证明了对某些合理的物质组分 (不含负能量), 广义相对论中的时空几乎必然是测地不完备的. 这个所谓的奇点定理的证明依赖于微分几何的整体分析. 测地不完备的时空流形包括通常的黑洞时空以及描述我们宇宙的弗里德曼–罗伯特森–沃克尔 (Friedman-Robertson-Walker, 简称为 FRW) 时空. 由于奇点的不可避免性, 彭罗斯提出了所谓的宇宙监督法则 (cosmic censorship): 黑洞的奇点是看不到的, 一定有视界将它保护从而使视界外的观测者无法探知奇点的存在.

### 6.3.1 FRW 宇宙中的测地线

下面我们以 FRW 时空为例讨论其中的测地线. FRW 宇宙描述的是一个符合宇宙学原理的均匀各向同性膨胀宇宙, 其度规为

$$ds^2 = -dt^2 + a^2(t)(dx^2 + dy^2 + dz^2). \tag{6.118}$$

这并非最一般的 FRW 宇宙, 为讨论简单计, 我们已经假定其空间几何是平坦的①. 度规中的 $a(t)$ 是一个标度因子, 标志着宇宙的大小. 对于不同的物质组分, 标度因子或者说宇宙的演化是不同的:

$$a(t) = t^q, \quad 0 < q < 1 \begin{cases} q = \dfrac{2}{3}, & \text{物质主导}, \\ q = \dfrac{1}{2}, & \text{辐射主导}. \end{cases} \tag{6.119}$$

可见宇宙总是膨胀的. 当考虑宇宙早期, 即当 $t \to 0, a(t) \to 0$, 我们就回到了宇宙的大爆炸 (Big Bang) 奇点. 因此我们要求 $0 < t < \infty$.

考虑上述时空的光锥结构. 光锥可以简单地通过 $\mathrm{d}s^2 = 0$ 来确定. 不失一般性, 我们固定 $y$ 和 $z$, 从而得到

$$\begin{aligned} 0 &= -\mathrm{d}t^2 + t^{2q}\mathrm{d}x^2 \\ \Rightarrow \frac{\mathrm{d}x}{\mathrm{d}t} &= \pm t^{-q}. \end{aligned} \tag{6.120}$$

这是正确的结果, 但我们需要更让人信服的推导. 令 $\hat{V} = \left(\dfrac{\mathrm{d}x^\mu}{\mathrm{d}\lambda}\right)\partial_\mu$ 是曲线 $x^\mu(\lambda)$ 的切矢量. 要得到一条类光路径, 我们必须要求 $\hat{g}(\hat{V}, \hat{V}) = 0$. 由 1 形式与矢量间的相互作用,

$$\mathrm{d}t(\hat{V}) = \mathrm{d}t\left(\frac{\mathrm{d}x^\mu}{\mathrm{d}\lambda}\partial_\mu\right) = \frac{\mathrm{d}x^\mu}{\mathrm{d}\lambda}\mathrm{d}t(\partial_\mu) = \frac{\mathrm{d}x^\mu}{\mathrm{d}\lambda}\frac{\partial t}{\partial x^\mu} = \frac{\mathrm{d}t}{\mathrm{d}\lambda}, \tag{6.121}$$

则有

$$\mathrm{d}t^2(\hat{V}, \hat{V}) = (\mathrm{d}t \otimes \mathrm{d}t)(\hat{V}, \hat{V}) = \mathrm{d}t(\hat{V})\mathrm{d}t(\hat{V}) = \left(\frac{\mathrm{d}t}{\mathrm{d}\lambda}\right)^2. \tag{6.122}$$

同理,

$$\mathrm{d}x^2(\hat{V}, \hat{V}) = \left(\frac{\mathrm{d}x}{\mathrm{d}\lambda}\right)^2. \tag{6.123}$$

因此, 要求切矢为类光矢量意味着

$$\hat{g}(\hat{V}, \hat{V}) = 0 \Rightarrow \ 0 = -\left(\frac{\mathrm{d}t}{\mathrm{d}\lambda}\right)^2 + t^{2q}\left(\frac{\mathrm{d}x}{\mathrm{d}\lambda}\right)^2 \Rightarrow \frac{\mathrm{d}x}{\mathrm{d}t} = \pm t^{-q}, \tag{6.124}$$

积分以后得到

$$t = (1-q)^{\frac{1}{1-q}}(\pm x - x_0)^{\frac{1}{1-q}}. \tag{6.125}$$

---

①FRW 宇宙指的是弗里德曼–罗伯特森–沃克尔基于宇宙学原理提出的时空度规. 对 FRW 宇宙的仔细讨论将在本书的最后一章中给出.

这就是零曲线满足的方程. 由于 $0<q<1$, 这条曲线在 $t=0$ 处有奇点, 而且光锥在 $t=0$ 处与 $x$ 轴平行. 因此两个事件点的光锥在过去不必相交. 这与平直闵氏时空是不同的.

从前面对测地线的讨论中我们看到, 通过对作用量的变分可以得到测地线方程. 这实际上提供了一个计算联络系数的有效方法. 以上面的 FRW 度规为例,

$$\mathrm{d}s^2=-\mathrm{d}t^2+a^2(t)\delta_{ij}\mathrm{d}x^i\mathrm{d}x^j, \tag{6.126}$$

其作用量为

$$I=\frac{1}{2}\int\left[-\left(\frac{\mathrm{d}t}{\mathrm{d}\tau}\right)^2+a^2(t)\delta_{ij}\frac{\mathrm{d}x^i}{\mathrm{d}\tau}\frac{\mathrm{d}x^j}{\mathrm{d}\tau}\right]\mathrm{d}\tau. \tag{6.127}$$

对作用量进行变分, 在 $x^\mu\to x^\mu+\delta x^\mu$ 下, 由 $\delta I=0$ 可得测地线方程

$$\ddot{x}^\mu+\Gamma^\mu_{\sigma\rho}\dot{x^\sigma}\dot{x^\rho}=0. \tag{6.128}$$

我们先考虑 $t\to t+\delta t$. 由于 $a(t+\delta t)=a(t)+(\dot{a})\delta t$, 有

$$\begin{aligned}\delta I&=\frac{1}{2}\int\left[-2\frac{\mathrm{d}t}{\mathrm{d}\tau}\frac{\mathrm{d}\delta t}{\mathrm{d}\tau}+2a\dot{a}\delta_{ij}\frac{\mathrm{d}x^i}{\mathrm{d}\tau}\frac{\mathrm{d}x^j}{\mathrm{d}\tau}\delta t\right]\mathrm{d}\tau\\&=\int\left[\frac{\mathrm{d}^2t}{\mathrm{d}\tau^2}+a\dot{a}\delta_{ij}\frac{\mathrm{d}x^i}{\mathrm{d}\tau}\frac{\mathrm{d}x^j}{\mathrm{d}\tau}\right]\delta t\mathrm{d}\tau.\end{aligned} \tag{6.129}$$

为了使对任意的 $\delta t$ 都有 $\delta I=0$, 积分下方括号中的项必须为零. 与测地线方程比较, 取 $x^\mu=t$, 我们可以读出非零的联络系数

$$\Gamma^0_{00}=\Gamma^0_{i0}=0,\quad \Gamma^0_{ij}=a\dot{a}\delta_{ij}. \tag{6.130}$$

接下来我们考虑 $x^i\to x^i+\delta x^i$. 这导致

$$\begin{aligned}\delta I&=\frac{1}{2}\int\left(2a^2\delta_{ij}\frac{\mathrm{d}x^i}{\mathrm{d}\tau}\frac{\mathrm{d}(\delta x^j)}{\mathrm{d}\tau}\right)\mathrm{d}\tau\\&=\int\left(a^2\frac{\mathrm{d}^2x^i}{\mathrm{d}\tau^2}+2a\frac{\mathrm{d}a}{\mathrm{d}\tau}\frac{\mathrm{d}x^i}{\mathrm{d}\tau}\right)\delta_{ij}\delta x^j\mathrm{d}\tau.\end{aligned} \tag{6.131}$$

由 $\dfrac{\mathrm{d}a}{\mathrm{d}\tau}=(\dot{a})\dfrac{\mathrm{d}t}{\mathrm{d}\tau}$, $I=0$ 需要

$$\frac{\mathrm{d}^2x^i}{\mathrm{d}\tau^2}+2\frac{\dot{a}}{a}\frac{\mathrm{d}t}{\mathrm{d}\tau}\frac{\mathrm{d}x^i}{\mathrm{d}\tau}=0. \tag{6.132}$$

与测地线方程比较, 得到

$$\Gamma^i_{00}=0,\quad \Gamma^i_{j0}=\Gamma^i_{0j}=\frac{\dot{a}}{a}\delta^i_j,\quad \Gamma^i_{jk}=0. \tag{6.133}$$

这样我们就得到了平坦 FRW 时空的联络系数. 利用作用量变分的方法在时空有较好对称性时可以较方便地得到联络系数.

对于 FRW 时空中的测地线, 我们特别关注零测地线. 不失一般性, 考虑在 $(t,x)$ 中的零测地线 $x^\mu(\lambda)=\{t(\lambda),x(\lambda),0,0\}$. 我们可以从前面的讨论中很容易得到零路径应该满足的方程:

$$\begin{aligned}\mathrm{d}s^2=0\ &\Rightarrow\ 0=-\mathrm{d}t^2+a^2(t)\mathrm{d}x^2\\&\Rightarrow\ \frac{\mathrm{d}x}{\mathrm{d}\lambda}=\frac{1}{a}\frac{\mathrm{d}t}{\mathrm{d}\lambda}.\end{aligned}\tag{6.134}$$

这并非测地线, 而是任意一个零路径需要满足的方程. 而由测地线方程知

$$\begin{aligned}&\frac{\mathrm{d}^2x^0}{\mathrm{d}\lambda^2}+\Gamma^0_{\rho\delta}\frac{\mathrm{d}x^\rho}{\mathrm{d}\lambda}\frac{\mathrm{d}x^\delta}{\mathrm{d}\lambda}=0\\&\Rightarrow\frac{\mathrm{d}^2t}{\mathrm{d}\lambda^2}+\frac{\dot a}{a}\left(\frac{\mathrm{d}t}{\mathrm{d}\lambda}\right)^2=0\\&\Rightarrow\frac{\mathrm{d}t}{\mathrm{d}\lambda}=\frac{\omega_0}{a},\end{aligned}\tag{6.135}$$

其中 $\omega_0$ 是一个常数. 给定了标度因子 $a(t)$, 可以求出 $t(\lambda)$. 对于以幂次膨胀的两个膨胀阶段, $a(t)=t^q$,

$$\frac{t^{q+1}-t_0^{q+1}}{q+1}=\omega_0(\lambda-\lambda_0),\tag{6.136}$$

初始位置在 $\lambda_0,t_0$, 经过有限的仿射参数 $\Delta\lambda=\lambda-\lambda_0$ 到达奇点 $t=0$. 换句话说, 取有限的仿射参数我们就到达了大爆炸奇点, 而没有办法把测地线继续延伸下去, 即零测地线并非完备的. 所以, $t=0$ 是一个真正的奇点.

### 6.3.2 FRW 时空中的能动量守恒

在平坦时空中, 能动量守恒意味着 $\partial_\mu T^{\mu\nu}=0$. 而在弯曲时空, 此条件的一个自然推广为 $\partial_\mu\to\nabla_\mu$, 所以有

$$\nabla_\mu T^{\mu\nu}=0.\tag{6.137}$$

对理想流体而言, $T^{\mu\nu}=(\rho+p)u^\mu u^\nu+pg^{\mu\nu}$. 在流体的随动坐标系中, $u^\mu=(1,0,0,0)$, 所以 $T^{\mu\nu}=\mathrm{diag}(\rho,a^{-2}p,a^{-2}p,a^{-2}p)$. 对能动量守恒方程,

$$\nabla_\mu T^{\mu\nu}=\partial_\mu T^{\mu\nu}+\Gamma^\mu_{\mu\lambda}T^{\lambda\nu}+\Gamma^\nu_{\mu\lambda}T^{\mu\lambda}=0.\tag{6.138}$$

先考虑 $\nu = 0$ 的情形. 由于

$$\begin{aligned}
\partial_\mu T^{\mu 0} &= \partial_0 T^{00} = \dot{\rho}, \\
\Gamma^\mu_{\mu\lambda} T^{\lambda 0} &= \Gamma^\mu_{\mu 0} T^{00} = 3\frac{\dot{a}}{a}\rho, \\
\Gamma^0_{\mu\lambda} T^{\mu\lambda} &= \Gamma^0_{00} T^{00} + \Gamma^0_{11} T^{11} + \Gamma^0_{22} T^{22} + \Gamma^0_{33} T^{33} \\
&= 3a\dot{a}(a^{-2}p) = 3\frac{\dot{a}}{a}p,
\end{aligned} \tag{6.139}$$

我们得到

$$\dot{\rho} = -3\frac{\dot{a}}{a}(\rho + p). \tag{6.140}$$

而 $\nu = 1$ 时 ($\nu = 2$, 3 类似),

$$\begin{aligned}
\partial_\mu T^{\mu 1} &= \partial_1 T^{11} = a^{-2}\partial_x p, \\
\Gamma^\mu_{\mu\lambda} T^{\lambda 1} &= \Gamma^\mu_{\mu 1} T^{11} = 0, \\
\Gamma^1_{\mu\lambda} T^{\mu\lambda} &= \Gamma^1_{00} T^{00} + \Gamma^1_{11} T^{11} + \Gamma^1_{22} T^{22} + \Gamma^1_{33} T^{33} = 0,
\end{aligned} \tag{6.141}$$

有

$$\partial_1 p = 0. \tag{6.142}$$

因此, 能动量守恒要求 $\partial_i p = 0, i = 1, 2, 3$. 在闵氏时空中, $a = 1, \dot{a} = 0$, 能量密度和压强都守恒. 而在 FRW 宇宙中, 压强不随空间的曲率变化. 对于一个随着流体一起运动的观测者, 流体是不动的, 压强在固定时刻所有空间位置保持不变.

然而, 在 FRW 时空中, 能量不再守恒, $\dot{\rho} = -3\dfrac{\dot{a}}{a}(\rho + p)$. 由物态方程 $p = \omega\rho, \omega$ 是一个常数,

$$\begin{aligned}
&\frac{\dot{\rho}}{\rho} = -3(1+\omega)\frac{\dot{a}}{a} \\
&\Rightarrow \rho \propto a^{-3(1+\omega)}
\end{aligned} \tag{6.143}$$

$$\Rightarrow \begin{cases} \text{物质主导}: p = 0, \rho \propto a^{-3}; \\ \text{辐射主导}: p = \dfrac{\rho}{3}, \rho \propto a^{-4}; \\ \text{真空能}: p = -\rho, \rho = \text{常数}. \end{cases} \tag{6.144}$$

因此, 能量密度随着标度因子而变化. 在物质主导阶段, 由于尘埃 $\rho = nm, n \propto a^{-3}$, 所以随着尺度因子的变化规律为 $\rho \propto a^{-3}$. 而对于辐射主导阶段, 除了体积膨胀导致的体积变化以外还存在着引力红移效应, $E \propto a^{-1}$, 所以 $\rho \propto a^{-4}$. 而对于真空能, 能量密度是恒定的. 从这里我们可以一窥宇宙物质组分的演化历史: 物质和尘埃在

早期宇宙中的组分可以很大, 随着宇宙膨胀它们的组分比例相对变小, 而真空能即使在宇宙早期非常小, 但由于它保持不变, 也会在宇宙演化后期越来越重要.

我们可以估算一下物质组分对应的能量. 在 FRW 时空中, 能量可以定义为 $E=\int \rho a^3\mathrm{d}^3\boldsymbol{x}$. 我们选择的坐标中边界由 $a(t)$ 确定, 因此 $a^3\mathrm{d}^3\boldsymbol{x}$ 是固有体积元. 对于物质, 能量是不变的, 这是因为物质由尘埃粒子构成, 能量是它们静止质量之和. 而对于辐射, 能量减小, 这来自于引力的红移效应. 而对于真空能, 能量是越来越大的, 这是由于宇宙的膨胀. 需要注意的是, 在弯曲时空中能量并非守恒的. 能量守恒与时间平移不变性密切相关, 这要求背景时空具有很好的对称性. 另一方面, 在广义相对论中, 能量的定义是很微妙的, 一个整体定义的能量要求时空存在一个类时的基灵 (Killing) 矢量 (定义见 §6.4), 而在 FRW 时空中, 没有类时基灵矢量存在.

然而, 我们仍然把 $\nabla_\mu T^{\mu\nu}=0$ 称为能动量守恒方程. 它的意义是什么? 首先, 这个方程是一个局域的方程, 对物质的能动张量而言, 它是一个确定的定律, 即使能量无法守恒. 其次, 在此方程中克里斯托弗符号的存在意味着在物质场和引力场之间存在着能量的交换. 因此, 能动量守恒方程实际上包含着物质与引力能量交换的信息. 需要注意的是, 要定义引力场的局部能量密度是一个广义相对论中很困难, 迄今尚未解决的问题. 此外, 后面我们将看到, 能动量守恒方程是时空微分同胚不变性的一个结果. 简而言之, 在平坦时空和弯曲时空间存在着重大的差别, 我们在平直时空中熟悉的概念在广义相对论中需要慎重地考虑.

## *§6.4 李 导 数

在协变导数的定义中, 关键之处在于利用平行移动把不同点上的切矢量移到一个点上从而可以比较它们的差异. 这个操作依赖于两点间的路径. 实际上, 我们可以利用其他的方式把不同点上的矢量或者张量移动到一起, 比较它们的差异, 从而定义导数. 这里先介绍李 (Lie) 导数.

### 6.4.1 拉回和推前

为了定义李导数, 我们需要引入拉回 (pull back) 和推前 (push forward) 的概念. 考虑两个流形 $M$ 和 $N$ (可以有不同的维数), 分别具有坐标卡 $x^\mu$ 和 $y^\alpha$. 假如我们有一个从 $M$ 到 $N$ 的映射 $\phi: M\to N$ 以及一个 $N$ 上的函数 $f: N\to R$. 显然我们可以通过复合映射 $\phi$ 和 $f$: $(f\circ\phi): M\to R$, 构造一个 $M$ 上的函数. 定义 $\phi$ 对函数 $f$ 的拉回

$$\phi_* f=(f\circ\phi). \tag{6.145}$$

也就是说, $\phi_*$ 把函数 $f$ 从 $N$ 拉回到 $M$ 上, 如图 6.6 所示.

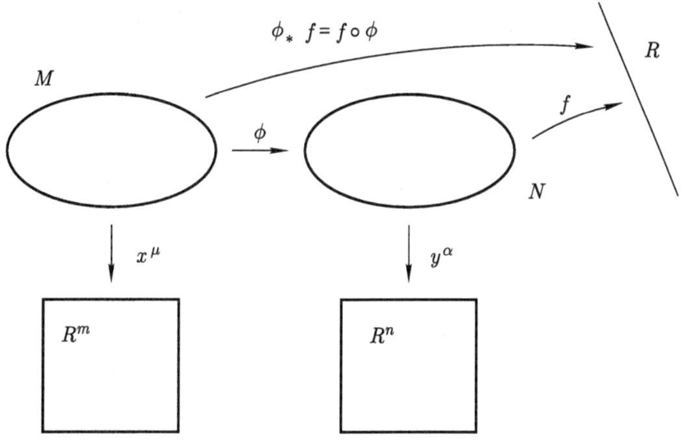


图 6.6 函数的拉回.

注意我们可以定义函数的拉回, 但无法定义函数的推前: 如果有一个 $M$ 上的函数 $g: M \to R$, 我们没有办法把 $g$ 与 $\phi$ 复合在一起构成 $N$ 上的函数. 但是对于一个矢量而言, 存在其推前. 一个矢量可以看作方向导数算子, 把光滑函数映射到实数上. 如果 $\hat{V}(p)$ 是 $M$ 上 $p$ 点处的一个矢量, 我们可以在 $N$ 上点 $\phi(p)$ 定义推前矢量 $\phi^*\hat{V}$:

$$(\phi^*\hat{V})(f) = \hat{V}(\phi_* f). \tag{6.146}$$

其中 $f$ 是 $N$ 上的函数. 我们可以通过把函数 $f$ 拉回到 $M$ 上来定义推前矢量, 即 $\phi^*\hat{V}$ 对 $N$ 上的函数的作用由 $\hat{V}$ 作用在该函数在 $M$ 上的拉回得到. 更具体地, 我们利用坐标卡写出分量形式: $\hat{V} = V^\mu\partial_\mu, (\phi^*\hat{V}) = (\phi^*\hat{V})^\alpha\partial_\alpha$. 对任意一个 $N$ 上的试探函数 $f$, 利用链式法则, 有

$$\begin{aligned}(\phi^*\hat{V})^\alpha\partial_\alpha f &= V^\mu\partial_\mu(\phi_* f) = V^\mu\partial_\mu(f\circ\phi)\\ &= V^\mu\frac{\partial y^\alpha}{\partial x^\mu}\partial_\alpha f.\end{aligned} \tag{6.147}$$

因此

$$(\phi^*\hat{V})^\alpha = (\phi^*)^\alpha{}_\mu V^\mu, \tag{6.148}$$

其中 $(\phi^*)^\alpha{}_\mu = \dfrac{\partial y^\alpha}{\partial x^\mu}$. 这可以看作在坐标变换下矢量的变换规律的推广, 但是要注意此时的坐标卡可以有不同的维数. 如果我们考虑特别的情形, $M$ 和 $N$ 是同一个流形, 前面的构造当然也适用. 一般而言, 矩阵 $\partial y^\alpha/\partial x^\mu$ 并非方阵, 因此不可逆. 注意, 矢量只有推前, 没有拉回.

对于 1 形式可以定义拉回. 1 形式是从矢量到实数的线性映射. 一个在 $N$ 上的 1 形式 $\hat{\omega}$ 的拉回定义在 $M$ 上的矢量 $\hat{V}$ 上, 其值等于 $\hat{\omega}$ 作用在 $\hat{V}$ 的推前上:

$$(\phi_* \hat{\omega})(\hat{V}) = \hat{\omega}(\phi^* \hat{V}). \tag{6.149}$$

对于形式的拉回算子, 有一个简单的矩阵表示: $(\phi_* \hat{\omega})_\mu = (\phi_*)_\mu{}^\alpha \omega_\alpha$, 其中

$$(\phi_*)_\mu{}^\alpha = \frac{\partial y^\alpha}{\partial x^\mu}. \tag{6.150}$$

这与前面的推前矩阵相同, 只不过指标的收缩是不一样的.

我们可以用图很清楚地表示推前和拉回. 把 $M$ 上的函数集记为 $\mathcal{F}(M)$, $N$ 上的函数集记为 $\mathcal{F}(N)$. $M$ 上点 $p$ 处的切矢量 $\hat{V}(p)$ 是从 $\mathcal{F}(M)$ 到 $R$ 的一个算子. 拉回定义了 $\mathcal{F}(N)$ 到 $\mathcal{F}(M)$ 的映射, 因此我们可以通过复合映射定义推前 $\phi_*$, 如图 6.7(a) 所示. 同样, 如果 $T_qN$ 是 $N$ 上 $q$ 点的切空间, 则一个在 $q$ 点的 1 形式 $\hat{\omega}$ 可以看作从 $T_qN$ 到 $R$ 的算子, 即余切空间 $T_q^*N$ 的一个元素. 由于推前 $\phi^*$ 把 $T_pM$ 映射到 $T_{\phi(p)}N$, 一个 1 形式的拉回可以当作如图 6.7(b) 所示的复合映射.

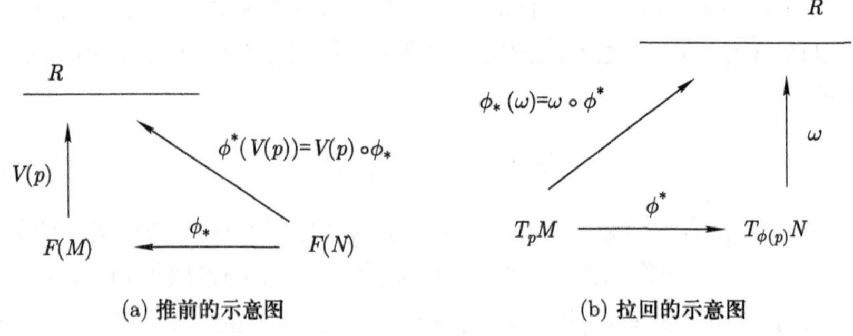


(a) 推前的示意图　　(b) 拉回的示意图

图 6.7　推前和拉回的示意图.

上面的讨论可以推广到其他张量. $(0,l)$ 型张量是一个从 $l$ 个矢量的张量积到 $R$ 的线性映射, 其拉回可定义为

$$(\phi_* \hat{T})(\hat{V}^{(1)}, \hat{V}^{(2)}, \cdots, \hat{V}^{(l)}) = \hat{T}(\phi^* \hat{V}^{(1)}, \phi^* \hat{V}^{(2)}, \cdots, \phi^* \hat{V}^{(l)}),$$

其中 $T_{\alpha_1 \cdots \alpha_l}$ 是 $N$ 上的 $(0,l)$ 型张量, 写成分量的形式有

$$(\phi_* \hat{T})_{\mu_1 \cdots \mu_l} = \frac{\partial y^{\alpha_1}}{\partial x^{\mu_1}} \cdots \frac{\partial y^{\alpha_l}}{\partial x^{\mu_l}} T_{\alpha_1 \cdots \alpha_l}. \tag{6.151}$$

类似地, 我们可以定义一个 $(k,0)$ 型张量 $S^{\mu_1 \cdots \mu_k}$ 的推前

$$(\phi^* \hat{S})(\hat{\omega}^{(1)}, \hat{\omega}^{(2)}, \cdots, \hat{\omega}^{(k)}) = \hat{S}(\phi_* \hat{\omega}^{(1)}, \phi_* \hat{\omega}^{(2)}, \cdots, \phi_* \hat{\omega}^{(k)}),$$

分量形式为

$$(\phi^* \hat{S})^{\alpha_1\cdots\alpha_k} = \frac{\partial y^{\alpha_1}}{\partial x^{\mu_1}} \cdots \frac{\partial y^{\alpha_k}}{\partial x^{\mu_k}} S^{\mu_1\cdots\mu_k}.$$

**例 6.5** 度规张量的拉回.

考虑 $M$ 是 $N$ 的子流形这种情况. 在 $M$ 和 $N$ 间有一个明显的映射, 把 $M$ 中的一个元素映射到 $N$ 上的同一元素, 比如说把二维球面嵌入到三维欧氏空间 $R^3$ 中. 如果在 $M = S^2$ 上取球坐标 $x^\mu = (\theta, \phi)$, $N = R^3$ 上取坐标 $y^\alpha = (x, y, z)$, 则映射 $\phi : M \to N$ 为

$$y^\alpha(\theta, \phi) = (\sin\theta\cos\phi, \sin\theta\sin\phi, \cos\theta). \tag{6.152}$$

在 $R^3$ 上, 度规为 $\mathrm{d}s^2 = \mathrm{d}x^2 + \mathrm{d}y^2 + \mathrm{d}z^2$. 而在 $S^2$ 上的诱导度规为 $\mathrm{d}\theta^2 + \sin^2\theta\mathrm{d}\phi^2$, 此时的偏导数矩阵为

$$\frac{\partial y^\alpha}{\partial x^\mu} = \begin{pmatrix} \cos\theta\cos\phi & \cos\theta\sin\phi & -\sin\theta \\ -\sin\theta\sin\phi & \sin\theta\cos\phi & 0 \end{pmatrix}. \tag{6.153}$$

$S^2$ 上的度规是简单地通过把 $R^3$ 上的度规拉回得到的:

$$\begin{aligned} (\phi^* g)_{\mu\nu} &= \frac{\partial y^\alpha}{\partial x^\mu} \frac{\partial y^\beta}{\partial x^\nu} g_{\alpha\beta} \\ &= \begin{pmatrix} 1 & 0 \\ 0 & \sin^2\theta \end{pmatrix}. \end{aligned} \tag{6.154}$$

值得注意的是, 如果一个张量既有上指标也有下指标, 或者换句话说是一个 $(k,l)$ 型张量且 $k \neq 0, l \neq 0$, 则这个张量不能被拉回或者推前. 这是由于此时的 $\phi$ 很可能并非可逆的. 如果 $M$ 和 $N$ 是同一个流形, $\phi$ 是可逆的, 实际上此时的 $\phi$ 称为微分同胚, 它的一个好处在于可以利用 $\phi$ 和 $\phi^{-1}$ 把张量从 $M$ 映射到 $N$. 由此, 我们可以定义任意张量的拉回和推前. 特别地, 对 $M$ 上的 $(k,l)$ 型张量场 $T^{\mu_1\cdots\mu_k}{}_{\nu_1\cdots\mu_l}$, 我们定义推前

$$\begin{aligned} &(\phi^* T)(\omega^{(1)}, \ldots, \omega^{(k)}, V^{(1)}, \cdots, V^{(l)}) \\ &= T(\phi_* \omega^{(1)}, \ldots, \phi_* \omega^{(k)}, [\phi^{-1}]^* V^{(1)}, \ldots, [\phi^{-1}]^* V^{(l)}), \end{aligned}$$

其中 $\omega^{(i)}$ 是 $N$ 上的 1 形式, 而 $V^{(i)}$ 是 $N$ 上的矢量. 写作分量的形式, 它变为

$$(\phi^* T)^{\alpha_1\cdots\alpha_k}{}_{\beta_1\cdots\beta_l} = \frac{\partial y^{\alpha_1}}{\partial x^{\mu_1}} \cdots \frac{\partial y^{\alpha_k}}{\partial x^{\mu_k}} \frac{\partial x^{\nu_1}}{\partial y^{\beta_1}} \cdots \frac{\partial x^{\nu_l}}{\partial y^{\beta_l}} T^{\mu_1\cdots\mu_k}{}_{\nu_1\cdots\nu_l}. \tag{6.155}$$

这看起来就是坐标卡间的坐标变换. 实际上, 有两种等价的方式来定义坐标变换: 微分同胚是 “主动” 坐标变换, 而传统的坐标变换是 “被动的” . 考虑一个 $n$ 维

流形 $M$, 具有坐标函数 $x^\mu : M \to R^n$. 为了变换坐标, 要么简单地引进另一个坐标函数 $y^\mu : M \to R^n$, 即保持流形不变而改变坐标映射; 要么引进一个微分同胚 $\phi : M \to M$, 则原来的坐标被拉回, $(\phi_* x)^\mu : M \to R^n$, 从而定义新坐标, 也就是说在流形上移动点, 而考虑新点的坐标, 如图 6.8 所示.

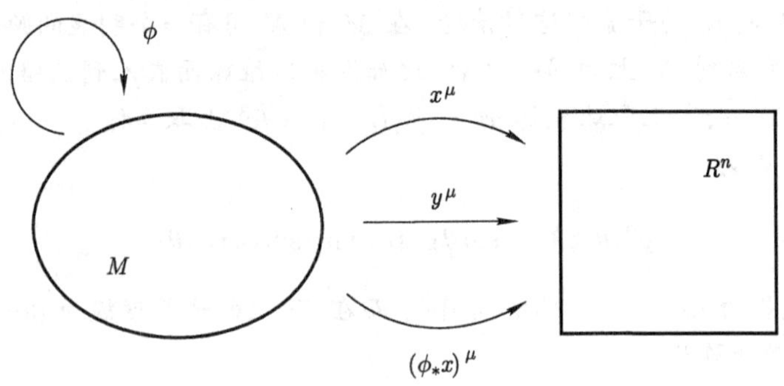


图 6.8 微分同胚和坐标变换.

### 6.4.2 张量的李导数

利用微分同胚可以比较流形上不同点的张量, 从而定义李导数. 给定一个微分同胚 $\phi : M \to M$, 及一个张量场 $T^{\mu_1\cdots\mu_k}{}_{\nu_1\cdots\mu_l}(x)$, 可以比较在某点 $p$ 处的张量场与点 $\phi(p)$ 处的拉回张量场 $\phi_*[T^{\mu_1\cdots\mu_k}{}_{\nu_1\cdots\mu_l}(\phi(p))]$. 然而为了定义导数运算, 我们需要一个单参数族的微分同胚 $\phi_t$, 定义为

$$\phi_t : R \times M \to M, \quad 且有 \quad \phi_s \circ \phi_t = \phi_{s+t}, \tag{6.156}$$

而令 $\phi_0$ 为恒等映射. 给定点 $p \in M$, $\phi_t : p \to R$ 定义了流形 $M$ 上的一条曲线. 单参数族的微分同胚可以看作来自于矢量场, 反之由微分同胚定义的曲线有切矢量场. $\phi_t(p)$ 定义了一条曲线. 同样的操作对流形上的所有点都适用, 由此定义的曲线充满了整个流形. 当然如果微分同胚有固定点, 则可能有退化. 我们可以定义矢量场 $V^\mu(x)$ 为这些曲线的切矢量集合, 而取值于 $t = 0$ 处. 例如 $S^2$ 上的一个微分同胚, $\phi_t(\theta, \phi) = (\theta, \phi + t)$, 如图 6.9 所示.

给定一个矢量场 $V^\mu(x)$, 我们可以定义相应的积分曲线 $x^\mu(t)$:

$$\frac{\mathrm{d}x^\mu}{\mathrm{d}t} = V^\mu. \tag{6.157}$$

这样一条曲线称为 $V^\mu$ 的轨道. 上述方程解的存在性和唯一性由微分方程理论至少在某区域上是得到保证的, 因此如果不碰到流形的边界, 上述方程是有解的. 比

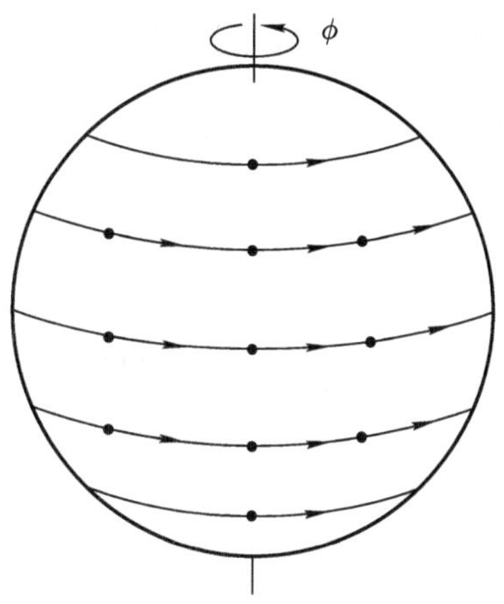


图 6.9 球面上沿着 $\phi$ 方向的平移给出的微分同胚.

如说, 在物理上磁铁的磁力线由磁感应强度矢量 $\boldsymbol{B}$ 的积分曲线给出. 这个积分曲线实际上给出了一个单参数微分同胚, 即 $\phi_t$ 在坐标片上的表示即由 $x^\mu$ 给出. 给定一个点 $p$ 及矢量场 $\hat{V}$, 我们要求

$$\begin{aligned}\frac{\partial\phi}{\partial t} &= V_{\phi(p,t)},\\ \phi(p,0) &= p,\end{aligned} \tag{6.158}$$

则 $\phi(p,t)$ 给出了一条从 $p$ 点出发的积分曲线

$$\phi(p,t) = \phi_t(p), \tag{6.159}$$

且这条曲线在 $p$ 点的切矢就是切矢量场在该点的切矢 $\hat{V}(p)$. 因此, 映射 $\phi_t(p)$ 对每一个 $p$ 把点沿着矢量场 $\hat{V}$ 移动, 局部地看它是由矢量场 $\hat{V}$ 产生的流. 对于无穷小 $t$, 我们有直线

$$x'^\mu \approx x^\mu + tV^\mu. \tag{6.160}$$

形式上, 我们可以得到上面微分方程的解

$$x'^\mu = \exp_p(t\hat{V})x^\mu. \tag{6.161}$$

可以证明上面由矢量场 $\hat{V}$ 产生的微分同胚构成了一个单参数群. 在 $t=0$ 时刻, 我们有 $\phi_0(p)=p$, 而矢量场导致 $\phi_t(p)=q$. 我们从 $q$ 点出发继续考虑矢量场 $\hat{V}$ 的流, 有 $\phi_s(q)=r$. 因此我们得到

$$\phi_s(\phi_t(p)) = (\phi_s \circ \phi_t)(p) = \phi_{s+t}(p) = (\phi_t \circ \phi_s)(p) = \phi_t(\phi_s(p)). \tag{6.162}$$

一个张量场沿着积分曲线运动的变化又如何呢? 如图 6.10 所示, 对每一个 $t$, 张量场的变化为

$$\Delta_t T^{\mu_1\cdots\mu_k}{}_{\nu_1\cdots\nu_l}(p) = \phi_{t*}[T^{\mu_1\cdots\mu_k}{}_{\nu_1\cdots\nu_l}(\phi_t(p))] - T^{\mu_1\cdots\mu_k}{}_{\nu_1\cdots\nu_l}(p).$$

注意右边的每一项都是在 $p$ 处的张量. 定义张量场沿矢量场 $\hat{V}$ 的李导数为

$$\pounds_{\hat{V}} T^{\mu_1\cdots\mu_k}{}_{\nu_1\cdots\nu_l} = \lim_{t\to 0}\left(\frac{\Delta_t T^{\mu_1\cdots\mu_k}{}_{\nu_1\cdots\nu_l}}{t}\right). \tag{6.163}$$

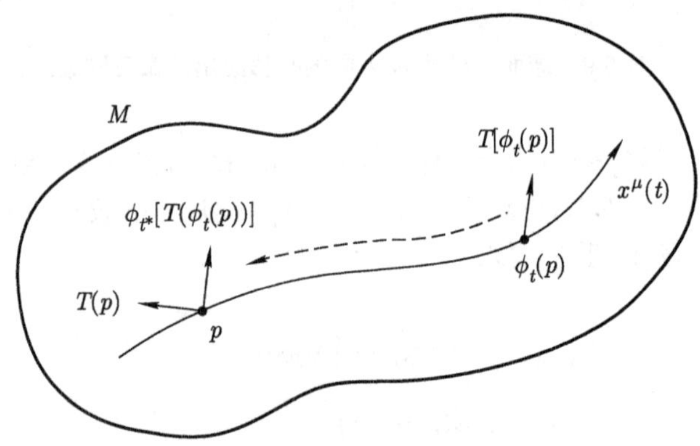


图 6.10 利用单参数族的微分同胚可以定义张量场的李导数.

李导数的一些性质如下:

(1) $\pounds_{\hat{V}}$ 不改变张量的类型, $(k,l)$ 型张量 $\to$ $(k,l)$ 型张量.

(2) 与坐标无关.

(3) 线性,

$$\pounds_{\hat{V}}(a\hat{T} + b\hat{S}) = a\pounds_{\hat{V}}\hat{T} + b\pounds_{\hat{V}}\hat{S}, \tag{6.164}$$

以及

$$\pounds_{a\hat{V}+b\hat{W}}\hat{T} = a\pounds_{\hat{V}}\hat{T} + b\pounds_{\hat{W}}\hat{T}, \tag{6.165}$$

其中 $a$ 和 $b$ 是常数.

(4) 满足莱布尼茨法则,

$$\pounds_{\hat{V}}(\hat{T}\otimes\hat{S}) = (\pounds_{\hat{V}}\hat{T})\otimes\hat{S} + \hat{T}\otimes(\pounds_{\hat{V}}\hat{S}), \tag{6.166}$$

其中 $\hat{S}$ 和 $\hat{T}$ 是张量.

(5) 它不要求指定某个联络.

(6) 当作用在函数上时, 李导数约化为普通方向导数,

$$\pounds_{\hat{V}} f = \hat{V}(f) = V^\mu \partial_\mu f. \tag{6.167}$$

下面来看如何给李导数一个分量表达式. 我们总可以选择一个坐标系使穿过 $p$ 的曲线局域地只由 $x^1$ 给出, 所以 $V^\mu = \delta_1^\mu = (1, 0, \cdots)$ 从而 $\hat{V} = V^\mu \partial_\mu = \partial_1$. 换句话说, $x^1$ 就是积分曲线. 在这个特别的坐标系下, 李导数变成普通导数. 这个坐标系的一个神奇之处在于微分同胚即是一个坐标变换, 把 $x^\mu$ 变到 $y^\mu = (x^1 + t, x^2, \cdots, x^n)$, 为沿 $x^1$ 的平移. 拉回矩阵为 $(\phi_{t*})_\mu{}^\nu = \delta_\mu^\nu$. 而从点 $\phi_t(p)$ 拉回到点 $p$ 的张量场分量为

$$\phi_{t*}[T^{\mu_1 \cdots \mu_k}{}_{\nu_1 \cdots \nu_l}(\phi_t(p))] = T^{\mu_1 \cdots \mu_k}{}_{\nu_1 \cdots \nu_l}(x^1 + t, x^2, \cdots, x^n). \tag{6.168}$$

在此坐标系下, 张量的李导数为

$$\pounds_{\hat{V}} T^{\mu_1 \cdots \mu_k}{}_{\nu_1 \cdots \nu_l} = \frac{\partial}{\partial x^1} T^{\mu_1 \cdots \mu_k}{}_{\nu_1 \cdots \nu_l}. \tag{6.169}$$

对于 $(1, 0)$ 型矢量 $\hat{U} = U^\mu \partial_\mu$,

$$\pounds_{\hat{V}} U^\mu = \frac{\partial U^\mu}{\partial x^1} \tag{6.170}$$

明显不是协变的. 而两个切矢量的对易子

$$[\hat{V}, \hat{U}]^\mu = V^\nu \partial_\nu U^\mu - U^\nu \partial_\nu V^\mu = \frac{\partial U^\mu}{\partial x^1}. \tag{6.171}$$

在此坐标系下, 其值与李导数相同. 切矢量的李导数和两个切矢量的对易子都是好的切矢量, 它们的值在此坐标系下相等, 意味着在所有坐标系下都应该相等, 即

$$\pounds_{\hat{V}} \hat{U} = [\hat{V}, \hat{U}]. \tag{6.172}$$

因此两个切矢量的对易子有时也称为李括号. 对于切矢量的李导数, 有如下两个关系:

$$\pounds_{f\hat{X}} \hat{Y} = f[\hat{X}, \hat{Y}] - \hat{Y}(f)\hat{X}; \tag{6.173}$$

$$\pounds_{\hat{X}}(f\hat{Y}) = f[\hat{X}, \hat{Y}] + \hat{X}(f)\hat{Y}. \tag{6.174}$$

再看 1 形式 $\hat{\omega}$ 的李导数. 我们先考虑对于任意一个矢量场 $U^\mu$, 它与 1 形式间的作用给出标量函数 $\omega_\mu U^\mu$. 该标量函数对于某个矢量场 $\hat{V}$ 的李导数为

$$\begin{aligned}
\pounds_{\hat{V}}(\omega_\mu U^\mu) &= \hat{V}(\omega_\mu U^\mu) \\
&= V^\nu \partial_\nu (\omega_\mu U^\mu) \\
&= V^\nu (\partial_\nu \omega_\mu) U^\mu + V^\nu \omega_\mu (\partial_\nu U^\mu).
\end{aligned} \tag{6.175}$$

另一方面, 利用莱布尼茨法则,

$$\begin{aligned}\pounds_{\hat{V}}(\omega_\mu U^\mu) &= (\pounds_{\hat{V}}\hat{\omega})_\mu U^\mu + \omega_\mu(\pounds_{\hat{V}}\hat{U})^\mu \\ &= (\pounds_{\hat{V}}\hat{\omega})_\mu U^\mu + \omega_\mu V^\nu\partial_\nu U^\mu - \omega_\mu U^\nu\partial_\nu V^\mu.\end{aligned}$$

这样我们就得到了 1 形式的李导数:

$$\pounds_{\hat{V}}\omega_\mu = V^\nu\partial_\nu\omega_\mu + (\partial_\mu V^\nu)\omega_\nu. \tag{6.176}$$

这是一个张量, 尽管看起来并不明显.

有了 0 形式, 1 形式和切矢量场的李导数, 我们可以用迭代的方法一步步构造一般张量的李导数. 这里只给出结果:

$$\begin{aligned}\pounds_{\hat{V}}T^{\mu_1\mu_2\cdots\mu_k}{}_{\nu_1\nu_2\cdots\nu_l} &= V^\sigma\partial_\sigma T^{\mu_1\mu_2\cdots\mu_k}{}_{\nu_1\nu_2\cdots\nu_l} \\ &\quad -(\partial_\lambda V^{\mu_1})T^{\lambda\mu_2\cdots\mu_k}{}_{\nu_1\nu_2\cdots\nu_l} - (\partial_\lambda V^{\mu_2})T^{\mu_1\lambda\cdots\mu_k}{}_{\nu_1\nu_2\cdots\nu_l} - \cdots \\ &\quad +(\partial_{\nu_1}V^\lambda)T^{\mu_1\mu_2\cdots\mu_k}{}_{\lambda\nu_2\cdots\nu_l} + (\partial_{\nu_2}V^\lambda)T^{\mu_1\mu_2\cdots\mu_k}{}_{\nu_1\lambda\cdots\nu_l} + \cdots .\end{aligned}$$

这看起来并不像是一个张量. 可以证明, 上面的表达式等价于

$$\begin{aligned}\pounds_{\hat{V}}T^{\mu_1\mu_2\cdots\mu_k}{}_{\nu_1\nu_2\cdots\nu_l} &= V^\sigma\nabla_\sigma T^{\mu_1\mu_2\cdots\mu_k}{}_{\nu_1\nu_2\cdots\nu_l} \\ &\quad -(\nabla_\lambda V^{\mu_1})T^{\lambda\mu_2\cdots\mu_k}{}_{\nu_1\nu_2\cdots\nu_l} - (\nabla_\lambda V^{\mu_2})T^{\mu_1\lambda\cdots\mu_k}{}_{\nu_1\nu_2\cdots\nu_l} - \cdots \\ &\quad +(\nabla_{\nu_1}V^\lambda)T^{\mu_1\mu_2\cdots\mu_k}{}_{\lambda\nu_2\cdots\nu_l} + (\nabla_{\nu_2}V^\lambda)T^{\mu_1\mu_2\cdots\mu_k}{}_{\nu_1\lambda\cdots\nu_l} + \cdots ,\end{aligned}$$

其中 $\nabla_\mu$ 代表任意无挠的协变导数. 这样, 协变性就很明显了.

**例 6.6** 矢量场的对易子.

考虑两个矢量场 $\hat{U}$ 和 $\hat{V}$, 这些矢量场产生了积分曲线, 分别由 $\lambda$ 和 $\mu$ 来参数化. 局域地看, 这些积分曲线即直线, 例如 $x^\mu = x^\mu(0)+\lambda U^\mu$, 所以 $\hat{U} = \dfrac{\mathrm{d}}{\mathrm{d}\lambda}, \hat{V} = \dfrac{\mathrm{d}}{\mathrm{d}\mu}$. 如图 6.11 所示, 我们考虑在点 $p$ 附近的一个区域, 沿不同矢量场定义的积分曲线不封闭. 我们可以考虑函数在两个点 $r$ 和 $t$ 的差别:

$$\begin{aligned}f(t) - f(r) &= [f(t) - f(s)] + [f(s) - f(p)] \\ &\quad -[f(r) - f(q)] - [f(q) - f(p)].\end{aligned} \tag{6.177}$$

第一个方括号的量可以通过泰勒展开来计算:

$$f(t) - f(s) \approx V^\mu\partial_\mu f(s) + \frac{1}{2}V^\mu V^\nu\partial_\mu\partial_\nu f(s). \tag{6.178}$$

同样, 其他方括号中的量也可以做类似的计算. 最终我们得到

$$f(t)-f(s)=(U^\mu\partial_\mu V^\nu - V^\mu\partial_\mu U^\nu)\partial_\nu f=(\pounds_{\hat{U}}\hat{V})f=[\hat{U},\hat{V}]f. \tag{6.179}$$

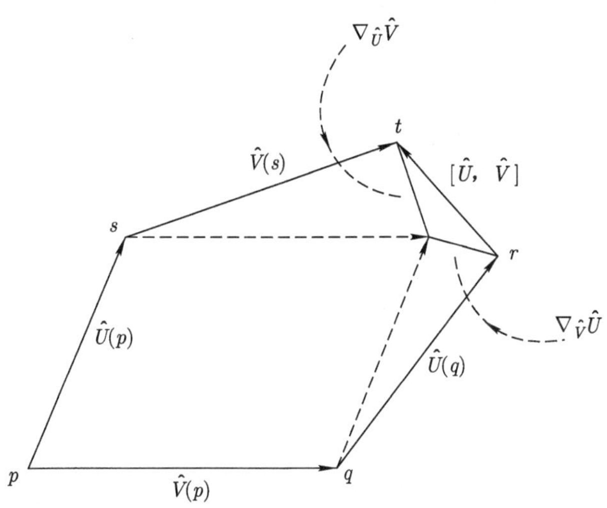


图 6.11 两个矢量场对易子的示意图. 我们可以先沿着 $\hat{V}$ 的积分曲线到 $q$ 点, 再沿 $\hat{U}$ 的曲线到 $r$ 点. 我们也可以先沿着 $\hat{U}$ 的积分曲线到 $s$ 点, 再沿 $\hat{V}$ 的积分曲线到 $t$ 点. 通常我们无法得到一个封闭的曲线, 连接两个点 $r$ 和 $t$ 的矢量即是两个矢量场的对易子.

**例 6.7** 度规场的李导数.

对于度规场而言, 其李导数为

$$\begin{aligned}\pounds_{\hat{V}}g_{\mu\nu}&=V^\sigma\nabla_\sigma g_{\mu\nu}+(\nabla_\mu V^\lambda)g_{\lambda\nu}+(\nabla_\nu V^\lambda)g_{\mu\lambda}\\&=\nabla_\mu V_\nu+\nabla_\nu V_\mu\\&=2\nabla_{(\mu}V_{\nu)},\end{aligned} \tag{6.180}$$

其中 $\nabla_\mu$ 是由度规场构造的协变导数. 这里已经用到了度规相容条件, 加上前面的无挠条件, 保证了最后一行出现的协变导数是相对于克里斯托弗符号而言. 由上式, 如果 $\nabla_{(\mu}V_{\nu)}=0$, 则 $g_{\mu\nu}$ 沿 $\hat{V}$ 的积分曲线不变. 这样的 $\hat{V}$ 称为基灵矢量. 后面我们将仔细讨论基灵矢量的物理意义.

下面我们讨论李导数与外微分和微分形式之间的一个关系. 首先, 对于一个 1 形式 $\hat{\omega}$ 和一个矢量场 $\hat{V}$, 有

$$\mathrm{d}(\hat{\omega}(\hat{V}))=\mathrm{d}(\omega_\mu V^\mu)=(V^\mu\partial_\nu\omega_\mu+\omega_\mu\partial_\nu V^\mu)\mathrm{d}x^\nu. \tag{6.181}$$

此外, 也有

$$(\mathrm{d}\hat{\omega})(\hat{V}) = V^\mu(\partial_\mu\omega_\nu - \partial_\nu\omega_\mu)\mathrm{d}x^\nu. \tag{6.182}$$

再联系前面得到的关于 1 形式的李导数, 我们得到

$$\pounds_{\hat{V}}\hat{\omega} = \mathrm{d}(\hat{\omega}(\hat{V})) + (\mathrm{d}\hat{\omega})(\hat{V}). \tag{6.183}$$

实际上, 可以证明这个关系对任意的 $p$ 形式都成立, 即有

$$\pounds_{\hat{V}} = d \circ i_{\hat{V}} + i_{\hat{V}} \circ d, \tag{6.184}$$

其中 $i_{\hat{V}}$ 是一个内积或者收缩运算, 它代表着矢量场与形式之间的内积. (6.184) 式称为嘉当 (Cartan) 公式. 利用外导数的幂零性 $\mathrm{d}^2 = 0$, 我们发现

$$\pounds_{\hat{V}} \circ \mathrm{d} = \mathrm{d} \circ \pounds_{\hat{V}}. \tag{6.185}$$

**例 6.8** 列维–齐维塔张量的李导数.

我们前面看到列维–齐维塔张量实际上给出了流形的体积元, 在局部坐标系下

$$\hat{\varepsilon} = \sqrt{|g|}\mathrm{d}x^1 \wedge \cdots \wedge \mathrm{d}x^n. \tag{6.186}$$

**命题** 列维–齐维塔张量在李导数下满足

$$\pounds_{\hat{V}}\hat{\varepsilon} = (\nabla \cdot \hat{V})\hat{\varepsilon}. \tag{6.187}$$

**证明** 利用嘉当公式并且考虑到列维–齐维塔张量已经是流形上可能拥有的最高阶形式, 即 $\mathrm{d}\hat{\varepsilon} = 0$, 有

$$\begin{aligned}\pounds_{\hat{V}}\hat{\varepsilon} = \mathrm{d}(i_{\hat{V}}\hat{\varepsilon}) &= \mathrm{d}\sum_\mu (-1)^{\mu-1}\sqrt{|g|}\mathrm{d}x^1 \wedge \cdots \wedge i_{\hat{V}}(\mathrm{d}x^\mu) \wedge \cdots \wedge \mathrm{d}x^n, \\ &= \mathrm{d}\sum_\mu (-1)^{\mu-1}(\sqrt{|g|}V^\mu)\mathrm{d}x^1 \wedge \cdots \widehat{\mathrm{d}x^\mu} \wedge \cdots \wedge \mathrm{d}x^n,\end{aligned} \tag{6.188}$$

其中 $\widehat{\mathrm{d}x^\mu}$ 表示在外积中 $\mathrm{d}x^\mu$ 不出现, 因为它已经与矢量 $\hat{V}$ 做内积了. 上式右边的求和再做一次外微分, 唯一非零的项来自于产生 $\mathrm{d}x^\mu$ 的外导数, 即

$$\begin{aligned}\pounds_{\hat{V}}\hat{\varepsilon} &= \sum_\mu (-1)^{\mu-1}(\partial_\mu(\sqrt{|g|}V^\mu))\mathrm{d}x^\mu \wedge \mathrm{d}x^1 \wedge \cdots \widehat{\mathrm{d}x^\mu} \wedge \cdots \wedge \mathrm{d}x^n \\ &= \sum_\mu (\partial_\mu(\sqrt{|g|}V^\mu))\mathrm{d}x^1 \wedge \cdots \wedge \mathrm{d}x^\mu \wedge \cdots \wedge \mathrm{d}x^n \\ &= (\nabla \cdot \hat{V})\hat{\varepsilon}.\end{aligned} \tag{6.189}$$

最后一步用到了矢量的散度公式

$$\nabla \cdot \hat{V} = \frac{1}{\sqrt{|g|}} \frac{\partial}{\partial x^\mu} (\sqrt{|g|} V^\mu). \tag{6.190}$$

命题得证.

前面我们看到, 通过协变导数可以定义一个平行移动, 类似地李导数也可以帮助我们定义一个李移动 (Lie transport) . 任何一个张量场 $\hat{T}$ 称为沿着某曲线 $\mathcal{C}$ 被李移动, 如果其沿着曲线的李导数为零, 即

$$\pounds_{\hat{u}} \hat{T} = 0, \tag{6.191}$$

其中 $\hat{u}$ 是曲线的切矢量. 从定义可知, 如果坐标做无穷小移动, 移动后的张量场与初始张量场的值必须一样. 比如说我们选定坐标使曲线的切矢分量为 $u^\mu = \delta^\mu_0$, 则有

$$\pounds_{\hat{u}} T^{\mu\cdots}_{\nu\cdots} = u^\alpha \partial_\alpha T^{\mu\cdots}_{\nu\cdots} = \frac{\partial}{\partial x^0} T^{\mu\cdots}_{\nu\cdots}, \tag{6.192}$$

也就是说, 张量 $T^{\mu\cdots}_{\nu\cdots}$ 与坐标 $x^0$ 无关. 注意对于曲线的切矢而言, 总有

$$\pounds_{\hat{u}} \hat{u} = 0. \tag{6.193}$$

## §6.5 费米–沃克尔移动

我们已经看到有两种方式可以很好地定义张量场在弯曲时空中的移动. 在本节中我们介绍另一种移动矢量的方法, 这就是所谓的费米–沃克尔移动. 它在建立观测者的局部实验室时发挥着重要的作用.

前面已经介绍了观测者局部实验室或者标架场 (tetrad) 的定义:

$$\hat{e}_a(\tau) \cdot \hat{e}_b(\tau) = g_{\mu\nu} \hat{e}^\mu_a(\tau) \hat{e}^\nu_b(\tau) = \eta_{ab}, \quad \hat{e}_0(\tau) = \hat{u}(\tau), \tag{6.194}$$

其中最重要的是时间方向由观测者世界线的切矢来给出. 在这个实验室中测量各种物理量就是把相关的 4-矢或者 4-张量投影到这个正交标架上.

考虑一个沿某条世界线 $x^\mu(\lambda)$ 移动的观测者. 这条世界线不必是测地线, 也就是说观测者也许受到其他力的作用, 设他具有 4-速度 $\hat{u}$ 和 4-加速度 $\hat{a} = \frac{\mathrm{D}\hat{u}}{\mathrm{d}\tau}$. 我们希望知道标架基矢是如何沿着世界线变化的. 设

$$\nabla_{\hat{u}} \hat{e}_a = -\Omega_a{}^b(\tau) \hat{e}_b. \tag{6.195}$$

由于 $\nabla_{\hat{u}}(\hat{e}_a\cdot\hat{e}_b)=0$, 有 $\Omega_{ab}=-\Omega_{ba}$, 因此

$$\nabla_{\hat{u}}\hat{e}_a=-\Omega_a{}^b(\tau)\hat{e}_b=-(\Omega^{bc}\hat{e}_b\otimes\hat{e}_c)\cdot\hat{e}_a=-\hat{\Omega}\cdot\hat{e}_a. \tag{6.196}$$

这里的矢量内积是相对于 $\hat{\Omega}$ 中的第一个矢量而言. 所以, 我们可以把 $(2,0)$ 张量 $\hat{\Omega}$ 当作一种转动矩阵. 由于 $\hat{e}_0=\hat{u}$, 可以把 $\Omega^{ab}$ 展开为

$$\Omega^{ab}=v^au^b-u^av^b+\omega^{ab}, \tag{6.197}$$

其中 $\omega^{ab}$ 是反对称的, 且 $\omega^{ab}u_b=0, v^au_a=0$. 在观测者的静止参考系中, $\omega^{ab}$ 和 $v^a$ 都只与空间相关, 分别只有三个分量. 也就是说, 我们分离出了与时间相关的部分. 由

$$\nabla_{\hat{u}}\hat{e}_0=\nabla_{\hat{u}}\hat{u}=\hat{a}, \tag{6.198}$$

有 $\Omega\cdot\hat{u}=-\hat{a}$, 而因为 $\hat{\Omega}\cdot\hat{u}=\hat{v}$,

$$\hat{v}=-\hat{a}. \tag{6.199}$$

因此, 我们得到

$$\hat{\Omega}=-\hat{a}\otimes\hat{u}+\hat{u}\otimes\hat{a}+\hat{\omega}. \tag{6.200}$$

把这些代入前面的讨论, 得到

$$\frac{\mathrm{D}\hat{e}_a}{\mathrm{d}\tau}=-[\hat{a}(\hat{u}\cdot\hat{e}_a)-\hat{u}(\hat{a}\cdot\hat{e}_a)+\hat{\omega}\cdot\hat{e}_a], \tag{6.201}$$

其中 $\omega$ 是纯空间部分的转动. 如果我们假定标架场在沿观测者的世界线移动时空间部分保持不动, 即

$$\hat{\omega}=0, \tag{6.202}$$

则得到费米–沃克尔移动:

$$\frac{\mathrm{D_F}\hat{e}_a}{\mathrm{d}\tau}=[\hat{u}(\hat{a}\cdot\hat{e}_a)-\hat{a}(\hat{u}\cdot\hat{e}_a)]. \tag{6.203}$$

从物理上看, 选择没有空间部分的额外转动是很自然的, 因为我们希望尽量保持在前后两个时刻测量一致, 不做人为的变化, 唯一的变化来自于 4-加速度. 如果观测者有一个 4-加速度 $\hat{a}(\tau)=\dfrac{\mathrm{d}\hat{u}}{\mathrm{d}\tau}$ 但没有额外的转动, 标架基矢就沿着观测者的世界线做费米–沃克尔移动.

一般地, 称一个矢量 $\hat{v}$ 沿一条曲线做费米–沃克尔移动, 如果它满足方程

$$\frac{\mathrm{D}\hat{v}}{\mathrm{d}\tau}=[\hat{u}(\hat{a}\cdot\hat{v})-\hat{a}(\hat{u}\cdot\hat{v})]. \tag{6.204}$$

上式写成分量的形式为

$$\frac{\mathrm{D}v^{\mu}}{\mathrm{d}\tau}=u^{\nu}\nabla_{\nu}v^{\mu}=(u^{\mu}a^{\nu}-u^{\nu}a^{\mu})v_{\nu}. \tag{6.205}$$

利用费米–沃克尔移动可以定义导数运算. 假设 $x^{\mu}(\tau)$ 是一个类时曲线, $\hat{T}$ 是张量场, $\dfrac{\mathrm{D_F}}{\mathrm{d}\tau}:\hat{T}\to\hat{T}$ 称为在 $x^{\mu}(\tau)$ 上的费米–沃克尔导数运算, 如果它是

(1) 线性的;

(2) 满足莱布尼茨规则;

(3) $\dfrac{\mathrm{D_F}f}{\mathrm{d}\tau}=\dfrac{\mathrm{d}f}{\mathrm{d}\tau},\quad f\in\mathcal{F}(M)$;

(4) 与收缩运算对易;

(5) 对矢量 $\hat{V}$ 而言,

$$\frac{\mathrm{D_F}V^{\mu}}{\mathrm{d}\tau}=\frac{\mathrm{D}V^{\mu}}{\mathrm{d}\tau}+(a^{\mu}u^{\nu}-u^{\mu}a^{\nu})V_{\nu}, \tag{6.206}$$

其中 $\hat{u}$ 是切矢量, $\hat{a}$ 是固有 4-加速度矢量, 而 $\dfrac{\mathrm{D}V^{\mu}}{\mathrm{d}\tau}=u^{\nu}\nabla_{\nu}V^{\mu}$.

这个导数运算具有以下性质:

(1) 如果 $x^{\mu}(\tau)$ 是测地线, 则 $\dfrac{\mathrm{D_F}V^{\mu}}{\mathrm{d}\tau}=\dfrac{\mathrm{D}V^{\mu}}{\mathrm{d}\tau}$, 即约化为通常的协变导数.

(2) 对于曲线的切矢量, $\dfrac{\mathrm{D_F}u^{\mu}}{\mathrm{d}\tau}=0$.

(3) 如果 $W^{\mu}$ 是空间矢量, 即 $W^{\mu}\cdot u_{\mu}=0$, 则

$$\frac{\mathrm{D_F}W^{\mu}}{\mathrm{d}\tau}=h^{\mu}_{\nu}\frac{\mathrm{D_F}W^{\nu}}{\mathrm{d}\tau}, \tag{6.207}$$

其中 $h_{\mu\nu}=g_{\mu\nu}+u_{\mu}u_{\nu}$. 这个关系告诉我们空间矢量的费米–沃克尔导数仍为空间矢量.

(4) 如果度规场与费米–沃克尔导数相容, 即 $\dfrac{\mathrm{D_F}g_{\mu\nu}}{\mathrm{d}\tau}=0$, 则有

$$\frac{\mathrm{D_F}(g_{\mu\nu}V^{\mu}W^{\nu})}{\mathrm{d}\tau}=g_{\mu\nu}\frac{\mathrm{D_F}V^{\mu}}{\mathrm{d}\tau}W^{\nu}+g_{\mu\nu}V^{\mu}\frac{\mathrm{D_F}W^{\nu}}{\mathrm{d}\tau}. \tag{6.208}$$

这些性质显示, 如果沿测地线, 费米–沃克尔移动与平行移动是一样的, 而且曲线的 4- 速度场总是费米–沃克尔移动的. 此外, 如果两个矢量是费米–沃克尔移动的, 则它们的内积在费米–沃克尔移动下不变. 从费米–沃克尔移动方程可以看出, 取定了

$p$ 点以及 $p$ 点处的矢量 $\hat{V}$, 则矢量 $\hat{V}$ 沿着曲线做费米–沃克尔移动后得到的矢量被完全确定.

对费米–沃克尔移动而言, 它提供了一个观测者沿弯曲时空中任意一条世界线运动时最自然的坐标基. 它保证了标架基矢的正交性, 时间方向与 4-速度矢量一致. 在任一条世界线上的局部惯性系选择有任意性, 洛伦兹变换可以看作转动, 因此基矢必然是转动的. 费米–沃克尔移动保证了没有空间基矢的额外转动. 对于一个无转动的自由下落观测者, 标架场 $\hat{e}_a(\tau)$ 定义了所谓的自由下落参考系. 由于没有任何外力, 其世界线是一条测地线

$$\frac{\mathrm{D}\hat{e}_0}{\mathrm{d}\tau}=0, \tag{6.209}$$

即 $\hat{e}_0$ 沿着世界线平行移动. 测地线运动没有正则 4-加速度, 费米–沃克尔移动约化为平行移动, 即

$$\frac{\mathrm{D}\hat{e}_i}{\mathrm{d}\tau}=0. \tag{6.210}$$

所以, 标架场沿测地线构成了局部惯性系. 在任何坐标系中 $\hat{e}_a(\tau)=(\hat{e}_a)^\mu(\tau)\partial_\mu$ 的演化如下:

$$\frac{\mathrm{D}(\hat{e}_a)^\mu}{\mathrm{d}\tau}=\frac{\mathrm{d}(\hat{e}_a)^\mu}{\mathrm{d}\tau}+\Gamma^\mu_{\nu\sigma}(\hat{e}_a)^\nu u^\sigma=0. \tag{6.211}$$

这个方程对确定自由下落观测者在某一时空事件点上的观测是极其有用的. 一旦确定了初始时的标架场, 其后在测地线上任意时刻的标架场也得到确定.

相对于局部惯性系 $S$ 的加速观测者 $\mathcal{O}$, 有

$$\begin{cases}\hat{u}(\tau), & \tau\ \text{是固有时,}\\[2ex] \hat{a}(\tau)=\dfrac{\mathrm{d}\hat{u}}{\mathrm{d}\tau}, & \text{满足}\ \hat{a}\cdot\hat{u}=\dfrac{\mathrm{d}}{\mathrm{d}\tau}\left(\dfrac{1}{2}\hat{u}\cdot\hat{u}\right)=0.\end{cases} \tag{6.212}$$

对于观测者 $\mathcal{O}$ 而言, 没有一个局部惯性系使他保持静止, 但是存在着瞬时静止系 $S'$, 在其中 $\mathcal{O}$ 是暂时静止的. 在 $S'$ 中, 类时基矢 $\hat{e}'_0$ 必须与 4-速度 $\hat{u}$ 平行, 而剩余的空间基矢 $\hat{e}'_i$ 与 $\hat{e}'_0$ 正交且互相正交. 因此, 观测者 $\mathcal{O}$ 在 $P$ 处的观测是在瞬时静止系 $S'$ 中的观测. 局域实验室可以理想化为: 一个观测者携带正交单位 4-矢 $\hat{e}'_a(\tau)$ (或者标架场), 这些标架场随世界线变化, 但满足 $\hat{e}'_a\cdot\hat{e}'_b=\eta_{ab}$ 和 $\hat{e}'_0(\tau)=\hat{u}(\tau)$. 而在 $P$ 处由观测者 $\mathcal{O}$ 得到的测量结果是物理量在这些标架矢上的投影.

**例 6.9** 在事件点 $P$ 处粒子 $Q$ 的世界线和观测者 $\mathcal{O}$ 的世界线相交. 定义 $\hat{p}$ 为粒子 $Q$ 的 4-动量, 则其被观测者 $\mathcal{O}$ 测量到的粒子能量 $E'$ 为

$$\frac{E'}{c}=-\hat{p}\cdot\hat{e}'_0(\tau)\quad\Rightarrow\quad E'=-\hat{p}\cdot\hat{u}(\tau), \tag{6.213}$$

而测到的动量为 ${p_i}'=\hat{p}\cdot\hat{e}'_i(\tau)$.

### 6.5.1 宇宙学红移

一个膨胀的宇宙具有度规

$$\mathrm{d}s^2 = -\mathrm{d}t^2 + a^2(t)(\mathrm{d}x^2 + \mathrm{d}y^2 + \mathrm{d}z^2), \tag{6.214}$$

其中 $a(t)$ 是标度因子. 考虑一个随动的观测者, 即在一个固定空间坐标的观测者, 他的 4-速度为 $u^\mu = (1,0,0,0)$, 那么他看到的光子能量是多少呢? 注意 $u^\mu$ 的类时分量不必是 1, 它是由 $g_{\mu\nu}u^\mu u^\nu = -1$ 确定的. 对光子而言, 其 4-动量为 $p^\mu = \dfrac{\mathrm{d}x^\mu}{\mathrm{d}\lambda}$, 而在这个时空中的零测地线为 $\dfrac{\mathrm{d}t}{\mathrm{d}\lambda} = \dfrac{\omega_0}{a}$, 所以观测者看到的光子能量为

$$E = -p_\mu u^\mu = -g_{00}\frac{\mathrm{d}x^0}{\mathrm{d}\lambda}u^0 = \frac{\omega_0}{a}. \quad (\text{自然单位}) \tag{6.215}$$

当 $a=1$ 时, 时空是平直的, 我们回到闵氏时空中, 发射的光子具有其内禀频率 $\omega_0$. 如果一个光子在 $a_1$ 发射能量为 $E_1$, 而在 $a_2$ 被观测到具有能量 $E_2$, 则有

$$\frac{E_2}{E_1} = \frac{a_1}{a_2}. \tag{6.216}$$

注意此时即使是发射器发射的光子频率与光子的内禀频率也是不同的. 由于 $E \propto \dfrac{1}{\lambda}$, 有 $\lambda_i \propto a_i$. 这样通过比较同一元素光谱线中波长的变化, 我们知道了远处星系和我们之间的标度因子的变化. 而由于宇宙膨胀, $a(t)$ 越大, $t$ 越大, 所以大的红移意味着远的距离,

$$z = \frac{\omega_1 - \omega_2}{\omega_2} = \frac{a_2}{a_1} - 1. \tag{6.217}$$

注意宇宙学红移并非通常意义下的多普勒红移. 远处星系发出的光相对于邻近光源发出的光被红移了. 但这些远距离星系相对于我们的速度并不能很好地定义, 这是因为速度是一个局域的概念. 如果没有速度的概念, 就谈不上多普勒效应, 因为多普勒效应来自于相对运动. 即使如此, 星系移动的 “速度” 仍然是一个方便的概念.

为了看清宇宙学红移与多普勒频移间的差别, 考虑一个平坦时空, 两个星系在惯性系中, 从星系 $A$ 发射光子, 在光子运行期间, 把 $A$ 和 $B$ 间的距离扩大一倍, 当光子到达 $B$ 时, 没有多普勒效应. 同样, 星系在固定的随动坐标上, 但尺度因子变大 $a(t_0) \to 2a(t_0)$, 此时没有相对运动, 没有多普勒效应, 但存在着尺度因子变化造成的宇宙学红移.

### 6.5.2 托马斯进动

前面已经讨论了电子绕原子核转动时其自旋矢量会有一个额外的进动, 即托马斯进动. 这里我们利用费米–沃克尔移动重新讨论这个问题. 我们可以把电子的自旋矢量做一个经典的处理, 把它类比于陀螺仪的自旋矢量. 这个自旋矢量是内禀的, 可以提升为一个 4-矢量 $\hat{S}$. 假定电子绕原子核在 $x$-$y$ 平面上做圆周运动, 角速度为 $\omega$. 自旋 4-矢量的移动应该遵从费米–沃克尔移动, 也就是说, 应该有

$$\frac{\mathrm{D}S^\mu}{\mathrm{d}\tau} = u^\nu \nabla_\nu S^\mu = (u^\mu a^\nu - u^\nu a^\mu)S_\nu. \tag{6.218}$$

其次, 自旋 4-矢量满足关系

$$\hat{S}\cdot\hat{u} = 0, \quad \hat{S}\cdot\hat{S} = \frac{3}{4}\hbar^2. \tag{6.219}$$

第一个关系式说明自旋矢量与速度 4-矢正交, 第二个关系说明这是一个自旋为 1/2 的粒子的自旋 4-矢. 在实验室参考系中, $t=0$ 时刻, 有 $x=r, y=0, z=0$, 而自旋 4-矢的分量为

$$S^0 = 0, \quad S^x = \frac{1}{\sqrt{2}}\hbar, \quad S^y = 0, \quad S^z = \frac{1}{2}\hbar. \tag{6.220}$$

由上面的费米–沃克尔移动方程可以求出自旋 4-矢随时间的变化:

$$\begin{aligned}
S^0 &= -\frac{1}{\sqrt{2}}\hbar v\gamma\sin\omega\gamma t,\\
S^x &= \frac{1}{\sqrt{2}}\hbar(\cos\omega t\cos\omega\gamma t + \gamma\sin\omega t\sin\omega\gamma t),\\
S^y &= \frac{1}{\sqrt{2}}\hbar(\sin\omega t\cos\omega\gamma t - \gamma\cos\omega t\sin\omega\gamma t),\\
S^z &= \frac{1}{2}\hbar,
\end{aligned} \tag{6.221}$$

其中 $v=\omega r, \gamma=(1-v^2/c^2)^{-1/2}$. 由此我们得到

$$S^x + \mathrm{i}S^y = \frac{1}{\sqrt{2}}\hbar(\mathrm{e}^{-\mathrm{i}(\gamma-1)\omega t} - \mathrm{i}(\gamma-1)\sin\omega\gamma t\mathrm{e}^{\mathrm{i}\omega t}). \tag{6.222}$$

(6.222) 式右边第一项是一个转动项, 具有角速度

$$\omega_{\text{Thomas}} = (\gamma-1)\omega \approx \frac{v^2}{2c^2}\omega, \tag{6.223}$$

它导致自旋 4-矢的进动, 即我们前面讨论的托马斯进动. 而右边第二项在 $0<\omega\gamma t<\pi$ 时是右旋, 在 $\pi<\omega\gamma t<2\pi$ 时是左旋, 整体对时间的平均后为零, 然而其存在可以保证关系式 (6.219) 得以满足.

## *§6.6 匀加速观测者参考系

实际上, 费米–沃克尔移动为我们提供了建立非匀速运动观测者参考系的方法. 观测者的标架场沿着观测者的世界线做费米–沃克尔移动. 因此, 对他而言, 可以自然地选择固有时作为其时间坐标, 而把另外三个与切矢正交的方向分别定义为三个空间方向. 选定了固有时的原点以及三个空间方向, 在之后的每一个固有时时刻, 他的标架都是通过费米–沃克尔移动确定的. 由此, 在每一个固有时时刻, 这些类空的标架基矢张成了类空超曲面. 这样我们就建立了观测者的坐标网格. 对某个事件点 $P$, 它必然在某个类空超曲面上, 其相对于观测者的坐标就确定了. 需要注意的是, 观测者的坐标系一般无法覆盖整个时空流形, 有一定的适用范围.

我们重新考虑平直时空中的匀加速运动. 我们的关注点在于做匀加速运动的飞船中的观测者, 他们看到的时空不再能够简单地用闵氏度规来描述. 在一个静止坐标系中, 一个沿 $+x$ 方向以地球引力加速度 $g$ 做匀加速运动的观测者, 其世界线是

$$x = g^{-1}\cosh(g\tau), \quad t = g^{-1}\sinh(g\tau). \tag{6.224}$$

其固有时的原点在 $x(0) = g^{-1}, t(0) = 0$ 处, 对于这个观测者, 坐标时间即是他携带钟 (原子钟) 读出的固有时

$$T = \tau. \tag{6.225}$$

如图 6.12 所示, $P_0$ 点的类空超曲面正好经过事件点 $P$. 相对于 $P_0$ 点的正交标架基 $\hat{\Sigma}$, 事件点 $P$ 的位置矢量为

$$\hat{X} = (0, X, Y, Z), \tag{6.226}$$

也就是说, 相对于 $P_0$ 的参考系, $P$ 的空间坐标为 $(X, Y, Z)$, 而时间坐标为零, 这是因为 $P$ 与 $P_0$ 同时. 下面我们建立 $P_0$ 点坐标系与原来的静止参考系间的联系. 首先, $P_0$ 点相对于原来坐标系的坐标原点由矢量 $\hat{x}_0$ 来描述, 而 $P$ 点由矢量 $\hat{x}$ 描述, $x_0 = g^{-1}\cosh(g\tau), t_0 = g^{-1}\sinh(g\tau), y_0 = z_0 = 0$, 有

$$\hat{x} = \hat{x}_0 + \hat{X}. \tag{6.227}$$

其次, 我们需要确定不同坐标基矢间的变换. 在 $P_0$ 点的瞬时静止参考系中的基矢与原来静止坐标系间的基矢通过洛伦兹变换相联系:

$$\begin{aligned}\hat{e}_M &= \hat{e}_\mu \frac{\partial x^\mu}{\partial X^M} \\ &= (\hat{e}_t, \hat{e}_x, \hat{e}_y, \hat{e}_z)\begin{pmatrix}\cosh\theta_0 & \sinh\theta_0 & 0 & 0 \\ \sinh\theta_0 & \cosh\theta_0 & 0 & 0 \\ 0 & 0 & 1 & 0 \\ & 0 & 0 & 1\end{pmatrix},\end{aligned} \tag{6.228}$$

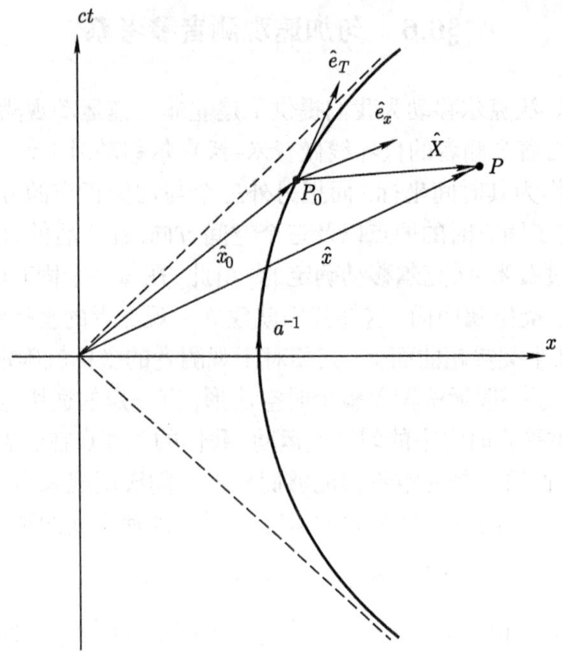


图 6.12 匀加速观测者 $P_0$ 的坐标系可以通过标架场来确定, 在其中事件点 $P$ 的坐标可以确定.

其中 $\theta_0$ 是粒子在 $P_0$ 点相对于静止参考系的快度,

$$\tanh\theta_0 = \frac{v_0}{c} = \frac{1}{c}\frac{\mathrm{d}x_0}{\mathrm{d}t_0} = \tanh(gT/c). \tag{6.229}$$

由此, 我们发现

$$\begin{aligned}\hat{e}_T &= \hat{e}_t\cosh(gT/c) + \hat{e}_x\sinh(gT/c),\\ \hat{e}_X &= \hat{e}_t\sinh(gT/c) + \hat{e}_x\cosh(gT/c),\\ \hat{e}_Y &= \hat{e}_y,\\ \hat{e}_Z &= \hat{e}_z.\end{aligned} \tag{6.230}$$

由 (6.227) 式, 我们发现 (令 $c=1$) 正比于 $\hat{e}_t$ 的项

$$t\hat{e}_t = t_0\hat{e}_t + X\sinh(gT)\hat{e}_t, \tag{6.231}$$

即

$$t = (g^{-1}+X)\sinh(gT). \tag{6.232}$$

同理, 我们得到

$$x=(g^{-1}+X)\cosh(gT), \quad y=Y, \quad z=Z. \tag{6.233}$$

易见

$$\frac{t}{x}=\tanh(gT). \tag{6.234}$$

注意到对于 $P_0$ 点, 我们也有 $\frac{t_0}{x_0}=\tanh(gT)$, 这意味着, 相对于匀加速粒子的所有等时类空超曲面上的事件点都在经过粒子事件点和坐标原点的直线上. 而由

$$x^2-t^2=(g^{-1}+X)^2, \tag{6.235}$$

每一个常数 $X$ 给出一条双曲线. 这些双曲线的渐近线为

$$x\pm t=0. \tag{6.236}$$

每一条双曲线对应着一个做匀加速直线运动粒子的世界线, 它们的固有加速度为

$$a=\frac{1}{g^{-1}+X}. \tag{6.237}$$

而这些粒子在匀加速观测者看来, 它们的世界线对应着 $X=$ 常数. 另一方面, $T=$ 常数是这些粒子的等时面, 对应着穿过原来静止坐标系原点的直线. 如图 6.13 所示.

利用坐标变换, 可以得到匀加速观测者坐标系下的时空度规:

$$\begin{aligned}\mathrm{d}s^2&=-\mathrm{d}t^2+\mathrm{d}x^2+\mathrm{d}y^2+\mathrm{d}z^2\\&=-(1+gX)^2\mathrm{d}T^2+\mathrm{d}X^2+\mathrm{d}Y^2+\mathrm{d}Z^2.\end{aligned} \tag{6.238}$$

此时看起来时空是弯曲的, 但实际上并非如此, 后面我们将看到时空仍然是平直的, 但是对于匀加速观测者而言, 世界已经不同. 此时, 这个观测者看到的固有时为

$$\mathrm{d}\tau=\left(1+\frac{gX}{c^2}\right)\mathrm{d}T=\left(1+\frac{gX}{c^2}\right)\mathrm{d}\tau_0, \tag{6.239}$$

其中 $\tau_0$ 是 $X=0$ 时的固有时. 我们在后面将看到, 在牛顿近似下, 如果把上述度规看作在平坦度规上加扰动, 其中度规扰动的 (00) 分量与牛顿引力势有关, 即

$$\mathrm{e}^{2\varPhi}=\left(1+\frac{gX}{c^2}\right)^2, \tag{6.240}$$

则牛顿引力势为 $\varPhi=\ln\left(1+\frac{gX}{c^2}\right)$, 而牛顿引力加速度为 $g=|\nabla\varPhi|=1/(g^{-1}+X)$, 因此得到的加速度确实是牛顿引力加速度. 由此可见, 一个匀加速观测者的参考系中, 观测者无法区分在做匀加速运动还是处于引力场中.

实际上, 我们不只可以讨论一个匀加速观测者的坐标系, 甚至可以利用前面建立的坐标变换来定义任德勒时空. 如前所述, 对于匀加速观测者而言, 存在着视界, 这意味着我们无法看到视界之后发生的一切. 更准确地, 如图 6.13 所示, 我们只关注两条渐近线之间的区域, 即

$$0 < x < \infty, \quad -x < t < x. \tag{6.241}$$

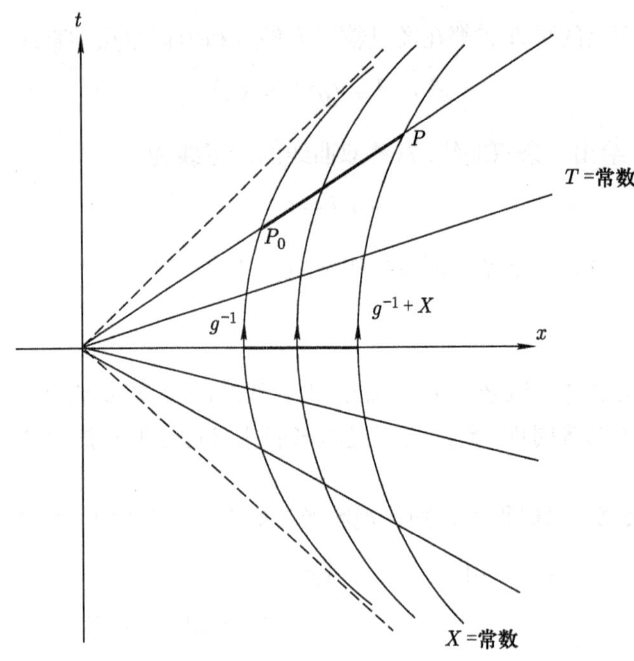


图 6.13 利用任德勒 (Rindler) 坐标我们可以覆盖 1/4 的平坦时空. 其中 $X=$ 常数对应着具有不同常数固有加速度的粒子世界线, 而 $T=$ 常数对应着匀加速观测者的不同等时面. 利用 $T,X,Y,Z$, 我们可以把平坦时空的闵氏度规变成任德勒时空度规. 图中的黑粗线代表着一个有限长度的宇宙飞船, 飞船后端的加速度比前端大.

这只覆盖了 1/4 的平坦时空. 我们引进所谓的任德勒坐标,

$$T = g^{-1}\text{arctanh}(t/x), \quad X = \sqrt{x^2 - t^2}, \quad Y = y, \quad Z = z. \tag{6.242}$$

这些世界线上的观测者在 $t=0$ 时刻相对于静止参考系而言速度都是零, 但具有不同的固有加速度 $a = c^2/X$. 相应地, 我们有

$$t = X\sinh(gT), \quad x = X\cosh(gT), \tag{6.243}$$

与 (6.232), (6.233) 式相比, 这里只是对 $X$ 做了一个常数移动. 而时空度规变为

$$\mathrm{d}s^2 = -(gX)^2\mathrm{d}T^2 + \mathrm{d}X^2 + \mathrm{d}Y^2 + \mathrm{d}Z^2, \tag{6.244}$$

其中的 $g$ 只是一个参数, 可以通过对坐标重定义把它设为 1. 对于任德勒观测者, 我们可以取定正交标架场

$$\hat{e}_0 = \frac{1}{X}\partial_T, \quad \hat{e}_i = \partial_i, \quad i = 1, 2, 3. \tag{6.245}$$

对于类时矢量场 $\hat{e}_0$, 我们可以积分得到一族类时曲线, 它们对应着具有不同固有加速度的观测者的世界线. 我们可以研究这些类时曲线汇的变化情况①, 将发现这些曲线形成的三维截面既不会膨胀也不会扭曲. 用数学的语言, 线汇的膨胀因子 (expansion) 和涡度 (vorticity) 都为零. 这意味着这些匀加速观测者相互之间的距离不变. 然而, 如果我们计算固有加速度矢量, 有

$$\nabla_{\hat{e}_0}\hat{e}_0 = \frac{1}{X}\hat{e}_1, \tag{6.246}$$

即每一个观测者都在沿 $x$ 方向做匀加速运动. 此外, 涡度为零意味着这些类时积分曲线必然是超曲面正交的. 这里, 正交的类空超曲面就是等时面 $T = T_0$.

上面的讨论可以形象地用一个有一定长度的宇宙飞船来诠释. 如图 6.13 所示, 黑色加粗的线段代表着宇宙飞船. 在 $t = 0$ 时刻, 飞船的瞬时速度为零, 但由于存在着一定的长度, 飞船的前端 (线段的右端) 与后端 (线段的左端) 的加速度是不同的, 后端的加速度更大. 这是由于存在着洛伦兹收缩, 飞船的后端必须加速得更多才能使飞船做刚性运动. 当然, 在图 6.13 中这一点很清楚, 后端对应的 $X$ 值更小, 所以加速度更大. 有趣的是, 飞船之后的运动在时空流形上的轨迹总是沿着某一个常数 $T$ 的线. 我们可以计算

$$\frac{\mathrm{d}x}{\mathrm{d}t} = \tanh gT, \tag{6.247}$$

它是一个与 $X$ 无关的量, 即斜率给出速度. 在图中看起来随着 $T$ 的增大, 飞船的长度好像越来越长. 实际上, 我们可以计算某个 $T$ 时刻时飞船的长度, 即从 $P_0$ 到 $P$ 的距离, 发现实际上飞船的长度一直是 $\Delta X$, 即在 $t = T = 0$ 时飞船的长度. 尽管飞船中各点的加速度不同, 他们互相之间的距离却是不变的. 进一步地, 我们可以利用飞船来模拟一个地球上处于垂直状态的摩天大楼. 前面的讨论告诉我们飞船中各点的加速度 $g = c^2/X$. 如果我们把 $X$ 当作是高度, 则飞船中不同点对应着摩天大楼的不同高度.

①后面我们将讨论测地线汇随着固有时的演化, 给出雷乔杜里 (Raychaudhuri) 方程.

### 6.6.1 匀加速参考系中有质量粒子的自由运动

考虑一个匀加速运动的飞船, 加速度为 $g$. 其中有一个粒子, 在 $T=0, X=c^2g^{-1}$ 时沿 $+x$ 方向运动, 具有初速度 $\hat{u}_0=\gamma(c,v,0,0), \gamma=1/\sqrt{1-v^2/c^2}$. 我们有

$$K=\frac{1}{2}g_{\mu\nu}\dot{X}^\mu\dot{X}^\nu. \tag{6.248}$$

此外, 我们有 4-速度的归一化条件 $\hat{u}\cdot\hat{u}=-c^2$, 它给出

$$\dot{X}^2=(gX/c)^2\dot{T}^2-c^2. \tag{6.249}$$

另一方面, 由于 $K$ 并不明显依赖于 $T$, 有运动常数

$$p_T=c\frac{\partial K}{\partial\dot{T}}=-(gX/c)^2c\dot{T}=u_0^0. \tag{6.250}$$

由此, 我们得到

$$\dot{X}=c\sqrt{\left(\frac{u_0^0c}{gX}\right)^2-1}. \tag{6.251}$$

这个粒子能够跑到的最大距离处 $\dot{X}=0$, 所以, 此时的 $X_{\mathrm{m}}=\dfrac{cu_0^0}{g}=\dfrac{c^2}{g}\gamma$, 而粒子跑过的距离为 $\Delta X=\dfrac{c^2}{g}(\gamma-1)$. 如果初速度 $v\ll c$, 则我们有 $\Delta X=\dfrac{v^2}{2g}$, 此即非相对论极限下一个粒子在引力场中垂直向上运动所能达到的相对高度. 这再次验证了引力场可以通过匀加速运动来实现.

还可以进一步讨论在任德勒时空中自由下落粒子的运动. 此时, 粒子在 $X=c^2g^{-1}$ 处自由下落, 它的初 4-速度为 $\hat{u}_0=(c,0,0,0)$, 有

$$\dot{X}=c\sqrt{\left(\frac{c^2}{gX}\right)^2-1}. \tag{6.252}$$

粒子最终将落到视界 $X=0$ 处, 因此, 可以得到落到视界时所需要的粒子固有时

$$\Delta\tau=\frac{c}{g} \tag{6.253}$$

是有限的. 另一方面, 对于飞船上的观测者而言, 它看到粒子落向视界所需要的时间由任德勒时空的坐标时给出. 由 $\mathrm{d}T=\dot{T}\mathrm{d}\tau$, 可以得到

$$\Delta T=\frac{c}{g}\ln\frac{1+\sqrt{1-(gX/c^2)^2}}{gX/c^2}, \tag{6.254}$$

其中 $X$ 是粒子最终的位置. 如果粒子落到视界, 则 $X=0$, 我们将发现飞船上观测者看到粒子需要花无穷长时间到达视界上, 即 $\Delta T\to\infty$.

### 6.6.2 匀加速参考系中光子的运动

考虑一个光子在匀加速参考系中的运动. 假设在初始时刻光子在 $T=0, X=g^{-1}$ 处向 $Y$ 方向发射. 对于无质量粒子, 可以定义作用量

$$K=-\frac{1}{2}\left(\frac{gX}{c}\right)^2\dot{T}^2+\frac{1}{2}\dot{X}^2+\frac{1}{2}\dot{Y}^2. \tag{6.255}$$

由零路径条件得

$$\dot{X}^2=\left(\frac{gX}{c}\right)^2\dot{T}^2-\dot{Y}^2. \tag{6.256}$$

此时有两个守恒量:

$$p_T=-\left(\frac{gX}{c^2}\right)^2 c\dot{T}=-c\dot{T}(0), \quad p_Y=\dot{Y}. \tag{6.257}$$

初条件告诉我们

$$\dot{T}=-\left(\frac{gX}{c^2}\right)^{-2}, \quad \dot{Y}=c, \tag{6.258}$$

由此得到

$$\dot{X}=c\frac{\sqrt{1-(gX/c^2)^2}}{gX/c^2}. \tag{6.259}$$

进一步地, 我们发现

$$\frac{\mathrm{d}Y}{\mathrm{d}X}=\frac{\dot{Y}}{\dot{X}}=\frac{gX/c^2}{\sqrt{1-(gX/c^2)^2}}. \tag{6.260}$$

考虑到初始条件 $Y(0)=0, X(0)=g^{-1}$, 我们得到了光子的轨迹

$$X^2+Y^2=\frac{c^4}{g^2}. \tag{6.261}$$

它是一条在 $X$-$Y$ 平面上的圆轨道. 考虑到对于飞船上的观测者, $X<0$ 的区域是在视界之后, 光子轨迹是圆周轨道中 $X>0, Y>0$ 的部分.

## *§6.7　转动参考系

上一节讨论了匀加速运动观测者的参考系, 已经发现了一些有趣的物理效应. 本节讨论一下平坦时空中转动观测者的物理效应. 考虑在 $x$-$y$ 平面中的转动, 利用这个平面中的极坐标 $(r,\theta)$, 平坦时空的度规可以写作

$$\mathrm{d}s^2=-c^2\mathrm{d}t^2+\mathrm{d}r^2+r^2\mathrm{d}\theta^2+\mathrm{d}z^2. \tag{6.262}$$

而考虑一个角速度为 $\omega$ 的匀速转动圆盘, 可以定义共动坐标

$$T=t,\quad R=r,\quad \phi=\theta-\omega t,\quad Z=z, \tag{6.263}$$

得到相对于转动观测者的度规

$$\mathrm{d}s^2=-\left(1-\frac{R^2\omega^2}{c^2}\right)c^2\mathrm{d}T^2+\mathrm{d}R^2+2R^2\omega\mathrm{d}T\mathrm{d}\phi+R^2\mathrm{d}\phi^2+\mathrm{d}Z^2, \tag{6.264}$$

其中

$$g_{TT}=-\gamma^{-2},\quad \gamma=\left(1-\frac{R^2\omega^2}{c^2}\right)^{-1/2}. \tag{6.265}$$

由坐标变换, 我们可以得到在转动坐标系下的基矢:

$$\hat{e}_T=\hat{e}_t+\omega\hat{e}_\theta,\quad \hat{e}_R=\hat{e}_r,\quad \hat{e}_\phi=\hat{e}_\theta,\quad \hat{e}_Z=\hat{e}_z. \tag{6.266}$$

易见, 由于转动的存在, 即使 $T=t$, 也有基矢 $\hat{e}_T\neq\hat{e}_t$. 在转动坐标系中, 可以得到正交基矢场

$$\hat{e}_0=\gamma\hat{e}_T,\quad \hat{e}_1=\hat{e}_R,\quad \hat{e}_2=\gamma^{-1}R^{-1}\hat{e}_\phi+\gamma R\omega\hat{e}_T,\quad \hat{e}_3=\hat{e}_Z. \tag{6.267}$$

考虑在此参考系中两个等时点间的距离, 此时的空间线元变成

$$\mathrm{d}l^2=\mathrm{d}R^2+\gamma^2R^2\mathrm{d}\phi^2+\mathrm{d}Z^2. \tag{6.268}$$

这个线元可以这样得到. 当 $T=$ 常数时, 正交的空间标架场为

$$\hat{e}_1=\hat{e}_R,\quad \hat{e}_2=\gamma^{-1}R^{-1}\hat{e}_\phi,\quad \hat{e}_3=\hat{e}_Z. \tag{6.269}$$

它们给出局部的三维平直空间, 然而它们对应的几何度规应该是 (6.268), 否则这些标架场无法保持正交归一. 对于在 (6.268) 几何中相同半径上的两点, 其沿圆的弧长线元为

$$\mathrm{d}l_\phi=\gamma R\mathrm{d}\phi, \tag{6.270}$$

由此可得到半径为 $R$ 的圆的周长

$$C=2\pi\gamma R. \tag{6.271}$$

而沿径向的线元为

$$\mathrm{d}l_R=\mathrm{d}R, \tag{6.272}$$

所以, 半径就是 $R$. 然而如果我们考虑周长与半径之比, 有

$$\frac{\text{周长}}{\text{半径}} = \frac{C}{R} = 2\pi\gamma > 2\pi, \tag{6.273}$$

这意味着对于转动观测者, 空间是弯曲的. 需要注意的是, 时空流形本身仍然是平坦的.

进一步地, 我们可以考虑转动观测者固有时的变化. 考虑一个固定 $R, \phi, Z$ 的观测者, 其固有时为

$$\mathrm{d}\tau^2 = -g_{TT}\mathrm{d}T^2, \tag{6.274}$$

即

$$\mathrm{d}\tau = \gamma^{-1}\mathrm{d}T < \mathrm{d}T. \tag{6.275}$$

也就是说, 一个转动观测者的时间要走得慢些. 一个在转动圆盘边缘的时钟比一个在圆盘中心的时钟走得慢. 更一般地, 位置越在外的时钟走得越慢.

转动参考系中不同径向位置的固有时可以从不同的角度进行理解. 由

$$\tau = \sqrt{1 - \frac{R^2\omega^2}{c^2}}\tau_0, \tag{6.276}$$

其中 $\tau_0$ 是在转动轴所在位置的固有时, 也就是相对于静止参考系而言. 从静止参考系的观测者角度, 上面的固有时关系可以理解为狭义相对论中的时间延长效应, 因为 $R\omega$ 正好是线速度. 另一方面, 从惯性参考系的角度,

$$\mathrm{d}\tau = \sqrt{1 - \frac{R^2\omega^2}{c^2}}\mathrm{d}T \tag{6.277}$$

来自于时空本身度规的变化. 可见, 同一物理效应的解释依赖于参考系的选择. 在转动参考系中, 观测者感觉到离心力场. 由等效原理, 离心加速度可以等效为一个引力加速度, 相应的引力势为

$$\varPhi = -\int_0^R R'\omega^2\mathrm{d}R' = -\frac{1}{2}R^2\omega^2, \tag{6.278}$$

这里令引力势 $\varPhi|_{R=0} = 0$. 因此

$$\mathrm{d}\tau = \sqrt{1 + \frac{2\Phi}{c^2}}\mathrm{d}\tau_0. \tag{6.279}$$

这正是在引力势中时间变慢的效应, 也就是引力红移效应.

转动参考系中另一个有趣的现象是时钟的同时性问题. 通常在相对论中两个事件点的时钟可以用以下的方法同时化. 如图 6.14 所示, 我们可以利用光信号: 首先从 $A$ 到 $B$, 然后从 $B$ 返回 $A$. 如果在 $B$ 处的时间坐标为 $x^0$, 从 $A$ 发射时的坐标时间是 $x^0+\mathrm{d}x^{0(2)}$, 而接收时的坐标时间是 $x^0+\mathrm{d}x^{0(1)}$, 则与 $B$ 世界线上坐标时 $x^0$ 同时的 $A$ 世界线的坐标时为

$$x^0+\frac{\mathrm{d}x^{0(1)}+\mathrm{d}x^{0(2)}}{2}. \tag{6.280}$$

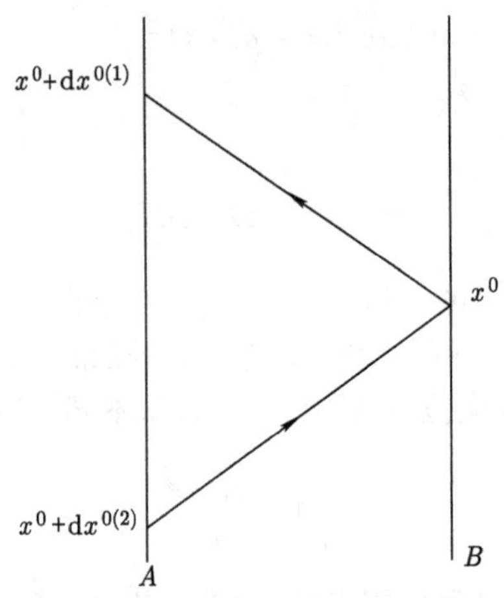


图 6.14 时空中相邻两点 $A$ 和 $B$ 的同时性可以通过从 $A$ 发射光子到 $B$ 然后光子返回 $A$ 来实现.

对于一个一般的转动参考系, 其时空线元为

$$\mathrm{d}s^2=g_{00}(\mathrm{d}x^0)^2+2g_{0i}\mathrm{d}x^0\mathrm{d}x^i+g_{ij}\mathrm{d}x^i\mathrm{d}x^j. \tag{6.281}$$

光子走零路径, 因此由 $\mathrm{d}s^2=0$, 可以解出两个解, 其中一个 $\mathrm{d}x^{0(2)}<0$, 另一个 $\mathrm{d}x^{0(1)}>0$. 前面 $A$ 世界线中同时的点为

$$x^0+\Delta x^0=x^0-\frac{g_{0i}\mathrm{d}x^i}{g_{00}}. \tag{6.282}$$

由于在转动参考系中 $g_{0i}\neq 0$, 所以 $\Delta x^0\neq 0$. 上面对同时性的处理适用于任何开线段, 然而如果是一条闭合的曲线, 钟的同时性一般是无法定义的. 这是由于如果 $x^i$ 是闭合的, 则发射和接收光子可能在同一点, 这样

$$\Delta x^0=-\oint\frac{g_{0i}}{g_{00}}\mathrm{d}x^i\neq 0. \tag{6.283}$$

也就是说, 与 $B$ 世界线坐标时 $x^0$ 同时的 $A$ 世界线坐标时不是单值的.

一般而言, 对于由 (6.281) 描述的转动观测者看到的时空, 我们可以讨论对于观测者而言的空间几何. 此时, 观测者的坐标系中, 时间方向由观测者的 4-速度给出:

$$\hat{e}_0 = \hat{u}. \tag{6.284}$$

而类空的基矢 $\hat{e}_i$ 不一定与 $\hat{e}_0$ 正交, 我们需要得到正交的部分, 即要求

$$\hat{e}_{i\perp} \cdot \hat{e}_0 = 0. \tag{6.285}$$

空间部分的度规为

$$\gamma_{ij} = \hat{e}_{i\perp} \cdot \hat{e}_{j\perp}, \quad \gamma_{i0} = 0, \quad \gamma_{00} = 0. \tag{6.286}$$

由于

$$\hat{e}_{i\perp} = \hat{e}_i - \hat{e}_{i\parallel}, \tag{6.287}$$

其中

$$\hat{e}_{i\parallel} = \frac{\hat{e}_i \cdot \hat{e}_0}{\hat{e}_0 \cdot \hat{e}_0}\hat{e}_0 = \frac{g_{i0}}{g_{00}}\hat{e}_0, \tag{6.288}$$

我们得到

$$\gamma_{ij} = g_{ij} - \frac{g_{i0}g_{j0}}{g_{00}}, \tag{6.289}$$

而空间部分的线元为

$$\mathrm{d}l^2 = \gamma_{ij}\mathrm{d}x^i\mathrm{d}x^j. \tag{6.290}$$

转动参考系中同时性无法定义这一事实通过萨奈克 (Sagnac) 实验得到验证. 考虑在一个匀速转动圆盘上的实验装置. 在某 $(R, \phi, Z)$ 处有一个光子发射器, 向与转动方向相同的 $+\phi$ 方向发射光子, 也向 $-\phi$ 方向发射光子. 两种光子沿半径为 $R$ 的圆周轨道运动一周后回到发射器并发生干涉. 干涉条纹依赖于圆周半径以及圆盘转动角速度, 两种光子回到发射器时的时间差为

$$\Delta T = \frac{4\pi r^2 R^2 \omega}{c^2}. \tag{6.291}$$

这个时间差我们可以利用两种方法来得到.

(1) 首先我们从静止惯性系的观点来看. 在光子运动时, 发射器也在运动, 走了 $R\omega T$ 的距离, 因此光子回到发射器时, 不同的光子需要的时间是不同的:

$$\begin{aligned} 2\pi R + R\omega T_1 &= cT_1, \\ 2\pi R - R\omega T_2 &= cT_2, \end{aligned} \tag{6.292}$$

其中 $T_1(T_2)$ 是与转动方向同向 (反向) 运动光子所需要的时间. 这个时间差为

$$\Delta T = T_1 - T_2 = \frac{4\gamma^2 A\omega}{c^2}, \tag{6.293}$$

其中 $A = \pi R^2$.

(2) 我们也可以从转动参考系的角度来考虑此问题. 此时 $\mathrm{d}s = \mathrm{d}R = \mathrm{d}Z = 0$, 所以

$$R^2\mathrm{d}\phi^2 + 2R^2\omega\mathrm{d}T\mathrm{d}\phi - (c^2 - R^2\omega^2)\mathrm{d}T^2 = 0, \tag{6.294}$$

由此得到

$$v_\pm = R\frac{\mathrm{d}\phi}{\mathrm{d}T} = -R\omega \pm c, \tag{6.295}$$

而

$$\Delta T = \frac{2\pi R}{|v_+|} - \frac{2\pi R}{|v_-|} = \frac{4\gamma^2 A\omega}{c^2}. \tag{6.296}$$

由于光子回到发射器的时间差, 我们就有了光程差. 如果圆盘的转动较慢, 可以认为 $\gamma \approx 1$, 则有

$$\begin{aligned} l + \Delta l &= 2\pi R + \frac{2A\omega}{c}, \\ l - \Delta l &= 2\pi R - \frac{2A\omega}{c}, \end{aligned} \tag{6.297}$$

光程差为 $\dfrac{4A\omega}{c}$, 导致的干涉条纹的移动为

$$\Delta N = \frac{4A\omega}{c\lambda}, \tag{6.298}$$

其中 $\lambda$ 是光子的波长. 在 1931 年萨奈克的实验中, $\omega = 14\,\mathrm{rad{\cdot}s^{-1}}$, $A = 0.0863\,\mathrm{m}^2, \lambda = 0.436 \times 10^{-6}$ m, $\Delta N = 0.036$. 实验上确实看到了干涉条纹的变化.

萨奈克效应说明了在狭义相对论中角速度有着绝对的意义. 它通过光学方法来测量仪器的角速度, 也就是观测者实验室的角速度. 每一个非加速观测者可以认为参考系是相对静止的, 即速度是相对的, 我们可以在适当的参考系中让速度为零.

但对于角速度, 我们却没有办法做到这一点. 也就是说角速度有局部的观测效应. 这一点不止可以通过光学手段来测量, 也可以通过傅科摆 (Foucault pendulum) 利用力学方法测量到.

下面考虑相对于转动参考系, 在度规 (6.264) 下粒子的运动, 并与其在静止参考系下的运动做比较. 首先, 我们可以计算出度规 (6.264) 的克里斯托弗符号 (见习题). 其次, 我们可以考虑粒子速度空间部分的变化率, 即空间加速度

$$\ddot{\boldsymbol{r}} = \dot{\boldsymbol{v}} = (\dot{v}^i + \Gamma^i_{jk} v^j v^k)\boldsymbol{e}_i. \tag{6.299}$$

注意在极坐标下 $v^r = \dfrac{\mathrm{d}r}{\mathrm{d}t}, v^\phi = \dfrac{\mathrm{d}\theta}{\mathrm{d}t}$, 而粒子的运动在静止惯性系下为

$$\ddot{\boldsymbol{r}}_{\text{iner}} = (\ddot{r} - r\dot{\theta}^2)\hat{e}_1 + (r\ddot{\theta} + 2\dot{r}\dot{\theta})\hat{e}_2, \tag{6.300}$$

其中 $\hat{e}_1 = \hat{e}_r$, $\hat{e}_2 = \dfrac{1}{r}\hat{e}_\theta$ 是正交归一的基矢. 在转动参考系下, 粒子的运动为

$$\begin{aligned}\ddot{\boldsymbol{r}}_{\text{rot}} &= (\ddot{r} - r\dot{\theta}^2 - r\omega^2 - 2r\omega\dot{\theta})\hat{e}_1 + (r\ddot{\theta} + 2\dot{r}\dot{\theta} + 2\dot{r}\omega)\hat{e}_2 \\ &= \ddot{\boldsymbol{r}}_{\text{iner}} - (r\omega^2 + 2r\omega\dot{\theta})\hat{e}_1 + 2\dot{r}\omega\hat{e}_2.\end{aligned} \tag{6.301}$$

考虑到

$$\boldsymbol{\omega} = \omega\hat{e}_z, \quad \boldsymbol{r} = r\hat{e}_1, \quad \dot{\boldsymbol{r}} = \dot{r}\hat{e}_1 + r\dot{\theta}\hat{e}_2, \tag{6.302}$$

我们发现

$$\ddot{\boldsymbol{r}}_{\text{rot}} = \ddot{\boldsymbol{r}}_{\text{iner}} + \boldsymbol{\omega} \times (\boldsymbol{\omega} \times \boldsymbol{r}) + 2\boldsymbol{\omega} \times \dot{\boldsymbol{r}}, \tag{6.303}$$

其中上式右边的第二项是离心加速度, 而第三项是科里奥利 (Coriolis) 加速度.

## 习 题

1. 如果一个流形上存在非零挠率, 证明仿射联络系数可以写作

$$\Gamma^\sigma_{\mu\nu} = \left\{ {\sigma \atop \mu\nu} \right\} - \frac{1}{2}(T^\sigma{}_{\nu\mu} + T_\nu{}^\sigma{}_\mu - T_{\mu\nu}{}^\sigma), \tag{6.304}$$

   其中 $\left\{ {\sigma \atop \mu\nu} \right\}$ 是标准的克里斯托弗符号, 而 $T^\sigma{}_{\nu\mu}$ 是挠率张量.

2. 对一个一般的二阶张量 $T^{\mu\nu}$, 证明其协变散度为

$$\nabla_\mu T^{\mu\nu} = \frac{1}{\sqrt{|g|}}\partial_\mu(\sqrt{|g|}T^{\mu\nu}) + \Gamma^\nu_{\sigma\mu}T^{\mu\sigma}. \tag{6.305}$$

   更进一步地, 如果这个张量是反对称张量 $A^{\mu\nu} = -A^{\nu\mu}$, 则

$$\nabla_\mu A^{\mu\nu} = \frac{1}{\sqrt{|g|}}\partial_\mu(\sqrt{|g|}A^{\mu\nu}). \tag{6.306}$$

3. 证明对于一个对角形式的度规 $g_{\mu\nu}$, 克里斯托弗符号为

$$\Gamma^{\mu}_{\sigma\rho}=0,\quad \Gamma^{\sigma}_{\mu\mu}=-\frac{1}{2g_{\sigma\sigma}}\partial_\sigma g_{\mu\mu}, \tag{6.307}$$

$$\Gamma^{\mu}_{\sigma\mu}=\Gamma^{\mu}_{\mu\sigma}=\partial_\sigma\left(\ln\sqrt{|g_{\mu\mu}|}\right),\quad \Gamma^{\mu}_{\mu\mu}=\partial_\mu\left(\ln\sqrt{|g_{\mu\mu}|}\right). \tag{6.308}$$

这里 $\mu\neq\sigma\neq\rho$, 且重复指标不求和.

4. 在一个 $n$ 维流形上一个区域 $\Sigma$ 被超曲面 $S$ 包围, 证明如果一个矢量场 $\hat{V}$ 在 $S$ 上为零, 则

$$\int_\Sigma(\nabla_\mu V^\mu)\sqrt{-g}\mathrm{d}^n x=0. \tag{6.309}$$

5. 半径为 $a$ 的二维球面的度规为

$$\mathrm{d}s^2=a^2(\mathrm{d}\theta^2+\sin^2\theta\mathrm{d}\phi^2). \tag{6.310}$$

(a) 计算这个度规的克里斯托弗符号;

(b) 讨论球面上的测地线.

6. 对于如下形式的度规, 计算其克里斯托弗符号:

$$\mathrm{d}s^2=-N^2\mathrm{d}t^2+h_{ij}(\mathrm{d}x^i+N^i\mathrm{d}t)(\mathrm{d}x^j+N^j\mathrm{d}t), \tag{6.311}$$

其中 $N, N^i, h_{ij}$ 都是 $(t,x^i)$ 的函数.

7. 考虑上题中二维球面上矢量的平行移动. 如果在球面的北极点处切于曲线 $\phi=0$ 有一个矢量 $\hat{V}$, 把该矢量沿下面的曲线平行移动:

(a) 首先沿曲线 $\phi=0$ 移到 $\theta=\theta_0$ 点;

(b) 再沿曲线 $\theta=\theta_0$ 从 $\phi=0$ 移到 $\phi=\phi_0$;

(c) 最后沿曲线 $\phi=\phi_0$ 从 $\theta=\theta_0$ 移回北极点.

请计算最终得到的矢量与原来矢量的夹角.

8. 考虑一个二维时空, 具有度规

$$\mathrm{d}s^2=-x^2\mathrm{d}t^2+\mathrm{d}x^2, \tag{6.312}$$

找出这个时空中形如 $x(t)$ 的所有类时测地线.

9. 如果两个度规 $\mathrm{d}s^2=g_{\mu\nu}\mathrm{d}x^\mu\mathrm{d}x^\nu$ 和 $\tilde{\mathrm{d}s}^2=\tilde{g}_{\mu\nu}\mathrm{d}x^\mu\mathrm{d}x^\nu$ 在相同的坐标卡上有如下关系 $\tilde{g}_{\mu\nu}=\mathrm{e}^{\Omega(x)}g_{\mu\nu}$, 其中 $\Omega$ 是个非零函数, 则称这两个度规是共形相联的. 证明如果曲线 $x^\mu(\lambda)$ 是度规 $\mathrm{d}s^2$ 的零测地线, 则它也是度规 $\mathrm{d}\tilde{s}^2$ 的零测地线. 也就是说, 度规在共形变换下零测地线不发生变化.

10. 计算度规 (6.264) 的克里斯托弗符号, 并讨论其中的测地线方程, 证明

$$m\frac{\mathrm{d}^2\boldsymbol{r}}{\mathrm{d}t^2}=-m\boldsymbol{\omega}\times(\boldsymbol{\omega}\times\boldsymbol{r})-2m\boldsymbol{\omega}\times\frac{\mathrm{d}\boldsymbol{r}}{\mathrm{d}t}. \tag{6.313}$$

11. 考虑如下度规

$$ds^2 = dr^2 + \frac{r^2}{1-\omega^2 r^2/c^2}d\theta^2 + dz^2, \tag{6.314}$$

求出在 $z =$ 常数的平面上的测地线.

12. 一个二维空间, 具有线元

$$ds^2 = \frac{dr^2 + r^2 d\theta^2}{r^2 - a^2} - \frac{r^2 dr^2}{(r^2-a^2)^2}, \quad r > a, \tag{6.315}$$

证明测地线的微分方程可写作

$$a^2\left(\frac{dr}{d\theta}\right)^2 + a^2 r^2 = K r^4, \tag{6.316}$$

其中 $K$ 是一个常数, 且 $K = 1$ 时测地线是零的. 通过令 $r d\theta/dr = \tan\phi$, 证明这个二维空间被映射到二维欧氏平面, 其中 $(r, \phi)$ 是极坐标, 而上面的测地线映射到直线.

13. 我们将看到在球对称恒星的外部, 时空几何可以由史瓦西度规来描述:

$$ds^2 = -\left(1-\frac{2GM}{r}\right)dt^2 + \left(1-\frac{2GM}{r}\right)^{-1}dr^2 + r^2 d\Omega^2, \tag{6.317}$$

其中 $M$ 是恒星的质量.

(a) 证明通过坐标变换

$$r = \rho\left(1+\frac{GM}{2\rho}\right)^2, \quad 2GM < r < \infty, \tag{6.318}$$

史瓦西度规的空间部分可以变成共形平坦的形式. 坐标 $(t, \rho, \theta, \phi)$ 称为各向同性坐标.

(b) 证明在新的坐标下, 度规具有有效的折射系数

$$n(\boldsymbol{x}) = \frac{(1+(GM/2|\boldsymbol{x}|))^3}{1-(GM/2|\boldsymbol{x}|)}. \tag{6.319}$$

由折射系数导致的光线减速已经被卫星试验所验证. 当卡西尼号卫星飞到与地球处于太阳两侧, 并成一条直线时, 地球发出信号给卫星并接收反射回的信号, 由于引力场的存在, 该信号被延迟了. 假定地球位于 $r_1$ 处, 卫星位于 $r_2$ 处. 计算在各向同性坐标中一条直线的线积分 $\int 2n dl$, 并证明时间延迟为

$$\Delta t = \frac{4GM}{c^3}\ln\left(\frac{4r_1 r_2}{b^2}\right), \tag{6.320}$$

其中直线位于半径 $r_1$ 的某点到半径为 $r_2$ 的相对点, $b$ 是光线的入射参数.

(c) 在史瓦西时空中, 坐标半径为 $\rho$ 的圆的周长为 $2\pi\rho n(\rho)$. 证明这个周长在 $r = 3GM$ 的地方有极小值. 这对于做圆周运动的零测地线意味着什么?

14. 在广义相对论中, 一个粒子从某个高度落向地球的表面, 实际上是没有加速度的, 而是走一条测地线. 另一方面, 在地球表面的一个静止粒子却不是沿测地线运动, 而是有加速度的.

(a) 证明静止在地球表面的粒子 $x^i=$ 常数, 具有 4-速度 $u^\mu=N^{-1}\delta_0^\mu$. 假设地球的引力场是静态的, 具有 $g_{00}=-N^2$.

(b) 证明它的 4-加速度为 $a^\mu=(0,a^i)$, 其中 $a_i=-\partial_i N$. 计算加速度的大小.

15. 庞加莱上平面可以由如下度规定义:

$$\mathrm{d}s^2=\frac{\mathrm{d}x^2+\mathrm{d}y^2}{y^2}, \tag{6.321}$$

其中 $x\in R, y\in R^+$. 请给出这个空间中的测地线.

16. 证明任意三个矢量场 $\hat{u},\hat{v},\hat{w}$ 满足雅可比等式:

$$[\hat{u},[\hat{v},\hat{w}]]+[\hat{v},[\hat{w},\hat{u}]]+[\hat{w},[\hat{u},\hat{v}]]=0. \tag{6.322}$$

17. 证明 $\pounds_{\hat{u}}\varepsilon_{\mu\nu\sigma\rho}=-\nabla_\lambda u^\lambda\varepsilon_{\mu\nu\sigma\rho}$.

18. 证明对于任意两个矢量场 $\hat{u},\hat{v}$, 有

$$\pounds_{\hat{u}}\pounds_{\hat{v}}-\pounds_{\hat{v}}\pounds_{\hat{u}}=\pounds_{[\hat{u},\hat{v}]}. \tag{6.323}$$

19. 请导出 6.4.2 节一般张量的李导数的两种等价的表达式.

# 第七章　曲　　率

在平直欧氏空间和闵氏时空中, 平坦性表现为几个方面. 首先, 在平坦空间中一个矢量沿着一条闭合曲线平行移动回到起点, 移动后的矢量与原矢量一样, 不会发生变化. 也就是说, 在平直时空中任意两点间都可以平行移动矢量, 与路径的选择无关. 其次, 平直空间中张量的两次导数是对易的. 最后, 平直时空中刚开始平行的测地线会保持平行.

曲率描述了一个时空流形的弯曲程度, 刻画了与平坦性的偏离, 因此上述平坦性的三个表现需要修改, 且都与曲率张量有关. 首先, 在弯曲空间中, 矢量或者张量的平行移动与路径选取有关. 在无穷小的区域中我们可以由此定义黎曼张量. 其次, 在弯曲空间中张量的两次协变导数不再对易, 对易子与曲率张量有关. 最后, 弯曲空间中起初平行的测地线不能保持平行, 由此我们可以得到测地偏离方程, 依赖于曲率张量.

## §7.1　曲率张量

### 7.1.1　曲率和挠率张量的定义

我们从第一种观点出发来引进曲率的概念. 在一个弯曲空间中, 一个矢量沿闭合圈的平行移动将会给出矢量的一个变换. 最终的变换依赖于圈所包括的总曲率, 而曲率的一个局域描述是黎曼 (曲率) 张量. 想象我们沿着由两个切矢量 $A^\nu$ 和 $B^\mu$ 定义的闭合圈平行移动一个切矢量 $V^\sigma$, 如图 7.1 所示.

注意这里定义的圈是非常小的, 两个切矢量实际上给出的更多的是方向而非大小. 当这个切矢量 $V^\sigma$ 回到起点时如何变化呢? 它首先是原切矢量的一个线性变换, 因此包含一个上指标和一个下指标. 其次, 它依赖于切矢量 $\hat{A}$ 和 $\hat{B}$ 确定的路径, 因此应该包含另外两个指标与 $A^\nu$ 和 $B^\mu$ 收缩. 此外, 相应的张量必然对上述两个矢量相关的指标反对称, 因为交换矢量相应于把闭合圈反向所以平行移动矢量会得到相反的结果. 最终, 我们期待

$$\delta V^\rho = (\delta a)(\delta b)A^\nu B^\mu R^\rho{}_{\sigma\mu\nu}V^\sigma, \tag{7.1}$$

其中 $R^\rho{}_{\sigma\mu\nu}$ 是一个 $(1,3)$ 型张量, 称为黎曼 (Riemann) 张量, 或者简单地称为曲率

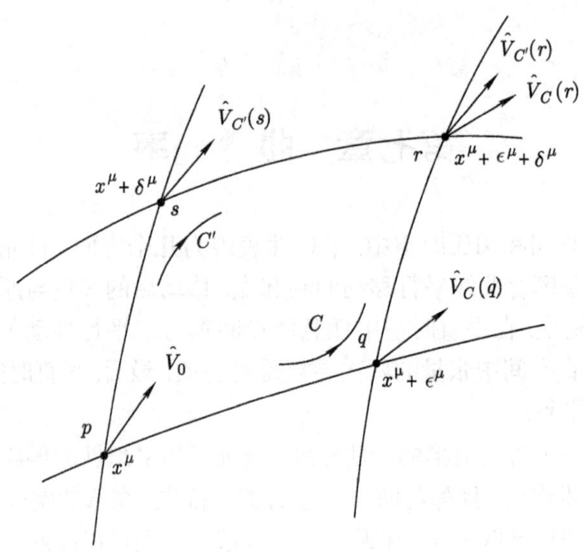


图 7.1 在由两个矢量 $A^\mu$ 和 $B^\mu$ 形成的无穷小平行四边形上平行移动一个矢量 $\hat{V}$. 沿着不同的路径得到的矢量通常都是不同的.

张量. 这里 $\delta a$ 和 $\delta b$ 是形成圈的两个矢量的大小. 这个张量的一个性质是

$$R^\rho{}_{\sigma\mu\nu} = -R^\rho{}_{\sigma\nu\mu}. \tag{7.2}$$

黎曼张量的具体表达式可以从上面的定义中得到. 我们先忽略掉两个矢量沿着对方的方向做平行移动是否封闭的问题, 假定它们平移后确实得到上面的平行四边形, 则不妨假定出发的位置是 $p$ 点, 无穷小矢量 $\hat{A}$ 从 $p$ 到 $q$, 而 $\hat{B}$ 从 $p$ 到 $s$, 形成平行四边形后的另一个点是 $r$. 在同一个坐标系下, 这些点的坐标是

$$p: x^\mu, \quad q: x^\mu+\epsilon^\mu, \quad s: x^\mu+\delta^\mu, \quad r: x^\mu+\epsilon^\mu+\delta^\mu. \tag{7.3}$$

一个矢量 $V^\mu$ 的平行移动要求 $\nabla_\nu V^\mu = \partial_\nu V^\mu + \Gamma^\mu_{\nu\sigma}V^\sigma = 0$, 可以变形为

$$\partial_\nu V^\mu = -\Gamma^\mu_{\nu\sigma}V^\sigma. \tag{7.4}$$

如果矢量 $V^\mu(p) = V_0^\mu$ 是沿着 $\hat{A}$ 移动到 $q$ 点, 则有

$$\frac{V^\mu(q)-V_0^\mu}{\epsilon^\nu} = -\Gamma^\mu_{\nu\sigma}V^\sigma, \tag{7.5}$$

也就是说

$$V^\mu(q) = V_0^\mu - \Gamma^\mu_{\nu\sigma}(p)V_0^\sigma\epsilon^\nu. \tag{7.6}$$

进一步地把矢量从 $q$ 移动到 $r$, 则有

$$\begin{aligned}
V^\mu_C(r) &= V^\mu(q) - \Gamma^\mu_{\nu\kappa}(q)V^\kappa(q)\delta^\nu \\
&= V^\mu_0 - \Gamma^\mu_{\nu\kappa}(p)V^\kappa_0\epsilon^\nu - (V^\kappa_0 - \Gamma^\kappa_{\sigma\rho}(p)V^\rho_0\epsilon^\sigma)(\Gamma^\mu_{\nu\kappa}(p) + \partial_\lambda\Gamma^\mu_{\nu\kappa}(p)\epsilon^\lambda)\delta^\nu \\
&\approx V^\mu_0 - \Gamma^\mu_{\nu\kappa}(p)V^\kappa_0\epsilon^\nu - V^\kappa_0\Gamma^\mu_{\nu\kappa}(p)\delta^\nu \\
&\quad -V^\kappa_0\left(\partial_\lambda\Gamma^\mu_{\nu\kappa}(p) - \Gamma^\rho_{\lambda\kappa}(p)\Gamma^\mu_{\nu\rho}(p)\right)\epsilon^\lambda\delta^\nu,
\end{aligned} \tag{7.7}$$

其中下标 $C$ 代表矢量移动的路径是先经过 $q$ 再到 $r$. 此外上面只保留到二阶小量. 另一方面, 如果选择另一条路径 $C'$ 从 $p$ 到 $s$ 再到 $r$, 则有

$$\begin{aligned}
V^\mu_{C'}(r) &\approx V^\mu_0 - \Gamma^\mu_{\nu\kappa}(p)V^\kappa_0\epsilon^\nu - V^\kappa_0\Gamma^\mu_{\nu\kappa}(p)\delta^\nu \\
&\quad -V^\kappa_0\left(\partial_\nu\Gamma^\mu_{\lambda\kappa}(p) - \Gamma^\rho_{\nu\kappa}(p)\Gamma^\mu_{\lambda\rho}(p)\right)\epsilon^\lambda\delta^\nu.
\end{aligned} \tag{7.8}$$

这样, 经过不同路径平行移动到达同一点 $r$ 的矢量间的差别是

$$V^\mu_{C'}(r) - V^\mu_C(r) = V^\kappa_0 R^\mu{}_{\kappa\lambda\nu}(p)\epsilon^\lambda\delta^\nu, \tag{7.9}$$

其中

$$R^\mu{}_{\kappa\lambda\nu}(p) = \partial_\lambda\Gamma^\mu_{\nu\kappa}(p) - \partial_\nu\Gamma^\mu_{\lambda\kappa}(p) + \Gamma^\rho_{\nu\kappa}(p)\Gamma^\mu_{\lambda\rho}(p) - \Gamma^\rho_{\lambda\kappa}(p)\Gamma^\mu_{\nu\rho}(p). \tag{7.10}$$

如前面所述, 在这个推导中, 我们实际上假定了平行移动两个矢量后得到一个封闭的平行四边形. 这实际上假定加入了无挠条件以及选择了坐标基矢从而有 $[\hat{A},\hat{B}]=0$.

更一般地, 我们发现两个矢量场要形成封闭的多边形, 实际上需要考虑这两个矢量场的对易子, 如图 7.2 所示. 如果挠率为零, 则平行移动的矢量可以形成一个封闭的小平行四边形. 而更一般地考虑不同点矢量场 $\hat{A},\hat{B}$ 的不同, 我们应该得到一个五边形, 无论挠率是否为零, 如图 7.3 所示. 所以, 一般的情形, 我们应该考虑一个矢量 (张量) 沿着封闭的五边形做平行移动回到原点后的变化情况. 这将导致下面对黎曼张量和挠率张量的形式化定义.

考虑沿图 7.3 中所示的五边形对矢量 $\hat{W}$ 做平行移动. 由协变导数的定义我们知道

$$\hat{W}_{pq} = (1-\epsilon\nabla_{\hat{V}})\hat{W}(q), \tag{7.11}$$

其中 $\hat{W}_{pq}$ 代表沿 $pq$ 平行移动到 $q$ 点的矢量. 更一般地, 我们需要展开到二阶项:

$$\hat{W}_{pq} = (1-\epsilon\nabla_{\hat{V}} + \frac{1}{2}\epsilon^2\nabla_{\hat{V}}\nabla_{\hat{V}})\hat{W}(q). \tag{7.12}$$

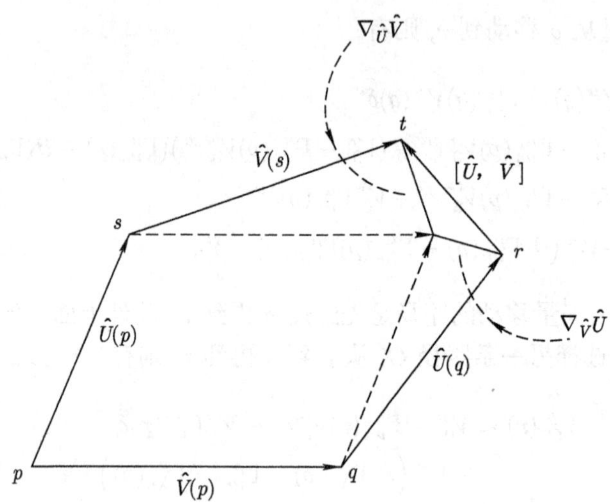


图 7.2 两个矢量场对易子的示意图. 这里给出的是挠率为零的情形.

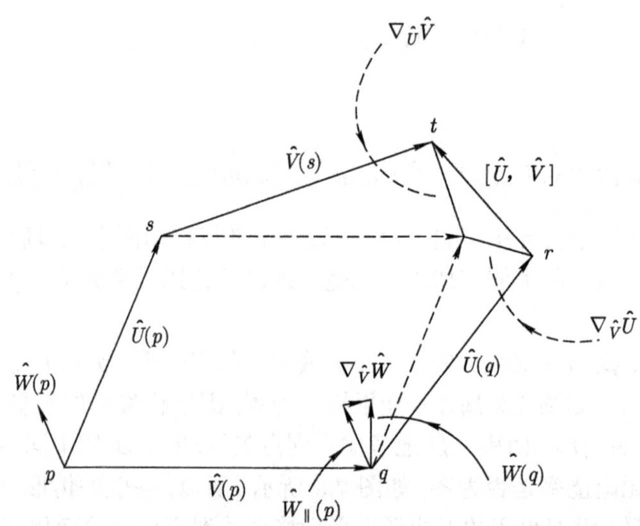


图 7.3 曲率张量可以通过讨论矢量沿这个封闭五边形的平行移动来得到.

而 $\hat{W}_q$ 沿着 $qr$ 继续平行移动到 $r$ 得到的矢量为

$$\hat{W}_{qr} = (1 - \delta\nabla_{\hat{U}} + \frac{1}{2}\delta^2\nabla_{\hat{U}}\nabla_{\hat{U}})\hat{W}(r), \tag{7.13}$$

因此

$$\hat{W}_{pqr} = (1 - \epsilon\nabla_{\hat{U}} + \frac{1}{2}\epsilon^2\nabla_{\hat{U}}\nabla_{\hat{U}})(1 - \delta\nabla_{\hat{V}} + \frac{1}{2}\delta^2\nabla_{\hat{V}}\nabla_{\hat{V}})\hat{W}(r). \tag{7.14}$$

继续平行移动下去, 最终回到 $p$ 点, 我们得到

$$\begin{aligned}\hat{W}_{pqrstp}=&\left(1+\epsilon\nabla_{\hat{U}}+\frac{1}{2}\epsilon^2\nabla_{\hat{U}}\nabla_{\hat{U}}\right)\left(1+\delta\nabla_{\hat{V}}+\frac{1}{2}\delta^2\nabla_{\hat{V}}\nabla_{\hat{V}}\right)\\&\cdot(1-\epsilon\delta\nabla_{[\hat{U},\hat{V}]})\left(1-\epsilon\nabla_{\hat{U}}+\frac{1}{2}\epsilon^2\nabla_{\hat{U}}\nabla_{\hat{U}}\right)\left(1-\delta\nabla_{\hat{V}}+\frac{1}{2}\delta^2\nabla_{\hat{V}}\nabla_{\hat{V}}\right)\hat{W}(p).\end{aligned}\tag{7.15}$$

展开到二阶, 将得到

$$\delta\hat{W}=\hat{W}_{pqrstp}-\hat{W}(p)=([\nabla_{\hat{U}},\nabla_{\hat{V}}]-\nabla_{[\hat{U},\hat{V}]})\delta\epsilon\hat{W}(p).\tag{7.16}$$

因此, 我们可以如下形式化地定义曲率张量:

**定义** 黎曼张量 $\hat{R}$: $\chi(M)\otimes\chi(M)\otimes\chi(M)\to\chi(M)$ 是 (1,3) 型张量, 定义为

$$\begin{aligned}\hat{R}(\hat{X},\hat{Y},\hat{Z})&=\hat{R}(\hat{X},\hat{Y})\hat{Z},\\&=\nabla_{\hat{X}}\nabla_{\hat{Y}}\hat{Z}-\nabla_{\hat{Y}}\nabla_{\hat{X}}\hat{Z}-\nabla_{[\hat{X},\hat{Y}]}\hat{Z}.\end{aligned}\tag{7.17}$$

上面的讨论不止适用于矢量的平行移动, 对任意张量的平行移动, 也有黎曼张量

$$\begin{aligned}\hat{R}(\hat{X},\hat{Y},\hat{T})&=\hat{R}(\hat{X},\hat{Y})\hat{T},\\&=\nabla_{\hat{X}}\nabla_{\hat{Y}}\hat{T}-\nabla_{\hat{Y}}\nabla_{\hat{X}}\hat{T}-\nabla_{[\hat{X},\hat{Y}]}\hat{T},\end{aligned}\tag{7.18}$$

其中 $\hat{T}$ 是任意的张量. 对于坐标基底, 有

$$\begin{aligned}&[\nabla_\rho,\nabla_\sigma]X^{\mu_1\cdots\mu_k}{}_{\nu_1\cdots\nu_l}\\&\quad=R^{\mu_1}{}_{\lambda\rho\sigma}X^{\lambda\mu_2\cdots\mu_k}{}_{\nu_1\cdots\nu_l}+R^{\mu_2}{}_{\lambda\rho\sigma}X^{\mu_1\lambda\cdots\mu_k}{}_{\nu_1\cdots\nu_l}+\cdots\\&\qquad-R^{\lambda}{}_{\nu_1\rho\sigma}X^{\mu_1\cdots\mu_k}{}_{\lambda\nu_2\cdots\nu_l}-R^{\lambda}{}_{\nu_2\rho\sigma}X^{\mu_1\cdots\mu_k}{}_{\nu_1\lambda\cdots\nu_l}-\cdots.\end{aligned}$$

另一方面, 两个矢量以及它们沿互相之间的平行移动并不一定构成封闭的平行四边形. 简单地说, 挠率张量刻画了两个矢量以及它们互相平行移动后得到的两个矢量组成的平行四边形的非封闭性. 如图 7.4 所示, 我们可以直接读出挠率张量的定义.

**定义** 挠率张量 $\hat{T}$: $\chi(M)\otimes\chi(M)\to\chi(M)$ 是 (1,2) 型张量, 定义为

$$\hat{T}(\hat{X},\hat{Y})=\nabla_{\hat{X}}\hat{Y}-\nabla_{\hat{Y}}\hat{X}-[\hat{X},\hat{Y}].\tag{7.19}$$

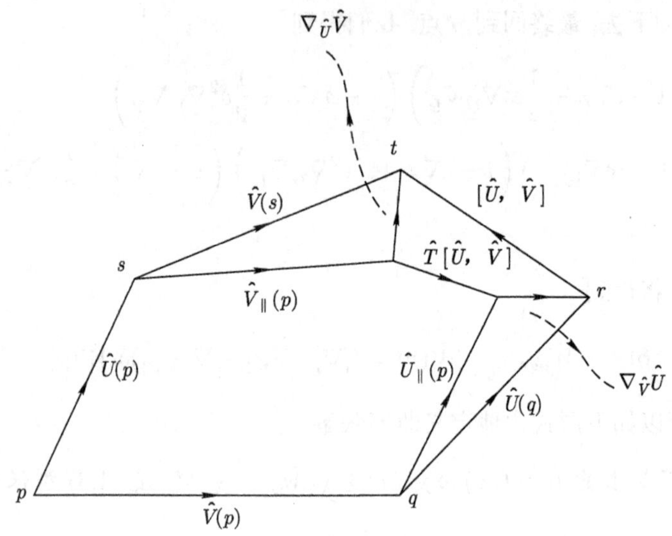


图 7.4 挠率的示意图.

上面的定义中 $\hat{X},\hat{Y},\hat{Z}\in\chi(M)$. 由定义可以看出

$$\begin{aligned}\hat{R}(\hat{X},\hat{Y})\hat{Z}&=-\hat{R}(\hat{Y},\hat{X})\hat{Z},\\ \hat{T}(\hat{X},\hat{Y})&=-\hat{T}(\hat{Y},\hat{X}).\end{aligned}\tag{7.20}$$

曲率张量 $\hat{R}$ 和挠率张量 $\hat{T}$ 的一个重要性质是它们的多线性:

$$\hat{R}(f\hat{X},g\hat{Y})h\hat{Z}=fgh\hat{R}(\hat{X},\hat{Y})\hat{Z},\tag{7.21}$$

$$\hat{T}(f\hat{X},g\hat{Y})=fg\hat{T}(\hat{X},\hat{Y}),\tag{7.22}$$

其中 $f,g,h\in\mathcal{F}(M)$. 比如说对于挠率张量,

$$\begin{aligned}\hat{T}(f\hat{X},g\hat{Y})&=\nabla_{f\hat{X}}g\hat{Y}-\nabla_{g\hat{Y}}f\hat{X}-[f\hat{X},g\hat{Y}]\\ &=f(\hat{X}(g)+g\nabla_{\hat{X}}\hat{Y})-g(\hat{Y}(f)+f\nabla_{\hat{Y}}\hat{X})\\ &\quad-f(\hat{X}(g)+g\hat{X}\hat{Y})+g(\hat{Y}(f)+f\hat{Y}\hat{X})\\ &=fg\hat{T}(\hat{X},\hat{Y}).\end{aligned}\tag{7.23}$$

多线性的意义在于它可以帮助我们给出曲率和挠率张量的分量形式, 也保证了上述定义的量在坐标变换下如张量一样变换. 首先, 我们可以把曲率和挠率定义中的矢量场的分量提出来:

$$\hat{R}(\hat{X},\hat{Y})\hat{Z}=X^{\lambda}Y^{\mu}Z^{\nu}\hat{R}(\hat{e}_{\lambda},\hat{e}_{\mu})\hat{e}_{\nu},\quad \hat{T}(\hat{X},\hat{Y})=X^{\mu}Y^{\nu}\hat{T}(\hat{e}_{\mu},\hat{e}_{\nu}),\tag{7.24}$$

因此, 我们只需关注与基矢相关的量. 如果我们选定坐标基, 其满足 $[\hat{e}_\mu, \hat{e}_\nu] = 0$, 则挠率张量的表达式为

$$\begin{aligned} T^\lambda{}_{\mu\nu} &= < \mathrm{d}x^\lambda, \hat{T}(\hat{e}_\mu, \hat{e}_\nu) > \\ &= < \mathrm{d}x^\lambda, \nabla_{\hat{e}_\mu}\hat{e}_\nu - \nabla_{\hat{e}_\nu}\hat{e}_\mu > \\ &= < \mathrm{d}x^\lambda, (\Gamma^\eta_{\mu\nu} - \Gamma^\eta_{\nu\mu})\hat{e}_\eta > \\ &= \Gamma^\lambda_{\mu\nu} - \Gamma^\lambda_{\nu\mu}, \end{aligned} \tag{7.25}$$

而黎曼张量的表达式为

$$\begin{aligned} R^\kappa{}_{\lambda\mu\nu} &= < \mathrm{d}x^\kappa, \hat{R}(\hat{e}_\mu, \hat{e}_\nu)\hat{e}_\lambda > = < \mathrm{d}x^\kappa, \nabla_\mu\nabla_\nu\hat{e}_\lambda - \nabla_\nu\nabla_\mu\hat{e}_\lambda > \\ &= < \mathrm{d}x^\kappa, \nabla_\mu(\Gamma^\sigma_{\nu\lambda}\hat{e}_\sigma) - \nabla_\nu(\Gamma^\sigma_{\mu\lambda}\hat{e}_\sigma) > \\ &= < \mathrm{d}x^\kappa, \partial_\mu(\Gamma^\sigma_{\nu\lambda})\hat{e}_\sigma + \Gamma^\sigma_{\nu\lambda}\Gamma^\rho_{\mu\sigma}\hat{e}_\rho - (\mu \leftrightarrow \nu) > \\ &= \partial_\mu(\Gamma^\kappa_{\nu\lambda}) + \Gamma^\sigma_{\nu\lambda}\Gamma^\kappa_{\mu\sigma} - (\mu \leftrightarrow \nu). \end{aligned} \tag{7.26}$$

在上面的讨论中, 如果考虑坐标变换下基矢的变换

$$\hat{e}_\mu = \frac{\partial x^{\alpha'}}{\partial x^\mu}\hat{e}_{\alpha'}, \tag{7.27}$$

由于前面的变换矩阵可以看作一个函数, 因此由多线性, 可以直接把这些变换矩阵提出, 从而保证了曲率和挠率的张量性质.

在上面的表达式中, 我们用到了坐标基 $\hat{e}_\mu = \partial_\mu$, $\hat{\theta}^\mu = \mathrm{d}x^\mu$. 由此有 $\hat{g} = g_{\mu\nu}\mathrm{d}x^\mu\mathrm{d}x^\nu$, 其中 $g_{\mu\nu}$ 是 $x$ 的函数. 更一般地, 我们可以利用任意基矢来计算黎曼张量, 不必是坐标基或者正交归一标架基矢. 此时的黎曼张量为

$$R^\kappa{}_{\lambda\mu\nu} = \partial_\mu(\Gamma^\kappa_{\lambda\nu}) + \Gamma^\kappa_{\sigma\mu}\Gamma^\sigma_{\lambda\nu} - (\mu \leftrightarrow \nu) - C^\rho{}_{\mu\nu}\Gamma^\kappa_{\rho\lambda}, \tag{7.28}$$

其中 $C^\rho{}_{\mu\nu}$ 是在此基底下的结构常数. 注意黎曼张量的定义与挠率无关, 因此这里的表达式甚至不必要求联络是无挠的. 对于挠率张量而言, 在一般的基底下有

$$T^\lambda{}_{\mu\nu} = \Gamma^\lambda_{\mu\nu} - \Gamma^\lambda_{\nu\mu} - C^\lambda{}_{\mu\nu}. \tag{7.29}$$

有时候利用前面介绍的标架场会带来方便, 此时基矢满足 $\hat{e}_a \cdot \hat{e}_b = \eta_{ab}$, 但通常不能写作对某个坐标的偏导数 $\partial_a$, 而且基矢的对易子不为零, $[\hat{e}_a, \hat{e}_b] = C^c{}_{ab}\hat{e}_c$. 我们后面会看到如何利用标架场来定义自旋联络以及黎曼张量.

我们已经看到了黎曼张量的几何意义, 下面讨论一下挠率张量的几何意义. 几何上, 可以利用图 7.5 来计算挠率. 考虑一个点 $p \in M$ 和在切空间中 $T_p(M)$ 两个无穷小矢量 $\hat{U} = \epsilon^\mu\hat{e}_\mu, \hat{V} = \delta^\nu\hat{e}_\nu$. 利用坐标卡, 点 $p, q, s$ 的坐标分别为

$$p: x^\mu, \quad q: x^\mu + \epsilon^\mu, \quad s: x^\mu + \delta^\mu, \tag{7.30}$$

也就是说 $\hat{U} = \overrightarrow{pq}, \hat{V} = \overrightarrow{ps}$. 如果我们沿着 $\overrightarrow{ps}$ 平行移动 $\hat{U}$, 就得到矢量 $\overrightarrow{sr_1} = \epsilon^\mu - \epsilon^\lambda \Gamma^\mu_{\nu\lambda}\delta^\nu$, 由此有 $\overrightarrow{pr_1} = \delta^\mu + \epsilon^\mu - \epsilon^\lambda \Gamma^\mu_{\nu\lambda}\delta^\nu$. 另一方面, 如果我们沿着 $\overrightarrow{pq}$ 平行移动 $\hat{V}$, 就得到矢量 $\overrightarrow{pr_2} = \epsilon^\mu + \delta^\mu - \epsilon^\lambda \Gamma^\mu_{\lambda\nu}\delta^\nu$. 一般而言, $r_1 \neq r_2$, 而它们的差为 $\overrightarrow{r_1 r_2} = (\Gamma^\mu_{\nu\lambda} - \Gamma^\mu_{\lambda\nu})\epsilon^\lambda\delta^\nu = T^\mu_{\nu\lambda}\epsilon^\lambda\delta^\nu$, 与挠率张量成正比.

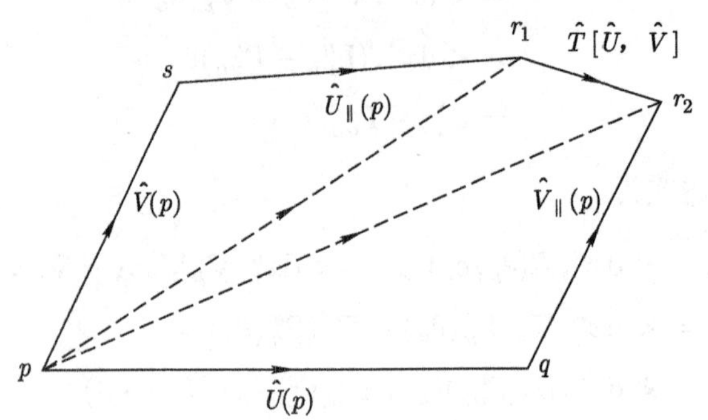


图 7.5 挠率的计算.

回到黎曼张量的讨论. 它整体上为零, 即 $R^\mu{}_{\nu\rho\sigma} \equiv 0$, 当且仅当度规在某个坐标系里为常数. 一方面, 如果度规为常数, $\partial_\sigma g_{\mu\nu} = 0$, 则 $\Gamma^\rho_{\mu\nu} = 0, \partial_\sigma \Gamma^\rho_{\mu\nu} = 0$, 从而 $R^\mu{}_{\nu\rho\sigma} = 0$. 另一方面, 局域地不仅 $g_{\mu\nu}|_p = \eta_{\mu\nu}$, 还有 $\partial_\sigma g_{\mu\nu} = 0$. 在点 $p$ 的基矢可以记作 $\hat{e}_\mu$, 其分量为 $(\hat{e}_\mu)^\sigma$, 由构造有

$$g_{\sigma\rho}(\hat{e}_\mu)^\sigma(\hat{e}_\nu)^\rho(p) = \eta_{\mu\nu}. \tag{7.31}$$

现在我们把整组基矢从 $p$ 点平行移动到另一点 $q$. 黎曼张量为零保证不管采取任何路径最终的结果一样, 即与路径无关, 而平行移动保证矢量间的内积不变,

$$g_{\sigma\rho}(\hat{e}_\mu)^\sigma(\hat{e}_\nu)^\rho(q) = \eta_{\mu\nu}. \tag{7.32}$$

因此我们得到了一组矢量场, 由此可以在任何位置定义一组基矢, 在其中度规张量总为常数. 关键点是这样一组矢量场构成了一组坐标基. 对于坐标基有

$$[\hat{e}_\mu, \hat{e}_\nu] = 0. \tag{7.33}$$

反之, 如果对易子为零, 则可以找到坐标 $y^\mu$ 使 $\hat{e}_\mu = \dfrac{\partial}{\partial y^\mu}$. 由挠率张量的定义, 对易子为零很容易证明. 首先, 有

$$[\hat{e}_\mu, \hat{e}_\nu] = \nabla_{\hat{e}_\mu}\hat{e}_\nu - \nabla_{\hat{e}_\nu}\hat{e}_\mu - T(\hat{e}_\mu, \hat{e}_\nu). \tag{7.34}$$

由无挠条件, 最后一项为零. 此外, 由于矢量是平行移动的, 所以 $\nabla\hat{e} = 0$. 因此, 在任何其他点都有矢量场的对易子为零, 弗罗贝尼乌斯 (Frobenius) 定理告诉我们矢

量场是坐标基, 而且这组坐标基是整体定义的, 在此坐标系下度规场取平坦空间的度规. 因此, 如果黎曼张量整体为零, 则时空流形必然是平坦的.

### 7.1.2 黎曼张量的对称性和等式

对黎曼张量而言, 其不同的分量之间存在着对称性. 下面我们研究这些对称性并给出黎曼张量独立分量的个数. 我们可以做一个一般性的讨论, 假设是在 $n$ 维空间中. 由于有 4 个指标, 看起来黎曼张量可能有 $n^4$ 个分量, 这当然是不对的. 首先, 由于 $R^{\mu}{}_{\nu\rho\sigma}=-R^{\mu}{}_{\nu\sigma\rho}$ 我们至多有 $n^2\times\dfrac{n(n-1)}{2}$ 个分量. 其次黎曼张量还有其他的一些对称性. 我们可以定义一个新的 $(0,4)$ 型张量 $R_{\rho\sigma\mu\nu}=g_{\rho\lambda}R^{\lambda}{}_{\sigma\mu\nu}$, 它满足

(1) $R_{\rho\sigma\mu\nu}=-R_{\sigma\rho\mu\nu}$, 即前两个指标反对称;

(2) $R_{\rho\sigma\mu\nu}=R_{\mu\nu\rho\sigma}$, 即交换前后两组指标对称;

(3) 第一比安基 (Bianchi) 恒等式 $R_{\rho\sigma\mu\nu}+R_{\rho\mu\nu\sigma}+R_{\rho\nu\sigma\mu}=0$, 或记作 $R_{\rho[\sigma\mu\nu]}=0$.

这些等式可以通过选取黎曼正则坐标来证明, 但实际上它们是张量方程, 可以代数地证明. 我们先考虑上述性质中的第二条. 我们可以记 $R_{[\rho\sigma][\mu\nu]}\to Y_{(m,n)}$, 其中 $m,n$ 代表一组反对称指标, 因此有 $\dfrac{m(m+1)}{2}$ 个分量, 而它们之间的对称性告诉我们, 独立的分量个数可能是 $\dfrac{1}{8}n(n-1)(n(n-1)+2)$. 其次, 由比安基恒等式 $R_{\rho[\sigma\mu\nu]}=0$ 以及其他关系, 我们发现 $R_{[\rho\sigma\mu\nu]}=0$. 这个全反对称条件将给出 $n(n-1)(n-2)(n-3)/4!$ 个约束. 最终, 我们发现黎曼张量独立的分量个数为

$$\frac{1}{8}(n^4-2n^3+3n^2-2n)-\frac{1}{24}n(n-1)(n-2)(n-3)=\frac{1}{12}n^2(n^2-1).$$

在讨论黎曼正则坐标时, 我们已经发现度规的二阶导数无法全为零, 不够的自由度数正好是上面的数目. 而黎曼张量本身就包含着度规的二阶导数, 特别是在正则坐标下更为明显. 在 4 维中, 黎曼张量有 20 个独立的分量.

实际上, 黎曼张量还满足一个重要的等式. 考虑黎曼张量的协变导数, 在黎曼正则坐标下有

$$\begin{aligned}\nabla_\lambda R_{\rho\sigma\mu\nu}&=\partial_\lambda R_{\rho\sigma\mu\nu}\\&=\frac{1}{2}\partial_\lambda(\partial_\mu\partial_\sigma g_{\rho\nu}-\partial_\mu\partial_\rho g_{\nu\sigma}-\partial_\nu\partial_\sigma g_{\rho\mu}+\partial_\nu\partial_\rho g_{\mu\sigma})\ .\end{aligned}$$

对前三个指标轮换后求和, 有

$$\begin{aligned}
&\nabla_\lambda R_{\rho\sigma\mu\nu}+\nabla_\rho R_{\sigma\lambda\mu\nu}+\nabla_\sigma R_{\lambda\rho\mu\nu}\\
&=\frac{1}{2}(\partial_\lambda\partial_\mu\partial_\sigma g_{\rho\nu}-\partial_\lambda\partial_\mu\partial_\rho g_{\nu\sigma}-\partial_\lambda\partial_\nu\partial_\sigma g_{\rho\mu}+\partial_\lambda\partial_\nu\partial_\rho g_{\mu\sigma}\\
&\quad+\partial_\rho\partial_\mu\partial_\lambda g_{\sigma\nu}-\partial_\rho\partial_\mu\partial_\sigma g_{\nu\lambda}-\partial_\rho\partial_\nu\partial_\lambda g_{\sigma\mu}+\partial_\rho\partial_\nu\partial_\sigma g_{\mu\lambda}\\
&\quad+\partial_\sigma\partial_\mu\partial_\rho g_{\lambda\nu}-\partial_\sigma\partial_\mu\partial_\lambda g_{\nu\rho}-\partial_\sigma\partial_\nu\partial_\rho g_{\lambda\mu}+\partial_\sigma\partial_\nu\partial_\lambda g_{\mu\rho})\\
&=0.
\end{aligned}\tag{7.35}$$

这个等式可写作

$$\nabla_{[\lambda}R_{\rho\sigma]\mu\nu}=0.\tag{7.36}$$

它被称为第二比安基恒等式, 或者比安基恒等式. 它与下面的雅可比 (Jacobi) 恒等式密切相关.

$$[[\nabla_\lambda,\nabla_\rho],\nabla_\sigma]+[[\nabla_\rho,\nabla_\sigma],\nabla_\lambda]+[[\nabla_\sigma,\nabla_\lambda],\nabla_\rho]=0.\tag{7.37}$$

前面讨论的等式可以写作与坐标无关的形式. 首先定义一个 (0,4) 张量 $\hat{R}(\hat{X},\hat{Y},\hat{Z},\hat{W})=\hat{g}(\hat{R}(\hat{Z},\hat{W})\hat{X},\hat{Y})$, 则上面的等式实际上是

$$\begin{aligned}
\hat{R}(\hat{X},\hat{Y},\hat{Z},\hat{W})&=-\hat{R}(\hat{Y},\hat{X},\hat{Z},\hat{W}),\\
\hat{R}(\hat{X},\hat{Y},\hat{Z},\hat{W})&=-\hat{R}(\hat{X},\hat{Y},\hat{W},\hat{Z}),\\
\hat{R}(\hat{X},\hat{Y},\hat{Z},\hat{W})&=\hat{R}(\hat{Z},\hat{W},\hat{X},\hat{Y}),\\
\hat{R}(\hat{X},\hat{Y},\hat{Z},\hat{W})+\hat{R}(\hat{Z},\hat{Y},\hat{W},\hat{X})+\hat{R}(\hat{W},\hat{Y},\hat{X},\hat{Z})&=0,\\
\nabla_{\hat{X}}\hat{R}(\hat{Y},\hat{Z})\hat{V}+\nabla_{\hat{Z}}\hat{R}(\hat{X},\hat{Y})\hat{V}+\nabla_{\hat{Y}}\hat{R}(\hat{Z},\hat{X})\hat{V}&=0.
\end{aligned}\tag{7.38}$$

### 7.1.3 里奇张量和里奇标量

利用黎曼曲率张量, 我们可以进一步地通过收缩构造其他张量. 首先是里奇 (Ricci) 张量.

**定义** 里奇张量为黎曼张量的如下收缩,

$$R_{\mu\nu}=R^{\lambda}{}_{\mu\lambda\nu}=g^{\lambda\rho}R_{\mu\lambda\nu\rho}.\tag{7.39}$$

对于非克里斯托弗的联络, 也许存在其他收缩. 对克里斯托弗联络而言, 里奇张量是唯一可以从黎曼张量通过收缩得到的张量. 里奇张量是一个对称张量,

$$R_{\mu\nu}=R_{\nu\mu}.\tag{7.40}$$

对里奇张量的进一步收缩, 或者求迹, 可得到里奇标量曲率.

**定义** 里奇标量为里奇张量的如下收缩,

$$R = R^{\mu}{}_{\mu} = g^{\mu\nu} R_{\mu\nu}. \tag{7.41}$$

里奇标量也称为标量曲率, 是一个标量, 不依赖于坐标系的选择. 即使不采用坐标基, 我们也可以得到同样的标量曲率.

利用里奇张量和里奇标量, 我们可以定义爱因斯坦张量.

**定义** 爱因斯坦张量为里奇张量和里奇标量的如下组合,

$$G_{\mu\nu} = R_{\mu\nu} - \frac{1}{2} R g_{\mu\nu}. \tag{7.42}$$

利用比安基恒等式, 可以证明

$$\begin{aligned} 0 &= g^{\nu\sigma} g^{\mu\lambda} (\nabla_\lambda R_{\rho\sigma\mu\nu} + \nabla_\rho R_{\sigma\lambda\mu\nu} + \nabla_\sigma R_{\lambda\rho\mu\nu}) \\ &= \nabla^\mu R_{\rho\mu} - \nabla_\rho R + \nabla^\nu R_{\rho\nu}, \end{aligned} \tag{7.43}$$

或者 $\nabla^\mu R_{\rho\mu} = \frac{1}{2} \nabla_\rho R$. 因此, 爱因斯坦张量满足

$$\nabla^\mu G_{\mu\nu} = 0. \tag{7.44}$$

爱因斯坦张量是一个对称张量, 在广义相对论中至关重要.

如果黎曼张量中去除所有可能的收缩, 可以定义外尔 (Weyl) 张量.

**定义** 外尔张量为从黎曼张量中去除所有可能的非零收缩,

$$C_{\rho\sigma\mu\nu} = R_{\rho\sigma\mu\nu} - \frac{2}{(n-2)} \left( g_{\rho[\mu} R_{\nu]\sigma} - g_{\sigma[\mu} R_{\nu]\rho} \right) + \frac{2}{(n-1)(n-2)} R g_{\rho[\mu} g_{\nu]\sigma}. \tag{7.45}$$

由定义, $C_{\rho\sigma\mu\nu}$ 所有可能的收缩都为零, 但是它保持黎曼张量所有的对称性:

$$\begin{aligned} C_{\rho\sigma\mu\nu} &= C_{[\rho\sigma][\mu\nu]}, \\ C_{\rho\sigma\mu\nu} &= C_{\mu\nu\rho\sigma}, \\ C_{\rho[\sigma\mu\nu]} &= 0. \end{aligned} \tag{7.46}$$

易见, 它只能在三维或者三维以上定义. 在三维中, 外尔张量恒为零. 当 $n \geqslant 4$ 时, 它满足某种形式的比安基恒等式

$$\nabla^\rho C_{\rho\sigma\mu\nu} = -2 \frac{(n-3)}{(n-2)} \left( \nabla_{[\mu} R_{\nu]\sigma} + \frac{1}{2(n-1)} g_{\sigma[\nu} \nabla_{\mu]} R \right). \tag{7.47}$$

外尔张量的一个重要性质是在共形变换

$$g_{\mu\nu} \to \Omega^2(x) g_{\mu\nu} \tag{7.48}$$

下不变.

一个度规称为共形平坦的, 如果它与平坦时空度规间只差一个共形因子, 即 $g_{\mu\nu} = \Omega^2\eta_{\mu\nu}$, 其中 $\eta_{\mu\nu}$ 是平坦空间度规. 在共形 (外尔) 变换 $\bar{g}_{\mu\nu} = \Omega^2 g_{\mu\nu}$ 下, 外尔张量不变.

**定理** 一个度规称为共形平坦的, 当且仅当其相应的外尔张量恒为零.

比如说, 一个二维的黎曼流形总是共形平坦的.

在三维中, 我们可以定义科顿 (Cotton) 张量

$$C^{ij} = \varepsilon^{ikl}\nabla_k\left(R^j{}_l - \frac{1}{4}R\delta^j_l\right), \tag{7.49}$$

满足:

(1) 对称无迹;

(2) 它是横向的 (或者协变守恒), $\nabla_i C^{ij} = 0$;

(3) 它在共形共形变换下具有共形权 $-5/2, C^{ij} \to \Omega^{-5}C^{ij}$.

### 7.1.4 内禀曲率

在 1, 2, 3 和 4 维中, 黎曼张量独立的数目分别为 0, 1, 6 和 20. 因此对一维流形而言, 如 $S^1$, 它总是平坦的, 不会是弯曲的. 说一个圆 $S^1$ 平坦似乎是很奇怪的, 但以内禀的观点看它确实是平坦的. 我们得到的几何直觉来自于把圆嵌入到了高维的空间, 圆的弯曲来自于它的嵌入, 即外曲率 (extrinsic curvature). 如果我们只关心流形的内禀曲率, 与嵌入无关的话, 圆或者任意曲线都是平坦的.

在二维中, 曲率只有一个独立分量 $R_{1212}$. 实际上, 所有与曲率相关的信息都包含在里奇标量中. 因此, 在二维中黎曼张量和里奇标量间必然有一个联系:

$$R_{\mu\nu\sigma\rho} = \frac{1}{2}R(g_{\mu\sigma}g_{\nu\rho} - g_{\nu\sigma}g_{\mu\rho}). \tag{7.50}$$

如何得到这个关系呢? 首先我们必须考虑黎曼张量所满足的对称性, 其次, 黎曼张量的收缩得到里奇标量. 上式是唯一把黎曼张量表达成里奇标量的线性函数的张量公式.

**例 7.1** 柱面.

考虑一个柱面 $R \times S^1$, 如图 7.6 所示. 它可以通过把长方形平面的对边粘合, 或者把一条线段的两端做等同来得到. 其上的诱导度规都是常数, 因此柱面实际是平坦的. 这是另外一个显示外曲率和内禀曲率不同的例子. 如果考虑一个在柱面上运动的蚂蚁, 她感觉不到任何弯曲.

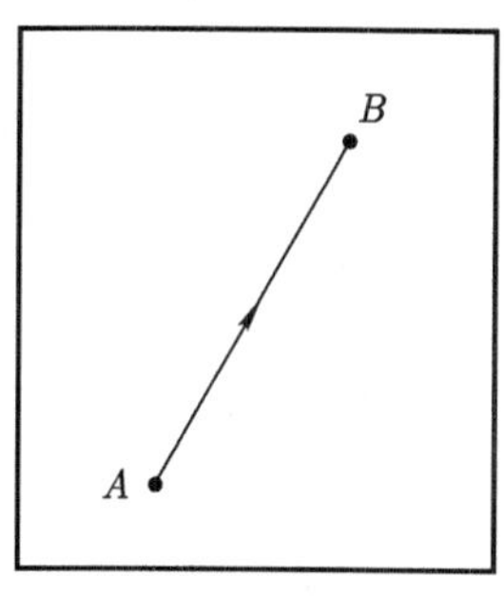

图 7.6 把长方形对边等同粘合将得到一个圆柱面, 它是平坦的.

**例 7.2** 亏格为 1 的环面.

进一步地, 我们可以构造环面. 它可以通过把柱面的上下两个圆粘合得到, 也就是说它是 $S^1 \times S^1$, 如图 7.7 示. 环面也是平坦的.

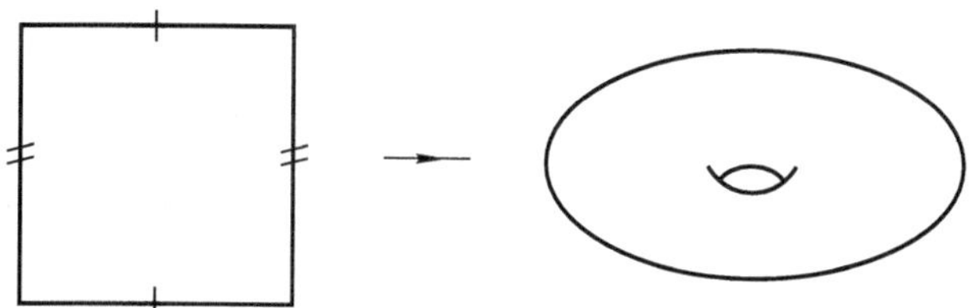

图 7.7 环面可以通过把长方形的对边等同粘合来得到, 它也是内禀平坦的.

**例 7.3** 锥面.

如图 7.8(a) 所示, 一个锥面是一个在某点具有非零曲率的二维流形的例子. 锥面等价于在平面上选定原点再把一个缺陷角去除再粘合切线来得到. 严格地说, 它是一个有奇点的流形. 如图 7.8(b), 锥面上的坐标可以通过 $\rho, \theta$ 来刻画, 度规为

$$\mathrm{d}s^2 = \mathrm{d}\rho^2 + r^2\mathrm{d}\theta^2 = \mathrm{d}\rho^2 + \left(\frac{R}{\rho_0}\right)^2 \rho^2\mathrm{d}\theta^2, \tag{7.51}$$

其中 $0 < \rho < \rho_0$. 可以证明这个圆锥面的标量曲率为零.

**例 7.4** 二维球面.

对一个半径为 $a$ 的二维球面, 其度规为

$$\mathrm{d}s^2 = a^2(\mathrm{d}\theta^2 + \sin^2\theta\mathrm{d}\phi^2), \tag{7.52}$$

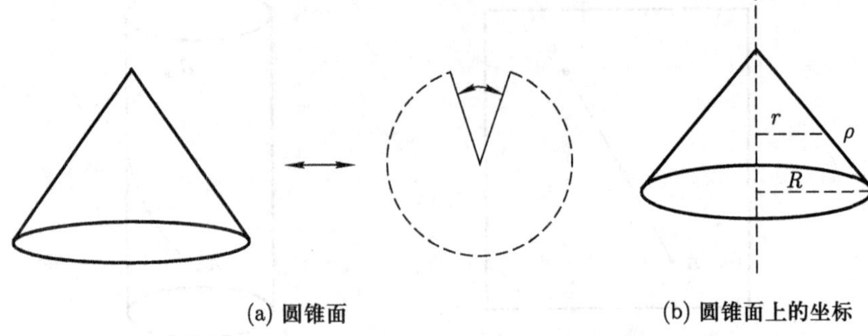


图 7.8 圆锥面可以通过把一个有缺陷角的圆盘面粘合起来得到.

非零的联络系数为

$$\begin{aligned}\Gamma^{\theta}_{\phi\phi} &= -\sin\theta\cos\theta\\ \Gamma^{\phi}_{\theta\phi} &= \Gamma^{\phi}_{\phi\theta} = \cot\theta.\end{aligned} \tag{7.53}$$

唯一可能非零的黎曼张量分量为

$$\begin{aligned}R^{\theta}{}_{\phi\theta\phi} &= \partial_\theta\Gamma^{\theta}_{\phi\phi} - \partial_\phi\Gamma^{\theta}_{\theta\phi} + \Gamma^{\theta}_{\theta\lambda}\Gamma^{\lambda}_{\phi\phi} - \Gamma^{\theta}_{\phi\lambda}\Gamma^{\lambda}_{\theta\phi}\\ &= (\sin^2\theta - \cos^2\theta) - (0) + (0) - (-\sin\theta\cos\theta)(\cot\theta)\\ &= \sin^2\theta.\end{aligned} \tag{7.54}$$

由此得

$$\begin{aligned}R_{\theta\phi\theta\phi} &= g_{\theta\lambda}R^{\lambda}{}_{\phi\theta\phi}\\ &= g_{\theta\theta}R^{\theta}{}_{\phi\theta\phi}\\ &= a^2\sin^2\theta.\end{aligned} \tag{7.55}$$

而里奇张量为

$$\begin{aligned}R_{\theta\theta} &= g^{\phi\phi}R_{\phi\theta\phi\theta} = 1,\\ R_{\theta\phi} &= R_{\phi\theta} = 0,\\ R_{\phi\phi} &= g^{\theta\theta}R_{\theta\phi\theta\phi} = \sin^2\theta.\end{aligned} \tag{7.56}$$

里奇标量为

$$R = g^{\theta\theta}R_{\theta\theta} + g^{\phi\phi}R_{\phi\phi} = \frac{2}{a^2}. \tag{7.57}$$

所以二维球面是个常曲率空间, 也是一个最大对称空间①. 它具有正的曲率, 曲率与半径平方成反比. 那么是否有负曲率空间呢?

**例 7.5** 庞加莱上半平面 $H^2$.

这个曲面具有度规

$$ds^2 = \frac{a^2}{y^2}(dx^2 + dy^2), \quad y > 0. \tag{7.58}$$

固定 $x$, 考虑 $y_1 \to y_2$, 则这两点间的距离为

$$\delta s = \int_{y_1}^{y_2} \sqrt{g_{\mu\nu}\frac{dx^\mu}{dy}\frac{dx^\nu}{dy}}dy = a\int_{y_1}^{y_2}\frac{dy}{y} = a\ln\left(\frac{y_2}{y_1}\right), \tag{7.59}$$

克里斯托弗符号中非零分量为

$$\Gamma^x_{xy} = \Gamma^x_{yx} = -y^{-1}, \quad \Gamma^y_{xx} = y^{-1}, \quad \Gamma^y_{yy} = -y^{-1}. \tag{7.60}$$

在庞加莱上半平面中的测地线包括两种: 一种是 $x$ 为常数, $y = e^{\lambda/a}$; 而另一种为 $(x-x_0)^2 + y^2 = l^2$, 这里 $l$ 是一个常数. 对这个二维流形, 唯一的黎曼张量分量是 $R^x{}_{yxy} = -y^{-2}$, 而里奇张量为

$$R_{xx} = -y^{-2}, \quad R_{xy} = 0, \quad R_{yy} = -y^{-2}, \tag{7.61}$$

标量曲率为

$$R = -\frac{2}{a^2}. \tag{7.62}$$

这样一个负常曲率空间称为庞加莱上半平面, 也称为罗巴切夫斯基 (Lobachevskiĭ) 空间. 它与二维欧氏空间的拓扑相同, 但是不能等度规地嵌入三维欧氏空间 $R^3$. 由于它具有常曲率, 因此它也是一个最大对称空间. 在高维中, 负曲率最大对称空间称为双曲空间, 记作 $H^n$.

在二维中, 爱因斯坦张量恒为零,

$$G_{\mu\nu} = 0, \tag{7.63}$$

这很容易利用上面黎曼张量和里奇标量间的关系得到证明. 在二维中引力是平庸的, 没有任何动力学自由度.

在三维中, 黎曼张量有六个独立的分量. 注意到里奇张量是对称张量, 在三维中也有六个分量. 因此在黎曼张量和里奇张量间必然有一个关系. 与高维引力和二

①在下一节中将有最大对称空间的定义.

维引力不同, 三维引力有些特殊. 尽管在三维中不存在局域的动力学自由度, 但有可能存在一些整体的自由度. 特别地, 已经发现三维反德西特 (anti-de Sitter, 简记为 AdS) 时空中存在着整体的边界自由度, 因此有非平凡的黑洞解存在. 三维 AdS 引力具有非常丰富的物理内容.

## §7.2 基灵矢量

物理上, 粒子运动的守恒量与时空的对称性密不可分. 时间和空间平移的对称性是点粒子运动时能量和动量守恒的原因, 而转动对称性是角动量守恒的原因. 因此, 了解一个时空的对称性具有重要的物理意义. 对于弯曲时空而言, 一般没有整体坐标来覆盖整个流形, 我们希望得到与坐标选择无关的矢量来刻画时空流形的对称性.

考虑度规场在广义坐标变换下的变换

$$g'_{\alpha\beta}(x'(x)) = \frac{\partial x^\mu}{\partial x'^\alpha}\frac{\partial x^\nu}{\partial x'^\beta}g_{\mu\nu}(x), \tag{7.64}$$

或者

$$g_{\mu\nu}(x) = \frac{\partial x'^\alpha}{\partial x^\mu}\frac{\partial x'^\beta}{\partial x^\nu}g'_{\alpha\beta}(x'(x)). \tag{7.65}$$

$x'$ 和 $x$ 实际上对应着同一个物理事件点, 但在不同的坐标卡中. 保度规 (isometry) 意味着在此变换下, 度规场的函数形式不变, $g'_{\alpha\beta}(x'(x)) = g_{\alpha\beta}(x')$. 这样的变换称为保度规变换, 它保持一个矢量的长度不变. 所有的保度规变换构成一个群, 称为保度规群 (isometry group). 这个群的生成元可以通过考虑一个无穷小的坐标变换来得到. 考虑一个无穷小的坐标变换

$$x'^\alpha = x^\alpha + \epsilon\xi^\alpha(x), \tag{7.66}$$

度规场的变换要求

$$\begin{aligned} g_{\mu\nu}(x) &= (\delta^\alpha_\mu + \epsilon\partial_\mu\xi^\alpha)(\delta^\beta_\nu + \epsilon\partial_\nu\xi^\beta)(g_{\alpha\beta} + \epsilon\xi^\gamma\partial_\gamma g_{\alpha\beta}) \\ &= g_{\mu\nu} + \epsilon\delta^\beta_\nu\partial_\mu\xi^\alpha g_{\alpha\beta} + \epsilon\delta^\alpha_\mu\partial_\nu\xi^\beta g_{\alpha\beta} + \epsilon\delta^\beta_\nu\delta^\alpha_\mu\xi^\gamma\partial_\gamma g_{\alpha\beta}, \end{aligned}$$

这导致

$$\begin{aligned} 0 &= \epsilon(g_{\alpha\nu}\partial_\mu\xi^\alpha + g_{\beta\mu}\partial_\nu\xi^\beta + \partial_\gamma g_{\mu\nu}\xi^\gamma) \\ &\Rightarrow \partial_\mu\xi_\nu + \partial_\nu\xi_\mu - \xi^\alpha\partial_\mu g_{\alpha\nu} - \xi^\beta\partial_\nu g_{\beta\mu} + \xi^\gamma\partial_\gamma g_{\mu\nu} = 0 \\ &\Rightarrow 2\partial_{\{\mu}\xi_{\nu\}} - 2\xi_\gamma\Gamma^\gamma_{\mu\nu} = 0 \\ &\Rightarrow \xi_{\nu;\mu} + \xi_{\mu;\nu} = 0, \end{aligned} \tag{7.67}$$

也就是说, 无穷小变换的生成元满足

$$\nabla_\mu \xi_\nu + \nabla_\nu \xi_\mu = 0. \tag{7.68}$$

这个方程称为基灵 (Killing) 方程.

**定义** 基灵矢量是保度规群的无穷小生成元, 满足基灵方程

$$\nabla_\mu \xi_\nu + \nabla_\nu \xi_\mu = 0. \tag{7.69}$$

利用李导数, 基灵方程可写作

$$(\mathcal{L}_{\hat{\xi}} g)_{\mu\nu} = 0.$$

令 $\phi_t : M \to M$ 是产生基灵矢量 $\hat{\xi}$ 的单参数变换群. 上面的方程说明, 当我们沿着 $\phi_t$ 运动时, 局部的几何不变. 也就是说, 基灵矢量场代表着流形对称性的方向.

基灵矢量对应着时空流形的某种对称性. 首先, 通过选择合适的坐标系可以方便地描述基灵矢量. 实际上, 对于一个基灵矢量 $\hat{\xi}$, 总存在一个坐标系 $\{\tilde{x}\}$ 使基灵矢量的分量取作

$$\tilde{\xi}^1 = [\text{constant}] = b, \quad \tilde{\xi}^\mu = 0 (\mu \neq 1). \tag{7.70}$$

这一点可以这样来证明: 给定一个坐标系 $\{x^\mu\}$, 基灵矢量的分量为 $\{\xi^\mu\}$. 由矢量的变换规则有

$$\tilde{\xi}^\mu = \frac{\partial \tilde{x}^\mu}{\partial x^\alpha} \xi^\alpha \Rightarrow \begin{cases} \dfrac{\partial \tilde{x}^1}{\partial x^\alpha} \xi^\alpha = b, \\ \dfrac{\partial \tilde{x}^\mu}{\partial x^\alpha} \xi^\alpha = 0, \quad \mu \neq 1. \end{cases} \tag{7.71}$$

这是一组系数为 $\xi^\alpha$ 的线性微分方程, 它总是可解的. 因此, 我们总可以找到坐标系 $\{\tilde{x}\}$, 在其中基灵矢量的分量取作 (7.70). 进一步地, 在此坐标系中, 基灵方程 (7.67) 中第一式给出

$$\frac{\partial \tilde{g}_{\mu\nu}}{\partial \tilde{x}^1} = 0. \tag{7.72}$$

也就是说, $\tilde{g}_{\mu\nu}$ 与 $\tilde{x}^1$ 无关, 即任何 $\tilde{x}^1$ 的有限变换都是 $\tilde{g}_{\mu\nu}$ 的对称性. 这样我们就有了一条判断基灵矢量的简单方法: 如果 $g_{\mu\nu}$ 不依赖于某个坐标, 则沿此坐标的平移就是一个基灵矢量. 原则上, 我们总可以发现 "正确" 的坐标系使基灵对称性明显. 然而, 这不见得是方便的选择.

**例 7.6** 三维欧氏空间 $R^3$ 上的基灵矢量.

三维欧氏空间 $R^3$ 上的度规为 $\mathrm{d}s^2 = \mathrm{d}x^2 + \mathrm{d}y^2 + \mathrm{d}z^2$. 显然, 我们有基灵矢量

$$X^\mu = (1,0,0), \quad Y^\mu = (0,1,0), \quad Z^\mu = (0,0,1). \tag{7.73}$$

欧氏空间中应该还有转动不变性. 为此, 我们换到球坐标系, 度规为

$$\mathrm{d}s^2 = \mathrm{d}r^2 + r^2\mathrm{d}\theta^2 + r^2\sin^2\theta\mathrm{d}\phi^2, \tag{7.74}$$

易见 $\hat{R} = \partial_\phi = -y\partial_x + x\partial_y$ 是一个基灵矢量, 表示绕 $z$ 轴的转动, 它在笛卡尔坐标系下的分量为

$$R^\mu = (-y, x, 0). \tag{7.75}$$

同理, 我们可以得到沿 $x$ 和 $y$ 轴的转动

$$S^\mu = (z, 0, -x), \quad T^\mu = (0, -z, y). \tag{7.76}$$

它们都是基灵矢量.

**例 7.7** 四维平坦时空.

如果我们取直角坐标, 度规为 $\eta_{\mu\nu}$, 其分量与所有的坐标无关, 所以沿四个方向的平移都是基灵矢量. 而在极坐标下, 我们可以看到转动对称性, 包括洛伦兹转动和空间转动, 这些转动形成了洛伦兹群. 因此四维闵氏时空的保度规群是庞加莱群.

基灵矢量的物理意义在于如果时空流形上存在基灵矢量, 则可以定义与之相关的守恒量. 考虑一个有质量粒子的运动, 其 4-动量为 $p^\mu = mu^\mu$. 它的测地线由 $p^\lambda\nabla_\lambda p_\mu = 0$ 给出, 即

$$p^\lambda\partial_\lambda p_\mu - \Gamma^\alpha_{\lambda\mu}p^\lambda p_\alpha = 0. \tag{7.77}$$

第一项 $p^\lambda\partial_\lambda p_\mu = m\dfrac{\mathrm{d}x^\lambda}{\mathrm{d}\tau}\partial_\lambda p_\mu = m\dfrac{\mathrm{d}p_\mu}{\mathrm{d}\tau}$ 表示动量分量沿测地线的变化. 而第二项为

$$\begin{aligned}\Gamma^\alpha_{\lambda\mu}p^\lambda p_\alpha &= \frac{1}{2}g^{\sigma\alpha}(\partial_\lambda g_{\sigma\mu} + \partial_\mu g_{\lambda\sigma} - \partial_\sigma g_{\lambda\mu})p^\lambda p_\alpha \\ &= \frac{1}{2}(\partial_\lambda g_{\sigma\mu} + \partial_\mu g_{\lambda\sigma} - \partial_\sigma g_{\lambda\mu})p^\lambda p^\sigma \\ &= \frac{1}{2}\partial_\mu g_{\lambda\sigma}p^\lambda p^\sigma.\end{aligned} \tag{7.78}$$

因此, 测地线方程给出

$$m\frac{\mathrm{d}p_\mu}{\mathrm{d}\tau} = \frac{1}{2}\partial_\mu g_{\lambda\sigma}p^\lambda p^\sigma. \tag{7.79}$$

如果 $g_{\lambda\sigma}$ 与某坐标 $x^\mu$ 无关, 则相应的动量 $p_\mu$ 沿着测地线是守恒的,

$$\partial_\mu g_{\lambda\sigma} = 0 \quad \Rightarrow \quad \frac{\mathrm{d}p_\mu}{\mathrm{d}\tau} = 0. \tag{7.80}$$

所以, 时空流形的基灵矢量给出粒子运动的守恒量. 一般性地, 我们可以考虑基灵矢量 $\hat{\xi}$ 与粒子 4-动量的内积沿测地线的变化,

$$\begin{aligned} p^\mu \nabla_\mu (\xi_\nu p^\nu) &= p^\mu \xi_\nu \nabla_\mu p^\nu + p^\mu p^\nu \nabla_\mu \xi_\nu \\ &= p^\mu p^\nu \nabla_\mu \xi_\nu \\ &= p^\mu p^\nu \nabla_{(\mu} \xi_{\nu)}. \end{aligned} \tag{7.81}$$

由基灵方程知

$$\nabla_{(\mu}\xi_{\nu)} = 0 \Rightarrow p^\mu \nabla_\mu (\hat{\xi} \cdot \hat{p}) = 0. \tag{7.82}$$

也就是说, 内积 $\hat{\xi} \cdot \hat{p}$ 是守恒量.

**定理** 如果时空流形存在基灵矢量场 $\hat{\xi}$, 而沿测地线运动的粒子 (无论是有质量还是无质量) 具有 4-动量 $\hat{p}$, 则 $\hat{\xi} \cdot \hat{p}$ 是沿测地线不变的守恒量,

$$\frac{\mathrm{d}}{\mathrm{d}\lambda}(\hat{\xi} \cdot \hat{p}) = 0. \tag{7.83}$$

每一个基灵矢量都定义一个与测地运动相关的守恒量. 这在讨论粒子在弯曲时空中的运动时是非常有用的. 由定义, 度规在基灵矢量方向上是不变的. 不严格地说, 一个自由粒子在此方向上感觉不到任何力, 其动量分量因此也是守恒的. 我们可以与平坦空间的情形做类比. 我们知道平坦时空中时间方向的平移不变性意味着能量守恒, 空间方向的平移不变性意味着动量守恒, 而在转动方向上的不变性意味着角动量守恒. 这些守恒量都可以按照我们刚才的讨论来理解.

进一步地, 可以定义基灵张量, 它满足

$$\nabla_{(\mu} K_{\nu_1 \nu_2 \cdots \nu_l)} = 0. \tag{7.84}$$

与基灵矢量一样, 有

$$p^\mu \nabla_\mu (K_{\nu_1 \nu_2 \cdots \nu_l} p^{\nu_1} \cdots p^{\nu_l}) = 0. \tag{7.85}$$

也就是说, 基灵张量也可以定义粒子运动的守恒量. 一个基灵张量的简单例子是考虑基灵矢量对称化的张量积.

由于基灵矢量是时空流形的对称性, 利用基灵矢量不仅可以定义点粒子的守恒量, 也可以利用它们来定义整个时空的守恒量. 如果有一个类时基灵矢量 $\hat{\xi}$, 可以定义

$$J_T^\mu = \xi_\nu T^{\mu\nu} \Rightarrow \nabla_\mu J_T^\mu = 0, \tag{7.86}$$

则

$$E_T = \int_\Sigma J_T^\mu n_\mu \sqrt{\gamma} \mathrm{d}^3 \boldsymbol{x} \tag{7.87}$$

对任何类空超曲面的积分都是不变的, 即为一个守恒量. 如果存在类空基灵矢量, 则可以定义守恒的动量或者角动量.

在本小节最后我们给出与基灵矢量相关的两个有用的等式:

$$\begin{aligned} \nabla_\mu \nabla_\sigma \xi^\rho &= R^\rho{}_{\sigma\mu\nu} \xi^\nu, \\ \xi^\lambda \nabla_\lambda R &= 0. \end{aligned} \tag{7.88}$$

它们将在后面的讨论中用到. 具体证明留作练习.

## §7.3 最大对称空间

基灵矢量是保度规群的无穷小生成元, 也就是说基灵矢量形成封闭的李代数. 严格地说, 这些矢量并非常数矢量, 而是矢量场. 在维数 $n \geqslant 2$ 时, 一个流形的基灵矢量场数目可以比其维数大. 在一个给定的点, 矢量可能是线性相关的. 对于 $\sum_n c_n \hat{V}^{(n)}$, 如果 $c_n \in R$ 且 $\hat{V}^{(n)}$ 是基灵矢量, 则组合后仍是基灵矢量, 但如果 $c_n \in \mathcal{F}(M)$ 是函数, 则线性组合后并非基灵矢量. 然而, 如果 $\hat{X}, \hat{Y}$ 是基灵矢量, 它们的对易子 $[\hat{X}, \hat{Y}]$ 仍是基灵矢量. 换句话说, 基灵矢量场构成李代数, 这个代数是时空流形保度规群的李代数. 下面我们证明基灵矢量场的对易子仍是基灵矢量场.

**定理** 两个基灵矢量场的对易子仍是基灵矢量场.

**证明** 令 $\hat{X}, \hat{Y}$ 是基灵矢量场, 它们的对易子为

$$[\hat{X}, \hat{Y}]^\mu = [X^\sigma \partial_\sigma, Y^\rho \partial_\rho] = X^\sigma \partial_\sigma Y^\mu - Y^\sigma \partial_\sigma X^\mu. \tag{7.89}$$

然后我们考虑

$$\begin{aligned} \nabla^{(\nu}[\hat{X}, \hat{Y}]^{\mu)} &= \nabla^\nu (X^\sigma \partial_\sigma Y^\mu - Y^\sigma \partial_\sigma X^\mu) + (\nu \leftrightarrow \mu) \\ &= (\nabla^\nu X^\sigma)(\nabla_\sigma Y^\mu) + X^\sigma \nabla^\nu \nabla_\sigma Y^\mu \\ &\quad -(\nabla^\nu Y^\sigma)(\nabla_\sigma X^\mu) - Y^\sigma \nabla^\nu \nabla_\sigma X^\mu + (\nu \leftrightarrow \mu) \\ &= -(\nabla^\sigma X^\nu)(\nabla_\sigma Y^\mu) - X^\sigma \nabla^\nu \nabla^\mu Y_\sigma \end{aligned}$$

$$
\begin{aligned}
&+(\nabla^\sigma Y^\nu)(\nabla_\sigma X^\mu) + Y^\sigma \nabla^\nu \nabla^\mu X_\sigma + (\nu \leftrightarrow \mu) \\
&= -X^\sigma R_\sigma{}^{\nu\mu}{}_\rho Y^\rho + Y^\sigma R_\sigma{}^{\nu\mu}{}_\rho X^\rho + (\nu \leftrightarrow \mu) \\
&= 0.
\end{aligned} \tag{7.90}
$$

因此, $[\hat{X}, \hat{Y}]$ 确实是基灵矢量场. 基灵矢量场的集合 $\{\hat{X}\}$ 是保度规群的李代数.

对于 $n$ 维平直空间 $R^n$, 它有 $n$ 个平移和 $\dfrac{n(n-1)}{2}$ 个转动基灵矢量. 固定一个点 $P$, 最多有 $n$ 个平移. 而保持点 $P$ 不动, 考虑可能的转动, 任意选择两个坐标轴即可定义此平面中的转动. 所以总共有

$$
n + \frac{n(n-1)}{2} = \frac{n(n+1)}{2} \tag{7.91}
$$

个基灵矢量. 对 $n$ 维弯曲时空, 局部是一个平坦时空. 可以期待 $n$ 维平坦时空是我们能够得到的对称性最好的空间. 最大对称时空是具有最多可能基灵矢量场的时空.

**定理** 对一个 $n$ 维时空, 它最多拥有 $n(n+1)/2$ 个基灵矢量场.

**证明** 对一个基灵矢量, $\nabla_{(\mu}\xi_{\nu)} = 0$. 由于

$$
\nabla_\sigma \nabla_\rho \xi_\mu = -R^\lambda{}_{\sigma\rho\mu}\xi_\lambda, \tag{7.92}
$$

在点 $X$ 处基灵矢量场的所有导数都由 $\xi_\sigma$ 和 $\xi_{\sigma;\rho}$ 的线性组合确定, 所以 $\xi_\mu(x)$ 的泰勒展开为

$$
\xi_\rho(x) = A_\rho{}^\lambda(x;X)\xi_\lambda(X) + B_\rho{}^{\lambda\nu}(x;X)\xi_{\lambda;\nu}(X), \tag{7.93}
$$

只包含 $\xi_\sigma$ 和 $\xi_{\sigma;\rho}$, 其中 $A, B$ 是依赖于 $g_{\mu\nu}$ 和 $X$ 的函数, 因此它们对所有的基灵矢量都一样. 一组基灵矢量 $\xi^n_\rho(x)$ 称为线性独立的, 如果它们不满足 $\displaystyle\sum_n c_n \xi^n_\rho(x) = 0$, 其中 $c_n$ 为常数. 因此在 $n$ 维中最多有 $\dfrac{n(n+1)}{2}$ 个基灵矢量.

(1) $\xi_\lambda(X) : n$ 个;

(2) $\xi_{\lambda;\nu}(X) : \dfrac{n(n-1)}{2}$ 个, 因为 $\xi_{(\lambda;\nu)}(X) = 0$.

得证.

最大对称空间在所有点上都是均匀 (homogeneous) 和各向同性 (isotropic) 的. 均匀意味着时空中没有哪个点是特殊的, 总存在基灵矢量把任意给定点移到它附近的任何其他点. 而各向同性是在保持某点 $X$ 固定时使 $\xi^\lambda(X) = 0$ 而使 $\xi_{\lambda;\nu}(X)$ 取所有可能的值. 各向同性意味着在流形上任意一个点, 各个方向都是相同的, 也就是说具有转动不变性.

**命题** 最大对称空间也称为常曲率空间. 它的黎曼张量必然取形式

$$R_{\lambda\rho\sigma\nu} = K(g_{\lambda\sigma}g_{\rho\nu} - g_{\lambda\nu}g_{\rho\sigma}), \tag{7.94}$$

其中 $K$ 是一个常数,

$$K = \frac{R}{n(n-1)}. \tag{7.95}$$

**证明** 假设 $\hat{\xi}$ 是一个基灵矢量场, 其协变导数也是一个张量. 对于张量 $\nabla_\sigma \xi_\rho$, 有

$$(\nabla_\mu\nabla_\nu - \nabla_\nu\nabla_\mu)\nabla_\sigma\xi_\rho = R^\lambda{}_{\rho\mu\nu}\nabla_\sigma\xi_\lambda + R^\lambda{}_{\sigma\mu\nu}\nabla_\lambda\xi_\rho. \tag{7.96}$$

利用基灵方程 $\nabla_\sigma\xi_\rho = -\nabla_\rho\xi_\sigma$, 以及前面提到的等式 $\nabla_\mu\nabla_\nu\xi_\rho = R^\lambda{}_{\mu\nu\rho}\xi_\lambda$, 由上式可以得到

$$\begin{aligned}
0 &= \nabla_\mu(R^\lambda{}_{\nu\sigma\rho}\xi_\lambda) - \nabla_\nu(R^\lambda{}_{\mu\sigma\rho}\xi_\lambda) - R^\lambda{}_{\rho\mu\nu}\nabla_\sigma\xi_\lambda - R^\lambda{}_{\sigma\mu\nu}\nabla_\lambda\xi_\rho \\
&= (\nabla_\mu R^\lambda{}_{\nu\sigma\rho} - \nabla_\nu R^\lambda{}_{\mu\sigma\rho})\xi_\lambda \\
&\quad + R^\lambda{}_{\nu\sigma\rho}\nabla_\mu\xi_\lambda - R^\lambda{}_{\mu\sigma\rho}\nabla_\nu\xi_\lambda - R^\lambda{}_{\rho\mu\nu}\nabla_\sigma\xi_\lambda + R^\lambda{}_{\sigma\mu\nu}\nabla_\rho\xi_\lambda \\
&= (\nabla_\mu R^\lambda{}_{\nu\sigma\rho} - \nabla_\nu R^\lambda{}_{\mu\sigma\rho})\xi_\lambda \\
&\quad + (R^\lambda{}_{\nu\sigma\rho}\delta^\gamma_\mu - R^\lambda{}_{\mu\sigma\rho}\delta^\gamma_\nu - R^\lambda{}_{\rho\mu\nu}\delta^\gamma_\sigma + R^\lambda{}_{\sigma\mu\nu}\delta^\gamma_\rho)\nabla_\gamma\xi_\lambda.
\end{aligned} \tag{7.97}$$

上面的讨论对于时空没有要求. 最后的关系式中包含着正比于基灵矢量的项, 以及与基灵矢量的一阶协变导数相关的项. 如果考虑最大对称空间, 前面的讨论告诉我们基灵矢量的个数加上其协变导数的独立个数等于最大对称空间的基灵矢量的数目, 因此, 上面的关系式不应该把基灵矢量和基灵矢量的协变导数联系起来, 否则这些量就并非线性独立的. 这意味着上式在最大对称空间中成立的条件是基灵矢量前面的系数以及基灵矢量协变导数前面的系数都必须等于零. 再利用基灵矢量的定义, 我们知道其协变导数对称化以后不会给出限制, 因此只需要考虑其反对称部分前面的系数即可. 这样我们得到

$$\begin{aligned}
&\nabla_\mu R^\lambda{}_{\nu\sigma\rho} = \nabla_\nu R^\lambda{}_{\mu\sigma\rho}, \\
&R^\lambda{}_{\nu\sigma\rho}\delta^\gamma_\mu - R^\lambda{}_{\mu\sigma\rho}\delta^\gamma_\nu - R^\lambda{}_{\rho\mu\nu}\delta^\gamma_\sigma + R^\lambda{}_{\sigma\mu\nu}\delta^\gamma_\rho - (\lambda \leftrightarrow \gamma) = 0.
\end{aligned} \tag{7.98}$$

对第二个关系进行适当的缩并, 我们发现

$$\begin{aligned}
(n-1)R^\lambda{}_{\nu\sigma\rho} &= R_{\nu\rho}\delta^\lambda_\sigma - R_{\nu\sigma}\delta^\lambda_\rho, \\
nR^\mu{}_\rho &= R\delta^\mu_\rho, \quad R = \text{常数}.
\end{aligned} \tag{7.99}$$

这实际上等价于上面得到的黎曼张量与里奇标量间的关系. 得证.

常曲率空间被 $K$ 唯一地确定. 在固定的维数, 除去平坦时空外, 还有其他的最大对称时空. 对于黎曼流形而言,

(1) $K=0$, 欧氏平直空间.

(2) $K>0$, 球面 ($R>0$, 正常数曲率). 如果取球坐标, 我们可以很容易得到其标量曲率 $R\propto 1/a^2$, 其中 $a$ 是球面的半径. 这里标量曲率与半径的依赖关系可以很容易地通过量纲分析来得到: 度规场是无量纲的, 而黎曼张量的量纲是长度量纲的负二次幂, 而球面唯一的尺度是其半径, 所以标量曲率一定与半径的平方成反比.

(3) $K<0$, 即 $R<0$, 双曲空间. 对于双曲空间, 我们可以取所谓的庞加莱坐标, 在其中度规为

$$\mathrm{d}s^2=\frac{L^2}{r^2}(\mathrm{d}r^2+\mathrm{d}\boldsymbol{x}^2). \tag{7.100}$$

这里 $L$ 称为双曲空间的半径. 当然, 由于双曲空间非紧, $L$ 只是这个空间的一个尺度. 计算这个空间的标量曲率可得 $R\propto -1/L^2$.

因此, 在宇宙学中如果我们认为宇宙学原理成立, 则其中的空间可以是上面三种空间中的一种, 分别对应着平坦宇宙、闭宇宙和开宇宙. 对于双曲空间, 典型的例子是 $H^2$: 2 维双曲面, 即庞加莱半平面, 或者罗巴切夫斯基空间.

对于赝黎曼流形, 分类如下. 如果 $R=0$, 对应着闵氏时空. 如果 $R>0$, 对应着德西特 (de Sitter) 时空. 德西特时空在宇宙学中有着重要的应用. 在宇宙学的标准模型中, 极早期宇宙存在一个暴胀时期. 此时, 类似于存在着一个正的宇宙学常数, 标度因子是以指数形式增长的, 因此这个阶段可以认为是一个近似德西特时期. 而在宇宙现阶段, 观测发现宇宙处于加速膨胀阶段, 受暗能量的驱动. 在将来, 宇宙将进入渐近德西特时空阶段. 然而, 德西特时空有一些奇特的性质: 它存在着一个宇宙学视界, 可以定义温度和熵. 由于宇宙学视界的存在, 德西特时空中的物理是很奇怪的, 对于观测者而言只有有限多个自由度.

最后, $R<0$ 对应着反德西特时空. 反德西特时空也有着很有趣的物理应用. 近年来, 量子引力的重要发展来自于所谓的 AdS/CFT 对应: 反德西特时空中的量子引力与其边界上的共形场论等价. 这个对应关系实现了量子引力的全息原理, 提供了量子引力的全新定义. 在最后一章的附录中我们将对德西特和反德西特时空做更进一步的介绍.

## *§7.4 自旋联络

一个典型的弯曲时空, 局部是平坦的. 我们可以引进标架场$e_a^\mu$ 来研究时空的几

何[①]. 在本节中我们用拉丁字母 $a, b, \cdots$ 来标志平坦空间指标, 而用希腊字母来标志弯曲时空指标. 平坦空间指标的升降用 $\eta^{ab}$ 或者 $\eta_{ab}$, 而弯曲空间指标升降用 $g^{\mu\nu}$ 或者 $g_{\mu\nu}$. 我们将学习嘉当的活动标架来定义自旋联络和计算曲率. 自旋联络在讨论弯曲时空中的费米子时尤为重要.

我们前面对矢量和张量的讨论都基于坐标基, 在其中

$$\begin{cases} T_pM: \hat{e}_\mu = \dfrac{\partial}{\partial x^\mu}, \\ T_p^*M: \hat{\theta}^\mu = \mathrm{d}x^\mu. \end{cases} \tag{7.101}$$

实际上, 我们也可以利用非坐标基来讨论问题. 原则上存在各种各样的非坐标基, 可以是坐标基的任意组合. 这里定义的非坐标基指的是

$$\hat{e}_a = e_a^\mu \frac{\partial}{\partial x^\mu}, \tag{7.102}$$

其中 $e_a^\mu \in \mathrm{GL}(4, R)$ 且 $\det(e_a^\mu) > 0$ (保持定向), 并要求

$$\hat{g}(\hat{e}_a, \hat{e}_b) = e_a^\mu e_b^\nu g_{\mu\nu} = \eta_{ab}, \quad g_{\mu\nu} = e_\mu^a e_\nu^b \eta_{ab}, \tag{7.103}$$

而 $e_\mu^a$ 是 $e_a^\mu$ 的逆,

$$e_\mu^a e_b^\mu = \delta_b^a, \quad e_\mu^a e_a^\nu = \delta_\mu^\nu. \tag{7.104}$$

注意这里的标架场 $\hat{e}_a$ 与前面讨论的观测者局部实验室中的标架场有点类似, 但是并不相同. 这里的标架场与观测者无关, 也与观测者的世界线的切矢等无关, 只要满足上面的条件即可. 观测者局部实验室中的标架场是一种特殊的标架场, 有更多的限制.

正如我们前面强调过的, 切矢量和余切矢量是坐标无关的, 因此可以用坐标基展开, 也可以用非坐标基展开:

$$\begin{aligned} \hat{V} &= V^\mu \hat{e}_\mu = V^a \hat{e}_a = V^a e_a^\mu \hat{e}_\mu \\ &\Rightarrow V^\mu = V^a e_a^\mu, \quad V^a = e_\mu^a V^\mu. \end{aligned} \tag{7.105}$$

同样, 在非坐标基中的 1 形式为

$$\hat{\theta}^a = e_\mu^a \mathrm{d}x^\mu. \tag{7.106}$$

而度规张量是 $(0, 2)$ 型张量, 可展开为

$$\hat{g} = g_{\mu\nu} \mathrm{d}x^\mu \otimes \mathrm{d}x^\nu = \eta_{ab} \hat{\theta}^a \otimes \hat{\theta}^b. \tag{7.107}$$

---

①在德语中用 veilbein 来指标架场, 意思是 “有多条腿的”. 在四维用 vierbein, 三维用 dreibein, 二维用 zweibein 等等. 而在希腊语中用 tetrad, 表示一组框架.

一般来说, 把 $\{\hat{e}_a, \hat{\theta}^a\}$ 都称为非坐标基. 与坐标基不同, 非坐标基并不对易,

$$[\hat{e}_m, \hat{e}_n]|_p = C^q_{mn}\hat{e}_q|_p, \tag{7.108}$$

其中

$$C^q_{mn} = e^q_\nu(e^\mu_m\partial_\mu e^\nu_n - e^\mu_n\partial_\mu e^\nu_m)|_p. \tag{7.109}$$

利用非坐标基, 我们定义其相应的联络, 常称为自旋联络 (spin connection):

$$\nabla_m\hat{e}_n \equiv \nabla_{\hat{e}_m}\hat{e}_n = \omega^p{}_{mn}\hat{e}_p. \tag{7.110}$$

进一步地, 利用上面的标架场, 可得

$$\begin{aligned}
&e^\mu_m(\partial_\mu e^\nu_n + e^\lambda_n\Gamma^\nu_{\mu\lambda})\hat{e}_\nu = \omega^p{}_{mn}e^\nu_p\hat{e}_\nu \\
&\Rightarrow \omega^p{}_{mn} = e^p_\nu e^\mu_m(\partial_\mu e^\nu_n + e^\lambda_n\Gamma^\nu_{\mu\lambda}).
\end{aligned} \tag{7.111}$$

由这些联络系数, 我们可以定义一个自旋联络 1 形式:

$$\hat{\omega}^m{}_n = \omega^m{}_{pn}\hat{\theta}^p. \tag{7.112}$$

按照黎曼张量和挠率张量的定义,

$$\begin{aligned}
\hat{R}(\hat{X},\hat{Y})\hat{Z} &= \nabla_{\hat{X}}\nabla_{\hat{Y}}\hat{Z} - \nabla_{\hat{Y}}\nabla_{\hat{X}}\hat{Z} - \nabla_{[\hat{X},\hat{Y}]}\hat{Z}, \\
\hat{T}(\hat{X},\hat{Y}) &= \nabla_{\hat{X}}\hat{Y} - \nabla_{\hat{Y}}\hat{X} - [\hat{X},\hat{Y}],
\end{aligned} \tag{7.113}$$

在非坐标基下利用自旋联络写出的挠率张量和黎曼张量的分量分别为

$$T^m{}_{np} = <\hat{\theta}^m, \hat{T}(\hat{e}_n,\hat{e}_p)> = \omega^m{}_{np} - \omega^m{}_{pn} - C^m{}_{np}, \tag{7.114}$$

$$R^m{}_{nst} = <\hat{\theta}^m, \nabla_s\nabla_t\hat{e}_n - \nabla_t\nabla_s\hat{e}_n - \nabla_{[\hat{e}_s,\hat{e}_t]}\hat{e}_n>. \tag{7.115}$$

如果要写成显式, 黎曼张量的表达式会很复杂. 在实际计算中, 我们不使用上面的定义来计算黎曼张量, 而是利用所谓的嘉当结构方程来计算.

**定理** 标架场、自旋联络和曲率张量与挠率张量间满足嘉当结构方程

$$\begin{cases}
\mathrm{d}\hat{\theta}^m + \hat{\omega}^m{}_n \wedge \hat{\theta}^n = \hat{T}^m, \\
\mathrm{d}\hat{\omega}^m{}_n + \hat{\omega}^m{}_p \wedge \hat{\omega}^p{}_n = \hat{R}^m{}_n,
\end{cases} \tag{7.116}$$

其中

$$\begin{cases}
\hat{T}^m = \dfrac{1}{2}T^m_{np}\hat{\theta}^n \wedge \hat{\theta}^p, \\
\hat{R}^m_n = \dfrac{1}{2}R^m{}_{npq}\hat{\theta}^p \wedge \hat{\theta}^q
\end{cases} \tag{7.117}$$

分别称为挠率 2 形式和曲率 2 形式.

我们把第二个方程作为练习留给读者. 对于第一个方程, 其证明如下.

**证明** 把 $\hat{e}_s, \hat{e}_t$ 作用在方程的左边得

$$
\begin{aligned}
&\mathrm{d}\hat{\theta}^m(\hat{e}_s,\hat{e}_t)+\langle\hat{\omega}^m{}_n,\hat{e}_s\rangle\langle\hat{\theta}^n,\hat{e}_t\rangle-\langle\hat{\theta}^n,\hat{e}_s\rangle\langle\hat{\omega}^m{}_n,\hat{e}_t\rangle\\
&=\hat{e}_s(\langle\hat{\theta}^m,\hat{e}_t\rangle)-\hat{e}_t(\langle\hat{\theta}^m,\hat{e}_s\rangle)-\langle\hat{\theta}^m,[\hat{e}_s,\hat{e}_t]\rangle+\langle\hat{\omega}^m{}_t,\hat{e}_s\rangle-\langle\hat{\omega}^m{}_s,\hat{e}_t\rangle\\
&=-C^m_{st}+\omega^m{}_{st}-\omega^m{}_{ts}=T^m_{st}.
\end{aligned}
$$

这里利用了等式

$$
\mathrm{d}\hat{\omega}(\hat{X},\hat{Y})=\hat{X}[\hat{\omega}(\hat{Y})]-\hat{Y}[\hat{\omega}(\hat{X})]-\hat{\omega}([\hat{X},\hat{Y}]). \tag{7.118}
$$

这个等式在坐标基下很容易证明:

$$
\begin{aligned}
\text{等式左边}&=\partial_\nu\omega_\mu\mathrm{d}x^\nu\wedge\mathrm{d}x^\mu(X^\alpha\partial_\alpha,Y^\beta\partial_\beta)\\
&=\partial_\nu\omega_\mu(X^\nu Y^\mu-X^\mu Y^\nu),\\
\text{等式右边}&=X^\mu\partial_\mu(\omega_\nu Y^\nu)-Y^\mu\partial_\mu(\omega_\nu X^\nu)-\omega_\nu(X^\mu\partial_\mu Y^\nu-Y^\mu\partial_\mu X^\nu)\\
&=X^\mu Y^\nu(\partial_\mu\omega_\nu)-X^\nu Y^\mu(\partial_\mu\omega_\nu).
\end{aligned}
$$

作为一个张量方程, 它应该在任何坐标系下都成立. 得证.

**命题** 挠率 2 形式和曲率 2 形式还满足比安基恒等式

$$
\begin{cases}
\mathrm{d}\hat{T}^m+\hat{\omega}^m{}_n\wedge\hat{T}^n=\hat{R}^m{}_n\wedge\hat{\theta}^n,\\
\mathrm{d}\hat{R}^m{}_n+\hat{\omega}^m{}_p\wedge\hat{R}^p{}_n-\hat{R}^m{}_p\wedge\hat{\omega}^p{}_n=0.
\end{cases} \tag{7.119}
$$

对第一个关系的证明如下:

$$
\begin{aligned}
\mathrm{d}\hat{T}^m&=\mathrm{d}\hat{\omega}^m{}_n\wedge\hat{\theta}^n-\hat{\omega}^m{}_n\wedge\mathrm{d}\hat{\theta}^n\\
&=\hat{R}^m{}_n\wedge\hat{\theta}^n-\hat{\omega}^m{}_p\wedge\hat{\omega}^p{}_n\wedge\hat{\theta}^n-\hat{\omega}^m{}_n\wedge(\hat{T}^n-\hat{\omega}^n{}_p\wedge\hat{\theta}^p)\\
&=\hat{R}^m_n\wedge\hat{\theta}^n-\hat{\omega}^m{}_n\wedge\hat{T}^n.
\end{aligned}
$$

如果加上度规相容条件和无挠条件, 就得到了非坐标基下的列维–齐维塔联络. 度规相容性给出

$$
\nabla_m\eta_{ab}=\partial_m\eta_{ab}-\omega^c{}_{ma}\eta_{cb}-\omega^c{}_{mb}\eta_{ac}=0, \tag{7.120}
$$

由此得到

$$
\hat{\omega}_{mn}=-\hat{\omega}_{nm}. \tag{7.121}
$$

而无挠条件 $\hat{T}=0$ 给出

$$\mathrm{d}\hat{\theta}^m + \hat{\omega}^m{}_n \wedge \hat{\theta}^n = 0. \tag{7.122}$$

这是一个 2 形式方程, 加上自旋联络上的反对称条件, 提供了一个便捷的方法来得到自旋联络.

**命题** 基于非坐标基的列维–齐维塔联络满足

$$\hat{\omega}_{mn} = -\hat{\omega}_{nm},$$
$$\mathrm{d}\hat{\theta}^m + \hat{\omega}^m{}_n \wedge \hat{\theta}^n = 0.$$

自旋联络在物理上有很重要的应用. 考虑一个旋量与引力的耦合. 由于旋量处于洛伦兹群 SO(1,3) 的一个特殊 (旋量) 表示中, 它的协变导数为

$$\nabla_\mu \psi = (\partial_\mu + \frac{1}{4}\omega_{ab\mu}\Gamma^{[ab]})\psi, \tag{7.123}$$

其中 $\Gamma^{[ab]}$ 是两个狄拉克矩阵积的反称化. 因此如果我们要考虑弯曲时空中旋量场的物理, 必须用到自旋联络. 自旋联络在超引力和弦理论中都有重要的应用.

下面考虑在标架场上变换的物理意义. 首先注意到在非坐标基下度规取正则的形式, 因此可以有变换

$$\hat{\theta}^m \to \hat{\theta}'^m(P) = \Lambda^m_n(P)\hat{\theta}^n(P), \tag{7.124}$$

其中 $\Lambda^m_n$ 是一个局域的正交转动, 即洛伦兹变换, 保持度规的形式不变. 也就是说, 标架场的选择并不唯一, 存在着洛伦兹变换的自由度. 在此变换下

$$e^m_\mu(P) \to e'^m_\mu(P) = \Lambda^m_n(P)e^n_\mu(P). \tag{7.125}$$

注意, 洛伦兹转动只作用在指标 $m,n$ 上. 同样, 对于标架场 $\hat{e}_m$, 有变换

$$\hat{e}_m \to \hat{e}'_m = \hat{e}_s(\Lambda^{-1})^s_m. \tag{7.126}$$

在局部标架中, 一个 (1,1) 型张量在洛伦兹变换下不变,

$$\hat{T} = T^m_n \hat{e}_m \otimes \hat{\theta}^n = T'^m_n \hat{e}'_m \otimes \hat{\theta}'^n, \tag{7.127}$$

但其分量会有变化,

$$T'^m_n = \Lambda^m_s T^s_t (\Lambda^{-1})^t_n. \tag{7.128}$$

对于挠率张量, 其变换为

$$\begin{aligned}\hat{T}^m \to \hat{T}'^m &= \Lambda^m_n[d\hat{\theta}^n + \hat{\omega}^n_p \wedge \hat{\theta}^p] \\ &= \mathrm{d}\hat{\theta}'^m + \hat{\omega}'^m{}_n \wedge \hat{\theta}'^n \\ &= \mathrm{d}(\Lambda^m_n \hat{\theta}^n) + \hat{\omega}'^m{}_p \wedge \Lambda^p_n \theta^n \\ &= \Lambda^m_n d\hat{\theta}^n + (\mathrm{d}\Lambda^m_n)\hat{\theta}^n + \Lambda^p_n \hat{\omega}'^m{}_p \wedge \hat{\theta}^n. \end{aligned} \tag{7.129}$$

这样我们可以读出联络 1 形式在洛伦兹变换下的行为:

$$\begin{aligned}&\hat{\omega}'^m{}_p \Lambda^p_n = \Lambda^m_p \hat{\omega}^p{}_n - \mathrm{d}\Lambda^m_n \\ &\Rightarrow \hat{\omega}'^m_n = \Lambda^m_p \hat{\omega}^p{}_q (\Lambda^{-1})^q_n + \Lambda^m_p (\mathrm{d}\Lambda^{-1})^p_n, \end{aligned} \tag{7.130}$$

或者更紧凑地记作

$$\omega' = \Lambda\omega\Lambda^{-1} + \Lambda \mathrm{d}\Lambda^{-1}. \tag{7.131}$$

它看起来像在规范联络上的规范变换. 这也说明联络 1 形式并非一个张量. 进一步地, 对曲率张量有

$$\hat{R}^m{}_n \to \hat{R}'^m{}_n = \Lambda^m_p \hat{R}^p{}_q (\Lambda^{-1})^q_n, \tag{7.132}$$

它在洛伦兹变换下是协变的. 所以我们可以有以下类比:

$$\hat{\omega} \sim \hat{A}, \quad \hat{R} \sim \hat{F}. \tag{7.133}$$

也就是说自旋联络 1 形式类似于规范势, 曲率 2 形式类似于场强 2 形式, 只不过现在规范群是局域的洛伦兹群.

在不同的基底下, 矢量的协变导数的表达式不同:

$$\begin{aligned}\nabla_{\hat{Y}}\hat{X} = \nabla_\mu \hat{X} &= e^b_\mu \nabla_b \hat{X} = e^b_\mu(\hat{e}_b(X^a)\hat{e}_a + \omega^d{}_{ba}X^a\hat{e}_d) \\ &= \partial_\mu(X^\nu e^a_\nu)\hat{e}_a + e^b_\mu \omega^d{}_{ba} X^a \hat{e}_d \\ &= (\partial_\mu X^\nu)\hat{e}_\nu + X^\nu(\partial_\mu e^a_\nu)\hat{e}_a + e^b_\mu \omega^d{}_{ba} X^\sigma e^a_\sigma e^\nu_d \hat{e}_\nu \\ &= (\partial_\mu X^\nu)\hat{e}_\nu + X^\sigma(\partial_\mu e^a_\sigma)e^\nu_a\hat{e}_\nu + e^a_\sigma e^\nu_d \omega^d{}_{\mu a} X^\sigma \hat{e}_\nu, \\ \nabla_\mu \hat{X} = \nabla_\mu(X^\nu \hat{e}_\nu) &= (\partial_\mu X^\nu + \Gamma^\nu_{\mu\sigma}X^\sigma)\hat{e}_\nu. \end{aligned} \tag{7.134}$$

由此我们得到了克里斯托弗符号与自旋联络系数间的关系

$$\Gamma^\nu_{\mu\sigma} = (\partial_\mu e^a_\sigma)e^\nu_a + e^a_\sigma e^\nu_d \omega^d{}_{\mu a}. \tag{7.135}$$

这个关系也可以由标架假设得到:

$$\nabla_\mu e^a_\nu = 0 \Rightarrow \ \partial_\mu e^a_\nu - \Gamma^\sigma_{\mu\nu} e^a_\sigma + \omega^a{}_{\mu d} e^d_\nu = 0. \tag{7.136}$$

标架假设意味着标架场是平行移动的.

与克里斯托弗符号一样, 自旋联络 $\omega^a_{\ b}$ 相对于指标 $(a, b)$ 也不是一个张量, 而标架场 $e^a_\nu$ 是一个 $(1,1)$ 型张量,

$$\hat{e} = e^a_\nu \mathrm{d}x^\nu \otimes \hat{e}_a. \tag{7.137}$$

它实际上可看作一个恒等映射 $\hat{e}: \ \hat{V} \to \hat{V}$,

$$\begin{aligned} < e^a_\nu \mathrm{d}x^\nu \otimes \hat{e}_a, \hat{V} > &= < e^a_\nu \mathrm{d}x^\nu \otimes \hat{e}_a, V^\mu \hat{e}_\mu >= e^a_\nu V^\mu \delta^\nu_\mu \hat{e}_a \\ &= e^a_\nu V^\nu \hat{e}_a = V^a \hat{e}_a = \hat{V}. \end{aligned} \tag{7.138}$$

利用非坐标基来计算黎曼张量在很多情况下都是很有效的. 下面我们举几个例子来演示自旋联络和曲率的计算.

**例 7.8** 二维球面.

对于一个半径为 1 的二维球面, 其度规可写为

$$\mathrm{d}s^2 = \mathrm{d}\theta \otimes \mathrm{d}\theta + \sin^2\theta \mathrm{d}\phi \otimes \mathrm{d}\phi = \hat{\theta}^1 \otimes \hat{\theta}^1 + \hat{\theta}^2 \otimes \hat{\theta}^2, \tag{7.139}$$

其中

$$\hat{\theta}^1 = \mathrm{d}\theta, \quad \hat{\theta}^2 = \sin\theta \mathrm{d}\phi. \tag{7.140}$$

因此有标架场

$$e^1_\theta = 1, \quad e^1_\phi = 0, \quad e^2_\theta = 0, \quad e^2_\phi = \sin\theta. \tag{7.141}$$

由嘉当结构方程

$$\mathrm{d}\hat{\theta}^I + \hat{\omega}^I{}_J \wedge \hat{\theta}^J = 0, \tag{7.142}$$

当 $I = 1$ 时, $\mathrm{d}\hat{\theta}^1 + \hat{\omega}^1{}_2 \wedge \hat{\theta}^2 = 0$, 可得

$$\hat{\omega}^1{}_2 \wedge \sin\theta \mathrm{d}\phi = 0 \quad \Rightarrow \quad \hat{\omega}^1{}_2 \propto \mathrm{d}\phi. \tag{7.143}$$

当 $I = 2$ 时, $\mathrm{d}\hat{\theta}^2 + \hat{\omega}^2{}_1 \wedge \hat{\theta}^1 = 0$, 可得

$$\begin{aligned} &\cos\theta \mathrm{d}\theta \wedge \mathrm{d}\phi + \hat{\omega}^2{}_1 \wedge \mathrm{d}\theta = 0 \\ &\Rightarrow (\cos\theta - \omega^2_{\phi 1}) \mathrm{d}\theta \wedge \mathrm{d}\phi = 0 \\ &\Rightarrow \hat{\omega}_{21} = \cos\theta \mathrm{d}\phi. \end{aligned}$$

此外, 由自旋联络的反对称性可得 $\hat{\omega}_{12} = -\hat{\omega}_{21}$. 而曲率张量为

$$\hat{R}^m{}_n = \mathrm{d}\hat{\omega}^m{}_n + \hat{\omega}^m{}_p \wedge \hat{\omega}^p{}_n.$$

由此可得

$$\begin{aligned}
&\hat{R}^1{}_1 = \mathrm{d}\hat{\omega}^1{}_2 \wedge \hat{\omega}^2{}_1 = 0, \\
&\hat{R}^2{}_2 = 0, \\
&\hat{R}^1{}_2 = \mathrm{d}\hat{\omega}^1{}_2 + \hat{\omega}^1{}_p \wedge \hat{\omega}^p{}_2 = \sin\theta \mathrm{d}\theta \wedge \mathrm{d}\phi, \\
&\hat{R}^2{}_1 = -\sin\theta \mathrm{d}\theta \wedge \mathrm{d}\phi.
\end{aligned} \tag{7.144}$$

因为

$$\hat{R}^m{}_n = \frac{1}{2} R^m_{npq} \hat{\theta}^p \wedge \hat{\theta}^q, \tag{7.145}$$

且

$$\mathrm{d}\theta \wedge \mathrm{d}\phi = \frac{1}{\sin\theta} \hat{\theta}^1 \wedge \hat{\theta}^2, \tag{7.146}$$

可以由

$$\hat{R}^1{}_2 = \frac{1}{2}\left(R^1{}_{212}\hat{\theta}^1 \wedge \hat{\theta}^2 + R^1{}_{221}\hat{\theta}^2 \wedge \hat{\theta}^1\right) = \sin\theta R^1{}_{212} \mathrm{d}\theta \wedge \mathrm{d}\phi, \tag{7.147}$$

得到

$$R^1{}_{212} = -R^1{}_{221} = 1, \quad R^2{}_{112} = -R^2{}_{121} = -1, \tag{7.148}$$

而里奇张量和里奇标量分别为

$$\begin{aligned}
R_{22} &= R^1{}_{212} = 1, \\
R_{11} &= R^2{}_{121} = 1, \\
R &= 2.
\end{aligned} \tag{7.149}$$

我们也可以利用标架场变换回到坐标基. 在坐标基中

$$\begin{aligned}
R^\theta{}_{\phi\theta\phi} &= e^\theta_m e^n_\phi e^p_\theta e^q_\phi R^m{}_{npq} \\
&= e^\theta_1 e^2_\phi e^1_\theta e^2_\phi R^1{}_{212} \\
&= \sin^2\theta,
\end{aligned} \tag{7.150}$$

从而 $R_{\theta\phi\theta\phi} = g_{\theta\theta} R^\theta{}_{\phi\theta\phi} = \sin^2\theta$, 且

$$R_{\phi\phi} = \sin^2\theta, \quad R_{\theta\theta} = 1, \tag{7.151}$$

而里奇标量为 $R = g^{\mu\nu}R_{\mu\nu} = 2$. 当然我们可以直接在非坐标基中计算里奇标量. 如果球面有一个半径, $\mathrm{d}s^2 = a^2(\mathrm{d}\theta^2 + \sin^2\theta\mathrm{d}\phi^2)$, 则标量曲率为 $R = \dfrac{2}{a^2}$.

**例 7.9** FRW 宇宙.

考虑一个 $d$ 维的平坦 FRW 宇宙,

$$\mathrm{d}s^2 = -c^2\mathrm{d}t^2 + a^2(t)|\mathrm{d}\boldsymbol{x}|^2, \tag{7.152}$$

其中 $a(t)$ 是一个标度因子. 设 $g_{\mu\nu} = e^A_\mu e^B_\nu \eta_{AB}$, 其中 $A, B$ 是平坦空间指标. 标架场的选择并不唯一, 我们取最简单的

$$\begin{cases} e^{\hat{0}}{}_0 = c, \\ e^{\hat{i}}{}_j = a(t)\delta^{\hat{i}}{}_j. \end{cases} \tag{7.153}$$

这里用 $\hat{i}$ 指标代表平坦空间. 在下面的讨论中为简化计算, 用同一组指标来讨论, 在平坦 FRW 时空的情形不会引起混淆. 此时的对偶标架场为

$$\hat{\theta}^0 = c\mathrm{d}t, \quad \hat{\theta}^i = a(t)\mathrm{d}x^i. \tag{7.154}$$

由 $\mathrm{d}\hat{\theta}^A + \hat{\omega}^A{}_B \wedge \hat{\theta}^B = 0$ 可知, 当 $A = 0$ 时,

$$\mathrm{d}\hat{\theta}^0 = 0 = -\hat{\omega}^0{}_0 \wedge \hat{\theta}^0 - \hat{\omega}^0{}_i \wedge \hat{\theta}^i. \tag{7.155}$$

因为 $\hat{\omega}_{AB} = -\hat{\omega}_{BA}$, 所以 $\hat{\omega}^0{}_0 = 0$, 而

$$\hat{\omega}^0{}_i \wedge \hat{\theta}^i = 0 \quad \Rightarrow \quad \hat{\omega}^0{}_i \wedge (a(t)\mathrm{d}x^i) = 0 \quad \Rightarrow \quad \hat{\omega}^0{}_i = \alpha(t)\hat{\theta}^i, \tag{7.156}$$

其中 $\alpha(t)$ 待定. 当 $A = i$ 时, 有

$$\mathrm{d}\hat{\theta}^i = \mathrm{d}(a(t)\mathrm{d}x^i) = \dot{a}\mathrm{d}t \wedge \mathrm{d}x^i = \frac{1}{c}\frac{\dot{a}}{a}\hat{\theta}^0 \wedge \hat{\theta}^i, \tag{7.157}$$

而

$$\mathrm{d}\hat{\theta}^i = -\hat{\omega}^i{}_B \wedge \hat{\theta}^B = -\hat{\omega}^i{}_0 \wedge \hat{\theta}^0 - \hat{\omega}^i{}_j \wedge \hat{\theta}^j, \tag{7.158}$$

且因为

$$\hat{\omega}^i{}_0 = -\hat{\omega}^{i0} = \hat{\omega}^{0i} = \hat{\omega}^0{}_i = \alpha(t)\hat{\theta}^i, \tag{7.159}$$

可得

$$-\hat{\omega}^0{}_i \wedge \hat{\theta}^0 = \frac{1}{c}\frac{\dot{a}}{a}\hat{\theta}^0 \wedge \hat{\theta}^i \quad \Rightarrow \quad \alpha(t) = \frac{1}{c}\frac{\dot{a}}{a}. \tag{7.160}$$

因此

$$\hat{\omega}^0{}_i = \frac{1}{c}\frac{\dot{a}}{a}\hat{\theta}^i = \frac{\dot{a}}{c}\mathrm{d}x^i, \tag{7.161}$$

也就是说

$$\hat{\omega}_{0i} = -\hat{\omega}^0{}_i = \frac{\dot{a}}{c}\mathrm{d}x^i = -\frac{1}{c}\frac{\dot{a}}{a}\hat{\theta}^{\hat{i}}, \tag{7.162}$$

而 $\hat{\omega}^i{}_j = 0$. 有了自旋联络, 我们可以计算黎曼张量. 由 $\hat{R}^m_n = \mathrm{d}\hat{\omega}^m_n + \hat{\omega}^m_s \wedge \hat{\omega}^s{}_n$, 可得

$$\begin{aligned}
&\hat{R}^0{}_0 = \hat{\omega}^0{}_i \wedge \hat{\omega}^i{}_0 = 0,\\
&\hat{R}^0{}_i = \mathrm{d}\hat{\omega}^0{}_i + \hat{\omega}^0{}_k \wedge \hat{\omega}^k{}_i = \mathrm{d}\left(\frac{\dot{a}}{c}dx^i\right) = \frac{\ddot{a}}{c}\mathrm{d}t \wedge \mathrm{d}x^i = \frac{\ddot{a}}{c}\hat{\theta}^0 \wedge \hat{\theta}^i \quad (\text{其中 } \ddot{a} = \frac{\mathrm{d}^2 a}{\mathrm{d}t^2}),\\
&\hat{R}^i{}_0 = \frac{\ddot{a}}{c^2}\hat{\theta}^0 \wedge \hat{\theta}^i,\\
&\hat{R}^i{}_j = \hat{\omega}^i{}_0 \wedge \hat{\omega}^0{}_j = \frac{1}{c^2}\left(\frac{\dot{a}}{a}\right)^2 \hat{\theta}^i \wedge \hat{\theta}^j.
\end{aligned}$$

这样我们就可以读出黎曼张量的不同分量

$$\begin{aligned}
&R^0{}_{i0j} = \frac{1}{c^2}\frac{\ddot{a}}{a}\delta_{ij},\\
&R^i{}_{00j} = \frac{1}{c^2}\frac{\ddot{a}}{a}\delta_{ij},\\
&R^i{}_{jkl} = \frac{1}{c^2}\left(\frac{\dot{a}}{a}\right)^2\left(\delta^i_k\delta_{jl} - \delta^i_l\delta_{jk}\right),
\end{aligned}$$

而里奇张量为

$$\begin{aligned}
&R_{ij} = \frac{1}{c^2}\frac{\ddot{a}}{a}\delta_{ij} + (d-2)\frac{1}{c^2}\left(\frac{\dot{a}}{a}\right)^2\delta_{ij},\\
&R_{0i} = 0,\\
&R_{00} = -(d-1)\frac{1}{c^2}\frac{\ddot{a}}{a}.
\end{aligned}$$

最终我们得到曲率标量 (取 $c=1$)

$$R = R^A{}_{BA}{}^B = 2(d-1)\frac{\ddot{a}}{a} + (d-1)(d-2)\left(\frac{\dot{a}}{a}\right)^2. \tag{7.163}$$

它在 $a(t)=0$ 处奇异, 对应于大爆炸奇点.

**例 7.10** 在二维中爱因斯坦张量总为零①.

我们利用标架场的方法来计算二维时空中的黎曼张量. 首先令

$$\begin{aligned} z &= (x+\mathrm{i}t)/\sqrt{2}, \\ \bar{z} &= (x-\mathrm{i}t)/\sqrt{2}, \end{aligned} \tag{7.164}$$

二维闵氏时空的度规可表示为

$$\mathrm{d}s^2 = \mathrm{d}z\mathrm{d}\bar{z} + \mathrm{d}\bar{z}\mathrm{d}z. \tag{7.165}$$

在二维中, 度规场只有三个独立分量, 而我们有两个坐标变换的自由度, 所以在二维中度规总可以写作

$$\mathrm{d}s^2 = \mathrm{e}^{2\phi(z,\bar{z})}(\mathrm{d}z\mathrm{d}\bar{z} + \mathrm{d}\bar{z}\mathrm{d}z), \tag{7.166}$$

其中 $\phi$ 是 $(z,\bar{z})$ 的函数. 此度规的分量为

$$g_{zz} = g_{\bar{z}\bar{z}} = 0, \quad g_{z\bar{z}} = g_{\bar{z}z} = \mathrm{e}^{2\phi}. \tag{7.167}$$

标架场可以取作

$$\hat{\theta}^0 = \mathrm{e}^{\phi}\mathrm{d}z, \quad \hat{\theta}^1 = \mathrm{e}^{\phi}\mathrm{d}\bar{z}. \tag{7.168}$$

而

$$g_{\mu\nu} = e^A_\mu e^B_\nu \eta_{AB}, \quad \eta_{AB} = \begin{pmatrix} 0 & 1 \\ 1 & 0 \end{pmatrix}. \tag{7.169}$$

由无挠条件可以确定自旋联络. 首先

$$\begin{aligned} \mathrm{d}\hat{\theta}^0 &= -\bar{\partial}\phi\mathrm{e}^{-\phi}\hat{\theta}^0 \wedge \hat{\theta}^1 \\ &= -(\hat{\omega}^0{}_0 \wedge \hat{\theta}^0 + \hat{\omega}^0{}_1 \wedge \hat{\theta}^1) \\ &= -\hat{\omega}^0{}_0 \wedge \hat{\theta}^0, \\ \mathrm{d}\hat{\theta}^1 &= \partial\phi\mathrm{e}^{-\phi}\hat{\theta}^0 \wedge \hat{\theta}^1 \\ &= -(\hat{\omega}^1{}_0 \wedge \hat{\theta}^0 + \hat{\omega}^1{}_1 \wedge \hat{\theta}^1) \\ &= -\hat{\omega}^1{}_1 \wedge \hat{\theta}^1, \end{aligned} \tag{7.170}$$

①实际上, 我们可以利用二维中黎曼张量与里奇标量间的关系直接给出证明. 这里通过明显的计算来证明这一点.

此处注意

$$\begin{aligned}\hat{\omega}_{00}&=\hat{\omega}^1{}_0,\\ \hat{\omega}_{01}&=\hat{\omega}^1{}_1,\\ \hat{\omega}_{10}&=\hat{\omega}^0{}_0,\\ \hat{\omega}_{11}&=\hat{\omega}^0{}_1.\end{aligned}$$

由于自旋联络是反对称的, 所以 $\hat{\omega}^1{}_0=0=\hat{\omega}^0{}_1$, 而

$$\hat{\omega}_{01}=-\hat{\omega}_{10}\quad\Rightarrow\quad\hat{\omega}^1{}_1=-\hat{\omega}^0{}_0.\tag{7.171}$$

因此, 我们可以设

$$\begin{aligned}\hat{\omega}^0{}_0&=f_0\hat{\theta}^0+f_1\hat{\theta}^1,\\ \hat{\omega}^1{}_1&=-f_0\hat{\theta}^0-f_1\hat{\theta}^1.\end{aligned}$$

代入前面关于零挠率的两个关系, 从而确定了自旋联络

$$\hat{\omega}^0{}_0=-\hat{\omega}^1{}_1=\partial\phi\mathrm{d}z-\bar{\partial}\phi\mathrm{d}\bar{z}.\tag{7.172}$$

进一步地, 我们可以得到曲率 2 形式

$$\hat{R}^0{}_0=2\partial\bar{\partial}\phi\mathrm{d}z\wedge\mathrm{d}\bar{z},\tag{7.173}$$

以及唯一独立的曲率张量分量

$$R^0{}_{001}=4\partial\bar{\partial}\phi\mathrm{e}^{-2\phi}.\tag{7.174}$$

里奇张量和里奇标量分别为

$$\begin{aligned}R_{01}&=4\partial\bar{\partial}\phi\mathrm{e}^{-2\phi},\\ R&=8\partial\bar{\partial}\phi\mathrm{e}^{-2\phi}.\end{aligned}\tag{7.175}$$

由爱因斯坦张量的定义, 显然 $G_{\mu\nu}=0$.

## *附录 7.1 内禀曲率和外曲率

### 1 曲线

我们先来看看三维欧氏空间中曲线. 曲线可以用坐标 $x^i(\lambda)$ 来描述, 其中 $x^i$ 是三维欧氏空间的坐标, 而 $\lambda$ 刻画了曲线的长度. 因此, 沿曲线的单位切矢是

$$\boldsymbol{t}=t^i\boldsymbol{e}_i,\quad t^i=\frac{\mathrm{d}x^i}{\mathrm{d}\lambda},\tag{7.176}$$

其中 $\boldsymbol{e}_i$ 是沿坐标轴的单位矢量. 一条曲线看起来弯曲得快代表切矢量沿曲线变化得快. 所以, 我们可以定义曲线的曲率矢量为

$$\boldsymbol{k}=\frac{\mathrm{d}\boldsymbol{t}}{\mathrm{d}\lambda}. \tag{7.177}$$

由于上面定义的切矢是归一化的, 我们有 $\boldsymbol{k}\cdot\boldsymbol{t}=0$, 即曲率矢量和切矢量正交. 曲率矢量的大小称为曲线的 (外) 曲率, 记作 $\kappa$,

$$\kappa\equiv|\boldsymbol{k}|. \tag{7.178}$$

显然, 一条直线的曲率为零.

**例 7.11** 圆的曲率.

我们考虑一个半径为 $R$ 的圆, 其切矢量为

$$\boldsymbol{t}=\frac{\mathrm{d}\boldsymbol{r}}{\mathrm{d}\lambda}=\frac{\mathrm{d}r}{\mathrm{d}\lambda}\boldsymbol{e}_r+\frac{\mathrm{d}\theta}{\mathrm{d}\lambda}\boldsymbol{e}_\theta=\frac{1}{R}\boldsymbol{e}_\theta, \tag{7.179}$$

而曲率矢量为

$$\boldsymbol{k}=\frac{\mathrm{d}\boldsymbol{t}}{\mathrm{d}\lambda}=\frac{1}{R^2}\frac{\mathrm{d}\boldsymbol{e}_\theta}{\mathrm{d}\theta}=-\frac{1}{R}\boldsymbol{e}_r. \tag{7.180}$$

这里用到了 $\lambda=R\theta$. 所以, 半径为 $R$ 的圆的曲率为 $\kappa=\dfrac{1}{R}$. 也就是说, 圆的半径越大, 曲率越小.

上面的方程可以重新记作

$$\frac{\mathrm{d}\boldsymbol{t}}{\mathrm{d}\lambda}=\kappa\boldsymbol{n}, \tag{7.181}$$

其中 $\kappa$ 代表着曲率, 而 $\boldsymbol{n}$ 是一个单位矢量, 常称为曲线的主法矢 (principal normal vector). 而 $(\boldsymbol{t},\boldsymbol{n})$ 张成一个平面, 称为密切平面 (osculating plane). 当我们沿曲线移动时, 这个面也跟着一起移动. 这个面的单位法矢定义为

$$\boldsymbol{b}=\boldsymbol{t}\times\boldsymbol{n},$$

称为曲线的双法 (bi-normal) 矢. 密切平面沿着曲线的变化率可以通过考虑双法矢的变化 $\mathrm{d}\boldsymbol{b}/\mathrm{d}s$ 给出. 由于 $\boldsymbol{t}\cdot\boldsymbol{b}=0$, 我们得到

$$\begin{aligned}
&\frac{\mathrm{d}\boldsymbol{t}}{\mathrm{d}\lambda}\cdot\boldsymbol{b}+\boldsymbol{t}\cdot\frac{\mathrm{d}\boldsymbol{b}}{\mathrm{d}\lambda}=0\\
&\Rightarrow\kappa\boldsymbol{n}\cdot\boldsymbol{b}+\boldsymbol{t}\cdot\frac{\mathrm{d}\boldsymbol{b}}{\mathrm{d}\lambda}=0\\
&\Rightarrow\boldsymbol{t}\cdot\frac{\mathrm{d}\boldsymbol{b}}{\mathrm{d}\lambda}=0.
\end{aligned}$$

由于 $\boldsymbol{b}$ 是单位矢量, 其变化 $\dfrac{\mathrm{d}\boldsymbol{b}}{\mathrm{d}\lambda}$ 不可能与 $\boldsymbol{b}$ 平行, 所以有

$$\frac{\mathrm{d}\boldsymbol{b}}{\mathrm{d}\lambda}=-\tau\boldsymbol{n}, \tag{7.182}$$

$\tau$ 称为曲线的挠率 (torsion). 矢量 $(\boldsymbol{t},\boldsymbol{n},\boldsymbol{b})$ 代表着沿着曲线的三个正交基矢

$$\begin{cases}\boldsymbol{t}=\boldsymbol{n}\times\boldsymbol{b},\\ \boldsymbol{n}=\boldsymbol{b}\times\boldsymbol{t},\\ \boldsymbol{b}=\boldsymbol{t}\times\boldsymbol{n}.\end{cases} \tag{7.183}$$

而主法矢 $\boldsymbol{n}$ 沿曲线的变化为

$$\begin{aligned}\frac{\mathrm{d}\boldsymbol{n}}{\mathrm{d}\lambda}&=\frac{\mathrm{d}\boldsymbol{b}}{\mathrm{d}\lambda}\times\boldsymbol{t}+\boldsymbol{b}\times\frac{\mathrm{d}\boldsymbol{t}}{\mathrm{d}\lambda}\\&=-\tau\boldsymbol{n}\times\boldsymbol{t}+\kappa\boldsymbol{b}\times\boldsymbol{n}\\&=\tau\boldsymbol{b}-\kappa\boldsymbol{t}.\end{aligned} \tag{7.184}$$

方程 (7.181), (7.182) 和 (7.184) 合称弗莱纳–塞雷 (Frenet-Serret) 方程.

## 2 曲面

下面来讨论一下三维欧氏空间中的曲面从而对内禀曲率和外曲率有更进一步的了解. 对于二维曲面, 我们可以用两个参数 $\lambda$ 和 $\mu$ 来刻画, 所以在曲面上点的切平面, 可以有基矢

$$\hat{e}_1=\frac{\mathrm{d}}{\mathrm{d}\lambda},\quad \hat{e}_2=\frac{\mathrm{d}}{\mathrm{d}\mu}. \tag{7.185}$$

利用这两个参数, 曲面的线元为

$$\mathrm{d}s^2=g_{ij}\mathrm{d}x^i\mathrm{d}x^j, \tag{7.186}$$

其中 $i,j=1,2$ 而 $x^1=\lambda, x^2=\mu$. 这常被称为曲面的第一基本形式 (the first fundamental form). 如果我们考虑基矢 $\hat{e}_i$ 沿着 $\hat{e}_j$ 的方向导数, 一般除了正比于切空间的分量以外, 还有正交于曲面的分量

$$\partial_i\hat{e}_j=\Gamma^k_{ji}\hat{e}_k+K_{ji}\hat{n}, \tag{7.187}$$

其中 $\Gamma^k_{ji}$ 是利用上面的度规得到的联络系数, 而 $\hat{n}$ 是曲面的单位法矢量场. 这个方程常称为高斯方程. 而由

$$\partial_i\hat{e}_j=\frac{\partial^2}{\partial x^i\partial x^j}=\partial_j\hat{e}_i, \tag{7.188}$$

易见 $\Gamma^i_{ij}, K_{ij}$ 对于 $i,j$ 是对称的. 因为 $\nabla_{\hat{e}_i}\hat{e}_j = \Gamma^k_{ji}\hat{e}_k$, 我们从 (7.187) 可见: 协变导数可当作在欧氏空间中导数在曲面切空间上的投影. $K_{ij}$ 是该导数在法矢上的投影,

$$K_{ij} = \partial_j \hat{e}_i \cdot \hat{n}. \tag{7.189}$$

考虑一条在曲面上的曲线, 其切矢为 $\hat{t}$, 而刻画曲线的参数选做曲线的长度 $s$. 我们关心切矢随着曲线的变化, 因此考虑

$$\begin{aligned}\frac{\mathrm{d}\hat{t}}{\mathrm{d}s} &= \frac{\mathrm{d}t^i\hat{e}_i}{\mathrm{d}s} = \frac{\mathrm{d}x^j}{\mathrm{d}s}\frac{\partial}{\partial x^j}(t^i\hat{e}_i)\\ &= t^j\partial_j(t^i\hat{e}_i) = t^j(\partial_j t^i)\hat{e}_i + t^i t^j(\Gamma^k_{ij}\hat{e}_k + K_{ij}\hat{n})\\ &= (\nabla_j t^i)t^j\hat{e}_i + K_{ij}t^i t^j\hat{n}.\end{aligned} \tag{7.190}$$

我们称 $K_{ij}\mathrm{d}x^i\mathrm{d}x^j$ 为曲面的第二基本形式 (the second fundamental form). 它反映了曲面的外几何, 而第一基本形式 $g_{ij}\mathrm{d}x^i\mathrm{d}x^j$ 给出了曲面的内禀几何. 由上式可得

$$\frac{\mathrm{d}\hat{t}}{\mathrm{d}s} = K_\mathrm{g}\hat{e} + K_\mathrm{n}\hat{n}, \tag{7.191}$$

其中 $\hat{e}$ 是一个单位矢量,

$$K_\mathrm{g} = |\nabla_j t^i t^j \hat{e}_i|, \quad K_\mathrm{n} \equiv K_{ij}t^i t^j \tag{7.192}$$

分别称为曲面的测地曲率 (geodesic curvature) 和法曲率 (normal curvature). 由于 $\hat{t}\cdot\hat{t}=1$, 我们有 $\dfrac{\mathrm{d}\hat{t}}{\mathrm{d}s}\cdot\hat{t}=0$, 即 $\dfrac{\mathrm{d}\hat{t}}{\mathrm{d}s}$ 与切矢量正交. 再考虑到切矢与法矢的正交性, 我们得到 $\hat{e}\cdot\hat{t}=0$. 由 $\hat{e}\cdot\hat{n}=0$, 我们得到

$$\hat{e} = \pm\hat{n}\times\hat{t}. \tag{7.193}$$

法曲率也可以表达为

$$K_\mathrm{n} = \frac{\mathrm{d}\hat{t}}{\mathrm{d}s}\cdot\hat{n} = -\hat{t}\cdot\frac{\mathrm{d}\hat{n}}{\mathrm{d}s}. \tag{7.194}$$

这称为外恩加滕 (Weingarden) 方程.

测地曲率和法曲率单独地看都刻画了曲面的外几何, 我们需要定义高斯曲率来描述曲面的内禀几何. 考虑曲面上任一点的测地线, 其上的切矢满足 $\hat{t}\cdot\hat{t}=1$. 我们来寻找法曲率最大和最小的方向, 这要求 $K_\mathrm{n}$ 取极值, 但同时也要满足 $\hat{t}\cdot\hat{t}=1$. 为此, 考虑函数

$$F = K_{ij}t^i t^j - k(g_{ij}t^i t^j - 1) \tag{7.195}$$

的变分问题, 其中 $k$ 是拉格朗日乘子. 对切矢变分得到

$$\frac{\delta F}{\delta t^i} = 2(K_{ij} - kg_{ij})t^j = 0. \tag{7.196}$$

为了得到非平凡的解, 我们需要要求

$$\det(K_{ij} - kg_{ij}) = 0. \tag{7.197}$$

这个要求给出一个二次方程

$$k^2 \det(g_{ij}) - k(g_{11}K_{22} - 2g_{12}K_{12} + g_{22}K_{11}) + \det(K_{ij}) = 0. \tag{7.198}$$

这个方程的解给出 $k$ 的两个解 $k_1, k_2$, 也就是 $k$ 的极值. 为了看清 $k$ 的几何意义, 我们对方程 (7.196) 乘以 $t^i$, 得到

$$K_n - kg_{ij}t^i t^j = K_n - k = 0, \tag{7.199}$$

因此上面得到的两个解 $k_1, k_2$ 正好是 $K_{\rm n}$ 取的极值, 称为主曲率 (principal curvature). 高斯曲率定义为

$$K \equiv k_1 k_2 = \frac{\det(K_{ij})}{\det(g_{ij})}. \tag{7.200}$$

令对应于上面两个解的切矢方向为 $\hat{t}_1$ 和 $\hat{t}_2$, 则由

$$\begin{aligned} (K_{ij} - k_1 g_{ij})t_1^j = 0, \\ (K_{ij} - k_2 g_{ij})t_2^j = 0, \end{aligned} \tag{7.201}$$

可以得到

$$(k_1 - k_2)(\hat{t}_1 \cdot \hat{t}_2) = 0. \tag{7.202}$$

如果 $k_1 \neq k_2$, 则这两个切矢方向 $\hat{t}_1, \hat{t}_2$ 正交. 由高斯曲率, 我们可以得到:

(1) 如果 $K > 0$, $k_1$ 和 $k_2$ 同号, 曲面局域像一个变形的球面. 此时局域的几何是椭圆型的.

(2) 如果 $K=0$, $k_1, k_2$ 其中之一为零, 则曲面是局部平坦的, 几何是局域欧氏的.

(3) 如果 $K<0$, $k_1$ 和 $k_2$ 异号, 曲面局域是一个马鞍面, 局域的几何是双曲型的.

高斯曲率实际上是对曲面内禀几何的刻画.

对一个一般的二维曲面, 局域地可以通过类似于二维球的方式来讨论它. 在曲面上的一个点 $P$ 有一个切平面, 在这个切平面上我们选择 $P$ 为原点, 两个方向为 $x, y$. 在 $P$ 点邻域, 我们可以考虑曲面在三维空间的嵌入 $z(x, y)$. 一般而言,

$$z(x, y) = \frac{1}{2}(ax^2 + 2bxy + cy^2). \tag{7.203}$$

我们可以选择坐标使上式右边对角化, 即

$$z = \frac{1}{2}(k_1\xi^2 + k_2\eta^2) = \frac{1}{2}\left(\frac{\xi^2}{\rho_1} + \frac{\eta^2}{\rho_2}\right), \tag{7.204}$$

这里 $k_i, i = 1, 2$ 称为主曲率, 而 $\rho_i$ 称为主半径. 因此, 在 $P$ 点附近曲面的度规为

$$\begin{aligned} \mathrm{d}s^2 &= \mathrm{d}z^2 + \mathrm{d}\xi^2 + \mathrm{d}\eta^2 \\ &= (k_1\xi\mathrm{d}\xi + k_2\eta\mathrm{d}\eta)^2 + \mathrm{d}\xi^2 + \mathrm{d}\eta^2 \\ &= \gamma_{ij}\mathrm{d}x^i\mathrm{d}x^j, \quad i, j = 1, 2. \end{aligned} \tag{7.205}$$

我们可以计算这个度规的黎曼张量, 即曲率标量, 可得到

$$R = \frac{2R_{1212}}{\gamma} = 2k_1k_2, \tag{7.206}$$

其中 $\gamma = \det(\gamma_{ij}) = \gamma_{11}\gamma_{22} - \gamma_{12}^2$. 另一方面, 我们可以从 $P$ 点出发, 考虑向不同的方向发展测地线, 那么沿测地线与 $P$ 点固有距离为 $\epsilon$ 的点形成了曲面上以 $P$ 为原点的 "圆" . 利用度规可以计算这个 "圆" 的周长, 再利用前面对高斯曲率的定义, 有

$$K = \lim_{\epsilon\to 0}\frac{6}{\epsilon^2}\left(1 - \frac{周长}{2\pi\varepsilon}\right) = k_1k_2. \tag{7.207}$$

因此, 高斯曲率实际上正比于曲面的内禀曲率,

$$K = k_1k_2 = \det\begin{pmatrix} a & b \\ b & c \end{pmatrix}. \tag{7.208}$$

而外曲率由 $k_1 + k_2$ 给出.

**例 7.12** 对于平面, $k_1 = k_2 = 0$, 所以高斯曲率与外曲率都为零. 而对于半径为 $r$ 的柱面, 有 $k_1 = 1/r, k_2 = 0$, 因此高斯曲率为零, 反映了柱面实际上是平坦的. 但外曲率 $k_1 + k_2 = 1/r$ 非零, 反映了对外部观测者而言, 柱面有弯曲.

### 3 超曲面和外曲率

对曲线和曲面的讨论可以推广到高维. 实际上, 对于一个具有确定度规的 $n$ 维流形, 它可以浸入到 $n(n+1)/2$ 维平坦空间中. 这里讨论一个物理上经常碰到的情形, 即低维流形是高维流形的一个超曲面 (hypersurface) . 这意味着, 这个超曲面 $\Sigma$ 满足方程

$$f(x^\alpha) = 0, \tag{7.209}$$

或者说

$$x^{\alpha} = a^{\alpha}(y^{a}), \tag{7.210}$$

这里 $x^{\alpha}$ 是高维流形的坐标, 而 $y^{a}$ 是超曲面的坐标. 一个超曲面如果不是零曲面, 则其单位法矢可以定义. 首先, 我们有函数 $f(x^{\alpha})$ 的梯度, 它定义了法向余矢 $\mathrm{d}f$, 归一化以后得到

$$n_{\mu} = \pm\frac{\partial_{\mu} f}{\sqrt{|g^{\mu\nu}\partial_{\mu} f\partial_{\nu} f|}}, \tag{7.211}$$

因此有

$$n^{\mu}n_{\mu} = \epsilon = \begin{cases} -1, & \text{如果超曲面是类空的}, \\ +1, & \text{如果超曲面是类时的}. \end{cases} \tag{7.212}$$

而且我们要求 $n^{\mu}$ 指向 $f$ 增加的方向, $n^{\mu}\partial_{\mu} f > 0$. 所以, 如果超曲面是类空或者类时的, 最终有

$$n_{\mu} = \frac{\epsilon\partial_{\mu} f}{\sqrt{|g^{\mu\nu}\partial_{\mu} f\partial_{\nu} f|}}. \tag{7.213}$$

如果超曲面是类光的, 或者说零曲面, 则单位法矢不能很好地定义. 此时, 我们可以令

$$k_{\mu} = -\partial_{\mu} f \tag{7.214}$$

是法 (余) 矢量, 这里的符号选择是使当函数 $f$ 向未来增长时, $k^{\mu}$ 是未来指向的. 由于这个矢量本身就是零矢量, 因此它是切于超曲面的. 下面集中讨论类空或者类时超曲面. 对于零超曲面在黑洞的一般性讨论中将有所接触.

利用超曲面的定义 (7.210) 式, 我们知道可以由高维时空的度规得到超曲面的度规. 首先, 有

$$e^{\mu}_{a} = \frac{\partial x^{\mu}}{\partial y^{a}}, \tag{7.215}$$

它可以看作定义了超曲面上的基矢量

$$\hat{e}_{a} = e^{\mu}_{a}\hat{e}_{\mu}. \tag{7.216}$$

它与法向余矢正交, $e^{\mu}_{a}n_{\mu} = 0$. 在超曲面上的线元

$$\begin{aligned} \mathrm{d}s^{2}_{\Sigma} &= g_{\mu\nu}\mathrm{d}x^{\mu}\mathrm{d}x^{\nu} \\ &= g_{\mu\nu}\left(\frac{\partial x^{\mu}}{\partial y^{a}}\mathrm{d}y^{a}\right)\left(\frac{\partial x^{\nu}}{\partial y^{b}}\mathrm{d}y^{b}\right) \\ &= h_{ab}\mathrm{d}y^{a}\mathrm{d}y^{b}. \end{aligned} \tag{7.217}$$

这里

$$h_{ab} = g_{\mu\nu} \frac{\partial x^\mu}{\partial y^a} \frac{\partial x^\nu}{\partial y^b} \tag{7.218}$$

称为诱导度规, 或者第一基本形式.

如果一个张量场只在超曲面上定义, 则这个张量场可以分解为

$$\hat{T} = T^{ab\cdots} \hat{e}_a \otimes \hat{e}_b \cdots . \tag{7.219}$$

它在高维空间中的分量为

$$T^{\mu\nu\cdots} = T^{ab\cdots} e_a^\mu e_b^\nu \cdots , \tag{7.220}$$

显然与法矢正交, $T^{\mu\nu\cdots} n_\mu = T^{\mu\nu\cdots} n_\nu = \cdots = 0$, 这也表明了这个张量只定义在超曲面上. 注意对于高维空间中的任意张量, 我们可以把它投影到超曲面上, 即只有它的切分量非零. 这个投影算子是如下定义的:

$$h^{\mu\nu} \equiv h^{ab} e_a^\mu e_b^\nu = g^{\mu\nu} - \epsilon n^\mu n^\nu , \tag{7.221}$$

或者

$$h_\alpha^\mu = \delta_\alpha^\mu - \epsilon n^\mu n_\alpha . \tag{7.222}$$

利用这个投影算子, 我们有对于任意张量 $T^{\mu\nu\cdots}$, 可以定义其在超曲面上的投影

$$T_\perp^{\alpha\beta\cdots} = h_\mu^\alpha h_\nu^\beta \cdots T^{\mu\nu\cdots} . \tag{7.223}$$

由于这个张量只定义在超曲面上, 我们可以得到低一维的张量: 利用度规场 $g_{\mu\nu}$ 把上述张量场变为 $T_{\perp\alpha\beta\cdots}$, 进一步利用 $e_a^\alpha$ 把它变为 $T_{\perp ab\cdots}$, 再利用诱导度规的逆, 把它变为 $T_\perp^{ab\cdots}$. 实际上, 由于 $e_a^\mu n_\mu = 0$, 很容易得到

$$T_{\perp ab\cdots} = e_a^\alpha e_b^\beta \cdots T_{\alpha\beta\cdots} . \tag{7.224}$$

我们希望理解张量场的微分, 把超曲面上张量场相对于 $g_{\mu\nu}$ 的协变导数与其相对于 $h_{ab}$ 的协变导数联系起来. 为简单计, 我们只考虑一个超曲面上的切矢量场 $V^\mu$:

$$V^\mu = V^a e_a^\mu , \quad V^\mu n_\mu = 0 , \quad V_a = V_\mu e_a^\mu . \tag{7.225}$$

矢量 $V_a$ 的内禀协变导数定义为 $V_{\mu;\nu}$ 在超曲面上的投影:

$$V_{a|b} \equiv V_{\mu;\nu} e_a^\mu e_b^\nu . \tag{7.226}$$

可以证明这样定义的协变导数与利用超曲面上的诱导度规定义的协变导数是相容的. 首先, 上式的右边可以表示为

$$\begin{aligned} V_{\mu;\nu}e^\mu_a e^\nu_b &= (V_\mu e^\mu_a)_{;\nu}e^\nu_b - V_\mu e^\mu_{a;\nu}e^\nu_b \\ &= V_{a,\beta}e^\beta_b - e_{a\gamma;\beta}e^\beta_b V^c e^\gamma_c \\ &= V_{a,b} - \Gamma_{cab}V^c, \end{aligned} \tag{7.227}$$

这里定义了

$$\Gamma_{cab} = e^\gamma_c e_{a\gamma;\beta}e^\beta_b. \tag{7.228}$$

因此有

$$V_{a|b} = \partial_b V_a - \Gamma^c_{ab}V_c. \tag{7.229}$$

这正是我们熟悉的协变导数的形式. 下面我们需要证明上面定义的 $\Gamma_{cab}$ 确实是由诱导度规定义的克里斯托弗符号

$$\Gamma_{cab} = \frac{1}{2}(h_{ca,b} + h_{cb,a} - h_{ab,c}). \tag{7.230}$$

这可以直接证明. 更简单地, 我们可以证明联络是相容的, 即 $h_{ab|c} \equiv h_{\alpha\beta;\gamma}e^\alpha_a e^\beta_b e^\gamma_c = 0$. 确实,

$$\begin{aligned} h_{\alpha\beta;\gamma}e^\alpha_a e^\beta_b e^\gamma_c &= (g_{\alpha\beta} - \epsilon n_\alpha n_\beta)_{;\gamma}e^\alpha_a e^\beta_b e^\gamma_c \\ &= -\epsilon(n_{\alpha;\gamma}n_\beta + n_\alpha n_{\beta;\gamma})e^\alpha_a e^\beta_b e^\gamma_c \\ &= 0. \end{aligned} \tag{7.231}$$

上面的讨论证明了一个张量的协变导数投影到超曲面以后是良定义的, 那么这个张量的协变导数是否只有与超曲面相切的分量呢? 事实并非如此. 让我们看看张量

$$\begin{aligned} V^\mu_{;\nu}e^\nu_n &= g^\mu_\alpha V^\alpha_{;\nu}e^\nu_n \\ &= (\epsilon n^\mu n_\alpha + h^{ma}e^\mu_m e_{a\alpha})V^\alpha_{;\nu}e^\nu_n \\ &= \epsilon(n_\alpha V^\alpha_{;\nu}e^\nu_n)n^\mu + h^{ma}(V_{\alpha;\nu}e^\alpha_a e^\nu_n)e^\mu_m, \end{aligned} \tag{7.232}$$

它的第二项是切于超曲面的, 但第一项是与超曲面垂直的. 利用前面的投影讨论以及矢量 $V^\mu$ 与法矢正交, 可得

$$\begin{aligned} V^\mu_{;\nu}e^\nu_n &= -\epsilon(n_{\alpha;\nu}V^\alpha e^\nu_n)n^\mu + h^{ma}V_{a|n}e^\mu_m \\ &= V^m_{|n}e^\mu_m - \epsilon V^a(n_{\alpha;\nu}e^\alpha_a e^\nu_n)n^\mu. \end{aligned} \tag{7.233}$$

我们可以引进张量

$$K_{an} \equiv n_{\alpha;\nu} e_a^\alpha e_n^\nu. \tag{7.234}$$

它常称为曲面上的外曲率或者第二基本形式. 利用它, 上式可重新写作

$$V^\mu_{;\nu} e_n^\nu = V^m{}_{|n} e_m^\mu - \epsilon V^a K_{an} n^\mu. \tag{7.235}$$

因此 $V^m{}_{|b}$ 给出了与超曲面相切的部分, 而 $-\epsilon V^a K_{an}$ 给出了法向的部分. 也就是说, 法向部分为零的充要条件是外曲率为零.

如果把上面的矢量 $V^\mu$ 换作切矢量 $e_m^\mu$, 则 $V^c = \delta_m^c$, 由此可得

$$e^\mu_{m;\nu} e_n^\nu = \Gamma^c_{mn} e_c^\mu - \epsilon K_{mn} n^\mu. \tag{7.236}$$

这个方程称为高斯–外恩加滕方程.

外曲率是一个很重要的量. 下面证明它是一个对称张量,

$$K_{nm} = K_{mn}. \tag{7.237}$$

证明基于两点:

(1) 切矢量 $e_m^\mu$ 与法矢 $n^\mu$ 正交;

(2) 基矢互相是李移动的, 因此 $e^\mu_{m;\nu} e_n^\nu = e^\mu_{n;\nu} e_m^\nu$.

由此, 我们发现

$$\begin{aligned} n_{\mu;\nu} e_m^\mu e_n^\nu &= -n_\mu e^\mu_{m;\nu} e_n^\nu \\ &= -n_\mu e^\mu_{n;\nu} e_m^\nu \\ &= n_{\mu;\nu} e_n^\mu e_m^\nu. \end{aligned} \tag{7.238}$$

这正好给出 (7.237) 式. 外曲率的对称性质导出

$$K_{mn} = n_{\mu;\nu} e_m^\mu e_n^\nu = \frac{1}{2}(\pounds_{\hat{n}} g_{\mu\nu}) e_m^\mu e_n^\nu, \tag{7.239}$$

因此外曲率与度规场的法向导数密切相关.

我们可以进一步定义外标量曲率

$$K \equiv h^{mn} K_{mn} = n^\mu_{;\mu}. \tag{7.240}$$

这实际上告诉我们如下事实: 如果我们考虑与超曲面垂直的测地线汇, 则外曲率可以通过测地线汇的膨胀因子给出①. 由此可知, 如果外曲率为正, $K > 0$, 则超曲面

①对测地线汇膨胀率的讨论, 需要雷乔杜里方程, 这将在后面的章节中学习到.

是凸的，测地线汇是发散的；反之，如果外曲率是负的，$K < 0$，则超曲面是凹的，测地线汇是收敛的.

我们看到诱导度规 $h_{mn}$ 与超曲面的内禀性质有关，而外曲率 $K_{mn}$ 刻画了超曲面如何嵌入高维时空中. 这两个张量提供了超曲面的完整描述.

利用诱导度规 $h_{mn}$ 及其相关的协变导数，我们可以定义超曲面的内禀曲率张量

$$V^c{}_{|ab} - V^c{}_{|ba} = -R^c{}_{dab}V^d, \tag{7.241}$$

其中

$$R^c{}_{dab} = \Gamma^c_{db,a} - \Gamma^c_{da,b} + \Gamma^c_{ma}\Gamma^m_{db} - \Gamma^c_{mb}\Gamma^m_{da}. \tag{7.242}$$

现在我们希望知道这个曲率张量如何与高维时空中的曲率张量相联系. 我们首先从高斯–外恩加滕方程出发，再取一次协变导数，得到

$$(e^\alpha_{a;\beta}e^\beta_b)_{;\gamma}e^\gamma_c = (\Gamma^d_{ab}e^\alpha_d - \epsilon K_{ab}n^\alpha)_{;\gamma}e^\gamma_c. \tag{7.243}$$

上式的左边给出

$$\begin{aligned}(e^\alpha_{a;\beta}e^\beta_b)_{;\gamma}e^\gamma_c &= e^\alpha_{a;\beta\gamma}e^\beta_b e^\gamma_c + e^\alpha_{a;\beta}e^\beta_{b;\gamma}e^\gamma_c \\ &= e^\alpha_{a;\beta\gamma}e^\beta_b e^\gamma_c + e^\alpha_{a;\beta}(\Gamma^d_{bc}e^\beta_d - \epsilon K_{bc}n^\beta) \\ &= e^\alpha_{a;\beta\gamma}e^\beta_b e^\gamma_c + \Gamma^d_{bc}(\Gamma^e_{ad}e^\alpha_e - \epsilon K_{ad}n^\alpha) - \epsilon K_{bc}e^\alpha_{a;\beta}n^\beta,\end{aligned} \tag{7.244}$$

而右边给出

$$\begin{aligned}&(\Gamma^d_{ab}e^\alpha_d - \epsilon K_{ab}n^\alpha)_{;\gamma}e^\gamma_c \\ &\quad = \Gamma^d_{ab,c}e^\alpha_d + \Gamma^d_{ab}e^\alpha_{d;\gamma}e^\gamma_c - \epsilon K_{ab,c}n^\alpha - \epsilon K_{ab}n^\alpha_{;\gamma}e^\gamma_c \\ &\quad = \Gamma^d_{ab,c}e^\alpha_d + \Gamma^d_{ab}(\Gamma^e_{dc}e^\alpha_e - \epsilon K_{dc}n^\alpha) - \epsilon K_{ab,c}n^\alpha - \epsilon K_{ab}n^\alpha_{;\gamma}e^\gamma_c.\end{aligned} \tag{7.245}$$

由此可以计算出 $e^\alpha_{a;\beta\gamma}e^\beta_b e^\gamma_c$. 同理，可以得到 $e^\alpha_{a;\gamma\beta}e^\beta_b e^\gamma_c$，两式相减可得 $-R^\alpha{}_{\mu\beta\gamma}e^\mu_a e^\beta_b e^\gamma_c$. 经过一些计算，我们得到

$$R^\mu{}_{\alpha\beta\gamma}e^\alpha_a e^\beta_b e^\gamma_c = R^m{}_{abc}e^\mu_m + \epsilon(K_{ab|c} - K_{ac|b})n^\mu + \epsilon K_{ab}n^\mu_{;\gamma}e^\gamma_c - \epsilon K_{ac}n^\mu_{;\beta}e^\beta_b. \tag{7.246}$$

对这个关系式沿着切方向投影，作用 $e_{d\mu}$ 可得

$$R_{\alpha\beta\gamma\delta}e^\alpha_a e^\beta_b e^\gamma_c e^\delta_d = R_{abcd} + \epsilon(K_{ad}K_{bc} - K_{ac}K_{bd}), \tag{7.247}$$

而沿着法矢方向的投影得到

$$R_{\mu\alpha\beta\gamma}n^\mu e^\alpha_a e^\beta_b e^\gamma_c = K_{ab|c} - K_{ac|b}. \tag{7.248}$$

方程 (7.247) 和 (7.248) 统称为高斯–柯达齐 (Gauss-Codazzi) 方程. 它们表明了时空曲率张量的某些分量可以用超曲面上的内禀曲率和外曲率来表示. 无法表示的分量是 $R_{\mu\alpha\nu\beta}n^\mu e^\alpha_a n^\nu e^\beta_b$.

对高斯–柯达齐方程进行缩并, 我们可以得到更加紧凑的形式. 首先, 里奇张量可以表示为

$$\begin{aligned}R_{\alpha\beta} &= g^{\mu\nu}R_{\mu\alpha\nu\beta}\\ &= (\epsilon n^\mu n^\nu + h^{mn}e^\mu_m e^\nu_n)R_{\mu\alpha\nu\beta}\\ &= \epsilon R_{\mu\alpha\nu\beta}n^\mu n^\nu + h^{mn}R_{\mu\alpha\nu\beta}e^\mu_m e^\nu_n,\end{aligned}$$

而里奇标量为

$$\begin{aligned}R &= g^{\alpha\beta}R_{\alpha\beta}\\ &= 2\epsilon h^{ab}\epsilon R_{\mu\alpha\nu\beta}n^\mu e^\alpha_a n^\nu e^\beta_b + h^{ab}h^{mn}R_{\mu\alpha\nu\beta}e^\mu_m e^\alpha_a e^\nu_n e^\beta_b,\end{aligned} \tag{7.249}$$

由此可得

$$-2\epsilon G_{\alpha\beta}n^\alpha n^\beta = {}^nR + \epsilon(K^{ab}K_{ab} - K^2), \tag{7.250}$$

$$G_{\alpha\beta}e^\alpha_a n^\beta = K^b_{a|b} - K_{,a}. \tag{7.251}$$

这里 ${}^nR$ 是超曲面的标量曲率. 标量曲率 (7.249) 可以进一步简化, 其中的第一项可以简化为 $2\epsilon R_{\alpha\beta}n^\alpha n^\beta$, 而利用黎曼张量的定义, 我们得到

$$\begin{aligned}R_{\alpha\beta}n^\alpha n^\beta &= -n^\alpha_{;\alpha\beta}n^\beta + n^\alpha_{;\beta\alpha}n^\beta\\ &= -(n^\alpha_{;\alpha}n^\beta)_{;\beta} + n^\alpha_{;\alpha}n^\beta_{;\beta} + (n^\alpha_{;\beta}n^\beta)_{;\alpha} + n^\alpha_{;\beta}n^\beta_{;\alpha}.\end{aligned} \tag{7.252}$$

上式中的第二项给出 $K^2$, 而最后一项可以简化为

$$\begin{aligned}n^\alpha_{;\beta}n^\beta_{;\alpha} &= g^{\beta\mu}g^{\alpha\nu}n_{\alpha;\beta}n_{\mu;\nu}\\ &= (\epsilon n^\beta n^\mu + h^{\beta\mu})(\epsilon n^\alpha n^\nu + h^{\alpha\nu})n_{\alpha;\beta}n_{\mu;\nu}\\ &= h^{\beta\mu}h^{\alpha\nu}n_{\alpha;\beta}n_{\mu;\nu}\\ &= h^{bm}h^{an}n_{\alpha;\beta}e^\alpha_a e^\beta_b n_{\mu;\nu}e^\mu_m e^\nu_n\\ &= h^{bm}h^{an}K_{ab}K_{mn}\\ &= K_{ab}K^{ab}.\end{aligned} \tag{7.253}$$

标量曲率 (7.249) 中的第二项可以利用高斯–柯达齐方程来简化:

$$\begin{aligned}h^{ab}h^{mn}R_{\mu\alpha\nu\beta}e^\mu_m e^\alpha_a e^\nu_n e^\beta_b &= h^{ab}h^{mn}(R_{manb} + \epsilon(K_{mb}K_{an} - K_{mn}K_{ab}))\\ &= {}^nR + \epsilon(K^{ab}K_{ab} - K^2).\end{aligned} \tag{7.254}$$

最终我们得到了高维里奇标量与超曲面上曲率标量间的关系

$$R = {}^{n}R - \epsilon(K^{ab}K_{ab} - K^2) + 2\epsilon(n^{\alpha}_{;\beta}n^{\beta} - n^{\alpha}n^{\beta}_{;\beta})_{;\alpha}. \tag{7.255}$$

如果嵌入的高维时空是平坦的, 则高斯–柯达齐方程告诉我们

$$R_{abcd} = \epsilon(K_{ac}K_{bd} - K_{ad}K_{bc}). \tag{7.256}$$

二维超曲面只有一个内禀的曲率张量

$$R_{1212} = K_{11}K_{22} - (K_{12})^2 = \det(K_{ij}) = K, \tag{7.257}$$

即曲面的高斯曲率就是曲面的内禀曲率.

## 习 题

1. 证明形式化定义的黎曼曲率张量的多线性.
2. 证明在共形变换

$$\tilde{g}_{\mu\nu} = \mathrm{e}^{2\omega(x)}g_{\mu\nu} \tag{7.258}$$

下, 外尔张量的共形不变性. 进一步地, 验证

$$\begin{aligned}\tilde{R}_{\sigma\nu} = R_{\sigma\nu} &- \omega^{-1}\nabla_{\alpha}\nabla_{\beta}((n-2)\delta^{\alpha}_{\nu}\delta^{\beta}_{\sigma} + g_{\sigma\nu}g^{\alpha\beta}) \\ &+\omega^{-2}\nabla_{\alpha}\omega\nabla_{\beta}\omega(2(n-2)\delta^{\alpha}_{\nu}\delta^{\beta}_{\sigma} - (n-3)g_{\sigma\nu}g^{\alpha\beta}).\end{aligned} \tag{7.259}$$

由此证明爱因斯坦张量在共形变换下也是不变的.

3. 证明科顿张量在共形变换下具有共形权 $-5/2$.
4. 请给出三维中曲率张量与里奇张量、标量间的关系.
5. 如果一个 $N$ 维时空具有坐标 $x^A = (x^{\mu}, x^m$, 其中 $\mu = 1, \cdots, n$, 而 $m = (n+1), \cdots, N)$, 进一步假定度规是分块对角化的, 其中 $g_{\mu\nu}$ 只依赖于 $x^{\mu}$, 而 $g_{mn}$ 只依赖于 $x^n$, 请证明曲率张量也有类似的分解方式.
6. 利用坐标变换, 我们可以局域地选择 $g_{00} = -1, g_{0i} = 0$, 此时线元形如

$$\mathrm{d}s^2 = -\mathrm{d}t^2 + h_{ij}\mathrm{d}x^i\mathrm{d}x^j. \tag{7.260}$$

这样的坐标称为同时坐标. 证明里奇张量为

$$\begin{aligned} R^0_0 &= -\frac{1}{2}\partial_t\Omega^i_i - \frac{1}{4}\Omega^i_j\Omega^j_i, \\ R^0_i &= \frac{1}{2}\left(\nabla_j\Omega^j_i - \nabla_i\Omega^j_j\right), \\ R^j_i &= -{}^{(3)}R^j_i - \frac{1}{2\sqrt{h}}\partial_t(\sqrt{h}\Omega^j_i), \end{aligned} \tag{7.261}$$

其中 $\Omega_{ij}=\partial_t h_{ij}$, 而 ${}^{(3)}R_i^j$ 是由 $h_{ij}$ 构造的三维里奇张量. 所有的指标升降和协变导数都是相对于三维度规 $h_{ij}$ 而言.

7. 找到使洛伦兹转动对称性明显的坐标变换.

8. 如果 $\hat{\xi}$ 是类时基灵矢量, 则我们可以定义一个沿基灵矢量的 4-速度 $u^\mu \equiv \xi^\mu/\sqrt{-\xi^\nu\xi_\nu}=\xi^\mu/N$, 其中 $N$ 是基灵矢量的幅度. 证明这个 4-速度的 4-加速度为

$$\hat{a}=\nabla_{\hat{u}}\hat{u}=\frac{1}{2}\nabla\ln N. \tag{7.262}$$

9. 给定一个时空的度规为

$$\mathrm{d}s^2=-2\mathrm{d}u\mathrm{d}v+a^2(u)\mathrm{d}x^2+b^2(u)\mathrm{d}y^2, \tag{7.263}$$

其中 $u=t-z, v=t+z$. 这个度规代表着引力波沿着 $z$ 方向传播. 找到这个度规的所有基灵矢量.

10. 请证明如下两个与基灵矢量 $\hat{\xi}$ 相关的等式:

$$\begin{aligned}\nabla_\mu\nabla_\sigma\xi^\rho&=R^\rho{}_{\sigma\mu\nu}\xi^\nu,\\ \xi^\lambda\nabla_\lambda R&=0.\end{aligned} \tag{7.264}$$

11. 证明在无穷小坐标变换 $x^\mu\to x^\mu+\xi^\mu(x)$ 下, 克里斯托弗符号的变化为

$$\delta\Gamma^\sigma_{\mu\nu}=-\frac{1}{2}\nabla_{(\mu}\nabla_{\nu)}\xi^\sigma+\frac{1}{2}R^\sigma{}_{(\mu\nu)\rho}\xi^\rho, \tag{7.265}$$

因此, 如果 $\xi^\mu$ 是一个基灵矢量, 则 $\delta\Gamma^\sigma_{\mu\nu}=0$.

12. 二维球面的度规为

$$\mathrm{d}s^2=\mathrm{d}\theta^2+\sin^2\theta\mathrm{d}\phi^2, \tag{7.266}$$

请给出这个时空的所有基灵矢量.

13. 由双曲空间在庞加莱坐标下的度规形式计算其标量曲率.

14. 一个二维流形具有线元

$$\mathrm{d}s^2=\mathrm{d}r^2+f^2(r)\mathrm{d}\theta^2, \tag{7.267}$$

证明它的高斯曲率是

$$K=-\frac{f''}{f},\quad f'=\mathrm{d}f/\mathrm{d}r. \tag{7.268}$$

15. 证明第二嘉当方程.

16. 证明等式

$$\mathrm{d}\hat{R}^m{}_n+\hat{\omega}^m{}_p\wedge\hat{R}^p{}_n-\hat{R}^m{}_p\wedge\hat{\omega}^p{}_n=0. \tag{7.269}$$

17. 一个二维空间具有度规

$$ds^2 = v^2\mathrm{d}u^2 + u^2\mathrm{d}v^2, \tag{7.270}$$

利用正交标架法求出联络 1 形式, 并计算曲率 2 形式, 由此证明这个空间实际上是二维平坦平面.

18. 一个转动圆盘的空间线元为

$$ds^2 = \mathrm{d}r^2 + \frac{r^2}{1-\omega^2 r^2}\mathrm{d}\phi^2, \tag{7.271}$$

引进正交标架并利用嘉当结构方程来求里奇标量.

# 第八章 爱因斯坦方程

前面两章已经简要介绍了广义相对论中需要的微分几何知识. 在这一章中我们将介绍如何得到爱因斯坦方程. 物理上, 这可以通过对牛顿引潮力的讨论来获得启示. 我们将看到广义相对论中测地偏离方程实际上揭示了引潮力的起源, 由此可以得到真空爱因斯坦方程. 对爱因斯坦方程的一般推导, 最好的途径是利用作用量原理. 在本章中我们还将讨论在弯曲时空中的物质场, 以及对能动张量的约束条件, 并进而讨论测地线汇的雷乔杜里方程.

## §8.1 测地偏离和引潮力

欧氏几何的第五公设告诉我们: 过直线外一点有且仅有一条直线与原直线永不相交. 这个公设在非欧几何中不再成立. 比如在二维球面上, 所有的测地线都会相交. 所以, 平行性在非欧几何中不再能够很好地定义. 我们可以关注刚开始平行的两条测地线相互之间的偏离矢量随着测地线的变化情况. 为此, 我们构造一个单参数族的测地线 $\gamma_s(t)$: 对每一个实数 $s \in R$, $\gamma_s$ 是一个被仿射参数 $t$ 所参数化的测地线. 这些曲线的集合构成了一个二维的光滑曲面, 可以嵌入任何维度的流形 $M$ 中. 整个曲面就是点集 $x^\mu(s,t) \in M$, 我们可以称之为测地线汇 (congruence of geodesics) . 测地线的切矢量为

$$T^\mu = \frac{\partial x^\mu}{\partial t}, \tag{8.1}$$

而两条相邻测地线间可以定义 “偏离矢量” (deviation vectors)

$$S^\mu = \frac{\partial x^\mu}{\partial s}. \tag{8.2}$$

即 $S^\mu$ 从一条测地线指向另一条相邻的测地线. 如图 8.1 所示.

我们希望了解偏离矢量是如何沿着测地线变化的, 为此我们计算 “测地相对速度矢量”

$$V^\mu = (\nabla_{\hat{T}} \hat{S})^\mu = T^\rho \nabla_\rho S^\mu, \tag{8.3}$$

以及 “测地相对加速度”

$$a^\mu = (\nabla_{\hat{T}} \hat{V})^\mu = T^\rho \nabla_\rho V^\mu. \tag{8.4}$$

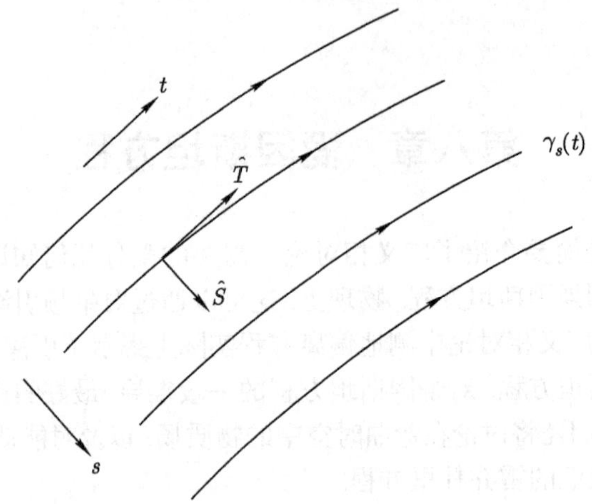


图 8.1 由单参数族构成的测地线汇. 其中参数 $s$ 刻画不同的测地线, 而参数 $t$ 是描述测地线的参数. 因此, 沿着参数 $t$ 的方向导数构成了测地线的切矢量, 而相邻测地线可以通过测地偏离矢量来刻画.

由于 $\hat{S}$ 和 $\hat{T}$ 是相对于坐标系的基矢, 它们的对易子

$$[\hat{S},\hat{T}]=0.$$

如果我们考虑无挠情形, 由于 $\nabla_{\hat{X}}\hat{Y}-\nabla_{\hat{Y}}\hat{X}-[\hat{X},\hat{Y}]=0$, 所以 $\nabla_{\hat{S}}\hat{T}=\nabla_{\hat{T}}\hat{S}$, 也就是说

$$S^\rho\nabla_\rho T^\mu=T^\rho\nabla_\rho S^\mu. \tag{8.5}$$

而测地相对 4-加速度为

$$\begin{aligned}
a^\mu &= T^\rho\nabla_\rho(T^\sigma\nabla_\sigma S^\mu)\\
&= T^\rho\nabla_\rho(S^\sigma\nabla_\sigma T^\mu)\\
&= (T^\rho\nabla_\rho S^\sigma)(\nabla_\sigma T^\mu)+T^\rho S^\sigma\nabla_\rho\nabla_\sigma T^\mu\\
&= (S^\rho\nabla_\rho T^\sigma)(\nabla_\sigma T^\mu)+T^\rho S^\sigma(\nabla_\sigma\nabla_\rho T^\mu+R^\mu{}_{\nu\rho\sigma}T^\nu)\\
&= (S^\rho\nabla_\rho T^\sigma)(\nabla_\sigma T^\mu)+S^\sigma\nabla_\sigma(T^\rho\nabla_\rho T^\mu)\\
&\quad -(S^\sigma\nabla_\sigma T^\rho)\nabla_\rho T^\mu+R^\mu{}_{\nu\rho\sigma}T^\nu T^\rho S^\sigma\\
&= R^\mu{}_{\nu\rho\sigma}T^\nu T^\rho S^\sigma.
\end{aligned} \tag{8.6}$$

这样我们就得到了测地偏离方程.

**测地偏离方程**

$$a^{\mu}=\frac{\mathrm{D}^2}{\mathrm{d}t^2}S^{\mu}=R^{\mu}{}_{\nu\rho\sigma}T^{\nu}T^{\rho}S^{\sigma}. \tag{8.7}$$

这个方程也称为雅可比方程, 它告诉我们两条相邻测地线间的相对加速度与曲率成正比. 上面的证明可以用更形式化的语言来叙述:

(1) $\nabla_{\hat{S}}\hat{T}=\nabla_{\hat{T}}\hat{S}$;

(2) $\nabla_{\hat{T}}\nabla_{\hat{T}}\hat{S}=\nabla_{\hat{T}}\nabla_{\hat{S}}\hat{T}$;

(3) 由黎曼张量的定义

$$(\nabla_{\hat{T}}\nabla_{\hat{S}}-\nabla_{\hat{S}}\nabla_{\hat{T}}-\nabla_{[\hat{T},\hat{S}]})\hat{Z}=\hat{R}(\hat{T},\hat{S},\hat{Z}), \tag{8.8}$$

令 $\hat{Z}=\hat{T}$ 并应用测地方程 $\nabla_{\hat{T}}\hat{T}=0$, 我们就得到了测地偏离方程.

在上面的讨论中, 有几点值得注意. 首先, $\hat{S}$ 与 $\hat{T}$ 的对易子为零说明矢量场是填满曲面的 (surface-filling) . 这是由于此时两个矢量可以写作坐标基的导数. 其次, 注意 $\hat{S}$ 和 $\hat{T}$ 不必正交, 但是我们总可以通过投影定义一个矢量

$$\hat{\eta}=\hat{S}+\hat{T}(\hat{T}\cdot\hat{S}), \tag{8.9}$$

它与 $\hat{T}$ 正交, $\hat{\eta}\cdot\hat{T}=0$. 对于 $\hat{\eta}$ 而言, 可证它的测地偏离方程取相同的形式:

$$\frac{\mathrm{D}^2}{\mathrm{d}t^2}\eta^{\mu}-R^{\mu}{}_{\nu\rho\sigma}T^{\nu}T^{\rho}\eta^{\sigma}=0. \tag{8.10}$$

其次, 对于一个自由下落观测者的惯性系, 沿测地线运动, 其 4-速度为 $\hat{T}$. 因此我们在此惯性系中可以选定标架场 $e_0^{\mu}=T^{\mu}$, $\{\hat{e}_1,\hat{e}_2,\hat{e}_3\}$ 是一组与 $\hat{T}$ 正交的类空基矢, 且所有的标架场都是沿测地线平行移动的: $\frac{\mathrm{D}}{\mathrm{D}\tau}\hat{e}_m=0$. 由此, 我们可以定义相对于观测者参考系的偏离矢量

$$\eta^m=e^m_{\mu}\eta^{\mu}, \tag{8.11}$$

它们是类空标架分量, 其中

$$\eta^0=e^0_{\mu}\eta^{\mu}=T_{\mu}\eta^{\mu}=0, \tag{8.12}$$

剩下的三个类空分量满足

$$\frac{\mathrm{D}^2}{\mathrm{d}\tau^2}\eta^i-R^{\mu}{}_{\nu\rho\sigma}e^i_{\mu}T^{\nu}T^{\rho}\eta^j e^{\sigma}_j=0, \tag{8.13}$$

或简记为

$$\frac{\mathrm{D}^2}{\mathrm{d}\tau^2}\eta^i + K^i{}_j\eta^j = 0, \tag{8.14}$$

而

$$K^i{}_j = -R^\mu{}_{\nu\rho\sigma}e^i_\mu T^\nu T^\rho e^\sigma_j. \tag{8.15}$$

我们可以把这个方程与牛顿力学中的引潮力做比较.

在牛顿力学中考虑两个粒子沿曲线 $C_1$ 和 $C_2$ 运动, 如图 8.2 所示. 它们的世界线由下面的坐标描述:

$$x^i(t), \quad x'^i(t) = x^i(t) + \eta^i(t), \tag{8.16}$$

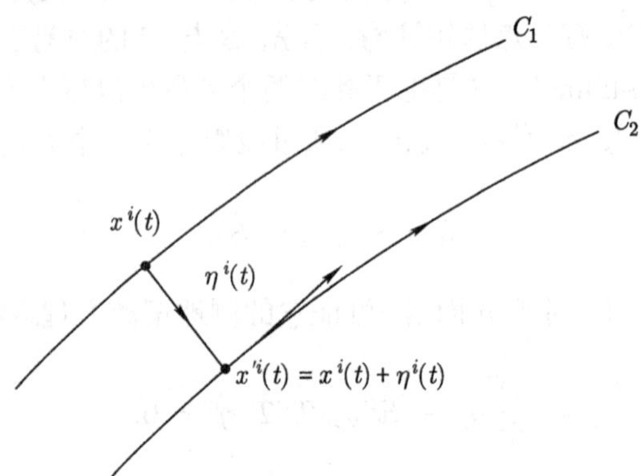


图 8.2 牛顿力学中两个相邻粒子的测地线运动.

其中 $\eta^i(t)$ 是连接两条曲线的偏离矢量. 对于第一个粒子

$$\frac{\mathrm{d}^2x^i}{\mathrm{d}t^2} = -\delta^{ij}\frac{\partial\Phi(x^k)}{\partial x^j}, \tag{8.17}$$

而对于第二个粒子

$$\begin{aligned}\frac{\mathrm{d}^2x'^i}{\mathrm{d}t^2} = \frac{\mathrm{d}^2(x^i+\eta^i)}{\mathrm{d}t^2} &= -\delta^{ij}\frac{\partial\Phi(x^k+\eta^k)}{\partial x^j}\\ &= -\delta^{ij}\left(\frac{\partial\Phi(x^k)}{\partial x^j} + \frac{\partial}{\partial x^k}\frac{\partial\Phi(x^k)}{\partial x^j}\eta^k + \cdots\right).\end{aligned}$$

两个粒子的相对加速度, 即牛顿力学中的偏离方程为

$$\ddot{\eta}^i = -\delta^{ij}\left(\frac{\partial^2\Phi}{\partial x^j\partial x^k}\right)_{\boldsymbol{x}}\eta^k. \tag{8.18}$$

定义

$$K^i_j \equiv \partial^i \partial_j \Phi, \tag{8.19}$$

上面的方程可写作

$$\ddot{\eta}^i + K^i_j \eta^j = 0. \tag{8.20}$$

张量 $K$ 刻画了微分加速度, 确定了把相邻粒子推开或者拉拢的力. 它们被称为 "引潮力" 或者 "潮汐加速度张量". 由牛顿力学在真空中的拉普拉斯方程

$$\nabla^2 \varPhi = 0, \tag{8.21}$$

我们知道张量 $K$ 在真空中是无迹的:

$$K^i_i = 0. \tag{8.22}$$

**例 8.1** 球分布质量外的引潮力.

此时的牛顿势为 $\varPhi = -M/r(G=1)$, 而潮汐加速度为

$$a_{ij} = -\frac{\partial^2 \Phi}{\partial x^i \partial x^j} = -(\delta_{ij} - 3n_i n_j)\frac{M}{r^3}, \tag{8.23}$$

其中 $n^i = x^i/r$. 在极坐标 $(r,\theta,\phi)$ 中,

$$a_{rr} = \frac{2M}{r^3}, \quad a_{\theta\theta} = a_{\phi\phi} = -\frac{M}{r^3}. \tag{8.24}$$

显然, 张量 $K$ 此时是无迹的. 一个沿径向方向自由下落的观测者可以取上面的基得到

$$\frac{\mathrm{d}^2\eta^r}{\mathrm{d}t^2} = \frac{2M}{r^3}\eta^r, \quad \frac{\mathrm{d}^2\eta^\theta}{\mathrm{d}t^2} = -\frac{M}{r^3}\eta^\theta, \quad \frac{\mathrm{d}^2\eta^\phi}{\mathrm{d}t^2} = -\frac{M}{r^3}\eta^\phi, \tag{8.25}$$

因此, 这个观测者将感觉到在径向方向被引潮力拉伸, 而在横向方向被引潮力压缩.

**例 8.2** 地球上的引潮力.

地球上的潮汐现象主要来自于月球的影响, 尽管太阳的影响也不小. 为简化问题, 这里只讨论月球的影响. 假定地球在我们选定坐标系的原点 $(0,0,0)$, 而月球在 $z$ 轴 $(0,0,d)$ 处, 月球的牛顿引力势为

$$\varPhi_{\mathrm{m}}(z) = -\frac{GM_{\mathrm{m}}}{(x^2+y^2+(z-d)^2)^{1/2}}, \tag{8.26}$$

则潮汐加速度为

$$\left(\frac{\partial^2 \Phi}{\partial x^i \partial x^j}\right)\bigg|_0 = \frac{GM_{\mathrm{m}}}{d^3}\mathrm{diag}(1,1,-2)\,. \tag{8.27}$$

考虑海洋中质量为 $m$ 的单元, 在 $(y,z)$ 平面上位于 $\boldsymbol{r} = r(0,-\sin\theta,\cos\theta)$ 处, 其中 $r \ll d$, 则引潮力为

$$\boldsymbol{F}_{\mathrm{tidal}} = \frac{GmM_{\mathrm{m}}}{d^2}\frac{r}{d}(0,-\sin\theta,2\cos\theta). \tag{8.28}$$

沿着 $z, \theta = 0$ 时, 该力沿 $+z$ 方向, 而沿着 $z, \theta = \pi$ 时, 该力沿 $-z$ 方向. 也就是说, 引潮力把海洋沿着 $z$ 方向拉开. 相反地, 引潮力在横向方向上是挤压海洋的.

在广义相对论中爱因斯坦的等效原理告诉我们, 当一个宇航员处在自由下落的航天飞机中时, 他感觉不到任何引力. 那么是不是引力都被自由下落所抵消呢? 局域地说, 假设宇航员是一个质点, 确实如此. 对一滴液体, 如果没有任何外力而只存在表面张力, 它会保持严格的球形. 但是由于引潮力的存在, 实际上它并非严格的球形, 而是有微小的形变. 在广义相对论中, 形变来自于测地偏离. 换句话说, 引潮力可以理解成测地偏离. 比较广义相对论和牛顿力学中的测地偏离方程, 我们发现

$$\partial^i\partial_j\Phi = K^i_j = -R^{\mu}{}_{\nu\rho\sigma}e^i_{\mu}T^{\nu}T^{\rho}e^{\sigma}_j. \tag{8.29}$$

黎曼曲率张量表示了一个物体 (如一滴水) 沿测地运动时感觉到的引潮力. 一个黎曼张量可以分解成外尔张量、里奇张量和里奇标量. 里奇张量包含了存在引潮力时物体体积变化的精确信息, 而外尔张量包含了物体的形状如何被引潮力改变的信息.

## §8.2 爱因斯坦方程

引进与宇航员随动的坐标系, $e^{\mu}_i = \delta^{\mu}_i, T^{\sigma} = (1,0,0,0)$, 则有

$$R^i{}_{00i} = 0. \tag{8.30}$$

这是因为张量 $K^i_j$ 是无迹的. 作为一个张量方程, 我们期待

$$R^{\rho}{}_{00\rho} = 0, \tag{8.31}$$

它可以重新写作

$$R^{\rho}{}_{00\rho} = R^{\rho}{}_{\mu\nu\rho}T^{\mu}T^{\nu} = -R_{\mu\nu}T^{\mu}T^{\nu} = 0. \tag{8.32}$$

它是一个标量, 应该在所有坐标系中都成立, 所以有

$$R_{\mu\nu} = 0.$$

这就是所谓的真空爱因斯坦方程. 严格地说, 上面的讨论并非严谨的推导. 这里的逻辑是: 首先, 在真空中有泊松方程 $\nabla^2 \Phi = 0$, 它要求张量 $K^i_j$ 无迹. 由此我们得到了张量方程

$$R_{\mu\nu} T^\mu T^\nu = 0, \tag{8.33}$$

它应该对所有的观测者都正确, 即对所有的 $T^\mu$ 都成立, 所以得到了真空爱因斯坦方程.

**真空爱因斯坦方程**

$$R_{\mu\nu} = 0. \tag{8.34}$$

真空爱因斯坦方程有十个独立的方程, 是高度非线性的, 很难求解. 支持它正确的两个最早证据是:

(1) 牛顿极限. 在此极限下我们应该回到牛顿引力.

(2) 球对称史瓦西解. 这样我们可以讨论对广义相对论的检验.

这里先讨论牛顿极限. 牛顿极限的三个要求是:

(1) 弱引力, 即度规场对平坦时空的偏离很小: $g_{\mu\nu} = \eta_{\mu\nu} + h_{\mu\nu}$, 其中 $h_{\mu\nu} = O(\epsilon)$;

(2) 慢变, 即扰动场随时间的变化较慢: $\partial_0 h_{\mu\nu} = O(\epsilon^2)$;

(3) 粒子的运动较慢, 可以忽略相对论性效应.

由于扰动场是小量, 我们可以得到度规场的逆:

$$g^{\mu\nu} = \eta^{\mu\nu} - h^{\mu\nu}, \tag{8.35}$$

其中 $h^{\mu\nu} = \eta^{\mu\sigma}\eta^{\nu\rho}h_{\sigma\rho}$ 是通过背景平坦时空的度规来升降指标的. 由此, 克里斯托弗符号为

$$\begin{aligned}\Gamma^\mu_{\sigma\rho} &= \frac{1}{2} g^{\mu\nu}(\partial_\sigma g_{\nu\rho} + \partial_\rho g_{\nu\sigma} - \partial_\nu g_{\sigma\rho}) \\ &= \frac{1}{2}\eta^{\mu\nu}(\partial_\sigma h_{\nu\rho} + \partial_\rho h_{\nu\sigma} - \partial_\nu h_{\sigma\rho}) + O(\epsilon^2).\end{aligned} \tag{8.36}$$

只保留一阶小量, 测地线方程约化为

$$\frac{\mathrm{d}^2 x^\mu}{\mathrm{d}\tau^2} + \Gamma^\mu_{00}\left(\frac{\mathrm{d}t}{\mathrm{d}\tau}\right)^2 = 0. \tag{8.37}$$

而 $\Gamma^{\mu}_{00} = -\dfrac{1}{2}\eta^{\mu\lambda}\partial_\lambda h_{00}$, 所以测地线方程变为

$$\frac{\mathrm{d}^2 x^\mu}{\mathrm{d}\tau^2} = \frac{1}{2}\eta^{\mu\lambda}\partial_\lambda h_{00}\left(\frac{\mathrm{d}t}{\mathrm{d}\tau}\right)^2. \tag{8.38}$$

这个方程的 $\mu = 0$ 分量给出

$$\frac{\mathrm{d}^2 t}{\mathrm{d}\tau^2} = 0, \tag{8.39}$$

即 $\dfrac{\mathrm{d}t}{\mathrm{d}\tau}$ 是一个常数, 我们可以简单地取 $t=\tau$. 物理上来看, 由于粒子运动较慢, $\dfrac{\mathrm{d}x^i}{\mathrm{d}\tau} \ll \dfrac{\mathrm{d}t}{\mathrm{d}\tau}$, 可以忽略坐标时与固有时间的差别. 而对 $\mu = i$ 分量, 有

$$\frac{\mathrm{d}^2 x^i}{\mathrm{d}\tau^2} = \frac{1}{2}\left(\frac{\mathrm{d}t}{\mathrm{d}\tau}\right)^2 \partial_i h_{00}. \tag{8.40}$$

它可以重新写作

$$\frac{\mathrm{d}^2 x^i}{\mathrm{d}t^2} = \frac{1}{2}\partial_i h_{00}. \tag{8.41}$$

与牛顿引力势中点粒子的运动

$$\frac{\mathrm{d}^2 x^i}{\mathrm{d}t^2} = -\partial^i \varPhi \tag{8.42}$$

比较, 我们得到等同关系

$$h_{00} = -2\varPhi, \tag{8.43}$$

或者

$$g_{00} = -(1+2\varPhi). \tag{8.44}$$

进一步地, 我们可以计算黎曼张量, 得到

$$R^{\mu}{}_{0\nu 0} = -\frac{1}{2}g^{\mu\sigma}\partial_\sigma\partial_\nu h_{00} + O(\epsilon^2). \tag{8.45}$$

$R_{\mu\nu} = 0$ 的 $(0,0)$ 分量给出

$$R^{\mu}{}_{0\mu 0} = -\frac{1}{2}\nabla^2 h_{00}, \tag{8.46}$$

这实际上正是拉普拉斯方程

$$\nabla^2 \varPhi = 0. \tag{8.47}$$

因此我们看到, 如果我们把度规场对平直时空的偏离或者扰动看作牛顿引力势, 则测地线方程给出牛顿第二定律, 而真空爱因斯坦方程给出在真空中牛顿引力势的泊松方程. 简而言之, 在牛顿近似下, 爱因斯坦理论回到牛顿引力.

如果存在物质分布, 不再是真空情形, 爱因斯坦理论又如何呢? 牛顿引力中有泊松方程

$$\nabla^2 \Phi = 4\pi G\rho. \tag{8.48}$$

如何把它推广为一个相对论性的张量方程呢? 现在我们知道, 质量密度只是能动张量的一个分量, 而引力势是度规场的扰动的一个分量, 因此我们期待

$$\rho \to T_{\mu\nu}, \quad \nabla^2 \to \nabla^\mu \nabla_\mu, \quad \Phi \to g_{\mu\nu}? \tag{8.49}$$

简单地这样做是不行的, 因为 $\nabla_\mu g_{\sigma\rho} = 0$.

实际上, 历史上有各种尝试来推广上面的方程, 试图得到一个相对论性的引力理论. 一种做法是认为引力是一种标量理论, 仍然保留 $\Phi$. 比如说方程的左边变成协变化的达朗贝尔算子作用在 $\Phi$ 上, 而右边取能动张量的迹, 即

$$\Box \Phi = 4\pi G T^\mu_\mu. \tag{8.50}$$

但这个理论与实验不符合, 在描述水星近日点进动时理论预言比实验结果少. 此外, 由于电磁理论的能动张量的迹为零 $(T^{\mathrm{EM}})^\mu_\mu$, 电磁理论无法与引力耦合. 也就是说在这个理论中光子没有引力红移, 光线也不存在偏折. 所以, 利用标量场来描述引力是不正确的. 另一种观点认为描述引力的是矢量理论, 但这种理论只能给出排斥力.

作为张量理论, 如果方程右边换作能动张量, 则方程左边也必须是个 $(0,2)$ 型张量, 而且必须包含二阶导数. 包含度规场二阶导数的对称张量可能是里奇张量, 因此自然的选择是 $R_{\mu\nu} = \kappa T_{\mu\nu}$. 然而这样的推广与能动张量的守恒方程 $\nabla^\mu T_{\mu\nu} = 0$ 不符. 幸运的是, 只需要对这个方程稍作修改即可满足能动量守恒条件. 我们已经引进了爱因斯坦张量, 它满足 $\nabla^\mu G_{\mu\nu} = 0$, 所以可以猜测

$$G_{\mu\nu} = R_{\mu\nu} - \frac{1}{2} g_{\mu\nu} R = \kappa T_{\mu\nu}. \tag{8.51}$$

方程右边有一个待确定的因子 $\kappa$, 它可以通过牛顿极限来确定. 首先, 对上面的方程两边求迹可得在任意 $D$ 维时空中

$$R = \frac{2}{2-D} \kappa T, \tag{8.52}$$

其中 $T = T^{\mu}_{\mu}$ 是能动张量的迹. 由此可得

$$R_{\mu\nu} = \kappa\left(T_{\mu\nu} - \frac{1}{D-2}Tg_{\mu\nu}\right). \tag{8.53}$$

在 $D = 4$ 维中,

$$R_{\mu\nu} = \kappa\left(T_{\mu\nu} - \frac{1}{2}Tg_{\mu\nu}\right). \tag{8.54}$$

另一方面, 我们考虑产生时空弯曲的物质是尘埃, 因此能动张量的分量中主要贡献来自于 (00) 分量

$$T_{00} = \rho, \quad T = -\rho, \tag{8.55}$$

所以, 考虑爱因斯坦方程的 (00) 分量, 我们得到在牛顿极限下,

$$R_{00} = -\frac{1}{2}\nabla^2 h_{00} = \frac{1}{2}\kappa T_{00}, \tag{8.56}$$

因此可以确定

$$\kappa = 8\pi G. \tag{8.57}$$

最终, 我们得到了有能动张量的爱因斯坦方程.

**爱因斯坦方程**

$$R_{\mu\nu} - \frac{1}{2}g_{\mu\nu}R = 8\pi GT_{\mu\nu}, \tag{8.58}$$

有时也简记作

$$G_{\mu\nu} = 8\pi GT_{\mu\nu}. \tag{8.59}$$

简而言之, 从能动张量守恒方程出发我们选择了爱因斯坦张量. 但这里的讨论其实有一个疏漏: 如我们所知, 此处选择的联络是度规相容的, 即 $\nabla_\mu g_{\sigma\rho} = 0$, 这实际上提供了一种可能性: 可以在方程的左边加上一个与度规张量成正比的项, 即著名的宇宙学常数项, 这样就得到方程

$$G_{\mu\nu} + \Lambda g_{\mu\nu} = 8\pi GT_{\mu\nu}. \tag{8.60}$$

它可以变形为

$$R_{\mu\nu} = 8\pi G\left(T_{\mu\nu} - \frac{1}{2}Tg_{\mu\nu}\right) + \Lambda g_{\mu\nu}. \tag{8.61}$$

如果同样考虑牛顿近似, 将得到

$$\nabla^2 \Phi = 4\pi G\rho - \Lambda. \tag{8.62}$$

如果考虑一个球对称分布的物质外的引力加速度, 将得到

$$\boldsymbol{g} = -\nabla \Phi = \left(-\frac{GM}{r^2} + \frac{\Lambda r}{3}\right)\boldsymbol{e}_r. \tag{8.63}$$

所以, 假如宇宙学常数是负的, 它将诱导出一个线性增加的吸引力, 而如果宇宙学常数是正的, 则它将诱导出一个排斥力, 而且随着距离线性增加.

爱因斯坦首先提出了宇宙学常数项, 基于宇宙学原理由此可以得到一个静态的宇宙. 但这个模型是不稳定的. 而且在哈勃发现宇宙是膨胀的之后, 静态宇宙模型被大家所抛弃. 爱因斯坦本人也把引进宇宙学常数看作他一生最大的失误. 具有讽刺意味的是, 随着现代宇宙学的发展, 观测发现, 现阶段的宇宙是在做加速膨胀的. 这个加速膨胀来自于宇宙的物质组分中存在所谓的暗能量. 暗能量的最可能候选者是一个正的宇宙学常数. 爱因斯坦的 "失误" 成为了宇宙学中最重大的发现之一!

## §8.3 弱场近似

弱场近似是广义相对论的一个重要课题. 在实际应用中, 很多物理问题都可以利用弱场近似来处理. 弱场近似是指度规场可以看作在平坦闵氏度规上做线性扰动:

$$g_{\mu\nu} = \eta_{\mu\nu} + h_{\mu\nu}, \quad |h_{\mu\nu}| \ll 1. \tag{8.64}$$

因此, 弱场近似也常称作线性化引力. 弱场近似是牛顿近似的进一步推广, 放宽了牛顿近似下扰动是静态的以及粒子低速运动的要求, 也就是说 $h_{\mu\nu}$ 可以是与时间相关的, 而粒子的运动可以是光速. 这样我们就可以讨论光子的运动.

近似到一阶, 度规场的逆为 $g^{\mu\nu} = \eta^{\mu\nu} - h^{\mu\nu}$, 其中 $h^{\mu\nu} = \eta^{\mu\rho}\eta^{\nu\sigma}h_{\rho\sigma}$, 即我们利用闵氏度规 $\eta^{\mu\nu}$ 和 $\eta_{\mu\nu}$ 来升降扰动场的指标. 所以, 线性化引力可以认为是在平坦时空中关于一个对称张量场 $h_{\mu\nu}$ 的理论. 这个理论在狭义相对论的意义下是洛伦兹不变的: 平坦时空度规不变, 而扰动场变换如

$$h_{\mu'\nu'} = \Lambda_{\mu'}{}^{\mu}\Lambda_{\nu'}{}^{\nu}h_{\mu\nu}. \tag{8.65}$$

在一阶水平上, 克里斯托弗符号为

$$\begin{aligned}\Gamma^{\rho}_{\mu\nu} &= \frac{1}{2}g^{\rho\lambda}(\partial_\mu g_{\nu\lambda} + \partial_\nu g_{\lambda\mu} - \partial_\lambda g_{\mu\nu}) \\ &= \frac{1}{2}\eta^{\rho\lambda}(\partial_\mu h_{\nu\lambda} + \partial_\nu h_{\lambda\mu} - \partial_\lambda h_{\mu\nu}),\end{aligned} \tag{8.66}$$

黎曼张量为

$$\begin{aligned}R_{\mu\nu\rho\sigma} &= \eta_{\mu\lambda}\partial_\rho\Gamma^\lambda_{\nu\sigma} - \eta_{\mu\lambda}\partial_\sigma\Gamma^\lambda_{\nu\rho} \\ &= \frac{1}{2}(\partial_\rho\partial_\nu h_{\mu\sigma} + \partial_\sigma\partial_\mu h_{\nu\rho} - \partial_\sigma\partial_\nu h_{\mu\rho} - \partial_\rho\partial_\mu h_{\nu\sigma}),\end{aligned}$$

而里奇张量为

$$R_{\mu\nu} = \frac{1}{2}(\partial_\sigma\partial_\nu h^\sigma_\mu + \partial_\sigma\partial_\mu h^\sigma_\nu - \partial_\mu\partial_\nu h - \Box h_{\mu\nu}), \tag{8.67}$$

这里 $h = \eta^{\mu\nu}h_{\mu\nu} = h^\mu{}_\mu$, 达朗贝尔算子是相对平坦时空背景定义的: $\Box = -\partial_t^2 + \partial_x^2 + \partial_y^2 + \partial_z^2$. 里奇标量为

$$R = \partial_\mu\partial_\nu h^{\mu\nu} - \Box h, \tag{8.68}$$

而爱因斯坦张量是

$$G_{\mu\nu} = \frac{1}{2}(\partial_\sigma\partial_\nu h^\sigma{}_\mu + \partial_\sigma\partial_\mu h^\sigma{}_\nu - \partial_\mu\partial_\nu h - \Box h_{\mu\nu} - \eta_{\mu\nu}\partial_\sigma\partial_\rho h^{\sigma\rho} + \eta_{\mu\nu}\Box h).$$

这个线性化的爱因斯坦张量可以通过对下面的拉氏密度变分来得到:

$$\begin{aligned}\mathcal{L} = \frac{1}{2}\Big[&(\partial_\mu h^{\mu\nu})(\partial_\nu h) - (\partial_\mu h^{\rho\sigma})(\partial_\rho h^\mu{}_\sigma) + \frac{1}{2}\eta^{\mu\nu}(\partial_\mu h^{\rho\sigma})(\partial_\nu h_{\rho\sigma}) \\ &-\frac{1}{2}\eta^{\mu\nu}(\partial_\mu h)(\partial_\nu h)\Big].\end{aligned}$$

在爱因斯坦方程中的能动张量 $T_{\mu\nu}$ 应该是一个一阶小量, 它决定了度规扰动场的动力学, 因此出现在 $T_{\mu\nu}$ 中的度规张量一定是 $g_{\mu\nu}$ 的零阶项, 即 $\eta_{\mu\nu}$. 能动量守恒方程即是平坦时空中的能动量守恒方程: $\partial_\mu T^{\mu\nu} = 0$.

在通常的广义相对论中有微分同胚不变性, 或者说广义坐标变换下的不变性. 当考虑弱场近似时, 对这些变换有了更强的限制, 因为我们希望在坐标变换后仍然保持弱场近似. 换句话说, 如果我们考虑坐标变换, 在新的坐标系下度规场仍然可以写作闵氏度规加上一个扰动项, 尽管扰动场也许与原来的不同. 考虑一个无穷小广义坐标变换

$$x'^\mu = x^\mu + \zeta^\mu(x) \quad \Rightarrow \quad \frac{\partial x'^\mu}{\partial x^\nu} = \delta^\mu_\nu + \partial_\nu\zeta^\mu, \tag{8.69}$$

它将导致

$$g'_{\mu\nu} = \frac{\partial x^\rho}{\partial x'^\mu}\frac{\partial x^\sigma}{\partial x'^\nu}g_{\rho\sigma} = \eta_{\mu\nu} + h_{\mu\nu} - \partial_\mu\zeta_\nu - \partial_\nu\zeta_\mu, \tag{8.70}$$

其中 $\zeta_\mu = \eta_{\mu\nu}\zeta^\nu$. 因此, 在扰动场上的规范变换为

$$h'_{\mu\nu} = h_{\mu\nu} - \partial_\mu\zeta_\nu - \partial_\nu\zeta_\mu. \tag{8.71}$$

可以证明, 在此变换下黎曼张量是不变的, $\delta R_{\mu\nu\rho\sigma}=0$.

由于规范不变性, 我们可以选择合适的规范来讨论问题. 一个常用的规范是所谓的调和 (harmonic) 规范①:

$$\Box x^{\mu}=0, \tag{8.72}$$

其中的 $x^{\mu}$ 应该被当作坐标函数来看待. 这个规范等价于

$$g^{\mu\nu}\Gamma^{\rho}_{\mu\nu}=0. \tag{8.73}$$

这个规范选择不仅针对平坦时空下的张量扰动, 也可以加到其他各种时空背景下的扰动上. 在弱场极限下

$$\frac{1}{2}\eta^{\mu\nu}\eta^{\lambda\rho}(\partial_{\mu}h_{\nu\lambda}+\partial_{\nu}h_{\lambda\mu}-\partial_{\lambda}h_{\mu\nu})=0, \tag{8.74}$$

所以我们得到对扰动场的限制

$$\partial_{\mu}h^{\mu}{}_{\lambda}-\frac{1}{2}\partial_{\lambda}h=0. \tag{8.75}$$

这个规范选择并未完全固定所有的规范自由度. 实际上, 如果我们的坐标函数相差一个调和函数, 这个规范条件仍然满足, 即如果 $x^{\mu}\to x'^{\mu}=x^{\mu}+\xi^{\mu}$, 其中 $\xi^{\mu}$ 是一个调和函数, 满足 $\Box\xi^{\mu}=0$, $x'^{\mu}$ 也是合格的坐标函数. 换句话说, 我们可以有自由度来选择坐标函数. 在调和规范下, 线性化的爱因斯坦方程为

$$\Box h_{\mu\nu}-\frac{1}{2}\eta_{\mu\nu}\Box h=-16\pi GT_{\mu\nu}, \tag{8.76}$$

而真空爱因斯坦方程 $R_{\mu\nu}=0$ 则取一个简洁的形式

$$\Box h_{\mu\nu}=0. \tag{8.77}$$

这正是一个相对论性波传导方程.

在实际应用中, 我们可以把度规扰动变换一下来简化问题. 定义 "迹相反" 的扰动 $\bar{h}_{\mu\nu}$:

$$\bar{h}_{\mu\nu}=h_{\mu\nu}-\frac{1}{2}\eta_{\mu\nu}h. \tag{8.78}$$

由于它的迹 $\bar{h}^{\mu}{}_{\mu}=-h^{\mu}{}_{\mu}$ 是原来扰动场迹的相反数, 所以称为 "迹相反". 调和规范条件此时变为

$$\partial_{\mu}\bar{h}^{\mu}{}_{\lambda}=0, \tag{8.79}$$

①满足 $\Box f=0$ 的函数 $f$ 称为调和函数, 这就是此规范称为调和规范的原因. 在各种文献中, 这个规范也常被称作洛伦茨规范、爱因斯坦规范、希尔伯特 (Hilbert) 规范、德唐德 (de Donder), 规范或者福克 (Fock) 规范.

而完整的场方程是

$$\Box\bar{h}_{\mu\nu} = -16\pi G T_{\mu\nu}, \tag{8.80}$$

真空场方程是

$$\Box\bar{h}_{\mu\nu} = 0. \tag{8.81}$$

不难发现, 这些方程与电动力学中 (洛伦茨规范下) 关于规范势的方程取相同的形式. 因此, 我们可以借鉴很多关于电动力学中求解规范势的知识来研究弱场近似下的扰动场. 很重要的一点是, 方程 (8.80) 是线性微分方程, 方程的左边是平坦时空中的达朗贝尔算子, 因此我们可以利用线性叠加格林函数来求解方程.

对于一个稳态球对称源附近的时空, 如果这个源产生的引力不是很强, 也就是说这个源的密度并不大, 我们可得到牛顿极限下的结果, 即

$$h_{00} = -2\varPhi, \tag{8.82}$$

其中 $\varPhi$ 是传统的牛顿引力势 $\varPhi = -GM/r$. 假定这个源的能动张量是由其静止能量密度 $\rho = T_{00}$ 主导, 其他分量都比它小得多, 则由爱因斯坦方程知 $\bar{h}_{\mu\nu}$ 中的其他分量也比 $\bar{h}_{00}$ 小得多, 因此

$$h = -\bar{h} = -\eta^{\mu\nu}\bar{h}_{\mu\nu} = \bar{h}_{00}, \tag{8.83}$$

而

$$\bar{h}_{00} = 2h_{00} = -4\varPhi. \tag{8.84}$$

$\bar{h}_{\mu\nu}$ 的其他分量都可忽略. 因此 $\bar{h} = -4\varPhi$, 由此得到

$$h_{i0} = \bar{h}_{i0} - \frac{1}{2}\eta_{i0}\bar{h} = 0, \tag{8.85}$$

和

$$h_{ij} = \bar{h}_{ij} - \frac{1}{2}\eta_{ij}\bar{h} = -2\varPhi\delta_{ij}. \tag{8.86}$$

这样, 在弱场极限下, 一个不转动的恒星或者行星的度规为

$$\mathrm{d}s^2 = -(1+2\varPhi)\mathrm{d}t^2 + (1-2\varPhi)(\mathrm{d}x^2 + \mathrm{d}y^2 + \mathrm{d}z^2). \tag{8.87}$$

如果一个球对称的物体转动不快, 我们仍然可以在弱场近似下研究转动对时空的影响, 相关内容将在第十三章中进行讨论.

## §8.4 等效原理回顾

我们可以稍微回顾一下至今为止对广义相对论的讨论. 在广义相对论中, 引力体现为时空的曲率. 在弯曲时空中, 粒子的运动是测地线运动, 这一点也可以从点粒子在弯曲时空中的作用量得到. 另一方面, 能动张量会导致时空的弯曲. 这一点从爱因斯坦方程可以明显地看出: 方程的左边是纯几何的量, 而方程的右边正比于能动张量.

在广义相对论的发展中, 等效原理发挥了重要的作用. 首先, 始于伽利略和牛顿的弱等效原理告诉我们, 物体的惯性质量和引力质量是相等的, 因此, 任何物体在引力势中的表现都是一致的, 它们的加速度由引力势的梯度确定, 即引力具有普适性. 弱等效原理的一个直接后果是引力场的效应无法与物体在一个匀加速运动参考系中的运动区分开来. 爱因斯坦进一步推广了弱等效原理, 他指出不只是试探粒子, 任何局部的实验都无法把引力场和匀加速运动区分开来. 这就是爱因斯坦的等效原理: 在时空足够小的区域, 物理规律约化为狭义相对论中的情形, 没有办法探测到引力场的存在. 这中间牵涉到惯性系的选择. 在广义相对论中, 没有整体惯性系, 至多只能定义局部惯性系, 这个惯性系在时空足够小的区域中如自由下落粒子一般运动. 数学上, 局部惯性系对应于流形上的黎曼正则坐标, 在此坐标中度规取平直时空的形式, 而克里斯托弗符号为零. 这样, 在爱因斯坦理论中, 引力不是表现为一种力, 而是表现为时空的曲率.

爱因斯坦的等效原理要求在局部惯性系中物理规律与狭义相对论中的一致. 在黎曼正则坐标中, 物理规律取平坦时空里的形式. 在平坦时空中, 自由粒子满足

$$\frac{\mathrm{d}^2 x^\mu}{\mathrm{d}\lambda^2} = 0. \tag{8.88}$$

在弯曲时空中, 一个自由粒子满足测地线方程

$$\frac{\mathrm{d}^2 x^\mu}{\mathrm{d}\lambda^2} + \Gamma^\mu_{\rho\sigma}\frac{\mathrm{d}x^\rho}{\mathrm{d}\lambda}\frac{\mathrm{d}x^\sigma}{\mathrm{d}\lambda} = 0, \tag{8.89}$$

在黎曼正则坐标下回到 (8.88) 式. 这个例子启示我们该如何讨论弯曲时空中的物理. 如果在平直时空中一个物理规律成立, 可以试着把它写成协变的张量形式, 这样得到的物理规律可以认为是在弯曲时空中成立的. 这就是所谓的协变性原理. 它可以简单地总结为:

**“逗号变分号法则”**

$$\eta_{\mu\nu} \to g_{\mu\nu}, \quad \partial_\mu \to \nabla_\mu. \tag{8.90}$$

也就是说, 只要把闵氏度规变成弯曲空间的度规场, 并把偏导数变成协变导数即可. 有时, 也把此原理称为最小耦合原理. 最小耦合意味着物质场与度规场的耦合是最小的, 其中不包含与黎曼张量或者其收缩, 如里奇张量、里奇标量的直接耦合, 而只有上述的协变化操作.

**例 8.3** 测地线方程.

这实际上是上述法则的最直接应用:

$$\frac{\mathrm{d}^2x^\mu}{\mathrm{d}\lambda^2}=\frac{\mathrm{d}x^\nu}{\mathrm{d}\lambda}\partial_\nu\frac{\mathrm{d}x^\mu}{\mathrm{d}\lambda}\to\frac{\mathrm{d}x^\nu}{\mathrm{d}\lambda}\nabla_\nu\frac{\mathrm{d}x^\mu}{\mathrm{d}\lambda}, \tag{8.91}$$

即 $\dfrac{\mathrm{d}}{\mathrm{d}\lambda}\to\dfrac{\mathrm{D}}{\mathrm{d}\lambda}$. 因此,

$$\frac{\mathrm{d}^2x^\mu}{\mathrm{d}\lambda^2}=0\quad\to\quad\frac{\mathrm{D}}{\mathrm{d}\lambda}\frac{\mathrm{d}}{\mathrm{d}\lambda}x^\mu=0, \tag{8.92}$$

这正是测地线方程.

**例 8.4** 能动量守恒

$$\partial_\mu T^{\mu\nu}=0\quad\to\quad\nabla_\mu T^{\mu\nu}=0. \tag{8.93}$$

这个推广前面的讨论已经用到了.

**例 8.5** 麦克斯韦方程

$$\begin{aligned}\partial_\mu F^{\nu\mu}=4\pi J^\nu\to\nabla_\mu F^{\nu\mu}=4\pi J^\nu,\\ \partial_{[\mu}F_{\nu\lambda]}=0\to\nabla_{[\mu}F_{\nu\lambda]}=0,\end{aligned} \tag{8.94}$$

实际上没有变化. 这是因为麦克斯韦方程可以用微分形式来表示:

$$\mathrm{d}(\star F)=4\pi(\star J),\quad \mathrm{d}F=0, \tag{8.95}$$

它们本身就是张量方程.

值得注意的是上述法则有时在应用时会有任意性, 比如

$$Y^\mu\partial_\mu\partial_\nu X^\nu=0\to\begin{cases}Y^\mu\nabla_\mu\nabla_\nu X^\nu,\\ Y^\mu\nabla_\nu\nabla_\mu X^\nu,\end{cases} \tag{8.96}$$

两种协变化得到的结果是有差异的. 这是由于偏导数可以交换次序, 而协变导数不能随便交换次序. 这种不确定性类似于在量子力学中把力学量变成算子时碰到的不确定性. 哪一种选择更好必须通过与实验比较来确定.

爱因斯坦的等效原理是否是自然界的基本原理呢? 现代的观点认为我们不应该期待它是严格正确的. 考虑关系

$$\nabla_\mu[(1+\alpha R)F^{\nu\mu}] = 4\pi J^\nu, \tag{8.97}$$

其中 $R$ 是里奇标量而 $\alpha$ 是一个耦合系数. 等效原理要求 $\alpha=0$, 然而上面的关系看起来没有什么不对, 它不违背电荷守恒以及其他电磁学的要求, 而且在平坦时空中可以回到通常的麦克斯韦方程. 那有何道理令 $\alpha=0$ 呢? 这是因为能量标度. 从量纲上分析, 我们知道 $\alpha$ 必须具有长度平方的量纲, 但由于与 $\alpha$ 相关的项是与引力有关的, 因此唯一合理的长度量纲是普朗克长度, 即

$$\alpha \sim l_{\mathrm{P}}^2, \tag{8.98}$$

而 $l_{\mathrm{P}}$ 是普朗克长度:

$$l_{\mathrm{P}} = \left(\frac{G\hbar}{c^3}\right)^{1/2} = 1.6\times 10^{-33}\ \mathrm{cm}. \tag{8.99}$$

因此, 与 $\alpha$ 项相关的可能物理效应只会在普朗克标度出现. 也就是说, 在通常的能量标度下, 这一项的物理效应被极大地压低, 即使存在也无法观测到.

长期以来, 等效原理本身的意义及其在广义相对论中的作用也饱受争议. 米斯勒 (Misner) 等人认为它是必不可少的, 而另一些人如赛因格 (Synge) 等则持反对意见. 这里我们不准备对此问题做深究, 但无可否认的是它在爱因斯坦建立广义相对论的过程中发挥了重要的作用. 现在看来, 也许它并非不可或缺.

除了广义相对论以外, 还存在着其他的引力理论, 它们大致可分为两类:

(1) 度规类型, 基于度规、测地线等;

(2) 非度规理论, 基于挠率等.

我们在本书中只讨论度规类型的理论, 其中包括爱因斯坦的广义相对论、布兰斯–迪克 (Brans-Dicke) 理论等. 如果爱因斯坦的等效原理成立, 则只有度规类型的引力理论, 而且这其中似乎只有爱因斯坦的广义相对论满足强等效原理.

## §8.5 爱因斯坦方程的一般性讨论

让我们回到爱因斯坦方程

$$G_{\mu\nu} = R_{\mu\nu} - \frac{1}{2}g_{\mu\nu}R = 8\pi G T_{\mu\nu}. \tag{8.100}$$

等价地, 可以把它写成

$$R_{\mu\nu} = 8\pi G\left(T_{\mu\nu} - \frac{1}{D-2}g_{\mu\nu}T\right), \tag{8.101}$$

其中 $D$ 是时空的维数. 由于它是一组局域方程, 在不同的时空区域解不同, 有时必须加合适的连接条件把解粘起来. 在真空中, 爱因斯坦方程为

$$R_{\mu\nu} = 0. \tag{8.102}$$

在 $D < 4$ 时, $R_{\mu\nu} = 0$ 意味着 $R_{\mu\nu\sigma\rho} = 0$, 因此只有平直时空解①. 当 $D \geqslant 4$ 时, 存在非零的外尔张量, 所以只有在四维或四维以上存在非平凡的时空. 在四维中, 真空爱因斯坦方程的解包括物理上最有趣的几个解: 描述静止球对称时空的史瓦西解、描述旋转星体外部时空的克尔 (Kerr) 解等.

爱因斯坦方程中的爱因斯坦张量有 10 个独立的分量, 似乎应该有 10 个独立的方程. 然而, 比安基恒等式要求 $\nabla^\mu G_{\mu\nu} = 0$, 给出 4 个约束, 因此只有 6 个独立的方程. 通过爱因斯坦方程可以求解度规场. 度规场有 10 个分量, 因此看起来方程数不足以确定所有的度规分量. 但是如果 $g_{\mu\nu}$ 以 $x_\mu$ 为变量是爱因斯坦方程的解, 则它以 $x'$ 为变量时仍是方程的解, 这是因为方程是张量方程, 在坐标变换下形式不变. 这意味着在 $g_{\mu\nu}$ 中有四个非物理自由度, 由四个函数 $x^{\mu'}(x^\mu)$ 来表示. 更物理的说法是, 由于存在规范自由度, $g_{\mu\nu}$ 中并非所有自由度都是动力学的. 所以, 我们期待爱因斯坦方程只确定 $g_{\mu\nu}$ 中六个坐标无关自由度.

作为非线性微分方程组, 爱因斯坦方程是极难求解的. 里奇张量和里奇标量都是黎曼张量的收缩, 包含着导数项和克里斯托弗符号的乘积, 从而包含着度规的逆和度规的导数等. 而 $T_{\mu\nu}$ 通常也与度规有关, 所以爱因斯坦方程是高度非线性的微分方程, 无法利用通常的线性叠加原理和格林函数方法求解. 确实, 在广义相对论的研究中, 寻找爱因斯坦方程的严格解是一个重要的研究方向. 这方面的专著可以参见文献 [35, 36]. 让人惊奇的是, 历史上第一个严格解在广义相对论提出后不到一年就被德国物理学家史瓦西发现. 这一类静态球对称解可以描述球对称恒星或黑洞外面的时空几何. 然而, 直到 1962 年, 描述旋转恒星外时空的解才被新西兰物理学家克尔发现.

在牛顿力学中, 我们有泊松方程

$$\nabla^2 \Phi = 4\pi G\rho. \tag{8.103}$$

它是关于牛顿引力势的线性微分方程, 因此两个质量源的牛顿引力势不过是作为单独质量源产生的引力势之和. 而在广义相对论中, 引力场与其自身耦合. 这是等效原理的后果: 如果引力不与自身耦合, 一个由引力吸引形成的 "引力原子", 比如说两个粒子由引力吸引结合而得, 其惯性质量由于存在着负束缚能而与引力质量不同. 因此, 引力场必然与其自身耦合. 爱因斯坦方程的非线性是引力自身反作用的反映.

①在三维中, 如果存在着负的宇宙学常数, 也有非平庸的黑洞解. 这是来自于三维 AdS 引力的特殊性, 尽管不存在局部的动力学自由度, 它却有整体自由度存在.

我们可以把引力的非线性与其他相互作用做比较. 对于电磁理论, 两个电子间的电磁相互作用来自于虚光子的交换, 费曼图如图 8.3(a) 所示. 而对于引力, 如果我们考虑在平坦时空背景下的引力子扰动, 则相关的费曼图为 8.3(b) 和 8.3(c). 图 8.3(c) 显示了引力的非线性. 从场论的观点看, 引力来自于交换自旋为 2 的引力子. 引力的高度非线性与非阿贝尔 Yang-Mills 规范相互作用, 如 QCD 类似, 然而与规范理论不同, 广义相对论是不可重整的. 实际上, 如果我们希望构造一个可重整化的引力理论, 认为也许可以加上更多的高阶导数修正项, 这样的尝试会归于失败. 本质上这是由于引力的耦合常数是有量纲的. 一个紫外完备的引力理论无法通过局域的相互作用来实现①.

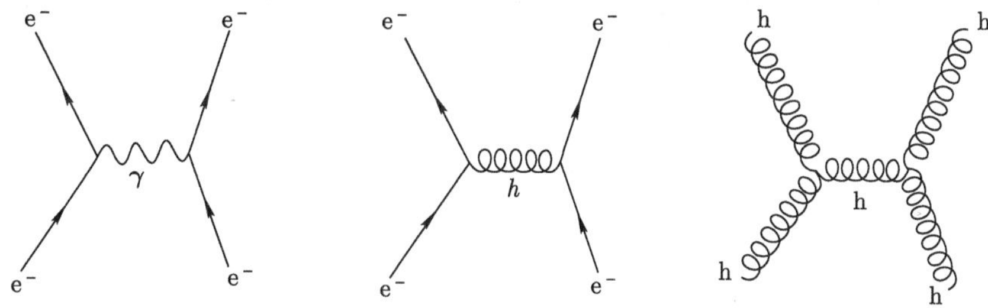


(a) 电子交换虚光子的相互作用 (b) 电子交换引力子的相互作用 (c) 引力子间的相互作用

图 8.3 电磁理论中带电粒子是交换虚光子发生作用的, 是线性理论. 在树图水平, 电子也可以交换引力子发生相互作用, 但作用强度很小. 广义相对论中, 由于引力子存在着自相互作用, 引力作用是非线性的.

为了得到一个紫外完备的量子引力理论, 我们可以引进非局域的相互作用, 从而大大改善理论的高能行为. 一个可能的量子引力理论是弦理论. 在弦理论中, 自然界基本粒子并非点粒子, 在高能标下轻子、夸克、传递相互作用的规范玻色子和引力子看起来都是有尺度的细丝——弦. 在弦理论中, 弦的相互作用并非局域的, 而是有一定的模糊性, 因此理论的紫外行为得到大大的改善. 在弦理论中, 爱因斯坦的广义相对论作为低能有效理论出现.

## §8.6 作用量原理

本节介绍如何从作用量原理得到爱因斯坦方程. 我们首先回顾一下分析力学中点粒子的作用量. 在经典力学中, 粒子具有坐标 $q^a(t)$ 和速度 $\dot{q}^a(t)$, 其中 $t$ 是非

①近年来, 人们对 $\mathcal{N}=8$ 最大超对称引力的研究发现, 它有可能是微扰有限的. 这种有限性并没有得到证明. 此外如果考虑非微扰效应, 则即使这个超引力理论确实微扰有限, 也不是紫外完备的.

相对论时间, 而粒子的作用量是

$$S = S[q^a(t)] = \int \mathrm{d}t L(q^a, \dot{q}^a). \tag{8.104}$$

由拉氏量可以定义正则共轭动量 $p^a \equiv \dfrac{\partial L}{\partial \dot{q}^a}$, 以及进一步定义哈密顿量

$$H \equiv \sum_a p_a \dot{q}^a - L = H(q^a, p_b). \tag{8.105}$$

在分析力学中既可以利用哈密顿原理也可以利用作用量 (拉氏量) 原理来得到运动方程. 在作用量原理中, 我们可以考虑对坐标的变分并要求作用量取极值. 作用量相对于坐标的变分可以得到欧拉–拉格朗日方程

$$\frac{\partial L}{\partial q^a} - \frac{\mathrm{d}}{\mathrm{d}t}\left(\frac{\partial L}{\partial \dot{q}^a}\right) = 0, \tag{8.106}$$

它与哈密顿方程

$$\frac{\mathrm{d}p_a}{\mathrm{d}t} = \{p_a, H\}, \quad \frac{\mathrm{d}q_a}{\mathrm{d}t} = \{q_a, H\} \tag{8.107}$$

等价, 这里的泊松括号定义为

$$\{f, g\} = \frac{\partial f}{\partial q^a}\frac{\partial g}{\partial p_a} - \frac{\partial f}{\partial p_a}\frac{\partial g}{\partial q^a}. \tag{8.108}$$

与点粒子比较, 经典场论具有无穷多个自由度. 如果该场论定义在时空上, 则场不止是时间的函数, 而是整个时空的函数. 另一方面, 描述场的坐标应该是场空间, 而非通常的时空坐标. 因此我们需要做替换

$$\frac{\mathrm{d}}{\mathrm{d}t} \to \partial_\mu, \quad q^a(t) \to \phi^a(x^\mu), \tag{8.109}$$

其中 $\phi^a$ 代表场, 可以是标量场、矢量场或者张量场, 而 $\phi^a(x^\mu)$ 是定义在时空上的. 此时, 场的作用量可写作

$$S[\phi^a(x^\mu)] = \int \mathrm{d}^D x \mathcal{L}_{\mathrm{matter}} = \int \mathrm{d}t L, \tag{8.110}$$

这里 $\mathcal{L}$ 称为拉氏密度, 它在空间中的积分给出拉氏量 $L$. 由最小作用量原理, 我们将得到经典场论中的欧拉–拉格朗日方程

$$\frac{\partial \mathcal{L}}{\partial \phi^a} - \partial_\mu\left(\frac{\partial \mathcal{L}}{\partial(\partial_\mu \phi^a)}\right) = 0. \tag{8.111}$$

### 8.6.1 爱因斯坦–希尔伯特作用量

对于引力场, 我们应该如何构造其作用量呢? 首先, 我们应该要求它在坐标变换下不变. 由于通常的积分 $\int \mathrm{d}^D x$ 只是一个标量密度, 我们需要引进度规的行列式定义一个好的积分元, 即

$$S=\int \mathrm{d}^D x\mathcal{L} \quad \rightarrow \quad \int \mathrm{d}^D x\sqrt{-g}\mathcal{L}_{\mathrm{s}}. \tag{8.112}$$

此时的积分元是很好定义的标量, 因此 $\mathcal{L}_{\mathrm{s}}$ 必须是个标量. 那么 $\mathcal{L}_{\mathrm{s}}$ 应该如何构成呢? 它应该是由张量场、张量场的导数以及它们的收缩得到, 基本的元素包括 $\nabla_\mu, g_{\mu\nu}, R_{\alpha\beta\gamma\delta}$ 等. 考虑以下两点:

(1) $g^{\mu\nu}g_{\mu\nu}=D$, 所以作用量中可以包含宇宙学常数项 $S_\Lambda=(\text{常数})\int \mathrm{d}^D x \sqrt{-g}\Lambda$.

(2) $\nabla^\mu g_{\mu\nu}=0$, 所以不能直接利用度规场的协变导数来构造.

在通常的场论中, 无论是标量场或者规范场, 作用量一般都只包含场的二阶导数, 这样得到的运动方程才有动力学和较好定义的初值问题. 因此, 我们希望在引力的作用量中只包含度规场的二阶导数 (可以差一个分部积分) . 唯一的选择是里奇标量: $R_{\alpha\beta\gamma\delta}g^{\alpha\gamma}g^{\beta\delta}=R$, 它是可以通过协变导数 $\nabla_\mu$、度规场 $g_{\mu\nu}$ 以及黎曼张量 $R_{\alpha\beta\gamma\delta}$ 得到的最低阶导数项. 这样, 我们就得到了著名的爱因斯坦–希尔伯特作用量①

$$S_{\mathrm{EH}}=(\text{常数})\int \mathrm{d}^D x\sqrt{-g}R. \tag{8.113}$$

原则上, 我们可以由曲率张量、里奇张量、里奇标量以及它们的协变导数项来构造其他的标量, 如

$$R^n, \quad f(R), \quad R^{\mu\nu}R_{\mu\nu}=R_2, \quad R^{\alpha\beta\gamma\delta}R_{\alpha\beta\gamma\delta}=R_4, \cdots, \tag{8.114}$$

这些标量都包含着度规场的高阶导数. 因此, 基于这些高阶导数项的引力理论常称为高阶导数引力.

在爱因斯坦–希尔伯特作用量中积分前的常数可以通过量纲分析来得到. 首先, 度规场 $g_{\mu\nu}$ 是无量纲的, 即 $[g_{\mu\nu}]=0$ (这里的 [ ] 表示量纲), 因此, $[\sqrt{-g}]=0$, 而由于偏导数的存在, $[\Gamma]=1/\text{长度}=1/L$. 所以最后 $[R]=1/L^2$. 另一方面, 作用量和积分的量纲分别为 $[S]=\hbar, [\mathrm{d}^D x]=L^D$, 所以待定常数的量纲为

①严格地说, 这个作用量是希尔伯特首先发现的. 希尔伯特说过: "也许哥廷根大街上的孩子都比爱因斯坦懂微分几何, 但广义相对论是爱因斯坦的." 因此, 这个作用量通常称为爱因斯坦–希尔伯特作用量.

$$[常数] = L^{2-D}[\hbar] = L^{2-D}MLT^{-1}L = L^{4-D}MT^{-1}, \tag{8.115}$$

这里已经用到了关系 $E=\hbar\omega$. 在牛顿引力中, $D$ 维的引力势为

$$V \propto -\frac{GM}{r^{D-3}}, \tag{8.116}$$

这可以从泊松方程和高斯定律得到. 因此, 加速度 $a=-\nabla V \propto \dfrac{GM}{r^{D-2}}$, 由此得到

$$[G] = L^{D-1}T^{-2}M^{-1}. \tag{8.117}$$

这与前面的常数量纲有差别. 如果试试 $[G^{-1}c^n] = L^{1+n-D}MT^{2-n}$, 当 $n=3$ 时, 我们会发现

$$[常数] = [G^{-1}c^3]. \tag{8.118}$$

注意这个关系在任意维中都成立. 在粒子物理中, 我们常取自然单位 $c=1, \hbar=1$,

$$[G] = l_{\mathrm{P}}^{D-2}, \tag{8.119}$$

所以

$$常数 \propto G^{-1}. \tag{8.120}$$

进一步地, 如果考虑到与物质场的耦合, 可以通过变分得到爱因斯坦方程和物质的能动张量. 这些能动张量应该与通常场论中定义的一致, 由此我们可以完全确定前面的系数. 最后我们得到

$$S_{\mathrm{g}} = S_{\mathrm{EH}} + S_{\varLambda} = \frac{1}{16\pi G}\int \mathrm{d}^D x\sqrt{-g}(R-2\varLambda). \tag{8.121}$$

### 8.6.2 爱因斯坦方程

我们还需要考虑物质与引力的耦合. 考虑到物质场的作用量, 总的作用量应该是

$$S = S_{\mathrm{g}} + S_{\mathrm{m}}. \tag{8.122}$$

由作用量原理可以得到爱因斯坦方程. 我们先考虑引力部分的作用量, 特别是爱因斯坦–希尔伯特作用量. 通常, 应该对度规场做变分, 即 $\dfrac{\delta S}{\delta g_{\mu\nu}}$, 但等价地我们可以考虑更简单的变分 $\dfrac{\delta S}{\delta g^{\mu\nu}}$. 由作用量 $S=\dfrac{1}{16\pi G}\displaystyle\int \mathrm{d}^D x\sqrt{-g}R$ 或者简单的 $S_0 =$

$\int \mathrm{d}^D x\sqrt{-g}R$, 有

$$\delta S_0 = \int \mathrm{d}^D x\sqrt{-g}(\delta R) + R\delta(\sqrt{-g}). \tag{8.123}$$

让我们逐项进行分析. (8.123) 式等号右边第二项中

$$\delta\sqrt{-g} = -\frac{1}{2}\sqrt{-g}g_{\mu\nu}\delta g^{\mu\nu} = \frac{1}{2}\sqrt{-g}g^{\mu\nu}\delta g_{\mu\nu}. \tag{8.124}$$

(8.124) 式中第一步前面已讨论过, 来自于等式

$$\frac{\delta \det M}{\det M} = \mathrm{Tr}(M^{-1}\delta M) \tag{8.125}$$

并取 $M = g_{\mu\nu}$, 而第二步来自于

$$0 = \delta(g^{\mu\nu}g_{\nu\lambda}) = (\delta g^{\mu\nu})g_{\nu\lambda} + g^{\mu\nu}\delta g_{\nu\lambda}, \tag{8.126}$$

因此

$$(\delta g^{\mu\nu})g_{\nu\lambda} = -g^{\mu\nu}\delta g_{\nu\lambda}, \tag{8.127}$$

取 $\mu = \lambda$ 可得第二步的等式. 实际上, 我们只需要第一步. 而对于 (8.123) 式等号右边第一项,

$$\delta R = \delta(g^{\mu\nu}R_{\mu\nu}) = \delta g^{\mu\nu}R_{\mu\nu} + g^{\mu\nu}\delta R_{\mu\nu}. \tag{8.128}$$

那么 $\delta R_{\mu\nu}$ 是什么呢? 我们利用所谓的帕拉蒂尼 (Palatini) 方案:

$$\frac{\delta R_{\mu\nu}}{\delta g^{\sigma\rho}} = \frac{\delta R_{\mu\nu}}{\delta\Gamma^{\alpha}_{\beta\gamma}}\frac{\delta\Gamma^{\alpha}_{\beta\gamma}}{\delta g^{\sigma\rho}}, \tag{8.129}$$

这也称为一阶方案. 如果我们只考虑度规相容和无挠联络, 这种分步变分唯一的困难也许来自于 $\Gamma^{\alpha}_{\beta\gamma}$ 并非张量. 然而我们知道两个克里斯托弗符号的差是一个张量, 也就是说 $\delta\Gamma$ 是一个张量, 因此这样做没有问题. 注意到

$$\nabla_\lambda(\delta\Gamma^{\rho}_{\nu\mu}) = \partial_\lambda(\delta\Gamma^{\rho}_{\nu\mu}) + \Gamma^{\rho}_{\lambda\sigma}\delta\Gamma^{\sigma}_{\nu\mu} - \Gamma^{\sigma}_{\lambda\nu}\delta\Gamma^{\rho}_{\sigma\mu} - \Gamma^{\sigma}_{\lambda\mu}\delta\Gamma^{\rho}_{\nu\sigma}, \tag{8.130}$$

经过一些计算, 我们发现

$$\delta R^{\rho}{}_{\mu\lambda\nu} = \nabla_\lambda(\delta\Gamma^{\rho}_{\nu\mu}) - \nabla_\nu(\delta\Gamma^{\rho}_{\lambda\mu}), \tag{8.131}$$

因此

$$g^{\mu\nu}\delta R_{\mu\nu} = g^{\mu\nu}(\nabla_\lambda(\delta\Gamma^\lambda_{\nu\mu}) - \nabla_\nu(\delta\Gamma^\lambda_{\lambda\mu}))$$
$$= \nabla_\nu(g^{\mu\lambda}\delta\Gamma^\nu_{\lambda\mu} - g^{\mu\nu}\delta\Gamma^\lambda_{\lambda\mu}). \tag{8.132}$$

这是一个全导数, 分部积分后为零.

把两部分贡献都考虑后, 我们得到

$$\delta S_0 = \int \mathrm{d}^D x\sqrt{-g}\left(R_{\mu\nu}\delta g^{\mu\nu} - \frac{1}{2}g_{\mu\nu}R\delta g^{\mu\nu}\right)$$
$$= \int \mathrm{d}^D x\sqrt{-g}\left(R_{\mu\nu} - \frac{1}{2}g_{\mu\nu}R\right)\delta g^{\mu\nu}. \tag{8.133}$$

另一方面, 物质作用量可以定义为

$$S_{\text{matter}} = \int \mathrm{d}^D x\mathcal{L}_{\text{matter}}, \tag{8.134}$$

注意这里的积分单元并没有包含 $\sqrt{-g}$ 因子. 从这个作用量出发我们可以定义物质的能动张量

$$T_{\mu\nu} \equiv -\frac{2}{\sqrt{-g}}\frac{\delta\mathcal{L}_{\text{matter}}}{\delta g^{\mu\nu}}, \tag{8.135}$$

所以, 从完整的引力和物质作用量对 $g^{\mu\nu}$ 变分后得到

$$\delta(S_{\text{EH}} + S_{\text{matter}}) = \frac{1}{16\pi G}\int \mathrm{d}^D x\sqrt{-g}\left(R_{\mu\nu} - \frac{1}{2}g_{\mu\nu}R\right)\delta g^{\mu\nu} - \frac{1}{2}\int \mathrm{d}^D x\sqrt{-g}T_{\mu\nu}\delta g^{\mu\nu}$$
$$= \frac{1}{16\pi G}\int \mathrm{d}^D x\sqrt{-g}(R_{\mu\nu} - \frac{1}{2}g_{\mu\nu}R - 8\pi G T_{\mu\nu})\delta g^{\mu\nu}. \tag{8.136}$$

由此我们得到爱因斯坦方程

$$R_{\mu\nu} - \frac{1}{2}g_{\mu\nu}R = 8\pi G T_{\mu\nu}. \tag{8.137}$$

### 8.6.3 能动张量

下面举例说明上面定义的能动张量是正确的, 从而支持了在爱因斯坦–希尔伯特作用量中选择的系数 $1/16\pi G$.

(1) 标量场论. 我们先考虑标量场论, 作用量为

$$S_{\text{scalar}} = \int \mathrm{d}^D x\sqrt{-g}\left(-\frac{1}{2}g^{\mu\nu}\nabla_\mu\phi\nabla_\nu\phi - V(\phi)\right). \tag{8.138}$$

由上面的定义知

$$
\begin{aligned}
T_{\mu\nu} &\equiv -\frac{2}{\sqrt{-g}}\frac{\delta\mathcal{L}_{\text{scalar}}}{\delta g^{\mu\nu}},\\
&= -\frac{2}{\sqrt{-g}}\left(\frac{\delta\sqrt{-g}}{\delta g^{\mu\nu}}(-\frac{1}{2}g^{\sigma\rho}\nabla_\sigma\phi\nabla_\rho\phi - V(\phi))\right.\\
&\quad \left.+\sqrt{-g}(-\frac{1}{2})\nabla_\mu\phi\nabla_\nu\phi\right),\\
&= -\frac{1}{2}g_{\mu\nu}(\nabla\phi)^2 - g_{\mu\nu}V(\phi) + \nabla_\mu\phi\nabla_\nu\phi.
\end{aligned}
\tag{8.139}
$$

对于平坦时空, 上述张量的 $(0,0)$ 分量为

$$
\begin{aligned}
T_{00} &= \dot{\phi}^2 + \frac{1}{2}(-\dot{\phi}^2 + (\partial_i\phi)^2) + V(\phi)\\
&= \frac{1}{2}(\dot{\phi}^2 + (\partial_i\phi)^2) + V(\phi),
\end{aligned}
\tag{8.140}
$$

正好是哈密顿量密度.

(2) 电磁场论. 对于电磁场, 作用量为

$$
S_{\text{EM}} = \int \mathrm{d}^D x\sqrt{-g}\left(-\frac{1}{4}F_{\mu\nu}F^{\mu\nu}\right),
\tag{8.141}
$$

而其能动张量为

$$
\begin{aligned}
T_{\mu\nu} &= -\frac{2}{\sqrt{-g}}\frac{\delta}{\delta g^{\mu\nu}}\left(-\frac{1}{4}\sqrt{-g}F_{\gamma\delta}F^{\gamma\delta}\right),\\
&= -\frac{2}{\sqrt{-g}}\left[\frac{\delta\sqrt{-g}}{\delta g^{\mu\nu}}(-\frac{1}{4}F^2) + \sqrt{-g}\frac{\delta}{\delta g^{\mu\nu}}\left(-\frac{1}{4}F_{\alpha\beta}F_{\gamma\delta}g^{\alpha\gamma}g^{\beta\delta}\right)\right]\\
&= -\frac{1}{4}g_{\mu\nu}F^2 - 2(-\frac{1}{4})[F_{\alpha\beta}F_{\gamma\delta}(\delta^\alpha_\mu\delta^\gamma_\nu g^{\beta\gamma} + \delta^\beta_\mu\delta^\delta_\nu g^{\alpha\gamma})]\\
&= -\frac{1}{4}g_{\mu\nu}F^2 + \frac{1}{2}(F_\mu{}^\delta F_{\nu\delta} + F_{\alpha\mu}F^\alpha{}_\nu)\\
&= -\frac{1}{4}g_{\mu\nu}F^2 - F_\mu{}^\alpha F_{\alpha\nu}.
\end{aligned}
\tag{8.142}
$$

同样其 $(0,0)$ 分量给出哈密顿量密度 $\mathcal{H} = \frac{1}{2}(\boldsymbol{E}^2 + \boldsymbol{B}^2)$. 上述能动张量的迹为

$$
T^\mu_\mu = F^{\mu\alpha}F_{\mu\alpha} - \frac{D}{4}F^2 = \left(1 - \frac{D}{4}\right)F^2,
\tag{8.143}
$$

在 $D = 4$ 时为零, 这说明四维电磁理论经典上是标度不变的.

从上面的例子可以看到, 从作用量变分得到的能动张量可以回到通常的结果, 而且它由定义自动就是对称的, 稍后我们可以证明它满足能动量守恒. 在量子场

论中, 在定义能动张量时是有一些任意性的. 首先, 由诺特 (Noether) 流得到的正则能动张量并非对称的. 其次, 我们可以引进别的项来使能动张量对称化, 然而在所加项的选择上有任意性. 而上面介绍的通过与引力的最小耦合来定义能动张量的方案避免了这些任意性. 实际上这提供了一种定义量子场论能动张量的自然方法: 从一个与引力最小耦合的场论出发, 按照前面的公式定义能动张量, 最后再令 $g_{\mu\nu} \to \eta_{\mu\nu}$.

(3) 真空能. 前面讨论中已经看到, 除了爱因斯坦–希尔伯特作用量外, 还可以引进所谓的宇宙学常数项

$$S_\Lambda = \frac{1}{16\pi G}\int \mathrm{d}^D x\sqrt{-g}(-2\Lambda). \tag{8.144}$$

我们可以把这个作用量看作物质场作用量来处理, 这样得到的能动张量为

$$T_{\mu\nu} = -\frac{\Lambda}{8\pi G}g_{\mu\nu}. \tag{8.145}$$

对于弯曲空间的理想流体, 能动张量的形式为

$$T_{\mu\nu} = (\rho + p)u_\mu u_\nu + p g_{\mu\nu}, \tag{8.146}$$

因此宇宙学常数项对应的物质组分有物态方程

$$p = -\rho, \tag{8.147}$$

具有副压强. 这种流体常称为真空能. 此时的爱因斯坦方程为

$$R_{\mu\nu} - \frac{1}{2}R g_{\mu\nu} + \Lambda g_{\mu\nu} = 8\pi G T_{\mu\nu}, \tag{8.148}$$

方程右边的能动张量来自于其他物质的贡献.

宇宙学常数项的来源是一个重要的问题. 在非引力的物理中, 真空势是可以随意移动的, $V \to V + V_0$, 因为重要的是势之间的相对值. 然而, 在引力中势能的确切值是重要的. 真空能是来自于真空的量子零点能. 例如, 对于一维谐振子, 零点能为 $E_0 = \frac{1}{2}\hbar\omega$. 在量子场论中, 我们是在讨论无穷多个谐振子, 零点能为

$$E_0 = \sum_\omega \frac{1}{2}\hbar\omega, \tag{8.149}$$

其中 $\omega = \sqrt{m^2 + k^2}$. 这样的一个求和是发散的, 我们需要一个紫外截断 $k_{\max}$, 这样得到

$$\rho_{\mathrm{vac}} \approx \hbar k_{\max}^4. \tag{8.150}$$

一个自然的紫外截断是普朗克能标 $k_{\max} \approx m_{\mathrm{P}} \approx 10^{18}$ GeV, 这样我们发现

$$\rho_{\mathrm{vac}} \approx 10^{112}\ \mathrm{erg/cm^3}. \tag{8.151}$$

如果暗能量来源于真空能, 观测到的真空能密度为

$$\rho_{\Lambda}^{\mathrm{obs}} \leqslant 10^{-8}\ \mathrm{erg/cm^3}. \tag{8.152}$$

理论与实验间存在着一个 120 个数量级的巨大差别! 即使我们选择的能标为 TeV 量级, 仍然有近 60 个数量级的差别. 实际上, 在暗能量被观测发现之前宇宙学常数问题就已经被意识到了, 参见文献 [37]. 它是当今物理学最具有挑战性的问题之一.

### 8.6.4 能动量守恒与运动方程

对于点粒子, 其作用量为

$$S_{\mathrm{particle}} = -m\int \mathrm{d}\lambda\sqrt{-g_{\mu\nu}\dot{x}^{\mu}\dot{x}^{\nu}}, \tag{8.153}$$

那么它的拉氏量呢? 上面的积分只是一个线积分, 为了得到点粒子的能动张量, 我们需要对上面的积分做处理. 我们在其中插入 $1 = \int \mathrm{d}^D y \delta^D(y - x(\lambda))$, 这样得到作用量

$$S = -m\int \mathrm{d}^D y\int \mathrm{d}\tau\sqrt{-g_{\mu\nu}\dot{x}^{\mu}\dot{x}^{\nu}}\,\delta^D(y - x(\tau)), \tag{8.154}$$

而相应的能动张量为

$$\begin{aligned} T_{\mu\nu}(y) &= -\frac{2m}{\sqrt{-g}}\left(-\int \mathrm{d}\tau\frac{1}{2\sqrt{-\dot{x}^2}}(-\dot{x}_{\mu}\dot{x}_{\nu})\right)\delta^D(y - x(\tau)) \\ &= -m\int \mathrm{d}\tau\frac{\delta^D(y - x(\tau))}{\sqrt{-g(y)}}\frac{\dot{x}_{\mu}\dot{x}_{\nu}}{\sqrt{-\dot{x}^2}}. \end{aligned} \tag{8.155}$$

如果考虑能动量守恒方程

$$\nabla_{\mu}T^{\mu\nu} = \frac{1}{\sqrt{-g}}\partial_{\mu}(\sqrt{-g}T^{\mu\nu}) + \Gamma^{\nu}_{\sigma\mu}T^{\mu\sigma},$$

对于点粒子, 我们发现

$$\int \dot{x}^{\mu}\dot{x}^{\nu}\frac{\partial}{\partial y^{\mu}}\delta^4(y - x(\tau))\mathrm{d}\tau + \Gamma^{\nu}_{\sigma\mu}\int \dot{x}^{\mu}\dot{x}^{\sigma}\delta^4(y - x(\tau))\mathrm{d}\tau = 0. \tag{8.156}$$

由于 $\delta^4(y - x(\tau))$ 只依赖于 $y^{\mu} - x^{\mu}$, 可以把 $\partial/\partial y^{\mu}$ 换作 $-\partial/\partial x^{\mu}$, 并且由 $\dot{x}^{\mu}\dfrac{\partial}{\partial x^{\mu}}$

$\dot{\delta}^4(y-x(\tau)) = \frac{\mathrm{d}}{\mathrm{d}\tau}\delta^4(y-x(\tau))$, 做分部积分得到

$$\int (\ddot{x}^\nu + \Gamma^\nu_{\sigma\mu}\dot{x}^\mu\dot{x}^\sigma)\delta^4(y-x(\tau))\mathrm{d}\tau = 0, \tag{8.157}$$

给出了测地线方程. 也就是说, 我们从能动量守恒方程导出了点粒子的测地线方程. 如果我们写下完整的爱因斯坦方程, 点粒子的能动张量将出现在方程的右边. 在点粒子所在位置, 由于 δ 函数的存在, 场方程是奇异的. 而在点粒子以外的空间中场方程的解确定了点粒子的运动. 它满足的方程与 "试探" 粒子的运动一样. 此外, 这里并没有简单地通过对点粒子的作用量变分来得到测地线方程, 这实际上暗示着测地线方程或者更一般的物质的运动方程与能动量守恒方程等价.

爱因斯坦方程确定了点粒子的运动是很有趣的. 在电磁学中, 一个带电粒子的运动方程需要额外的假定. 而爱因斯坦理论中却不必如此, 这来自于方程的非线性. 物理上, 引力场本身就携带有能动量, 因此可以作为自身的源.

上面对点粒子的讨论可以推广到连续介质情形. 考虑一个尘埃的分布, $T^{\mu\nu} = \rho u^\mu u^\nu$, 则能动量守恒要求

$$\nabla_\mu(\rho u^\mu u^\nu) = \nabla_\mu(\rho u^\mu)u^\nu + \rho u^\mu \nabla_\mu u^\nu = 0. \tag{8.158}$$

考虑这个关系式与 $u_\nu$ 的收缩, 我们发现

$$-\nabla_\mu(\rho u^\mu) + \rho u^\mu u_\nu \nabla_\mu u^\nu = 0. \tag{8.159}$$

由 4-速度的归一化条件得 $u_\nu\nabla_\mu u^\nu = 0$, 我们得到 $\nabla_\mu(\rho u^\mu) = 0$, 此即广义相对论性的能量守恒方程. 把这个方程代回, 可以得到 $u^\mu\nabla_\mu u^\nu = 0$, 即尘埃的测地线方程.

更一般地, 我们可以证明能动量守恒关系 $\nabla_\mu T^{\mu\nu} = 0$ 意味着任何足够小的物体, 如果其自引力足够弱, 则必然沿测地线运动. 因此, 爱因斯坦方程实际上暗示着 "测地线假设" : 试探物体的世界线是时空的测地线. 我们在引进测地线时是要求试探物体的作用量极小而通过变分得到的, 这表明爱因斯坦方程、测地线方程和能动量守恒方程在作用量原理中是自洽的. 注意, 如果物体足够大, 其运动将偏离测地运动. 但无论如何, 它的运动可以从作用量变分或者等价地从能动量守恒得到.

能动量守恒实际上是微分同胚不变性的结果. 我们要求广义相对论是微分同胚不变的, 理论与任何 "优先几何背景" 无关, 或者称为背景无关. 因此, 时空中没有任何坐标系是有优先权的, 都是描述时空流形的手段. 微分同胚要求在坐标变换下作用量不变. 在无穷小坐标变换 $x^\mu \to x'^\mu = x^\mu + \zeta^\mu(x)$ 下, 理论具有协变性, 而各种场量按照张量变换, 对于度规场, 其变化为 $\delta g_{\mu\nu} = 2\nabla_{(\mu}\zeta_{\nu)}$, 而在这个变换下 $\delta S_m = 0$, 这导致

$$0 = \int \mathrm{d}^D x \frac{\delta \mathcal{L}_m}{\delta g_{\mu\nu}}\nabla_\mu\zeta_\nu, = -\int \mathrm{d}^D x\sqrt{-g}\zeta_\nu\nabla_\mu\left(\frac{1}{\sqrt{-g}}\frac{\delta\mathcal{L}_m}{\delta g_{\mu\nu}}\right),$$

其中用到了斯托克斯定理. 由于 $\zeta_\nu$ 是任意的, 所以我们有 $\nabla_\mu T^{\mu\nu}=0$.

上面的讨论实际上有一个漏洞. 坐标变换将导致物质场的某种变化 $\delta\phi$, 因此物质作用量的变化中需要包含一项 $\left(\dfrac{\delta S_m}{\delta\phi}\right)_g \delta\phi$. 如果物质的运动方程得到满足, 这一项为零, 这样我们才能得到能动量守恒方程. 所以, 我们从作用量原理得到两个关系:

(1) 爱因斯坦方程 $+(\nabla_\mu T^{\mu\nu}=0)\Rightarrow$ 物质场运动方程;

(2) 爱因斯坦方程 + 物质场运动方程 $\Rightarrow \nabla_\mu T^{\mu\nu}=0$.

如果我们对引力做路径积分, 需要考虑所有的引力位形, 再去掉微分同胚导致的引力位形的简并性. 也就是说, 我们只需考虑微分同胚等价类中的引力位形, 这与规范场论的路径积分只需考虑规范场的规范等价类是一样的, 都来自于场位形由于对称性导致的简并性. 然而对于时空位形的路径积分要复杂得多, 这是因为微分同胚群要难处理得多.

让我们看看对于一般的理想流体, 弯曲时空中的能动量守恒方程是什么样的. 理想流体的能动张量可以写作

$$\hat{T}=(\rho+p)\hat{u}\otimes\hat{u}+p\hat{g}. \tag{8.160}$$

能动量守恒方程是 $\nabla\cdot\hat{T}=0$, 给出

$$\begin{aligned}0&=(\nabla(\rho+p)\cdot\hat{u})\hat{u}+((\rho+p)\nabla\cdot\hat{u})\hat{u}+((\rho+p)\hat{u})\cdot\nabla\hat{u}+(\nabla p)\cdot\hat{g}\\&=(\nabla_{\hat{u}}\rho+\nabla_{\hat{u}}p+(\rho+p)\nabla\cdot\hat{u})\,\hat{u}+(\rho+p)\nabla_{\hat{u}}\hat{u}+\nabla p.\end{aligned} \tag{8.161}$$

同样可以把以上的方程投影到与 4-速度平行的方向和与它正交的方向上. 与 4-速度 $\hat{u}$ 的内积给出

$$0=\hat{u}\cdot(\nabla\cdot\hat{T})=-\nabla_{\hat{u}}\rho-(\rho+p)\nabla\cdot\hat{u}. \tag{8.162}$$

而与 4-速度垂直的方向上需要引进投影算子 $\hat{P}=\hat{g}+\hat{u}\otimes\hat{u}$, 这将给出弯曲时空中的欧拉方程

$$(\rho+p)\nabla_{\hat{u}}\hat{u}=-\hat{P}\cdot(\nabla p)=-(\nabla p+(\nabla_{\hat{u}}p)\hat{u}). \tag{8.163}$$

写成分量的形式, 得到

$$\frac{\mathrm{d}\rho}{\mathrm{d}\tau}=-(\rho+p)\nabla_i u^i, \tag{8.164}$$

$$(\rho+p)\frac{\mathrm{d}u^i}{\mathrm{d}\tau}=-\nabla^i p-u^i u^j\nabla_j p. \tag{8.165}$$

在合适的极限下, 上面的方程可以约化到描述牛顿引力场中流体的运动方程. 首先, 能量密度可取为 $\rho = \rho_0(1+\epsilon)$, 其中 $\rho_0 = nm_{\rm B}$ 代表着 $n$ 个重子集合的静止质量能量, 而 $\epsilon$ 代表着流体的特殊内能. 在牛顿近似下, 静止能量是主导的, $\epsilon \ll 1$. 对于度规, 我们取 $g_{00} = -(1+2\varPhi)$, $\varPhi \ll 1$, 而非相对论极限要求 $(p/\rho_0) \ll 1$ 且 $v^2 \ll 1$. 在这些极限下, 有

$$\rho_0\left(1+\epsilon+\frac{p}{\rho_0}\right)(u^\mu\partial_\mu u_i - \Gamma^\nu_{\mu i}u_\nu u^\mu) = -\partial_i p - u_i\frac{{\rm d}p}{{\rm d}\tau}. \tag{8.166}$$

而 4-速度可以近似为 $u^\mu \approx (1, v^i)$, 所以我们得到

$$\rho_0\left(\frac{{\rm d}v_i}{{\rm d}\tau}+\Gamma^0_{0i}\right) \approx -\partial_i p. \tag{8.167}$$

由于 $\Gamma^0_{0i} \approx -(1/2)\partial_i g_{00} \approx \partial_i\varPhi$, 我们得到在压强梯度和引力场下的流体方程

$$\frac{{\rm d}v_i}{{\rm d}\tau} = -\partial_i\Phi - \frac{1}{\rho_0}\partial_i p. \tag{8.168}$$

## §8.7 广义相对论的修改理论

前面已经讨论了爱因斯坦的等效原理既非是一个神圣不可修改的物理定律, 也非一个严格的表述, 在实际应用中也存在着一些任意性. 现代的观点认为广义相对论只是一个低能有效理论, 其中等效原理在高能时需要修改. 下面我们进一步讨论与爱因斯坦等效原理相关的几个有趣的问题.

首先是协变性原理. 由协变性原理, 电磁理论中的规律需要协变化:

$$\partial_\mu F^{\nu\mu} = J^\nu \rightarrow \nabla_\mu F^{\nu\mu} = J^\nu. \tag{8.169}$$

然而, 这并非唯一可能的协变化方案. 如前所述, 我们可以加上其他与 $F_{\mu\nu}$ 相关的项而不违背电磁学的要求. 因此看起来协变性原理更像是逻辑上的选择而非一个约束性很强的物理原理.

其次, "曲率 = 引力" 来自于爱因斯坦天才的洞察力. 等效原理保证了引力是普适的, 它在时空的微小区域中无法被探测. 但是, 并没有实验证据显示 "曲率 = 引力" 一定是正确的, 严格地说, 广义相对论的检验在小尺度上达到毫米量级, 而在大尺度上只到太阳系的尺度. 因此, 在紫外和红外, 广义相对论都非常有可能被修改. 在紫外的修改由于引力的不可重整性, 在量子引力的研究中已经被讨论得很多了, 而在红外的修改由于近二十年来宇宙学观测得到的全新结果, 也吸引了很多的注意力. 此外, 随着近年来引力/规范对应的研究, 人们开始重新思考引力的本

性, 有人提出了引力是呈展 (emergent) 的, 而非基本的思想. 这些都让我们重新评价 "曲率 = 引力" 这个说法.

考虑如下对测地运动方程的修改:

$$\frac{\mathrm{d}^2 x^\mu}{\mathrm{d}\lambda^2}+\Gamma^\mu_{\rho\sigma}\frac{\mathrm{d}x^\rho}{\mathrm{d}\lambda}\frac{\mathrm{d}x^\sigma}{\mathrm{d}\lambda}=\alpha(\nabla_\sigma R)\frac{\mathrm{d}x^\mu}{\mathrm{d}\lambda}\frac{\mathrm{d}x^\sigma}{\mathrm{d}\lambda}. \tag{8.170}$$

从量纲分析知道

$$\left[\frac{\mathrm{d}x^\mu}{\mathrm{d}\lambda}\right]=[g_{\mu\nu}]=L^0,\quad [\nabla_\mu]=[\Gamma^\mu_{\rho\sigma}]=L^{-1},\quad [R]=L^{-2}, \tag{8.171}$$

因此 $[\alpha]=L^2$. 从实验上知道 $\alpha$ 非常小, 与引力相关, 所以自然的选择是 $\alpha\approx l_{\mathrm{P}}^2$. 也就是说, 如果把广义相对论看作一个低能有效理论, 这一项的来源是量子力学效应. 一个典型的引力系统, 如地球的引力尺度为

$$a_{\mathrm{g}}=980\ \mathrm{cm/s}^2,\quad l_{\mathrm{E}}=c^2/a_{\mathrm{g}}\sim 10^{18}\ \mathrm{cm}, \tag{8.172}$$

与普朗克长度比较 $\dfrac{l_{\mathrm{P}}}{l_{\mathrm{E}}}\sim 10^{-51}$, 这要求 $\alpha\sim 10^{-102}$, 是一个极端小的量. 从以上的讨论可以看出, 对测地线的偏离如果存在, 也是一个高能效应.

与爱因斯坦等效原理相关的另一个问题是: 是否存在另一种长程力, 它看起来与引力没有多少区别, 但并非是几何的? 这样一种力对于中性不带电试探粒子而言, 将导致与爱因斯坦等效原理的偏离. 一般称这种力为 "第五种力". 这种力与其他物质的耦合也是普适的, 无法与引力区分开. 比如说一个由无质量标量场诱导的力或者无质量规范场的耦合:

$$\phi\mathrm{Tr}T_{\mu\nu},\quad A_\mu J^\mu, \tag{8.173}$$

其中 $J^\mu$ 是重子数流.

### 8.7.1 广义相对论的替代理论

如果我们放弃爱因斯坦的等效原理神圣不可侵犯这一原则, 而认为爱因斯坦理论只是一个低能有效理论, 那么就可以对这个理论进行修改. 历史上, 很有名的一个修改理论是引进一个引力标量场. 这样的理论可能具有作用量

$$S=\int \mathrm{d}^4x\sqrt{-g}\left(f(\lambda)R-\frac{1}{2}h(\lambda)\partial_\mu\lambda\partial^\mu\lambda-V(\lambda)\right)+S_{\mathrm{matter}}, \tag{8.174}$$

这里 $\lambda$ 是一个标量场. 上面的作用量形式非常一般, 并没有要求该标量场是正则的, 它与引力的耦合也可以是非最小耦合, 而 $S_{\mathrm{matter}}$ 是其他物质场的作用量. 如果 $f(\lambda)=\dfrac{1}{16\pi G}$, 这是一个引力和标量场的理论. 标量场也可以传递相互吸引力. 如

果其质量为零的话, 传递的是长程作用力; 如果质量非零, 传递的是短程力. 更一般地, 如果 $f(\lambda) \neq \frac{1}{16\pi G}$, 则有一个时空依赖的牛顿引力耦合常数. 上述作用量给出的运动方程为

$$G_{\mu\nu} = f^{-1}(\lambda)\left(\frac{1}{2}T_{\mu\nu}^{\text{matter}} + \frac{1}{2}T_{\mu\nu}^{(\lambda)} + \nabla_\mu\nabla_\nu f - g_{\mu\nu}\Box f\right), \tag{8.175}$$

其中

$$T_{\mu\nu}^{(\lambda)} = h(\lambda)\nabla_\mu\lambda\nabla_\nu\lambda - g_{\mu\nu}\left(\frac{1}{2}h(\lambda)g^{\rho\sigma}\nabla_\rho\lambda\nabla_\sigma\lambda + V(\lambda)\right). \tag{8.176}$$

我们可以等效地把 $\lambda$ 场看作物质场来处理. 注意上面的运动方程只是引力场部分, 对于标量场, 其运动方程为

$$h\Box\lambda + \frac{1}{2}h' g^{\mu\nu}\nabla_\mu\lambda\nabla_\nu\lambda - V' + f'R = 0, \tag{8.177}$$

其中的 "撇号" 代表着对 $\lambda$ 的导数. 如果 $h = 1$, 我们得到一个标准的正则标量场理论加上来自于 $f'R$ 的修正项. 由于 $f(\lambda)$ 与引力耦合常数有关, 它受到包括太阳系和宇宙学 (原初核合成) 观测的强烈限制, 不能变化太快. 而势能 $V(\lambda)$ 帮助我们确定场 $\lambda$ 的真空期望值.

这类理论中最有名的一个是布兰斯–迪克理论, 其中

$$f(\lambda) = \frac{\lambda}{16\pi}, \quad h(\lambda) = \frac{\omega}{8\pi\lambda}, \quad V(\lambda) = 0, \tag{8.178}$$

当 $\omega \to \infty$ 时, 标量场变成非动力学的, 理论回到广义相对论. 实验要求 $\omega > 500$.

对一个一般的标量–张量理论, 通过一个共形 (外尔) 变换

$$\tilde{g}_{\mu\nu} = 16\pi G f(\lambda) g_{\mu\nu}, \tag{8.179}$$

它可以变成一个广义相对论加标量的理论, 变换以后的作用量是爱因斯坦–希尔伯特作用量加上标量场作用量. 原作用量中的 $f(\lambda)R$ 不再出现. 通常把变换以后的理论框架称为爱因斯坦框架, 而原来的框架称为约当 (Jordan) 框架.

另一个常见的修改引力理论是额外维引力, 基本的想法最早来源于卡卢察和克莱因 (Kaluza-Klein). 这类理论考虑一个高维引力理论, 度规场为 $G_{MN}, M, N = 0, \cdots, d+3$, 高维的度规可以约化到四维:

$$\begin{aligned} ds^2 &= G_{MN}dx^M dx^N \\ &= g_{\mu\nu}dx^\mu dx^\nu + b^2(x)\gamma_{ij}(y)dy^i dy^j, \end{aligned} \tag{8.180}$$

其中 $b(x)$ 只是 $x$ 的函数, 而 $\gamma_{ij}(y)$ 只依赖于额外维. 这样的约化简化了讨论. 高维的爱因斯坦–希尔伯特作用量加上物质场作用量可记为

$$S = \int \mathrm{d}^{d+4}x\sqrt{-G}\frac{1}{16\pi G_{d+4}}(R(G_{MN}) + \mathcal{L}_{\text{matter}}). \tag{8.181}$$

由于 $\sqrt{-G} = b^d\sqrt{-g}\sqrt{\gamma}$ 和 $V_d = \int \mathrm{d}^d y\sqrt{g}$, 我们得到

$$\frac{1}{16\pi G_4} = \frac{V_d}{16\pi G_{d+4}}, \tag{8.182}$$

而作用量变为

$$\begin{aligned} S = \int \mathrm{d}^4x\sqrt{-g}\Big\{ &\frac{1}{16\pi G_4}\left(b^d R[g_{\mu\nu}] + d(d-1)b^{d-2}g^{\mu\nu}\nabla_\mu b\nabla_\nu b\right. \\ &\left.+d(d-1)Kb^{d-2}\right) + V_d b^d\mathcal{L}_{\text{matter}}\Big\}, \end{aligned} \tag{8.183}$$

其中 $K = \dfrac{R[\gamma_{ij}]}{d(d-1)}$. 这是一个标量–张量理论, $b$ 是一个伸缩子 (dilaton) 场.

从有效理论的观点看, 广义相对论是量子引力的低能有效理论, 原则上可以有更多的高阶导数项出现:

$$S = \int \mathrm{d}^D x\sqrt{-g}(R + \alpha_1 R^2 + \alpha_2 R_2 + \alpha_3 g^{\mu\nu}\nabla_\mu R\nabla_n R + \cdots). \tag{8.184}$$

包含高阶导数的引力理论常称为高阶导数引力. 高阶导数项可以改善理论的紫外行为. 比如, 已经证明了有 $R^2$ 项时, 理论是单圈可重整的. 然而, 如果考虑更高圈的修正, 理论不再是可重整的. 一般性地, 带高阶导数项修正的广义相对论并非紫外完备的, 但确实存在着有紫外固定点的理论, 这类理论称为渐近安全的. 高阶导数引力的一个问题是其中的初值问题无法很好定义, 这是由于此时的运动方程不只是二阶的, 而包含着高阶导数. 高阶导数引力的另一个问题是存在着鬼场, 理论的幺正性存疑. 这是因为如果运动方程存在高阶导数, 时间导数也有高阶导数存在, 这是鬼场出现的原因. 如果我们放松微分同胚不变性的要求, 而认为时空并非各向同性标度不变的, 则有可能构造不存在鬼场的高阶导数引力理论. 这类理论中最著名的构造是霍拉瓦–利夫希兹 (Horava-Lifshitz) 理论. 在这个理论中, 各向同性被破坏, 时间和空间遵从不同的标度率, 空间部分可以有高阶导数项, 而时间部分的导数只到二阶, 因此理论不存在鬼场, 但同时可能具有较好的紫外行为[①].

等效原理如果总是成立的, 则会压制修正项的出现. 在弦理论中由于存在伸缩子, 破坏了爱因斯坦的等效原理. 但对高阶导数, 是否破坏等效原理并不完全清楚.

① 当然, 这类理论可能存在其他的问题, 比如说额外自由度的退耦合问题等.

### 8.7.2 引力的红外修正

实验上, 爱因斯坦的广义相对论只是在很小的尺度范围内得到了验证: 小到毫米, 大到太阳系. 在实验验证之前, 并不能简单地认为它在所有的尺度都成立, 特别是在大尺度. 最近的宇宙学观测显示, 在宇宙学尺度我们对引力仍然了解得很不够. 如果按照标准的 $\Lambda$CDM 宇宙学模型, 我们的宇宙中应该有大量的暗物质和暗能量. 然而这些暗物质和暗能量的物理本质我们却所知甚少. 因此, 有充分的理由使人们猜测广义相对论在大尺度上也许需要修改, 这种修改称为红外 (IR) 修改. 这种修改的模型有很多, 如:

(1) DGP 模型. 这是一个基于膜世界的模型, 假定我们的四维世界是在一个膜上面, 存在着额外的时空维度. 特别是与粒子物理中的研究结合, 使这个模型显得很有吸引力.

(2) 有质量引力. 假定引力场本身是有质量的, 破坏了微分同胚不变性. 最著名的是菲尔兹–泡利 (Fierz-Pauli) 模型. 近年来, 关于有质量引力的研究有了很大的进展, 人们发现了理论上自洽的有质量引力模型, 参见文献 [38].

(3) $f(R)$ 引力. 类似于 $1/R$ 的修正项可以在尺度较大时变得越来越重要, 由此导致对广义相对论的偏离. 但是这类修正项的物理起源存疑, 而且理论可能存在不自洽性.

(4) 鬼场凝聚. 假定在高能标洛伦兹对称性是破缺的, 在当前的能标下洛伦兹对称性得到恢复.

还有其他一些未列出的理论. 这些理论的一个共同特征是理论存在着额外的自由度, 从而提供了一个暗能量的动力学场. 但是标量场的存在实际上被太阳系实验和观测很强地限制. 通常, 这些修改理论都存在着这样或者那样的问题, 为了解决这些问题必须引入新的机制或者对理论进行精细调节, 使理论变得不那么自然. 从简洁优美的角度来看, 爱因斯坦的广义相对论仍然是最自然的理论.

实际上, 近年来随着对引力/规范对应关系的研究, 人们相信引力的本质也许并不简单. 一个很有趣想法是呈展引力, 也就是说引力并非基本的, 而时空是一种导出概念. 这在引力/规范对应关系中表现得很充分. 一个高维的引力理论与低维的量子场论是等价的, 额外的维度与量子场论的标度有关. 因此, 很有可能高维引力只是低维量子场论的一种呈展. 然而, 如何从量子场论中实现时空的重构, 甚至实现引力的非线性动力学都是正在研究的问题.

关于时空本身, 如果考虑在普朗克尺度, 引力的量子效应变得显著, 通常的时空概念可能都失效了. 这需要引进新的物理概念甚至数学工具, 比如说非对易几何、矩阵理论或者时空泡沫等. 除了时空概念本身, 广义相对论中的微分同胚对称性也是值得探究的问题. 在一些引力理论中, 微分同胚只是一个偶然的对称性. 这在上面提到的菲尔兹–泡利引力、霍拉瓦–利夫希兹引力中都有所体现. 但由于对称性的破坏, 理论拥有了比无质量引力子更多的动力学自由度, 如何自然地限制这些额外自由度的物理影响, 特别是与太阳系实验符合, 是这类模型需要面对的挑战.

## §8.8 能量条件

广义相对论中爱因斯坦方程的右边是能动张量, 它决定了时空是如何被弯曲的. 一个有趣的问题是什么样的能动张量是物理上允许的, 或者说合理的. 另一个相关的问题是给定满足一定条件的能动张量, 它对时空的物理影响是什么. 这两个问题都与所谓的 "能量条件" 相关. 由于能动张量的具体形式与坐标的选择有关, 也就是与不同的观测者有关, 我们希望能量条件是一个与坐标选择无关的量, 也就是说可以通过能动量张量构造一个标量. 如果一个观测者的 4-速度是 $\xi^\mu$, 则他测量到的物质能量密度为 $T_{\mu\nu}\xi^\mu\xi^\nu$. 由此我们可以定义不同的能量条件.

一个常见的能量条件是所谓的弱能量条件 (weak energy condition, 简记为 WEC).

**弱能量条件** 对所有的观测者,

$$T_{\mu\nu}t^\mu t^\nu \geqslant 0, \tag{8.185}$$

这里 $t^\mu$ 是任意观测者的 4-速度. 考虑理想流体的能动张量 $T_{\mu\nu}=(\rho+p)u_\mu u_\nu+pg_{\mu\nu}$, 上面的条件将给出

$$\rho \geqslant 0, \quad \rho+p\geqslant 0. \tag{8.186}$$

**证明** 由于 $t^\mu$ 是类时的, 我们总可以把它分解成 $t^\mu = au^\mu + bl^\mu$, 其中 $u^\mu$ 是流体的 4-速度, 而 $\hat{l}$ 是类光的. 由此

$$\begin{aligned} T_{\mu\nu}t^\mu t^\nu &= T_{\mu\nu}(au^\mu+bl^\mu)(au^\nu+bl^\nu) \\ &= a^2T_{\mu\nu}u^\mu u^\nu + abT_{\mu\nu}l^\mu u^\nu + abT_{\mu\nu}u^\mu l^\nu + b^2T_{\mu\nu}l^\mu l^\nu, \end{aligned}$$

其中最后式子中的第一项可约化为

$$T_{\mu\nu}u^\mu u^\nu = ((\rho+p)u_\mu u_\nu + pg_{\mu\nu})u^\mu u^\nu = (\rho+p)-p=\rho, \tag{8.187}$$

而第二、三项给出 $T_{\mu\nu}l^\mu u^\nu = -\rho(\hat{u}\cdot\hat{l})$, 最后一项给出

$$T_{\mu\nu}l^\mu l^\nu = (\rho+p)(\hat{l}\cdot\hat{u})^2. \tag{8.188}$$

另一方面, 由于 $\hat{l}$ 是类光的, 所以

$$(au^\mu + bl^\mu)(au_\mu + bl_\mu) = -a^2 + 2ab(\hat{u}\cdot\hat{l}) < 0, \tag{8.189}$$

即

$$ab(\hat{u}\cdot\hat{l}) < \frac{a^2}{2}. \tag{8.190}$$

因此, WEC 要求

$$\begin{aligned} &a^2\rho - 2ab\rho(\hat{u}\cdot\hat{l}) + b^2(\rho+p)(\hat{u}\cdot\hat{l})^2 \\ &\quad = \rho(a^2 - 2ab(\hat{u}\cdot\hat{l})) + b^2(\rho+p)(\hat{l}\cdot\hat{u})^2 \geqslant 0. \end{aligned}$$

上式要对所有的观测者都成立, 我们必然有 (8.186) 式. 得证.

弱能量条件的表述似乎是要求所有观测者看到的理想流体的能量密度必须是非负的, 但上面的讨论表明它不仅对理想流体中的能量密度有要求, 也对压强给出了限制.

另一个与弱能量条件类似的能量条件是所谓的零能量条件 (null energy condition, 简记为 NEC).

**零能量条件**

$$T_{\mu\nu}l^\mu l^\nu \geqslant 0, \quad \forall\ \text{零矢量}\ l^\mu. \tag{8.191}$$

易见, NEC 只是把 WEC 中的类时矢量换成了类光矢量. 对理想流体而言, 我们有

$$(\rho+p)(\hat{l}\cdot\hat{u})^2 \geqslant 0, \tag{8.192}$$

因此, NEC 要求

$$\rho + p \geqslant 0. \tag{8.193}$$

下一个重要的能量条件是所谓的主能量条件 (dominant energy condition, 简记为 DEC). 它不止对观测者看到的物质的能量密度进行了限制, 还对观测者看到的物质能流给出了限制.

**主能量条件** 对 4-速度为 $t^\mu$ 的任意观测者,

$$T_{\mu\nu}t^\mu t^\nu \geqslant 0, \tag{8.194}$$

而且 $-T^{\mu}_{\nu}t^{\nu}$ 必须是指向未来的类时或者零矢量. 这实际上要求

$$\rho \geqslant 0, \quad \rho \geqslant |p|. \tag{8.195}$$

**证明** 这个条件实际上要求对任意的具有 4-速度为指向未来类时矢量 $t^{\mu}$ 的观测者, 除了满足弱能量条件以外, 他看到的物质能动量流 $-T^{\mu}_{\nu}t^{\nu}$ 必须是非类空的. 物理上, 这对应着这些物质能动量流的速度不会超过光速. DEC 实际上等价于在 WEC 外要求 $-T^{\mu\nu}t_{\mu}$ 非类空:

$$|T^{\mu\nu}t_{\mu}| \leqslant 0, \tag{8.196}$$

即 $T_{\mu\nu}T^{\nu}_{\lambda}t^{\mu}t^{\lambda} \leqslant 0$. 由 $t^{\mu} = au^{\mu} + bl^{\mu}$, 这给出

$$\begin{aligned}
T_{\mu\nu}T^{\nu}_{\lambda}t^{\mu}t^{\lambda} &= ((\rho+p)u_{\mu}u_{\nu} + pg_{\mu\nu})((\rho+p)u^{\nu}u_{\lambda} + p\delta^{\nu}_{\lambda})t^{\mu}t^{\lambda}, \\
&= (-(\rho+p)^2 u_{\mu}u_{\lambda} + 2p(\rho+p)u_{\mu}u_{\lambda} + p^2 g_{\mu\lambda})t^{\mu}t^{\lambda} \\
&= ((p^2-\rho^2)u_{\mu}u_{\lambda} + p^2 g_{\mu\lambda})t^{\mu}t^{\lambda}.
\end{aligned} \tag{8.197}$$

因此, 我们除了要求 (8.186) 式, 还要求有

$$p^2 - \rho^2 \leqslant 0 \quad \Rightarrow \quad \rho \geqslant |p|. \tag{8.198}$$

得证.

类似地, 我们可以定义零主能量条件 (null dominant energy condition, 简记为 NDEC): 只需要把上面的类时矢量换成类光矢量即可. 此时, $\rho$ 可以是负的, 只要 $p = -\rho$.

最后一个重要的能量条件是所谓的强能量条件 (strong energy condition, 简记为 SEC). 实际上这个条件来自于对奇点定理的证明. 物理上我们可以期待物质的压强不会太大, 也不会是负的, 因此可以要求

$$T_{\mu\nu}t^{\mu}t^{\nu} + \frac{1}{2}T \geqslant 0. \tag{8.199}$$

由爱因斯坦方程, 这等价于

$$R_{\mu\nu}t^{\mu}t^{\nu} \geqslant 0. \tag{8.200}$$

类似于前面的分析, 对于理想流体, 上面的条件给出

$$\rho + 3p \geqslant 0, \quad \rho + p \geqslant 0. \tag{8.201}$$

SEC 的一个最重要的应用是对雷乔杜里方程的讨论,从而证明奇点定理. 我们将在下一节中讨论雷乔杜里方程, 并从中看到 SEC 的应用.

上面的讨论显示 DEC 比 WEC 要强, 而绝大部分的经典物质都满足主能量条件. 例如对于一个无质量标量场,

$$T_{\mu\nu} = \partial_\mu \phi \partial_\nu \phi - \frac{1}{2} g_{\mu\nu} (\partial \phi)^2, \tag{8.202}$$

可以证明它满足主能量条件. 对于有质量标量场, 它破坏了 SEC. 而如果考虑场的量子效应, 任何能量条件都有可能被破坏. 另一方面, 能动量守恒方程 $\nabla_\mu T^{\mu\nu} = 0$ 实际上防止了非物理过程的发生, 如能量的传播不会超光速、真空不会自发衰变到 $E$ 和 $-E$.

与能量条件相关的有两个有名的定理. 第一个是霍金和艾利斯 (Ellis) 的守恒定理.

**守恒定理 (霍金和艾利斯)** *如果 $T_{\mu\nu}$ 满足 DEC 且在某类空区域中为零, 则它在与此类空区域因果相联的未来域中总是为零.*

这个定理表明能量不会无缘无故产生, 也不会跑到光锥以外. 另一个与能量条件相关的著名定理是所谓的正能定理 (positive energy theorem) .

**正能定理** *满足爱因斯坦方程 $G_{\mu\nu} = 8\pi G T_{\mu\nu}$ 的渐近平坦时空的 ADM 能量是半正定的, ADM 能量为零当且仅当时空是闵氏时空. 定理的成立要求以下条件:*

*(1) 存在初始非奇异柯西 (Cauchy) 面 (否则 $M < 0$ 的源成为反例);*

*(2) $T_{\mu\nu}$ 满足 DEC;*

*(3) 其他一些技术假设.*

正能定理最早是绍恩 (Shoen) 和丘成桐 (Yau) 利用几何分析的技术证明的, 稍后威腾 (Witten) 利用流形上旋量场的技术给出了更加物理的证明. 正能定理的重要之处在于证明了闵氏时空是稳定的最低能量态, 可以当作真空态来看待, 而其他的渐近平坦时空都是激发态.

## *§8.9 类时测地线的雷乔杜里方程

我们已经学习过测地偏离方程, 即两条相邻测地线间相对位置如何随着测地线而变化. 如果我们考虑一束测地线并关注这束测地线如何随粒子运动而变化, 将得到雷乔杜里方程. 这组方程在证明奇点定理时发挥了重要的作用. 这一节关注类时测地线的雷乔杜里方程, 下一节将讨论零测地线的雷乔杜里方程.

考虑一个测地线汇. 所谓的线汇是指时空的某个开区域中的曲线集合, 这个区域中的每一点都只在一条曲线上. 因此, 线汇中的测地线可以局域地由坐标函数

$x^\mu(\lambda, y^i)$ 来描述, 其中 $\lambda$ 是测地线的仿射参数, 而 $y^i, i=1,2,3$ 用来标志不同的测地线. 类时曲线的切矢量场

$$\hat{t} = \mathrm{d}/\mathrm{d}\lambda = \frac{\mathrm{d}x^\mu}{\mathrm{d}\lambda}\partial_\mu, \tag{8.203}$$

它是归一化的: $t^\mu t_\mu = -1$, 满足

$$\nabla_\nu(t^\mu t_\mu) = 0 \Rightarrow t^\mu \nabla_\nu t_\mu = 0, \tag{8.204}$$

$$t^\nu \nabla_\nu t_\mu = 0. \tag{8.205}$$

定义一个张量 $B_{\mu\nu} = \nabla_\nu t_\mu$, 它与类时切矢量正交, $B_{\mu\nu}t^\mu = B_{\mu\nu}t^\nu = 0$, 所以它是一个纯类空的张量.

沿着 $y^i$ 变化的矢量场

$$\hat{e}_i = \frac{\mathrm{d}}{\mathrm{d}y^i} = \frac{\mathrm{d}x^\mu}{\mathrm{d}y^i}\partial_\mu \tag{8.206}$$

可看作线汇中测地线间的平移矢量, 或者偏离矢量. 注意, 我们有 $[\hat{t}, \hat{e}_i] = 0$. 取定一条测地线由 $\gamma_0$ 标志, 而 $\hat{\epsilon}$ 是偏离这条测地线的正交偏离矢量. 由无挠条件, $[\hat{t}, \hat{\epsilon}]^\mu = t^\nu \partial_\nu \epsilon^\mu - \epsilon^\nu \partial_\nu t^\mu = t^\nu \nabla_\nu \epsilon^\mu - \epsilon^\nu \nabla_\nu t^\mu$, 有

$$t^\nu \nabla_\nu \epsilon^\mu = \epsilon^\nu \nabla_\nu t^\mu = B^\mu{}_\nu \epsilon^\nu, \tag{8.207}$$

因此张量 $B^\mu_\nu$ 刻画了测地偏离矢量族 $\epsilon^\mu$ 是如何平行移动的. 一个在 $\gamma_0$ 的观测者将发现周围的测地线被拉伸和转动, 这些变化的信息都由线性映射 $B^\mu_\nu$ 给出.

注意测地偏离矢量的定义是有任意性的. 我们总可以定义一个新的偏离矢量

$$\hat{\epsilon}' = \hat{\epsilon} + a\hat{t}, \tag{8.208}$$

其中 $\hat{t}$ 是切矢量, $\hat{\epsilon}$ 是原来的偏离矢量, $a$ 是一个常数. 对类时测地线, 可以加一个正交条件 $\hat{\epsilon}\cdot\hat{t}|_{\lambda=0} = 0$ 来去掉任意性. 由于

$$\begin{aligned}
\frac{\mathrm{d}}{\mathrm{d}\lambda}(\hat{\epsilon}\cdot\hat{t}) &= (\hat{t}\cdot\nabla\epsilon^\mu)t_\mu \\
&= B^\mu{}_\nu \epsilon^\nu t_\mu = \epsilon^\nu(\nabla_\nu t^\mu)t_\mu \\
&= \frac{1}{2}\epsilon\partial(t^2) = 0,
\end{aligned} \tag{8.209}$$

一旦初始时 $\hat{\epsilon}\cdot\hat{t}|_{\lambda=0} = 0$, 对所有其后的 $\lambda$ 都有 $\hat{\epsilon}\cdot\hat{t} \equiv 0$, 也就是说正交性条件可以一直得到满足. 因此, 我们总可以选择与切矢量正交的测地偏离矢量来讨论问题.

如果我们取定一个基准测地线, 在这个测地线的随动参考系中 $\hat{t}=(1,0,0,0)$, 而测地偏离矢量实际上张成一个 3 维的空间. 也就是说我们可以定义一个测地线的随动观测者, 建立他的实验室, 其时间方向由切矢确定, 而三个空间方向与切矢正交. 在此随动参考系中, 偏离矢量可以投影到三个空间方向. 这也说明了为何 $\hat{B}$ 是一个类空的张量. 为了更好地分析这个张量的信息, 可以定义一个投影算子

$$h_{\mu\nu}=g_{\mu\nu}+t_\mu t_\nu \tag{8.210}$$

来帮助我们读出张量与切矢 $\hat{t}$ 正交的分量. 这个投影算子也可变作

$$h^\mu{}_\nu=g^\mu{}_\sigma h_{\sigma\nu}=\delta^\mu{}_\nu+t^\mu t_\nu. \tag{8.211}$$

利用这些投影算子我们可以把张量 $B_{\mu\nu}$ 分解成对称无迹、反对称和迹的部分. 首先, 由于 $B_{\mu\nu}$ 与切矢正交, 我们可以利用上面定义的投影算子来求迹. 定义[①]

$$\begin{cases}\theta=B^{\mu\nu}h_{\mu\nu}, & \text{膨胀 (expansion) 因子或收缩 (shrinking) 因子},\\ \sigma_{\mu\nu}=B_{(\mu\nu)}-\dfrac{1}{3}\theta h_{\mu\nu}, & \text{剪切 (shear)},\\ \omega_{\mu\nu}=B_{[\mu\nu]}, & \text{扭转 (twist)}.\end{cases} \tag{8.212}$$

这样我们发现

$$B_{\mu\nu}=\frac{1}{3}\theta h_{\mu\nu}+\sigma_{\mu\nu}+\omega_{\mu\nu}. \tag{8.213}$$

这些量的物理意义如下.

(1) 膨胀因子定义为 $B_{\mu\nu}$ 的迹 $\theta=B^{\mu\nu}h_{\mu\nu}=(g^{\mu\nu}+t^\mu t^\nu)\nabla_\nu t_\mu=\nabla_\mu t^\mu$. 它测度了无穷小相邻测地线的膨胀或者收缩.

$$\begin{cases}\theta>0, & \text{膨胀},\\ \theta<0, & \text{收缩}.\end{cases} \tag{8.214}$$

更准确地说, $\theta$ 实际上反映了线汇的截面体积的分数变化率, 即

$$\theta=\frac{1}{\delta V}\frac{\mathrm{d}}{\mathrm{d}\tau}\delta V. \tag{8.215}$$

为了看清这一点, 我们需要准确地定义线汇的截面. 实际上, 我们可以取一个基准测地线, 其上一点 $P$ 参数化为 $\tau_P$. 在 $P$ 的无穷小邻域, 我们可以取一组点都具有 $\tau=\tau_P$, 每一个点都有测地线穿过. 这样的话, 我们实际上定义了 $\tau=$ 常数的三维子流形, 它可以看作基准测地线在事件点 $P$ 附近的截面. 那些穿过子流形的测地

---

①有的文献也把 "扭转" (twist) 称为涡旋度 (vorticity).

线可以标记为 $y^i$, 而测地线汇由关系 $x^\mu = x^\mu(\tau, y^i)$ 来定义, 不同的 $y^i$ 定义了唯一的测地线, $\tau$ 是这些测地线的仿射参数. 这些测地线的切矢量为 $t^\mu = (\partial x^\mu/\partial\tau)_{y^i}$. 更重要的是, 我们可以定义矢量

$$e_i^\mu = \left(\frac{\partial x^\mu}{\partial y^i}\right)_\tau. \tag{8.216}$$

它切于截面, 所以 $\hat{t}\cdot\hat{e}_i = 0$ 且 $\pounds_{\hat{u}}\hat{e}_i = 0$. 三维子流形的诱导度规为

$$h_{ij} = g_{\mu\nu}e_i^\mu e_j^\nu. \tag{8.217}$$

当然, 我们也有

$$h_{ij} = h_{\mu\nu}e_i^\mu e_j^\nu. \tag{8.218}$$

这样就得到了截面的体积

$$\delta V = \sqrt{h}\mathrm{d}^3\boldsymbol{y}, \quad h = \det(h_{ij}). \tag{8.219}$$

当随动观测者沿着基准测地线运动时 $\mathrm{d}^3\boldsymbol{y}$ 不变, 但 $\sqrt{h}$ 有变化, 因此截面体积的变化为

$$\frac{1}{\delta V}\frac{\mathrm{d}}{\mathrm{d}\tau}\delta V = \frac{1}{\sqrt{h}}\frac{\mathrm{d}}{\mathrm{d}\tau}\sqrt{h} = \frac{1}{2}h^{ij}\frac{\mathrm{d}h_{ij}}{\mathrm{d}\tau}, \tag{8.220}$$

而

$$\begin{aligned}\frac{\mathrm{d}h_{ij}}{\mathrm{d}\tau} &= t^\mu\nabla_\mu(g_{\mu\nu}e_i^\mu e_j^\nu)\\ &= e_i^\mu e_j^\nu\nabla_\mu t_\nu + e_i^\mu e_j^\nu\nabla_\nu t_\mu\\ &= e_i^\mu e_j^\nu(B_{\mu\nu} + B_{\nu\mu}).\end{aligned} \tag{8.221}$$

这里用到了关系 $\pounds_{\hat{t}}\hat{e}_i = 0$ 来把 $\hat{e}_i$ 的协变导数变成 $\hat{u}$ 的协变导数. 把上式代入, 并利用 $\theta$ 的定义, 我们就得到了 (8.125) 式.

(2) 剪切和扭转. 剪切是对称无迹部分

$$\sigma_{\mu\nu} = B_{(\mu\nu)} - \frac{1}{3}\theta h_{\mu\nu} = \nabla_{(\nu}t_{\mu)} - (g_{\mu\nu} + t_\mu t_\nu)\frac{1}{3}(\nabla_\mu t^\mu). \tag{8.222}$$

因子 1/3 来自于与切矢正交的子空间有三个独立的基矢 (对于零测地线情形, 只有两个独立基矢) . 剪切的意义如下: 一个在切空间中的初始球面沿着切矢 $\hat{t}$ 李移动, 这个球面变形为椭球面, 其主轴由 $\sigma^\mu{}_\nu$ 的本征矢给出, 变化率由 $\sigma^\mu{}_\nu$ 的本征值给出. 注意, 剪切刻画的是在保持球体积不变的情况下球的变形情况. 最后, 扭转来自于

无迹部分, $\omega_{\mu\nu} = B_{[\mu\nu]} = \nabla_{[\nu}t_{\mu]}$, 它刻画了测地线汇绕着基准测地线的扭转. 有时, 它也被称为旋度. 由于 $B_{\mu\nu}$ 与 $\hat{t}$ 正交, 而 $t^\mu$ 是类时的, 所以 $\sigma_{\mu\nu}$, $\omega_{\mu\nu}$ 都是纯类空的, 即

$$\begin{cases} \sigma_{\mu\nu}t^\nu = B_{(\mu\nu)}t^\nu - \dfrac{1}{3}\theta h_{\mu\nu}t^\nu = 0, \\ \omega_{\mu\nu}t^\nu = B_{[\mu\nu]}t^\nu = 0. \end{cases} \tag{8.223}$$

这里对张量 $B_{\mu\nu}$ 的分解类似于流体力学中对流体矢量速度的梯度的分解. 在流体的情况, 流体随着流动也会发生形变: 膨胀或者收缩、剪切和扭转. 由于我们可以把有质量粒子的运动看作一种流体的运动, 上面的分解就很自然了.

在继续讨论之前, 我们需要一个新的概念: 与超曲面正交的测地线汇①. 超曲面 $\Sigma$ 是 $n$ 维流形 $M$ 上余维数 (co-dimension) 为 1 的子流形, 即一个 $(n-1)$ 维子流形, 通过一个函数来定义: $f(x) = f_*$. 矢量场

$$\zeta^\mu = g^{\mu\nu}\nabla_\nu f \tag{8.224}$$

与 $\Sigma$ 正交, 也就是与切矢空间 $T_p\Sigma$ 的所有矢量正交. 该法矢可以归一化, $n^\mu = \pm\dfrac{\zeta^\mu}{|\zeta_\mu\zeta^\mu|^{1/2}}$. 如果 $\zeta^\mu$ 是类时 (类空、类光) 的, 则 $\Sigma$ 称为类空 (类时、类光) 的. 对于类光超曲面, 情况有点特殊: 首先 $\zeta^\mu$ 也是切矢量, 其次零超曲面可以分成一个零测地线的集合, 即零测地线集合生成了零超曲面. 显然, 与法矢差一个标量函数的矢量 $\xi^\mu = h\nabla^\mu f$ 也与 $\Sigma$ 正交, 因此

$$\xi_{[\mu}\nabla_\nu\xi_{\sigma]} = 0 \quad 或者 \quad \hat{\xi}\wedge \mathrm{d}\hat{\xi} = 0. \tag{8.225}$$

实际上, 关系式 (8.225) 是矢量 $\hat{\xi}$ 与某超曲面正交的充要条件.

**命题** 如果测地线汇的扭转 $\omega_{\mu\nu} = 0$, 则

$$\nabla_\nu t_\mu - \nabla_\mu t_\nu = 0. \tag{8.226}$$

这意味着局部地测地线汇是与某超曲面正交的 ($t^\mu$ 是与超曲面正交的).

**证明** 当扭转为零时, 测地线汇的切矢量满足

$$\begin{aligned} t_{[\mu}\nabla_\nu t_{\sigma]} &= \frac{1}{6}(t_\mu\nabla_\nu t_\sigma - t_\sigma\nabla_\nu t_\mu - t_\nu\nabla_\mu t_\sigma + t_\nu\nabla_\sigma t_\mu - t_\mu\nabla_\sigma t_\nu + t_\sigma\nabla_\mu t_\nu) \\ &= 0, \end{aligned} \tag{8.227}$$

它应该是正比于某超曲面的法矢. 参见下一章附录中的讨论. 得证.

①矢量与超曲面正交的充要条件将在下一章的附录中仔细讨论.

测地线汇的膨胀因子、剪切和扭转都会随着测地线运动而演化. 这里主要关心的是膨胀因子随测地线的变化. 沿着测地线的变化可以通过下面的导数得到:

$$\frac{\mathrm{D}}{\mathrm{d}\tau}=t^{\sigma}\nabla_{\sigma}. \tag{8.228}$$

作用在 $B_{\mu\nu}$ 上, 我们发现

$$\begin{aligned}t^{\sigma}\nabla_{\sigma}B_{\mu\nu}=t^{\sigma}\nabla_{\sigma}\nabla_{\nu}t_{\mu}&=t^{\sigma}(\nabla_{\nu}\nabla_{\sigma})t_{\mu}+R_{\sigma\nu\mu}{}^{\rho}t^{\sigma}t_{\rho}\\&=\nabla_{\nu}(t^{\sigma}\nabla_{\sigma})t_{\mu}-(\nabla_{\nu}t^{\sigma})\nabla_{\sigma}t_{\mu}+R_{\sigma\nu\mu}{}^{\rho}t^{\sigma}t_{\rho}\\&=-B^{\sigma}{}_{\nu}B_{\mu\sigma}+R_{\sigma\nu\mu}{}^{\rho}t^{\sigma}t_{\rho}.\end{aligned} \tag{8.229}$$

对 $\mu\nu$ 取迹以后, 得到

$$\begin{aligned}t^{\sigma}\nabla_{\sigma}\theta=\frac{\mathrm{d}\theta}{\mathrm{d}\tau}&=h^{\mu\nu}(-B^{\sigma}{}_{\nu}B_{\mu\sigma})+R_{\sigma\nu\mu}{}^{\rho}t^{\sigma}t_{\rho}h^{\mu\nu}\\&=-B^{\sigma\mu}B_{\mu\sigma}-R_{\sigma\rho}t^{\sigma}t^{\rho}\\&=-\frac{1}{3}\theta^{2}-\sigma_{\mu\nu}\sigma^{\mu\nu}+\omega_{\mu\nu}\omega^{\mu\nu}-R_{\sigma\rho}t^{\sigma}t^{\rho},\end{aligned} \tag{8.230}$$

即

$$\frac{\mathrm{d}\theta}{\mathrm{d}\lambda}=-\frac{1}{3}\theta^{2}-\sigma_{\mu\nu}\sigma^{\mu\nu}+\omega_{\mu\nu}\omega^{\mu\nu}-R_{\sigma\rho}t^{\sigma}t^{\rho}. \tag{8.231}$$

这就是对于类时测地线的雷乔杜里方程.

上面的推导中, 显然有 $\theta=B^{\mu\nu}g_{\mu\nu}$. 由正交性, 我们可以把度规 $g_{\mu\nu}$ 换作 $h_{\mu\nu}$. 特别地,

$$\begin{aligned}B^{\sigma\mu}B_{\mu\sigma}&=\left(\frac{1}{3}\theta h^{\sigma\mu}+\sigma^{\sigma\mu}+\omega^{\sigma\mu}\right)\left(\frac{1}{3}\theta h_{\mu\sigma}+\sigma_{\mu\sigma}+\omega_{\mu\sigma}\right)\\&=\frac{1}{9}\theta^{2}h^{\sigma\mu}h_{\mu\sigma}+\sigma^{\sigma\mu}\left(\frac{\theta}{3}\right)h_{\mu\sigma}+\omega^{\sigma\mu}\left(\frac{\theta}{3}\right)h_{\mu\sigma}+\frac{\theta}{3}h^{\sigma\mu}\sigma_{\mu\sigma}\\&\quad+\sigma^{\sigma\mu}\sigma_{\mu\sigma}+\omega^{\sigma\mu}\sigma_{\mu\sigma}+\frac{\theta}{3}h^{\sigma\mu}\omega_{\mu\sigma}+\sigma^{\sigma\mu}\omega_{\mu\sigma}+\omega^{\sigma\mu}\omega_{\mu\sigma}\\&=\frac{1}{3}\theta^{2}+\sigma_{\mu\nu}\sigma^{\mu\nu}-\omega_{\mu\nu}\omega^{\mu\nu}.\end{aligned} \tag{8.232}$$

这里用到了 $h_{\mu\nu},\sigma_{\mu\nu},\omega_{\mu\nu}$ 互相正交的事实, 即 $\sigma^{\mu\nu}h_{\mu\nu}=0=\sigma^{\mu\nu}\omega_{\mu\nu}$.

对其他的分量, 有

$$\begin{aligned}t^{\sigma}\nabla_{\sigma}\sigma_{\mu\nu}&=-\frac{2}{3}\theta\sigma_{\mu\nu}-\sigma^{\sigma}{}_{\nu}\sigma_{\mu\sigma}+\omega^{\sigma}{}_{\mu}\omega_{\nu\sigma}+\frac{h_{\mu\nu}}{3}(\sigma_{\sigma\rho}\sigma^{\sigma\rho}-\omega_{\sigma\rho}\omega^{\sigma\rho})\\&\quad+C_{\sigma\nu\mu\rho}t^{\sigma}t^{\rho}+\frac{1}{2}\tilde{R}_{\mu\nu},\end{aligned} \tag{8.233}$$

$$t^{\sigma}\nabla_{\sigma}\omega_{\mu\nu}=-\frac{2}{3}\theta\omega_{\mu\nu}+\sigma_{\mu}{}^{\alpha}\omega_{\nu\alpha}-\sigma_{\nu}{}^{\alpha}\omega_{\mu\alpha},$$

其中 $C_{\sigma\nu\mu\rho}$ 是外尔张量, 而 $\tilde{R}_{\mu\nu}$ 是 $R_{\mu\nu}$ 的空间无迹部分, $\tilde{R}_{\mu\nu} = h_{\mu\sigma}h_{\nu\rho}R^{\sigma\rho} - \frac{1}{3}h_{\mu\nu}h_{\sigma\rho}R^{\sigma\rho}$.

由于 $\sigma_{\mu\nu}, \omega_{\mu\nu}$ 都是类空的, 所以得到 $\omega_{\mu\nu}\omega^{\mu\nu} \geqslant 0$. 而如果测地线汇是垂直于超曲面的, 则 $t_{[\mu}\nabla_\nu t_{\sigma]} = 0$, 所以 $\omega_{\mu\nu} \equiv 0$. 另一方面, 由 $D$ 维中爱因斯坦方程知

$$\begin{aligned} &R_{\mu\nu} - \frac{1}{2}g_{\mu\nu}R = 8\pi G_N T_{\mu\nu} - \Lambda g_{\mu\nu} \\ &\Rightarrow R\big(1 - \frac{D}{2}\big) = 8\pi G_N T - \Lambda D, \end{aligned} \tag{8.234}$$

其中 $\Lambda$ 是宇宙学常数, 所以有

$$\begin{aligned} R_{\mu\nu} &= \frac{1}{2}g_{\mu\nu}\left(\frac{2}{2-D}\right)(8\pi G_N T - \Lambda D) + 8\pi G_N T_{\mu\nu} - \Lambda g_{\mu\nu} \\ &= 8\pi G_N\left(T_{\mu\nu} - \frac{T}{D-2}g_{\mu\nu}\right) + \frac{2\Lambda}{D-2}g_{\mu\nu}. \end{aligned} \tag{8.235}$$

进一步地, 有

$$R_{\mu\nu}t^\mu t^\nu = 8\pi G_N\left(T_{\mu\nu}t^\mu t^\nu + \frac{T}{D-2}g_{\mu\nu}\right) - \frac{2\Lambda}{D-2}. \tag{8.236}$$

因此, 我们得到了下面的定理.

**定理** 如果下列三个条件得到满足:

(1) $\omega_{\mu\nu} \equiv 0$,

(2) $T_{\mu\nu}t^\mu t^\nu \geqslant -\dfrac{Tg_{\mu\nu}}{D-2}$, 即能动量张量满足所谓的强能量条件,

(3) $\Lambda \leqslant 0$, 宇宙学常数为负,

则

$$\frac{\mathrm{d}\theta}{\mathrm{d}\tau} \leqslant 0. \tag{8.237}$$

也就是说测地线汇随时间的演化是越来越收敛的. 如果宇宙学常数是正的, 则它有可能让测地线汇分开, 这在加速膨胀时确实发生.

雷乔杜里方程是一个几何关系式. 假设在时空的一个小区域中所有的相邻粒子都是静止的, 则 $\omega = 0, \sigma = 0, \hat{t}^\mu = (1,0,0,0)$, 因此

$$\frac{\mathrm{d}\theta}{\mathrm{d}\tau} = -R_{\hat{0}\hat{0}}. \tag{8.238}$$

再由爱因斯坦方程 $R_{\mu\nu} = 8\pi G\left(T_{\mu\nu} - \frac{1}{2}Tg_{\mu\nu}\right)$, 局部地有 $g_{\mu\nu} \approx \eta_{\mu\nu}, T = g^{\mu\nu}T_{\mu\nu} = -\rho + p_x + p_y + p_z$, 我们发现

$$\frac{\mathrm{d}\theta}{\mathrm{d}\tau} = -4\pi G(\rho + p_x + p_y + p_z). \tag{8.239}$$

因此, 如果 $\rho$ 和 $p_i > 0$, 则 $\dfrac{\mathrm{d}\theta}{\mathrm{d}\tau} < 0$, 这代表着吸引力. 但是如果 $\rho + \Sigma p_i < 0$, 则粒子表现为受到排斥力. 比如说在具有正宇宙学常数的时空中, $p_i = -\rho$, 显然此时粒子之间互相排斥. 无论如何, 在广义相对论中压强有着重要的物理意义. 在牛顿引力中压强是没有物理效应的, 而在广义相对论中 $p > 0$ 看起来把相邻粒子聚集起来, 这与通常理解的正压强把物体推开不同. 上面的方程 $\dfrac{\mathrm{d}\theta}{\mathrm{d}\tau} = -4\pi G(\cdots)$ 包含的信息与爱因斯坦方程相同.

在爱因斯坦方程中, 能动张量 $T_{\mu\nu}$ 决定了 $R_{\mu\nu}$, 但如何确定黎曼张量 $R_{\mu\nu\sigma\rho}$ 呢? 实际上, 外尔张量包含着黎曼张量的额外信息. 由比安基恒等式知 $\nabla_{[\lambda}R_{\rho\sigma]\mu\nu} = 0$, 有

$$\nabla^\rho C_{\rho\sigma\mu\nu} = \nabla_{[\mu}R_{\nu]\sigma} + \frac{1}{6}g_{\sigma[\mu}\nabla_{\nu]}R = 8\pi G\left(\nabla_{[\mu}T_{\nu]\sigma} + \frac{1}{3}g_{\sigma[\mu}\nabla_{\nu]}T\right),$$

也就是说外尔张量与能动张量通过一个一阶微分方程相联系, 给定初始条件, 我们就可以确定外尔张量. 这类似于电动力学中 $\nabla_\mu F^{\nu\mu} = J^\nu$.

雷乔杜里方程的另一个重要的物理意义在于奇点定理. 实际上, 如果初始时刻膨胀因子为负, 而能动张量满足强能量条件, 则在有限的时间内, 膨胀因子趋于负无穷大, 即出现奇点. 在强能量条件下, 方程约化为

$$\frac{\mathrm{d}\theta}{\mathrm{d}\tau} + \frac{1}{3}\theta^2 \leqslant 0. \tag{8.240}$$

如果 $\omega_{\mu\nu} = 0$ 而 $\sigma_{\mu\nu}\sigma^{\mu\nu} \geqslant 0$, 则 $\dfrac{\mathrm{d}}{\mathrm{d}\tau}(\theta^{-1}) \geqslant \dfrac{1}{3}$, 或者 $\theta^{-1}(\tau) \geqslant \theta_0^{-1} + \dfrac{1}{3}\tau$. 如果 $\theta_0 < 0$, 即初始时测地线汇是收缩的, 则 $\theta^{-1}$ 必然穿过零点. 更准确地说, 在固有时 $\tau \leqslant \dfrac{3}{|\theta_0|}$ 时, $\theta \to -\infty$, 形成奇点.

## *§8.10 零测地线的雷乔杜里方程

零测地线的雷乔杜里方程与类时测地线的相比稍微复杂一点. 首先, 对类时测地线汇, 讨论偏离矢量时有任意性, 可以定义新的测地偏离矢量 $\hat{\epsilon}' = \hat{\epsilon} + a\hat{t}$ 使偏离矢量与切矢量垂直. 而对于零测地线汇, 由于 $\hat{t}\cdot\hat{t} = 0$, 总有 $\hat{\epsilon}'\cdot\hat{t} = \hat{\epsilon}\cdot\hat{\epsilon} = 0$. 这是因为正交于 $\hat{t}$ 的三维空间中也包含 $\hat{t}$ 本身. 这意味着 $\hat{\epsilon}$ 的一个分量不与 $\hat{t}$ 正交, 我们设它为 $\hat{n}$. 对 $\hat{n}$ 的选择有任意性, 我们取

$$\hat{n}^2 = 0, \quad \hat{n}\cdot\hat{t} = -1, \tag{8.241}$$

这相当于一个电动力学中的规范选择. 例如, 如果 $\hat{t}$ 切于一个径向向外的零测地线, 则 $\hat{n}$ 切于径向向内的零测地线, 如图 8.4 所示.

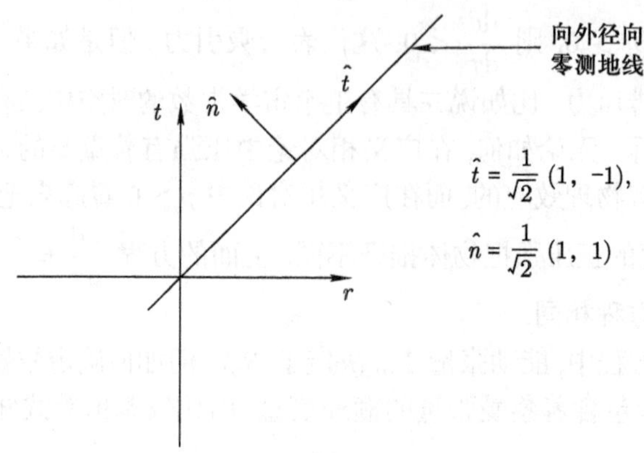


图 8.4 零测地线汇偏离矢量选择存在双重的任意性.

自洽性要求 $\hat{n}^2$, $\hat{n}\cdot\hat{t}$ 与 $\lambda$ 无关, 这可以通过选择 $\hat{n}$ 是沿测地线平行移动的, 即 $\nabla_{\hat{t}}\hat{n}=0$ 来得到满足. 有了 $\hat{t}$ 和 $\hat{n}$, 可以通过取定与它们正交的偏离矢量 $\hat{\epsilon}\cdot\hat{t}=0,\ \ \hat{\epsilon}\cdot\hat{n}=0$ 来唯一地确定一个零测地线汇的双参数子集. $\hat{\epsilon}$ 张成一个二维子空间 $T_\perp$. 与类时的情形类似, 可以定义投影算子

$$P^\mu_{\ \nu}=\delta^\mu_{\ \nu}+n^\mu t_\nu+t^\mu n_\nu. \tag{8.242}$$

它作用在任何张量上都把张量投影到 $T_\perp$ 上. 特别地, 有如下命题.

**命题** *如果初始时 $\hat{\epsilon}$ 在 $T_\perp$ 中: $\hat{P}\cdot\hat{\epsilon}=\hat{\epsilon}$, 则 $\hat{\epsilon}$ 总在 $T_\perp$ 中.*

**证明** 假定初始时 $\hat{\epsilon}$ 在 $T_\perp$ 中, 满足 $\hat{\epsilon}=\hat{P}\cdot\hat{\epsilon}$. 我们可以讨论矢量 $\hat{\epsilon}$ 沿着测地线汇的变化:

$$\begin{aligned}t^\nu\nabla_\nu\epsilon^\mu&=(t^\nu\nabla_\nu)(P^\mu_{\ \nu}\epsilon^\nu)=P^\mu_{\ \nu}\ t^\rho\nabla_\rho\epsilon^\nu\\&=P^\mu_{\ \nu}B^\nu_{\ \rho}\epsilon^\rho=P^\mu_{\ \nu}B^\nu_{\ \rho}P^\rho_{\ \lambda}\epsilon^\lambda\\&=\tilde{B}^\mu_{\ \lambda}\epsilon^\lambda,\end{aligned} \tag{8.243}$$

其中

$$\tilde{B}^\mu_{\ \lambda}=P^\mu_{\ \nu}B^\nu_{\ \rho}P^\rho_{\ \lambda} \tag{8.244}$$

是定义在 $T_\perp$ 中. 因此矢量 $\hat{\epsilon}$ 将沿着测地线一直在 $T_\perp$ 中. 得证.

$\tilde{B}$ 是一个 $2\times 2$ 矩阵, 可以分解成

$$\tilde{B}^\mu_{\ \nu}=\frac{1}{2}\theta P^\mu_{\ \nu}+\tilde{\sigma}^\mu_{\ \nu}+\tilde{\omega}^\mu_{\ \nu}, \tag{8.245}$$

其中

$$\begin{aligned}\theta &= \tilde{B}^{\mu}{}_{\mu},\\ \tilde{\sigma}_{\mu\nu} &= \tilde{B}_{(\mu\nu)} - \frac{1}{2}P_{\mu\nu}\tilde{B}^{\rho}{}_{\rho},\\ \tilde{\omega}_{\mu\nu} &= \tilde{B}_{[\mu\nu]}\end{aligned} \tag{8.246}$$

分别是膨胀因子、剪切和扭转系数.

与类时测地线汇类似, 我们有如下命题.

**命题** 如果扭转系数 $\tilde{\omega}=0$, 则 $\hat{t}$ 垂直于一族零超曲面. 反之亦然.

**证明** 首先我们发现: $t_{[\mu}\tilde{B}_{\nu\rho]}=t_{[\mu}B_{\nu\rho]}$. 这个关系式可以利用 $\tilde{B}$ 的定义, 以及 $\hat{t}\cdot\nabla\hat{t}=0,\hat{t}^2=0$ 来得到. 其次, 如果 $\tilde{\omega}=0$, 则

$$\begin{aligned}0 &= t_{[\mu}\tilde{\omega}_{\nu\rho]} \equiv t_{[\mu}\tilde{B}_{\nu\rho]}\\ &= t_{[\mu}B_{\nu\rho]} = t_{[\mu}\nabla_{\rho}t_{\nu]},\end{aligned} \tag{8.247}$$

因此, $\hat{t}$ 垂直于一族超曲面.

反之, 如果 $\hat{t}$ 垂直于一族超曲面, 则 $t_{[\mu}\nabla_{\rho}t_{\nu]}=0$, 因此有

$$0 = t_{[\mu}\tilde{\omega}_{\nu\rho]} = \frac{1}{3}(t_{\mu}\tilde{\omega}_{\nu\rho} + t_{\rho}\tilde{\omega}_{\mu\nu} + t_{\nu}\tilde{\omega}_{\rho\mu}). \tag{8.248}$$

把上式与 $\hat{n}$ 收缩, 由于 $\hat{n}\cdot\hat{t}=-1$, $\hat{n}\cdot\tilde{\omega}=\tilde{\omega}\cdot\hat{n}=0$, 只有右边第一项剩下来, 所以 $\hat{\omega}=0$. 得证.

因此, 如果 $\hat{\omega}=0$, 我们总有一族零超曲面, 它们由沿 $\hat{n}$ 的平移来参数化, 如图 8.5 所示.

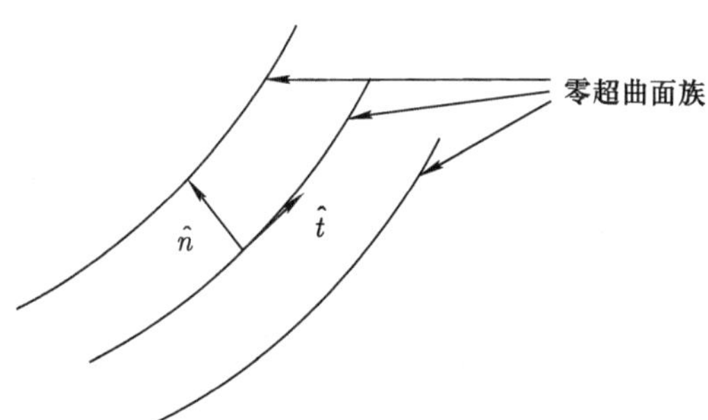


图 8.5 如果零测地线汇的扭转系数为零, 则存在着一族零超曲面通过 $\hat{n}$ 的平移来参数化.

与类时测地线汇不同, 对于零测地线汇, 与 $\hat{t}$ 和 $\hat{n}$ 正交的类空截面只有二维. 不妨取两个线性无关的矢量 $\hat{\epsilon}^{(1)}$ 和 $\hat{\epsilon}^{(2)}$ 垂直于 $\hat{n}$ 和 $\hat{t}$, 则 $\hat{\epsilon}^{(1)},\hat{\epsilon}^{(2)}$ 决定了 $T_{\perp}$ 的面

积元. 剪切系数 $\tilde{\sigma}$ 决定了当沿测地线变化时面积元形状的改变. 定义一个体积元 $a=\varepsilon^{\mu\nu\rho\sigma}t_\mu n_\nu\epsilon^{(1)}_\rho\epsilon^{(2)}_\sigma$, 它实际上刻画了由 $\hat{\epsilon}^{(1)},\hat{\epsilon}^{(2)}$ 所确定的面积元的大小的变化. 由于 $\nabla_{\hat{t}}\hat{t}=0,\ \nabla_{\hat{t}}\hat{n}=0$, 有

$$\begin{aligned}\frac{\mathrm{D}a}{\mathrm{d}\lambda}=t^\mu\partial_\mu a&=\varepsilon^{\mu\nu\rho\sigma}t_\mu n_\nu(\nabla_{\hat{t}}\epsilon^{(1)}_\rho\epsilon^{(2)}_\sigma+\epsilon^{(1)}_\rho\nabla_{\hat{t}}\epsilon^{(2)}_\sigma)\\&=\varepsilon^{\mu\nu\rho\sigma}t_\mu n_\nu(\tilde{B}_\rho{}^\lambda\epsilon^{(1)}_\lambda\epsilon^{(2)}_\sigma+\epsilon^{(1)}_\rho\tilde{B}_\sigma{}^\lambda\epsilon^{(2)}_\lambda)\\&=2\varepsilon^{\mu\nu\rho\sigma}t_\mu n_\nu\tilde{B}_\rho{}^\lambda\epsilon^{(1)}_{[\lambda}\epsilon^{(2)}_{\sigma]}\\&=\theta a\quad(\text{这一步用到了习题 14 中的结论}),\end{aligned}\tag{8.249}$$

所以 $\theta$ 刻画了面积元幅度的增加. 如果 $\theta>0$, 表示相邻的测地线发散, 而如果 $\theta<0$, 则表示相邻测地线是汇聚的.

膨胀因子 $\theta$ 随测地线的变化由雷乔杜里方程给出:

$$\begin{aligned}\frac{\mathrm{d}\theta}{\mathrm{d}\lambda}&=\nabla_{\hat{t}}(B^\mu{}_\nu P^\nu{}_\mu)=P^\nu{}_\mu\nabla_{\hat{t}}B^\mu{}_\nu\\&=P^\nu{}_\mu t^\rho\nabla_\rho\nabla_\nu t^\mu=P^\nu{}_\mu t^\rho\left(\nabla_\nu\nabla_\rho t^\mu+[\nabla_\rho,\nabla_\nu]t^\mu\right)\\&=P^\nu{}_\mu\left[\nabla_\nu(t^\rho\nabla_\rho t^\mu)-(\nabla_\nu t^\rho)\nabla_\rho t^\mu\right]+P^\nu{}_\mu t^\rho[\nabla_\rho,\nabla_\nu]t^\mu\\&=-P^\nu{}_\mu B_\nu{}^\rho B_\rho{}^\mu-t^\rho R_{\rho\sigma}t^\sigma\\&=-\tilde{B}^\nu_\rho\tilde{B}^\rho_\nu-t^\rho t^\sigma R_{\rho\sigma}\\&=-\frac{1}{2}\theta^2-\tilde{\sigma}^\nu{}_\rho\tilde{\sigma}^\rho{}_\nu+\tilde{\omega}^\nu{}_\rho\tilde{\omega}^\rho{}_\nu-t^\rho t^\sigma R_{\rho\sigma},\end{aligned}\tag{8.250}$$

这里已经用到了投影算子, $\tilde{\sigma}$ 和 $\tilde{\omega}$ 互相正交. 与类时的情形比较, 差别在于此时 $\theta^2$ 前的因子是 $\frac{1}{2}$.

**命题** *产生一个零超曲面 $\mathcal{N}$ 的零测地线汇的膨胀因子 $\theta$ 满足微分不等式*

$$\frac{\mathrm{d}\theta}{\mathrm{d}\lambda}\leqslant-\frac{1}{2}\theta^2,\tag{8.251}$$

*假如时空度规满足爱因斯坦方程且能动张量 $T_{\mu\nu}$ 满足弱能量条件.*

**推论** *如果沿着测地线 $\gamma$ 在 $p$ 点 $\theta=\theta_0<0$, 则沿着 $\gamma$ 在仿射长度 $\frac{2}{|\theta_0|}$ 内 $\theta\to-\infty$.*

物理上, 这意味着: 当 $\theta<0$ 时, 相邻测地线是收敛的, 引力的吸引特性保证这些测地线将继续收敛到一个焦点.

## *§8.11 共 轭 点

从前面的研究已经看到, 测地线局域地看是一条直线, 无法反映时空的特性.

如果我们考虑两条测地线的相对加速度, 则能够得到测地偏离方程, 其中包含着时空的弯曲性质. 反过来, 时空的曲率也会影响到测地线的大范围性质. 一个简单的例子是考虑二维空间中从一点发出的测地线束. 在二维平面中, 从某点发出的直线会相距越来越远, 而在二维球面上, 从某点 (南极) 发出的所有测地线都会汇聚到对径点 (antipodal point) (北极) 上, 这种发散或者汇聚实际上是由于曲率的影响. 本节我们将学习与广义相对论有关的关于测地线的整体行为, 其中很重要的是测地线上的共轭点的概念.

前面我们已经讨论过了沿着一条测地线 $\gamma(\lambda)$, 测地偏离矢量的变化为

$$\frac{\mathrm{D}^2}{\mathrm{d}\lambda^2}S^\mu = R^\mu{}_{\nu\rho\sigma}t^\nu t^\rho S^\sigma. \tag{8.252}$$

如果我们在类时测地线所在的参考系中, 有 $t^\mu = (1,0,0,0)$, 而正交的偏离矢量是一个三维矢量 $S^\mu = (0, S^i)$, 则上面的方程可以写作

$$\frac{\mathrm{D}^2}{\mathrm{d}\lambda^2}S^i = R^i{}_{00j}S^j, \quad i,j = 1,2,3. \tag{8.253}$$

数学上, 把此方程称为雅可比方程. 满足这个方程的一个解 $S^i$ 称为沿 $\gamma(\lambda)$ 的一个雅可比场. 在测地线上某点给定 $S^i$ 和 $\dfrac{\mathrm{D}}{\mathrm{d}\lambda}S^i$ 的初值, 沿着测地线我们将有六个独立的雅可比场. 在测地线上某点 $q$, 将有三个独立的雅可比场为零. 这三个场可以表示为

$$S^i(\lambda) = A^i{}_j(\lambda)\frac{\mathrm{D}}{\mathrm{d}\lambda}S^j|_q, \tag{8.254}$$

其中 $A_{ij}$ 是一个 $3\times 3$ 的矩阵, 满足

$$\frac{\mathrm{D}^2}{\mathrm{d}\lambda^2}A_{ij}(\lambda) = R_{i00k}A_{kj}(\lambda), \quad A_{ij}|_q = 0. \tag{8.255}$$

这些雅可比场可以看作穿过点 $q$ 的相邻测地线间的偏离矢量. 与前面对测地线汇的讨论类似, 我们可以研究穿过点 $q$ 的测地线汇的发展、变化. 这可以通过定义在点 $q$ 处为零沿测地线 $\gamma(\lambda)$ 的雅可比场的膨胀、旋度和剪切来实现:

$$\begin{aligned}\theta &= (\det(A))^{-1}\frac{\mathrm{d}}{\mathrm{d}\lambda}(\det(A)),\\ \omega_{ij} &= A^{-1}_{k[j}\frac{\mathrm{d}}{\mathrm{d}\lambda}A_{i]k},\\ \sigma_{ij} &= A^{-1}_{k(j}\frac{\mathrm{d}}{\mathrm{d}\lambda}A_{i)k} - \frac{1}{3}\delta_{ij}\theta.\end{aligned} \tag{8.256}$$

这些量满足前面推导的雷乔杜里方程. 特别地, 有

$$A_{ki}\omega_{kl}A_{lj} = \frac{1}{2}\left(A_{ki}\frac{\mathrm{d}}{\mathrm{d}\lambda}A_{kj} - A_{kj}\frac{\mathrm{d}}{\mathrm{d}\lambda}A_{ki}\right) \tag{8.257}$$

在曲线 $\gamma(\lambda)$ 上是常数. 由于 $A_{ij}$ 在 $q$ 点为零, 因此上式为零, 也就是说如果 $A_{ij}$ 是非奇异的, 则旋度 $\omega_{ij}$ 为零. 这是从一点出发的测地线汇的特点.

**定义** 在测地线 $\gamma(\lambda)$ 上的一点 $p$ 称为点 $q$ 的共轭点, 如果有一个沿 $\gamma$ 的非零雅可比场在 $q$ 和 $p$ 都为零.

我们可以把共轭点 $p$ 看作穿过 $q$ 的无穷小相邻测地线与原来的测地线的再次相交点. 这里需要注意两点: 也许只有无穷小相邻测地线才能与原来的测地线相交; 也许不止一条相邻测地线与原测地线相交. 从前面的定义可知, 在 $q$ 点雅可比场为零是因为矩阵 $A$ 在该点定义为零, 因此在共轭点 $p$ 处雅可比场为零来自于矩阵 $A$ 在该点奇异, 即在该点矩阵有退化.

由定义, 膨胀因子 $\theta$ 依赖于矩阵 $A$ 的逆以及矩阵 $A$ 随测地线的变化. 由矩阵 $A$ 所满足的微分方程可知, 如果黎曼张量 $R_{i00j}$ 是有限的, 则 $\mathrm{d}(\det(A))/\mathrm{d}\lambda$ 也是有限的. 因此, 如果 $A$ 奇异, 则其行列式的逆为无穷大, $\theta$ 无穷大. 这意味着, 如果 $p$ 点是共轭点, 则在该点膨胀因子为无穷大. 反之亦然. 这是因为 $\theta = \mathrm{d}\ln(\det(A))/\mathrm{d}\lambda$, 所以 $A$ 只能在孤立的点上奇异, 否则它总是奇异的.

**命题** 如果在某点 $\gamma(\lambda_1)(\lambda_1 > 0)$ 处膨胀因子 $\theta$ 为负, $\theta_1 < 0$, 且 $R_{\mu\nu}t^\mu t^\nu \geqslant 0$, 则在测地线上 $\gamma(\lambda_1)$ 和 $\gamma(\lambda_1 - 3/\theta_1)$ 之间必然存在着与 $q$ 共轭的点 $p$ (假设 $\gamma(\lambda)$ 可以延伸到这些参数区间).

这个命题的证明类似于之前对焦点的证明. 它说明了一旦相邻测地线开始向原来的测地线靠拢, 则一定会与之相交. 另一个重要的命题是:

**命题** 如果 $R_{\mu\nu}t^\mu t^\nu \geqslant 0$, 且在某点 $r = \gamma(\lambda_1)$ 处引潮力 $R_{\mu\nu\sigma\rho}t^\nu t^\rho$ 非零, 则存在值 $\lambda_0$ 和 $\lambda_2$ 使 $q = \gamma(\lambda_0)$ 和 $p = \gamma(\lambda_2)$ 在 $\gamma(\lambda)$ 上共轭 (假设 $\gamma(\lambda)$ 可以延伸到这些参数区间).

物理上, 很一般地, 我们可以期待类时测地线会碰到某种物质或者引力辐射, 因此引潮力非零. 这样的话, 在此测地线上将出现一对共轭点, 假如这根测地线可以延伸得足够远.

对于类光测地线, 共轭点的定义仍然适用. 讨论类似于之前对于零测地线的雷乔杜里方程的讨论, 我们在此就不重复了.

## *§8.12 初值问题

由于爱因斯坦方程是高度非线性微分方程, 其中还牵涉到规范变换, 因此广义相对论的初值问题相当复杂. 本节只对这个问题做简单的介绍.

我们先从牛顿引力开始. 牛顿第二定律告诉我们 $\boldsymbol{f} = m\boldsymbol{a}$. 在引力系统中

$\boldsymbol{f}=-m\nabla\Phi$, 因此粒子的运动满足 $\dfrac{\mathrm{d}^2x^i}{\mathrm{d}t^2}=-\partial_i\Phi$. 这个方程可以写成两个互相耦合的一阶微分方程:

$$\begin{aligned}\frac{1}{m}\frac{\mathrm{d}p^i}{\mathrm{d}t}&=-\partial_i\Phi,\\ \frac{\mathrm{d}x^i}{\mathrm{d}t}&=\frac{1}{m}p^i.\end{aligned}\tag{8.258}$$

这样初值问题就变为给定初态 $(x^i,p^i)$ 作为边界条件, 方程 (8.258) 可以唯一地求解. 换句话说, 给定粒子在某时刻 $t$ 的坐标和动量, 以后时刻粒子的坐标 $x^i$ 就被完全确定.

接下来我们讨论麦克斯韦理论中的初值问题, 它与广义相对论中的初值问题有一定的相似性. 在无源的情形, 我们有 $\partial^\mu F_{\mu\nu}=0$. 看起来我们有四个方程, 可以确定 4-矢 $A_\mu$ 中的四个变量. 我们可以取 $t=t_0$ 为初始面. 更仔细地, 我们从方程中发现 $A_\mu$ 的时间分量不含时间的二阶导数,

$$\nabla^2A_0-\nabla\cdot(\partial\boldsymbol{A}/\partial t)=0,\tag{8.259}$$

即 $\nabla\cdot\boldsymbol{E}=0$, 其中 $\boldsymbol{E}=\nabla A_0-\partial\boldsymbol{A}/\partial t$. 所以 $\nabla\cdot\boldsymbol{E}$ 对初值 $(A_\mu,\partial A_\mu/\partial t)$ 给出了一个初始约束. 剩下的三个方程确实含有时间的二次导数项, 即 $\partial^2A_i/\partial t^2$ 项. 因此我们有四个变量, 但只有三个方程. 这似乎是一个不定 (under-determined) 问题. 解决这个问题的关键在于麦克斯韦理论存在着规范对称性. 我们知道在规范变换

$$A'_\mu-A_\mu=\partial_\mu\chi\tag{8.260}$$

下, 麦克斯韦方程是不变的, 需要选择规范来固定这个自由度. 这里选择洛伦茨规范 $\partial_\mu A^\mu=0$. 这样麦克斯韦方程变为 $\partial^\mu\partial_\mu A_\nu=0$. 固定初始条件

$$(A_\mu,\partial A_\mu/\partial t)|_{\Sigma_0},\quad \partial^\mu A_\mu=0|_{\Sigma_0},\tag{8.261}$$

我们需要验证这样的规范选择和初值是否合理. 由于 $\partial^\mu\partial_\mu(\partial^\nu A_\nu)=\partial^\nu(\partial^\mu\partial_\mu A_\nu)=0$, 如果要一直保持洛伦茨规范 $\partial^\nu A_\nu=0$, 则等价于要求

$$\partial^\mu A_\mu=0|_{\Sigma_0},\quad \frac{\partial}{\partial t}(\partial^\mu A_\mu)=0|_{\Sigma_0}.\tag{8.262}$$

因为 $\dfrac{\partial}{\partial t}(\partial^\mu A_\mu)=0\Leftrightarrow\nabla^2A_0-\nabla\cdot(\partial\boldsymbol{A}/\partial t)=0$, 所以如果 $\partial^\mu A_\mu=0|_{\Sigma_0}$ 且 $\nabla\cdot\boldsymbol{E}|_{\Sigma_0}=0$, 则 $\partial^\mu A_\mu=0$ 总能够保持. 简而言之, 麦克斯韦方程 $\partial^\mu\partial_\mu A_\nu=0$ 有自洽定义的

初值问题:

$$\begin{aligned}&A_\mu|_{\Sigma_0},\\&\partial_t A_\mu|_{\Sigma_0},\\&\partial^\mu A_\mu|_{\Sigma_0}=0,\\&\nabla\cdot\boldsymbol{E}|_{\Sigma_0}=0.\end{aligned}\tag{8.263}$$

下面, 我们简要讨论一下爱因斯坦广义相对论的初值问题. 爱因斯坦方程为 $G_{\mu\nu}=8\pi GT_{\mu\nu}$. 由于微分同胚不变性, 没有优先的时间选择. 我们可以取一个类空超曲面 (或者说类空切片) $\Sigma$, 其法矢 (更准确地说, 应该是法向形式) 是类时的, 在其上可以给定初始条件, 然后看这些初始条件能否唯一地向未来演化. 这里的初值是

$$g_{\mu\nu}|_\Sigma,\quad \partial_t g_{\mu\nu}|_\Sigma.\tag{8.264}$$

与麦克斯韦方程类似, 爱因斯坦方程中并非所有分量都是动力学的. $G_{\mu\nu}$ 确实含有时间的二次导数, 但是由比安基恒等式 $\nabla_\mu G^{\mu\nu}=0$, 当 $\mu=0$ 时有

$$\partial_0 G^{0\nu}=-\partial_i G^{i\nu}-\Gamma^\mu_{\mu\lambda}G^{\lambda\nu}-\Gamma^\nu_{\mu\lambda}G^{\mu\lambda}.\tag{8.265}$$

由于上式右边不含时间的三阶导数, $G_{0\nu}$ 只能含时间的一阶导数. 换句话说, 爱因斯坦方程中下面这些方程

$$G^{0\nu}=8\pi GT^{0\nu}\tag{8.266}$$

不能用来演化初值 $(g_{\mu\nu},\partial_t g_{\mu\nu})_\Sigma$, 而只能对初值进行约束. 因此在超曲面上, 我们不能对度规及其导数进行任意组合, 它们必须满足上面的约束关系. 剩下的方程

$$G^{ij}=8\pi GT^{ij}\tag{8.267}$$

确实是度规的动力学演化方程. 所以看起来我们有六个方程, 而有十个待定的变量, 在演化中有四重的任意性. 实际上, 这四重任意性恰是坐标选择的四个自由度. 这里的广义坐标变换可以看作规范变换. 这里的问题与麦克斯韦理论中碰到的问题相似. 在 $G^{ij}$ 中只有 $\partial_t^2 g_{ij}$ 出现, 而无 $\partial_t^2 g_{0\nu}$ 出现. 所以, 初值问题变成了如下问题:

(1) 给定初值 $g_{ij}|_\Sigma,\partial_t g_{ij}|_\Sigma$,

(2) 它们的演化由方程 (8.267) 确定,

(3) 取合适的规范来确定与时间相关的分量 $g_{0\nu}$.

一个常用的规范是调和规范 (也称作洛伦茨规范):

$$\Box x^\mu=0,\tag{8.268}$$

这里 $\Box = \nabla^\mu \nabla_\mu$ 是协变达朗贝尔算子, 而 $x^\mu$ 是坐标函数而非矢量的分量. 这个条件等价于

$$\begin{aligned}0 &= \Box x^\mu \\ &= g^{\rho\sigma}\partial_\rho\partial_\sigma x^\mu - g^{\rho\sigma}\Gamma^\lambda_{\rho\sigma}\partial_\lambda x^\mu \\ &= -g^{\rho\sigma}\Gamma^\mu_{\rho\sigma}.\end{aligned} \tag{8.269}$$

由于

$$\begin{aligned}g^{\rho\sigma}\Gamma^\mu_{\rho\sigma} &= \frac{1}{2}g^{\rho\sigma}g^{\mu\nu}(\partial_\rho g_{\sigma\nu} + \partial_\sigma g_{\nu\rho} - \partial_\nu g_{\rho\sigma}), \\ g^{\mu\nu}\partial_\rho g_{\sigma\nu} &= -g_{\sigma\nu}\partial_\rho g^{\mu\nu}, \\ \frac{1}{2}g_{\rho\sigma}\partial_\nu g^{\rho\sigma} &= -\frac{1}{\sqrt{-g}}\,\partial_\nu\sqrt{-g},\end{aligned} \tag{8.270}$$

有

$$g^{\rho\sigma}\Gamma^\mu_{\rho\sigma} = \frac{1}{\sqrt{-g}}\,\partial_\lambda(\sqrt{-g}g^{\lambda\mu}). \tag{8.271}$$

所以调和规范等价于

$$\partial_\lambda(\sqrt{-g}g^{\lambda\mu}) = 0. \tag{8.272}$$

对这个关系式取关于时间 $t = x^0$ 的导数, 得

$$\frac{\partial^2}{\partial t^2}(\sqrt{-g}g^{0\nu}) = -\frac{\partial}{\partial x^i}\left[\frac{\partial}{\partial t}(\sqrt{-g}g^{i\nu})\right]. \tag{8.273}$$

由此我们看到前面无法确定的度规分量 $g^{0\nu}$ 也满足关于时间的二阶微分方程. 这样我们就固定了规范自由度. 与线性引力的情形类似, 上面的规范选择仍有任意性, 一个残余的规范自由度是 $x^\mu \to x^\mu + \delta^\mu$, 其中 $\Box\delta^\mu = 0$. 也就是说, 调和规范并未完全固定坐标函数.

因此, 广义相对论中初值问题可以小结如下. 在类空超曲面上给定满足约束的初值 $g_{ij}, \partial_t g_{ij}$. 约束 $G^{i0} = 8\pi G T^{i0}$ 表明演化与在超曲面 $\Sigma$ 上的坐标选择无关. 而约束 $G^{00} = 8\pi G T^{00}$ 则说明不管如何对时空进行切片分成不同的类空超曲面, 约束具有不变性. 换句话说, 约束方程与坐标函数的选择密切相关, 前一种约束说明了类空坐标的变换, 后一种约束说明了类时坐标的选择任意性.

这里就结束了对初值问题的介绍. 我们的讨论集中在规范自由度上. 实际上, 由于爱因斯坦方程的高度非线性, 给定初值后, 动力学演化后解的存在性、唯一性、稳定性以及演化的范围等都是非常棘手的问题. 而这些问题在讨论各种实际问题, 如两个黑洞的并合等非线性问题时将变得很重要. 所以, 初值问题是广义相对论研究中并未完全解决的重要问题.

## §8.13 因 果 性

与平坦闵氏时空不同, 弯曲时空中的因果性要复杂得多. 我们暂时假设时空背景是固定的, 而只讨论其中物质随时间的变化, 以及伴随着的因果性. 由等效原理, 时空局部是平坦的, 因此没有任何信号的传播可以超过光速. 因果曲线指的是在曲线上任何事件点曲线都是类时或者类光的. 给定时空流形的子集 $S \in M$, 定义 $S$ 的因果未来$J^+(S)$ 是通过指向未来的因果曲线从 $S$ 出发能够达到的所有时空点的集合. 而定义 $S$ 的编时 (chronological) 未来$I^+(S)$ 是 $J^+(S)$ 中通过类时曲线与 $S$ 相连的时空点集合. 显然, $I^+(S)$ 是 $J^+(S)$ 的一个子集, 这也意味着 $J^+(S)$ 中不属于 $I^+(S)$ 的时空点与 $S$ 通过类光曲线相连. $S \in M$ 称为非编时 (achronal) 的, 如果 $S$ 中没有两个点可以通过一条类时曲线相连. 例如在闵氏时空中一个无边界的类空超曲面就是非编时的.

给定一个闭的非编时集合 $S$, 定义 $S$ 的未来相关域 (future domain of dependence), 记作 $D^+(S)$, 为一个点集合, 穿过这个集合中点 $p$ 的任意指向过去的类时或者类光的、可以无穷延展 (inextendible) 的曲线必然与 $S$ 相交. 这里无穷延展指的是曲线可以一直延伸下去, 不会终于某点. 显然, $S \in D^+(S)$. 类似地, 我们可以定义 $S$ 的过去相关域$D^-(S)$, 只要把上面定义中指向过去的曲线换作指向未来的曲线即可. 进一步地, 我们可以定义未来柯西视界 (future Cauchy horizon) $H^+(S)$ 为 $D^+(S)$ 的边界, 而过去柯西视界$H^-(S)$ 为 $D^-(S)$ 的边界. 易见两个柯西视界$H^+(S), H^-(S)$ 都是零曲面. 参见图 8.6.

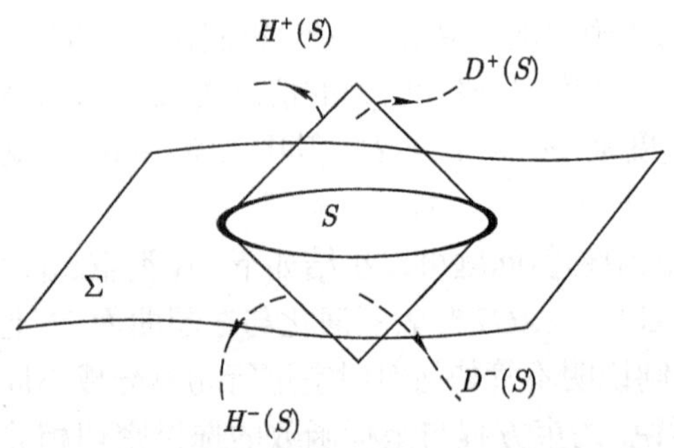


图 8.6 非编时集合 $S$ 的因果区域.

与集合 $S$ 相关的因果区域是 $D(S) = D^+(S) \cup D^-(S)$: 知道 $S$ 发生了什么, 我们就可以预言 $D(S)$ 上会发生什么或者已经发生了什么. 注意即使我们选择 $\Sigma$ 是非常好地延展到整个空间上的, $D(\Sigma) = D^+(\Sigma) \cup D^-(\Sigma)$ 也可能无法覆盖整个时空流形, 这与平坦闵氏时空截然不同. 一个闭的非编时曲面 $\Sigma$ 称为一个柯西面, 如果

$D(\Sigma)$ 是整个时空流形. 因此, 在一个柯西面上给定了信息, 我们就知道了整个时空流形上发生了什么或者即将发生什么. 如果一个时空流形有一个柯西面, 则这个时空流形称为整体双曲的 (globally hyperbolic) . 显然整体双曲的时空流形具有比较好的因果结构, 以及更好定义的初值问题.

任何闭的非编时无边界的集合都称作部分柯西面 (partial Cauchy surface) . 它可以是真正的柯西面, 也可以不是一个真正的柯西面. 后一种情况意味着 $D(\Sigma)$ 不能覆盖整个时空流形 $M$. 这时有两种可能性:

(1) 曲面 $\Sigma$ 本身的问题. 我们选择了一个 "坏" 的超曲面, 如图 8.7 所示. 我们选择的曲面 $\Sigma$, 其未来相关域总在点 $p$ 的过去相关域中, 因此无法覆盖点 $p$ 的未来.

(2) 时空本身的问题: 存在闭合类时曲线 (closed timelike curve) 或者内禀奇点. 这两种情形都意味着时空本身是 "病态" 的.

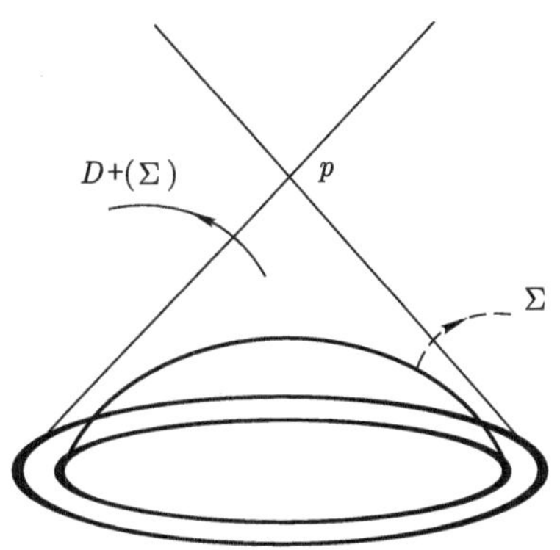


图 8.7 一个 "坏" 的超曲面.

闭合类时曲线在牛顿引力中是不存在的, 因为其中的时间有绝对的意义, 一直向前. 而在狭义相对论的闵氏时空中, 时间更受限制, 不只是向前的, 而且必须在光锥中 $v \leqslant c$. 在广义相对论中, 有质量粒子的运动必须在其向前的光锥中. 然而, 这只是局域的概念. 整体上, 由于曲率的存在有可能从一个地方到另一个地方时光锥发生倾斜. 原则上, 倾斜的光锥内部的世界线到处都是类时的但可能在某一点与其自身相交. 这样一条世界线称为闭合类时曲线. 闭合类时曲线的存在对初值问题是一个巨大的挑战.

**例 8.6** 米斯纳 (Misner) 时空.

闭合类时曲线的一个典型例子是米斯纳时空. 考虑一个二维时空, 具有度规

$$\mathrm{d}s^2 = -\cos\lambda \mathrm{d}t^2 - \sin\lambda(\mathrm{d}t\mathrm{d}x + \mathrm{d}x\mathrm{d}t) + \cos\lambda \mathrm{d}x^2, \tag{8.274}$$

其中

$$\lambda = \pi - \cot^{-1} t = \begin{cases} 0, & t = -\infty, \\ \pi, & t = \infty. \end{cases} \tag{8.275}$$

此外, $x$ 方向是闭合的, 具有周期性, 不妨设为 $(t,x) : x \sim x+1$. 这个时空并非爱因斯坦方程的严格解. 我们可以把它看作某个时空流形来研究. 拓扑上, 这个流形是 $R \times S^1$, 即一个圆柱面. 这样一个流形是有闭合类时曲线的. $t < 0$ 时, $t$ 坐标是类时坐标, 即 $\partial_t$ 是类时的. 而当 $t > 0$ 时, $x$ 变成了类时坐标, 这是由于此时 $t > 0, \cot^{-1} t < \pi/2, \cos\lambda < 0$, 所以 $\partial_x$ 变成类时的. 由于 $x$ 方向是闭合的, 因此当 $t > 0$ 时时空存在闭合类时曲线, 其光锥结构如图 8.8 所示. 如果我们在 $t < 0$ 时选择一个超曲面 $\Sigma$, 则包含闭合类时曲线的区域中没有点在 $\Sigma$ 的因果相关域中. 闭合类时曲线本身不会和 $\Sigma$ 相交.

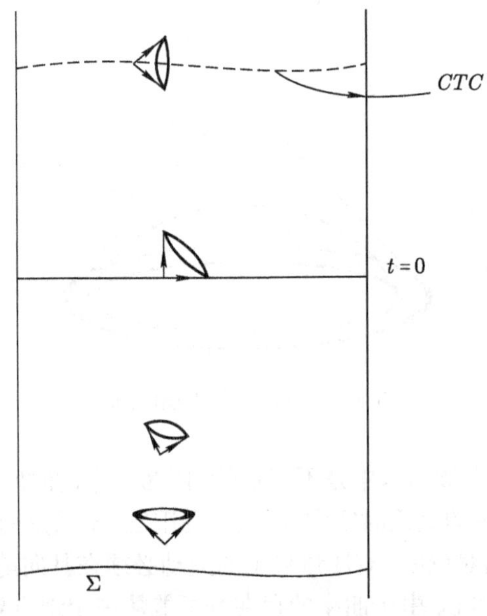


图 8.8 米斯纳时空的光锥结构示意图.

时空的另一个可能的 "病态" 行为来自于奇点. 奇点原则上不属于流形的一部分, 尽管它们可以通过测地线经过有限距离达到. 有时, 奇点即是测地不完备的点. 通常, 这些点处时空的某些曲率标量是发散的. 此时会导致柯西视界的出现: 在奇点未来的一个点 $p$ 不可能与一个处于奇点过去的超曲面相关, 因为经过点 $p$ 过去的曲线必然终止于奇点上, 而无法继续延伸到超曲面上. 由于引力的吸引性, 奇点的产生是无法避免的.

闭合类时曲线和奇点的存在对初值问题有着重要的影响. 通常, 选择一个不好的初始超曲面并不常见, 特别是时空流形可以完全整体求解而出时. 如果选择了坏的超曲面将会导致爱因斯坦方程数值求解时碰到困难. 而存在闭合类时曲线的流形是"病态"的, 然而一般的初值演化并不会生成这种流形. 另一方面, 由奇点定理我们知道时空奇点的产生在时空演化时经常是不可避免的, 它将对初值问题造成严重的影响.

## 习　　题

1. 二维球面的度规为

$$\mathrm{d}s^2 = \mathrm{d}\theta^2 + \sin^2\theta \mathrm{d}\phi^2. \tag{8.276}$$

在球面上证明沿着测地线 $\phi =$ 常数, 测地偏离矢量 $t^i$ 满足

$$\frac{\mathrm{D}^2 t^\theta}{\mathrm{d}s^2} = 0, \quad \frac{\mathrm{D}^2 t^\phi}{\mathrm{d}s^2} = -t^\phi \left(\frac{\mathrm{d}\theta}{\mathrm{d}s}\right)^2. \tag{8.277}$$

取定一条测地线 $\phi = \phi_0$ 其上的路径长度是从 $\theta = 0$ 开始测量, 得到 $s = \theta$, 而一条邻近测地线 $\phi = \phi_0 + \delta\phi_0$ 也具有 $s = \theta$, 定义 $t^i(\theta)$ 为在 $s = \theta$ 时两条测地线间的矢量. 证明对所有 $\theta$, $t(\theta) = (0, t^\phi)$. 进一步证明如果当 $\theta = 0$ 时 $t^\phi = 0$, 则

$$t^\phi t_\phi = l^2 \sin^2\theta, \tag{8.278}$$

其中 $l^2$ 是一个常数, 且两条测地线穿过 $\theta = \pi$.

2. 在讨论测地偏离方程时, 如果曲线族并非测地线, 证明偏离矢量满足方程

$$\frac{\mathrm{D}^2 S^\mu}{\mathrm{d}\tau^2} = R^\mu{}_{\nu\rho\sigma} T^\nu T^\rho S^\sigma + S^\nu \nabla_\nu a^\mu, \tag{8.279}$$

其中 $a^\mu = u^\nu \nabla_\nu u^\mu$ 是加速度 4-矢.

3. 对牛顿引力的相对论推广中, 最简单的是所谓的标量理论, 其中牛顿引力的泊松方程被推广为

$$\Box^2 \varPhi = 4\pi G T^\mu_\mu. \tag{8.280}$$

对于理想流体, 有

$$\Box^2 \varPhi = 4\pi G(\rho - 3p). \tag{8.281}$$

证明在非相对论极限下, 方程约化为牛顿力学的泊松方程. 如何在理论中加入宇宙学常数?

4. 在弯曲时空中电磁学的拉氏密度是

$$\mathcal{L} = \sqrt{-g}\left(-\frac{1}{4} F^{\mu\nu} F_{\mu\nu} + A_\mu J^\mu\right), \tag{8.282}$$

其中 $J^\mu$ 是产生电磁场源的守恒流密度. 证明电磁场与一个源相互作用的能动张量满足 $\nabla_\mu T^{\mu\nu}_{\text{em}} = -F^{\nu\sigma}J_\sigma$. 由此证明一个电荷为 $q$ 的粒子在电磁场中的世界线满足

$$\ddot{z}^\nu + \Gamma^\nu_{\sigma\mu}\dot{z}^\mu\dot{z}^\sigma = \frac{q}{m}F^\nu_\sigma\dot{z}^\sigma, \tag{8.283}$$

并在物理上解释这个结果.

5. 如果在上题拉氏密度中加一项

$$\mathcal{L}' = \beta R^{\mu\nu}g^{\rho\sigma}F_{\mu\rho}F_{\nu\sigma}, \tag{8.284}$$

麦克斯韦方程如何变化? 爱因斯坦方程如何变化? 流是否守恒?

6. 考虑在共形变换下, $g_{\mu\nu} \to \mathrm{e}^{2\omega(x)}g_{\mu\nu}$, 而电磁规范势 $A_\mu$ 以及电磁场强 $F_{\mu\nu}$ 保持不变, 证明自由电磁场的作用量在共形变换下不变. 如果在一个度规形如 $g_{\mu\nu} = \phi^2(x)\eta_{\mu\nu}$ 的时空中, 麦克斯韦方程的解将有何变化?

7. 在地球表面一个带电物体如果保持稳定, 则它不会有电磁辐射. 但这个物体如果自由下落, 则会发生电磁辐射. 请问这是否符合等效原理?

8. 考虑在静止时空中一个静止的理想流体, 即流线满足 $x^i =$ 常数. 证明欧拉方程给出

$$\frac{\partial p}{\partial x^0} = 0, \quad \frac{\partial p}{\partial x^i} = -(\rho + p)\frac{\partial \ln\sqrt{-g_{00}}}{\partial x^i}. \tag{8.285}$$

由此证明, 对于一个极端相对论性流体 $p = \dfrac{1}{3}\rho$, 如果它处于引力场中的静平衡态, 它不能有一个自由表面, 即 $\rho \to 0$ 的表面.

9. 证明如果一个流体在静止度规中静止, 则其温度满足关系 $T\sqrt{-g_{00}} =$ 常数.

10. 一个理想气体在一个稳态①引力场中以 4-速度 $\hat{u}$ 做绝热、稳态的流动. 证明在流线上, 我们必须有

$$u_0 \propto \frac{n_b}{\rho + p}, \tag{8.286}$$

其中 $n_b$ 是重子数密度. 进一步地, 证明在慢速、弱引力场情形, 这个方程约化为标准的伯努利 (Bernoulli) 方程.

11. 考虑在 4 维弯曲时空中的最小耦合的标量场, 其作用量为

$$S = -\frac{1}{2}\int \mathrm{d}^4x\sqrt{-g}\partial_\mu\phi\partial^\mu\phi, \tag{8.287}$$

假定在共形变换下,$\phi \to \mathrm{e}^{n\omega(x)}\phi, n \in N$, 证明上面的作用量不可能保持不变. 另一方面, 如果作用量取为

$$S = -\int \mathrm{d}^4x\sqrt{-g}\left(\frac{1}{2}\partial_\mu\phi\partial^\mu\phi + \frac{1}{6}R\phi^2\right), \tag{8.288}$$

则在共形变换下如果 $\phi \to \mathrm{e}^{-\omega(x)}\phi$, 作用量不变.

---

①这里用到的静态、稳态时空等概念, 参见下一章的讨论.

12. 证明电磁场和标量场的能动张量都满足主能量条件, 因此也满足弱、零和主零能量条件. 这两种物质的物态方程都满足 $\omega \geqslant -1$.

13. 考虑一个标量场具有作用量

$$S = -\int p(X,\phi)\sqrt{-g}\mathrm{d}^4 x, \tag{8.289}$$

其中 $X \equiv \frac{1}{2}g^{\mu\nu}\partial_\mu\phi\partial_\nu\phi$ 而 $p$ 是其宗量的任意函数. 求出这个系统的能动张量并证明它可以表达成 $T^{\mu\nu} = (\rho+p)u^\mu u^\nu + pg^{\mu\nu}$, 其中 $u_\mu = (2X)^{-1/2}\partial^\mu\phi$, $\rho = 2X(\partial p/\partial X) - p$.

14. 令 $\hat{t}$ 和 $\hat{n}$ 是两个矢量, 而 $\hat{B}$ 是一个二阶张量, 且与这两个矢量正交,

$$B_\mu{}^\nu t_\nu = B_\mu{}^\nu n_\nu = 0. \tag{8.290}$$

给定另外两个线性独立的矢量 $\hat{\epsilon}^{(i)}, i = 1, 2$, 证明

$$\varepsilon^{\mu\nu\sigma\rho}t_\mu n_\nu B_\rho{}^\lambda(\epsilon^{(1)}_\lambda\epsilon^{(2)}_\sigma - \epsilon^{(1)}_\sigma\epsilon^{(2)}_\lambda) = \theta\varepsilon^{\mu\nu\sigma\rho}t_\mu n_\nu\epsilon^{(1)}_\rho\epsilon^{(2)}_\sigma, \tag{8.291}$$

其中 $\theta = B_\alpha{}^\alpha$.

# 第九章　球对称史瓦西解

本章将讨论广义相对论中一个最简单的非平庸解, 即球对称史瓦西解. 这个解有着重要的物理意义, 它不仅描述了球对称星体外的时空几何, 也描述大质量恒星塌缩形成的黑洞时空.

由于爱因斯坦方程

$$R_{\mu\nu} - \frac{1}{2}g_{\mu\nu}R = 8\pi G T_{\mu\nu} \tag{9.1}$$

是一组高度非线性的微分方程, 对一个任意分布物质给出的能动张量, 该方程是很难解析求解的. 实际上, 即使用数值方法也不一定有可靠的结果, 例如两个黑洞碰撞引起的时空变化直到 2005 年才有了比较可靠的数值结果[①]. 爱因斯坦本人在广义相对论提出后也认为不可能找到严格解. 然而, 仅仅在广义相对论提出几个月后, 史瓦西 (Schwarzschild) 就找到了一个严格解[②]. 史瓦西的策略是寻找一个静态的球对称解. 由于爱因斯坦方程是局域方程, 如果假设星体物质分布是球对称、静态的, 我们可以期待其外部的几何是静态球对称的, 而求解星体外部时只需要考虑真空爱因斯坦方程就可以了. 因此, 在本章中我们暂时不必考虑物质分布, 而只考虑真空爱因斯坦方程的球对称解. 实际上, 我们将看到, 对于四维真空爱因斯坦方程, 可以证明球对称解的唯一性.

## §9.1　稳态和静态时空

通常, 一个系统称为稳态指的是系统达到稳定, 不随时间变化, 但可以存在匀速稳定的运动, 而静态指的是除了系统稳定以外, 再没有任何随时间的运动演化. 例如, 在一个管道中每点都以常速度稳定传输的气体就处于稳态. 这里的讨论明显依赖于一个静止参考系. 对于随动参考系, 即使以常速度运动的气体看起来也是静止的. 对于时空流形而言, 如何确定它是稳态或是静态呢? 是否存在着与观测者无关的定义呢?

---

①数值广义相对论 (numerical relativity) 是相对论研究中的一个重要课题. 限于篇幅和作者水平有限, 在本书中不讨论该方面的内容. 感兴趣的读者可参阅文献 [53, 54].

②1916 年正值第一次世界大战中, 史瓦西是在德国的东部前线的战壕中找到的这个解. 不幸的是, 几个月后他死于战场上.

**定义** 一个度规称为稳态的, 如果存在一个特殊的坐标系, 在其中度规是明显时间无关的, 即

$$\left.\frac{\partial g_{\mu\nu}}{\partial x^0}\right|_* = 0, \tag{9.2}$$

其中 $x^0$ 是这个坐标系中的类时坐标. 这实际上意味着 $\partial_{x^0}$ 是一个基灵矢量. 简而言之, 一个时空称为稳态的, 当且仅当它有一个类时基灵矢量场.

对于稳态时空, 如果选择合适的坐标系, 我们总能使度规取如下形式:

$$\mathrm{d}s^2 = g_{00}(\mathrm{d}x^0)^2 + g_{0i}\mathrm{d}x^0\mathrm{d}x^i + g_{ij}\mathrm{d}x^i\mathrm{d}x^j, \tag{9.3}$$

其中所有的度规分量都与类时坐标无关, 然而度规中允许 $g_{0i} \neq 0$, 这意味着时空是可以有演化的. 如果进一步要求时空是静止的, 也就是要求在变换 $x^0 \to x'^0 = -x^0$ 下, 时空度规保持不变, 则有

$$g_{\mu\nu} = g'_{\mu\nu} \quad \Rightarrow \quad g_{0i} = 0. \tag{9.4}$$

因此, 一个静态时空的可能度规是

$$\mathrm{d}s^2 = g_{00}(\mathrm{d}x^0)^2 + g_{ij}\mathrm{d}x^i\mathrm{d}x^j. \tag{9.5}$$

如果想给静态时空一个坐标无关的描述, 需要引进超曲面垂直矢量的概念. 超曲面可以通过一族方程 $f(x^\mu) = c$ 来描述. 在超曲面上一点 $P$, 法向余矢的分量为 $n_\mu \equiv \dfrac{\partial f}{\partial x^\mu}$. 任何矢量场称为超曲面垂直的 (hypersurface-orthogonal), 如果它处处与超曲面族垂直, 即

$$X^\mu = \lambda(x)n^\mu = \lambda f_{,\mu},$$

由此可得

$$X_\mu\partial_\nu X_\sigma = \lambda f_{,\mu}\partial_\nu(\lambda f_{,\sigma}) = \lambda f_{,\mu}\lambda_{,\nu}f_{,\sigma} + \lambda^2 f_{,\mu}f_{,\nu\sigma}. \tag{9.6}$$

经过反称化, 有

$$X_{[\mu}\partial_\nu X_{\sigma]} = 0 \Rightarrow X_{[\mu}\nabla_\nu X_{\sigma]} = 0. \tag{9.7}$$

任何超曲面垂直的矢量场都满足 (9.7) 式. 反过来, 任何满足 (9.7) 式的非零基灵矢量场必然是超曲面垂直的. 参见本章最后附录中的讨论.

**定理** 一个时空是静态的当且仅当它有一个超曲面垂直的类时基灵矢量场.

**证明** 对于一个稳态时空, 存在类时基灵矢量场 $X^\mu = \delta_0^\mu$:

$$X_\mu = g_{\mu\nu} X^\nu = g_{\mu 0}, \quad |X|^2 = X_\mu X^\mu = g_{\mu 0}\delta_0^\mu = g_{00}. \tag{9.8}$$

如果进一步地, 这个基灵矢量场是超曲面垂直的,

$$X_\mu = |X|^2 f_{,\mu}, \tag{9.9}$$

则有

$$g_{0\mu} = g_{00} f_{,\mu}. \tag{9.10}$$

对 $\mu = 0$, $f_{,0} = 1$, 所以

$$f = x^0 + h(x^i). \tag{9.11}$$

考虑坐标变换

$$x^0 \to x'^0 = x^0 + h(x^i), \quad x^i \to x'^i = x^i. \tag{9.12}$$

一个切矢量场变换如

$$X'^\mu = \frac{\partial x'^\mu}{\partial x^\nu} X^\nu = \delta_0^\mu, \tag{9.13}$$

而度规张量场变换如

$$g'_{\mu\nu,0} = 0, \quad g'_{00} = g_{00}, \tag{9.14}$$

而

$$\begin{aligned} g'_{0i} &= \frac{\partial x^\mu}{\partial x'^0}\frac{\partial x^\nu}{\partial x'^i} g_{\mu\nu} \\ &= \frac{\partial x^0}{\partial x'^0}\left(\frac{\partial x^0}{\partial x'^i} g_{00} + \frac{\partial x^j}{\partial x'^i} g_{0i}\right) \\ &= -\partial_i h g_{00} + g_{0i}. \end{aligned} \tag{9.15}$$

我们可以选择 $\partial_i h = g_{0i}/g_{00}$ 使 $g'_{0i} = 0$. 在这个新坐标中$g_{0i} = 0$, 度规是静态的. 得证.

在上面的证明中, 仍然存在着坐标变换自由度

$$x^0 \to x'^0 = Ax^0 + B, \quad x^i \to x'^i = h'^i(x^j), \tag{9.16}$$

其中 $A, B$ 是常数而 $h'^i$ 任意. 这些变换不会改变上面的讨论, 得到的度规仍可以保持静态度规的形式. 如果边界条件要求在空间无穷远处 $g_{00} \to 1$, 则 $A = 1$. 这样我们定义了一个称为世界线时间的时间坐标. 因此, 对静态时空, 我们重新获得了牛顿引力中绝对时间的类似想法, 即时空可以很好地按照超曲面 $t =$ 常数来切分.

## §9.2 伯克霍夫定理

对于真空爱因斯坦方程，球对称解是唯一的. 更准确地说, 有

**伯克霍夫 (Birkhoff) 定理** 四维史瓦西解是真空爱因斯坦方程的唯一球对称解.

伯克霍夫定理中的“球对称”意味着解有着与二维球面相同的对称性. 在前面的介绍中我们知道球面是最大对称空间. 二维球面 $S^2$ 具有三个基灵矢量场 $(V^{(1)}, V^{(2)}, V^{(3)})$, 构成了 so(3) 李代数:

$$
\begin{aligned}
[V^{(1)}, V^{(2)}] &= V^{(3)},\\
[V^{(2)}, V^{(3)}] &= V^{(1)},\\
[V^{(3)}, V^{(1)}] &= V^{(2)}.
\end{aligned}
\tag{9.17}
$$

这里需要用到微分几何中的弗罗贝尼乌斯定理: 如果有一组互相对易的切矢量场, 则存在一组坐标函数使这些切矢量场是沿着这些坐标的偏导数. 也就是说, 这些切矢量场对应着沿着这些坐标的平移, 且这组坐标构成了直角坐标系. 进一步地, 如果这些切矢量场并非对易但形成封闭的代数, 则这些切矢量场的积分曲线将吻合在一起来描述一个子流形, 在其上这些切矢量场可以很好地定义. 也就是说, 这些切矢量场可以是某个子流形的等度规群. 子流形的维数小于或者等于切矢量场的数目, 但不可能大于切矢量场的数目. 由于切矢量场是在整个流形上定义的, 流形上每个点一定在某一个子流形上. 对于球对称的时空, 二维球面就是基灵矢量场形成的子流形, 整个时空都如叶子一样“长”在二维球面上.

**例 9.1** 三维欧氏空间 $R^3$.

三维欧氏空间 $R^3$ 显然是球对称的, 如果我们用球坐标就可以很清楚地看到这一点. 在球坐标中, 对每个固定的径向坐标, 都有一个二维球面, 如图 9.1 所示.

**例 9.2** 具有拓扑 $R\times S^2$ 的虫洞.

此时, 我们有球对称性, 但没有一个原点使整个时空旋转, 整个流形是在二维球面上生成的. 如图 9.2 所示.

一般而言, 如果我们有一个 $n$ 维流形叶状生长在 $m$ 维子流形上, 我们可以在 $m$ 维子流形上使用坐标函数 $u^i$, 而用 $(n-m)$ 个坐标函数 $v^I$ 来刻画我们在哪一个子流形上. 坐标函数 $u^i$ 和 $v^I$ 描述了整个流形. 如果子流形是最大对称空间, 如我们要讨论的球对称情形, 则有一个强有力的定理: 总能找到 $u$ 坐标使整个流形的度

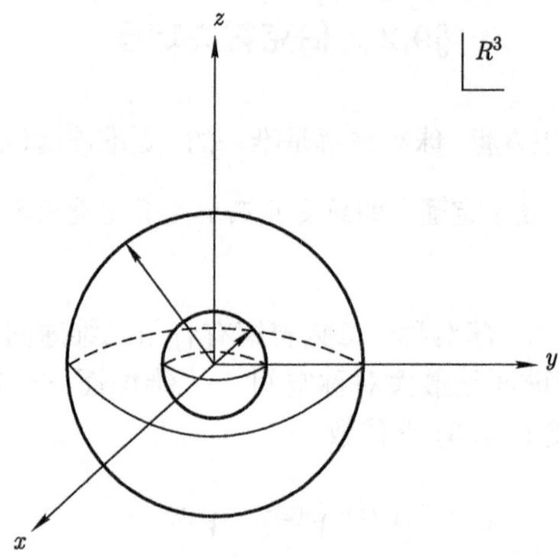


图 9.1 利用球坐标可以对三维欧氏空间分页: 在不同的径向位置都是一个二维的球面.

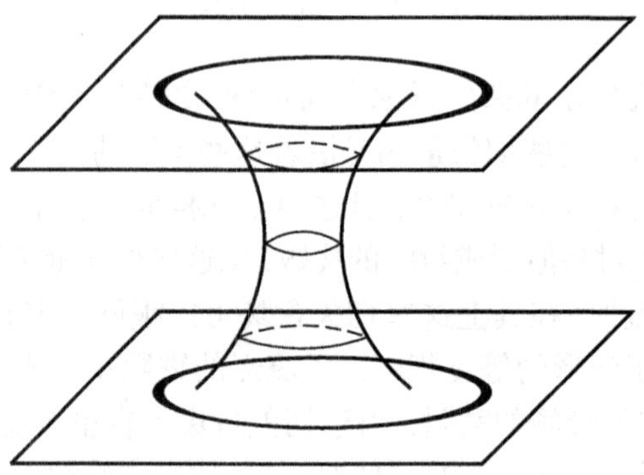

图 9.2 这是一个虫洞嵌入高维的示意图. 为了显示方便, 每个圆实际上代表的是一个二维的球. 沿着垂直方向可以对时空分页, 每一个页面都是一个二维球面.

规取形式

$$\mathrm{d}s^2 = g_{\mu\nu}\mathrm{d}x^\mu \mathrm{d}x^\nu = g_{IJ}(v)\mathrm{d}v^I \mathrm{d}v^J + f(v)\gamma_{ij}(u)\mathrm{d}u^i \mathrm{d}u^j, \tag{9.18}$$

其中 $\gamma_{ij}(u)$ 是子流形上的度规. 注意在上面的度规中并不存在 $\mathrm{d}v^I\mathrm{d}u^j$ 这样的交叉项, 而且 $g_{IJ}(v)$ 和 $f(v)$ 都只是 $v^I$ 的函数, 与 $u^i$ 无关.

对于球对称的时空, 我们可以假设其度规为

$$\mathrm{d}s^2 = g_{aa}(a,b)\mathrm{d}a^2 + g_{ab}(a,b)(\mathrm{d}a\mathrm{d}b + \mathrm{d}b\mathrm{d}a) + g_{bb}(a,b)\mathrm{d}b^2 + r^2(a,b)\mathrm{d}\Omega^2,$$

其中

$$\mathrm{d}\Omega^2 = \mathrm{d}\theta^2 + \sin^2\theta \mathrm{d}\phi^2 \tag{9.19}$$

是 $S^2$ 的度规, 而 $r(a,b)$ 是待定函数. 利用坐标变换, 可以把 $(a,b)$ 换作 $(a,r)$, 这样就有度规

$$\mathrm{d}s^2 = g_{aa}(a,r)\mathrm{d}a^2 + g_{ar}(a,r)(\mathrm{d}a\mathrm{d}r + \mathrm{d}r\mathrm{d}a) + g_{rr}(a,r)\mathrm{d}r^2 + r^2\mathrm{d}\Omega^2. \tag{9.20}$$

进一步地, 我们可以找到一个函数 $t(a,r)$, 从而在坐标系 $(t,r)$ 中, 度规中没有 $\mathrm{d}t\mathrm{d}r+\mathrm{d}r\mathrm{d}t$ 交叉项. 易证这一点总是可以做到的. 由

$$\mathrm{d}t = \frac{\partial t}{\partial a}\mathrm{d}a + \frac{\partial t}{\partial r}\mathrm{d}r, \tag{9.21}$$

得

$$\mathrm{d}t^2 = \left(\frac{\partial t}{\partial a}\right)^2 \mathrm{d}a^2 + \left(\frac{\partial t}{\partial a}\right)\left(\frac{\partial t}{\partial r}\right)(\mathrm{d}a\mathrm{d}r + \mathrm{d}r\mathrm{d}a) + \left(\frac{\partial t}{\partial r}\right)^2 \mathrm{d}r^2. \tag{9.22}$$

我们希望度规中有项

$$m\mathrm{d}t^2 + n\mathrm{d}r^2, \tag{9.23}$$

其中 $m$ 和 $n$ 是 $(t,r)$ 的函数, 这就要求

$$m\left(\frac{\partial t}{\partial a}\right)^2 = g_{aa}, \tag{9.24}$$

$$n + m\left(\frac{\partial t}{\partial r}\right)^2 = g_{rr}, \tag{9.25}$$

$$m\left(\frac{\partial t}{\partial a}\right)\left(\frac{\partial t}{\partial r}\right) = g_{ar}. \tag{9.26}$$

这三个微分方程原则上是可以唯一地确定三个未知变量 $t(a,r)$, $m(a,r)$ 和 $n(a,r)$ 的. 所以, 通过坐标变换, 我们总可以从如下的度规假定

$$\mathrm{d}s^2 = m(t,r)\mathrm{d}t^2 + n(t,r)\mathrm{d}r^2 + r^2\mathrm{d}\Omega^2 \tag{9.27}$$

出发来求解真空爱因斯坦方程. 值得一提的是, 这里的 $(t,r)$ 只是两个坐标函数, 其几何意义并不确定. 与闵氏时空的度规

$$\mathrm{d}s^2 = -\mathrm{d}t^2 + \mathrm{d}r^2 + r^2\mathrm{d}\Omega^2 \tag{9.28}$$

比较, 我们期待在离星体很远的地方时空是近似平坦的, 所以可以把 $r$ 看作径向坐标, $t$ 看作时间坐标, 而取 $m$ 是负的. 因此, 如下的度规假定将更方便我们的讨论:

$$\mathrm{d}s^2 = -\mathrm{e}^{2\alpha(t,r)}\mathrm{d}t^2 + \mathrm{e}^{2\beta(t,r)}\mathrm{d}r^2 + r^2\mathrm{d}\Omega^2. \tag{9.29}$$

注意, 这个度规假设完全来自于球对称的要求, 与爱因斯坦方程无关, 因此它也适合于求解非真空爱因斯坦方程的球对称解. 对应于此度规的非零克里斯托弗符号为

$$
\begin{aligned}
&\Gamma^0_{00} = \partial_0\alpha, \quad \Gamma^0_{01} = \partial_1\alpha, \quad \Gamma^0_{11} = \mathrm{e}^{2(\beta-\alpha)}\partial_0\beta, \\
&\Gamma^1_{00} = \mathrm{e}^{2(\alpha-\beta)}\partial_1\alpha, \quad \Gamma^1_{01} = \partial_0\beta, \quad \Gamma^1_{11} = \partial_1\beta, \\
&\Gamma^2_{12} = \frac{1}{r}, \quad \Gamma^1_{22} = -r\mathrm{e}^{-2\beta}, \quad \Gamma^3_{13} = \frac{1}{r}, \\
&\Gamma^1_{33} = -r\mathrm{e}^{-2\beta}\sin^2\theta, \quad \Gamma^2_{33} = -\sin\theta\cos\theta, \quad \Gamma^3_{23} = \frac{\cos\theta}{\sin\theta}.
\end{aligned}
$$

这里的 $(0,1,2,3)$ 分别代表 $(t,r,\theta,\phi)$. 由此我们可以得到黎曼张量的各个分量

$$
\begin{aligned}
R^0{}_{101} &= \mathrm{e}^{2(\beta-\alpha)}[\partial_0^2\beta + (\partial_0\beta)^2 - \partial_0\alpha\partial_0\beta] \\
&\quad +[\partial_1\alpha\partial_1\beta - \partial_1^2\alpha - (\partial_1\alpha)^2], \\
R^0{}_{202} &= -r\mathrm{e}^{-2\beta}\partial_1\alpha, \\
R^0{}_{303} &= -r\mathrm{e}^{-2\beta}\sin^2\theta\ \partial_1\alpha, \\
R^0{}_{212} &= -r\mathrm{e}^{-2\alpha}\partial_0\beta, \\
R^0{}_{313} &= -r\mathrm{e}^{-2\alpha}\sin^2\theta\ \partial_0\beta, \\
R^1{}_{212} &= r\mathrm{e}^{-2\beta}\partial_1\beta, \\
R^1{}_{313} &= r\mathrm{e}^{-2\beta}\sin^2\theta\ \partial_1\beta, \\
R^2{}_{323} &= (1-\mathrm{e}^{-2\beta})\sin^2\theta,
\end{aligned} \tag{9.30}
$$

以及里奇张量的各个分量

$$
\begin{aligned}
R_{00} &= [\partial_0^2\beta + (\partial_0\beta)^2 - \partial_0\alpha\partial_0\beta] + \mathrm{e}^{2(\alpha-\beta)}\left[\partial_1^2\alpha + (\partial_1\alpha)^2 - \partial_1\alpha\partial_1\beta + \frac{2}{r}\partial_1\alpha\right], \\
R_{11} &= -\left[\partial_1^2\alpha + (\partial_1\alpha)^2 - \partial_1\alpha\partial_1\beta - \frac{2}{r}\partial_1\beta\right] + \mathrm{e}^{2(\beta-\alpha)}[\partial_0^2\beta + (\partial_0\beta)^2 - \partial_0\alpha\partial_0\beta], \\
R_{01} &= \frac{2}{r}\partial_0\beta, \\
R_{22} &= \mathrm{e}^{-2\beta}[r(\partial_1\beta - \partial_1\alpha) - 1] + 1, \\
R_{33} &= R_{22}\sin^2\theta.
\end{aligned} \tag{9.31}
$$

我们只需要求解真空爱因斯坦方程 $R_{\mu\nu} = 0$. 由 $R_{01} = 0$, 我们发现

$$
\partial_0\beta = 0 \quad \Rightarrow \quad \beta = \beta(r), \tag{9.32}
$$

即 $\beta$ 必须是 $r$ 的函数. 因此 $R_{00}$ 和 $R_{11}$ 进一步得到简化, 由此导致如下两个方程:

$$\begin{aligned} \mathrm{e}^{2(\alpha-\beta)}[\partial_1^2\alpha+(\partial_1\alpha)^2-\partial_1\alpha\partial_1\beta+\frac{2}{r}\partial_1\alpha]=0,\\ \partial_1^2\alpha+(\partial_1\alpha)^2-\partial_1\alpha\partial_1\beta-\frac{2}{r}\partial_1\beta=0. \end{aligned} \tag{9.33}$$

这将导出

$$\partial_1(\alpha+\beta)=0 \quad \Rightarrow \quad \alpha+\beta=g(t), \tag{9.34}$$

其中 $g(t)$ 是一个时间的任意函数, 也就是说

$$\alpha=-\beta(r)+g(t). \tag{9.35}$$

这样, 度规可写作

$$\mathrm{d}s^2=-\mathrm{e}^{-2\beta(r)+2g(t)}\mathrm{d}t^2+\mathrm{e}^{2\beta(r)}\mathrm{d}r^2+r^2\mathrm{d}\Omega^2. \tag{9.36}$$

我们仍有自由度来重新定义时间坐标 $\mathrm{d}t\to\mathrm{e}^{-g(t)}\mathrm{d}t$, 也就是说可以自由地选择 $t$ 使 $g(t)=0$. 因此, 度规可写作

$$\mathrm{d}s^2=-\mathrm{e}^{-2\beta(r)}\mathrm{d}t^2+\mathrm{e}^{2\beta(r)}\mathrm{d}r^2+r^2\mathrm{d}\Omega^2. \tag{9.37}$$

这样, 所有的度规分量都与 $t$ 无关. 实际上我们已经证明了一个重要的事实: 如果解存在, 任何球对称真空度规都有一个类时的基灵矢量, 而且这个度规不止是稳态的, 还是静态的.

进一步地, 由 $R_{22}=0$, 我们得到

$$\begin{aligned} &\mathrm{e}^{2\alpha}(2r\partial_1\alpha+1)=1\\ &\Rightarrow \partial_1(r\mathrm{e}^{2\alpha})=1\\ &\Rightarrow \mathrm{e}^{2\alpha}=1+\frac{C}{r}, \end{aligned} \tag{9.38}$$

其中 $C$ 是一个待定的积分常数. 最终, 我们得到了一个真空中的球对称时空的度规

$$\mathrm{d}s^2=-\left(1+\frac{C}{r}\right)\mathrm{d}t^2+\left(1+\frac{C}{r}\right)^{-1}\mathrm{d}r^2+r^2\mathrm{d}\Omega^2. \tag{9.39}$$

实际上, 我们还需要验证这个度规是否满足 $R_{00}=0$. 幸运的是, 它确实满足.

如前所述, 球对称真空解代表的是球对称星体外部的时空几何. 当 $r \to \infty$ 时, 我们远离星体, 应该期待得到牛顿极限, 也就是说

$$\begin{aligned} g_{00} &= -\left(1+\frac{C}{r}\right) \text{对应于} g_{00}|_{\text{Newton}} = -(1+2\varPhi), \\ g_{rr} &= \left(1-\frac{C}{r}\right) \text{对应于} g_{rr}|_{\text{Newton}} = (1-2\varPhi), \end{aligned} \tag{9.40}$$

其中牛顿引力势 $\varPhi = -GM/r$. 两相比较, 我们应该把积分常数 $C$ 认定为 $C = -2GM$. 最终, 我们得到了著名的史瓦西度规.

**史瓦西度规**

$$\mathrm{d}s^2 = -\left(1-\frac{2GM}{r}\right)\mathrm{d}t^2 + \left(1-\frac{2GM}{r}\right)^{-1}\mathrm{d}r^2 + r^2\mathrm{d}\varOmega^2. \tag{9.41}$$

注意当 $M \to 0$, 即中心没有星体时, 时空恢复到了闵氏时空. 上面的度规是在自然单位制下的形式. 由量纲分析, 我们可以得到含光速的史瓦西度规形式为

$$\mathrm{d}s^2 = -\left(1-\frac{2GM}{rc^2}\right)\mathrm{d}t^2 + \left(1-\frac{2GM}{rc^2}\right)^{-1}\mathrm{d}r^2 + r^2\mathrm{d}\varOmega^2. \tag{9.42}$$

在很多文献中, 都令 $\mu = GM/(rc^2)$, 有时甚至简单地令 $G = 1$.

从史瓦西度规的形式中可以看出, 当 $r = 0$ 和 $r = 2GM$ 时度规似乎是奇异的. 但度规的具体形式与坐标的选择密切相关, 或者说与观测者密切相关. 上述的两个点也许并非真正的奇点, 而有可能是坐标奇点. 例如, 在二维欧氏空间的极坐标系下度规为 $\mathrm{d}s^2 = \mathrm{d}r^2 + r^2\mathrm{d}\theta^2$, 在原点处度规是退化的, 而 $g^{\theta\theta} = r^{-2}$ 在原点处发散. 然而, 我们知道二维平面各处都是平直的, 没有奇点存在, 在度规中表现出的奇异性来自于坐标的选择. 对史瓦西度规而言, $r = 2GM$ 确实是坐标奇点.

真正的奇点如何判断呢? 通常, 我们可以利用如下判据: 曲率标量变为无穷大的地方是奇点. 这里的曲率标量指的是利用黎曼张量、里奇张量、里奇标量以及协变导数构成的标量, 如

$$R, \quad R_2 = R^{\mu\nu}R_{\mu\nu}, \quad R_4 = R^{\mu\nu\sigma\rho}R_{\mu\nu\sigma\rho}, \quad R_{\mu\nu\rho\sigma}R^{\rho\sigma\lambda\tau}R_{\lambda\tau}{}^{\mu\nu}, \cdots$$

如果这些标量中的一个在某处发散时, 则该处为奇点. 这只是一个充分条件. 另一种判别奇点的方法是通过测地线是否完备来判断, 两者经常是等价的. 对于史瓦西度规, $R_{\mu\nu} = 0, R = 0, R_2 = 0$, 然而

$$R^{\mu\nu\rho\sigma}R_{\mu\nu\rho\sigma} = \frac{48G^2M^2}{r^6}. \tag{9.43}$$

所以 $r=0$ 代表一个真正的奇点. 而在 $r=2GM$, 没有曲率标量会发散. 尽管 $r=2GM$ 并非奇点, 这个径向位置确实比较特殊. 我们后面将看到, 它给出了黑洞的视界, 常称为史瓦西视界, 也称作史瓦西半径, 记作

$$R_{\mathrm{s}}=\frac{2GM}{c^2}. \tag{9.44}$$

从上面的讨论中可以看出, 选择常数 $C=-2GM$ 是通过与牛顿近似做比较得到的. 从求解的角度来看, $C$ 可以选择任意的常数. 特别地, 如果我们选择 $C=2GM$ 且 $M>0$, 则度规除了 $r=0$ 处外没有奇点, 或者说史瓦西视界处的坐标奇异性此时并不存在. 这实际上有严重的物理后果: $r=0$ 处仍然是曲率奇点, 但此时没有视界来保护这个奇点, 也就是说时空存在着裸奇点. 我们后面将看到, 裸奇点的存在是非物理的.

史瓦西度规具有几点重要的性质:

(1) 渐近平坦. 渐近趋向于径向无穷远 $r\to\infty$ 时, 度规越来越像闵氏时空的度规. 这个性质称为渐近平坦. 物理上, 这很容易理解, 离星体越来越远时, 星体对时空的弯曲越来越弱, 时空趋近于平直时空.

(2) 史瓦西坐标. 史瓦西时空作为真空爱因斯坦方程的解, 其存在性与坐标的选择无关. 但是史瓦西度规 (9.42) 用到的坐标具有特别的物理意义. 这组坐标 $(t,r,\theta,\phi)$ 称为史瓦西坐标. 如前所述, 这个度规渐近趋向于闵氏时空, 因此这组坐标对应于在径向无穷远处静止观测者的参考系.

(3) 稳态和静态. 在星体外部史瓦西时空是静态的. 但是如果我们把它当作黑洞时空时, 这个结论只在 $r>R_{\mathrm{s}}$ 时成立. 当 $r<R_{\mathrm{s}}$ 时坐标 $t$ 不再是类时的, 也就是说矢量 $\partial_t$ 不再是类时矢量. 因此, 尽管 $\partial_t$ 总是时空的基灵矢量, 但它不再是类时的. 后面讨论史瓦西黑洞时将进一步讨论其物理意义.

我们实际上已经证明了伯克霍夫定理: 史瓦西度规是真空爱因斯坦方程唯一的球对称解. 在证明中, 我们并没有预设时空是稳态或者静态的, 也对产生这种时空的源未加任何要求. 即使中间的星体是在演化的, 如塌缩中, 只要其演化是球对称的, 外部的时空不受影响, 也就是说不存在时间相关的球对称解.

实际上, 我们有另一个定理来说明史瓦西度规的特殊性.

**以色列 (Israel) 定理** *广义相对论中一个静止的真空引力场必然是球对称的, 由史瓦西度规描述.*

这样我们就得到了如下唯一性定理.

**唯一性定理** *史瓦西几何是广义相对论中唯一的静态真空引力场.*

由于坐标的选择不同, 史瓦西时空的度规可以不取作史瓦西度规的形式, 但通过适当的坐标变换, 总可以把它变成史瓦西度规的形式. 历史上, 由于坐标选择的不同, 史瓦西时空被"发现"了超过二十次.

## §9.3 史瓦西时空中的测地线

在本节中, 我们讨论粒子在史瓦西时空中的测地线运动. 我们将讨论的粒子包括有质量粒子和无质量粒子, 它们的运动将会有不同的观测效应, 包括广义相对论中的经典实验检验. 另一方面, 对粒子测地线运动的研究, 将帮助我们揭示史瓦西时空的性质, 特别是史瓦西黑洞的性质.

在时空中, 粒子的测地线方程为

$$\frac{\mathrm{d}^2x^\mu}{\mathrm{d}\lambda^2}+\Gamma^\mu_{\nu\sigma}\frac{\mathrm{d}x^\nu}{\mathrm{d}\lambda}\frac{\mathrm{d}x^\sigma}{\mathrm{d}\lambda}=0.$$

利用对应于史瓦西度规的克里斯托弗符号,

$$\begin{gathered}\Gamma^1_{00}=\frac{GM}{r^3}(r-R_\mathrm{s}),\quad \Gamma^1_{11}=\frac{-GM}{r(r-R_\mathrm{s})},\quad \Gamma^0_{01}=\frac{GM}{r(r-R_\mathrm{s})},\\ \Gamma^2_{12}=\frac{1}{r},\quad \Gamma^1_{22}=-(r-R_\mathrm{s}),\quad \Gamma^3_{13}=\frac{1}{r},\\ \Gamma^1_{33}=-(r-R_\mathrm{s})\sin^2\theta,\quad \Gamma^2_{33}=-\sin\theta\cos\theta,\quad \Gamma^3_{23}=\frac{\cos\theta}{\sin\theta},\end{gathered}\tag{9.45}$$

我们得到一组测地线方程:

$$\frac{\mathrm{d}^2t}{\mathrm{d}\lambda^2}+\frac{R_\mathrm{s}}{r(r-R_\mathrm{s})}\frac{\mathrm{d}r}{\mathrm{d}\lambda}\frac{\mathrm{d}t}{\mathrm{d}\lambda}=0,\tag{9.46}$$

$$\begin{aligned}\frac{\mathrm{d}^2r}{\mathrm{d}\lambda^2}+\frac{GM}{r^3}(r-R_\mathrm{s})\left(\frac{\mathrm{d}t}{\mathrm{d}\lambda}\right)^2-\frac{GM}{r(r-R_\mathrm{s})}\left(\frac{\mathrm{d}r}{\mathrm{d}\lambda}\right)^2&\\ -(r-R_\mathrm{s})\left[\left(\frac{\mathrm{d}\theta}{\mathrm{d}\lambda}\right)^2+\sin^2\theta\left(\frac{\mathrm{d}\phi}{\mathrm{d}\lambda}\right)^2\right]&=0,\end{aligned}\tag{9.47}$$

$$\frac{\mathrm{d}^2\theta}{\mathrm{d}\lambda^2}+\frac{2}{r}\frac{\mathrm{d}\theta}{\mathrm{d}\lambda}\frac{\mathrm{d}r}{\mathrm{d}\lambda}-\sin\theta\cos\theta\left(\frac{\mathrm{d}\phi}{\mathrm{d}\lambda}\right)^2=0,\tag{9.48}$$

$$\frac{\mathrm{d}^2\phi}{\mathrm{d}\lambda^2}+\frac{2}{r}\frac{\mathrm{d}\phi}{\mathrm{d}\lambda}\frac{\mathrm{d}r}{\mathrm{d}\lambda}+2\frac{\cos\theta}{\sin\theta}\frac{\mathrm{d}\theta}{\mathrm{d}\lambda}\frac{\mathrm{d}\phi}{\mathrm{d}\lambda}=0.\tag{9.49}$$

这些二阶微分方程看起来很复杂, 似乎很难求解, 但由于史瓦西时空的对称性, 实际上它们是可解的. 这里并不准备直接求解它们, 而是利用对称性定义的守恒量来求解测地线方程.

星体外的史瓦西时空具有一个类时的基灵矢量, 以及对应于二维球面转动不变性的 SO(3) 对称性. 可以证明 U(1) × SO(3) 就是史瓦西时空能够拥有的等度规群.

对于史瓦西度规, 类时基灵矢量为 $\hat{\xi}=\partial_t(r>R_{\rm s})$, 其分量为 $\xi^\mu=(1,0,0,0)$. 而三个类空的基灵矢量中, 比较明显的是 $\partial_\phi$. 利用基灵对称性, 我们可以定义与粒子相关的守恒量: 基灵矢量场 $\hat{K}$ 与测地线切矢量 $\hat{u}$ 的内积 $\hat{u}\cdot\hat{K}$ 沿测地线保持不变,

$$K_\mu\frac{{\rm d}x^\mu}{{\rm d}\lambda}=\text{常数}. \tag{9.50}$$

这里 $\lambda$ 对于有质量粒子来说可以是固有时, 对于无质量粒子来说是仿射参数.

首先, 利用类时基灵矢量 $\xi^\mu=(1,0,0,0)$, 可以定义粒子的守恒能量密度. 由 $\xi_\mu=\left(-\left(1-\dfrac{R_{\rm s}}{r}\right),0,0,0\right),u^\mu=\dfrac{{\rm d}x^\mu}{{\rm d}\lambda}$, 我们得到守恒量

$$E=\left(1-\frac{R_{\rm s}}{r}\right)\frac{{\rm d}t}{{\rm d}\lambda}. \tag{9.51}$$

实际上, $u_0=g_{0\mu}u^\mu=-E$. 对有质量粒子的类时测地线而言, $r\to\infty$, $|\hat{\xi}|\sim-1$, $E$ 变成了一个在无穷远静止观测者看到的单位质量粒子的总能量. 这是因为该观测者看到的能量为 $E_{\rm o}=-\hat{u}_{\rm obs}\cdot\hat{P}=mE$. 一般而言, 相对于无穷远静止观测者, $E$ 代表着单位质量粒子沿测地线运动的总能量, 包括引力势能. 它可以理解成这个观测者把单位质量粒子放到某轨道上所需的能量, 即能量密度. 如果是在无穷远静止释放, 则 $E=1$. 而对于无质量粒子的零测地线, $E$ 是无质量粒子如光子的 "总能量". 严格地说, 由于对无质量粒子测地线仿射参数选择的任意性, "总能量" 的物理意义并不准确, 有任意性, 并非一个真实的物理量.

其次, SO(3) 空间转动对称性可以定义粒子的守恒角动量. 对于类空基灵矢量场 $\hat{\eta}=\partial_\phi$, 或者 $\eta_\mu=(0,0,0,r^2\sin^2\theta)$, 相应的粒子守恒量为

$$L=g^{\mu\nu}\eta_\mu u_\nu=r^2\sin^2\theta\frac{{\rm d}\phi}{{\rm d}\lambda}. \tag{9.52}$$

$L$ 的物理意义是, 相对于无穷远静止观测者它是单位有质量粒子的角动量, 即角动量密度, 或者无质量粒子的 "角动量" . 除了基灵矢量 $\partial_\phi$ 以外, 球对称时空还有另外两个基灵矢量, 它们定义的守恒量实际上对应着三维角动量矢量的方向. 角动量方向的不变性意味着粒子的运动是在一个平面上. 我们总可以选择这个平面对应于 $\theta=\dfrac{\pi}{2}$. 这一点也可以从测地线方程关于 $\theta$ 的第三个方程中看出. 这个方程可以写作

$$\frac{\rm d}{{\rm d}\lambda}\left(r^2\frac{{\rm d}\theta}{{\rm d}\lambda}\right)-\frac{L^2\cos\theta}{r^2\sin^3\theta}=0, \tag{9.53}$$

积分后得到

$$\left(r^2\frac{{\rm d}\theta}{{\rm d}\lambda}\right)^2=-L^2\cot^2\theta+C. \tag{9.54}$$

这里 $C$ 是一个积分常数. 我们利用球对称性总可以令 $\theta(\lambda_0)=\dfrac{\pi}{2}, \dfrac{\mathrm{d}\theta}{\mathrm{d}\lambda}(\lambda_0)=0$, 即初始时刻粒子在 $\theta=\dfrac{\pi}{2}$ 的平面上, 从而 $C=0$. 上式只有在左右两边都为零时才成立, 因此我们得到粒子总有

$$\theta(\lambda)=\frac{\pi}{2}, \quad \frac{\mathrm{d}\theta}{\mathrm{d}\lambda}(\lambda)=0. \tag{9.55}$$

这意味着粒子的运动总是在 $\theta=\dfrac{\pi}{2}$ 的平面上. 在下面的讨论中, 我们就只关注粒子在 $\theta=\dfrac{\pi}{2}$ 平面上的运动. 此时, 守恒角动量密度变为

$$L=r^2\frac{\mathrm{d}\phi}{\mathrm{d}\lambda}. \tag{9.56}$$

此外, 我们还可以利用粒子运动 4-速度的归一化条件来简化讨论. 度规相容性意味着沿测地线粒子 4-速度的内积是常数,

$$\epsilon=-g_{\mu\nu}\frac{\mathrm{d}x^\mu}{\mathrm{d}\lambda}\frac{\mathrm{d}x^\nu}{\mathrm{d}\lambda}, \tag{9.57}$$

其中, 对于有质量粒子选择固有时作为仿射参数, $\epsilon=1$, 而对于无质量粒子 $\epsilon=0$. 对于史瓦西度规, 这个关系给出

$$-\left(1-\frac{R_{\mathrm{s}}}{r}\right)\left(\frac{\mathrm{d}t}{\mathrm{d}\lambda}\right)^2+\left(1-\frac{R_{\mathrm{s}}}{r}\right)^{-1}\left(\frac{\mathrm{d}r}{\mathrm{d}\lambda}\right)^2+r^2\left(\frac{\mathrm{d}\phi}{\mathrm{d}\lambda}\right)^2=-\epsilon.$$

利用守恒量 $E$ 和 $L$, 可得到方程

$$-E^2+\left(\frac{\mathrm{d}r}{\mathrm{d}\lambda}\right)^2+\left(1-\frac{R_{\mathrm{s}}}{r}\right)\left(\frac{L^2}{r^2}+\epsilon\right)=0\ . \tag{9.58}$$

上述方程可以重新组合成如下更有启发性的形式:

$$\frac{1}{2}\left(\frac{\mathrm{d}r}{\mathrm{d}\lambda}\right)^2+V(r)=\frac{1}{2}E^2, \tag{9.59}$$

其中

$$V(r)=\frac{1}{2}\epsilon-\epsilon\frac{GM}{r}+\frac{L^2}{2r^2}-\frac{GML^2}{r^3}. \tag{9.60}$$

我们可以把方程 (9.59) 与一维中单位质量粒子的经典运动做比较: 等效地, 单位质量的粒子具有 "总能量" $\dfrac{1}{2}E^2$, 在势能为 $V(r)$ 的一维势中运动. 这里得到的只是粒子径向运动 $r(\lambda)$ 的方程, 利用 $E$ 和 $L$ 可以很容易地得到关于角度 $\phi(\lambda)$ 和坐标时 $t(\lambda)$ 的方程.

有效势不仅依赖于时空本身的性质, 还依赖于粒子本身是否有质量以及守恒角动量密度. 在有效势 $V(r)$ 中, 第二项是通常的牛顿引力势, 第三项是离心势, 而最后一项是来自于广义相对论的修正项. 修正项在 $r$ 很小时会变得很重要. 如果不考虑修正项, 上面的结果就是在牛顿引力中研究点粒子运动得到的径向运动方程. 粒子径向运动的定性行为很容易通过比较 $\frac{1}{2}E^2$ 和 $V(r)$ 来得到. 我们先假定粒子的运动是从无穷远开始向内运动的, 有以下几种可能性:

(1) 受束缚运动. 此时 $\frac{1}{2}E^2$ 与 $V(r)$ 有两个交点, 粒子的运动在两个交点之间. 在牛顿力学中这表现为粒子的运动取椭圆轨道. 当这两个交点汇为一个交点, 即 $\frac{1}{2}E^2$ 与 $V(r)$ 的局部极小点相交时, 粒子做稳定的圆周运动.

(2) 如果 $\frac{1}{2}E^2$ 与 $V(r)$ 相交一次, 也就是说碰到了转折点 (turning point), 则粒子会反向, 掉头向无穷远运动.

(3) 如果 $\frac{1}{2}E^2$ 与 $V(r)$ 不相交, 即粒子的总能量密度超过了势垒的最高点, 则粒子将继续向内运动直到星体上, 也就是说粒子被星体所捕获. 这其中当 $\frac{1}{2}E^2$ 正好与 $V(r)$ 的局部极大值相等时, 粒子可以做不稳定的圆周运动.

如果粒子的运动是从内向外运动的, 与刚才的讨论类似, 也有几种可能性:

(1) 受束缚运动. 此时 $\frac{1}{2}E^2$ 与 $V(r)$ 有两个交点, 粒子的运动在两个交点之间, 或者粒子做稳定的圆周运动.

(2) 如果 $\frac{1}{2}E^2$ 与 $V(r)$ 相交一次, 也就是说碰到了转折点 (turning point), 则粒子会反向掉回星体上.

(3) 如果 $\frac{1}{2}E^2$ 与 $V(r)$ 不相交, 即粒子的总能量密度超过了势垒的最高点, 则粒子将摆脱星体的吸引继续向外运动到无穷远.

下面的讨论中我们暂时忽略中心天体本身的半径, 也就是说把史瓦西时空作为黑洞来看待.

我们先来看看在牛顿引力中粒子的运动. 对于有质量粒子, 其势能为

$$V(r) = \frac{1}{2}\epsilon - \epsilon\frac{GM}{r} + \frac{L^2}{2r^2}. \tag{9.61}$$

不难看出, 在此势中粒子总有圆周轨道,

$$r_{\mathrm{c}} = \frac{L^2}{GM}, \tag{9.62}$$

相应的束缚能是 $E = -\frac{GM}{2r_{\mathrm{c}}}$. 一个从无穷远处静止释放的粒子必须损失能量才能

进入圆周轨道. 当然, 除了圆周轨道外, 也有其他束缚轨道. 而对于无质量粒子, 其势能为

$$V(r)=\frac{L^2}{2r^2}. \tag{9.63}$$

从中可见, 无质量粒子是没有圆周轨道的, 也没有束缚轨道. 对于一个给定 "能量" 的光子, 从无穷远进来, 逐渐 "慢下来", 然后再转头回到无穷远. 实际上, 这反映了光线在牛顿引力中也存在着偏转.

在广义相对论中, 粒子的运动将有所不同. 对于有质量粒子, 其势能为

$$V(r)=\frac{1}{2}-\frac{GM}{r}+\frac{L^2}{2r^2}-\frac{GML^2}{r^3}. \tag{9.64}$$

我们知道当 $r\to 0$ 时, $V\to-\infty$, 这与牛顿引力相比有很大的不同. 当 $r=R_{\rm s}$ 时, $V=0$, 而势能的极值点在

$$\begin{aligned}0&=\frac{\partial V}{\partial r}=r^{-4}[GMr^2-L^2r+3GML^2]\\ \Rightarrow R_\pm&=\frac{L^2\pm\sqrt{L^4-12L^2M^2G^2}}{R_{\rm s}}.\end{aligned} \tag{9.65}$$

如果角动量太小, $L^2<12G^2M^2$, 则没有极值点, 向内运动的粒子 $\mathrm{d}r/\mathrm{d}\lambda<0$, 将直接运动撞到星体表面或者穿过黑洞的视界奔向黑洞中心. 如果粒子角动量够大, $L^2>12G^2M^2$, 存在一个极小值点 $R_+$ 和一个极大值点 $R_-$. 在 $r=R_+$ 处可以有稳定的圆周轨道, 而在 $r=R_-$ 处可以有非稳定圆周轨道. 当 $L\gg GM$, $R_+\approx L^2/GM$, 我们得到牛顿引力中的结果. 由于 $R_+>6GM$, 因此没有比 $6GM$ 更小的稳定圆周轨道, 而不稳定圆周轨道处于 $3GM<R_-<6GM$. 对于某个圆周轨道 $R_{\rm c}$, 我们可以确定所需要的角动量

$$L=\left(\frac{GMR_{\rm c}}{1-3GM/R_{\rm c}}\right)^{\frac{1}{2}}. \tag{9.66}$$

对于圆周轨道 $\mathrm{d}r/\mathrm{d}\lambda=0$, 所以粒子的守恒能量密度可以求出. 在 $R=R_\pm$ 处,

$$\frac{1}{2}E^2(R)=V(R)\Rightarrow E(R)=\frac{R-R_{\rm s}}{\sqrt{R(R-3GM)}}. \tag{9.67}$$

我们可以判断在不稳定圆周轨道上的粒子是否能跑到无穷远. 当 $R\leqslant 4GM$ 时, $E\geqslant 1$, 且如果 $R\to 3GM$, $E,L\to\infty$, 所以在 $3GM$ 到 $4GM$ 间不稳定圆周轨道上的粒子在微扰下将有可能逃到无穷远, 当然也有可能被星体捕获. 如果 $4GM<R<6GM$, 由于 $E<1$, 粒子只能做束缚运动.

当 $L^2 = 12G^2M^2$ 时, 情况比较特殊, $R_+ = R_- = 6GM$, 我们只有一个圆周轨道, 称为最内层稳定圆周轨道 (innermost stable circular orbit, 简记为 ISCO). 这个轨道在天体物理中有重要的意义. 在一个质量很大的致密星体外面有一个吸积 (accretion) 盘. 吸积盘中的气体由于如磁流体不稳定性造成的湍流黏滞性 (turbulent viscosity) 而损失角动量, 因此气体慢慢向内运动, 损失了引力势能而被加热. 最终当 $L < L_c$ 时, 气体不再能够做圆周运动, 而很快地做螺旋运动掉到中心的物体上. ISCO 就是这些气体能够不被吸引到中心的最终位置. 由此, 我们可以估算一下粒子可能损失的能量. 在 ISCO 上, 粒子的能量密度为 $E^2 = 8/9$. 假定粒子从无穷远来时的守恒能量密度为 1, 则其在 ISCO 时单位质量粒子需要释放的束缚能是

$$E_B = 1 - E = 1 - \sqrt{8/9} \approx 0.0572, \tag{9.68}$$

即大约为粒子静止质量 $m_0c^2$ 的 5.7%. 这意味着, 粒子在最终被中心致密天体捕获之前, 需要释放约 5.7% 静止质量的能量. 这些能量的释放应该是以引力波的形式, 在 ISCO 时效率最大. 这个比率是惊人的, 与氢的核燃烧产生氦做个比较, 后者的效率仅为约为 0.7%.

对于无质量粒子 $\epsilon = 0$, 广义相对论的预言也与牛顿引力有所不同. 粒子的势能为

$$V(r) = \frac{L^2}{2r^2} - \frac{GML^2}{r^3}, \tag{9.69}$$

仍然在 $r = R_s$ 处 $V = 0$. 对于无质量粒子, 除了 $L = 0$ 外, 势能都有一个势垒, 但能量足够大的粒子仍然能够翻越势垒被中心所捕捉. 而在势垒的最高处, $r = 3GM$, 可以有一个不稳定的圆周轨道.

### 9.3.1 自由下落

前面主要是定性的分析以及对圆周轨道的讨论, 下面集中讨论一下粒子的纯径向运动, 即假设其角动量为零. 一个有质量粒子从无穷远自由下落,

$$E = 1, \quad V_{\text{eff}} = \frac{1}{2} - \frac{GM}{r}, \tag{9.70}$$

其运动方程为

$$\frac{1}{2}\dot{r}^2 - \frac{GM}{r} = 0 \Rightarrow \frac{dr}{d\tau} = \pm\sqrt{\frac{R_s}{r}}. \tag{9.71}$$

这里的微分是相对于固有时 $\tau$ 而言的, 而正负号分别代表沿径向向外或者向内运动. 我们考虑径向向内的运动, 因此选择负号. 进一步地, 有

$$\frac{dt}{d\tau}\left(1 - \frac{R_s}{r}\right) = 1 \Rightarrow \frac{dt}{d\tau} = \frac{1}{1 - \dfrac{R_s}{r}}, \tag{9.72}$$

所以, 粒子的 4-速度为

$$u^{\mu}=\left(\left(1-\frac{R_{\rm s}}{r}\right)^{-1},-\sqrt{\frac{R_{\rm s}}{r}},0,0\right). \tag{9.73}$$

由径向运动方程知

$$\begin{aligned}&\sqrt{r}{\rm d}r=-\sqrt{R_{\rm s}}{\rm d}\tau\quad(\text{“}-\text{”: 向内运动}),\\&\Rightarrow\Delta\tau=\frac{2}{3\sqrt{R_{\rm s}}}(r_0^{3/2}-r^{3/2}),\end{aligned} \tag{9.74}$$

其中 $\Delta\tau$ 是粒子从初始位置 $r_0$ 到达最终位置 $r$ 所花的固有时间. 无论终点是在史瓦西半径 $r=R_{\rm s}$ 还是在奇点 $r=0$ 处, 粒子所花的固有时都是有限的.

另一方面, 对于无穷远静止观测者, 他看到的时间即是坐标时. 坐标时满足的微分方程是

$$\frac{{\rm d}t}{{\rm d}r}=\frac{{\rm d}t}{{\rm d}\tau}\Big/\frac{{\rm d}r}{{\rm d}\tau}=-\left(\frac{R_{\rm s}}{r}\right)^{-1/2}\left(1-\frac{R_{\rm s}}{r}\right)^{-1}, \tag{9.75}$$

积分后得

$$\begin{aligned}\Delta t=&\frac{2}{3\sqrt{R_{\rm s}}}(r_0^{3/2}-r^{3/2})+2\sqrt{R_{\rm s}}(r_0^{1/2}-r^{1/2})\\&+R_{\rm s}\ln\left|\left(\frac{\sqrt{r}+\sqrt{R_{\rm s}}}{\sqrt{r}-\sqrt{R_{\rm s}}}\right)\left(\frac{\sqrt{r_0}-\sqrt{R_{\rm s}}}{\sqrt{r_0}+\sqrt{R_{\rm s}}}\right)\right|.\end{aligned}$$

它给出了粒子从初始位置 $r_0$ 到达最终位置 $r$ 所花的坐标时. 当粒子接近于史瓦西半径时, $\Delta t\to\infty$. 也就是说, 史瓦西观测者发现粒子需要无穷长时间才能到达史瓦西半径, 或者粒子永远无法到达史瓦西半径. 这个结论不止是对于无穷远观测者而言是正确的, 对于一个固定在某径向位置的观测者也有类似的结论.

### 9.3.2 逃逸速度

下面我们在广义相对论的框架下重新讨论一个牛顿引力中的问题: 粒子的逃逸速度, 即粒子以多大的初速度向外运动才能逃脱星体的吸引达到无穷远. 这里我们假设星体没有转动, 所以最经济的手段就是沿径向发射粒子. 如果我们希望粒子达到无穷远, 粒子必须至少具有守恒能量密度 $E=1$, 因此其 4-速度的径向分量为 $u^r=\sqrt{\dfrac{R_{\rm s}}{r}}$, 其他分量如上节所示. 注意这里粒子的初始速度指的是相对于星体表面的发射器而言. 假定发射器处于某个半径 $R$ 处, 如星体的外表以稳态存在, 则其 4-速度为

$$u^{\mu}_{\rm obs}(R)=\left(\left(1-\frac{R_{\rm s}}{R}\right)^{-1/2},0,0,0\right). \tag{9.76}$$

所以, 它观测到的粒子能量为 $-\hat{P}\cdot\hat{u}_{\rm obs}$, 也就是说

$$\mathcal{E}_{\rm o}=-mg_{tt}u^t u^t_{\rm obs}=m\left(1-\frac{R_{\rm s}}{R}\right)^{-1/2}. \tag{9.77}$$

在发射器的参考系中 $\mathcal{E}_{\rm o}=m/\sqrt{1-v^2}$, 因此测量到的粒子速度为

$$v_{\rm escape}=\left(\frac{R_{\rm s}}{R}\right)^{1/2}. \tag{9.78}$$

这与牛顿引力中得到的结果是一样的.

最后, 我们再讨论一下稳定圆周轨道. $r=R_+$ 是稳定圆周轨道,

$$R_+=\frac{L^2}{R_{\rm s}}\left(1+\sqrt{1-12\left(\frac{GM}{L}\right)^2}\right), \tag{9.79}$$

角动量越小, 即 $L/GM$ 越小, $R_+$ 也越小. 最内层稳定圆周轨道 (ISCO) 在

$$R_{\rm ISCO}=6GM. \tag{9.80}$$

对于无穷远观测者, 圆周轨道上粒子的角速度为

$$\Omega=\frac{{\rm d}\phi}{{\rm d}t}=\frac{{\rm d}\phi/{\rm d}\tau}{{\rm d}t/{\rm d}\tau}=\frac{1}{r^2}\left(1-\frac{R_{\rm s}}{r}\right)\frac{L}{E}, \tag{9.81}$$

实际上它满足

$$\Omega^2=\frac{GM}{r^3}. \tag{9.82}$$

这正是非相对论牛顿力学中圆周轨道满足的开普勒定律. 而粒子的 4-速度为 $u^\mu=u^t(1,0,0,\Omega)$, 其中

$$u^t=\left(1-\frac{R_{\rm s}}{r}-r^2\Omega^2\right)^{-1/2}=\left(1-\frac{3GM}{r}\right)^{-1/2}. \tag{9.83}$$

如果在圆周轨道上有一个稳定不动的观测者, 比如通过强有力的火箭支持其不坠, 其 4-速度为 $u^\mu_{\rm H}=((1-R_{\rm s}/r)^{-1/2},0,0,0)$. 而粒子有 $u_\mu=(-E,0,0,L)$, 因此这个观测者观测到的粒子能量密度为

$$\gamma=E_{\rm H}=-u_\mu u^\mu_{\rm H}=\frac{E}{(1-R_{\rm s}/r)^{1/2}}. \tag{9.84}$$

在狭义相对论中 $\gamma=(1-v^2)^{-1/2}$, 所以观测者观测到粒子的速度为 $v_{\rm H}=\sqrt{\dfrac{R_{\rm s}/2r}{1-R_{\rm s}/r}}$.

当 $r=2R_{\rm s}$ 时, 这个速度与前面讨论的径向逃逸速度一样. 而当 $r<2R_{\rm s}$, 它超过了径向逃逸速度, 因此这时的圆周轨道经微扰后将不稳定, 粒子不会被束缚住, 而可能逃到无穷远. 这与前面讨论得到的结论一致.

## §9.4 广义相对论的经典实验检验

本节将讨论历史上对广义相对论的几个经典检验. 这些实验都基于史瓦西时空中粒子的运动. 我们首先从水星近日点的进动开始.

### 9.4.1 水星近日点的进动

在广义相对论建立之前, 人们通过长期的实验观测, 发现了水星近日点的进动存在着异常. 即使考虑了太阳形状的非球形造成的引力势偏差, 以及其他行星对水星的影响, 水星的近日点仍然有着理论上无法解释的微小偏差. 大部分物理学家并未认真地看待此事, 把这个偏差归咎于尚未发现的某个小行星的影响. 爱因斯坦在发展广义相对论之前也知道水星近日点进动异常, 但并未把它作为发展广义相对论的原动力. 1915 年底爱因斯坦在提出广义相对论的同时, 开始着手在广义相对论的框架中解决这个疑难, 并很快获得了成功.

在牛顿引力中, 如果引力势是球对称的, 则在其中粒子所受的力是 $\boldsymbol{F}=-m\frac{GM}{r^3}\boldsymbol{r}$ $\Rightarrow \ddot{\boldsymbol{r}}=-\frac{GM}{r^3}\boldsymbol{r}$. 由此可见粒子的角动量 $\boldsymbol{A}=\boldsymbol{r}\times m\dot{\boldsymbol{r}}$ 是守恒的,

$$\boldsymbol{A}=m\boldsymbol{L}, \quad \boldsymbol{r}\perp\boldsymbol{L}, \tag{9.85}$$

其中 $\boldsymbol{L}$ 是一个大小和方向确定的常数矢量. 由于 $\boldsymbol{r}\perp\boldsymbol{L}$, 粒子的运动轨道是在一个平面上, 由 $(r,\phi)$ 刻画, 它们满足方程

$$\begin{aligned} r^2\dot{\phi} &= L, \\ \ddot{r}-r\dot{\phi}^2 &= -\frac{GM}{r^2}, \end{aligned} \tag{9.86}$$

其中 $L=|\boldsymbol{L}|$ 是单位质量的守恒角动量. 第一个方程实际上是角动量守恒方程, 而第二个方程来自于牛顿第二定律. 由这两个方程, 我们希望确定粒子的轨道, 即函数 $r(\phi)$. 引进变量 $u=r^{-1}$, 有

$$\begin{aligned} \dot{r}\equiv\frac{\mathrm{d}r}{\mathrm{d}t} &= \frac{\mathrm{d}}{\mathrm{d}t}\left(\frac{1}{u}\right)=-\frac{1}{u^2}\frac{\mathrm{d}u}{\mathrm{d}\phi}\dot{\phi} \\ &= -\frac{1}{u^2}Lu^2\frac{\mathrm{d}u}{\mathrm{d}\phi}=-L\frac{\mathrm{d}u}{\mathrm{d}\phi}. \end{aligned} \tag{9.87}$$

进一步地, $\ddot{r} = -L^2u^2\dfrac{\mathrm{d}^2u}{\mathrm{d}\phi^2}$. 因此, 轨道可以被确定:

$$\begin{aligned}
&\frac{\mathrm{d}^2u}{\mathrm{d}\phi^2} + u = \frac{GM}{L^2} \quad (\text{比奈 (Binet) 方程}),\\
&\Rightarrow u = \frac{GM}{L^2} + C\cos(\phi - \phi_0) \quad (C, \phi_0 \text{ 为常数}),\\
&\Rightarrow \frac{l}{r} = 1 + e\cos(\phi - \phi_0),
\end{aligned} \tag{9.88}$$

其中

$$l = L^2/GM, \quad e = CL^2/GM. \tag{9.89}$$

这是一个圆锥截面的方程, $l$ (半正焦弦 (semi-latus rectum)) 确定了轨道的大小, $e$ 称为离心率, 确定了轨道的形状, 而 $\phi_0$ 确定了轨道的方向 (相对于 $x$ 轴). 当 $0 < e < 1$, 这个截面是一个椭圆, 即粒子的运动轨迹是椭圆. 所以, 在球对称的引力势中, 牛顿引力告诉我们行星的运动轨迹是一个闭合的椭圆. 上面的关系式也可以写作

$$r = \frac{(1-e^2)a}{1 + e\cos(\phi - \phi_0)}. \tag{9.90}$$

如果我们取定 $\phi_0 = 0$, 则轨道如图 9.3 所示. 简而言之, 在牛顿力学中由于四维引力满足平方反比律, 因此两体束缚轨道是闭合的, 一般而言是椭圆轨道. 这实际上来自于对于中心力场中满足平方反比律的力具有更强的对称性, 即拉普拉斯–龙格–楞次 (Laplace-Runge-Lenz) 矢量是守恒的. 假如, 在中心力场中有高阶的修正项, 例如 $1/r^3$ 项, 粒子运动的轨道不再闭合, 会产生进动. 这种情况当星体不再是严格的球形时会发生, 而广义相对论的修正项也会导致这个结果.

在广义相对论中, 即使是在球对称的史瓦西时空中, 粒子的运动尽管可以是圆轨道, 但不会遵循封闭的椭圆轨道, 而是稍微有些进动的椭圆轨道. 前面我们得到的测地线方程是

$$\dot{r}^2 + \left(1 - \frac{R_\mathrm{s}}{r}\right)\left(\frac{L^2}{r^2} + 1\right) = E^2. \tag{9.91}$$

如果我们想知道的是轨道的形状, 而非简单的径向变化, 则我们可以利用守恒角动量密度并由 $\dot{r} = \dfrac{\mathrm{d}r}{\mathrm{d}\lambda} = \dfrac{\mathrm{d}r}{\mathrm{d}\phi}\dfrac{\mathrm{d}\phi}{\mathrm{d}\lambda} = \dfrac{\mathrm{d}r}{\mathrm{d}\phi}\dot{\phi}$ 得到

$$\left(\frac{\mathrm{d}r}{\mathrm{d}\phi}\right)^2 + \left(1 - \frac{R_\mathrm{s}}{r}\right)r^2\left(1 + \frac{r^2}{L^2}\right) = E^2\frac{r^4}{L^2}. \tag{9.92}$$

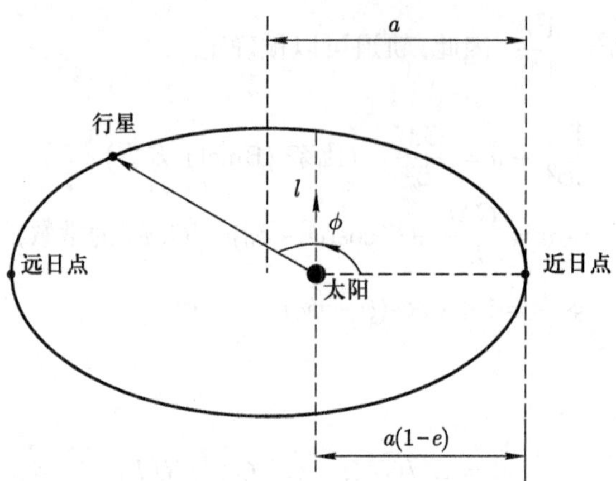


图 9.3 在牛顿力学中如果只考虑太阳与行星的两体相互作用, 则行星绕太阳运动的封闭轨道将是一个严格的椭圆. 图中 $a$ 称作椭圆的半长轴, 近日点距离是 $r_- = a(1-e)$, 而远日点距离是 $r_+ = a(1+e)$. 通过确定近日点和远日点, 我们可以确定轨道的半长轴和离心率, 从而确定整个轨道.

定义一个无量纲量 $x \equiv \dfrac{2L^2}{R_\mathrm{s} r}$, 运动方程变为

$$\left(\frac{\mathrm{d}x}{\mathrm{d}\phi}\right)^2 + \left(\left(\frac{2L}{R_\mathrm{s}}\right)^2 - \frac{4E^2L^2}{R_\mathrm{s}^2}\right) - 2x + x^2 - \frac{R_\mathrm{s}^2}{2L^2}x^3 = 0. \tag{9.93}$$

左边的最后一项可以看作微扰项. 对这个一阶方程再用 $\dfrac{\mathrm{d}}{\mathrm{d}\phi}$ 微分一次, 可得

$$\begin{aligned}
&2\frac{\mathrm{d}}{\mathrm{d}\phi}\left(\frac{\mathrm{d}x}{\mathrm{d}\phi}\right)\frac{\mathrm{d}x}{\mathrm{d}\phi} - 2\frac{\mathrm{d}x}{\mathrm{d}\phi} + 2x\frac{\mathrm{d}x}{\mathrm{d}\phi} - \frac{3R_\mathrm{s}^2}{2L^2}x^2\frac{\mathrm{d}x}{\mathrm{d}\phi} = 0 \\
\Rightarrow &\left(2\frac{\mathrm{d}^2x}{\mathrm{d}\phi^2} - 2 + 2x - \frac{3R_\mathrm{s}^2}{2L^2}x^2\right)\frac{\mathrm{d}x}{\mathrm{d}\phi} = 0 \\
\Rightarrow &\frac{\mathrm{d}^2x}{\mathrm{d}\phi^2} - 1 + x = \frac{3R_\mathrm{s}^2}{4L^2}x^2,
\end{aligned} \tag{9.94}$$

左边的方程是归一化后的比奈方程. 如果忽略右边的项, 这个方程就是我们前面在牛顿引力中导出的方程, 粒子的轨迹是圆锥截面. 右边的项是广义相对论的修正项. 对此方程, 我们可以做微扰的处理. 令 $x = x_0 + x_1$, 其中

$$\begin{aligned}
\frac{\mathrm{d}^2x_0}{\mathrm{d}\phi^2} - 1 + x_0 = 0, \\
\frac{\mathrm{d}^2x_1}{\mathrm{d}\phi^2} + x_1 = \frac{3R_\mathrm{s}^2}{4L^2}x_0^2,
\end{aligned} \tag{9.95}$$

也就是说, $x_0$ 描述椭圆轨道, 而 $x_1$ 是对轨道的修正. 如前所述, $x_0 = 1 + e\cos\phi$, 所以

$$\frac{\mathrm{d}^2 x_1}{\mathrm{d}\phi^2} + x_1 = \alpha(1 + e^2\cos^2\phi + 2e\cos\phi),$$

其中 $\alpha = \dfrac{3R_\mathrm{s}^2}{4L^2}$. 这个方程可以严格求解:

$$x_1 = \alpha\left(1 + \frac{e^2}{2} - \frac{e^2\cos 2\phi}{6} + e\phi\sin\phi\right). \tag{9.96}$$

这个解中 $1 + e^2/2$ 是一个平移, 而最后一项 $\dfrac{e^2}{6}\cos 2\phi$ 是绕零点的振荡, 只有正比于 $e\phi\sin\phi$ 的项与进动有关. 我们可以忽略掉其他两项, 得到

$$\begin{aligned} x &= 1 + e\cos\phi + \alpha e\phi\sin\phi \\ &\approx 1 + e\cos(\phi - \alpha\phi), \end{aligned} \tag{9.97}$$

其中第二步用到了 $\alpha \ll 1$ 这个事实. 粒子轨道仍然是周期性的, 但周期不再是 $2\pi$, 而是

$$2\pi + \Delta\phi, \tag{9.98}$$

其中

$$\Delta\phi = 2\pi\alpha = \frac{6\pi G^2 M^2}{L^2 c^4}. \tag{9.99}$$

也就是说, 一颗行星仍然做椭圆运动, 但是椭圆曲线的轴会转动. 行星每公转一圈, 其轴的转动为 $\Delta\phi$. 这种现象称为近日点进动, 如图 9.4 所示. 对于椭圆运动, 我们发现

$$r = \frac{2L^2}{R_\mathrm{s}}\frac{1}{1 + e\cos\phi} = \frac{(1-e^2)a}{1 + e\cos\phi}, \tag{9.100}$$

其中

$$a = \frac{1}{1-e^2}\frac{2L^2}{R_\mathrm{s}} \tag{9.101}$$

是椭圆的半长轴. 近日点在

$$\frac{\mathrm{d}r}{\mathrm{d}\phi}(r_+)|_{\phi=0} = 0 \Rightarrow r_+ = \frac{2L^2}{R_\mathrm{s}(1+e)} = a(1-e), \tag{9.102}$$

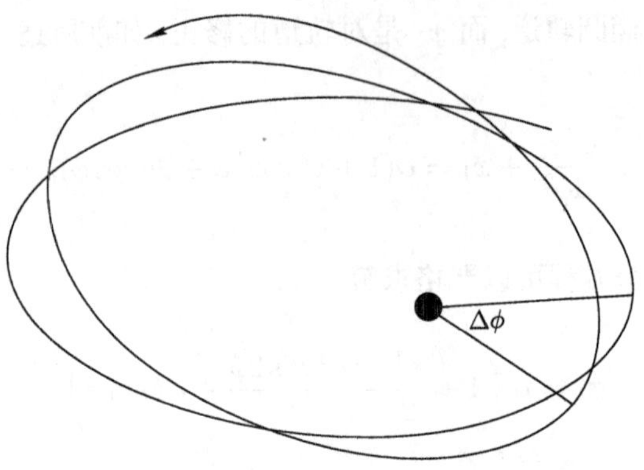


图 9.4 行星进动的示意图.

而远日点在

$$\frac{\mathrm{d}r}{\mathrm{d}\phi}(r_-)|_{\phi=\pi}=0\Rightarrow r_-=\frac{2L^2}{R_\mathrm{s}(1-e)}=a(1+e). \tag{9.103}$$

也就是说, $a=\dfrac{(r_++r_-)}{2}$, 我们可以通过近日点和远日点的观测确定半长轴的大小. 利用 $a$ 和 $L^2=GM(1-e^2)a$, 我们得到行星运动一周后近日点的进动角

$$\Delta\phi=\frac{6\pi GM}{(1-e^2)a}. \tag{9.104}$$

太阳系中的行星都存在近日点进动现象. 对于太阳有 $GM_\odot=1.475$ km, 水星的公转周期是 88 天, 每次公转的进动角是 $\Delta\phi=0.1038''$, 非常微小, 但是经过一个世纪, 进动角累加起来为 $\Delta\phi|_{\text{世纪}}=42.98''$, 就是一个不可忽略的值. 实验上测得的进动角为每世纪 $43.1''\pm0.5''$, 理论和实验符合得非常好. 这是广义相对论取得的第一个重大胜利.

对于太阳系中其他做束缚运动的星体, 即使我们只考虑其在太阳的球对称时空中的运动, 也都存在着近日点进动现象. 表 9.1 列出了关于一些星体的进动角的理论和实验的数据.

**表 9.1 太阳系行星近日点进动** (单位: 弧秒每世纪)

| 行星 | 广义相对论预言 | 实验观测 |
|---|---|---|
| 金星 | 8.6 | 8.4± 4.8 |
| 地球 | 3.8 | 5.0± 1.2 |
| 伊卡洛斯 (Icarus) (小行星) | 10.3 | 9.8± 0.8 |

如上面所讨论的, 行星围绕太阳运动的近日点进动来自于广义相对论的修正项. 从牛顿引力的观点来看, 该修正项等价于存在着非平方反比的力. 实际上, 考虑其他产生非平方反比的力, 会有更多的进动效应出现. 例如, 当太阳并非严格球状分布时, 其产生的引力势中有多极矩的贡献 ($\theta = \pi/2$),

$$\Phi = -\frac{GM}{r} - \frac{1}{2}\frac{GMJ_2R_\odot^2}{r^3}, \tag{9.105}$$

其中 $J_2$ 来自于四极矩的贡献. 与前面广义相对论的讨论相比较, 可得

$$\begin{aligned}\Delta\phi_{\text{quad}} &= \frac{6\pi GM}{(1-e^2)a}\frac{1}{2}\frac{J_2R_\odot^2}{GM(1-e^2)a} \\ &= \frac{1}{2}\frac{J_2R_\odot^2}{GM(1-e^2)a}\Delta\phi_{\text{GR}}.\end{aligned} \tag{9.106}$$

对于水星进动, 一个世纪累加的进动角变化为

$$\Delta\phi|_{\text{世纪}} = 42.98''(1 + 3\times10^{-4}(J_2/10^{-7})). \tag{9.107}$$

对于太阳而言, 观测发现 $J_2 \sim 10^{-7}$, 因此其对进动角的影响非常小.

实际上, 其他行星对水星轨道的影响要重要得多. 经过相当精确的微扰计算, 在 19 世纪末人们已经能够得到表 9.2 的结果.

**表 9.2 太阳系中其他行星对水星近日点进动的影响** (单位: 弧秒每世纪)

| 扰动行星 | 水星近日点进动 |
|---|---|
| 金星 | 277.86± 0.27 |
| 地球 | 90.04± 0.08 |
| 火星 | 2.54 |
| 木星 | 153.58 |
| 土星 | 7.30 |
| 天王星 | 0.14 |
| 海王星 | 0.04 |
| 合计 | 531.5 ± 0.3 |

### 9.4.2 引力红移

在第四章中, 我们利用等效原理或者假想实验导出了在引力势中, 光子受到影响会产生红移或蓝移. 红移因子等于引力势的差, $z = \Delta\Phi$. 在本节中我们将系统地讨论在一个弯曲时空中光子的红移是如何发生的.

我们先考虑比较简单的引力红移情形. 假定光子发射器固定在空间位置 $(r_{\rm E}, \theta_{\rm E}, \phi_{\rm E})$, 而接收器固定在 $(r_{\rm R}, \theta_{\rm R}, \phi_{\rm R})$. 一个光子从发射器到接收器走的是一条零测地线 $(t_{\rm E}, \theta_{\rm E}, \phi_{\rm E}) \to (t_{\rm R}, \theta_{\rm R}, \phi_{\rm R})$, 第二个光子在稍晚时候经过零测地线 $(t_{\rm E}+\Delta t_{\rm E}) \to (t_{\rm R}+\Delta t_{\rm R})$. 而对于在史瓦西时空中的零曲线

$$\mathrm{d}s^2 = 0 \quad \Rightarrow \quad \left(1-\frac{R_{\rm s}}{r}\right)\mathrm{d}t^2 = \left(1-\frac{R_{\rm s}}{r}\right)^{-1}\mathrm{d}r^2 + r^2\mathrm{d}\Omega^2,$$

假定其仿射参数为 $\lambda$, 则

$$\begin{aligned}
&\frac{\mathrm{d}t}{\mathrm{d}\lambda} = \left(1-\frac{R_{\rm s}}{r}\right)^{-1/2}\left(g_{ij}\frac{\mathrm{d}x^i}{\mathrm{d}\lambda}\frac{\mathrm{d}x^j}{\mathrm{d}\lambda}\right)^{1/2}, \\
&\Rightarrow t_{\rm R} - t_{\rm E} = \int_{\lambda_{\rm E}}^{\lambda_{\rm R}}\left(1-\frac{R_{\rm s}}{r}\right)^{-1/2}\left(g_{ij}\frac{\mathrm{d}x^i}{\mathrm{d}\lambda}\frac{\mathrm{d}x^j}{\mathrm{d}\lambda}\right)^{1/2}\mathrm{d}\lambda.
\end{aligned}$$

对于空间位置固定的发射器和接收器, $t_{\rm R}-t_{\rm E}$ 对所有的光子都是一样的. 换句话说, 第二个光子和第一个光子都经过相同的坐标时从发射器到达接收器, 因此, $\Delta t_{\rm E} = \Delta t_{\rm R}$. 注意这是对于在无穷远处的静止观测者而言. 对于固有时间隔, 因为 $\mathrm{d}r = \mathrm{d}\theta = \mathrm{d}\phi = 0$, 所以 $\mathrm{d}\tau^2 = \left(1-\dfrac{R_{\rm s}}{r}\right)\mathrm{d}t^2$, 因此

$$\Delta\tau_{\rm E} = \left(1-\frac{R_{\rm s}}{r_{\rm E}}\right)^{1/2}\Delta t_{\rm E}, \quad \Delta\tau_{\rm R} = \left(1-\frac{R_{\rm s}}{r_{\rm R}}\right)^{1/2}\Delta t_{\rm R},$$

从而

$$\frac{\Delta\tau_{\rm R}}{\Delta\tau_{\rm E}} = \left(\frac{1-R_{\rm s}/r_{\rm R}}{1-R_{\rm s}/r_{\rm E}}\right)^{1/2}. \tag{9.108}$$

注意 $\Delta\tau$ 是发射器或者接收器看到的两个信号的间隔. 对于两个光信号, 电磁波两个波谷的间距为 $\Delta\tau = T$ (周期), 所以接收器和发射器观测到的光子频率之比为

$$\frac{\nu_{\rm R}}{\nu_{\rm E}} = \left(\frac{1-R_{\rm s}/r_{\rm E}}{1-R_{\rm s}/r_{\rm R}}\right)^{1/2}. \tag{9.109}$$

如果 $r_{\rm R} > r_{\rm E}$, 则 $\nu_{\rm R} < \nu_{\rm E}$, 光子被红移了, 红移因子为

$$1+z = (\nu_{\rm R}/\nu_{\rm E})^{-1} \quad \Rightarrow \quad z = \sqrt{\frac{1-R_{\rm s}/r_{\rm R}}{1-R_{\rm s}/r_{\rm E}}} - 1. \tag{9.110}$$

在弱场极限下, $R_{\rm s}/r \ll 1$, 所以

$$\begin{aligned}
z &= \frac{1}{2}\left(\frac{R_{\rm s}}{r_{\rm E}} - \frac{R_{\rm s}}{r_{\rm R}}\right) = \frac{GM}{r_{\rm E}} - \frac{GM}{r_{\rm R}} \\
&= -\Phi(r_{\rm E}) + \Phi(r_{\rm R}) = \Delta\Phi,
\end{aligned} \tag{9.111}$$

其中 $\Phi$ 是牛顿引力势. 这正是我们前面得到的结果. 可见, 只有在弱场极限下, 等效原理得到的结果才和广义相对论得到的结果一致.

事实上, 对于具有度规

$$\mathrm{d}s^2 = g_{00}(\boldsymbol{x})\mathrm{d}t^2 + g_{ij}(\boldsymbol{x})\mathrm{d}x^i\mathrm{d}x^j \tag{9.112}$$

的时空, 如果发射器和接收器固定, 就有

$$\frac{\nu_{\mathrm{R}}}{\nu_{\mathrm{E}}} = \left(\frac{g_{00}(\boldsymbol{x}_{\mathrm{E}})}{g_{00}(\boldsymbol{x}_{\mathrm{R}})}\right)^{1/2}. \tag{9.113}$$

更一般地, 如果发射器和接收器都没有固定在空间某位置, 而是运动的, 比如自由落体, 如何计算红移呢? 我们可以利用前面关于测量的一般性讨论. 在一个具有度规 $g_{\mu\nu}$ 的时空流形, 如果发射器在 $A$ 处, 而接收器在 $B$ 处, 则它们分别探测到的光子能量为

$$\begin{aligned}\mathcal{E}_{\mathrm{E}}(A) &= -\hat{P}(A)\cdot\hat{u}_{\mathrm{E}}(A) = -P_\mu(A)u^\mu_{\mathrm{E}}(A),\\ \mathcal{E}_{\mathrm{R}}(B) &= -\hat{P}(B)\cdot\hat{u}_{\mathrm{R}}(B) = -P_\mu(B)u^\mu_{\mathrm{R}}(B),\end{aligned} \tag{9.114}$$

其中 $\hat{P}$ 是光子的 4-动量. 所以, 光子频率之比为

$$\frac{\nu_{\mathrm{R}}}{\nu_{\mathrm{E}}} = \frac{P_\mu(B)u^\mu_{\mathrm{R}}(B)}{P_\mu(A)u^\mu_{\mathrm{E}}(A)}. \tag{9.115}$$

如果我们知道 $P_\mu(A)$, 利用零测地线可以得到 $P_\mu(B)$. 由零测地线方程

$$\frac{\mathrm{d}P_\mu}{\mathrm{d}\lambda} - \Gamma^\nu_{\mu\rho}P_\nu\frac{\mathrm{d}x^\rho}{\mathrm{d}\lambda} = 0 \Rightarrow \frac{\mathrm{d}P_\mu}{\mathrm{d}\lambda} = \Gamma^\nu_{\mu\rho}P_\nu P^\rho, \tag{9.116}$$

假定该时空是稳态的, 即有一个类时基灵矢量, 在某坐标系下为 $\partial_t$, 则光子的 4-动量分量 $P_0$ 是守恒量. 进一步地, 如果发射器和接收器固定在空间某位置, 则它们 4-速度的空间分量都为零:

$$u^i_{\mathrm{E}} = 0, \quad u^i_{\mathrm{R}} = 0. \tag{9.117}$$

利用发射器和接收器 4-速度的归一化条件 $g_{\mu\nu}u^\mu u^\nu = -1$, 我们得到

$$u^0 = \frac{1}{\sqrt{-g_{00}}}. \tag{9.118}$$

由此, 接收器和发射器看到的光子频率之比为

$$\frac{\nu_{\mathrm{R}}}{\nu_{\mathrm{E}}} = \frac{P_0(B)}{P_0(A)}\left(\frac{g_{00}(A)}{g_{00}(B)}\right)^{1/2} = \left(\frac{g_{00}(A)}{g_{00}(B)}\right)^{1/2}. \tag{9.119}$$

这正是我们前面得到的结果. 更一般地, 如果发射器或者接收器是运动的, 则讨论会复杂一些. 我们将在相对论天体物理那一节讨论这种情况.

### 9.4.3 零测地线讨论

广义相对论的其他两个经典检验包括光线偏折和雷达回波延迟. 这些检验都与光子在史瓦西时空中的运动密不可分. 在介绍这些实验之前, 我们先更仔细地分析史瓦西时空中零测地线的行为. 零测地线满足

$$-\left(1-\frac{R_{\mathrm{s}}}{r}\right)^{-1}E^2+\left(1-\frac{R_{\mathrm{s}}}{r}\right)^{-1}\left(\frac{\mathrm{d}r}{\mathrm{d}\lambda}\right)^2+\frac{L^2}{r^2}=0,$$

其中 $E$ 和 $L$ 分别是光子的守恒 “能量” 和 “角动量”,

$$E=\left(1-\frac{R_{\mathrm{s}}}{r}\right)\frac{\mathrm{d}t}{\mathrm{d}\lambda},\quad L=r^2\frac{\mathrm{d}\phi}{\mathrm{d}\lambda}. \tag{9.120}$$

由于仿射参数的选择具有任意性, 这两个守恒量的物理意义有模糊性, 并没有清楚的物理对应, 然而我们可以用物理的参数来去除这样的模糊性. 引进参数

$$b^2=\frac{L^2}{E^2}, \tag{9.121}$$

在这个参数中, 对仿射参数的依赖不存在, 上面的方程变为

$$\frac{1}{b^2}=\frac{1}{L^2}\left(\frac{\mathrm{d}r}{\mathrm{d}\lambda}\right)^2+W_{\mathrm{eff}}(r), \tag{9.122}$$

其中

$$W_{\mathrm{eff}}(r)=\frac{1}{r^2}\left(1-\frac{R_{\mathrm{s}}}{r}\right). \tag{9.123}$$

类比 $1/b^2\sim E$, 把 $W_{\mathrm{eff}}$ 看作势能, 上面方程看起来像描述粒子的径向运动. 由于无质量粒子的仿射参数选择有任意性, 我们总可通过重新标度 $\lambda\to L\lambda$ 把 $L$ 吸收到 $\lambda$ 中, 这样方程只依赖于 $b^2$. 实际上, $E$ 和 $L$ 并非真实的物理量, 而 $b$ 是有物理意义的. 我们令 $b=|L/E|$, 其物理意义如下. 在 $\theta=\pi/2$ 的平面上, 引进极坐标 $x=r\cos\phi, y=r\sin\phi$, 当 $r\to\infty$ 时,

$$b=|L/E|=\frac{r^2\mathrm{d}\phi/\mathrm{d}\lambda}{\mathrm{d}t/\mathrm{d}\lambda}=r^2\frac{\mathrm{d}\phi}{\mathrm{d}t}. \tag{9.124}$$

由于在无穷远处 $\phi\approx\dfrac{d}{r}$, $d$ 是光线作为直线离星体的最短距离, 且 $\dfrac{\mathrm{d}r}{\mathrm{d}t}\approx-1$,

$$\frac{\mathrm{d}\phi}{\mathrm{d}t}=\frac{d}{r^2}\quad\Rightarrow\quad b=d, \tag{9.125}$$

所以, $b$ 称为入射参数 (impact parameter). 以星体中心为原点时, 光线在渐近无穷远处近似直线, 该直线的延伸线离原点最近的距离就是 $b$. 如图 9.5 所示, 与有质

量粒子的运动类似, 无质量粒子的运动可以等效为一个一维运动, 其中的有效势为 $W_{\text{eff}}(r)$. 有效势在 $r=3GM$ 处有极大值,

$$W_{\text{eff}}(r=3GM)=\frac{1}{27G^2M^2}, \tag{9.126}$$

因此我们得到一个入射参数的临界值

$$b_{\text{c}}=\sqrt{27}GM. \tag{9.127}$$

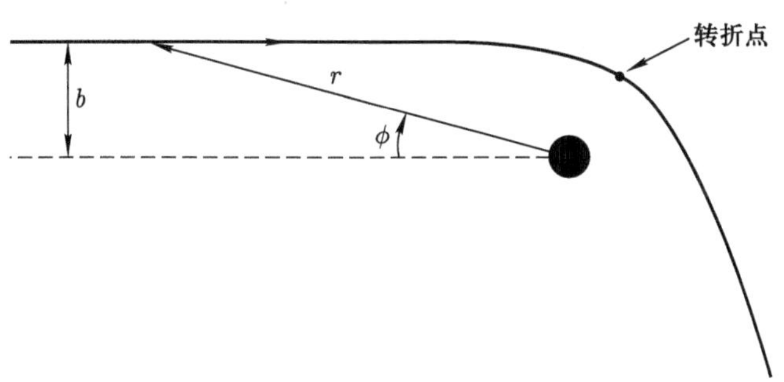


图 9.5 入射参数的物理意义示意图.

$b=b_{\text{c}}$, 对应着光子的不稳定圆周轨道. 当 $b>b_{\text{c}}$ 时, 其倒数平方低于势垒最高点, 因此光子轨道有转折点, 即光子从无穷远来发生偏转回到无穷远. 当 $b<b_{\text{c}}$ 时, 如果光子从无穷远来会越过势垒被星体所捕捉. 所以, 对于光子而言, 星体的捕捉截面是

$$\sigma=\pi b_{\text{c}}^2=27\pi(GM)^2. \tag{9.128}$$

对远处的观测者, 黑洞的明显半径是 $3\sqrt{3}GM=\dfrac{3\sqrt{3}}{2}R_{\text{s}}$. 也就是说, 当光线的入射参数小于这个半径时, 光子都会被黑洞所捕捉.

我们也可考虑在黑洞视界外, $R_{\text{s}}<r<3GM$ 时, 向外的光子轨道. 后面我们将看到, 当 $r\leqslant R_{\text{s}}$, 即在视界内时, 光子是无法跑到视界外的. 在 $R_{\text{s}}<r<3GM$ 时, 光子也需要克服势垒才能飞到无穷远处. 讨论与前面类似, 当 $b^2<27G^2M^2$ 时, 光子可以克服势垒的阻碍, 飞向无穷远. 此时光子的角动量较小, 更倾向于径向运动. 而当 $b^2>27G^2M^2$ 时, 光子无法克服势垒, 会有一个转折点重新飞向黑洞. 这是由于此时角动量较大, 无法摆脱引力的吸引.

一个有趣的问题是我们考虑一个在 $\theta=\pi/2$ 平面上, 径向位置 $r=R$ 处的发射器, 其发射的光子与径向的夹角是 $\psi$. 如果 $\psi=0$, $b=0$, 即光子严格做径向运动, 这样一定能飞向无穷远. 问题是, 能够使光子飞到无穷远的临界发射角 $\psi_{\text{c}}$ 是多

少? 在发射器的参考系中, $\hat{e}_0$ 是其类时 4-速度, 其局部参考系的另外三个类空基矢互相正交且归一:

$$\hat{e}_r = (0, (1 - R_s/R)^{1/2}, 0, 0), \quad \hat{e}_\phi = (0, 0, 0, 1/R). \tag{9.129}$$

而相对于发射器而言的发射角满足

$$\tan\psi = \frac{\hat{u}\cdot\hat{e}_\phi}{\hat{u}\cdot\hat{e}_r}, \tag{9.130}$$

其中 $\hat{u}$ 可以看作光子的 4-动量, 其分量为

$$\begin{aligned} u^t &= \frac{\mathrm{d}t}{\mathrm{d}\lambda} = \frac{E}{1 - R_s/r}, \\ u^r &= \frac{\mathrm{d}r}{\mathrm{d}\lambda} = L\left(\frac{1}{b^2} - W_{\text{eff}}(r)\right)^{1/2}, \\ u^\theta &= \frac{\mathrm{d}\theta}{\mathrm{d}\lambda} = 0, \\ u^\phi &= \frac{\mathrm{d}\phi}{\mathrm{d}\lambda} = \frac{L}{r^2}. \end{aligned} \tag{9.131}$$

因为 $\hat{u}\cdot\hat{e}_\phi = g_{\phi\phi}(\hat{e}_\phi)^\phi u^\phi = \dfrac{L}{R}$, 而

$$\hat{u}\cdot\hat{e}_r = g_{rr}(\hat{e}_r)^r u^r = (1 - R_s/R)^{-1/2} L\left(\frac{1}{b^2} - \frac{1}{R^2}(1 - R_s/R)\right)^{1/2}, \tag{9.132}$$

当 $b^2 = 27G^2M^2$ 时, 我们可以确定临界角:

$$\tan\psi_c = \frac{1}{R}(1 - R_s/R)^{1/2}\left(\frac{1}{27G^2M^2} - \frac{1}{R^2}(1 - R_s/R)\right)^{-1/2}.$$

当发射器在 $R = 3GM$ 时, $\psi_c = \dfrac{\pi}{2}$, 这相对于圆周轨道, 往外的一点扰动即可使光子奔向无穷远. 当发射器在 $R < 3GM$ 时, $\psi_c$ 变小. 而当 $R = R_s$ 时, $\psi_c = 0$, 此时没有可能到无穷远. 注意, 此时的夹角实际上应该是一个锥形立体角, 只要与径向的夹角小于临界角, 则沿任何方向都可以飞到无穷远.

与上面问题密切相关的另一个问题是: 对一个处于某半径 $r = R$ 处的稳态观测者, 假设强有力的火箭保持其不坠, 他能看到的天空有多大? 讨论与前面类似, 只不过我们现在需要考虑的是内向的零测地线, 前面的是外向的零测地线而已, 只需要把方向调换即可, 所以临界角是一样的:

$$\sin\psi_c = (1 - R_s/R)^{1/2}\frac{b_c}{R}. \tag{9.133}$$

当光线的角动量太大时, 是无法被观测者看到的. 当观测者趋近于视界时, 他将只能看到入射参数 $b=\sqrt{27}GM$ 的光线, 相应的最大角满足

$$\sin\psi_{\rm c}\approx(1-R_{\rm s}/R)^{1/2}\frac{\sqrt{27}}{2}. \tag{9.134}$$

对这个观测者, 黑洞几乎遮挡了整个天空, 只留下角半径为 $\sqrt{27}(1-R_{\rm s}/R)^{1/2}$ 的圆盘在空中. 当观测者趋近视界时, 这个圆盘越来越小, 最终消失. 但另一方面, 由于光子的蓝移效应, 观测者看到的天空会更明亮.

### 9.4.4 光线偏折和雷达回波延迟

光线偏转是广义相对论给出的第一个预言, 并很快在 1919 年的日全食实验中得到了验证. 实际上, 即使在牛顿引力中, 由于光子具有能量, 同样会受到引力的吸引从而发生偏折. 这种偏转在强引力区域会更加明显, 因此在天体物理中有广泛的应用. 如前所述, 当光子的入射参数大于临界值 $b_{\rm c}$ 时, 光线的轨道上会有一个转折点, 因此光线从无穷远来经过转折点还要回到无穷远. 这个转向点在 $R_0$ 处, 此时 $\mathrm{d}r/\mathrm{d}\phi=0$,

$$\frac{\mathrm{d}\phi}{\mathrm{d}r}=\frac{1}{r^2}\left(\frac{1}{b^2}-\frac{1}{r^3}(r-R_{\rm s})\right)^{-1/2}. \tag{9.135}$$

所以, 转向点所处的半径为

$$R_0^3-b^2(R_0-R_{\rm s})=0\quad\Rightarrow\quad R_0=\frac{2b}{\sqrt{3}}\cos\left(\frac{1}{3}\cos^{-1}\left(-\frac{b_{\rm c}}{b}\right)\right). \tag{9.136}$$

由上面的微分方程通过对 $r$ 积分即可得到偏转角. 由于对称性, 对 $\Delta\phi$ 的贡献来自于两部分: 到达转向点之前的路径, 以及转向之后的路径. 两部分贡献完全相同, 因此有

$$\Delta\phi=2\int_{R_0}^{\infty}\frac{\mathrm{d}r}{(r^4b^{-2}-r(r-R_{\rm s}))^{1/2}}. \tag{9.137}$$

如果 $M=0$, 则

$$\Delta\phi|_{M=0}=2\sin^{-1}(b/R_0)|_{R_0=b}=\pi, \tag{9.138}$$

这代表光线完全是一条直线. 而如果 $M\neq0$, $\Delta\phi\neq\pi$, 则代表由于史瓦西时空中引力的吸引, 光线发生了偏折. 通过变量 $u=1/r$, 偏转角可写作

$$\Delta\phi=2\int_0^{1/R_0}\frac{\mathrm{d}u}{(b^{-2}-u^2+R_{\rm s}u^3)^{1/2}}. \tag{9.139}$$

这里积分的困难在于, 如果固定入射参数 $b$, 积分上限 $R_0$ 依赖于 $M$, 或者说 $R_s$. 我们可以使用如下技巧: 把 $M$ 和 $R_0$ 处理成独立的变量, 当变化 $M$ 时, 来比较有相同 $R_0$ 时的偏转角, 而非有相同入射参数 $b$ 时的偏转角. 到 $M$ 的第一阶, 保持 $b$ 或 $R_0$ 没有任何差别, 但到高阶时会有所不同. 由 $b=\sqrt{\dfrac{R_0^3}{R_0-R_s}}$, 可得

$$\Delta\phi(M)=2\int_0^{1/R_0}\frac{\mathrm{d}u}{(R_0^{-2}-R_sR_0^{-3}-u^2+R_su^3)^{1/2}}. \tag{9.140}$$

这样我们可以相对于 $M$ 做泰勒展开

$$\Delta\phi(M)=\Delta\phi(M=0)+\left.\frac{\partial(\Delta\phi)}{\partial M}\right|_{M=0}M+\cdots. \tag{9.141}$$

由

$$\begin{aligned}\left.\frac{\partial(\Delta\phi)}{\partial M}\right|_{M=0}&=2\int_0^{1/R_0}\left.\frac{G(R_0^{-3}-u^3)\mathrm{d}u}{(R_0^{-2}-R_sR_0^{-3}-u^2+R_su^3)^{3/2}}\right|_{M=0}\\&=2G\int_0^{1/b}\frac{b^{-3}-u^3}{(b^{-2}-u^2)^{3/2}}\mathrm{d}u\\&=4Gb^{-1},\end{aligned} \tag{9.142}$$

得到

$$\begin{aligned}\delta\phi=\Delta\phi(M)-\Delta\phi(M=0)\approx M\left.\frac{\partial(\Delta\phi)}{\partial M}\right|_{M=0}&=\frac{4GM}{b}\\&=\frac{4GM}{bc^2}.\end{aligned} \tag{9.143}$$

偏转角与 $b$ 成反比, 离星体越近, 受星体影响越大, 则偏转角越大. 另一方面, 它与 $M$ 成正比, 星体质量越重, 光线偏折越明显. 它也与牛顿引力常数成正比, 牛顿引力耦合常数越大, 引力越强, 因此偏转角越大.

下面我们介绍另一种处理方法, 与讨论行星近日点进动一致. 由零测地线方程, 我们知道

$$\frac{\mathrm{d}^2x}{\mathrm{d}\phi^2}+x=\alpha x^2, \tag{9.144}$$

其中 $\alpha=\dfrac{3R_s^2}{4L^2}$. 在牛顿引力中, 右边的项不存在, 所以

$$x=\frac{1}{D}\sin(\phi-\phi_0), \tag{9.145}$$

这其实就是

$$r = \frac{b}{\sin(\phi - \phi_0)}. \tag{9.146}$$

这里用到了 $x = \dfrac{2L^2}{R_s r}$ 和 $D = \dfrac{R_s}{2EL}$, 它描述的正是直线. 而方程 (9.144) 右边的项可以当作扰动项, 所以可以令 $x = x_0 + \alpha x_1$, 其中 $x_0 = \dfrac{\sin\phi}{D}$ (取 $\phi_0 = 0$) 而

$$x_1'' + x_1 = x_0^2 = \frac{\sin^2\phi}{D^2}. \tag{9.147}$$

这个方程的解为

$$x_1 = \left(1 + C\cos\phi + \frac{1}{3}\cos 2\phi\right)/2D^2, \tag{9.148}$$

其中 $C$ 是一个常数. 由于 $\alpha/D = 3R_s/2b \ll 1$, 把 $x_1$ 当作扰动是合理的. 最终有

$$x \approx \frac{\sin\phi}{D} + \frac{\alpha(1 + C\cos\phi + \frac{1}{3}\cos 2\phi)}{2D^2}. \tag{9.149}$$

渐近地, $r \to \infty$, 所以 $x \to 0$, 从上面解的右边可得

$$\phi = -\epsilon_1, \quad \phi = \pi + \epsilon_2. \tag{9.150}$$

由于 $\epsilon_1$ 和 $\epsilon_2$ 都很小, 有

$$\begin{aligned} -\frac{\epsilon_1}{D} + \frac{\alpha}{2D^2}\left(\frac{4}{3} + C\right) &= 0, \\ -\frac{\epsilon_2}{D} + \frac{\alpha}{2D^2}\left(\frac{4}{3} - C\right) &= 0. \end{aligned} \tag{9.151}$$

最终, 总的偏转角为

$$\delta\phi = \epsilon_1 + \epsilon_2 = \frac{4\alpha}{3D} = \frac{4GM}{b}. \tag{9.152}$$

上面的讨论只有在光线偏折较小时, 近似条件才适用. 对于更一般的情形, 我们必须从关系式 (9.144) 出发做适当的讨论.

如果我们取入射参数为太阳半径, $b = R_\odot$, 质量取太阳质量, $M = M_\odot$, 则 $\delta\phi \approx 1.75''$. 1919 年 3 月 29 日, 利用日全食现象, 爱丁顿 (Eddington) 和戴森

(Dyson) 爵士领导的观测组在巴西的 Sobral 和几内亚湾的 Principle 岛上分别测量了光线偏折的现象, 他们得到的两组结果为

$$\begin{aligned}\delta\phi &= 1.98'' \pm 0.12''(\text{Sobral}),\\ \delta\phi &= 1.60'' \pm 0.3''(\text{Principle}).\end{aligned} \tag{9.153}$$

爱丁顿爵士随后宣称确认了广义相对论的预言①.

1969 年以后, 随着射电天文学的发展, 人们可以探测非可见光的射电源产生的电磁波信号在太阳的影响下发生的偏折, 这样并不需要发生日全食就可以做出精确的测量. 例如每年 10 月 8 日, 类星体 3C 279 都被太阳遮住, 电波的折射可以与该类星体附近 (10°以外) 的 3C 273 的电波做比较. 对其他的类星体也可以做类似的观测. 理论与实验的误差在百分之几的范围内. 进一步地, 利用甚长基线干涉仪 (Very Long Baseline Interferometer) 来测量当射电类星体发射的电磁波经过太阳时的光线偏折, 可以发现 $10^{-4}$ 弧秒的微小变化. 观测与理论预言有非常好的一致性.

最后, 我们讨论雷达回波延迟实验. 这个实验的基本想法是: 一个雷达信号从处于史瓦西时空径向位置 $R_{\mathrm{E}}$ 的地球上发出, 经过太阳到达处于半径 $R_{\mathrm{P}}$ 的行星上, 之后该雷达信号沿相同的路径回到地球, 如图 9.6 所示. 由于光线偏折, 雷达信号传播的时间延迟了. 这就是雷达回波延迟, 或者也称为引力时间延迟. 这个实验最早是由夏皮罗 (Shapiro) 在 1964 年提出的. 对此现象我们可以做定量的分析. 利用史瓦西坐标,

$$\frac{\mathrm{d}t}{\mathrm{d}r} = \left(1-\frac{R_{\mathrm{s}}}{r}\right)^{-1}\left(1-\left(1-\frac{R_{\mathrm{s}}}{r}\right)\frac{b^2}{r^2}\right)^{-1/2}. \tag{9.154}$$

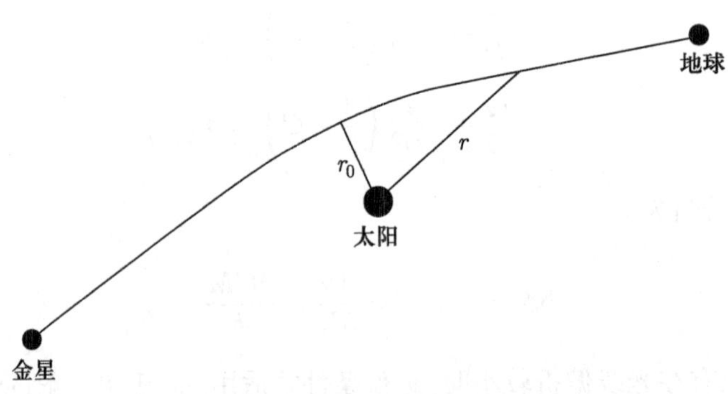


图 9.6 雷达回波实验示意图.

①现代的科学史研究人员对当时的技术条件能否达到此精度表示怀疑, 特别是当时拍到的照片数目不多. 后来人们发现基于日全食的光线偏折实验精度较低.

这里的坐标时是相对于无穷远观测者而言, 他看到雷达信号单程经过的时间是

$$\frac{1}{2}\Delta t=\left(\int_{R_{\mathrm{E}}}^{R_0}\mathrm{d}r+\int_{R_0}^{R_{\mathrm{P}}}\mathrm{d}r\right)\left(1-\frac{R_{\mathrm{s}}}{r}\right)^{-1}\left(1-\left(1-\frac{R_{\mathrm{s}}}{r}\right)\frac{b^2}{r^2}\right)^{-\frac{1}{2}}.$$

如果没有太阳, $M=0$ 而 $b=R_0$, 经过的时间是

$$\begin{aligned}\frac{1}{2}\Delta t_0&=\left(\int_{R_{\mathrm{E}}}^{R_0}\mathrm{d}r+\int_{R_0}^{R_{\mathrm{P}}}\mathrm{d}r\right)\left(1-\frac{R_0^2}{r^2}\right)^{-1/2}\\&=\left(\int_{R_{\mathrm{E}}}^{R_0}+\int_{R_0}^{R_{\mathrm{P}}}\right)\frac{r\mathrm{d}r}{\sqrt{r^2-R_0^2}}\\&=\sqrt{R_{\mathrm{E}}^2-R_0^2}+\sqrt{R_{\mathrm{P}}^2-R_0^2},\end{aligned}\tag{9.155}$$

被延迟的时间是

$$\delta t=\Delta t(M)-\Delta t_0\approx M\left(\frac{\partial\Delta t}{\partial M}\right)\bigg|_{M=0},\tag{9.156}$$

最终, 我们得到

$$\begin{aligned}\Delta t=2(\sqrt{R_{\mathrm{E}}^2-R_0^2}+\sqrt{R_{\mathrm{P}}^2-R_0^2})+R_{\mathrm{s}}\Bigg[2\ln\left(\frac{R_{\mathrm{E}}+\sqrt{R_{\mathrm{E}}^2-R_0^2}}{R_0}\right)\\+2\ln\left(\frac{R_{\mathrm{P}}+\sqrt{R_{\mathrm{P}}^2-R_0^2}}{R_0}\right)+\left(\frac{R_{\mathrm{E}}-R_0}{R_{\mathrm{E}}+R_0}\right)^{1/2}+\left(\frac{R_{\mathrm{P}}-R_0}{R_{\mathrm{P}}+R_0}\right)^{1/2}\Bigg],\end{aligned}$$

右边的前两项来自于 $\Delta t_0$. 由于 $R_{\mathrm{E}},R_{\mathrm{P}}\gg R_0$, 所以

$$\delta t=\frac{4GM}{c^3}\left(\ln\left(\frac{2R_{\mathrm{E}}}{R_0}\right)+\ln\left(\frac{2R_{\mathrm{P}}}{R_0}\right)+1\right).\tag{9.157}$$

注意在上面的讨论中, 我们需要变化 $M$ 而比较拥有相同 $R_0$ 而非 $b$ 的测地线. 与光线偏折的情况不同, 即使在 $M$ 的第一阶, 当 $M$ 变化时保持哪一个量不变会影响到最终的结果. 前面的讨论是对坐标时而言, 对于地球上的观测者, 经过的时间与坐标时不同. 在地球上测量到的延迟时间为

$$\delta\tau=(1-R_{\mathrm{s}}/R_{\mathrm{E}})^{1/2}\delta t.\tag{9.158}$$

实际上, 对 $R_0,R_{\mathrm{E}},R_{\mathrm{P}}$ 的精确确定是困难的, 我们能做的是得到一个 $\Delta\tau$ 如何随时间变化 (由于地球和行星都是不停运动的) 的公式, 而把所有参数当作未知的, 再通过数据做最佳拟合, 从而确定这些参数.

实际上观测有两类, 一类是 “被动型”, 即等待着合适的时机在其他行星、太阳和地球之间开展雷达回波实验. 通常选择的行星是金星. 理论预言是 $\delta\tau\approx 220\ \mu\mathrm{s}$.

夏皮罗分别在 1968 年和 1971 年的实验得到了与理论偏差约 2% 的符合. 另一类实验是所谓的 "主动型", 即人类利用航天飞船, 在地球和航天飞船间开展雷达回波实验. 安德森首先在 1975 年利用航天飞船做了实验. 夏皮罗分别在 1977 年和 1979 年利用 "海盗号" 宇宙飞船做了实验, 得到结果与理论预言偏差仅为约 0.1%. 在 2002 年, 研究人员利用 "卡西尼号" 飞船进行了实验, 进一步把理论与实验的偏差缩小到十万分之一.

### 9.4.5 引力时钟效应

前面介绍的是关于广义相对论的经典实验检验. 实际上人们设计了其他的一些实验来验证广义相对论. 在本节中我们介绍引力时钟效应. 这个效应的基本想法是不同观测者运动状态不同, 他们携带的钟测量到的固有时也会有所差异. 考虑在赤道上两个同时的钟, 一个放到宇宙飞船上绕地球运动, 另一个在地面上保持不动. 由于 $\theta=\pi/2, r=$ 常数, 有

$$\mathrm{d}s^2=-\left(1-\frac{2GM}{rc^2}\right)c^2\mathrm{d}t^2+r^2\mathrm{d}\phi^2=-c^2\mathrm{d}\tau^2. \tag{9.159}$$

在地面上的观测者 $A$ 随着地球以角速度 $\omega=\dfrac{\mathrm{d}\phi}{\mathrm{d}t}$ 运动①, 所以

$$\mathrm{d}\tau_A^2=\left(1-\frac{2GM}{Rc^2}-\frac{R^2\omega^2}{c^2}\right)\mathrm{d}t^2, \tag{9.160}$$

其中 $R$ 是地球半径. 由于

$$\frac{2GM}{Rc^2}\ll 1,\quad \frac{R^2\omega^2}{c^2}\ll 1, \tag{9.161}$$

有

$$\delta\tau_A=\left(1-\frac{GM}{Rc^2}-\frac{R^2\omega^2}{2c^2}\right)\delta t. \tag{9.162}$$

而在宇宙飞船上的时钟 $B$, 其离地面的高度为 $h\ll R$, 以相对于地面的速度 $v$ 运动. 相对于无穷远静止参考系, 其运动速度约为 $v+(R+h)\omega$, 所以

$$\mathrm{d}\tau_B^2=\left(1-\frac{2GM}{(R+h)c^2}-\frac{(v+(R+h)\omega)^2}{c^2}\right)\mathrm{d}t^2. \tag{9.163}$$

考虑到 $h\ll R, h\omega\ll v$, 有

$$\delta\tau_B=\left(1-\frac{GM}{(R+h)c^2}-\frac{v^2+R^2\omega^2+2R\omega v}{2c^2}\right)\delta t. \tag{9.164}$$

---

①在本节中我们不考虑地球转动对时空的影响, 仍然假定地球的外部时空几何可以用史瓦西度规来描述. 后面我们将考虑地球转动的影响.

对于无穷远观测者, 他看到 $A$ 和 $B$ 在某时刻分开, 然后经过若干时间 $\delta t$ 后重逢, 由此, 我们得到两个钟的差异:

$$\delta\tau_A - \delta\tau_B = \left(-\frac{GMh}{R^2c^2} + \frac{(2R\omega + v)v}{2c^2}\right)\delta t. \tag{9.165}$$

定义一个刻画时钟偏差的量

$$\Delta \equiv \frac{\delta\tau_A - \delta\tau_B}{\delta\tau_A}. \tag{9.166}$$

如果飞船向东运动, 且有 $h = 10^4$ m, $v = 300$ m $\cdot$ s$^{-1}$, 则 $\Delta_{\mathrm{E}} = 1.0 \times 10^{-12}$. 而如果飞船向西运动, 则 $\Delta_{\mathrm{W}} = -2.1 \times 10^{-12}$. 我们现在拥有的铯原子钟的精度可以达到 $10^{-13}$ s. 1970 年, 哈菲勒和吉蒂实验组的实验表明, 确实存在着引力时钟效应, 实验与理论预言的偏差约 10%.

### 9.4.6 后牛顿参数化极限

如果我们从实验出发来考虑是否存在着对广义相对论的修改, 可以考虑在研究得较好的太阳系实验. 前面我们看到, 在广义相对论中球对称的解是史瓦西时空. 但是如果不考虑具体的理论, 而考虑一个更一般的静态球对称时空, 其度规可写作

$$\mathrm{d}s^2 = -B(r)\mathrm{d}t^2 + A(r)\mathrm{d}r^2 + r^2(\sin^2\theta\mathrm{d}\phi^2 + \mathrm{d}\theta^2), \tag{9.167}$$

在太阳系中可以定义唯一的无量纲量

$$x \equiv \frac{GM_\odot}{rc^2}, \tag{9.168}$$

则上面度规中的待定函数可以展开为

$$\begin{aligned} B(r) &= 1 - 2\alpha x + 2(\beta - \gamma)x^2 + \cdots, \\ A(r) &= 1 + 2\gamma x + \cdots, \end{aligned} \tag{9.169}$$

其中 $\alpha, \beta, \gamma$ 称为后牛顿化参数. 在广义相对论中, $\alpha = 1, \gamma = 1, \beta = 1$. 从前面对牛顿极限的讨论知道, 度规场的 (00) 分量与牛顿引力势相关. 如果高阶修正项非零, 这意味着有超出广义相对论的修正项. 上述的参数化方式称为后牛顿参数化 (parametrized post-Newtonian, 简记为 PPN). 上面的线元也可以利用各向同性坐标写作①

$$\begin{aligned} \mathrm{d}s^2 = &-\left(1 - 2\alpha\frac{GM_\odot}{\rho c^2} + 2\beta\left(\frac{GM_\odot}{\rho c^2}\right)^2 + \cdots\right)\mathrm{d}t^2 \\ &+ \left(1 + 2\gamma\frac{GM_\odot}{\rho c^2} + \cdots\right)(\mathrm{d}x^2 + \mathrm{d}y^2 + \mathrm{d}z^2). \end{aligned}$$

①该展开最早由爱丁顿和罗伯特森提出.

利用这个度规, 我们可以区分不同的引力理论. 对球对称时空, 这是一个标准化的参数化方法. 如果我们关心对广义相对论的修正, 不妨设 $\alpha = 1$. 假定粒子的运动总是测地运动, 因此基于以上度规可以重新讨论上面的行星进动、光线偏折等实验. 对于行星近日点进动, 在上面的时空中, 进动角为

$$\delta\phi_{\text{prec}} = \frac{1}{3}(2 + 2\gamma - \beta)\frac{6\pi GM}{c^2 a(1 - e^2)}. \tag{9.170}$$

而对于光线偏折, 如果入射参数仍为 $b$, 偏转角为

$$\delta\phi_{\text{def}} = \frac{1 + \gamma}{2}\frac{4GM}{c^2 b}. \tag{9.171}$$

最后, 对于引力导致的光线时间延迟, 有

$$\Delta t_{\text{延迟}} = \frac{1 + \gamma}{2}\frac{4GM}{c^3}\left[\ln\left(\frac{4R_{\text{E}}R_{\text{P}}}{R_0^2}\right) + 1\right]. \tag{9.172}$$

利用光线通过太阳产生的偏折对 PPN 参数给出了限制.

$$\gamma = 1.007 \pm 0.009. \tag{9.173}$$

利用时间延迟也可以给出限制. 如利用航天飞船 “维京号” 的实验给出

$$\gamma = 1.000 \pm 0.001, \tag{9.174}$$

而利用 “卡西尼号” 在 2002 年 6 月 6 日至 7 月 7 日间的实验给出

$$\gamma = 1 + (2.1 \pm 2.3) \times 10^{-5}. \tag{9.175}$$

利用水星近日点进动给出的限制为

$$\beta = 1.000 \pm 0.003. \tag{9.176}$$

利用其他试验, 如 Gravity Probe B, 可以对 PPN 参数给出限制.

另一方面, PPN 极限可以看作球对称时空严格解的近似. 实际上, 对双星甚至双黑洞系统, 其中的相对论性效应很强, 但是仍然可以通过发展 PPN 高阶修正很好地描述其中的物理现象. 这在最近引力波的研究中发挥了重要作用.

## §9.5 测地进动

上一节对广义相对论实验检验的讨论都是基于对太阳系中行星运动的传统天文观测. 实际上, 随着航空技术的进步, 人们设计了更加精巧的实验来验证广义相对论. 本节将讨论如何利用陀螺仪来检验引力的相对论效应.

在弯曲时空中, 一个矢量沿着闭合路径平行移动回到起点, 移动后的矢量与原来的矢量是不同的. 矢量间的差异反映了时空的弯曲程度. 这提供了我们研究时空弯曲的一个新思路. 比如说, 我们可以研究转动刚体的自旋矢量的变化.

一个具有自旋 (spin) 的小探测体称为陀螺仪. 我们知道如果忽略引力的影响, 在一个无摩擦支架上的陀螺仪的自旋方向不随支架的移动而变化, 也就是说陀螺仪的自旋是平行移动的. 然而由于陀螺仪是一个有尺度的物体, 由于引潮力会导致一个潮汐扭矩, 它将导致陀螺仪的自旋并非严格的平行移动, 而会发生进动①. 我们希望探测的是爱因斯坦广义相对论所预言的相对论进动, 这个进动非常微小. 如果上述的潮汐进动无法避免, 它将完全覆盖掉相对论进动效应. 为此, 我们必须选择严格球对称的陀螺仪, 此时, 潮汐进动可以被避免②. 因此, 在下面的讨论中我们忽略掉陀螺仪本身的尺度, 而把它当作是有自旋的点粒子来处理.

一个处于自由落体运动的物体, 其运动方程是测地线运动

$$\frac{\mathrm{d}u^\alpha}{\mathrm{d}\tau}+\Gamma^\alpha_{\beta\gamma}u^\beta u^\gamma=0. \tag{9.177}$$

而伴随着陀螺的是其自旋矢量, 这是一个类空 4-矢 $\hat{s}(\tau)$. 在陀螺的局部惯性系中, 有

$$\begin{cases} s^\alpha=(0,\boldsymbol{s}),\\ u^\alpha=(1,\boldsymbol{0}) \end{cases} \Rightarrow \hat{s}\cdot\hat{u}=0. \tag{9.178}$$

由于这个关系是一个标量关系, 在任何参考系中都应该成立. 而自旋矢量本身的大小 $s_*=(\boldsymbol{s}\cdot\boldsymbol{s})^{1/2}$ 是一个运动常数, 与陀螺的自旋角动量有关③. 对于一个角动量幅度为常数的物体, 其角动量方向的运动称为进动.

我们先考虑陀螺仪方程. 这是陀螺仪自旋矢量应该满足的方程. 在局部惯性系中, 我们有 $\dfrac{\mathrm{d}s^\alpha}{\mathrm{d}\tau}=0$. 在弯曲时空中, 我们需要把偏导数换成协变导数: $\dfrac{\mathrm{d}}{\mathrm{d}\tau}\to\dfrac{\mathrm{D}}{\mathrm{d}\tau}$. 利用等效原理可得到所谓的陀螺仪方程.

**陀螺仪方程**

$$\frac{\mathrm{d}s^\alpha}{\mathrm{d}\tau}+\Gamma^\alpha_{\beta\gamma}s^\beta u^\gamma=0. \tag{9.179}$$

这个方程是 $\hat{s}$ 的线性方程, 与其大小无关, 而只与其方向相关. 实际上, 这个方程告诉我们 $\hat{s}$ 是如何沿着测地线平行移动的. 因此, $(\hat{s}\cdot\hat{s})$ 和 $(\hat{s}\cdot\hat{u})$ 沿着测地线都是保持不变的.

①一个熟知的例子是地球自旋的二分点进动, 它来自于太阳和月亮的引潮力作用在地球赤道的凸起部分上. 如果地球是严格的球形, 这个效应将消失.

②在 Gravity Probe B 实验中, 陀螺仪的球对称性必须保持在百万分之一的精度内.

③注意这里的自旋角动量是一个经典概念, 即陀螺仪本身的转动角动量, 与量子力学中的自旋不同.

下面我们讨论测地进动 (geodesic precession) 现象. 考虑一个球对称的时空及其中的一个圆周轨道. 我们集中讨论在 $\theta = \pi/2$ 的平面上半径为 $R$ 的圆周运动. 此时有

$$u^\phi = \frac{\mathrm{d}\phi}{\mathrm{d}\tau} = \frac{\mathrm{d}\phi}{\mathrm{d}t}\frac{\mathrm{d}t}{\mathrm{d}\tau} = \Omega u^t, \quad \Omega^2 = \frac{GM}{R^3}, \tag{9.180}$$

所以粒子的 4-速度为

$$\begin{aligned} u^\mu &= u^t(1,0,0,\Omega), \\ u^t &= (1 - 3GM/R)^{-1/2}. \end{aligned} \tag{9.181}$$

由陀螺仪方程可知

$$\frac{\mathrm{d}s^\theta}{\mathrm{d}\tau} = 0. \tag{9.182}$$

假定在赤道面上, $\boldsymbol{s}$ 初始时都指向 $r$ 方向, $s^\theta(0) = 0$, 我们总有自旋矢量保持在赤道面上,

$$s^\theta = 0. \tag{9.183}$$

再考虑到 $\hat{s}\cdot\hat{u} = 0$, 我们得到

$$s^t = R^2\Omega\left(1 - \frac{2GM}{R}\right)^{-1} s^\phi. \tag{9.184}$$

这样陀螺仪方程变为

$$\begin{aligned} \frac{\mathrm{d}s^r}{\mathrm{d}t} - (R - 3GM)\Omega s^\phi &= 0, \\ \frac{\mathrm{d}s^\phi}{\mathrm{d}t} + \frac{\Omega}{R}s^r &= 0. \end{aligned} \tag{9.185}$$

由这两个方程可以得到一个二阶微分方程

$$\frac{\mathrm{d}^2 s^\phi}{\mathrm{d}t^2} + \left(1 - \frac{3GM}{R}\right)\Omega^2 s^\phi = 0. \tag{9.186}$$

利用新参量 $\Omega'^2 = \left(1 - \dfrac{3GM}{R}\right)\Omega^2$, 上面方程的解可以写作

$$\begin{aligned} s^r(t) &= s_*\left(1 - \frac{2GM}{R}\right)^{1/2}\cos(\Omega' t), \\ s^\phi(t) &= -s_*\left(1 - \frac{2GM}{R}\right)^{1/2}\left(\frac{\Omega}{\Omega' R}\right)\sin(\Omega' t). \end{aligned} \tag{9.187}$$

陀螺仪经过一个周期 $P = 2\pi/\Omega$ 后回到起点, 然而其自旋矢量的指向并未回到初始状态, 而是与原方向有一个夹角. 经过一个周期后自旋矢量转动的角度满足

$$\cos\Delta\phi = [\hat{e}_r \cdot \left(\frac{\hat{s}(t)}{s_*}\right)]_{t=P} = \cos\left[2\pi\left(1 - \frac{3GM}{R}\right)^{1/2}\right], \tag{9.188}$$

因此, 经过一个周期后夹角为

$$\Delta\phi = 2\pi[1 - (1 - 3GM/R)^{1/2}]. \tag{9.189}$$

这里得到的角度是对于无穷远观测者而言的, 然而由于圆周运动时速度与径向垂直, 因此与陀螺仪随动的观测者发现的偏转角一样. 在太阳系中, 由于 $GM/R \ll 1$, 我们有

$$\Delta\phi \approx 2\pi\left(\frac{3GM}{2R}\right) = \frac{3\pi GM}{c^2 R}. \tag{9.190}$$

对于地球绕太阳的运动, 每年只有 $0.019''$ 的偏离, 这个值太小了, 无法观测. 然而, 我们可以利用环绕地球的卫星来做实验.

对于一个掠过地球表面的卫星, 其周期是 $\tau = 2\pi\sqrt{\frac{R_\oplus^3}{GM}}$, 因此每年自旋矢量的进动角累加为

$$\Delta\phi|_{一年} \approx \frac{3(GM_\oplus)^{3/2}}{2c^2}\frac{1}{R_\oplus^{5/2}}. \tag{9.191}$$

地球的半径大约是 $R_\oplus = 6.38 \times 10^3$ km, 卫星绕地球的周期大约是 84.5 min, 每年卫星可以绕地球 $6.2 \times 10^3$ 次, 所以每年自旋矢量的进动角为 $8.4''$. 而对于轨道半径 $R > R_\oplus$ 的卫星, 其上陀螺仪自旋矢量每年的进动角

$$\Delta\phi|_{一年} \approx \frac{3(GM_\oplus)^{3/2}}{2c^2}\frac{1}{R_\oplus^{5/2}}\left(\frac{R_\oplus}{R}\right)^{5/2}. \tag{9.192}$$

如果卫星的高度为 650 km, 陀螺仪每年的进动角为 $\Delta\phi = 6.6''$. 由于地球的旋转, 这个值会有一点小的修正. 尽管这个值很小, 利用 Gravity Probe B 可以测量, 精度偏差可以达到 0.01%. 实际测量的精度偏差为 0.28%, 与理论的预言符合得很好.

测地进动也被称为德西特–福克尔 (de Sitter-Fokker) 效应, 最早由德西特在 1916 年提出. 他最初的想法是考虑地球–月球系统在太阳引力场中的测地进动. 地月系统可以看作在太阳引力场中自由下落的陀螺仪. 这个陀螺仪的自转轴是月球的地心轨道轴, 在太阳引力下会发生进动, 进动率为每年 $0.0192''$. 尽管这个进动非常微小, 但可以通过月球激光测距来探测. 通过激光测距对月球近地点方向的精确测量, 证实了测地进动, 精度偏差大约在 0.7%.

## §9.6 相对论性天体物理

在天体物理中，很多时候只需要牛顿引力就足够了. 然而对于中子星这样的星体，其相对论性效应可能非常显著，需要在广义相对论的框架下讨论问题. 本节基于史瓦西时空简单地介绍几种可能的相对论性效应.

### 9.6.1 引力透镜效应

引力透镜效应在天文学和宇宙学中有非常重要的物理意义. 利用它我们可以了解源和"透镜"的物理性质，也可以研究时空的大尺度结构. 引力透镜效应的物理原理非常简单: 由于光在引力场中的偏折导致我们观测到的像与源比较发生了变化，而产生引力场的星体或者星系的作用类似于一个透镜.

前面的研究告诉我们，在史瓦西时空中，光线的偏转角是 $\alpha = \dfrac{4GM}{c^2 b} = \dfrac{2R_s}{b}$，其中 $R_s$ 是史瓦西半径 $R_s = \dfrac{2GM}{c^2}$. 如果引力透镜效应是通过宇宙学尺度下的星系产生，则一些典型尺度如下:

$$M \sim 10^{11} M_{\odot}, \quad R_s \sim 10^{11}\ \text{km}, \tag{9.193}$$

$$D_S \sim D_L \sim D_{LS} \sim 1\ \text{Gpc} \sim 3 \times 10^{22}\ \text{km}. \tag{9.194}$$

其中 $D_S$ 是源到观测者间的距离，$D_L$ 是透镜到观测者的距离，$D_{LS}$ 是透镜到源的距离. 这里用到的长度单位 pc 是星系和星系外 (extragalatic) 天文学中的标准单位①

$$1\ \text{pc} = 3.086 \times 10^{13}\ \text{km}, \quad \text{或者}\ \ 3.262\ \text{ly}. \tag{9.195}$$

星系中两颗恒星的典型距离是几个 pc，星系的典型大小是 kpc (1000 pc) 尺度，星系间的典型距离是 Mpc ($10^6$ pc) 尺度，而我们可见宇宙的大小是 Gpc ($10^9$ pc) 尺度.

在对引力透镜效应的实际讨论中，由于 $R_s \ll D_L, D_S, D_{LS}$，我们经常使用所谓的"薄透镜近似":

(1) 在远离透镜的地方光线直线传播，

(2) 所有的偏转发生在透镜处，

(3) 源和透镜都近似为点.

如图 9.7 所示，实际上 $\alpha, \theta_S, \theta_I$ 都非常小，由此可以很容易得到透镜方程

①一个 pc 的定义为: 以这个长度为半径，太阳与地球间的距离为弧长，可张成 1 弧秒的角度.

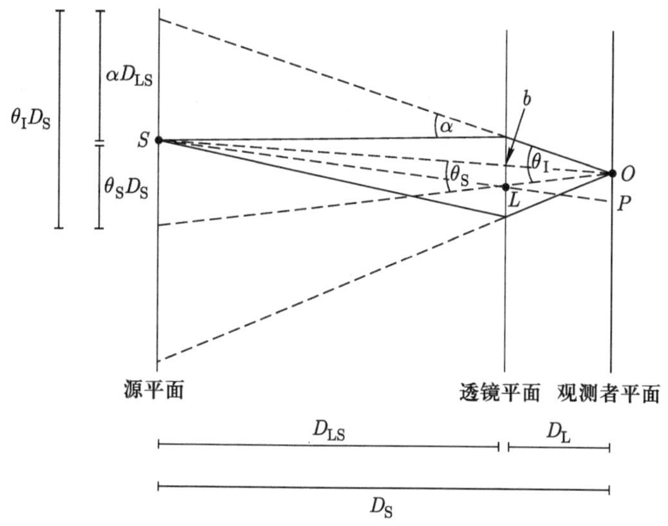


图 9.7 薄透镜近似下的引力透镜效应示意图. 其中 $O$ 代表观测者, $S$ 代表源, 而 $L$ 代表透镜.

$$\theta_{\mathrm{I}} D_{\mathrm{S}} = \theta_{\mathrm{S}} D_{\mathrm{S}} + \alpha D_{\mathrm{LS}}. \tag{9.196}$$

由于 $b \approx \theta_{\mathrm{I}} D_{\mathrm{L}}$, 有

$$\theta_{\mathrm{I}} = \theta_{\mathrm{S}} + \frac{\theta_{\mathrm{E}}^2}{\theta_{\mathrm{I}}}, \tag{9.197}$$

其中

$$\theta_{\mathrm{E}} = \left(2R_{\mathrm{s}} \frac{D_{\mathrm{LS}}}{D_{\mathrm{S}} D_{\mathrm{L}}}\right)^{1/2} \tag{9.198}$$

称为爱因斯坦角. 当 $D_{\mathrm{S}} \sim D_{\mathrm{LS}} \gg D_{\mathrm{L}} = D$, 即透镜离我们较近时, $\theta_{\mathrm{E}}^2 \approx \dfrac{2R_{\mathrm{s}}}{D}$.

我们先考虑一个特殊的例子. 当源、透镜和观测者在同一条直线上时, $\theta_{\mathrm{S}} = 0$, 所以 $\theta_{\mathrm{I}} = \theta_{\mathrm{E}}$. 观测者看到的像是在一个圆环上, 称为爱因斯坦环 (Einstein ring). 如图 9.8 所示, $\theta_{\mathrm{E}}$ 给出了引力透镜现象中典型的角尺度. 易见, 它只依赖于源与透镜、观测者间的距离, 以及透镜的质量. 如果 "透镜" 质量接近于太阳质量, $M \sim M_{\odot}, R_{\mathrm{s}} \sim 1$ km, 而观测者、透镜与源之间的距离是星系的尺度, $D_{\mathrm{L}} \sim D_{\mathrm{S}} \sim D_{\mathrm{LS}} \sim 10$ kpc $\sim 10^{17}$ km, 则 $\theta_{\mathrm{E}} \sim (10^{-3})''$ 非常小, 远远超出了望远镜的分辨率. 这种在星系内由太阳质量大小的星体产生的透镜现象称为微透镜 (microlensing). 此时, 即使无法通过角分辨率区分像, 但是由于透镜和源的相对运动, 像的亮度会随时间变化. 微引力透镜的一个重要应用是研究所谓的晕内大质量高密度天体 (massive astrophysical compact halo objects, 简记为 MACHO). 这些木星大小物体, 可以是白矮星、中子星或者黑洞. 它们的质量可以是 $10^{-2}$ 至几个 $M_{\odot}$. 这类天体可以解释星系晕中的暗物质. 由于它们是暗的, 很少甚至不发光, 很难被探测到. 引力相互作用导致的微透镜效应可以帮助我们探测它们.

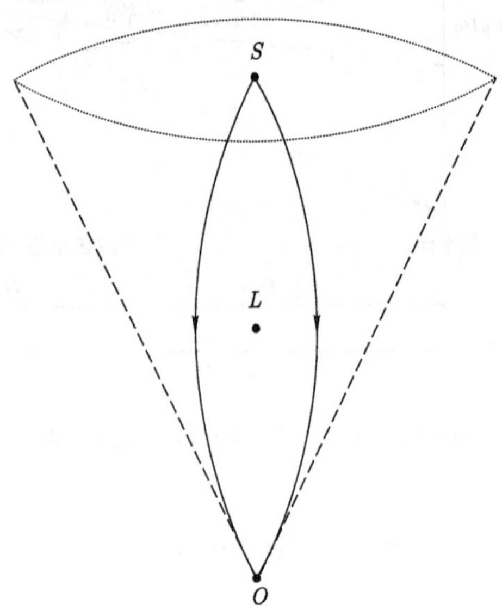


图 9.8 爱因斯坦环的示意图. 其中 $O$ 代表观测者, $S$ 代表源, 而 $L$ 代表透镜.

而对于质量 $M \sim 10^{11} M_{\odot}$ 的透镜, $\theta_{\mathrm{E}} \sim 1''$, 这就是宏透镜 (macrolensing). 在宇宙学中可以利用哈勃定律来帮助我们确定透镜, 如类星体的质量. 由哈勃定律①

$$cz_{\mathrm{L}} = H_0 D_{\mathrm{L}}, \quad cz_{\mathrm{S}} = H_0 D_{\mathrm{S}}, \tag{9.199}$$

其中 $H_0$ 是哈勃常数, 我们可以得到透镜的质量

$$M = \frac{c^3}{4GH_0} \frac{z_{\mathrm{S}} z_{\mathrm{L}}}{z_{\mathrm{S}} - z_{\mathrm{L}}} \theta_{\mathrm{E}}^2. \tag{9.200}$$

一般而言, 源、透镜和观测者不在一条直线上, 此时, 观测者会看到两个像, 相对角度为

$$\theta_{\pm} = \frac{1}{2}[\theta_{\mathrm{S}} \pm (\theta_{\mathrm{S}}^2 + 4\theta_{\mathrm{E}}^2)^{1/2}], \tag{9.201}$$

显然 $\theta_{-} < \theta_{\mathrm{E}}$ 而 $\theta_{+} > \theta_{\mathrm{E}}$. 如果透镜是透明、扩展的, 则来自于源的光线可能直接穿透透镜, 观测者就可以看到奇数个像. 从上面的公式可以看出 $\theta_{\pm}$ 与光的频率无关, 因此是无色差的.

①对哈勃定律的讨论见最后一章关于宇宙学的内容.

对于有限角尺度的像, 其形状和亮度都是引力透镜中最重要的性质, 其角分布的大小为

$$\Delta\theta_{\pm}=\frac{1}{2}\left(1\pm\frac{\theta_{\rm S}}{(\theta_{\rm S}^2+4\theta_{\rm E}^2)^{1/2}}\right)\Delta\theta_{\rm S}, \tag{9.202}$$

其中 $\Delta\theta_{\rm S}$ 是源本身的角分布. 而在亮度方面, 亮度与像张成的立体角成正比, 与 $\theta_+$ 相应的像亮度更大, 即 $I_+>I_-$, 而总的亮度与原来源的亮度之比为

$$\begin{aligned}\frac{I_{\rm tot}}{I_*}&=\frac{\sin\theta_+\Delta\theta_++\sin\theta_-\Delta\theta_-}{\sin\theta_{\rm S}\Delta\theta_{\rm S}}\approx\frac{\theta_+\Delta\theta_++\theta_-\Delta\theta_-}{\theta_{\rm S}\Delta\theta_{\rm S}}\\&=\frac{1}{2}\left(\frac{\theta_{\rm S}}{(\theta_{\rm S}^2+4\theta_{\rm E}^2)^{1/2}}+\frac{(\theta_{\rm S}^2+4\theta_{\rm E}^2)^{1/2}}{\theta_{\rm S}}\right)>1.\end{aligned} \tag{9.203}$$

也就是说, 引力透镜效应总是提高源的亮度. 当 $\theta_{\rm S}\approx 0$ 时, 亮度的提高是惊人的.

### 9.6.2 吸积盘

引力中相对论性效应是通过无量纲量 $\dfrac{GM}{Rc^2}$ 来标志的. 对于太阳, 这个量是 $10^{-6}$, 非常小, 但仍然有各种观测效应. 实际上, 太阳系中各种广义相对论的检验试验是我们能够拥有的尺度最大的直接观测实验. 对于球对称黑洞, 这个量取上限为 0.5, 而对于中子星, 这个量大约是 0.2. 这两者中引力的相对论性效应都是非常重要的, 无法忽视. 为了讨论方便, 这里不考虑旋转, 仍然可以用史瓦西度规来描述时空几何. 在这种致密天体附近的物质, 比如说一颗伴星, 将受到引力的作用被吸引到致密天体上, 这个过程称为吸积 (accretion) . 如果是双星系统, 轨道能量会通过引力波辐射释放出去, 轨道的大小因此发生改变.

更一般地, 伴星的质量远小于致密天体, 如黑洞, 因此其外层物质 (主要是气体) 被黑洞吸引过去, 其质量被加到了黑洞上. 然而由于角动量守恒, 这些物质并不是直接掉到黑洞里, 而是在黑洞外面形成吸积盘. 在吸积盘中有很丰富的物理过程, 存在各种耗散机制使其中的粒子损失能量和角动量而最终被致密天体吞噬. 通过对粒子测地线的研究, 我们知道存在着最内层稳定圆周轨道, 超过它以后粒子就无法摆脱吸引而很快地掉到黑洞中. 在粒子的能量损耗中, 如果致密天体拥有太阳大小的质量, 则辐射主要集中在 X 射线波段. 如果黑洞是超大质量的, 比如说在星系核心处的黑洞, 可能具有 $10^6\sim 10^9\ M_\odot$, 则吸积盘的温度要冷得多. 对它的研究将有助于了解活动星系核, 如类星体的物理.

实际上, 在吸积盘中的气体以圆周轨道运动. 磁流体力学 (magnetohydrodynamic) 不稳定性造成湍流, 其黏滞性将会使气体慢慢损失角动量. 由此, 气体慢慢向内运动, 损失引力势而被加热. 最终, 气体中粒子的角动量损失到无法让粒子保持在最内层稳定圆周轨道上, 粒子将做螺旋运动很快地被中心物体捕获. 我们可以

估算一下粒子的辐射效率. 最大的效率由粒子在最内层稳定圆周轨道上的引力束缚能与粒子的静止质量之比给出. 这相当于粒子静止地从无穷远损失能量到达最内层稳定圆周轨道上. 在最内层稳定圆周轨道 $r = 6GM$ 上, 粒子的守恒能量与粒子静止质量之比为

$$\frac{E}{m_0c^2} = \frac{2\sqrt{2}}{3} \approx 0.943, \tag{9.204}$$

所以吸积盘的最大辐射效率为

$$\epsilon_{\text{acc}} \approx 1 - 0.943 = 5.7\%. \tag{9.205}$$

而通过核反应, 如氢元素核聚变到氦元素释放能量的效率为

$$\epsilon_{\text{nuclear}} \approx 0.7\%. \tag{9.206}$$

由此可见, 吸积盘释放能量的效率比氢原子核燃烧释放能量的效率高 10 倍左右. 所以, 高致密星体的 "吸积功率" 会导致某些宇宙中最暴烈的现象发生.

另一方面, 观测吸积盘中粒子的运动及粒子发射的光谱可以帮助我们了解致密天体的几何信息. 例如, 吸积盘的一个特征温度是 $T \sim 10^7$ K, 此时一些重元素 (如铁) 仍然可以束缚电子. 这些高度电离的原子吸收 X 射线发射荧光 (fluorescence). 对于铁原子, 这将产生能量为 6.4 KeV 的光子, 给出一个位于 X 射线波段中间的谱线. 由于两种相对论性效应, 光子的频率将被移动. 一种是时空本身导致的引力红移, 另一种是来自于物质运动导致的多普勒移动. 由于在吸积盘中不同位置处以不同运动状态发射的光子频率移动不同, 所以我们实际上观测到的光谱并非一根谱线, 而是一个大大被拓宽的谱带. 这个谱带的形状包含着吸积盘附近几何的信息. 而来自于吸积盘最内层轨道的光子的信息将有助于我们了解引力的强场区域.

下面讨论在吸积盘光子发射中两个比较简单的红移现象. 首先, 我们假定黑洞是非旋转的, 可以通过史瓦西时空来描述, 而吸积盘正好处于 $\theta = \dfrac{\pi}{2}$ 的极薄平面上, 如图 9.9 所示. 设 $\omega_\star$ 是辐射光子的自然频率, 而 $\omega_\infty$ 是无穷远观测者观测到的频率, 它依赖于发射源的位置 $(r, \phi)$. 源的 4-速度为 $\hat{u}_{\text{s}}(r, \phi)$, 而发射时光子的 4-动量为 $\hat{P}(r, \phi)$. 对观测者而言, 其 4-速度为 $\hat{u}_0$, 而接收到的光子 4-动量为 $\hat{P}(\infty)$. 对于一个在无穷远的静止观测者 $u_0^\mu = (1, 0, 0, 0) = \xi^\mu$, 其中 $\xi^\mu$ 是基灵矢量 $\partial_t$ 的分量. 我们需要计算

$$\frac{\omega_\infty}{\omega_\star} = \frac{\hat{u}_0 \cdot \hat{P}(\infty)}{\hat{u}_s \cdot \hat{P}} = ? \tag{9.207}$$

发射器做圆周运动, 其角速度为

$$\varOmega(r) = \frac{\mathrm{d}\phi}{\mathrm{d}t} = (GM/r^3)^{1/2}, \tag{9.208}$$

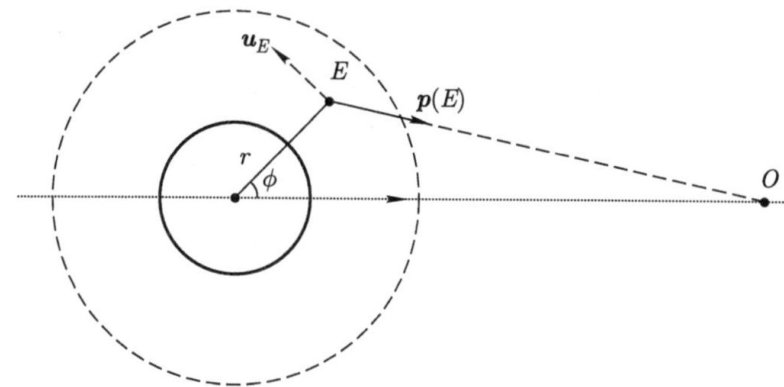


图 9.9 吸积盘光子发射的红移现象. 其中 $O$ 代表观测者, $E$ 代表发射源, 而 $\boldsymbol{p}(E)$ 代表光子的运动方向.

而 4-速度为

$$u_{\rm s}^{\mu} = \left(\frac{{\rm d}t}{{\rm d}\tau}, 0, 0, \frac{{\rm d}\phi}{{\rm d}\tau}\right) = u_{\rm s}^{t}(1, 0, 0, \varOmega(r)). \tag{9.209}$$

由 4-速度的归一化条件 $\hat{u}\cdot\hat{u} = -1$, 得

$$u_{\rm s}^{t} = \left(1 - \frac{R_{\rm s}}{r} - r^2\varOmega^2\right)^{-1/2} = \left(1 - \frac{3GM}{r}\right)^{-1/2}.$$

另一方面, 由基灵矢量定义的光子的守恒量为

$$E = -\hat{P}\cdot\hat{\xi}, \quad L = \hat{P}\cdot\hat{\eta}. \tag{9.210}$$

定义物理量 "入射参数" $b = |L/E|$, 有

$$\hat{u}_0\cdot\hat{P}(\infty) = \hat{\xi}\cdot\hat{P}(\infty) = -E, \tag{9.211}$$

$$\begin{aligned} \hat{u}_s\cdot\hat{P} &= u_s^t(\hat{\xi} + \varOmega(r)\hat{\eta})\cdot\hat{P} \\ &= u_s^t(-E + \varOmega(r)L) \end{aligned} \tag{9.212}$$

$$\Rightarrow \frac{\omega_\infty}{\omega_\star} = (u_s^t(1 \pm \varOmega(r)b))^{-1}. \tag{9.213}$$

这里 "−" 代表 "相向发射", 即发射器相向于观测者运动, 而 "+" 代表背向发射, 即发射器发射光子时正远离观测者.

如果发射器在 $\phi = 0, \pi$ 时发射光子, 光子有 $b = 0$, 所以 $L = 0$, 而

$$\frac{\omega_\infty}{\omega_\star} = \left(1 - \frac{3GM}{r}\right)^{1/2}. \tag{9.214}$$

这对应着发射器相对于观测者做横向运动. 此时, 无论光子在何处发射, 都被红移了. 注意与单纯的引力红移比较, 这里还包含着横向多普勒移动的红移效应.

另一个比较特殊的情形是当 $\phi=\pi/2$ "背向", 或者 $\phi=-\pi/2$ "相向" 运动时, 光子具有

$$E=\left(1-\frac{R_s}{r}\right)\frac{\mathrm{d}t}{\mathrm{d}\lambda},\quad L=r^2\sin^2\theta\frac{\mathrm{d}\phi}{\mathrm{d}\lambda}, \tag{9.215}$$

所以

$$b=\frac{r^2|P^\phi(r,\phi)|}{\left(1-\dfrac{R_s}{r}\right)P^t(r,\phi)}. \tag{9.216}$$

由于 $P^r\left(r,\pm\dfrac{\pi}{2}\right)=0$ 且 $\hat{P}\cdot\hat{P}=0$, 有

$$-\left(1-\frac{R_s}{r}\right)(P^t)^2+r^2(P^\phi)^2=0\Rightarrow b=r\left(1-\frac{R_s}{r}\right)^{-1/2}, \tag{9.217}$$

以及红移

$$\frac{\omega_\infty}{\omega_\star}=\left(1-\frac{3GM}{r}\right)^{1/2}\left(1\pm\left(\frac{r}{GM}-2\right)^{-1/2}\right)^{-1}. \tag{9.218}$$

当 $GM/r$ 较小时, 可做展开

$$\begin{aligned}\frac{\omega_\infty}{\omega_\star}&=1\mp\left(\frac{GM}{r}\right)^{1/2}-\frac{GM}{2r}+\cdots\\&=1\mp v+\frac{1}{2}v^2-\frac{GM}{r}+\cdots,\end{aligned} \tag{9.219}$$

其中 $v=\Omega r=(GM/r)^{1/2}$ 是源的局部速度. 上面的表达式中 $\mp v+\dfrac{1}{2}v^2$ 来自于多普勒移动, 而 $-\dfrac{GM}{r}$ 来自于引力红移. 最终的红移是两者的叠加.

观测到的谱带来源于不同半径处发射的光子. 对于最内层圆周轨道 $r=6GM$ 上发射的光子:

(1) 吸积盘 $\phi=\pi/2$ 处 "背向" 发射,

$$\frac{\omega_\infty}{\omega_\star}=\frac{\sqrt{2}}{3}\approx 0.47, \tag{9.220}$$

观测到的光子频率最小.

(2) 吸积盘 $\phi=-\pi/2$ 处 "相向" 发射,

$$\frac{\omega_\infty}{\omega_\star}=\sqrt{2}, \tag{9.221}$$

观测到的光子频率变大, 实际上是发生了蓝移. 这来自于多普勒移动的蓝移效应超过了引力红移的效应.

(3) 吸积盘 $\phi=0,\pi$ 处,

$$\frac{\omega_\infty}{\omega_\star}=\frac{1}{\sqrt{2}}=0.71. \tag{9.222}$$

在背向发射时, 多普勒移动的红移效应最明显, 与引力红移效应相结合, 得到的红移最大. 在实验中, 如果观测到这个最小频率, 那就意味着光子是从 ISCO 轨道发射出的, 则中心的天体应该是一个黑洞, 而非其他致密天体. 因为对于其他致密天体, 其表面半径都会比 ISCO 轨道大, 在其上发射的光子接收到时频率不会那么低.

如果中心致密星体有旋转, 我们看到的光子频率的下限可以更低. 一般而言, 我们看到的 6.4 keV 谱带有一个最小频率, 其值依赖于中心致密星体的大小、转动以及吸积盘相对于我们的倾斜角. 进一步地, 谱带的形状还会受到相对论性聚光和其他可能辐射源的影响. 相对论性聚光也会增加谱带中蓝端的强度.

### 9.6.3 脉冲双星

脉冲双星是相对论天体物理的重要研究对象. 一方面它提供了太阳系外检验广义相对论的新平台, 另一方面, 它也是我们研究引力辐射的窗口. 脉冲双星的一个典型例子是[①]PSR B1913+16, 这是一对中子星, 轨道周期约为 7.75 h. 在观测上, 由于两颗中子星中有一颗是高速旋转的脉冲星, 其转动周期非常稳定 (脉冲星是一个非常准确的时钟),

$$P_{\rm rot}=0.059\cdots\pm(0.7\times10^{-14})\ {\rm s}. \tag{9.223}$$

这个非常小的周期被发现是周期移动的, 这说明脉冲星是双星系统的一员. 这个系统的相对论性效应很强, 其近日点进动的大小为

$$\delta\phi_{\rm prec}=4.22659^\circ/{\rm yr}\pm0.00004^\circ/{\rm yr}, \tag{9.224}$$

是太阳系中水星近日点进动的约 $4\times10^4$ 倍. 此外, 此系统中引力红移、时间延迟效应和自旋测地进动效应等也非常明显. 因此这个双星系统提供了一个绝佳的研究广义相对论的平台.

我们可以在牛顿引力的框架下分析椭圆轨道: 由周期 $P_{\rm b}$, 离心率 $e$ 和半长轴长度 $a$ 确定. 观测上, 我们可以长时间分析一颗星谱线的多普勒移动来确定椭圆轨道的信息. 而通过径向速度曲线可知它们做互相缠绕的运动. 其他的 $1/c^2$ 效应, 如

[①]PSR 代表脉冲星 (pulsar), 而 B1913+16 是指在天区的位置.

多普勒移动和夏皮罗时间延迟等可以让我们分析出

$$m_{\text{pulsar}} = (1.442 \pm 0.003)M_{\odot}, \tag{9.225}$$

$$m_{\text{comp}} = (1.386 \pm 0.003)M_{\odot}, \tag{9.226}$$

即这是两颗质量几乎相等的中子星. 后面我们将看到, 这个系统由于引力辐射损失能量, 其运动周期会发生变化. 多年的观测结果与理论分析一致, 从而提供了引力辐射的间接证据.

## 附录 9.1 弗罗贝尼乌斯定理及其应用

给定一个矢量场, 我们可以得到其积分曲线族. 这些积分曲线可以看作流形的一个 1 维子流形. 我们可以考虑是否能够把这种构造推广到多个矢量场来构造一个高维子流形. 假定我们有一个 $n$ 维流形 $M$, 一个 $m(m<n)$ 维子流形 $S$, 以及 $p$ 个线性独立矢量场 $\hat{V}_i, i=1,\cdots,p, p\geqslant m$ 的集合. 如果希望这些矢量场能够 "拼起来" 定义子流形, 则这些矢量场必须是子流形的切矢量, 而且这些矢量场应该张成子流形的每个切空间 $T_pS$. 这样的话, 我们称子流形是矢量场的积分子流形. 然而, 给定一组矢量场, 它们能否 "拼起来" 定义子流形由以下定理确定.

**弗罗贝尼乌斯定理** *一组矢量场 $\hat{V}_i$ 能够形成积分子流形的充要条件是这些矢量场的所有对易子必须在矢量场张成的空间中, 即*

$$[\hat{V}_i, \hat{V}_j] = C^k_{ij}\hat{V}_k, \tag{9.227}$$

*其中 $C^k_{ij}(x)$ 是某组系数函数. 用群论的语言, 这意味着这组矢量场形成了李代数.*

这里不准备给出这个定理的证明①. 我们可以这样来理解这个定理: 如果矢量场能够形成积分子流形, 则这些矢量场必须保持切于子流形. 而对易子 $[\hat{V}_i, \hat{V}_j]$ 等价于李导数 $\mathcal{L}_{\hat{V}_i}\hat{V}_j$, 它告诉我们矢量 $\hat{V}_j$ 如何沿着矢量 $\hat{V}_i$ 移动. 如果这个李导数不在切空间中, 则意味着移动以后的矢量场 $\hat{V}_j$ 伸到了子流形以外.

这样定义的积分子流形称为流形的一个叶状结构, 子流形称为这个叶状结构的一个叶子. 流形上的任一点在且仅在一个这样的子流形上. 前面我们在讨论球对称时空时用到了这个知识. 我们看到如何利用二维球面的三个基灵矢量来定义三维空间的一个叶状结构.

弗罗贝尼乌斯定理的另一个表述是利用微分形式. 首先, 注意到任何 $p$ 个线性独立的 1 形式 $\hat{\omega}^i$ 的集合可以定义切空间 $T_pM$ 的一个 $(n-p)$ 维矢量子空间, 这个

①这个定理的简要证明参见文献 [29].

子空间称为形式集合的湮灭子 (annihilator), 包含切空间中的矢量 $\hat{V}$, 它们满足

$$<\hat{\omega}^i, \hat{V}>=0, \quad \forall\ \hat{\omega}^i. \tag{9.228}$$

因此, 我们可以把前面关于矢量场形成积分子流形的问题转换成如下问题: 1 形式场 $\hat{\omega}^i$ 的集合能否定义一组矢量子空间来 “拼出” 子流形的切空间? 对于一个 $m$ 维子流形, 我们可以通过 $p=n-m$ 个函数集 $f^a(x)$ 来定义, 即

$$f^a(x)=c^a, \quad a=1,\cdots,n-m, \tag{9.229}$$

其中 $c^a$ 是常数. 一个在流形上的常数函数, 其外导数为零, $\mathrm{d}f^a=\nabla_\mu(f^a)\mathrm{d}x^\mu=0$. 然而, 如果这个函数只在某子流形上是常数, 则

$$\mathrm{d}f^a(\hat{V})=V^\mu\nabla_\mu f^a=0, \quad \forall\ \hat{V}\in T_pS. \tag{9.230}$$

换句话说, 如果一个矢量 $\hat{V}$ 被所有的梯度 $\mathrm{d}f^a$ 湮灭, 则它必然切于相应的子流形. 因此, 如果一组 1 形式都是恰当的 (exact), $\hat{\omega}^a=\mathrm{d}f^a$, 则它们湮灭的矢量场必然定义一个子流形, 在其上函数 $f^a$ 是常数. 但是, 如果一组 $p$ 个 1 形式场湮灭某子空间, 则这组 1 形式场的线性组合也湮灭子空间. 因此, 我们称一组 1 形式场 $\hat{\omega}^a$ 是曲面形成的 (surface-forming), 如果其中每一个 1 形式场都可以表示成一组恰当形式的线性组合, 也就是说

$$\hat{\omega}^a=\sum_b g_b^a\mathrm{d}f^b, \tag{9.231}$$

其中 $g_b^a, f^b$ 都是函数. 给定一组 1 形式场, 很难判断它们是否满足上面的条件, 我们需要弗罗贝尼乌斯定理的另一个形式.

**弗罗贝尼乌斯定理 (微分形式版本)**　一组 1 形式场 $\hat{\omega}^a$ 是曲面形成的, 当且仅当这个组的湮灭子中的任何一对矢量也被外导数 $\mathrm{d}\hat{\omega}^a$ 所湮灭,

$$\mathrm{d}\omega^a(\hat{V},\hat{W})=0. \tag{9.232}$$

也就是说, 集合 $\hat{\omega}^a$ 满足 (9.231) 式当且仅当对于满足 $\omega_\mu^a V^\mu=0=\omega_\mu^a W^\mu, \forall a$ 的一对矢量 $\hat{V},\hat{W}$, 有

$$\nabla_{[\mu}\omega_{\nu]}^a V^\mu W^\nu=0. \tag{9.233}$$

满足上面条件的形式场 $\hat{\omega}^a$ 有时也称为闭的 (closed). 上面定理的证明从略.

利用弗罗贝尼乌斯定理, 我们可以很容易证明关于超曲面正交矢量的定理.

**定理** 一个矢量场 $\hat{\xi}$ 是超曲面正交的, 当且仅当它满足

$$\xi_{[\mu}\nabla_{\nu}\xi_{\sigma]} = 0, \tag{9.234}$$

或者用微分形式的语言

$$\hat{\xi} \wedge \mathrm{d}\hat{\xi} = 0. \tag{9.235}$$

**证明** 如果矢量场是超曲面正交的, 则

$$\xi^{\mu} = h\nabla^{\mu} f, \tag{9.236}$$

其中 $h, f$ 都是标量函数. 把这个关系式代入 (9.234) 式的左边, 很容易证明其为零.

反过来, 如果 (9.234) 式成立, 我们希望证明这个矢量场是垂直于某超曲面的. 为此, 我们假设存在两个矢量场 $\hat{V}, \hat{W}$, 他们都被满足 (9.234) 式的 1 形式场 $\hat{\xi}$ 所湮灭. 由弗罗贝尼乌斯定理, $\hat{\xi}$ 定义一个超曲面当且仅当

$$\nabla_{[\mu}\xi_{\nu]}V^{\mu}W^{\nu} = 0. \tag{9.237}$$

利用 (9.2.34) 式并与 $V^{\mu}, W^{\nu}$ 收缩, 再利用湮灭条件, 有

$$\begin{aligned}\xi_{[\mu}\nabla_{\nu}\xi_{\sigma]}V^{\mu}W^{\nu} &= \frac{1}{3}(\xi_{\mu}\nabla_{[\nu}\xi_{\sigma]} + \xi_{\nu}\nabla_{[\sigma}\xi_{\mu]})V^{\mu}W^{\nu} + \frac{1}{3}\xi_{\sigma}\nabla_{[\mu}\xi_{\nu]}V^{\mu}W^{\nu} \\ &= \frac{1}{3}\xi_{\sigma}\nabla_{[\mu}\xi_{\nu]}V^{\mu}W^{\nu}.\end{aligned} \tag{9.238}$$

由于 $\nabla_{[\mu}\xi_{\nu]}V^{\mu}W^{\nu}$ 是一个标量, 而 $\xi_{\sigma}$ 是非零 1 形式场的分量, 因此上式为零的条件必然是 (9.237) 式成立. 也就是说, 如果 $\hat{\xi}$ 满足 (9.234) 式, 则它必然定义一个超曲面, 即它与该超曲面的法矢平行. 得证.

## 习 题

1. 考虑度规

$$\mathrm{d}s^2 = 2\mathrm{d}u\mathrm{d}v + \mathrm{d}x^2 + \mathrm{d}y^2 + H\mathrm{d}u^2, \tag{9.239}$$

其中 $H = H(u, x, y)$ 是 $u, x, y$ 的任意函数.

(a) 证明如果这个度规是真空爱因斯坦方程的解, 则必须有

$$\frac{\partial^2 H}{\partial x^2} + \frac{\partial^2 H}{\partial y^2} = 0. \tag{9.240}$$

(b) 计算这个度规黎曼张量的非零分量.

(c) 计算这个度规给出的 $R_4 \equiv R^{\mu\nu\rho\sigma}R_{\mu\nu\rho\sigma}$.

2. 对于史瓦西度规, 计算其所有非零的克里斯托弗符号. 进一步地, 计算黎曼张量中所有非零的分量.

3. 通过定义

$$\mathrm{d}u = \mathrm{d}t - (1 - 2GM/r)^{-1}\mathrm{d}r, \tag{9.241}$$

证明史瓦西度规可以写作克尔–斯奇德 (Kerr-Schild) 形式

$$\mathrm{d}s^2 = -\mathrm{d}u^2 - 2\mathrm{d}u\mathrm{d}r + r^2\mathrm{d}\Omega^2 + \frac{2GM}{r}\mathrm{d}u^2. \tag{9.242}$$

4. 考虑两个质量相近的星体, 如果我们只考虑它们之间的引力相互作用并忽略相对论效应, 请讨论它们的运动.

5. 在质量 $M$ 的球对称恒星产生的史瓦西几何中一个观测者在固定半径 $R$ 处保持稳定. 一个质子从恒星里出来沿径向运动经过观测者的实验室, 其能量 $E$ 和动量 $|\boldsymbol{P}|$ 被测量.
   (a) 能量 $E$ 与动量 $|\boldsymbol{P}|$ 的关系是什么?
   (b) 在史瓦西坐标基下质子的 4-动量分量是什么? 用 $E$ 和 $|\boldsymbol{P}|$ 表达.

6. 在一个质量为 $M$, 外部几何是史瓦西几何的黑洞外, 一个航天飞机正做无推力的圆周运动. 圆周轨道的半径是 $7GM$.
   (a) 对于无穷远观测者, 航天飞机的轨道周期是多少?
   (b) 对于飞船上的一个钟, 它测量到的轨道周期是多少?

7. 在史瓦西几何中, 一个位于 $r = r_1$ 的观测者沿径向向外发射一个光信号.
   (a) 信号的瞬时坐标速度 $\mathrm{d}r/\mathrm{d}t$ 是多少?
   (b) 如果信号在 $r = r_2 > r_1$ 处被反射回到 $r_1$, 无穷远观测者测量到的返回时间是多少?
   (c) 位于 $r = r_1$ 的观测者测量到的返回时间是多少?

8. 在史瓦西几何中, 一个有质量粒子从 $r = 4GM$ 处沿径向向外发射.
   (a) 要使粒子到达 $r = 10GM$ 处时速度为零, 它必须在发射处以多大的初速度 $\mathrm{d}r/\mathrm{d}t$ 发射?
   (b) 完成这一旅程粒子需要多少固有时间?

9. 在史瓦西几何中有一个粒子 $A$ 及其反粒子 $B$, 它们分别沿着半径为 $r_A$ 和 $r_B$ 的自由圆周轨道以相反的方向运动, 假设 $r_B > r_A$. 在某一时刻, $A$ 发射一个光子沿径向运动被 $B$ 接收到, 请问接收到的光子频率与发射时的光子频率之比是多少? 如果 $r_A = r_B$, 两个粒子碰撞发生湮灭, 它们辐射出的总能量相对于在碰撞处的观测者是多少? 假设这两个粒子的静止质量是 $m_0$.

10. 考虑在史瓦西几何下有质量粒子的运动, 我们可以定义 $u = GM/r$, 从而得到微分方程

$$\left(\frac{\mathrm{d}u}{\mathrm{d}\phi}\right)^2 = f(u) = 2(u-u_1)(u-u_2)(u-u_3), \tag{9.243}$$

其中 $u_1 < u_2 < u_3$.

(a) 证明 $u_1+u_2+u_3=1/2$, 而轨道的远日点和近日点分别在 $r_1=GM/u_1$ 和 $r_2=GM/u_2$ 处.

(b) 利用 $u_i, i=1,2,3$ 来表示粒子的能量密度和角动量密度.

(c) 对上面的微分方程积分可得

$$u=u_1+(u_2-u_1)sn^2[\alpha\phi|\beta], \tag{9.244}$$

其中

$$\alpha=\frac{(u_3-u_1)^{1/2}}{\sqrt{2}}, \quad \beta=\frac{(u_2-u_1)}{(u_3-u_1)}, \tag{9.245}$$

而 $\mathrm{sn}(z|\mu)$ 是模为 $\mu$ 的雅可比椭圆函数. 由此画出粒子的各种运动轨迹.

11. 假定一个史瓦西几何中赤道面上在半径 $r$ 处做圆周运动的飞船上发射一个光子, 其在静止参考系中的频率为 $\nu_0$, 其发射方向与飞船运动的切分向有一个向外的角度 $\alpha$, 光子的运动仍在赤道面上, 则无穷远处静态观测者看到的光子频率是多少?

12. 如果太阳存在着四极矩, 即太阳并非完全球对称的, 则在牛顿力学中也将发生水星近日点的进动. 我们可以把太阳的引力势近似为 (我们取单位制 $G=c=1$)

$$\Phi=-\frac{M_\odot}{r}\left(1-J\frac{R_\odot^2}{r^2}\frac{3\cos^2\theta-1}{2}\right), \tag{9.246}$$

其中 $J$ 是刻画太阳四极矩的一个常数. 证明在此情形下, 水星运动一周的进动角为

$$\delta\phi=\frac{6\pi M_\odot}{a(1-e^2)}+J\frac{3\pi R_\odot^2}{a^2(1-e^2)^2}, \tag{9.247}$$

第一项是广义相对论的修正项, 而第二项来自于太阳的形变. 如果这两项是可比的, 则 $J$ 的值是多少?

13. 假定在另一个引力理论中, 球对称恒星外的度规由下面形式给出:

$$\mathrm{d}s^2=\left(1-\frac{2GM}{r}\right)[-\mathrm{d}t^2+\mathrm{d}r^2+r^2\mathrm{d}\Omega^2]. \tag{9.248}$$

假定光子在此几何中仍然沿零测地线运动, 计算光被恒星的折射角.

14. 有质量物体的引力对光的偏折效应实际上是使物体看起来变胖了. 考虑一个质量为 $M$、半径为 $R$ 的球形恒星, 光从它的表面到达无穷远处. 证明光线可以有的最大入射参数为

$$b=R\left(1-\frac{2GM}{Rc^2}\right)^{-1/2}. \tag{9.249}$$

因此, 恒星的表观直径增加了 (对于太阳而言, 直径增加了 3 km).

15. 在弱场近似下, 史瓦西几何可以由如下度规来近似描述:

$$\mathrm{d}s^2=-\left(1-\frac{2GM}{r}\right)\mathrm{d}t^2+\left(1+\frac{2GM}{r}\right)(\mathrm{d}x^2+\mathrm{d}y^2+\mathrm{d}z^2). \tag{9.250}$$

(a) 在此度规下讨论光线偏折现象, 证明它给出正确的偏转角.

(b) 在此度规下讨论近日点进动, 证明它给出正确值的 4/3. 这说明近日点进动对于广义相对论的非线性很敏感.

16. 在后牛顿参数化的度规下, 分别讨论

(a) 行星近日点进动;

(b) 光线偏折;

(c) 雷达回波延迟.

17. 考虑有宇宙学常数的真空爱因斯坦方程 $G_{\mu\nu} + \Lambda g_{\mu\nu} = 0$.

(a) 求解最一般的球对称度规解. 要求在坐标 $(t, r)$ 中, 当 $\Lambda = 0$ 时解回到通常的史瓦西坐标.

(b) 利用有效势, 写出径向运动的运动方程. 讨论有质量粒子和无质量粒子的有效势, 以及它们可能的运动.

18. 对于两颗质量分别为 $m_1$ 和 $m_2$ 的双星系统, 它们的轨道一般是绕质心的椭圆轨道. 在牛顿力学的框架下证明轨道参数被系统的能量 $(E < 0)$ 和角动量 $L$ 确定,

$$a = -\frac{m_1 m_2}{2E}, \quad e^2 = 1 + \frac{2EL^2(m_1 + m_2)}{m_1^3 m_2^3}. \tag{9.251}$$

如果把质心取作原点, 请给出两颗星的运动轨道.

19. 如果两个陀螺仪 $A$ 和 $B$ 都沿着同一条测地线运动, 证明 $\hat{s}_A \cdot \hat{s}_B$ 是一个常数.

20. 仔细讨论有限尺度刚体在引潮力下产生的扭矩, 证明在刚体的静止参考系下扭矩为

$$\tau^i = c^2 \sum_{j,k,l} \varepsilon^{ijk} R^j{}_{0l0} \left( -I^{kl} + \frac{1}{2} \delta^l_k I^{rr} \right), \tag{9.252}$$

其中 $\varepsilon^{ijk}$ 是三维的列维–齐维塔符号, 约定为 $\varepsilon^{123} = 1$, 而 $I^{ij}$ 是刚体的转动惯性张量. 由于自旋矢量的变化为

$$\frac{\mathrm{d}s^i}{\mathrm{d}t} = \tau^i, \tag{9.253}$$

证明对于球对称的刚体, 其自旋矢量不受引潮力的影响, 并估算一下非球形产生的进动效应.

21. 在线性化引力中, 如果我们忽略掉源的转动, 则时空度规可以写作

$$\mathrm{d}s^2 = -(1 + 2\Phi)\mathrm{d}t^2 + (1 - 2\Phi)\delta_{ij}\mathrm{d}x^i \mathrm{d}x^j. \tag{9.254}$$

在陀螺仪的参考系中, 4-速度为 $u^\mu = (1, 0)$, 而自旋 4-矢为 $s^\mu = (0, \boldsymbol{S})$. 利用陀螺仪方程证明

$$\frac{\mathrm{d}\boldsymbol{S}}{\mathrm{d}\tau} = \beta \boldsymbol{\Omega} \times \boldsymbol{S}, \tag{9.255}$$

其中

$$\boldsymbol{\Omega} = \frac{3}{2}(\nabla\Phi \times \boldsymbol{v}) + \frac{1}{2}(\boldsymbol{a} \times \boldsymbol{v}). \tag{9.256}$$

这里 $\boldsymbol{v}$ 是陀螺仪的 3-速度而 $\boldsymbol{a}$ 是其 3-加速度 (相对于史瓦西观测者).

22. 在史瓦西时空的稳定圆形轨道中运动的陀螺仪, 哪一条轨道中陀螺仪的测地进动最明显?

23. 在后牛顿近似的度规中讨论测地进动, 证明在圆周轨道中的测地进动角变为

$$\Delta\phi \approx \left(\gamma + \frac{1}{2}\right) 2\pi \left(\frac{GM}{Rc^2}\right). \tag{9.257}$$

24. 对于双星系统存在着明显的近星点进动现象. 此时相对论性效应较强, 我们可以利用后牛顿近似来讨论此问题, 让人惊奇的是进动角仍由史瓦西几何中试探粒子的进动公式给出, 即

$$\delta\phi = \frac{6\pi G(m_1 + m_2)}{c^2 a(1 - e^2)}. \tag{9.258}$$

对于 PSR B 1913+16, 双星质量约都为 1.4 $M_{\odot}$, 离心率为 $e \approx 0.617$, 半长轴为 $9 \times 10^{10}$ cm, 轨道周期 $2.9 \times 10^4$ s, 求近星点的年进动角.

# 第十章　史瓦西黑洞

史瓦西几何除了可以描述球对称星体外的时空几何, 另一个非常重要的应用是描述了球对称黑洞时空. 严格地说, 应该是球对称黑洞时空的一部分. 这个黑洞可能是通过恒星燃烧塌缩形成的, 其物理机制是饶有趣味的课题, 我们将在后面给予介绍.

黑洞的概念在牛顿引力中就存在. 早在 1783 年, 英国人米切尔 (Michell) 首先提出了黑洞的存在性. 稍后, 1796 年法国著名科学家拉普拉斯也独立地得到了同样的结论. 分析并不复杂, 我们在第一章中已经讨论过了: 如果在某星体上, 粒子的逃逸速度是光速, 则星体必须具有史瓦西半径

$$R_{\mathrm{s}}=\frac{2GM}{c^2}. \tag{10.1}$$

当星体足够致密时, 其半径可能小于史瓦西半径, $r<R_{\mathrm{s}}$, 光也无法摆脱星体引力的吸引, 对于远处的观测者, 星体看起来完全是黑的. 因此, 这样的星体被称为“暗星”. 如果进一步考虑狭义相对论, 没有什么物质的传播速度能够超过光速, 所以星体上的信息完全无法被远处的观测者接收到. 这样一颗黑暗的星体可以吞噬物质, 但不释放任何信息, 称为“黑洞”①. 然而, 在牛顿力学的框架下, 如果观测者离星体足够近, 由于光线从星体表面向外发射时能够传播一段距离, 观测者仍然能够接收到这些光线, 星体并不全黑. 这与广义相对论中的黑洞图像截然不同.

形成黑洞的星体必须足够致密. 比如说, 对于太阳质量的物体, 质量约 $10^{30}$ kg, 其史瓦西半径 $R_{\mathrm{s}}$ 约几千米, 而对于地球质量的物体其史瓦西半径大概只有乒乓球大小. 另一方面, 越大的黑洞实际上越不致密,

$$\rho=\frac{\text{质量}}{\text{体积}}=\frac{M}{\frac{4}{3}\pi R_{\mathrm{s}}^3}\propto\frac{1}{M^2}, \tag{10.2}$$

可见密度与质量平方成反比. 太阳质量的黑洞, 密度为 $\rho\sim10^{16}\ \mathrm{g/cm^3}$. 而对于巨黑洞, $M\sim10^{11}M_{\odot}$, $\rho_{\mathrm{c}}\sim10^{-6}\ \mathrm{g/cm^3}$.

严格地说, 黑洞无论是在牛顿引力还是在广义相对论中都是经典的概念, 忽略了可能的量子效应. 当然, 围绕着黑洞的量子效应是量子引力研究的重要内容, 并

---

① “黑洞”一词最早是由惠勒在 1967 年的一次演讲中使用的. 在他之前对于塌缩恒星形成的黑洞, 人们称呼的是“冻星” (frozen star) 或者“塌缩星”. 人们很快就接受了“黑洞”这个名称.

非本书关注的重点. 我们可以问这样一个问题: 什么样的物体能够形成或者看作黑洞? 比如说电子为何不能称作黑洞? 一个基本的判据是这个物体的康普顿波长应该小于其史瓦西半径, $\lambda_c < R_s$, 否则其量子行为太明显已经不能当作黑洞来看待. 在广义相对论中, 我们处理的是经典的物体, 而这些物体可能的量子行为超出了广义相对论的范畴. 由于 $\lambda_c = \dfrac{h}{mc}$, 所以

$$\frac{R_s}{\lambda_c} = \frac{2Gm^2}{hc}. \tag{10.3}$$

为了让 $R_s \approx \lambda_c$, 必须有

$$m \geqslant \sqrt{\frac{hc}{2G}} = m_{\rm pl} \approx 10^{-5} \text{ g}. \tag{10.4}$$

## §10.1　史瓦西黑洞

我们简单回顾一下史瓦西解的基本性质. 史瓦西时空是真空爱因斯坦方程的解. 在史瓦西坐标下, 解的明显形式如下:

$$\mathrm{d}s^2 = -(1 - R_s/r)\mathrm{d}t^2 + (1 - R_s/r)^{-1}\mathrm{d}r^2 + r^2\mathrm{d}\Omega^2, \tag{10.5}$$

其中 $R_s = 2GM/c^2 = 2\mu$ 是史瓦西半径①. 远离黑洞时, 它是渐近平坦的, 给出一个牛顿势

$$\Phi_N \approx -\frac{R_s}{2r}. \tag{10.6}$$

当 $r \to R_s$ 时, $g_{tt} \to 0$ 且 $g_{rr} \to \infty$, 看起来度规在史瓦西半径 $r = R_s$ 处有奇异性, 但它并非真正的奇点, 而只是一个坐标奇点, 可以通过坐标变换来去掉. 稍后我们将看到在其他坐标系下度规的行为. 然而, 需要注意的是史瓦西坐标的物理意义: 它是无穷远静止观测者的参考系.

尽管 $r = R_s$ 只不过是个坐标奇点, 但此处确实比较特殊, 有特别的物理意义. 首先, 它被称为"事件视界" (event horizon), 其物理内涵在后面的讨论中将呈现出来. 简单地说, 在事件视界内发生的一切都不会被视界外的观测者看到. 其次, 它也是一个无穷大红移面. 由前面的讨论可知如果发射器和接收器都固定在某空间位置, 则接受到的光子波长与发射时之比为

$$\frac{\lambda_o}{\lambda_e} = \left(\frac{g_{tt}(r_o)}{g_{tt}(r_e)}\right)^{\frac{1}{2}}. \tag{10.7}$$

①在下面的讨论中, 我们经常采用约定 $\mu \equiv GM$ 以及自然单位制.

对于史瓦西时空, 由于 $g_{tt}|_{r\to R_s}\to 0$, $r=R_s$ 是一个无穷大红移面, 即从此处发射的光子的波长被无穷大红移了, 所以无法被径向更远处的观测者所看到. 也就是说, 即使这个观测者只是在视界外有限位置处, 他也无法看到从视界发射出的光子. 而由 $\mathrm{d}\tau=\sqrt{1-R_s/r}\mathrm{d}t$, 当 $r\to R_s$ 时, $\mathrm{d}\tau\to 0$, 相对于无穷远的观测者而言, 在视界处的时钟是静止不动的, 走得无穷慢.

在史瓦西时空中另一个值得注意的事实是关于 "类时" 基灵矢量. 从解的构造我们就知道 $\partial_t$ 总是时空的基灵矢量. 当 $R_s>r>0$ 时, 没有奇点, 但是由于 $g_{tt}>0, g_{rr}<0$, $\partial_t$ 变成了类空矢量, 而 $\partial_r$ 变成类时矢量. 也就是说, 在视界内应该把 $t$ 当作空间坐标, 而 $r$ 当作类时坐标. 更重要的是, 在视界内基灵矢量不再是类时的, 而且也不存在类时基灵矢量, 即时空此时不再是稳态的, 而是动力学演化的. 实际上, 当 $r<R_s$ 时, 度规是时间依赖的. 这个性质与坐标选择无关, 无论选择什么样的坐标系, 在视界内类时基灵矢量不存在. 此外, 在视界内如果要求 $\mathrm{d}s^2<0$, 则必须有 $\mathrm{d}r^2<0$, 也就是说时间的变化必然伴随着 $r$ 的变化.

为了更好地了解史瓦西黑洞时空, 我们来看看其因果结构. 考虑一个只沿径向运动的零测地线

$$\mathrm{d}s^2=0=-\left(1-\frac{R_s}{r}\right)\mathrm{d}t^2+\left(1-\frac{R_s}{r}\right)^{-1}\mathrm{d}r^2, \tag{10.8}$$

由此得

$$\frac{\mathrm{d}t}{\mathrm{d}r}=\pm\left(1-\frac{R_s}{r}\right)^{-1}\to\begin{cases}\pm 1, & \text{当 } r\to\infty,\\ \pm\infty, & \text{当 } r\to R_s.\end{cases} \tag{10.9}$$

这里 "+" 号代表向外运动, "–" 号代表向内运动. 看起来当 $r\to R_s$, 坐标时 $t$ 走得越来越快, 即 $\Delta t$ 要变得足够大. 这当然是不对的, $t$ 是无穷远静止观测者的时钟时间, 它以标准方法走时. 换一个观点, 对于无穷远的观测者, 他看到光线接近视界, 但走得越来越慢, 需要无穷长时间才能到达视界. 利用史瓦西坐标, 光锥如图 10.1 所示, 当 $r\to R_s$ 时, 光锥逐渐闭合. 因此, 一条奔向视界的光线似乎永远无法达到视界, 而只是渐近地趋向于它. 这并非事实, 而只是无穷远静止观测者看到的假象. 事实上, 无论是光子还是有质量粒子穿过视界都没有什么问题, 但无穷远观测者却看不到这一点. 对上面的微分方程积分后得到

$$t=r+R_s\ln\left|\frac{r}{R_s}-1\right|+\text{常数},\quad \text{向外光子},$$
$$t=-r-R_s\ln\left|\frac{r}{R_s}-1\right|+\text{常数},\quad \text{向内光子},$$

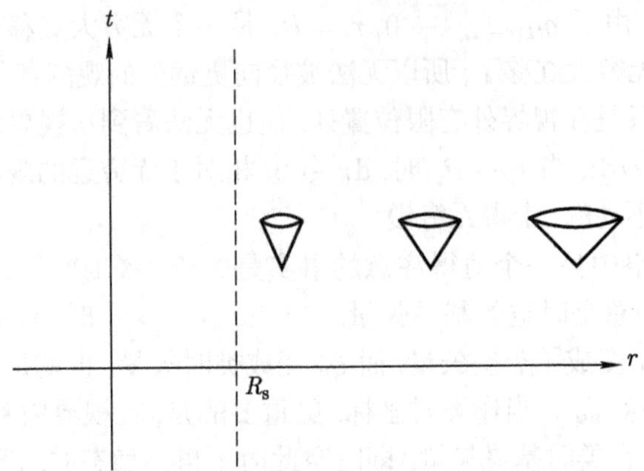


图 10.1 史瓦西黑洞外部的光锥变化图.

这两个解是在时间反演下不变的. 对于向外的光子, 在视界以外, 随着 $t$ 增加, $r$ 也增加, 而在视界以内, 随着 $r$ 增加, $t$ 减小. 对于向内的光子, 在视界以外, 随着 $t$ 增加, $r$ 减小, 而在视界以内, 随着 $r$ 增加, $t$ 也增加. 对固定的 $\theta, \phi$, 我们有光锥图 10.2. 由图可知, 在半径较大的地方, 时空渐近平坦, 光锥结构与平坦时空中的类似. 当我们接近 $R_s$ 时, 向内光线趋向于 $t \to \infty$, 而向外光线趋向于 $t \to -\infty$. 这似乎表明向内光线需要无穷长时间穿过视界. 在视界内 $r < R_s$, 由于 $t$ 和 $r$ 角色互易, 光

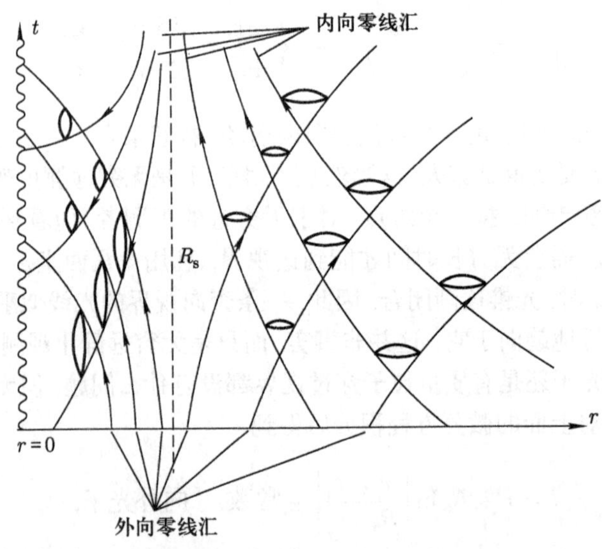


图 10.2 史瓦西黑洞的光锥图. 在史瓦西坐标下, 内向的零测地线似乎没有办法穿过视界, 而只能渐近地趋近视界. 在视界内部, 指向未来的光锥向着 $r$ 减小的方向.

锥翻转 90°, 因此所有的光子都必然落到奇点 $r = 0$ 上. 由于任意有质量粒子的运动轨迹必须在其世界线每点的光锥中, 所以在视界内这些粒子也必然落到奇点上. 因此, 一旦进入视界, 粒子就无法摆脱落到奇点上的命运.

对于有质量粒子, 其径向运动前面已经讨论过了. 如果粒子从无穷远处自由下落, 则它从 $r_0$ 到达视界的固有时是

$$\Delta\tau = \frac{1}{\sqrt{R_s}}\left(\frac{2}{3}\right)[r_0^{3/2} - (R_s)^{3/2}]. \tag{10.10}$$

而对于无穷远观测者而言, 坐标时为

$$\Delta t = R_s\left(-\frac{2}{3}\left(\frac{r}{R_s}\right)^{\frac{3}{2}} - 2\left(\frac{r}{R_s}\right)^{\frac{1}{2}} + \ln\left(\frac{\sqrt{r/R_s}+1}{\sqrt{r/R_s}-1}\right)\right),$$

如图 10.3 所示. 在此图中, 我们已经取了在 $r_0 = 8\mu$ 处, $t = \tau = 0$. 粒子的世界线

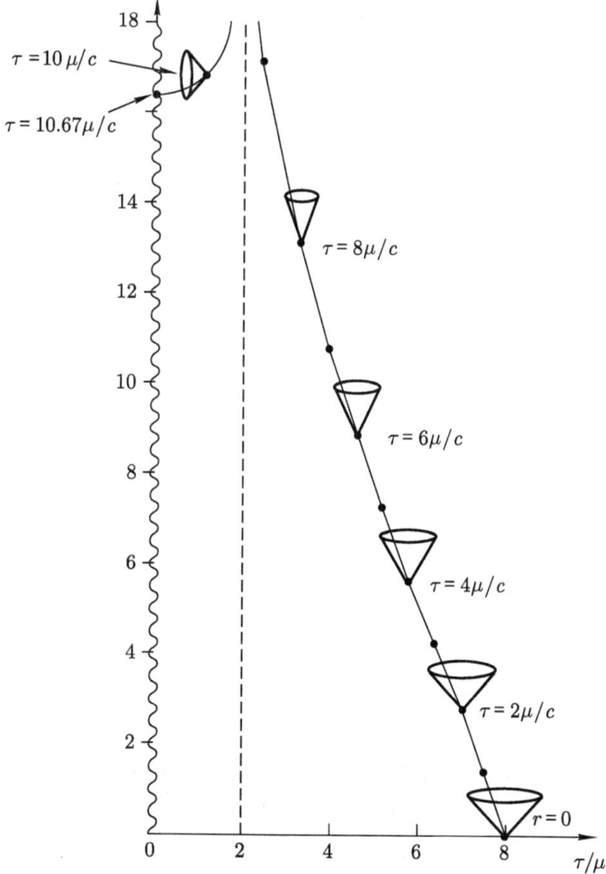


图 10.3 一个有质量粒子在史瓦西几何中沿径向下落的示意图, 其中 $\mu = GM$.

看起来在视界处有奇异性, 从 $r=8\mu$ 到 $r=R_{\rm s}$ 需要花无穷长坐标时. 然而, 对于粒子而言, 它到达视界处所花的固有时是有限的, 为 $\tau=9.33\ \mu/c$. 在视界内, 固有时继续增加直到抵达 $r=0$, 共花费的固有时为 $\tau=10.67\ \mu/c$. 趋近于视界时, 粒子的运动在史瓦西坐标下渐近地有

$$r=R_{\rm s}+c{\rm e}^{-t/R_{\rm s}}, \tag{10.11}$$

其中 $c$ 是一个正的常数. 对无穷远观测者, 无论经过多长时间, 粒子都在视界外, $r>R_{\rm s}$, 似乎粒子无法穿过视界进入黑洞中. 当然, 这只是对于无穷远观测者的假象. 从以上的讨论中我们可以发现, 史瓦西坐标并不适合描述粒子在 $r\leqslant R_{\rm s}$ 中的运动, 或者说史瓦西坐标只能描述时空一部分的结构.

### 10.1.1 爱丁顿–芬克斯坦坐标

从上面的讨论可知, 在描述史瓦西黑洞时空时, 史瓦西坐标有其局限性, 并不能准确地描述粒子的运动状态和时空的因果结构. 如前所述, 时空流形独立存在, 本身并不依赖于坐标卡的选择. 为了更好地描述史瓦西时空, 我们可以选择其他的坐标系. 为了便于了解粒子的运动, 可以选择不同粒子的世界线族来描述时空. 一般而言, 可以选择有质量粒子的世界线族, 但这样得到的坐标比较复杂, 不利于讨论. 一个常用的坐标系是利用无质量粒子径向运动的世界线族. 对于无质量粒子, 其径向运动满足

$${\rm d}s^2=-(1-R_{\rm s}/r){\rm d}t^2+(1-R_{\rm s}/r)^{-1}{\rm d}r^2=0. \tag{10.12}$$

这给出

$$\frac{{\rm d}t}{{\rm d}r}=\pm\frac{1}{1-R_{\rm s}/r}. \tag{10.13}$$

由此定义一个新的径向坐标, 它满足

$$\frac{{\rm d}t}{{\rm d}r_*}=\pm 1\Rightarrow\frac{{\rm d}r_*}{{\rm d}r}=\frac{1}{1-R_{\rm s}/r}, \tag{10.14}$$

即

$$r_*=r+R_{\rm s}\ln\left(\frac{r}{R_{\rm s}}-1\right), \tag{10.15}$$

称为乌龟 (tortoise) 坐标. 由此定义可见这个坐标对于 $r>R_{\rm s}$ 是良定义的, 但取值从 $-\infty$ 到 $\infty$. 实际上, 这个定义可以解析延拓到视界内, 即 $r<R_{\rm s}$. 利用乌龟坐标,

$${\rm d}s^2=\left(1-\frac{R_{\rm s}}{r}\right)\left(-{\rm d}t^2+{\rm d}{r_*}^2\right)+r^2(r_*){\rm d}\varOmega^2, \tag{10.16}$$

此时, 度规分量没有发散, 光锥在视界处似乎并没有关闭, 代价是视界 $r = R_{\mathrm{s}}$ 被推到了无穷远. 无质量粒子的径向运动可以由曲线族 $t = \pm r_* + c$ 描述, 不同取值的 $c$ 代表不同的曲线, 可以当作坐标, 正负号分别代表向外和向内的运动. 由此定义,

$$\tilde{u} = t + r_*, \quad \tilde{v} = t - r_*, \tag{10.17}$$

所以 $\tilde{u} =$ 常数代表向内零径向运动, 而 $\tilde{v} =$ 常数代表向外零径向运动.

利用坐标 $r, \tilde{u}$, 史瓦西时空的度规可写作

$$\mathrm{d}s^2 = -\left(1 - \frac{R_{\mathrm{s}}}{r}\right)\mathrm{d}\tilde{u}^2 + (\mathrm{d}\tilde{u}\mathrm{d}r + \mathrm{d}r\mathrm{d}\tilde{u}) + r^2\mathrm{d}\Omega^2. \tag{10.18}$$

这样一组坐标称为超前爱丁顿–芬克斯坦 (advanced Eddington-Finkelstein, 简记为 AEF) 坐标或者内向 (ingoing) 爱丁顿–芬克斯坦坐标. 由 $g = -r^4\sin^2\theta$, 度规是非退化的, 而径向零曲线为

$$\frac{\mathrm{d}\tilde{u}}{\mathrm{d}r} = \begin{cases} 0, & \text{内向}, \\ 2\left(1 - \dfrac{R_{\mathrm{s}}}{r}\right)^{-1}, & \text{外向}, \end{cases} \tag{10.19}$$

所以, 内向的零曲线由 $\tilde{u} =$ 常数来刻画, 而外向的零曲线由

$$\tilde{u} = 2r + 2R_{\mathrm{s}}\ln\left|\frac{r}{R_{\mathrm{s}}} - 1\right| + \text{常数} \tag{10.20}$$

来刻画. 在 AEF 坐标中, 光锥即使在视界 $r = R_{\mathrm{s}}$ 处仍然是良定义的, 而视界也在有限的坐标值上. 因此, 沿着无质量粒子或者有质量粒子穿过视界没有任何问题. 有趣的是, 光锥在进入视界后会发生偏转, 使所有指向未来的路径都是沿 $r$ 减小的方向, 如图 10.4 所示. 对于下落的粒子, $r = R_{\mathrm{s}}$ 是一个事件视界: 由于没有任何信息可以逃出事件视界, 视界外的观测者无法看到视界内. 也就是说, 在视界内 $r \leqslant R_{\mathrm{s}}$ 中的事件无法影响视界外 $r > R_{\mathrm{s}}$ 的事件. 更准确地说, $r = R_{\mathrm{s}}$ 既是事件视界, 也是基灵视界. 对于不同视界的准确定义将在下一章中给出, 这里需要注意的是视界的物理意义.

我们可以引进时间坐标 $t'$,

$$t' \equiv \tilde{u} - r = t + R_{\mathrm{s}}\ln\left|\frac{r}{R_{\mathrm{s}}} - 1\right|, \tag{10.21}$$

坐标 $(t', r, \theta, \phi)$ 也称为超前爱丁顿–芬克斯坦坐标, 在这组坐标下度规为

$$\mathrm{d}s^2 = -\left(1 - \frac{R_{\mathrm{s}}}{r}\right)\mathrm{d}t'^2 + \frac{2R_{\mathrm{s}}}{r}\mathrm{d}t'\mathrm{d}r + \left(1 + \frac{R_{\mathrm{s}}}{r}\right)\mathrm{d}r^2 + r^2\mathrm{d}\Omega^2. \tag{10.22}$$

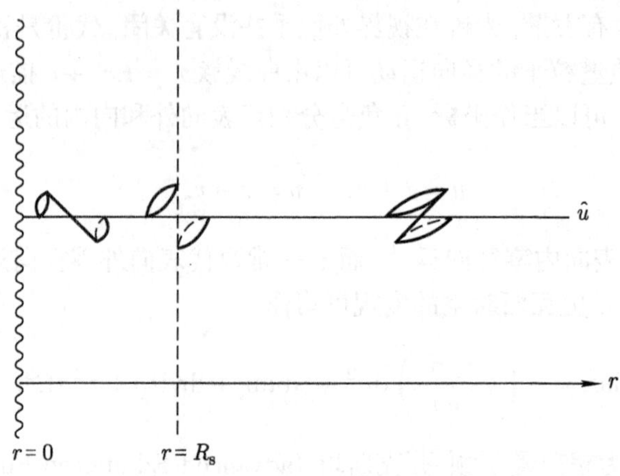


图 10.4 在 AEF 坐标下的光锥图.

易见, 这个坐标在视界处并不奇异. 实际上, 为了消除史瓦西坐标在视界处的奇异性, 我们已经引进了一个奇异的坐标变换 $r \to r_*$, 但是在视界外, $r > R_s$ 处, 这个坐标变换却是非奇异的, 这保证了上述度规仍然是真空爱因斯坦方程的解, 而且在视界外描述相同的时空区域. 然而, 由于在新的坐标下 $0 < r < \infty$, 我们也可以描述视界内的物理.

在此坐标下, 内向和外向的光子世界线为

$$
\begin{aligned}
t' &= -r + \text{常数}, \qquad \text{内向}, \\
t' &= r + 2R_s \ln\left|\frac{r}{R_s} - 1\right| + \text{常数}, \quad \text{外向},
\end{aligned}
\tag{10.23}
$$

因此, 在 AEF 坐标下史瓦西时空的芬克斯坦图如图 10.5 所示. 由图可见, 内向下落光子的轨迹在史瓦西半径处是连续的. 但是光锥结构在史瓦西半径处发生了变化, 一旦进入了这个半径, 未来总是指向奇点处. 在半径内 Ⅱ 区发射的光子或者粒子是没有办法跑到半径外 I 区的. 也就是说, 史瓦西半径实际上对于外部观测者而言是一个视界.

在 AEF 坐标下, 度规在时间反演 $t' \to -t'$ 下并非不变的, 也就是说, 时间反演对称性丢失了. 从数学上讲, 史瓦西解在时间反演后仍然是爱因斯坦方程的解. 换句话说, AEF 坐标不能覆盖整个的时空流形. 我们可以利用另一个外向的零径向曲线族来描述时空流形, 即利用 $\tilde{v}$ 而非 $\tilde{u}$. 这样的话, 时空度规为

$$
\mathrm{d}s^2 = -\left(1 - \frac{R_s}{r}\right)\mathrm{d}\tilde{v}^2 - (\mathrm{d}\tilde{v}\mathrm{d}r + \mathrm{d}r\mathrm{d}\tilde{v}) + r^2\mathrm{d}\Omega^2. \tag{10.24}
$$

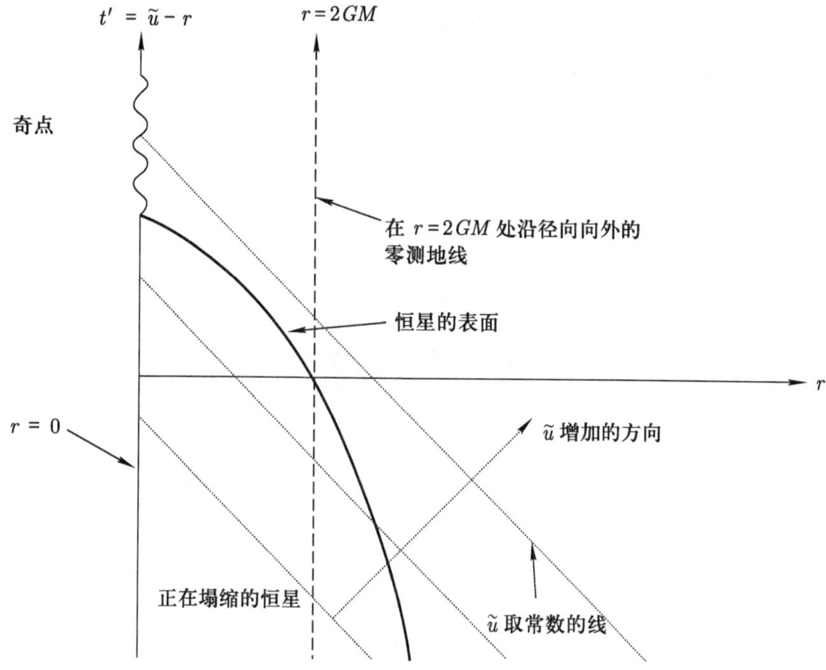


图 10.5 在 AEF 坐标下的芬克斯坦图. 黑色的实线代表着恒星的表面, 它与 $r=0$ 间的区域代表着塌缩的恒星.

进一步地, 我们引进

$$t^* = \tilde{v} + r, \tag{10.25}$$

这样一组坐标 $(t^*, r, \theta, \phi)$ 称为推迟爱丁顿–芬克斯坦 (retarded Eddington-Finkelstein, 简记为 REF) 坐标或者外向爱丁顿–芬克斯坦坐标. 零径向曲线满足

$$\frac{\mathrm{d}\tilde{v}}{\mathrm{d}r} = \begin{cases} 0, & \text{外向,} \\ -2(1 - R_\mathrm{s}/r)^{-1}, & \text{内向.} \end{cases} \tag{10.26}$$

在 REF 坐标下, 外向和内向的零径向曲线分别为

$$\begin{aligned} t^* &= r + \text{常数}, \qquad \text{外向}, \\ t^* &= -r - 2R_\mathrm{s} \ln\left|\frac{r}{R_\mathrm{s}} - 1\right| + \text{常数}, \quad \text{内向}. \end{aligned} \tag{10.27}$$

易见外向光子的世界线在史瓦西半径处是连续的, 而内向的却是不连续的. 因此, REF 坐标可以很好地描述从 $r=0$ 发射穿过视界 $r=R_\mathrm{s}$ 的粒子, 但对下落粒子的

描述是 "病态" 的. 实际上, 它描述的是一个 "白洞", 即粒子、物质等从视界内 "无中生有" 地冒出来. 这样一个过程可以看作黑洞形成的时间反演. 在此坐标下的光锥图为图 10.6, 而芬克斯坦图为图 10.7.

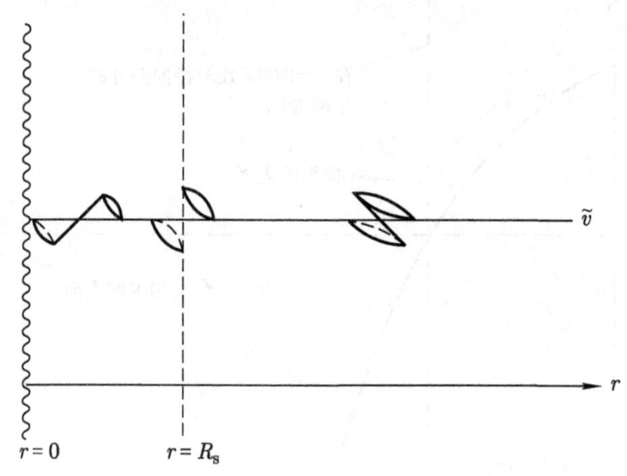


图 10.6 在 REF 坐标下的光锥图.

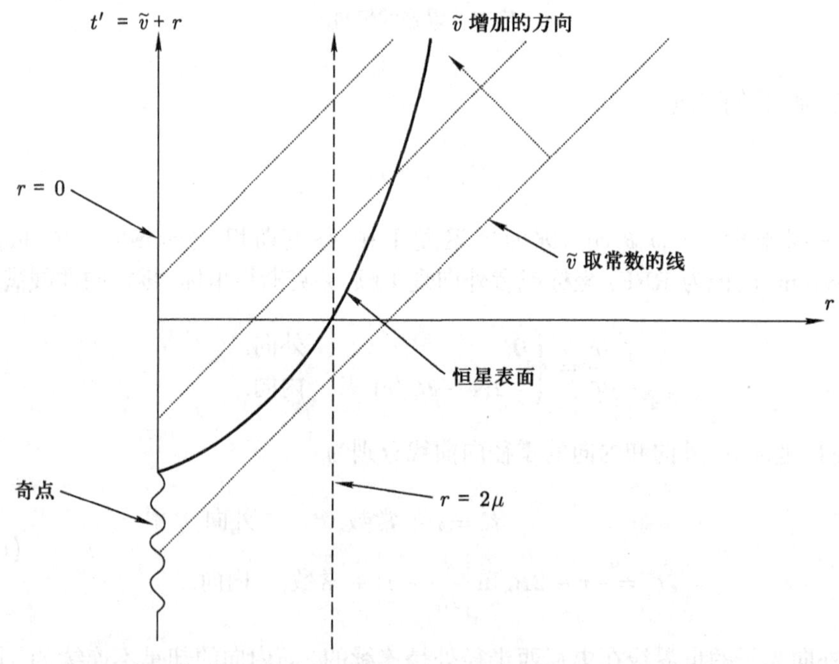


图 10.7 在 REF 坐标下的芬克斯坦图.

综上所述, 我们可以自洽地沿着未来指向或者过去指向的路径穿过视界, 但到达不同的时空区域. 因此我们把时空沿着不同的两个方向延伸, 一个到未来, 另一个到过去. 原来的史瓦西坐标只描述了时空的一个部分, 即 $r > R_s$ 的部分. AEF 坐标描述了黑洞的部分, 而 REF 坐标描述了白洞的部分. 不同的坐标之间存在着坐标变换, 在共同的区域 $r > R_s$ 是良定义的, 但在别的区域变换是有奇异性的. 这与通常流形的描述并不矛盾: 不同的坐标卡描述时空流形的不同区域, 只有在重叠区域坐标变换才是光滑的.

### 10.1.2 潘勒韦坐标和引潮力

上面的讨论利用了无质量粒子的径向运动常数来定义坐标系, 很好地描述了无质量粒子的测地运动. 我们同样可以利用有质量粒子的径向运动来引进坐标系, 从而对这些粒子的运动有更好的理解. 假定有质量粒子是从无穷远静止释放, 其 4-速度为

$$u^\mu = ((1 - R_s/r)^{-1}, -\sqrt{R_s/r}, 0, 0), \tag{10.28}$$

其下指标的分量为

$$u_\mu = (-1, -(1 - R_s/r)^{-1}\sqrt{R_s/r}, 0, 0), \tag{10.29}$$

我们可以引进一个新的函数

$$T = t + \int^r (1 - R_s/r')^{-1}\sqrt{R_s/r'}\mathrm{d}r'. \tag{10.30}$$

易见, 如果我们取 $T =$ 常数的超曲面, $u_\mu = \partial_\mu T$ (考虑合适的定向). 因此, 我们可以取 $T$ 作为时间坐标, $T =$ 常数这个超曲面的法矢正好是有质量粒子的 4-速度. 也就是说, 对于有质量粒子而言, 它的时间方向由 $T$ 给出. 由这个函数的定义, 我们知道

$$\mathrm{d}T = \mathrm{d}t + (1 - R_s/r)^{-1}\sqrt{R_s/r}\mathrm{d}r, \tag{10.31}$$

所以, 度规变为

$$\mathrm{d}s^2 = -\mathrm{d}T^2 + \left(\mathrm{d}r + \sqrt{\frac{R_s}{r}}\mathrm{d}T\right)^2 + r^2\mathrm{d}\Omega^2. \tag{10.32}$$

$(T, r, \theta, \phi)$ 称为潘勒韦 (Painlevé) 坐标. 上面的度规即是在潘勒韦坐标下史瓦西时空的度规形式. 使用此度规的好处在于 $\mathrm{d}T$ 总是一个类时的 1 形式, 代表着 $T$ 可以作为时间坐标. 这个度规的不方便之处在于它并非对角的①.

①历史上, 因为其是非对角的, 爱因斯坦拒绝承认此度规描述球对称时空.

对于讨论史瓦西时空的引潮力, 使用潘勒韦坐标是方便的. 从度规的形式易见可以定义标架场

$$\hat{\theta}^0 = \mathrm{d}T, \quad \hat{\theta}^1 = \mathrm{d}r + \sqrt{\frac{R_\mathrm{s}}{r}}\mathrm{d}T, \quad \hat{\theta}^2 = r\mathrm{d}\theta, \quad \hat{\theta}^3 = r\sin\theta\mathrm{d}\phi. \tag{10.33}$$

这个标架场相当于局部观测者的参考系

$$\mathrm{d}s^2 = \eta_{mn}\theta^m\theta^n, \quad m,n = 0,1,2,3. \tag{10.34}$$

由 $\hat{\theta}^m = e^m_\mu \mathrm{d}x^\mu$, 可以得到变换矩阵 $e^m_\mu$,

$$\begin{gathered} e^0_t = 1, \quad e^0_r = (1 - R_\mathrm{s}/r)^{-1}\sqrt{R_\mathrm{s}/r}, \\ e^1_t = \frac{R_\mathrm{s}}{r}, \quad e^1_r = (1 - R_\mathrm{s}/r)^{-1}, \\ e^2_\theta = r, \quad e^3_\phi = r\sin\theta. \end{gathered} \tag{10.35}$$

由这些变换矩阵的逆, 我们可以从史瓦西坐标下的曲率张量得到潘勒韦坐标下的曲率张量

$$R_{mnpq} = e^\mu_m e^\nu_n e^\rho_p e^\sigma_q R_{\mu\nu\rho\sigma}, \tag{10.36}$$

而史瓦西时空中非零的黎曼张量分量为

$$\begin{gathered} R_{trtr} = -\frac{R_\mathrm{s}}{r^3}, \ R_{t\theta t\theta} = \frac{R_\mathrm{s}(r - R_\mathrm{s})}{2r^2}, \\ R_{t\phi t\phi} = \frac{R_\mathrm{s}(r - R_\mathrm{s})\sin^2\theta}{2r^2}, \ R_{r\theta r\theta} = -\frac{R_\mathrm{s}}{2(r - R_\mathrm{s})}, \\ R_{r\phi r\phi} = -\frac{R_\mathrm{s}\sin^2\theta}{2(r - R_\mathrm{s})}, \ R_{\theta\phi\theta\phi} = r\sin^2\theta R_\mathrm{s}, \end{gathered} \tag{10.37}$$

由此得到

$$\begin{aligned} R_{0101} &= -\frac{R_\mathrm{s}}{r^3}, \qquad R_{0202} = \frac{R_\mathrm{s}}{2r^3}, \\ R_{2323} &= \frac{R_\mathrm{s}}{r^3}, \qquad R_{1212} = R_{1313} = -\frac{R_\mathrm{s}}{2r^3}. \end{aligned} \tag{10.38}$$

如果我们考虑一族测地线, 则有测地偏离方程

$$\frac{\mathrm{D}^2}{\mathrm{d}\tau^2}\eta^\mu = R^\mu{}_{\nu\lambda\sigma}u^\nu u^\lambda \eta^\sigma. \tag{10.39}$$

相对于自由下落观测者本身的局部参考系, 有

$$\frac{\mathrm{D}^2}{\mathrm{d}\tau^2}\eta^m = R^m{}_{00n}\eta^n, \tag{10.40}$$

也就是说对于下落的观测者而言, 有

$$\frac{D^2}{d\tau^2}\eta^1 = \frac{R_s}{r^3}\eta^1, \tag{10.41}$$

$$\frac{D^2}{d\tau^2}\eta^2 = -\frac{R_s}{2r^3}\eta^2, \tag{10.42}$$

$$\frac{D^2}{d\tau^2}\eta^3 = -\frac{R_s}{2r^3}\eta^3. \tag{10.43}$$

这里 $\eta^1$ 代表着相对于粒子的径向方向, 而 $\eta^2, \eta^3$ 是相对于粒子的横向方向. 方程右边如果是正号, 意味着是拉伸力, 所以沿径向方向是拉伸的. 而方程右边如是负号, 意味着是挤压. 力与 $1/r^3$ 成正比正是四维引潮力的典型标志. 因此, 我们得到以下图像: 引潮力在径向方向是拉伸作用, 而横向方向是挤压作用. 越接近黑洞, 引潮力越强, 但是在视界处引潮力并没有什么特殊, 也没有发散出现. 而且黑洞越重, 视界越大, 在视界处的引潮力反而越小. 对于超大质量的黑洞来说, 一个宇航员如果穿过视界, 在身体的拉伸挤压方面感觉不到什么异常. 然而, 在奇点 $r=0$ 处, 引潮力是无穷大, 因此无论什么物体在接近黑洞奇点时都会被撕裂.

## §10.2 最大延拓史瓦西时空

前面对坐标的讨论显示史瓦西时空存在着不同的区域. 不同的坐标适用的时空区域不同, 史瓦西坐标描述 $R_s < r < \infty$, AEF 和 REF 坐标都描述 $0 < r < \infty$, 但属于不同的区域. 一个有趣的问题是完整的史瓦西时空流形是什么. 我们从如下定义出发.

**定义** *一个流形称为最大的 (maximal), 如果从这个流形上任一点出来的任意测地线要么在两个方向上都可以无限延长, 要么终止于内禀奇点上. 对于第一种情形, 流形称为测地完备的.*

对于史瓦西时空而言, 无论是史瓦西坐标还是爱丁顿–芬克斯坦坐标, 其中测地线的延长都不是最大的. 比如说, 对于爱丁顿–芬克斯坦坐标而言, 要么是下落的内向测地线, 要么是外向的测地线是良定义的, 但无法做到两者都是良定义的. 那么是否存在一个坐标, 在其中内向和外向的零测地线都是良定义的? 或者说, 史瓦西解的最大解析延拓是什么? 回答是肯定的, 这样一个坐标称为克鲁斯卡 (Kruskal) 坐标. 通过它, 我们可以发现史瓦西时空的完整结构.

作为第一步, 我们先来试试同时使用描述内向和外向零曲线的 $\tilde{u}$ 和 $\tilde{v}$ 坐标. 这使我们得到史瓦西解的如下度规:

$$ds^2 = \frac{1}{2}\left(1 - \frac{R_s}{r}\right)(d\tilde{u}d\tilde{v} + d\tilde{v}d\tilde{u}) + r^2 d\Omega^2, \tag{10.44}$$

这里 $r$ 是 $\tilde{u}$ 和 $\tilde{v}$ 的函数,

$$\frac{1}{2}(\tilde{u}-\tilde{v})=r+R_{\rm s}\ln\left(\frac{r}{R_{\rm s}}-1\right). \tag{10.45}$$

对于 $\theta=$ 常数, $\phi=$ 常数, 度规看起来是共形平坦的,

$$\mathrm{d}s^2=\left(1-\frac{R_{\rm s}}{r}\right)\mathrm{d}\tilde{u}\mathrm{d}\tilde{v}. \tag{10.46}$$

引进坐标

$$\tilde{t}=\frac{1}{2}(\tilde{u}-\tilde{v}),\quad \tilde{x}=\frac{1}{2}(\tilde{u}+\tilde{v}), \tag{10.47}$$

上面的度规 (10.45) 变为

$$\mathrm{d}s^2=-\left(1-\frac{R_{\rm s}}{r}\right)(\mathrm{d}\tilde{t}^2-\mathrm{d}\tilde{x}^2). \tag{10.48}$$

显然, 它是共形平坦的. 对于一个共形平坦的度规, 它的光锥结构与平坦时空里的一样[①].

进一步地, 我们引进坐标

$$\begin{aligned}u'&=\mathrm{e}^{\tilde{u}/4\mu},\\ v'&=-\mathrm{e}^{-\tilde{v}/4\mu},\end{aligned} \tag{10.49}$$

它们与原来的史瓦西坐标间通过如下坐标变换联系:

$$\begin{aligned}u'&=\left(\frac{r}{R_{\rm s}}-1\right)^{1/2}\mathrm{e}^{(r+t)/4\mu},\\ v'&=-\left(\frac{r}{R_{\rm s}}-1\right)^{1/2}\mathrm{e}^{(r-t)/4\mu}.\end{aligned} \tag{10.50}$$

利用 $(u',v',\theta,\phi)$, 史瓦西解变为

$$\mathrm{d}s^2=-\frac{16\mu^3}{r}\mathrm{e}^{-r/2\mu}(\mathrm{d}u'\mathrm{d}v'+\mathrm{d}v'\mathrm{d}u')+r^2\mathrm{d}\Omega^2. \tag{10.51}$$

在这个度规中, 事件视界 $R_{\rm s}$ 不是奇异的. 这里定义的 $(u',v')$ 是零坐标, 我们可以把它们换成通常的时间和空间坐标:

$$\begin{aligned}u&=\frac{1}{2}(u'-v')=\left(\frac{r}{R_{\rm s}}-1\right)^{1/2}\mathrm{e}^{r/4\mu}\cosh(t/4\mu),\\ v&=\frac{1}{2}(u'+v')=\left(\frac{r}{R_{\rm s}}-1\right)^{1/2}\mathrm{e}^{r/4\mu}\sinh(t/4\mu).\end{aligned}$$

①对于共形变换及其物理意义, 我们将在下一章中进行仔细的讨论.

由此得到

$$\mathrm{d}s^2 = \frac{32\mu^3}{r}\mathrm{e}^{-r/2\mu}(-\mathrm{d}v^2 + \mathrm{d}u^2) + r^2\mathrm{d}\Omega^2, \tag{10.52}$$

其中 $r$ 由下式定义:

$$(u^2 - v^2) = \left(\frac{r}{R_\mathrm{s}} - 1\right)\mathrm{e}^{r/R_\mathrm{s}}. \tag{10.53}$$

坐标 $(v, u, \theta, \phi)$ 称为克鲁斯卡坐标或者克鲁斯卡–泽克勒斯 (Szekres) 坐标. 在这组坐标下, 度规没有奇点, 而且对于固定的 $(\theta, \phi)$, 度规是共形平坦的.

在克鲁斯卡坐标下, 我们可以清楚地看到时空的整体性质. 首先, 对于径向零曲线, 它们的形式如平坦时空,

$$v = \pm u + 常数. \tag{10.54}$$

也就是说在克鲁斯卡坐标下光锥与闵氏时空中的一样, 取对角线的形式. 在整个时空流形上, $v$ 坐标总是一个类时坐标, $u$ 坐标总是一个类空坐标. 因此, 其中的类时曲线的切矢与 $v$ 轴的夹角小于 $45°$, 而类空曲线的切矢与 $v$ 轴的夹角大于 $45°$. 其次, 事件视界并不在无穷远, 而是在

$$v = \pm u \tag{10.55}$$

处, 它确实是一个零曲面. 而 $r =$ 常数的曲面由方程

$$u^2 - v^2 = 常数 \tag{10.56}$$

描述, 即它们是 $u$-$v$ 平面上的一些双曲线, 而在整个时空上需要考虑另外两个角方向因此变为超曲面. 在视界外, 这些超曲面的法向余矢是类空的, 因此超曲面是类时的, 而在视界内, 超曲面的法向是类时的, 曲面是类空的. 因此对于时空奇点 $r = 0$, 它是一个类空奇点. 此外, 由于史瓦西时空定义在 $r \geqslant 0$ 的区域[①], 因此并非 $u$-$v$ 平面上的所有区域都属于史瓦西时空. 实际上史瓦西时空只是在 $-\infty \leqslant u \leqslant \infty$ 且 $v^2 < u^2 + 1$ 的区域中, 即在两个 $r = 0$ 的双曲线之间. 我们把由克鲁斯卡坐标描述的最大延拓史瓦西时空称为克鲁斯卡时空. 对于 $t =$ 常数的曲面,

$$\frac{v}{u} = \tanh(t/4\mu), \tag{10.57}$$

是一些 $u$-$v$ 平面上穿过原点的直线, 斜率为 $\tanh(t/4\mu)$. 从这些讨论中我们得到克鲁斯卡图 10.8. 从这张图中, 我们可以很容易地读出:

---

[①] 数学上, $r < 0$ 的史瓦西解也满足爱因斯坦方程. 这个解可以等效地理解为质量为负, $M < 0, r > 0$ 的史瓦西解. 这个解是一个具有裸奇点的时空流形.

(1) $r=0$ 对应于两个双曲线——过去奇点和未来奇点.

(2) 未来奇点是类空的, 因此无法避免, 即指向未来的信号必然与之相交.

(3) 一个径向类时测地线穿过事件视界最终落到未来奇点 $r=0$ 上.

(4) 在未来奇点所属的区域 $r<R_{\mathrm{s}}$ 中, 信号是被局限住了. 无论发射光子信号, 还是有质量粒子, 它们的世界线无一例外地无法穿过视界, 而最终落到奇点上.

(5) $r=R_{\mathrm{s}}$ 渐近地把时空分作了四个区域. I 和 Ⅱ 区可以由 AEF 坐标描述, 其中 I 区是视界外的渐近平坦区域, 可以由史瓦西坐标描述, 而 Ⅱ 区是视界内的黑洞区域. 同理, I 和 Ⅱ′ 区由 REF 坐标描述, 其中 Ⅱ′ 区对应着白洞解. 在 Ⅱ′ 区中有一个过去奇点, 从那里时空诞生. I′ 区是一个之前我们没有碰到的区域, 它是另一个渐近平坦的区域. 同时, I′ 区无法从 I 区通过无论向前或者向后的类时曲线相连, 即没有办法到达另一个渐近平坦区域. 然而, 它们可以通过 “虫洞” 相联系.

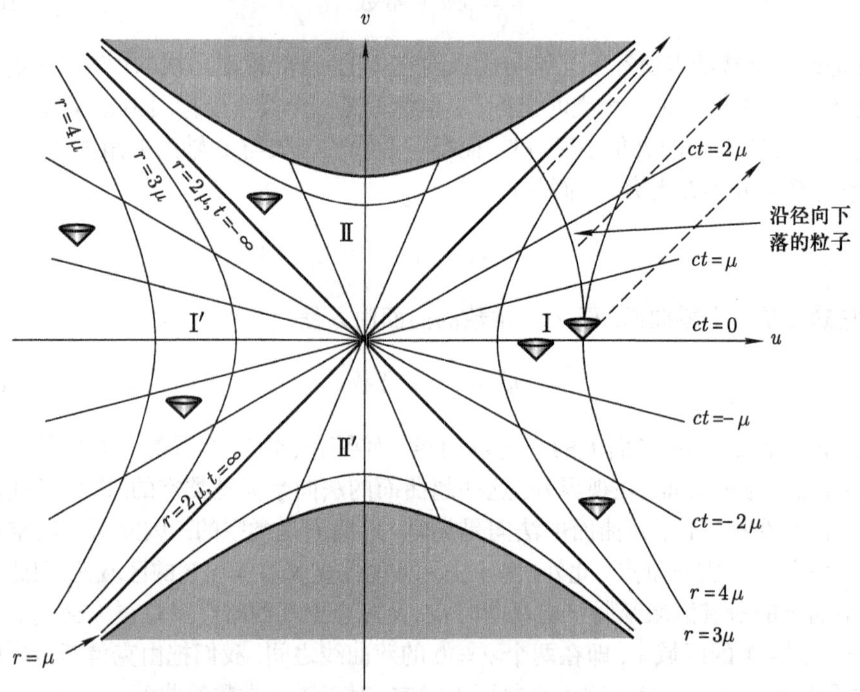


图 10.8 克鲁斯卡坐标下的史瓦西几何. 其中 $\mu=GM$, 阴影边界代表 $r=0$ 时的过去和未来奇点.

### 10.2.1 虫洞

在 $(u,v)$ 坐标中, 考虑一个类空超曲面 $v=0$ $(t=0)$ 的几何. 这个超曲面从

$u=\infty$ 延伸到 $u=-\infty$. 此超曲面的线元为

$$\mathrm{d}s^2=\frac{32\mu^3}{r}\exp\left(-\frac{r}{2\mu}\right)\mathrm{d}u^2+r^2(\mathrm{d}\theta^2+\sin^2\theta^2\mathrm{d}\phi^2). \tag{10.58}$$

为了更好地看清这个超曲面的几何, 我们先固定在赤道面 $\theta=\pi/2$ 上, 这样的话

$$\begin{aligned}\mathrm{d}s^2&=\frac{32\mu^3}{r}\exp\left(-\frac{r}{2\mu}\right)\mathrm{d}u^2+r^2\mathrm{d}\phi^2\\&=\left(1-\frac{R_\mathrm{s}}{r}\right)^{-1}\mathrm{d}r^2+r^2\mathrm{d}\phi^2,\end{aligned} \tag{10.59}$$

最后一步中用到了 $r$ 的函数关系. 此时 $v=0$, 而当 $u=\infty$ 到 $u=-\infty$ 时, $r$ 逐渐变小, 一直到最小值 $r=R_\mathrm{s}$, 然后逐渐增大. 如果把这个二维的超曲面嵌入三维欧氏空间中, 其几何图像就清楚了. 在柱坐标下三维欧氏空间的度规为

$$\mathrm{d}s^2=\mathrm{d}z^2+\mathrm{d}r^2+r^2\mathrm{d}\phi^2. \tag{10.60}$$

如果

$$\left(\frac{\mathrm{d}z}{\mathrm{d}r}\right)^2+1=\left(1-\frac{R_\mathrm{s}}{r}\right)^{-1}, \tag{10.61}$$

则诱导度规正好是上面超曲面的度规, 这要求

$$z=\sqrt{4R_\mathrm{s}(r-R_\mathrm{s})}+\text{常数}. \tag{10.62}$$

这样我们就可以清楚地看到超曲面的几何, 如图 10.9 所示. 这个几何称为爱因斯坦–罗森桥, 或者史瓦西喉、史瓦西虫洞. 从图中可以看到 $t=0$ 的超曲面实际上是一座桥或者 “虫洞”, 把两个不同的渐近平坦区域连接起来. 注意 $r>R_\mathrm{s}$, 所以这个虫洞最窄处半径只有史瓦西半径. 此外讨论中我们忽略了一个角方向, 实际上对固定的 $r$ 或者 $u$, 虫洞是一个二维的球面, 而非一个圆.

更一般地, 我们可以考虑任意 $t=$ 常数的曲面的几何. 此时, 我们需要引进所谓的各向同性 (isotropic) 坐标$(t,\rho,\theta,\phi)$, 其中新的径向坐标 $\rho$ 可以如下定义:

$$r=\left(1+\frac{\mu}{2\rho}\right)^2\rho. \tag{10.63}$$

这样有

$$\mathrm{d}s^2=-\left(\frac{1-\dfrac{\mu}{2\rho}}{1+\dfrac{\mu}{2\rho}}\right)^2\mathrm{d}t^2+\left(1+\frac{\mu}{2\rho}\right)^4\underbrace{(\mathrm{d}\rho^2+\rho^2\mathrm{d}\Omega^2)}_{\text{平坦 3 维空间的度规}}. \tag{10.64}$$

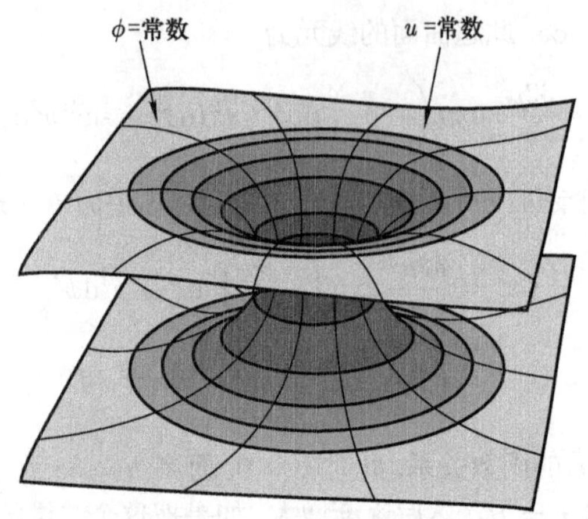


图 10.9　爱因斯坦–罗森桥的示意图.

在各向同性的坐标中, $t=$ 常数的 3 维空间是共形平坦的. 对于一个固定的 $t$, 有两个对应的 $\rho$ 值, 且这两个值在变换 $\rho \to (\mu)^2/(4\rho)$ 下交换, 而固定点在 $\rho = \mu/2$. 这个变换对应于克鲁斯卡坐标中的变换 $(u', v') \to (-u', -v')$. 各向同性坐标只能覆盖克鲁斯卡时空中的 I 和 I′ 区, 它在 $r < R_{\mathrm{s}}$ 区域并非良定义的, 如图 10.10 所示.

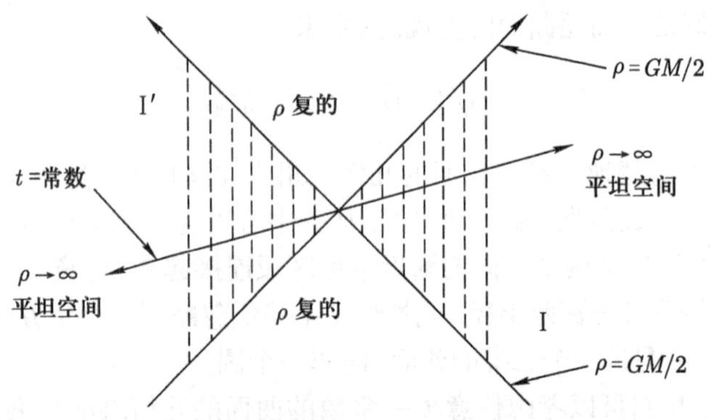


图 10.10　各向同性坐标只能覆盖克鲁斯卡时空中的两个渐近平坦区域.

虫洞的结构实际上是动力学的. 史瓦西时空几何并非静态的, 在 II 和 II′ 区 $t$ 是类空的, 而 $r$ 是类时的. 刚才的讨论固定在 $t=0$. 如果我们把史瓦西时空用取不同常数值的 $v$ 来切片, 则对每一个切片, 如图 10.12(a) 所示, 其对应的虫洞变化如图 10.12(b) 所示.

因此, 我们得到了如下图像: 史瓦西时空几何确实描述两个渐近平坦时空区域, 它们通过虫洞相连, 虫洞打开又很快地关闭, 联通区域是二维的球面. 更准确地说,

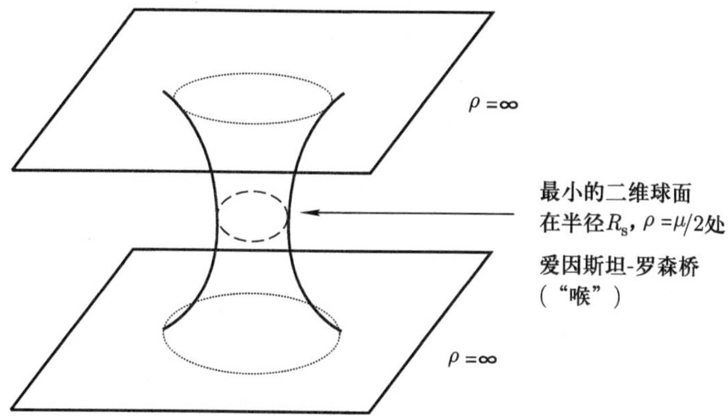


图 10.11 无论用什么 $t=$ 常数的类空曲线连接两个渐近区域, 其最窄处都是具有史瓦西半径的二维球面.

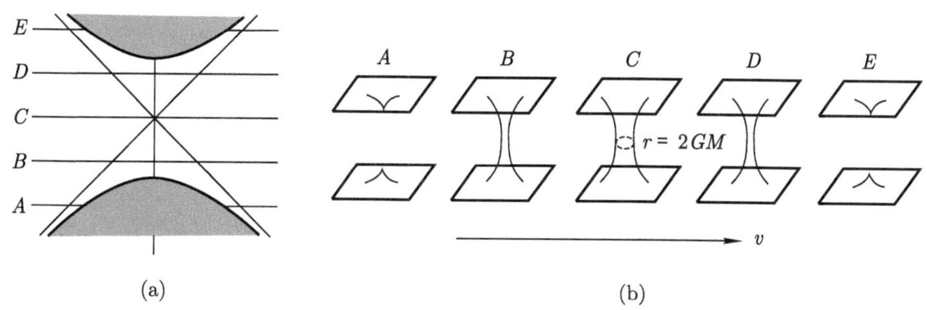


图 10.12 虫洞的开闭示意图. 对应着不同的 $v$ 值, 虫洞的大小也不同.

在 $v=-1$ 时虫洞打开变大, 在 $v=0$ 时, 虫洞最宽, 而在 $v=1$ 时, 虫洞关闭. 虫洞的关闭非常快, 不足以让任何类时观测者从一个渐近平坦区域进入另一个区域.

### 10.2.2 克鲁斯卡流形中的时间平移对称性

从史瓦西解中可见 $\partial_t$ 是时空的基灵矢量. 也就是说, 时间平移: $t\to t+c$ 是一个时空的对称性. 这个平移对称性在克鲁斯卡坐标下表现为

$$u'\to \mathrm{e}^{c/4\mu}u',\quad v'\to \mathrm{e}^{-c/4\mu}v', \tag{10.65}$$

它是整个最大延拓史瓦西时空的对称性, 其无穷小的变换给出

$$\delta u'=\frac{c}{4\mu}u',\quad \delta v'=-\frac{c}{4\mu}v'. \tag{10.66}$$

因此, 这个基灵矢量的产生子在克鲁斯卡坐标下是

$$\hat{k} = \frac{1}{4\mu}\left(u'\frac{\partial}{\partial u'} - v'\frac{\partial}{\partial v'}\right). \tag{10.67}$$

在 I 区中, 这个基灵矢量可以通过坐标变换由史瓦西度规下的基灵矢量 $\partial_t$ 得到, 但现在这个基灵矢量是在整个流形上定义的, 它具有如下性质:

(1) $\hat{k}^2 = -\left(1 - \dfrac{R_s}{r}\right) \quad \Rightarrow \begin{cases} \text{类时的,} & \text{在 I, I}', \\ \text{类空的,} & \text{在 II 和 II}', \\ \text{零的,} & \text{在视界上, 即 } \{u'=0\}\cup\{v'=0\}. \end{cases}$

(2) $\{u'=0\}$ 和 $\{v'=0\}$ 都是基灵矢量 $\hat{k}$ 的固定点集,

$$\begin{aligned} &\{u'=0\}, \quad \hat{k} = \partial/\partial\tilde{v}, \\ &\{v'=0\}, \quad \hat{k} = \partial/\partial\tilde{u}, \end{aligned} \tag{10.68}$$

其中 $\tilde{v},\tilde{u}$ 是爱丁顿–芬克斯坦零坐标. 在 $\{u'=0\}$ 上, $\tilde{v}$ 是自然的群参数, $\hat{k}$ 的轨道对应于 $-\infty < \tilde{v} < \infty$. 同样, 在 $\{v'=0\}$ 上, $\tilde{u}$ 是自然的群参数, $\hat{k}$ 的轨道对应于 $-\infty < \tilde{u} < \infty$.

(3) 在博耶尔–克鲁斯卡 (Boyer-Kruskal) 轴上 $\{u'=v'=0\}$ (一个二维球面) 的每一个点都是 $\hat{k}$ 的固定点. $\hat{k}$ 的固定点如图 10.13 所示.

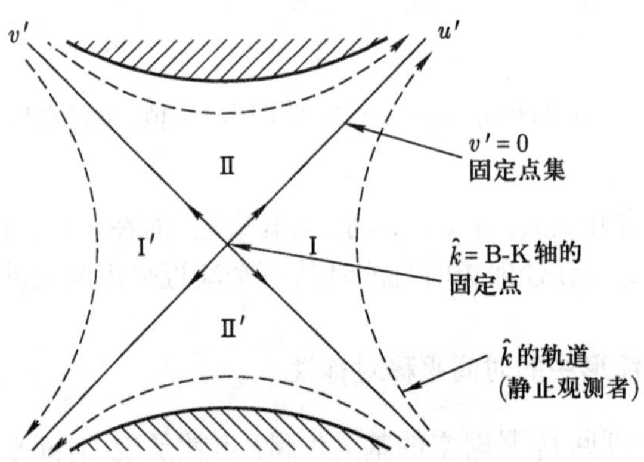


图 10.13 克鲁斯卡时空在时间平移下的固定点集.

## §10.3 黑洞的形成

本节将简要地介绍通过恒星塌缩形成黑洞的基本物理过程. 简单地说, 恒星的演化如下. 一颗恒星是通过气体与辐射压强的混合来达到平衡的. 辐射压强来自于

轻核到重核聚变产生的辐射. 当恒星逐渐地辐射能量时, 其核心部分开始收缩. 这种收缩挤压并加热了核心部分, 当温度足够高时会点燃下一次核聚变, 即氢 → 氦 → 碳 → 氧等过程, 而恒星的外层其实是扩大了, 恒星变成了红巨星 (red giant). 核聚变的过程会继续: 碳 → 氧 → 硅 → 铁. 铁元素是所有原子核中最稳定的, 聚变发生到铁元素时就无法继续下去. 恒星的内核开始冷却并由于自身的引力而收缩. 恒星的命运接下来取决于以下几个要素: 质量、角动量和磁场.

当恒星的所有核燃料都燃烧殆尽, 如果质量约等于太阳质量且转动较慢, 恒星将塌缩成一种高密度的物质状态——白矮星. 对于太阳, 我们期待它在 50 亿年后最终塌缩成半径约为 5000 km, 密度为 $10^9\ \mathrm{kg/m^3}$ 的白矮星. 早在 1915 年, 白矮星就被发现. 当时它是作为一颗非常明亮的恒星天狼星 (Sirius) 的伴星被发现的, 被命名为 Sirius B. 1927 年, 物理学家福勒 (Fowler) 意识到白矮星是由于电子简并压与引力相平衡而形成的. 即使恒星具有更高的质量, 但强大的恒星风也可能带走质量, 当质量损失比较大时, 恒星仍有可能变成白矮星. 另一种可能是, 核聚变反应非常激烈, 核心部分变得非常不稳定, 从而导致超新星爆发. 这样也可能损失掉很多质量, 改变恒星的最终命运. 此外, 由于角动量守恒, 恒星塌缩中转动变得非常重要. 转动原则上可以提高恒星形成白矮星的质量上限, 但是磁场的存在会把一部分角动量从核心转移到恒星的其他部分, 由此可以得到一个更加球对称的塌缩.

1930 年, 19 岁的印度年轻人钱德拉塞卡 (Chandrasekhar) 在去英国留学的长途旅行中有了一个大胆的想法: 如果一颗白矮星的质量更重, 其密度更高, 引力场更强, 则电子简并压可能无法抵抗引力的挤压, 使白矮星不稳定而进一步塌缩. 接下来的几年他仔细研究这一问题, 发现了白矮星能够稳定存在的质量上限是 $M_\mathrm{c} = 1.4\ M_\odot$, 这个临界质量称为钱德拉塞卡极限 (Chandrasekhar limit) . 如果白矮星质量大于 $M_\mathrm{c}$, 引力将压倒电子简并压而使白矮星进一步塌缩, 形成中子星. 中子星的形成来自于中子简并压与引力的平衡, 这是由于反 $\beta$ 衰变

$$\mathrm{e}^- + \mathrm{p} \rightarrow \mathrm{n} + \nu_\mathrm{e}, \tag{10.69}$$

电子与质子作用形成中子和中微子, 中微子逃逸后, 大量中子会有简并压. 由于中子的简并压比电子要强得多, 如果中子星不是特别重的话可以抵抗引力的挤压. 中子星质量约为太阳质量 $M_\odot$, 其半径约为 30 km, 密度约为 $10^{16}\ \mathrm{kg/m^3}$, 相对论效应已经非常明显了. 在超新星爆发后将会留下快速旋转的中子星. 中子星会有非常稳定的辐射脉冲, 称为脉冲星.

如果恒星的质量更大, 中子星也无法保持稳定. 中子星的最大质量是在 $3 \sim 4\ M_\odot$, 称为奥本海默–沃尔科夫 (Oppenheimer-Volkoff) 极限. 如果恒星质量超过这个值, 它们将继续塌缩形成黑洞. 如果塌缩是球对称的, 形成的黑洞是史瓦西黑洞. 但问题是: 塌缩过程稳定吗? 是否可能在塌缩中存在小的非对称扰动被放大, 从而

破坏事件视界的形成? 在 20 世纪 60 年代, 彭罗斯和霍金证明了一系列的 "奇点" 定理, 告诉我们在现实情形, 一个事件视界 (一个闭的捕获面) 将形成而且在这个面里面必然存在奇点. 奇点定理的证明提供了强有力的证据显示黑洞会在自然界中形成.

在一种理想状态下, 我们假设恒星有一致的密度且内部压强为零, 比如说完全由理想流体中的尘埃构成. 在不存在压力梯度的情况下, 恒星外层表面的粒子将简单地沿着径向测地线向内运动. 初始时, 我们假定这个质量层在足够远的地方, 不妨设为无穷远处静止. 等价地, 我们也可以假定塌缩开始于一个有限半径 $r = r_0$ 处, 但有一个向内的初速度. 对于不同的稳态观测者而言, 看到的塌缩图像是不同的:

(1) 第一个观测者在恒星表面, 随着恒星塌缩直到 $r = 0$;

(2) 另一个观测者是在无穷远处或者足够远处.

如图 10.14 所示, 对于第二个观测者而言, 他看到的恒星表面一直没有穿过视界 $r = R_{\mathrm{s}}$. 他接收到的从恒星表面发出光子被红移, 恒星表面越接近视界 $R_{\mathrm{s}}$, 红移因子越大, $z \to \infty$. 因此, 他看到恒星越来越暗, 亮度变成零. 简而言之, 无穷远观测者看到塌缩慢下来, 恒星的状态接近于一个半径为 $R_{\mathrm{s}}$ 近平衡物体, 最终恒星完全暗下来, 无法看到.

我们可以把上面的图像定量化. 假设在恒星表面的粒子在 $(t_{\mathrm{E}}, r_{\mathrm{E}})$ 处发射一个沿径向向外的光子, 该光子被在 $(t_{\mathrm{R}}, r_{\mathrm{R}})$ 的观测者接收到. 对一个自由下落的发射器, 当它接近视界时,

$$r_{\mathrm{E}}(t_{\mathrm{E}}) \approx R_{\mathrm{s}} + a \exp\left(-\frac{t_{\mathrm{E}}}{2R_{\mathrm{s}}}\right), \tag{10.70}$$

其中 $a$ 是依赖于 $M$ 的一个正的常数, 其具体表达式并不重要. 由于 $a$ 是正的, 所以看起来要到达视界, 需要无穷长坐标时. 另一方面, 恒星亮度的变化与时间尺度 $R_{\mathrm{s}}/c$ 有关, 即恒星塌缩到视界附近时, 亮度很快变暗. 所以说, 对任何近似自由落体的塌缩而言, 其接近黑洞的过程是非常快的. 我们可以计算红移因子. 发射光子和接收光子的频率之比为

$$\frac{\nu_{\mathrm{R}}}{\nu_{\mathrm{E}}} = \frac{u^{\mu}_{\mathrm{R}} p^{\mathrm{R}}_{\mu}}{u^{\mu}_{\mathrm{E}} p^{\mathrm{E}}_{\mu}}. \tag{10.71}$$

对于自由下落的发射器, 其 4-速度为

$$u^{\mu}_{\mathrm{E}} = \left[\left(1 - \frac{R_{\mathrm{s}}}{r}\right)^{-1}, -\left(\frac{R_{\mathrm{s}}}{r}\right)^{1/2}, 0, 0\right], \tag{10.72}$$

而对于稳态足够远的接收器, 其 4-速度近似为

$$u^{\mu}_{\mathrm{R}} = (1, 0, 0, 0), \tag{10.73}$$

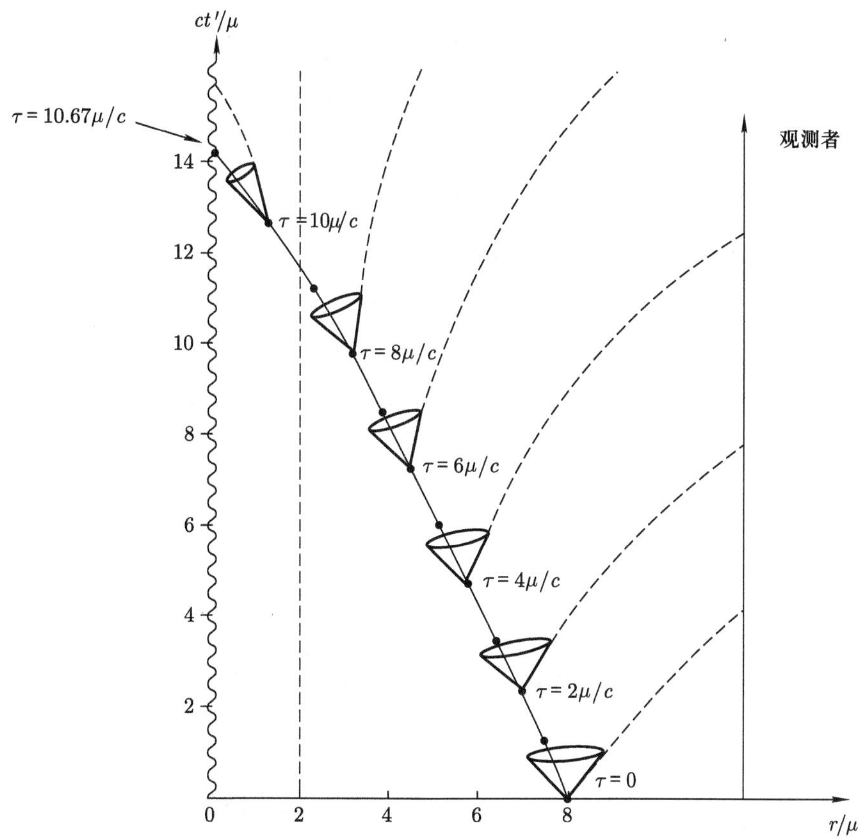


图 10.14 在 AEF 坐标下一个无压强的恒星表面塌缩形成黑洞, 这里 $\mu = GM$. 我们已经假定恒星的表面是从无穷远处静止释放, 且当 $r = 8\mu$ 时取 $\tau = t' = 0$.

则

$$\frac{\nu_{\mathrm{R}}}{\nu_{\mathrm{E}}} = \frac{p_0^{\mathrm{R}}}{u_{\mathrm{E}}^0 p_0^{\mathrm{E}} + u_{\mathrm{E}}^1 p_1^{\mathrm{E}}} = \left(u_{\mathrm{E}}^0 + \frac{p_1^{\mathrm{E}}}{p_0^{\mathrm{E}}} u_{\mathrm{E}}^1\right)^{-1}. \tag{10.74}$$

由于光子 4-动量是零矢量, 有

$$p_1 = -\left(1 - \frac{R_{\mathrm{s}}}{r}\right)^{-1} p_0, \tag{10.75}$$

所以

$$\frac{\nu_{\mathrm{R}}}{\nu_{\mathrm{E}}} = \left(1 - \frac{R_{\mathrm{s}}}{r_{\mathrm{E}}}\right)\left(1 + \sqrt{\frac{R_{\mathrm{s}}}{r_{\mathrm{E}}}}\right)^{-1} = 1 - \sqrt{\frac{R_{\mathrm{s}}}{r_{\mathrm{E}}}}. \tag{10.76}$$

当 $r_{\rm E} \to R_{\rm s}$ 时, $\nu_{\rm R} \to 0$:

$$\frac{\nu_{\rm R}}{\nu_{\rm E}} \approx \frac{r_{\rm E} - R_{\rm s}}{2R_{\rm s}} \propto \exp\left(-\frac{t}{2R_{\rm s}}\right). \tag{10.77}$$

对于无穷远观测者而言, 恒星的亮度正比于 $\exp\left(-\frac{t}{R_{\rm s}}\right)$, 指数衰减. 关键点在于指数因子, 它告诉我们恒星塌缩变黑的特征时间是 $2R_{\rm s}/c$. 由于

$$\frac{\mu}{c^3} = 5 \times 10^{-6}\left(\frac{M}{M_\odot}\right)\mathrm{s}, \tag{10.78}$$

这个时间对于天体物理的时间尺度来说是非常小的, 也就是说, 对于外部观测者而言恒星很快变黑.

对于恒星表面的观测者, 越过视界没有任何问题. 当他越过视界时, 他向外发射的光子信号并不能够向径向坐标 $r$ 增大的方向运动, 恰恰相反, 不管这个信号如何发射, 都是趋于 $r \to 0$. 这是由于在视界内, $r$ 变成了类时坐标, 其减小的方向正是指向未来的方向. 因此, 恒星一旦越过视界, 其向奇点的塌缩就无法避免. 此时, 无论密度有多高, 或者有其他形式的压强存在, 都无法阻止它塌缩到奇点上, 密度变为无穷大. 即使恒星的塌缩在视界内不再是球对称的, 其塌缩到奇点的命运也无法摆脱.

## §10.4 星体内部的球对称几何

前面仔细讨论的史瓦西时空是真空爱因斯坦方程的解. 它可以描述恒星塌缩形成的球对称黑洞, 也可以描述在球对称星体外面的时空几何. 在本节中我们介绍球对称星体的内部时空几何. 此时, 星体内部不再是真空, 存在着物质. 这些物质具有能动张量, 会改变时空的几何. 时空几何的度规仍可以假设为是球对称的, 即

$$\mathrm{d}s^2 = -\mathrm{e}^{2\alpha(r)}\mathrm{d}t^2 + \mathrm{e}^{2\beta(r)}\mathrm{d}r^2 + r^2\mathrm{d}\Omega^2. \tag{10.79}$$

我们需要求解有能动张量的爱因斯坦方程: $G_{\mu\nu} = 8\pi G T_{\mu\nu}$. 对于以上度规, 相应的爱因斯坦张量为

$$\begin{aligned}
G_{tt} &= \frac{\mathrm{e}^{2(\alpha-\beta)}}{r^2}(2r\partial_r\beta - 1 + \mathrm{e}^{2\beta}), \\
G_{rr} &= \frac{1}{r^2}(2r\partial_r\alpha + 1 - \mathrm{e}^{2\beta}), \\
G_{\theta\theta} &= r^2\mathrm{e}^{-2\beta}\left(\partial_r^2\alpha + (\partial_r\alpha)^2 - \partial_r\alpha\partial_r\beta - \frac{1}{r}\partial_r(\alpha-\beta)\right), \\
G_{\phi\phi} &= \sin^2\theta G_{\theta\theta}.
\end{aligned} \tag{10.80}$$

物质可以很好地近似为理想流体, 其能动张量为

$$T_{\mu\nu} = (\rho + p)u_\mu u_\nu + pg_{\mu\nu}, \tag{10.81}$$

其中 $u_\mu$ 是流体随动参考系的 4-速度, 而 $\rho(r)$ 和 $p(r)$ 分别是这个参考系中的固有能量密度和各向同性压强. 由于球对称性, $\rho(r)$ 和 $p(r)$ 只是 $r$ 的函数. 一个有趣的问题是: 是否所有的物质形态都可以导致球对称的解, 球对称解是否对物质的物态方程有所限制? 实际上, 从爱因斯坦方程知道由于 $G_{ti} = 0$, 必有 $u_i u_0 = 0$. 另一方面, 由 4-速度的归一化条件 $u_\mu u^\mu = -1$, $u_0$ 不能为零, 所以 $u_i \equiv 0$. 因此物质的 4-速度为 $u_\mu = (\mathrm{e}^\alpha, 0, 0, 0)$. 换句话说, 物质对于无穷远观测者而言是没有运动的. 因此, 流体的能动张量为

$$\begin{aligned} T_{tt} &= \mathrm{e}^{2\alpha}\rho, \qquad T_{rr} = \mathrm{e}^{2\beta}p, \\ T_{\theta\theta} &= r^2 p, \qquad T_{\phi\phi} = (r^2\sin^2\theta)p. \end{aligned} \tag{10.82}$$

而爱因斯坦方程变为

$$8\pi G\rho(r) = \frac{\mathrm{e}^{-2\beta}}{r^2}(2r\partial_r\beta - 1 + \mathrm{e}^{2\beta}), \tag{10.83}$$

$$8\pi Gp(r) = \frac{\mathrm{e}^{-2\beta}}{r^2}(2r\partial_r\alpha + 1 - \mathrm{e}^{2\beta}), \tag{10.84}$$

$$8\pi Gp(r) = \mathrm{e}^{-2\beta}\left(\partial_r^2\alpha + (\partial_r\alpha)^2 - \partial_r\alpha\partial_r\beta - \frac{1}{r}\partial_r(\alpha - \beta)\right). \tag{10.85}$$

定义

$$\mathrm{e}^{2\beta} = \left(1 - \frac{2Gm(r)}{r}\right)^{-1}, \tag{10.86}$$

则这组方程的 $tt$ 分量给出

$$\frac{\mathrm{d}m(r)}{\mathrm{d}r} = 4\pi r^2\rho(r), \tag{10.87}$$

积分后会给出质量函数 $m(r)$. 然而这个质量函数并非只是物质质量密度的积分. 首先注意到在上述弯曲时空中固有空间体积元是

$$\sqrt{\gamma}\mathrm{d}^3\boldsymbol{x} = \mathrm{e}^\beta r^2\sin\theta\mathrm{d}r\mathrm{d}\theta\mathrm{d}\phi, \tag{10.88}$$

所以, 固有体积元积分 "质量" 是

$$\overline{M} = \int_0^R \left(1 - \frac{2Gm(r')}{r'}\right)^{-1/2} 4\pi(r')^2\mathrm{d}r'\rho(r'). \tag{10.89}$$

但另一方面, $m(r)$ 出现在度规中, 该度规在星体表面应该与星体外的史瓦西度规连续. 而在史瓦西度规中, 有星体的总质量 $M$, 所以我们在度规中必须使用质量函数 $m(r)$,

$$m(r) = 4\pi \int_0^r r'^2 \rho(r')\mathrm{d}r', \quad m(R) = M. \tag{10.90}$$

$m(r)$ 可看作在半径 $r$ 内的总质量 (能量), 它与史瓦西时空的 ADM 质量 $M$ 在星体表面一致. 而前面给出的固有质量与 $M$ 不同, 实际上 $\overline{M} - M = E_{\text{binding}} > 0$. 能量差是把星体中所有物质发送到无穷远所需要的能量. 有时把 $\overline{M}$ 称为 "裸质量". 在上面的讨论中, 在星体外的任何地方 $m(r) = M$, 即为对于遥远观测者而言看到的星体质量. 对于牛顿力学中的星体, "在半径 $r$ 内的质量" 有唯一的意义: $m(r)$ 就是这个质量, 我们不必考虑时空的弯曲. 而对于相对论中的星体,

$$m(r) = m_0(r) + U(r) + \Omega(r), \tag{10.91}$$

其中 $m_0(r)$ 是静止质量能量, $U(r)$ 是内能, 而 $\Omega(r)$ 是引力势能. 更准确地说, 由固有体积, 我们得到在半径 $r$ 内的总静止质量

$$m_0 = \int_0^r \mu_0 n \sqrt{\gamma}\mathrm{d}^3\boldsymbol{x} = \int_0^r \left(1 - \frac{2Gm(r')}{r'}\right)^{-1/2} 4\pi(r')^2 \mu_0 n \mathrm{d}r', \tag{10.92}$$

这里 $\mu_0 n$ 是给出静止质量的内能. 比如说对于尘埃, $\mu_0$ 是单个粒子的质量, 而 $n$ 是粒子数密度. 内能为 $U(r) = \int_0^r (\rho - \mu_0 n)\sqrt{\gamma}\mathrm{d}^3\boldsymbol{x}$, 来自于组成物质的粒子之间的相互作用. 引力势即束缚能

$$\begin{aligned}\Omega &= -\int_0^r \rho \left( \left(1 - \frac{2\mu(r')}{r'}\right)^{-1/2} - 1 \right) 4\pi(r')^2 \mathrm{d}r' \\ &\approx -G \int_0^r (\rho m / r') 4\pi(r')^2 \mathrm{d}r' \quad (m/r \ll 1).\end{aligned} \tag{10.93}$$

我们可以考虑一个理想化的情形, 即星体是由重子构成, 重子的数密度为 $n(r)$, 而星体的重子数为

$$B = \int_0^R 4\pi r^2 \left(1 - \frac{2Gm(r)}{r}\right)^{-1/2} n(r)\mathrm{d}r. \tag{10.94}$$

如果单个重子的质量为 $m_{\mathrm{N}}$, 则星体的总质量为 $\overline{M} = m_{\mathrm{N}} B$. 假定重子数密度为常数, 能量密度也就是常数, 因此

$$m(r) = \frac{4\pi}{3}\rho_* r^3, \tag{10.95}$$

所以

$$B = 4\pi n\int_0^R (1-Ar^2)^{-1/2}r^2\mathrm{d}r$$
$$= \frac{4\pi nR^3}{3}f(x), \tag{10.96}$$

其中

$$A = \frac{8\pi G\rho_*}{3c^2},$$
$$f(x) = \frac{3}{2}\frac{\sin^{-1}x - x\sqrt{1-x^2}}{x^3}, \quad x = R\sqrt{A}. \tag{10.97}$$

对于普通的星体, $x \ll 1$, 所以有

$$f(x) \approx 1 + \frac{3}{5}\frac{GM}{R}. \tag{10.98}$$

由此, 有

$$\overline{M} = m_{\mathrm{N}}B = \frac{4\pi\rho_*}{3}R^3 f(x) = Mf(x), \tag{10.99}$$

而

$$\Delta M = \overline{M} - M = M(f(x)-1) = \frac{3}{5}\frac{GM^2}{Rc^2}, \tag{10.100}$$

正是牛顿近似下的引力束缚能.

由爱因斯坦方程的 $(rr)$ 分量得到

$$\frac{\mathrm{d}\alpha}{\mathrm{d}r} = \frac{Gm(r) + 4\pi Gr^3p(r)}{r^2(1-2Gm(r)/r)}, \tag{10.101}$$

积分后给出 $g_{tt}$. 然而, 在这个方程中包含了 $p(r)$, 因此我们需要考虑能动张量满足的方程 $\nabla_\mu T^{\mu\nu} = 0$, 由此得到

$$(p+\rho)\frac{\mathrm{d}\alpha}{\mathrm{d}r} = -\frac{\mathrm{d}p}{\mathrm{d}r}$$
$$\Rightarrow \frac{\mathrm{d}p}{\mathrm{d}r} = -\frac{(\rho(r)+p(r))[Gm(r)+4\pi Gr^3p(r)]}{r(r-2Gm(r))}. \tag{10.102}$$

方程 (10.87) 和 (10.102) 统称为托尔曼–奥本海默–沃尔科夫 (Tolman-Oppenheimer-Volkoff) 方程, 简记为 TOV 方程, 也称为静流体 (hydrostatic) 平衡态方程. 方程 (10.87) 告诉我们在合适的边界条件下 $m(r)$ 由 $\rho(r)$ 确定, 而方程 (10.102) 把 $p(r)$ 和 $\rho(r)$ 相联系. 也许大家会疑惑为何不需要爱因斯坦方程的 $(\theta\theta)$ 和 $(\phi\phi)$ 分

量. 首先, 这两个分量方程是互相依赖的, 只有一个独立. 其次, 我们已经用到了能动量守恒方程, 这两个方程不再需要.

方程 (10.102) 的左边是压强梯度差. 在星体表面 $p=0$. 由于 $\dfrac{\mathrm{d}p}{\mathrm{d}r}<0$, 压强随着径向增加而单调下降. 能量密度越大, 这个梯度差越大, 反映了要抗衡引力, 越靠近中心压强增长越快. 而令人惊奇的是, 不止是能量密度, 压强本身也会影响到压强梯度差, 压强越大, 梯度差越大. 这与牛顿引力理论形成了鲜明的对比. 在牛顿引力中, 压强没有引力效应, 而在广义相对论中并非如此. 我们可以考虑非相对论极限, 此时 $r\gg R_{\mathrm{s}}, \rho\gg p$, 我们发现

$$\frac{\mathrm{d}p}{\mathrm{d}r}=-\frac{4\pi G}{3}\rho^2 r. \tag{10.103}$$

这正是牛顿引力下的结果: 压强梯度差与压强无关而只与能量密度有关.

为了求解这组 TOV 方程, 我们必须加上物态方程条件 $p(\rho)$. 对很多的天体物理系统, 物质满足形如 $p=K\rho^{\gamma}$ 的物态方程, 其中 $K$ 和 $\gamma=1+\dfrac{1}{n}$ 都是常数, $n$ 是多方指标. 这样的话, TOV 方程是两个互相耦合的一阶微分方程. 如果加上合适的边界条件, 我们就可以完全地确定时空几何以及物质能量密度和压强的变化. 为了得到唯一确定的解, 我们需要两个边界条件:

(1) $m(0)=0$.

(2) 中心压强 $p(0)$, 或者等价的中心密度 $\rho(0)$. $p(r=0)=p_{\mathrm{c}}$ 定义了星体模型. 给定一个物态方程, 所有的球对称星体模型的集合构成了一个单参数序列, 参数即中心密度. 我们可以通过数值计算来求解方程, 得到莱恩–埃姆登 (Lane-Emden) 解.

我们可以考虑一个理想化的可解模型, 假设在星体内部的密度为常数

$$\rho(r)=\begin{cases}\rho_*, & r\leqslant R,\\ 0, & r>R.\end{cases} \tag{10.104}$$

这个假设并没有真实的物理对应, 它应该对应于一个极端坚硬的物态—— 不可压缩流体. 此时, 流体的声速

$$c_{\mathrm{s}}=\left(\frac{\mathrm{d}p}{\mathrm{d}\rho}\right)^{1/2} \tag{10.105}$$

是无穷大, 是超光速的, 不被相对论所允许. 然而, 致密中子星内部可以近似是单一密度的. 对这个模型, 质量函数为

$$m(r)=\begin{cases}\dfrac{4}{3}\pi r^3\rho_*, & r\leqslant R,\\ \dfrac{4}{3}\pi R^3\rho_*\equiv M, & r>R,\end{cases} \tag{10.106}$$

而另一个 TOV 方程变为

$$\frac{\mathrm{d}p}{\mathrm{d}r} = -\frac{4}{3}\pi r \frac{(\rho_* + p)(\rho_* + 3p)}{1 - 8\pi r^2 \rho_*/3}. \tag{10.107}$$

由此得

$$\frac{\rho_* + 3p}{\rho_* + p} = \frac{\rho_* + 3p_c}{\rho_* + p_c}\left(1 - \frac{2\mu}{r}\right)^{1/2}. \tag{10.108}$$

由 $p(r = R) = 0$, 我们发现中心压强为

$$p_c = \rho_* \frac{1 - (1 - R_s/R)^{1/2}}{3(1 - R_s/R)^{1/2} - 1}. \tag{10.109}$$

注意, 随着半径减小, 中心压强是逐渐增大的. 这是由于越靠近中心, 外层物质的重量都压在其上, 中心感受的压强也越来越大. 此外, 从上面的关系可见, 对于固定质量的星体, 当它的半径接近于 $R \to 9R_s/8$ 时, $p_c \to \infty$. 等价地, 如果恒星的半径固定, 它有一个最大质量 $M_{\max} = \dfrac{4R}{9G}$, 对应的中心压强为无穷大. 当恒星质量更大时, 恒星无法保持平衡, 会塌缩成黑洞.

对于常密度模型, 我们最终发现星体内部时空的度规为

$$\mathrm{d}s^2 = -\left(\frac{3}{2}(1 - AR^2)^{1/2} - \frac{1}{2}(1 - Ar^2)^{1/2}\right)^2 \mathrm{d}t^2 + \frac{\mathrm{d}r^2}{1 - Ar^2} + r^2 \mathrm{d}\Omega^2, \tag{10.110}$$

其中 $R$ 是星体的半径, 而

$$A = \frac{2GM}{R^3}. \tag{10.111}$$

易见, 这个度规在星体表面与星体外部的史瓦西时空一致.

在上面讨论的常密度模型中, 我们发现当恒星质量 $M > M_{\max} = \dfrac{4R}{9G}$ 时, 中心压强发散, 意味着恒星无法稳定. 实际上, 我们有一个更强有力的定理, 无论物态方程是什么都成立.

**布奇达尔 (Buchdahl) 定理** 不存在半径小于 $\dfrac{9\mu}{4}$ 的恒星.

**证明** 我们考虑球对称度规

$$\mathrm{d}s^2 = -A(r)\mathrm{d}t^2 + B(r)\mathrm{d}r^2 + r^2\mathrm{d}\Omega^2. \tag{10.112}$$

对恒星内部的解, 我们考虑如下的情形:

(1) 在恒星外面能量密度为零, 即 $r > R$ 时, $\rho(r) = 0$.

(2) 恒星的总质量固定为 $M$, 即 $M=\int_0^R 4\pi r^2\rho(r)\mathrm{d}r$.

(3) 度规系数 $B(r)$ 不奇异, 即总有 $m(r)<r/2G$.

(4) 能量密度随着半径减小而增加, 即 $\rho'(r)\leqslant 0$. 这意味着半径越小越致密.

我们将证明在这些条件下, 如果压强要保持有限, 则必须对 $GM/R$ 有所限制. 利用爱因斯坦方程, 消去对压强的依赖, 可以得到

$$A''-\frac{A'}{2}\left(\frac{B'}{B}+\frac{A'}{A}+\frac{2}{r}\right)=\frac{A}{rB}(3B'-16\pi G\rho rB^2). \tag{10.113}$$

令 $A=C^2$, 并把 $B(r)$ 换成 $m(r)$ 的函数, 得到

$$\begin{aligned}&\frac{\mathrm{d}}{\mathrm{d}r}\left\{\frac{1}{r}\left(1-\frac{2Gm(r)}{r}\right)^{1/2}\frac{\mathrm{d}C(r)}{\mathrm{d}r}\right\}\\&=G\left(1-\frac{2Gm(r)}{r}\right)^{-1/2}\left(\frac{m(r)}{r^3}\right)'C(r).\end{aligned} \tag{10.114}$$

由恒星表面的边界条件, 我们知道 $C(r)$ 必须满足

$$C(r=R)=\left(1-\frac{2GM}{R}\right)^{1/2},\quad C'(r=R)=\frac{GM}{R^2}\left(1-\frac{2GM}{R}\right)^{-1/2}. \tag{10.115}$$

我们可以给出 $C(r=0)$ 的上限. 首先由于在半径 $r$ 内的平均密度 $3m(r)/4\pi r^3$ 不能随着半径增加而增加, 这是因为 $\rho(r)$ 不能. 其次, $C(r)$ 总是正的, 所以方程 (10.114) 的右边是负的, 这导致了

$$\frac{\mathrm{d}}{\mathrm{d}r}\left\{\frac{1}{r}\left(1-\frac{2Gm(r)}{r}\right)^{1/2}\frac{\mathrm{d}C(r)}{\mathrm{d}r}\right\}\leqslant 0, \tag{10.116}$$

等号只对于常数密度的情形才成立. 因此微分下的函数是一个随着半径增大而递减的函数, 即

$$\frac{1}{r}\left(1-\frac{2Gm(r)}{r}\right)^{1/2}\frac{\mathrm{d}C(r)}{\mathrm{d}r}\geqslant\frac{1}{R}\left(1-\frac{2GM}{R}\right)^{1/2}C'(R). \tag{10.117}$$

我们得到

$$C'(r)\geqslant\frac{GMr}{R^3}\left(1-\frac{2Gm(r)}{r}\right)^{-1/2}. \tag{10.118}$$

再次从 $r=R$ 到 $r=0$ 积分, 并利用前面的边界条件, 可得

$$C(0)\leqslant\left(1-\frac{2GM}{R}\right)^{1/2}-\frac{GM}{R^3}\int_0^R\frac{r\mathrm{d}r}{(1-2Gm(r)/r)^{1/2}}. \tag{10.119}$$

不等式的右边随着 $m(r)$ 的减小而增大. 对于固定的 $M, R$ 和一个递减的能量密度, $m(r)$ 取最小值是当 $\rho(r)$ 是常数时, 那时 $m(r) = Mr^3/R^3$, 因此

$$C(0) \leqslant \frac{3}{2}\left(1 - \frac{2GM}{R}\right)^{1/2} - \frac{1}{2}. \tag{10.120}$$

但是, $C(0)$ 必须是正的, 这个条件给出限制

$$\frac{2GM}{R} < \frac{8}{9}. \tag{10.121}$$

得证.

可以认为, 这个定理对固定半径恒星的质量设了上限. 假如我们有一个半径为 $\frac{9GM}{4}$ 的恒星, 那么球对称地给予它一个向内的力, 则它没有悬念地向内塌缩. 或者说, 固定半径时稍微多加一点质量将破坏流体静态平衡, 导致塌缩. 最终, 我们将得到一个史瓦西黑洞. 这个极限很容易达到: 对于密度约为 $10^{16}\ \mathrm{kg\cdot m^{-3}}$ 的中子星, 质量 $M < 7\times 10^{31}\ \mathrm{kg}$, 或者近似地为 35 $M_\odot$. 这是我们星系中大部分恒星拥有的质量.

另一个可解的恒星模型具有物态方程 $\rho = 12(p_* p)^{1/2} - 5p$, 其中 $p_*$ 是常数. 它可以保持因果性, 只需要求 $c_\mathrm{s} = \sqrt{\frac{\mathrm{d}p}{\mathrm{d}\rho}} < 1$. 这实际上要求 $p < p_*$ 或者 $\rho < 7p_*$. 对压强比较小的情形, $\rho = 12\sqrt{p_* p}$. 这对应于牛顿系统中的 $n = 1$ 幂次模型.

## §10.5　瓦迪亚时空

上面对球对称时空的讨论中, 无论是恒星内部或者外部, 都考虑的是静态时空, 并没有考虑恒星的演化. 本节我们介绍一个对史瓦西度规简单而有趣的推广, 即瓦迪亚 (Vaidya) 度规. 它可以描述一个球对称时空, 其中具有无质量粒子三维外向球对称辐射. 例如, 如果我们考虑一个球对称的恒星, 它不停地沿径向向外发射光子流, 则恒星外部的时空几何可以由瓦迪亚度规来描述. 它描述的是一个时间依赖的球对称时空.

对于瓦迪亚度规描述的时空, 我们需要考虑与光子辐射相关的能动张量. 为了得到这个度规, 我们可以先对史瓦西时间坐标做一个坐标变换

$$\mathrm{d}t = \mathrm{d}\tilde{v} + \frac{\mathrm{d}r}{(1 - 2GM/r)}. \tag{10.122}$$

坐标 $\tilde{v}$ 具有清楚的物理意义. 如果我们考虑 $\tilde{v} =$ 常数, 有

$$\frac{\mathrm{d}r}{\mathrm{d}t} = (1 - 2GM/r), \tag{10.123}$$

而这正是在史瓦西时空中沿径向向外的零曲线. 利用这个坐标, 我们可以把史瓦西度规写作

$$\mathrm{d}s^2 = -(1-2GM/r)\mathrm{d}\tilde{v}^2 - 2\mathrm{d}\tilde{v}\mathrm{d}r + r^2\mathrm{d}\Omega^2. \tag{10.124}$$

为了描述由于向外径向运动的光子改变的时空几何, 我们需要把上面的线元做修改, 其中的质量 $M$ 不再是一个常数, 而是坐标 $\tilde{v}$ 的函数, $M = M(\tilde{v})$. 这样得到的时空度规为

$$\mathrm{d}s^2 = -(1-2GM(\tilde{v})/r)\mathrm{d}\tilde{v}^2 - 2\mathrm{d}\tilde{v}\mathrm{d}r + r^2\mathrm{d}\Omega^2, \tag{10.125}$$

它具有如下非零的克里斯托弗符号:

$$\begin{aligned}
&\Gamma^r_{\tilde{v}\tilde{v}} = \frac{GM}{r^2}\left(1-\frac{2GM}{r}\right) - \frac{GM'}{r}, \quad \Gamma^r_{\theta\theta} = -r\left(1-\frac{2GM}{r}\right),\\
&\Gamma^r_{\phi\phi} = -r\sin^2\theta\left(1-\frac{2GM}{r}\right), \quad \Gamma^r_{\tilde{v}r} = \frac{GM}{r^2}, \quad \Gamma^\theta_{r\theta} = \frac{1}{r},\\
&\Gamma^\theta_{\phi\phi} = -\sin\theta\cos\theta, \quad \Gamma^\phi_{r\phi} = \frac{1}{r}, \quad \Gamma^\phi_{\theta\phi} = \cot\theta,\\
&\Gamma^{\tilde{v}}_{\tilde{v}\tilde{v}} = -\frac{GM}{r^2}, \quad \Gamma^{\tilde{v}}_{\theta\theta} = r, \quad \Gamma^{\tilde{v}}_{\phi\phi} = r\sin^2\theta,
\end{aligned} \tag{10.126}$$

其中 $M' = \mathrm{d}M/\mathrm{d}\tilde{v}$. 由此我们可以计算黎曼张量和里奇张量. 里奇张量中非零的分量为

$$R_{\tilde{v}\tilde{v}} = -\frac{2\mu'}{r^2}. \tag{10.127}$$

由爱因斯坦方程, 我们可知能动张量中只有一个分量非零, 即

$$T_{\tilde{v}\tilde{v}} = -\frac{M'}{4\pi r^2}, \tag{10.128}$$

这正是沿径向向外辐射的光子流的能动张量. 对于这样的光子, 其 4-动量为 $k_\mu = \partial_\mu\tilde{v}$, 而能动张量为

$$T^{\mu\nu} = -\frac{M'}{4\pi r^2}k^\mu k^\nu. \tag{10.129}$$

这个能动张量描述的是无压强的流体, 只具有能量密度 $\rho = -M'/(4\pi r^2)$. 这样的流体称为零尘埃 (null dust), 它很好地刻画了高频、几何光学近似下的辐射. 由能动量守恒, 这个能量密度可以理解为球对称的源正在通过辐射光子而失去质量. 因此, 度规 (10.125) 描述的是外向瓦迪亚时空.

类似地, 我们可以考虑一个零尘埃沿着径向塌缩, 这样导致的时空是内向瓦迪亚时空, 可以通过 AEF 坐标来描述, 其度规形如

$$\mathrm{d}s^2 = -\left(1-\frac{2GM(\tilde{u})}{r}\right)\mathrm{d}\tilde{u}^2 + 2\mathrm{d}\tilde{u}\mathrm{d}r + r^2\mathrm{d}\Omega^2. \tag{10.130}$$

它对应的能动张量为

$$T_{\mu\nu} = \frac{\mathrm{d}M(\tilde{u})/\mathrm{d}\tilde{u}}{4\pi r^2} l_\mu l_\nu, \tag{10.131}$$

其中 $l_\mu = -\partial_\mu \tilde{u}$ 是内向零测地线的切矢量. 此时的零尘埃具有能量密度

$$\rho_0 = \frac{\mathrm{d}M(\tilde{u})/\mathrm{d}\tilde{u}}{4\pi r^2}. \tag{10.132}$$

## §10.6 黑洞的观测

尽管黑洞被人们广为认可已经有了近半个世纪, 对其观测仍然有着一些争议. 问题的关键在于黑洞无法向我们传递任何信息, 无法通过传统的观测手段对它进行直接的观测. 前面讨论的通过大质量恒星塌缩形成的孤立黑洞是很难被确认的. 一种有用的手段是通过对双星系统进行观测. 在宇宙中三分之二的恒星是存在于双星系统中的, 因此有可能在双星系统, 如 X 射线双星中发现黑洞. 我们寻找这样的双星系统, 其中一颗恒星是非常致密的, 如黑洞或者中子星, 这样伴星会被吸引形成吸积盘, 在吸积盘的中心必然是一颗致密的星体. 如何区分黑洞和中子星呢? 在 X 射线双星系统中, 可以通过分析质量和脉冲频率来判断是否有黑洞存在. X 射线源是最明亮的源. 如果在 X 射线源处, 恒星有非常规的时间变化和频谱, 则可以判断恒星与另一颗致密物体有共同的轨道. 如果吸积物体稳定地发出脉冲, 则它是一颗脉冲星. 由此, 通过伴星的速度和轨道半径, 以及通过频谱估算伴星的质量, 我们可以知道致密星体的质量. 由于中子星的质量不能远大于 $3M_\odot$, 这样通过质量函数可以判断致密星体是中子星还是黑洞.

实际上, 人们现在比较确信的并非恒星塌缩形成的黑洞, 而是在星系中心的超大质量黑洞. 这些黑洞的质量可以是 $10^6 \sim 10^9\ M_\odot$. 离我们最近的是银河系中心的质量约为 $4.3\times10^6\ M_\odot$ 的黑洞. 它们只能通过非直接地观测其对周围恒星的效应来确认, 如红外光的观测. 现在有大量的证据显示这些超大质量的黑洞是存在的, 但是并不清楚有关它们如何产生的一些问题:

(1) 黑洞是在星系形成时首先形成的, 还是逐渐形成的?

(2) 黑洞形成时就具有大质量 $10^6M_\odot$, 还是有一个较小的质量但通过吞噬其他物体而变重?

(3) 它如何生长的, 是通过吸积气体和恒星还是与其他黑洞并合?

在星系中心的大质量黑洞通常是超大质量黑洞的子体. 它们可以通过吞噬、吸积或者并合来增长质量, 变成超大质量黑洞. 在星系中心存在着活动星系核 (active galactic nucleus, 简记为 AGN), 或者类星体 (quasars). 类星体是类似于恒星的射电源, 它亮度高达 $10^{48}$ erg/s, 比整个星系亮 $100 \sim 1000$ 倍. 而且类星体非常致密, 尺度很小, 只有几个 pc (约 $10^4$ 光年) 甚至更小, 在照片上看起来就像恒星一样. 类星体的辐射谱很宽, 不是黑体谱. 此外类星体还伴随着射电喷注. 林登贝尔 (Lynden-Bell) 认为: 类星体现象是由在星系中心的超大质量黑洞对气体的吸积造成的.

黑洞的另一种可能的观测来自于实验室. 过去几年来, 人们热烈地讨论是否有可能在实验室中, 如大型强子对撞机 (LHC) 中产生非常小的黑洞, 如果产生了, 如何观测其信号? 是否有可能吞噬我们的宇宙或者造成其他灾难? 研究表明, 我们不必担心人类的命运. 首先, 它不太可能产生. 其次即使它产生了, 这个极小黑洞也会很快通过霍金辐射蒸发掉. 对于后一种情形, 它可能留下实验痕迹.

## 习 题

1. 考虑一个在史瓦西黑洞外的有质量粒子, 它沿径向往视界处下落. 假设其测地线具有守恒能量密度 $E = 0.95$.
   (a) 它从 $r = 3\mu$ 到达 $r = R_s$ 所需要的固有时;
   (b) 它从 $r = R_s$ 到达 $r = 0$ 所需要的固有时;
   (c) 在史瓦西坐标基下, 求出它在 $r = 2.001\mu$ 处的 4-速度;
   (d) 当它经过 $r = 2.001\mu$ 时向外径向发射一个光子给远处固定位置的观测者, 请计算光子的红移.

2. 在史瓦西几何中, 考虑一个有质量粒子的运动.
   (a) 对于具有确定角动量密度 $L$ 的粒子, 它必须具有多少能量密度才能到达史瓦西半径处?
   (b) 如果把上面的条件换作入射参数 $b$, 则这个值是多少?
   (c) 反过来, 对于一个确定的入射参数 $b$, 为使粒子能够到达史瓦西半径, 角动量密度能取的最大值是多少?

3. 引进坐标

$$r = \rho\left(1 + \frac{\mu}{2\rho}\right)^2, \tag{10.133}$$

证明史瓦西几何的线元可以写作

$$\begin{aligned} \mathrm{d}s^2 = &-\left(1 - \frac{\mu}{2\rho}\right)^2\left(1 + \frac{\mu}{2\rho}\right)^{-2}\mathrm{d}t^2 + \left(1 + \frac{\mu}{2\rho}\right)^4 \\ &(\mathrm{d}\rho^2 + \rho^2\mathrm{d}\theta^2 + \rho^2\sin^2\theta\mathrm{d}\phi^2), \end{aligned} \tag{10.134}$$

并证明在弱场极限 $\mu \ll \rho$ 下, $g_{00} \approx 1 - R_s/\rho$.

4. 考虑一个宇航员从无穷远点沿径向自由下落, 他在下落过程中发射沿径向向外传播的光信号, 该信号被稳定在某径向位置 $r_\mathrm{o}$ 处的宇宙飞船接收.
   (a) 假定光子是在径向位置 $r_\mathrm{e}$ 处发射的, 计算接收到光子的红移因子;
   (b) 证明对无穷远观测者而言, 当发射器接近视界时, 光子发射和接受时的时间分别为

$$t_\mathrm{e} = -2\mu \ln\left(1 - \frac{R_\mathrm{s}}{r_\mathrm{e}}\right) + 常数, \tag{10.135}$$

$$t_\mathrm{o} = -4\mu \ln\left(1 - \frac{R_\mathrm{s}}{r_\mathrm{e}}\right) + 常数, \tag{10.136}$$

   由此证明光子波长的变化为

$$\frac{\lambda_\mathrm{o}}{\lambda_\mathrm{e}} \propto \exp(t_\mathrm{o}/4\mu). \tag{10.137}$$

5. 一个坐标半径为 $R$ 的球状尘埃物质构成的恒星, 总质量为 $M$, 由于自身引力从静止向内塌陷. 证明当塌陷发生时, 恒星表面的坐标半径 $r$ 和表面上的观测者逝去的固有时 $\tau$ 之间满足关系

$$\tau(r) = -\frac{1}{(R_\mathrm{s})^{1/2}} \int_R^r \left(\frac{r}{1 - r/R}\right)^{1/2} \mathrm{d}r. \tag{10.138}$$

   通过坐标变换 $r = R\cos^2(\psi/2)$, 证明上面的关系可以表达为

$$r = \frac{R}{2}(1 + \cos\psi), \quad \tau = \frac{R}{2}\left(\frac{R}{R_\mathrm{s}}\right)^{1/2}(\psi + \sin\psi). \tag{10.139}$$

   计算在恒星塌缩成一个点之前观测者经过的固有时.

6. 考虑一个有质量粒子在质量为 $M$ 的史瓦西黑洞内部运动 (不一定是测地线运动) . 利用史瓦西坐标 $(t, r, \theta, \phi)$, 证明这个粒子的 $r$ 坐标必然减少且减少率满足

$$\left|\frac{\mathrm{d}r}{\mathrm{d}\tau}\right| \geqslant \sqrt{\frac{R_\mathrm{s}}{r} - 1}, \tag{10.140}$$

   其中 $\tau$ 是粒子的固有时. 由此进一步计算这个粒子从视界到达奇点处能够达到的最大时间, 并求出达到这个时间的粒子的运动轨迹.

7. 如果一个宇航员在史瓦西黑洞外半径 $r$ 处做圆周运动, 请计算他所感受到的引潮力.

8. 在正文中我们讨论了从史瓦西坐标到克鲁斯卡坐标的变换, 这个变换只是在 $r > R_\mathrm{s}$ 时才是正确的. 请给出 $r < R_\mathrm{s}$ 时, 从史瓦西坐标到克鲁斯卡坐标的变换.

9. 在克鲁斯卡坐标下, 证明史瓦西黑洞在 $u = v = 0$ 处是局部平坦的.

10. 考虑在克鲁斯卡坐标下的史瓦西几何. 当 $v = 0$ 时, 我们发现了爱因斯坦–罗森桥. 请分别考虑当 $0 < v < 1$, $v = 1$ 和 $v > 1$ 时的几何, 并由此说明爱因斯坦–罗森桥随着 $v$ 的增大而变窄, 两个渐近区域在 $v = 1$ 时在奇点处相连, 而在 $v > 1$ 时两个渐近平坦区域完全分开.

11. 假如一个行星密度均匀, 形状如旋转椭球, 两极半径 $r_\rho$ 小于赤道半径 $r_e$, 试计算该行星的质量四极矩.

12. 对于一个有单一密度 $\rho$ 的球对称恒星, 证明

(a)

$$R^2 < \frac{c^2}{3\pi G\rho}, \quad M^2 < \frac{16c^6}{243\pi\rho G^3}, \tag{10.141}$$

其中 $R$ 是恒星的半径, $M$ 是恒星的质量.

(b) 如果我们要求恒星不在其史瓦西半径内, 则必须有

$$M^2 < \frac{3c^6}{32\pi\rho G^3}. \tag{10.142}$$

(c) 如果一个光子从恒星表面发射, 被一个在无穷远的静态观测者接收到, 则观测到的红移必须满足限制 $z < 2$.

(d) 如果光子是从恒星的中心发射, 则观测到的红移可以任意大.

# *第十一章　黑洞的一般性讨论

本章对黑洞进行一般性的讨论. 我们首先介绍如何通过共形紧化来讨论时空的整体因果结构, 这其中重要的工具是彭罗斯–卡特 (Penrose-Carter) 图. 其次, 我们介绍黑洞的各种视界的概念, 包括事件视界、基灵视界和表观视界, 比较它们之间的异同和关系. 与此相关的, 我们将讨论零超曲面的性质, 并介绍表面引力以及霍金温度的物理意义.

## §11.1　彭罗斯–卡特图

首先我们来介绍彭罗斯–卡特图. 我们前面讨论了各种时空流形, 利用度规很容易研究时空的局部行为, 但一个未曾讨论的重要问题是时空的整体结构. 这需要我们了解时空在无穷远处到底发生了什么. 这个问题之所以重要是因为它可以帮助我们建立时空流形的整体因果结构. 为了研究在无穷远处的物理, 我们需要把无穷远拉到某个有限的位置从而方便讨论. 一个标准的做法是通过共形变换. 共形变换不会改变时空的因果结构, 但可以把流形紧化到有限的区域.

### 11.1.1　共形变换

一个共形变换基本上是一个局域的标度变换

$$\bar{g}_{\mu\nu} = \Omega^2(x) g_{\mu\nu}, \tag{11.1}$$

或者等价地

$$\mathrm{d}\bar{s}^2 = \Omega^2(x)\mathrm{d}s^2, \tag{11.2}$$

相应的逆变换是 $g_{\mu\nu} = \Omega^{-2}(x)\bar{g}_{\mu\nu}$. 共形变换的一个明显的结果是: 零曲线在共形变换下不变. 也就是说, 如果 $x^\mu(\lambda)$ 是相对于 $g_{\mu\nu}$ 的零曲线, 则它也是相对于 $\bar{g}_{\mu\nu}$ 的零曲线. 这是因为, 一条曲线是零的, 当且仅当其切矢量是零的,

$$g_{\mu\nu}\frac{\mathrm{d}x^\mu}{\mathrm{d}\lambda}\frac{\mathrm{d}x^\nu}{\mathrm{d}\lambda} = 0. \tag{11.3}$$

显然, 相对于共形变换后的度规 $\bar{g}_{\mu\nu}$, 切矢量仍然是零的, 所以曲线仍然是零的. 因此, 光锥在共形变换下不变.

度规可以帮助我们定义几何. 在共形变换下, 距离实际上有所改变 (除了零曲线外). 因此, 相对于度规 $g_{\mu\nu}$ 的类时或者类空测地线, 在共形变换后不再是度规 $\bar{g}_{\mu\nu}$ 的测地线. 原来的测地线方程是

$$\frac{\mathrm{d}^2x^\rho}{\mathrm{d}\lambda^2}+\Gamma^\rho_{\mu\nu}\frac{\mathrm{d}x^\mu}{\mathrm{d}\lambda}\frac{\mathrm{d}x^\nu}{\mathrm{d}\lambda}=0, \tag{11.4}$$

在共形变换后, 克里斯托弗符号变为

$$\bar{\Gamma}^\rho_{\mu\nu}=\Gamma^\rho_{\mu\nu}+C^\rho_{\mu\nu}, \tag{11.5}$$

其中

$$C^\rho_{\mu\nu}=\Omega^{-1}(\delta^\rho_\mu\nabla_\nu\Omega+\delta^\rho_\nu\nabla_\mu\Omega-g_{\mu\nu}g^{\rho\sigma}\nabla_\sigma\Omega). \tag{11.6}$$

显然, 类时或者类空测地线的方程在共形变换后将有很大的变化, 依赖于函数 $\Omega(x)$. 然而, 对于类光测地线而言, 由于上面的零曲线条件, 我们得到的测地线方程会有所简化. 更重要的是, 在重参数化下, 零测地线方程可以保持不变. 我们可以引进一个新的仿射参数

$$\lambda'=f(\lambda), \tag{11.7}$$

由此可得

$$\begin{aligned}\frac{\mathrm{d}x^\mu}{\mathrm{d}\lambda'}&=\frac{1}{f'(\lambda)}\frac{\mathrm{d}x^\mu}{\mathrm{d}\lambda},\\ \frac{\mathrm{d}^2x^\rho}{\mathrm{d}\lambda'^2}&=-\frac{f''(\lambda)}{f'(\lambda)^3}\frac{\mathrm{d}x^\rho}{\mathrm{d}\lambda}+\left(\frac{1}{f'(\lambda)^2}\right)\frac{\mathrm{d}^2x^\rho}{\mathrm{d}\lambda^2},\end{aligned}$$

而零测地线方程为

$$\begin{aligned}&\frac{\mathrm{d}^2x^\rho}{\mathrm{d}\lambda'^2}+\bar{\Gamma}^\rho_{\mu\nu}\frac{\mathrm{d}x^\mu}{\mathrm{d}\lambda'}\frac{\mathrm{d}x^\nu}{\mathrm{d}\lambda'}\\ &\quad=\frac{1}{f'(\lambda)^2}\left(\frac{\mathrm{d}^2x^\rho}{\mathrm{d}\lambda^2}+\Gamma^\rho_{\mu\nu}\frac{\mathrm{d}x^\mu}{\mathrm{d}\lambda}\frac{\mathrm{d}x^\nu}{\mathrm{d}\lambda}\right)\\ &\qquad+\left(-\frac{f''(\lambda)}{f'(\lambda)^3}+2\frac{\mathrm{d}\ln\Omega}{\mathrm{d}\lambda'}\right)\frac{\mathrm{d}x^\rho}{\mathrm{d}\lambda'}.\end{aligned} \tag{11.8}$$

因此, 如果

$$-\frac{f''(\lambda)}{f'(\lambda)^3}+\frac{2}{f'(\lambda)}\frac{\mathrm{d}\ln\Omega}{\mathrm{d}\lambda}=0, \tag{11.9}$$

则共形变换后的零测地线与原来的零测地线相同, 只不过是仿射参数发生了变化.

在共形变换后, 黎曼张量为

$$\bar{R}^{\rho}_{\sigma\mu\nu} = R^{\rho}_{\sigma\mu\nu} + \nabla_{\mu} C^{\rho}_{\nu\sigma} - \nabla_{\nu} C^{\rho}_{\mu\sigma} + C^{\rho}_{\mu\kappa} C^{\kappa}_{\nu\sigma} - C^{\rho}_{\nu\kappa} C^{\kappa}_{\mu\sigma}, \tag{11.10}$$

而里奇张量为

$$\begin{aligned}\bar{R}_{\sigma\nu} = R_{\sigma\nu} &- ((n-2)\delta^{\alpha}_{\sigma}\delta^{\beta}_{\nu} + g_{\sigma\nu}g^{\alpha\beta})\Omega^{-1}(\nabla_{\alpha}\nabla_{\beta}\Omega) \\ &+(2(n-2)\delta^{\alpha}_{\sigma}\delta^{\beta}_{\nu} - (n-3)g_{\sigma\nu}g^{\alpha\beta})\Omega^{-2}(\nabla_{\alpha}\Omega)(\nabla_{\beta}\Omega),\end{aligned} \tag{11.11}$$

其中 $n$ 是时空的维数. 进一步地, 我们得到

$$\begin{aligned}\bar{R} = \Omega^{-2}R &- \Omega^{-3}2(n-1)g^{\mu\nu}(\nabla_{\mu}\nabla_{\nu}\Omega) \\ &-\Omega^{-4}(n-1)(n-4)g^{\mu\nu}(\nabla_{\mu}\Omega)(\nabla_{\nu}\Omega).\end{aligned} \tag{11.12}$$

由此可以证明外尔张量在共形变换下是不变的.

### 11.1.2 平坦时空的彭罗斯–卡特图

我们先以平坦闵氏时空为例来说明彭罗斯–卡特图的构造. 对闵氏时空, 利用极坐标, 度规可以写作

$$\mathrm{d}s^2 = -\mathrm{d}t^2 + \mathrm{d}r^2 + r^2\mathrm{d}\Omega^2, \tag{11.13}$$

其中 $-\infty < t < +\infty, 0 \leqslant r < +\infty$. 引进零坐标 $u = \dfrac{1}{2}(t+r), v = \dfrac{1}{2}(t-r)$, 它们的取值范围为

$$-\infty < u < +\infty, \quad -\infty < v < +\infty, \quad v \leqslant u, \tag{11.14}$$

而度规可写作

$$\mathrm{d}s^2 = -2(\mathrm{d}u\mathrm{d}v + \mathrm{d}v\mathrm{d}u) + (u-v)^2\mathrm{d}\Omega^2. \tag{11.15}$$

对于一个取值于正负无穷的变量 $-\infty < x < \infty$, 可以定义函数 $f(x) = \tan^{-1} x$ 来给出映射 $(-\infty, \infty) \to (-\pi/2, \pi/2)$. 利用反三角函数, 定义

$$U = \arctan u, \quad V = \arctan v, \tag{11.16}$$

它们的取值范围为

$$-\pi/2 < U < +\pi/2, \quad -\pi/2 < V < +\pi/2, \quad V \leqslant U, \tag{11.17}$$

而闵氏时空的度规变为

$$\mathrm{d}s^2=\frac{1}{\cos^2 U\cos^2 V}\left[-2(\mathrm{d}U\mathrm{d}V+\mathrm{d}V\mathrm{d}U)+\sin^2(U-V)\mathrm{d}\Omega^2\right].$$

这里 $U,V$ 看起来是零坐标. 为更清楚地看到几何, 我们可以引进坐标

$$\eta=U+V\quad \chi=U-V, \tag{11.18}$$

取值范围为 $-\pi<\eta<+\pi, 0\leqslant\chi<+\pi$, 而度规变为

$$\mathrm{d}s^2=\omega^{-2}\left(-\mathrm{d}\eta^2+\mathrm{d}\chi^2+\sin^2\chi\mathrm{d}\Omega^2\right), \tag{11.19}$$

其中 $\omega=\cos U\cos V=\dfrac{1}{2}(\cos\eta+\cos\chi)$. 这个度规与原来的闵氏时空在极坐标下的度规看起来不同, 特别是其中的坐标 $\eta,\chi$ 都取有限的值. 如果提出上面度规中的共形因子 $\omega^{-2}$, 会得到一个非物理的度规

$$\begin{aligned}\mathrm{d}\bar{s}^2&=\omega^2\mathrm{d}s^2\\&=-\mathrm{d}\eta^2+\mathrm{d}\chi^2+\sin^2\chi\mathrm{d}\Omega^2.\end{aligned} \tag{11.20}$$

这个度规描述的流形为 $R\times S^3$. 它并非真空爱因斯坦的解. 实际上, 如果放宽 $\eta$ 的取值范围至 $-\infty<\eta<+\infty$, 这个度规描述的是有名的 "爱因斯坦静态宇宙"①. 共形变换后的闵氏时空实际上是这个静态宇宙的子空间, 如图 11.1(a) 所示. 图中我们已经隐藏了两个角坐标, 实际上图中的任一点都是一个二维的球面. 因此这个图有时候会误导读者, 在球面上一条闭合曲线很容易回到原点, 而从图上看好像是在一个有限的范围中. 我们可以把这个在柱面上的图压扁到平面上, 这样有图 11.1(b), 这个图称为彭罗斯–卡特图, 或者彭罗斯图、共形图. 闵氏时空只是这个图的内部, 包括 $\chi=0$. 边界并非原来时空的一部分, 它们实际上是共形无穷远. 这些边界对应着

$$\begin{aligned}i^+&=\text{未来类时无穷远}(\eta=\pi,\chi=0),\\ i^0&=\text{类空无穷远}(\eta=0\ \chi=\pi),\\ i^-&=\text{过去类时无穷远}(\eta=-\pi,\chi=0),\\ \Im^+&=\text{未来零无穷远}(\eta=\pi-\chi,0<\chi<\pi),\\ \Im^-&=\text{过去零无穷远}(\eta=-\pi+\chi,0<\chi<\pi),\end{aligned}$$

注意 $i^+$, $i^0$ 和 $i^-$ 实际上是一些点, 因为 $\chi=0$ 和 $\chi=\pi$ 分别对应着球面 $S^3$ 的北极和南极. 而 $\Im^+$ 和 $\Im^-$ 却是零曲面②, 拓扑上是 $R\times S^2$. 点 $i^+$ 和 $i^-$ 可以看作类

①这个静态宇宙是考虑了理想流体和一个正的宇宙学常数后得到的爱因斯坦方程的宇宙学解, 实际上是不稳定的. 随着哈勃 (Hubble) 发现宇宙膨胀, 这种宇宙学被放弃了.

②$\Im$ 读作 scri.

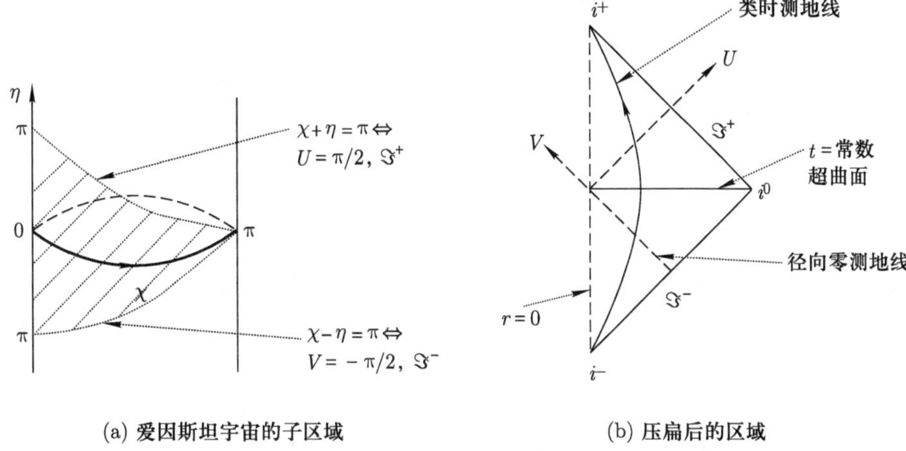


(a) 爱因斯坦宇宙的子区域　　(b) 压扁后的区域

图 11.1　平坦时空的彭罗斯–卡特图.

空曲面的极限, 这些类空曲面的法矢是类时的. 点 $i^0$ 可看作法矢为类空的类时曲面的极限. 在图中, 所有的径向零测地线都是 $\pm 45°$, 起始于 $\Im^-$ 而终止于 $\Im^+$, 所有的类时测地线都是始于 $i^-$ 而终于 $i^+$, 所有的类空测地线都是始于 $i^0$ 终于 $i^0$. 这里的测地线都是指仿射参数可以向两个方向延伸的测地线, 由于闵氏时空没有奇点, 测地完备, 所以测地线可以一直延伸到无穷远. 也存在着非测地类时曲线, 终止于零无穷远, 如果它们变为渐近类光的话. 由此可见, 闵氏时空的彭罗斯–卡特图确实捕捉了时空在无穷远处的因果结构.

紧化时空的空间截面拓扑上是三维的球面 $S^3$, 因为点 $i^0$ 的存在. 因此, 它们不仅是紧致的, 还是没有边界的. 对于整个时空来说并非如此. 渐近地看, 有可能把紧化时空边界上的点等同来得到一个没有边界的紧致流形——群 U(2). 也就是说, 对于闵氏时空, 它的共形紧化与群流形 U(2) 同构. 更一般地, 对于有黑洞的时空, 如克鲁斯卡时空, 这是不可能的, 因为 $i^\pm$ 是奇异的.

### 11.1.3 黑洞时空的彭罗斯图

我们把上面的讨论应用到史瓦西黑洞的讨论中. 我们先来考虑史瓦西黑洞的最大延拓——克鲁斯卡时空. 在克鲁斯卡坐标下, 时空流形的度规为

$$\mathrm{d}s^2 = -\frac{16\mu^3}{r}\mathrm{e}^{-r/2\mu}(\mathrm{d}u'\mathrm{d}v' + \mathrm{d}v'\mathrm{d}u') + r^2\mathrm{d}\Omega^2, \tag{11.21}$$

其中 $r$ 由下式定义:

$$u'v' = \left(\frac{r}{2\mu} - 1\right)\mathrm{e}^{r/2\mu}. \tag{11.22}$$

做相似的变换

$$u'' = \arctan\left(\frac{u'}{\sqrt{2\mu}}\right), \quad v'' = \arctan\left(\frac{v'}{\sqrt{2\mu}}\right),$$

域为

$$-\pi/2 < u'' < +\pi/2, \quad -\pi/2 < v'' < +\pi/2, \quad -\pi < u'' + v'' < \pi.$$

度规的 $(u'', v'')$ 部分, 即取角坐标为常数, 与闵氏时空共形相联. 在新的坐标下, 在 $r = 0$ 处的奇点是两条直线, 从一个渐近平坦区域的类时无穷远延伸到另一个渐近平坦区域的类时无穷远. 最终, 我们得到图 11.2. 图中 $i^+, i^0, i^-, \Im^+$ 和 $\Im^-$ 的物理意义与闵氏时空中的相同. 注意 $i^+$ 和 $i^-$ 与 $r = 0$ 不同, 实际上有很多类时测地线并不起始或者终止于奇点上. 由图可见史瓦西时空解的共形无穷远的结构与闵氏时空相同, 这是由于史瓦西时空是渐近平坦的, 而且时空流形具有两个渐近平坦的区域, 有黑洞和白洞. 同样, 零测地线的角度为 $\pm 45°$, 与平坦时空类似. 在两个渐近平坦区域, 类时测地线分别始于 $i^-$ 终于 $i^+$, 而类空测地线有可能连接两个渐近平坦区域. 在视界 $r = R_s$ 外, 一个沿径向外向的零测地线终止于 $\Im^+$, 而内向的零测地线必然终止于奇点上. 对在黑洞视界内 $r = R_s$ 的任何点, 无论是向外或者向内的零测地线必然终止于未来奇点.

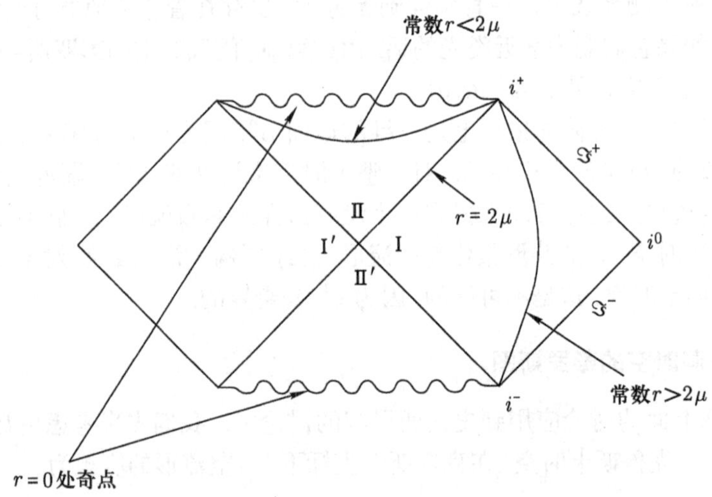


图 11.2　克鲁斯卡时空的彭罗斯–卡特图.

注意对于克鲁斯卡时空, 所有 $r =$ 常数的超曲面都与 $i^\pm$ 相交, 包括 $r = 0$ 的超曲面, 而 $r = 0$ 是奇异的, 因此 $i^\pm$ 是两个奇异的点, 不能加到流形上. 克鲁斯卡时空是整体双曲的, 如图 11.3 所示.

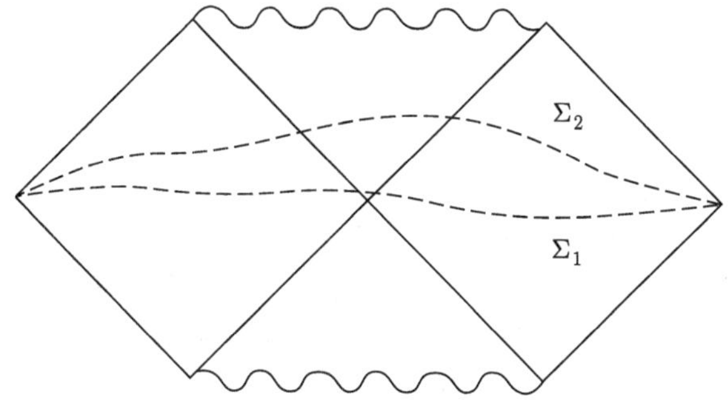


图 11.3 整体双曲的克鲁斯卡时空. 其中的超曲面 $\Sigma_1$ 和 $\Sigma_2$ 都是柯西面.

对于正在塌缩的恒星, 只有在恒星外部的克鲁斯卡–彭罗斯图是有用的, 对于恒星内部的时空, 依赖于恒星本身的物理. 对于无压强、球对称塌缩的恒星, 恒星的各部分同时抵达 $r=0$ 奇点处, 因此其彭罗斯图为 11.4(a), 图中阴影部分代表恒星. 由图可见, 无论是类时或者类空测地线都有可能终止于恒星表面. 这样的时空实际上是整体双曲的, 如图 11.4(b) 所示, 其中的超曲面 $\Sigma_1$ 和 $\Sigma_2$ 都是柯西面.

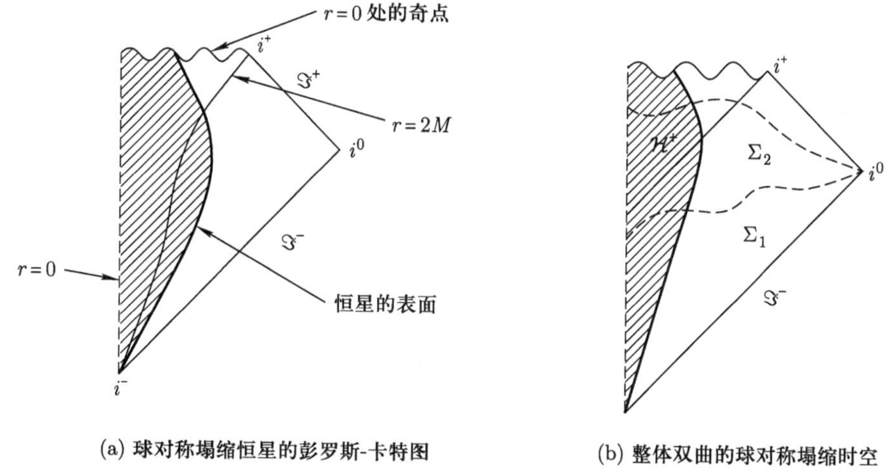


图 11.4 正在球对称塌缩恒星的彭罗斯–卡特图.

## §11.2 事件视界

为了讨论时空的整体结构, 需要引进一些新的概念, 特别是与渐近区域有关的概念. 首先一个时空 $(M,g)$ 被称为渐近简单的 (asymptotically simple), 如果存在一个流形 $(\tilde{M},\tilde{g})$ 及存在一个连续嵌入 $f(M): M \to \tilde{M}$, 把 $M$ 嵌入为在 $\tilde{M}$ 中有光

滑边界 $\partial M$ 的流形, 且满足

(1) 在 $\tilde{M}$ 上存在一个光滑函数 $\Lambda$, 它在 $f(M)$ 上有 $\Lambda > 0$ 且 $\tilde{g} = \Lambda^2 f(g)$.

(2) 在 $\partial M$ 上, $\Lambda = 0$ 但 $d\Lambda \neq 0$.

(3) $M$ 上的每一条零测地线在 $\partial M$ 上都有两个端点.

通常记 $M \bigcup \partial M \equiv \overline{M}$. 例如, 如果 $M$ 是闵氏时空, 则 $\overline{M}$ 是共形紧化的闵氏时空. 这个定义是很宽松的, 可以包括 AdS 和 dS 时空. 为了集中在平坦时空的情形, 我们可以进一步称 $(M, g)$ 是渐近空和简单的, 如果它满足上面三个条件以及

(4) 在 $\overline{M}$ 中 $\partial M$ 的任意一个开邻域上 $R_{\mu\nu} = 0$.

这个条件不允许任何物质组分的存在, 包括宇宙学常数和电磁场.

从上面的定义可知, 由于零测地线的仿射参数要到达 $\partial M$ 必须取无穷大, 边界 $\partial M$ 可以被看作是无穷远处. 而且可以证明这个边界必然是零超曲面, 包括两个零超曲面 $\Im^+$ 和 $\Im^-$, 分别具有拓扑 $R^1 \times S^2$. 注意 $i^0, i^\pm$ 并不在边界上, 因为在这些点上共形边界并非光滑的流形.

渐近空和简单的时空包括闵氏时空和没有塌缩形成黑洞的恒星外的渐近平坦时空, 但排除了史瓦西、RN 和克尔黑洞时空. 这是因为对于黑洞时空而言, 其中存在着端点不在 $\Im^+$ 或 $\Im^-$ 上的零测地线. 为了考虑黑洞时空, 我们可以引进弱渐近简单的时空: 一个时空 $(M, g)$ 称为弱渐近简单和空的, 如果有一个渐近简单和空的时空 $(M', g')$ 和 $\partial M'$ 的一个邻域 $u'$, 使得 $u' \bigcap M'$ 与 $M$ 的一个开子集 $u$ 同构. 通常, 我们称一个弱渐近简单和渐近空的时空为渐近平坦的时空. 这个定义包含了我们知道的三种黑洞时空. 特别地, 对于 RN 和克尔黑洞来说, 它们有无穷多个渐近平坦的区域, 因此有无穷多个零无穷远 $\Im^+$ 和 $\Im^-$.

渐近平坦的时空和闵氏时空对于 $\Im^\pm$ 和 $i^0$ 具有相同的结构, 如图 11.5 所示. 特别地, 它们允许某些矢量在 $i^0$ 附近渐近趋于闵氏时空的基灵矢量. 这些矢量可以在类空超曲面上定义总质量、总动量和总角动量. 而在 $\Im^\pm$ 上的渐近对称性会复杂得多, 它们构成了一个无穷维的群, 称为 BMS 群[61].

下面我们讨论一下黑洞的视界. 前面我们用到了事件视界的概念. 简单地说, 事件视界把时空分隔开, 事件视界外的观测者对于事件视界内发生的一切一无所知. 严格地说, 要定义事件视界, 我们必须了解时空流形的整体因果结构. 假设时空 $M$ 是弱渐近平坦的. 定义集合 $J^-(U)$: {点集 $U \in M$ 的因果过去}. 而 $\bar{J}^-(U)$ 是 $J^-$ 的拓扑闭包, 即包括可能的极限点. 因此, 我们可以定义 $\bar{J}^-(U)$ 的边界为

$$\dot{J}^-(U) = \bar{J}^-(U) - J^-(U). \tag{11.23}$$

如果我们考虑流形 $M$ 的类时未来无穷远 $\Im^+$, 它的因果过去的拓扑闭包具有的边界定义了未来事件视界, 即流形 $M$ 的未来事件视界为

$$\mathcal{H}^+ = \dot{J}^-(\Im^+). \tag{11.24}$$

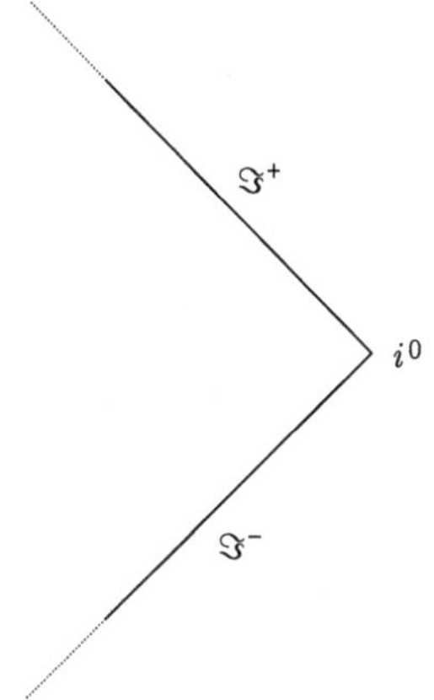


图 11.5 渐近平坦时空与闵氏时空具有相同的未来和过去类光无穷远以及类空无穷远.

下面以一个球对称塌缩恒星的时空具有未来事件视界为例看一下.

未来事件视界具有如下性质.

(1) 类空无穷远 $i^0$ 和类光过去无穷远 $\Im^- \in J^-(\Im^+)$ 都不是未来事件视界 $\mathcal{H}^+$ 的一部分.

(2) $\mathcal{H}^+$ 是一个零超曲面, 其上两点无法通过类时曲线相连. 对于局域相邻的两点, 这是因为它们都在零超曲面上. 整体上, 我们假定在 $\mathcal{H}^+$ 上存在着两个类时相连的两点 $p$ 和 $q$, 且 $q \in J^-(p)$. 这两个点之间通过类时曲线相连. 我们可以稍微把这条类时曲线变形为另一条类时曲线而把 $p'$ 和 $q'$ 连接起来, 且 $p' \in J^-(\Im)$ 但 $q' \notin J^-(\Im)$. 但由于 $q' \in J^-(p') \in J^-(\Im)$, 矛盾. 如图 11.6 所示.

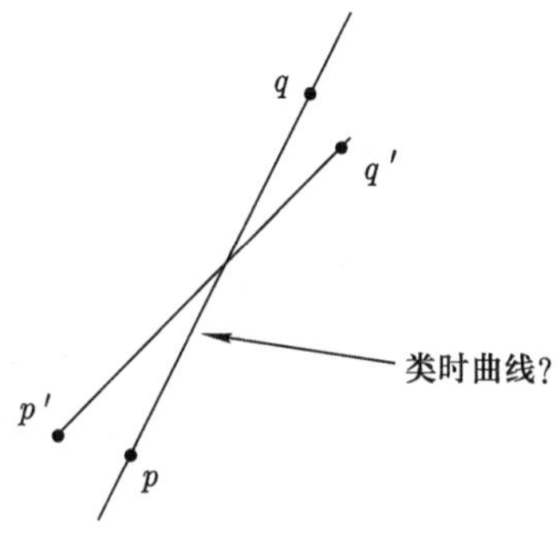


图 11.6 $p$ 和 $q$ 间的类时曲线不可能存在.

(3) $\mathcal{H}^+$ 的零测地线产生子可能有过去终点, 即向过去延拓时不再在 $\mathcal{H}^+$ 上而有可能碰到奇点. 例如, 在史瓦西黑洞中的奇点 $r=0$, 如图 11.7 所示.

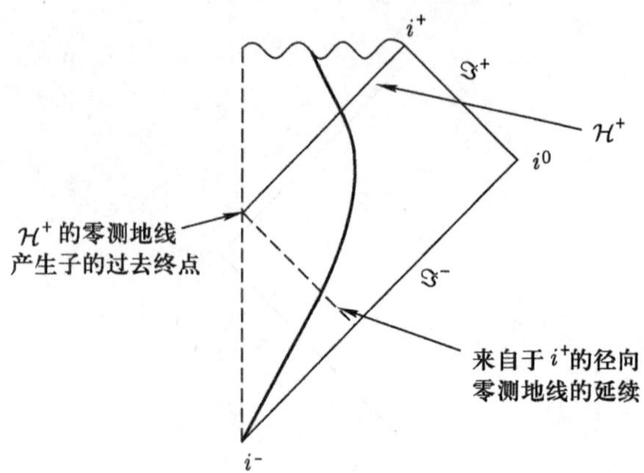


图 11.7 正在球对称塌缩恒星的时空具有未来事件视界.

(4) 如果 $\mathcal{H}^+$ 的一个产生子有一个未来终点, 则零测地线在未来的延拓将有可能离开 $\mathcal{H}^+$. 这当然是不能发生的. 因此, 彭罗斯提出如下定理:

**定理 (彭罗斯)** *$\mathcal{H}^+$ 的产生子没有未来终点.*

**证明** 考虑某集合 $S$ 的因果过去 $J^-(S)$, 如图 11.8 所示. 考虑因果过去边界上的一个点 $p \in \dot{J}^-(S), p \notin S, \overline{S}$. 在 $\dot{J}^-(S)$ 上穿过 $p$ 的零测地线. 在 $p$ 点附近仍属于 $J^-(S)$ 的邻域中有一个序列的点集 $\{p_i\}$, 使 $p$ 点是这个序列点集的极限点, 如图 11.9 所示. 考虑由 $p_i$ 出发的类时曲线 $\{\gamma_i\}$, 它们属于 $J^-(S)$, 构成了一个无穷序列. 这些曲线与 $p$ 的领域边界的交点为 $q_i$. 这些交点序列 $\{q_i\}$ 在 $\dot{J}^-(S)$ 上必须有一个极限点 $q$. 从 $p$ 到 $q$ 的曲线 $\gamma$ 可以看作是类时曲线的极限, 因此它不可能是类空的, 但可能是零的. 由上面的性质可知, 它不可能是类时的, 因此它必然是零超曲面 $\mathcal{N}$ 上穿过 $p$ 的零测地线产生子的一段. 同样的讨论可以对点 $q$ 重复, 从而得到另一段到达点 $r \in \mathcal{N}$, 这个点在更远的未来. 这个新的段必须是同一个产生子的一段, 否则存在变形到 $\mathcal{N}$ 上一个连接 $p$ 和 $r$ 的类时曲线, 而后者是不可能的, 如图 11.10 所示. 选择 $S = \Im^+$, 这给出了彭罗斯的定理. 证毕.

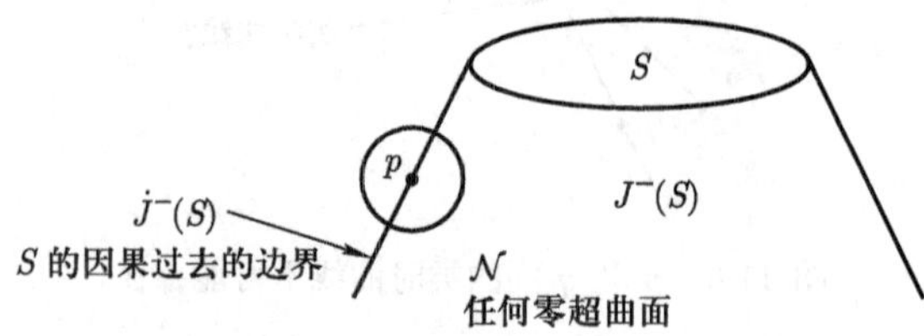


图 11.8 集合 $S$ 的因果过去 $J^-(S)$.

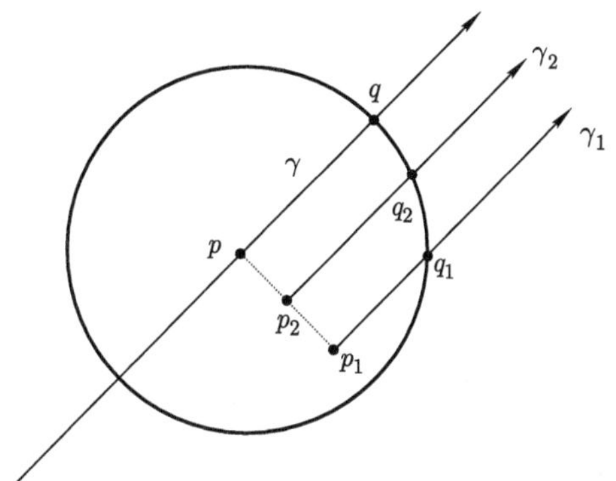


图 11.9 $p$ 点领域中的一个序列点集.

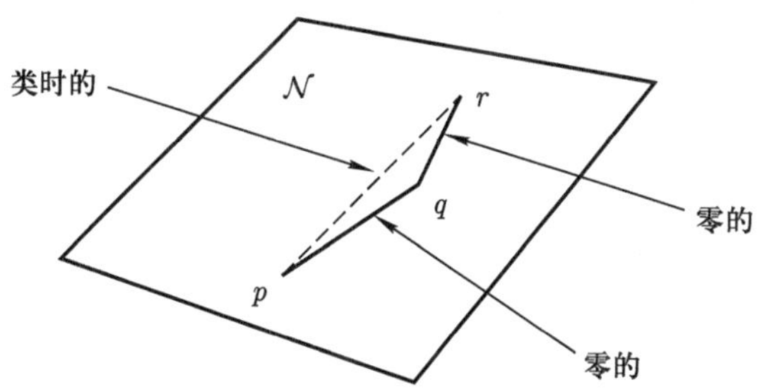


图 11.10 从 $p$ 出发的零测地线会一直延伸下去.

简而言之, 零测地线可以进入 $\mathcal{H}^+$, 但不能离开它.

类似地, 我们可以考虑类时过去无穷远 $\Im^-$ 的因果未来, 从而定义过去事件视界

$$\mathcal{H}^- : \dot{J}^+(\Im^-). \tag{11.25}$$

对于过去事件视界而言, 零测地线可以离开但不能进入它. 时间对称的克鲁斯卡时空既有未来事件视界也有过去事件视界, 如图 11.11 所示.

由定义可知事件视界是一个整体的概念, 需要知道时空的完整信息, 它很难在任意一组坐标中确定, 也无法通过在一个有限时间间隔内的观测来确定. 对于稳态渐近平坦的时空, 存在一个方便的坐标系, 使用它可以很简单地确定事件视界. 这样一个坐标系类似于史瓦西坐标系, 在其中 $\partial_t g_{\mu\nu} = 0$. 考虑 $r =$ 常数的超曲面, 这个超曲面变为零曲面, 如果其法向 1 形式 $\partial_\mu r$ 有零模

$$g^{\mu\nu}(\partial_\mu r)(\partial_\nu r) = g^{rr} = 0, \tag{11.26}$$

也就是说, 事件视界在 $g^{rr}(r_{\rm H}) = 0$ 的地方. 对我们接下来要讨论的 RN 和克尔黑

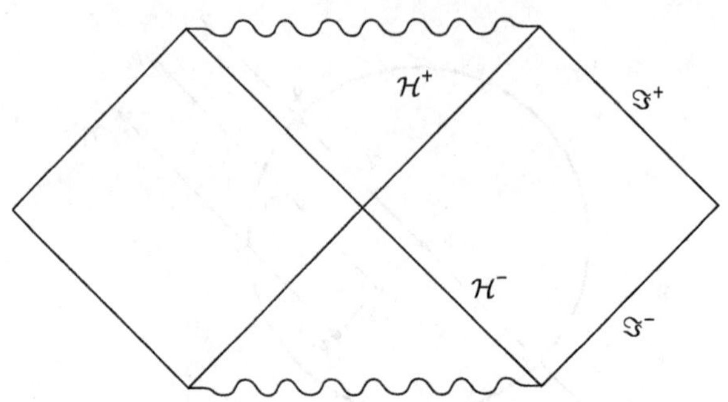


图 11.11 克鲁斯卡时空具有未来事件视界和过去事件视界.

洞, 我们都可以找到合适的坐标来应用这个规则. 对克鲁斯卡坐标下的史瓦西黑洞而言, 没有这样简单的判据.

实际上, 如果黑洞完全稳定下来成为一个稳态的时空, 我们可以通过以下的定理来确定事件视界.

**定理 (霍金)** 一个稳态渐近平坦时空的事件视界是一个基灵视界 (但不一定是 $\partial/\partial t$ 的).

我们后面将介绍基灵视界的定义.

## §11.3 零超曲面

前面讲到, 黑洞的事件视界是一个零超曲面. 下面就讨论一下零超曲面的性质. 超曲面 $\mathcal{S}$ 由函数关系 $S(x^\mu) =$ 常数来定义. $\mathcal{S}$ 的法向矢量为

$$\hat{l} = \tilde{f}(x)(g^{\mu\nu}\partial_\nu S)\frac{\partial}{\partial x^\mu}, \tag{11.27}$$

其中 $\tilde{f}(x) \in \mathcal{F}(M)$ 是任易非零函数. 如果对于某特定的超曲面 $\mathcal{N}$, 其法矢为零矢量, 即 $\hat{l}\cdot\hat{l} = 0$, 则 $\mathcal{N}$ 称为一个零超曲面.

**例 11.1** 考虑在内向 EF 坐标下的史瓦西时空, 超曲面由 $S = r - 2\mu = 0$ 给出, 则

$$\begin{aligned}\hat{l} &= \tilde{f}(r)\left((1-2\mu/r)\frac{\partial S}{\partial r}\frac{\partial}{\partial r} + \frac{\partial S}{\partial r}\frac{\partial}{\partial v} + \frac{\partial S}{\partial v}\frac{\partial}{\partial r}\right)\\ &= \tilde{f}(r)\left((1-2\mu/r)\frac{\partial}{\partial r} + \frac{\partial}{\partial v}\right),\end{aligned} \tag{11.28}$$

由此

$$\begin{aligned}\hat{l}^2 &= \tilde{f}^2 g^{\mu\nu}\partial_\mu S\partial_n S\\ &= g^{rr}\tilde{f}^2 = (1-2\mu/r)\tilde{f}^2,\end{aligned} \tag{11.29}$$

所以 $r = 2\mu = R_s$ 是一个零超曲面且

$$\hat{l}|_{r=2\mu} = \tilde{f}\frac{\partial}{\partial v}. \tag{11.30}$$

如果 $\mathcal{N}$ 是一个零超曲面, $\hat{l}$ 是其法矢量, 一个切于 $\mathcal{N}$ 的矢量 $\hat{t}$ 必与 $\hat{l}$ 正交, 即 $\hat{t}\cdot\hat{l}=0$. 但由于 $\mathcal{N}$ 是零的, $\hat{l}\cdot\hat{l}=0$, 所以 $\hat{l}$ 本身也是切矢量, 即 $\hat{l}$ 可写作 $l^\mu = \dfrac{\mathrm{d}x^\mu}{\mathrm{d}\lambda}$, 其中 $x^\mu(\lambda)$ 是 $\mathcal{N}$ 上某零曲线.

**引理** $x^\mu(\lambda)$ 是零测地线.

**证明** 法矢量 $l^\mu = \tilde{f}g^{\mu\nu}\partial_\nu S$, 因此

$$\begin{aligned}\hat{l}\cdot\nabla l^\mu &= (l^\rho\partial_\rho\tilde{f})g^{\mu\nu}\partial_\nu S + \tilde{f}g^{\mu\nu}l^\rho\nabla_\rho\partial_\nu S\\ &= (\hat{l}\cdot\partial\ln\tilde{f})l^\mu + \tilde{f}g^{\mu\nu}l^\rho\nabla_\rho\partial_\nu S\\ &= \frac{\mathrm{d}}{\mathrm{d}\lambda}(\ln\tilde{f})l^\mu + l^\rho\tilde{f}\nabla^\mu(\tilde{f}^{-1}l_\rho)\\ &= \frac{\mathrm{d}}{\mathrm{d}\lambda}(\ln\tilde{f})l^\mu + l^\rho\nabla^\mu l_\rho - (\partial^\mu\ln\tilde{f})\hat{l}^2\\ &= \frac{\mathrm{d}}{\mathrm{d}\lambda}(\ln\tilde{f})l^\mu + \frac{1}{2}\hat{l}^{2,\mu} - (\partial^\mu\ln\tilde{f})\hat{l}^2.\end{aligned} \tag{11.31}$$

注意, $\hat{l}^2|_{\mathcal{N}} = 0$ 并不意味着 $\hat{l}^{2,\mu}|_{\mathcal{N}} = 0$. 由于 $\hat{l}^2$ 在 $\mathcal{N}$ 上是一个常数, 所以对所有 $\mathcal{N}$ 的切矢量 $\hat{t}$ 都有 $t^\mu\partial_\mu\hat{l}^2 = 0$. 因此 $\partial_\mu\hat{l}^2|_{\mathcal{N}} \propto l_\mu$ (记得 $\hat{t}\cdot\hat{l}=0$). 这样就有 $\hat{l}\cdot\nabla l^\mu|_{\mathcal{N}} \propto l^\mu$. 通过选择合适的函数 $\tilde{f}$ 可以使 $\hat{l}\cdot\nabla l = 0$, 也就是说 $x^\mu(\lambda)$ 是有切矢量 $\hat{l}$ 的测地线. 得证.

由此可以定义具有仿射参数 $\lambda$ 的零测地线 $x^\mu(\lambda)$, 因为 $\dfrac{\mathrm{d}x^\mu}{\mathrm{d}\lambda} \perp \mathcal{N}$, 所以它是 $\mathcal{N}$ 的产生子.

**例 11.2** $\mathcal{N}$ 是克鲁斯卡坐标中 $u'=0$ 的超曲面.

$u' =$ 常数超曲面的法矢量为

$$\begin{aligned}\hat{l} &= -\frac{\tilde{f}r}{32\mu^3}\mathrm{e}^{r/2\mu}\frac{\partial}{\partial v'},\\ \hat{l}|_{\mathcal{N}} &= -\frac{\tilde{f}\mathrm{e}}{16\mu^2}\frac{\partial}{\partial v'}.\end{aligned} \tag{11.32}$$

注意 $\hat{l}^2 \equiv 0$, 所以 $\hat{l}^2$ 和 $\hat{l}^{2,\mu}$ 在 $\mathcal{N}$ 上都为零. 这是因为 $u' =$ 常数总是零的, 无论常数是多少. 因此, 如果 $\tilde{f}$ 是常数, 则 $\hat{l} \cdot \nabla \hat{l} = 0$. 选择 $\tilde{f} = -16\mu^2 \mathrm{e}^{-1}$, 则

$$\hat{l} = \frac{\partial}{\partial v'} \tag{11.33}$$

与 $u' = 0$ 正交, 而且 $v'$ 是这个零超曲面产生子的仿射参数.

## §11.4 基灵视界

这一节我们介绍黑洞物理中的另一个重要的概念——基灵视界. 基灵视界的定义如下.

**定义** 一个零超曲面 $\mathcal{N}$ 是一个基灵矢量场 $\hat{\xi}$ 的基灵视界, 如果 $\hat{\xi}$ 是垂直于 $\mathcal{N}$ 的.

在渐近平坦时空中每一个事件视界都是某基灵矢量场的基灵视界. 卡特证明了如果时空是静态的, 这个基灵矢量场是代表时间平移不变性的 $(\partial_t)^\mu$. 如果时空是稳态而非静态, 则时空存在着轴对称性, 相应地有基灵矢量场 $(\partial_\phi)^\mu$. 霍金证明了, 对应于事件视界的基灵矢量场是线性组合 $(\partial_t)^\mu + \Omega_{\mathrm{H}}(\partial_\phi)^\mu$, 其中常数 $\Omega_{\mathrm{H}}$ 是视界处的转动角速度. 然而, 很容易就会发现有的基灵视界与事件视界毫无关系, 比如说闵氏时空中 $x = \pm t$ 是基灵视界但显然不是事件视界.

**定理 (霍金)** 一个稳态渐近平坦时空的事件视界必然是一个基灵视界, 但这个基灵视界不必相对于 $\partial_t$ 来定义.

对于视界 $\mathcal{N}$, 它是一个零超曲面, 其法矢 $\hat{l} \perp \mathcal{N}$, 且法矢构成测地线 $\hat{l} \cdot \nabla l^\mu = 0$, 则由于在 $\mathcal{N}, \hat{\xi} = f\hat{l}$, 其中 $f$ 是某函数. 也就是说, 基灵矢量场与产生零超曲面的法矢间只差一个标量函数. 那么, 在 $\mathcal{N}$ 上

$$\hat{\xi} \cdot \nabla \xi^\mu = \kappa \xi^\mu, \tag{11.34}$$

其中 $\kappa = \hat{\xi} \cdot \partial \ln|f|$ 称为表面引力. 研究表明, 除非 $\hat{\xi} = 0$, 否则总有

$$\kappa^2 = -\frac{1}{2}(\nabla^\mu \xi^\nu)(\nabla_\mu \xi_\nu)|_{\mathcal{N}}. \tag{11.35}$$

由于 $\hat{\xi} = 0$ 的所有点都是 $\hat{\xi} \neq 0$ 的 $\hat{\xi}$ 轨道的极限点, 我们可以认为上式对所有的 $\hat{\xi}$ 成立.

对于基灵矢量场 $\hat{\xi}$, 有

$$\nabla_\rho \nabla_\mu \xi^\nu = R^\nu{}_{\mu\rho\sigma} \xi^\sigma. \tag{11.36}$$

由此, 我们可以得到如下引理.

**引理** $\kappa$ 在 $\hat{\xi}$ 的轨道上是常数.

**证明** 令 $\hat{t}$ 是 $\mathcal{N}$ 的任意切矢

$$\begin{aligned}\hat{t}\cdot\partial\kappa^2 &= -(\nabla^\mu\xi^\nu)t^\rho\nabla_\rho\nabla_\mu\xi_\nu|_{\mathcal{N}} \\ &= -(\nabla^\mu\xi^\nu)t^\rho R_{\nu\mu\rho}{}^\sigma\xi_\sigma.\end{aligned} \tag{11.37}$$

由于 $\hat{\xi}$ 也是 $\mathcal{N}$ 的切矢, 取 $\hat{t}=\hat{\xi}$, 则有

$$\begin{aligned}\hat{\xi}\cdot\partial\kappa^2 &= -(\nabla^\mu\xi^\nu)\xi^\rho R_{\nu\mu\rho}{}^\sigma\xi_\sigma \\ &= -(\nabla^\mu\xi^\nu)R_{\nu\mu\rho\sigma}\xi^\rho\xi^\sigma = 0.\end{aligned} \tag{11.38}$$

所以, $\kappa$ 在 $\hat{\xi}$ 的轨道上是常数. 得证.

假设在 $\hat{\xi}$ 的轨道上 $\kappa\neq 0$, 则这个轨道只与 $\mathcal{N}$ 的零产生子产生的一部分重合. 在 $\mathcal{N}$ 上取坐标使 $\hat{\xi}=\dfrac{\partial}{\partial\alpha}$ (除 $\hat{\xi}=0$ 点外), 则如果在 $\hat{\xi}$ 的轨道上 $\alpha=\alpha(\lambda)$, $\lambda$ 是仿射参数, 有

$$\hat{\xi}|_{\text{orbit}} = \frac{\mathrm{d}\lambda}{\mathrm{d}\alpha}\frac{\mathrm{d}}{\mathrm{d}\lambda} = f\hat{l}, \tag{11.39}$$

其中 $f=\dfrac{\mathrm{d}\lambda}{\mathrm{d}\alpha}$ 而 $\hat{l}=\dfrac{\mathrm{d}}{\mathrm{d}\lambda}$. 现在由于 $\dfrac{\partial}{\partial\alpha}\ln|f|=\kappa$, $\kappa$ 是一个常数, 我们得到

$$f = f_0\mathrm{e}^{\kappa\alpha}. \tag{11.40}$$

取 $f_0=\pm\kappa$, 则

$$\frac{\mathrm{d}\lambda}{\mathrm{d}\alpha} = \pm\kappa\mathrm{e}^{\kappa\alpha} \quad\Rightarrow\quad \lambda = \pm\mathrm{e}^{\kappa\alpha}. \tag{11.41}$$

由于 $-\infty<\alpha<\infty$, 我们覆盖了 $\mathcal{N}$ 的产生子中 $\lambda>0$ 或者 $\lambda<0$ 的部分. 简而言之, 对非退化基灵视界, $\kappa\neq 0$, 这个基灵矢量场产生的轨道无法覆盖整个视界, 只能是一部分.

在上面的讨论中分岔点 (bifuration point) $\lambda=0$ 是 $\hat{\xi}$ 的固定集, 实际上是一个二维的球面, 也称为分岔球 (见图 11.12). 关于它, 我们有如下引理.

**引理** 如果 $\mathcal{N}$ 是 $\hat{\xi}$ 的一个分岔基灵视界, 且有一个分岔二维球 $B$, 则 $\kappa^2$ 是 $\mathcal{N}$ 上的常数.

**证明** $\kappa^2$ 在 $\hat{\xi}$ 的每一个轨道上都是常数. 这个常数也是在极限点 $B$ 上的值, 所以如果在 $B$ 上它是常数, 则在 $\mathcal{N}$ 上也是常数. 另一方面, 由于在 $B$ 上 $\xi_\sigma|_B=0$, 所以

$$\hat{t}\cdot\partial\kappa^2 = -(\nabla^\mu\xi^\nu)t^\rho R_{\nu\mu\rho}{}^\sigma\xi_\sigma|_{\mathcal{N}} = 0. \tag{11.42}$$

因为 $\hat{t}$ 可以是 $B$ 的任何切矢量, $\kappa^2$ 在 $B$ 上也是常数. 得证.

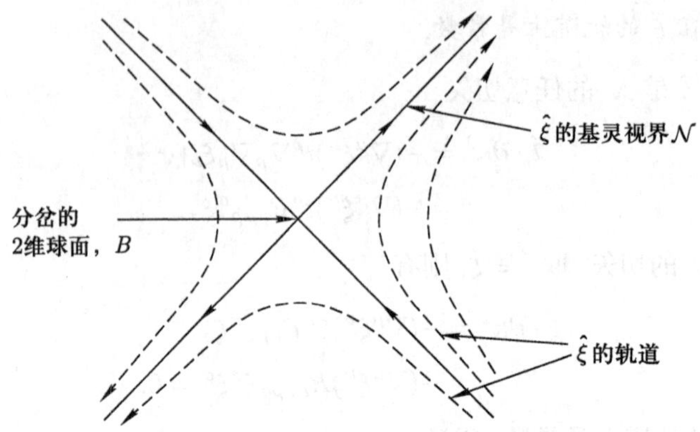


图 11.12 克鲁斯卡时空具有一个分岔的基灵视界.

**例 11.3** 克鲁斯卡时空的基灵视界是 $\{u'=0\}\cup\{v'=0\}$. $\hat{\xi}=\hat{k}$ 是 $\mathcal{N}$ 上时间平移的基灵矢量场,

$$\hat{k}=\left\{\begin{array}{ll}\dfrac{1}{4\mu}v'\dfrac{\partial}{\partial v'}, & 在\ \{u'=0\}\ 上\\ -\dfrac{1}{4\mu}u'\dfrac{\partial}{\partial u'}, & 在\ \{v'=0\}\ 上\end{array}\right\}=f\hat{l}, \tag{11.43}$$

其中

$$f=\left\{\begin{array}{l}\dfrac{1}{4\mu}v',\\ -\dfrac{1}{4\mu}u',\end{array}\right.\qquad \hat{l}=\left\{\begin{array}{l}\dfrac{\partial}{\partial v'},\\ \dfrac{\partial}{\partial u'}.\end{array}\right. \tag{11.44}$$

由于 $\hat{l}\perp\mathcal{N}$, 所以 $\mathcal{N}$ 是 $\hat{k}$ 的基灵视界. 此时的表面引力为

$$\kappa=\hat{k}\cdot\partial\ln|f|=\left\{\begin{array}{ll}\dfrac{1}{4\mu}, & 在\ \{u'=0\}\ 上,\\ -\dfrac{1}{4\mu}, & 在\ \{v'=0\}\ 上.\end{array}\right. \tag{11.45}$$

最终, $\kappa^2=\dfrac{1}{(4\mu)^2}$ 是一个常数.

最后, 我们讨论一下 $\kappa$ 的归一化问题. 令 $\mathcal{N}$ 是 $\hat{\xi}$ 的零基灵视界, 具有表面引力 $\kappa$. 但是 $\mathcal{N}$ 也可以是 $c\hat{\xi}$ 的零基灵视界, 具有表面引力 $c^2\kappa$. 自然的归一化是当 $r\to\infty$ 时, $\hat{\xi}^2\to-1$. 这确定了 $\hat{\xi}$ 也就确定了 $\kappa$, 最多差一个符号. 通过要求 $\hat{\xi}$ 是未来指向的, 我们就唯一确定了 $\kappa$ 的符号.

## §11.5 表面引力的物理意义

在地球表面, 我们知道引力是 $F_{\mathrm{g}}=\dfrac{\mu}{R_{\oplus}^2}$, 其中 $R_{\oplus}$ 表示地球半径. 这一结论对所有非相对论性天体在弱场近似下都成立. 一个有趣的问题是它的相对论性推广是什么? 我们可以一般性地考虑度规

$$\mathrm{d}s^2=-f(r)\mathrm{d}t^2+f(r)^{-1}\mathrm{d}r^2+r^2\mathrm{d}\Omega^2. \tag{11.46}$$

一个静止质量为 $m_0$ 的粒子在距离中心 $r$ 的位置保持不动, 其 4-速度为

$$u^\mu=(\dot{t},0,0,0). \tag{11.47}$$

由归一化条件可知,

$$\dot{t}=\frac{\mathrm{d}t}{\mathrm{d}\tau}=f^{-1/2}, \tag{11.48}$$

也就是说

$$u^0=f^{-1/2},\quad u^i=0. \tag{11.49}$$

我们考虑这个粒子的 4-加速度 $a^\mu=\dot{u}^\mu$. 由

$$\hat{a}=\nabla_{\hat{u}}\hat{u}=u^\kappa_{;\lambda}u^\lambda\hat{e}_\kappa, \tag{11.50}$$

可得

$$a^\mu=u^\lambda u^\mu_{;\lambda}=u^0u^\mu_{;0}=f^{-1/2}\Gamma^\mu_{00}. \tag{11.51}$$

对于上面的度规, 非零的克里斯托弗符号有

$$\Gamma^1_{00}=\frac{1}{2}ff', \tag{11.52}$$

其中

$$f'=\frac{\mathrm{d}f}{\mathrm{d}r}, \tag{11.53}$$

所以, 4-加速度只有非零径向分量

$$a^1=\frac{1}{2}f', \tag{11.54}$$

而 4-加速度的大小为

$$a=|\hat{a}|=\sqrt{g_{\mu\nu}a^\mu a^\nu}=\frac{1}{2}f^{-1/2}f'. \tag{11.55}$$

对于史瓦西时空,

$$a(r) = \frac{\mu}{r^2}\frac{1}{\sqrt{1-2\mu/r}}. \tag{11.56}$$

由牛顿第二定律可知, 保持粒子不动需要的力是 $F = m_0 a$. 显然, 当粒子接近视界时, 局域地让它保持固定的力需要是无穷大的.

我们假定这个粒子通过一根无穷长的无质量细丝与无穷远观测者相连. 对于观测者, 让细丝移动一个很小的固有距离 $\delta s$ 需要做的功是 $m_0 a(\infty)\delta s = \delta W(\infty)$. 而在粒子所在的位置, 做的功却是 $m_0 a(r)\delta s = \delta W(r)$, 与观测者做的功不同. 假如功变成辐射, 则在粒子处做的功变成辐射后到达无穷远, 这个辐射被红移了, 所以

$$\delta E_\infty = f^{1/2} m_0 a(r)\delta s. \tag{11.57}$$

由于能量守恒, $\delta E_\infty = \delta W(\infty)$, 由此可得

$$a(\infty) = f^{1/2} a(r) = \frac{1}{2} f'(r). \tag{11.58}$$

因此, 无穷远观测者需要施加 $F_\infty = m a(\infty)$ 来保持粒子不动. 在史瓦西时空中, 这个力即使当粒子接近视界, 即 $r \to 2\mu$ 时也是有限的. 它称为黑洞的表面引力,

$$\kappa = a_\infty(r_{\rm H}) = \frac{1}{2} f'(r_{\rm H}), \tag{11.59}$$

其中 $r_{\rm H}$ 是黑洞的事件视界. 对于史瓦西黑洞而言,

$$\kappa = \frac{1}{4\mu}. \tag{11.60}$$

我们也可以简单地通过考虑不同观测者间时间的差异来讨论上面的加速度. 对于粒子本身而言, 其固有加速度在接近视界时变为无穷大. 由于

$$\mathrm{d}\tau^2 = f(r)\mathrm{d}t^2, \tag{11.61}$$

可知对于具有坐标时 $t$ 的无穷远的观测者, 粒子的加速度为

$$a_\infty = \frac{\mathrm{d}\tau}{\mathrm{d}t} \times a = f^{1/2} \times \frac{1}{2} f^{-1/2} f' = \frac{1}{2} f'. \tag{11.62}$$

简单地说, 表面引力是一个接近视界的静止粒子被无穷远观测者测量到的加速度.

## §11.6 任德勒时空

从史瓦西解出发, 我们可以考虑它的近视界几何. 史瓦西几何为

$$\mathrm{d}s^2 = -\left(1-\frac{2\mu}{r}\right)\mathrm{d}t^2 + \left(1-\frac{2\mu}{r}\right)^{-1}\mathrm{d}r^2 + r^2\mathrm{d}\Omega^2. \tag{11.63}$$

在视界附近, 我们可以定义新的坐标

$$r-2\mu=\frac{x^2}{8\mu}, \tag{11.64}$$

由此可得

$$\begin{aligned}1-\frac{2\mu}{r}&=\frac{(\kappa x)^2}{1+(\kappa x)^2}\\&\approx(\kappa x)^2\quad(\text{在 } x=0 \text{ 附近}),\\ \mathrm{d}r^2&=(\kappa x)^2\mathrm{d}x^2.\end{aligned} \tag{11.65}$$

所以, 在 $r=2\mu$ 附近, 有

$$\mathrm{d}s^2\approx-(\kappa x)^2\mathrm{d}t^2+\mathrm{d}x^2+\frac{1}{4\kappa^2}\mathrm{d}\Omega^2. \tag{11.66}$$

因此, 时空在视界附近可以看作一个由坐标 $(t,x)$ 描述的二维时空与一个半径是 $1/(2\kappa)$ 的二维球面的直积. 我们可以只专注于二维时空来获得黑洞在视界附近的几何. 这个二维时空称为任德勒时空,

$$\mathrm{d}s^2=-(\kappa x)^2\mathrm{d}t^2+\mathrm{d}x^2\quad(x>0). \tag{11.67}$$

这个度规看起来在 $x=0$ 处有奇异性, 但这是一个坐标奇点. 如我们前面所讨论的那样, 这个度规可以看作一个在匀加速观测者眼中的平坦时空. 我们可以引进类克鲁斯卡坐标

$$U'=-x\mathrm{e}^{-\kappa t},\quad V'=x\mathrm{e}^{\kappa t}, \tag{11.68}$$

由此可得

$$\mathrm{d}s^2=-\mathrm{d}U'\mathrm{d}V', \tag{11.69}$$

这显然是在光锥坐标下的二维闵氏时空. 通过引进

$$U'=T-X,\quad V'=T+X, \tag{11.70}$$

可得

$$\mathrm{d}s^2=-\mathrm{d}T^2+\mathrm{d}X^2, \tag{11.71}$$

所以任德勒时空只不过是在特别坐标系下的二维闵氏时空. 由于要求 $x>0$, 我们易见它覆盖了闵氏时空中 $U'<0, V'>0$ 的区域, 这个区域称为任德勒角域 (Rindler wedge), 如图 11.13 所示.

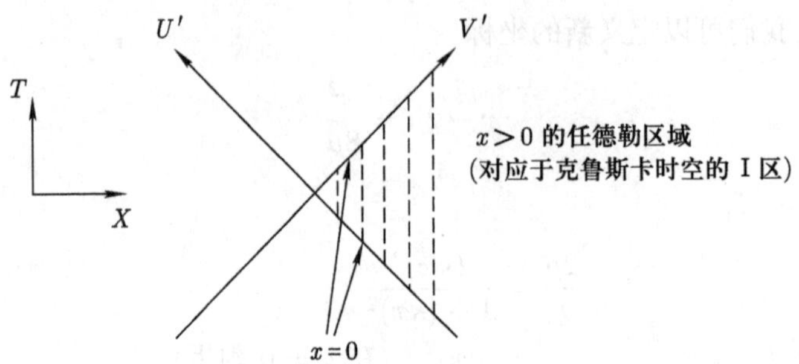


图 11.13 平坦时空的任德勒角域.

对于史瓦西时空的视界 $r = 2\mu$, 它对应于 $x = 0$ 以及 $U' = 0, V' = 0$. 它实际上是 $\hat{\xi} = \partial_t$ 的基灵视界, 具有表面引力 $\pm\kappa$. 注意在任德勒时空中当 $x \to \infty$ 时, $\xi^2 = -(\kappa x)^2 \to -\infty$, 所以对 $\hat{\xi}$ 没有合适的归一化. 由于 $\kappa$ 依赖于 $\xi$ 的归一化, 与史瓦西黑洞不同, 任德勒时空中的 $\kappa$ 没有确定的值, 只有 $\kappa \neq 0$. 那么 $\kappa$ 值的物理意义是什么呢? 为此, 我们从匀加速观测者的视角来考虑问题.

考虑在任德勒时空中一个在 $x = a^{-1}$ 处的粒子, 其世界线是 $\hat{\xi}$ 的一根轨道. 根据我们之前的研究可知, 在此处的粒子具有的固有加速度是一个常数, 等于 $a$. 这里通过直接计算来显示这一点. 首先粒子在类时曲线 $X^\mu(\tau)$ 上, 并且是基灵矢量 $\hat{\xi}$ 的轨道, 因此其 4-速度正比于基灵矢量

$$u^\mu = \frac{\xi^\mu}{(-\xi^\mu \xi_\mu)^{\frac{1}{2}}}. \tag{11.72}$$

这个粒子的 4-加速度是

$$\begin{aligned} a^\mu &= \frac{\mathrm{D}u^\mu}{\mathrm{d}\tau} = \hat{u} \cdot \nabla u^\mu \\ &= \frac{\hat{\xi} \cdot \nabla \xi^\mu}{-\xi^2} + \frac{(\hat{\xi} \cdot \partial \xi^2)\xi^\mu}{2\xi^2}, \end{aligned} \tag{11.73}$$

但是 $\hat{\xi}\partial\xi^2 = 2\xi^\mu\xi^\nu\nabla_\mu\xi_\nu = 0$, 所以

$$a^\mu = \frac{\hat{\xi} \cdot \nabla \xi^\mu}{-\xi^2}, \tag{11.74}$$

而固有加速度是加速度的幅度 $|a|$. 对于任德勒时空,

$$a^\mu \partial_\mu = \frac{1}{U'} \frac{\partial}{\partial V'} + \frac{1}{V'} \frac{\partial}{\partial U'}, \tag{11.75}$$

所以

$$|a| = (g_{\mu\nu}a^\mu a^\nu)^{1/2} = \left(-\frac{1}{U'V'}\right)^{1/2}$$
$$= \frac{1}{x}. \tag{11.76}$$

正如我们所知, 在任德勒时空中基灵矢量 $\partial_t$ 的轨道是具有常固有加速度的世界线. 当 $x \to 0$ 时, 固有加速度趋于无穷大, 因此在 $x = 0$ 处的基灵视界称为加速视界 (见图 11.4).

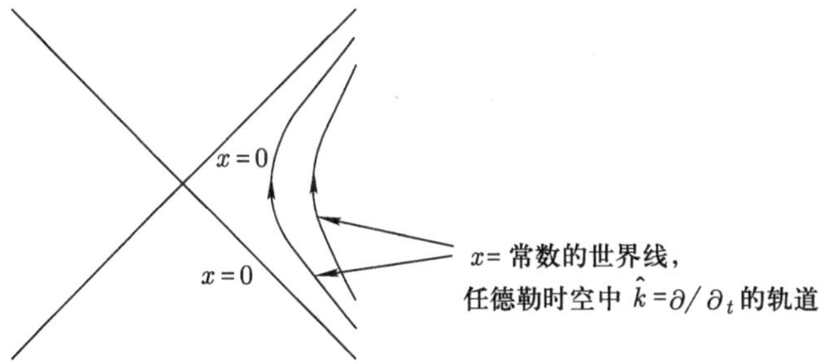


图 11.14 $x = 0$ 的基灵视界可以看作加速视界.

尽管 $x =$ 常数的世界线的固有加速度在 $x \to 0$ 时是发散的, 但相对于另一位在 $x =$ 常数的观测者而言, 这个加速度却是有限的. 这是因为

$$\mathrm{d}\tau^2 = (\kappa x)^2 \mathrm{d}t^2, \tag{11.77}$$

相对于一个固有时为 $t$ 的观测者, 加速度为

$$\frac{\mathrm{d}\tau}{\mathrm{d}t} \times \frac{1}{x} = (\kappa x) \times \frac{1}{x} = \kappa, \tag{11.78}$$

总是一个有限的值. 在任德勒时空中这样一个观测者具有固有加速度 $\kappa$, 但是这样的观测者并不特殊, 因为 $t$ 的归一化是任意的,

$$t \to \lambda t \Rightarrow \kappa \to \lambda^{-1}\kappa \quad (\lambda \in R). \tag{11.79}$$

然而, 对于史瓦西黑洞, 情况却不同. 如果 $\mathrm{d}\tau^2 = \mathrm{d}t^2$, 意味着这个观测者是在

$$r = \text{常数} \to \infty, \quad \theta, \phi \text{ 固定为某常数} \tag{11.80}$$

处, 也就是说, 这个观测者是在无穷远的静止观测者. 正如前面所讨论, 表面引力是无穷远观测者看到的一个静止粒子在视界处的加速度.

我们最后来看一下任德勒时空的彭罗斯图. 令

$$\left.\begin{aligned} U' &= \tan\tilde{U} \\ V' &= \tan\tilde{V} \end{aligned}\right\} \Rightarrow \quad \begin{aligned} -\pi/2 < \tilde{U} < \pi/2, \\ -\pi/2 < \tilde{V} < \pi/2, \end{aligned} \tag{11.81}$$

则有线元

$$\mathrm{d}s^2 = -\left(\cos\tilde{U}\cos\tilde{V}\right)^{-2}\mathrm{d}\tilde{U}\mathrm{d}\tilde{V} \tag{11.82}$$

$$= \Lambda^{-2}\mathrm{d}\tilde{s}^2 \quad \left(\Lambda = \cos\tilde{U}\cos\tilde{V}\right), \tag{11.83}$$

即共形紧化的时空具有度规 $\mathrm{d}\tilde{s}^2 = -\mathrm{d}\tilde{U}\mathrm{d}\tilde{V}$, 与前面一样, 但是现在坐标 $\tilde{U}, \tilde{V}$ 都只在有限范围内取值. 在无穷远处的点具有 $\Lambda = 0$, 这给出 $|\tilde{U}| = \pi/2$, $|\tilde{V}| = \pi/2$. 如图 11.15 所示, 与闵氏时空类似, 但现在 $i^0$ 有两个点.

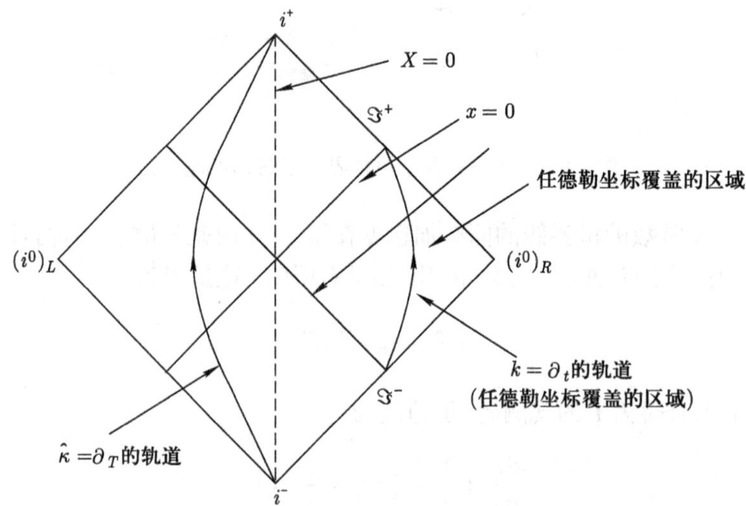


图 11.15 任德勒时空的彭罗斯–卡特图.

## §11.7 表面引力与霍金温度

在对黑洞物理的研究中, 弯曲时空的量子场论是一件很有效的武器. 本书不准备对它进行全面的介绍. 这里简单地介绍欧氏引力背景下量子场的合理定义. 在闵氏时空中, 欧氏化意味着

$$t = \mathrm{i}\tau_{\mathrm{E}}, \tag{11.84}$$

而使 $\tau_{\mathrm{E}}$ 取实数. 通常称 $\tau_{\mathrm{E}}$ 为虚时间. 在黑洞的时空中, 这意味着把史瓦西度规变作欧氏史瓦西度规

$$\mathrm{d}s_{\mathrm{E}}^2=\left(1-\frac{2\mu}{r}\right)\mathrm{d}\tau_{\mathrm{E}}^2+\left(1-\frac{2\mu}{r}\right)^{-1}\mathrm{d}r^2+r^2\mathrm{d}\Omega^2. \tag{11.85}$$

这个度规在 $r=2\mu$ 处是奇异的. 利用前面在视界附近的展开, 可得

$$\mathrm{d}s_{\mathrm{E}}^2\approx(\kappa x)^2\mathrm{d}\tau_{\mathrm{E}}^2+\mathrm{d}x^2+\frac{1}{4\kappa^2}\mathrm{d}\Omega^2. \tag{11.86}$$

此时的时空是一个球面与欧氏化任德勒时空的直积. 欧氏化任德勒时空的度规为

$$\begin{aligned}\mathrm{d}s_{\mathrm{E}}^2&=(\kappa x)^2\mathrm{d}\tau_{\mathrm{E}}^2+\mathrm{d}x^2,\\&=\mathrm{d}x^2+x^2\mathrm{d}(\kappa\tau_{\mathrm{E}})^2.\end{aligned} \tag{11.87}$$

这看起来像是一个在极坐标下的二维平面, 只要 $\kappa\tau_{\mathrm{E}}$ 的周期是 $2\pi$, 即

$$\tau_{\mathrm{E}}\sim\tau_{\mathrm{E}}+\frac{2\pi}{\kappa}, \tag{11.88}$$

也就是说, 只要虚时坐标 $\tau_{\mathrm{E}}$ 具有周期 $2\pi/\kappa$, 欧氏化闵氏时空在视界处 (或者说任德勒时空在 $x=0$ 处) 的奇异性就只是一个坐标奇点. 这意味着在这个时空上的场 $\Phi(\boldsymbol{x},\tau_{\mathrm{E}})$ 在做欧氏泛函积分时, 必须遵从虚时方向的周期性. 此时的配分函数是

$$Z_{\mathrm{E}}=\int[\mathcal{D}\Phi]\mathrm{e}^{-S_{\mathrm{E}}[\Phi]}, \tag{11.89}$$

其中

$$S_{\mathrm{E}}=\int\mathrm{d}t(-\mathrm{i}p\dot{q}+H) \tag{11.90}$$

是欧氏作用量. 另一方面, 如果在泛函积分中场 $\Phi$ 具有虚时周期 $\hbar\beta$, 则配分函数可写作

$$Z_{\mathrm{E}}=\mathrm{tr}\mathrm{e}^{-\beta H}. \tag{11.91}$$

这可以看作一个具有哈密顿量 $H$ 的量子力学系统在温度 $T$ 下的配分函数, 如果

$$\beta=\frac{1}{k_{\mathrm{B}}T}, \tag{11.92}$$

其中 $k_{\mathrm{B}}$ 是玻尔兹曼常数. 对于史瓦西黑洞而言, $\hbar\beta=2\pi/\kappa$, 因此一个量子场论只有在霍金温度

$$T_{\mathrm{H}}=\frac{\kappa}{2\pi}\frac{\hbar}{k_{\mathrm{B}}} \tag{11.93}$$

才能与黑洞系统形成平衡态. 取自然单位制 $\hbar = 1, k_B = 1$, 得到

$$T_H = \frac{\kappa}{2\pi}. \tag{11.94}$$

注意, 在其他温度下, 欧氏史瓦西时空存在着一个锥形奇点, 意味着此时为非平衡态. 而且在霍金温度下的平衡态是不稳定的, 因为黑洞吸收辐射, 其质量增加但温度降低, 即史瓦西黑洞具有负比热.

**托尔曼 (Tolman) 定律** 一个静止自引力系统在热平衡下的局域温度满足

$$(-\hat{\xi}^2)^{1/2} T = T_0, \tag{11.95}$$

其中 $T_0$ 是一个常数, $\hat{\xi}$ 是类时基灵矢量 $\partial_t$. 如果渐近地 $(\hat{\xi})^2 \to -1$, $T_0$ 可看作在无穷远处看到的温度.

对于史瓦西黑洞, 有

$$T_0 = T_H = \frac{\kappa}{2\pi}. \tag{11.96}$$

在视界附近, 时空近似为任德勒时空. 此时, 利用任德勒坐标, 有

$$(\kappa x)T = \frac{\kappa}{2\pi}, \tag{11.97}$$

所以

$$T = \frac{x^{-1}}{2\pi} \tag{11.98}$$

是靠近视界的一个静止观测者测量到的温度. 但是我们知道 $x = a^{-1}$ 是一个常数, 所以

$$T = \frac{a}{2\pi} \tag{11.99}$$

是局部 (昂鲁) 温度. 这就是著名的昂鲁 (Unruh) 效应.

**昂鲁效应** 在闵氏时空中的一个匀加速观测者似乎处于一个昂鲁温度的热库中.

昂鲁效应实际上是一个量子力学的效应, 理解它需要更多的弯曲时空量子场论的知识.

在任德勒时空中, 托尔曼定律告诉我们

$$(\kappa x)T = T_0. \tag{11.100}$$

对处于 $x=$ 常数的观测者 $T=x^{-1}/(2\pi)$, 我们得到 $T_0=\kappa/(2\pi)$, 与史瓦西黑洞一样. 但这是对于一个具有常数加速度 $\kappa$ 的观测者而言的温度, 没有特别的意义. 在任德勒时空中,

$$T=\frac{x^{-1}}{2\pi}\to 0, \quad \text{当 } x\to\infty \text{ 时}. \tag{11.101}$$

所以, 对于无穷远的观测者而言, 霍金温度实际为零. 当然应该如此, 毕竟任德勒时空只是闵氏时空在一个特别的坐标系下的结果, 内部本身没有什么可以辐射的. 但对于史瓦西黑洞, 在无穷远的观测者确实感觉到了温度, 因此黑洞必须在霍金温度下辐射, 即存在着霍金辐射.

## §11.8 表观视界

对于史瓦西黑洞, 曲面 $r=2\mu$ 还有一个重要的性质: 在此曲面附近的外向光线的行为在 $r>2\mu$ 和 $r<2\mu$ 时会有所不同. 注意, 这里定义的外向光子并非针对径向坐标而言, 而是定义为克鲁斯卡零坐标 $u'=$ 常数的曲线. 当 $u'<0$ 时, 这些光线表现为沿径向增加, 但当 $u'>0$ 时, 即在黑洞内部时, 这些光线是沿径向减小的. 同理, 我们定义内向光线为 $v'=$ 常数, 如果 $v'>0$, 内向光线沿径向减小, 而如果 $v'<0$, 则光线沿径向增加.

我们将证明: 外向光线线汇的膨胀因子在 $r=2\mu$ 时变号. 外向光线的 4-动量为

$$k_\mu=-\partial_\mu u'. \tag{11.102}$$

在克鲁斯卡坐标中, $k^\mu$ 的唯一非零分量为 $k^{v'}=|g_{u'v'}|^{-1}$, 而膨胀系数为

$$\begin{aligned}\theta=\nabla_\mu k^\mu &=|-g|^{-1/2}\partial_\mu(|-g|^{1/2}k^\mu)\\ &=-\frac{u'}{2\mu r}.\end{aligned} \tag{11.103}$$

所以, 对 $u'<0$ (在 $r=2\mu$ 的过去) 膨胀是正的, 而对 $u'>0$ (在 $r=2\mu$ 的未来) 膨胀是负的. 因此, $r=2\mu$ 称为表观视界 (apparent horizon). 对于内向光线做同样的计算将发现, 在 I 区和 II 区, 膨胀总是负的.

为了对 "表观视界" 给一个合适的定义, 我们必须引进捕获面 (trapped surface) 的概念. 令 $\Sigma$ 是一个类空超曲面, 其上的捕获面是一个闭的二维曲面 $S$, 它使正交于 $S$ 的、未来指向的零测地线无论是内向还是外向, 其膨胀系数都是负的. 例如, 对于克鲁斯卡图中 II 区 $u',v'=$ 常数的每一个二维球都是捕获面. 令 $\mathcal{T}$ 是 $\Sigma$ 的一部分, 它包含着捕获面, 称为 $\Sigma$ 的捕获区域. $\mathcal{T}$ 的边界 $\partial\mathcal{T}$ 定义为类空超曲面 $\Sigma$ 的

表观视界. 在史瓦西时空中, $r = 2\mu$ 处的任何一个二维球都是表观视界. 表观视界是一个处于边缘的捕获面: 对一个正交于 $\partial T$ 的零测地线汇, $\theta = 0$. 表观视界可以向 $\Sigma$ 的未来或者过去延伸, 这是因为 $\Sigma$ 的未来上的超曲面也包含着表观视界. 所有表观视界的集合形成一个三维曲面 $\mathcal{A}$, 称为时空的捕获视界. 对于史瓦西时空, 这就是整个超曲面 $r = 2\mu$.

对于史瓦西时空而言, 事件视界和表观视界是重合的, 此时没有必要区分两种视界. 这种巧合来自于此时的时空是稳态的. 对于更加一般的黑洞时空, 这两种视界是不同的超曲面. 比如说, 考虑一个内向瓦迪亚时空

$$\mathrm{d}s^2 = -f(\tilde{u})\mathrm{d}\tilde{u}^2 + 2\mathrm{d}\tilde{u}\mathrm{d}r + r^2\mathrm{d}\Omega^2, \tag{11.104}$$

其中

$$f(\tilde{u}) = 1 - \frac{2GM(\tilde{u})}{r}. \tag{11.105}$$

它对应的能动张量为

$$T_{\mu\nu} = \frac{\mathrm{d}M(\tilde{u})/\mathrm{d}\tilde{u}}{4\pi r^2} l_\mu l_\nu, \tag{11.106}$$

其中 $l_\mu = -\partial_\mu \tilde{u}$ 是内向零测地线的切矢量. 这个能动张量描述了零尘埃, 一种无压强、具有能量密度

$$\rho_0 = \frac{\mathrm{d}M(\tilde{u})/\mathrm{d}\tilde{u}}{4\pi r^2} \tag{11.107}$$

和 4-速度 $l^\mu$ 的流体. 现在考虑一个黑洞, 刚开始时有质量 $M_1$, 在某个时间段 $\tilde{u}_1 \sim \tilde{u}_2$ 间受到光子流体的照射, 其质量增加为 $M_2$. 这样的黑洞时空具有质量函数

$$M(\tilde{u}) = \begin{cases} M_1, & \tilde{u} < \tilde{u}_1, \\ M_{12}(\tilde{u}), & \tilde{u}_1 < \tilde{u} < \tilde{u}_2, \\ M_2, & \tilde{u} > \tilde{u}_2, \end{cases} \tag{11.108}$$

其中 $M_{12}(\tilde{u})$ 随着 $\tilde{u}$ 光滑地增长. 我们希望确定曲面 $r = 2GM_1, 2GM_{12}, 2GM_2$ 的物理意义, 并确定事件视界的位置. 显然, 在 $\tilde{u} \leqslant \tilde{u}_1$ 和 $\tilde{u} \geqslant \tilde{u}_2$ 时, 表观视界分别为 $r = 2GM_1$ 和 $r = 2GM_2$. 更一般地, 我们将看到, 表观视界在 $r = 2GM(\tilde{u})$.

对上面的瓦迪亚度规, 零曲线满足 $\mathrm{d}s^2 = 0$, 其中 $\tilde{u} =$ 常数代表着内向零测地线, 而

$$-f\mathrm{d}\tilde{u} + 2\mathrm{d}r = 0 \tag{11.109}$$

给出另一组的外向零测地线. 考虑这样的外向零测地线构成的线汇, 其切矢量场满足

$$k_\mu \mathrm{d}x^\mu = -f\mathrm{d}\tilde{u} + 2\mathrm{d}r. \tag{11.110}$$

但这族线汇并不满足测地线的标准仿射参数化. 实际上, 有

$$k^\mu \nabla_\mu k_\nu = \kappa k_\nu, \tag{11.111}$$

其中

$$\kappa = \frac{2GM(\tilde{u})}{r^2}. \tag{11.112}$$

为了计算测地线汇的膨胀因子, 我们需要引进一个新的仿射参数 $\lambda^*$ 和重新标度的切矢量 $k_*^\mu$:

$$k_*^\mu = \mathrm{e}^{-S(\lambda)} k^\mu, \tag{11.113}$$

其中

$$\frac{\mathrm{d}S}{\mathrm{d}\lambda} = \kappa(\lambda). \tag{11.114}$$

由此可得

$$\begin{aligned} \theta &= \nabla_\mu k_*^\mu \\ &= \mathrm{e}^{-S}(\nabla_\mu k^\mu - \kappa). \end{aligned} \tag{11.115}$$

最终我们发现

$$\mathrm{e}^S \theta = \frac{2}{r^2}(r - 2GM(\tilde{u})). \tag{11.116}$$

所以, 在曲面 $r = 2GM(\tilde{u})$ 上 $\theta = 0$. 也就是说, 在一般情形, 瓦迪亚度规的表观视界是在 $r = 2GM(\tilde{u})$ 处.

注意, 在 $\tilde{u} \leqslant \tilde{u}_1$ 和 $\tilde{u} \geqslant \tilde{u}_2$ 时, 表观视界都是零超曲面, 但在 $\tilde{u}_1 < \tilde{u} < \tilde{u}_2$ 时, 表观视界实际上是一个类空超曲面. 这很容易从表观视界的法矢读出. 如果 $\Phi = r - 2GM(\tilde{u}) = 0$ 描述了表观视界, 则

$$g^{\mu\nu}\partial_\mu \Phi \partial_\nu \Phi = -4G\frac{\mathrm{d}M(\tilde{u})}{\mathrm{d}\tilde{u}} < 0. \tag{11.117}$$

因此, 法余矢是类时的, 表观视界是类空的.

那么此时的事件视界在哪里呢? 显然在 $\tilde{u} > \tilde{u}_2$ 的未来, 事件视界与 $r = 2GM_2$ 的表观视界重合. 但在 $\tilde{u} < \tilde{u}_2$ 的过去, 由于事件视界必然是零的, 它不可能与表观视界简单地重合. 它的具体位置可以通过寻找瓦迪亚时空中的外向零测地线来得到, 这些测地线与 $r = 2GM_2$ 的产生子光滑地相连. 需要注意的有两点: 一是表观视界必然在事件视界内. 二是事件视界的确定依赖于时空的完整未来历史, 只有当黑洞的最终状态确定了, 我们才能确定事件视界. 而对于表观视界而言, 它只依赖于时空在某一时刻的性质.

## §11.9 奇点定理

前面提到, 对史瓦西黑洞的形成曾经有长时间的争论, 问题在于球对称恒星塌缩到史瓦西奇点是否是球对称性导致的. 换句话说, 在塌缩过程中产生的非球对称性是否会因为广义相对论的高度非线性而被放大从而破坏塌缩的最终结果, 即不会形成黑洞. 彭罗斯–霍金定理显示如果塌缩到达某个点, 则塌缩到奇点的命运就无法逆转. 这一个不可逆点就是出现了捕获面. 捕获面可以定义为一个紧致类空二维子流形, 它具有性质: 在这个子流形上任何地方发出的未来指向的光线在两个方向上都收敛. 收敛的含义是测地线汇的膨胀因子是负的. 奇点定理的准确表述如下.

**奇点定理 (彭罗斯–霍金)** *令 $M$ 是一个具有一般性度规 $g_{\mu\nu}$ 的时空流形, 度规满足爱因斯坦方程且相关物质的能动张量满足强能量条件. 如果在 $M$ 中有一个捕获面, 则流形上必然有一个闭的类时曲线或者一个奇点 (体现为非完备的类时或者类光测地线).*

关于奇点定理的几点说明:

(1) 一般性度规, 排除了某些使曲率在一些方向上自洽为零的非常特殊的度规.

(2) 奇点定理并不是只有上面一种表述, 有很多版本, 取决于各种不同的假设.

(3) 关键点是广义相对论中典型的时间依赖的解都有奇点.

(4) 宇宙学奇点应该被量子效应所消解. 也就是说在宇宙学奇点附近量子效应应该非常剧烈, 我们必须考虑引力的量子效应. 在描述量子引力的弦理论中, 宇宙学奇点是不存在的.

而对于恒星塌缩形成的奇点, 如球对称史瓦西黑洞在 $r = 0$ 处的奇点, 由于被视界所阻挡, 对于外界观测者来说是被隐藏起来的, 因为没有信号能够从视界中出来达到类光未来无穷远 $\Im^+$. 对于克鲁斯卡时空而言却并非如此, 因为此时存在着白洞. 白洞的过去奇点是一个裸奇点, 信号可以传播到 $\Im^+$. 这从图 11.16 上很容易就能看到.

另一个裸奇点的例子是 $M < 0$ 时的史瓦西解. 它当然是真空爱因斯坦方程的

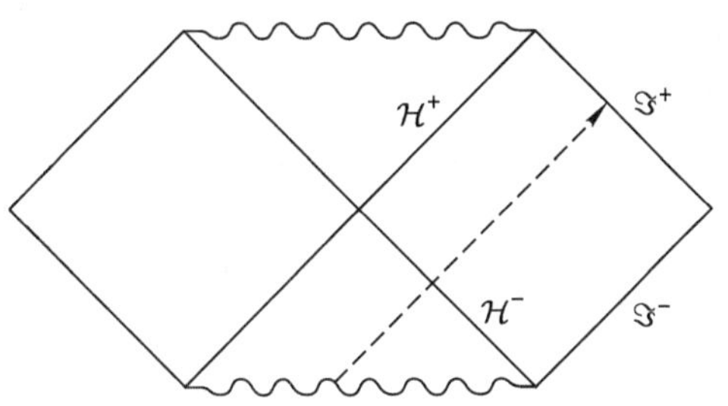


图 11.16 克鲁斯卡时空具有裸奇点.

解, 没有先验的理由把它排除. 这个时空的彭罗斯图如 11.17 所示.

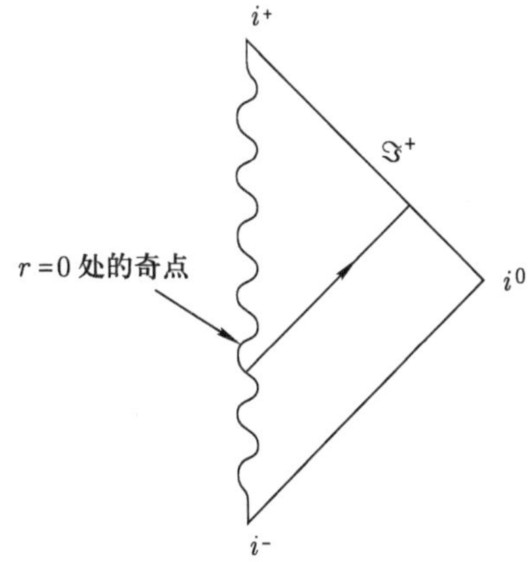


图 11.17 具有负质量的史瓦西时空的彭罗斯图.

上面的两个例子都与引力塌缩无关. 但图 11.18 中的彭罗斯图则不同. 在此图中, 晚期是一个负质量的史瓦西时空, 但在早期是一个非奇异的恒星塌缩过程. 由正能定理, 对于物理上合理的物质, 球对称塌缩形成的时空不可能是这个图描绘的形式. 当然, 对于非球对称塌缩, 仍有可能形成裸奇点. 如果是这样的话, 在一个初始类空超曲面 $\Sigma$ 上给定的初值, 其未来无法预测. 对于物理上合理的物质, 这不应该发生. 因此, 彭罗斯提出了所谓的宇宙监督法则.

**宇宙监督法则 (彭罗斯)** *在渐近平直时空中物质如果满足主能量条件, 一般的初始非奇异态的引力塌缩无法形成裸奇点.*

下面对宇宙监督法则做几点说明:

(1) 某种 "平庸" 的裸奇点必须排除, 比如时空中的锥形奇点.

(2) 裸奇点不能形成但可以存在, 如白洞的类空奇点, 或者超极端 RN 黑洞的类时奇点.

(3) 原初宇宙学奇点被排除在外.

(4) 它只是一个猜测, 没有证明.

利用宇宙监督法则, 霍金提出了关于黑洞的面积定理.

**黑洞的面积定理 (霍金)** *假定弱能量条件和宇宙监督法则正确, 则在一个渐近平坦的时空中未来事件视界的面积不会减小.*

这是宇宙监督法则的一个推论: 经典黑洞不会缩小, 只会增大. 对史瓦西黑洞而言, 这意味着其质量会越来越大. 对于旋转克尔黑洞而言, 面积依赖于质量和角动量, 但无论发生何种物理过程, 其面积只会增加. 后面我们将仔细地讨论克尔黑洞的情形.

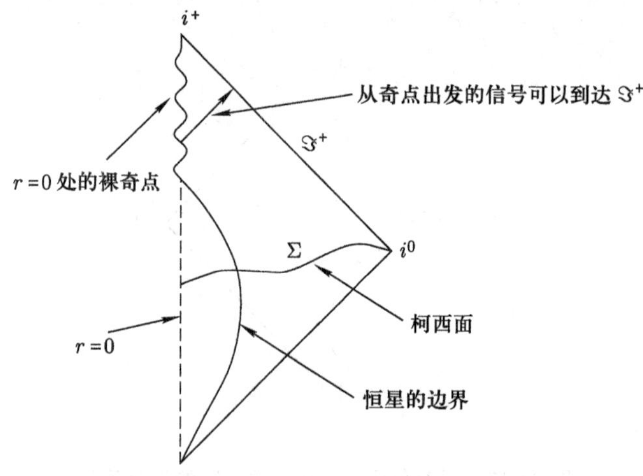


图 11.18 球对称引力塌缩可能导致裸奇点.

## 习 题

1. 证明在二维中, 至少在某坐标片上总可以找到一个共形变换使变换后的度规具有零曲率①. 这意味着任何二维度规都可以局部地写作平坦度规乘以一个共形因子的形式.
2. 如果两个度规是共形相联的,

$$\bar{g}_{\mu\nu} = \Omega^2(x) g_{\mu\nu}, \tag{11.118}$$

(a) 证明如果 $\hat{\xi}$ 是度规 $g_{\mu\nu}$ 的基灵矢量, 则它是 $\bar{g}_{\mu\nu}$ 的共形基灵矢量. 一个共形基灵矢量满足方程

$$\nabla_\mu \xi_\nu + \nabla_\nu \xi_\mu = (\nabla_\lambda \alpha) \xi^\lambda g_{\mu\nu}, \tag{11.119}$$

①一般而言无法找到一个共形变换使整个流形的曲率为零.

其中 $\alpha$ 是某标量函数. 共形基灵矢量的等价定义为

$$(\mathcal{L}_{\hat{\xi}}g)_{\mu\nu}=\beta^2 g_{\mu\nu}, \tag{11.120}$$

其中 $\beta(x)$ 是某非零函数.

(b) 如果 $\hat{\xi}$ 是一个共形基灵矢量, 则在变换

$$x^\mu \to x^\mu+\epsilon\xi^\mu(x),\quad e\to e+\frac{1}{4}\epsilon e g^{\mu\nu}(\mathcal{L}g)_{\mu\nu} \tag{11.121}$$

下 ($\epsilon$ 是常数), 作用量

$$S[x,e]=\frac{1}{2}\int \mathrm{d}\lambda e^{-1}\dot{x}^\mu\dot{x}^\nu g_{\mu\nu}(x) \tag{11.122}$$

在保留至 $\epsilon$ 的一阶下是不变的. 证明 $\hat{\xi}$ 正是对应于诺特守恒荷的算子.

(c) 证明在 $\bar{g}_{\mu\nu}$ 中, $\xi_\mu k^\mu$ 沿着光子的测地线是一个常数, 其中 $k^\mu$ 是光子的 4-动量.

(d) 证明共形时间 $\eta=\int \mathrm{d}t/a(t)$ 与共形基灵矢量 $\hat{\xi}=\partial_\eta$ 相关.

(e) 利用上面的结论来推导尺度因子与红移间的关系.

3. 我们希望建立共形紧化闵氏时空与 U(2) 群间的关系.

(a) 利用映射

$$(t,x,y,z)\to X=\begin{pmatrix} t+z & x+\mathrm{i}y \\ x-\mathrm{i}y & t-z\end{pmatrix}$$

证明闵氏时空可以等同于 $2\times 2$ 厄米矩阵 $X$ 的空间, 其度规为

$$\mathrm{d}s^2=-\det(\mathrm{d}X).$$

(b) 进一步地, 利用映射 $X\to U=\dfrac{1+\mathrm{i}X}{1-\mathrm{i}X}$ 证明闵氏时空可以与 $2\times 2$ 幺正矩阵 $U$ 的空间等同, 要求 $\det(1+U)\neq 0$.

(c) 证明任何 $2\times 2$ 幺正矩阵 $U$ 可以唯一地用一个实数 $\tau$ 和两个复数 $\alpha,\beta$ 表达:

$$U=\mathrm{e}^{\mathrm{i}\tau}\begin{pmatrix}\alpha & \beta\\ -\bar{\beta} & \bar{\alpha}\end{pmatrix},$$

其中的参数 $(\tau,\alpha,\beta)$ 满足 $|\alpha|^2+|\beta|^2=1$, 且服从等同关系

$$(\tau,\alpha,\beta)\sim(\tau+\pi,-\alpha,-\beta).$$

(d) 利用关系

$$(1+U)\mathrm{d}X=-2\mathrm{i}\mathrm{d}U(1+U)^{-1},$$

推导

$$\mathrm{d}s^2=\frac{1}{(\cos\tau+\mathrm{Re}\,\alpha)^2}(-\mathrm{d}\tau^2+|\mathrm{d}\alpha|^2+|\mathrm{d}\beta|^2)$$

是闵氏时空的度规, 因此闵氏时空的共形紧化可以与 $2\times 2$ 幺正矩阵群 U(2) 等同.

(e) 解释为何 U(2) 群可以等同于爱因斯坦静态宇宙 $S^3 \times R$ 的一部分.

4. 对于任德勒时空而言,
   (a) 证明 $U' = 0$ 和 $V' = 0$ 是零曲线.
   (b) 证明基灵矢量 $\hat{\xi} = \partial_t$ 可写作

$$\hat{\xi} = \kappa \left( V' \frac{\partial}{\partial V'} - U' \frac{\partial}{\partial U'} \right), \tag{11.123}$$

   且 $\hat{\xi}|_{U'=0}$ 垂直于 $U' = 0$, 因此 $\{U' = 0\}$ 是一个基灵视界.
   (c) 证明

$$(\hat{\xi} \cdot D\hat{\xi})^\mu|_{U'=0} = \kappa \xi^\mu|_{U'=0}. \tag{11.124}$$

5. 一个黑洞由零尘埃球对称塌缩而形成. 在塌陷过程中, 时空由内向瓦迪亚度规描述, 其中的质量函数为 $M(\tilde{u}) = \tilde{u}/16$. 塌缩前 $\tilde{u} < 0$ 时空平坦, 而塌缩后 $\tilde{u} > \tilde{u}_0$ 时空由质量为 $M_0 = M(\tilde{u}_0)$ 的史瓦西解给出.
   (a) 在塌缩阶段, 证明外向光线由下面的参数化方程描述:

$$r(\lambda) = c\lambda \mathrm{e}^{-\lambda}, \quad \tilde{u}(\lambda) = 4c(1+\lambda)\mathrm{e}^{-\lambda}, \tag{11.125}$$

   其中 $c$ 是一个常数. 证明 $\tilde{u} = 4r$ 也描述了一个外向的光线并画出表观视界的位置.
   (b) 找到描述事件视界的参数化方程.
   (c) 证明在 $r = 0$ 处的奇点是裸奇点, 即它可以被远处的观测者看到. 也证明当它被看到时, 奇点是无质量的. (更一般地, 可以证明一个球塌缩形成的中心奇点, 如果是裸的, 则必然是无质量的.)

# 第十二章 带电球对称黑洞

在本章中，我们将学习史瓦西黑洞的一个带电推广——赖斯纳–努德斯特伦(Reissner-Nordström)时空. 它是爱因斯坦–麦克斯韦理论的球对称解, 某些方面与史瓦西时空类似, 但呈现出一些新的特点, 如黑洞的视界不止一个、存在着类时的奇点、时空的最大延拓具有无穷多个区域等.

## §12.1 赖斯纳–努德斯特伦时空

在电动力学中, 我们知道如果电荷是球对称分布的, 则其能动张量也是球对称的. 这启发我们寻找带电球对称星体外的时空解. 此时, 我们需要同时考虑引力与电磁相互作用力. 对于电磁相互作用, 场强张量 $F_{\mu\nu} = \partial_\mu A_\nu - \partial_\nu A_\mu = \nabla_\mu A_\nu - \nabla_\nu A_\mu$, 即我们可以利用微分形式而不需借助任何仿射联络来定义电磁场强, 因此 $F_{\mu\nu}F^{\mu\nu}$ 是一个很好的标量. 而理论的完整作用量除包含通常的爱因斯坦–希尔伯特项以外, 还包含麦克斯韦作用量

$$S = \frac{1}{16\pi G_D}\int \mathrm{d}^D x\sqrt{-g}\left(R - \frac{g_0^2}{4\pi}F^{\mu\nu}F_{\mu\nu}\right). \tag{12.1}$$

对度规变分可以得到引力的爱因斯坦方程

$$R_{\mu\nu} - \frac{1}{2}g_{\mu\nu}R = 8\pi G_D g_0^2 T^{(F)}_{\mu\nu}, \tag{12.2}$$

其中

$$T^{(F)}_{\mu\nu} = \frac{1}{4\pi}(F_{\mu\rho}F_\nu{}^\rho - \frac{1}{4}g_{\mu\nu}F_{\rho\sigma}F^{\rho\sigma}). \tag{12.3}$$

规范场的运动方程为

$$\nabla_\mu F^{\mu\nu} = \frac{1}{\sqrt{-g}}\partial_\mu(\sqrt{-g}F^{\mu\nu}) = 0. \tag{12.4}$$

我们希望找到 4 维球对称静态的解, 具有基灵矢量 $\partial_t$ 和 $\partial_\phi$. 类似于史瓦西解的讨论, 我们可以假设保持球对称性的度规为

$$\mathrm{d}s^2 = -\mathrm{e}^{2\alpha(r)}\mathrm{d}t^2 + \mathrm{e}^{2\beta(r)}\mathrm{d}r^2 + r^2\mathrm{d}\Omega^2, \tag{12.5}$$

而保持球对称的规范场强可假设为①

$$\hat{F}_2 = F_{tr}(r)\mathrm{d}t \wedge \mathrm{d}r + F_{\theta\phi}(\theta)\mathrm{d}\theta \wedge \mathrm{d}\phi, \tag{12.6}$$

满足 $\mathrm{d}\hat{F}_2 = 0$. 我们先来处理规范场的运动方程. 有很多种方式来求解 $\nabla_\mu F^{\mu\nu} = 0$. 这里我们利用外微分的技术来讨论. 利用霍奇对偶, 无源运动方程可写作 $\mathrm{d} * \hat{F} = 0$. 场强的霍奇对偶是

$$(*F)_{\mu\nu} = \frac{1}{2}\varepsilon_{\mu\nu\lambda\sigma}F^{\lambda\sigma} = \frac{\sqrt{-g}}{2}\tilde{\varepsilon}_{\mu\nu\lambda\sigma}g^{\lambda\alpha}g^{\sigma\beta}F_{\alpha\beta}. \tag{12.7}$$

利用度规的假设形式, 有

$$\begin{aligned}(*F)_{tr} &= \tilde{\varepsilon}_{tr\theta\phi}(\mathrm{e}^{\alpha+\beta}r^2\sin\theta)\frac{1}{r^2}\frac{1}{r^2\sin^2\theta}F_{\theta\phi}\\ &= \frac{\mathrm{e}^{\alpha+\beta}}{r^2\sin\theta}F_{\theta\phi}(\theta), \qquad (12.8)\\ (*F)_{\theta\phi} &= -\tilde{\varepsilon}_{\theta\phi tr}(\mathrm{e}^{\alpha+\beta}r^2\sin\theta)\mathrm{e}^{-2\alpha}\mathrm{e}^{-2\beta}F_{tr}\\ &= -\mathrm{e}^{-(\alpha+\beta)}r^2\sin\theta F_{tr}. \qquad (12.9)\end{aligned}$$

换句话说,

$$*\hat{F} = -\mathrm{e}^{-(\alpha+\beta)}r^2\sin\theta F_{tr}\mathrm{d}\theta \wedge \mathrm{d}\phi + \frac{\mathrm{e}^{\alpha+\beta}}{r^2\sin\theta}F_{\theta\phi}(\theta)\mathrm{d}t \wedge \mathrm{d}r. \tag{12.10}$$

因此

$$\begin{aligned}\mathrm{d}(*\hat{F}) = &-\partial_r(\mathrm{e}^{-(\alpha+\beta)}r^2F_{tr})\sin\theta\mathrm{d}r \wedge \mathrm{d}\theta \wedge \mathrm{d}\phi\\ &+\partial_\theta((\sin\theta)^{-1}F_{\theta\phi}(\theta))r^{-2}\mathrm{e}^{\alpha+\beta}\mathrm{d}\theta \wedge \mathrm{d}t \wedge \mathrm{d}r.\end{aligned}$$

而 $\mathrm{d} * \hat{F} = 0$ 要求

$$\partial_r\left(\mathrm{e}^{-(\alpha+\beta)}r^2F_{tr}\right) = 0, \quad \partial_\theta((\sin\theta)^{-1}F_{\theta\phi}(\theta)) = 0. \tag{12.11}$$

它们的解为

$$\mathrm{e}^{-(\alpha+\beta)}r^2F_{tr}(r) = 常数, \quad (\sin\theta)^{-1}F_{\theta\phi}(\theta) = 常数, \tag{12.12}$$

即

$$F_{tr}(r) = \frac{Q}{4\pi g_0}\frac{\mathrm{e}^{\alpha+\beta}}{r^2}, \quad F_{\theta\phi} = \frac{P}{4\pi g_0}\sin\theta, \tag{12.13}$$

①我们可以类比平坦时空中球对称分布电荷和磁荷情形下规范场强的具体形式来做出这个假设, 当然也可以要求这个场强张量在基灵矢量的李导数下形式不变得到此假设.

其中 $Q$ 和 $P$ 分别是电荷和磁荷.

进一步地, 我们可以求解爱因斯坦方程, 得到 $\alpha+\beta=0$. 类似于史瓦西解的讨论, 我们可以求解所有的爱因斯坦方程. 最终, 我们得到赖斯纳–努德斯特伦解 (简记为 RN 解):

$$\mathrm{d}s_{\mathrm{RN}}^2=-\Delta(r)\mathrm{d}t^2+\Delta^{-1}(r)\mathrm{d}r^2+r^2\mathrm{d}\Omega_2^2, \tag{12.14}$$

其中

$$\Delta(r)=1-\frac{2\mu}{r}+\frac{Q^2+P^2}{r^2}. \tag{12.15}$$

如果我们把这个解当作带电恒星塌缩形成的黑洞, 则这个黑洞具有视界

$$\begin{aligned}&\Delta=0\\&\Rightarrow r^2-(2\mu)r+(Q^2+P^2)=0\\&\Rightarrow r_\pm=\mu\pm\sqrt{\mu^2-(Q^2+P^2)}.\end{aligned} \tag{12.16}$$

此时, 我们实际上有两个视界 $r_\pm$. 当两个视界重合时, 我们得到极端黑洞的解

$$r_+=r_-=\mu=\sqrt{Q^2+P^2}. \tag{12.17}$$

RN 解具有如下性质:

(1) 渐近平坦. $F_{tr}$ 是点电荷 $Q$ 的电场, 而 $F_{\theta\phi}$ 是点磁荷 $P$ 的磁场. 它们给出的能动张量在无穷远处都为零. 从解的具体形式很容易看出电磁场的贡献衰减得比质量项更快, 因此 RN 解渐近地趋于平坦闵氏时空.

(2) 当电荷和磁荷都为零时 $Q=0=P$, 解约化为史瓦西解.

(3) RN 解拥有和史瓦西解相同的时空对称性, 在外视界 $r_+$ 外, 具有一个类时的基灵矢量, 也具有球对称性. 实际上, 在外视界 $r_+$ 外, 它是静态的.

(4) 类似于史瓦西解, RN 解具有唯一性, 它是爱因斯坦–麦克斯韦理论的唯一球对称解.

从解的具体数学形式上看, $(M,Q,P)$ 的任何取值都是允许的. 然而, 物理上却并非如此. 为了讨论简单起见, 我们令磁荷为零而只考虑带电的 RN 时空. 我们先来讨论 $Q^2>\mu^2$ 的情形. 在这种情况下, 度规分量

$$g_{00}=-(g_{11})^{-1}=\Delta(r)=\Sigma/r^2, \tag{12.18}$$

其中 $\Sigma=r^2-2\mu r+Q^2$. 在此情形下, 二次型 $\Sigma$ 的不定式是 $\mu^2-Q^2<0$, 因此 $\Sigma>0$, 也就是说, 度规除了 $r=0$ 外没有奇点. 所以, 坐标 $t$ 总是类时的, 而坐标 $r$

总是类空的, 没有坐标奇点. 但 $r=0$ 仍是一个内禀奇点, 实际上 $R_4=R^{\mu\nu\sigma\rho}R_{\mu\nu\sigma\rho}$ 在 $r=0$ 处发散. 在这种情况下, 没有事件视界, 而 $r=0$ 处的奇点是一个裸奇点, 即没有视界把它遮住. 通过测地线的分析可以得知这个奇点具有排斥性: 类时测地线无法与 $r=0$ 相交, 它们可以接近奇点然后被排斥而转向离开它. 当 $r\to\infty$, 解是渐近平坦的, 因此因果结构在任何地方都具有通常平坦时空的形式. 然而, 裸奇点的存在挑战了宇宙监督法则. 实际上, 我们无法期待一个通过引力塌缩形成的满足 $\mu^2<Q^2$ 的黑洞, 因为这样的话黑洞的总质量小于电磁场的能量. 换句话说, 携带电或者磁荷的物质必须具有负能量才能使这个不等式满足, 这当然是非物理的. 因此, 满足 $Q^2>\mu^2$ 的解被认为是非物理的.

下面我们只讨论物理的 RN 黑洞. 如果 $Q^2<\mu^2$, 则我们有两个视界 $r_\pm=\mu\pm\sqrt{\mu^2-Q^2}$. 此时, 度规可以分为三个区域:

(1) Ⅰ 区, $r_+<r<\infty$;

(2) Ⅱ 区, $r_-<r<r_+$;

(3) Ⅲ 区, $0<r<r_-$.

它在 $r_\pm$ 处有坐标奇点. $r=r_+$ 类似于史瓦西黑洞时的史瓦西视界 $r=R_\mathrm{s}$, 在其外, 时空是渐近平坦的. 在 Ⅰ 和 Ⅲ 区, $t$ 是类时坐标, $r$ 是类空坐标, 因此时空流形在这两个区域是静态的. 而在 Ⅱ 区, $t$ 是类空坐标, $r$ 是类时坐标, 因此这区域内的时空是动力学的.

如果讨论这个时空中的类光测地线, 如史瓦西时空的情形, 我们可以选择乌龟坐标, 则光子的轨迹如图 12.1 所示. 对于沿径向内向的零测地线, 轨迹是沿 45° 的直线, 而在此坐标下外向的零测地线则是曲线. 从光锥结构很容易看出 $r=r_+$ 是一个事件视界. 而光锥在 Ⅱ 区倾斜, 表明粒子在此区域中总是向内运动直到内视界 $r=r_-$. 粒子一旦进入 Ⅲ 区, 光锥不再倾斜, 粒子不必落到奇点上. 这个时空图某种意义上会造成误解: 这个图显示 Ⅲ 区中外向粒子只能渐近地到达内视界上, 而无法超越它, 然而通过对 RN 解的解析延拓显示, 粒子可以在有限的固有时中穿过 $r=r_-$.

RN 黑洞的视界是一个基灵视界. 我们可以考虑在 AEF 坐标下的度规, 并考虑 $r=$ 常数的超曲面. 这个超曲面在 $g^{rr}=0$ 或者 $\Delta=0$ 时变成零曲面, 所以 $r=r_\pm$ 给出零曲面 $\mathcal{N}_\pm$. 更进一步地, 我们有如下结论:

RN 黑洞的零超曲面 $\mathcal{N}_\pm$ 是基灵矢量 $\xi=\partial_{\bar{u}}$ 的基灵视界, 具有表面引力

$$\kappa_\pm=\frac{1}{2r_\pm^2}(r_\pm-r_\mp). \tag{12.19}$$

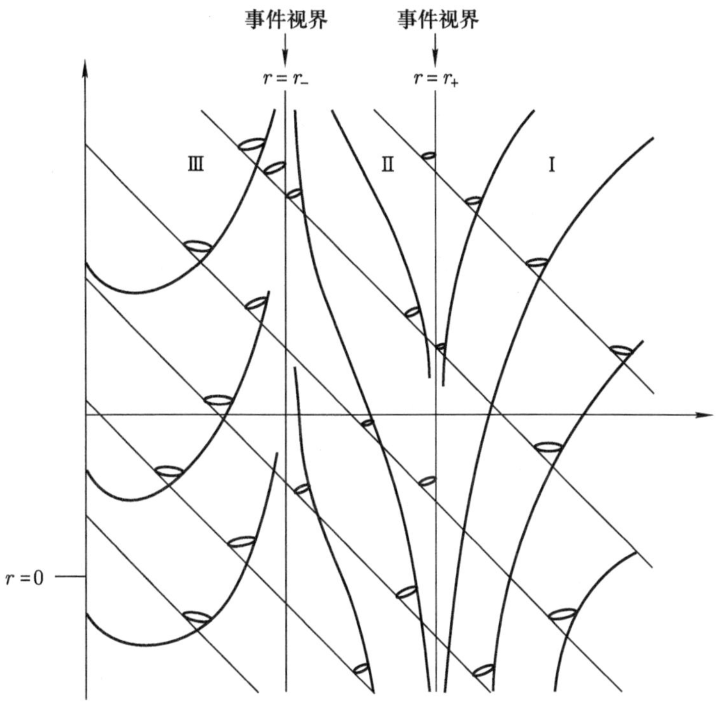


图 12.1　在 AEF 坐标下光子在 RN 黑洞的运动轨迹.

## *§12.2　RN 时空中的解析延拓

与史瓦西黑洞类似, $(t,r)$ 坐标在视界处是奇异的, 需要引进别的坐标来使度规场在视界处有好的行为. 我们可以引进克鲁斯卡坐标, 然而 RN 黑洞与史瓦西黑洞不同, 克鲁斯卡坐标并不能够在全时空很好地定义. 实际上, 它只在外视界处能够很好地定义, 而在内视界处有奇异性. 因此, 在内视界处, 我们需要引进别的坐标卡. 也就是说, 克鲁斯卡坐标只对某个确定的视界才是好的, 一个坐标卡不足以覆盖整个 RN 时空流形.

我们先考虑在外视界附近的坐标延拓. 此时, 有

$$\Delta(r) \approx 2\kappa_+(r - r_+), \tag{12.20}$$

其中

$$\kappa_+ \equiv \frac{1}{2}\Delta'(r_+). \tag{12.21}$$

因此在外视界附近, 乌龟坐标为

$$r_*^+ \equiv \int \frac{\mathrm{d}r}{\Delta(r)} \approx \frac{1}{2\kappa_+} \ln|\kappa_+(r-r_+)|. \tag{12.22}$$

引进两个类光坐标 $\tilde{u}_+ = t + r_*^+$ 和 $\tilde{v}_+ = t - r_*^+$, 并引进克鲁斯卡坐标

$$u'_+ = \mathrm{e}^{\kappa_+ \tilde{u}_+}, \quad v'_+ = \mp \mathrm{e}^{-\kappa_+ \tilde{v}_+}, \tag{12.23}$$

其中取负号时对应于外视界外, 即 $r > r_+$, 而取正号时对应于 $r < r_+$. 由此, 在外视界处, $\Delta \approx -2u'_+ v'_+$, 而度规变为

$$\mathrm{d}s^2 \approx -\frac{2}{\kappa_+^2}\mathrm{d}u'_+ \mathrm{d}v'_+ + r_+^2 \mathrm{d}\Omega^2. \tag{12.24}$$

可见, 度规在外视界处是没有奇异性的, 然而, 准确的积分显示实际上在内视界处 $r_* \to \infty$. 此时的内视界在上面的克鲁斯卡坐标下位于 $u'_+ v'_+ = \infty$. 也就是说, 这组克鲁斯卡坐标对于内视界实际上是奇异的. 更准确地说, 克鲁斯卡坐标 $(u'_+, v'_+)$ 只能用在区域 $r_1 < r < \infty$, 其 $r_+ > r_1 > r_-$ 介于两个视界之间. 在 $r < r_1$ 区域, 我们需要引进新的坐标卡, 如图 12.2 所示. 注意图 12.2 中的 Ⅲ 区与图 12.1 中的 Ⅲ 区的物理意义是不同的.

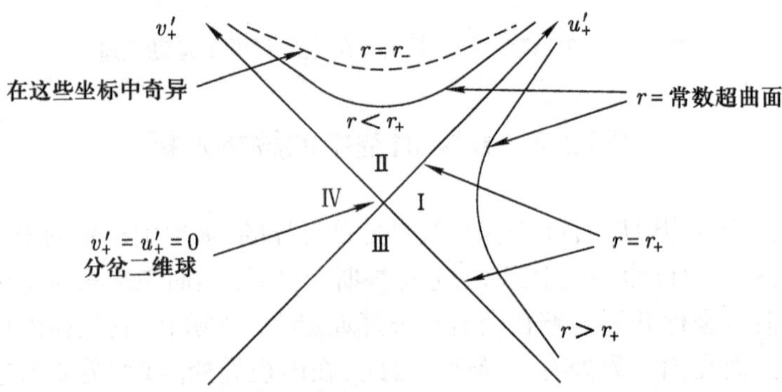


图 12.2 在外视界附近引进的克鲁斯卡坐标以及相应的时空图.

为了把时空研讨到内视界里, 我们需要构造一组新的克鲁斯卡坐标 $(u'_-, v'_-)$. 与前面类似, 在内视界附近, 有

$$\Delta(r) \approx 2\kappa_-(r - r_-), \tag{12.25}$$

其中

$$\kappa_- \equiv \frac{1}{2}\Delta'(r_-), \tag{12.26}$$

而乌龟坐标近似为

$$r_*^- \approx -\frac{1}{2\kappa_-}\ln|\kappa_-(r-r_-)|. \tag{12.27}$$

引进两个类光坐标 $\tilde{u}_- = t + r_*^-$ 和 $\tilde{v}_- = t - r_*^-$, 并引进克鲁斯卡坐标

$$u'_- = -\mathrm{e}^{\kappa_-\tilde{u}_-}, \quad v'_- = \mp\mathrm{e}^{-\kappa_-\tilde{v}_-}, \tag{12.28}$$

其中取负号时对应于外视界外 $r > r_-$, 而取正号时对应于 $r < r_-$. 由此, 在内视界处, $\Delta \approx -2u'_-v'_-$, 而度规变为

$$\mathrm{d}s^2 \approx -\frac{2}{\kappa_-^2}\mathrm{d}u'_-\mathrm{d}v'_- + r_-^2\,\mathrm{d}\Omega^2. \tag{12.29}$$

这个度规明显在内视界处是正规的. 然而, 这组新的克鲁斯卡坐标在外视界处是奇异的. 如图 12.3 所示, 区域 Ⅱ 是两组克鲁斯卡坐标都覆盖的区域, 其他区域是新的, Ⅴ 和 Ⅵ 区包含着 $r = 0$ 的曲率奇点, 而且这个奇点是一个类时的, 因为在 $r < r_-$ 时 $r =$ 常数曲面的法矢量是类空的. 这个图中的 Ⅵ 区对应着图 12.1 中的 Ⅲ 区. 由时间反演对称性, 我们知道 Ⅲ′ 必然与另一个外部区域相连, 如图 12.4 所示, 其中的 Ⅰ′ 和 Ⅳ′ 是新的, 对应着新的渐近平坦区域.

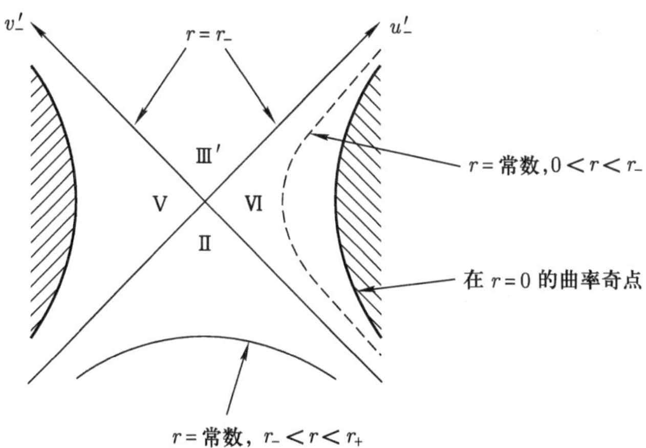


图 12.3 在内视界附近引进的克鲁斯卡坐标以及相应的时空图.

与史瓦西黑洞类似, RN 黑洞的内禀奇点在 $r = 0$ 处. 不同的是, 这个内禀奇点是一个类时曲面. 在内视界内, 由于 $\Delta > 0$, $r$ 又可以看作类空坐标. 内视界内任何 $r =$ 常数的曲面都是类时曲面, 包括奇点. 由于奇点是类时的, 一个在黑洞中运动的粒子可以避免与奇点接触. 也就是说, 粒子进入内视界以后可以转向, 并不抵

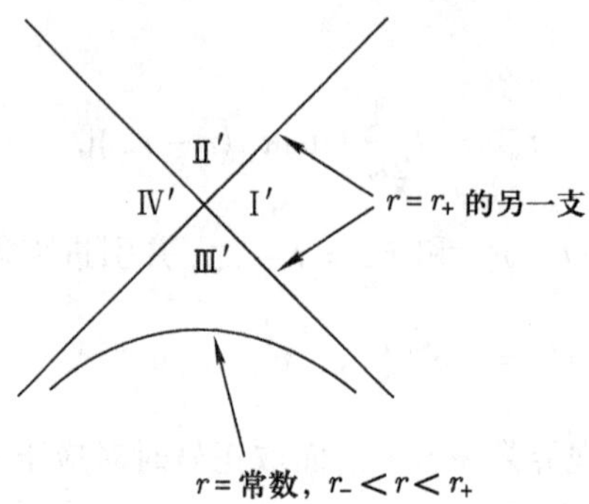


图 12.4 新的渐近平坦区域.

达奇点, 而是离开内视界区域. 然而, 这时粒子并非从同一个内视界出来, 而是从另一个不同的内视界区域出去 (注意在克鲁斯卡图中 $r=$ 常数有两支). 从这个新的内视界出来以后的粒子, 发现径向方向是类时的, 然而粒子的运动必须沿着半径增大的方向, 继续穿过外视界从黑洞中出来进入另一个渐近平坦的时空. 粒子继续运动, 则它有可能进入另一个黑洞区域. 这样的过程可以一直重复下去. 因此, 我们得到如下的图像: 最大拓展的 RN 时空并非一个黑洞, 而是由黑洞隧道相连接的无穷多个渐近平坦的时空区域.

## §12.3 粒子的运动

下面我们简单地讨论一下中性有质量粒子在 RN 时空中的运动. 由于粒子不带电荷, 我们不必考虑它们与电磁场的耦合. 为简单计, 我们只考虑有质量粒子的径向运动. 这种粒子的 4-速度为 $u^\mu=(u^0,u^1,0,0)=(\dot{t},\dot{r},0,0)$, 其测地线方程为

$$\dot{u}_\sigma=\frac{1}{2}(\partial_\sigma g_{\mu\nu})u^\mu u^\nu. \tag{12.30}$$

由于 $\partial_t$ 是基灵矢量, 可以得到 $u_0=g_{00}\dot{t}=$ 常数. 而由归一化条件

$$g_{\mu\nu}u^\mu u^\nu=-1\Rightarrow g_{00}(u^0)^2+g_{11}(u^1)^2=-1, \tag{12.31}$$

我们得到径向方程

$$\dot{r}^2+c^2\Delta=u_0^2/c^2. \tag{12.32}$$

易见问题约化为一个一维问题, $\Delta$ 可以当作一维等效势, 其形式如图 12.5 所示.

对于这样一个一维问题, 运动轨迹依赖于运动常数 $u_0$. 如果 $u_0=c^2$, 这对应着粒子从无穷远处自由释放. 当 $u_0>c^2$ 时, 粒子运动是不受束缚的, 从无穷远处进

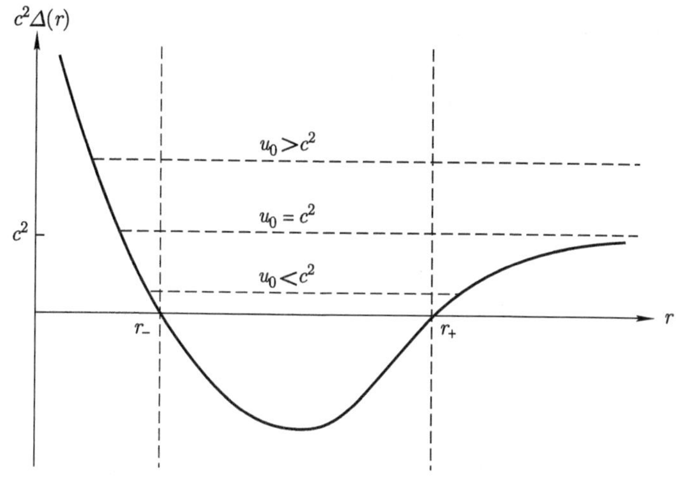


图 12.5 在 RN 黑洞中有质量粒子运动的等效势.

来又回到无穷远处. 而 $u_0 < c^2$ 时, 粒子的运动是受束缚的, 只能在一个确定的径向区域中运动. 但无论是何情况, 粒子在径向上都有一个极限点, 无法沿径向达到 $r = 0$ 的奇点上, 而是在达到这个极限点后被反向推开. 上面的图像听起来有些奇怪, 因为沿着径向运动的粒子穿过外视界以后就应该无法从该视界出来. 问题的答案在于上节我们讨论的 RN 完整时空流形, 沿径向内向运动的粒子穿过 $r_+$ 和 $r_-$ 后, 并不是从同一个时空穿出来, 而是穿过另一个黑洞 (更准确的说应该是白洞) 的 $r_-$ 和 $r_+$ 回到渐近平坦时空区域.

考虑一个球壳, 其中每一个粒子的荷质比都是

$$\gamma = \frac{Q}{GM}, \quad |\gamma| < 1, \tag{12.33}$$

这里 $Q$ 是总的电荷, $M$ 是总质量. 在球壳上每一个粒子的运动都是径向向内的运动, 这样一个粒子的世界线满足 (参见后面的习题)

$$\left(\frac{\mathrm{d}r}{\mathrm{d}\tau}\right)^2 = E^2 - V_{\text{eff}}, \quad E < 1, \tag{12.34}$$

其中的有效势为

$$V_{\text{eff}} = 1 - (1 - E\gamma^2)\frac{2\mu}{r} + (1 - \gamma^2)\frac{Q^2}{r^2}, \tag{12.35}$$

这个有效势的最小值点在

$$r_0 = \frac{(1-\gamma^2)Q^2}{(1-E\gamma^2)\mu} = \frac{\gamma^2(1-\gamma^2)}{1-E\gamma^2}\mu, \tag{12.36}$$

因此, 塌缩将被静电排斥力所阻止. 也就是说, 即使对于带电粒子, 它们也无法塌缩到奇点上, 而是穿过两个视界以后被推出来, 形成白洞.

为了把上述图像看得更清楚, 我们需要引进不同的坐标来描述粒子的运动. 对于径向下落的粒子, 可以利用 AEF 坐标 $(\tilde{u}, r)$. 此时, 度规可以写作

$$\mathrm{d}s^2 = -\Delta \mathrm{d}\tilde{u}^2 + 2\mathrm{d}\tilde{u}\mathrm{d}r + r^2\mathrm{d}\Omega^2. \tag{12.37}$$

我们由此得到粒子的 4-速度分量为 (取 $c = 1$)

$$\dot{r}_{\text{in}} = -(u_0^2 - \Delta)^{1/2}, \tag{12.38}$$

$$\dot{\tilde{u}}_{\text{in}} = \frac{u_0 - (u_0^2 - \Delta)^{1/2}}{\Delta}. \tag{12.39}$$

在此坐标下, 粒子如果进入内视界 $r_-$ 然后转向沿着半径增加的方向运动, 其 4-速度的分量为

$$\dot{r}_{\text{out}} = (u_0^2 - \Delta)^{1/2}, \tag{12.40}$$

$$\dot{\tilde{u}}_{\text{out}} = \frac{u_0 + (u_0^2 - \Delta)^{1/2}}{\Delta}. \tag{12.41}$$

当粒子经过视界时, $\Delta \to 0$, 内向运动的 4-速度分量

$$\dot{\tilde{u}}_{\text{in}} \approx (2u_0)^{-1}. \tag{12.42}$$

它是一个有限的值, 因此穿过两个视界都没有问题. 但外向运动的 4-速度分量在经过视界时有

$$\dot{\tilde{u}}_{\text{out}} \approx \frac{2u_0}{\Delta} \to \infty. \tag{12.43}$$

也就是说在外向运动时, AEF 坐标在视界处奇异. 我们需要引进新的坐标.

对于外向运动的粒子, 我们应该使用 REF 坐标来描述. 此时, 度规变为

$$\mathrm{d}s^2 = -\Delta \mathrm{d}\tilde{v}^2 - 2\mathrm{d}\tilde{v}\mathrm{d}r + r^2\mathrm{d}\Omega^2. \tag{12.44}$$

在此坐标下, 粒子外向运动的 4-速度为

$$\dot{r}_{\text{out}} = (u_0^2 - \Delta)^{1/2}, \tag{12.45}$$

$$\dot{\tilde{v}}_{\text{out}} = \frac{u_0 - (u_0^2 - \Delta)^{1/2}}{\Delta}. \tag{12.46}$$

在视界处, 有

$$\dot{\tilde{v}}_{\text{out}} \approx (2u_0)^{-1}, \tag{12.47}$$

它总是有限的. 也就是说, 粒子从内向外穿过视界并没有奇异性. 如前所述, 对于 REF 坐标, 它描述的是实际上是一个白洞.

因此, 对于 RN 时空而言, 不同的渐近平坦区域是通过黑洞隧道相连的, 粒子可以从一个渐近平坦区域进入黑洞, 然后出来进入另一个渐近平坦区域. 注意这里粒子无法抵达黑洞奇点并非因为粒子具有角动量而具有离心势, 而是因为时空本身的性质, 或者说时空引力场的不同. 我们可以说, 在内视界内, 引力表现为一种排斥力, 这个排斥力最终导致了黑洞隧道的产生. 黑洞隧道在 RN 时空中的存在是毋庸置疑的, 但这并不意味着我们就可以通过这个隧道进入另一个渐近平坦区域, 或者说另一个宇宙. 仔细的研究发现这个隧道是不稳定的. 隧道的存在非常强地依赖于静态和球对称性, 黑洞内部一点很小的扰动就会让隧道消失[62].

## §12.4 RN 时空中的虫洞

与克鲁斯卡时空类似, 在最大延拓的 RN 时空中也存在着虫洞. 我们可以通过引进各向同性坐标来讨论它. 令

$$r=\rho+\mu+\frac{\mu^2-Q^2}{4\rho}, \tag{12.48}$$

则

$$\mathrm{d}s^2=-\frac{\Lambda\,\mathrm{d}t^2}{r^2(\rho)}+\frac{r^2(\rho)}{\rho^2}\underbrace{(\mathrm{d}\rho^2+\rho^2\mathrm{d}\Omega^2)}_{\text{平空间度规}}, \tag{12.49}$$

$$\Lambda=\left[\rho-\frac{(\mu^2-Q^2)}{4\rho}\right]^2 \tag{12.50}$$

是在各向同性坐标 $(t,\rho,\theta,\phi)$ 下的 RN 度规. 正如 $Q=0$ 的情形, 对每一个 $r>r_+$, 都有两个 $\rho$ 的取值, 但当 $r<r_+$ 时, $\rho$ 是复的, 如图 12.6 所示.

利用各向同性坐标可以很好地描述两个渐近平坦的区域 I 和 IV 区. 这两个区域可以通过变换

$$\rho\to\frac{\mu^2-Q^2}{4\rho} \tag{12.51}$$

相联系. 这个变换的固定点集在 $\rho=\sqrt{\mu^2-Q^2}/2$, 正好对应于 $r=r_+$. 它是爱因斯坦–罗森桥的最窄处, 一个 2 维球面, 如图 12.7 所示.

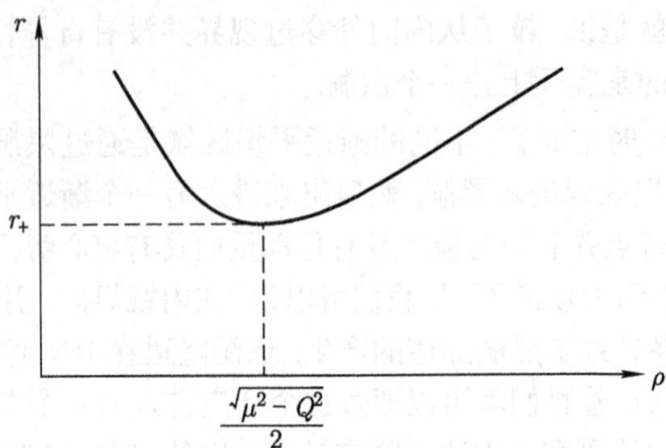


图 12.6 各向同性坐标中 $\rho$ 与原坐标 $r$ 间的关系图.

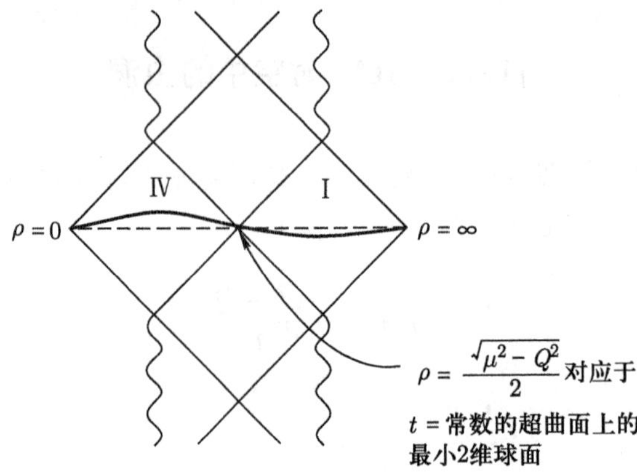


图 12.7 RN 时空中连接两个渐近平坦区域的 ER 桥.

考虑一条 $t,\theta,\phi$ 为常数的类空曲线, 它从 $r=R$ 到视界 $r=r_+$ 的距离为

$$s=\int_{r_+}^{R}\frac{\mathrm{d}r}{\sqrt{\left(1-\frac{r_+}{r}\right)\left(1-\frac{r_-}{r}\right)}} \tag{12.52}$$

$$\to\infty,\quad 当\ r_+-r_-\to 0, 即当\ \mu-|Q|\to 0, \tag{12.53}$$

因此, 在 $|Q|\to\mu$ 的极限下, ER 桥变得无穷长. 在此极限下, 空间截面如图 12.8 所示.

对于 RN 黑洞, 当 $\mu^2>Q^2$ 时, 其彭罗斯图如图 12.9 所示. 此时, 最大延拓的 RN 黑洞有无穷多个渐近平坦区域. 很重要的是, 与史瓦西黑洞不同, 奇点并非类空的, 而是类时的. 而类时曲线可以从一个渐近平坦区域穿过两个视界, 并不终止于奇点上, 而是继续从另一个渐近区域经过两个视界穿出.

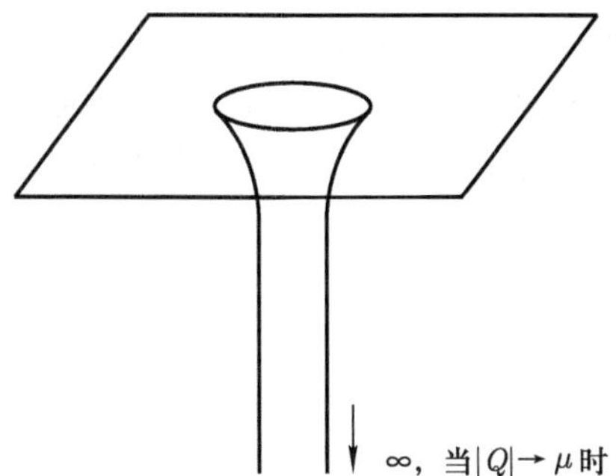


图 12.8　在 $|Q|\to\mu$ 的极限下的 ER 桥的空间截面.

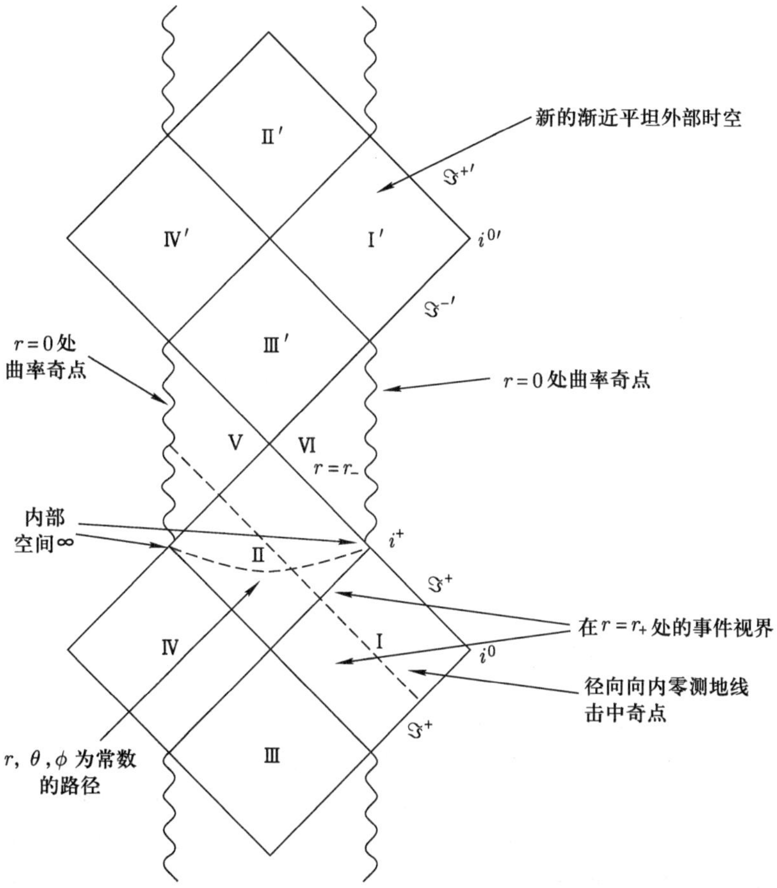


图 12.9　RN 黑洞时空的彭罗斯图.

图 12.10 是 RN 无压强球对称塌缩时空的彭罗斯图. 可以看出尘埃球塌缩进入 Ⅲ′ 区, 然后重新膨胀如白洞般出现在另一个渐近平坦区域 I′, 再重新塌缩. 此过程可以一直持续下去. 由图可见, 从 $\Im^+$ 看不到任何奇点, 这与宇宙监督法则一致. 此外, 尽管尘埃球无法塌缩到一个点, 其内部也不奇异, 然而在 $r=r_-$ 内 $r=0$ 的另一支却存在着奇点, 与奇点定理相容.

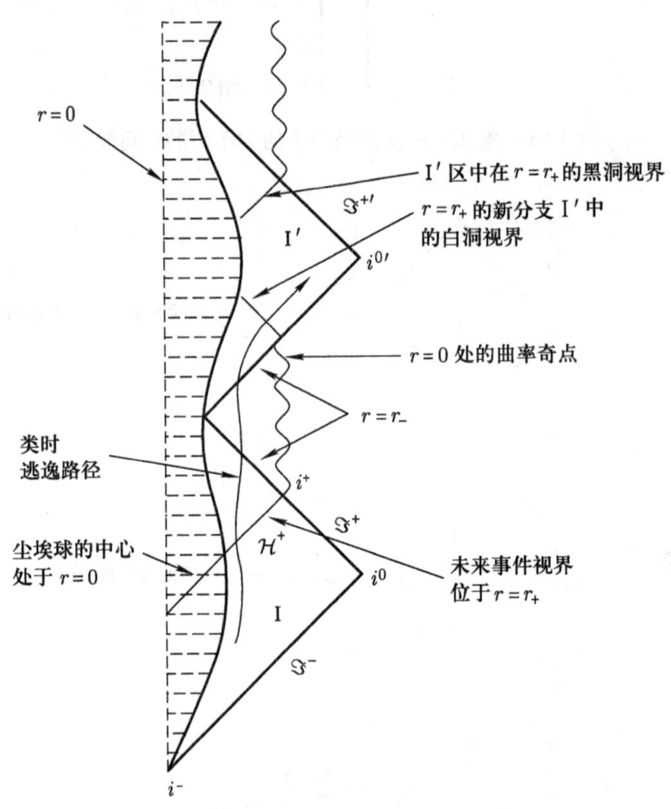


图 12.10 球对称塌缩 RN 时空的彭罗斯图.

如果我们更仔细地研究这个时空的结构, 将发现它并非整体双曲的. 如图 12.11 所示, 对于 I 区外部时空, 它整个的历史都在未来柯西视界的因果过去. 因此, 当 I 区中的信号接近柯西视界时, 必须受到无穷大的蓝移. 所以当柯西视界受到无论多么小的扰动影响时, 都会变得奇异, 或者说不稳定. 对于任何物理上现实的塌陷, 柯西视界都是一个奇异的零超曲面, 在此处需要超出广义相对论的物理来研究.

最后, 我们给出 RN 时空最大解析延拓的彭罗斯图中的柯西视界. 此时, 流形也并非整体双曲的, 存在着在 $r=r_-$ 处的未来和过去柯西视界, 如图 12.12 所示.

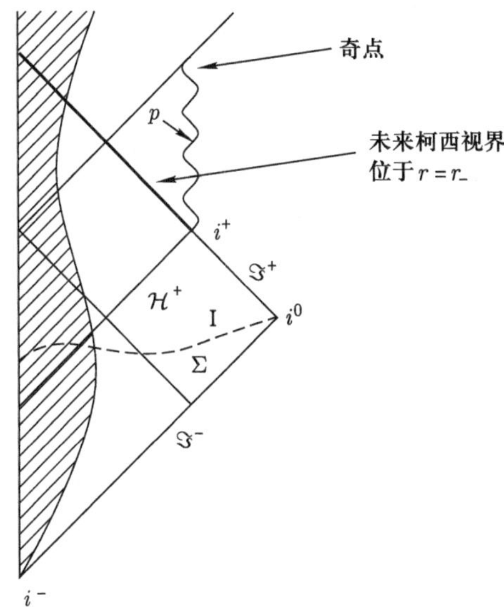


图 12.11 球对称塌缩 RN 时空存在着柯西视界.

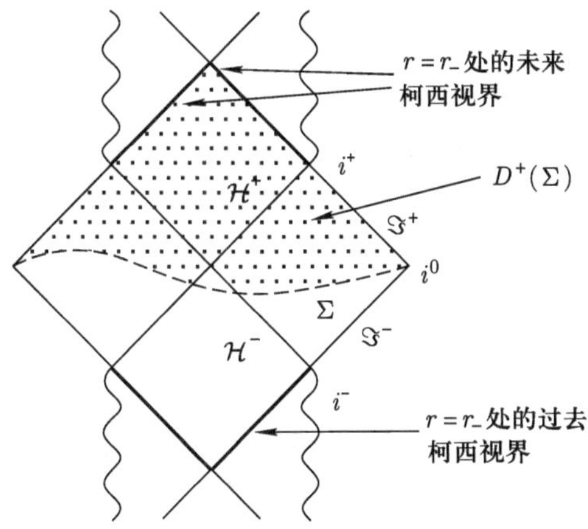


图 12.12 最大延拓 RN 时空存在着柯西视界.

## §12.5 极端 RN 黑洞

最后, 我们简单讨论一下极端 RN 黑洞的情形. 此时 $Q^2 = G^2M^2$, 两个视界重

叠, 只有一个事件视界, 而内禀奇点仍是 $r=0$, 是一个类时曲线. 度规的形式变为

$$ds^2=-\left(1-\frac{\mu}{r}\right)^2 dt^2+\frac{dr^2}{\left(1-\frac{\mu}{r}\right)^2}+r^2 d\Omega^2, \tag{12.54}$$

它在 $r=\mu$ 处奇异. 我们可以定义雷吉–惠勒 (Regge-Wheeler) 坐标

$$r^*=r+2\mu\ln\left|\frac{r-\mu}{\mu}\right|-\frac{(\mu)^2}{r-\mu} \quad\Rightarrow\quad dr^*=\frac{dr}{\left(1-\frac{\mu}{r}\right)^2} \tag{12.55}$$

并和前面一样引进 AEF 坐标, 则

$$ds^2=-\left(1-\frac{\mu}{r}\right)^2 d\tilde{u}^2+2d\tilde{u}dr+r^2 d\Omega^2. \tag{12.56}$$

这个度规在零超曲面 $r=\mu$ 处不再奇异.

**命题** $r=\mu$ 是一个相对于基灵矢量场 $\hat{\xi}=\partial/\partial\tilde{u}$ 简并的基灵视界, 即表面引力为零, $\kappa=0$.

**证明** 由前面的计算可知 $\hat{l}=f\partial/\partial\tilde{u}$, 所以 $r=\mu$ 是基灵矢量场 $\hat{\xi}$ 的基灵视界. 而当 $r_+=r_-=\mu$ 时, $\hat{\xi}\cdot\nabla\hat{\xi}=0$, 所以表面引力为零. 得证.

由于在 $r=\mu$ 上 $\hat{\xi}$ 的轨道是仿射参数化的, 这些参数在两个方向上都趋于无穷大, 即导致内部无穷大. 这个内部无穷大与前面发现的无穷大 ER 桥是同一个内部无穷大. 极端 RN 黑洞时空的彭罗斯图如图 12.13 所示.

为了更好地描述 $r\to\mu$ 的渐近度规, 我们引进新的坐标 $r=\mu(1+\lambda)$, 并只保留 $\lambda$ 的领头项. 由此, 我们得到

$$F\propto d\lambda\wedge dt, \tag{12.57}$$

$$ds^2\propto\underbrace{\left(-\lambda^2dt^2+(\mu)^2\lambda^{-2}d\lambda^2\right)}_{\mathrm{AdS}_2}+(\mu)^2 d\Omega^2. \tag{12.58}$$

度规中的第一部分是一个 $\mathrm{AdS}_2$ 时空, 而第二部分是一个半径为 $\mu$ 的 2 维球. 也就是说, 时空实际上是 $\mathrm{AdS}_2\times S^2$. 这是一个罗宾森–贝尔托蒂 (Robinson-Bertotti) 时空, 可以看作一种卡卢察–克莱因真空, 其中两个方向被紧化, 而等效的时空是一个 2 维具有常负曲率的 $\mathrm{AdS}_2$ 时空.

对于极端 RN 黑洞, 质量与电荷、磁荷形成了平衡. 由于质量导致吸引力, 而同荷导致电磁排斥力, 这种平衡可以帮助我们构造具有多个中心的极端黑洞. 物理上, 可能会有两个具有不同质量和荷 (同号) 的极端 RN 黑洞, 由于引力互相吸引,

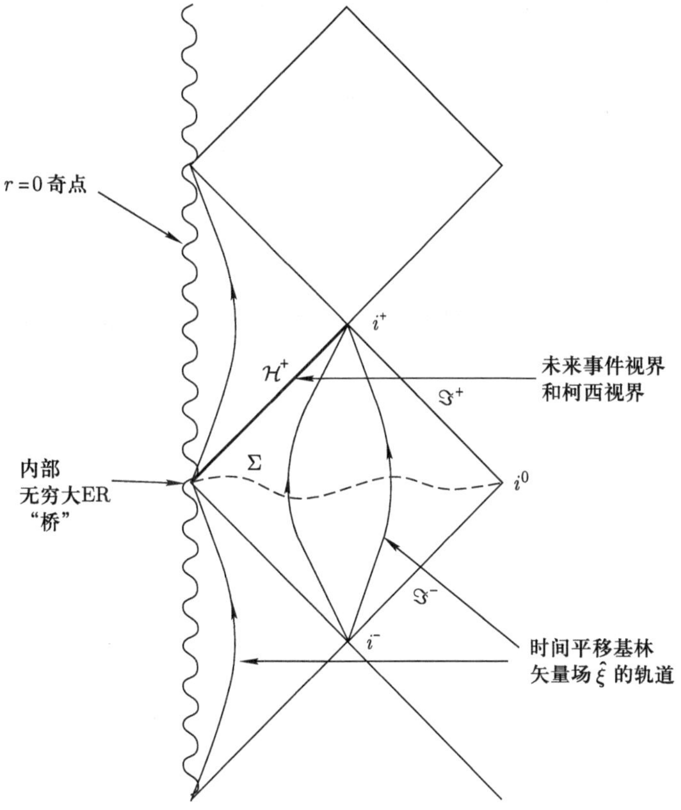


图 12.13 极端 RN 黑洞时空的彭罗斯图.

而又由于电磁力互相排斥, 但两种效应刚好抵消. 这种多中心极端 RN 黑洞的严格解取如下的形式:

$$\mathrm{d}s^2 = -H^{-2}(\boldsymbol{x})\mathrm{d}t^2 + H^2(\boldsymbol{x})(\mathrm{d}x^2 + \mathrm{d}y^2 + \mathrm{d}z^2), \tag{12.59}$$

其中 $H$ 满足拉普拉斯方程

$$\nabla^2 H = (\partial_x^2 + \partial_y^2 + \partial_z^2)H = 0. \tag{12.60}$$

其可能的解具有形式

$$H = 1 + \sum_{i=1}^{N} \frac{\mu_i}{|\boldsymbol{x} - \boldsymbol{x}_i|}. \tag{12.61}$$

它描述了具有 $N$ 个中心的黑洞. 这个解称为马宗达–帕帕拜特罗 (Majumdar-Papapetrou) 解.

## 习 题

1. 请计算一个在 RN 黑洞时空中沿径向下落观测者感受到的引潮力.

2. 在 $(t,r,\theta,\phi)$ 坐标下, 请给出 RN 时空几何下径向运动光子的世界线. 进一步地, 通过引进 AEF 坐标

$$t' = t - \frac{r_-^2}{r_+ - r_-}\ln\left|\frac{r}{r_-} - 1\right| + \frac{r_+^2}{r_+ - r_-}\ln\left|\frac{r}{r_+} - 1\right|, \tag{12.62}$$

请给出 RN 线元的形式, 并证明在 AEF 坐标系径向运动光子的世界线分别由下面的方程给出:

$$t' + r = 常数, \quad 内向, \tag{12.63}$$

$$\frac{\mathrm{d}t'}{\mathrm{d}r} = \frac{2-\Delta}{\Delta}, \quad 外向. \tag{12.64}$$

3. 一个质量为 $m$, 电荷为 $q$ 的粒子的作用量是

$$S = \int \mathrm{d}\lambda\left(\frac{1}{2}e^{-1}\dot{x}^\mu\dot{x}^\nu g_{\mu\nu}(x) - \frac{1}{2}m^2 e - q\dot{x}^\mu A_\mu(x)\right), \tag{12.65}$$

其中 $A_\mu$ 是电磁 4-势. 证明如果对于基灵矢量 $\hat{\xi}$,

$$(\mathcal{L}_{\hat{\xi}}A)_\mu = \xi^\nu\partial_\nu A_\mu + (\partial_\mu\xi^\nu)A_\nu = 0, \tag{12.66}$$

则作用量在变换 $x^\mu \to x^\mu + \epsilon\xi^\mu(x)$ 下 (保留 $\xi$ 的一阶) 是不变的. 证明相应的诺特荷

$$\mathcal{Q} = -\xi^\mu(mu_\mu - qA_\mu) \tag{12.67}$$

是一个运动常数, 其中 $u^\mu$ 是粒子的 4-动量.

4. 接上题, 考虑一个在 RN 时空中运动的粒子, 证明对于 $\hat{\xi} = \partial_t$ 有 $\mathcal{L}_{\hat{\xi}}A = 0$, 因此导出

$$\left(1 - \frac{2\mu}{r} + \frac{Q^2}{r^2}\right)\frac{\mathrm{d}t}{\mathrm{d}\tau} = E - \frac{q}{m}\frac{Q}{r}, \tag{12.68}$$

其中 $E$ 是粒子的质量密度. 证明对于一个无角动量的有质量粒子其世界线 $r(\tau)$ 满足

$$\left(\frac{\mathrm{d}r}{\mathrm{d}\tau}\right)^2 = (E^2 - 1) + \left(1 - E\frac{qQ}{m\mu}\right)\frac{2\mu}{r} + \left(\left(\frac{q}{m}\right)^2 - 1\right)\frac{Q^2}{r^2}. \tag{12.69}$$

考虑一个特例 $q^2 = m^2, qQ = m\mu, E = 1$ 时的情形, 并对粒子的运动给予讨论.

5. 在 RN 时空几何中一个在坐标半径 $r = R$ 处做圆周运动的观测者, 他测量到的磁场分量是多少?

6. 在一个具有宇宙学常数的时空中求解具有电荷的球对称解.

7. 对一个极端的 RN 黑洞, 请找到合适的克鲁斯卡坐标来描述它, 并画出这个时空的彭罗斯–卡特图.

8. 假设度规和规范势具有如下的形式:

$$\begin{aligned} \mathrm{d}s^2 &= -H^{-2}(\boldsymbol{x})\mathrm{d}t^2 + H^2(\boldsymbol{x})(\mathrm{d}x^2 + \mathrm{d}y^2 + \mathrm{d}z^2), \\ A_\mu \mathrm{d}x^\mu &= \mp H^{-1}(\boldsymbol{x})\mathrm{d}t, \end{aligned} \tag{12.70}$$

证明如果函数 $H$ 满足拉普拉斯方程 $\nabla^2 H = 0$, 则它们是爱因斯坦–麦克斯韦方程的解.

9. 对一个质量为 $m$, 电荷为 $e$ 的粒子, 它在 RN 时空几何中做测地运动, 请证明

$$k = m\Delta\frac{\mathrm{d}t}{\mathrm{d}\tau} + \frac{eQ}{r} \tag{12.71}$$

守恒, 并解释这个守恒量的物理意义.

10. 证明在各向同性坐标下, 极端 RN 黑洞的度规可写作

$$\mathrm{d}s^2 = -\left(1 + \frac{\mu}{\rho}\right)^{-2}\mathrm{d}t^2 + \left(1 + \frac{\mu}{\rho}\right)^2\left(\mathrm{d}\rho^2 + \rho^2\mathrm{d}\Omega^2\right). \tag{12.72}$$

(a) 证明沿着常数 $t$ 的任何曲线, $\rho = 0$ 距离任何有限的 $\rho$ 的固有距离为无穷大.

(b) 证明沿着任何类时或者零曲线, $\rho \to 0$ 时 $|t| \to \infty$, 但一条类时或者零的径向测地线到达 $\rho = 0$ 时的仿射参数是有限的.

(c) 引进一个零坐标来证明 $\rho = 0$ 只是一个坐标奇点, 因此上面的度规是测地不完备的.

(d) 如果一个粒子到达 $\rho = 0$ 会发生什么?

11. 对于罗宾森–贝尔托蒂度规

$$\mathrm{d}s^2 = -\lambda^2\mathrm{d}t^2 + (\mu)^2\left(\frac{\mathrm{d}\lambda}{\lambda}\right)^2 + (\mu)^2\mathrm{d}\Omega^2, \tag{12.73}$$

(a) 通过引进径向零坐标

$$u = t + \frac{\mu}{\lambda}, \quad v = t - \frac{\mu}{\lambda}, \tag{12.74}$$

证明在 $\lambda = 0$ 处只是一个坐标奇点.

(b) 证明 $\lambda = 0$ 是相对于基灵矢量场 $\partial/\partial_t$ 的简并基灵视界.

(c) 引进坐标

$$u = \tan\left(\frac{U}{2}\right), \quad v = -\cot\left(\frac{V}{2}\right) \tag{12.75}$$

来得到罗宾森–贝尔托蒂度规的最大解析延拓, 并由此给出其彭罗斯图.

# 第十三章　克尔黑洞

前面几章介绍了球对称时空的各种性质. 这些球对称时空, 特别是史瓦西时空, 对一个没有旋转的恒星外部来说是一个很好的近似, 毕竟这些大质量的星体如果没有旋转就会具有非常好的球形. 这是由于引力的吸引几乎抹平了各种形变, 最多留下一些相对非常小的形变. 而对于黑洞而言, 如果没有旋转也不携带电荷, 则史瓦西时空是其严格的时空几何. 然而, 在自然界中不存在严格没有旋转的星体. 在形成过程中, 由于角动量守恒, 这些星体都会有一定程度的自转. 譬如, 对于太阳而言, 其自转周期是 27 天, 有十万分之一对球形的偏差. 实际上, 这个偏差会对牛顿势有影响, 从而影响到行星的运动, 造成进动.

一个有转动的物体的外部时空几何不仅仅依赖于物体的质量 $M$, 还依赖于物体的转动角动量 $J$. 在本章中我们将讨论转动时空几何及其物理性质. 我们首先在弱场近似下讨论转动对时空几何的影响, 之后将介绍一个真空爱因斯坦方程描述的转动时空, 即克尔时空. 在克尔时空中存在着一些新的物理现象, 如惯性系拖曳、彭罗斯过程等.

## §13.1　弱场近似下转动物体的时空几何

有转动物体的外部时空几何, 不只依赖于物体的质量, 还依赖于物体的运动. 如果转动角速度 $\Omega$ 不大, 转动时空相对于球对称的偏差为 $O(\Omega)$ 量级. 由于离心加速度是 $O(\Omega^2)$ 量级, 因此物体的形状在角速度的一阶并没有发生改变. 换句话说, 对于慢转动, 物体的形状改变非常小, 可以认为其仍然是球形. 但此时物体外部的时空几何已经依赖于转动, 时空曲率不只依赖于物体的质量密度, 也依赖于物体的运动状态. 来自于物体运动的效应大小为 $O\left(\dfrac{v}{c}\dfrac{GM}{Rc^2}\right)$, 这将导致引磁效应① (gravitomagnetic effect).

### 13.1.1　弱场近似与电动力学

如果物体的转动速度并不快, 可以利用弱场近似来讨论其外部的时空几何. 在弱场近似下的爱因斯坦方程的形式是

$$\Box\bar{h}_{\mu\nu} = -16\pi G T_{\mu\nu}, \tag{13.1}$$

①为了更清楚地发现引磁场的来源及其物理意义, 本章前两节的讨论中将保留光速 $c$.

其中 $\bar{h}_{\mu\nu}$ 是迹相反的扰动,

$$\bar{h}_{\mu\nu} = h_{\mu\nu} - \frac{1}{2}\eta_{\mu\nu}h. \tag{13.2}$$

一般来说, 广义相对论中的物质可以由理想流体来很好地近似. 理想流体的能动张量为

$$T_{\mu\nu} = (\rho + p)u_\mu u_\nu + pg_{\mu\nu}. \tag{13.3}$$

如果我们只考虑非相对论性的物质, 如尘埃, 则压强近似为零, 而且组成物质的单元运动速度远小于光速, 其 4-速度为 $u^\mu = (1, v^i/c)$, 其中 $v^i << c$. 由此, 在能动张量的分量中

$$T_{00} = \rho, \quad T_{0i} = -\rho v_i/c, \quad T_{ij} \propto v_i v_j/c^2, \tag{13.4}$$

我们可以忽略 $T_{ij}$ 分量, 而保留 $T_{00}$ 和 $T_{0i}$ 分量. 因此, 度规扰动中 $\bar{h}_{ij} = 0$, 而

$$\begin{aligned} \Box\bar{h}_{00} &= -\frac{16\pi G}{c^2}\rho, \\ \Box\bar{h}_{0i} &= -\frac{16\pi G}{c^2}T_{0i}. \end{aligned} \tag{13.5}$$

这里 $\bar{h}_{0i} = h_{0i}$, 它们比 $h_{00}$ 分量有一个 $v/c$ 的压低因子. 此时, 我们有 $\bar{h} = -\bar{h}_{00}$, 因此

$$h_{00} = h_{ii} = \frac{1}{2}\bar{h}_{00}. \tag{13.6}$$

在下面的讨论中, 令

$$h_{00} = -2\Phi/c^2, \quad \bar{h}_{0i} = h_{0i} = A_i/c. \tag{13.7}$$

此外, 我们假定尘埃的物质分布不随时间变化, 即 $\partial_t\rho = 0$. 从上面的讨论出发我们可以计算出非零克里斯托弗符号:

$$\begin{aligned} \Gamma^0_{i0} &= \frac{1}{c^2}\nabla_i\Phi, \\ \Gamma^i_{00} &= \frac{1}{c^2}\nabla_i\Phi + \frac{1}{c}\partial_t A_i, \\ \Gamma^k_{i0} &= \frac{1}{2c}(A_{k,i} - A_{i,k}), \\ \Gamma^k_{im} &= -\frac{1}{c^2}(-\delta_{im}\nabla_k\Phi + \delta^k_i\nabla_m\Phi + \delta^k_m\nabla_i\Phi), \\ \Gamma^0_{im} &= -\frac{1}{2c}(A_{i,m} + A_{m,i}). \end{aligned} \tag{13.8}$$

考虑粒子在弱场下的运动. 粒子的测地线方程为

$$\frac{\mathrm{d}u_\mu}{\mathrm{d}\tau}+(h_{\mu\alpha,\beta}u^\alpha u^\beta-\frac{1}{2}h_{\alpha\beta,\mu}u^\alpha u^\beta)=0. \tag{13.9}$$

如果背景时空存在一个类时基灵矢量, 从而使 $\partial_0 h_{\alpha\beta}=0$, 则粒子的能量守恒. 如果考虑非相对论性极限, $v^i=\dfrac{\mathrm{d}x^i}{\mathrm{d}t}\ll 1, \dfrac{\mathrm{d}t}{\mathrm{d}\tau}\approx 1$, 我们可以忽略掉 $v^2$ 项. 然而可能有 $h\times v$ 这种项, 它们大概是 $\dfrac{GM}{r}\sqrt{\dfrac{GM}{r}}$, 比 $v^2$ 项大. 当然在最低级近似下, 这两种项都可以被忽略, 得到牛顿近似. 如果保留 $h\times v$ 项, 而认为 $v^iv^i\approx 0$ 可以被忽略, 我们发现测地线方程为

$$\frac{\mathrm{d}u_\mu}{\mathrm{d}t}+(h_{\mu 0,l}-h_{0l,\mu})v^l+\frac{1}{2}(2h_{0\mu,0}-h_{00,\mu})=0. \tag{13.10}$$

由此可得

$$\frac{\mathrm{d}v_i}{\mathrm{d}t}=-(\partial_i\varPhi+\partial_t A_i)+(\partial_i A_l-\partial_l A_i)v_l. \tag{13.11}$$

定义

$$\begin{aligned}\boldsymbol{g}&=-\nabla\varPhi-\partial_t\boldsymbol{A},\\ \boldsymbol{b}&=\nabla\times\boldsymbol{A},\end{aligned} \tag{13.12}$$

则粒子的测地线方程可写作

$$\frac{\mathrm{d}\boldsymbol{v}}{\mathrm{d}t}=\boldsymbol{g}+\boldsymbol{v}\times\boldsymbol{b}. \tag{13.13}$$

由此可见, 粒子运动所受的力与电动力学中的洛伦兹力类似: $\boldsymbol{g}$ 是牛顿引力场, 类似于静电场, $\boldsymbol{b}$ 类似于磁场, 称为引磁场.

进一步地, 我们可以研究一下 $\boldsymbol{g},\boldsymbol{b}$ 满足的运动方程. 由它们的定义可得到以下两个方程:

$$\begin{cases}\nabla\cdot\boldsymbol{b}=0,\\ \nabla\times\boldsymbol{g}+\dfrac{\partial\boldsymbol{b}}{\partial t}=0.\end{cases} \tag{13.14}$$

它们看起来很像麦克斯韦方程组中的两个. 此外从爱因斯坦方程出发, 在弱场近似下, 有

$$\begin{aligned}\nabla^2 h^{00}&=-8\pi GT^{00},\\ \nabla^2 h^{0i}&=-16\pi GT^{0i},\end{aligned} \tag{13.15}$$

由此可得

$$\begin{aligned}\nabla\cdot\boldsymbol{g}&=-4\pi G\rho,\\ \nabla\times\boldsymbol{b}&=-\frac{16\pi G}{c^2}\boldsymbol{j},\end{aligned}\tag{13.16}$$

其中 $\boldsymbol{j}=\rho\boldsymbol{v}$ 称为动量密度或者能量流密度, 对应着电动力学中的坡印亭 (Poynting) 矢量. 因此我们得到了与源有关的另外两个麦克斯韦方程. 能量密度的分布确定引力场, 而能量密度流类似于电流诱导引磁场. 以上类比都是在稳态时空下对平坦时空做微扰得到的. 如果 $\partial_0 h_{\alpha\beta}\neq 0$, 则上述与电动力学的类比就没有那么好了. 此外, 上面方程中正比于 $\rho$ 的项符号是负的, 这是因为对于 "同荷" 的物体, 引力是吸引的, 而非排斥的. 另一方面, 在引磁场相关的方程中, 流 $\boldsymbol{j}$ 前面的比例系数差一个 4 倍的因子, 这来自于度规扰动是自旋为 2 的, 而非自旋为 1 的场. 简而言之, 在弱场近似下考虑稳态时空以及非相对论性的物质源, 我们发现引力场与电磁场惊人地相似. 实际上我们可以考虑与电动力学中的规范势做类比, 则牛顿引力势类比于静电势, 而矢量势类比于度规张量的 $(0i)$ 分量:

$$\varPhi_{\rm e}\leftrightarrow\varPhi_{\rm g}=-\frac{1}{2}h_{00},\quad \boldsymbol{A}_{\rm e}\leftrightarrow A_i.\tag{13.17}$$

### 13.1.2 慢转动下的外部时空

下面我们来讨论物质转动对外部时空的影响. 首先, 扰动满足的方程 (13.1) 是一个线性波动方程, 可以利用格林函数方法来求解:

$$\bar{h}_{\mu\nu}(t,\boldsymbol{x})=\frac{4G}{c^4}\int\frac{T_{\mu\nu}(t-|\boldsymbol{x}-\boldsymbol{y}|,\boldsymbol{y})}{|\boldsymbol{x}-\boldsymbol{y}|}{\rm d}^3\boldsymbol{y},\tag{13.18}$$

其中对 $y$ 的积分是对物质分布的区域进行积分. 如果我们考虑稳态的时空, 则扰动与时间无关,

$$\bar{h}_{\mu\nu}(\boldsymbol{x})=\frac{4G}{c^4}\int\frac{T_{\mu\nu}(\boldsymbol{y})}{|\boldsymbol{x}-\boldsymbol{y}|}{\rm d}^3\boldsymbol{y},\tag{13.19}$$

由此可得

$$\varPhi(\boldsymbol{x})=-G\int\frac{\rho(\boldsymbol{y})}{|\boldsymbol{x}-\boldsymbol{y}|}{\rm d}^3\boldsymbol{y},\tag{13.20}$$

$$A_i(\boldsymbol{x})=4G\int\frac{T_{0i}(\boldsymbol{y})}{|\boldsymbol{x}-\boldsymbol{y}|}{\rm d}^3\boldsymbol{y},\tag{13.21}$$

而时空的线元可以写作

$${\rm d}s^2=-(1+2\varPhi){\rm d}t^2+2A_i{\rm d}t{\rm d}x^i+(1-2\varPhi)({\rm d}x^2+{\rm d}y^2+{\rm d}z^2).\tag{13.22}$$

如果考虑距离源足够远地方的扰动, 可以使用多极展开

$$\frac{1}{|\boldsymbol{x}-\boldsymbol{y}|} \approx \frac{1}{r}+\frac{x_i}{r^2}\frac{y^i}{r}+\cdots, \tag{13.23}$$

由此, 如果选择质心坐标系, 有

$$\Phi=-\frac{GM}{r}, \quad M=\int \rho \mathrm{d}^3\boldsymbol{y}, \tag{13.24}$$

$$\begin{aligned} A_i &= 4G\int T_{0i}\left(\frac{1}{r}+\frac{x_j}{r^2}\frac{y^j}{r}+\cdots\right)\mathrm{d}^3\boldsymbol{y} \\ &\approx 4G\int \frac{T_{0i}x_jy^j}{r^3}\mathrm{d}^3\boldsymbol{y} \\ &= \frac{4G}{r^3}x_j\int T_{0i}y^j\mathrm{d}^3\boldsymbol{y}. \end{aligned} \tag{13.25}$$

可以引进源的总角动量

$$\boldsymbol{J}=\int(\boldsymbol{y}\times\boldsymbol{p})\mathrm{d}^3\boldsymbol{y}, \tag{13.26}$$

其中 $p_i=-T_{0i}=\rho v_i$. 我们发现

$$\begin{aligned} A_i &= -\frac{2G}{r^3}(\boldsymbol{J}\times\boldsymbol{x})_i \\ &= \frac{2G}{r^3}\varepsilon_{ijk}x^jJ^k. \end{aligned} \tag{13.27}$$

考虑有质量的物体绕 $z$ 轴转动, 而且物质分布是柱对称的情况. 我们以大写字母 $X^i$ 来描述物质分布, 其中 $X^3$ 即是 $z$. 我们可以利用 $X^1$-$X^2$ 平面上的极坐标来讨论问题. 在此坐标下

$$T_{01}=-\frac{\rho v_x}{c}=-\frac{\rho v}{c}\sin\alpha, \quad T_{02}=-\frac{\rho v_y}{c}=-\frac{\rho v}{c}\cos\alpha, \tag{13.28}$$

很容易发现 $\int T_{01}\mathrm{d}^3\boldsymbol{X}=0, \int X^1\frac{\mathrm{d}X^1}{\mathrm{d}t}=0, \int X^3\frac{\mathrm{d}X^1}{\mathrm{d}t}=0$, 但 $\int X^2\frac{\mathrm{d}X^1}{\mathrm{d}t}\neq 0$. 这样就有

$$\bar{h}_{01}=\frac{4G}{c^2}\frac{y}{r^3}\int X^2T_{01}\mathrm{d}^3\boldsymbol{X}=-\frac{4G}{c^2}\frac{y}{r^3}\int X^2T^{01}\mathrm{d}^3\boldsymbol{X}. \tag{13.29}$$

同理, 有

$$\bar{h}_{02}=-\frac{4G}{c^2}\frac{x}{r^3}\int X^1T^{02}\mathrm{d}^3\boldsymbol{X}. \tag{13.30}$$

而物质分布的总角动量为

$$J^3 = \int (X^1P^2 - X^2P^1)\mathrm{d}^3\boldsymbol{X} = c\int (X^1T^{02} - X^2T^{01})\mathrm{d}^3\boldsymbol{X}. \tag{13.31}$$

因此, 对于柱对称分布的物质有

$$\begin{aligned} \bar{h}_{01} &= \frac{2G}{c^3}\frac{y}{r^3}J^3, \\ \bar{h}_{02} &= -\frac{2G}{c^3}\frac{x}{r^3}J^3. \end{aligned} \tag{13.32}$$

再来看球对称物质分布外的时空几何. 如果物质分布具有球对称性, 则有

$$\bar{h}_{0i} = \frac{2G}{c^3r^3}\varepsilon_{ikm}x^kJ^m, \tag{13.33}$$

此时, 在线性近似下, 度规的各个分量为

$$\begin{aligned} g_{00} &= -\left(1 - \frac{2GM}{rc^2}\right), \\ g_{ik} &= \left(1 + \frac{2GM}{rc^2}\right)\delta_{ik}, \\ g_{0i} &= \frac{2G}{r^3c^3}\varepsilon_{ikm}x^kJ^m. \end{aligned} \tag{13.34}$$

此时, 角动量只有一个沿着 $z$ 的分量. 注意这个解并非爱因斯坦方程的严格解.

因此, 当球对称物体的转动比较小时, 其外部时空几何可以近似为

$$\mathrm{d}s^2 = \mathrm{d}s^2_{\mathrm{Sch}} - \frac{4GJ}{c^3r^2}\sin^2\theta(r\mathrm{d}\phi)(c\mathrm{d}t) + O(J^2). \tag{13.35}$$

物体的角动量可以估算为

$$J \sim I\Omega \sim MR^2\Omega \sim MRv, \tag{13.36}$$

其中 $v$ 是转动线速度, 由此

$$\frac{4GJ}{c^3R^2} \sim \frac{GM}{Rc^2}\frac{v}{c}. \tag{13.37}$$

这种项导致的物理效应称为引磁效应. 这类比于电动力学中, 场不仅可以通过电荷分布来得到, 也可以通过电流来产生. 上式右边第一个项是史瓦西度规, 在弱场展开中度规的涨落包含着引力势项, 类比于静电势. 而第二个项中有一个 $v/c$ 压低因子. 因此, 与电磁学比较, 这一项类似于磁场, 即运动的物质产生了引磁场.

## §13.2 引磁场的物理效应

从上面的讨论中可见引磁场与磁场有很大程度的相似性. 这一节进一步讨论引磁场的物理效应. 在电动力学中我们知道磁场与有非零磁矩的磁子之间存在着耦合. 在量子力学中, 电子具有内禀自旋, 它与磁场存在着耦合, 导致反常塞曼 (Zeeman) 效应. 更加仔细的分析显示电子的自旋存在着托马斯进动现象, 参见我们之前的讨论. 在广义相对论中, 讨论的是经典力学, 物体具有自旋, 这些自旋与引磁场相互耦合, 也存在着各种自旋进动现象.

### 13.2.1 楞瑟–塞灵进动

引磁场导致的一个典型自旋进动效应就是楞瑟–塞灵 (Lense-Thirring) 进动. 为简单起见, 我们先考虑一个简化的情形. 考虑一个陀螺仪在线元 (13.35) 所描述时空中的运动. 我们关心的是由于转动的存在对陀螺仪自旋的影响. 如果 $J=0$, $\hat{s}$ 是不变的 (因为有 $\phi\to-\phi$ 对称性). 这与前面我们讨论的陀螺仪测地进动现象不同. 为方便计, 我们可以转换到直角坐标系中来讨论, 此时

$$\mathrm{d}s^2=\mathrm{d}s^2_{\mathrm{Sch}}-\frac{4GJ}{c^3r^2}(c\mathrm{d}t)\left(\frac{x\mathrm{d}y-y\mathrm{d}x}{r}\right)+O(J^2). \tag{13.38}$$

由于可能的效应领头阶修正约为 $\dfrac{1}{c^3}$, 在度规球对称部分中的 $\dfrac{GM}{rc^2}$ 不会有贡献. 因此, 我们可以设 $M=0$ 来简化讨论. 在此简化下, 假定陀螺仪的运动是沿 $z$ 轴, 而陀螺仪自旋的指向是在 $x$-$y$ 平面上, 有

$$u^\alpha=(u^t,0,0,u^z),\quad s^\alpha=(0,s^x,s^y,0), \tag{13.39}$$

相关的联络系数为

$$(\Gamma^x_{ty})_z=\frac{2GJ}{c^2z^3}=-(\Gamma^y_{tx})_z\,, \tag{13.40}$$

陀螺仪方程变为

$$\begin{aligned}\frac{\mathrm{d}s^x}{\mathrm{d}t}&=-\frac{2GJ}{c^2z^3}s^y,\\ \frac{\mathrm{d}s^y}{\mathrm{d}t}&=\frac{2GJ}{c^2z^3}s^x.\end{aligned}$$

这组方程将导致所谓的楞瑟–塞灵进动现象. 进动的瞬时率为 $\varOmega_{\mathrm{LT}}=\dfrac{2GJ}{c^2z^3}$. 尽管陀螺仪的运动沿着 $z$ 轴, 但在 $x$-$y$ 平面上的自旋矢量由于转动的存在发生了进动. 这种进动来自于惯性系的拖曳效应. 在牛顿力学中, 只有引力势, 因此并没有转动造成的惯性系拖曳效应, 也就是说楞瑟–塞灵进动是牛顿引力中没有出现过的效应.

### 13.2.2 引磁时钟效应

与引磁场相关的另一个重要效应是引磁时钟效应. 考虑在赤道面上两个同时的钟, 分别送到处于圆周轨道的宇宙飞船上, 但沿相反方向运动. 如果不考虑地球的转动, 则回到原点时两个钟仍是同时的. 但是如果我们考虑地球的转动, 则结果有所不同. 不妨设地球沿 $z$ 轴转动, $\boldsymbol{J} = J\boldsymbol{e}_z$, 所以

$$A_x = \frac{2G}{r^3c^3}yJ, \quad A_y = -\frac{2G}{r^3c^3}xJ, \quad A_z = 0. \tag{13.41}$$

而地球外的度规场可写作

$$\begin{aligned}\mathrm{d}s^2 = &-\left(1-\frac{2GM}{rc^2}\right)c^2\mathrm{d}t^2 + \frac{4GJ}{r^3c^2}(y\mathrm{d}x - x\mathrm{d}y)\mathrm{d}t \\ &+\left(1+\frac{2GM}{rc^2}\right)(\mathrm{d}x^2+\mathrm{d}y^2+\mathrm{d}z^2).\end{aligned} \tag{13.42}$$

在赤道面上的圆周运动, $\mathrm{d}\phi = \omega\mathrm{d}t$, 测地方程为

$$\omega^2 + \frac{2GJ}{r^3c^2}\omega - \frac{GM}{r^3} = 0, \tag{13.43}$$

因此沿不同方向做圆周运动的飞船的角速度分别为

$$\omega_\pm = \sqrt{\left(\frac{GJ}{r^3c^2}\right)^2 + \frac{GM}{r^3}} \pm \frac{GJ}{r^3c^2}. \tag{13.44}$$

由 $\mathrm{d}s^2 = -c^2\mathrm{d}\tau^2$, 有

$$\mathrm{d}\tau^2 \approx \frac{1}{\omega^2}\left(1 - \frac{3GM}{rc^2} + \frac{6GJ\omega}{rc^4}\right)\mathrm{d}\phi^2, \tag{13.45}$$

所以

$$\mathrm{d}\tau \approx \frac{1}{\omega}\left(1 - \frac{3GM}{2rc^2} + \frac{3GJ\omega}{rc^4}\right)\mathrm{d}\phi. \tag{13.46}$$

由 $\phi$ 的周期性, 我们得到绕圆周轨道一圈以后的周期

$$T = \frac{2\pi}{\omega}\left(1 - \frac{3GM}{2rc^2}\right) \pm \frac{6\pi GJ}{rc^4}. \tag{13.47}$$

因此, 沿不同方向做圆周运动的钟回到原点后时间的差为

$$\begin{aligned}T_+ - T_- &= \left(\frac{1}{\omega_+} - \frac{1}{\omega_-}\right)2\pi\left(1 - \frac{3GM}{2rc^2}\right) + \frac{12\pi GJ}{rc^4} \\ &= \frac{2J}{Mc^2}2\pi\left(1 - \frac{3GM}{2rc^2}\right) + \frac{12\pi GJ}{rc^4} \\ &\approx \frac{4\pi J}{Mc^2}.\end{aligned} \tag{13.48}$$

注意, 这个差与牛顿引力常数无关.

对地球而言, $J=\frac{2}{5}MR^2\omega$, 地球半径 $R=6.4\times10^6$ m, 角频率 $\omega=7.3\times10^{-5}$ s, 所以

$$T_+-T_-=1.7\times10^{-7}\ \text{s}. \tag{13.49}$$

这将做为 Gravity Probe C(lock) 的科学目标.

### *13.2.3 自旋进动的一般性讨论

我们已经讨论了陀螺仪的两种进动现象: 测地进动以及楞瑟–塞灵进动. 前者与转动无关, 后者源自于时空转动的惯性系拖曳. 为了讨论方便, 前面的讨论都是分别考虑这两种现象. 本节对陀螺仪的进动进行一般性的研究.

陀螺仪的自旋 4-矢量与其 4-速度矢量垂直: $\hat{s}\cdot\hat{u}=0$, 因此可得

$$s_0=-\frac{1}{c}\frac{\mathrm{d}x^i}{\mathrm{d}t}s_i. \tag{13.50}$$

另一方面, 陀螺仪的平行移动给出陀螺仪方程

$$\frac{\mathrm{D}\hat{s}}{\mathrm{d}\tau}=0\quad\Rightarrow\quad\frac{\mathrm{d}s_\mu}{\mathrm{d}\tau}=\Gamma^\lambda_{\mu\nu}s_\lambda\frac{\mathrm{d}x^\nu}{\mathrm{d}\tau}. \tag{13.51}$$

由此可得

$$\begin{aligned}\frac{\mathrm{d}s_i}{\mathrm{d}t}&=(\Gamma^0_{i\nu}s_0+\Gamma^k_{i\nu}s_k)\frac{\mathrm{d}x^\nu}{\mathrm{d}t}\\&=\left(-\Gamma^0_{i0}\frac{\mathrm{d}x^k}{\mathrm{d}t}-\frac{1}{c}\Gamma^0_{im}\frac{\mathrm{d}x^m}{\mathrm{d}t}\frac{\mathrm{d}x^k}{\mathrm{d}t}+c\Gamma^k_{i0}+\Gamma^k_{im}\frac{\mathrm{d}x^m}{\mathrm{d}t}\right)s_k,\end{aligned} \tag{13.52}$$

而自旋矢量的运动方程为

$$\begin{aligned}\frac{\mathrm{d}\boldsymbol{s}}{\mathrm{d}t}=&\frac{2}{c^2}(\boldsymbol{v}\cdot\boldsymbol{s})\nabla\varPhi-\frac{1}{c^2}(\nabla\varPhi\cdot\boldsymbol{s})\boldsymbol{v}+\frac{1}{c^2}(\nabla\varPhi\cdot\boldsymbol{v})\boldsymbol{s}\\&+\frac{c}{2}[\boldsymbol{s}\times(\nabla\times\boldsymbol{A})].\end{aligned} \tag{13.53}$$

上式中最后一项与速度 $v$ 无关, 只与转动物体的角动量有关, 它将导致楞瑟–塞灵效应. 求解上面的方程需要一点技巧. 首先, 自旋 4-矢量的大小是不变的, 因此

$$\begin{aligned}\frac{\mathrm{d}}{\mathrm{d}t}(g^{\mu\nu}s_\mu s_\nu)=0&\Rightarrow g^{00}(s_0)^2+g^{ik}s_is_k\approx\text{常数}\\&\Rightarrow\boldsymbol{s}^2-\frac{2\Phi}{c^2}\boldsymbol{s}^2-\frac{1}{c^2}(\boldsymbol{v}\cdot\boldsymbol{s})\approx\text{常数}.\end{aligned} \tag{13.54}$$

其次, 令

$$\boldsymbol{s}=\left(1+\frac{\varPhi}{c^2}\right)\boldsymbol{\sigma}+\frac{1}{2c^2}\boldsymbol{v}(\boldsymbol{v}\cdot\boldsymbol{\sigma}), \tag{13.55}$$

如果保留领头阶项, 则易见

$$\boldsymbol{s}^2 = \left(1 + \frac{2\Phi}{c^2}\right)\boldsymbol{\sigma}^2 + \frac{1}{c^2}(\boldsymbol{v}\cdot\boldsymbol{\sigma}), \tag{13.56}$$

再考虑到关系式 (13.54), 可见 $\boldsymbol{\sigma}^2$ 在忽略掉次领头阶效应的情况下是一个常数, 它可以表示成

$$\boldsymbol{\sigma} = \left(1 - \frac{\Phi}{c^2}\right)\boldsymbol{s} - \frac{1}{2c^2}\boldsymbol{v}(\boldsymbol{v}\cdot\boldsymbol{s}). \tag{13.57}$$

利用 $\boldsymbol{\sigma}$ 而非原来的自旋矢量 $\boldsymbol{s}$ 来讨论问题将更加简便. 由上式可见

$$\frac{\mathrm{d}\boldsymbol{\sigma}}{\mathrm{d}t} = \frac{\mathrm{d}\boldsymbol{s}}{\mathrm{d}t} - \frac{1}{c^2}\frac{\mathrm{d}\Phi}{\mathrm{d}t}\boldsymbol{s} - \frac{1}{2c^2}\frac{\mathrm{d}\boldsymbol{v}}{\mathrm{d}t}(\boldsymbol{v}\cdot\boldsymbol{s}) - \frac{1}{2c^2}\boldsymbol{v}\left(\frac{d\boldsymbol{v}}{\mathrm{d}t}\cdot\boldsymbol{s}\right). \tag{13.58}$$

利用

$$\begin{aligned}\frac{\mathrm{d}\Phi}{\mathrm{d}t} &= \frac{\partial\Phi}{\partial t} + \nabla\Phi\cdot\boldsymbol{v} = \nabla\Phi\cdot\boldsymbol{v},\\ \frac{\mathrm{d}\boldsymbol{v}}{\mathrm{d}t} &= \nabla\Phi.\end{aligned} \tag{13.59}$$

这里用到了牛顿势与时间无关, 由 (13.53) 式, 可以得到

$$\frac{\mathrm{d}\boldsymbol{\sigma}}{\mathrm{d}t} = \boldsymbol{\Omega}\times\boldsymbol{\sigma}, \tag{13.60}$$

其中

$$\boldsymbol{\Omega} = -\frac{c}{2}\nabla\times\boldsymbol{A} + \frac{3}{2c^2}\boldsymbol{v}\times\nabla\Phi. \tag{13.61}$$

对于一个球对称分布的物体, 有

$$\Phi = -\frac{GM}{r}, \quad \boldsymbol{A} = \frac{2G}{r^3c^3}\boldsymbol{r}\times\boldsymbol{J}, \tag{13.62}$$

所以

$$\begin{aligned}\boldsymbol{\Omega} &= -\frac{c}{2}\nabla\times\left(\frac{2G}{r^3c^3}\boldsymbol{r}\times\boldsymbol{J}\right) + \frac{3GM}{2c^2}\boldsymbol{v}\times\nabla\left(\frac{1}{r}\right)\\ &= \frac{2G}{r^3c^2}\left(\frac{3(\boldsymbol{J}\cdot\boldsymbol{r})\boldsymbol{r}}{r^2} - \boldsymbol{J}\right) + \frac{3GM}{2c^2r^3}\boldsymbol{r}\times\boldsymbol{v}.\end{aligned} \tag{13.63}$$

(13.63) 式第二个等号右边第一项与陀螺仪的运动速度无关, 只依赖于转动物体的角动量, 给出楞瑟–塞灵效应. 第二项依赖于物体的质量和陀螺仪的运动, 给出德西

特–福克尔效应, 或者说测地进动. 引进物体的转动惯量 $I$, 角动量可写作 $\boldsymbol{J} = I\boldsymbol{\omega}$, 有

$$
\begin{aligned}
\boldsymbol{\Omega} &= \boldsymbol{\Omega}_{\mathrm{LT}} + \boldsymbol{\Omega}_{\mathrm{dS}}, \\
\boldsymbol{\Omega}_{\mathrm{LT}} &= \frac{2GI}{r^3c^2}\left(\frac{3(\boldsymbol{\omega}\cdot\boldsymbol{r})\boldsymbol{r}}{r^2} - \boldsymbol{J}\right), \\
\boldsymbol{\Omega}_{\mathrm{dS}} &= \frac{3GM}{2c^2r^3}\boldsymbol{r}\times\boldsymbol{v}.
\end{aligned}
\tag{13.64}
$$

从楞瑟–塞灵效应的表达式可以看出, 引磁场与电动力学中由于磁偶极矩产生的磁场类似. 在电动力学中, 我们知道如果一个带电粒子绕另一个有磁偶极矩 $m$ 的粒子运动, 这个粒子的角动量将发生进动. 磁偶极矩产生的磁场为

$$
\boldsymbol{B} = \frac{3\boldsymbol{e}_r(\boldsymbol{e}_r\cdot\boldsymbol{m}) - \boldsymbol{m}}{r^3},
\tag{13.65}
$$

其中 $\boldsymbol{e}_r = \dfrac{\boldsymbol{r}}{r}$, 而耦合为

$$
\tau = \boldsymbol{m}'\times\boldsymbol{B}.
\tag{13.66}
$$

这里的 $m'$ 是粒子本身的磁矩. 类似地, 球对称转动物体产生的引磁场为

$$
\boldsymbol{b} = -4G\frac{3\boldsymbol{e}_r(\boldsymbol{e}_r\cdot\boldsymbol{J}) - \boldsymbol{J}}{2r^3},
\tag{13.67}
$$

而自旋与它的耦合为

$$
\tau_{\mathrm{g}} = \frac{\boldsymbol{s}}{2}\times\boldsymbol{b}.
\tag{13.68}
$$

楞瑟–塞灵效应和德西特–福克尔效应都是在弯曲时空中的自旋进动效应. 陀螺仪的运动都是测地线运动. 然而, 在量子力学中电子自旋存在着托马斯进动. 这种进动来自于电子的运动并非简单的直线而是由于电磁相互作用做圆周运动. 因此, 如果陀螺仪受到其他相互作用而偏离测地线运动, 则它应该会有托马斯效应. 考虑一个在平直时空中运动的陀螺仪, 它可能受其他相互作用而不沿测地线运动. 假设其世界线为 $x^\mu(\tau)$. 在陀螺仪的随动参考系中自旋 4-矢量是类空的, $\hat{s} = (0, \boldsymbol{s}(\tau))$, 与 4-速度垂直. 自旋 4-矢量的变化率为

$$
\frac{\mathrm{d}s^\mu}{\mathrm{d}\tau} = ku^\mu.
\tag{13.69}
$$

这是由于沿着世界线 $\hat{s}\cdot\hat{s} =$ 常数, 所以其变化率必然与原来的自旋 4-矢量垂直, 因此与 4-速度平行. $k$ 是一个待定的量. 由 $\hat{s}\cdot\hat{u} = 0$ 可得 $k = \hat{s}\cdot\hat{a}$, 即

$$
\frac{\mathrm{d}s^\mu}{\mathrm{d}\tau} = u^\mu(\hat{s}\cdot\hat{a}).
\tag{13.70}
$$

托马斯进动来源于两个洛伦兹变换并不等价于一个洛伦兹变换, 而应该包含一个额外的转动. 考虑实验室参考系, 它与陀螺仪的随动参考系间通过洛伦兹变换相联系, 陀螺仪的运动速度为 $\boldsymbol{v}$. 在实验室参考系 $S_{\rm o}$ 中

$$s^{\mu}|_{S_{\rm o}}=\left(\frac{\gamma}{c}\boldsymbol{v}\cdot\boldsymbol{s},\boldsymbol{s}+\frac{\gamma^2}{c^2(\gamma+1)}(\boldsymbol{v}\cdot\boldsymbol{s})\boldsymbol{v}\right), \tag{13.71}$$

而

$$\begin{aligned} u^{\mu}&=\left(\gamma,\frac{\gamma}{c}\boldsymbol{v}\right),\\ a^{\mu}&=\left(\dot{\gamma},\frac{\dot{\gamma}}{c}\boldsymbol{v}+\frac{\gamma}{c}\dot{\boldsymbol{v}}\right). \end{aligned} \tag{13.72}$$

由此得

$$\hat{s}\cdot\hat{a}=\frac{\gamma}{c}\left(\dot{\boldsymbol{v}}\cdot\boldsymbol{s}+\frac{\gamma^2}{c^2(\gamma+1)}(\dot{\boldsymbol{v}}\cdot\boldsymbol{v})(\boldsymbol{v}\cdot\boldsymbol{s})\right). \tag{13.73}$$

经过一些有点烦琐的计算, 最终我们得到

$$\frac{\mathrm{d}\boldsymbol{s}}{\mathrm{d}\tau}=\boldsymbol{\Omega}_{\rm T}\times\boldsymbol{s}, \tag{13.74}$$

其中

$$\boldsymbol{\Omega}_{\rm T}=\frac{\gamma^2}{\gamma+1}\frac{\boldsymbol{v}\times\boldsymbol{a}}{c^2}. \tag{13.75}$$

在最低阶, 有

$$\boldsymbol{\Omega}_{\rm T}\approx\frac{1}{2c^2}(\boldsymbol{v}\times\boldsymbol{a})=\frac{1}{2mc^2}(\boldsymbol{v}\times\boldsymbol{F}). \tag{13.76}$$

注意这里讨论的是在狭义相对论的框架下平坦时空中陀螺仪的进动, 它所受的力 $\boldsymbol{F}$ 可以是通常的引力, 也可以是别的力. 如果是引力, 且引力源是球对称分布的, 则

$$F_{\rm g}=-\frac{GMm}{r^3}\boldsymbol{r} \tag{13.77}$$

可与前面讨论的德西特–福克尔进动做比较. 但两者的数值差三倍, 这是因为托马斯进动完全是一个狭义相对论效应, 对于非引力系统才准确.

实际上, 无论是在平坦时空还是在弯曲时空中, 陀螺仪自旋矢量随着其世界线的变化都由方程 (13.70) 来描述, 即陀螺仪方程为

$$\frac{\mathrm{D}\hat{s}}{\mathrm{d}\tau}=\hat{u}(\hat{s}\cdot\hat{a}). \tag{13.78}$$

当没有其他相互作用时，陀螺仪沿着测地线运动, $\hat{a}=0$, 会得到之前的陀螺仪方程. 当存在其他相互作用时, 陀螺仪的运动不再是简单的测地线运动, 则方程的右边也有贡献. 上面的讨论显示非零加速度导致了托马斯进动. 因此, 在一般情形下, 陀螺仪的进动可以由方程

$$\frac{\mathrm{d}\boldsymbol{s}}{\mathrm{d}t}=\boldsymbol{\Omega}\times\boldsymbol{s} \tag{13.79}$$

给出, 其中

$$\boldsymbol{\Omega}=\boldsymbol{\Omega}_{\mathrm{T}}+\boldsymbol{\Omega}_{\mathrm{dS}}+\boldsymbol{\Omega}_{\mathrm{LT}}. \tag{13.80}$$

我们可以分析一下如何在实验上把德西特进动与楞瑟–塞灵进动区分开. 从上面的讨论可见, $\boldsymbol{\Omega}_{\mathrm{dS}}$ 与地球的转动无关, 因此对所有半径相同的轨道都是一样的, 无论这个圆周轨道是沿着赤道面, 还是经过两极, 抑或是介于二者之间. 然而陀螺仪的自旋矢量方向很重要. 令 $\boldsymbol{r}\times\boldsymbol{v}=|\boldsymbol{r}\times\boldsymbol{v}|\bar{\boldsymbol{h}}$, 其中 $\bar{\boldsymbol{h}}$ 是与轨道面垂直的单位矢量, 因此 $\boldsymbol{\Omega}_{\mathrm{dS}}\sim\bar{\boldsymbol{h}}$, 而 $\delta\boldsymbol{s}_{\mathrm{dS}}\sim\bar{\boldsymbol{h}}\times\boldsymbol{s}$. 为了使自旋矢量的变化最大化, 自旋矢量必须在轨道面上.

如果圆周轨道正好在赤道面上, 而自旋矢量也在其上, 则 $\boldsymbol{s}\perp\boldsymbol{\omega}$, 即陀螺仪的自旋矢量与地球的自旋矢量垂直, 而 $\bar{\boldsymbol{h}}//\boldsymbol{\omega}$, 所以有

$$\boldsymbol{\omega}\cdot\boldsymbol{r}=0\Rightarrow\boldsymbol{\Omega}_{\mathrm{LT}}\sim\boldsymbol{\omega},\quad \delta\boldsymbol{s}_{\mathrm{LT}}\sim\boldsymbol{\omega}\times\boldsymbol{s}. \tag{13.81}$$

由此可见 $\delta\boldsymbol{s}_{\mathrm{LT}}//\delta\boldsymbol{s}_{\mathrm{dS}}$, 也就是说这两种进动是叠加在一起的, 我们无法把它们区分开来.

如果圆周运动的轨道是在穿过极点的平面上, 对于楞瑟–塞灵进动有两部分的贡献:

$$\begin{aligned}\delta\boldsymbol{s}_{\mathrm{LT}}(\mathrm{i})&\sim\boldsymbol{r}\times\boldsymbol{s},\\ \delta\boldsymbol{s}_{\mathrm{LT}}(\mathrm{ii})&\sim\boldsymbol{\omega}\times\boldsymbol{s}.\end{aligned} \tag{13.82}$$

为了使 $\delta\boldsymbol{s}_{\mathrm{LT}}(\mathrm{ii})$ 最大化, 我们使 $\boldsymbol{s}$ 与地球的自旋矢量保持垂直, 也就是说 $\boldsymbol{s}$ 保持在一个方向上, 在穿过极点时与赤道面平行. 由此可知 $\delta\boldsymbol{s}_{\mathrm{LT}}(\mathrm{ii})//\bar{\boldsymbol{h}}$, 也就是说陀螺仪的自旋矢量是倾向于离开轨道面的. 另一方面, $\delta\boldsymbol{s}_{\mathrm{dS}}\sim\boldsymbol{s}\times\bar{h}$, 即来自于测地进动的自旋矢量的变化还在轨道面内. 所以两种进动的效应是完全不同的, 可以单独测量.

实际上, 在楞瑟–塞灵进动中, $\boldsymbol{\omega}\cdot\boldsymbol{r}$ 沿着轨道不停地变化, 需要对一个轨道周期取平均:

$$<\boldsymbol{\Omega}_{\mathrm{LT}}>=\frac{GI}{cr^3}\left\langle\frac{3(\boldsymbol{\omega}\cdot\boldsymbol{r})\boldsymbol{r}}{r^2}-\boldsymbol{\omega}\right\rangle. \tag{13.83}$$

不妨把地球的转动矢量取做沿 $z$ 方向, $\boldsymbol{\omega}=\omega\boldsymbol{k}$, 这样

$$<\boldsymbol{r}(\boldsymbol{\omega}\cdot\boldsymbol{r})>=\frac{\omega r^2}{2}\boldsymbol{k}. \tag{13.84}$$

由 $I=\frac{2}{5}MR^2$, 我们得到

$$<\boldsymbol{\Omega}_{\rm LT}>=\frac{GMR^2\omega}{5c^2r^3}=0.065''\left(\frac{R}{r}\right)^3/\text{yr}. \tag{13.85}$$

如果卫星高度是 650 km, 则

$$<\boldsymbol{\Omega}_{\rm LT}>=0.048''/\text{yr}. \tag{13.86}$$

楞瑟–塞灵进动来自于惯性系的拖曳效应. 也就是说我们可以把惯性系看作一个流体, 转动物体浸入在这个流体中, 物体的转动导致了惯性系的转动, 沿不同的轨道运动, 进动也不同,

$$\begin{aligned}(\boldsymbol{\Omega}_{\rm LT})_{极点}&=\frac{2GI}{c^2r^3}\boldsymbol{\omega},\\ (\boldsymbol{\Omega}_{\rm LT})_{赤道}&=-\frac{GI}{c^2r^3}\boldsymbol{\omega}.\end{aligned} \tag{13.87}$$

如果在地球表面 $r=R_\oplus$, 则

$$\begin{aligned}(\boldsymbol{\Omega}_{\rm LT})_{极点}&=\frac{4GM}{5c^2R_\oplus}\boldsymbol{\omega}=5.52\times10^{-10}\boldsymbol{\omega},\\ (\boldsymbol{\Omega}_{\rm LT})_{赤道}&=-\frac{2GM}{5c^2R_\oplus}\boldsymbol{\omega}=-2.76\times10^{-10}\boldsymbol{\omega}.\end{aligned} \tag{13.88}$$

陀螺仪的进动现象可以通过卫星上搭载的实验装置来检验. 利用卫星引力探测器对爱因斯坦的广义相对论进行探测有很长的历史. 在 20 世纪 60—70 年代, 科研人员利用 Gravity Probe A 对引力红移进行了检验. 在 1976 年得到的结果中, 实验和理论的偏差是 $1.4\times10^{-4}$. 而从 1964 至 2004 年, 科研人员通过美国航空航天局 (NASA) 和斯坦福 (Stanford) 大学联合开发的 Gravity Probe B 对德西特–福克尔效应和楞瑟–塞灵效应进行了检验. 经过细致的数据分析, 在 2013 年公布了实验结果, 得到 $\delta\phi_{\rm dS}=(6.6018\pm0.018)''/\text{yr}$, 偏差为 0.28%, 而 $\delta\phi_{\rm LT}=(0.0372\pm0.0072)''/\text{yr}$, 偏差为 19%. 其他关于陀螺仪进动的实验结果如下:

(1) 对月激光测距实验. 它的德西特测地进动精度偏差达到 0.7%.

(2) 对 LAGEOS 和 LAGEOS II 空间飞船的激光测距. 它的楞瑟–塞灵惯性系拖曳效应精度为 10% ~ 30%.

图 13.1 是 Gravity Probe B 实验的示意图.

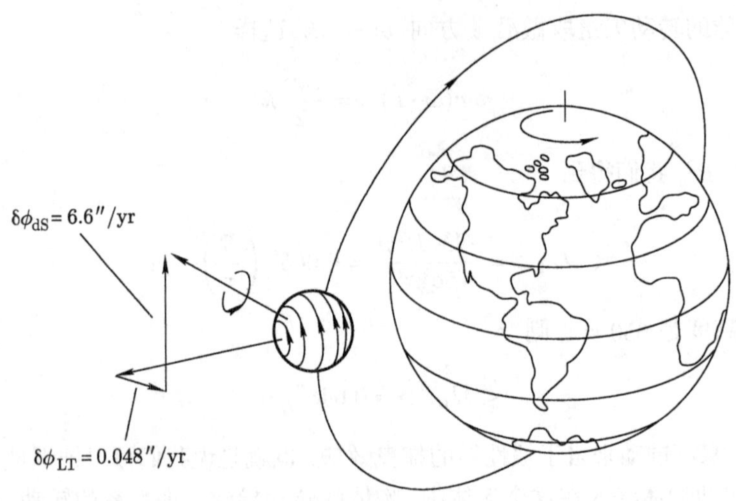


图 13.1　利用卫星上的陀螺仪可以对各种自旋进动现象进行检验. 为了使球形的陀螺仪可以近似为质点来讨论, 陀螺仪必须打磨得非常对称, 与球形的偏差不能超过百万分之一.

### 13.2.4　楞瑟–塞灵效应与等效原理

楞瑟–塞灵进动来自于物体的转动对于时空度规的影响, 也就是引磁场导致的效应. 一个有趣的问题是此效应可否在等效原理的框架中理解. 考虑在一个惯性系中, 粒子的运动速度为 $\boldsymbol{v}'$, 加速度为 $\boldsymbol{a}'$. 在另一个以角速度 $\omega$ 相对转动的参考系中, 如果忽略掉离心力,

$$\boldsymbol{a}=\boldsymbol{a}'-2\boldsymbol{v}'\times\boldsymbol{\omega}, \tag{13.89}$$

其中后一项是科里奥利力. 与测地方程比较, 有

$$a^i=\frac{\mathrm{d}^2x^i}{\mathrm{d}t^2}=-\nabla_i\varPhi_{\mathrm{g}}-c\frac{\partial A^i}{\partial t}-c(A_{i,k}-A_{k,i})v^k \tag{13.90}$$

或者

$$\boldsymbol{a}=\boldsymbol{g}+c\boldsymbol{v}\times(\nabla\times\boldsymbol{A}), \tag{13.91}$$

其中 $\boldsymbol{g}=-\nabla\varPhi_{\mathrm{g}}-c\dfrac{\partial\boldsymbol{A}}{\partial t}$. 如果 $\nabla\times\boldsymbol{A}=-2\boldsymbol{\omega}$, 则两者符合. 因此 $\nabla\times\boldsymbol{A}$ 对应着惯性

系的进动,

$$
\begin{aligned}
\boldsymbol{\omega} &= -\frac{1}{2}\nabla \times \boldsymbol{A} \\
&= \frac{G}{c^3}\nabla \times \left(\frac{\boldsymbol{J} \times \boldsymbol{r}}{r^3}\right) \\
&= \frac{G}{c^3 r^5}(3\boldsymbol{r}(\boldsymbol{J} \cdot \boldsymbol{r}) - r^2 \boldsymbol{J}) \\
&= \boldsymbol{\Omega}_{\mathrm{LT}}.
\end{aligned} \tag{13.92}
$$

由此可见, 物体的转动效应可以通过转动参考系来等效地理解. 我们可以与马赫原理做比较. 假定我们在一个平坦时空的转动参考系中, 系统中的其他物质相对我们转动. 在这个转动系中我们也观测到离心力和科里奥利力. 这些力并非真实的力, 而是来自于惯性系观测者不同的效应. 另一方面, 假定我们在一个惯性系中, 而宇宙中其他的物质以相反的角速度转动, 这些物质的转动是否能够导致同样的赝力? 如果回答是能够, 则我们可以宣称所有的力都是相对的, 即换到一个加速参考系等价于对宇宙进行反加速. 尽管上面的讨论显示在线性近似下确实有这样的图像, 但是在非线性的完整广义相对论中找不到这种图像.

## §13.3 克尔几何

前面的讨论假定物体的转动较小, 从而对时空几何的改变也较小. 实际上, 大多数天体都有较大的转动, 因此需要对由此导致的时空几何变化有更准确的了解. 此时, 由于转动的存在, 时空不再是静止的. 如果假定转动是稳定的, 时空仍然是稳态的, 具有一个类时基灵矢量 $\partial_t$. 另一方面, 由于转动不变性, 时空具有轴对称性. 不妨假设转动轴是 $z$ 轴, 而 $\phi = x^3$ 是类空转动角, 则 $\partial_\phi$ 是基灵矢量. 注意, 在球对称时空中, 除了类时基灵矢量外, 我们还有一个二维球面的转动不变性, 而在转动时空中, 这个 SO(3) 对称性破缺到 U(1) 上.

利用这两个基灵对称性, 我们总可以取度规系数是另外两个坐标的函数, 即 $g_{\mu\nu}(x^1, x^2)$. 而如果要求时空几何在时间反演以及转动反向 $t \to -t, \phi \to -\phi$ 下不变, 则有

$$
g_{01} = g_{02} = g_{13} = g_{23} = 0. \tag{13.93}
$$

因此, 线元可以写作

$$
\mathrm{d}s^2 = g_{00}\mathrm{d}t^2 + 2g_{03}\mathrm{d}t\mathrm{d}\phi + g_{33}\mathrm{d}\phi^2 + [g_{11}(\mathrm{d}x^1)^2 + 2g_{12}\mathrm{d}x^1\mathrm{d}x^2 + g_{22}(\mathrm{d}x^2)^2].
$$

由于二维黎曼流形是共形平坦的, $(x^1, x^2)$ 描述的子流形度规为 $g_{ab} = \Omega^2(x)\eta_{ab}$. 令 $x^1 = r, x^2 = \theta$, 则

$$\mathrm{d}s^2 = -A\mathrm{d}t^2 + B(\mathrm{d}\phi - \omega\mathrm{d}t)^2 + C\mathrm{d}r^2 + D\mathrm{d}\theta^2, \tag{13.94}$$

其中 $A, B, C, D$ 和 $\omega$ 是 $r, \theta$ 的任意函数. 这里利用极坐标来给出二维流形的可能度规. 这个线元是稳态旋转物体外时空可能具有的度规. 注意, 我们现在使用的坐标是相对于无穷远观测者而言.

在此时空中考虑光子在固定的 $(r, \theta)$ 处, 沿着 $\pm\phi$ 两个方向发射的不同. 此时光子的零路径满足方程

$$\begin{aligned}
\mathrm{d}s^2 = 0 &\Rightarrow g_{tt}\mathrm{d}t^2 + 2g_{t\phi}\mathrm{d}t\mathrm{d}\phi + g_{\phi\phi}\mathrm{d}\phi^2 = 0 \\
&\Rightarrow \frac{\mathrm{d}\phi}{\mathrm{d}t} = -\frac{g_{t\phi}}{g_{\phi\phi}} \pm \left( \left( \frac{g_{t\phi}}{g_{\phi\phi}} \right)^2 - \frac{g_{tt}}{g_{\phi\phi}} \right)^{1/2}.
\end{aligned} \tag{13.95}$$

如果 $g_{tt} < 0$, $\dfrac{\mathrm{d}\phi}{\mathrm{d}t}$ 可正可负, 也就是说光子可以自由地沿着正 $\phi$ 方向或者负 $\phi$ 方向运动, 可与时空旋转方向相同或者相逆. 而如果 $g_{tt} > 0$, $\dfrac{\mathrm{d}\phi}{\mathrm{d}t}$ 与 $-g_{t\phi}$ 同号, 也就是说光子的运动方向必然与时空旋转方向一致. 在 $g_{tt} = 0$ 的曲面上, 我们发现

$$\frac{\mathrm{d}\phi}{\mathrm{d}t} = \begin{cases} -\dfrac{2g_{t\phi}}{g_{\phi\phi}} = 2\omega, \\ 0. \end{cases} \tag{13.96}$$

从上式可以看出, 对于无穷远观测者而言, 与时空旋转方向一致发射的光子其角速度更快, 而反向发射的光子看起来是在固定的角度上径向发射的. 由 $g_{tt} = 0$ 定义的曲面称为稳态极限面 (stationary limit surface). 在稳态极限面内, $g_{tt} > 0$, 没有粒子能够固定在某 $(r, \theta, \phi)$ 位置, 而必须和时空一起转动. 这一点也可以通过考虑某有质量粒子的运动看出. 假定这个粒子在某固定 $(r, \theta, \phi)$ 位置, 其 4-速度 $u^\mu = (u^t, 0, 0, 0)$ 必须满足

$$\hat{u} \cdot \hat{u} = -1, \tag{13.97}$$

但由于 $g_{tt} > 0$, 这是不可能满足的. 这就是把 $g_{tt} = 0$ 定义的曲面称为稳态极限面的原因.

另一方面, $g_{tt} = 0$ 定义的曲面还是一个无穷大红移面. 前面的讨论告诉我们, 一个从固定在 $A$ 点的发射器发射、固定在 $B$ 点的接收器接收的光子, 其频率的变化为

$$\frac{\nu_{\mathrm{R}}}{\nu_{\mathrm{E}}} = \left( \frac{g^A_{tt}}{g^B_{tt}} \right)^{1/2}. \tag{13.98}$$

当 $g_{tt}^A \to 0$ 时, $\nu_{\mathrm{R}} \to 0$, 即接收到的光子频率为零, 被无穷大红移了. 在史瓦西时空中, $g_{tt} = 0$ 给出 $r = R_{\mathrm{s}}$, 正好与事件视界重叠. 而在稳态时空中无穷大红移面通常与事件视界是不同的.

一个事件视界的定义要求它一定是一个零曲面, 即这个曲面上每点的法矢量都是一个零矢量. 对于一个由 $f(x^\mu) = 0$ 定义的曲面, 其法 (余) 矢为 $n_\mu = \nabla_\mu f = \partial_\mu f$. 如果要求该曲面是零曲面, 则 $g^{\mu\nu} n_\mu n_\nu = 0$. 由于一个指向未来的粒子或者光子只能沿一个方向穿过零曲面, 这个零曲面可能构成了事件视界. 在一个稳态时空中, 这个曲面可能是 $f(r,\theta) = 0$. 由零曲面条件可知

$$
\begin{aligned}
& g^{\mu\nu} \partial_\mu f \partial_\nu f = 0 \\
& \Rightarrow g^{rr} (\partial_r f)^2 + g^{\theta\theta} (\partial_\theta f)^2 = 0.
\end{aligned} \tag{13.99}
$$

选择坐标使 $f(r,\theta) = f(r)$, 则有 $g^{rr}(\partial_r f)^2 = 0$. 也就是说, 事件视界由 $g^{rr} = 0$ 或者 $g_{rr} = \infty$ 确定. 对于史瓦西时空, 这个条件正好也给出史瓦西半径 $r = R_{\mathrm{s}}$.

上面的度规 (13.94) 并未要求满足爱因斯坦方程, 而只是从对称性出发给出了限制. 如果进一步要求度规满足真空爱因斯坦方程 $R_{\mu\nu} = 0$, 会发现方程本身并不能唯一地确定所有的度规系数. 这与球对称的情形有所不同. 这是因为轴对称比球对称要弱得多, 不足以确定整个度规. 比如说, 对于同样具有轴对称的宇宙弦, 它也满足爱因斯坦方程. 因此, 我们需要额外的要求:

(1) 时空是渐近闵氏的, 即 $r \to \infty$ 时度规回到闵氏度规;

(2) 存在一个光滑的凸事件视界, 在其外几何是非奇异的.

在这两个要求下, 可以证明轴对称时空是唯一的, 可以通过克尔时空几何来描述.

**卡特–罗宾森 (Carter-Robinson) 定理** 如果 $(M, g)$ 是渐近平坦稳态和轴对称真空时空, 在一个事件视界上和视界外是非奇异的, 则 $(M, g)$ 属于由两个参数来刻画的克尔解. 这两个参数分别是质量和角动量.

实际上, 这个定理中轴对称的假设并不必要, 后来霍金和瓦德 (Wald) 证明了对于黑洞, 稳态就可以导出轴对称性. 由于稳态对应着系统处于平衡态, 因此可以期待引力塌缩的最终状态形成稳态时空. 上述的唯一性定理说明, 如果物质塌缩成一个黑洞, 则这个黑洞唯一地由质量和角动量来刻画①. 这意味着引力场中除了单极矩和偶极矩以外所有的多极矩都被辐射掉. 单极矩对应着系统的总质量, 而偶极矩由于引力场的自旋为 2 无法被辐射掉.

① 如果考虑与电磁场的耦合, 则上述的唯一性定理可以进一步推广, 最终得到的解由质量、角动量和电荷 (磁荷) 来描述. 这个 3 参数的解称为克尔–纽曼 (Kerr-Newman) 解.

在所谓的博耶尔–林德奎斯特 (Boyer-Lindquist) 坐标下, 克尔时空几何的线元可写作

$$\begin{aligned}\mathrm{d}s^2 = &-\mathrm{d}t^2 + \frac{\rho^2}{\Delta}\mathrm{d}r^2 + \rho^2\mathrm{d}\theta^2 + (r^2+a^2)\sin^2\theta\mathrm{d}\phi^2 \\ &+\frac{2GMr}{\rho^2}(a\sin^2\theta\mathrm{d}\phi - \mathrm{d}t)^2,\end{aligned} \tag{13.100}$$

其中

$$\Delta(r) = r^2 - 2GMr + a^2, \quad \rho^2(r,\theta) = r^2 + a^2\cos^2\theta. \tag{13.101}$$

度规中各个参数的物理意义如下: $M$ 是转动物体的质量, $a$ 是克尔参数, 定义为

$$a = J/M, \tag{13.102}$$

标志物体的转动快慢①. 如果定义 $\Sigma^2 = (r^2+a^2)^2 - a^2\Delta\sin^2\theta$, 则上面的度规可写作

$$\mathrm{d}s^2 = -\frac{\rho^2\Delta}{\Sigma^2}\mathrm{d}t^2 + \frac{\Sigma^2\sin^2\theta}{\rho^2}(\mathrm{d}\phi - \omega\mathrm{d}t)^2 + \frac{\rho^2}{\Delta}\mathrm{d}r^2 + \rho^2\mathrm{d}\theta^2, \tag{13.103}$$

其中 $\omega = 2GMra/\Sigma^2$. 从这个度规的形式可以很清楚地看出时空是绕着 $\phi$ 轴做转动的. 度规逆的相应分量是

$$\begin{aligned}g^{rr} = \frac{\Delta}{\rho^2}, \quad g^{\theta\theta} = \frac{1}{\rho^2}, \quad g^{tt} = -\frac{\Sigma^2}{\rho^2\Delta}, \\ g^{\phi t} = -\frac{2GMar}{\rho^2\Delta}, \quad g^{\phi\phi} = -\frac{a^2\sin^2\theta - \Delta}{\rho^2\Delta\sin^2\theta}.\end{aligned}$$

如果把上面线元中的函数 $\Delta$ 换作

$$\Delta(r) = r^2 - 2GMr + a^2 + e^2, \tag{13.104}$$

其中

$$e = \sqrt{Q^2 + P^2}, \tag{13.105}$$

$Q$ 和 $P$ 分别是电荷和磁荷, 则线元描述的是克尔–纽曼时空. 对于这个时空, 麦克斯韦 1 形式场为

$$A = \frac{Qr\left(\mathrm{d}t - a\sin^2\theta\mathrm{d}\phi\right) - P\cos\theta\left[a\mathrm{d}t - \left(r^2+a^2\right)\mathrm{d}\phi\right]}{\rho}. \tag{13.106}$$

①这个真空解首先是克尔在 1963 年发现, 最早是利用所谓的克尔–斯其德 (Kerr-Schild) 坐标来给出的线元. 在本章末的附录中, 我们将给出克尔度规的一个推导.

克尔–纽曼解是一个 3 参数的解, 依赖于 $M, J, e$. 当 $a = 0$ 时, 这个解退化到 RN 解. 与克尔解一样, 这个解有一个离散对称性.

$$t \to -t, \quad \phi \to -\phi. \tag{13.107}$$

如果取 $\phi \to -\phi$, 则等效地相当于改变了 $a$ 的符号, 也就改变了黑洞转动的方向. 不失一般性, 我们可以假定 $a > 0$. 由于在天体物理中, 星体都是电中性的, 因此克尔解具有更强的物理意义. 在下面的讨论中我们集中关注克尔时空的物理性质. 需要注意的是, 与球对称时空不同, 我们尚未发现星体内部的轴对称解可以与星体外真空爱因斯坦方程的克尔解光滑连接在一起.

从线元的具体形式中很容易得到时空所拥有的两个基灵矢量 $\partial_t$ 和 $\partial_\phi$, 分别记作

$$\hat{\xi} = \partial_t, \quad \hat{\eta} = \partial_\phi. \tag{13.108}$$

注意, 矢量 $\partial_t$ 并不与 $t =$ 常数的超曲面正交, 实际上也不与任何超曲面正交, 因此这个度规是稳态而非静态的. 克尔时空不只有上面的基灵矢量, 还具有基灵张量, 满足 $\nabla_{(\sigma}\xi_{\mu_1\cdots\mu_n)} = 0$. 基灵张量中最简单的是度规张量和基灵矢量的张量积. 在克尔几何中, 可以定义 $(0,2)$ 张量

$$\xi_{\mu\nu} = 2\rho^2 l_{(\mu}n_{\nu)} + r^2 g_{\mu\nu}, \tag{13.109}$$

其中 $l_\mu$ 和 $\nu_\mu$ 是零矢量,

$$\begin{aligned} l^\mu &= \frac{1}{\Delta}\left(r^2 + a^2, \Delta, 0, a\right), \\ n^\mu &= \frac{1}{2\rho^2}\left(r^2 + a^2, -\Delta, 0, a\right), \end{aligned} \tag{13.110}$$

满足 $l^\mu n_\mu = -1$. 利用这些零矢量可以构造纽曼–彭罗斯标架, 方便讨论很多物理问题. 对纽曼–彭罗斯标架的讨论参见本章附录.

下面讨论一下在不同极限下克尔度规的行为. 首先, 在转动较小时, 我们可以只保留 $a$ 的一阶项, 得到度规

$$\mathrm{d}s^2 = \mathrm{d}s^2_{\mathrm{Sch}} - \frac{4GJ}{r}\sin^2\theta \mathrm{d}\phi \mathrm{d}t. \tag{13.111}$$

这正是前面讨论楞瑟–塞灵进动时用到的度规. 也就是说在转动较小时, 可以忽略转动造成的物体形变, 而认为物体仍然是球形的. 这个度规在处理很多天体物理问题时很有用. 如果进一步假定相对论效应较小, 或者说引力较弱, 可以使用度规

$$\mathrm{d}s^2 = -(1 - 2GM/r)\mathrm{d}t^2 + (1 + 2GM/r)(\mathrm{d}r^2 + r^2\mathrm{d}\Omega^2) + \frac{4GJ}{r}\sin^2\theta \mathrm{d}\phi \mathrm{d}t.$$

利用直角坐标系可写作

$$\begin{aligned} ds^2 = &-(1-R_s/r)dt^2 + (1+R_s/r)(dx^2+dy^2+dz^2) \\ &+\frac{4GJ}{r^3}(xdy - ydx)dt, \end{aligned} \tag{13.112}$$

其中 $r = \sqrt{x^2+y^2+z^2}$.

其次, 我们讨论一下克尔时空在 $M \to 0$ 下的行为. 为此, 我们引进所谓的克尔–斯其德坐标来讨论. 这组坐标是这样定义的:

$$x + iy = (r + ia)\sin\theta \exp\left[i\int\left(d\phi + \frac{a}{\Delta}dr\right)\right], \tag{13.113}$$

$$z = r\cos\theta, \tag{13.114}$$

$$\tilde{t} = \int\left(dt + \frac{r^2+a^2}{\Delta}dr\right) - r. \tag{13.115}$$

这隐含着径向函数 $r = r(x, y, x)$ 满足

$$r^4 - \left(x^2+y^2+z^2-a^2\right)r^2 - a^2z^2 = 0. \tag{13.116}$$

在这组坐标下, 度规可写作

$$\begin{aligned} ds^2 = &-d\tilde{t}^2 + dx^2 + dy^2 + dz^2 \\ &+\frac{2GMr^3}{r^4+a^2z^2}\left[\frac{r(xdx+ydy) - a(xdy - ydx)}{r^2+a^2} + \frac{zdz}{r} + d\tilde{t}\right]^2. \end{aligned} \tag{13.117}$$

显然在 $M \to 0$ 时, 时空回到了闵氏时空. 当 $r =$ 常数时, $x, y, z$ 与 $r, \theta, \phi$ 的关系变为

$$\begin{aligned} x &= (r^2+a^2)^{1/2}\sin\theta\,\cos(\phi), \\ y &= (r^2+a^2)^{1/2}\sin\theta\,\sin(\phi), \\ z &= r\cos\theta. \end{aligned} \tag{13.118}$$

上面的坐标对于 $r =$ 常数的超曲面满足

$$\frac{x^2+y^2}{r^2+a^2} + \frac{z^2}{r^2} = 1. \tag{13.119}$$

这是一个绕 $z$ 轴旋转的椭球面. 当 $r = 0$ 时, 必须有 $z = 0$, 即赤道面, 而似乎

$$x^2 + y^2 = a^2. \tag{13.120}$$

不能简单地以上式判定这是一个圆, 而需要以坐标间的关系来分析. $r=0$ 时, $x, y$ 仍然依赖于 $\theta, \phi$ 两个方向, 且

$$x^2+y^2=a^2\sin^2\theta, \tag{13.121}$$

因此这是一个圆盘而非圆. 另一方面, 当 $\theta=$ 常数时,

$$\frac{x^2+y^2}{a^2\sin^2\theta}-\frac{z^2}{a^2\cos^2\theta}=1, \tag{13.122}$$

这是一个双曲面.

与史瓦西度规一样, 克尔度规也可以用于描述转动黑洞的时空几何. 我们可以分析一下在这个时空中可能的内禀奇点. 我们发现 $\rho=0$ 是一个内禀奇点, 它对应着

$$\rho^2=r^2+a^2\cos^2\theta=0, \tag{13.123}$$

这要求

$$r=0, \quad 且\ \theta=\frac{\pi}{2}. \tag{13.124}$$

我们已经知道 $r=0$ 是一个坐标半径为 $a$ 的圆盘, 而 $\theta=\pi/2$ 是这个圆盘的外延, 因此奇点的形状是一个圆环: $x^2+y^2=a^2, z=0$, 如图 13.2 所示.

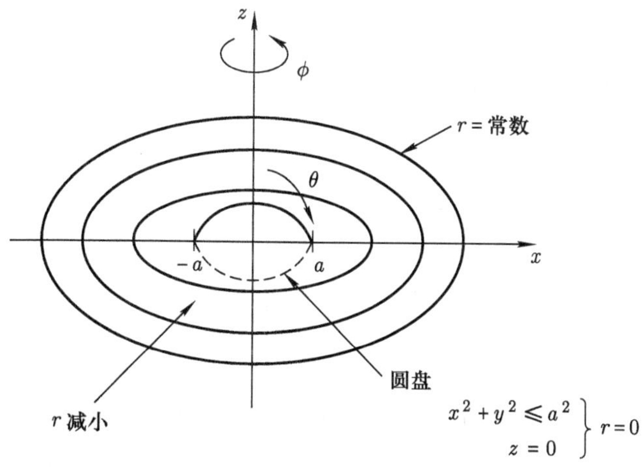


图 13.2 克尔时空的奇点是一个圆环.

### 13.3.1 视界

黑洞的事件视界由 $g^{rr}=0$ 或者 $g_{rr}=-\rho^2/\Delta=\infty$ 给出. 由 $\Delta=0$ 给出

$$r_\pm=\mu\pm(\mu^2-a^2)^{1/2}, \tag{13.125}$$

其中 $\mu=GM$, 所以克尔黑洞有两个事件视界 $r_\pm$. 在 $r=r_+$ 处有一个零切矢量:

$$l^\alpha=(1,0,0,\Omega_{\mathrm{H}}), \tag{13.126}$$

其中 $\Omega_{\mathrm{H}}$ 是黑洞相对于无穷远观测者而言在外视界处的角速度,

$$\Omega_{\mathrm{H}}=\omega|_{r=r_+}=\frac{a}{2\mu r_+}. \tag{13.127}$$

易见零矢量 $\hat{l}$ 是构成视界的零测地线的切矢量: 由测地线方程可知沿这些方向的光线总是在视界上运动. 这些产生视界的光线以角速度 $\Omega_{\mathrm{H}}$ 相对于无穷远静止观测者运动. 令 $r=r_\pm$ 且 $t=$ 常数, 度规约化为

$$\mathrm{d}\sigma^2=\rho_\pm^2\mathrm{d}\theta^2+\left(\frac{2\mu r_\pm}{\rho_\pm}\right)^2\sin^2\theta\mathrm{d}\phi^2. \tag{13.128}$$

这并非一个球面的几何. 实际上, 它更像一个轴对称的椭球沿转动轴被压扁了, 或者形象地理解为球面由于转动导致的离心力而变成了椭球面. 外视界的存在意味着这是一个黑洞, 其面积为

$$A=8\pi\mu r_+=8\pi\mu(\mu+\sqrt{\mu^2-a^2}). \tag{13.129}$$

利用两个事件视界, 时空可以分成三个区域,

$$\mathrm{I}:r_+<r<\infty,\quad \mathrm{II}:r_-<r<r_+,\quad \mathrm{III}:0<r<r_-. \tag{13.130}$$

注意, 并非 $\mu$ 和 $a$ 的所有取值都对应着一个黑洞. 实际上, 视界只有在参数满足条件

$$a^2<\mu^2\Rightarrow\left(\frac{J}{M}\right)^2<(\mu)^2 \tag{13.131}$$

时才存在. 当 $a^2<\mu^2$ 时, 奇点 $\rho=0$ 被视界包裹起来, 满足宇宙监督法则. 而当 $a^2=\mu^2$, $r_+=r_-=\mu$ 时, 它是一个极端黑洞. 在我们的宇宙中已经发现了非常接近于极端性的黑洞, $a\approx0.998\mu$. 而当 $a^2>\mu^2$ 时, 没有视界存在, 黑洞的奇点是裸的. 这里的情形与 RN 黑洞类似.

对于克尔黑洞而言, 无穷大红移面可以确定,

$$g_{tt}=0\Rightarrow r^2-2\mu r+a^2\cos^2\theta=0$$
$$\Rightarrow r_{S\pm}=\mu\pm(\mu^2-a^2\cos^2\theta)^{1/2}. \tag{13.132}$$

这个红移面是轴对称的. 当 $r=r_{S\pm},t=$ 常数时,

$$\mathrm{d}\sigma^2=\rho_{S\pm}^2\mathrm{d}\theta^2+\left(\frac{2\mu r_{S\pm}(2\mu r_{S\pm}+2a^2\sin^2\theta)}{\rho_{S\pm}^2}\right)\sin^2\theta\mathrm{d}\phi^2.$$

把这个度规嵌入三维欧氏空间中, 我们发现它也是一个轴对称椭球面, 沿转动轴被压扁. 当 $a\to 0$ 时, 取史瓦西极限:

$$r_{S^+}\to r=R_{\mathrm{s}},\quad r_{S^-}\to 0. \tag{13.133}$$

最后, 我们来讨论一下基灵视界. 在史瓦西时空中, "类时" 基灵矢量 $\xi^\mu=\partial_t$ 在事件视界上变成零矢量, 而在事件视界内部变成类空的, 因此基灵视界与事件视界重合. 而在克尔时空中, "类时" 基灵矢量 $\xi^\mu=\partial_t$ 的大小为 $\xi^\mu\xi_\mu=-\dfrac{1}{\rho^2}(\varDelta-a^2\sin^2\theta)$. 在外事件视界处, $\xi^\mu\xi_\mu=\dfrac{a^2}{\rho^2}\sin^2\theta\geqslant 0$. 所以, 除了在南北极 $\theta=0$ 处基灵矢量是零矢量外, 在外视界处基灵矢量是类空的. 相应于 $\hat{\xi}$ 的基灵视界由满足 $\xi^\mu\xi_\mu=0$ 的点给出,

$$(r-\mu)^2=\mu^2-a^2\cos^2\theta, \tag{13.134}$$

这正好与无穷大红移面 $r_{S\pm}$ 重合. 也就是说, 稳态极限面或者无穷大红移面是一个基灵视界. 这并不代表克尔黑洞的事件视界不是一个基灵视界. 实际上, 此时的外事件视界也是一个基灵视界, 只不过对应的基灵矢量是 $\partial_t+\varOmega_{\mathrm{H}}\partial_\phi$.

我们可以引进类似于 AEF 的坐标来更仔细地研究克尔黑洞在视界 $r=r_\pm$ 的性质. 我们引进所谓的克尔坐标 $\tilde{u}$ 和 $\chi$,

$$\mathrm{d}\tilde{u}=\mathrm{d}t+\frac{(r^2-a^2)}{\varDelta}\mathrm{d}r, \tag{13.135}$$
$$\mathrm{d}\chi=\mathrm{d}\phi+\frac{a}{\varDelta}\mathrm{d}r. \tag{13.136}$$

由此可得新的克尔度规形式

$$\begin{aligned}\mathrm{d}s^2=&-\frac{(\varDelta-a^2\sin^2\theta)}{\rho}\mathrm{d}\tilde{u}^2+2\mathrm{d}\tilde{u}\mathrm{d}r-\frac{2a\sin^2\theta\left(r^2+a^2-\varDelta\right)}{\rho}\mathrm{d}\tilde{u}\mathrm{d}\chi\\&-2a\sin^2\theta\mathrm{d}\chi\mathrm{d}r+\frac{[(r^2+a^2)^2-\Delta a^2\sin^2\theta]}{\rho}\sin^2\theta\mathrm{d}\chi^2+\rho\mathrm{d}\theta^2.\end{aligned} \tag{13.137}$$

这个度规在 $r=r_\pm$ 并不奇异, 说明 $r=r_\pm$ 只不过是坐标奇点.

**命题** 超曲面 $r=r_\pm$ 是如下基灵矢量场的基灵视界:

$$\hat{k}_\pm=\hat{\xi}+\left(\frac{a}{r_\pm^2+a^2}\right)\hat{\eta}, \tag{13.138}$$

相应的表面引力为

$$\kappa_\pm=\frac{r_\pm-r_\mp}{2\left(r_\pm^2+a^2\right)}. \tag{13.139}$$

**证明** 令 $\mathcal{N}_\pm$ 是超曲面 $r=r_\pm$, 它们的法矢为

$$\begin{aligned}\hat{l}_\pm &= f_\pm g^{\mu r}\big|_{\mathcal{N}_\pm}\partial_\mu \quad (f_\pm \text{ 为某非零函数}),\\ &=-\left(\frac{r_\pm^2+a^2}{r_\pm^2+a^2\cos^2\theta}\right)f_\pm\underbrace{\left(\frac{\partial}{\partial\tilde{u}}+\frac{a}{r_\pm^2+a^2}\frac{\partial}{\partial\chi}\right)}_{\hat{k}_\pm}.\end{aligned} \tag{13.140}$$

因为

$$\hat{l}_\pm^2\propto\left(g_{\tilde{u}\tilde{u}}+\frac{2a}{r^2+a^2}g_{\tilde{u}\chi}+\frac{a^2}{\left(r^2+a^2\right)^2}g_{\chi\chi}\right)\Bigg|_{\Delta=0}=0, \tag{13.141}$$

所以 $\mathcal{N}_\pm$ 是零超曲面. 因为 $\hat{k}_\pm\big|_{\mathcal{N}_\pm}\propto\hat{l}_\pm$, 它们是 $\hat{k}_\pm$ 的基灵视界. 剩下的就是计算 $\hat{k}_\pm\nabla\hat{k}_\pm^\mu$, 给出表面引力 $\kappa_\pm$ (留作练习).

### 13.3.2 观测者

在对克尔黑洞的讨论中, 从下面三种观测者的角度来考虑问题是有帮助的. 首先我们介绍零动量观测者 (zero-angular-momentum observers, 简记为 ZAMOs). 由定义可知这样的观测者具有零角动量: 如果 $\hat{u}$ 是观测者的 4-速度, 则其角动量密度为 $L=\hat{u}\cdot\hat{\eta}$, 因此零角动量意味着

$$g_{\phi t}\dot{t}+g_{\phi\phi}\dot{\phi}=0. \tag{13.142}$$

这里的 “·” 意味着对固有时的微分. 利用克尔度规, 这意味着

$$\varOmega\equiv\frac{\mathrm{d}\phi}{\mathrm{d}t}=\omega=-\frac{g_{t\phi}}{g_{\phi\phi}}, \tag{13.143}$$

因此, 零角动量观测者具有角速度 $\omega$. 随着观测者接近黑洞, 这个角速度增加, 而且与黑洞本身的转动同向. 简而言之, 零角动量观测者随着黑洞旋转. 克尔黑洞的这个性质实际上对所有的转动物体都适用, 它称为惯性系的拖曳效应. 在远离黑洞的地方, $\omega\approx2J/r^3$, 在无穷远处这个效应完全消失.

克尔时空中第二类观测者是所谓的静止观测者. 这类观测者的 4-速度正比于基灵矢量 $\hat{\xi}$, 即

$$u^\mu = \gamma(1,0,0,0), \tag{13.144}$$

其中的 $\gamma = (-g_{00})^{-1/2}$ 是一个归一化因子. 这样的观测者必须通过外在的推动 (如火箭) 才能保持静止, 其运动并非测地线. 实际上, 如前面所讨论的, 静止观测者并非在克尔时空的任何位置都能定义, 这是由于 $\hat{\xi}$ 并非总是类时的, 在稳态极限面内就无法定义.

最后我们考虑稳态观测者. 这些观测者沿着 $\phi$ 方向运动, 具有固定的角速度 $\Omega$. 他们的 4-速度为

$$u^\mu = \gamma(\xi^\mu + \Omega\eta^\mu). \tag{13.145}$$

注意, $\hat{\xi}+\Omega\hat{\eta}$ 是两个基灵矢量的线性组合, 仍是一个基灵矢量. $\gamma$ 是归一化因子,

$$\begin{aligned}\gamma^{-2} &= -g_{\mu\nu}(\xi^\mu + \Omega\eta^\mu)(\xi^\nu + \Omega\eta^\nu)\\ &= -g_{tt} - 2\Omega g_{t\phi} - \Omega^2 g_{\phi\phi}\\ &= -g_{\phi\phi}(\Omega^2 - 2\omega\Omega + g_{tt}/g_{\phi\phi}),\end{aligned} \tag{13.146}$$

其中 $\omega = -g_{t\phi}/g_{tt}$ 是无穷远观测者看到黑洞的坐标角速度. 稳态观测者也并非在克尔时空的任何地方都可以存在的. 由定义, 这要求矢量 $\hat{\xi}+\Omega\hat{\eta}$ 是类时的. 也就是说当 $\gamma^{-2}\leqslant 0$ 时, 稳态观测者不存在. 由 $\gamma^{-2}>0$ 给出以下条件:

$$\Omega_- < \Omega < \Omega_+, \quad \Omega_\pm = \omega \pm \sqrt{\omega^2 - g_{tt}/g_{\phi\phi}}. \tag{13.147}$$

利用克尔度规的明显表达式, 我们得到

$$\Omega_\pm = \omega \pm \frac{\Delta^{1/2}\rho^2}{\Sigma^2 \sin\theta}. \tag{13.148}$$

当稳态观测者具有 $\Omega=0$ 时, 就成为了静态观测者, 只能在稳态极限面外定义. 进入稳态极限面, 观测者必然具有非零的角速度. 当观测者进一步从稳态极限面径向下降时, $\Omega_-$ 增加而 $\Omega_+$ 减小. 最终他达到 $\Omega_-=\Omega_+$, 这意味着 $\Omega=\omega$, 要求 $\Delta=0$, 即抵达了事件视界. 此时, 观测者与黑洞的角速度相同,

$$\Omega_{\mathrm{H}} \equiv \omega(r_+) = \frac{a}{r_+^2 + a^2}. \tag{13.149}$$

### 13.3.3 测地线运动

一般而言, 由于缺乏球对称性, 克尔时空中的粒子无法保证在一个平面上运动. 然而轨道可以被限制在 $\theta = \pi/2$ 的赤道面上. 在此赤道面上的粒子, 其运动在 $\theta \to \pi - \theta$ 下不变, 所以 $u^\theta = 0$, 粒子可以等效地看作在度规

$$ds^2 = -(1 - 2\mu/r)dt^2 - \frac{4a\mu}{r}dt d\phi + \frac{r^2}{\Delta}dr^2 + (r^2 + a^2 + 2\mu a^2/r)d\phi^2 \quad (13.150)$$

中运动. 由基灵对称性, 我们可以定义粒子的守恒能量密度和角动量密度:

$$\begin{aligned} E &= -\hat{\xi} \cdot \hat{u} = -(g_{tt}u^t + g_{t\phi}u^\phi), \\ L &= \hat{\eta} \cdot \hat{u} = g_{\phi t}u^t + g_{\phi\phi}u^\phi, \end{aligned}$$

而粒子的 4-速度分量可写作

$$\begin{aligned} u^t &= \frac{dt}{d\tau} = \frac{1}{\Delta}\left((r^2 + a^2 + 2\mu a^2/r)E - \frac{2\mu a}{r}L\right), \\ u^\phi &= \frac{d\phi}{d\tau} = \frac{1}{\Delta}\left((1 - 2\mu/r)L + \frac{2\mu a}{r}E\right). \end{aligned}$$

利用 4-速度的归一化条件, 以及 $u^\theta = 0$, 我们最终得到

$$\frac{E^2 - 1}{2} = \frac{1}{2}\left(\frac{dr}{d\tau}\right)^2 + V_{\text{eff}}(r, E, L), \quad (13.151)$$

其中

$$V_{\text{eff}}(r, E, L) = -\frac{\mu}{r} + \frac{L^2 - a^2(E^2 - 1)}{2r^2} - \frac{\mu(L - aE)^2}{r^3}.$$

可见, 粒子在赤道面上的运动同样被约化到一个势 $V_{\text{eff}}$ 中的一维运动.

我们也可以考虑光子的运动. 此时光子的 4-速度是零矢量 $\hat{u} \cdot \hat{u} = 0$, 其运动依赖于入射参数 $b = |L/E|$. 此外, 其运动还依赖于光子是顺着 (co-rotating) 黑洞的转动方向还是逆着 (counter-rorating) 黑洞的转动方向, 这由角动量密度 $L$ 的符号 $\sigma = \text{sign}(L)$ 决定. 最终我们得到径向方程

$$\frac{1}{L^2}\left(\frac{dr}{d\lambda}\right)^2 = \frac{1}{b^2} - V_{\text{eff}}(r, b, \sigma), \quad (13.152)$$

其中

$$V_{\text{eff}} = \frac{1}{r^2}\left(1 - \left(\frac{a}{b}\right)^2 - \frac{2\mu}{r}\left(1 - \sigma\frac{a}{b}\right)^2\right). \quad (13.153)$$

当 $a = 0$ 时, 回到史瓦西时空. 显然, 由于转动黑洞的参考系拖曳效应, $\sigma > 0$ 的顺动光子与 $\sigma < 0$ 的逆动光子的运动是不同的.

与史瓦西时空的情形类似, 我们可以讨论克尔时空中各种测地运动问题: 圆周运动、光子不稳定圆周运动的半径、光线偏折以及束缚轨道的形状等. 譬如说, 对于 $a = \mu$ 的极端黑洞, 光子的圆周轨道与光子相对于黑洞的旋转相联系:

(1) 如果是共转, 不稳定圆周轨道在 $r = \mu$;

(2) 如果是逆转, 轨道在 $r = 4\mu$.

而对于有质量粒子的最内稳定圆周轨道 (ISCO), 由

$$\left.\frac{\mathrm{d}r}{\mathrm{d}\tau}\right|_{r=R} = 0$$

得到

$$\frac{E^2 - 1}{2} = V_{\text{eff}}(R, E, L). \tag{13.154}$$

而圆周运动的径向加速度为零给出

$$\left.\frac{\partial V_{\text{eff}}}{\partial r}\right|_{r=R} = 0, \tag{13.155}$$

稳定性要求

$$\left.\frac{\partial^2 V_{\text{eff}}}{\partial r^2}\right|_{r=R} \geqslant 0. \tag{13.156}$$

如果没有转动 $a = 0$, 此时 $R = 6\mu$. 这正是史瓦西黑洞中的 ISCO 轨道. 如果黑洞是极端黑洞 $\dfrac{a}{\mu} = 1$, 有

$$\begin{cases} R = \mu, & \text{共转}, \\ R = 9\mu, & \text{逆转}. \end{cases} \tag{13.157}$$

对于极端黑洞共转 ISCO, 可知粒子能量密度和角动量密度需要满足

$$E = \frac{1}{\sqrt{3}}, \quad L = \frac{2\mu}{\sqrt{3}}, \quad R_{\text{ISCO}} = \mu. \tag{13.158}$$

粒子的束缚能密度是粒子在无穷远静止时的能量密度与该粒子在轨道上的能量密度之差. 因此, 粒子单位静止质量的束缚能是 $1 - E$, 在共转 ISCO 轨道上取最大值 $1 - \dfrac{1}{\sqrt{3}} \approx 42\%$. 也就是说, 如果从无穷远释放粒子到达 ISCO 轨道, 粒子静止质量的 42% 都要释放出去. 这是一个惊人的数值, 远远大于核反应的能量释放效率. 实

际的天体黑洞没有严格意义上的极端黑洞, 但存在近极端黑洞, 其 $a$ 比 $GM$ 略小, 其中粒子到达 ISCO 轨道的能量释放率也是惊人的.

利用粒子的测地运动可以讨论一下克尔黑洞的宇宙监督法则. 宇宙监督法则告诉我们黑洞的裸奇点不应该出现. 因此, 对于克尔黑洞而言, 一个物理的黑洞必须有 $a \leqslant \mu$. 而当 $a > \mu$ 时, 尽管仍然是爱因斯坦方程的解, 但这个解不是物理的, 因为它没有视界来保护裸奇点. 也就是说, 当 $a > \mu$ 时, 宇宙监督法则被破坏. 假定存在一个极端克尔黑洞, $a = \mu$, 我们让一个具有角动量密度 $L$ 和质量密度 $E$ 的粒子掉入黑洞中, 黑洞的质量和角动量的变化为

$$\left.\begin{aligned} \delta M &= mE \\ \delta J &= mL \end{aligned}\right\} \Rightarrow \delta a = \frac{m}{M}(L - aE). \tag{13.159}$$

如果粒子的角动量 $L > 2EGM$, 则

$$\delta a > \frac{m}{M}(2EGM - aE) = mE(2G - \frac{a}{M}) = G\delta M. \tag{13.160}$$

这样的话, 可以有 $(a+\delta a) > G(M+\delta M)$, 从而破坏了宇宙监督法则. 以上讨论的问题在哪呢? 问题在于当粒子的角速度较大时, 它有可能无法被黑洞捕捉到. 我们可以做定量的分析. 从前面对粒子测地运动的讨论得知, 径向运动可以约化为一个在有效势中的一维问题. 当有效势 $V_{\text{eff}}$ 的最高处大于 $\dfrac{E^2-1}{2}$ 时, 粒子无法被黑洞捕捉到, 而是在转折点转向飞回无穷远. 由 $\dfrac{\partial V_{\text{eff}}}{\partial r} = 0$ 可以确定极值点. 对于取下界的情形, $L = 2GME$, 问题变得简单, $r = GM$ 是极大值点, 此时 $V_{\text{eff}}(r = GM) = \dfrac{E^2-1}{2}$. 也就是说, 在此情况下粒子是做一个不稳定的圆周运动, 即使因微扰掉到黑洞里也不会破坏宇宙监督法则. 而当 $L > 2GME$ 时, 粒子无法翻越势垒掉进黑洞, 其运动是被黑洞所散射而回到无穷远处. 由此可见, 宇宙监督法则无法通过这种方式被破坏.

在结束测地运动的讨论之前, 我们想指出在克尔黑洞中存在闭合类时曲线 (CTC). 克尔黑洞内禀奇点在环上, 包围着一个圆盘区域. 如果一个粒子穿过奇点的内部, 将从另一个渐近平坦区域出来. 这个新的区域可以通过 $r < 0$ 的克尔度规来描述, 但此时 $\varDelta$ 不会为零, 所以没有事件视界. 在新的时空中, 在奇点环附近的区域, 存在闭合类时曲线. 这一点可以从赤道面上绕 $\phi$ 的运动看出. 我们可以保持 $t$ 和 $r$ 不变, 因此这条路径的线元为

$$\mathrm{d}s^2 = \left(r^2 + a^2 + 2\mu a^2/r\right)\mathrm{d}\phi^2. \tag{13.161}$$

当 $r$ 为负且比较小时, 这个线元可以是负的, 代表曲线是一条类时曲线. 由于 $\phi$ 的周期性, 我们得到闭合类时曲线. 这种曲线破坏了因果性, 因此是非物理的.

图 13.3 是克尔黑洞的彭罗斯图. 从图中可以看出克尔黑洞有无穷多个渐近平坦区域, 有质量粒子的测地线可以从一个渐近区域进入穿过两个视界并从另一个渐近区域出来. 当然, 这个粒子有可能穿过奇点进入新的渐近平坦区域. 注意, 此时的克尔黑洞的奇点是类时的.

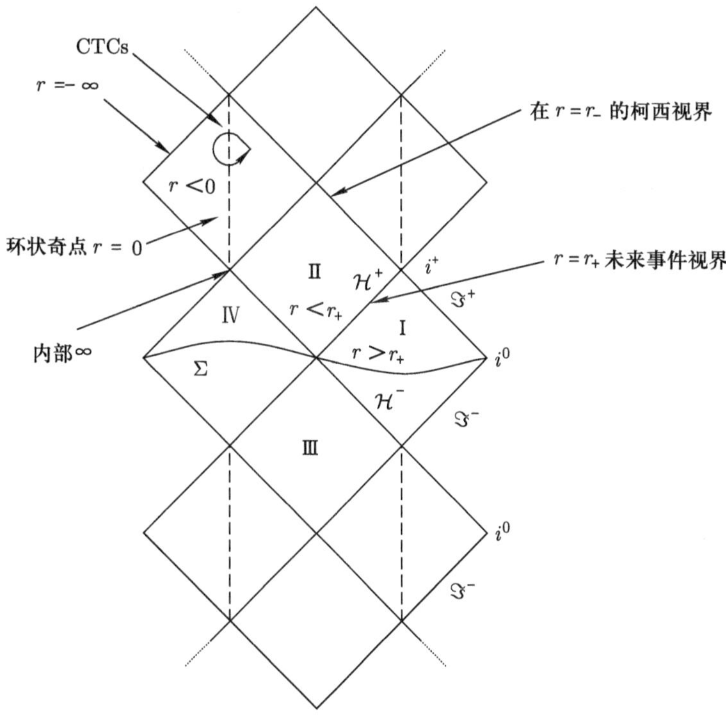


图 13.3 克尔时空的彭罗斯图.

当 $a^2=\mu^2$ 时, 内外两个视界重合, 黑洞变成了极端克尔黑洞. 类似于极端 RN 黑洞, 此时的视界是一个简并基灵视界, 表面引力为零, 而相应的基灵矢量为

$$\hat{\kappa}=\hat{\xi}+\Omega_{\rm H}\hat{\eta}, \quad \Omega_{\rm H}=\frac{a}{2\mu}. \tag{13.162}$$

图 13.4 是极端克尔黑洞的彭罗斯图.

### 13.3.4 彭罗斯过程

在克尔黑洞中, 由于无穷大红移面 $r_{S^+}$ 与事件视界 $r^+$ 并不重合, 存在一个中间区域, 这个区域称为能层 (Ergoregion) . 如图 13.5 所示. 在这个区域中, $g_{tt}>0$, 也就是说 $\partial_t$ 并非一个类时矢量. 一个观测者在这个区域中无法在 $(r,\theta,\phi)$ 上保持固定, 也就是说必须随着黑洞的旋转而运动. 然而, 在能层中观测者还没有进入视

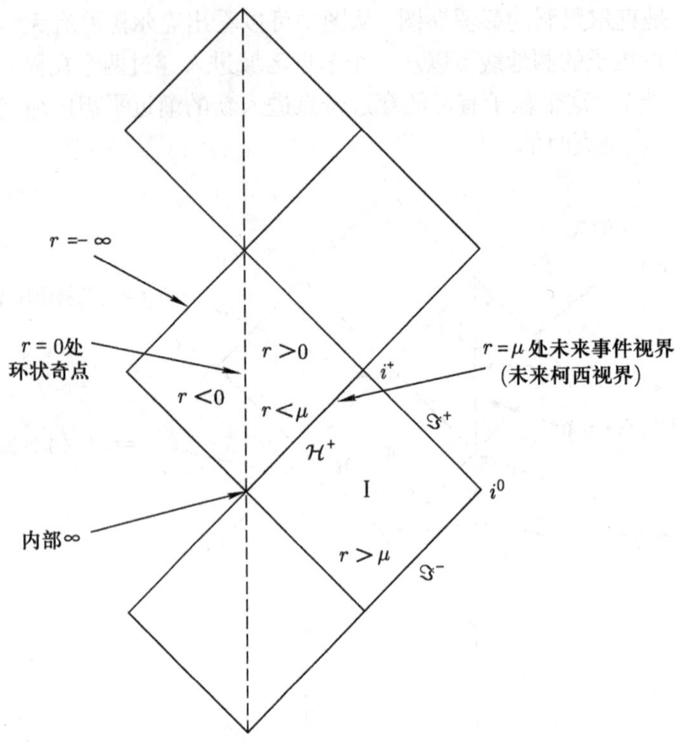


图 13.4 极端克尔时空的彭罗斯图.

界, 可以自由地选择进入或者远离视界, 也可以从稳态极限面中出来. 彭罗斯指出, 在能层中可以抽取克尔黑洞的转动能量. 这也是 "能层" 一词的来源①.

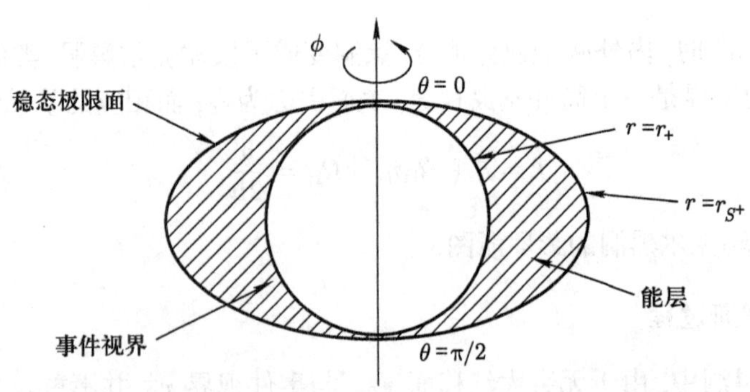


图 13.5 克尔时空在稳态极限面和事件视界之间存在着能层.

①在希腊语中, Ergo 意味着做功. 能层即 Ergoregion, 对克尔黑洞也常称作 Ergosphere.

彭罗斯设想的过程如下. 假设一个无穷远处固定位置的观测者向黑洞发射粒子 $A$ 进入克尔黑洞的能层中. 对无穷远观测者, 粒子 $A$ 的能量为

$$E^A = -\hat{P}^A(\mathcal{E}) \cdot \hat{u}_{\text{obs}} = -P_t^A(\mathcal{E}), \tag{13.163}$$

其中 $u^\mu_{\text{obs}} = (1,0,0,0)$ 是观测者的 4-速度. 假定在能层中 $\mathcal{D}$ 处粒子发生衰变 $A \to B + C$. 由爱因斯坦的等效原理, 局域地粒子的 4-动量守恒, $\hat{P}^A(\mathcal{D}) = \hat{P}^B(\mathcal{D}) + \hat{P}^C(\mathcal{D})$. 如果粒子 $C$ 回到无穷远处, 观测者发现其能量为

$$E^C = -\hat{P}_t^C(\mathcal{R}) = -\hat{P}_t^C(\mathcal{D}), \tag{13.164}$$

最后一个等号来自于观测者的 4-速度正好是时空的基灵矢量. 同理, 粒子 $A$ 的能量在无穷远处与在衰变处相同, $P_t^A(\mathcal{D}) = P_t^A(\mathcal{E})$, 因此有

$$E^C = P_t^B(\mathcal{D}) + E^{(A)}, \tag{13.165}$$

另一方面, $P_t^B = \hat{e}_t \cdot \hat{P}^B$ 而 $\hat{e}_t \cdot \hat{e}_t = g_{tt}$. 如果 $B$ 逃出 $r_{S^+}$,

$$g_{tt} < 0 \Rightarrow \hat{e}_t \text{ 是类时的},$$

因此

$$-P_t^B = E^B > 0 \Rightarrow E^C < E^A.$$

也就是说, 出射粒子 $C$ 的能量小于入射粒子 $A$ 的能量. 但是如果 $B$ 无法逃出 $r_{S^+}$, 反而掉进黑洞视界中, 在能层内 $g_{tt} > 0$, $\hat{e}_t$ 是一个类空矢量, 所以 $P_t^B$ 可正可负. 如果 $P_t^B > 0$, 则

$$E^C > E^A, \tag{13.166}$$

即出射粒子的能量大于入射粒子能量. 这样一种从能层抽取能量的过程称为彭罗斯过程, 如图 13.6 所示.

由于能量守恒, 多余的能量不能无缘无故地产生, 彭罗斯过程中粒子实际上从克尔黑洞抽取了能量. 更准确地说, 彭罗斯过程通过降低黑洞的角动量抽取了转动能. 当粒子 $B$ 掉进事件视界后, 黑洞的质量和角动量都发生变化,

$$M \to M - P_t^B/c^2, \quad J \to J + P_\phi^B. \tag{13.167}$$

由于 $P_t^B > 0, P_\phi^B < 0$, 粒子 $B$ 使黑洞的质量和角动量都减少. 为了看出 $P_\phi^B < 0$, 我们可以考虑一个在能层内固定于 $r$ 和 $\theta$ 处的观测者, 具有 4-速度

$$u^\mu = u^t(1,0,0,\Omega), \quad \Omega = \mathrm{d}\phi/\mathrm{d}t. \tag{13.168}$$

该观测者看到粒子的能量是正的,

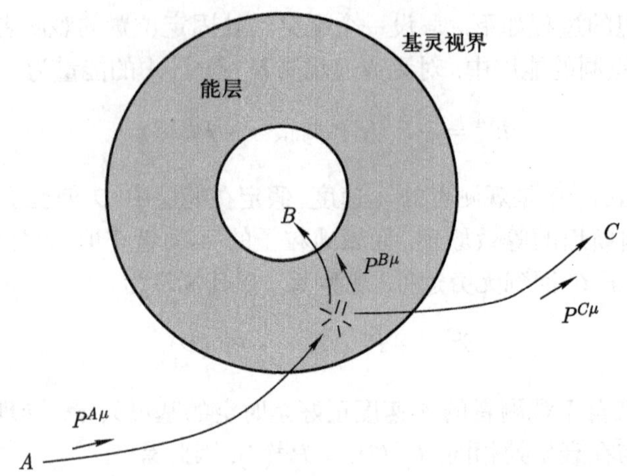


图 13.6 彭罗斯过程的俯视示意图.

$$\begin{aligned} E^B &= -P^B_\mu u^\mu = -u^t(P^B_t + P^B_\phi \Omega) > 0 \\ &\Rightarrow P^B_t + P^B_\phi \Omega < 0 \\ &\Rightarrow P^B_\phi < -P^B_t/\Omega, \end{aligned} \tag{13.169}$$

因此, $P^B_t > 0 \Rightarrow P^B_\phi < 0$, 即落入黑洞的粒子如果 $P^B_t > 0$ 则必然有负的角动量, 从而减少了黑洞的角动量.

如果彭罗斯过程持续发生, 使黑洞的转动能被一直提取直到其角动量为零, 最终转动黑洞将变成一个史瓦西黑洞. 上面的讨论中对角动量的限制应该对能层中所有的观测者都成立. 能层中最大角速度是在外视界处, $r = r_+$: $\Omega_{\max} = \Omega_{\rm H}$, 这将导致

$$\delta J < \frac{c^2 \delta M}{\Omega_{\rm H}} \quad 或 \quad \delta M > \delta J \Omega_{\rm H}, \tag{13.170}$$

这里

$$\delta M = -P^B_t/c^2, \quad \delta J = P^B_\phi. \tag{13.171}$$

这个不等式无论 $P^B_t$ 是正是负都成立. 当 $P^B_t$ 是负时, 粒子的角动量可正可负, 但不能太大, 被以上的不等式所限制. 对于彭罗斯过程 $\delta J, \delta M < 0$. 这个关系对减少黑洞的角动量的程度给出了限制. 最理想的情况是 $\delta J = \delta M/\Omega_{\rm H}$.

### *13.3.5 超辐射

在黑洞的散射中存在着与彭罗斯过程类似的一种物理现象, 称为超辐射 (superradiance). 为简单计, 考虑一个与黑洞耦合的无质量标量场, 其能动张量为

$$T_{\mu\nu} = \partial_\mu \Phi \partial_\nu \Phi - \frac{1}{2} g_{\mu\nu} (\partial \Phi)^2. \tag{13.172}$$

由于 $\nabla_\mu T^\mu_\nu = 0$, 有

$$\nabla_\mu \left( T^\mu_\nu \xi^\nu \right) = T^{\mu\nu} \nabla_\mu \xi_\nu = 0. \tag{13.173}$$

我们可以考虑标量场 $\Phi$ 的指向未来的能量流 4-矢

$$j^\mu = -T^\mu_\nu \xi^\nu = -\partial^\mu \Phi \hat{\xi} \cdot \partial \Phi + \frac{1}{2} \xi^\mu (\partial \Phi)^2. \tag{13.174}$$

考虑如图 13.7 所示的区域 $S$, 它包括两个时间切片 $\Sigma_1, \Sigma_2$, 它们的一个端点在 $i^0$ 而另外一个边界是零超曲面 $\mathcal{N} \subset \mathcal{H}^+$.

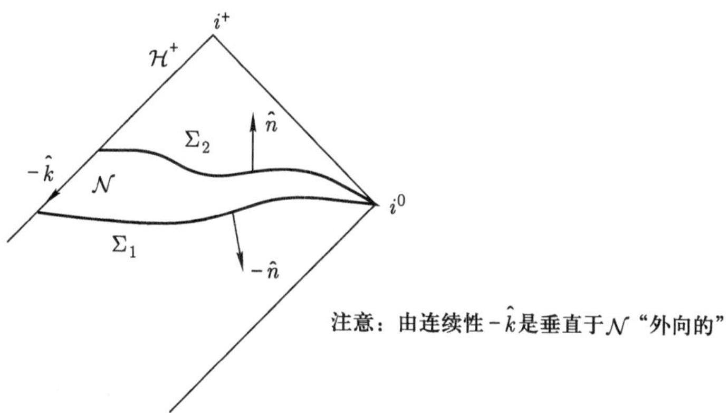


图 13.7 超辐射过程中考虑的时空区域.

假定在 $i_0$ 上 $\partial\Phi = 0$. 由于 $\nabla_\mu j^\mu = 0$, 有

$$\begin{aligned} 0 &= \int_S \mathrm{d}^4 x \sqrt{-g} \nabla_\mu j^\mu = \int_{\partial S} \mathrm{d}S_\mu \, j^\mu \\ &= \int_{\Sigma_2} \mathrm{d}S_\mu \, j^\mu - \int_{\Sigma_1} \mathrm{d}S_\mu \, j^\mu - \int_{\mathcal{N}} \mathrm{d}S_\mu \, j^\mu \\ &= E_2 - E_1 - \int_{\mathcal{N}} \mathrm{d}S_\mu \, j^\mu, \end{aligned} \tag{13.175}$$

其中 $E_i$ 是标量场在类空曲面 $\Sigma_i$ 上的能量. 因此, 穿过视界的能量为

$$\begin{aligned} \Delta E = E_1 - E_2 &= -\int_{\mathcal{N}} \mathrm{d}S_\mu \, j^\mu \\ &= -\int \mathrm{d}A \mathrm{d}\tilde{u} \, k_\mu j^\mu \quad (\tilde{u}\ \text{是克尔坐标}), \end{aligned} \tag{13.176}$$

单位时间损失的能量流 (即功率) 就是

$$\begin{aligned} P &= -\int \mathrm{d}A\, k_\mu j^\mu = \int \mathrm{d}A\, (\hat{k}\cdot\partial\Phi)(\hat{\xi}\cdot\partial\Phi) \\ &\quad (\text{这是由于在视界上 } \hat{\xi}\cdot\hat{k}=0) \\ &= \int \mathrm{d}A \left(\frac{\partial}{\partial\tilde{u}}\Phi + \Omega_{\mathrm{H}}\frac{\partial}{\partial\chi}\Phi\right)\left(\frac{\partial\Phi}{\partial\tilde{u}}\right). \end{aligned} \tag{13.177}$$

对于一个频率为 $\omega$、角动量量子为 $\nu$ 的振动模式,

$$\Phi = \Phi_0 \cos(\omega\tilde{u} - \nu\chi), \quad \nu \in Z, \tag{13.178}$$

时间平均的穿过视界的功率损失为

$$P = \frac{1}{2}\Phi_0^2 A\omega(\omega - \nu\Omega), \tag{13.179}$$

这里 $A$ 是视界的面积. 对大部分的频率而言, $P$ 都是正的, 然而当

$$0 < \omega < \nu\Omega_{\mathrm{H}} \tag{13.180}$$

时, $P$ 是负的. 也就是说, 对于这个频率范围中的模式, 它没有被衰减, 反而被黑洞加强了. 这就是超辐射. 关于超辐射, 注意以下几点:

(1) 超辐射只有在 $\nu \neq 0$ 时才有可能发生. 这是因为被放大的模式实际上也带走了黑洞的角动量.

(2) 超辐射的过程类似于原子物理中的受激辐射. 这意味着如果考虑量子效应, 应该存在着自发辐射, 因此有能层的黑洞是无法稳定的.

(3) 我们忽略了场对时空背景的反作用. 如果考虑反作用, 而且希望时空仍然是稳态的, 则要求 $\dfrac{\partial\Phi}{\partial\phi} = 0$. 但这意味着 $j^\mu = 0$, 也就是说黑洞能量没有变化. 从这个意义上说, 超辐射与时空的稳态是矛盾的.

## 附录 13.1 纽曼–彭罗斯零标架

利用纽曼–彭罗斯零标架, 我们可以导出克尔度规. 我们首先从平坦时空开始. 对于三维欧氏空间, 由前面的讨论可知, 通过定义正交的矢量

$$\begin{aligned} \boldsymbol{e}_i &= \boldsymbol{i} = (1,0,0), \\ \boldsymbol{e}_j &= \boldsymbol{j} = (0,1,0), \\ \boldsymbol{e}_k &= \boldsymbol{k} = (0,0,1), \end{aligned}$$

我们发现在直角坐标系下, 度规为

$$g_{mn}=\delta_{mn}=\sum_i(\boldsymbol{e}_i)_m(\boldsymbol{e}_i)_n. \tag{13.181}$$

而对于四维闵氏时空, 我们可以引进 4-矢量

$$\begin{aligned}u_\mu&=(-1,0,0,0),\\ i_\mu&=(0,\boldsymbol{i}),\\ j_\mu&=(0,\boldsymbol{j}),\\ k_\mu&=(0,\boldsymbol{k}),\end{aligned}$$

闵氏时空在直角坐标下的度规为

$$\eta_{\mu\nu}=-u_\mu u_\nu+i_\mu i_\nu+j_\mu j_\nu+k_\mu k_\nu. \tag{13.182}$$

可以很容易得到矢量 $\hat{u},\hat{i},\hat{j},\hat{k}$, 它们满足正交归一化条件, 其中 $\hat{u}$ 是类时的, 其他三个是类空的:

$$\hat{u}\cdot\hat{u}=-1,\quad \hat{i}\cdot\hat{i}=\hat{j}\cdot\hat{j}=\hat{k}\cdot\hat{k}=1,\quad \hat{u}\cdot\hat{i}=0. \tag{13.183}$$

可以定义两个零矢量

$$l_\mu=\frac{1}{\sqrt{2}}(u_\mu+i_\mu),\quad n_\mu=\frac{1}{\sqrt{2}}(u_\mu-i_\mu) \tag{13.184}$$

满足

$$l^\mu n_\mu=-1,\quad l^\mu l_\mu=0=n^\mu n_\mu. \tag{13.185}$$

此外, 还可以定义另外两个零矢量

$$\begin{aligned}m^\mu&=\frac{1}{\sqrt{2}}(j^\mu+\mathrm{i}k^\mu),\\ \bar{m}^\mu&=\frac{1}{\sqrt{2}}(j^\mu-\mathrm{i}k^\mu),\end{aligned}$$

它们满足

$$m^\mu m_\mu=\bar{m}^\mu\bar{m}_\mu=0,\quad m^\mu\bar{m}_\mu=1, \tag{13.186}$$

且

$$m^\mu l_\mu=m^\mu n_\mu=\bar{m}^\mu l_\mu=\bar{m}^\mu n_\mu=0. \tag{13.187}$$

在这些零矢量基底下, 度规为

$$g_{\mu\nu} = \eta_{\mu\nu} = -l_\mu n_\nu - n_\mu l_\nu + \bar{m}_\mu m_\nu + m_\mu \bar{m}_\nu. \tag{13.188}$$

对于史瓦西时空, 可以利用 AEF 坐标把度规写作

$$g_{\mu\nu} = \begin{pmatrix} -(1-2\mu/r) & 1 & & \\ 1 & 0 & & \\ & & r^2 & \\ & & & r^2\sin^2\theta \end{pmatrix}, \tag{13.189}$$

此时, 我们引进的零矢量为

$$\begin{aligned} \hat{l} &= \partial_r, \\ \hat{n} &= -\partial_{\tilde{u}} - \frac{1}{2}(1-2\mu/r)\partial_r, \\ \hat{m} &= \frac{1}{r\sqrt{2}}\left(\partial_\theta + \mathrm{i}\frac{1}{\sin\theta}\partial_\phi\right), \\ \hat{\bar{m}} &= \frac{1}{r\sqrt{2}}\left(\partial_\theta - \mathrm{i}\frac{1}{\sin\theta}\partial_\phi\right), \end{aligned}$$

而度规仍然可以通过关系式 (13.188) 来定义.

对于克尔时空, 可以通过对上面史瓦西时空的讨论来得到, 其中的关键是使径向坐标 $r$ 复化, 即令 $r$ 是一个复数, 而 $\bar{r}$ 是其复共轭. 在上面引进的零矢量中, 只需要对其中的一个矢量重新定义即可:

$$\hat{n} = -\partial_{\tilde{u}} - M\partial_r, \tag{13.190}$$

其中

$$M = 1 - \frac{\mu}{r} - \frac{\mu}{\bar{r}}. \tag{13.191}$$

令

$$r = r' - \mathrm{i}a\cos\theta, \quad \tilde{u} = \tilde{u}' - \mathrm{i}a\cos\theta, \tag{13.192}$$

其中 $r', \tilde{u}'$ 都是实数. 在坐标 $(r', \tilde{u}', \theta, \phi)$ 下, 4 个零矢量的分量为

$$\begin{aligned} l'^\mu &= (0,1,0,0), \\ n'^\mu &= \left(-1, -\frac{1}{2} + \frac{\mu r'}{r'^2 + a^2\cos^2\theta}, 0, 0\right), \\ m'^\mu &= \frac{1}{\sqrt{2}(r' + \mathrm{i}a\cos\theta)}\left(-\mathrm{i}a\sin\theta, -\mathrm{i}a\sin\theta, 1, \frac{\mathrm{i}}{\sin\theta}\right), \\ \bar{m}'^\mu &= \frac{1}{\sqrt{2}(r' - \mathrm{i}a\cos\theta)}\left(\mathrm{i}a\sin\theta, \mathrm{i}a\sin\theta, 1, -\frac{\mathrm{i}}{\sin\theta}\right). \end{aligned}$$

这些零矢量可以通过 (13.188) 式给出度规张量的分量, 例如

$$g^{00} = -2l'^0 n'^0 + 2m'^0 \bar{m}'^0 = \frac{a^2 \sin^2\theta}{\rho^2}, \tag{13.193}$$

其中

$$\rho^2 = r'^2 + a^2\cos^2\theta. \tag{13.194}$$

以下我们把 $r'$ 坐标简单地记作 $r$. 最终我们得到如下度规分量

$$g^{\mu\nu} = \begin{pmatrix} \dfrac{a^2\sin^2\theta}{\rho^2} & \dfrac{r^2+a^2}{\rho^2} & 0 & -\dfrac{a}{\rho^2} \\ \dfrac{r^2+a^2}{\rho^2} & \dfrac{r^2+a^2-2\mu r}{\rho^2} & 0 & -\dfrac{a}{\rho^2} \\ 0 & 0 & \dfrac{1}{\rho^2} & 0 \\ -\dfrac{a}{\rho^2} & -\dfrac{a}{\rho^2} & 0 & \dfrac{1}{\rho^2\sin^2\theta} \end{pmatrix}. \tag{13.195}$$

在上面的坐标变换中, 最重要的是引进了一个新的参数 $a$, 它与时空的角动量相关. 这个度规的行列式是 $-(\rho^4\sin^2\theta)^{-1}$, 由此我们可以得到线元

$$\begin{aligned} \mathrm{d}s^2 = &-\left(1-\frac{2\mu r}{\rho^2}\right)\mathrm{d}\tilde{u}^2 + 2\mathrm{d}\tilde{u}\mathrm{d}r - \frac{4\mu r a}{\rho^2}\sin^2\theta\mathrm{d}\tilde{u}\mathrm{d}\phi \\ &-2a\sin^2\theta\mathrm{d}r\mathrm{d}\phi + \rho^2\mathrm{d}\theta^2 + \left((r^2+a^2)\sin^2\theta + \frac{2\mu r a^2}{\rho^2}\sin^4\theta\right)\mathrm{d}\phi^2. \end{aligned} \tag{13.196}$$

做坐标变换

$$\begin{aligned} \mathrm{d}\tilde{u} &= \mathrm{d}t + \frac{r^2+a^2}{\varDelta}\mathrm{d}r, \\ \mathrm{d}\phi &= \mathrm{d}\psi + \frac{a}{\varDelta}\mathrm{d}r, \end{aligned}$$

其中

$$\varDelta = r^2 + a^2 - 2\mu r, \tag{13.197}$$

可以得到

$$\begin{aligned} \mathrm{d}s^2 = &-\left(1-\frac{2\mu r}{\rho^2}\right)\mathrm{d}t^2 - \frac{4\mu r a}{\rho^2}\sin^2\theta\mathrm{d}t\mathrm{d}\psi + \frac{\rho^2}{\varDelta}\mathrm{d}r^2 \\ &+\rho^2\mathrm{d}\theta^2 + \left(r^2 + a^2 + \frac{2\mu r a^2}{\rho^2}\sin^2\theta\right)\sin^2\theta\mathrm{d}\psi^2. \end{aligned} \tag{13.198}$$

如果把坐标 $\psi$ 重记作 $\phi$, 就得到了在博耶尔–林德奎斯特坐标下的克尔解.

## 习 题

1. 对于处于稳态的源, 证明 $\partial_0 T^{0i}=0$, 由此证明

$$\int_V (T^{0i}y^j + T^{0j}y^i)\mathrm{d}^3\boldsymbol{y}=0, \tag{13.199}$$

其中空间体积 $V$ 把源包住.

2. 对于一个非相对论性的稳态源, 证明在质心坐标下

$$\begin{aligned}\bar{h}^{00}(\boldsymbol{x}) &= -\frac{4GM}{|\boldsymbol{x}|}+O\left(\frac{1}{|\boldsymbol{x}|^2}\right),\\ \bar{h}^{0i}(\boldsymbol{x}) &= \frac{2G}{|\boldsymbol{x}|^3}x_j J^{ij}+O\left(\frac{1}{|\boldsymbol{x}|^3}\right),\\ \bar{h}^{ij}(\boldsymbol{x}) &= 0,\end{aligned} \tag{13.200}$$

其中量 $M$ 和 $J^{ij}$ 分别为

$$M=\int_V \rho(\boldsymbol{y})\mathrm{d}^3\boldsymbol{y},\quad J^{ij}=\int_V [y^i p^j(\boldsymbol{y})-y^j p^i(\boldsymbol{y})]\mathrm{d}^3\boldsymbol{y}, \tag{13.201}$$

而 $\rho(\boldsymbol{y})$ 是源的能量密度分布, $p^j(\boldsymbol{y})=\rho(\boldsymbol{y})u^i(\boldsymbol{y})$ 是源的动量密度分布. 进一步地, 证明此时的引力标量和矢量势在领头阶由下面关系给出:

$$\Phi_g(\boldsymbol{x})=-\frac{GM}{|\boldsymbol{x}|},\quad \boldsymbol{A}_g(\boldsymbol{x})=-\frac{2G}{|\boldsymbol{x}|^3}\boldsymbol{J}\times\boldsymbol{x}, \tag{13.202}$$

这里 $\boldsymbol{J}=\int(\boldsymbol{y}\times\boldsymbol{p})\mathrm{d}^3\boldsymbol{y}$ 是源的总角动量. 证明这些关系式对于球对称的源在线性近似下是严格的. 由此, 我们得到球对称分布的源绕 $z$ 轴转动时, 时空的线元可写作

$$\mathrm{d}s^2=-\left(1-\frac{2GM}{r}\right)\mathrm{d}t^2-\frac{4GJ}{r^3}(x\mathrm{d}y-y\mathrm{d}x)\mathrm{d}t+\left(1+\frac{2GM}{r}\right)(\mathrm{d}x^2+\mathrm{d}y^2+\mathrm{d}z^2). \tag{13.203}$$

这里 $r=|\boldsymbol{x}|$.

3. 证明在线性引力中, 一个质量为 $M$ 的球对称物体, 如果它以角动量 $\boldsymbol{J}$ 稳定地旋转, 则它产生的引电和引磁场分别为

$$\boldsymbol{g}(\boldsymbol{x})=-\frac{GM}{|\boldsymbol{x}|^2}\boldsymbol{e}_x,\quad \boldsymbol{b}(\boldsymbol{x})=\frac{2G}{|\boldsymbol{x}|^3}[\boldsymbol{J}-3(\boldsymbol{J}\cdot\boldsymbol{e}_x)\boldsymbol{e}_x], \tag{13.204}$$

其中 $\boldsymbol{e}_x$ 是在 $\boldsymbol{x}$ 方向的单位矢量.

4. 在慢转极限下, 在地球外的时空可以由如下度规来描述:

$$\mathrm{d}s^2=-\left(1-\frac{2GM}{rc^2}\right)c^2\mathrm{d}t^2+\frac{4GJ}{r^3c^3}(y\mathrm{d}x-x\mathrm{d}y)\mathrm{d}t+\left(1+\frac{2GM}{rc^2}\right)(\mathrm{d}x^2+\mathrm{d}y^2+\mathrm{d}z^2). \tag{13.205}$$

考虑在赤道面上的圆周运动, 利用 $\mathrm{d}\phi = \omega \mathrm{d}t$, 证明对于测地运动有

$$\omega^2 + \frac{2GJ}{r^3c^2}\omega - \frac{GM}{r^3} = 0. \tag{13.206}$$

5. 计算在博耶尔–林德奎斯特坐标下克尔度规的逆.

6. 在克尔时空几何中, 考虑由 $t=$ 常数和 $r = r_\pm$ 定义的曲面. 证明对每一个曲面, 绕两极的圆周长小于沿赤道的周长. 证明这一事实对于由 $t=$ 常数和 $r = r_{S\pm}$ 定义的曲面也成立.

7. 计算克尔黑洞的外视界面积. 证明对于任意两个分别具有质量 $M_1$ 和 $M_2$, 角动量 $J_1$ 和 $J_2$ 的克尔黑洞, 它们的总视界面积小于一个具有质量 $M_1+M_2$ 和角动量 $J_1+J_2$ 的克尔黑洞的视界面积.

8. 证明在一个质量为 $M$ 的极端克尔黑洞几何中, 在赤道面上位于博耶尔–林德奎斯特半径 $r=\mu$ 处存在着与黑洞同向转动的做圆周运动的光线, 而位于博耶尔–林德奎斯特半径 $r=4\mu$ 处存在着与黑洞反向转动的做圆周运动的光线.

9. 考虑在博耶尔–林德奎斯特坐标下克尔时空几何中在赤道面上粒子的测地运动, 证明测地线方程为

$$\begin{aligned}
\dot{t} &= \frac{1}{\Delta}\left((r^2 + a^2 + \frac{2\mu a^2}{r})E - \frac{2\mu a}{r}L\right), \\
\dot{\phi} &= \frac{1}{\Delta}\left(\frac{2\mu a}{r}E + \left(1 - \frac{2\mu}{r}\right)L\right), \\
\dot{r}^2 &= (E^2 - \epsilon^2) + \frac{2\epsilon^2\mu}{r} + \frac{a^2(E^2-\epsilon^2) - L^2}{r^2} + \frac{2\mu(L - aE)^2}{r^3},
\end{aligned} \tag{13.207}$$

其中对于有质量粒子 $\epsilon^2 = 1$, 而对于无质量粒子 $\epsilon^2 = 0$. 此外, 在上面的方程中, 我们引进了守恒量, 证明这些方程在 $a \to 0$ 极限下退化为史瓦西几何中粒子的测地线运动.

10. 考虑在博耶尔–林德奎斯特坐标下克尔时空几何中在赤道面上粒子的测地运动, 证明坐标角速度 $\Omega = \mathrm{d}\phi/\mathrm{d}t$ 满足

$$\Omega = \frac{\mu^{1/2}}{a\mu^{1/2} \pm r^{3/2}}, \tag{13.208}$$

其中的正号对应于与时空转动同向的运动, 负号对应于与时空转动反向的运动.

11. 证明如果粒子初始时在克尔黑洞的赤道面上, 则它将保持在赤道面上运动.

12. 如果一个观测者在克尔时空的赤道面上做圆周运动, 他相对于远处观测者的角速度为 $\Omega = \mathrm{d}\phi/\mathrm{d}t$, 请利用 $\Omega, r, \mu, a$ 把粒子的 4-速度分量 $u^t, u^\phi, u_t, u_\phi$ 表达出来.

13. 对于克尔–纽曼黑洞的度规,

    (a) 找到事件视界的半径 $r_+$ 和角速度 $\Omega_{\mathrm{H}}$.

    (b) 证明矢量场

$$\hat{l} = \frac{r^2 + a^2}{\Delta}\partial_t - \partial_r + \frac{a}{\Delta}\partial_\phi \tag{13.209}$$

与内向零测地线汇相切. 证明

$$\tilde{u} \equiv t + \int \frac{r^2 + a^2}{\Delta} \mathrm{d}r, \quad \psi \equiv \phi + \int \frac{a}{\Delta} \mathrm{d}r \tag{13.210}$$

在线汇上的每一条线上都是常数.

(c) 证明表面引力为

$$\kappa = \frac{r_+ - \mu}{r_+^2 + a^2}. \tag{13.211}$$

(d) 证明克尔–纽曼黑洞视界的面积是

$$A = 8\pi \left[ \mu^2 - \frac{e^2}{2} + \sqrt{\mu^4 - e^2\mu^2 - J^2} \right]. \tag{13.212}$$

14. 对于克尔–纽曼时空, 可以定义共转电势

$$\varPhi = \xi^\mu A_\mu. \tag{13.213}$$

证明这个电势在未来事件视界上是常数. 特别地, 证明如果取规范使在无穷远处的静电势 $\varPhi = 0$, 则

$$\varPhi_{\mathrm{H}} = \frac{Q r_+}{r_+^2 + a^2}, \tag{13.214}$$

其中 $r_+ = \mu + \sqrt{\mu^2 - Q^2 - a^2}$.

15. 令 $l^\mu$ 是平坦时空中的零测地矢量场. 利用它和一个任意的标量函数 $H$ 来构造一个新的度规

$$g_{\mu\nu} = \eta_{\mu\nu} + H l_\mu l_\nu, \tag{13.215}$$

其中 $l_\mu = \eta_{\mu\nu} l^\nu$. 这个度规即为克尔–斯其德度规.

(a) 证明 $\hat{l}$ 对两个度规都是零的.

(b) 给出 $g^{\mu\nu}$.

(c) 证明 $l_\mu = g_{\mu\nu} l^\nu, l^\mu = g^{\mu\nu} l_\nu$, 也就是说零矢量的指标升降可以用两种度规来实现.

(d) 计算 $g_{\mu\nu}$ 的克里斯托弗符号, 证明它们满足关系

$$\lambda_\mu \Gamma^\mu_{\alpha\beta} = -\frac{1}{2} \dot{H} l_\alpha l_\beta, \quad l^\mu \Gamma^\alpha_{\mu\beta} = \frac{1}{2} \dot{H} l^\alpha l_\beta, \tag{13.216}$$

其中 $\dot{H} \equiv l^\mu \partial_\mu H$.

(e) 证明 $l^\nu \nabla_\nu l^\mu = 0$, 即 $\hat{l}$ 是两个度规的测地矢量场.

(f) 证明对里奇张量, $R_{\mu\nu} l^\mu l^\nu = 0$.

16. 考虑一个静止的轴对称时空, 它在轴的平移和沿对称轴的反射下不变. 证明这个时空的线元可以写作

$$\mathrm{d}s^2 = -A(\rho)\mathrm{d}t^2 + \mathrm{d}\rho^2 + B(\rho)\mathrm{d}\phi^2 + C(\rho)\mathrm{d}z^2, \tag{13.217}$$

其中 $A, B, C$ 是 $\rho$ 的任意函数. 计算这个线元的非零克里斯托弗符号以及里奇张量的非零分量.

17. 考虑一个静止无穷长、半径为常数的圆柱体对称分布的物质，它在沿对称轴的洛伦兹变换下不变，此即所谓的宇宙弦 (cosmic string). 证明在这个物质分布的外面，时空线元可以写作

$$\mathrm{d}s^2=-\mathrm{d}t^2+\mathrm{d}\rho^2+(\alpha+\beta\rho)^2\mathrm{d}\phi^2+\mathrm{d}z^2, \tag{13.218}$$

其中 $\alpha,\beta$ 是常数. 对于 $\alpha=0$, 考虑由 $t=$ 常数和 $z=$ 常数定义的类空曲面，计算在此曲面上，坐标半径 $\rho$ 为常数所定义的圆的周长. 由此证明对于 $\beta<1$, 类空曲面的几何是一个嵌入到三维欧氏空间的一个二维锥面.

18. 如上题，如果选择柱面极坐标 $(t,r,\phi,z)$, 证明爱因斯坦场方程的自洽解要求物质的能动张量的形式为

$$T^{\mu\nu}=\mathrm{diag}(\rho,0,0,-\rho). \tag{13.219}$$

这样，沿着宇宙弦将有一个副压强 (或者说张率), 而在弦上的线元形如

$$\mathrm{d}s^2=-\mathrm{d}t^2+\mathrm{d}r^2+B(r)\mathrm{d}\phi^2+\mathrm{d}z^2, \tag{13.220}$$

其中 $B(r)$ 满足

$$\frac{B''}{2B}-\frac{(B')^2}{4B^2}=-8\pi G\rho. \tag{13.221}$$

通过引进 $b(r)=\sqrt{B(r)}$, 有

$$b''=-8\pi G\rho b. \tag{13.222}$$

进一步地，假设能量密度是均匀分布的，

$$\rho(r)=\begin{cases}\rho_0, & r\leqslant r_0,\\ 0, & r>r_0,\end{cases} \tag{13.223}$$

通过要求时空几何在轴心处是非奇异的，则当 $r\to 0$ 时度规分量 $g_{\phi\phi}\to r^2$, 由此证明 $r\leqslant r_0$ 的线元为

$$\mathrm{d}s^2=-\mathrm{d}t^2+\mathrm{d}r^2+\left(\frac{\sin\lambda r}{\lambda r}\right)^2\mathrm{d}\phi^2+\mathrm{d}z^2, \tag{13.224}$$

其中 $\lambda=\sqrt{8\pi G\rho_0}$. 通过要求度规及其导数在 $r=r_0$ 处连续，证明在 $r>r_0$ 时的线元为

$$\mathrm{d}s^2=-\mathrm{d}t^2+\mathrm{d}r^2+\left(\frac{\sin\lambda r_0}{\lambda r}+(r-r_0)\cos\lambda r_0\right)^2\mathrm{d}\phi^2+\mathrm{d}z^2. \tag{13.225}$$

对于我们感兴趣的情况 $\lambda r_0\ll 1$, 证明当 $r\gg r_0$ 时，线元为

$$\mathrm{d}s^2=-\mathrm{d}t^2+\mathrm{d}r^2+\left(1-\frac{8G\mu}{c^2}\right)r^2\mathrm{d}\phi^2+\mathrm{d}z^2, \tag{13.226}$$

其中 $\mu=\pi r_0^2\rho_0$ 是弦的单位长度质量. 请对这个线元的物理意义进行诠释.

# *第十四章 黑洞力学

本章将进一步介绍黑洞的相关知识. 首先我们要讨论在广义相对论中如何定义一个时空的总能量和角动量. 这并非是一个简单的问题. 我们将看到对于渐近平坦的时空, 如果有适当的基灵矢量, 这些时空的能量和角动量可以讨论. 其次, 我们将讨论黑洞的力学, 并与热力学比较, 从而建立黑洞的热力学定律. 最后我们简要地讨论一下黑洞的半经典量子效应.

## §14.1 能量和角动量

让我们先回顾一下闵氏时空中荷的定义. 在电动力学中, 我们可以从电荷密度 $\rho(\boldsymbol{x},t)$ 出发来定义某一个体积 $V$ 中的电荷

$$\begin{aligned}Q&=\int_V \mathrm{d}V\rho=\int_V \mathrm{d}V\nabla\cdot\boldsymbol{E}\\&=\oint_{\partial V}\mathrm{d}\boldsymbol{S}\cdot\boldsymbol{E}\quad(\text{由高斯定律}),\end{aligned}\tag{14.1}$$

其中的面积分是对 $V$ 的边界而言. 注意

$$\nabla\cdot\boldsymbol{E}=\frac{1}{\sqrt{^{(3)}g}}\partial_i\sqrt{^{(3)}g}E^i,\quad \mathrm{d}V=\mathrm{d}^3\boldsymbol{x}\sqrt{^{(3)}g},\tag{14.2}$$

其中 $^{(3)}g$ 是三维度规的行列式, 所以

$$\int\mathrm{d}V\nabla\cdot\boldsymbol{E}=\int\mathrm{d}^3\boldsymbol{x}\partial_i(\sqrt{^{(3)}g}E^i)=\int\mathrm{d}S_iE^i.\tag{14.3}$$

上面的讨论可以推广到洛伦兹协变的形式. 首先, 注意到

$$\frac{1}{\sqrt{-^{(4)}g}}\partial_\mu(\sqrt{-^{(4)}g}F^{\mu\nu})=\nabla_\mu F^{\mu\nu}.\tag{14.4}$$

此时体积 $V$ 被一个任意的类空超曲面 $\Sigma$ 来代替, 它的边界为 $\partial\Sigma$. $\Sigma$ 上的体积元是一个非类空的余矢量 (1 形式) $\mathrm{d}S_\mu$. 给定流密度 4-矢 $j^\mu(x)$, 有

$$Q=\int_\Sigma\mathrm{d}S_\mu j^\mu.\tag{14.5}$$

可以 (至少局域地) 选择 $\Sigma$ 为 $t=$ 常数的超曲面, 此时 $\mathrm{d}S_\mu=(\mathrm{d}V,\mathbf{0})$. 由于 $j^0=\rho$, 我们重新得到前面的结果 $Q$. 利用协变化的麦克斯韦方程 $\nabla_\nu F^{\mu\nu}=j^\mu$, $Q$ 可写作

$$Q=\int_\Sigma \mathrm{d}S_\mu \nabla_\nu F^{\mu\nu} \tag{14.6}$$

$$=\frac{1}{2}\oint_{\partial\Sigma}\mathrm{d}S_{\mu\nu}F^{\mu\nu}, \tag{14.7}$$

其中 $\mathrm{d}S_{\mu\nu}$ 是 $\partial\Sigma$ 的面积元. 当 $\Sigma$ 是 $t=$ 常数的超曲面时, $\mathrm{d}S_{\mu\nu}$ 唯一非零的分量为

$$\mathrm{d}S_{0i}=-\mathrm{d}S_{i0}\equiv \mathrm{d}S_i, \tag{14.8}$$

因此

$$Q=\oint_{\partial\Sigma}\mathrm{d}S_i F^{0i}. \tag{14.9}$$

但由于 $F^{0i}=-F^{i0}=E^i$, 我们重新得到前面的结果. 从这里的讨论中可以看出, 可以对于任意类空曲面来定义电荷, 也就是说得到电荷的协变积分形式.

### 14.1.1 ADM 能量

能量不能简单地类比于电荷, 原因在于即使能量密度也只是能动张量的 (0, 0) 分量, 而非流矢量的一个分量. 这实际上与如下事实有关: 局部守恒的能量只有当时空存在着一个类时基灵矢量场时才能存在. 与电磁场中的光子不带电不同, 引力子携带有 “荷”, 即能量, 这意味着物质和它们的引力场间存在着能量交换. 也就是说引力是高度非线性的. 在引力场中定义能量是一个很微妙的问题.

在渐近平坦的时空中, 我们仍然可以把总能量定义为一个无穷远处的面积分, 因为在这样的时空中 $\partial/\partial t$ 是一个渐近基灵矢量. 在渐近平坦时空中

$$g_{\mu\nu}\to\eta_{\mu\nu}\quad 当\ \ r\to\infty. \tag{14.10}$$

我们将假定在直角坐标系中, 度规场有渐近行为

$$h_{\mu\nu}=g_{\mu\nu}-\eta_{\mu\nu}=O\left(\frac{1}{r}\right). \tag{14.11}$$

这个渐近行为保证了在无穷远处的线性近似成立. 爱因斯坦方程 $G_{\mu\nu}=8\pi GT_{\mu\nu}$ 给出了扰动的菲尔兹–泡利 (Fierz-Pauli) 方程:

$$\Box h_{\mu\nu}+h_{,\mu\nu}-2h_{(\mu,\nu)}=-16\pi G\left(T_{\mu\nu}-\frac{1}{2}\eta_{\mu\nu}T\right), \tag{14.12}$$

其中

$$\Box = \eta^{\mu\nu}\partial_\mu\partial_\nu, \tag{14.13}$$

$$h = \eta^{\mu\nu}h_{\mu\nu}, \tag{14.14}$$

$$h_\mu = \eta^{\nu\rho}h_{\rho\mu,\nu} = h^\nu{}_{\mu,\nu}, \tag{14.15}$$

$$T = \eta^{\mu\nu}T_{\mu\nu}, \tag{14.16}$$

取迹以后得到

$$\Box h - h^\mu{}_{,\mu} = 8\pi GT. \tag{14.17}$$

我们先考虑源是弱的、静止的尘埃. 此时由于源是无压强的, 其能动张量为

$$T_{\mu\nu} = \left(\begin{array}{c|c} \rho & 0 \\ \hline & \\ 0 & 0 \\ & \end{array}\right) \tag{14.18}$$

且

$$\dot\rho = 0, \quad 4\pi G\rho \ll 1. \tag{14.19}$$

由于源是静止的, 我们可以期待扰动也是静止的, $\dot h_{\mu\nu} = 0$. 由此, 线性化方程 (14.12) 的 $\mu = \nu = 0$ 分量为

$$\nabla^2 h_{00} = -8\pi GT_{00}, \tag{14.20}$$

而 (14.17) 式变为

$$-\nabla^2 h_{00} + \underbrace{\nabla^2 h_{jj} - h_{ij,ij}}_{\partial_i(\partial_i h_{jj} - \partial_j h_{ij})} = -8\pi GT_{00}, \tag{14.21}$$

两式相加可得

$$T_{00} = \frac{1}{16\pi G}\partial_i(\partial_j h_{ij} - \partial_i h_{jj}). \tag{14.22}$$

因为源很弱, 我们可以认为时空仍然是闵氏时空, 而扰动只不过是其上的对称张量场. 总能量就是对 $T_{00}$ 在全空间积分,

$$E = \int_{t=\text{常数的全空间}} \mathrm{d}^3\boldsymbol{x}\, T_{00}. \tag{14.23}$$

利用高斯定律, 我们可以把它写作面积分

$$E = \frac{1}{16\pi G}\oint_{\infty} \mathrm{d}S_i(\partial_j h_{ij} - \partial_i h_{jj}). \tag{14.24}$$

而这只依赖于渐近边界处的信息. 因此我们可以随便改变内部的源而不改变能量, 只要渐近度规是不变的. 这就是对于渐近平坦时空能量的 ADM 公式①.

如果我们把 (14.20) 式减去 (14.21) 式, 将得到

$$\partial_i(\partial_j h_{ij} - \partial_i h_{jj}) = -2\nabla^2 h_{00}, \tag{14.25}$$

由此得到 ADM 能量的另一个公式:

$$E = -\frac{1}{8\pi G}\oint_{\infty} \mathrm{d}S_i \partial_i h_{00}. \tag{14.26}$$

由

$$g^{ij}\Gamma^0_{0j} = -\frac{1}{2}\partial_i h_{00} + O\left(\frac{1}{r^3}\right), \tag{14.27}$$

可得

$$E = \frac{1}{4\pi G}\oint_{\infty} \mathrm{d}S_i g^{ij}\Gamma^0_{0j} \tag{14.28}$$

$$= \frac{1}{4\pi G}\oint_{\infty} \mathrm{d}S_{0i}\nabla^i \xi^0, \tag{14.29}$$

其中 $\hat{\xi} = \dfrac{\partial}{\partial t}, \mathrm{d}S_i \equiv \mathrm{d}S_{0i}$. 但是由于 $\hat{\xi}$ 是渐近基灵的, 即

$$\nabla^\mu \xi^\nu + \nabla^\nu \xi^\mu = O\left(\frac{1}{r^3}\right), \tag{14.30}$$

所以

$$E = -\frac{1}{8\pi G}\oint_{\infty} \mathrm{d}S_{\mu\nu}\nabla^\mu \xi^\nu. \tag{14.31}$$

### 14.1.2 柯玛积分

令 $V$ 是类空超曲面 $\Sigma$ 的体积, 其边界为 $\partial V$. 对每一个基灵矢量场 $\hat{\xi}$, 我们都可以定义柯玛 (Komar) 积分

$$Q_{\hat{\xi}}(V) = \frac{c}{16\pi G}\oint_{\partial V} \mathrm{d}S_{\mu\nu}\nabla^\mu \xi^\nu, \tag{14.32}$$

①ADM 质量是由 Arnowitt、Deser 和 Misner 提出的, 参见文献 [42].

其中 $c$ 是某个常数. 利用高斯定律

$$Q_{\hat{\xi}}(V)=\frac{c}{8\pi G}\int_V \mathrm{d}S_\mu \nabla_\nu\nabla^\mu\xi^\nu, \tag{14.33}$$

对基灵矢量场, 有等式

$$\nabla_\nu\nabla_\mu\xi^\nu=R_{\mu\nu}\xi^\nu. \tag{14.34}$$

利用这个等式, 可得

$$\begin{aligned}Q_{\hat{\xi}}(V)&=\frac{c}{8\pi G}\int_V \mathrm{d}S_\mu R^\mu{}_\nu\xi^\nu\\&=c\int \mathrm{d}S_\mu\left(T^\mu{}_\nu\xi^\nu-\frac{1}{2}T\xi^\mu\right)\\&=\int \mathrm{d}S_\mu J^\mu(\hat{\xi}),\end{aligned} \tag{14.35}$$

其中

$$J^\mu(\hat{\xi})=c\left(T^\mu{}_\nu\xi^\nu-\frac{1}{2}T\xi^\mu\right). \tag{14.36}$$

**命题** $\nabla_\mu J^\mu(\hat{\xi})=0$.

**证明** 利用 $\nabla_\mu T^{\mu\nu}=0$, 有

$$\nabla_\mu J^\mu=\underbrace{c\left(T^{\mu\nu}\nabla_\mu\xi_\nu-\frac{1}{2}T\nabla_\mu\xi^\mu\right)}_{\text{对基灵矢量场 }\hat{\xi}\text{ 为 }0}-\frac{c}{2}\hat{\xi}\cdot\partial T \tag{14.37}$$

$$=\frac{c}{2}\hat{\xi}\cdot\partial R\quad(\text{由爱因斯坦方程}) \tag{14.38}$$

$$=0\quad(\text{对基灵矢量场 }\hat{\xi}). \tag{14.39}$$

由于 $J^\mu(\hat{\xi})$ 是一个 “守恒流”, 其对应的荷 $Q_{\hat{\xi}}(V)$ 是时间无关的, 只要 $J^\mu(\hat{\xi})$ 在边界 $\partial V$ 上为零.

对于时间平移基灵矢量场 $\hat{\xi}=\partial_t$, 有

$$E(V)=-\frac{1}{8\pi G}\oint_{\partial V}\mathrm{d}S_{\mu\nu}\nabla^\mu\xi^\nu, \tag{14.40}$$

此时 $c=-2$, 它可以通过与前面总能量的公式比较来确定.

上面的讨论不只对类时的基灵矢量场成立, 也对其他的基灵矢量场成立. 令 $\hat{\xi}=\hat{\eta}=\partial/\partial\phi$ 并取 $c=1$, 得到

$$J(V)=\frac{1}{16\pi G}\oint_{\partial V}\mathrm{d}S_{\mu\nu}\nabla^\mu\eta^\nu. \tag{14.41}$$

注意我们取的因子与能量相比差了一个 $-1/2$ 的因子. 为了验证系数, 我们利用高斯定律来写 $J(V)=\int_V \mathrm{d}S_\mu J^\mu(\hat{\eta})$, 其中

$$J^\mu(\hat{\eta})=T^\mu{}_\nu\eta^\nu-\frac{1}{2}\eta^\mu. \tag{14.42}$$

如果我们取 $V$ 为 $t=$ 常数的超曲面, 而 $\eta=\partial/\partial\phi$, 则 $\mathrm{d}S_\mu\eta^\mu=0$, 所以在直角坐标系下,

$$J(V)=\int_V \mathrm{d}VT^0{}_\nu\eta^\nu=\int_V \mathrm{d}V(T^0{}_2x^1-T^0{}_1x^2), \tag{14.43}$$

此时

$$\hat{\eta}=x^1\frac{\partial}{\partial x^2}-x^2\frac{\partial}{\partial x^1}. \tag{14.44}$$

对一个弱源, $g\approx\eta$,

$$J(V)\approx\varepsilon_{3jk}\int_V \mathrm{d}^3\boldsymbol{x}x^jT^{k0}, \tag{14.45}$$

这正是在闵氏时空中具有能动张量 $T_{\mu\nu}$ 的场所拥有的角动量的第三分量. 这验证了前面引进系数的正确性.

所以, 一个渐近平坦时空的总角动量可以通过取 $\partial V$ 为无穷远处的二维球面来得到:

$$J=\frac{1}{16\pi G}\oint_\infty \mathrm{d}S_{\mu\nu}\nabla^\mu\eta^\nu. \tag{14.46}$$

## §14.2 黑洞的热力学

黑洞的热力学是黑洞研究中的重要课题. 这只能做一个简要的介绍. 我们首先从黑洞的力学讲起.

### 14.2.1 第零定律

前面已经看到对于有分岔的黑洞基灵视界, 其上的表面引力总是常数. 然而对于正在塌缩的黑洞而言, 不存在分岔的二维球, 只有部分的基灵视界, 前面的证明不适用. 因此我们需要第零定律.

**第零定律** *如果能动张量 $T_{\mu\nu}$ 满足主能量条件, 则在未来事件视界上表面引力 $\kappa$ 是一个常数.*

在证明第零定律之前, 我们需要用到如下的命题.

**命题** 如果 $\mathcal{N}$ 是一个基灵视界, 则 $\hat{B}_{\mu\nu}=0$ 且

$$\frac{\mathrm{d}\theta}{\mathrm{d}\lambda}=0. \tag{14.47}$$

这里 $\hat{B}_{\mu\nu}$ 是讨论零测地线汇时引进的量,

$$\hat{B}_{\mu\nu}=\nabla_\nu l_\mu,$$

而 $\theta$ 是 $\hat{B}_{\mu\nu}$ 的迹.

**证明** 令 $\hat{\xi}$ 是一个基灵矢量, 它在 $\mathcal{N}$ 上有 $\hat{\xi}=f\hat{l}$, 其中 $\hat{l}\cdot\hat{\nabla}l=0$ 而 $f$ 是某函数, 则

$$\hat{B}_{\mu\nu}=\hat{B}_{(\mu\nu)}\quad(\text{因为 }\hat{\omega}=0) \tag{14.48}$$

$$=P_\mu{}^\lambda B_{(\lambda\rho)}P^\rho{}_\nu\equiv P_\mu{}^\lambda\nabla_{(\rho}l_{\lambda)}P^\rho{}_\nu \tag{14.49}$$

$$=P_\mu{}^\lambda(\partial_{(\rho}f^{-1})\xi_{\lambda)}P^\rho{}_\nu\quad(\text{因为 }\nabla_{(\rho}\xi_{\lambda)}=0) \tag{14.50}$$

$$=0\quad(\text{因为 }\hat{P}\cdot\hat{\xi}=\hat{\xi}\cdot\hat{P}=0), \tag{14.51}$$

特别地, 在 $\mathcal{N}$ 上处处有 $\theta=0$, 因此 $\mathrm{d}\theta/\mathrm{d}\lambda=0$.

**推论** 对于 $\hat{\xi}$ 的基灵视界 $\mathcal{N}$,

$$R_{\mu\nu}\xi^\mu\xi^\nu\big|_{\mathcal{N}}=0. \tag{14.52}$$

**证明** 在雷乔杜里方程中利用 $\mathrm{d}\theta/\mathrm{d}\lambda=0$ 和 $\hat{B}_{\mu\nu}=0$ 可得.

**第零定律的证明** 因为 $\mathcal{H}^+$ 本身也是一个基灵视界, 令 $\hat{\xi}$ 是垂直于 $\mathcal{H}^+$ 的基灵矢量, 则由上面的命题及推论可知 $R_{\mu\nu}\xi^\mu\xi^\nu=0$ 且在 $\mathcal{H}^+$ 上 $\hat{\xi}^2=0$, 由爱因斯坦方程可知

$$0=-\,T_{\mu\nu}\xi^\mu\xi^\nu|_{\mathcal{H}^+}\equiv\,J_\mu\xi^\mu|_{\mathcal{H}^+}, \tag{14.53}$$

即 $\hat{J}=(-T^\mu{}_\nu\xi^\nu)\partial_\mu$ 切于 $\mathcal{H}^+$. 因此, $\hat{J}$ 可以通过利用 $\mathcal{H}^+$ 切空间上的基矢展开,

$$\hat{J}=a\hat{\xi}+b_1\hat{\eta}^{(1)}+b_2\hat{\eta}^{(2)}. \tag{14.54}$$

但由于 $\hat{\xi}\cdot\hat{\eta}^{(i)}=0$, 这个矢量是类空的或者零的 (当 $b_1=b_2=0$ 时) . 然而, 由主能量条件, 它必然是类时的或者零的. 因此, 主能量条件给出 $\hat{J}\propto\hat{\xi}$, 由此

$$\begin{aligned}0=\xi_{[\sigma}J_{\rho]}\big|_{\mathcal{H}^+}&=-\xi_{[\sigma}T_{\rho]}{}^\lambda\xi_\lambda\big|_{\mathcal{H}^+}\\&=\xi_{[\sigma}R_{\rho]}{}^\lambda\xi_\lambda\big|_{\mathcal{H}^+}\quad(\text{由爱因斯坦方程})\\&=\xi_{[\rho}\partial_{\sigma]}\kappa\big|_{\mathcal{H}^+},\end{aligned}$$

所以有 $\partial_\sigma\kappa\propto\xi_\sigma$. 进一步地, 对 $\mathcal{H}^+$ 的任意切矢 $\hat{t}$, 都有 $\hat{t}\cdot\partial\kappa=0$, 也就是说 $\kappa$ 在视界 $\mathcal{H}^+$ 上必然是一个常数. 得证.

### 14.2.2 斯马尔公式

利用前面定义的能量、角动量和其他守恒荷, 可以建立它们之间的一个关系. 考虑一个在稳态黑洞外时空中的一个类空超曲面 Σ, 这个超曲面的一端在类空无穷远 $i_0$, 而另一端在未来事件视界 $\mathcal{H}^+$ 的一个点 $H$ 上, 如图 14.1 所示. $H$ 是一个二维球面, 可以看作黑洞的边界. 角动量 $J$ 可以由柯玛公式给出, 利用高斯定律可得

$$J = \frac{1}{8\pi G}\int_\Sigma \mathrm{d}S_\mu \nabla_\nu \nabla^\mu \eta^\nu + \frac{1}{16\pi G}\oint_H \mathrm{d}S_{\mu\nu}\nabla^\mu \eta^\nu \tag{14.55}$$

$$= \frac{1}{8\pi G}\int_\Sigma \mathrm{d}S_\mu R^\mu{}_\nu \eta^\nu + J_H, \tag{14.56}$$

其中 $J_H$ 是在 $H$ 上的积分. 利用爱因斯坦方程可得

$$J = \int_\Sigma \mathrm{d}S_\mu \left(T^\mu_\nu \eta^\nu - \frac{1}{2}T\eta^\mu\right) + J_H. \tag{14.57}$$

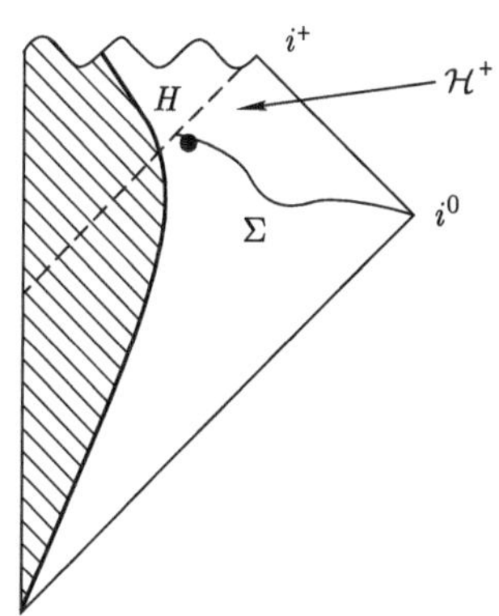


图 14.1 在稳态黑洞外类空超曲面 Σ 的示意图.

如果物质部分只是由电磁场给出, 则能动张量只是麦克斯韦电磁场强的函数, $T_{\mu\nu} = T_{\mu\nu}(F)$. 由四维电磁场的能动张量是无迹的, $g^{\mu\nu}T_{\mu\nu}(F) = T(F) = 0$, 对于一个孤立的带电黑洞有

$$J = \int_\Sigma \mathrm{d}S_\mu T^\mu_\nu(F)\eta^\nu + J_H. \tag{14.58}$$

类似地, 对于孤立黑洞的总能量, 利用柯玛公式可得

$$M = -2\int_\Sigma \mathrm{d}S_\mu T^\mu{}_\nu(F)\xi^\nu + 2\Omega_\mathrm{H} J_H - \frac{1}{8\pi G}\oint_H \mathrm{d}S_{\mu\nu}\nabla^\mu k^\nu, \tag{14.59}$$

其中

$$\hat{\xi} = \partial_t, \quad \hat{k} = \hat{\xi} + \Omega_{\rm H}\hat{\eta}. \tag{14.60}$$

利用角动量的表达式, 可得

$$M = -2\int_\Sigma {\rm d}S_\mu T^\mu{}_\nu(F)k^\nu + 2\Omega_{\rm H}J - \frac{1}{8\pi G}\oint_H {\rm d}S_{\mu\nu}\nabla^\mu k^\nu. \tag{14.61}$$

如果没有能动张量, 则

$$M = 2\Omega_{\rm H}J - \frac{1}{8\pi G}\oint_H {\rm d}S_{\mu\nu}\nabla^\mu k^\nu. \tag{14.62}$$

**引理** *在 $H$ 上*

$${\rm d}S_{\mu\nu} = (k_\mu n_\nu - k_\nu n_\mu){\rm d}A, \tag{14.63}$$

*其中 $\hat{n}$ 是法矢, 满足 $\hat{n}\cdot\hat{k} = -1$.*

**证明** $\hat{n}$ 和 $\hat{k}$ 都正交于 $H$, 所以我们只需要验证系数. 取坐标使

$$k_\mu = \frac{1}{\sqrt{2}}(1, 1, 0, 0), \tag{14.64}$$

$$n_\mu = \frac{1}{\sqrt{2}}(1, -1, 0, 0), \tag{14.65}$$

我们应该有 $|{\rm d}S_{01}| = {\rm d}A$. 因此

$$\begin{aligned} -\frac{1}{8\pi G}\oint_H {\rm d}S_{\mu\nu}\nabla^\mu k^\nu &= -\frac{1}{4\pi G}\oint_H {\rm d}A\,\underbrace{(\hat{k}\cdot\nabla\hat{k})^\nu}_{\kappa k^\nu} n_\nu \\ &= -\frac{\kappa}{4\pi G}\oint {\rm d}A\,\underbrace{\hat{k}\cdot\hat{n}}_{-1} \\ &= \frac{\kappa}{4\pi G}A, \end{aligned} \tag{14.66}$$

这里 $A$ 是视界 $H$ 的面积.

最终我们得到克尔黑洞的斯马尔 (Smarr) 公式:

$$M = \frac{\kappa A}{4\pi} + 2\Omega_{\rm H}J. \tag{14.67}$$

如果我们考虑克尔–纽曼黑洞, 电荷非零, 即 $Q \neq 0$, 上面的公式可以推广为

$$M = \frac{\kappa A}{4\pi} + 2\Omega_{\rm H}J + \Phi_{\rm H}Q, \tag{14.68}$$

其中 $\Phi_{\rm H}$ 是在视界上的共转电势.

### 14.2.3 第一和第二定律

下面我们讨论黑洞的第一和第二定律. 首先来看黑洞的第二定律, 黑洞事件视界的面积总是增加的. 这是由于黑洞总是吸引物质进入视界, 而经典上没有物质能够逃离黑洞的事件视界. 对于球对称史瓦西黑洞而言, 视界面积与黑洞的质量成正比, 因此吸收了外界物质以后黑洞质量增加, 视界面积当然也总是增加的. 而对于旋转克尔黑洞, 情况要稍微复杂一些. 由于彭罗斯过程存在, 黑洞的质量可以减小, 其视界面积有可能减小[①]. 然而实际上, 即使对于克尔黑洞, 彭罗斯过程也不可能使黑洞视界面积减小.

对于克尔黑洞, 其外视界面积为

$$A = 4\pi(r_+^2 + a^2) = 8\pi\mu(\mu + \sqrt{\mu^2 - a^2}). \tag{14.69}$$

易见, 在吸收粒子以后, 面积的变化为

$$\delta A = \frac{8\pi}{\kappa}(\delta M - \Omega_{\rm H}\delta J), \tag{14.70}$$

其中

$$\kappa = \frac{\sqrt{\mu^2 - a^2}}{2\mu r_+} \tag{14.71}$$

称为表面引力, 而 $\Omega_{\rm H} = \dfrac{a}{2\mu r_+}$ 是视界处转动角速度. 上一章的讨论告诉我们, $\delta M > \Omega_{\rm H}\delta J$, 因此 $\delta A \geqslant 0$. 我们可以定义一个正比于黑洞视界面积的不可约质量

$$\begin{aligned} M_{\rm irr}^2 &= \frac{A}{16\pi G^2} \\ &= \frac{1}{4G^2}(r_+^2 + a^2) \\ &= \frac{1}{2}(M^2 + \sqrt{M^4 - (Ma/G)^2}) \\ &= \frac{1}{2}(M^2 + \sqrt{M^4 - (J/G)^2}). \end{aligned} \tag{14.72}$$

它与原来的质量间的关系为

$$M^2 = M_{\rm irr}^2 + \frac{J^2}{4M_{\rm irr}^2}. \tag{14.73}$$

显然, 这个不可约质量是不会减少的,

$$\delta M_{\rm irr} > 0. \tag{14.74}$$

① 我们在这只讨论黑洞的经典物理, 暂时忽略掉引力的量子效应. 而彭罗斯过程尽管牵涉到粒子的衰变, 但与黑洞本身或者黑洞背景下粒子的量子行为无关, 因此我们视之为经典过程.

一个彭罗斯过程可以减少黑洞的质量和角动量, 但不能减少不可约质量. 我们可以计算出能够从克尔黑洞中抽取的能量的最大值. 通过彭罗斯过程, 黑洞的质量和角动量减少直到角动量为零, 成为一个球对称史瓦西黑洞. 由于史瓦西黑洞能够拥有的最小质量必须比原黑洞的不可约质量大, 因此这一过程能够释放的最大能量为

$$M - M_{\text{irr}} = M - \frac{1}{\sqrt{2}}(M^2 + \sqrt{M^4 - (J/G)^2})^{1/2}. \tag{14.75}$$

最极端的情形是我们从一个极端克尔黑洞中抽取能量直到它变成一个史瓦西黑洞. 在此情况下, $J = GM^2$, 我们能够得到原来黑洞约 29% 的能量.

在讨论克尔黑洞的彭罗斯过程中, 我们得到了黑洞视界面积的变化公式

$$\delta A = \frac{8\pi}{\kappa}(\delta M - \Omega_{\text{H}}\delta J). \tag{14.76}$$

可以把它写作

$$\delta M = \frac{\kappa}{8\pi}\delta A + \Omega_{\text{H}}\delta J, \tag{14.77}$$

这就是黑洞的第一定律.

上面的讨论并不严格. 下面我们对黑洞的第一、二定律给出准确的描述, 并证明它们.

**黑洞第一定律** 给定具有质量 $M$、电荷 $Q$ 和角动量 $J$ 的一个稳态黑洞, 它有未来事件视界、表面引力 $\kappa$、电表面势 $\Phi_{\text{H}}$ 和角速度 $\Omega_{\text{H}}$. 如果这个黑洞被微扰, 然后稳定下来成为另一个具有质量 $M + \delta M$、电荷 $Q + \delta Q$ 和角动量 $J + \delta J$ 的黑洞, 则有

$$\mathrm{d}M = \frac{\kappa}{8\pi}\mathrm{d}A + \Omega_{\text{H}}\mathrm{d}J + \Phi_{\text{H}}\mathrm{d}Q. \tag{14.78}$$

**$Q = 0$ 时的证明** 由黑洞的唯一性定理可知

$$M = M(A, J), \tag{14.79}$$

但 $A$ 和 $J$ 都具有量纲 $M^2$ $(G = c = 1)$, 所以函数 $M(A, J)$ 必须是阶 1/2 的齐次的. 由齐次函数的欧拉定理, 有

$$\begin{aligned} A\frac{\partial M}{\partial A} + J\frac{\partial M}{\partial J} &= \frac{1}{2}M \\ &= \frac{\kappa}{8\pi}A + \Omega_{\text{H}}J, \end{aligned} \tag{14.80}$$

所以

$$A\left(\frac{\partial M}{\partial A}-\frac{\kappa}{8\pi}\right)+J\left(\frac{\partial M}{\partial J}-\Omega_{\mathrm{H}}\right)=0. \tag{14.81}$$

但 $A$ 和 $J$ 是自由参数, 所以

$$\frac{\partial M}{\partial A}=\frac{\kappa}{8\pi}, \quad \frac{\partial M}{\partial J}=\Omega_{\mathrm{H}}. \tag{14.82}$$

得证.

**黑洞第二定律 (霍金面积不减定理)** 如果 $T_{\mu\nu}$ 满足弱能量条件, 并假定宇宙监督法则成立, 则一个渐近平坦时空中未来事件视界的面积是时间的非减函数.

技术上, 宇宙监督法则意味着时空是强渐近可预测的, 它要求时空存在包括外部时空和视界的整体双曲子流形. 由格若奇 (Geroch) 的一个定理, 在这种情况下存在着一个柯西超曲面族 $\Sigma(\lambda)$, 满足如果 $\lambda'>\lambda$, 则 $\Sigma(\lambda')\subset D^+(\Sigma(\lambda))$. 我们可以选择 $\lambda$ 是未来事件视界 $\mathcal{H}^+$ 的零测地线产生子的仿射参数. 如图 14.2 所示. 视界面积 $A(\lambda)$ 是 $\Sigma(\lambda)$ 与 $\mathcal{H}^+$ 交点的面积, 第二定律告诉我们: 如果 $\lambda'>\lambda$, 则 $A(\lambda')>A(\lambda)$.

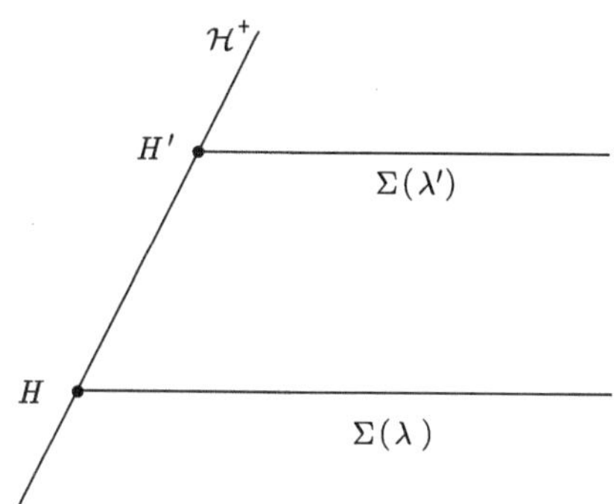


图 14.2 与未来视界相交的柯西面族.

**证明** 为了证明面积不减, 只需证明每一个面积元 $a$ 具有此性质. 由

$$\frac{\mathrm{d}a}{\mathrm{d}\lambda}=\theta a, \tag{14.83}$$

如果在 $\mathcal{H}^+$ 上, $\theta\geqslant 0$, 则得证. 如果 $\theta<0$, 测地线汇将收敛到一个点, 或者变成焦散线, 也就是说, 相邻两条测地线穿过某点 $p$ 后经过有效的仿射距离会再次相交, 如图 14.3 所示. 再次相交的点 $q$ 称为 $\gamma$ 上 $p$ 的共轭点①. 在 $\gamma$ 上在 $q$ 点以外的点

①共轭点的准确定义需要引进雅可比场的概念, 参见 §8.1 的讨论. 比如说, 在一个二维球面上, 任意一个点的对径点就是它的共轭点.

不再与 $p$ 点由零曲线相连, 而是可以通过类时曲线相连. 一个典型的例子是在二维平坦柱面上的光线, 如图 14.4 所示. 但是如果 $\mathcal{H}^+$ 中零测地线产生子的未来存在着一个共轭点, 则意味着这个产生子有一个有限的终点, 与前面的彭罗斯定理矛盾. 因此在 $\mathcal{H}^+$ 上处处必须有 $\theta \geqslant 0$, 也就是说面积不减.

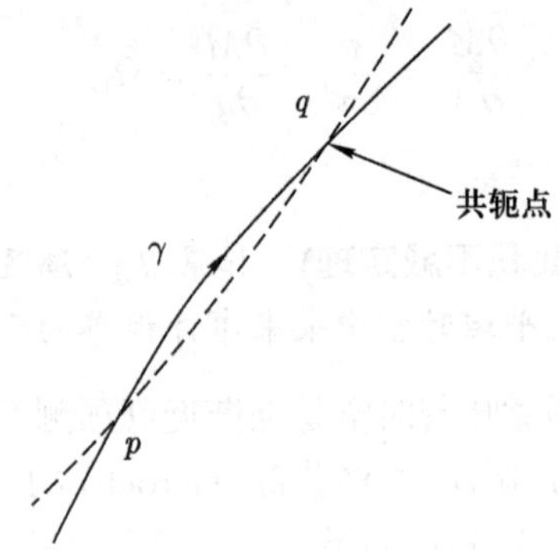


图 14.3 焦散线示意图.

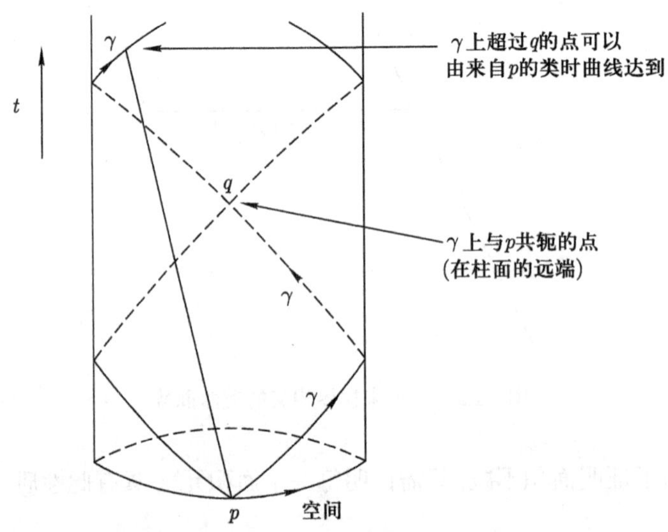


图 14.4 二维柱面上经过 $p$ 点的零测地线在 $q$ 点再次相交, $q$ 点是 $p$ 点的共轭点. 可以看出, 零测地线上超过 $q$ 点的点可以与 $p$ 点通过类时测地线相连.

**例 14.1** 考虑无压强球对称塌缩黑洞的形成. 如图 14.5 所示, 在 $\Sigma(\lambda_0)$ 时, 黑洞尚未形成, $A = 0$. 而在 $\Sigma(\lambda_1)$ 上 $A \neq 0$, 即黑洞部分形成. 这个面积不断增加, 直到达到其最终的值 $A = 16\pi(GM)^2$, 此时黑洞已稳定.

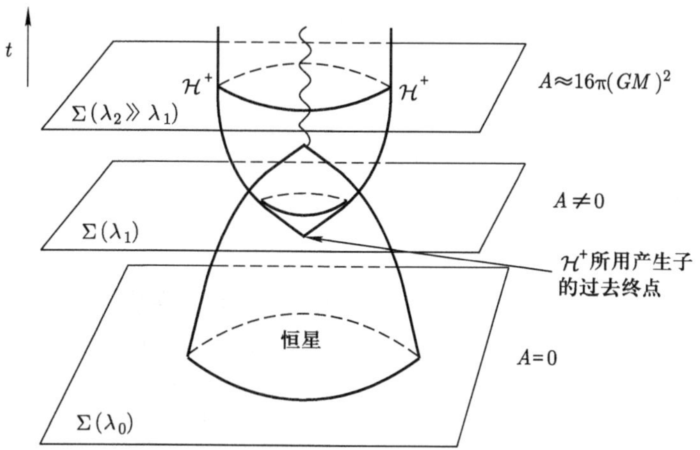


图 14.5 球对称塌缩黑洞形成过程中视界面积的变化示意图.

下面我们讨论黑洞力学第二定律的两个物理后果. 一个是关于黑洞碰撞中能量的可能损耗, 另一个是对黑洞分裂的限制.

(1) 黑洞碰撞中的质量/能量转化率. 考虑两个质量分别为 $M_1, M_2$ 的黑洞膨胀, 最终形成一个质量为 $M_3$ 的黑洞, 辐射掉的能量是 $M_1+M_2-M_3$, 而效率为

$$\eta=\frac{M_1+M_2-M_3}{M_1+M_2}=1-\frac{M_3}{M_1+M_2}. \tag{14.84}$$

假定初始的两个黑洞都是球对称黑洞, $A_1=16\pi M_1^2$, $A_2=16\pi M_2^2$, 面积不减定理要求

$$A_3\geqslant 16\pi(M_1^2+M_2^2). \tag{14.85}$$

但是 $16\pi M_3^2\geqslant A_3$ (等号在晚些时候才成立), 所以

$$M_3\geqslant\sqrt{M_1^2+M_2^2}, \tag{14.86}$$

因此转换率被限制,

$$\eta\leqslant 1-\frac{\sqrt{M_1^2+M_2^2}}{M_1+M_2}\leqslant 1-\frac{1}{\sqrt{2}}. \tag{14.87}$$

辐射能可以用来做功, 所以面积不减定理对可以从黑洞中抽取的能量给出了限制, 类似于热力学第二定律对热机效率的限制.

(2) 黑洞不可能分裂. 假设一个黑洞可以分裂成两个, $M_3\to M_1+M_2$. 面积定理告诉我们

$$M_3\leqslant\sqrt{M_1^2+M_2^2}\leqslant M_1+M_2, \tag{14.88}$$

但能量守恒要求 $M_3 \geqslant M_1 + M_2$ ($M_3 - M_1 - M_2$ 的质量被辐射掉). 矛盾.

### 14.2.4 第三定律

在本小节中, 我们简要介绍一下黑洞动力学的第三定律.

**黑洞第三定律** *如果能动张量是有界的, 且满足弱能量条件, 则该黑洞的表面引力无法在有限的时间内变为零.*

由前面的讨论可知, 表面引力为零的黑洞只能是极端黑洞. 因此, 黑洞第三定律的另一种表述是: 无法在有限时间内让黑洞变成极端黑洞. 这个定律的证明很技术化, 在此不准备给出. 我们将讨论这个定律与弱能量条件的关系.

考虑一个能够演化的黑洞. 由于希望它能够变成极端黑洞, 我们以带电瓦迪亚时空为例. 它是我们前面讨论过的内向瓦迪亚度规的推广, 其度规形式为

$$\mathrm{d}s^2 = -f(\tilde{u})\mathrm{d}\tilde{u}^2 + 2\mathrm{d}\tilde{u}\mathrm{d}r + r^2\mathrm{d}\Omega^2, \tag{14.89}$$

其中

$$f(\tilde{u}) = 1 - \frac{2GM(\tilde{u})}{r} + \frac{Q^2(\tilde{u})}{r^2}. \tag{14.90}$$

这个度规描述了一个质量和电荷都随时间变化的黑洞, 因为它受到带电零尘埃的压缩. 此时的能动张量为

$$T^{\mu\nu} = T^{\mu\nu}_{\text{dust}} + T^{\mu\nu}_{\text{EM}}, \tag{14.91}$$

其中尘埃部分的能动张量为

$$T^{\mu\nu}_{\text{dust}} = \rho l^\mu l^\nu, \quad \rho = \frac{1}{4\pi r^2}\frac{\partial}{\partial \tilde{u}}\left(M(\tilde{u}) - \frac{Q^2(\tilde{u})}{2r}\right), \tag{14.92}$$

而电磁场的贡献为

$$T^{\mu}{}_{\nu(\text{EM})} = P\text{diag}(-1,-1,1,1), \quad P = \frac{Q^2}{8\pi r^4}. \tag{14.93}$$

这个时空如果有 $GM(\tilde{u}_0) = Q(\tilde{u}_0)$, 则破坏了第三定律. 由弱能量条件, 对于任何具有 4-速度 $u^\mu$ 的观测者, 他测量到的能量密度总是正的,

$$T_{\mu\nu}u^\mu u^\nu > 0. \tag{14.94}$$

对带电瓦迪亚时空的能动张量, 这个条件要求

$$T_{\mu\nu}u^\mu u^\nu = \rho(\mathrm{d}\tilde{u}/\mathrm{d}\tau)^2 + P > 0. \tag{14.95}$$

因为 $\mathrm{d}\tilde{u}/\mathrm{d}\tau$ 可以任意大, 我们必须要求 $\rho > 0$. 特别地, 它必须在表观视界

$$r = r_+ = GM + (GM - Q^2)^{1/2} \tag{14.96}$$

处为正, 这给出限制

$$4\pi r_+^3 \rho(r_+) = G^2 M\dot{M} - Q\dot{Q} + G(G^2M^2 - Q^2)^{1/2}\dot{M} > 0, \tag{14.97}$$

其中的 "·" 代表着对 $\tilde{u}$ 的微分. 假设黑洞在某个向前的时间 $\tilde{u}_0$ 时变成极端的, 函数

$$\varDelta(\tilde{u}) \equiv GM(\tilde{u}) - Q(\tilde{u}) \tag{14.98}$$

变成零: $\varDelta(\tilde{u}_0) = 0$. 在黑洞变成极端黑洞之前, 有 $\varDelta(\tilde{u}) > 0, \tilde{u} < \tilde{u}_0$, 所以 $\varDelta(\tilde{u})$ 必须是一个减函数. 然而, 由上面的条件 (14.97) 可知,

$$M(\tilde{u}_0)\dot{\varDelta}(\tilde{u}_0) > 0, \tag{14.99}$$

因此 $\varDelta(\tilde{u})$ 是一个增函数, 矛盾. 所以, 弱能量条件阻止了黑洞在有限时间里变成极端的.

### 14.2.5　黑洞的热力学

黑洞的第一定律可以与通常的热力学第一定律

$$\mathrm{d}U = T\mathrm{d}S + \text{做功项} \tag{14.100}$$

比较. 很自然地可以把 $\varOmega_{\mathrm{H}}\delta J$ 当作 "做功项", 这样会发现对应关系

$$A \sim S, \quad \kappa \sim T. \tag{14.101}$$

如果参考其他的一些关于黑洞的知识, 可以得到黑洞的热力学定律.

(1) 第零定律: $T$ 在热平衡态中是一个常数　$\leftrightarrow$ $\kappa$ 在稳态黑洞的视界处是一个常数.

(2) 第一定律: $\mathrm{d}U = T\mathrm{d}S +$ 做功 $\leftrightarrow \delta M = \dfrac{\kappa}{8\pi}\delta A + \varOmega_H \delta J$.

(3) 第二定律: 熵增原理 $\delta S > 0 \leftrightarrow \delta A > 0$, 黑洞面积不减.

(4) 第三定律: 不可能通过有限步物理过程使温度达到绝对零度 $T = 0 \leftrightarrow$ 不可能通过任何有限步物理过程使 $\kappa = 0$.

第三定律中 $\kappa = 0$ 对应着极端黑洞, 其中裸奇点将出现. 因此第三定律实际上就是宇宙监督法则. 表 14.1 给出了普通热力学与黑洞热力学的对比.

**表 14.1 普通热力学与黑洞热力学**

| | 普通热力学 | 黑洞热力学 |
|---|---|---|
| 第零定律 | $T$ 在热平衡态中是一个常数 | $\kappa$ 在稳态黑洞视界处是一个常数 |
| 第一定律 | $\mathrm{d}U = T\mathrm{d}S +$ 做功项 | $\delta M = \dfrac{\kappa}{8\pi}\delta A + \Omega_{\mathrm{H}}\delta J$ |
| 第二定律 | $\delta S > 0$, 熵增原理 | $\delta A > 0$, 黑洞面积不减 |
| 第三定律 | 绝对零度 $T = 0$ 无法达到 | 极端黑洞无法实现 |

上面讨论中一个惊人的结果是黑洞具有熵和温度. 这个熵是真实的, 还是只是数学上的类比? 如果我们把一杯热咖啡和一杯冷咖啡混合, 这将增加世界的熵. 但如果我们把混合物倒入黑洞中, 则会抹去熵增加的痕迹, 这样可以减少外界的熵. 此时, 整个系统的熵是如何变化的? 这是 1970 年时普林斯顿大学的惠勒教授向年轻的贝肯斯坦 (Bekenstein) 提出的问题. 惠勒指出一个在黑洞外部的观测者可以向黑洞扔熵不为零的物质从而减少黑洞外部的熵, 因此如果只考虑黑洞的外部, 热力学第二定律将被破坏. 贝肯斯坦经过研究发现, 黑洞必须具有熵, 如果考虑黑洞的熵, 则整个系统的熵还是增加的, 而且黑洞的熵正比于黑洞视界的面积,

$$S_{\mathrm{BH}} \propto A. \tag{14.102}$$

稍后, 霍金进一步研究确定了比例系数, 从而建立了黑洞的熵公式.

**贝肯斯坦–霍金熵公式**

$$S = \frac{k_{\mathrm{B}}A}{4\hbar G}, \tag{14.103}$$

其中 $k_{\mathrm{B}}$ 是玻尔兹曼常数.

通常, 把此公式描述的黑洞熵称为贝肯斯坦–霍金熵. 比例系数中普朗克常数的存在说明黑洞的熵是量子力学效应, 而且无法通过取经典极限 $\hbar \to 0$ 来得到经典对应. 黑洞的熵遵从面积律而非体积律有着深远的物理意义. 首先, 通常的局域物理规律描述的系统, 其熵是满足体积律的. 这意味着量子引力不能够通过简单的局域相互作用来描述. 其次, 黑洞的面积律实际上体现了量子引力的全息原理. 黑洞的自由度可以通过其视界上的自由度来给出. 这暗示着在量子引力中, 一个引力体系的物理可以通过其边界上自由度的物理来刻画. 在 1993 年, 诺贝尔物理学奖得主特霍夫特 ('t Hooft) 提出了量子引力的全息原理. 1994 年, 萨斯坎德 (Susskind) 进一步发展了这个全息原理[64]. 1997 年, 马尔达西纳 (Maldacena) 提出了 AdS/CFT 对应关系[65,66], 具体实现了量子引力的全息原理. 简而言之, AdS/CFT 对应告诉我们: 在 AdS 时空中的量子引力理论与 AdS 边界上的一个共形不变的量子场论等价. 它把一个高维的引力理论与低维的量子场论联系起来, 为研究量子引力和量子

场论中的很多棘手问题提供了新的研究思路和方法. AdS/CFT 对应成为过去二十年理论物理研究中最受关注的方向之一.

### 14.2.6 霍金辐射和信息丢失

霍金在对黑洞的研究中, 不仅发现了黑洞具有熵, 还进一步发现黑洞具有温度,

$$T = \frac{\hbar\kappa}{2\pi k_{\mathrm{B}}}, \tag{14.104}$$

并且存在着黑体辐射, 即霍金辐射. 霍金辐射是黑洞的一种量子现象, 对它透彻的研究需要一些弯曲时空量子场论的知识. 这里我们只简单地定性分析一下. 量子场论告诉我们在平坦时空中的量子涨落不停地发生, 有各种虚粒子对的产生和湮灭. 但是能量守恒的要求阻止了这些虚粒子对变成真正的粒子对. 但是, 如果有外加的场作用, 这些量子涨落有可能获得能量而真实地产生粒子. 比如, 在外加强电场下, 粒子对有可能从真空中产生, 这就是施温格对产生 (Schwinger pair production) 现象. 而在弯曲时空中, 虚粒子对可以从引力场中获得能量从而实体化, 这就是霍金辐射. 为了简单起见, 我们考虑史瓦西黑洞. 此时我们有基灵矢量 $\hat{\xi} = (1,0,0,0)$, 其大小为

$$\hat{\xi}\cdot\hat{\xi} = -(1 - R_{\mathrm{s}}/r), \tag{14.105}$$

即 $\hat{\xi}$ 在视界外是一个类时矢量, 而在视界内是一个类空矢量. 这个差别是霍金辐射的根源. 考虑一个具体 4-动量 $\hat{P}$ 的粒子, 在视界外, $r > R_{\mathrm{s}}$,

$$\begin{aligned} -\hat{\xi}\cdot\hat{P} &= E > 0, \text{ 对粒子而言}, \\ -\hat{\xi}\cdot\hat{\bar{P}} &= E > 0, \text{ 对反粒子而言}. \end{aligned}$$

由于粒子和反粒子的能量都是正的, 由能量守恒可知真空中粒子对产生是不可能的. 而在视界内, $r < R_{\mathrm{s}} : -\hat{\xi}\cdot\hat{p}$ 是粒子空间动量的一个分量, 可正可负. 如果是负的, 粒子对产生就可以发生, 而且不破坏能量守恒. 特别是在视界附近, 局域地我们有 4-动量守恒, 但如果反粒子进入视界, 粒子离开视界, 并不破坏能量守恒. 假如粒子离开视界到达无穷远, 黑洞的质量减少, 相当于黑洞产生了辐射, 即霍金辐射.

我们可以估算一下黑洞的霍金辐射率 $\dfrac{\mathrm{d}M}{\mathrm{d}t}$. 首先, 这是一个量子力学现象, 所以应该与普朗克常数成正比. 其次, 辐射无质量粒子时的效率最高,

$$\frac{\mathrm{d}M}{\mathrm{d}t} = -\nu\frac{\hbar}{M^2}, \tag{14.106}$$

其中常数 $\nu$ 待定. 利用量子场论的计算发现, 这种辐射实际上是一个温度为

$$k_{\mathrm{B}}T = \frac{\hbar}{8\pi M} = \frac{c^3\hbar}{8\pi GM} \tag{14.107}$$

的黑体辐射. 而一个黑体的发射通量由斯特藩 (Stefan) 定律给出, 即与温度的四次方成正比, 为 $\sigma T^4$, 其中 $\sigma = \pi^2 k_{\mathrm{B}}^4/60\hbar^3c^2$. 因此, 能量穿过黑洞视界面的辐射率为

$$16\pi M^2\pi^2\frac{c^{12}\hbar^4}{(8\pi GM)^4\times 60\hbar^3c^2} = \frac{c^{10}}{4\times 64\times 60\pi G^4}\frac{\hbar}{M^2},$$

由此得 $\nu = \dfrac{1}{15360\pi}$.

可以估算一下黑洞的霍金辐射. 首先, 黑洞的温度为 $T = 6.2\times 10^{-8}\left(\dfrac{M_\odot}{M}\right)$ K, 其中 $M_\odot$ 是太阳质量. 所以, 随着质量的增大, 温度变低. 反过来, 如果黑洞的质量很小, 其温度很高. 而黑洞质量随时间的变化为

$$M(t) = [3\nu\hbar(t_* - t)]^{1/3}. \tag{14.108}$$

由此我们可以得到把黑洞质量辐射完所需的时间

$$\tau_{\mathrm{H}} \approx \frac{1}{3\nu}\frac{M^3}{\hbar} = 8.3\times 10^{-26}\left(\frac{M}{1\mathrm{g}}\right)^3 \mathrm{s} \tag{14.109}$$

对于一个有太阳质量的黑洞, $M \sim M_\odot$, 所需的时间 $\tau_{\mathrm{H}} \gg 140$ 亿年, 即远远大于宇宙年龄. 而对于在宇宙极早期产生的原初黑洞, 质量约为

$$10^{14}\mathrm{g} \sim 10^{-19}M_\odot. \tag{14.110}$$

这大约是地球上一座山的质量, 要把它辐射完需要 $\tau_{\mathrm{H}} = 8.3\times 10^{16}$ s. 也就是说, 即使原初黑洞在宇宙早期产生, 至今它还在辐射. 而且, 黑洞的霍金辐射越到晚期越快. 注意上面的讨论实际上忽略掉了霍金辐射的反作用. 这种反作用在早期没有太大的影响, 但到后期必须考虑.

尽管只是半经典的讨论, 霍金辐射却有着重要的物理后果: 它意味着信息可能在黑洞系统中丢失. 如果考虑霍金辐射, 一个通过引力塌缩形成的黑洞最终会蒸发掉, 得到一个没有视界的时空. 由于黑洞的霍金辐射是一个热辐射, 会抹去落入黑洞的物质的微观信息, 这就导致了黑洞的信息佯谬. 这可以从彭罗斯图 14.6 中看出.

在这个时空图中 $\Sigma_1$ 是一个柯西面, 但 $\Sigma_2$ 不是, 因为它的过去依赖域 $D^-(\Sigma_2)$ 并不包含黑洞时空. $\Sigma_1$ 上的信息可以传播到黑洞中, 而不传播到 $\Sigma_2$ 上. 信息似

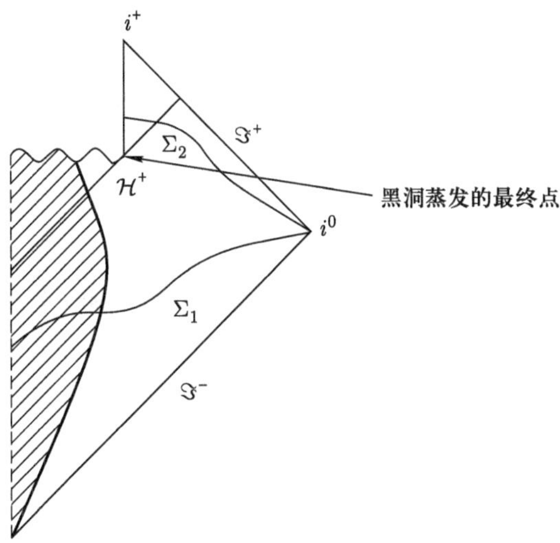


图 14.6　黑洞蒸发的示意图.

乎在黑洞中丢失了. 这意味着从 $\Sigma_1$ 到 $\Sigma_2$ 的演化并非幺正的. 幺正性是量子力学的基本原理, 幺正性的破坏说明了对黑洞的半经典讨论是不完备的. 我们期待在一个完整的量子引力理论中, 霍金辐射导致的信息丢失问题可以得到解决. 实际上, AdS/CFT 对应提供了解决信息丢失问题的线索. 如果量子引力等价于一个量子场论, 由于量子场论中幺正性得到保证, 在引力中不应该存在信息丢失问题. 但即使在此框架下, 信息如何恢复也并不清楚. 关于黑洞的信息丢失问题, 参见文献 [67,68,69].

## 习　题

1. 证明对于史瓦西时空, 对任何边界在 $(r > 2M)$ 以外的体积元 $V$, 其 ADM 能量为 $E(V) = M$.

2. 证明克尔–纽曼黑洞的质量、角动量为

$$\begin{aligned} M_{\text{KN}} &= \frac{r_+^2 + a^2}{2r_+}\left(1 - \frac{Q^2}{ar_+}\arctan(a/r_+)\right), \\ J_{\text{KN}} &= a\frac{r_+^2 + a^2}{2r_+}\left\{1 + \frac{Q^2}{2a^2}\left(1 - \frac{r_+^2 + a^2}{ar_+}\arctan(a/r_+)\right)\right\}, \end{aligned} \tag{14.111}$$

并证明这些表达式满足推广的斯马尔公式.

3. 考虑电荷为 $Q$ 的克尔–纽曼时空中一个类空超曲面 $\Sigma$, 其一端在类空无穷远, 另一端在黑洞

的视界上. 证明

$$-2\int_{\Sigma} \mathrm{d}S_{\mu} T^{\mu}{}_{\nu}(F) k^{\nu} = \varPhi_{\mathrm{H}} Q, \tag{14.112}$$

其中 $\varPhi_{\mathrm{H}}$ 是在视界上的静电势. 由此证明

$$M = \frac{\kappa A}{4\pi} + 2\varOmega_{\mathrm{H}} J + \varPhi_{\mathrm{H}} Q, \tag{14.113}$$

其中 $M, J$ 分别是黑洞的质量和角动量. 进一步地, 导出黑洞的第一定律

$$\mathrm{d}M = \frac{\kappa}{8\pi}\mathrm{d}A + \varOmega_{\mathrm{H}}\mathrm{d}J + \varPhi_{\mathrm{H}}\mathrm{d}Q. \tag{14.114}$$

(提示: $\mathcal{L}_{\hat{k}}(F^{\mu\nu}A_{\nu}) = 0$)

4. 利用对一个渐近平坦轴对称时空 (具有基灵矢量 $\hat{\eta}$) 总角动量的柯玛积分

$$J = \frac{1}{16\pi G}\oint_{\infty} \mathrm{d}S_{\mu\nu} D^{\mu}\eta^{\nu} \tag{14.115}$$

来证明, 对于克尔–纽曼时空 $J = Ma$.

# 第十五章　引　力　波

本章将简要介绍广义相对论的一个重要预言——引力波. 如前所述, 引力是自然界中最弱的力, 牛顿引力耦合常数很小. 这一方面使得引力波很微弱, 给探测引力波造成了很大的困难 (事实上, 直到 2015 年底, 人类才第一次直接探测到了双黑洞并合时发出的引力波信号). 另一方面, 由于耦合常数很小, 引力波在传播过程中与其他物质的耦合很弱, 也就是说引力波很难受到其他物质的干扰, 因此如果探测到引力波, 则它携带有引力波源的完整信息, 这为研究各种引力波源提供了理想的平台. 随着引力波直接观测的成功, 引力波物理必将成为相对论天体物理、宇宙学研究的重要方向.

我们将在弱场近似的基础上讲述引力波的知识, 包括引力波的传播及其物理效应、引力波的产生、引力波携带的能量以及引力波的探测. 在弱场 (线性) 近似下, 度规场可以分解为两部分: 平坦时空背景及其扰动.

$$g_{\mu\nu} = \eta_{\mu\nu} + h_{\mu\nu}, \tag{15.1}$$

其中 $h_{\mu\nu}$ 可以看作是在平坦时空下的二阶对称张量场, 具有规范对称性

$$h_{\mu\nu} \to h_{\mu\nu} + \partial_\mu \xi_\nu + \partial_\nu \xi_\mu. \tag{15.2}$$

通过引进迹相反的扰动, 爱因斯坦方程可以写作

$$\Box \bar{h}_{\mu\nu} = -16\pi G T_{\mu\nu}. \tag{15.3}$$

基于此, 我们将介绍引力波的基本性质、引力波的产生和引力波的探测.

## §15.1　真空中的引力波

在弱场近似下讨论引力波是方便的. 我们的地球离可能产生可探测引力波的源已经足够远了, 此时弱场近似是一个很好的处理方法. 我们先关注如果引力波已经产生了, 其在真空中的行为. 在真空中, “迹相反” 扰动满足的方程为 $\Box \bar{h}_{\mu\nu} = 0$, 其中 $\Box = -\partial_t^2 + \nabla^2$. 这个方程有平面波解

$$\bar{h}_{\mu\nu} = C_{\mu\nu} \mathrm{e}^{\mathrm{i} k_\sigma x^\sigma}, \tag{15.4}$$

这里 $C_{\mu\nu}$ 是一个常数取值的对称 $(0,2)$ 张量, 而 $k^\sigma$ 是一个常数矢量, 通常称为波矢量, 代表着平面波的传播. 波的传播方程告诉我们,

$$\begin{aligned}0 &= \Box\bar{h}_{\mu\nu} = \eta^{\rho\sigma}\partial_\rho\partial_\sigma\bar{h}_{\mu\nu} = \eta^{\rho\sigma}\partial_\rho(\mathrm{i}k_\sigma\bar{h}_{\mu\nu}) = -\eta^{\rho\sigma}k_\rho k_\sigma\bar{h}_{\mu\nu} \\ &= -k_\sigma k^\sigma\bar{h}_{\mu\nu},\end{aligned} \tag{15.5}$$

由此得

$$k_\sigma k^\sigma = 0,$$

即波矢是一个零矢量, 这代表着引力波是以光速传播的, 而相应的引力子是一个无质量粒子, 类似于光子. 令 $\hat{k} = (\omega, k_1, k_2, k_3)$, 则 $\omega^2 = \delta_{ij}k^ik^j$. 注意, 由于波动方程是一个相对论性线性方程, 叠加原理是适用的, 不同的波只要满足波动方程就可以叠加在一起.

### 15.1.1 物理自由度

四维时空中引力波的传播自由度可以通过确定规范自由度来得到. 首先, 由于 $C_{\mu\nu}$ 是对称张量, 共有 10 个独立分量. 这些分量中的大部分都是规范自由度. 利用调和规范条件

$$0 = \partial_\mu\bar{h}^{\mu\nu} = \partial_\mu(C^{\mu\nu}\mathrm{e}^{\mathrm{i}k_\sigma x^\sigma}) = \mathrm{i}C^{\mu\nu}k_\mu\mathrm{e}^{\mathrm{i}k_\sigma x^\sigma}, \tag{15.6}$$

有

$$k_\mu C^{\mu\nu} = 0. \tag{15.7}$$

这个关系说明引力波是一个横波, 与波矢的传播方向垂直. 它实际上是四个独立的方程, 因此给出四个约束, 剩余的自由度是 $10 - 4 = 6$ 个. 然而我们知道取调和规范并未完全确定坐标变换的自由度. 实际上, 在调和规范条件

$$\Box x^\mu = 0 \tag{15.8}$$

中, 如果坐标函数平移一个满足 $\Box\zeta^\mu = 0$ 的函数 $\zeta^\mu$, 调和规范条件仍然满足. 注意 $\Box\zeta^\mu = 0$ 本身就是一个波动方程, 一旦选择了一个解, 则所有的规范自由度就固定了. 我们选择

$$\zeta_\mu = B_\mu\mathrm{e}^{\mathrm{i}k_\sigma x^\sigma}, \tag{15.9}$$

其中 $k_\sigma$ 是引力波的波矢, 而 $B_\mu$ 是一个待定的常系数. 在坐标函数平移下 $x^\mu \to x^\mu + \zeta^\mu$,

$$h^{(\mathrm{new})}_{\mu\nu} = h^{(\mathrm{old})}_{\mu\nu} - \partial_\mu\zeta_\nu - \partial_\nu\zeta_\mu, \tag{15.10}$$

这将导致"迹相反"的扰动做如下变化:

$$\begin{aligned}\bar{h}_{\mu\nu}^{(\text{new})} &= h_{\mu\nu}^{(\text{new})} - \frac{1}{2}\eta_{\mu\nu}h^{(\text{new})} \\ &= h_{\mu\nu}^{(\text{old})} - \partial_\mu\zeta_\nu - \partial_\nu\zeta_\mu - \frac{1}{2}\eta_{\mu\nu}(h^{(\text{old})} - 2\partial_\lambda\zeta^\lambda) \\ &= \bar{h}_{\mu\nu}^{(\text{old})} - \partial_\mu\zeta_\nu - \partial_\nu\zeta_\mu + \eta_{\mu\nu}\partial_\lambda\zeta^\lambda. \end{aligned} \tag{15.11}$$

利用扰动的平面波解以及 (15.9) 式, 我们得到

$$C_{\mu\nu}^{(\text{new})} = C_{\mu\nu}^{(\text{old})} - \mathrm{i}k_\mu B_\nu - \mathrm{i}k_\nu B_\mu + \mathrm{i}\eta_{\mu\nu}k_\lambda B^\lambda. \tag{15.12}$$

我们可以得到如下结果.

**命题** 总可以选择合适的系数 $B_\mu$ 使变换后的引力波振幅满足

$$C^{(\text{new})\mu}{}_{\mu} = 0 \quad (\text{无迹条件}), \tag{15.13}$$

和

$$C_{0\nu}^{(\text{new})} = 0 \ . \tag{15.14}$$

**证明** 为了满足 (15.13) 式, 必须有

$$0 = C^{(\text{old})\mu}{}_{\mu} + 2\mathrm{i}k_\lambda B^\lambda, \tag{15.15}$$

即

$$k_\lambda B^\lambda = \frac{\mathrm{i}}{2}C^{(\text{old})\mu}{}_{\mu}. \tag{15.16}$$

接下来, (15.14) 式的 $\nu = 0$ 分量要求

$$\begin{aligned} 0 &= C_{00}^{(\text{old})} - 2\mathrm{i}k_0B_0 - \mathrm{i}k_\lambda B^\lambda \\ &= C_{00}^{(\text{old})} - 2\mathrm{i}k_0B_0 + \frac{1}{2}C^{(\text{old})\mu}{}_{\mu}, \end{aligned} \tag{15.17}$$

即

$$B_0 = -\frac{\mathrm{i}}{2k_0}\left(C_{00}^{(\text{old})} + \frac{1}{2}C^{(\text{old})\mu}{}_{\mu}\right). \tag{15.18}$$

而 (15.14) 的 $\nu = j$ 分量要求

$$\begin{aligned} 0 &= C_{0j}^{(\text{old})} - \mathrm{i}k_0B_j - \mathrm{i}k_jB_0 \\ &= C_{0j}^{(\text{old})} - \mathrm{i}k_0B_j - \mathrm{i}k_j\left[\frac{-\mathrm{i}}{2k_0}\left(C_{00}^{(\text{old})} + \frac{1}{2}C^{(\text{old})\mu}{}_{\mu}\right)\right], \end{aligned} \tag{15.19}$$

或者

$$B_j = \frac{\mathrm{i}}{2(k_0)^2}\left[-2k_0 C_{0j}^{(\mathrm{old})} + k_j\left(C_{00}^{(\mathrm{old})} + \frac{1}{2}C^{(\mathrm{old})\mu}{}_{\mu}\right)\right].$$

易见这些选择是相容的. 得证.

四维中引力波的物理自由度只有两个, 原因如下:

(1) $k_\mu C^{\mu\nu} = 0$ 给出 4 个约束;

(2) $C^{\mu}{}_{\mu} = 0$ 给出 1 个约束;

(3) $C_{0\nu} = 0$ 给出 4 个约束;

(4) 但是 $C_{0\nu} = 0$ 已经包含了 $k_\mu C^{\mu 0} = 0$, 也就是说 $k_\mu C^{\mu\nu} = 0$ 中只有 $\nu = j$ 时才是独立的约束.

所以最终有 8 个约束, 真实的物理自由度只有两个.

我们可以和电磁辐射做一个比较. 电磁波可以由 $A_\mu = C_\mu \mathrm{e}^{\mathrm{i}k^\sigma x_\sigma}$ 来描述, $k^\sigma$ 是波矢. 利用相对论性波动方程知道 $C_\mu k^\mu = 0$, 即电磁波是一个横波. 这给出一个约束. 另一方面, 利用规范对称性, 可以选定规范. 最终的结果是四维中电磁波也只有两个物理自由度.

### 15.1.2 TT 规范

从前面的讨论可知: 如果选择合适的规范, 引力波是一个无迹、横向的波. 我们不妨选择波的传播方向沿 $z$ 方向, 因此

$$k^\mu = (\omega, 0, 0, k^3) = (\omega, 0, 0, \omega), \tag{15.20}$$

这里 $k^3 = \omega$ 因为波矢是零矢量. 在这种情况下 $k^\mu C_{\mu\nu} = 0$ 和 $C_{0\nu} = 0$ 两个条件暗示着

$$C_{3\nu} = 0. \tag{15.21}$$

所以, $C_{\mu\nu}$ 中非零分量是 $C_{11}, C_{12}, C_{21}$ 和 $C_{22}$. 进一步地, 由迹零、对称条件, 可以把 $C_{\mu\nu}$ 写作

$$C_{\mu\nu} = \begin{pmatrix} 0 & 0 & 0 & 0 \\ 0 & C_{11} & C_{12} & 0 \\ 0 & C_{12} & -C_{11} & 0 \\ 0 & 0 & 0 & 0 \end{pmatrix}. \tag{15.22}$$

这样一个在调和规范下的子规范称为横向无迹规范 (transverse traceless gauge, 简记为 TT 规范), 有时也称作辐射规范 (radiation gauge). 在此规范下, 度规扰动是

无迹的, 与波矢垂直. 上面都是对 "迹相反" 扰动 $\bar{h}_{\mu\nu}$ 做的讨论, 并非扰动 $h_{\mu\nu}$ 本身. 然而, 在 TT 规范下

$$\bar{h}^{\mathrm{TT}}_{\mu\nu} = h^{\mathrm{TT}}_{\mu\nu}, \tag{15.23}$$

也就是说, 如果我们选择 TT 规范, 对两种扰动的讨论等价.

当然可以选择别的规范来讨论问题, 但在研究引力波的辐射时 TT 规范比较方便. 实际上, 如果只关心引力辐射, 则有如下定理.

**定理** 给定线性方程的任意解 $h_{\mu\nu}$, 只有其空间分量中无迹、横向部分 $h^{\mathrm{TT}}_{ij}$ 包含着引力辐射的信息, 与规范选择无关①.

此时无迹、横向意味着

$$\partial_i h^{\mathrm{TT}}_{ij} = 0, \quad \delta_{ij} h^{\mathrm{TT}}_{ij} = 0, \quad \bar{h}^{\mathrm{TT}}_{ij} = h^{\mathrm{TT}}_{ij}. \tag{15.24}$$

即使在其他规范下得到了平面波的分量, 也可以很容易地把它们转换到 TT 规范中. 定义一个投影算子 $P_{\mu\nu} = \eta_{\mu\nu} - n_\mu n_\nu$. 这个投影算子的作用是把矢量投影到与单位矢量 $n_\mu$ 正交的平面上. 我们可以取 $n_\mu$ 是一个类空矢量, 沿着引力波的传播方向: $n_0 = 0, n_j = k_j/\omega$, 则引力波扰动的横向分量为 $P_\mu{}^\rho P_\nu{}^\sigma h_{\rho\sigma}$. 可以进一步地减除迹的部分, 得到横向无迹的扰动

$$h^{\mathrm{TT}}_{\mu\nu} = P_\mu{}^\rho P_\nu{}^\sigma h_{\rho\sigma} - \frac{1}{2} P_{\mu\nu} P^{\rho\sigma} h_{\rho\sigma}. \tag{15.25}$$

### 15.1.3 引力波对点粒子的效应

为了探测引力波, 我们需要知道引力波的物理效应. 我们希望得到一个与坐标选择无关的物理效应, 因此关注相邻粒子间的相对运动. 我们知道在足够小的区域中, 由爱因斯坦的等效原理无法探测时空的弯曲, 或者说引力的存在, 必须通过考虑相邻粒子的测地偏离来探测引力波造成的时空涟漪. 因此, 考虑相邻的粒子束. 假设在局部参考系中一个粒子的 4-速度为 $u^\mu(x)$, 偏离矢量为 $S^\mu$, 则有测地偏离方程

$$\frac{\mathrm{D}^2}{\mathrm{d}\tau^2} S^\mu = R^\mu{}_{\nu\rho\sigma} u^\nu u^\rho S^\sigma, \tag{15.26}$$

到扰动 $h_{\mu\nu}$ 的一阶, 如果粒子的运动并不快, 由于黎曼张量已经是一阶小量, 可以取 $u^\nu = (1,0,0,0)$, 则方程右边由 $R^\mu{}_{00\sigma}$ 给出主要的贡献. 如我们所知,

$$R_{\mu00\sigma} = \frac{1}{2}(\partial_0\partial_0 h_{\mu\sigma} + \partial_\sigma\partial_\mu h_{00} - \partial_\sigma\partial_0 h_{\mu0} - \partial_\mu\partial_0 h_{\sigma0}), \tag{15.27}$$

①证明参见 arXiv: gr-qc/0501041, 2.2 节.

但 $h_{\mu 0}=0$, 所以

$$R_{\mu 00\sigma}=\frac{1}{2}\partial_0\partial_0 h_{\mu\sigma}. \tag{15.28}$$

对慢速粒子, $\tau=x^0=t$, 所以测地偏离方程变为

$$\frac{\partial^2}{\partial t^2}S^\mu=\frac{1}{2}S^\sigma\frac{\partial^2}{\partial t^2}h^\mu{}_\sigma. \tag{15.29}$$

如果引力波沿着 $x^3$ 运动, 则只有 $S^1$ 和 $S^2$ 两个方向会受到影响. 也就是说, 试探粒子只在垂直于波矢的方向上受到影响. 这与电磁学中类似, 电磁波也是横波, 电场和磁场都与波的传播方向正交.

引力波由两个量来刻画: $C_+=C_{11}$ 和 $C_\times=C_{12}$. 这两个分量的物理效应是不同的, 我们分别进行讨论. 首先假定 $C_\times=0$, 则有

$$\frac{\partial^2}{\partial t^2}S^1=\frac{1}{2}S^1\frac{\partial^2}{\partial t^2}(C_+\mathrm{e}^{\mathrm{i}k_\sigma x^\sigma}),\quad \frac{\partial^2}{\partial t^2}S^2=-\frac{1}{2}S^2\frac{\partial^2}{\partial t^2}(C_+\mathrm{e}^{\mathrm{i}k_\sigma x^\sigma}).$$

在最低阶, 上面的方程有解

$$S^1=\left(1+\frac{1}{2}C_+\mathrm{e}^{\mathrm{i}k_\sigma x^\sigma}\right)S^1(0),\quad S^2=\left(1-\frac{1}{2}C_+\mathrm{e}^{\mathrm{i}k_\sigma x^\sigma}\right)S^2(0).$$

这个解的物理图像是: 如果开始时粒子互相之间沿 $x^1$ 方向分开, 则这些粒子沿 $x^1$ 方向来回振荡; 同样对于沿 $x^2$ 方向分开的粒子, 它们也是沿 $x^2$ 方向来回振荡. 如果开始时在 $x^1$-$x^2$ 平面上有一组分布在圆环上的静态粒子, 当沿 $x^3$ 方向的引力波经过时, 这些粒子在该平面上的振荡方式是一个 "+" 形, 参见图 15.1. 而对于另一种情况 $C_+=0$ 但 $C_\times\neq 0$, 有

$$S^1=S^1(0)+\frac{1}{2}C_\times\mathrm{e}^{\mathrm{i}k_\sigma x^\sigma}S^2(0) \tag{15.30}$$

$$S^2=S^2(0)+\frac{1}{2}C_\times\mathrm{e}^{\mathrm{i}k_\sigma x^\sigma}S^1(0). \tag{15.31}$$

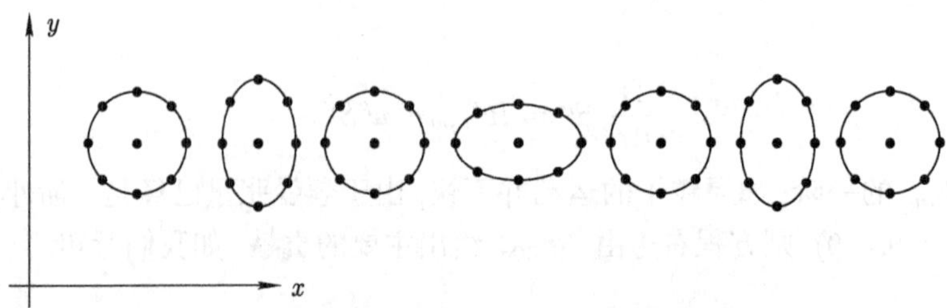


图 15.1 在引力波扰动 $C_+$ 下探测粒子的响应.

此时, 圆环上的粒子的振荡方式是一个 "×" 形, 如图 15.2 所示.

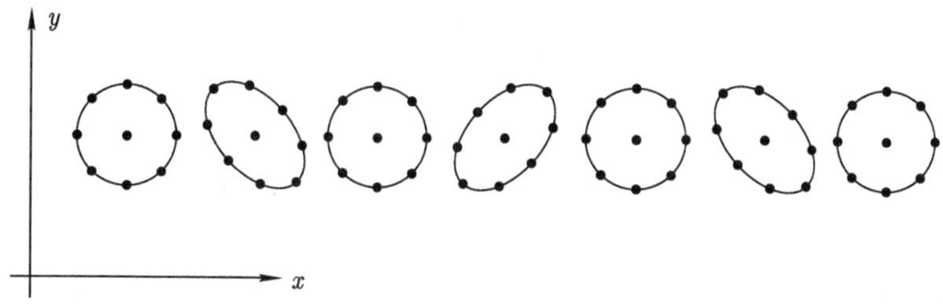


图 15.2 在引力波扰动 $C_\times$ 下探测粒子的响应.

我们可以类比于电磁波来考虑两种圆偏振模式. 定义

$$
\begin{aligned}
C_{\mathrm{R}} &= \frac{1}{\sqrt{2}}(C_+ + \mathrm{i}C_\times) \\
C_{\mathrm{L}} &= \frac{1}{\sqrt{2}}(C_+ - \mathrm{i}C_\times).
\end{aligned} \tag{15.32}
$$

一个纯 $C_{\mathrm{L}}$ 波将使平面上的粒子做一个向左旋转的运动, 如图 15.3 所示.

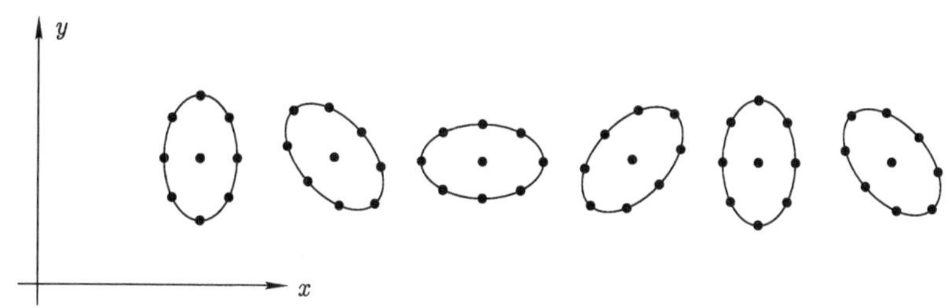


图 15.3 在圆偏振引力波扰动下探测粒子的响应.

电磁波与引力波类似, 都是横波, 具有两个传播物理自由度. 等价地, 可以认为电磁波有两种偏振或者极化态. 比如说, 如果波的传播方向是 $z$ 方向, 则在 $x$-$y$ 平面上有两种偏振态, 而且每一个偏振态在平面转动 360° 下保持不变. 在量子化以后, 这给出自旋为 1 的光子. 而对于无质量的费米子, 比如把中微子看作无质量粒子, 可以通过一个场来描述它. 在 360° 转动下, 费米场会变号. 它只有在转动 720° 以后才回到自身, 保持不变. 因此费米子 (中微子) 的自旋是 $\frac{1}{2}$. 更一般地, 自旋 $S$ 的场如果在转动 $\theta$ 角后极化模式保持不变, 则自旋为 $S = 360°/\theta$. 对于引力场而言, 前面的讨论已经告诉我们引力波对应着无质量的粒子, 但引力波的偏振态在转动 180° 后保持不变, 这意味着无质量粒子引力子的自旋应该是 2.

## *§15.2 扰动的一般性讨论

前面的讨论集中在引力扰动中具有传播自由度的引力波上面. 实际上, 还存在着其他重要的扰动项, 比如说与牛顿引力势相联的 $h_{00}$ 分量. 本节对扰动理论做进一步的介绍. 这些讨论可以推广到更一般的, 如宇宙学背景下的扰动中.

为简单起见, 我们仍然讨论在平直时空背景下的度规场扰动. 度规场扰动可以记作

$$h_{\mu\nu}=\begin{pmatrix}-2\varPhi & A_i\\ A_i & h_{ij}\end{pmatrix}. \tag{15.33}$$

写作分量的形式, 则有

$$h_{00}=-2\varPhi,\quad h_{0i}=A_i,\quad h_{ij}=2s_{ij}-2\varPsi\delta_{ij},$$

其中把空间分量分解成了迹的部分 $\varPsi$ 和无迹的部分 $s_{ij}$,

$$\begin{aligned}\varPsi&=-\frac{1}{6}\delta^{ij}h_{ij},\quad \text{迹的部分},\\ s_{ij}&=\frac{1}{2}\left(h_{ij}-\frac{1}{3}\delta^{kl}h_{kl}\delta_{ij}\right),\quad \text{无迹部分},\end{aligned}$$

这些分量中只有 $s_{ij}$ 包含着引力波自由度. 度规可以写作

$$\mathrm{d}s^2=-(1+2\varPhi)\mathrm{d}t^2+A_i(\mathrm{d}t\mathrm{d}x^i+\mathrm{d}x^i\mathrm{d}t)+[(1-2\varPsi)\delta_{ij}+2s_{ij}]\mathrm{d}x^i\mathrm{d}x^j.$$

这种分解可以推广到宇宙学扰动的讨论上. 这个度规对应的克里斯托弗符号为

$$\begin{aligned}\Gamma^0_{00}&=\partial_0\varPhi,\quad &\Gamma^i_{00}&=\partial_i\varPhi+\partial_0A_i,\\ \Gamma^0_{0j}&=\partial_j\varPhi,\quad &\Gamma^i_{j0}&=\partial_{[j}A_{i]}+\frac{1}{2}\partial_0h_{ij},\\ \Gamma^0_{jk}&=-\partial_{(j}A_{k)}+\frac{1}{2}\partial_0h_{jk},\quad &\Gamma^i_{jk}&=\partial_{(j}h_{k)i}-\frac{1}{2}\partial_ih_{jk}.\end{aligned}$$

考虑有质量粒子在此度规下的运动. 对有质量粒子 $p^\mu=\dfrac{\mathrm{d}x^\mu}{\mathrm{d}\lambda}(\lambda=\tau/m)$, 其中 $p^0=E,p^i=Ev^i$. 测地线方程是

$$\frac{\mathrm{d}p^\mu}{\mathrm{d}\lambda}+\Gamma^\mu_{\rho\sigma}p^\rho p^\sigma=0,\ \text{也即}\ \frac{\mathrm{d}p^\mu}{\mathrm{d}t}=-\Gamma^\mu_{\rho\sigma}\frac{p^\rho p^\sigma}{E}, \tag{15.34}$$

其中的 0 分量为

$$\frac{\mathrm{d}E}{\mathrm{d}t}=-E\left[\partial_0\varPhi+2\partial_k\varPhi v^k-\left(\partial_{(j}A_{k)}-\frac{1}{2}\partial_0h_{jk}\right)v^jv^k\right], \tag{15.35}$$

易见能量并不守恒. 这里的 $E$ 是粒子的惯性能量, 不包含粒子与引力场相互作用的能量, 与引力场的相互作用能量不守恒. 测地方程的 $i$ 分量给出

$$\frac{\mathrm{d}p_i}{\mathrm{d}t} = -E\left[g^i + (\boldsymbol{v}\times\boldsymbol{b}) - 2(\partial_0 h_{ij})v^j - \left(\partial_{(j}h_{k)i} - \frac{1}{2}\partial_i h_{jk}\right)v^j v^k\right], \quad (15.36)$$

这里

$$\begin{aligned} g^i &= -\partial_i \varPhi - \partial_0 A_i \quad (\text{引电场}),\\ b^i &= (\nabla\times\boldsymbol{A})^i = \varepsilon^{ijk}\partial_j A_k \quad (\text{引磁场}), \end{aligned}$$

我们可以与电动力学中的电磁规范势做比较, $(\varPhi, A_i) \to A_\mu$. 因此, 上面的引电场和引磁场可以看作某个规范势给出的场强张量的分量. 上面的方程中, 右边出现的 $E$ 可以看作引力荷, 类似于粒子的电荷. 如果忽略上面方程右边的最后两项, 则这个方程可以类比于带电粒子的洛伦兹力方程. 忽略掉的两项中, 一个来自于度规扰动空间分量随时间的变化, 而另一项来自于速度的平方项. 如果我们只考虑慢变的引力源, 并且粒子运动较慢, 这两项可以忽略. 在此近似下, 粒子的运动确实类似于带电粒子在电磁场中的运动. 注意, 在牛顿引力中, 引磁场是不存在的. 引磁场完全来自于引力的相对论性效应, 这类似于磁场可以看作电荷的相对论性效应.

由上面对扰动的分解, 可以求出黎曼张量, 保留到一阶项,

$$\begin{aligned} R_{0j0l} &= \partial_j\partial_l\Phi + \partial_0\partial_{(j}A_{l)} - \frac{1}{2}\partial_0\partial_0 h_{jl},\\ R_{0jkl} &= \partial_j\partial_{[k}A_{l]} - \partial_0\partial_{[k}h_{l]j},\\ R_{ijkl} &= \partial_j\partial_{[k}h_{l]i} - \partial_i\partial_{[k}h_{l]j}, \end{aligned}$$

而爱因斯坦张量为

$$\begin{aligned} G_{00} &= 2\nabla^2\varPsi + \partial_k\partial_l s^{kl},\\ G_{0j} &= -\frac{1}{2}\nabla^2 A_j + \frac{1}{2}\partial_j\partial_k A^k + 2\partial_0\partial_j\Psi + \partial_0\partial_k s_j{}^k,\\ G_{ij} &= (\delta_{ij}\nabla^2 - \partial_i\partial_j)(\varPhi - \varPsi) + \delta_{ij}\partial_0\partial_k A^k - \partial_0\partial_{(i}A_{j)}\\ &\quad +2\delta_{ij}\partial_0^2\varPsi - \Box s_{ij} + 2\partial_k\partial_{(i}s_{j)}{}^k - \delta_{ij}\partial_k\partial_l s^{kl}, \end{aligned} \quad (15.37)$$

其中 $\nabla^2 = \delta^{ij}\partial_i\partial_j$. 如前面我们讨论的那样, 度规扰动中只有很小一部分才是动力学自由度. 首先, 我们从爱因斯坦张量中可以看出 $\varPhi, \boldsymbol{A}$ 和 $\varPsi$ 不含时间导数, 因此没有动力学. 由爱因斯坦方程的 (00) 分量 $G_{00} = 8\pi G T_{00}$ 得

$$\nabla^2\varPsi = 4\pi G T_{00} - \frac{1}{2}\partial_k\partial_l s^{kl}. \quad (15.38)$$

可见 $\Psi$ 上没有时间导数, 因此并非一个传播自由度. 给定 $T_{00}, s^{kl}$, 并加上适当的边界条件就可以确定 $\Psi$ 了. 而由爱因斯坦方程的 $(0j)$ 分量 $G_{0j} = 8\pi G T_{0j}$ 可知,

$$(\delta_{jk}\nabla^2 - \partial_j\partial_k)A^k = -16\pi G T_{0j} + 4\partial_0\partial_j\Psi + 2\partial_0\partial_k s_j{}^k. \tag{15.39}$$

同样, $A^k$ 上没有时间导数, 它并非传播自由度. 最后, 由爱因斯坦方程的 $(jk)$ 分量 $G_{jk} = 8\pi G T_{jk}$ 可得 $(\delta_{ij}\nabla^2 - \partial_i\partial_j)\Phi = \cdots$, 可知 $\Phi$ 也由别的场确定. 因此, 唯一的传播自由度来自于剪切张量 $s_{ij}$. 其他的分量被 $s_{ij}$ 和能动张量确定. 这是在爱因斯坦引力中的结果. 在其他引力理论中, 度规张量的其他分量有可能变成动力学的①.

上面的度规扰动的分解中, $\Phi, \Psi$ 是自旋为零的标量, $A_i$ 是自旋为 1 的矢量, $s_{ij}$ 是自旋为 2 的张量. 在规范变换下, 这些场的变换行为是

$$\begin{aligned}
\Phi &\to \Phi + \partial_0\xi^0, \\
A_i &\to A_i + \partial_0\xi^i - \partial_i\xi^0, \\
\Psi &\to \Psi - \frac{1}{3}\partial_i\xi^i, \\
s_{ij} &\to s_{ij} + \partial_{(i}\xi_{j)} - \frac{1}{3}\partial_k\xi^k\delta_{ij}.
\end{aligned}$$

可以选择不同的规范变换参数来确定规范, 如取 $\nabla^2\xi^j + \frac{1}{3}\partial_j\partial_i\xi^i = -2\partial_i s^{ij}$, 从而得到

$$\partial_i s^{ij} = 0. \tag{15.40}$$

这个选择只用到了 $\xi^j$ 分量. 进一步地, 可以取 $\nabla^2\xi^0 = \partial_i A^i + \partial_0\partial_i\xi^i$, 我们发现

$$\partial_i A^i = 0. \tag{15.41}$$

关系式 (15.40) 和 (15.41) 称为横向规范. 这是因为其中的张量场和矢量场经过傅里叶变换可以发现都与波矢正交, 是横波. 这类似于电动力学中的库仑规范 $\partial_i A_i = 0$. 当然为了完全地确定规范参数 $(\xi^0, \xi^i)$, 我们需要取合适的边界条件.

我们也可以取其他的规范. 如果希望 $\Phi = 0$, 则要求 $\partial_0\xi^0 = -\Phi$, 而 $A^i = 0$ 要求 $\partial_0\xi^i = -A^i + \partial_i\xi^0$. 这两个使度规扰动与时间相关分量为零的规范称为同时 (synchronous) 规范, 它类似于电磁学中的静止 (temporal) 规范 $A^0 = 0$, 等价于取黎曼正则坐标. 在此规范下,

$$\mathrm{d}s^2 = -\mathrm{d}t^2 + (\delta_{ij} + h_{ij})\mathrm{d}x^i\mathrm{d}x^j. \tag{15.42}$$

①例如, 在非尔兹–泡利有质量引力理论中, 共有 5 个动力学自由度.

另一个经常使用的规范即前面讨论的调和规范, 或者称为洛伦茨规范:

$$\partial_\mu h^\mu{}_\nu - \frac{1}{2}\partial_\nu h = 0. \tag{15.43}$$

此规范下的线性化爱因斯坦方程较简单.

我们可以进一步地分析一下矢量扰动和张量扰动中的自由度. 在矢量扰动中, 矢量场总可以分解为 $A^i = A^i_\perp + A^i_\parallel$, 其中

$$\begin{aligned} \partial_i A^i_\perp = 0, &\quad \text{无散, 横向,} \\ \varepsilon^{ijk}\partial_j A_{\parallel k} = 0, &\quad \text{无旋, 纵向.} \end{aligned}$$

这两个关系可以解出

$$\begin{aligned} A^i_\perp &= \varepsilon^{ijk}\partial_j \xi_k, \\ A_{\parallel i} &= \partial_i \lambda. \end{aligned} \tag{15.44}$$

这里 $\xi^k$ 并不能唯一确定, 除非加上条件 $\partial_i\xi^i = 0$. 也就是说, 对于 $\xi^k$, 存在规范变换 $\xi_i \to \xi_i + \partial_i A$, 变换后的 $\xi^k$ 仍然能够满足无散、横向条件. 因此, 原来 $\xi^k$ 的 3 个自由度由于规范变换的存在去掉了一个自由度, 最终只有两个物理自由度. 而 $\lambda$ 给出一个物理自由度, 所以矢量扰动包含 3 个自由度.

对于张量扰动 $s^{ij}$ 而言, 它总可以分解成 $s^{ij} = s^{ij}_\perp + s^{ij}_{\rm s} + s^{ij}_\parallel$, 其中

$$\begin{aligned} \partial_i s^{ij}_\perp = 0, &\quad \text{无散、横向部分,} \\ \partial_i\partial_j s^{ij}_{\rm s} = 0, &\quad \text{螺线 (solenoidal) 部分, 即 } s^{ij}_s \text{ 的散度是横向的,} \\ \varepsilon^{jkl}\partial_k\partial_i s^i_{\parallel j} = 0, &\quad \text{无旋、纵向部分.} \end{aligned} \tag{15.45}$$

后面两个方程可以求解得到

$$\begin{aligned} s_{\parallel ij} &= \left(\partial_i\partial_j - \frac{1}{3}\delta_{ij}\nabla^2\right)\theta, \\ s_{{\rm s}ij} &= \partial_{(i}\zeta_{j)}, \quad \text{当 } \partial_i\zeta^i = 0 \text{ 时.} \end{aligned}$$

不难看出, 对称无迹的 $s^{ij}$ 中的 5 个自由度来自于 $\theta(1), \zeta^j(2), s^{ij}_\perp(2)$ (括号中的数字代表自由度的个数). 如果我们取横向、无迹规范, 则会得到真空中的引力波. 此时, 唯一非零的度规扰动分量是 $s^{ij}_\perp$.

度规场扰动 $h_{\mu\nu}$ 包含 10 个自由度, 分别是 $\Phi, \Psi, \lambda, \theta, \xi^i, \zeta^i, s^{ij}_\perp$, 规范选择后去掉了 4 个, 剩下 6 个自由度, 其中只有 $s^{ij}_\perp$ 是动力学传播自由度, 而其他 4 个自由度是描述引电场和引磁场的.

考虑一个静态的源, 如尘埃, $T_{\mu\nu}=\rho u_\mu u_\nu$. 在横向规范下, 静止的源导致没有时间导数项, 爱因斯坦方程变为

$$\nabla^2\Psi=4\pi G\rho,\quad \nabla^2 A_j=0,$$
$$(\delta_{ij}\nabla^2-\partial_i\partial_j)(\Phi-\Psi)-\nabla^2 s_{ij}=0.$$

如果要求解是非奇异的且在无穷远处行为良好, 则 $A_j=0$. 对最后一个方程取迹, 发现 $\nabla^2(\Phi-\Psi)=0$, 因此有

$$\Phi=\Psi,\quad \nabla^2 s_{ij}=0\Rightarrow s_{ij}=0. \tag{15.46}$$

这样, 度规变成了

$$\mathrm{d}s^2=-(1+2\Phi)\mathrm{d}t^2+(1-2\Phi)\mathrm{d}\boldsymbol{x}^2, \tag{15.47}$$

其中待定的函数正是牛顿引力势, 满足泊松方程 $\nabla^2\Psi=4\pi G\rho$.

## §15.3 引力辐射

对于 "迹相反" 的扰动, 它们满足线性相对论性波动方程 $\Box\bar{h}_{\mu\nu}=-16\pi GT_{\mu\nu}$, 其中的能动张量可以当作产生波的源. 这个方程与电动力学中电磁波满足的方程类似, 差别只在于源的不同. 因此, 我们可以利用熟知的格林函数方法来求解:

$$\Box_x G(x^\sigma-y^\sigma)=\delta^4(x^\sigma-y^\sigma), \tag{15.48}$$

其中 $\Box_x$ 代表着相对于坐标 $x^\sigma$ 的达朗贝尔算子, 而 $G(x^\sigma-y^\sigma)$ 是格林函数. 线性化爱因斯坦方程的一般解为

$$\bar{h}_{\mu\nu}(x^\sigma)=-16\pi G\int G(x^\sigma-y^\sigma)T_{\mu\nu}(y^\sigma)\,\mathrm{d}^4y, \tag{15.49}$$

这里的格林函数由 (15.48) 给出, 可以是 "延迟" 格林函数或者是 "推前" 格林函数, 依赖于波的方向是沿时间向前还是向后. 我们关心的是引力源在过去产生的引力波传播到探测器的物理过程, 因此应该使用延迟格林函数, 它可以帮助我们得到之前产生信号的累加效应. 延迟格林函数形如

$$G(x^\sigma-y^\sigma)=-\frac{1}{4\pi|\boldsymbol{x}-\boldsymbol{y}|}\delta[|\boldsymbol{x}-\boldsymbol{y}|-(x^0-y^0)]\ \theta(x^0-y^0), \tag{15.50}$$

其中 $\theta(x^0-y^0)$ 是一个阶梯函数,

$$\theta(x^0-y^0)=\begin{cases}1, & x^0>y^0,\\ 0, & x^0<y^0,\end{cases} \tag{15.51}$$

由此得到扰动的解

$$\bar{h}_{\mu\nu}(t,\boldsymbol{x})=4G\int\frac{1}{|\boldsymbol{x}-\boldsymbol{y}|}T_{\mu\nu}(t-|\boldsymbol{x}-\boldsymbol{y}|,\boldsymbol{y})\ \mathrm{d}^3\boldsymbol{y}, \tag{15.52}$$

其中 $t=x^0$. 我们可以定义一个延迟时间: $t_\mathrm{r}=t-|\boldsymbol{x}-\boldsymbol{y}|$. 这个解的物理意义是: 在 $(t,\boldsymbol{x})$ 处的引力场扰动来自于在过去光锥中 $(t_\mathrm{r},\boldsymbol{x}-\boldsymbol{y})$ 处能动张量源产生的影响, 如图 15.4 所示.

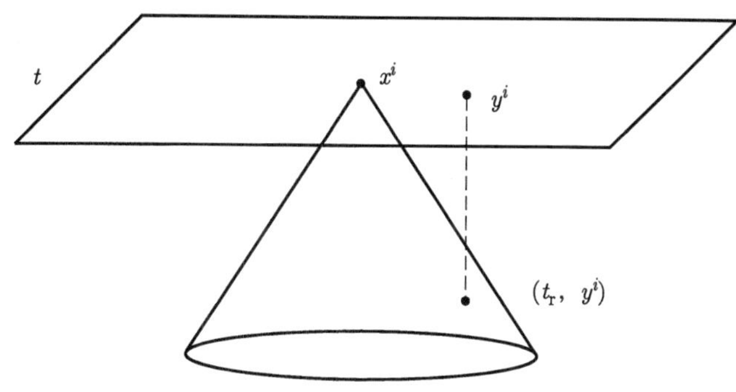


图 15.4 延迟时间示意图.

### 15.3.1 孤立源的引力辐射

在宇宙中, 产生可观测引力辐射的源离我们都很远. 如果不考虑原初引力波的辐射, 而只考虑质量分布产生的引力波, 这些引力波源可以很好地近似看作孤立的, 而且整体运动是非相对论性的. 利用时间方向的傅里叶变换,

$$\begin{aligned}\widetilde{\phi}(\omega,\boldsymbol{x})&=\frac{1}{\sqrt{2\pi}}\int\mathrm{d}t\ \mathrm{e}^{\mathrm{i}\omega t}\phi(t,\boldsymbol{x}),\\ \phi(t,\boldsymbol{x})&=\frac{1}{\sqrt{2\pi}}\int\mathrm{d}\omega\ \mathrm{e}^{-\mathrm{i}\omega t}\widetilde{\phi}(\omega,\boldsymbol{x}),\end{aligned} \tag{15.53}$$

对横向无迹扰动做傅里叶变换, 有

$$\begin{aligned}\widetilde{\bar{h}}_{\mu\nu}(\omega,\boldsymbol{x})&=\frac{1}{\sqrt{2\pi}}\int\mathrm{d}t\ \mathrm{e}^{\mathrm{i}\omega t}\bar{h}_{\mu\nu}(t,\boldsymbol{x})\\ &=\frac{4G}{\sqrt{2\pi}}\int\mathrm{d}t\ \mathrm{d}^3\boldsymbol{y}\ \mathrm{e}^{\mathrm{i}\omega t}\ \frac{T_{\mu\nu}(t-|\mathbf{x}-\boldsymbol{y}|,\boldsymbol{y})}{|\boldsymbol{x}-\boldsymbol{y}|}\\ &=\frac{4G}{\sqrt{2\pi}}\int\mathrm{d}t_r\ \mathrm{d}^3\boldsymbol{y}\ \mathrm{e}^{\mathrm{i}\omega t_r}\mathrm{e}^{\mathrm{i}\omega|\boldsymbol{x}-\boldsymbol{y}|}\frac{T_{\mu\nu}(t_\mathrm{r},\boldsymbol{y})}{|\boldsymbol{x}-\boldsymbol{y}|}\\ &=4G\int\mathrm{d}^3\boldsymbol{y}\ \mathrm{e}^{\mathrm{i}\omega|\boldsymbol{x}-\boldsymbol{y}|}\frac{\widetilde{T}_{\mu\nu}(\omega,\boldsymbol{y})}{|\boldsymbol{x}-\boldsymbol{y}|}.\end{aligned} \tag{15.54}$$

如果源的中心离我们的距离是 $R$, 则源的分布距我们 $R+\delta R$. 由于源是孤立、遥远的, 源本身的分布相对于离我们的距离是一个很小的量, 即 $\delta R \ll R$. 如图 15.5 所示, 假定源本身的变化并不剧烈, 其产生引力波的频率较低, 则 $\delta R \ll \omega^{-1}$. 在此近似下,

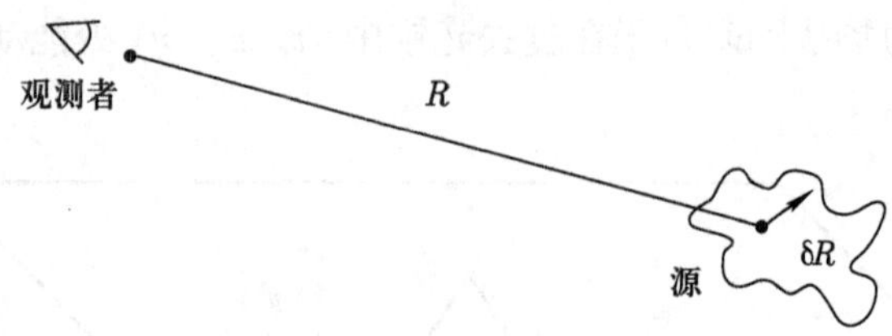


图 15.5 孤立源示意图.

$$\mathrm{e}^{\mathrm{i}\omega|\boldsymbol{x}-\boldsymbol{y}|}/|\boldsymbol{x}-\boldsymbol{y}| \approx \mathrm{e}^{\mathrm{i}\omega R}/R, \tag{15.55}$$

而扰动简化为

$$\tilde{\bar{h}}_{\mu\nu}(\omega,\boldsymbol{x}) = 4G\frac{\mathrm{e}^{\mathrm{i}\omega R}}{R}\int \mathrm{d}^3\boldsymbol{y}\ \widetilde{T}_{\mu\nu}(\omega,\boldsymbol{y}). \tag{15.56}$$

利用调和规范条件

$$\partial_\mu \bar{h}^{\mu\nu}(t,\boldsymbol{x}) = 0$$

可得

$$\tilde{\bar{h}}^{0\nu} = -\frac{\mathrm{i}}{\omega}\partial_i \tilde{\bar{h}}^{i\nu}, \tag{15.57}$$

因此, 知道 $\tilde{\bar{h}}^{ij}$ 也就知道了 $\tilde{\bar{h}}^{0j}$ 和 $\tilde{\bar{h}}^{00}$. 所以, 我们只需要关心扰动的类空分量 $\tilde{\bar{h}}_{\mu\nu}(\omega,\boldsymbol{x})$ 即可. 为此, 需要对 $\widetilde{T}_{\mu\nu}(\omega,\boldsymbol{y})$ 的类空分量做积分. 利用分部积分

$$\int \mathrm{d}^3\boldsymbol{y}\ \widetilde{T}^{ij}(\omega,\boldsymbol{y}) = \int \partial_k(y^i\widetilde{T}^{kj})\ \mathrm{d}^3\boldsymbol{y} - \int y^i(\partial_k\widetilde{T}^{kj})\ \mathrm{d}^3\boldsymbol{y}, \tag{15.58}$$

而能动张量守恒

$$\partial_\mu T^{\mu\nu} = 0, \tag{15.59}$$

可推出

$$\partial_k \widetilde{T}^{k\mu} = \mathrm{i}\omega\widetilde{T}^{0\mu},$$

最终我们得到

$$\begin{aligned}\int \mathrm{d}^3\boldsymbol{y}\ \widetilde{T}^{ij}(\omega,\boldsymbol{y}) &= -\mathrm{i}\omega\int y^i\widetilde{T}^{0j}\ \mathrm{d}^3\boldsymbol{y}\\ &= -\frac{\mathrm{i}\omega}{2}\int(y^i\widetilde{T}^{0j}+y^j\widetilde{T}^{0i})\ \mathrm{d}^3\boldsymbol{y}\\ &= -\frac{\mathrm{i}\omega}{2}\int[\partial_l(y^iy^j\widetilde{T}^{0l})-y^iy^j(\partial_l\widetilde{T}^{0l})]\ \mathrm{d}^3\boldsymbol{y}\\ &= -\frac{\omega^2}{2}\int y^iy^j\widetilde{T}^{00}\ \mathrm{d}^3\boldsymbol{y}.\end{aligned} \tag{15.60}$$

由此可见, 引力波扰动在缓变孤立源近似下由能量密度的分布决定. 定义一个能量密度的四极矩

$$q_{ij}(t) = \int y^iy^jT^{00}(t,\boldsymbol{y})\ \mathrm{d}^3\boldsymbol{y}, \tag{15.61}$$

它在某时刻是一个只有空间分量的常数张量. 利用此四极矩的时间傅里叶变换可以得到

$$\widetilde{\bar{h}}_{ij}(\omega,\boldsymbol{x}) = -\frac{2G\omega^2\mathrm{e}^{\mathrm{i}\omega R}}{R}\widetilde{q}_{ij}(\omega). \tag{15.62}$$

再变换回时间, 则有

$$\begin{aligned}\bar{h}_{ij}(t,\boldsymbol{x}) &= -\frac{1}{\sqrt{2\pi}}\frac{2G}{R}\int \mathrm{d}\omega\ \mathrm{e}^{-\mathrm{i}\omega(t-R)}\omega^2\widetilde{q}_{ij}(\omega)\\ &= \frac{1}{\sqrt{2\pi}}\frac{2G}{R}\frac{\mathrm{d}^2}{\mathrm{d}t^2}\int \mathrm{d}\omega\ \mathrm{e}^{-\mathrm{i}\omega t_r}\widetilde{q}_{ij}(\omega)\\ &= \frac{2G}{R}\frac{\mathrm{d}^2q_{ij}}{\mathrm{d}t^2}(t_\mathrm{r}),\end{aligned} \tag{15.63}$$

其中 $t_\mathrm{r} = t - R$ 是前面定义的延迟时间.

**例 15.1** 双星系统.

考虑在 $x^1$-$x^2$ 平面上做圆周运动的两个质量为 $M$ 的恒星, 它们的质心距离为 $r$, 如图 15.6 所示. 我们暂时不考虑相对论效应, 而认为它们的运动可以通过牛顿近似来确定:

$$\frac{GM^2}{(2r)^2} = \frac{Mv^2}{r}, \tag{15.64}$$

由此得

$$v = \left(\frac{GM}{4r}\right)^{1/2}.$$

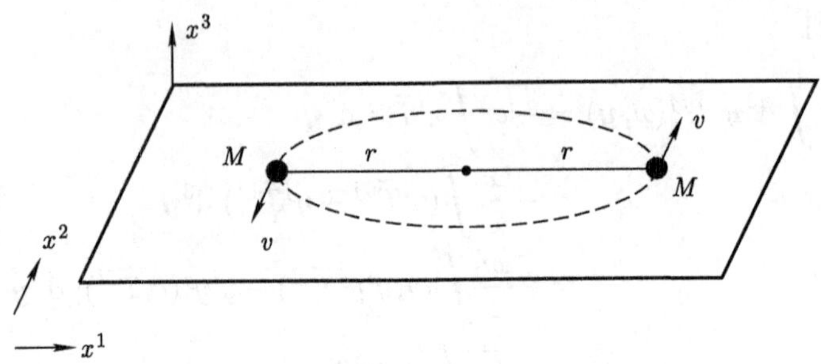


图 15.6 在一个平面上做圆周运动的双星.

轨道周期是 $T=\dfrac{2\pi r}{v}$, 角频率为 $\Omega=\dfrac{2\pi}{T}=\left(\dfrac{GM}{4r^3}\right)^{1/2}$. 这两个恒星的轨道为: 对恒星 $a$, 轨道为

$$x_a^1=r\cos\Omega t,\quad x_a^2=r\sin\Omega t; \tag{15.65}$$

而对恒星 $b$, 轨道为

$$x_b^1=-r\cos\Omega t,\quad x_b^2=-r\sin\Omega t. \tag{15.66}$$

相应的能量密度为

$$\begin{aligned}T^{00}(t,\boldsymbol{x})=M\delta(x^3)[&\delta(x^1-r\cos\Omega t)\delta(x^2-r\sin\Omega t)\\&+\delta(x^1+r\cos\Omega t)\delta(x^2+r\sin\Omega t)].\end{aligned}$$

因此, 质量四极矩为

$$\begin{aligned}&q_{11}=2Mr^2\cos^2\Omega t=Mr^2(1+\cos 2\Omega t),\\&q_{22}=2Mr^2\sin^2\Omega t=Mr^2(1-\cos 2\Omega t),\\&q_{12}=q_{21}=2Mr^2(\cos\Omega t)(\sin\Omega t)=Mr^2\sin 2\Omega t,\\&q_{i3}=0,\end{aligned} \tag{15.67}$$

度规扰动为

$$\bar{h}_{ij}(t,\boldsymbol{x})=\frac{8GM}{R}\Omega^2r^2\begin{pmatrix}-\cos 2\Omega t_{\rm r} & -\sin 2\Omega t_{\rm r} & 0\\ -\sin 2\Omega t_{\rm r} & \cos 2\Omega t_{\rm r} & 0\\ 0 & 0 & 0\end{pmatrix}. \tag{15.68}$$

其他分量可以通过调和规范条件给出.

### 15.3.2 引力辐射的多极展开

对于一般的引力波源, 可以通过多极展开进行定性的讨论. 如前所述, 引力扰动的一般解为

$$\bar{h}_{\mu\nu}(t,\boldsymbol{x}) = 4G\int \frac{1}{|\boldsymbol{x}-\boldsymbol{y}|} T_{\mu\nu}(t-|\boldsymbol{x}-\boldsymbol{y}|,\boldsymbol{y})\ \mathrm{d}^3\boldsymbol{y}. \tag{15.69}$$

我们可以把引力波源的质心放在原点, 令 $r \equiv |\boldsymbol{x}|$ 表示远处产生的引力波扰动. 由多极展开

$$\frac{1}{|\boldsymbol{x}-\boldsymbol{y}|} = \frac{1}{r} + y^i\frac{x_i}{r^3} + y^i y^j\left(\frac{3x_i x_j - r^2\delta_{ij}}{r^5}\right) + \cdots, \tag{15.70}$$

可得引力扰动的逐阶展开

$$\begin{aligned}
\bar{h}^{\mu\nu} &= 4G\left[\frac{1}{r}\int T^{\mu\nu}(t_r,\boldsymbol{y})\mathrm{d}^3\boldsymbol{y} + \frac{x_i}{r^3}\int T^{\mu\nu}(t_r,\boldsymbol{y})y^i\mathrm{d}^3\boldsymbol{y} + \cdots\right] \\
&= 4G\sum_{l=0}^{\infty}\frac{(-)^l}{l!}M^{\mu\nu i_1\cdots i_l}(t_r)\partial_{i_1}\cdots\partial_{i_l}\left(\frac{1}{r}\right), \\
M^{\mu\nu i_1\cdots i_l}(t) &= \int T^{\mu\nu}(t,\boldsymbol{y})y^{i_1}\cdots y^{i_l}\mathrm{d}^3\boldsymbol{y}.
\end{aligned} \tag{15.71}$$

因此, $l$ 极矩的幅度大约与距离的 $l+1$ 次方成反比, 越高阶极矩对扰动的贡献越小.

对于致密的源, 最主要的贡献来自于 $l=0$, 即单极矩

$$\bar{h}^{\mu\nu} = \frac{4G}{c^4 r}\int T^{\mu\nu}(t-r,\boldsymbol{y})\mathrm{d}^3\boldsymbol{y}, \tag{15.72}$$

其中 $\int T^{00}\mathrm{d}^3\boldsymbol{y} \equiv Mc^2$, $\int T^{0i}\mathrm{d}^3\boldsymbol{y} \equiv P^i c$, 而 $\int T^{ij}\mathrm{d}^3\boldsymbol{y}$ 是源内部剪切应力张量的和. 对孤立的源, 由能动量守恒 $\partial_\mu T^{\mu\nu}=0$ 可知 $M, P^i$ 守恒. 由于我们已经取了质心系, 如果没有转动, 则 $P^i=0$, 此时有

$$\bar{h}^{00} = \frac{4GM}{c^2 r},\quad \bar{h}^{i0} = \bar{h}^{0i} = 0. \tag{15.73}$$

我们可以与电磁辐射做一个比较. 对于电磁辐射, 规范势满足方程 $\Box A_\mu = -4\pi J_\mu$. 在洛伦茨规范 $\partial^\mu A_\mu = 0$ 下, 其一般解为

$$A_\mu(\boldsymbol{x}) = \int \mathrm{d}^3\boldsymbol{x}'\frac{\mathrm{e}^{\mathrm{i}k|\boldsymbol{x}-\boldsymbol{x}'|}}{|\boldsymbol{x}-\boldsymbol{x}'|}J_\mu(x'), \tag{15.74}$$

其中 $A_\mu(\boldsymbol{x},t)=A_\mu(\boldsymbol{x})\mathrm{e}^{-\mathrm{i}\omega t}, J_\mu(\boldsymbol{x},t)=J_\mu(\boldsymbol{x})\mathrm{e}^{-\mathrm{i}\omega t}, k=|\boldsymbol{k}|=\omega$. 在远离辐射源的区域 $r\gg 1/k\Rightarrow |\boldsymbol{x}-\boldsymbol{x}'|\approx r-\hat{n}\cdot\boldsymbol{x}'$, 因此

$$
\begin{aligned}
A_\mu(\boldsymbol{x})&=\frac{\mathrm{e}^{\mathrm{i}k\cdot r}}{r}\int \mathrm{d}^3\boldsymbol{x}' J_\mu(x')\mathrm{e}^{-\mathrm{i}k\hat{n}\cdot\boldsymbol{x}'}\\
&=\frac{\mathrm{e}^{\mathrm{i}k\cdot r}}{r}\sum_b\frac{(-\mathrm{i}k)^b}{b!}\int \mathrm{d}^3\boldsymbol{x}' J_\mu(x')(\hat{n}\cdot\boldsymbol{x}')^b.
\end{aligned}\tag{15.75}
$$

最低阶 $b=0$, 相应的规范势为

$$
\begin{aligned}
A_0(\boldsymbol{x},t)&=\int \mathrm{d}^3\boldsymbol{x}'\frac{J_0(\boldsymbol{x}',t-|\boldsymbol{x}-\boldsymbol{x}'|)}{|\boldsymbol{x}-\boldsymbol{x}'|}\\
&\approx\int \mathrm{d}^3\boldsymbol{x}'\frac{J_0(\boldsymbol{x}',t-r)}{r}=-\frac{1}{r}\int \mathrm{d}^3\boldsymbol{x}'\rho(\boldsymbol{x}',t-r)\\
&=-\frac{q(t_r)}{r}=-\frac{q}{r}
\end{aligned}\tag{15.76}
$$

$$
\boldsymbol{A}(\boldsymbol{x},t)=\frac{\mathrm{e}^{\mathrm{i}(kr-\omega t)}}{r}\int \mathrm{d}^3\boldsymbol{x}'\boldsymbol{J}(\boldsymbol{x}').\tag{15.77}
$$

也就是说, 离源很远的地方静电势由总电荷给出. 利用关系 $\int \boldsymbol{x}'(\nabla\cdot\boldsymbol{J})\mathrm{d}^3\boldsymbol{x}' = -\int \mathrm{d}^3\boldsymbol{x}' J(\boldsymbol{x}')$, 以及电荷守恒的连续性条件 $\nabla\cdot\boldsymbol{J}=\mathrm{i}\omega\rho$, 我们得到

$$
\begin{aligned}
\boldsymbol{A}(\boldsymbol{x},t)&=-\frac{\mathrm{i}\omega\mathrm{e}^{\mathrm{i}(kr-\omega t)}}{r}\int \mathrm{d}^3\boldsymbol{x}'\boldsymbol{x}'\rho(\boldsymbol{x}')=-\frac{\mathrm{i}\omega\mathrm{e}^{\mathrm{i}(kr-\omega t)}}{r}\boldsymbol{P}\\
&=-\frac{\mathrm{i}\omega\boldsymbol{P}(t_r)}{r}=\frac{1}{r}\left(\frac{\mathrm{d}\boldsymbol{P}}{\mathrm{d}t}\right)_{t_r},
\end{aligned}\tag{15.78}
$$

其中 $\boldsymbol{P}$ 是电偶极矩. 对于更高阶, 规范势 $A\approx\frac{1}{r}\sum_l\frac{\mathrm{d}^l}{\mathrm{d}t^l}(E_l+M_l)$, 这里的电多极矩和磁多极矩分别为

$$
E_l\propto\int (x')^l\rho(x')\mathrm{d}^3\boldsymbol{x}',\quad M_l\propto\int (x')^l v(x')\rho(x')\mathrm{d}^3\boldsymbol{x}'.\tag{15.79}
$$

如果我们考虑源是束缚在某个区域, 具有总电荷 $Q$、内部速度 $v$ 和大小 $L$, 假定源大致以某种周期变化, 则

$$
\begin{aligned}
E_l&\propto QL^l,\\
M_l&\propto QvL^l,
\end{aligned}\tag{15.80}
$$

由此得

$$
\begin{aligned}
\frac{\mathrm{d}^l E_l}{\mathrm{d}t^l}&\propto Qv^l=Q\left(\frac{v}{c}\right)^l,\\
\frac{\mathrm{d}^l M_l}{\mathrm{d}t^l}&\propto Qv^{l+1}=Q\left(\frac{v}{c}\right)^{l+1}.
\end{aligned}
$$

多极矩增加一阶, 则贡献被压低 $\dfrac{v}{c}$. 对于 $l=0$ 的单极矩, 由电荷守恒不会给出辐射.

对于引力辐射, $\Box h_{\mu\nu}=-16\pi GT_{\mu\nu}$. 与电磁辐射类似, 有

$$h_l^M \propto \frac{1}{r}\frac{\mathrm{d}^l}{\mathrm{d}t^l}M_l, \quad h_l^S \propto \frac{1}{r}\frac{\mathrm{d}^l}{\mathrm{d}t^l}S_l, \tag{15.81}$$

这里 $M_l$ 和 $S_l$ 分别是质量多极矩和流多极矩,

$$M_l \propto \int (x')^l \rho(x')\mathrm{d}^3\boldsymbol{x}', \quad S_l \propto \int (x')^l v(x')\rho(x')\mathrm{d}^3\boldsymbol{x}'. \tag{15.82}$$

因为度规扰动是没有量纲的, 我们可以把牛顿引力常数、光速等放回各种物理量中: 质量 $\to G/c^2$, 时间 $\to c$, 速度 $\to 1/c$ . 由此我们得到

$$h_l^M \propto \frac{1}{r}\frac{G}{c^{l+2}}\frac{\mathrm{d}^l}{\mathrm{d}t^l}M_l, \quad h_l^S \propto \frac{1}{r}\frac{G}{c^{l+3}}\frac{\mathrm{d}^l}{\mathrm{d}t^l}S_l. \tag{15.83}$$

基本上, 每高一阶极矩, 贡献就多一阶 $\dfrac{v}{c}$ 压低. 引力势最主要的贡献来自于质量单极矩,

$$l=0, \quad h_0^M=\frac{G}{c^2}\frac{M_0}{r}, \quad M_0=\int \mathrm{d}^3\boldsymbol{x}'\rho(x')\equiv M_{\text{system}}.$$

这正好给出牛顿引力势. 由质量和能量守恒, 它是一个常数, 不随时间变化, 不会给出引力辐射. 下一阶来自于质量偶极矩的贡献,

$$h_1^M \propto \frac{1}{r}\frac{G}{c^3}\frac{\mathrm{d}M_1}{\mathrm{d}t}, \quad M_1=\int \mathrm{d}^3\boldsymbol{x}'x'\rho(x'). \tag{15.84}$$

由于 $\dfrac{\mathrm{d}M_1}{\mathrm{d}t}$ 正比于总动量, 因此它也只是一个纯规范. 由动量守恒, 没有引力辐射. 再下一阶来自于流偶极矩

$$h_1^S \propto \frac{1}{r}\frac{G}{c^4}\frac{\mathrm{d}S_1}{\mathrm{d}t}, \quad S_1=\int \mathrm{d}^3\boldsymbol{x}'x'v(x')\rho(x'). \tag{15.85}$$

因为 $h_1^S\propto\dfrac{\mathrm{d}J}{\mathrm{d}t}$, 而 $J$ 是角动量, 它是一个守恒量, 也不导致引力辐射. 接下来是质量四极矩的贡献,

$$h_2^M \propto \frac{1}{r}\frac{G}{c^4}\frac{\mathrm{d}^2M_2}{\mathrm{d}t^2}, \quad M_2=\int \mathrm{d}^3\boldsymbol{x}'x_1'x_2'\rho(x'). \tag{15.86}$$

它给出了引力辐射的最重要的贡献. 其大小幅度可以估算, 由于其内部速度为 $\dfrac{\mathrm{d}x'}{\mathrm{d}t}$ $\sim v_{\text{int}}$, 所以

$$h_2^M \propto M_{\rm tot} v_{\rm int}^2 \propto (KE)_{\rm int} \quad (\text{内部动能}), \tag{15.87}$$

或者更精确地 $h_2^M \propto \frac{1}{r}\frac{G}{c^4}(KE)_{\rm int}$. 考虑一个恒星质量的源, 其内部动能 $(KE)_{\rm int} \propto 1M_\odot c^2 \approx 1.8 \times 10^{54}$ erg, 而它离我们的典型距离 $r \approx 100$ Mpc $\approx 3.1 \times 10^{26}$ cm. 考虑到

$$G/c^4 = 8.26 \times 10^{-50}\ \text{cm/erg}, \tag{15.88}$$

我们可以估算引力辐射的大小 $h_{\rm rad}$ 约为 $10^{-21} \sim 10^{-22}$.

由前面的讨论可见, 一个孤立的非相对论性物体产生的引力波正比于能量密度四极矩的二阶导数. 而对于电磁辐射而言, 我们可以用类似的方法讨论并发现其来源于荷密度产生的变化偶极矩. 数学上, 这个差异来自于引力波是一个二阶张量, 而电磁波是一个一阶张量. 物理上, 差异来自于引力本身的普适性质. 一个变化的偶极矩来自于密度中心的变化, 对于电磁学来说是电荷密度的变化, 对于引力来说是能量密度的变化. 然而, 对于一个孤立系统来说, 质心的振荡破坏了动量守恒, 因此是不存在的. 换句话说, 动量守恒防止了变化的偶极矩产生引力辐射, 而能量密度的四极矩刻画了系统的形状, 通常比偶极矩小得多.

与电磁辐射比较, 引力辐射要弱得多. 除了引力辐射是更高极矩产生这个原因以外, 更重要的原因是引力的耦合强度远小于电磁耦合强度, 所以引力比电磁力弱得多. 实际上, 引力是自然界中最弱的力. 尽管引力辐射的幅度很小, 很难被探测到, 其带走的能量却不可小觑. 实际上, 单位时间里的能量损失大约是

$$\frac{\mathrm{d}E}{\mathrm{d}t} = \int T^{0i}\mathrm{d}a_i \propto \frac{c^3}{G} r^2 \left|\frac{\mathrm{d}h}{\mathrm{d}t}\right|^2. \tag{15.89}$$

如果 $h \approx 10^{-22}$, 频率大约是 100 Hz, 则辐射功率为

$$\frac{\mathrm{d}E}{\mathrm{d}t} \approx 10^{53}\ \text{erg/s} \approx 10^{20}\ \text{太阳的亮度}. \tag{15.90}$$

## §15.4 引力辐射的能动张量

在广义相对论中, 一个长期困扰人们的问题是如何定义引力扰动的能量. 这个问题的困难之处不止是技术上的, 也有概念上的. 实际上, 我们不知道如何一般性地给出引力场中能量的局部定义. 严格地说, 广义相对论中的度规场本身就是动力学的, 很难毫无争议地把一个度规场分解成背景场的部分和扰动场的部分. 如何定义引力扰动的能动张量并没有广为接受的方案. 一个可能的方案是定义所谓的准局域 (quasi-local) 质量. 然而, 在弱场近似下, 情况要好得多, 因为我们至少知道背景

场就是一个平坦时空. 此外, 度规扰动可以简单地看作平坦时空上的一个对称张量场. 此时, 有几种方案来定义引力子的能动张量 $T^{\mu\nu}$. 幸运的是, 这些方案对一些良定义的问题, 如双星系统, 都给出了相同的答案.

技术上说, 引力子的能动张量$T^{\mu\nu}$ 应该是什么样的呢? 对电磁场和标量场, 它们的能动张量都是相关场的导数的平方项. 这样的话, 我们可以期待能动张量应该是 $h_{\mu\nu}$ 的平方项. 因此, 必须展开到度规扰动的二阶项才有可能得到能动张量. 如果度规扰动是 $g_{\mu\nu} = \eta_{\mu\nu} + h_{\mu\nu}$, 则在第一阶

$$G^{(1)}_{\mu\nu}[\eta + h] = 0, \tag{15.91}$$

其中 $G^{(1)}_{\mu\nu}$ 是展开到 $h_{\mu\nu}$ 一阶的爱因斯坦张量. 这些方程可以确定度规扰动, 最多差一个无法避免的规范变换. 如果希望在第二阶满足方程, 我们必须把扰动展开到下一阶:

$$g_{\mu\nu} = \eta_{\mu\nu} + h_{\mu\nu} + h^{(2)}_{\mu\nu}. \tag{15.92}$$

而里奇张量也可以按阶分解, $R_{\mu\nu} = R^{(0)}_{\mu\nu} + R^{(1)}_{\mu\nu} + R^{(2)}_{\mu\nu}$,

$$\begin{aligned} h_{\mu\nu} &= O(\epsilon), \quad & h^{(2)}_{\mu\nu} &= O(\epsilon^2), \\ R^{(1)}_{\mu\nu} &= O(\epsilon), \quad & R^{(2)}_{\mu\nu} &= O(\epsilon^2). \end{aligned}$$

在第零阶, 有 $R^{(0)}_{\mu\nu} = 0$, 告诉我们背景场是一个平坦闵氏时空. 在第一阶, 有 $R^{(1)}_{\mu\nu}(h^{(1)}_{\mu\nu}) = 0$, 给出扰动 $h^{(1)}_{\mu\nu}$. 而爱因斯坦方程的第二阶包含一阶扰动的平方项或者二阶扰动的线性项, 有

$$R^{(1)}_{\mu\nu}[h^{(2)}] + R^{(2)}_{\mu\nu}[h] = 0, \tag{15.93}$$

由此可求出 $h^{(2)}_{\mu\nu}$. 二阶里奇张量为

$$\begin{aligned} R^{(2)}_{\mu\nu} = &\frac{1}{2}h^{\rho\sigma}\partial_\mu\partial_\nu h_{\rho\sigma} - h^{\rho\sigma}\partial_\rho\partial_{(\mu}h_{\nu)\sigma} + \frac{1}{4}(\partial_\mu h_{\rho\sigma})\partial_\nu h^{\rho\sigma} + (\partial^\sigma h^\rho{}_\nu)\partial_{[\sigma}h_{\rho]\mu} \\ &+\frac{1}{2}\partial_\sigma(h^{\rho\sigma}\partial_\rho h_{\mu\nu}) - \frac{1}{4}(\partial_\rho h_{\mu\nu})\partial^\rho h - \left(\partial_\sigma h^{\rho\sigma} - \frac{1}{2}\partial^\rho h\right)\partial_{(\mu}h_{\nu)\rho}. \end{aligned} \tag{15.94}$$

我们可以把真空爱因斯坦方程换作如下的形式:

$$G^{(1)}_{\mu\nu}[\eta + h^{(2)}] = 8\pi G t_{\mu\nu}, \tag{15.95}$$

或者简单的 $t_{\mu\nu} = -\dfrac{1}{8\pi G}G^{(2)}_{\mu\nu}[\eta + h]$. 注意由于 $R^{(1)}_{\rho\sigma}[h] = 0$, 没有 $h^{\rho\sigma}R^{(1)}_{\rho\sigma}[h]$ 项. 这个方程的左边并非完整的二阶爱因斯坦张量. 这个方程实际上告诉我们, 一阶扰动产生的能动张量可以看作二阶扰动的源.

那么这样定义的 $t_{\mu\nu}$ 是一个能动张量吗? 首先它是对称的, 包含 $h_{\mu\nu}$ 的平方项. 其次, 由于 $\partial_\mu G^{\mu\nu}=0$, 它满足能动量守恒方程 $\partial_\mu t^{\mu\nu}=0$. 然而, 它并非完整理论的张量. 更致命的是, 它并非规范不变的. 解决方法是我们对这样定义的 $t_{\mu\nu}$ 在几个引力波的波长内取平均. 由于黎曼正则坐标的存在, 有局部惯性系, 因此无法局域地定义 $t_{\mu\nu}(g_{\mu\nu},\partial_\sigma g_{\mu\nu})$. 如果稍微放大一下范围, 考虑几个波长范围内的区域, 我们可以期待能动张量在几个波长范围内的积分能够捕捉到这个区域中的物理信息, 而且这个信息是规范不变的①. 这样一种平均可记作括号 $\langle\cdots\rangle$. 这个括号满足

$$\langle\partial_\mu(X)\rangle=0\Rightarrow\langle A\partial_\mu B\rangle=-\langle(\partial_\mu A)B\rangle. \tag{15.96}$$

我们可以加上 TT 规范来简化计算: $\partial^\mu h^{\mathrm{TT}}_{\mu\nu}=0, h^{\mathrm{TT}}=0$. 由此得

$$\begin{aligned}R^{(2)\mathrm{TT}}_{\mu\nu}=&\frac{1}{2}h^{\rho\sigma}\partial_\mu\partial_\nu h_{\rho\sigma}+\frac{1}{4}\partial_\mu h_{\rho\sigma}\partial_\nu h^{\rho\sigma}+\frac{1}{2}\eta^{\rho\lambda}(\partial^\sigma h_{\rho\nu})\partial_\sigma h_{\lambda\mu}\\&-\frac{1}{2}\partial^\sigma h_{\rho\nu}\partial^\rho h_{\sigma\mu}-h^{\rho\sigma}\partial_\rho\partial_{(\mu}h_{\nu)\sigma}+\frac{1}{2}h^{\rho\sigma}\partial_s\partial_\rho h_{\mu\nu},\end{aligned}$$

因而

$$\langle R^{(2)\mathrm{TT}}_{\mu\nu}\rangle=\left\langle-\frac{1}{4}\partial_\mu h_{\rho\sigma}\partial_\nu h^{\rho\sigma}-\frac{1}{2}\eta^{\rho\lambda}(\Box h_{\rho\nu})h_{\lambda\mu}\right\rangle=-\frac{1}{4}\langle\partial_\mu h_{\rho\sigma}\partial_\nu h^{\rho\sigma}\rangle,$$

而

$$t_{\mu\nu}=-\frac{1}{8\pi G}G^{(2)}_{\mu\nu}[\eta+h]=-\frac{1}{8\pi G}\{R^{(2)}_{\mu\nu}[h^{(1)}]-\frac{1}{2}\eta^{\rho\sigma}R^{(2)}_{\rho\sigma}[h^{(1)}]\eta_{\mu\nu}\}.$$

由于 $0=\langle\eta^{\mu\nu}R^{(2)\mathrm{TT}}_{\mu\nu}\rangle(\Box h^{\mathrm{TT}}_{\mu\nu}=0)$, 因此取平均后

$$\bar{t}_{\mu\nu}=\frac{1}{32\pi G}\langle(\partial_\mu h^{\mathrm{TT}}_{\rho\sigma})(\partial_\nu h^{\rho\sigma}_{\mathrm{TT}})\rangle.$$

在 TT 规范下, $h^{\mathrm{TT}}_{0\nu}=0$, 只有 $(ij)$ 分量有贡献. 在任意规范下, 规范不变的能动张量是

$$\begin{aligned}t_{\mu\nu}=&\frac{1}{32\pi G}\langle(\partial_\mu h_{\rho\sigma})(\partial_\nu h^{\rho\sigma})-\frac{1}{2}(\partial_\mu h)(\partial_\nu h)\\&-(\partial_\rho h^{\rho\sigma})\partial_\mu h_{\nu\sigma}-\partial_\rho h^{\rho\sigma}\partial_\nu h_{\mu\sigma}\rangle.\end{aligned} \tag{15.97}$$

对平面波, $h^{\mathrm{TT}}_{\mu\nu}=C_{\mu\nu}\sin(k_\lambda x^\lambda)$, 有

$$t_{\mu\nu}=\frac{1}{32\pi G}k_\mu k_\nu C_{\rho\sigma}C^{\rho\sigma}\langle\cos^2(k_\lambda x^\lambda)\rangle. \tag{15.98}$$

---

①伊萨克森 (Issacson) 在 1968 年引进了严格的技术来定义通过对几个波长区域求平均得到的张量.

注意到

$$\langle\cos^2(k_\lambda x^\lambda)\rangle = \left\langle\frac{1+\cos(2k\cdot\lambda)}{2}\right\rangle = \frac{1}{2}, \tag{15.99}$$

令 $k_\lambda = (-\omega, 0, 0, \omega)$ (因为 $k^\lambda = (\omega, 0, 0, \omega)$). 由于 $C_{\rho\sigma}C^{\rho\sigma} = 2(h_+^2 + h_\times^2)$, 且 $f \equiv \omega/2\pi$, 我们得到平面引力波的能动张量

$$t_{\mu\nu} = \frac{\pi}{8G} f^2 (h_+^2 + h_\times^2) \begin{pmatrix} 1 & 0 & 0 & -1 \\ 0 & 0 & 0 & 0 \\ 0 & 0 & 0 & 0 \\ -1 & 0 & 0 & 1 \end{pmatrix}. \tag{15.100}$$

对一个典型的引力波, $f$ 约为 $10^{-4} \sim 10^4$ Hz, $h \sim 10^{-22}$, 则 $-T_{0z}$ 代表沿 $z$ 方向的能量通量,

$$-T_{0z} \sim 10^{-4}\left(\frac{f}{\text{Hz}}\right)^2 \frac{h_+^2 + h_\times^2}{(10^{-21})^2} \frac{\text{erg}}{\text{cm}^2.\text{s}} \tag{15.101}$$

对 $f \sim 10^4$ Hz, 它并非是一个小的能量通量. 与超新星中占主导的电磁辐射比较, 电磁辐射的能量通量大约为 $10^{-9}$ erg/(cm$^2\cdot$s). 看起来高频引力辐射带走的能量更多. 但是, 超新星爆发时, 高频引力辐射只能持续几毫秒, 而电磁辐射可以持续几个月. 此外, 中微子辐射的能量通量约为 $10^5$ erg/(cm$^2\cdot$s), 可以持续 10 s.

## §15.5　引力辐射的能量损耗

由于引力辐射携带能动张量, 会产生能量损耗, 这为我们间接探测引力波提供了线索. 实际上, 在 2015 年直接观测到引力波之前, 对引力波的支持来自于间接证据. 其中最有名的就是对双星系统轨道变化的精确观测. 由于双星系统存在着引力辐射, 能量损耗以后双星的轨道周期发生了变化, 这个变化的理论预言与实验符合得很好, 有力地支持了引力波的存在.

引力波的能量损耗可以通过计算引力波的能量损失率来得到. 而辐射到无穷远的总能量为

$$\Delta E = \int P\text{d}t, \tag{15.102}$$

其中辐射功率为

$$P = \int_{S^2_\infty} t_{0\mu} n^\mu r^2 \text{d}\Omega. \tag{15.103}$$

这里 $S^2_\infty$ 是在空间无穷远的二维球面 $S^2$, $n^\mu$ 是垂直于该球面的一个单位类空矢量, 在极坐标系 $(t,r,\theta,\phi)$ 下,

$$n^\mu=(0,1,0,0). \tag{15.104}$$

我们可以定义一个投影算子 $P_{ij}=\delta_{ij}-n_in_j$, 它把张量投影到与 $n_i$ 垂直的分量上. 取定 $n_i$ 平行于传播方向, 则 $P_{ij}$ 就把一个对称类空张量 $X_{kl}$ 投影到 $S^2_\infty$ 的球面上,

$$X^{\rm TT}_{ij}=(P_i^kP_j^l-\frac{1}{2}P_{ij}P^{kl})X_{kl}. \tag{15.105}$$

前面已经给出 $\bar{h}^{\rm TT}_{ij}=h^{\rm TT}_{ij}=\dfrac{2G}{r}\dfrac{{\rm d}^2q^{\rm TT}_{ij}}{{\rm d}t^2}(t-r)$. $q^{ij}$ 有可能包含一些难以确定的能量密度的积分, 因此我们定义一个约化四极矩

$$J_{ij}=q_{ij}-\frac{1}{3}\delta_{ij}\delta^{kl}q_{kl}, \tag{15.106}$$

它是 $q^{ij}$ 的无迹部分. 实际上, 在牛顿引力势的多极展开中出现的就是约化四极矩,

$$\varPhi=-\frac{GM}{r}-\frac{G}{r^3}D_ix^i-\frac{3G}{2r^5}J_{ij}x^ix^j+\cdots, \tag{15.107}$$

其中 $D_i=\displaystyle\int T^{00}x^i{\rm d}^3\boldsymbol{x}$ 是质量偶极矩. 在 TT 规范下, $q^{\rm TT}_{ij}=J^{\rm TT}_{ij}$, 所以

$$h^{\rm TT}_{ij}=\frac{2G}{r}\frac{{\rm d}^2J^{\rm TT}_{ij}}{{\rm d}t^2}(t-r). \tag{15.108}$$

如果引力波的传播是沿着径向方向, $t_{0\mu}n^\mu=t_{0r}$. 此时的约化四极矩以及引力波的能动张量分别为

$$\begin{aligned}
\partial_0h^{\rm TT}_{ij}&=\frac{2G}{r}\frac{{\rm d}^3J^{\rm TT}_{ij}}{{\rm d}t^3},\\
\partial_rh^{\rm TT}_{ij}&=-\frac{2G}{r}\frac{{\rm d}^3J^{\rm TT}_{ij}}{{\rm d}t^3}-\frac{2G}{r^2}\frac{{\rm d}^2J^{\rm TT}_{ij}}{{\rm d}t^2}\approx-\frac{2G}{r}\frac{{\rm d}^3J^{\rm TT}_{ij}}{{\rm d}t^3},\\
t_{0r}&=-\frac{G}{8\pi r^2}\left\langle\left(\frac{{\rm d}^3J^{\rm TT}_{ij}}{{\rm d}t^3}\right)\left(\frac{{\rm d}^3J^{\rm TT}_{ij}}{{\rm d}t^3}\right)\right\rangle.
\end{aligned} \tag{15.109}$$

考虑利用投影算子做投影. 首先注意到

$$\begin{aligned}
X^{\rm TT}_{ij}X^{ij}_{\rm TT}=&X^{ij}X_{ij}-2X_i{}^jX^{ik}n_jn_k+\frac{1}{2}X^{ij}X^{kl}n_in_jn_kn_l\\
&-\frac{1}{2}X^2+XX^{ij}n_in_j,
\end{aligned} \tag{15.110}$$

其中 $X=\delta^{ij}X_{ij}$. 其次, 由于 $J_{ij}$ 无迹, $J=0$, 所以

$$
\begin{aligned}
&J_{ij}^{\mathrm{TT}}J_{\mathrm{TT}}^{ij}=J^{ij}J_{ij}-2J_i{}^jJ^{ik}n_jn_k+\frac{1}{2}J^{ij}J^{kl}n_in_jn_kn_l,\\
&P=-\frac{G}{8\pi}\int_{S^2_\infty}\left\langle\frac{\mathrm{d}^3J^{ij}}{\mathrm{d}t^3}\frac{\mathrm{d}^3J_{ij}}{\mathrm{d}t^3}-2\frac{\mathrm{d}^3J_i{}^j}{\mathrm{d}t^3}\frac{\mathrm{d}^3J^{ik}}{\mathrm{d}t^3}n_jn_k+\frac{1}{2}\frac{\mathrm{d}^3J^{ij}}{\mathrm{d}t^3}\frac{\mathrm{d}^3J^{kl}}{\mathrm{d}t^3}n_in_jn_kn_l\right\rangle,
\end{aligned}
\tag{15.111}
$$

又因为 $n^i=x^i/r$ 而 $J^{ij}$ 的值与角变量无关, 以及如下积分

$$
\int\mathrm{d}\Omega=4\pi,\quad\int n_in_j\mathrm{d}\Omega=\frac{4\pi}{3}\delta_{ij},\tag{15.112}
$$

$$
\int n_in_jn_kn_l\mathrm{d}\Omega=\frac{4\pi}{15}(\delta_{ij}\delta_{kl}+\delta_{ik}\delta_{jl}+\delta_{il}\delta_{jk}),\tag{15.113}
$$

有

$$
P=-\frac{G}{5}\left\langle\frac{\mathrm{d}^3J^{ij}}{\mathrm{d}t^3}\frac{\mathrm{d}^3J_{ij}}{\mathrm{d}t^3}\right\rangle.\tag{15.114}
$$

对于致密的双星系统, 两颗星的质量相同, 则其质量四极矩为

$$
\begin{aligned}
J_{ij}&=\frac{MR^2}{3}\begin{pmatrix}1+3\cos2\Omega t&3\sin2\Omega t&0\\3\sin2\Omega t&1-3\cos2\Omega t&0\\0&0&-2\end{pmatrix},\\
\frac{\mathrm{d}^3J_{ij}}{\mathrm{d}t^3}&=8MR^2\Omega^3\begin{pmatrix}\sin2\Omega t&-\cos2\Omega t&0\\-\cos2\Omega t&-\sin2\Omega t&0\\0&0&0\end{pmatrix},
\end{aligned}
\tag{15.115}
$$

因此 $P=-\dfrac{128}{5}GM^2R^4\Omega^6$. 由于 $\Omega=\dfrac{2\pi}{T}=\left(\dfrac{GM}{4R^3}\right)^{1/2}$, 所以

$$
P=-\frac{2}{5}\frac{G^4M^5}{R^5}.\tag{15.116}
$$

如果两颗星的质量不同, $m_1\neq m_2$, 但轨道仍是圆形, 则

$$
\begin{aligned}
\frac{\mathrm{d}r}{\mathrm{d}t}&=-\frac{64G^4}{5c^5r^3}m_1m_2(m_1+m_2),\\
\frac{\mathrm{d}\omega}{\mathrm{d}t}&=-\frac{3\omega}{2r}\frac{\mathrm{d}r}{\mathrm{d}t}=\frac{96}{5}\left(\frac{G(m_1+m_2)}{c^2r}\right)^{\frac{3}{2}}\frac{G^2m_1m_2}{c^2r^4},
\end{aligned}
\tag{15.117}
$$

其中 $\omega$ 是轨道频率, 而 $\dfrac{\mathrm{d}\omega}{\mathrm{d}t}$ 给出了轨道频率随时间的变化.

1974 年, 赫塞 (Hulse) 和泰勒 (Taylor) 研究了双星系统 PSR B1913+16. 这个双星系统的两颗星都比较轻, 质量大约是 $M \approx 1.4\ M_\odot$. 其中一颗星是高速旋转的脉冲星, 轨道周期约为 7.9 h. 由于引力波辐射, 系统的能量被带走, 导致轨道周期发生变化,

$$\frac{\Delta\omega}{\Delta t} = 2.4 \times 10^{-12}\ \mathrm{s}. \tag{15.118}$$

理论上的预言是 $\dfrac{\Delta\omega}{\Delta t} = 2.38 \times 10^{-12}$ s. 可见理论与观测非常好地吻合. 这两位科学家由于对双星系统的仔细研究于 1993 年获得了诺贝尔物理学奖. 双星系统产生的引力波频率约为 $10^{-5} \sim 10^{-6}$ Hz, 属于低频引力波, 远超出现有的引力波探测器的灵敏度, 是无法直接观测的. 然而对轨道周期变化的观测很好地给出了引力波辐射的间接证据.

实际上, 上面的双星系统的轨道并非圆形, 而是椭圆形, 离心率为 $e = 0.617$. 对于圆形规道, 引力波的基频是轨道频率的两倍, 这是因为四极矩半个周期就重复一次. 而对于椭圆轨道, 基频就是轨道频率. 而引力辐射的频率一定是基频的整数倍. 对于 PSR B1913+16, 最强的引力辐射在频率 $\omega = 8\omega_0$ 处, 而幅度最大的辐射在频率 $\omega = 4\omega_0$ 处.

由于脉冲星实际上是高速旋转的中子星, 相对论性效应很强,

$$M \approx 1.44\ M_\odot, \quad r \approx 10\ \mathrm{km}, \quad \frac{GM}{rc^2} \approx 0.2, \tag{15.119}$$

因而也许有人会怀疑上面讨论中的牛顿近似是否需要大的修改. 达莫尔 (Damour) 在 20 世纪 80 年代研究了此问题, 发现四极矩公式仍然很适用 [50].

如前所述, 一个随时间变化的质量四极矩将给出引力辐射. 一个非球对称的转动物体可以给出引力辐射. 例如一颗高速转动的中子星, 其周期为 $0.03 \sim 0.3$ s. 而对于双星系统, 随着引力辐射带走能量, 轨道半径越来越小, 两颗星越来越近, 转动越来越快而角频率越来越高, 发射的引力波的频率也越来越高. 最终, 这两颗星互相碰撞, 产生引力波暴, 发出高频的引力波.

另一个引力辐射的简单例子是当一个小质量 $m$ 的物体向一个质量 $M$ 大得多的物体运动时. 不妨假设运动方向是沿着 $z$ 方向, 不难发现

$$-\frac{\mathrm{d}E}{\mathrm{d}t} = \frac{2Gm^2}{15c^5}(6\dot{z}\ddot{z} + 2z\dddot{z})^2. \tag{15.120}$$

此时, 我们可以假定大质量的物体不动, 只考虑小质量物体的运动即可. 在无穷远, 小质量物体以零速度自由下降,

$$\frac{1}{2}m\dot{z}^2 = \frac{GmM}{|z|}, \tag{15.121}$$

因此

$$\frac{\mathrm{d}z}{\mathrm{d}t}=\frac{1}{|z|^{1/2}}(2GM)^{1/2},\quad \frac{\mathrm{d}^2z}{\mathrm{d}t^2}=\frac{GM}{z^2},\quad \frac{\mathrm{d}^3z}{\mathrm{d}t^3}=\frac{(2GM)^{3/2}}{|z|^{7/2}}, \tag{15.122}$$

所以

$$-\mathrm{d}E=\frac{1}{|z|^{9/2}}\frac{2Gm^2}{15c^5}(2GM)^{5/2}\mathrm{d}z. \tag{15.123}$$

从无穷远到 $z=-R$,

$$-\Delta E=\frac{1}{R^{7/2}}\frac{4Gm^2}{105c^5}(2GM)^{5/2}. \tag{15.124}$$

如果大质量物体是黑洞, 其视界为 $R_{\mathrm{s}}=\dfrac{2GM}{c^2}$, 则损失的能量为

$$-\Delta E\approx 0.019mc^2\frac{m}{M}. \tag{15.125}$$

如果考虑相对论效应, 则有

$$-\Delta E\approx 0.0104mc^2\frac{m}{M}. \tag{15.126}$$

易见损失的能量反比于黑洞的质量, $\Delta E\propto\dfrac{1}{M}$. 如果 $M=10\ M_{\odot}, R\approx 30\ \mathrm{km}$, $m=M_{\odot}$, 则 $-\Delta E=2\times 10^{51}\ \mathrm{erg}$. 实际上, 大部分能量损失发生在从 $2R_{\mathrm{s}}$ 到 $R_{\mathrm{s}}$ 这一段路程上, 而相应的引力辐射频率较高,

$$\Delta t\approx R_{\mathrm{s}}/[\text{粒子速度}]\approx R_{\mathrm{s}}/c\approx 10^{-4}\ \mathrm{s}. \tag{15.127}$$

一个最简单的引力辐射模型也许是弹簧模型. 考虑两个有质量物体通过弹簧沿 $z$ 轴相连, 它们的平衡距离是 $2b$. 我们把它们放到 $\pm b$ 的位置, 则它们的运动轨迹为 $z=\pm(b+a\sin\omega t)$, 其中 $a$ 是它们的振幅, 而 $\omega$ 是它们的振动频率. 假定弹簧的振幅较小, $a\ll b$, 从而 $z^2\approx b^2+2ab\sin\omega t$, 则约化四极矩为

$$J^{kl}\approx\left[1+\frac{2a}{b}\sin\omega(t-r)\right]J_0^{kl}, \tag{15.128}$$

其中

$$J_0^{kl}=\frac{1}{3}\begin{pmatrix}-2mb^2 & 0 & 0\\ 0 & -2mb^2 & 0\\ 0 & 0 & 4mb^2\end{pmatrix}. \tag{15.129}$$

而引力波扰动为

$$h^{kl}=\frac{G}{8\pi r}\frac{2a}{b}\omega^2\sin\omega(t-r)J_0^{kl},\tag{15.130}$$

所以

$$\begin{aligned}-\frac{\mathrm{d}^2E}{\mathrm{d}t\mathrm{d}W}&=\left(\frac{G}{8\pi}\right)^2[2mab\omega^3\cos\omega(t-r)]^2\sin^4\theta,\\-\frac{\mathrm{d}E}{\mathrm{d}t}&=\frac{32G}{15c^2}[mab\omega^3\cos\omega(t-r)]^2.\end{aligned}\tag{15.131}$$

最终可以得到

$$-\left\langle\frac{\mathrm{d}E}{\mathrm{d}t}\right\rangle=\frac{16G\omega^6}{15c^5}(mab)^2.\tag{15.132}$$

## §15.6 引力波探测

引力波是广义相对论的重要预言. 自 20 世纪 60 年代以来, 人们就开始发展各种技术对引力波进行直接的探测. 由于引力是自然界中最弱的力, 引力波的直接测量是一个极具挑战性的问题, 技术上难度很大. 另一方面, 正是由于引力很弱, 与其他物体发生相互作用的截面很小, 不会在传播途中发生大的变化, 因此一旦我们探测到引力波, 它将忠实地反映引力波源的信息. 如今, 天文学、宇宙学的观测主要依赖于各个波段的电磁波, 即光子. 引力波探测将提供一个全新的窗口帮助我们认识天体, 认识宇宙. 特别是强的引力波辐射体大多是暗的, 无法通过电磁波辐射来观测, 而且这些引力辐射过程能量很高, 与一些重要的天体物理过程密切相关①. 引力波辐射相关的物理问题很多, 包括大质量黑洞及其宿主星系的形成和生长、结构形成、星系核的星体密度和动力学、致密恒星的物理、银河系的结构、极端条件下的广义相对论、宇宙学中原初引力波和原初黑洞的霍金辐射, 以及新物理, 如额外维物理等.

产生引力波的理想源需要有一个快速变化的质量四极矩, 这意味着大量物质快速地转动. 而源需要是致密的, 否则无法产生快速的旋转. 因此, 理想的源包括黑洞、星体内核塌缩、中子星、早期宇宙的动力学. 表 15.1 中列出了一些理想的引力波源, 以及它们产生引力波的频率、离我们的距离和引力波振幅.

依照源的性质以及探测手段的不同, 我们可以把引力波分成四个频段.

(1) 高频: $1\ \mathrm{Hz}\leqslant f\leqslant 10^4\ \mathrm{Hz}$, 适合于地基引力波探测天线.

(2) 低频: $10^{-5}\ \mathrm{Hz}\leqslant f\leqslant 1\ \mathrm{Hz}$, 适合于空间引力波探测天线.

①参见 http://www.livingreviews.org/lrr-2009-2.

(3) 极低频: $10^{-9}$ Hz $\leqslant f \leqslant 10^{-7}$ Hz, 适合于利用脉冲星时间阵列做引力波测量.

(4) 超极低频: $10^{-5}H_0^{-1} < \lambda < H_0^{-1}$, 在宇宙微波背景辐射 (cosmic microwave background, 简记为 CMB) 上留下痕迹.

**表 15.1 一些引力波源及其参数**

| 源 | 频率 /Hz | 距离 /pc | 幅度 /kA |
|---|---|---|---|
| 双星系统 | $10^{-4}$ | 10 | $10^{-20}$ |
| 恒星内核塌缩 | $10^{-2} \sim 1$ | 500 | $10^{-22}$ |
| 转动中子星 | 60 | 2 k | $< 10^{-24}$ |
| 恒星并合 | $10 \sim 10^3$ | 100 m | $10^{-21}$ |
| 落向黑洞的恒星 | $10^{-4}$ | 10 m | $10^{-21}$ |
| 超新星爆发 | $10^3$ | 10 k | $10^{-19}$ |
| $10^4 M_\odot$ 的黑洞 | $10^{-1}$ | 3 G | $10^{-19}$ |

对于高频带, 其低端大约是 1 Hz. 更低频率的话, 在地面上无法与地面噪声区分开. 而高端大约是 $10^4$ Hz, 这大概是与引力源相关的最小时间尺度的倒数. 更精确地说, 最大频率

$$
\begin{aligned}
f_{\max} &\approx \frac{1}{2\pi}\frac{v}{R} \\
&= \frac{1}{2\pi}\frac{c^3}{GM} \quad \left(v \leqslant c, R \geqslant \frac{GM}{c^2}\right), \\
&= 10^4\text{Hz}\left(\frac{M_\odot}{M}\right).
\end{aligned} \tag{15.133}
$$

对高频引力波的测量主要是基于地面的引力波探测器. 基本的想法是利用质量块在引力波下的共振从而产生微小的形变. 基于此, 最早的引力波探测器是韦伯 (Weber) 在 20 世纪 60 年代提出的韦伯棒, 即利用圆柱形的质量块, 两边加上传感器来探测质量块的微小变化. 这种探测器的灵敏度较低, 无法可靠地探测引力波. 当代的引力波探测器是利用激光干涉仪来放大信号. 最有名的是 LIGO (Laser Interference Gravity Observation) , 分别在美国华盛顿州的汉福德 (Hanford) 和路易斯安那州的利文斯顿 (Livingston) 有两个观测装置①. 基于同样想法的还有位于意大利境内意大利–法国合作的 Virgo, 以及位于德国境内德国–英国合作的 GEO 600. 高频探测器针对的引力波源包括:

①2015 年度, 升级版 LIGO 成功探测到了两个质量约为 30 个太阳质量的黑洞并合产生的引力波.

(1) 致密双星, 可由中子星或者黑洞构成;

(2) 致密物体的振动;

(3) 恒星内核塌缩, 这是导致超新星爆发的内部引擎;

(4) 宇宙学相变的产物.

低频带的低端大约是 $10^{-5}$ Hz, 它大概是我们能够控制宇宙飞船内噪声最长时间的倒数, 这个时间大约是几小时. 该频带的高端大约是 1 Hz, 原理上与高频带的低端相连, 实际上来自于数据向地面传输中光子计数统计上的限制. 对这个频带引力波的探测是基于空间探测器, 原理也是利用激光干涉仪. 比较有名的计划是 LISA (Laser Interference Space Antennae)①. 关键的引力波源是:

(1) 在等级结构生长中星系互相并合时形成的极大质量双星系统;

(2) 致密物体被星系中心黑洞俘获;

(3) 我们星系中广泛存在的恒星质量的双星系统.

对于极低频带, 利用周期而不是频率会更方便. 在长端, 大约是 30 年, 这是我们拥有的超新星数据的年份. 在短端, 大约是 3 个月, 即我们需要几个月的数据积累来排除噪声源. 测量方面我们需要非常稳定的毫秒脉冲星作为时钟. 这个频率的引力波源有可能来自星系生长过程中形成的大质量双黑洞系统.

对于超极低频带, 利用波长会更方便. 长端大约是 $H_0^{-1}$, 即宇宙的尺度. 短端大约是 $10^{-4}H_0^{-1}$, 这是我们能够区分宇宙微波背景辐射的尺度. 这里可能的引力波源是时空中原初引力波基态扰动, 被暴胀所放大, 在宇宙微波背景辐射谱上留下独一无二的偏振信号. 2007 年发射的 PLANCK 科学卫星的一个重要的科学目标就是在宇宙微波背景谱中探测张量模式②.

最后我们简单介绍一下探测引力波的激光干涉仪的基本原理. 最简单的设置如图 15.7 所示. 我们在两个垂直的方向上有两个质量块, 可以是磨得很光的镜子. 激光束通过分光仪把光分别射向两个镜子. 激光束可以在分光仪和镜子间来回运动数百次, 最终汇合发生干涉射向接收器中. 如果有一个垂直于该平面的引力波经过, 它将使质量块发生微小的振荡, 由此将导致不同激光束所经过的路径有所不同, 最终达到接收器时信号会改变. 激光干涉仪可以放大引力波的造成的形变效应, 帮助我们探测引力波.

---

①基于空间的探测器技术难度高, 即使是 LISA, 它的发射和运行也得到 2030 年以后. 我国也提出了空间探测引力波的计划.

②PLANCK 卫星并没有发现原初引力波存在的证据. 近年来, 人们提出了专门探测原初引力波的探测器, 如 BICEP. 我国也将在阿里安装北半球唯一的原初引力波探测仪.

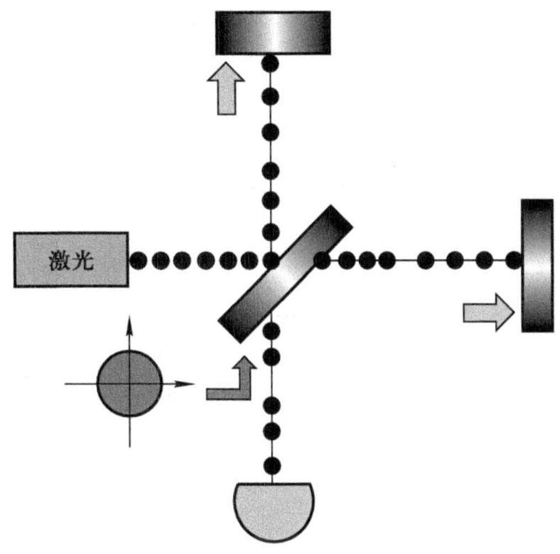


图 15.7　激光干涉探测仪示意图.

## 附录 15.1　共振探测器以及引力波的能量

在这个附录中我们介绍一下共振探测器的基本原理, 并利用它来帮助我们定义引力波携带的能量. 共振探测器的基本原理可以通过由弹簧相连的两个质量块系统来理解, 如图 15.8 所示. 假设两个平衡距离为 $b_0$ 的质量块具有相同的质量 $m$, 它们之间通过无质量的弹簧相连接, 弹簧的弹性系数为 $k$, 阻尼常数为 $\nu$. 不妨设它们沿着 $x$ 方向, 则它们的运动可以由以下方程描述:

$$\begin{aligned} m\ddot{x}_1(t) &= -k(x_1 - x_2 + b_0) - \nu(\dot{x}_1 - (\dot{x})_2), \\ m\ddot{x}_2(t) &= k(x_1 - x_2 + b_0) + \nu(\dot{x}_1 - (\dot{x})_2). \end{aligned} \tag{15.134}$$

定义

$$\eta = x_2 - x_1 - b_0, \quad \omega_0^2 = \frac{2k}{m}, \quad \gamma = \frac{\nu}{m}, \tag{15.135}$$

可以得到

$$\ddot{\eta} + 2\gamma\dot{\eta} + \omega_0^2\eta = 0. \tag{15.136}$$

这是一个有阻尼谐振子的方程. 由于有摩擦力的存在, 谐振子的运动最终将趋于静止.

下面我们考虑如果有引力波经过时, 上述系统的响应. 首先, 我们考虑单个质量块, 可以看作质点来处理, 引力波经过与否对它都没有影响, 看起来都是静止的.

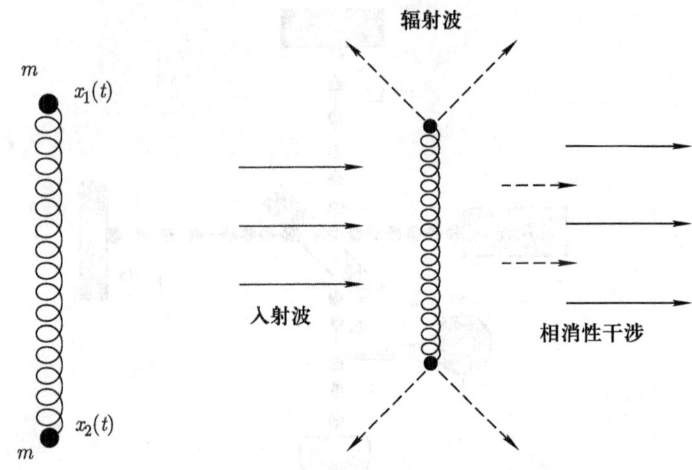


图 15.8 两个质量块通过弹簧相连形成共振探测器. 在引力波的激发下发生共振, 产生的引力辐射与原来的引力波叠加, 发生相消性干涉. 由此说明了引力波经过探测器由于能量损失而变弱.

假如此时唯一的非引力是弹性力, 讨论如上. 当一束沿 $z$ 方向的引力波经过时, 度规发生了变化, 所以质量块间弹簧的固有长度变为

$$\begin{aligned} b(t) &= \int_{x_1(t)}^{x_2(t)} (1+h_{xx}^{\mathrm{TT}}(t))^{1/2}\mathrm{d}x \\ &= (x_2-x_1)(1+\frac{1}{2}h_{xx}^{\mathrm{TT}}(t)) + O(|h|^2), \end{aligned} \tag{15.137}$$

因此, 弹簧的响应为

$$\begin{aligned} m\ddot{x}_1 &= -k(b_0-b) - \nu(\dot{b}_0-\dot{b}), \\ m\ddot{x}_2 &= k(b_0-b) + \nu(\dot{b}_0-\dot{b}). \end{aligned} \tag{15.138}$$

同样我们定义

$$\begin{aligned} \eta &= b-b_0 \\ &= x_2-x_1-b_0+\frac{1}{2}(x_2-x_1)h_{xx}^{\mathrm{TT}}(t) + O(|h|^2). \end{aligned} \tag{15.139}$$

由于形变较小, 近似有 $x_2-x_1=b_0$, 可以得到

$$x_2-x_1 = b_0+\eta-\frac{1}{2}h_{xx}^{\mathrm{TT}}(t)b_0 + O(|h|^2), \tag{15.140}$$

由此得到方程

$$\ddot{\eta}+2\gamma\dot{\eta}+\omega_0^2\eta=\frac{1}{2}b_0\ddot{h}_{xx}^{\mathrm{TT}}(t). \tag{15.141}$$

这是一个受外力的阻尼谐振子方程. 这里的外力来自于引力波产生的引潮力加速度, 该方程也可以通过分析测地偏离方程来得到 (留作练习).

与通常的受力谐振子一样, 潮汐加速度的存在会导致谐振子的共振现象发生. 假设引力波取形式

$$h_{xx}^{\mathrm{TT}}=C_+\cos\varOmega_0 t, \tag{15.142}$$

则方程 (15.141) 具有解

$$\eta=A\cos(\varOmega_0 t+\varphi), \tag{15.143}$$

其中振幅 $A$ 和相角 $\varphi$ 分别为

$$A=\frac{1}{2}b_0C_+\frac{\varOmega_0^2}{[(\omega_0^2-\varOmega_0^2)^2+4\varOmega_0^2\gamma^2]^{1/2}}, \tag{15.144}$$

$$\tan\varphi=\frac{2\gamma\varOmega_0}{\omega_0^2-\varOmega_0^2}. \tag{15.145}$$

谐振子的能量包含动能和弹性势能,

$$E=\frac{1}{2}m(\dot{x}_1^2+\dot{x}_2^2)+\frac{1}{2}k\eta^2. \tag{15.146}$$

初始时, 振子处于静止状态, 则

$$\begin{aligned}E&=\frac{1}{2}m(\dot{\eta}^2+\omega_0^2\eta^2)\\&=\frac{1}{4}mA^2(\varOmega_0^2\sin^2(\varOmega_0 t+\varphi)+\omega_0^2\cos^2(\varOmega_0 t+\varphi)).\end{aligned} \tag{15.147}$$

取一个周期 $T_0=2\pi/\varOmega_0$ 的平均, 我们得到平均能量

$$<E>=\frac{1}{8}mA^2(\varOmega_0^2+\omega_0^2). \tag{15.148}$$

从振幅的表达式可见, 对于固定频率的引力波, 当 $\omega_0=\varOmega_0$, 即共振时振幅最大时,

$$A_{\text{共振}}=\frac{1}{4}b_0C_+\frac{\varOmega_0}{\gamma}, \tag{15.149}$$

$$<E>_{\text{共振}}=\frac{1}{64}mb_0^2C_+^2\varOmega_0^2\left(\frac{\varOmega_0}{\gamma}\right)^2. \tag{15.150}$$

这里 $\Omega_0/\gamma$ 与谐振子的品质因子 $Q$ 有关. $1/Q$ 定义为在一次振荡中由于摩擦力一个非受力谐振子损失能量的平均比率:

$$Q = \omega_0/2\gamma. \tag{15.151}$$

所以, 我们有平均共振能量

$$< E >_{共振} = \frac{1}{16} m b_0^2 C_+^2 \Omega_0^2 Q^2. \tag{15.152}$$

实验室中, 大多数探测器都是很重的圆柱棒, 弹簧就是棒的弹性. 20 世纪 60 年代, 马里兰大学的韦伯使用铝金属做成的圆柱棒做引力波实验. 该棒质量为 1.4 t, 长度为 $b_0 = 1.5$ m, 共振频率为 $\omega_0 = 10^4/\mathrm{Hz}$, 品质因数 $Q \sim 10^5$. 如果考虑一个幅度为 $C_+ = 10^{-20}$ 的引力波, 则有

$$< E >_{共振} \approx 10^{-20}\ \mathrm{J}, \quad A_{共振} \approx 10^{-15}\ \mathrm{m}, \tag{15.153}$$

即谐振子振幅约为一个原子核的大小. 现实中的引力波幅度甚至更小, 持续时间短, 不足以激发棒①.

上面的讨论显示引力波把能量传递给了谐振子, 说明引力波本身具有能量, 这些能量来自于引力波源. 关于引力波的能动张量有很多讨论. 我们将在线性引力的框架下, 利用上面的谐振子模型来讨论此问题. 前面的讨论中把谐振子当作探针来处理, 它对引力场的影响被忽略了, 并不准确. 如果探测器从引力波中获得了能量, 那么由于能量守恒, 经过探测器后的引力波应该变弱. 也就是说, 如果我们考虑谐振子的作用, 引力场应该变弱. 可以这样来理解: 我们已经知道振荡的质量块本身会产生引力波, 这些次级的引力波与原来的引力波叠加, 会发生相消性干涉, 导致出射的引力波相比入射时变弱了, 参见图 15.8(b). 假设这个振幅的变化实际上标志了引力波携带能量的变化, 而且这个能量差应该与探测器 (谐振子) 从引力波中获得的能量相同, 这样我们就可以分析引力波携带的能量, 以及引力波源的能量损失.

为了计算引力波的能量通量, 即单位时间单位面积下引力波携带的能量, 我们可以考虑在单位面积内分布有 $s$ 个谐振子, 如图 15.9(a) 所示. 对于沿 $z$ 方向入射的引力波,

$$\begin{aligned} \bar{h}_{xx}^{\mathrm{TT}} &= C_+ \cos \Omega_0 (z - t), \\ \bar{h}_{yy}^{\mathrm{TT}} &= -\bar{h}_{xx}^{\mathrm{TT}}. \end{aligned} \tag{15.154}$$

①韦伯曾经宣称他观测到了一个引力波信号, 但上面的分析显示这个信号应该不是来自于引力波. 其他的同类型实验没有观测到引力波信号.

而在此引力波激发下, 谐振子发生共振, 其运动为

$$\eta = A\cos(\Omega_0 t + \varphi). \tag{15.155}$$

谐振子的运动是稳定的, 摩擦耗散的能量由引潮力或者说引力波补偿. 每个振子获得的能量为

$$\frac{\mathrm{d}E}{\mathrm{d}t} = \nu\left(\frac{\mathrm{d}\eta}{\mathrm{d}t}\right)^2 = m\gamma\left(\frac{\mathrm{d}\eta}{\mathrm{d}t}\right)^2, \tag{15.156}$$

在一个周期下的平均为

$$\left\langle\frac{\mathrm{d}E}{\mathrm{d}t}\right\rangle_{T_0} = \frac{1}{T_0}\int_0^{T_0}\frac{\mathrm{d}E}{\mathrm{d}t} = \frac{1}{2}m\gamma\Omega_0^2A^2. \tag{15.157}$$

而在单位面积内的能量损失为

$$\delta F = -s\left\langle\frac{\mathrm{d}E}{\mathrm{d}t}\right\rangle_{T_0} = -\frac{1}{2}ms\gamma\Omega_0^2A^2. \tag{15.158}$$

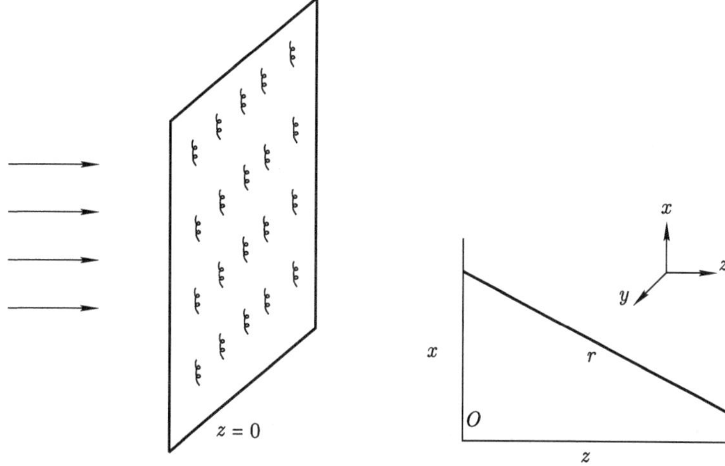


(a) 单位面积上有$s$个谐振子　(b) 振子所有平面取极坐标后来计算到$P$点的引力扰动

图 15.9　利用共振谐振子帮助我们计算引力波能量.

从前面对谐振子 $x = \pm(b_0/2 + a\sin\omega t)$ 的讨论可知, 它具有非零的约化四极矩, 由此可得其线性极化的扰动. 受引力波激发的共振谐振子的振荡与之比较, $a = A/2$, 这是由于每个质量块是以振幅 $A/2$ 振荡的. 每个振子产生的引力波为

$$\delta\bar{h}_{xx} = -2G\Omega_0^2mb_0A\frac{\cos(\Omega_0(r-t)-\varphi)}{r}. \tag{15.159}$$

而对于所有振子产生的引力场，它们需要叠加在一起，

$$\delta\bar{h}_{xx}^{\text{total}} = -2Gm\Omega_0^2 b_0 A 2\pi \int_0^\infty s\cos(\Omega_0(r-t)-\varphi)\frac{\tilde{x}\mathrm{d}\tilde{x}}{r}. \tag{15.160}$$

这里在 $z=0$ 的平面上引进了极坐标 $(\tilde{x},\psi)$，其中对 $\psi$ 的积分给出 $2\pi$，而径向极坐标为 $\tilde{x}$，它与 $r$ 的关系为

$$r = (\tilde{x}+z^2)^{1/2}. \tag{15.161}$$

在 $\tilde{x}\sim\tilde{x}+\mathrm{d}\tilde{x}$ 间的振子数为 $s2\pi\tilde{x}\mathrm{d}\tilde{x}$，因此我们得到上面的关系式 (15.160). 如图 15.9(b) 所示. 由于 $\tilde{x}\mathrm{d}\tilde{x}=r\mathrm{d}r$，有

$$\delta\bar{h}_{xx}^{\text{total}} = -4\pi Gm\Omega_0^2 b_0 A \int_z^\infty s\cos(\Omega_0(r-t)-\varphi)\mathrm{d}r. \tag{15.162}$$

当 $r\to\infty$ 时，积分元的值不确定. 物理上，我们可以期待此时的振子应该没有贡献. 假定 $s\propto \mathrm{e}^{-\epsilon r}$，最后让 $\epsilon\to 0$. 最终，我们得到

$$\delta\bar{h}_{xx}^{\text{total}} = 4\pi Gms\Omega_0 b_0 A\sin(\Omega_0(z-t)-\varphi). \tag{15.163}$$

进一步地，我们取 TT 规范，得到

$$\delta\bar{h}_{xx}^{\text{TT}} = -\delta\bar{h}_{yy}^{\text{TT}} = 2\pi Gms\Omega_0 b_0 A\sin(\Omega_0(z-t)-\varphi). \tag{15.164}$$

这是所有振子产生的引力扰动. 它与原来的引力波叠加，可得

$$\begin{aligned}\bar{h}_{xx}^{\text{net}} &= \bar{h}_{xx}^{\text{TT}} + \delta\bar{h}_{xx}^{\text{TT}} \\ &= (C_+ - 2\pi Gms\Omega_0 b_0 A\sin\varphi)\cos(\Omega_0(z-t)-\theta),\end{aligned} \tag{15.165}$$

其中 $\theta$ 是一个相移因子，

$$\tan\theta = \frac{2\pi ms\Omega_0 b_0 A}{C_+}\cos\varphi. \tag{15.166}$$

引力波振幅的变化为

$$\delta C_+ = -2\pi Gms\Omega_0 b_0 A\sin\varphi. \tag{15.167}$$

由能量守恒，这个振幅的变化来自于引力波把能量给予了振子. 这个能量与振子获得的能量相同，因此有

$$\frac{\delta F}{\delta C_+} = \frac{1}{16\pi G}\Omega_0^2 C_+. \tag{15.168}$$

让人惊奇的是, 最终我们得到的结果只与引力波本身的频率和振幅有关. 积分以后可得

$$F = \frac{1}{32\pi G}\Omega_0^2 C_+^2. \tag{15.169}$$

这给出了引力波带走能量的表达式. 考虑到 $<(\bar{h}_{xx}^{\mathrm{TT}})^2> = \frac{1}{2}C_+^2$, 我们得到了关系

$$F = \frac{1}{32\pi G}\Omega_0^2 < \bar{h}_{\mu\nu}^{\mathrm{TT}}\bar{h}^{\mathrm{TT}\mu\nu} >, \tag{15.170}$$

这与我们前面得到的引力波的能量密度一致.

## 附录 15.2 彼得罗夫分类

本章对引力波的介绍是在线性引力的框架下. 如我们所知, 广义相对论是一个非线性的理论, 弱场近似并不足以解释引力波的产生, 特别是在一些可能的引力波辐射中, 相对论性效应较大, 不能简单地当作线性引力来处理. 也就是说, 线性引力有其局限性. 在这个附录中, 我们将从不同的角度来分析引力波. 我们仍然希望与电磁辐射比较, 因此首先从电动力学开始.

### 1 电动力学的几何途径

在电动力学中, 存在着两种电磁场, 一个是库仑场, 另一个是辐射场:

$$\begin{aligned} &\text{库仑场 } E \propto \frac{1}{r^2}, \boldsymbol{B} = 0, \\ &\text{平面电磁波 } E \propto \frac{1}{r}, |\boldsymbol{E}| = |\boldsymbol{B}|, \boldsymbol{E}\cdot\boldsymbol{B} = 0. \end{aligned} \tag{15.171}$$

库仑场是静止的, 不携带能量, 而电磁波是携带能量的, 它有非零的坡印亭矢量. 我们将看到, 这两个例子属于场强张量 $F_{\mu\nu}$ 分类的不同范畴.

利用场强张量 $F_{\mu\nu}$ 及其霍奇对偶 $\tilde{F}_{\mu\nu}$, 我们可以构造洛伦兹不变的量

$$\begin{aligned} P &= \frac{1}{2}F_{\mu\nu}F^{\mu\nu} = -|\boldsymbol{E}|^2 + |\boldsymbol{B}|^2, \\ Q &= \frac{1}{2}F_{\mu\nu}\tilde{F}^{\mu\nu} = -\boldsymbol{E}\cdot\boldsymbol{B}. \end{aligned} \tag{15.172}$$

具有 $P = 0 = Q$ 的电磁场称为零场. 一个电荷导致的库仑场有 $P < 0, Q = 0$, 所以不是零的. 一个磁荷导致的场也是一个库仑场, 但此时 $P > 0, Q = 0$, 仍然不是零的. 因此, 一个点荷产生的场具有 $P \neq 0, Q = 0$. 另一方面, 对于平面电磁波, 假设它沿方向 $\boldsymbol{k}$ 传播, 则

$$\begin{aligned} \boldsymbol{E} &= \boldsymbol{E}_0 \exp(\mathrm{i}(\boldsymbol{k}\cdot\boldsymbol{x} - \omega t)), \\ \boldsymbol{B} &= \frac{c}{\omega}\boldsymbol{k}\times\boldsymbol{E} = \frac{c}{\omega}\boldsymbol{k}\times\boldsymbol{E}_0 \exp(\mathrm{i}(\boldsymbol{k}\cdot\boldsymbol{x} - \omega t)). \end{aligned}$$

在真空中 $\nabla\cdot\boldsymbol{E}=0$, 所以 $\boldsymbol{k}\cdot\boldsymbol{E}=0$. 由此可得

$$|\boldsymbol{B}|^2=|\boldsymbol{E}|^2\Rightarrow F_{\mu\nu}F^{\mu\nu}=0, \tag{15.173}$$

且

$$\boldsymbol{E}\cdot\boldsymbol{B}=0\Rightarrow F_{\mu\nu}\tilde{F}^{\mu\nu}=0, \tag{15.174}$$

即 $P=0=Q$, 平面电磁波是一个零场.

进一步地, 我们可以通过分析场强张量的本征值来刻画不同的电磁场. 本征值问题形如

$$F_{\mu\nu}k^{\nu}=\lambda k_{\mu}, \tag{15.175}$$

其中 $k_\mu$ 是本征矢, 而 $\lambda$ 是相应的本征值. 仔细的分析表明, 对于库仑场, $P\neq 0, Q=0$, 本征值方程可变成

$$k_{[\rho}F_{\mu]\nu}k^{\nu}=0. \tag{15.176}$$

它有两个解. 这种情况称为非退化的, 场强张量记作 ${F_{\mu\nu}}^{[1,1]}$. 另一方面, 对于 $P=0=Q$, 本征值方程为

$$F_{\mu\nu}k^{\nu}=0. \tag{15.177}$$

此时只有一个本征值 $\lambda=0$. 这种情况称为退化的, 场强张量记作 ${F_{\mu\nu}}^{[2]}$. 对于一个孤立延展的源, 它的推迟场强的渐近行为是

$$F_{\mu\nu}=\frac{1}{r}{F_{\mu\nu}}^{[2]}+\frac{1}{r^2}{F_{\mu\nu}}^{[1,1]}+O(r^{-3}). \tag{15.178}$$

## 2 彼得罗夫分类

对于引力场, 存在着类似的分类, 称为彼得罗夫分类 (Petrov classification). 在 4 维中, 曲率张量有 20 个独立的分量, 而里奇张量有 10 个独立的分量, 而剩下的 10 个分量包含在外尔张量中. 在真空中, 爱因斯坦方程要求里奇张量为零, 因此对曲率张量的分类就约化到对外尔张量的分类. 这其中的关键是我们可以把曲率张量看作 $6\times 6$ 的矩阵. 通过把这些矩阵约化到正则的形式, 可以对曲率张量进行分类. 或者说通过求解矩阵的本征值来分类. 注意接下来的分类只是局域的, 依赖于在空间某点 $P$ 选择局部惯性系使度规取正则闵氏时空度规的形式. 这样得到的彼得罗夫分类是局部的. 当我们从一个时空点到另一个时空点时, 一个物理的引力场可以从一个类变到另一个类, 甚至是它们的混合.

首先, 我们考虑把曲率张量写成矩阵的形式. 由黎曼张量的对称性, 我们可以把它写作 $R^{\mu\nu}{}_{\sigma\rho}$, 而把两个反对称的指标当作一个指标来看待, 即 $I=[\mu\nu]$, 有 $\dfrac{n(n-1)}{2}$ 个取值. 在 4 维, 有 6 个取值, 分别为 $(01),(02),(03),(23),(31),(12)$, 分别对应着 $I=1,\cdots,6$, 所以有

$$C_{\mu\nu\sigma\rho}\leftrightarrow C_{IJ},\quad I\sim(\mu\nu),J\sim(\sigma\rho).\tag{15.179}$$

进一步地, 考虑到两组指标的交换对称性, 有 $C_{IJ}=C_{JI}$, 这样就得到一个在 6 维空间中的对称张量. 这个 6 维空间的度规为

$$\gamma_{IJ}\leftrightarrow g_{\mu\nu\sigma\rho}\equiv g_{\mu\sigma}g_{\nu\rho}-g_{\mu\rho}g_{\nu\sigma}.\tag{15.180}$$

在局部惯性系下, 我们可以得到

$$\gamma_{IJ}=\mathrm{diag}(-1,-1,-1,1,1,1).\tag{15.181}$$

本征值方程取形式

$$(C_{IJ}-\lambda\gamma_{IJ})W^J=0,\tag{15.182}$$

它实际上对应着方程

$$(C_{\mu\nu\sigma\rho}-\lambda g_{\mu\nu\sigma\rho})W^{\sigma\rho}=0,\tag{15.183}$$

其中 $W^{\sigma\rho}=-W^{\rho\sigma}$. 由黎曼张量的对称性 $R_{\mu[\nu\sigma\rho]}=0$, 可得

$$C_{14}+C_{25}+C_{36}=0.\tag{15.184}$$

进一步地, 我们可以把黎曼张量的 20 个独立分量写作 3 维张量的集合,

$$M_{ik}=R_{0i0k},\quad N_{ik}=\frac{1}{2}\varepsilon_{imn}R_{0kmn},\quad P_{ik}=\frac{1}{4}\varepsilon_{imn}\varepsilon_{kpq}R_{mnpq}.\tag{15.185}$$

注意我们在局域惯性系中, 没有必要区分 3 维平直空间指标的上下. 由黎曼张量的对称性, 有

$$M_{ik}=M_{ki},\tag{15.186}$$

共有 6 个分量. 而

$$P_{ki}=\frac{1}{4}\varepsilon_{kmn}\varepsilon_{ipq}R_{mnpq}=\frac{1}{4}\varepsilon_{kmn}\varepsilon_{ipq}R_{pqmn}=P_{ik},\tag{15.187}$$

也贡献 6 个分量. 最后我们有

$$N_{11} = R_{0123}, \quad N_{22} = R_{0231}, \quad N_{33} = R_{0312}, \tag{15.188}$$

所以

$$N_{ii} = N_{11} + N_{22} + N_{33} = 0. \tag{15.189}$$

因此有 2 个独立分量. 其他的非对角分量为

$$N_{12} = R_{0131}, \quad N_{13} = R_{0112}, \quad N_{23} = R_{0331}, \quad N_{32} = R_{0212}, \tag{15.190}$$

等等. 利用真空爱因斯坦方程 $R_{\mu\nu} = 0$, 可得

$$R_{00} = g^{ik} R_{0i0k} = R_{0i0i} = M_{ii}, \tag{15.191}$$

所以 $M_{ii} = 0$, 即矩阵 $M$ 是无迹的. 利用里奇张量的其他分量为零, 如 $R_{ik} = 0(i \neq k)$ 给出

$$M_{ik} = -P_{ik} \quad (i \neq k), \tag{15.192}$$

而 $R_{0i} = 0$ 给出

$$N_{ik} = N_{ki}, \tag{15.193}$$

最后, $R_{ii} = 0$ 给出

$$M_{11} = P_{22} + P_{33}, \quad M_{22} = P_{11} + P_{33}, \quad M_{33} = P_{22} + P_{11}, \tag{15.194}$$

再利用 $M$ 的无迹条件可得

$$P_{ii} = 0. \tag{15.195}$$

这样我们就发现

$$M_{ik} = -P_{ik}, \quad \forall i, k. \tag{15.196}$$

我们可以来数数这些张量的独立分量个数: 矩阵 $M$ 和 $N$ 都是对称无迹的, 因此每一个贡献 5 个独立分量, 共 10 个分量. 这正是当里奇张量为零时, 黎曼张量的独立分量个数.

如果把黎曼张量的分量用矩阵来代表, 有

$$C_{IJ} = \begin{pmatrix} M & N \\ N & -M \end{pmatrix}, \tag{15.197}$$

其中 $M, N$ 都是对称无迹 $3\times 3$ 矩阵. 矩阵 $C_{IJ}$ 的本征值 $\lambda$ 由方程

$$\det(C_{IJ}-\lambda\gamma_{IJ})=0 \tag{15.198}$$

确定, 也就是说

$$\begin{vmatrix} M_{ik}+\lambda\delta_{ik} & N_{ik} \\ N_{ik} & -M_{ik}-\lambda\delta_{ik} \end{vmatrix}=0. \tag{15.199}$$

这个本征值方程经过变换, 可以写成

$$\begin{vmatrix} M_{ik}+\lambda\delta_{ik}+\mathrm{i}N_{ik} & N_{ik} \\ 0 & -(M_{ik}+\lambda\delta_{ik}+\mathrm{i}N_{ik}) \end{vmatrix}=0, \tag{15.200}$$

即

$$|M_{ik}+\lambda\delta_{ik}+\mathrm{i}N_{ik}|=0. \tag{15.201}$$

这是一个关于 $3\times 3$ 矩阵的行列式方程. 这个方程是一个 $\lambda$ 的三次方程,

$$\lambda^3+a\lambda^2+b\lambda+c=0, \tag{15.202}$$

其中

$$a=M_{ii}+N_{ii}=0, \tag{15.203}$$

这意味着 $\lambda$ 的三个根必然有

$$\lambda_1+\lambda_2+\lambda_3=0. \tag{15.204}$$

一般而言, 三次方程的三个根是复数. 因此, 对外尔张量的分类可以从对三次方程的根类型开始:

(1) I 型, 三个根都不相同, $\lambda_1\neq\lambda_2\neq\lambda_3$;

(2) II 型, 两个根相同, $\lambda_1=\lambda_2\neq\lambda_3$;

(3) III 型, 三个根都相同, $\lambda_1=\lambda_2=\lambda_3=0$.

对于不同类型的本征值, 它们对应的本征矢量 $W^I$ 如下:

(1) I 型

$$M=\begin{pmatrix}\alpha_1 & 0 & 0\\ 0 & \alpha_2 & 0\\ 0 & 0 & \alpha_3\end{pmatrix},\quad N=\begin{pmatrix}\beta_1 & 0 & 0\\ 0 & \beta_2 & 0\\ 0 & 0 & \beta_3\end{pmatrix}, \tag{15.205}$$

其中 $\alpha_i, \beta_i$ 满足

$$\lambda_i = -(\alpha_i + \mathrm{i}\beta_i) \quad (i = 1, 2, 3).$$

(2) Ⅱ 型

$$M = \begin{pmatrix} 2\alpha & 0 & 0 \\ 0 & -\alpha+\sigma & 0 \\ 0 & 0 & -\alpha-\sigma \end{pmatrix}, \quad N = \begin{pmatrix} 2\beta & 0 & 0 \\ 0 & -\beta & \sigma \\ 0 & \sigma & -\beta \end{pmatrix}, \tag{15.206}$$

其中 $\alpha_i, \beta_i$ 满足

$$\lambda_1 = -2(\alpha + \mathrm{i}\beta), \quad \lambda_2 = \lambda_3 = \alpha + \mathrm{i}\beta.$$

(3) Ⅲ 型

$$M = \begin{pmatrix} 0 & \sigma & 0 \\ \sigma & 0 & 0 \\ 0 & 0 & 0 \end{pmatrix}, \quad N = \begin{pmatrix} 0 & 0 & 0 \\ 0 & 0 & \sigma \\ 0 & \sigma & 0 \end{pmatrix}. \tag{15.207}$$

I 型是最一般的, 非简并的解, 可以记作 $[1,1,1]$. 类似地, Ⅱ 型解和 Ⅲ 型解分别记作 $[2,1]$ 和 $[3]$.

然而, 基于以上的代数分类并没有完全解决问题. 一个更好的做法是参考方程 (15.176) 和 (15.177). 在简并的情形, 我们有方程 (15.177), 但同时方程 (15.176) 也成立. 因此, 问题变成了求解方程 (15.176), 从中得到非退化和退化的解, 分别对应于库仑场和辐射场. 在引力的情形, 我们需要把场强张量替换成黎曼张量或者外尔张量, 得到方程

$$k_{[\kappa}R_{\lambda]\mu\nu[\rho}k_{\sigma]}k^{\mu}k^{\nu} = 0, \quad k^{\mu}k_{\mu} = 0. \tag{15.208}$$

一般而言, 满足这个方程的黎曼张量有 4 种. 在最一般的情形, 本征值互不相同, 这是非退化的情形, 记作 [1111], 称为 I 型解. 其他类型的解有各种程度的退化性. 我们可以把所有的可能总结为表 15.2.

**表 15.2 外尔张量的彼得罗夫分类**

| 类型 | I | D | Ⅱ | Ⅲ | N | O |
|---|---|---|---|---|---|---|
| 记号 | [1111] | [211] | [22] | [31] | [4] | |

记号的含义是: 中括号中的数字数代表着本征值的数目, 每一个数字代表着本征值的简并度. 例如 [31] 代表着两个不同的本征值, 其中一个 3 重简并, 而 [211] 代表着有三个本征值, 其中一个两重简并. 与前面的分类比较, 这个分类更仔细一点, 两者的关系如下: 在前面的 I 型解中, 如果有两个解相等, 则对应着 D 型解; 而在 Ⅱ 型解中, 如果本征值为零, 则导致 N 型解. 此外 O 型解对应着外尔张量本身就等于零, 给出共形平坦的时空. 在图 15.10 给出了不同类型间的关系. 对应于本征值方程的本征矢实际上是双矢 (bi-vector), 参见 (15.183) 式. 这些本征矢实际上与原来时空中的某些零矢量有关, 这些零矢量常称为主零方向 (principal null directions).

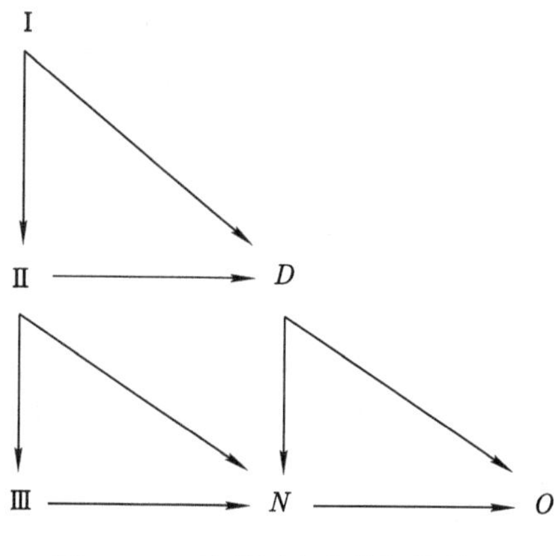


图 15.10 彼得罗夫分类间的关系.

对于非退化的 I 型解, 它就满足 (15.10), 而对于其他有退化的解, 它们要满足更多的方程. 例如, Ⅱ 型和 N 型分别满足

$$\mathrm{II}_{\kappa\lambda\mu[\nu}k_{\rho]}k^{\lambda}k^{\mu}=0,\quad N_{\kappa\lambda\mu\nu}k^{\nu}=0. \tag{15.209}$$

彼得罗夫分类可以通过纽曼–彭罗斯方案来理解. 考虑下面一组双矢量

$$\begin{aligned}U_{\mu\nu}&=-l_{[\mu}m_{\nu]},\\V_{\mu\nu}&=n_{[\mu}m_{\nu]},\\W_{\mu\nu}&=m_{[\mu}\bar{m}_{\nu]}-n_{[\mu}l_{\nu]},\end{aligned}$$

而外尔张量可表示成

$$\begin{aligned}C_{\mu\nu\sigma\rho}=&\ \Psi_0U_{\mu\nu}U_{\sigma\rho}+\Psi_1(U_{\mu\nu}W_{\sigma\rho}+W_{\mu\nu}U_{\sigma\rho})\\&+\Psi_2(V_{\mu\nu}U_{\sigma\rho}+U_{\mu\nu}V_{\sigma\rho}+W_{\mu\nu}W_{\sigma\rho})\\&+\Psi_3(V_{\mu\nu}W_{\sigma\rho}+W_{\mu\nu}V_{\sigma\rho})+\Psi_4V_{\mu\nu}V_{\sigma\rho},\end{aligned} \tag{15.210}$$

其中 $\{\Psi_i\}$ 是外尔标量. 外尔张量的彼得罗夫分类可以用外尔标量来刻画:

(1) I 型, $\Psi_0 = 0$;

(2) Ⅱ 型, $\Psi_0 = \Psi_1 = 0$;

(3) D 型, $\Psi_0 = \Psi_1 = \Psi_3 = \Psi_4 = 0$;

(4) Ⅲ 型, $\Psi_0 = \Psi_1 = \Psi_2 = 0$;

(5) N 型, $\Psi_0 = \Psi_1 = \Psi_2 = \Psi_3 = 0$;

(6) O 型, $\Psi_0 = \Psi_1 = \Psi_2 = \Psi_3 = \Psi_4 = 0$.

我们可以分析一下不同彼得罗夫类型引力场的物理意义.

(1) D 型区域. D 型场与孤立有质量源, 如恒星的引力场有关. D 型场完全由质量源的质量和角动量以及质量多极矩确定. 两个退化的主零方向对应于在源附近的径向向内和向外的零测地线汇. 在一个 D 型区域中的引电张量类似于牛顿引力中一个库仑类型的引力势. 它产生的潮汐张量在一个方向上拉伸而在横向上压缩, 本征值具有 $(-2,1,1)$. 显然, 史瓦西解属于这种类型. 这种场的衰减行为是 $1/r^3$. 如果源还有转动, 除了潮汐效应外, 还有各种引磁效应, 比如在转动物体外对陀螺仪的自旋–自旋耦合. 这些引磁场的衰减如 $1/r^4$. 克尔时空处处是 D 型的.

(2) Ⅲ 型. Ⅲ 型场区域与某种纵向引力辐射有关, 此时的引潮力有剪切效应. 这种可能性在弱场近似下被忽略了, 因为弱场近似下引力辐射是 N 型的. Ⅲ 型辐射衰减行为是 $1/r^2$. 某种罗宾森/特劳特曼 (Robinson/Trautman) 真空是处处 Ⅲ 型的.

(3) N 型. N 型场区域与横向引力辐射有关. 此时的四重退化主零方向对应于波矢的传播方向. N 型场的衰减行为是 $1/r$, 描述长程引力辐射场. 描述以光速运动辐射的 pp 波 (plane-fronted waves with parallel propagation) 时空处处是 N 型的.

(4) Ⅱ 型. Ⅱ 型场结合了上面 D 型、Ⅲ 型和 N 型场的效应, 但是以一种很复杂的非线性方式.

(5) O 型. O 型场区域是共形平坦区域, 外尔张量为零. 此时, 只有里奇曲率. 下一章介绍的 FRW 模型是处处 O 型的.

对于史瓦西解, 我们期待它类似于库仑场. 确实, 史瓦西解的黎曼张量具有非零分量

$$\begin{aligned} R_{0101} &= -\frac{2\mu}{r^3}, \quad R_{0202} = R_{0303} = \frac{\mu}{r^3}, \\ R_{2323} &= \frac{2\mu}{r^3}, \quad R_{1212} = R_{1313} = -\frac{\mu}{r^3}. \end{aligned} \tag{15.211}$$

这意味着

$$M_{11} = -P_{11} = -\frac{2\mu}{r^3}, \quad M_{22} = M_{33} = -P_{22} = -P_{33} = \frac{\mu}{r^3}, \quad N_{ik} = 0. \tag{15.212}$$

所以

$$M_{ik}=\frac{\mu}{r^3}\begin{pmatrix}-2&0&0\\0&1&0\\0&0&1\end{pmatrix},\quad N_{ik}=0. \tag{15.213}$$

对应于第一种分类, 它属于 Ⅱ 型, $\beta=0$, 一个本征值简并. 而对应于第二种分类, 它属于 D 型, 有一个 $1/r^3$ 的递减行为.

最后, 对于一个孤立的物质分布, 它的曲率张量的长距离展开为

$$R_{\mu\nu\sigma\rho}=\frac{1}{r}N_{\mu\nu\sigma\rho}+\frac{1}{r^2}\mathrm{III}_{\mu\nu\sigma\rho}+\frac{1}{r^3}D_{\mu\nu\sigma\rho}+\cdots \tag{15.214}$$

其中, 张量 $N$ 对应着场方程的辐射解, 它的曲率张量有 $1/r$ 的依赖, 其能量有 $1/r^2$ 的依赖, 所以有能量通量. 一般而言, 这个引力场并非代数特殊的. 然而所谓的剥离定理 (peeling theorem) 告诉我们当距离源较远时, 辐射场的其他分量都被剥离了, 只剩下 N 型辐射场. 这类似于电磁辐射的情形. 因此, 通过对满足真空爱因斯坦方程的黎曼张量的分析, 我们看到辐射解总是存在的, 与是否做弱场近似无关.

## 习 题

1. 在 TT 规范下, 证明到 $h_{\mu\nu}$ 的一阶, 有

$$\Gamma^{\mu}_{00}=0,\quad \Gamma^{\mu}_{0\nu}=\frac{1}{2}\partial_0(h_{\mathrm{TT}})^{\mu}_{\nu}. \tag{15.215}$$

2. 对于一个平面引力波, 形如 $h_{\mu\nu}=C_{\mu\nu}\exp(\mathrm{i}k_\lambda x^\lambda)$.

(a) 证明线性化的黎曼张量为

$$R_{\sigma\mu\nu\rho}=\frac{1}{2}(k_\nu k_\sigma h_{\mu\rho}+k_\rho k_\mu h_{\sigma\nu}-k_\nu k_\mu h_{\sigma\rho}-k_\rho k_\sigma h_{\mu\nu}). \tag{15.216}$$

(b) 由此证明线性化的里奇张量为

$$R_{\mu\nu}=\frac{1}{2}(k_\nu\omega_\mu+k_\mu\omega_\nu-k^2h_{\mu\nu}), \tag{15.217}$$

其中 $k^2=k^\mu k_\mu$, $\omega_\mu=k^\nu\bar{h}_{\mu\nu}$.

(c) 证明线性化爱因斯坦方程要求

$$k^2h_{\mu\nu}=k_\nu\omega_\mu+k_\mu\omega_\nu. \tag{15.218}$$

(d) 如果 $k^2\neq 0$, 则我们要求 $R_{\sigma\mu\nu\rho}=0$. 证明这种情况不对应于一个物理的波, 而只是坐标系统的周期振荡.

(e) 如果 $k^2=0$, 则有 $k^\nu\bar{h}_{\mu\nu}=0$. 证明此时波矢 $k^\nu$ 是黎曼张量的一个本征矢量: $R_{\sigma\mu\nu\rho}k^\rho=0$.

3. 两个质量为 $M$ 的物体在事件点 $(0,0,0,0)$ 处迎头相撞. 在遥远的过去 $(t \to -\infty)$, 两个物体从 $x \to \pm\infty$ 的地方以零速度出发.
   (a) 利用牛顿理论, 证明 $x(t) = \pm(9GMt^2/8)^{1/3}$.
   (b) 在什么样的间距下牛顿近似成立?
   (c) 计算在 $(x,y,z) = (0,R,0)$ 处的扰动 $h_{xx}^{\mathrm{TT}}(t)$.

4. 考虑线元

$$\mathrm{d}s^2 = -\mathrm{d}t^2 + \mathrm{d}x^2 + f^2(u)\mathrm{d}y^2 + g^2(u)\mathrm{d}z^2, \tag{15.219}$$

其中 $f,g$ 都是 $u = t - x$ 的函数. 计算联络系数和里奇张量. 由此证明这个线元是真空爱因斯坦方程的一个解, 只要

$$\frac{f''}{f} + \frac{g''}{g} = 0. \tag{15.220}$$

证明这个解可以解释为沿 $x$ 方向运动的线偏振的引力波.

5. 利用测地偏离方程讨论谐振子在引力波下的响应.

6. 当一个沿 $z$ 轴运动的引力波经过时, 时空的度规可以利用 TT 规范表示为

$$\mathrm{d}s^2 = -\mathrm{d}t^2 + (1 + h_+(z-t))\mathrm{d}x^2 + (1 - h_+(z-t))\mathrm{d}y^2 + \mathrm{d}z^2. \tag{15.221}$$

假设两个物体在 $x$ 轴上, 分别位于原点和 $x = L$ 处. 从原点发出沿 $x$ 轴的光线到达另一个物体并反射回来, 在原点处测量经过的固有时并由此得到两个物体间距离的变化.
   (a) 证明发射光子的坐标速度为

$$\left(\frac{\mathrm{d}x}{\mathrm{d}t}\right)^2 = \frac{1}{1 + h_+}, \tag{15.222}$$

   不等于光速. 这是否违反了相对论? 为什么?
   (b) 如果 $h_+$ 非常小, 证明光子经过的坐标时为

$$t_1 = t_0 + 2L + \frac{1}{2}\int_0^L (h_+(t_0 + x)\mathrm{d}x + h_+(t_0 + L + x))\mathrm{d}x, \tag{15.223}$$

   其中 $t_0$ 是光子发射时的时间, 而 $t_1$ 是光子回到发射器的时间. 这个事实告诉我们如果两个物体的距离 $L$ 远小于引力波的波长, 或者说在光子飞行期间 $h_+$ 等效地可以看作常数, 光子来回的时间正比于在上面的度规下测量两个物体的固有距离. 这是由于如果距离足够小, 我们可以建立局部惯性系来做测量.
   (c) 从上面的关系式, 证明下面的微分关系

$$\frac{\mathrm{d}t_1}{\mathrm{d}t_0} = 1 + \frac{1}{2}(h_+(t_0 + 2L) - h_+(t_0)). \tag{15.224}$$

   这个关系说明回来时间的变化率只依赖于光子发射时以及光子回到原点时的时空度规, 而与发生反射时的时空度规无关.

(d) 进一步地, 考虑一个连续的电磁波, 具有频率 $\nu$. 每一个波峰都可以看作一个光子, 因此有一系列的光子在两个物体间来回传递. 由上面的微分关系, 可得

$$\frac{\mathrm{d}t_1}{\mathrm{d}t_0}=\frac{\nu_1}{\nu_0}, \tag{15.225}$$

其中 $\nu_0,\nu_1$ 分别是发射时和接收时的光子频率. 由此, 我们可以从光子频率的变化读出时空度规的变化, 以及引力波的信息. 假如引力波是与 $z$ 轴成 $\theta$ 角在 $x$-$z$ 平面传播, 请导出

$$\begin{aligned}\frac{\mathrm{d}t_1}{\mathrm{d}t_0}=1+\frac{1}{2}((1-\sin\theta)h_+(t_0+2L)-(1+\sin\theta)h_+(t_0)\\+2\sin\theta h_+(t_0+(1-\sin\theta)L)).\end{aligned} \tag{15.226}$$

此时, 回来的时间导数确实与发生反射时的引力波振幅有关.

(e) 接上一问, 证明如果 $L$ 较小时, $t_1$ 中包含了额外的固有距离 $\delta L=L\cos^2\theta h_+(t)$, 并解释 $\cos^2\theta$ 因子的来源.

(f) 当 $\theta=\pi/2$ 时, 即光子传播与引力波传播方向相同时, 会发生什么?

7. 考虑分布在 $x$-$y$ 平面上一个半径为 $R$ 的圆上的质量块, 这些质量块可以当作点粒子看待. 如果有一个发射器从圆心向位于 $x=R$ 的质量块发射光子, 这些光子被反射回原点处的发射器. 引力波沿 $z$ 方向经过, 对时空的影响由上题中 TT 规范下的度规来描述.

   (a) 假设半径 $R$ 远小于引力波波长, 在光子来回的过程中引力波造成的时空扭曲 $h_+$ 可以当作几乎不变, 到 $h_+$ 的一阶, 证明在光子来回的过程中发射器的固有时为 $(2+h_+)R$.

   (b) 上面的讨论似乎说明了发射器到质量块间的固有距离是 $(1+h_+/2)R$, 这个结论对吗?

   (c) 证明如果发射器沿着 $y$ 轴做类似的实验, 则发射器测到的光子来回的固有时为 $(2-h_+)R$.

   (d) 上面两种测量的时间差为 $2h_+R$, 可以用来测量引力波的幅度, 请问这个结果是否依赖于我们使用了 TT 规范?

8. 计算如下系统的四极矩和无迹约化四极矩:

   (a) 一颗球对称的恒星, 能量密度为 $\rho(r,t)$.

   (b) 一个具有均匀密度 $\rho$ 的椭球体, 其沿 $x,y,x$ 的半轴分别长为 $a,b,c$ (取椭球中心为原点).

   (c) 四个位于点 $(a,0,0),(0,a,0),(-a,0,0),(0-a,0)$ 的质量块.

   (d) 上题中的质量块开始绕 $z$ 轴做逆时针匀角速度运动, 角速度为 $\omega$.

   (e) 两个沿 $x$ 轴质量分别为 $m$ 和 $M(m\neq M)$ 的质量块通过一根无质量弹簧相连, 弹簧的弹性系数为 $k$, 平衡时长度为 $b_0$, 保持质心不变, 系统以自然频率做振荡, 振幅为 $2A$.

9. 对一个双星系统, 两颗星有不同的质量 $m_1,m_2$. 计算辐射功率 $P$ 以及轨道运动频率的变化率 (假设圆周运动).

10. 考虑一个质量为 $m$ 的物体从无穷远处以零初速度落向一颗质量为 $M\gg m$、半径为 $R$ 的恒星. 这个物体可以被看作点粒子, 且其运动严格沿径向. 请问在下落过程中是否存在引力辐射? 如果有, 那么当物体落到恒星表面时, 多少能量已经被引力辐射带走?

11. 考虑两颗质量为 $m$ 和 $M$ 的球对称恒星, 互相之间在 $x$-$y$ 平面上做椭圆运动, 令轨道由总能量 $E$ 和总角动量 $L$ 来刻画.

(a) 利用牛顿引力来计算两个恒星相对于它们质心的运动轨道. 把轨道周期 $P$、最小距离 $a$ 和离心率 $e$ 用 $E$ 和 $L$ 表达.

(b) 计算该系统的无迹约化四极矩.

(c) 计算沿 $x$ 和 $z$ 轴的 TT 辐射场.

(d) 证明一个周期下平均能量损失率是

$$\langle \mathrm{d}E/\mathrm{d}t\rangle = -\frac{32}{5}\frac{\mu^2(m+M)^3}{a^5(1-e^2)^{7/2}}\left(1+\frac{73}{24}e^2+\frac{37}{96}e^4\right), \tag{15.227}$$

其中 $\mu = mM/(m+M)$ 是约化质量.

(e) 证明

$$\begin{aligned}\langle \mathrm{d}a/\mathrm{d}t\rangle &= -\frac{64}{5}\frac{\mu(m+M)^2}{a^3(1-e^2)^{7/2}}\left(1+\frac{73}{24}e^2+\frac{37}{96}e^4\right),\\ \langle \mathrm{d}e/\mathrm{d}t\rangle &= -\frac{304}{15}\frac{\mu(m+M)^2 e}{a^4(1-e^2)^{5/2}}\left(1+\frac{121}{304}e^2\right),\\ \langle \mathrm{d}P/\mathrm{d}t\rangle &= -\frac{192\pi}{5}\frac{\mu(m+M)^{3/2}}{a^{5/2}(1-e^2)^{7/2}}\left(1+\frac{73}{24}e^2+\frac{37}{96}e^4\right).\end{aligned} \tag{15.228}$$

# 第十六章　宇宙学初步

广义相对论一个重要的应用是在宇宙学中. 宇宙学研究的是我们所处宇宙的产生、演化和终极命运. 对于宇宙的产生和终极命运, 我们现在还缺乏足够多的知识给出确切的答案, 但对宇宙的演化已有了较好的认识. 宇宙学中的相对论效应很强, 需要用广义相对论来处理. 由于篇幅所限, 我们只能简要地讨论一下宇宙学中的经典部分, 并不涉及宇宙学中的量子效应.

## §16.1　爱因斯坦的宇宙学原理

宇宙学研究的对象并非恒星的演化、行星的运动, 也不是星系的形成和发展, 甚至不是星系群的结构, 而是更大尺度的物理. 在宇宙学中, 每一个星系都被当作一个点状的发光物体, 星系本身的结构并不重要. 宇宙学中最重要的一个原理是宇宙学原理: 它认为我们在宇宙中所处的位置一点也不特殊, 更准确地说, 我们的宇宙在大尺度上是均匀和各向同性的. 均交指的是宇宙中各点都是平等的, 没有何处是特殊的. 各向同性指的是相对于某一个点宇宙在各个方向上看起来都是一样的. 宇宙学原理看起来很简单但非常有用, 而且得到了实验观测的有力支持.

宇宙学原理的建立有着漫长艰苦的历程, 阻碍很大程度上来源于人类相信自己处于宇宙的中心. 在古代, 由于观测手段的局限性, 人们通常认为地球是宇宙的核心. 在古代中国, 认为 “天圆地方” . 而在古希腊, “地心说” 受到广泛的认可. 人们认为地球是宇宙的中心, 月亮、太阳和其他行星围绕着地球, 而恒星固定在远处. 托勒密进一步发展了一整套微妙的圆周运动组合来解释行星的运动, 特别是行星某些时刻表现出的 “逆行” (retrograde motion) 现象. 一直到 16 世纪早期, 哥白尼提出了 “日心说” ①, “地心说” 才受到挑战. 哥白尼认为地球和其他行星一样, 围绕着太阳运动. 由于不同行星的运动速度不同, 行星的逆行现象可以很容易得到解释. 但是, 哥白尼尽管推翻了 “地心说”, 但仍然认为太阳是整个宇宙的中心. 牛顿的引力理论成功地精确解释了行星的运动, 但他似乎认为宇宙是静态的: 太阳和其他恒星一样, 均匀地分布在一个无穷大的静止空间中. 在牛顿之后的两百年中, 人们渐渐认识到附近的恒星并非均匀地分布着, 而是分布在一个盘状的空间中. 这个盘状的空间如今称为银河系. 实际上, 在 18 世纪末赫斯切尔斯 (Herschels) 就认识到了盘

①当然, 在哥白尼之前两千年的古希腊, 哲学家阿里斯塔克斯 (Aristarchus) 已经提出太阳是宇宙的中心. 尽管如此, 鉴于哥白尼的革命性贡献, 宇宙学原理常被称为哥白尼原理.

状结构, 但当时的观测并不精确, 以致人们错误地认为太阳系在银河系的中心. 20 世纪初沙普利 (Shapley) 纠正了这个观点, 指出太阳系实际上处于距离银河系中心半径三分之二处. 即使这样, 他仍然相信银河系是宇宙的中心. 直到 1952 年, 巴阿德 (Baade) 最终证明了银河系在宇宙中只不过是一个相当普通的星系.

宇宙学原理强调的是在大尺度上的均匀和各向同性. 这里的大尺度指的并非在太阳系、星系、甚至本星系群这样的尺度, 而是在更大的尺度上, 比如说包含数百万个星系的尺度. 通常在宇宙学中星系被当作一个点来处理, 其内部结构并不重要. 而很多个星系可以形成本星系群 (local group), 其典型的尺度是 Mpc. 如果进一步地扫描宇宙中更大的区域, 比如说 100 Mpc, 我们将发现在某些区域星系形成星系团 (cluster of galaxies) . 然而, 大部分的星系并不属于某一个星系团, 这些星系称为场星系 (field galaxies) . 星系团是我们宇宙中最大的引力塌缩形成的物体, 它们有可能形成群而成为超级星系团. 在更大的尺度, 大约是几百个 Mpc, 宇宙看起来是光滑的, 没有来自于局部引力塌陷形成的结构. 宇宙在大尺度上的均匀和各向同性已经得到实验上的验证. 在可见光波段, 无论是较早期的 CfA 红移巡天 (Center for Astrophysics Redshift Survey), 还是近期的 2dF 星系红移巡天、SDSS (Sloan Digital Sky Survey) 都没有发现在星系团尺度以上的结构.

宇宙学原理是现代宇宙学标准模型的基石. 宇宙学的标准模型认为宇宙是演化的, 起源于大爆炸 (Big Bang) . 在历史上相当长的一段时间中, 大爆炸宇宙学还有一个强劲的竞争对手, 即所谓的稳态 (steady state) 宇宙学. 在稳态宇宙学中, 宇宙并不演化, 过去和现在看起来没有什么不同. 当宇宙膨胀时, 新的物质产生出来填补空洞. 当然, 现代的宇宙观测强有力地支持了大爆炸宇宙学.

上面对宇宙学原理的直观表述需要精确化. 在广义相对论中, 由于不存在整体定义的惯性系, 如何定义时间是一个微妙的问题. 如我们前面所讨论的, 不同的观测者将看到不同的宇宙. 因此, 相对于什么样的观测者宇宙看起来是各向同性的呢? 在广义相对论中, 某一 “时刻” 的概念是含糊的, 需要利用三维的类空曲面来定义时间. 为了定义一个整体成立的时间参数, 我们可以引进一系列互不相交的超曲面来把时空切片, 每一个超曲面由一个时间参数来标记. 然而, 必须注意的是定义超曲面 $t=$ 常数的方式通常是任意的. 对于一般的时空流形, 没有哪一种时空切片是特别的, 可用来定义一个特别的时间坐标.

在宇宙学中, 需要定义一个特别的理想观测者——基本观测者. 这些观测者相对于整个宇宙流体没有相对运动. 宇宙流体由宇宙中所有星系和其他物质抹平后的运动来定义. 例如, 一个基本观测者无法从宇宙微波背景辐射中观测到偶极矩. 这是因为如果一个观测者相对于宇宙流体存在着相对运动, 由于多普勒效应他将观测到非零的偶极矩. 由外尔的假定, 这些基本观测者的世界线将在时空中形成一个丛, 或者一个束, 而这些束可能从在有限或者无限过去的一个点发散出来, 或者收敛到未来的一个点上. 这些世界线互不相交, 除非可能交于过去或者 (和) 未来的一个奇点上. 因此, 在时空中每一个非奇异点都有唯一一条世界线穿过. 这些世界线的集合提供了时空的编织线.

利用这些基本观测者, 我们可以自如地定义 $t=$ 常数的超曲面: 只要要求任意基本观测者的 4-速度都必须正交于超曲面即可. 也就是说, 这些观测者的局部洛伦兹参考系的同时面与这些超曲面是局部重合的. 每一个超曲面都可以看作基本观测者的局部洛伦兹参考系的汇合. 这些超曲面可以由基本观测者的固有时来刻画. 这个时间参数称为同步 (synchronous) 时间坐标. 此外, 我们可以引进三个空间坐标 $x^i, i=1,2,3$, 这些指标沿着任意世界线都是常数. 因此, 任一基本观测者都有一个固定的 $x^i$ 坐标, 这些坐标称为共动坐标. 由于每一个超曲面都与观测者的世界线垂直, 时空线元可以取作

$$\mathrm{d}s^2=-\mathrm{d}t^2+g_{ij}\mathrm{d}x^i\mathrm{d}x^j, \tag{16.1}$$

这里的 $g_{ij}$ 是坐标 $(t,x^i)$ 的函数. 可以证明这个度规满足我们的要求. 令 $x^\mu(\tau)$ 是基本观测者的世界线, $\tau$ 是沿着世界线的固有时. 由基本观测者的定义, 有

$$x^0=\tau, \quad x^i=\text{常数}. \tag{16.2}$$

沿着世界线, $\mathrm{d}x^i=0$, $\mathrm{d}s=c\mathrm{d}\tau=c\mathrm{d}t$, 所以 $t=\tau$. 我们证明了沿着世界线的固有时确实等于 $t$. 而基本观测者的 4-速度为

$$u^\mu=\frac{\mathrm{d}x^\mu}{\mathrm{d}\tau}=(1,0,0,0). \tag{16.3}$$

在 $t=$ 常数的超曲面上的任意矢量有 $v^\mu=(0,v^i)$, 所以

$$\hat{u}\cdot\hat{v}=0, \tag{16.4}$$

即观测者的 4-速度与超曲面正交. 最后, 易见上面给出的观测者世界线满足测地线方程

$$\frac{\mathrm{d}^2x^\mu}{\mathrm{d}\tau^2}+\Gamma^\mu_{\nu\sigma}\frac{\mathrm{d}x^\nu}{\mathrm{d}\tau}\frac{\mathrm{d}x^\sigma}{\mathrm{d}\tau}=0. \tag{16.5}$$

上面对度规 (16.1) 的讨论并未考虑到空间是均匀和各向同性的. 均匀要求一个特定超曲面上的所有点都是等价的, 而各向同性要求超曲面上所有的方向对基本观测者而言都是等价的. 考虑在 $t=$ 常数的超曲面上两个相邻星系, 分别具有坐标 $x^i$ 和 $x^i+\Delta x^i$, 则它们间的距离为

$$\mathrm{d}\sigma^2=g_{ij}\Delta x^i\Delta x^j. \tag{16.6}$$

如果我们考虑在一个特定时间 $t$ 的超曲面上的三个相邻星系, 则各向同性要求这三个星系形成的三角形在以后的时刻必须与原来的三角形相似, 而均匀性则要求可能的放大因子必须与三角形的位置无关. 因此, 时间 $t$ 只有通过一个共有因子进入度规 $g_{ij}$ 中, 这样距离之间的比率在所有时间都保持不变. 这样, 考虑到均均和各向同性后, 度规必须形如

$$\mathrm{d}s^2 = -\mathrm{d}t^2 + a^2(t)h_{ij}\mathrm{d}x^i\mathrm{d}x^j, \tag{16.7}$$

其中 $a(t)$ 是一个时间相关的尺度因子, 而 $h_{ij}$ 只是坐标 $x^i$ 的函数. 空间部分除去尺度因子的度规记作

$$\mathrm{d}\sigma_0^2 = h_{ij}\mathrm{d}x^i\mathrm{d}x^j. \tag{16.8}$$

由上面的讨论可知, 空间部分的度规除去标度因子外完全由 $h_{ij}$ 确定. 实际上可以进一步地确定这个 $h_{ij}$ 的形式. 由于空间是均匀和各向同性的, 这个空间是最大对称空间. 如我们在 §7.3 所讨论的那样, 最大对称空间完全由其曲率确定, 其曲率是一个常数, 因此也称作常曲率空间. 对于三维最大对称空间而言, 其黎曼张量满足

$$R_{ijkl} = K(h_{ik}h_{jl} - h_{il}h_{jk}), \tag{16.9}$$

而里奇张量和里奇标量分别为

$$R_{ij} = 2Kh_{ij}, \quad R = 6K. \tag{16.10}$$

各向同性实际上要求度规只依赖于转动不变量. 我们可以定义球坐标来简化讨论, 度规的可能形式为

$$\begin{aligned} \mathrm{d}\sigma_0^2 &= A(r)(x_i\mathrm{d}x^i)^2 + B(r)(\mathrm{d}x^i\mathrm{d}x^i) \\ &= A(r)r^2\mathrm{d}r^2 + B(r)(\mathrm{d}r^2 + r^2\mathrm{d}\theta^2 + r^2\sin^2\theta\mathrm{d}\phi^2) \\ &= (A(r)r^2 + B(r))\mathrm{d}r^2 + B(r)r^2\mathrm{d}\Omega^2. \end{aligned} \tag{16.11}$$

我们可以重新定义径向坐标 $\tilde{r}^2 = B(r)r^2$, 最终得到度规

$$\mathrm{d}\sigma_0^2 = C(r)\mathrm{d}r^2 + r^2\mathrm{d}\Omega^2. \tag{16.12}$$

这里为简单计, 去掉了 $\tilde{r}$ 上的 “~” . $C(r)$ 是 $r$ 的任意函数. 由这个度规出发, 可以得到非零的克里斯托弗符号

$$\begin{aligned} &\Gamma^r_{rr} = \frac{C'}{2C}, \quad \Gamma^r_{\theta\theta} = -\frac{r}{C}, \quad \Gamma^r_{\phi\phi} = -\frac{r\sin^2\theta}{C}, \\ &\Gamma^\theta_{r\theta} = \Gamma^\theta_{\theta r} = \frac{1}{r}, \quad \Gamma^\theta_{\phi\phi} = -\sin\theta\cos\theta, \quad \Gamma^\phi_{\phi\theta} = \cot\theta. \end{aligned} \tag{16.13}$$

这里的“ $'$ ”代表对 $r$ 求导. 而里奇张量的非零分量为

$$
\begin{aligned}
R_{rr} &= \frac{C'}{rC}, \\
R_{\theta\theta} &= -\frac{1}{C} + 1 + \frac{rC'}{2C^2}, \\
R_{\phi\phi} &= R_{\theta\theta}\sin^2\theta.
\end{aligned} \tag{16.14}
$$

对于三维空间, 我们知道其黎曼张量由里奇张量和里奇标量确定, 所以三维最大对称空间有

$$
R_{ij} = 2Kh_{ij}. \tag{16.15}
$$

由此可得

$$
\frac{C'}{rC} = 2KC, \tag{16.16}
$$

$$
1 + \frac{rC'}{2C^2} - \frac{1}{C} = 2Kr^2. \tag{16.17}
$$

由第一个方程可得解

$$
C = \frac{1}{c - Kr^2}, \tag{16.18}
$$

其中 $c$ 是一个积分常数. 而由第二个方程可得 $c = 1$. 因此最后有

$$
C = \frac{1}{1 - Kr^2}. \tag{16.19}
$$

度规的最终形式为

$$
\mathrm{d}\sigma_0^2 = \frac{\mathrm{d}r^2}{1 - Kr^2} + r^2\mathrm{d}\Omega^2. \tag{16.20}
$$

注意这里的 $K$ 与最大对称空间的曲率有关, $K = R/6$, 因此也与这个空间的大小有关.

## §16.2 FRW 宇宙

宇宙学原理说明在某一个时刻, 宇宙是一个最大对称空间. 从前面对最大对称空间的讨论可知, 这样的空间只能是球面、平面或者双曲面, 分别对应着闭、平和开的宇宙. 因此, 爱因斯坦的宇宙可以通过如下度规来描述:

$$
\mathrm{d}s^2 = -\mathrm{d}t^2 + a^2(t)\left(\frac{\mathrm{d}r^2}{1 - Kr^2} + r^2\mathrm{d}\Omega^2\right), \tag{16.21}
$$

这里 $a(t)$ 称为尺度因子 (scale factor) 或者标度因子, $r$ 是径向坐标, $\mathrm{d}\Omega^2$ 是二维球面的度规,

$$\mathrm{d}\Omega^2=\mathrm{d}\theta^2+\sin^2\theta\mathrm{d}\phi^2. \tag{16.22}$$

(16.21) 式标度因子后的度规实际上描述的是一个最大对称空间, 其中的参数 $K$ 正比于最大对称空间的曲率. 基于宇宙学原理得到的宇宙学模型称为 FRW 宇宙, 可以通过度规 (16.21) 来描述. 我们可以重新定义

$$k\equiv\frac{K}{|K|}, \tag{16.23}$$

这样归一化的 $k$ 取值为 $0,\pm1$, 分别对应着这个空间具有零、正或者负的曲率:

$$k=\begin{cases}-1, & \text{曲率为负, 双曲空间, 开的,}\\ 0, & \text{曲率为零, 平坦空间, 平的,}\\ 1, & \text{曲率为正, 球形空间, 闭的.}\end{cases} \tag{16.24}$$

拓扑上看, 这意味着空间是开、平和闭的. 我们可以重新定义径向坐标和标度因子, 度规仍可以简单地写作

$$\mathrm{d}s^2=-\mathrm{d}t^2+a^2(t)\left(\frac{\mathrm{d}r^2}{1-kr^2}+r^2\mathrm{d}\Omega^2\right). \tag{16.25}$$

这里仍然把重新定义的标度因子记作 $a(t)$, 重新标度的径向坐标记作 $r$.

使用度规 (16.25) 的一个好处是我们不必关心最大对称空间的曲率和大小, 它们都由前面的尺度因子 $a(t)$ 来刻画. 在标度因子后的度规实际上描述了具有 "单位长度" 的最大对称空间,

$$\mathrm{d}\sigma_0^2=\frac{\mathrm{d}r^2}{1-kr^2}+r^2\mathrm{d}\Omega^2. \tag{16.26}$$

我们可以更仔细地来看看最大对称空间.

(1) $k=1$ 情形. 此时, 当 $r\to1$ 时, 度规看起来是奇异的. 我们可以定义

$$r=\sin\chi,\quad 0\leqslant\chi\leqslant\pi. \tag{16.27}$$

在 $\chi$ 坐标下, 度规为

$$\mathrm{d}\sigma_0^2=\mathrm{d}\chi^2+\sin^2\chi\mathrm{d}\Omega^2. \tag{16.28}$$

显然, 它描述的是半径为 1 的球面. 当 $\chi=$ 常数时, 截面的面积为 $A=4\pi\sin^2\chi$.

(2) $k=0$ 情形. 我们可以令 $r=\chi$, 得到

$$\mathrm{d}\sigma_0^2=\mathrm{d}\chi^2+\chi^2\mathrm{d}\Omega^2, \tag{16.29}$$

这显然描述的是一个三维平坦空间.

(3) $k=-1$ 情形. 此时, 我们令

$$r=\sinh\chi, \tag{16.30}$$

则有如下形式的度规:

$$\mathrm{d}\sigma_0^2=\mathrm{d}\chi^2+\sinh^2\chi\mathrm{d}\Omega^2, \tag{16.31}$$

它描述的是一个具有单位长度的双曲空间. 为了更好地理解这个空间, 可以把它嵌入四维闵氏时空中,

$$\begin{aligned}
w&=\cosh\chi,\\
x&=\sinh\chi\sin\theta\cos\phi,\\
y&=\sinh\chi\sin\theta\sin\phi,\\
x&=\sinh\chi\cos\theta,
\end{aligned} \tag{16.32}$$

其中 $(w,x,y,z)$ 构成四维闵氏时空, 具有度规

$$\mathrm{d}s_{\mathrm{M}}^2=-\mathrm{d}w^2+\mathrm{d}x^2+\mathrm{d}y^2+\mathrm{d}z^2. \tag{16.33}$$

上面嵌入的诱导度规正好给出了 (16.31) 式. 由嵌入 (16.32) 式易见

$$w^2-(x^2+y^2+z^2)=1, \tag{16.34}$$

或者

$$\eta_{\mu\nu}x^\mu x^\nu=-1. \tag{16.35}$$

这相当于闵氏时空中的伪球面. 它显然保持了原来时空的转动对称性, 即 SO (1, 3) 是其等度规群, 有 6 个基灵矢量, 正好是三维最大对称空间所能拥有的基灵矢量数.

利用 $\chi$ 坐标, FRW 宇宙的度规也可以写作

$$\mathrm{d}s^2=-\mathrm{d}t^2+a^2(t)[\mathrm{d}\chi^2+S^2(\chi)\mathrm{d}\Omega^2], \tag{16.36}$$

其中

$$S(\chi)=\begin{cases}\sin\chi, & k=1,\\ \chi, & k=0,\\ \sinh\chi, & k=-1.\end{cases}\tag{16.37}$$

描述最大对称空间的另一种坐标是通过定义

$$r=\frac{\tilde{r}}{1+k\tilde{r}^2/4},\tag{16.38}$$

可得最大对称空间的度规

$$\mathrm{d}\sigma_0^2=\frac{\mathrm{d}\tilde{r}^2+\tilde{r}^2\mathrm{d}\Omega^2}{(1+k\tilde{r}^2/4)^2}.\tag{16.39}$$

从这个度规可以看出最大对称空间或者说常曲率空间总是共形平坦的.

在坐标系 $(t,r,\theta,\phi)$ 中, 度规的分量为

$$g_{tt}=-1,\quad g_{rr}=\frac{a^2(t)}{1-kr^2},\quad g_{\theta\theta}=a^2(t)r^2,\quad g_{\phi\phi}=a^2(t)r^2\sin^2\theta.\tag{16.40}$$

对于 FRW 度规 (16.21), 我们可以计算其非零的克里斯托弗符号:

$$\begin{gathered}\Gamma^t_{rr}=\frac{a\dot{a}}{1-kr^2},\quad \Gamma^r_{rr}=\frac{kr}{1-kr^2},\\ \Gamma^t_{\theta\theta}=a\dot{a}r^2,\quad \Gamma^t_{\phi\phi}=a\dot{a}r^2\sin^2\theta,\\ \Gamma^\theta_{r\theta}=\Gamma^\phi_{r\phi}=\frac{1}{r},\quad \Gamma^r_{tr}=\Gamma^\theta_{t\theta}=\Gamma^\phi_{t\phi}=\frac{\dot{a}}{a},\\ \Gamma^r_{\theta\theta}=-r(1-kr^2),\quad \Gamma^r_{\phi\phi}=-r(1-kr^2)\sin^2\theta,\\ \Gamma^\theta_{\phi\phi}=-\sin\theta\cos\theta,\quad \Gamma^\phi_{\theta\phi}=\cot\theta,\end{gathered}\tag{16.41}$$

其中

$$\dot{a}\equiv\frac{\mathrm{d}a}{\mathrm{d}t}.\tag{16.42}$$

由此可以进一步计算黎曼张量、里奇张量和里奇标量. 里奇张量中非零的分量有

$$\begin{aligned}R_{tt}&=-3\frac{\ddot{a}}{a},\\ R_{rr}&=\frac{a\ddot{a}+2\dot{a}^2+2k}{1-kr^2},\\ R_{\theta\theta}&=r^2(a\ddot{a}+2\dot{a}^2+2k),\\ R_{\phi\phi}&=r^2(a\ddot{a}+2\dot{a}^2+2k)\sin^2\theta,\end{aligned}\tag{16.43}$$

而里奇标量为

$$R = 6\left(\frac{\ddot{a}}{a} + \left(\frac{\dot{a}}{a}\right)^2 + \frac{k}{a^2}\right). \tag{16.44}$$

我们也可以不用球坐标系, 而利用通常的笛卡尔坐标系来描述最大对称空间,

$$\mathrm{d}\boldsymbol{x}^2 = \mathrm{d}r^2 + r^2\mathrm{d}\Omega^2, \tag{16.45}$$

而 FRW 宇宙的度规为

$$\mathrm{d}s^2 = -\mathrm{d}t^2 + a^2(t)\left(\mathrm{d}x_i\mathrm{d}x^i + k\frac{(x_i\mathrm{d}x^i)^2}{1-kx_ix^i}\right). \tag{16.46}$$

在此坐标系下, 度规的分量为

$$g_{00} = -1, \quad g_{i0} = 0, \quad g_{ij} = a^2(t)\left(\delta_{ij} + k\frac{x^ix^j}{1-k\boldsymbol{x}^2}\right). \tag{16.47}$$

对于上面的共动坐标, 宇宙中的星系都在固定的空间坐标上, 而宇宙流体是静止的.

标度因子 $a(t)$ 描述了宇宙的膨胀率. 我们可以定义

$$\boldsymbol{r} = a(t)\boldsymbol{x}, \tag{16.48}$$

其中 $\boldsymbol{r}$ 称为物理坐标, 而 $\boldsymbol{x}$ 称为共动坐标. 我们可以这样来理解这个关系: 想象宇宙的空间部分是在一个气球上面, 星系可以看作球面上的点, 而宇宙的演化类似于气球的膨胀, 标度因子代表气球的半径. 对球面而言, 球面上的点的相对位置是不变的, 这就是共动坐标的含义. 但对于外部观测者而言, 整个气球是在膨胀的, 气球上点的相对位置变大了, 也就是说物理坐标有了变化. 比如说, 随着时间变化为 $t_1 \to t_2$, 尺度因子的变化为 $a(t_2) = 2a(t_1)$, 这代表着宇宙在这个时间段中膨胀了一倍.

## §16.3 FRW 宇宙中的测地线和引力红移

在 FRW 宇宙中, 粒子的运动当然可以通过测地线方程来得到. 我们可以直接求解测地线方程, 这会比较烦琐. 我们也可以利用时空的对称性来讨论问题. 由于 FRW 宇宙的空间部分是均匀和各向同性的, 因此没有哪个点是特殊的. 我们可以选择从任一点出发, 比如说在度规 (16.36) 中的 $\chi = 0$ 的点. 测地线方程可以写作

$$\frac{\mathrm{d}u_\mu}{\mathrm{d}\lambda} = \frac{1}{2}(\partial_\mu g_{\nu\sigma})u^\nu u^\sigma. \tag{16.49}$$

考虑 $\mu=\phi$ 的分量, 有

$$\frac{\mathrm{d}u_\phi}{\mathrm{d}\lambda}=0, \tag{16.50}$$

即

$$u_\phi=\text{常数}.$$

另一方面, 有

$$u_\phi=g_{\phi\phi}u^\phi=a^2(t)S^2(\chi)\sin^2\theta u^\phi=0\ \ (\text{因为 }\chi=0). \tag{16.51}$$

由于 $u_\phi$ 是常数, 即使不在 $\chi\neq 0$ 也是如此, 所以 $u^\phi=0$, 这意味着

$$\frac{\mathrm{d}\phi}{\mathrm{d}\lambda}=0, \tag{16.52}$$

即

$$\phi=\text{常数}.$$

同样, 对于 $\theta$ 分量, 有

$$\frac{\mathrm{d}u_\theta}{\mathrm{d}\lambda}=\frac{1}{2}\partial_\theta(g_{\phi\phi})u^\phi u^\phi=0. \tag{16.53}$$

类似于上面的讨论显示 $u_\theta=u^\theta=0$, 即 $\theta=$ 常数. 对于 $\chi$ 分量, 有

$$\begin{aligned}\frac{\mathrm{d}u_\chi}{\mathrm{d}\lambda}&=\frac{1}{2}\partial_\chi(g_{\nu\sigma})u^\nu u^\sigma\\&=\frac{1}{2}(\partial_\chi g_{\theta\theta}u^\theta u^\theta+\partial_\chi g_{\phi\phi}u^\phi u^\phi)\\&=0.\end{aligned} \tag{16.54}$$

所以 $u_\chi=$ 常数, 即

$$a^2\frac{\mathrm{d}\chi}{\mathrm{d}\lambda}=\text{常数}. \tag{16.55}$$

对于 $t$ 分量, 我们可以通过 4-速度的归一化条件

$$u^\mu u_\mu=\begin{cases}-1, & \text{有质量粒子},\\ 0, & \text{无质量粒子}\end{cases} \tag{16.56}$$

来得到:

$$\left(\frac{\mathrm{d}t}{\mathrm{d}\lambda}\right)^2=\begin{cases}1+a^2(t)\left(\dfrac{\mathrm{d}\chi}{\mathrm{d}\lambda}\right)^2, & \text{有质量粒子},\\ a^2(t)\left(\dfrac{\mathrm{d}\chi}{\mathrm{d}\lambda}\right)^2, & \text{无质量粒子}.\end{cases} \tag{16.57}$$

简而言之, 在 FRW 宇宙中的粒子的测地线一定是在固定的 $\theta,\phi$ 方向上, 也就是说, 只有沿着径向方向的运动 (如果从原点出发) . 这一点并不难理解: 在最大对称空间中, 测地线是很容易分类的. 在平坦空间上, 我们知道测地线就是直线. 如果测地线的出发点不是在原点, 则可以通过变换与经过原点的测地线相连.

对于光子的运动, 其 4-动量的分量中

$$k_\chi = \text{常数}, \quad k_\theta = k_\phi = 0, \tag{16.58}$$

而

$$k_t = \frac{k_\chi}{a(t)}. \tag{16.59}$$

如果发射器和接收器都处于固定的空间位置, 由前面的讨论可知, 接收到的光子频率与发射时的频率之比为

$$\begin{aligned} \frac{\nu_{\mathrm{R}}}{\nu_{\mathrm{E}}} &= \frac{k_t^{\mathrm{R}}}{k_t^{E}}\left(\frac{g_{tt}^{\mathrm{E}}}{g_{tt}^{\mathrm{R}}}\right)^{1/2} \\ &= \frac{k_t^{\mathrm{R}}}{k_t^{\mathrm{E}}} \\ &= \frac{a(t_{\mathrm{E}})}{a(t_{\mathrm{R}})}, \end{aligned} \tag{16.60}$$

即它们只依赖于光子发射器和接收器所处位置的尺度因子. 而光子的红移因子$z$ 满足

$$1+z \equiv \frac{\nu_{\mathrm{E}}}{\nu_{\mathrm{R}}} = \frac{a(t_{\mathrm{R}})}{a(t_{\mathrm{E}})}. \tag{16.61}$$

如果宇宙是膨胀的, 尺度因子总是增加的, 则 $z>0$. 反之, 如果宇宙处于塌缩阶段, 其尺度因子是减小的, 则 $z<0$. 注意: 上面的结果不依赖于宇宙的膨胀历史, 无论尺度因子的变化快慢如何, 最终的结果只依赖于尺度因子在发射时刻和接收时刻的值. 当然, 这个结果要求发射器和接收器处于固定的空间位置上, 没有空间方向的运动, 即 4-速度只有时间分量.

记现在的宇宙时间是 $t_0$, 在此时刻我们收到从遥远星系发出的光子. 而发射光子时的宇宙时间为 $t=t_0-\delta t$. 如果发射光子的星系离我们不是太远 (相对于宇宙的大小), 则 $\delta t \ll t_0$, 可以对尺度因子展开:

$$\begin{aligned} a(t) &= a(t_0-\delta t) \\ &= a(t_0) - \delta t\dot{a}(t_0) + \frac{1}{2}(\delta t)^2\ddot{a}(t_0) - \cdots \\ &= a(t_0)[1-\delta t H(t_0) - \frac{1}{2}(\delta t)^2 q(t_0)H^2(t_0) - \cdots]. \end{aligned} \tag{16.62}$$

这里引进了两个参数: $H(t)$ 称为哈勃 (Hubble) 参数, $q(t)$ 称为减速参数, 分别定义为

$$H(t) \equiv \frac{\dot{a}(t)}{a(t)},$$
$$q(t) \equiv -\frac{\ddot{a}(t)a(t)}{\dot{a}^2(t)}. \tag{16.63}$$

注意这两个参数可以定义在任何时刻. 哈勃参数刻画了尺度因子的变化率, 如果是正的, 代表着宇宙在膨胀, 否则是在收缩. 减速参数 $q$ 刻画了膨胀率的变化率, 它告诉我们宇宙是在加速膨胀还是在减速膨胀. 如果它是正的, 意味着是减速膨胀, 否则为加速膨胀. 当在当前的宇宙时间取值时,

$$H(t_0) = H_0, \quad q(t_0) = q_0. \tag{16.64}$$

历史上称 $H_0$ 为 "哈勃常数". 我们现在知道它并非一个真实的 "常数", 但通常仍沿用过去的叫法. 利用 $H_0, q_0$, 可以把红移因子表示为

$$\begin{aligned} z = \frac{a(t_0)}{a(t)} - 1 &= \left(1 - \delta t H_0 - \frac{1}{2}(\delta t)^2 q(t_0) H^2(t_0) - \cdots\right)^{-1} - 1 \\ &\approx \delta t H_0 + (\delta t)^2 \left(1 + \frac{1}{2}q_0\right) H_0^2 + \cdots. \end{aligned} \tag{16.65}$$

红移因子是一个可观测量, 如果 $z \ll 1$, 则可以得到

$$\delta t = H_0^{-1}\left(z - \left(1 + \frac{1}{2}q_0\right) z^2 + \cdots\right). \tag{16.66}$$

注意上式只依赖于 $H_0, q_0$, 而与宇宙的演化历史无关.

我们可以计算星系相对于我们的空间坐标. 光线相对于我们是入射的, 因此如果把光线的方向反转而选择我们为坐标原点, 则 $\chi(t_0) = 0$, 而星系所在的坐标为

$$\begin{aligned} \chi = \int_t^{t_0} \frac{\mathrm{d}t}{a(t)} &= \int_t^{t_0} a_0^{-1}(1 - (t_0 - t)H_0 - \cdots)^{-1}\mathrm{d}t \\ &\approx a_0^{-1}\left(\delta t + \frac{1}{2}(\delta t)^2 H_0 + \cdots\right). \end{aligned} \tag{16.67}$$

代入 $\delta t$ 的表达式, 有

$$\chi = \frac{1}{a_0 H_0}\left(z - \frac{1}{2}(1 + q_0) z^2 + \cdots\right). \tag{16.68}$$

由 FRW 度规, 从现在到发射光子星系的固有距离为

$$d_{\mathrm{P}} = a_0 \chi \approx c(\delta t). \tag{16.69}$$

在宇宙学中, 如果我们考虑的星系相对于我们的距离远小于宇宙的年龄或者 $H_0^{-1}$, 宇宙膨胀的后果导致星系间互相分开, 星系看起来就像在离我们远去. 因此, 宇宙学的红移可以看作一种多普勒效应, 即星系看起来有一个退行速度, 导致了红移. 这个退行速度可以由红移来定义:

$$v_{\mathrm{r}} = cz = c\delta t H_0 = d_{\mathrm{P}} H_0 \quad (z \ll 1), \tag{16.70}$$

这样就得到了哈勃定律.

**哈勃定律** *星系相对于我们的退行速度正比于它与我们之间的距离:*

$$v_{\mathrm{r}} = d_{\mathrm{P}} H_0. \tag{16.71}$$

哈勃首先从天文观测中发现了这个规律. 实际上, 他得到的哈勃常数的误差较大, 与现在得到的值相差较远. 误差主要来自于宇宙学中距离的定义有模糊性, 而实际测量中存在着较大的误差. 我们将在后面讨论此问题. 现在测量到的哈勃常数的值为

$$H_0 = (70 \pm 10)\mathrm{km}/(\mathrm{s} \cdot \mathrm{Mpc}^{-1}). \tag{16.72}$$

由于测量的不确定性, 通常人们把它参数化为

$$H_0 = (100h \pm 10)\mathrm{km}/(\mathrm{s} \cdot \mathrm{Mpc}^{-1}), \tag{16.73}$$

其中的参数 $h$ 如今的取值是 $h = 0.7$.

哈勃常数 $H_0$ 具有时间倒数的量纲, 而 $H_0^{-1}$ 是某种时间的度量. 实际上, $H_0^{-1}$ 可以近似看作宇宙的年龄, 大致差一个数量级为 1 的因子. 更准确地说, 典型的宇宙学尺度由哈勃长度给出:

$$\begin{aligned} d_{\mathrm{H}} &= H_0^{-1} c \\ &= 9.25 \times 10^{27} h^{-1}\ \mathrm{cm} \\ &= 3.00 \times 10^{3} h^{-1}\ \mathrm{Mpc}. \end{aligned} \tag{16.74}$$

宇宙学时间由哈勃时间给出:

$$\begin{aligned} t_{\mathrm{H}} &= H_0^{-1} \\ &= 3.09 \times 10^{17} h^{-1}\ \mathrm{s} \\ &= 9.78 \times 10^{9} h^{-1}\ \mathrm{yr}. \end{aligned} \tag{16.75}$$

取现在测量的 $h$ 值, 宇宙的年龄大约是 140 亿年.

另一方面, 哈勃参数本身并非常数, 而是时间的函数. 对于 $z \ll 1$, 有

$$H(z) \approx H_0(1 + (1 + q_0)z + \cdots). \tag{16.76}$$

更一般地, 有

$$\begin{aligned} \mathrm{d}z &= \mathrm{d}(1+z) = \mathrm{d}\left(\frac{a_0}{a}\right) \\ &= -\frac{a_0}{a^2}\dot{a}\mathrm{d}t \\ &= -(1+z)H(z)\mathrm{d}t, \end{aligned} \tag{16.77}$$

因此

$$t_0 - t = \int_t^{t_0} \mathrm{d}t = \int_0^z \frac{\mathrm{d}z}{(1+z)H(z)}, \tag{16.78}$$

而星系的 $\chi$ 坐标为

$$\chi = \int_t^{t_0} \frac{c\mathrm{d}t}{a(t)} = \frac{c}{a_0}\int_0^z \frac{\mathrm{d}z}{H(z)}. \tag{16.79}$$

由此可见, 需要知道宇宙的演化历史, 或者说尺度因子 $a(t)$ 的演化, 才能精确地确定哈勃参数 $H(z)$.

## §16.4 FRW 方程

宇宙的演化由爱因斯坦方程确定, 也就是说尺度因子的变化取决于物质组分. 在宇宙学中, 我们可以把各种物质组分看作理想流体来处理, 能动张量为

$$T_{\mu\nu} = (\rho + p)u_\mu u_\nu + p g_{\mu\nu}. \tag{16.80}$$

而不同的物质组分具有不同的物态方程,

$$p = w\rho, \tag{16.81}$$

其中 $w$ 是一个与时间无关的常数, 称为物态参数. 物质组分可以分为三类:

(1) $p = 0$, 非相对论性的物质, 即所谓的尘埃;

(2) $p = \frac{1}{3}\rho$, 相对论性的物质, 即辐射;

(3) $p = -\rho$, 宇宙学常数.

实际上, 对于所谓的暗能量, 我们并不确信它的物态参数是否严格等于 $-1$. 这里为简单计, 我们只考虑暗能量作为宇宙学常数的情形.

在宇宙学的共动坐标下, 流体的 4-速度为

$$u^\mu = (1, 0, 0, 0), \tag{16.82}$$

而能动张量的分量为

$$T_{tt} = \rho, \quad T_{ti} = 0, \quad T_{ij} = g_{ij} p, \tag{16.83}$$

或者写作

$$T^\mu_{\ \nu} = \mathrm{diag}(-\rho, p, p, p). \tag{16.84}$$

它的迹为

$$T = -\rho + 3p. \tag{16.85}$$

能动张量守恒方程实际上反映了流体在 FRW 时空中的演化, 其中 $\nabla_\mu T^\mu_{\ i} = 0$ 会给出组分满足的测地线方程, 因此我们不单独讨论它. 考虑能量守恒方程 $\nabla_\mu T^\mu_0 = 0$, 它给出

$$\begin{aligned} 0 &= \partial_\mu T^\mu_{\ 0} + \Gamma^\mu_{\mu\nu} T^\nu_{\ 0} - \Gamma^\sigma_{\mu 0} T^\mu_{\ \sigma} \\ &= -\partial_t \rho - 3\frac{\dot{a}}{a}(\rho + p). \end{aligned} \tag{16.86}$$

由此可得

$$\frac{\dot{\rho}}{\rho} = -3(1 + w)\frac{\dot{a}}{a}. \tag{16.87}$$

积分后可得

$$\rho \propto a^{-3(1+w)}. \tag{16.88}$$

这个结果与我们前面讨论平坦 FRW 时得到的结果一致. 当然, 现在的结果更强, 适用于所有的 FRW 宇宙学模型. 此外, 由前面讨论的零主能量条件 (NDEC) 可得

$$|w| \leqslant 1. \tag{16.89}$$

宇宙学常数正好符合上述条件. 在一些关于暗能量的模型, 如魅场 (Phantom) 模型中, 物态参数可以小于 $-1$, 这不符合能主能量条件, 实际上意味着真空不稳定.

对于三种物质组分, 能量密度的变化不同.

(1) 对于非相对论的尘埃, 无压强, 因此

$$\rho_{\mathrm{M}} \propto a^{-3}. \tag{16.90}$$

这来自于宇宙的膨胀导致尘埃的数密度变小. 如果宇宙在某阶段能量密度主要来自于尘埃, 这个阶段就称为物质主导的 (matter-dominated) .

(2) 而对于相对论性的辐射, 比如说电磁辐射, 我们知道在 4 维中电磁场的能动张量是无迹的, 由前面的讨论可知

$$p_{\mathrm{R}} = \frac{1}{3}\rho_{\mathrm{R}}. \tag{16.91}$$

此时, 能量密度的变化为

$$\rho \propto a^{-4}. \tag{16.92}$$

它比尘埃能量密度的变化衰减得更快, 这是因为光子本身被红移了. 宇宙如果在某阶段的能量密度主要来自于辐射, 则该阶段的宇宙称为辐射主导的 (radiation-dominated).

(3) 对于宇宙学常数, $p_\Lambda = -\rho_\Lambda$, 即 $w_\Lambda = -1$, 所以能量密度是不变的,

$$\rho_\Lambda \propto a^0. \tag{16.93}$$

如果宇宙的能量密度主要是宇宙学常数, 则称其为真空主导的 (vacuum-dominated).

从以上的分析可知, 不同物质组分的能量密度随着宇宙的膨胀遵从不同的演化率. 辐射的能量密度衰减最快, 物质的次之, 而真空能能量密度却保持不变. 当今的实验观测发现, 宇宙中可见物质的比率约 4%, 而暗能量约 68%. 可以想见, 在极早期宇宙中, 物质和辐射应该占绝大部分的比重, 而真空能微乎其微, 但随着宇宙的膨胀, 最终却是真空能取得了主导地位. 可以想见, 如果宇宙继续膨胀下去, 真空能的比重将越来越大, 其他物质组分可以被忽略, 宇宙将进入渐近德西特时空.

实际上, 我们的宇宙同时包含着三种物质组分. 假定这三种物质组分之间除了通过共有的引力外没有直接的相互作用, 有

$$T^{\mu\nu} = \sum_i (T^{\mu\nu})_i. \tag{16.94}$$

这里的求和是针对不同的流体组分. 由于每一个组分都可以通过理想流体来描述,

$$\begin{aligned} T^{\mu\nu} &= \sum_i ((\rho_i + p_i)u^\mu u^\nu + p_i g^{\mu\nu}) \\ &= \sum_i ((\rho_i + p_i)u^\mu u^\nu) + \left(\sum_i p_i\right) g^{\mu\nu}, \end{aligned} \tag{16.95}$$

因此, 多分量的流体本身可以当作理想流体来描述,

$$\rho = \sum_i \rho_i, \quad p = \sum_i p_i. \tag{16.96}$$

由于我们假定不同的流体间没有相互作用, 能动量守恒要求

$$\nabla_\mu (T^{\mu\nu})_i = 0, \quad i = 1, 2, 3, \tag{16.97}$$

所以, 每一个分量都满足自己的能量守恒方程. 如果 $w_i = p_i/\rho_i$, 则

$$\rho_i \propto a^{-3(1+w_i)}. \tag{16.98}$$

注意, 多分量流体的存在会影响宇宙的演化历史, 即尺度因子的变化, 这反过来会影响流体能量密度的变化. 但是, 尺度因子的变化对所有的物质组分是相同的. 因此, 无论如何辐射能量密度的衰减总是最快的, 而真空能量密度总是保持为一个常数.

下面我们讨论在 FRW 度规下有物质组分时的爱因斯坦方程. 首先, 爱因斯坦方程可写作

$$R_{\mu\nu} = 8\pi G \left( T_{\mu\nu} - \frac{1}{2} g_{\mu\nu} T \right). \tag{16.99}$$

当 $(\mu\nu) = (tt)$ 时上式给出

$$-3\frac{\ddot{a}}{a} = 4\pi G(\rho + 3p). \tag{16.100}$$

而当 $(\mu\nu) = (ij)$ 时, 有方程

$$\frac{\ddot{a}}{a} + 2\left(\frac{\dot{a}}{a}\right)^2 + 2\frac{k}{a^2} = 4\pi G(\rho - p). \tag{16.101}$$

把 (16.100) 式代入 (16.101) 式可得

$$\left(\frac{\dot{a}}{a}\right)^2 = \frac{8\pi G}{3}\rho - \frac{k}{a^2} \tag{16.102}$$

和

$$\frac{\ddot{a}}{a} = -\frac{4\pi G}{3}(\rho + 3p). \tag{16.103}$$

方程 (16.102) 和 (16.103) 合称为弗里德曼方程 (Friedmann equations) . 有时人们只称 (16.102) 式为弗里德曼方程, 而称 (16.103) 式为第二弗里德曼方程.

我们可以定义密度参数

$$\Omega \equiv \frac{8\pi G}{3H^2}\rho = \frac{\rho}{\rho_c}, \tag{16.104}$$

其中临界密度$\rho_c$ 为

$$\rho_c \equiv \frac{3H^2}{8\pi G}. \tag{16.105}$$

利用密度参数, 可以把弗里德曼方程 (16.102) 写作

$$\Omega - 1 = \frac{k}{H^2 a^2}. \tag{16.106}$$

因此, $k$ 的符号取决于密度参数是大于、等于或是小于 1:

$$\begin{aligned}
\rho < \rho_c \Leftrightarrow \Omega < 1 \Leftrightarrow k = -1 \text{ (开宇宙)},\\
\rho = \rho_c \Leftrightarrow \Omega = 1 \Leftrightarrow k = 0 \text{ (平坦宇宙)},\\
\rho > \rho_c \Leftrightarrow \Omega > 1 \Leftrightarrow k = 1 \text{ (闭宇宙)}.
\end{aligned}$$

所以, 密度参数将告诉我们宇宙的整体形状. 对它的测量非常重要, 最近通过微波背景各向异性的测量显示密度参数非常接近于 1.

实际上, 在牛顿力学的框架中我们也可以讨论宇宙学. 当然, 在哈勃发现宇宙膨胀之前, 人们都认为宇宙应该是静态的, 没有演化, 因此并没有人认真地思考过这个问题. 直到 20 世纪 30 年代, 米耳恩 (Milne) 和麦克雷 (McCrea) 才在牛顿力学框架下研究了宇宙学.

考虑一个半径为 $\lambda a$, 质量为 $\lambda^3\mathcal{M}$, 由尘埃构成的均匀球, 其中 $\lambda$ 是一个常数. 在球的表面上一个粒子所受的力为

$$\ddot{a} = -\frac{G\mathcal{M}}{a^2} \quad (\lambda \text{ 都相消了}). \tag{16.107}$$

如果考虑存在宇宙学常数, 有

$$\ddot{a} = -\frac{G\mathcal{M}}{a^2} + \frac{1}{3}\Lambda a, \tag{16.108}$$

积分后得到

$$\dot{a}^2 = \frac{2G\mathcal{M}}{a} + \frac{1}{3}\Lambda a^2 - \tilde{k}, \tag{16.109}$$

其中 $\tilde{k}$ 是一个积分常数. 这个关系可以与弗里德曼方程 (16.102) 比较. 考虑到尘埃满足 $\rho a^3 =$ 常数, 可以定义

$$\frac{8\pi}{3}G\rho a^3 = 2G\mathcal{M}. \tag{16.110}$$

再考虑到宇宙学常数的贡献, 则可见方程 (16.102) 实际上与 (16.102) 一致, 只要把 $\tilde{k}$ 与空间曲率等同.

在方程 (16.109) 两边都乘以 $\frac{1}{2}\lambda^2 m$, 可得

$$\frac{1}{2}m\left(\frac{\mathrm{d}}{\mathrm{d}t}(\lambda a)\right)^2-\frac{2G(\lambda^3\mathcal{M})m}{\lambda a}-\frac{1}{2}m\Lambda(\lambda a)^2=-\frac{1}{2}\lambda^2 m\tilde{k}. \tag{16.111}$$

上式左边的第一项可以看作动能项, 后面两项可看作势能项, 而上式右边可以当作一个运动常数. 问题简化为一个一维问题. 为简单起见, 我们可以假定宇宙学常数为零, 这样势能曲线是一个如 $f(x)=-1/x, x\geqslant 0$ 的函数. 因此:

(1) 如果 $\tilde{k}<0$, 则球的表面可以到无穷远, 也就是说宇宙可以一直膨胀下去.

(2) 如果 $\tilde{k}>0$, 则动能项在有限的区域就消耗光了, 球的表面只能到达有限的区域, 之后就要反弹回来, 即宇宙会从膨胀转到收缩, 最后到达大塌陷奇点.

(3) 如果 $\tilde{k}=0$, 则动能项刚好可以使球面上的粒子逃逸出去, 即球面仍然可以膨胀到无穷大.

考虑到 $\tilde{k}$ 通过归一化可以与空间曲率等同, 我们这里建立的图像实际上与 16.5.3 节将介绍的弗里德曼模型中的结果一致.

## §16.5 宇宙的演化

利用弗里德曼方程 (16.102), (16.103) 以及能量守恒方程 (16.87), 我们将知道宇宙的尺度因子以及各种物质组分的演化情况. 这两组方程是互相耦合在一起的, 一般而言很难解析求解. 在本节中我们将讨论尺度因子的演化.

### 16.5.1 物质组分

首先, 我们简要地讨论一下宇宙中的物质组分. 在宇宙中, 存在着多种物质组分, 因此在弗里德曼方程中的能量密度应为

$$\rho(t)=\sum_i\rho_i(t)=\rho_{\mathrm{M}}(t)+\rho_{\mathrm{R}}(t)+\rho_\Lambda(t). \tag{16.112}$$

对每一种组分我们都可以用理想流体来很好地近似, 并认为物态参数 $w_i=p_i/\rho_i$ 是一个常数. 由能量条件可知, 无论是何种物质组分, $|w_i|\leqslant 1$.

物质除了包括各种重子物质, 如质子和中子, 各种元素, 以及由此生成的可见物质外, 还包括所谓的暗物质. 暗物质是一种几乎只有引力相互作用的物质. 由于它们的电磁相互作用非常弱, 无法通过可见光或者电磁辐射来观测, 因此称其为"暗". 在星系周围存在着暗物质晕, 所产生的引力相互作用可以合理地解释星系的

旋转曲线. 暗物质的本质是物理学的未解之谜[52]. 我们简单地认为物质包括重子物质和暗物质,

$$\rho_{\mathrm{M}}(t)=\rho_{\mathrm{b}}(t)+\rho_{\mathrm{dm}}(t). \tag{16.113}$$

需要强调的是暗物质在现阶段的宇宙中所占的达到了 28%, 而重子物质的比重为 4%. 物质的能量密度的演化是随着尺度因子的立方减少, 即

$$\rho_{\mathrm{M}}(t)=\rho_{\mathrm{M},0}\left(\frac{a_0}{a(t)}\right)^3 \tag{16.114}$$

或者

$$\rho_{\mathrm{M}}(z)=\rho_{\mathrm{M},0}(1+z)^3. \tag{16.115}$$

对于辐射, 它实际包含着光子以及各种静止质量非常小的组分, 比如说中微子. 这些组分的运动是相对论性的. 总的辐射能量密度可以认为是包括光子和中微子的:

$$\rho_{\mathrm{R}}(t)=\rho_{\gamma}(t)+\rho_{\nu}(t), \tag{16.116}$$

它们随尺度因子的变化为

$$\rho_{\mathrm{R}}(t)=\rho_{\mathrm{R},0}\left(\frac{a_0}{a(t)}\right)^4 \tag{16.117}$$

或者

$$\rho_{\mathrm{R}}(z)=\rho_{\mathrm{R},0}(1+z)^4. \tag{16.118}$$

由于辐射的衰减最快, 在如今的宇宙中辐射的比重只有约万分之一.

值得一提的是宇宙中辐射能量密度的主要贡献来自于微波背景辐射的光子. 这些光子非常均匀地分布在整个宇宙中①, 其分布遵从黑体辐射的形式

$$n(\nu,T)\mathrm{d}\nu=\frac{8\pi\nu^2}{\mathrm{e}^{h\nu/k_{\mathrm{B}}T}-1}\mathrm{d}\nu, \tag{16.119}$$

这里 $n$ 是光子的数密度, $\nu$ 是频率, $T$ 是辐射的温度. 辐射的总能量密度为

$$\rho_{\mathrm{R}}(t)=\int_0^{\infty}n(\nu,T)h\nu\mathrm{d}\nu=\sigma T^4, \tag{16.120}$$

①微波背景辐射的各向同性只有十万分之一的偏差. 这些微小的各向异性却是我们了解宇宙大尺度结构及其物理起源的重要窗口, 是当今宇宙学的重要研究方向.

其中 $\sigma$ 是斯特藩常数. 如今我们观测到的 CMB 光子的温度为

$$T_0 = 2.726\ \text{K}, \tag{16.121}$$

对应的总数密度为

$$n_{\gamma,0} \approx 4 \times 10^8\ \text{m}^{-3}. \tag{16.122}$$

CMB 光子能量分布在宇宙演化中保持黑体辐射的形式. 在给定的时刻, CMB 辐射的温度为

$$T(t) = T_0\left(\frac{a_0}{a(t)}\right), \tag{16.123}$$

或者

$$T(z) = T_0(1+z). \tag{16.124}$$

而对于暗能量组分, 我们把它当作真空能, 即宇宙学常数来看待. 实验上, 尽管有很强的证据支持暗能量的物态方程是 $w_{\text{DE}} = -1$, 但并没有决定性的证据. 对于真空能, 其能量密度并不随尺度因子而变化,

$$\rho_\Lambda(t) = \rho_\Lambda(t_0) = \frac{\Lambda}{8\pi G}, \tag{16.125}$$

这里 $\Lambda$ 是宇宙学常数.

我们可以把能量密度转换成密度参数,

$$\Omega_i(t) = \frac{8\pi G}{3H^2(t)}\rho_i(t). \tag{16.126}$$

注意此时的 $\Omega_\Lambda(t)$ 一般来说是宇宙时间的函数, 它们满足关系

$$\Omega_i = \Omega_{i,0}\left(\frac{H_0}{H}\right)^2 a^{-3(1+w_i)}. \tag{16.127}$$

可以把不同的宇宙模型通过下面四个参数来标志:

$$H_0, \quad \Omega_{\text{M},0}, \quad \Omega_{\text{R},0}, \quad \Omega_{\Lambda,0}. \tag{16.128}$$

观测宇宙学的一个重要目的就是确定这四个参数的值. 最近的观测给出

$$H_0 \approx 70\ \text{km}\cdot\text{s}^{-1}\cdot\text{Mpc}^{-1}, \quad \Omega_{\text{M},0} \approx 0.3, \quad \Omega_{\text{R},0} \approx 5\times 10^{-5}, \quad \Omega_{\Lambda,0} \approx 0.7, \tag{16.129}$$

总的密度参数为

$$\Omega = \sum_i \Omega_i. \tag{16.130}$$

可以进一步定义一个曲率密度参数

$$\Omega_k(t) = -\frac{k}{H^2(t)a^2(t)}, \tag{16.131}$$

而弗里德曼方程要求

$$\Omega_{\mathrm{M}}(t) + \Omega_{\mathrm{R}}(t) + \Omega_{\Lambda}(t) + \Omega_k(t) = 1. \tag{16.132}$$

从前面的讨论可知 $\Omega$ 的不同值决定了宇宙具有什么样的空间曲率. 这个空间曲率一旦确定, 我们的宇宙学模型 $k$ 的取值也就确定了. 现阶段的观测显示 $\Omega_0 \approx 1$, 也就是说宇宙非常可能是空间平坦的. 同样, 由现在观测到的哈勃常数, 可得到临界能量密度的值

$$\rho_{c,0} = \frac{3H_0^2}{8\pi G} \approx 9.2 \times 10^{-27}\ \mathrm{kg \cdot m^{-3}}, \tag{16.133}$$

差不多是每立方米 5.5 个质子.

利用上面对物质组分的讨论, 弗里德曼方程可以写作

$$\begin{aligned} H^2 &= \frac{8\pi G}{3}\sum_i \rho_i - \frac{k}{a^2} \\ &= H_0^2(\Omega_{\mathrm{M},0}(1+z)^3 + \Omega_{\mathrm{R},0}(1+z)^4 + \Omega_{\Lambda,0} + \Omega_{k,0}(1+z)^{-2}). \end{aligned} \tag{16.134}$$

如果所有的密度参数都是非负的, 则宇宙不会从膨胀转变到收缩. 因此, 宇宙的空间曲率并非不重要, 如果它是非正的, 则 $\Omega_k$ 是非负的, 这样所有的密度参数都是非负的, 宇宙会一直膨胀下去. 但是如果宇宙的空间曲率是负的, 则有可能导致相变.

而对于第二弗里德曼方程, 有

$$\frac{a\ddot{a}}{\dot{a}^2} = -\frac{4\pi G}{3H^2}\sum_i \rho_i(1+3w_i). \tag{16.135}$$

我们可以把它用减速参数来表示,

$$q = \frac{1}{2}(\Omega_{\mathrm{M}} + 2\Omega_{\mathrm{R}} - 2\Omega_{\Lambda}). \tag{16.136}$$

我们也可以用哈勃参数来表达第二弗里德曼方程,

$$\dot{H} = -4\pi G\left(\sum_i (1+w_i)\rho_i - \frac{k}{4\pi G a^2}\right). \tag{16.137}$$

如果空间曲率非正, 则 $\dot{H} < 0$. 此时, 宇宙持续膨胀, 但膨胀率却在减小.

看起来有两个量可以刻画宇宙的膨胀率: 一个是 $\ddot{a}$, 另一个是 $\dot{H}$. 它们并不等价, 而是有关系

$$\dot{H} = \frac{\ddot{a}}{a} - \left(\frac{\dot{a}}{a}\right)^2. \tag{16.138}$$

因此, 即使 $\ddot{a}$ 是正的, $\dot{H}$ 也可能是负的. 准确地说, 应该从尺度因子的变化来定义膨胀是否加速, 也就是利用 $\ddot{a}$ 来判断是否加速膨胀.

### 16.5.2 宇宙的动力学行为

下面定性地讨论一下宇宙的动力学行为. 首先, 辐射在宇宙中只占很小的部分, 它对宇宙演化的影响可以被忽略. 因此, 在下面的讨论中我们只关注物质组分和真空能对宇宙演化的影响. 宇宙是开或者闭取决于

$$\Omega_{\mathrm{M},0} + \Omega_{\Lambda,0} \begin{cases} > 1, & \text{闭的}, \\ = 1, & \text{平的}, \\ < 1, & \text{开的}. \end{cases} \tag{16.139}$$

而对于宇宙是加速还是减速膨胀, 我们需要关注 $q$ 的值. 利用方程 (16.136), 我们知道若

$$q = 0, \tag{16.140}$$

则有

$$\Omega_{\mathrm{M},0} = 2\Omega_{\Lambda,0}.$$

而宇宙是膨胀还是收缩, 取决于哈勃参数, 临界线在

$$H(t_*) = 0. \tag{16.141}$$

利用

$$\Omega_{k,0} = 1 - (\Omega_{\mathrm{M},0} + \Omega_{\Lambda,0}), \tag{16.142}$$

可以把弗里德曼方程 (16.134) 变成

$$f(x) = \Omega_{\Lambda,0}x^3 + (1 - \Omega_{\mathrm{M},0} - \Omega_{\Lambda,0})x + \Omega_{\mathrm{M},0} = 0, \tag{16.143}$$

其中 $x = a/a_0$. 这个方程的解给出膨胀或收缩的临界点. 这是一个三次方程, 我们关注它是否存在 $x > 0$ 的实解.

(1) 如果 $\Omega_{\Lambda,0} < 0$, 则 $q > 0$. 这意味着 $\ddot{a} < 0$, 因此 $a(t)$ 是一个凸函数. 而如今 $\dot{a}(t_0) > 0$, 则意味着在过去的某个时候 $a(t)$ 必然是零. 同样的理由可知宇宙将在未来重新塌缩.

(2) 如果 $\Omega_{\Lambda,0} = 0$, 则 $f(x) = 0$ 只有一个根

$$x_* = \frac{\Omega_{\mathrm{M},0}}{\Omega_{\mathrm{M},0} - 1}. \tag{16.144}$$

因此, 如果 $0 \leqslant \Omega_{\mathrm{M},0} < 1$, 则 $x_* \leqslant 0$, 即没有转折点, 一直膨胀下去.

(3) 如果 $\Omega_{\Lambda,0} > 0$, 情况要复杂一些. 首先, 注意到当 $x \to \pm\infty$ 时, $f(x) \to \pm\infty$. 其次 $f(0) = \Omega_{\mathrm{M},0} > 0$. 而在转折点时, 我们需要 $x_* > 0$, 且

$$f(x_*) = f'(x_*) = 0, \tag{16.145}$$

这给出

$$x_* = \left(\frac{\Omega_{\mathrm{M},0}}{2\Omega_{\Lambda,0}}\right)^{1/3}. \tag{16.146}$$

如图 16.1 所示. 把这个值带回原来的方程, 则得到一个关于 $\Omega_{\mathrm{M},0}, \Omega_{\Lambda,0}$ 的关系:

$$4(1 - \Omega_{\mathrm{M},0} - \Omega_{\Lambda,0})^3 + 27\Omega_{\mathrm{M},0}^2\Omega_{\Lambda,0} = 0. \tag{16.147}$$

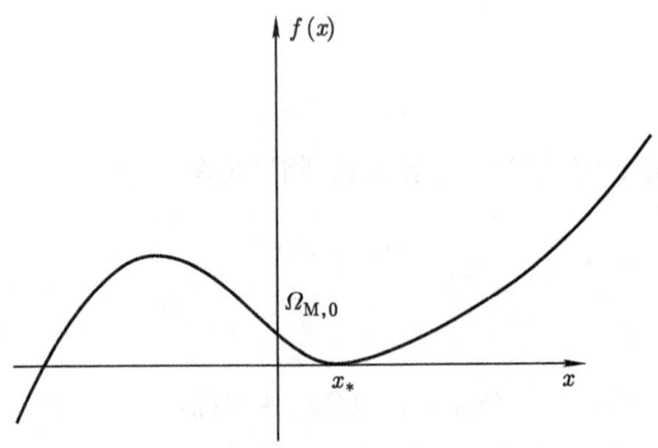


图 16.1 三次函数 $f(x)$ 及拐点示意图.

以上的讨论可以用图 16.2 来表示. 图中不同的线的两侧代表着不同的演化情况. 在左上角, 存在着一个没有宇宙奇点的区域, 对应着存在一个正的宇宙学常数, 而物质组分较少的情形. 在虚线的两侧分别对应着加速膨胀和减速膨胀的区域.

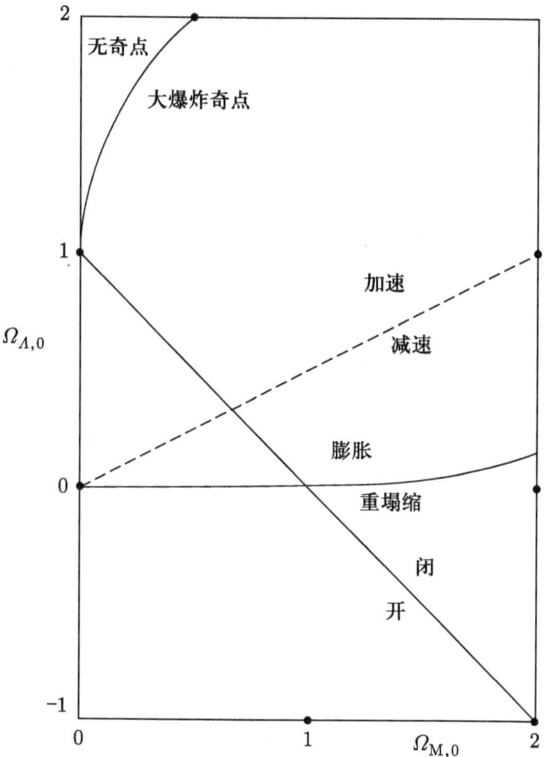


图 16.2 不同物质组分时宇宙的动力学行为.

对于标度因子的演化, 我们可以引进一个归一化的标度因子

$$\tilde{a}(t) \equiv \frac{a(t)}{a_0}, \tag{16.148}$$

它在 $t = t_0$ 时, 取值为 $\tilde{a}(t_0) = 1$. 由此可得标度因子的微分方程

$$\left(\frac{\mathrm{d}\tilde{a}}{\mathrm{d}t}\right)^2 = H_0^2(\Omega_{\mathrm{M},0}\tilde{a}^{-1} + \Omega_{\mathrm{R},0}\tilde{a}^{-2} + \Omega_{\mathrm{M},0}\tilde{a}^2 + 1 - \Omega_{\mathrm{M},0} - \Omega_{\mathrm{R},0} - \Omega_{\Lambda,0}). \tag{16.149}$$

进一步地, 令

$$\tilde{t} = H_0(t - t_0), \tag{16.150}$$

则上面的方程简化为

$$\left(\frac{\mathrm{d}\tilde{a}}{\mathrm{d}\tilde{t}}\right)^2 = \Omega_{\mathrm{M},0}\tilde{a}^{-1} + \Omega_{\mathrm{R},0}\tilde{a}^{-2} + \Omega_{\mathrm{M},0}\tilde{a}^2 + 1 - \Omega_{\mathrm{M},0} - \Omega_{\mathrm{R},0} - \Omega_{\Lambda,0}. \tag{16.151}$$

给定不同的物质组分 $\Omega_{\mathrm{M},0}, \Omega_{\mathrm{R},0}, \Omega_{\Lambda,0}$, 可以求解上面的方程来得到标度因子的演化. 一般而言, 对于多分量的宇宙学流体, 需要借助数值方法来求解. 这里就不介绍了.

### 16.5.3 可解析求解的宇宙学模型

这里我们介绍几个可以解析求解的宇宙学模型. 当物质组分只有一种时, 可以解析地求解.

(1) 弗里德曼模型. 在此模型中, 宇宙学常数为零. 从前面的讨论中可知它一定存在大爆炸奇点. 而且在此模型中宇宙的年龄一定小于 $H_0^{-1}$, 因为 $\tilde{a}$ 曲线到处是凸的, 所以它与 $t$ 轴的交点比其上点 $(1, t_0)$ 的切矢与 $t$ 轴的交点离 $t_0$ 更近, 如图 16.3 所示. 显然, 切点正好是在 $\dot{\tilde{a}} =$ 常数, 而 $\ddot{\tilde{a}} = 0$ 处, 此时 $\dot{\tilde{a}}(t_0)/\tilde{a}(t_0) = H_0^{-1}$. 因此在弗里德曼模型中

$$t_0 < H_0^{-1}. \tag{16.152}$$

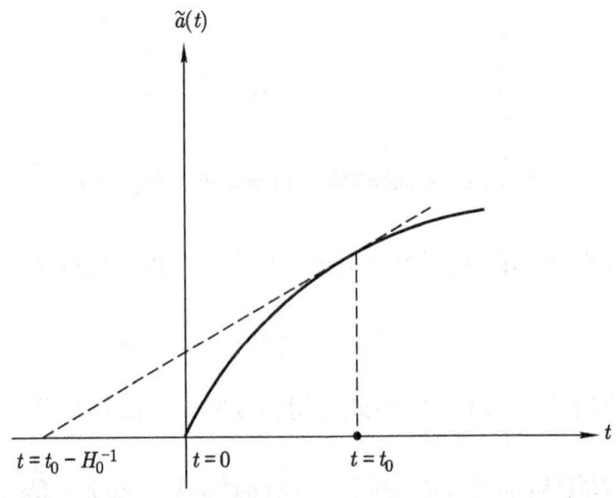


图 16.3 在弗里德曼模型中, 宇宙年龄小于哈勃时间.

由方程 (16.149) 可以知道宇宙的未来命运. 我们需要考虑 $\dot{\tilde{a}}$ 在无穷远的行为以及是否存在为零的点. 我们发现这定性地取决于空间曲率,

$$\begin{aligned}
&\Omega_{k,0} > 0 \Leftrightarrow k = -1(\text{开的}) \Leftrightarrow \dot{\tilde{a}} \to \text{非零常数, 当 } a \to \infty,\\
&\Omega_{k,0} = 0 \Leftrightarrow \ k = 0(\text{平的}) \Leftrightarrow \ \dot{\tilde{a}} \to 0, \text{当 } a \to \infty,\\
&\Omega_{k,0} < 0 \Leftrightarrow \ k = 1(\text{闭的}) \Leftrightarrow \ \dot{\tilde{a}} = 0, \text{在某个有限的 } a_{\max}.
\end{aligned}$$

也就是说宇宙的动力学与其几何有关, 如图 16.4 所示.

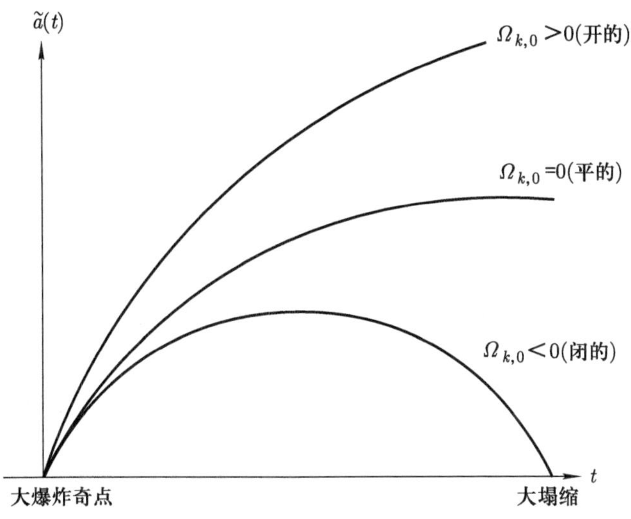


图 16.4 在弗里德曼模型中, 宇宙的未来与空间几何有关.

在弗里德曼模型中, 如果进一步假定只有一种物质组分, 则模型是可以解析求解的. 另一个可解析求解的模型是空间平坦时, 同时包含物质和辐射的模型. 下面分别讨论它们.

(i) 只有尘埃的弗里德曼模型: $\Omega_{\Lambda,0}=0, \Omega_{\mathrm{R},0}=0$. 此时方程 (16.149) 变为

$$\dot{\tilde{a}}^2=H_0^2(\Omega_{\mathrm{M},0}\tilde{a}^{-1}+1-\Omega_{\mathrm{M},0}), \tag{16.153}$$

所以

$$t=\frac{1}{H_0}\int_0^{\tilde{a}}\left(\frac{x}{\Omega_{\mathrm{M},0}+(1-\Omega_{\mathrm{M},0})x}\right)^{1/2}\mathrm{d}x. \tag{16.154}$$

对于不同的物质组分, 我们可以对上式积分, 分别得到:

(a) $\Omega_{\mathrm{M},0}=1(k=0)$ 时,

$$\tilde{a}(t)=\left(\frac{3H_0t}{2}\right)^{2/3}. \tag{16.155}$$

此时, 宇宙的年龄为

$$t_0=\frac{2}{3}H_0^{-1}. \tag{16.156}$$

(b) $\Omega_{\mathrm{M},0}>1(k=1)$ 时,

$$\begin{aligned}\tilde{a} &= \frac{\Omega_{\mathrm{M},0}}{2(\Omega_{\mathrm{M},0}-1)}(1-\cos\psi),\\ t &= \frac{\Omega_{\mathrm{M},0}}{2H_0(\Omega_{\mathrm{M},0}-1)^{3/2}}(\psi-\sin\psi),\end{aligned}\tag{16.157}$$

其中 $\psi \in [0, 2\pi]$.

(c) $\Omega_{\mathrm{M},0} < 1(k=-1)$ 时,

$$\begin{aligned}\tilde{a} &= \frac{\Omega_{\mathrm{M},0}}{2(1-\Omega_{\mathrm{M},0})}(\cosh\psi-1),\\ t &= \frac{\Omega_{\mathrm{M},0}}{2H_0(1-\Omega_{\mathrm{M},0})^{3/2}}(\sinh\psi-\psi).\end{aligned}\tag{16.158}$$

无论何种情况, 总有 $\rho_{\mathrm{M}}(t) = \rho_{\mathrm{M},0}\tilde{a}^{-3}$. 进一步地, 可以得到哈勃参数 $H(t)$ 和密度参数 $\Omega_{\mathrm{M}}(t)$.

(ii) 只有辐射的弗里德曼模型: $\Omega_{\Lambda,0} = 0, \Omega_{\mathrm{M},0} = 0$. 此时方程 (16.149) 变为

$$\dot{\tilde{a}}^2 = H_0^2(\Omega_{\mathrm{R},0}\tilde{a}^{-2} + 1 - \Omega_{\mathrm{R},0}),\tag{16.159}$$

所以

$$t = \frac{1}{H_0}\int_0^{\tilde{a}}\left(\frac{x}{\Omega_{\mathrm{R},0}+(1-\Omega_{\mathrm{R},0})x^2}\right)^{1/2}\mathrm{d}x.\tag{16.160}$$

类似于只有物质的弗里德曼模型, 我们可以在不同情形下对上式积分, 得到:

(a) $\Omega_{\mathrm{R},0} = 1(k=0)$ 时,

$$\tilde{a}(t) = (2H_0t)^{1/2}.\tag{16.161}$$

此时, 宇宙的年龄为

$$t_0 = \frac{1}{2}H_0^{-1}.\tag{16.162}$$

(b) $\Omega_{\mathrm{R},0} < 1(k=-1)$ 和 $\Omega_{\mathrm{R},0} > 1(k=1)$ 时, 都有

$$\tilde{a}(t) = \left(2H_0\Omega_{\mathrm{R},0}^{1/2}t\right)^{1/2}\left(1+\frac{1-\Omega_{\mathrm{R},0}}{2\Omega_{\mathrm{R},0}^{1/2}}H_0t\right)^{1/2}.\tag{16.163}$$

无论在何种情形, 我们都有 $\rho_{\mathrm{R}}(t) = \rho_{\mathrm{R},0}\tilde{a}^{-4}$.

(iii) 空间平坦的弗里德曼模型: $\Omega_{\Lambda,0} = 0, \Omega_{\mathrm{M},0} + \Omega_{\mathrm{R},0} = 1$. 此时方程 (16.149) 变为

$$\dot{\tilde{a}}^2 = H_0^2(\Omega_{\mathrm{M},0}\tilde{a}^{-1} + \Omega_{\mathrm{R},0}\tilde{a}^{-2}),\tag{16.164}$$

所以

$$t = \frac{1}{H_0}\int_0^{\tilde{a}} \frac{x}{\sqrt{\Omega_{\mathrm{R},0}+\Omega_{\mathrm{M},0}x}}\mathrm{d}x. \tag{16.165}$$

直接积分后得

$$H_0 t = \frac{2}{3\Omega_{\mathrm{M},0}^2}((\Omega_{\mathrm{M},0}\tilde{a}+\Omega_{\mathrm{R},0})^{1/2}(\Omega_{\mathrm{M},0}\tilde{a}-2\Omega_{\mathrm{R},0})+2\Omega_{\mathrm{R},0}^{3/2}). \tag{16.166}$$

从这个关系中得到的 $\tilde{a}(t)$ 的表达式比较复杂, 这里就不给出了. 当然, 很容易发现当只有一种物质组分时, 上面的关系约化为前面讨论过的情形.

(2) 勒马特 (Lemaitre) 模型. 勒马特模型是弗里德曼模型的推广, 在其中宇宙学常数非零. 为了简化讨论, 假定辐射组分为零. 我们先做一般性的考虑, 对空间曲率没有限制. 此时, 宇宙学方程变为

$$\dot{\tilde{a}}^2 = H_0^2(\Omega_{\mathrm{M},0}\tilde{a}^{-1}+\Omega_{\Lambda,0}\tilde{a}^2+\Omega_{k,0}), \tag{16.167}$$

其中

$$\Omega_{k,0} = 1-\Omega_{\mathrm{M},0}-\Omega_{\Lambda,0}. \tag{16.168}$$

这个方程的积分将给出椭圆函数. 当 $\tilde{a}$ 较小, 即宇宙刚从大爆炸奇点处开始演化时, 方程右边的第一项是主导的, 这给出

$$\tilde{a}(t) = \left(\frac{3H_0}{2}\sqrt{\Omega_{\mathrm{M},0}}t\right)^{2/3} \quad (t\ \text{较小时}). \tag{16.169}$$

随着宇宙的演化, 物质组分的贡献变得越来越小, 而真空能的贡献将是主要的. 因此, 在 $t$ 较大, 也就是 $\tilde{a}$ 较大时, 有

$$\tilde{a}(t) \propto \exp(H_0\sqrt{\Omega_{\mathrm{M},0}}t) \quad (t\ \text{较大时}). \tag{16.170}$$

从上面两种极限行为可见, 宇宙在早期减速膨胀, 而在晚期加速膨胀, 因此一定存在着从减速膨胀转向加速膨胀的一个相变点. 这个点是在 $\ddot{a}t=0$ 处, 是 $\tilde{a}$ 曲线的一个拐点. 对上面的方程微分可得

$$\ddot{\tilde{a}} = \frac{1}{2}H_0^2(2\Omega_{\Lambda,0}\tilde{a}-\Omega_{\mathrm{M},0}\tilde{a}^{-2}). \tag{16.171}$$

从这个关系式很容易看出早期膨胀是减速的, 而后期是加速的, 拐点在

$$\tilde{a}_* = \left(\frac{\Omega_{\mathrm{M},0}}{2\Omega_{\Lambda,0}}\right)^{1/3}. \tag{16.172}$$

对于空间平坦的情形, 我们可以得到勒马特模型中标度因子的明显表达式. 在这种情况下, 弗里德曼方程变为

$$\dot{\tilde{a}}^2 = H_0^2((1-\Omega_{\Lambda,0})\tilde{a}^{-1} + \Omega_{\Lambda,0}\tilde{a}^2). \tag{16.173}$$

因此,

$$t = \frac{1}{H_0}\int_0^{\tilde{a}} \frac{x}{\sqrt{(1-\Omega_{\Lambda,0})+\Omega_{\Lambda,0}x^4}}\mathrm{d}x. \tag{16.174}$$

经过变量代换, 上式中的积分可以求出:

$$H_0 t = \frac{2}{3\sqrt{|\Omega_{\Lambda,0}|}}\begin{cases}\sinh^{-1}(\sqrt{\tilde{a}^3|\Omega_{\Lambda,0}|/(1-\Omega_{\Lambda,0})}), & \Omega_{\Lambda,0}>0,\\ \sin^{-1}(\sqrt{\tilde{a}^3|\Omega_{\Lambda,0}|/(1-\Omega_{\Lambda,0})}), & \Omega_{\Lambda,0}<0.\end{cases} \tag{16.175}$$

由此很容易得到 $\tilde{a}(t)$. 同样也可以得到 $H(t)$, $\rho_{\mathrm{M}}(t)$ 以及 $\Omega_{\mathrm{M}}(t)$ 和 $\Omega_{\Lambda}(t)$ 的解析表达式.

(3) 德西特模型. 这个模型可以看作勒马特模型的一个特例: 宇宙中只有真空能 $\Omega_{\Lambda,0}=1$. 严格地说, 这不是一个真实的宇宙学模型, 因为所有的物质和辐射都没有了. 但是这个模型本身是很有趣的. 一方面是因为在暴胀阶段, 宇宙非常好地近似为德西特空间; 另一方面在宇宙演化的晚期, 真空能将是主导的, 因此宇宙也可能是一个渐近德西特时空.

在此情形下, 弗里德曼方程为

$$\left(\frac{\dot{\tilde{a}}}{\tilde{a}}\right)^2 = H_0^2. \tag{16.176}$$

这意味着哈勃参数此时是一个常数, 与宇宙学常数有关. 求解上面的方程可得

$$\tilde{a}(t) = \exp(H_0(t-t_0)) = \exp\left(\sqrt{\Lambda/3}(t-t_0)\right). \tag{16.177}$$

显然, 德西特时空是没有大爆炸奇点的.

德西特时空的物理是非常有趣的. 它本身是一个最大对称空间, 具有宇宙学视界. 在附录中我们将简要地介绍德西特和反德西特时空的一些知识.

(4) 爱因斯坦的静态宇宙. 历史上, 爱因斯坦从他的方程出发研究宇宙学. 在当时, 宇宙膨胀并没有被观测到, 人们普遍相信宇宙是静止的. 爱因斯坦希望找到一个静态的解. 为此, 他引进了宇宙学常数. 如果宇宙是静止的, 则 $\ddot{a}=\dot{a}=0$, 所以哈勃参数恒为零. 我们可以得到

$$4\pi G\rho_{M,0} = \Lambda = \frac{k}{a_0^2}. \tag{16.178}$$

由此可见, 在爱因斯坦的静态宇宙中, 必须有 $k=1$, 即宇宙的空间曲率必须是正的, 或者说宇宙是闭的. 爱因斯坦的静态宇宙的一个致命缺陷是不稳定, 我们必须微调宇宙学常数使它与物质密度吻合, 而一点点扰动都将破坏静态, 导致宇宙的演化.

## §16.6 宇宙的年龄

从前面的讨论中我们看到, 宇宙学模型可以通过当前四个宇宙学参数的值来刻画, 这四个参数为 $H_0, \Omega_{\mathrm{M},0}, \Omega_{\mathrm{R},0}, \Omega_{\Lambda,0}$. 也可以用这些量来确定其他的宇宙学参数. 本节将讨论宇宙的年龄.

如果考虑星系在宇宙时间 $t$ 发出光子, 然后在 $t_0$ 时收到, 则有

$$t_0 - t = \int_0^z \frac{\mathrm{d}x}{(1+x)H(x)}. \tag{16.179}$$

利用

$$\tilde{a} = a/a_0 = (1+z)^{-1}, \tag{16.180}$$

弗里德曼方程可写作

$$H^2(z) = H_0^2(\Omega_{\mathrm{M},0}(1+z)^3 + \Omega_{\mathrm{R},0}(1+z)^4 + \Omega_{k,0}(1+z)^2 + \Omega_{\Lambda,0}). \tag{16.181}$$

这样, 我们得到

$$\begin{aligned} t_0 - t &= \frac{1}{H_0}\int_0^z \frac{\mathrm{d}x}{(1+x)\sqrt{\Omega_{\mathrm{M},0}(1+x)^3 + \Omega_{\mathrm{R},0}(1+x)^4 + \Omega_{k,0}(1+x)^2 + \Omega_{\Lambda,0}}} \\ &= \frac{1}{H_0}\int_{(1+z)^{-1}}^1 \frac{y\mathrm{d}y}{\sqrt{\Omega_{\mathrm{M},0}y + \Omega_{\mathrm{R},0} + \Omega_{k,0}y^2 + \Omega_{\Lambda,0}y^4}}. \end{aligned} \tag{16.182}$$

宇宙的年龄是从 $\tilde{a}=0$ 的时刻到 $t=t_0$. 在大爆炸奇点处 $z\to\infty$, 因此可以在上面的积分中令积分下限为零来得到宇宙的年龄. 这个积分是无量纲的, 因此有

$$t_0 = \frac{1}{H_0} f(\Omega_{\mathrm{M},0}, \Omega_{\mathrm{R},0}, \Omega_{\Lambda,0}). \tag{16.183}$$

函数 $f$ 是积分的值, 通常是一个数量级为 1 的量. 因此, 我们看到现阶段的哈勃常数几乎给出了宇宙的年龄. 上面的积分一般来说是无法解析求解的, 但可以通过数值计算来得到. 在表 16.1 中, 我们忽略了辐射的贡献, 得到在不同物质组分和哈勃常数情况下宇宙的年龄. 宇宙的年龄以 10 亿年为单位, 而 $H_0$ 的单位是 km/(s·Mpc). 我们假定了 $\Omega_{\mathrm{R},0}=0$.

表 16.1 在不同的物质组分和哈勃常数下的宇宙年龄

| $\Omega_{\mathrm{M},0}$ | $\Omega_{\Lambda,0}$ | $H_0$ 50 | $H_0$ 70 | $H_0$ 90 |
|---|---|---|---|---|
| 1.0 | 0.0 | 13.1 | 9.3 | 7.2 |
| 0.3 | 0.7 | 15.8 | 11.3 | 8.8 |
| 0.3 | 0.7 | 18.9 | 13.5 | 10.5 |

值得注意的是已知最老的恒星年龄

$$t_{\text{恒星}} \approx (11.5 \pm 1.3)\mathrm{Gyr}, \tag{16.184}$$

宇宙的年龄当然要大于恒星的年龄.

在前面对各种宇宙学模型的讨论中, 我们给出了 $t$ 与 $\tilde{a}$ 的关系, 得到了 $t(\tilde{a})$. 这可以很方便地帮助我们得到宇宙的年龄, 只要设 $t = t_0$ 而令 $\tilde{a} = 1$ 即可. 比如说, 对于爱因斯坦–德西特宇宙,

$$t_0 = \frac{2}{3H_0}. \tag{16.185}$$

而对于空间平坦、只有尘埃的勒马特模型, 如果 $\Omega_{\Lambda,0} > 0$, 则宇宙的年龄为

$$t_0 = \frac{2}{3H_0\sqrt{\Omega_{\Lambda,0}}}\sinh^{-1}\sqrt{\Omega_{\Lambda,0}/(1-\Omega_{\Lambda,0})} = \frac{2}{3H_0\sqrt{\Omega_{\Lambda,0}}}\frac{\tanh^{-1}\sqrt{\Omega_{\Lambda,0}}}{\sqrt{\Omega_{\Lambda,0}}}. \tag{16.186}$$

## §16.7 距离与红移

在宇宙学中距离的定义和测量容易让人迷惑. 例如, 我们观察遥远的星系, 实际上看到的光是星系在宇宙更年轻时所发出的. 宇宙在膨胀, 我们与星系间的固有距离过去其实要更小一些. 让我们回到 FRW 宇宙,

$$\mathrm{d}s^2 = -\mathrm{d}t^2 + a(t)^2(\mathrm{d}\chi^2 + S^2(\chi)\mathrm{d}\Omega^2), \tag{16.187}$$

其中的 $\chi$ 是共动坐标, 给出的是共动距离. 而在此时空中的固有距离实际上是

$$d_{\mathrm{p}} = a(t)\chi. \tag{16.188}$$

然而固有距离具有操作性上的困难, 无法直接测量, 因此需要引进其他的一些更具有操作性的距离概念.

(1) 光度距离 (luminosity distance). 在静止的欧氏时空中, 考虑一个与我们的距离为 $d$ 的光源, 具有绝对光度 $L$, 我们收到的光通量为

$$F=\frac{L}{4\pi d^2}. \tag{16.189}$$

因此如果知道光源的亮度, 利用测到的光通量, 我们可以得到距离

$$d=\left(\frac{L}{4\pi F}\right)^{1/2}. \tag{16.190}$$

在 FRW 宇宙中, 考虑一个在固定 $\chi$ 处的光源, 其绝对光度为 $L(t)$, 它在宇宙时刻 $t=t_{\rm E}$ 发出的光, 在 $t=t_0$ 时刻被我们观测到, 如图 16.5 所示. 为方便起见,

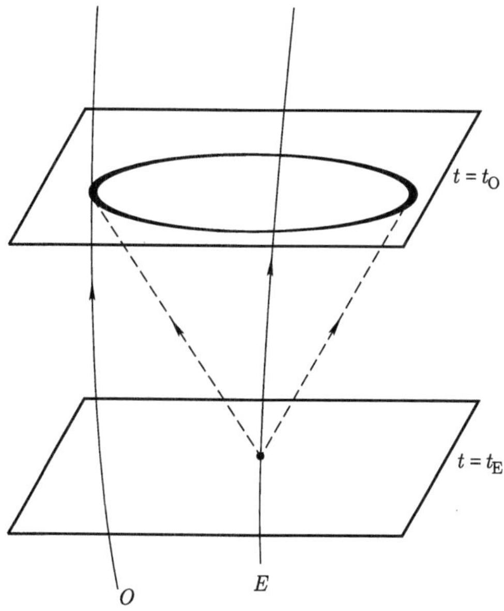


图 16.5 光度距离示意图. 在 $t=t_{\rm E}$ 光源 $E$ 发出的光在 $t=t_{\rm O}$ 时刻被观测者 $O$ 看到.

我们处于 $\chi=0$ 的位置. 从源发出的光是各向同性的, 均匀地分布在一个球上, 球的面积是

$$A=4\pi a^2(t_0)S^2(\chi). \tag{16.191}$$

而对于光子而言, 一方面其频率被红移了,

$$\nu_{\rm O}=\frac{\nu_{\rm E}}{1+z}, \tag{16.192}$$

另一方面, 光子的到达率也减少了相应的因子. 所以, 我们观测到的光子通量为

$$F(t_0)=\frac{L(t_{\mathrm{E}})}{4\pi(a_0S(\chi))^2}\frac{1}{(1+z)^2}. \tag{16.193}$$

由此定义的光度距离为

$$d_{\mathrm{L}}=a_0S(\chi)(1+z). \tag{16.194}$$

它通过 $\chi$ 依赖于标度因子的改变.

我们可以通过光子的零测地线得到

$$\frac{\mathrm{d}t}{\mathrm{d}\chi}=-a(t), \tag{16.195}$$

因此有

$$\frac{\mathrm{d}\chi}{\mathrm{d}a}=\frac{\mathrm{d}\chi}{\mathrm{d}t}\frac{\mathrm{d}t}{\mathrm{d}a}=-\frac{1}{a\dot{a}}. \tag{16.196}$$

如果红移不大, 我们可以近似地得到

$$\begin{aligned}S(\chi)&=\chi+O(\chi^3)\\&\approx\frac{1}{a\dot{a}}(a_0-a_E)+\frac{1}{2}\frac{a\ddot{a}+\dot{a}^2}{a^2\dot{a}^3}(a_0-a_{\mathrm{E}})^2+\cdots.\end{aligned} \tag{16.197}$$

而另一方面

$$a_{\mathrm{E}}=a_0(1+z)^{-1}=a_0(1-z+z^2+\cdots), \tag{16.198}$$

因此, 我们发现此时的光度距离为

$$\begin{aligned}d_{\mathrm{L}}&=a_0S(\chi)(1+z)\\&=\frac{z}{H_0}(1-z^2)+\frac{1}{2}(1-q_0)\frac{z^2}{H_0}+\cdots,\end{aligned} \tag{16.199}$$

也就是说它满足

$$H_0d_{\mathrm{L}}=z+\frac{1}{2}(1-q_0)z^2+\cdots. \tag{16.200}$$

当 $z$ 足够小时, 它满足哈勃定律.

(2) 角径距离 (angular diameter distance). 角径距离可以从源的内禀尺度和观测到的角分布来得到. 在欧氏空间中, 如果光源有一个直径 $l$, 观测者从远距离观测这个源发现其张角为 $\Delta\theta$, 则光源与观测者间的距离可从如下关系得到:

$$\Delta\theta=\frac{l}{d_{\mathrm{A}}}, \tag{16.201}$$

因此

$$d_{\mathrm{A}}=\frac{l}{\Delta\theta}.$$

$d_{\mathrm{A}}$ 称为角径距离.

在 FRW 宇宙中, 我们有类似的角径距离定义. 此时, 在 $t=t_E$ 时刻光源发出的光在 $t=t_0$ 时刻被我们接收到, 如图 16.6 所示. 光源的直径为

$$l=a(t_{\mathrm{E}})S(\chi)\Delta\theta. \tag{16.202}$$

因此, 角径距离为

$$\begin{aligned}d_{\mathrm{A}}&=a(t_{\mathrm{E}})S(\chi)\\&=a(t_0)\frac{a(t_{\mathrm{E}})}{a(t_0)}S(\chi)\\&=\frac{a_0S(\chi)}{1+z},\end{aligned} \tag{16.203}$$

与光度距离比较, 差了一个 $(1+z)^2$ 因子. 显然, 在小红移的情形, 对于角径距离也有哈勃定律.

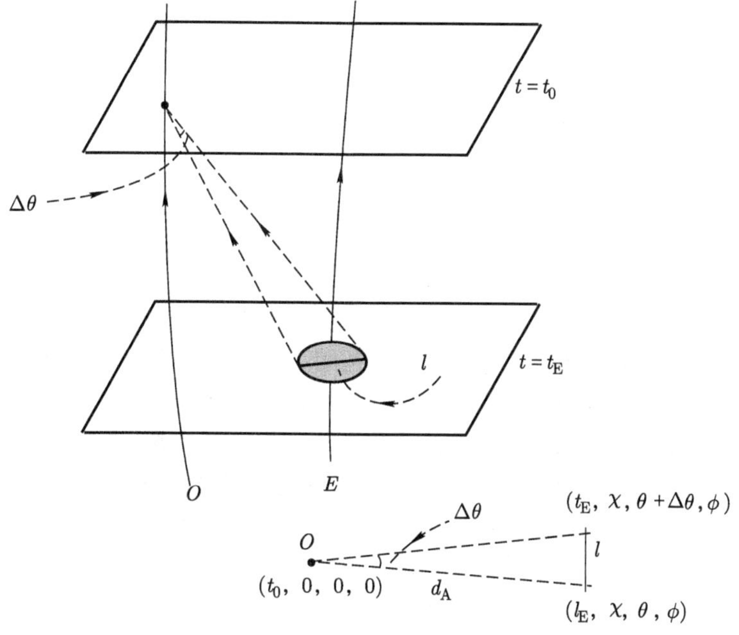


图 16.6 角径距离示意图.

更一般地, 有

$$\chi(t)=\int_t^{t_0}\frac{\mathrm{d}x}{a(x)}=\frac{1}{a_0}\int_0^z\frac{\mathrm{d}\bar{z}}{H(\bar{z})}=\frac{1}{a_0H_0}E(z), \tag{16.204}$$

其中

$$E(z)=\int_{(1+z)^{-1}}^1\frac{\mathrm{d}y}{\sqrt{\Omega_{\mathrm{M},0}y+\Omega_{\mathrm{R},0}+\Omega_{k,0}y^2+\Omega_{\Lambda,0}y^4}}, \tag{16.205}$$

而光度距离和角径距离为

$$d_{\mathrm{L}}(z)=a_0(1+z)S(\chi(z)), \tag{16.206}$$

$$d_{\mathrm{A}}(z)=\frac{a_0}{1+z}S(\chi(z)). \tag{16.207}$$

进一步地, 有

$$a_0S(\chi(z))=\frac{1}{H_0}\begin{cases}|\Omega_{k,0}|^{-1/2}S(\sqrt{\Omega_{k,0}}E(z)), & \Omega_{k,0}\neq 0,\\ E(z), & \Omega_{k,0}=0.\end{cases} \tag{16.208}$$

代入前面光度距离和角径距离的表达式, 可得 $d_{\mathrm{L}}(z)$ 和 $d_{\mathrm{A}}(z)$.

**例 16.1** *爱因斯坦的静态宇宙. 此时我们有 $\Omega_{\mathrm{M},0}=1, \Omega_{\mathrm{R},0}=0, \Omega_{\Lambda,0}=0$, 上面的积分可以解析求出, 得*

$$\chi(z)=\frac{2}{a_0H_0}(1-(1+z)^{-1/2}), \tag{16.209}$$

*所以*

$$\begin{aligned}d_{\mathrm{L}}(z)&=\frac{2}{H_0}(1+z)(1-(1+z)^{-1/2}),\\ d_{\mathrm{A}}(z)&=\frac{2}{H_0}\frac{1}{1+z}(1-(1+z)^{-1/2}).\end{aligned} \tag{16.210}$$

*注意, $d_{\mathrm{A}}(z)$ 在 $z=5/4$ 时有一个极大值.*

对一般的宇宙学模型, 无法给出函数 $E(z)$ 的解析表达式, 这时可以用数值的办法来画出光度距离和角径距离的曲线. 利用观测数据与之比较, 可以确定其中的宇宙学参数. 从观测的角度来看, 困难在于如何确定光源的内禀光度和内禀尺度. 因此, 需要在观测中找到具有标准烛光或者标准尺子的光源. 近些年来, 人们发现 Ia 型超新星是具有标准烛光的源, 而 CMB 辐射中的非各向同性可以作为标准尺子. 由此, 人们发现宇宙的组分是 $\Omega_{\mathrm{M},0}\approx 0.3, \Omega_{\Lambda,0}=0.7$①.

①实际上, 在 20 世纪 90 年代末期, 通过对 Ia 型超新星的观测, 人们发现了现阶段的宇宙在加速膨胀, 并确定了真空能或者说暗能量在现阶段宇宙中的主导地位. 2011 年, 美国天体物理学家波尔马特 (Perlmutter)、美国/澳大利亚物理学家施密特 (Schmidt) 以及美国科学家里斯 (Riess) 因为通过观测遥远超新星发现宇宙的加速膨胀而获得了诺贝尔物理学奖.

## §16.8 视　　界

FRW 宇宙是动力学演化的, 存在着一个大爆炸的奇点, 或者说宇宙的年龄是有限的. 对某个时刻的共动观测者而言, 他能够看到的时空区域是有限的. 也就是说, 对这个观测者存在着视界. 在宇宙学中, 经常碰到的视界有三种: 粒子视界 (particle horizon)、事件视界和表观视界. 下面分别给予介绍.

### 16.8.1 粒子视界

和前面一样, 我们不妨假设观测者在 $t_0$ 时刻处于 $\chi = 0$, 他可以接收到在 $t = t_E$ 时刻 $\chi_{\mathrm{E}}$ 处的光源发出的光, 则这个观测者能够看到的时空区域是 $\chi < \chi_{\mathrm{E}}$, 其中

$$\chi_{\mathrm{E}} = \int_{t_{\mathrm{E}}}^{t_0} \frac{\mathrm{d}t}{a(t)}. \tag{16.211}$$

即使回溯到大爆炸的时刻, 该值也可能只是有限的. 如果当 $t_{\mathrm{E}} \to 0$ 时, 积分发散, 则 $\chi_{\mathrm{E}}$ 可以任意大, 只要让 $t_{\mathrm{E}}$ 足够小即可. 这样的话, 原则上可以接收到任何共动星系传来的信号. 但是, 如果当 $t_{\mathrm{E}} \to 0$ 时积分收敛, 则对给定的 $t$, $\chi_{\mathrm{E}}$ 有上界, 不可能超过某个值. 这样观测者的视野被限制.

**定义**　*在某时刻 $t_0$, 观测者视界的 $\chi$ 坐标是*

$$\chi_{\mathrm{PH}}(t_0) = \int_0^{t_0} \frac{\mathrm{d}t}{a(t)} = \int_0^{a_0} \frac{\mathrm{d}a}{a\dot{a}}, \tag{16.212}$$

*其中 $a_0$ 是 $t = t_0$ 时刻的标度因子. 观测者只能看到 $\chi < \chi_{\mathrm{PH}}$ 的时空区域, 这种视界称为粒子视界. 观测者到粒子视界的固有距离为 $d_{\mathrm{p}}(t_0) = a_0\chi_{\mathrm{PH}}(t_0)$.*

粒子视界 (16.212) 是有限的, 如果 $a\dot{a} \sim a^\alpha, \alpha < 1$. 这意味着

$$\ddot{a} < 0, \tag{16.213}$$

即宇宙膨胀持续减速到宇宙时刻 $t_0$, 则该时刻具有有限的粒子视界. 比如说, 所有的弗里德曼模型都具有有限的粒子视界. 另一方面, 随着 $t_0$ 的增加, $\chi_{\mathrm{PH}}$ 也增加, 这是因为

$$\frac{\mathrm{d}\chi_{\mathrm{PH}}}{\mathrm{d}t_0} = \frac{1}{a_0} > 0. \tag{16.214}$$

这意味着, 一个共动观测者的粒子视界总是增加的, 原先看不到的宇宙区域必然会逐渐进入他的视野. 然而这些区域并非突然进入视野被观测到. 实际上, 考虑到宇宙红移, 由于在大爆炸奇点处 $a(t) \to 0$ 而红移因子是 $z \to \infty$, 这些未知区域进入

我们的视野是缓慢的, 从红移无穷大逐渐到一个有限值[①]. 在图 16.7 中, 我们给出了粒子视界的示意图.

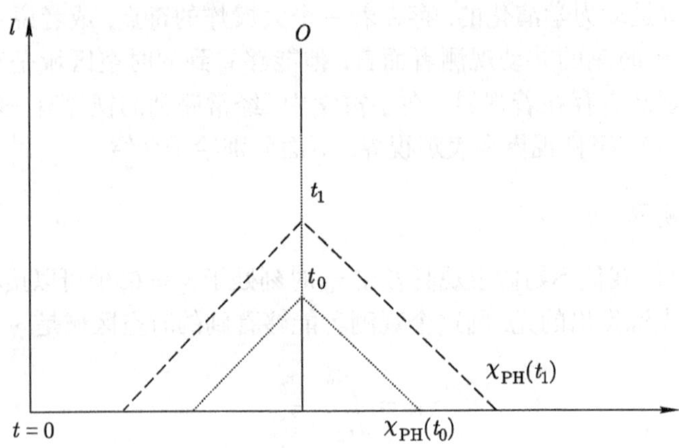


图 16.7 粒子视界的示意图.

对一些宇宙学模型, 可以给出粒子视界的明确表达式. 例如, 在早期物质主导的模型中

$$a(t)=a_0\left(\frac{t}{t_0}\right)^{2/3}, \tag{16.215}$$

我们可以得到到粒子视界的固有距离

$$d_{\rm PH}(t)=3ct. \tag{16.216}$$

而对于辐射主导的模型,

$$a(t)=a_0\left(\frac{t}{t_0}\right)^{1/2}, \tag{16.217}$$

我们可以得到到粒子视界的固有距离

$$d_{\rm PH}(t)=2ct. \tag{16.218}$$

在这两种情况下, 这些固有距离都大于 $ct$, 这是因为在光子传播过程中宇宙也同时在膨胀. 对于其他的宇宙学模型, 只要能够得到 $\chi(z)$ 的解析表达式, 令 $z\to\infty$ 即可以得到粒子视界的表达式.

①事实上, 我们观测到的宇宙并非是由粒子视界来限制, 而是由复合 (recombination) 阶段来限制. 复合阶段大约在红移为 $z\approx 1500$, 宇宙年龄约为 38 万年时, 远早于任何星系形成的时间. 在此阶段之前, 宇宙是电离的, 光子在其中被自由电子撞来撞去, 被束缚住了. 在复合阶段以后, 电子、质子和中子结合形成原子, 光子可以自由地传播. 因此, 这个最后散射面实际上是我们观测宇宙的有效极限.

存在粒子视界的一个直接后果是宇宙学模型中的视界问题. 简而言之, 我们观测到即使对于分得非常开的区域, 它们的宇宙微波背景辐射温度也是高度一致的, 然而在标准宇宙学中 (包括我们上面讨论的各种 FRW 宇宙模型) 这些区域不可能有因果接触, 这种相同的物理特征是如何实现的? 如图 16.8 所示, 我们在天空中相反的两端看到的 CMB 光子来自于最后散射面 (图中以虚线代表) 上的两个点. 然而, 这两个点的过去光锥却是没有重叠的, 也就是说, 没有任何因果信号可以影响到它们从而使它们在最后散射面上有相同的温度. 这实际上来自于最后散射面上的观测者只能够看到有限的区域, 即存在着有限的粒子视界.

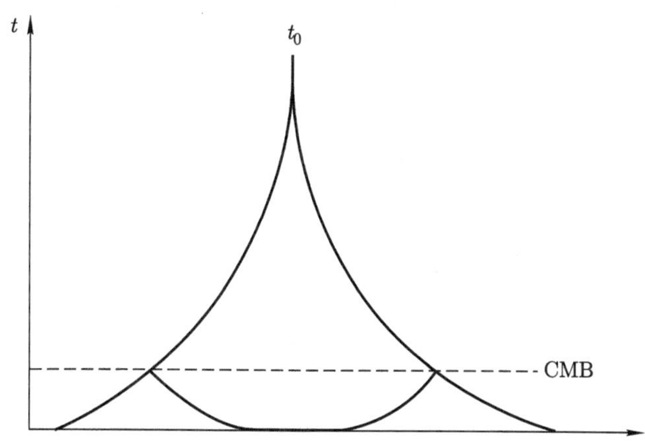


图 16.8　标准宇宙学中的视界问题示意图.

### 16.8.2　事件视界

尽管粒子视界随着时间的增长会增大, 这并不意味着我们未来可以看到任何事件. 实际上, 在某些宇宙学模型中存在着一些事件, 我们永远也看不到. 在前面的讨论中, 我们得到

$$\chi_{\mathrm{E}}=\int_{t_{\mathrm{E}}}^{t_0}\frac{\mathrm{d}t}{a(t)}. \tag{16.219}$$

如果右边的积分当 $t_0\to\infty$ 时发散, 或者到未来某一个时刻 $a(t)\to 0$, 则在未来我们可以看到或接收到任何事件发射来的信号. 然而, 如果积分对于一个大的 $t_0$ 是有限的, 即

$$\chi_{\mathrm{e}}(t_{\mathrm{E}})=\int_{t_{\mathrm{E}}}^{t_{\max}}\frac{\mathrm{d}t}{a(t)} \tag{16.220}$$

是有限的, 其中 $t_{\max}$ 要么是无穷大要么是 $a(t)\to 0$ 的时刻, 则对于从 $t_E$ 发出的信号, 只有 $\chi$ 坐标小于 $\chi_{\mathrm{e}}(t_{\mathrm{E}})$ 的事件发出的信号才能被接收到.

**定义** 对于位于 $\chi = 0$ 的观测者, 他能够接收到的从 $t_{\mathrm{E}}$ 时刻发出的信号必须来自于 $\chi$ 坐标小于 $\chi_{\mathrm{e}}(t_{\mathrm{E}})$ 的光源. $\chi_{\mathrm{e}}(t_{\mathrm{E}})$ 是他的事件视界.

由对称性, $\chi_{\mathrm{e}}(t_0)$ 是由我们今天发出的光信号所能达到的最大 $\chi$ 坐标. 如图 16.9 所示, 对于一个固定的时间, 只有在事件视界右侧的事件才可能被观测者看到. 我们可以这样来理解事件视界: 如果尺度因子增长得足够快, 以致 $\chi = 0$ 处的观测者与 $\chi_{\mathrm{E}} > \chi_{\mathrm{e}}$ 的光源之间的空间距离增长得很快, 使光也无法克服这种增长速度来赶上观测者. 爱丁顿曾经把上面的现象形象化为如下的图像: 想象一个运动员在一个膨胀的跑道上跑步, 终点与他的距离增长得比他的跑步速度还快, 因此他永远也到不了终点.

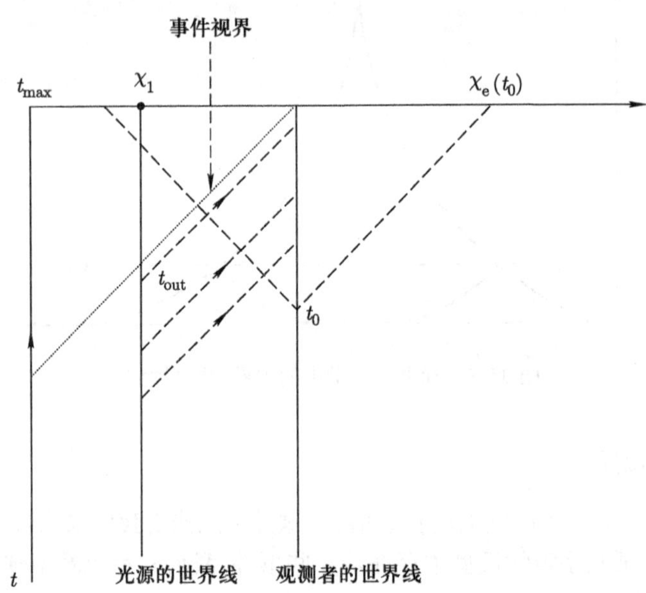


图 16.9 事件视界的示意图.

在弗里德曼模型中, $\dot{a}$ 是一个减函数. 我们考虑物质主导的情形, 让 $\Omega_{\mathrm{R},0} = 0$. 如果空间曲率非正, $k \leqslant 0$, 则当 $t_{\max} \to \infty$ 时, $\chi_{\mathrm{e}} \to \infty$, 也就是说在此情形下不存在事件视界. 而当 $k > 0$ 时, 有

$$
\begin{aligned}
\tilde{a} &= \frac{\Omega_{\mathrm{M},0}}{2(\Omega_{\mathrm{M},0} - 1)}(1 - \cos\psi), \\
t &= \frac{\Omega_{\mathrm{M},0}}{2H_0(\Omega_{\mathrm{M},0} - 1)^{3/2}}(\psi - \sin\psi),
\end{aligned}
\tag{16.221}
$$

其中 $\psi \in [0, 2\pi]$. 在 $\psi = 2\pi$ 时宇宙存在着一个大塌缩奇点, 这样

$$t_{\max} = \frac{\Omega_{\mathrm{M},0}}{2H_0(\Omega_{\mathrm{M},0}-1)^{3/2}} 2\pi. \tag{16.222}$$

因此有

$$\begin{aligned}\chi_{\mathrm{e}}(t_{\mathrm{E}}) &= \int_{t_{\mathrm{E}}}^{t_{\max}} \frac{\mathrm{d}t}{a(t)} \\ &= \frac{1}{H_0(\Omega_{\mathrm{M},0}-1)^{1/2}} \int_{\psi(t_{\mathrm{E}})}^{2\pi} \mathrm{d}\psi \\ &= \frac{1}{H_0(\Omega_{\mathrm{M},0}-1)^{1/2}} (2\pi - \psi(t_{\mathrm{E}})).\end{aligned} \tag{16.223}$$

此时, 存在着事件视界.

**命题** 如果一个光源刚开始时能够被观测者看到, 即它在事件视界内, 则它将一直能够被观测者看到.

**证明** 对于一个固定的 $\chi_1$ 和 $t_0$, 方程

$$0 = \chi_1 - \int_{t_1}^{t_0} \frac{\mathrm{d}x}{a(x)} \tag{16.224}$$

有一个解 $t_1$, 则该方程对于任意一个 $t > t_0$ 都有解 $t_1'$. 这个方程成立意味着光源能够被观测者看到. 由于 $\chi$ 固定, 则有

$$\int_{t_1'}^{t_0'} \frac{\mathrm{d}x}{a(x)} = \int_{t_1}^{t_0} \frac{\mathrm{d}x}{a(x)}. \tag{16.225}$$

这个方程总有解, 只要 $a(x)$ 是连续的. 得证.

如果事件视界存在, 即 $t_0 \to t_{\max}$ 时, $\chi_{\mathrm{e}} < \infty$, 而 $t_1$ 趋向于某个有限的极值 $t_{\mathrm{out}}$, 则意味着, 尽管观测者总能看到在 $\chi_1$ 处的光源, 对于光源的钟而言, 观测者只看到了 $t = t_{\mathrm{out}}$ 的时刻. 实际上, 从 $\chi = \chi_1, t = t_{\mathrm{out}}$ 发出的光需要无穷长时间才能到达观测者, 而光源的世界线与事件视界在 $t = t_{\mathrm{out}}$ 处相交, 如图 16.9 所示.

### 16.8.3 表观视界

对一个动力学演化的时空, 我们可以定义它的表观视界. 我们需要关注零测地线汇的膨胀系数. 如果无论内向还是外向的零测地线的膨胀率都是正的 (或者都是负的), 则这些测地线汇的包络给出过去 (或者未来) 表观视界. 对于 FRW 宇宙, 它从一个宇宙奇点产生, 发生膨胀, 此时无论内向还是外向的零测地线汇都是发散的.

这些径向零测地线的 4-动量为

$$k^{\mu} = \left(\frac{1}{a}, \frac{\epsilon}{a^2}\sqrt{1-kr^2}, 0, 0\right), \tag{16.226}$$

其中 $\epsilon = \pm 1$ 分别对应着外向和内向的光线. 这些线汇的膨胀因子为

$$2\theta = \nabla_{\mu} k^{\mu}. \tag{16.227}$$

膨胀因子为正的条件要求

$$\frac{r\sqrt{2\alpha/a - k}}{\sqrt{1-kr^2}} + \epsilon > 0, \tag{16.228}$$

其中

$$\alpha = \frac{G\mathcal{M}}{c^2}, \quad \mathcal{M} \equiv \frac{4\pi}{3}\rho a^3. \tag{16.229}$$

这里 $\mathcal{M}$ 对于尘埃而言是常数. 对于外向的零测地线汇, $\epsilon = 1$, 这个条件当然满足. 对于内向的零测地线汇, 上面的条件要求

$$a < 2\alpha r^2 = \frac{2G\mathcal{M}}{c^2} r^2. \tag{16.230}$$

这在大爆炸奇点处总是满足的. 这给出了一个过去捕获面, 其包络 $a = 2\alpha r^2$ 给出了过去表观视界. 注意, 在我们使用的坐标中, $r_{\rm p} = ar$ 是到奇点 $a = 0$ 的固有距离, 而 $M = \mathcal{M} r^3$ 是其中的质量, 因此上式可重写作

$$r_{\rm p} < 2GM. \tag{16.231}$$

这类似于史瓦西黑洞的视界内部.

## §16.9 宇宙学的深入探讨

本章介绍了宇宙学的基础知识, 这是标准宇宙学模型的基石. 历史上把上面的讨论归类为热大爆炸宇宙学. 然而这类模型存在着一些问题, 其中最重要的是以下三个问题.

(1) 奇点问题. 在这类模型中, 我们的宇宙起始于大爆炸奇点. 在奇点附近, 时空的量子效应将会非常重要, 如何理解相应的物理效应是当前宇宙学的重要课题. 这些物理效应可以帮助我们更好地理解时空的起源、宇宙的演化和终极命运, 以及暗物质和暗能量的实质. 我们需要一个量子引力的理论来研究大爆炸奇点附近的

物理, 而迄今为止我们尚没有完全建立一个完善的量子引力理论①. 另一方面, 大爆炸奇点附近的物理也为研究量子引力提供了窗口. 尤其是宇宙学中的观测可能为量子引力提供关键的实验证据, 从而帮助验证各种量子引力理论和模型.

(2) 视界问题. 如我们前面介绍的那样, 粒子视界的存在将导致视界问题: 为何我们现在观测到的微波背景辐射是如此地各向同性, 即使这些辐射在最后散射面上没有因果关联?

(3) 平坦性问题. 对于无宇宙学常数的弗里德曼方程, 我们知道

$$H^2 = \frac{8\pi G}{3}(\rho_{\mathrm{M}} + \rho_{\mathrm{R}}) - \frac{k}{a^2}. \tag{16.232}$$

注意曲率项的衰减正比于 $a^{-2}$, 而各种组分能量密度的衰减都比它快: $\rho_{\mathrm{M}} \propto a^{-3}$, $\rho_{\mathrm{R}} \propto a^{-4}$. 考虑到尺度因子从普朗克尺度到今天已经增长了 $10^{30}$ 倍, 那么为何如今方程右边的第二项并不比第一项大多少呢? 换句话说, 密度参数 $\Omega = 1$ 在物质主导和辐射主导的宇宙中并非是一个稳定的固定点, 而是一个排斥性固定点, 任何对 $\Omega = 1$ 的偏离将会被放大, 那么为何如今 $\Omega = 1$ 呢?

对上面三个问题的后两个, 暴胀宇宙学提供了自然的解决方法. 简而言之, 暴胀宇宙学假定在宇宙极早期, 存在着一个加速膨胀阶段. 驱动暴胀的最简单方法是引进所谓的慢滚标量场. 由于标量场的动能很小, 我们可以近似地忽略掉动能而只考虑势能. 这样的话, 相当于引进了一个正的宇宙学常数. 这个真空能的效果是使宇宙以指数膨胀, 哈勃参数为一个常数. 由于视界问题来自于减速膨胀导致的粒子视界, 因此一个加速膨胀阶段可以解决视界问题. 而由于在暴胀期间, 真空能是主导的, 其能量密度是一个常数, 而曲率项是衰减的, 因此随着指数膨胀, 宇宙变得越来越平. 如果暴胀时期持续一段时间, 密度参数将非常接近于 1, 即使后期的演化也不会很大程度改变它.

暴胀宇宙学除了能够自然地解决视界问题和平坦性问题以外, 还提供了产生大尺度结构的种子. 如我们所知, 尽管微波背景辐射是高度各向同性的, 但实际上还存在着十万分之一的非各向同性. 这些非各向同性来自于大尺度上星系的分布. 如何解释这么小的非各向同性是宇宙学中的重要问题. 特别是随着 CMB 非各向同性观测的精确化, 我们需要定量地分析这些问题. 在暴胀宇宙学中, 通过半经典的处理, 可以很好地做出预言并与实验比较. 对暴胀宇宙学的系统介绍超出了本书的范畴, 感兴趣的同学可以参考文献 [56, 60].

在本章中, 我们只关注了宇宙学中与时空相关的内容, 包括时空的演化、其中物质成分的演化等. 宇宙学还包括大量其他内容, 特别是与粒子物理学的结合, 牵

① 超弦理论是最有希望的量子引力理论, 在过去 50 年中取得了很大的进展和很多重要的研究成果. 但是, 弦理论本身的对称性、相互作用以及非微扰效应等都是悬而未决的问题, 需要进一步研究.

涉到宇宙学的相变、粒子的产生、重子物质的产生等等. 我们在此不准备给予介绍, 相关的内容参见文献 [55, 57, 58, 59].

## 附录 16.1 德西特时空和反德西特时空

德西特时空和反德西特时空都是最大对称空间, 都只有一个时间方向, 但曲率分别为正和负的, 可以看作球面和双曲面在赝黎曼时空流形中的推广. 对于 $n$ 维最大对称时空, 有

$$R_{\mu\nu\sigma\rho} = K(g_{\mu\sigma}g_{\nu\rho} - g_{\mu\rho}g_{\nu\sigma}), \tag{16.233}$$

其中

$$K = \frac{R}{n(n-1)}, \tag{16.234}$$

而标量曲率 $R$ 是一个常数.

### 1 德西特时空

具有正曲率的最大对称时空称为德西特时空. 一个 $n$ 维德西特时空可以嵌入到 $(n+1)$ 维闵氏时空中. 闵氏时空的度规为

$$\mathrm{d}s^2 = -\mathrm{d}x_0^2 + \mathrm{d}x_i^2, \quad i = 1, \cdots, n. \tag{16.235}$$

德西特时空是其中的双曲球面, 满足

$$\eta_{\mu\nu}x^\mu x^\nu = -x_0^2 + \sum_i x_i^2 = L^2. \tag{16.236}$$

这个嵌入可以通过引进函数

$$x_0 = L\sinh(\tau/L), \quad x_i = L\cosh(\tau/L)\Omega_i, \quad \sum_i \Omega_i^2 = 1 \tag{16.237}$$

来实现, 其中 $\Omega_i$ 是 $(n-1)$ 维球面上的球坐标嵌入函数. 这样可以得到德西特时空的诱导度规

$$\mathrm{d}s^2 = -\mathrm{d}\tau^2 + L^2\cosh^2(\tau/L)\mathrm{d}\Omega_{n-1}^2, \quad -\infty < \tau < \infty, \tag{16.238}$$

其中 $\mathrm{d}\Omega_{n-1}^2$ 是 $(n-1)$ 维球的度规. 显然, 德西特时空的拓扑是 $R \times S^{n-1}$. 从度规中易见德西特时空描述了半径随时间变化的球: 先收缩, 到最小值 $L$, 然后重新膨

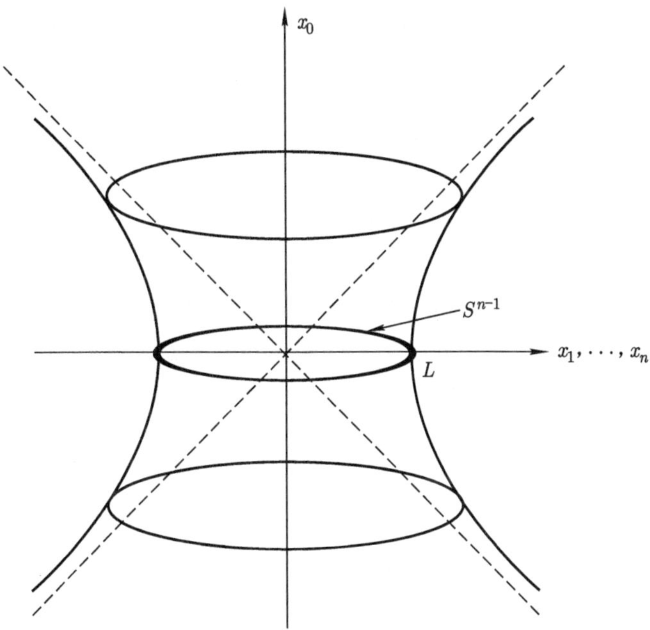


图 16.10　德西特时空示意图.

胀, 如图 16.10 所示. 对于德西特时空来说, 它是没有大爆炸奇点的, 整个时空的曲率都是常数, 反比于 $1/L^2$.

也可以引进不同的坐标来描述德西特时空, 如取

$$\begin{aligned}
\frac{x_0}{L} &= -\sinh\frac{X^0}{L} + \frac{(\sum_{i=1}^{n-1} X^i/L)^2}{2}\mathrm{e}^{X^0/L}, \\
\frac{x_i}{L} &= \frac{X^i/L}{2}\mathrm{e}^{X^0/L}, \quad i = 1, \cdots, n-1, \\
\frac{x_n}{L} &= -\cosh\frac{X^0}{L} - \frac{(\sum_{i=1}^{n-1} X^i/L)^2}{2}\mathrm{e}^{X^0/L},
\end{aligned} \tag{16.239}$$

其中所有 $X^0, X^i, i = 1, \cdots, n-1$ 的取值范围是 $(-\infty, \infty)$. 这样德西特时空的诱导度规是

$$\mathrm{d}s^2 = -(\mathrm{d}X^0)^2 + \mathrm{e}^{2X^0/L}((\mathrm{d}X^1)^2 + (\mathrm{d}X^2)^2 + \cdots + (\mathrm{d}X^{n-1})^2). \tag{16.240}$$

这正是我们求解弗里德曼方程时得到的空间曲率为零的时空, 参见德西特模型的讨论. 我们发现此时的哈勃常数与德西特的半径有关, 即

$$H_0 = \frac{1}{L}. \tag{16.241}$$

如果把 4 维德西特时空作为具有宇宙学常数的爱因斯坦方程的解, 则

$$\frac{1}{L} = \sqrt{\Lambda/3}. \tag{16.242}$$

实际上, 4 维德西特时空作为爱因斯坦方程的真空解具有另一种我们熟悉的形式:

$$\mathrm{d}s^2 = -\left(1 - \frac{\Lambda}{3}r^2\right)\mathrm{d}t^2 + \left(1 - \frac{\Lambda}{3}r^2\right)^{-1}\mathrm{d}r^2 + r^2\mathrm{d}\Omega^2. \tag{16.243}$$

从上面的讨论可以看出, 取不同的坐标系, 看起来德西特时空的空间部分可以是一个正曲率的球, 也可以是一个曲率为零的平坦空间. 实际上, 它也可以是一个负曲率的双曲面. 这依赖于我们如何对德西特时空做切片, 类似于对古典几何中的圆锥做截面得到不同的圆锥曲线.

德西特时空的另一个重要特点是它存在着宇宙学视界. 这从度规 (16.253) 可以很容易地看出. 这个度规类似于球对称史瓦西时空, 在 $r = \sqrt{3/\Lambda} = 1/H_0$ 处有奇点, 这个奇点正是视界的位置. 然而, 德西特时空的视界与黑洞的视界是不同的. 对于在德西特时空视界内的我们而言, 可以传播穿过视界的信号, 但是却无法接收到视界以外的任何信号. 因此, 在德西特时空中, 观测者能够看到的自由度是有限的. 这是研究德西特时空中物理时一个棘手的问题[63].

德西特时空的彭罗斯图比较简单. 我们可以从覆盖整个时空的整体坐标 $(\tau, \Omega_i)$ 出发, 定义

$$\cosh(\tau/L) = \frac{1}{\cos t'}, \tag{16.244}$$

则德西特时空的度规变为

$$\mathrm{d}s^2 = \frac{L^2}{\cos^2 t'}\mathrm{d}\tilde{s}^2, \tag{16.245}$$

其中

$$\mathrm{d}\tilde{s}^2 = -(\mathrm{d}t')^2 + \mathrm{d}\chi^2 + \sin^2\chi\mathrm{d}\Omega_{n-2}^2 \tag{16.246}$$

是爱因斯坦静态宇宙的度规. 这里

$$-\pi/2 < t' < \pi/2, \quad 0 \leqslant \chi \leqslant \pi. \tag{16.247}$$

因此, 德西特时空的共形图简单地就是爱因斯坦静态宇宙的一部分. 如图 16.11 所示, 它看起来是一个正方形, $t'$ = 常数的类空切片代表着 $(n-1)$ 维的球, 左右两边的虚线是这个球的北极和南极, 而对角线代表着零曲线, 一个从过去无穷远释放的光子将到达在未来无穷远球上的对径点 (antipodal point).

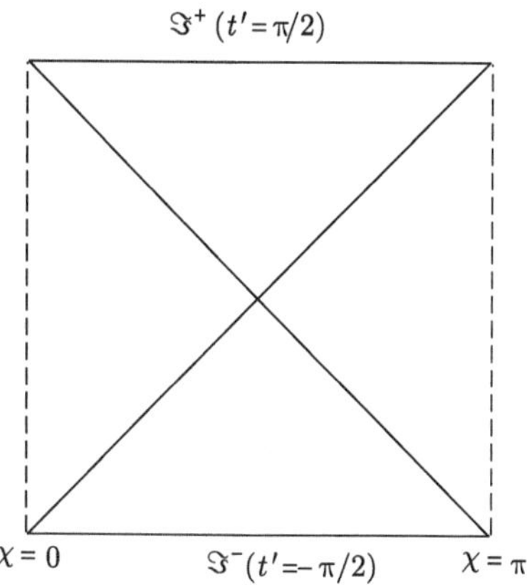


图 16.11　德西特时空的彭罗斯图. 类空切片是 $(n-1)$ 维球面, 因此图中除了左右两边界以外的点都代表着 $(n-2)$ 维球面, 在两边界上的点确实代表着点.

从德西特时空的彭罗斯图上可见, 对于类时和零曲线都存在着类空的未来和过去无穷远. 这与平坦时空截然不同. 一个重要的物理后果是观测者具有粒子视界和事件视界. 粒子视界的图像如图 16.12 所示, 与前面讨论的 FRW 宇宙类似. 对于事件视界, 德西特时空存在着过去和未来事件视界, 如图 16.13 所示. 在德西特时空中, 两个点可以有完全不相连的未来 (或者过去) 光锥, 这是因为球状空间截面膨胀得太快了, 以致从一点来的光与另一点来的光无法发生接触.

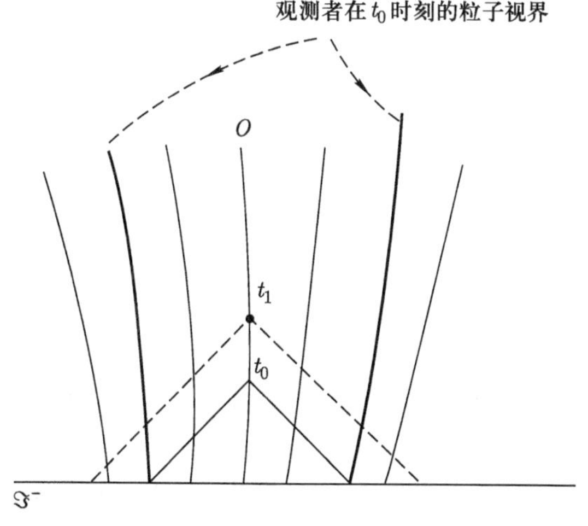


图 16.12　德西特时空中的粒子视界示意图.

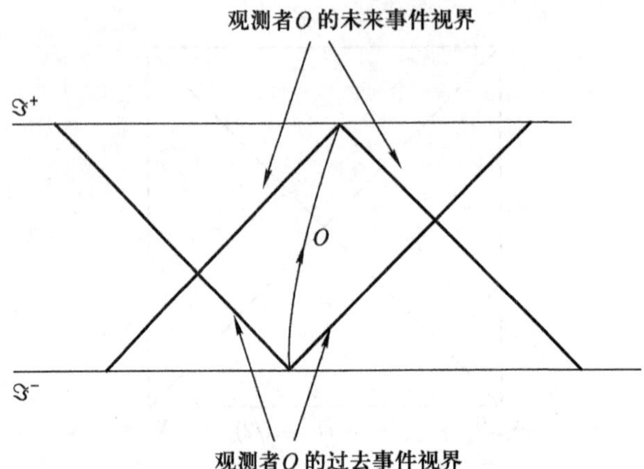


图 16.13　德西特时空中事件视界示意图.

## 2　反德西特时空

反德西特时空是具有负曲率的最大对称时空. 我们同样可以把它嵌入高维平坦时空中, 此时需要一个具有两个时间的高维时空. 对 $n$ 维反德西特时空, 我们考虑度规如下的 $(n+1)$ 维时空:

$$ds^2 = -dx_{-1}^2 - dx_0^2 + dx_i^2, \quad i = 1, \cdots, n-1. \tag{16.248}$$

反德西特时空同样可以看作这个时空中的双曲球, 满足

$$\eta_{\mu\nu}x^\mu x^\nu = -x_{-1}^2 - x_0^2 + \sum_i x_i^2 = -L^2, \tag{16.249}$$

其中 $L$ 称为反德西特时空的半径. 引进坐标

$$\begin{aligned} x_{-1} &= L\sin\tau\cosh\rho, \\ x_0 &= L\cos\tau\cosh\rho, \\ x_i &= L\sinh\rho\Omega_i, \end{aligned} \tag{16.250}$$

其中 $\Omega_i$ 是 $(n-2)$ 维球坐标嵌入函数, 满足 $\sum\limits_i \Omega_i^2 = 1$. 由此可得诱导度规

$$ds^2 = L^2(-\cosh^2\rho d\tau^2 + d\rho^2 + \sinh^2\rho d\Omega_{n-2}^2), \tag{16.251}$$

其中 $d\Omega_{n-2}^2$ 是 $(n-2)$ 维单位球的度规. 表面上看起来 $\tau$ 与 $\tau + 2\pi$ 代表着相同的点, 似乎我们应该有等同 $\tau \sim \tau + 2\pi$, 或者说让 $\tau$ 取值在 $[0, 2\pi]$. 然而, $\partial_\tau$ 是时空的

类时基灵矢量, 如果考虑固定的空间坐标, 将会得到一个闭合类时曲线. 这当然不是时空的内禀性质, 而是来自于特别的嵌入. 因此, 我们应该考虑一个 "覆盖空间", 其度规由 (16.251) 式描述, 但是 $\tau$ 的取值是从 $-\infty$ 到 $\infty$, 其中并没有闭合类时曲线. 我们可以把这看作反德西特时空的定义. 这组坐标通常称为整体坐标, 可以描述时空的所有位置.

另一个常用的坐标是所谓的庞加莱坐标. 在此坐标下, 反德西特时空的度规为

$$\mathrm{d}s^2=\frac{L^2}{z^2}(-\mathrm{d}t^2+(\mathrm{d}x^i)^2+\mathrm{d}z^2),\quad 0<z<\infty, i=1,\cdots,n-2. \tag{16.252}$$

使用这个度规的好处在于 $(t,x^i)$ 的庞加莱对称性是明显的. 然而这个坐标并不能够覆盖整个反德西特时空.

反德西特时空也可以看作具有负宇宙学常数的爱因斯坦方程的真空解, 与德西特时空类似. 因此, 我们有球对称解

$$\mathrm{d}s^2=-\left(1-\frac{2\varLambda}{(n-1)(n-2)}r^2\right)\mathrm{d}t^2+\left(1-\frac{2\varLambda}{(n-1)(n-2)}r^2\right)^{-1}\mathrm{d}r^2+r^2\mathrm{d}\varOmega^2, \tag{16.253}$$

其中 $\varLambda$ 是负的, 因此这个解没有坐标奇点.

通过坐标变换

$$\cosh\rho=\frac{1}{\cos\chi}, \tag{16.254}$$

我们可以把整体坐标下的反德西特时空度规变换为

$$\mathrm{d}s^2=\frac{L^2}{\cos^2\chi}\mathrm{d}\tilde{s}^2, \tag{16.255}$$

其中 $\mathrm{d}\tilde{s}^2$ 是静态爱因斯坦时空的度规. 然而, 与德西特时空不同的是, 这里径向坐标进入共形因子中. 此外, $t'$ 的取值没有限制, 即

$$-\infty<t'<\infty,\quad 0\leqslant\chi<\frac{\pi}{2}. \tag{16.256}$$

所以, 反德西特时空的共形图是爱因斯坦静态宇宙的一半, 如图 16.14 所示.

对于反德西特时空的彭罗斯图, 值得关注的有以下几点.

(1) 无穷远包括一个类时曲面 $\Im$ 和两个独立的点 $i^-,i^+$. 如果我们只考虑前面的双曲球, 则 $\tau$ 的取值为有限, 对应的 $t'$ 取值在 $[0,\pi]$ 之间. 所有与曲面 $\tau=$ 常数垂直的测地线都是从 $t'=0$ 出发, 而终止于 $t'=\pi$, 即从 $p$ 到 $q$. 加上从 $p$ 出发的零曲线和终止于 $q$ 的零曲线, 我们将得到一个钻石型的区域. 实际上, 在反德西特时空中的任一点出发的类时测地线无论向未来还是过去都将终止到其镜像点上. 由于 $t'$ 的取值实际上是无穷大, 因此这些测地线将继续下去, 到下一个镜像点……

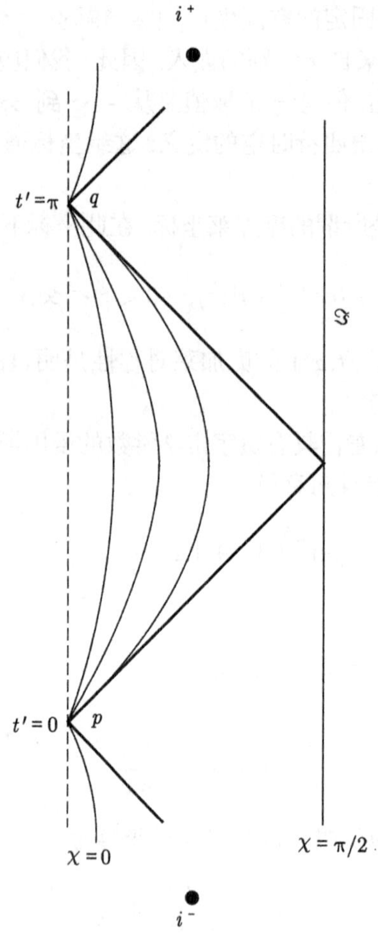


图 16.14 反德西特时空的彭罗斯图.

(2) 由于无穷大是一个类时曲面, 未来类时测地线永远无法到达这个无穷远, 而未来零测地线却可以在有限的仿射参数时间中到达无穷远.

(3) 由于无穷远是类时的, 空间并非整体双曲的, 因此无法很好地定义初值问题. 如果我们试图从一个类空超曲面上的信息出发来考虑演化, 信息将从无穷远处"流进来", 从而破坏了合法的演化.

反德西特时空在弦理论的研究中有着重要的物理意义. 近二十年来, 弦理论中最重要的进展就是 AdS/CFT 对应, 它把反德西特时空中的量子引力与边界上的共形场论联系起来, 具有深刻的物理意义[65,66].

# 习　题

1. 通过球对称坐标 $(T,R,\theta,\phi)$ 来表示 FRW 时空:

$$\mathrm{d}s^2=-\mathrm{e}^{\alpha}\mathrm{d}T^2+\mathrm{e}^{\beta}\mathrm{d}R^2+R^2\mathrm{d}\Omega^2, \tag{16.257}$$

其中 $\alpha(T,R),\beta(T,R)$ 是 $T$ 和 $R$ 的函数.

(a) 请给出相应的坐标变换.

(b) 讨论此度规下的牛顿近似, 并在弱场极限下讨论牛顿势的物理意义.

2. 考虑在 FRW 宇宙中的一个有质量粒子的测地线运动. 假设粒子的运动遵从 $\theta=$ 常数, $\phi=$ 常数.

(a) 证明测地线方程的时间分量给出

$$\frac{\mathrm{d}^2t}{\mathrm{d}\lambda^2}+\frac{a\dot{a}}{1-kr^2}\left(\frac{\mathrm{d}r}{\mathrm{d}\lambda}\right)^2=0. \tag{16.258}$$

(b) 利用速度归一化条件, 把上面的方程变作

$$\frac{\mathrm{d}^2t}{\mathrm{d}\lambda^2}+\frac{\dot{a}}{a}\left(\left(\frac{\mathrm{d}t}{\mathrm{d}\lambda}\right)^2-1\right)=0. \tag{16.259}$$

(c) 对上面的方程积分可得

$$a((\mathrm{d}t/\mathrm{d}\lambda)^2-1)=\text{常数}. \tag{16.260}$$

如果粒子的 4-速度为 $u^{\mu}=(\mathrm{d}x^{\mu})/(\mathrm{d}\lambda)$, 证明

$$g_{ij}u^iu^j\equiv|\boldsymbol{u}|^2\propto\frac{1}{a^2}, \tag{16.261}$$

其中 $g_{ij}$ 是 FRW 宇宙中空间部分的度规.

3. 在一个膨胀的 FRW 宇宙中, 在宇宙时间 $t_1$, 一个有质量粒子相对于共动观测者以速度 $v_1$ 被发射出去, 在稍后时刻 $t_2$, 粒子被共动观测者发现具有速度 $v_2$. 证明在任何中间时间 $t$, 粒子被共动观测者测量到的速度为

$$v(t)=a(t)\frac{\mathrm{d}\chi}{\mathrm{d}t}, \tag{16.262}$$

并由此证明

$$\frac{\gamma_{v_2}v_2}{\gamma_{v_1}v_1}=\frac{a(t_1)}{a(t_2)}, \tag{16.263}$$

其中 $\gamma_v=(1-v^2/c^2)^{-1/2}$. 进一步考虑速度趋于光速, $v_1\to c$, 证明光子的红移公式.

4. 考虑线元如下的时空:

$$\mathrm{d}s^2=-\mathrm{d}t^2+a^2(t)(\delta_{ij}-h_{ij}(t,x))\mathrm{d}x^i\mathrm{d}x^j, \tag{16.264}$$

某光源在过去发出的光被现在的某个观测者看到, 试讨论在此时空中的宇宙学红移.

5. 下面的度规描述了著名的哥德尔 (Godel) 宇宙:

$$\mathrm{d}s^2 = L^2\left(-(\mathrm{e}^x\mathrm{d}y+\mathrm{d}t)^2+\mathrm{d}x^2+\frac{1}{2}\mathrm{e}^{2x}\mathrm{d}y^2+\mathrm{d}z^2\right), \tag{16.265}$$

其中 $L$ 为常数.

(a) 证明它是具有负宇宙学常数和尘埃物质的爱因斯坦方程的解.

(b) 证明度规具有 5 个不同的基灵矢量.

(c) 这个宇宙也可以用如下的度规来描述:

$$\mathrm{d}s^2 = 4L^2(-\mathrm{d}t^2-2\sqrt{2}\sinh^2 r\mathrm{d}\phi\mathrm{d}t+\mathrm{d}r^2+\mathrm{d}z^2+(\sinh^2 r-\sinh^4 r)\mathrm{d}\phi^2), \tag{16.266}$$

试讨论如果 $\phi$ 是一个角坐标, 则这个时空存在着闭合类时曲线.

6. 宇宙的卡斯纳 (kasner) 模型. 考虑非各向同性时空

$$\mathrm{d}s^2 = -\mathrm{d}t^2+a(t)\mathrm{d}x^2+b(t)\mathrm{d}y^2+c(t)\mathrm{d}z^2, \tag{16.267}$$

证明真空爱因斯坦方程要求, 如果

$$a(t)=t^{2p_1},\quad b(t)=t^{2p_2},\quad c(t)=t^{2p_3}, \tag{16.268}$$

则

$$p_1+p_2+p_3=1,\quad p_1^2+p_2^2+p_3^2=1. \tag{16.269}$$

证明下面的参数化满足此条件:

$$p_1(s)=\frac{-s}{1+s+s^2},\quad p_2(s)=\frac{1+s}{1+s+s^2},\quad p_3(s)=\frac{s(1+s)}{1+s+s^2}. \tag{16.270}$$

7. 在一个平的 FRW 几何中, 证明红移为 $z$ 的物体的光度距离和角径距离在 $z\ll 1$ 的极限下, 分别为

$$d_{\mathrm{L}}(z)=\frac{1}{H_0}\left(z+\frac{1}{2}(1-q_0)z^2+\cdots\right),$$

$$d_{\mathrm{A}}(z)=\frac{1}{H_0}\left(z-\frac{1}{2}(3+q_0)z^2+\cdots\right).$$

8. 在宇宙学中另一个常用的距离是所谓的固有运动距离 (proper-motion distance), 定义为

$$d_{\mathrm{M}}=\frac{v}{\dot{\theta}}, \tag{16.271}$$

其中 $v$ 是物体的固有横向速度, 假定其可以通过天体物理得到, 而 $\dot{\theta}$ 是观测到的角速度. 证明

$$d_{\mathrm{M}}=(1+z)d_{\mathrm{A}}=\frac{d_{\mathrm{L}}}{1+z}. \tag{16.272}$$

9. 证明宇宙流体的相对论运动方程自动满足, 而相对论连续性方程给出

$$\dot{\rho}+(\rho+p)\frac{3\dot{a}}{a}=0. \tag{16.273}$$

进一步证明这个方程可写作

$$\frac{\mathrm{d}(\rho a^3)}{\mathrm{d}t}=-3p\dot{a}a^2,\quad \frac{\mathrm{d}(\rho a^3)}{\mathrm{d}a}=-3pa^2. \tag{16.274}$$

请直接利用弗里德曼方程推导以上的相对论连续性方程.

10. 假定现阶段辐射和物质的能量密度分别为 $\rho_{\mathrm{R}}(t_0),\rho_{\mathrm{M}}(t_0)$, 证明这两个分量的能量密度在红移 $z_{\mathrm{eq}}$ 处相等, 其中

$$1+z_{\mathrm{eq}}=\frac{\rho_{\mathrm{M}}(t_0)}{\rho_{\mathrm{R}}(t_0)}. \tag{16.275}$$

11. 证明在宇宙早期辐射主导的时期, 辐射的温度满足方程

$$\left(\frac{\dot{T}}{T}\right)^2=\frac{8\pi G\sigma T^4}{3}, \tag{16.276}$$

其中 $\sigma$ 是斯特藩–玻尔兹曼常数.

12. 证明:

$$\frac{\ddot{a}}{a}=H^2+\dot{H}^2. \tag{16.277}$$

由此, 利用弗里德曼方程证明对于一个空间平坦、不含辐射的勒马特模型, 哈勃参数和物质密度满足方程

$$\begin{aligned}2\dot{H}+3H^2&=\Lambda,\\ 3H^2-\Lambda&=8\pi G\rho_{\mathrm{M}}.\end{aligned}$$

假设 $\Lambda>0,\rho_{\mathrm{M}}>0$, 证明

$$\begin{aligned}H(t)&=\sqrt{\frac{\Lambda}{3}}\coth\left(\frac{3}{2}\sqrt{\frac{\Lambda}{3}}t\right),\\ \rho_{\mathrm{M}}(t)&=\frac{\Lambda}{8\pi G}\sinh^{-2}\left(\frac{3}{2}\sqrt{\frac{\Lambda}{3}}t\right),\end{aligned}$$

由此推导 $\Omega_{\mathrm{M}}(t)$ 和 $\Omega_\Lambda(t)$, 并证明

$$t=\frac{2}{3H}\frac{\tanh^{-1}\sqrt{\Omega_\Lambda}}{\sqrt{\Omega_\Lambda}}. \tag{16.278}$$

13. 对一个由单一组分能量密度主导的弗里德曼模型, 证明

$$\Omega_i^{-1}(z)-1=\frac{\Omega_{i,0}^{-1}-1}{(1+z)^{1+3w_i}}, \tag{16.279}$$

其中 $w_i$ 是组分源的物态方程.

14. 考虑一个 $(1+1)$ 维德西特时空, 度规为

$$\mathrm{d}s^2 = -\mathrm{d}\tau^2 + \cosh^2\tau\mathrm{d}\phi^2. \tag{16.280}$$

(a) 证明此时空中的测地线方程可约化为运动积分的形式:

$$\cosh^2\tau\frac{\mathrm{d}\phi}{\mathrm{d}\lambda} = K, \quad \cosh^2\tau\frac{\mathrm{d}\tau}{\mathrm{d}\lambda} = K^2 + L\cosh^2\tau, \tag{16.281}$$

其中 $K, L$ 都是常数.

(b) 如果 $K \neq 0$, 证明测地线为

$$\tanh\tau = \sigma\sin(\phi - \phi_0), \tag{16.282}$$

其中 $\sigma, \phi_0$ 为常数.

(c) 证明 $\sigma^2 > 1, \sigma^2 = 1$ 和 $\sigma^2 < 1$ 三种情形对应着类时、零和类空测地线. 画图显示没有两条类时测地线会再次相交 (即至多相交一次), 以及存在无法通过测地线相连的两个点.

15. 假如德西特时空的度规为如下形式:

$$\mathrm{d}s^2 = -\mathrm{d}t^2 + \mathrm{e}^{2Ht}(\mathrm{d}x^2 + \mathrm{d}y^2 + \mathrm{d}z^2), \tag{16.283}$$

考虑其中非共动观测者 ($x, y, z$ 并非常数) 的测地线, 通过测地线方程得到仿射参数与 $t$ 的函数关系, 证明测地线在有限仿射参数时到达 $t = -\infty$.

16. 假如德西特时空的度规为如下形式:

$$\mathrm{d}s^2 = -\mathrm{d}t^2 + \mathrm{e}^{2Ht}(\mathrm{d}r^2 + r^2\mathrm{d}\Omega^2), \tag{16.284}$$

在坐标距离 $r$ 的星系于宇宙时刻 $t_1$ 发出的光信号被一个观测者在 $t_0$ 时刻看到, 证明

$$rH = \mathrm{e}^{-Ht_1} - \mathrm{e}^{-Ht_0}. \tag{16.285}$$

对于给定的 $r$, 证明有一个最大的 $t_1$, 并解释这个结果的物理意义. 证明观测者发出的光线可以渐近地接近坐标 $r = H^{-1}$ (宇宙学视界) 但无法到达它.

# 参考文献


[1] Carroll S. Spacetime and Geometry: An Introduction to General Relativity. Addison-Wesley, 2003. (这是一本难度适中、基于微分几何语言讲述广义相对论的书)

[2] Hartle J B. Gravity: An Introduction to Einstein's GR. Addison-Wesley, 2003. (适合本科生学习, 有很多物理的例子和实验方面的讨论)

[3] Schultz B F. A First Course in General Relativity. 2nd edition. Cambridge University Press, 2009. (适合本科生学习, 应用了微分几何的语言介绍广义相对论)

[4] Wald R. General Relativity. University of Chicago Press, 1984. (经典著作, 非常紧凑、精练, 需要较好的数学基础)

[5] Misner C W, Thorne K S, and Wheeler J A. Gravitation. W. H. Freeman and Company, 1973. (经典之作, 包括了关于引力的各方面知识, 应用了微分几何的语言)

[6] Weinberg S. Gravitation and Cosmology. Wiley, 1972. (经典著作, 从粒子物理的观点来理解引力, 数学工具主要是张量分析)

[7] Einstein A. The Meaning of Relativity. 5th edition. Princeton University Press, 2004.

[8] Taylor E F and Wheeler J A. Exploring Black Holes: Introduction to General Relativity. Addison-Wesley, 2000.

[9] Padmanabhan T. Gravitation. Cambridge University Press, 2010.

[10] Landau L D and Lifshitz E M. The Classical Theory of Fields, Course of Theoretical Physics, Volume 2. 4th edition. Addison-Wesley, 1987.

[11] De Felice F and Clarke C J S. Relativity on Curved Manifolds. Cambridge University Press, 1990.

[12] Hawking S W and Ellis G F R. The Large Scale Structure of Space-time. Cambridge University Press, 1973.

[13] Plebański J and Krasiński A. An Introduction to General Relativity and Cosmology. Cambridge University Press, 2006.

[14] Grøn Ø and Hervik S. Einstein's General Theory of Relativity: With Modern Applications in Cosmology. Springer, 2007.

[15] Hobson M P, Efstathiou G P, and Lasenby A N. General Relativity: An Introduction for Physicists. Cambridge University Press, 2006.

[16] Rindler W. Relativity: Special, General, Cosmological. Oxford Universtiy Press, 2006.

[17] Ryder L. Introduction to General Relativity. Cambridge University Press, 2009.

[18] Straumannn N. General Relativity. Springer, 2013.

[19] Zee A. Einstein Gravity in a Nutshell. Princeton University Press, 2013.

[20] DeWitt B. Bryce DeWitt's Lectures on Gravitation. Lecture Notes in Physics, Vol. 826. edited by Christensen. Springer, 2011.

[21] Ohanian H C and Ruffini R. Gravitation and Spacetime. 3rd edition. Cambridge University Press, 2013.

[22] 瓦尼安, 鲁菲尼. 引力与时空 (第二版). 向守平, 冯珑珑, 译. 北京: 科学出版社, 2006.

[23] 梁灿彬, 周彬. 微分几何入门与广义相对论. 北京: 科学出版社, 2006.

[24] 俞允强. 广义相对论引论. 2版. 北京: 北京大学出版社, 1997.

[25] Taylor E F and Wheeler J A. Spacetime Physics: Introduction to Special Relativity. 2nd edition. W. H. Freeman and Company, 1992.

[26] Landau L D and Lifshitz E M. Fluid Mechanics, Course of Theoretical Physics, Volume 6. 2nd edition. Butterworth-Heinemann, 1987.

[27] Jackson J D. Classical Electrodynamics. Wiley, 1999.

[28] Pais A. Subtle is the Lord, the Science and the Life of Albert Einstein. Oxford Universtiy Press, 1982.

[29] Schutz B. Geometrical Methods of Mathematical Physics. Cambridge University Press, 1980.

[30] Frankel T. The Geometry of Physics. Cambridge University Press, 1997.

[31] Spivak M. A Comprehensive Introduction to Differential Geometry, Vol I-V. Publish or Perish, 1979.

[32] Boothby W M. An Introduction to Differentiable Manifolds and Riemannian Geometry. Academic Press, Inc., 2007.

[33] 陈省身, 陈维桓. 微分几何讲义. 2版. 北京: 北京大学出版社, 2001.

[34] 陈维桓, 李兴校. 黎曼几何引论. 北京: 北京大学出版社, 2002.

[35] Stephani H, Kramer D, Maccallum M, Hoenselaers C, and Herlt E. Exact Solutions of Einstein's Field Equations. 2nd edition. Cambridge University Press, 2009.

[36] Griffiths J B and Podolský J. Exact Space-Times in Einstein's General Relativity. Cambridge University Press, 2012.

[37] Weinberg S. The Cosmological Constant Problem. Rev. Mod. Phys., 1989, 61: 1.

Padmanabhan T. Cosmological constant: The Weight of the Vacuum. Phys. Rept., 2003, 380: 235.

Peebles P J E and Ratra B. The Cosmological Constant and Dark Energy. Rev. Mod. Phys., 2003, 75: 559.

[38] de Rham C, Deskins J T, Tolley A J, and Zhou S Y. Graviton Mass Bounds. Rev. Mod. Phys., 2017, 89: 025004.

[39] Will C M. Theory and Experiment in Gravitational Physics. Cambridge University Press, 1993.

[40] Will C M. The Confrontation between General Relativity and Experiment. Living Rev. Relativ., 2006, 9: 3.

[41] Chandrasekhar S. The Mathematical Theory of Black Holes. Oxford Universtiy Press, 1983.

[42] Arnowitt R, Deser S, and Misner C W. The Dynamics of General Relativity. in Gravitation: An Introduction to Current Research, edited by Witten L. Wiley, 1962.

[43] Poisson E. A Relativist's Toolkit: The Mathematics of Black Hole Mechanics. Cambridge University Press, 2004.

[44] Townsend P K. Black Holes. arXiv: gr-qc/9707012.

[45] Frolov V P and Zelnikov A. Introduction to Black Hole Physics. Oxford Universtiy Press, 2011.

[46] Frolov V P and Novikov I D. Black Hole Physics: Basic Concepts and New Developments. Kluwer, 1998.

[47] Birrell N D and Davies P C W. Quantum Fields in Curved Space. Cambridge University Press, 1982.

[48] Wald R M. Quantum Field Theory in Curved Spacetime and Black Hole Thermodynamics. University of Chicago Press, 1994.

[49] Maggiore M. Gravitational Waves, vol. 1. Oxford Universtiy Press, 2008.

[50] Darmour T. The Problem of Motion in Newtonian and Einstein Gravity. in 300 years of Gravitation, edited by Hawking S and Israel W. Cambridge University Press, 1987.

[51] Poisson E and Will C M. Gravity: Newtonian, Post-Newtonian, Relativistic. Cambridge University Press, 2014.

[52] Padmanabhan T. Structure Formation in the Universe. Cambridge University Press, 1993.

[53] Alcubierre M. Introduction to 3+1 Numerical Relativity. Oxford Universtiy Press, 2008.

[54] Baumgarte T W and Shapiro T L. Numerical Relativity. Cambridge University Press, 2010.

[55] Peebles P J E. Principles of Physical Cosmology. Princeton University Press, 1993.

[56] Liddle A R and Lyth D H. Cosmological Inflation and Large Scale Structure. Cambridge University Press, 2000.

[57] Dodelson S. Modern Cosmolgy. Academic Press, 2003.

[58] Mukhanov V S. Physical Foundation of Cosmology. Cambridge University Press, 2005.

[59] Weinberg S. Cosmology. Oxford Universtiy Press, 2008.

[60] Gorbunov D S and Rubakov V A. Introduction to the Theory of the Early Universe. World Scientific, 2011.

[61] Bondi H, van der Burg M G J, and Metzner A W K. Gravitational Waves in General Relativity. 7. Waves from Axisymmetric Isolated Systems. Proc. Roy. Soc. Lond. A, 1962, 269: 21.

Sachs R K. Gravitational Waves in General Relativity. 8. Waves in Asymptotically Flat Space-Times. Proc. Roy. Soc. Lond. A, 1962, 270: 103.

[62] Poisson E and Israel W. The Internal Structure of Black Holes. Phys. Rev. D, 1990, 41: 1796.

Burko L M and Ori A. Internal Structure of Black holes and Spacetime Singularities. in An International Research Workshop, Haifa, June 29-July 3, 1997.

[63] Witten E. Quantum Gravity in de Sitter Space. arXiv: hep-th/0106109.

[64] Bousso R. The Holographic Principle. Rev. Mod. Phys., 2002, 74: 825.

[65] Maldacena J M. The Large N limit of Superconformal Field Theories and Supergravity. Int. J. Theor. Phys., 1999, 38: 1113. (Adv. Theor. Math. Phys., 1998, 2: 231; arXiv: hep-th/9711200)

[66] Aharony O, Gubser S S, Maldacena J M, Ooguri H, and Oz Y. Large N Field Theories, String Theory and Gravity. Phys. Rept., 2000, 323: 183. (arXiv: hep-th/9905111)

[67] Susskind L and Lindesay J. An Introduction to Black Holes, Information and the String Theory Revolution: The Holographic Universe. World Scientific, 2004.

[68] Mathur S D. The Information Paradox: A Pedagogical Introduction. Class. Quant. Grav., 2009, 26: 224001. (arXiv: 0909.1038)

[69] Harlow D. Jerusalem Lectures on Black Holes and Quantum Information. Rev. Mod. Phys., 2016, 88: 15002. (arXiv: 1409.1231)

# 名词索引

**O**



**P**



**Q**



**R**